国家出版基金项目
"十四五"国家重点出版物出版规划项目
中国海洋站海洋水文气候志丛书

# 中国海洋站海洋水文气候志
# 东海分册

范文静 相文玺 王 慧 等 编著

海洋出版社
2023年·北京

## 内容简介

《中国海洋站海洋水文气候志》分为渤海分册、黄海分册、东海分册和南海分册4册，各分册分别给出相应海区内各海洋站潮汐、海浪、海水表层温度、海水表层盐度、气温、气压、相对湿度、风和降水等海洋水文气象要素的基本特征和变化规律，以及风暴潮和暴雨洪涝等海洋灾害和灾害性天气对沿海的影响；同时给出相应海区各水文气象要素的基本特征和变化规律，并进行了典型海洋灾害过程分析。本书为东海分册。

本书可为海洋工程设计、海洋环境评价、海洋生态评估、海洋预报减灾、海洋科研和海洋管理等提供科学依据，也可为海洋资源开发和利用等海洋经济行业部门和高校师生提供参考。

图书在版编目(CIP)数据

中国海洋站海洋水文气候志. 东海分册 / 范文静等编著. — 北京：海洋出版社, 2022.12
ISBN 978-7-5210-1069-5

Ⅰ. ①中… Ⅱ. ①范… Ⅲ. ①东海－海洋站－海洋水文－水文气象－工作概况 Ⅳ. ①P339

中国国家版本馆CIP数据核字(2023)第019185号

审图号：GS京（2023）0897号

责任编辑：林峰竹
责任印制：安 森

海洋出版社 出版发行
http://www.oceanpress.com.cn
北京市海淀区大慧寺路8号　邮编：100081
鸿博昊天科技有限公司印刷　新华书店北京发行所经销
2022年12月第1版　2023年6月第1次印刷
开本：889 mm×1194 mm　1/16　印张：56.75
字数：1525千字　定价：798.00元
发行部：010-62100090　总编室：010-62100034
海洋版图书印、装错误可随时退换

# 序

　　我国沿海和重要海岛现有 130 多个海洋观测站点，业务化观测潮位、海浪、表层海水温度、表层海水盐度、海发光、海冰等水文要素，以及气温、气压、降水和风等气象要素，其中观测时间超过或接近 60 年的有 50 多个站点。数十年观测获取的海洋资料，凝聚了一线海洋工作者的心血，同时也在海洋预报、防灾减灾、海洋工程建设、海洋生态环境保护、海洋科学研究和海洋管理工作中发挥了重要的基础支撑作用。

　　《中国海洋站海洋水文气候志》丛书依据完整详实的海洋站观测数据，利用统计分析方法，全面评价了我国沿海多年水文气象要素变化状况，总结了我国沿海水文和气象各要素的基本特征和变化规律，以及风暴潮、海冰和暴雨洪涝等海洋灾害和灾害性天气期间各要素的变化特征及其带来的影响。该书的研究成果不仅可为海洋管理者、科研人员、海洋工程设计者提供科学依据，同时也可为海洋资源开发、利用等海洋经济行业部门和高校师生提供参考，是一套具有科学价值和实用价值的海洋科学志书。

　　管好用好海洋资料、更好发挥海洋调查观测资料的作用，是海洋工作者的初心，也是一种责任。当前，我国已进入加快建设海洋强国的新阶段，海洋事业的发展需要大家的共同努力，海洋工作的方方面面都需要海洋基础研究的支撑，开展基于调查观测数据的海洋信息产品研发是最基础也是非常重要的一个环节，《中国海洋站海洋水文气候志》丛书的编制就是一种很好的体现，作为一名多年从事海洋工作的亲历者，我希望能看到更多这样的成果出现。

自然资源部副部长<br>
国家海洋局局长<br>
2020 年 8 月

# 前 言

我国海洋站观测最早可追溯到 19 世纪末。1898 年，德国人在青岛修建气象观测站，开始气象及潮汐等观测。中华人民共和国成立前，中国沿海建立的海洋站约有 20 个，主要开展潮汐观测。中华人民共和国成立后，海军、交通部、水电部、中央气象局和中科院等单位根据各自工作需要，在沿海陆续建立了验潮站和气象站。特别是中央气象局在原有海滨观测站点的基础上，陆续增建了几十个海洋水文气象站。观测项目除潮汐外增加了海浪、表层海水温度和盐度、气温、气压、风和天气现象等。1961 年开始增加了海冰观测。1964 年国家海洋局成立后，中央气象局将沿海的 59 个海洋水文气象站移交给国家海洋局。

50 多年来，国家海洋局通过增建和共建等方式，不断加强海洋站基础能力建设，2021 年我国沿海及岛屿已有 140 余个海洋站，包括无人值守的自动观测站，观测方式从 2008 年开始逐渐增加了浮标、雷达和 GNSS（全球卫星导航系统）观测，积累了几年至 60 余年的定点连续观测资料。同时，海洋站观测技术和资料处理技术也不断强化和完善。2006 年开始，业务化开展了海洋站的基准潮位核定工作，海洋站观测数据质量得到不断提升。

为更好地发挥海洋站观测资料的作用，了解和掌握沿海各水文气象要素的基本特征和变化规律，以及海洋灾害和灾害性天气期间各要素的变化及其带来的影响，国家海洋信息中心组织编制了《中国海洋站海洋水文气候志》，期望可为海洋工程建设、海洋开发利用和保护活动、海洋科学研究、海洋防灾减灾以及海洋综合管理等提供科学依据和服务保障。资料整编过程中完全依据海洋站历史观测数据，受当时观测仪器、技术和方法的影响，观测资料的精度不一，均一化处理程度各异，本志中的统计结果只是海洋站观测事实的客观反映，实际使用时还要结合海洋站环境条件和其他资料情况进行综合评估。

《中国海洋站海洋水文气候志》分为渤海分册、黄海分册、东海分册和南海分册 4 册，各分册选取的海洋站主要观测项目资料时长至少 20 年。

《中国海洋站海洋水文气候志·东海分册》包括引水船、大戢山、金山嘴、嵊山、滩浒、岱山（长涂）、镇海、石浦、大陈、坎门、南麂、台山、三沙、北礵、北茭、平潭、崇武、厦门和东山共19个海洋站及东海沿海，针对每个海洋站及东海沿海分析总结各水文气象要素的季节变化、年际变化和十年平均变化等特征，将海平面单独成章，分析了年变化、长期趋势变化和周期性变化，汇编了海洋站周边及东海沿海发生的海洋灾害及灾害性天气。

《中国海洋站海洋水文气候志·东海分册》的概况部分由金波文、邓丽静和范文静编写；潮位部分由张建立编写；海浪部分由刘首华编写；表层海水温度、盐度和海发光部分由王爱梅编写；海洋气象部分由骆敬新、邓丽静和范文静编写；海平面部分由王慧编写；灾害部分由李文善、邓丽静、骆敬新、王慧、刘首华、张建立和范文静编写。绘图由王爱梅完成。统稿人为范文静、相文玺、王慧和邓丽静。同时，吕江华、全梦嫒和白羽等同志也参与了部分工作。

《中国海洋站海洋水文气候志·东海分册》编制过程中多次向中心站和海洋站咨询、征求意见和建议，上海中心站、舟山工作站、宁波中心站、温州中心站、宁德中心站和厦门中心站以及海洋站的周辉云、陆士良、董波海、张亮、应岳、姚建波、刘剑波、钟宇、吴俞春、陈昊、贝京阳、潘晓东、夏煜、谢祖信、缪斌、任堃、陈本清、梁建芳、陈晓禄、游世烽和林春梅等同志给予了具有重要参考价值的意见。审核过程中国家海洋信息中心的薛慧芬同志给予了大力支持和建议。在此一并表示衷心感谢！

编制《中国海洋站海洋水文气候志》涉及的学科及领域较多，内容也较为广泛，受编制组学识和业务水平的限制，错误和不足之处在所难免，敬请有关专家、同行和读者批评指正。

编著者
2021年11月

# 目 录

说　明 ……………………………………………………………………………………… i

## 引水船海洋站

第一章　概况 ……………………………………………………………………………… 3
　　第一节　基本情况 ………………………………………………………………………… 3
　　第二节　观测环境和观测仪器 …………………………………………………………… 4
第二章　潮位 ……………………………………………………………………………… 6
　　第一节　潮汐 ……………………………………………………………………………… 6
　　第二节　极值潮位 ………………………………………………………………………… 7
　　第三节　增减水 …………………………………………………………………………… 7
第三章　海浪 ……………………………………………………………………………… 10
　　第一节　海况 ……………………………………………………………………………… 10
　　第二节　波型 ……………………………………………………………………………… 10
　　第三节　波向 ……………………………………………………………………………… 10
　　第四节　波高 ……………………………………………………………………………… 12
　　第五节　周期 ……………………………………………………………………………… 13
第四章　表层海水温度、盐度和海发光 ………………………………………………… 16
　　第一节　表层海水温度 …………………………………………………………………… 16
　　第二节　表层海水盐度 …………………………………………………………………… 17
　　第三节　海发光 …………………………………………………………………………… 18
第五章　海洋气象 ………………………………………………………………………… 20
　　第一节　气温 ……………………………………………………………………………… 20
　　第二节　气压 ……………………………………………………………………………… 22
　　第三节　相对湿度 ………………………………………………………………………… 23
　　第四节　风 ………………………………………………………………………………… 24
　　第五节　雾及其他天气现象 ……………………………………………………………… 28
　　第六节　能见度 …………………………………………………………………………… 33
　　第七节　云 ………………………………………………………………………………… 34
第六章　海平面 …………………………………………………………………………… 36
第七章　灾害 ……………………………………………………………………………… 37
　　第一节　海洋灾害 ………………………………………………………………………… 37
　　第二节　灾害性天气 ……………………………………………………………………… 40

## 大戟山海洋站

- 第一章 概况 ································································································ 47
  - 第一节 基本情况 ······················································································ 47
  - 第二节 观测环境和观测仪器 ···································································· 48
- 第二章 潮位 ································································································ 50
  - 第一节 潮汐 ······························································································ 50
  - 第二节 极值潮位 ······················································································ 52
  - 第三节 增减水 ·························································································· 52
- 第三章 海浪 ································································································ 55
  - 第一节 海况 ······························································································ 55
  - 第二节 波型 ······························································································ 55
  - 第三节 波向 ······························································································ 55
  - 第四节 波高 ······························································································ 57
  - 第五节 周期 ······························································································ 58
- 第四章 表层海水温度、盐度和海发光 ·································································· 61
  - 第一节 表层海水温度 ·············································································· 61
  - 第二节 表层海水盐度 ·············································································· 62
  - 第三节 海发光 ·························································································· 63
- 第五章 海洋气象 ·························································································· 64
  - 第一节 气温 ······························································································ 64
  - 第二节 气压 ······························································································ 66
  - 第三节 相对湿度 ······················································································ 67
  - 第四节 风 ·································································································· 68
  - 第五节 降水 ······························································································ 72
  - 第六节 雾及其他天气现象 ········································································ 74
  - 第七节 能见度 ·························································································· 78
  - 第八节 云 ·································································································· 79
- 第六章 海平面 ···························································································· 81
- 第七章 灾害 ································································································ 83
  - 第一节 海洋灾害 ······················································································ 83
  - 第二节 灾害性天气 ·················································································· 86

## 金山嘴海洋站

- 第一章 概况 ································································································ 97
  - 第一节 基本情况 ······················································································ 97
  - 第二节 观测环境和观测仪器 ···································································· 98
- 第二章 潮位 ································································································ 99
  - 第一节 潮汐 ······························································································ 99

第二节　极值潮位 ………………………………………………………………… 101
　　第三节　增减水 …………………………………………………………………… 101
第三章　表层海水温度、盐度和海发光 ………………………………………………… 104
　　第一节　表层海水温度 …………………………………………………………… 104
　　第二节　表层海水盐度 …………………………………………………………… 105
　　第三节　海发光 …………………………………………………………………… 105
第四章　海洋气象 …………………………………………………………………………… 107
　　第一节　气温 ……………………………………………………………………… 107
　　第二节　气压 ……………………………………………………………………… 108
　　第三节　相对湿度 ………………………………………………………………… 109
　　第四节　风 ………………………………………………………………………… 110
　　第五节　降水 ……………………………………………………………………… 114
　　第六节　雾及其他天气现象 ……………………………………………………… 116
　　第七节　能见度 …………………………………………………………………… 120
　　第八节　云 ………………………………………………………………………… 121
　　第九节　蒸发量 …………………………………………………………………… 122
第五章　海平面 ……………………………………………………………………………… 123
第六章　灾害 ………………………………………………………………………………… 124
　　第一节　海洋灾害 ………………………………………………………………… 124
　　第二节　灾害性天气 ……………………………………………………………… 126

# 嵊山海洋站

第一章　概况 ………………………………………………………………………………… 135
　　第一节　基本情况 ………………………………………………………………… 135
　　第二节　观测环境和观测仪器 …………………………………………………… 136
第二章　潮位 ………………………………………………………………………………… 138
　　第一节　潮汐 ……………………………………………………………………… 138
　　第二节　极值潮位 ………………………………………………………………… 140
　　第三节　增减水 …………………………………………………………………… 140
第三章　海浪 ………………………………………………………………………………… 143
　　第一节　海况 ……………………………………………………………………… 143
　　第二节　波型 ……………………………………………………………………… 143
　　第三节　波向 ……………………………………………………………………… 143
　　第四节　波高 ……………………………………………………………………… 145
　　第五节　周期 ……………………………………………………………………… 146
第四章　表层海水温度、盐度和海发光 ………………………………………………… 149
　　第一节　表层海水温度 …………………………………………………………… 149
　　第二节　表层海水盐度 …………………………………………………………… 150
　　第三节　海发光 …………………………………………………………………… 151

| 第五章 | 海洋气象 | 153 |
| 第一节 | 气温 | 153 |
| 第二节 | 气压 | 155 |
| 第三节 | 相对湿度 | 156 |
| 第四节 | 风 | 158 |
| 第五节 | 降水 | 161 |
| 第六节 | 雾及其他天气现象 | 163 |
| 第七节 | 能见度 | 168 |
| 第八节 | 云 | 169 |

第六章　海平面 ………………………………………………………………………… 171

第七章　灾害 …………………………………………………………………………… 172
　　第一节　海洋灾害 ………………………………………………………………… 172
　　第二节　灾害性天气 ……………………………………………………………… 175

# 滩浒海洋站

第一章　概况 …………………………………………………………………………… 179
　　第一节　基本情况 ………………………………………………………………… 179
　　第二节　观测环境和观测仪器 …………………………………………………… 180

第二章　潮位 …………………………………………………………………………… 182
　　第一节　潮汐 ……………………………………………………………………… 182
　　第二节　极值潮位 ………………………………………………………………… 184
　　第三节　增减水 …………………………………………………………………… 184

第三章　海浪 …………………………………………………………………………… 187
　　第一节　海况 ……………………………………………………………………… 187
　　第二节　波型 ……………………………………………………………………… 187
　　第三节　波向 ……………………………………………………………………… 187
　　第四节　波高 ……………………………………………………………………… 189
　　第五节　周期 ……………………………………………………………………… 190

第四章　表层海水温度、盐度和海发光 ……………………………………………… 193
　　第一节　表层海水温度 …………………………………………………………… 193
　　第二节　表层海水盐度 …………………………………………………………… 194
　　第三节　海发光 …………………………………………………………………… 195

第五章　海洋气象 ……………………………………………………………………… 196
　　第一节　气温 ……………………………………………………………………… 196
　　第二节　气压 ……………………………………………………………………… 198
　　第三节　相对湿度 ………………………………………………………………… 199
　　第四节　风 ………………………………………………………………………… 200
　　第五节　降水 ……………………………………………………………………… 204
　　第六节　雾及其他天气现象 ……………………………………………………… 206

|   第七节　能见度 ············································································································ 211
|   第八节　云 ···················································································································· 212
第六章　海平面 ·························································································································· 214
第七章　灾害 ······························································································································ 216
|   第一节　海洋灾害 ········································································································ 216
|   第二节　灾害性天气 ···································································································· 216

# 岱山海洋站

第一章　概况 ···························································································································· 221
|   第一节　基本情况 ········································································································ 221
|   第二节　观测环境和观测仪器 ···················································································· 222
第二章　潮位 ······························································································································ 224
|   第一节　潮汐 ················································································································ 224
|   第二节　极值潮位 ········································································································ 228
|   第三节　增减水 ············································································································ 228
第三章　表层海水温度和盐度 ·································································································· 232
|   第一节　表层海水温度 ································································································ 232
|   第二节　表层海水盐度 ································································································ 233
第四章　海洋气象 ······················································································································ 235
|   第一节　气温 ················································································································ 235
|   第二节　气压 ················································································································ 236
|   第三节　相对湿度 ········································································································ 237
|   第四节　风 ···················································································································· 238
|   第五节　降水 ················································································································ 242
第五章　海平面 ·························································································································· 245
第六章　灾害 ······························································································································ 247
|   第一节　海洋灾害 ········································································································ 247
|   第二节　灾害性天气 ···································································································· 249

# 镇海海洋站

第一章　概况 ···························································································································· 253
|   第一节　基本情况 ········································································································ 253
|   第二节　观测环境和观测仪器 ···················································································· 254
第二章　潮位 ······························································································································ 257
|   第一节　潮汐 ················································································································ 257
|   第二节　极值潮位 ········································································································ 259
|   第三节　增减水 ············································································································ 259
第三章　海浪 ······························································································································ 262

| 第一节 | 海况 | 262 |
| 第二节 | 波型 | 262 |
| 第三节 | 波向 | 262 |
| 第四节 | 波高 | 264 |
| 第五节 | 周期 | 265 |

## 第四章 表层海水温度、盐度和海发光 268
- 第一节 表层海水温度 268
- 第二节 表层海水盐度 269
- 第三节 海发光 270

## 第五章 海洋气象 272
- 第一节 气温 272
- 第二节 气压 274
- 第三节 相对湿度 275
- 第四节 风 276
- 第五节 降水 280
- 第六节 雾及其他天气现象 282
- 第七节 能见度 287
- 第八节 云 288

## 第六章 海平面 290

## 第七章 灾害 292
- 第一节 海洋灾害 292
- 第二节 灾害性天气 293

# 石浦海洋站

## 第一章 概况 299
- 第一节 基本情况 299
- 第二节 观测环境和观测仪器 300

## 第二章 潮位 302
- 第一节 潮汐 302
- 第二节 极值潮位 304
- 第三节 增减水 304

## 第三章 表层海水温度、盐度和海发光 307
- 第一节 表层海水温度 307
- 第二节 表层海水盐度 308
- 第三节 海发光 309

## 第四章 海洋气象 311
- 第一节 气温 311
- 第二节 气压 312
- 第三节 相对湿度 313

　　　　第四节　风 ……………………………………………………………………………… 314
　　　　第五节　降水 …………………………………………………………………………… 318
　　　　第六节　雾及其他天气现象 …………………………………………………………… 320
　　　　第七节　能见度 ………………………………………………………………………… 325
　　　　第八节　云 ……………………………………………………………………………… 326
　　　　第九节　蒸发量 ………………………………………………………………………… 327
　第五章　海平面 ………………………………………………………………………………… 328
　第六章　灾害 …………………………………………………………………………………… 329
　　　　第一节　海洋灾害 ……………………………………………………………………… 329
　　　　第二节　灾害性天气 …………………………………………………………………… 330

# 大陈海洋站

　第一章　概况 …………………………………………………………………………………… 335
　　　　第一节　基本情况 ……………………………………………………………………… 335
　　　　第二节　观测环境和观测仪器 ………………………………………………………… 336
　第二章　潮位 …………………………………………………………………………………… 339
　　　　第一节　潮汐 …………………………………………………………………………… 339
　　　　第二节　极值潮位 ……………………………………………………………………… 341
　　　　第三节　增减水 ………………………………………………………………………… 341
　第三章　海浪 …………………………………………………………………………………… 344
　　　　第一节　海况 …………………………………………………………………………… 344
　　　　第二节　波型 …………………………………………………………………………… 344
　　　　第三节　波向 …………………………………………………………………………… 344
　　　　第四节　波高 …………………………………………………………………………… 346
　　　　第五节　周期 …………………………………………………………………………… 347
　第四章　表层海水温度、盐度和海发光 ……………………………………………………… 350
　　　　第一节　表层海水温度 ………………………………………………………………… 350
　　　　第二节　表层海水盐度 ………………………………………………………………… 351
　　　　第三节　海发光 ………………………………………………………………………… 352
　第五章　海洋气象 ……………………………………………………………………………… 354
　　　　第一节　气温 …………………………………………………………………………… 354
　　　　第二节　气压 …………………………………………………………………………… 356
　　　　第三节　相对湿度 ……………………………………………………………………… 357
　　　　第四节　风 ……………………………………………………………………………… 358
　　　　第五节　降水 …………………………………………………………………………… 361
　　　　第六节　雾及其他天气现象 …………………………………………………………… 363
　　　　第七节　能见度 ………………………………………………………………………… 368
　　　　第八节　云 ……………………………………………………………………………… 369
　第六章　海平面 ………………………………………………………………………………… 371

| 第七章　灾害 | 373 |
|---|---|
| 　　第一节　海洋灾害 | 373 |
| 　　第二节　灾害性天气 | 374 |

# 坎门海洋站

| 第一章　概况 | 379 |
|---|---|
| 　　第一节　基本情况 | 379 |
| 　　第二节　观测环境和观测仪器 | 380 |
| 第二章　潮位 | 382 |
| 　　第一节　潮汐 | 382 |
| 　　第二节　极值潮位 | 384 |
| 　　第三节　增减水 | 384 |
| 第三章　表层海水温度、盐度和海发光 | 387 |
| 　　第一节　表层海水温度 | 387 |
| 　　第二节　表层海水盐度 | 388 |
| 　　第三节　海发光 | 389 |
| 第四章　海洋气象 | 391 |
| 　　第一节　气温 | 391 |
| 　　第二节　气压 | 393 |
| 　　第三节　相对湿度 | 394 |
| 　　第四节　风 | 395 |
| 　　第五节　降水 | 399 |
| 　　第六节　雾及其他天气现象 | 401 |
| 　　第七节　能见度 | 406 |
| 　　第八节　云 | 407 |
| 　　第九节　蒸发量 | 409 |
| 第五章　海平面 | 410 |
| 第六章　灾害 | 412 |
| 　　第一节　海洋灾害 | 412 |
| 　　第二节　灾害性天气 | 414 |

# 南麂海洋站

| 第一章　概况 | 419 |
|---|---|
| 　　第一节　基本情况 | 419 |
| 　　第二节　观测环境和观测仪器 | 420 |
| 第二章　海浪 | 422 |
| 　　第一节　海况 | 422 |
| 　　第二节　波型 | 422 |

第三节 波向 422
第四节 波高 424
第五节 周期 425

## 第三章 表层海水温度、盐度和海发光 428
第一节 表层海水温度 428
第二节 表层海水盐度 429
第三节 海发光 430

## 第四章 海洋气象 432
第一节 气温 432
第二节 气压 434
第三节 相对湿度 435
第四节 风 436
第五节 降水 441
第六节 雾及其他天气现象 442
第七节 能见度 447
第八节 云 448

## 第五章 灾害 450
第一节 海洋灾害 450
第二节 灾害性天气 452

# 台山海洋站

## 第一章 概况 457
第一节 基本情况 457
第二节 观测环境和观测仪器 458

## 第二章 海浪 459
第一节 海况 459
第二节 波型 459
第三节 波向 459
第四节 波高 461
第五节 周期 462

## 第三章 表层海水温度、盐度和海发光 465
第一节 表层海水温度 465
第二节 表层海水盐度 466
第三节 海发光 466

## 第四章 海洋气象 468
第一节 气温 468
第二节 气压 470
第三节 相对湿度 471
第四节 风 472

第五节　降水 ························································································· 476
第六节　雾及其他天气现象 ····································································· 477
第七节　能见度 ······················································································ 481
第八节　云 ···························································································· 482

第五章　灾害 ································································································ 484
第一节　海洋灾害 ·················································································· 484
第二节　灾害性天气 ··············································································· 485

# 三沙海洋站

第一章　概况 ································································································ 491
第一节　基本情况 ·················································································· 491
第二节　观测环境和观测仪器 ································································· 492

第二章　潮位 ································································································ 494
第一节　潮汐 ························································································· 494
第二节　极值潮位 ·················································································· 496
第三节　增减水 ······················································································ 496

第三章　表层海水温度、盐度和海发光 ····························································· 499
第一节　表层海水温度 ············································································ 499
第二节　表层海水盐度 ············································································ 500
第三节　海发光 ······················································································ 501

第四章　海洋气象 ························································································· 503
第一节　气温 ························································································· 503
第二节　气压 ························································································· 505
第三节　相对湿度 ·················································································· 505
第四节　风 ···························································································· 507
第五节　降水 ························································································· 510
第六节　雾及其他天气现象 ····································································· 512
第七节　能见度 ······················································································ 515
第八节　云 ···························································································· 516
第九节　蒸发量 ······················································································ 518

第五章　海平面 ···························································································· 519

第六章　灾害 ································································································ 521
第一节　海洋灾害 ·················································································· 521
第二节　灾害性天气 ··············································································· 522

# 北礵海洋站

第一章　概况 ································································································ 529
第一节　基本情况 ·················································································· 529

第二节　观测环境和观测仪器 530
第二章　潮位 533
　　第一节　潮汐 533
　　第二节　极值潮位 534
　　第三节　增减水 534
第三章　海浪 536
　　第一节　海况 536
　　第二节　波型 536
　　第三节　波向 536
　　第四节　波高 538
　　第五节　周期 539
第四章　表层海水温度、盐度和海发光 542
　　第一节　表层海水温度 542
　　第二节　表层海水盐度 543
　　第三节　海发光 544
第五章　海洋气象 545
　　第一节　气温 545
　　第二节　气压 547
　　第三节　相对湿度 548
　　第四节　风 549
　　第五节　降水 553
　　第六节　雾及其他天气现象 555
　　第七节　能见度 559
　　第八节　云 560
第六章　海平面 562
第七章　灾害 563
　　第一节　海洋灾害 563
　　第二节　灾害性天气 564

# 北茭海洋站

第一章　概况 567
　　第一节　基本情况 567
　　第二节　观测环境和观测仪器 568
第二章　潮位 570
　　第一节　潮汐 570
　　第二节　极值潮位 572
　　第三节　增减水 572
第三章　海浪 575
　　第一节　海况 575

第二节　波型 ······················································································· 575
　　第三节　波向 ······················································································· 575
　　第四节　波高 ······················································································· 577
　　第五节　周期 ······················································································· 578
第四章　表层海水温度、盐度和海发光 ······························································· 581
　　第一节　表层海水温度 ·········································································· 581
　　第二节　表层海水盐度 ·········································································· 582
　　第三节　海发光 ··················································································· 583
第五章　海洋气象 ······················································································· 585
　　第一节　气温 ······················································································· 585
　　第二节　气压 ······················································································· 587
　　第三节　相对湿度 ················································································ 588
　　第四节　风 ························································································· 589
　　第五节　降水 ······················································································· 593
　　第六节　雾及其他天气现象 ···································································· 595
　　第七节　能见度 ··················································································· 599
　　第八节　云 ························································································· 600
第六章　海平面 ·························································································· 602
第七章　灾害 ······························································································ 603
　　第一节　海洋灾害 ················································································ 603
　　第二节　灾害性天气 ············································································· 604

# 平潭海洋站

第一章　概况 ······························································································ 611
　　第一节　基本情况 ················································································ 611
　　第二节　观测环境和观测仪器 ································································ 612
第二章　潮位 ······························································································ 614
　　第一节　潮汐 ······················································································· 614
　　第二节　极值潮位 ················································································ 616
　　第三节　增减水 ··················································································· 616
第三章　海浪 ······························································································ 619
　　第一节　海况 ······················································································· 619
　　第二节　波型 ······················································································· 619
　　第三节　波向 ······················································································· 619
　　第四节　波高 ······················································································· 621
　　第五节　周期 ······················································································· 622
第四章　表层海水温度、盐度和海发光 ······························································· 625
　　第一节　表层海水温度 ·········································································· 625
　　第二节　表层海水盐度 ·········································································· 626

|        第三节　海发光 | 627 |

| 第五章　海洋气象 | 629 |
|        第一节　气温 | 629 |
|        第二节　气压 | 631 |
|        第三节　相对湿度 | 632 |
|        第四节　风 | 633 |
|        第五节　降水 | 637 |
|        第六节　雾及其他天气现象 | 639 |
|        第七节　能见度 | 643 |
|        第八节　云 | 644 |
|        第九节　蒸发量 | 645 |

| 第六章　海平面 | 646 |

| 第七章　灾害 | 648 |
|        第一节　海洋灾害 | 648 |
|        第二节　灾害性天气 | 650 |

# 崇武海洋站

| 第一章　概况 | 657 |
|        第一节　基本情况 | 657 |
|        第二节　观测环境和观测仪器 | 658 |

| 第二章　潮位 | 660 |
|        第一节　潮汐 | 660 |
|        第二节　极值潮位 | 662 |
|        第三节　增减水 | 662 |

| 第三章　海浪 | 665 |
|        第一节　海况 | 665 |
|        第二节　波型 | 665 |
|        第三节　波向 | 665 |
|        第四节　波高 | 667 |
|        第五节　周期 | 668 |

| 第四章　表层海水温度、盐度和海发光 | 671 |
|        第一节　表层海水温度 | 671 |
|        第二节　表层海水盐度 | 672 |
|        第三节　海发光 | 673 |

| 第五章　海洋气象 | 675 |
|        第一节　气温 | 675 |
|        第二节　气压 | 677 |
|        第三节　相对湿度 | 678 |
|        第四节　风 | 679 |

第五节　降水 ············································································································· 683
　　第六节　雾及其他天气现象 ······················································································· 685
　　第七节　能见度 ········································································································· 688
　　第八节　云 ················································································································ 689
　　第九节　蒸发量 ········································································································· 690
第六章　海平面 ·················································································································· 692
第七章　灾害 ······················································································································ 693
　　第一节　海洋灾害 ····································································································· 693
　　第二节　灾害性天气 ································································································· 695

# 厦门海洋站

第一章　概况 ······················································································································ 701
　　第一节　基本情况 ····································································································· 701
　　第二节　观测环境和观测仪器 ·················································································· 702
第二章　潮位 ······················································································································ 704
　　第一节　潮汐 ············································································································ 704
　　第二节　极值潮位 ····································································································· 706
　　第三节　增减水 ········································································································· 706
第三章　海浪 ······················································································································ 709
第四章　表层海水温度、盐度和海发光 ············································································ 711
　　第一节　表层海水温度 ····························································································· 711
　　第二节　表层海水盐度 ····························································································· 712
　　第三节　海发光 ········································································································· 713
第五章　海洋气象 ·············································································································· 715
　　第一节　气温 ············································································································ 715
　　第二节　气压 ············································································································ 716
　　第三节　相对湿度 ····································································································· 718
　　第四节　风 ················································································································ 719
　　第五节　降水 ············································································································· 723
　　第六节　雾及其他天气现象 ······················································································ 724
　　第七节　能见度 ········································································································· 728
　　第八节　云 ················································································································ 729
　　第九节　蒸发量 ········································································································· 730
第六章　海平面 ·················································································································· 731
第七章　灾害 ······················································································································ 733
　　第一节　海洋灾害 ····································································································· 733
　　第二节　灾害性天气 ································································································· 735

# 东山海洋站

第一章　概况 …… 741
　　第一节　基本情况 …… 741
　　第二节　观测环境和观测仪器 …… 742
第二章　潮位 …… 744
　　第一节　潮汐 …… 744
　　第二节　极值潮位 …… 746
　　第三节　增减水 …… 746
第三章　海浪 …… 749
　　第一节　海况 …… 749
　　第二节　波型 …… 749
　　第三节　波向 …… 749
　　第四节　波高 …… 751
　　第五节　周期 …… 752
第四章　表层海水温度、盐度和海发光 …… 755
　　第一节　表层海水温度 …… 755
　　第二节　表层海水盐度 …… 756
　　第三节　海发光 …… 757
第五章　海洋气象 …… 759
　　第一节　气温 …… 759
　　第二节　气压 …… 760
　　第三节　相对湿度 …… 761
　　第四节　风 …… 762
　　第五节　降水 …… 766
　　第六节　雾及其他天气现象 …… 768
　　第七节　能见度 …… 771
　　第八节　云 …… 772
第六章　海平面 …… 774
第七章　灾害 …… 776
　　第一节　海洋灾害 …… 776
　　第二节　灾害性天气 …… 778

# 东　海

第一章　概况 …… 783
　　第一节　基本情况 …… 783
　　第二节　观测环境和观测仪器 …… 784
第二章　潮位 …… 786
　　第一节　潮汐 …… 786

第二节　极值潮位 …………………………………………………………………… 794
　　第三节　增减水 ……………………………………………………………………… 796
第三章　海浪 ……………………………………………………………………………… 799
　　第一节　海况 ………………………………………………………………………… 799
　　第二节　波型 ………………………………………………………………………… 800
　　第三节　波向 ………………………………………………………………………… 801
　　第四节　波高 ………………………………………………………………………… 803
　　第五节　周期 ………………………………………………………………………… 805
第四章　表层海水温度、盐度和海发光 ……………………………………………… 808
　　第一节　表层海水温度 ……………………………………………………………… 808
　　第二节　表层海水盐度 ……………………………………………………………… 812
　　第三节　海发光 ……………………………………………………………………… 815
第五章　海洋气象 ………………………………………………………………………… 817
　　第一节　气温 ………………………………………………………………………… 817
　　第二节　气压 ………………………………………………………………………… 822
　　第三节　相对湿度 …………………………………………………………………… 826
　　第四节　风 …………………………………………………………………………… 830
　　第五节　降水 ………………………………………………………………………… 833
　　第六节　雾及其他天气现象 ………………………………………………………… 836
　　第七节　能见度 ……………………………………………………………………… 846
　　第八节　云 …………………………………………………………………………… 848
　　第九节　蒸发量 ……………………………………………………………………… 850
第六章　海平面 …………………………………………………………………………… 852
第七章　灾害 ……………………………………………………………………………… 855
　　第一节　海洋灾害 …………………………………………………………………… 855
　　第二节　灾害性天气 ………………………………………………………………… 861
　　第三节　典型海洋灾害过程分析 …………………………………………………… 871

**参考文献** ………………………………………………………………………………… 879

# 说 明

## 一、资料来源

水文气象数据——主要来源于国家海洋主管部门管辖的沿海（岛屿、平台）海洋站依据有效的规范性文件所获得的观测数据，规范性文件包括国家标准、行业标准及技术规程等。补充的少量统计数据来自《中国沿岸海洋水文气象资料（1960—1969）》。

灾害数据——主要来源于国家海洋主管部门发布的相关公报、正式出版书籍以及中国沿海海平面变化影响调查信息等。

## 二、季节划分

3—5月为春季，6—8月为夏季，9—11月为秋季，12月至翌年2月为冬季；以4月、7月、10月和1月分别作为春夏秋冬四季的代表月份。

## 三、统计时间

1. 统计时间一般从建站开始观测时间（气象观测项目多始于1960年）至2019年12月31日或撤站结束观测时间。
2. 按照1979年实施的《海滨观测规范》要求，1979年霜未观测；按照1995年7月执行的《海滨观测规范》（GB/T 14914—1994）要求，云和除雾外的其他天气现象停止观测。
3. 选取编写海洋水文气候志的海洋站，其主要观测项目资料时长至少20年，各观测项目的统计时间以本站资料为准，选取数据稳定、时间连续的序列进行统计。部分观测项目如蒸发量，资料时间只有几年，仍做统计分析，结果仅供参考。

## 四、一般说明

1. 通用时间一律为北京时。
2. 日界：潮汐、海浪、表层海水温度和表层海水盐度以24:00（不含24:00）为日界；海发光以日出为日界；气象观测项目以20:00（含20:00）为日界。
3. 观测时次：潮汐为每日逐时观测，海浪为每日08:00、11:00、14:00和17:00四次定时或每3小时或逐时观测，表层海水温度为每日08:00、14:00和20:00三次定时观测，表层海水盐度为每日14:00定时观测，海发光为每日天黑后观测，气压、气温、相对湿度和海面有效能见度为每日02:00、08:00、14:00和20:00四次定时观测，风为每日02:00、08:00、14:00和20:00四次定时或逐时观测。
4. 潮位值均以验潮零点为基面。
5. 海洋站观测的波高和周期特征值一般包含最大波高、最大波周期、十分之一大波波高、十分之一大波周期、有效波波高、有效波周期、平均波高和平均周期。本志中平均波高是指十分之一大波波高特征值的平均值，最大波高是指最大波高特征值或十分之一大波波高特征值的最大值（最大波高特征值缺失时用十分之一大波波高特征值代替），平均周期是指平均周期特征值的平均值，最大周期是指平均周期特征值的最大值。

6. 常浪向是指海浪出现频率最高的方向，强浪向是指波高最大值出现的方向。

7. 浪向和风向统计按 16 方位划分（顺时针），与度数的换算关系见 16 方位转换表。

8. 表层海水温度有时简称为海表水温或水温，表层海水盐度有时简称为海表盐度或盐度，两者有时统称为温盐。

9. 单站气压统计分析采用本站气压，海区沿岸气压统计分析采用海平面气压。

10. 海面有效能见度简称为能见度。

11. 风速为 10 分钟平均风速；1980 年前，风速大于 40 米/秒时记为 40 米/秒。

12. 线性趋势通过显著性检验的给出具体速率值；未通过显著性检验但变化趋势相对明显的给出具体速率值，并在括号内注明"线性趋势未通过显著性检验"；未通过显著性检验且变化趋势不明显的，文中用"变化趋势不明显"或"无明显变化趋势"描述。

13. 海洋环境监测中心站简称为中心站，海洋环境监测站简称为海洋站。

## 五、统计方法说明

1. 均值和频率的统计、极值的挑选、不完整记录的处理和统计等，均按照《海滨观测规范》（GB/T 14914—2006）进行。

2. 日平均水温稳定通过某界限（0℃、5℃、10℃、20℃和 25℃）的初、终日期统计，采用五日滑动平均法，即一年中，任意连续五天的日平均水温的平均值大于等于某一界限的最长一段时期内，在第一个五天（即上限）中，挑取最先一个日平均水温大于等于该界限的日期，即为初日；在最后一个五天（下限）中挑取最末一个日平均水温大于等于该界限的日期，即为终日。

3. 大风日数统计：若某日中出现风速大于等于 10.8 米/秒的风，则统计为大于等于 6 级大风日；出现风速大于等于 13.9 米/秒的风，则统计为大于等于 7 级大风日；出现风速大于等于 17.2 米/秒的风，则统计为大于等于 8 级大风日。

4. 盛行风向判定方法：按顺时针方向相邻的两个及以上风向频率和大于等于 25% 且每个方向频率大于等于 7% 的方向为盛行风向。

5. 降水日数统计：日降水量大于等于 0.1 毫米时，统计为降水日。

6. 雾、轻雾、雷暴、霜和降雪日数统计：若夜间或白天天气现象记录（非摘要记录）中出现雾，则统计为雾日；其他天气现象日数统计方法相同。

7. 最长连续降水（无降水、大风、雾等）日数统计：计算开始日期和结束日期间的时长，取其中最长的时段，可跨月、跨年，只能上跨，不能下跨。

8. 年较差为某要素一年中最高月平均值与最低月平均值之差。累年年较差为某要素累年最高月平均值与最低月平均值之差。

9. 各要素长期变化趋势均采用最小二乘法进行一元线性拟合并进行显著性检验，显著性水平为 0.05。

## 六、其他

### 1. 潮汐类型

依据 $K_1$ 与 $O_1$ 分潮振幅之和与 $M_2$ 分潮振幅比值大小，确定其潮汐类型。

正规半日潮

$$0.0 < \frac{H_{K_1} + H_{O_1}}{H_{M_2}} \leq 0.5$$

不正规半日潮

$$0.5 < \frac{H_{K_1} + H_{O_1}}{H_{M_2}} \leq 2.0$$

不正规日潮

$$2.0 < \frac{H_{K_1} + H_{O_1}}{H_{M_2}} \leq 4.0$$

正规日潮

$$4.0 < \frac{H_{K_1} + H_{O_1}}{H_{M_2}}$$

式中，$H_{M_2}$ 为太阴半日分潮振幅；$H_{K_1}$ 为太阴太阳合成日分潮振幅；$H_{O_1}$ 为太阴日分潮振幅。

### 2. 温湿指数

根据《人居环境气候舒适度评价》（GB/T 27963—2011），温湿指数计算方法如下：

$$I = T - 0.55 \times \left(1 - \frac{R}{100}\right) \times (T - 14.4)$$

式中，$I$ 为温湿指数，保留一位小数；$T$ 为某一评价时段的平均温度，单位：℃；$R$ 为某一评价时段的平均相对湿度，%。

**气候舒适度等级划分表**

| 等级 | 感觉程度 | 温湿指数 | 健康人感觉描述 |
| --- | --- | --- | --- |
| 1 | 寒冷 | <14.0 | 感觉很冷，不舒服 |
| 2 | 冷 | 14.0～16.9 | 偏冷，较不舒服 |
| 3 | 舒适 | 17.0～25.4 | 感觉舒适 |
| 4 | 热 | 25.5～27.5 | 有热感，较不舒适 |
| 5 | 闷热 | >27.5 | 闷热难受，不舒服 |

### 3. 大陆度气候划分

利用累年气温年较差（累年最高月平均气温－累年最低月平均气温）资料统计焦金斯基大陆度指数。焦金斯基大陆度指数小于等于50时为海洋性气候，大于50时为大陆性气候。

$$K = 1.7 \times A / \sin\left(\frac{\varphi}{180} \times \pi\right) - 20.4 \quad （中纬度）$$

$$K = 1.7 \times A / \sin\left(\frac{\varphi + 10}{180} \times \pi\right) - 14 \quad （低纬度）$$

式中，$K$ 为焦金斯基大陆度指数；$A$ 为气温年较差；$\varphi$ 为观测站纬度，单位：（°）。

### 4. 天气季节划分

天气季节的判定，根据气象行业标准《气候季节划分》（QX/T 152—2012）规定，采用累年日平均气温的五日滑动平均值序列确定四季,春季为滑动平均气温大于等于10℃且小于22℃;夏季为滑动平均气温大于等于22℃;秋季为滑动平均气温小于22℃且大于等于10℃;冬季为滑动平均气温小于10℃。

本志中如果累年滑动平均气温序列无连续5天小于22℃,则该地为常夏区,不做季节划分。如果累年滑动平均气温序列无连续5天小于10℃,则该地为无冬区,只做春季、夏季和秋季划分。

本志中季节起始日和终止日按照《气候季节划分》(QX/T 152—2012)中"四季分明区常年气候季节确定"方法确定,无冬季的海洋站秋季终止日为累年气温序列的最后一个最低日。

## 5. 风力等级

**风力等级表**

| 风力等级 | 名称 | 对应风速/(米·秒$^{-1}$) |
| --- | --- | --- |
| 0 | 无风 | 0 ~ 0.2 |
| 1 | 软风 | 0.3 ~ 1.5 |
| 2 | 轻风 | 1.6 ~ 3.3 |
| 3 | 微风 | 3.4 ~ 5.4 |
| 4 | 和风 | 5.5 ~ 7.9 |
| 5 | 轻劲风 | 8.0 ~ 10.7 |
| 6 | 强风 | 10.8 ~ 13.8 |
| 7 | 疾风 | 13.9 ~ 17.1 |
| 8 | 大风 | 17.2 ~ 20.7 |
| 9 | 烈风 | 20.8 ~ 24.4 |
| 10 | 狂风 | 24.5 ~ 28.4 |
| 11 | 暴风 | 28.5 ~ 32.6 |
| 12 | 飓风 | >32.6 |

## 6. 方位转换

**16方位转换表(风向、浪向)**

| 方位 | 范围/(°) | 中值/(°) |
| --- | --- | --- |
| N(北) | 348.9 ~ 11.3 | 0 |
| NNE(北东北) | 11.4 ~ 33.8 | 23 |
| NE(东北) | 33.9 ~ 56.3 | 45 |
| ENE(东东北) | 56.4 ~ 78.8 | 68 |
| E(东) | 78.9 ~ 101.3 | 90 |
| ESE(东东南) | 101.4 ~ 123.8 | 113 |
| SE(东南) | 123.9 ~ 146.3 | 135 |
| SSE(南东南) | 146.4 ~ 168.8 | 158 |
| S(南) | 168.9 ~ 191.3 | 180 |
| SSW(南西南) | 191.4 ~ 213.8 | 203 |
| SW(西南) | 213.9 ~ 236.3 | 225 |
| WSW(西西南) | 236.4 ~ 258.8 | 248 |
| W(西) | 258.9 ~ 281.3 | 270 |
| WNW(西西北) | 281.4 ~ 303.8 | 293 |
| NW(西北) | 303.9 ~ 326.3 | 315 |
| NNW(北西北) | 326.4 ~ 348.8 | 338 |

# 引水船海洋站

# 第一章 概况

## 第一节 基本情况

引水船海洋站（简称引水船站）位于上海市。上海市位于中国东部、中国南北海岸线中心点、长江和钱塘江入海汇合处，北界长江，东临东海，南临杭州湾，西接江苏和浙江两省；是国家物流枢纽，是我国省级行政区、直辖市、国家中心城市、超大城市、上海大都市圈核心城市，是国务院批复确定的中国国际经济金融贸易航运科技创新中心，常住人口 2 400 多万。

引水船站始建于 1959 年 9 月，名为引水船海洋水文气象站，隶属上海市气象局。1966 年 3 月改名为引水船海洋站，隶属国家海洋局东海分局，2001 年 11 月撤除。测点在上海港务局港务监督领航站所属的两艘引水船上，地处长江口南水道航线汇合点，国内外轮船进出上海港必经之道。长江是我国第一大河，源远流长，水量极为丰富，约占全国河流入海总量的三分之一。引水船站位于长江口，水文气象状况受长江径流影响十分明显，具有典型的河口型特征。测点北面是浅滩，东北有牛皮礁、鸡骨礁和佘山岛，南面与大戢山相望，东南是嵊泗列岛，西面与上海市陆域相邻。测点附近海底地势较为平坦，底质以细砂为主，为软性泥沙，水深由西向东逐渐加深，平均水深为 7 米（图 1.1–1）。

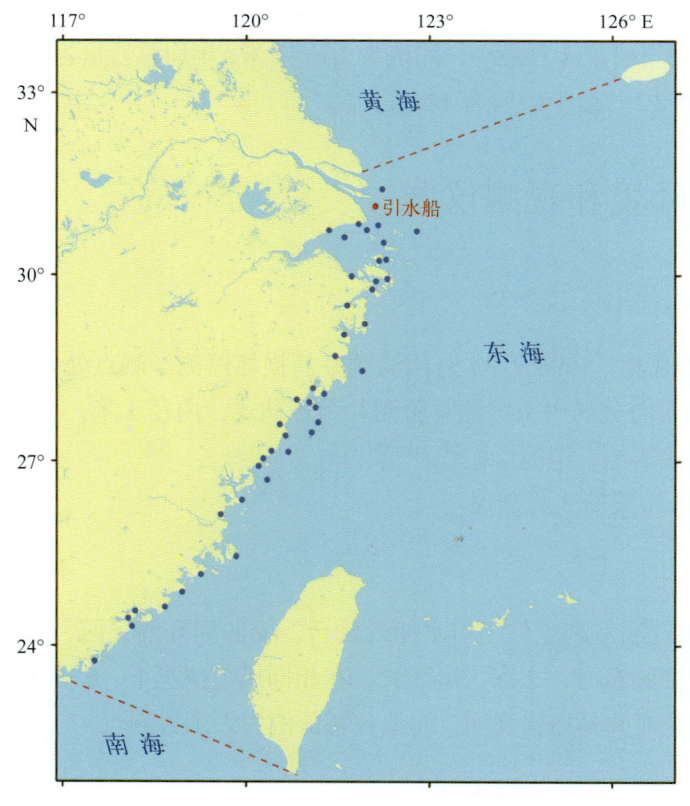

图1.1–1　引水船站地理位置示意

引水船站观测项目有潮汐、海浪、表层海水温度、表层海水盐度、气温、气压、相对湿度和风等。大部分时间为锚定观测，如遇换班（十天为一航次）或大风时，则走航观测。观测设备多为简易操作设备，部分项目为人工观测。

引水船站附近海域为正规半日潮特征，海平面2月最低，8月最高，年变幅为53厘米，平均海平面为214厘米，平均高潮位为333厘米，平均低潮位为99厘米，均具有夏秋高、冬春低的年变化特点；全年海况以0～4级为主，年均平均波高为0.9米，年均平均周期为3.7秒，历史最大波高最大值为6.5米，历史平均周期最大值为16.1秒，常浪向为E，强浪向为N；年均表层海水温度为15.9～18.5℃，8月最高，均值为27.9℃，2月最低，均值为6.0℃，历史水温最高值为32.4℃，历史水温最低值为1.4℃；年均表层海水盐度为9.41～16.88，2月最高，均值为19.61，7月最低，均值为8.06，历史盐度最高值为32.40，历史盐度最低值为0.10；海发光主要为火花型，8月出现频率最高，2月最低，1级海发光最多，出现的最高级别为4级。

引水船站主要受大陆性季风气候影响，年均气温为15.1～17.4℃，8月最高，均值为27.3℃，1月最低，均值为4.9℃，历史最高气温为36.5℃，历史最低气温为-5.6℃；年均气压为1 015.8～1 019.4百帕，具有冬高夏低的变化特征，1月和12月最高，均为1 026.8百帕，7月最低，均值为1 005.5百帕；年均相对湿度为77.4%～81.2%，7月最大，均值为87.6%，11月最小，均值为71.7%；年均风速为3.6～7.6米/秒，1月最大，均值为7.0米/秒，6月最小，均值为6.2米/秒，冬季（1月）盛行风向为WNW—NE（顺时针，下同），春季（4月）盛行风向为E—SSE，夏季（7月）盛行风向为E—S，秋季（10月）盛行风向为N—E；平均年雾日数为31.2天，4月最多，均值为7.1天，8月未出现；平均年雷暴日数13.0天，7月最多，均值为3.1天；平均年霜日数为2.0天，霜日出现在12月至翌年2月，1月最多，均值为1.2天；平均年降雪日数为3.5天，降雪发生在12月至翌年3月，2月最多，均值为1.6天；年均能见度为15.7～28.3千米，9月最大，均值为27.8千米，4月最小，均值为16.7千米；年均总云量为4.3～6.9成，6月最多，均值为6.4成，8月和12月最少，均为4.2成。

## 第二节　观测环境和观测仪器

### 1. 潮汐

1990年8月开始观测，1994年11月因验潮井筒损坏停测。测点处于黄浦江下游，原上海市川沙县，国家海洋局东海分局码头内侧。验潮井为悬挂式，内径1米，为塑料结构。验潮井在码头区内，不受风浪直接影响，但泥沙淤积严重。

观测仪器为HCJ2型滚筒式验潮仪。

### 2. 海浪

1959年9月开始观测。测点位于引水船驾驶台，船四周开阔，西、西北向是上海市和浅滩，水浅、风区短，东向面临东海，水深、风区长，在相同风力情况下，ENE向、SE向的浪比W向、N向的浪大许多。多数时间是抛锚观测，海浪各特征值为人工目测。

### 3. 表层海水温度、盐度和海发光

1959年9月开始观测，测点位于引水船的左、右舷。表层海水温度和盐度受长江径流和降水影响较大，水温的日变化也较大。

建站初期表层温盐观测是用帆布桶打水，使用表层水温表测量水温，用摩尔-克纽森氯度滴

定法和电导率法测定盐度，1987年后使用光学折射盐度计测定盐度。

海发光为每日天黑后人工目测。

### 4. 气象要素

1959年9月开始观测，无气象观测场，气压观测点位于验潮室内，风速仪架设在东海分局大楼六层楼顶。部分资料抄自上海市气象局。

气温观测仪器为耶拿16型干湿球温度表，气压观测仪器为动槽式水银气压表和空盒式气压计，风速风向观测仪器为EL型电接风向风速计、手提轻便风速仪和阵风仪。云量为人工目测。

# 第二章 潮位

## 第一节 潮汐

### 1. 潮汐类型

利用引水船站3年（1992—1994年）验潮资料分析的调和常数，计算出潮汐系数 $(H_{K_1}+H_{O_1})/H_{M_2}$ 为0.36。按我国潮汐类型分类标准，引水船附近海域为正规半日潮，每个潮汐日（大约24.8小时）有两次高潮和两次低潮，高潮日不等现象较为明显。

### 2. 潮汐特征值

由1992—1994年资料统计分析得出：引水船站平均高潮位为333厘米，平均低潮位为99厘米，平均潮差为234厘米；平均高高潮位为354厘米，平均低低潮位为93厘米，平均大的潮差为261厘米。平均涨潮历时和平均落潮历时分别为4小时40分钟和7小时46分钟，两者相差3小时6分钟。

累年各月潮汐特征值见表2.1-1。

表2.1-1 累年各月潮汐特征值（1992—1994年） 单位：厘米

| 月份 | 平均高潮位 | 平均低潮位 | 平均潮差 | 平均高高潮位 | 平均低低潮位 | 平均大的潮差 |
|---|---|---|---|---|---|---|
| 1 | 303 | 84 | 219 | 324 | 76 | 248 |
| 2 | 303 | 79 | 224 | 323 | 72 | 251 |
| 3 | 319 | 92 | 227 | 336 | 85 | 251 |
| 4 | 328 | 99 | 229 | 347 | 92 | 255 |
| 5 | 331 | 100 | 231 | 355 | 92 | 263 |
| 6 | 341 | 105 | 236 | 366 | 98 | 268 |
| 7 | 352 | 115 | 237 | 377 | 108 | 269 |
| 8 | 365 | 117 | 248 | 385 | 111 | 274 |
| 9 | 363 | 114 | 249 | 382 | 109 | 273 |
| 10 | 350 | 108 | 242 | 370 | 102 | 268 |
| 11 | 328 | 95 | 233 | 350 | 88 | 262 |
| 12 | 308 | 85 | 223 | 330 | 77 | 253 |
| 年 | 333 | 99 | 234 | 354 | 93 | 261 |

注：潮位值均以验潮零点为基面。

平均高潮位和平均低潮位均具有夏秋高、冬春低的特点（图2.1-1）。平均高潮位8月最高，为365厘米，1月和2月最低，均为303厘米，年较差为62厘米；平均低潮位8月最高，为117厘米，2月最低，为79厘米，年较差为38厘米；平均高高潮位8月最高，为385厘米，2月最低，为323厘米，年较差为62厘米；平均低低潮位8月最高，为111厘米，2月最低，为72厘米，年较差为39厘米。平均潮差9月最大,1月最小,年较差为30厘米;平均大的潮差8月最大,1月最小,年较差为26厘米(图2.1-2)。

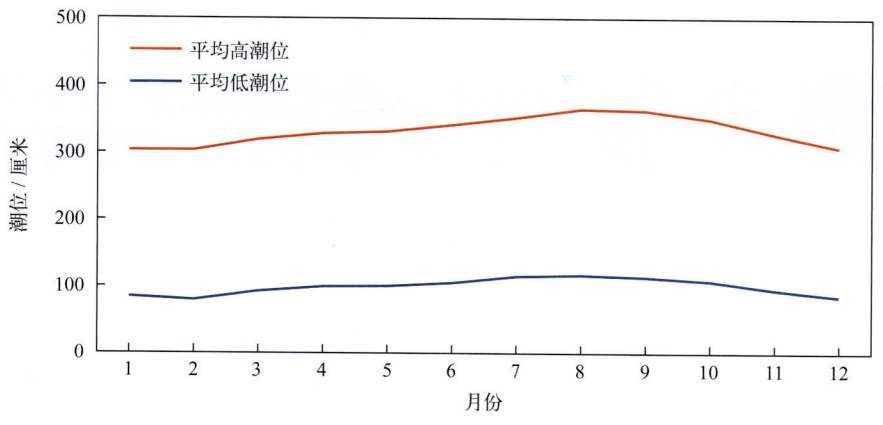

图2.1-1　平均高潮位和平均低潮位年变化

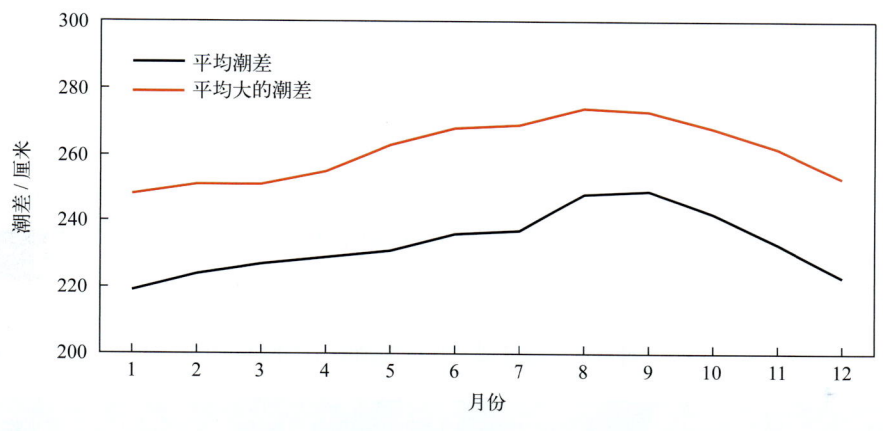

图2.1-2　平均潮差和平均大的潮差年变化

## 第二节　极值潮位

1992—1994年,引水船站最高潮位为513厘米,出现在1992年8月31日,正值9216号台风(Polly)影响期间;最低潮位为27厘米,出现在1993年2月8日(表2.2-1)。

表2.2-1　最高潮位和最低潮位(1992—1994年)

|  | 1月 | 2月 | 3月 | 4月 | 5月 | 6月 | 7月 | 8月 | 9月 | 10月 | 11月 | 12月 |
| --- | --- | --- | --- | --- | --- | --- | --- | --- | --- | --- | --- | --- |
| 最高潮位值/厘米 | 417 | 419 | 415 | 433 | 448 | 438 | 484 | 513 | 466 | 451 | 445 | 429 |
| 最低潮位值/厘米 | 33 | 27 | 36 | 45 | 53 | 52 | 59 | 43 | 57 | 46 | 33 | 33 |

## 第三节　增减水

受地形和气候特征的影响,引水船站出现30厘米以上增水的频率明显高于同等强度减水的频率，超过 60 厘米的增水平均约 17 天出现一次，而超过 60 厘米的减水平均约 94 天出现一次（表 2.3-1）。

表 2.3-1　不同强度增减水平均出现周期（1992—1994 年）

| 范围 / 厘米 | 出现周期 / 天 | |
|---|---|---|
| | 增水 | 减水 |
| >30 | 1.12 | 2.12 |
| >40 | 2.69 | 7.74 |
| >50 | 7.20 | 24.11 |
| >60 | 17.28 | 94.25 |
| >70 | 35.75 | 518.38 |
| >80 | 74.05 | — |
| >90 | 148.11 | — |
| >100 | 518.38 | — |
| >120 | 1 036.75 | — |

"—"表示无数据。

引水船站 80 厘米以上的增水主要出现在 8 月、10 月和 12 月，70 厘米以上的减水多发生在 2 月和 12 月，这些大的增减水过程主要与该海域受温带气旋、寒潮大风以及热带气旋等影响有关（表 2.3-2）。

表 2.3-2　各月不同强度增减水出现频率（1992—1994 年）

| 月份 | 增水 / % | | | | | 减水 / % | | | | |
|---|---|---|---|---|---|---|---|---|---|---|
| | >30 厘米 | >40 厘米 | >50 厘米 | >60 厘米 | >80 厘米 | >30 厘米 | >40 厘米 | >50 厘米 | >60 厘米 | >70 厘米 |
| 1 | 5.97 | 1.93 | 0.87 | 0.18 | 0.00 | 1.15 | 0.28 | 0.05 | 0.00 | 0.00 |
| 2 | 3.27 | 2.47 | 1.21 | 0.55 | 0.00 | 5.99 | 1.86 | 0.70 | 0.35 | 0.05 |
| 3 | 5.96 | 1.72 | 0.41 | 0.09 | 0.00 | 2.17 | 0.59 | 0.27 | 0.05 | 0.00 |
| 4 | 1.89 | 0.52 | 0.09 | 0.05 | 0.00 | 0.76 | 0.19 | 0.05 | 0.00 | 0.00 |
| 5 | 0.67 | 0.00 | 0.00 | 0.00 | 0.00 | 0.72 | 0.04 | 0.04 | 0.00 | 0.00 |
| 6 | 2.94 | 1.17 | 0.33 | 0.05 | 0.00 | 1.59 | 0.33 | 0.09 | 0.00 | 0.00 |
| 7 | 0.96 | 0.32 | 0.05 | 0.05 | 0.00 | 0.96 | 0.41 | 0.18 | 0.00 | 0.00 |
| 8 | 5.34 | 2.65 | 1.41 | 0.82 | 0.36 | 0.87 | 0.09 | 0.00 | 0.00 | 0.00 |
| 9 | 2.80 | 1.12 | 0.61 | 0.23 | 0.00 | 1.40 | 0.42 | 0.19 | 0.05 | 0.00 |
| 10 | 5.15 | 2.66 | 1.17 | 0.54 | 0.18 | 1.90 | 0.59 | 0.09 | 0.00 | 0.00 |
| 11 | 5.90 | 2.17 | 0.17 | 0.06 | 0.00 | 4.56 | 1.39 | 0.33 | 0.00 | 0.00 |
| 12 | 4.09 | 2.25 | 0.61 | 0.27 | 0.14 | 2.52 | 0.54 | 0.14 | 0.14 | 0.07 |

1992—1994年,引水船站最大增水出现在1992年8月30日,为115厘米;最大减水发生在1993年2月8日,为80厘米(表2.3-3)。

表2.3-3 最大增水和最大减水(1992—1994年)

|  | 1月 | 2月 | 3月 | 4月 | 5月 | 6月 | 7月 | 8月 | 9月 | 10月 | 11月 | 12月 |
| --- | --- | --- | --- | --- | --- | --- | --- | --- | --- | --- | --- | --- |
| 最大增水值/厘米 | 72 | 78 | 73 | 74 | 39 | 65 | 78 | 115 | 70 | 99 | 62 | 86 |
| 最大减水值/厘米 | 53 | 80 | 62 | 52 | 55 | 54 | 59 | 49 | 64 | 51 | 56 | 76 |

# 第三章 海浪

## 第一节 海况

引水船站全年及各月各级海况的频率见图3.1-1。全年海况以0～4级为主，频率为90.14%，其中0～3级海况频率为63.66%。全年5级及以上海况频率为9.86%，最大频率出现在12月，为14.14%。全年7级及以上海况频率为0.07%，最大频率出现在1月和12月，均为0.14%，6月、7月和10月未出现。

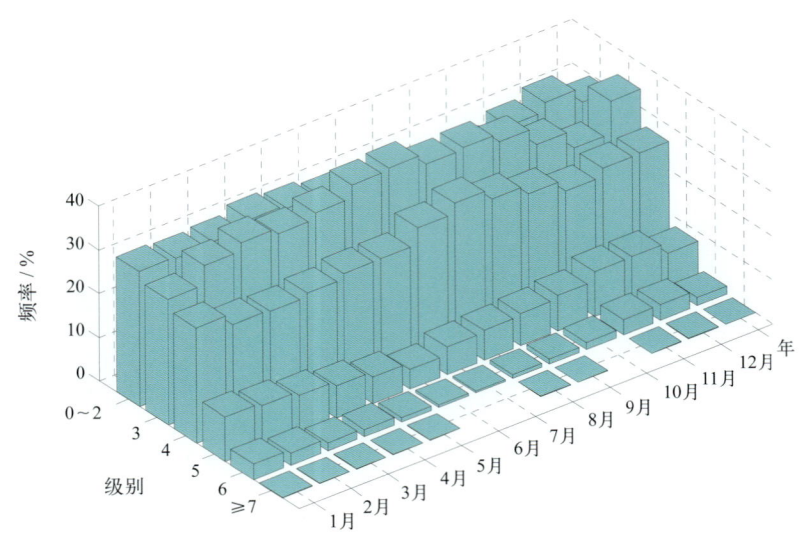

图3.1-1 全年及各月各级海况频率（1960—2001年）

## 第二节 波型

引水船站风浪频率和涌浪频率的年变化见表3.2-1。全年以风浪为主，频率为99.74%，涌浪频率为54.30%。各月风浪频率相差不大，涌浪频率差异较大。涌浪在6月和10月较多，其中6月最多，频率为58.19%，在1月和12月较少，其中1月最少，频率为49.70%。

表3.2-1 各月及全年风浪涌浪频率（1960—2001年）

|  | 1月 | 2月 | 3月 | 4月 | 5月 | 6月 | 7月 | 8月 | 9月 | 10月 | 11月 | 12月 | 年 |
|---|---|---|---|---|---|---|---|---|---|---|---|---|---|
| 风浪/% | 99.68 | 99.83 | 99.38 | 99.72 | 99.87 | 99.42 | 99.79 | 99.90 | 99.84 | 99.86 | 99.88 | 99.70 | 99.74 |
| 涌浪/% | 49.70 | 54.77 | 55.22 | 56.13 | 54.51 | 58.19 | 52.76 | 51.59 | 55.11 | 58.00 | 54.43 | 51.21 | 54.30 |

注：风浪包含F、FU、F/U和U/F波型；涌浪包含U、FU、F/U和U/F波型。

## 第三节 波向

### 1. 各向风浪频率

引水船站各月及全年各向风浪频率见图3.3-1。1月和11月N向风浪居多，NW向次之。

2月N向风浪居多，NNW向次之。3月N向风浪居多，NNE向次之。4—6月SE向风浪居多，SSE向次之。7月SSE向风浪居多，S向次之。8月SSE向风浪居多，SE向次之。9月和10月NE向风浪居多，NNE向次之。12月NW向风浪居多，NNW向次之。全年N向风浪居多，频率为10.55%；NNE向次之，频率为9.23%；WSW向最少，频率为0.96%。

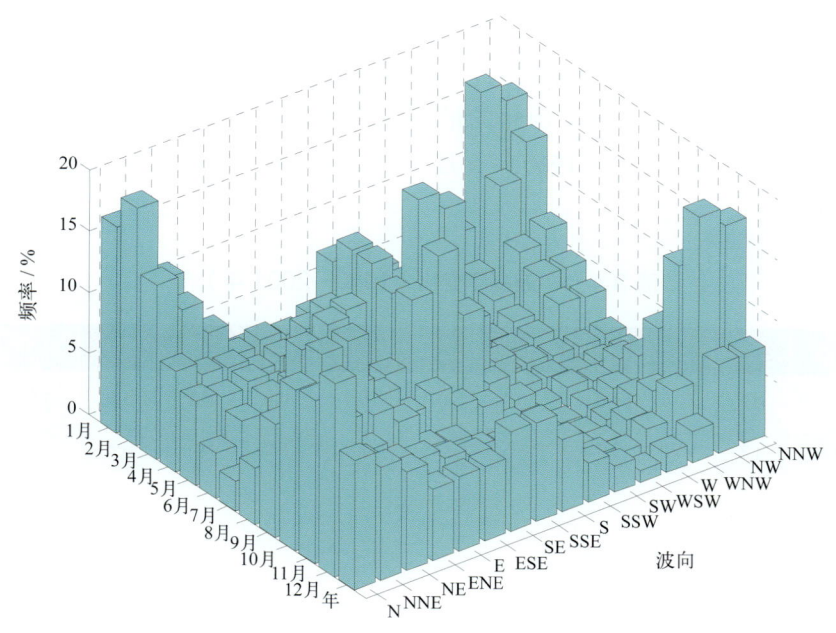

图3.3-1　各月及全年各向风浪频率（1960—2001年）

## 2. 各向涌浪频率

引水船站各月及全年各向涌浪频率见图3.3-2。1月、2月和12月ENE向涌浪居多，E向次之。3月、4月和9—11月E向涌浪居多，ENE向次之。5—8月E向涌浪居多，ESE向次之。全年E向涌浪居多，频率为18.90%；ENE向次之，频率为12.36%；WSW向最少，频率为0.03%。

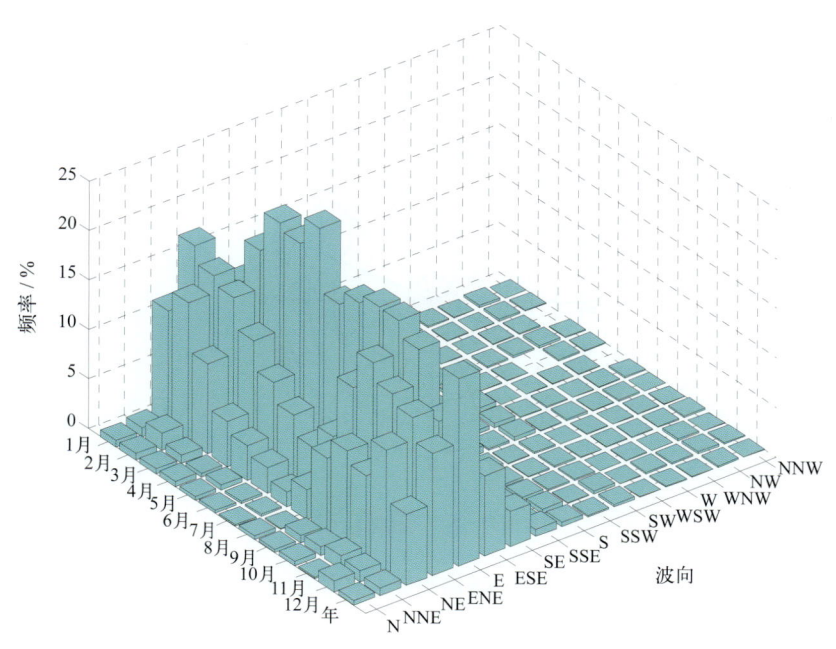

图3.3-2　各月及全年各向涌浪频率（1960—2001年）

## 第四节 波高

### 1. 平均波高和最大波高

引水船站波高的年变化见表3.4-1。月平均波高的年变化不明显，为0.8～1.0米。历年的平均波高为0.6～1.2米。

月最大波高比月平均波高的变化幅度大，极大值出现在5月，为6.5米，极小值出现在4月和7月，均为3.4米，变幅为3.1米。历年的最大波高为2.1～6.5米，大于4.5米的共有5年，其中最大波高的极大值6.5米出现在1960年5月5日，波向为N，对应平均风速为11米/秒，对应平均周期为8.4秒。

表3.4-1 波高年变化（1960—2001年） 单位：米

|  | 1月 | 2月 | 3月 | 4月 | 5月 | 6月 | 7月 | 8月 | 9月 | 10月 | 11月 | 12月 | 年 |
|---|---|---|---|---|---|---|---|---|---|---|---|---|---|
| 平均波高 | 1.0 | 0.9 | 0.9 | 0.9 | 0.9 | 0.8 | 0.9 | 0.9 | 0.9 | 1.0 | 1.0 | 1.0 | 0.9 |
| 最大波高 | 4.8 | 4.7 | 4.0 | 3.4 | 6.5 | 3.5 | 3.4 | 6.2 | 4.1 | 4.6 | 4.8 | 4.6 | 6.5 |

### 2. 各向平均波高和最大波高

全年及各季代表月各向波高的分布见表3.4-2、图3.4-1和图3.4-2。全年各向平均波高为0.6～1.2米，大值主要分布于WNW—NNE向，其中NW向和NNW向最大，小值主要分布于SSW—WSW向，其中SW向最小。全年各向最大波高N向最大，为6.5米；NE向次之，为6.4米；SW向最小，为2.4米。

表3.4-2 全年各向平均波高和最大波高（1960—2001年） 单位：米

|  | N | NNE | NE | ENE | E | ESE | SE | SSE | S | SSW | SW | WSW | W | WNW | NW | NNW |
|---|---|---|---|---|---|---|---|---|---|---|---|---|---|---|---|---|
| 平均波高 | 1.1 | 1.1 | 0.9 | 0.8 | 0.8 | 0.8 | 0.9 | 1.0 | 0.8 | 0.7 | 0.6 | 0.7 | 0.8 | 1.1 | 1.2 | 1.2 |
| 最大波高 | 6.5 | 3.8 | 6.4 | 4.8 | 6.2 | 3.8 | 4.8 | 4.1 | 4.6 | 2.7 | 2.4 | 2.8 | 4.6 | 3.3 | 4.7 | 4.7 |

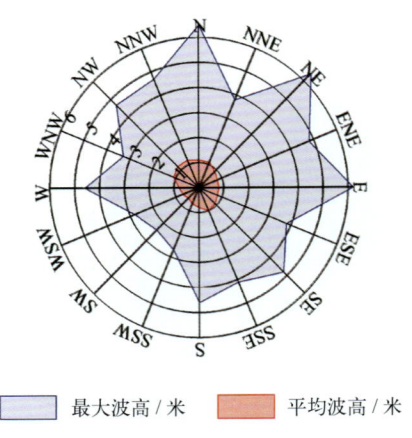

图3.4-1 全年各向平均波高和最大波高（1960—2001年）

1月平均波高 NW 向和 NNW 向最大，均为 1.2 米；S—SW 向最小，均为 0.5 米。最大波高 N 向最大，为 4.8 米；NW 向次之，为 4.3 米；SSW 向和 WSW 向最小，均为 1.2 米。

4月平均波高 N 向和 NNW 向最大，均为 1.2 米；SSW 向和 SW 向最小，均为 0.6 米。最大波高 N 向和 E 向最大，均为 3.4 米；ESE 向次之，为 3.2 米；WSW 向最小，为 1.5 米。

7月平均波高 SSE 向最大，为 1.1 米；SW 向和 WSW 向最小，均为 0.7 米。最大波高 NE 向最大，为 3.4 米；ENE 向、E 向和 S 向次之，均为 3.2 米；W 向最小，为 1.7 米。

10月平均波高 WNW 向和 NW 向最大，均为 1.2 米；SSE 向、SSW 向和 SW 向最小，均为 0.7 米。最大波高 N 向和 NW 向最大，均为 4.6 米；NNE 向和 ESE 向次之，均为 3.3 米；SW 向最小，为 1.4 米。

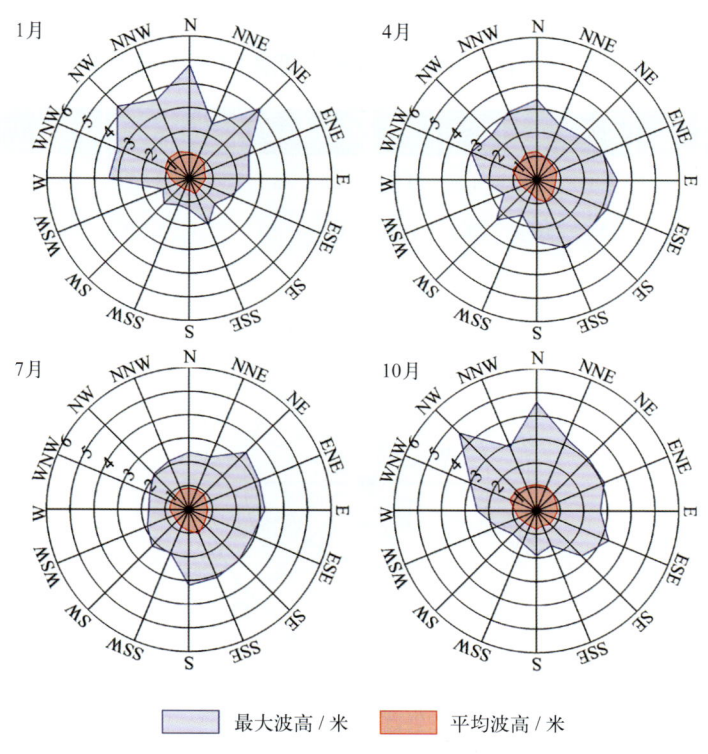

图 3.4-2　四季代表月各向平均波高和最大波高（1960—2001年）

## 第五节　周期

### 1. 平均周期和最大周期

引水船站周期的年变化见表 3.5-1。月平均周期的年变化不明显，为 3.6~3.8 秒。月最大周期的年变化幅度较大，极大值出现在 9 月，为 16.1 秒，极小值出现在 3 月，为 8.8 秒。历年的最大周期均大于等于 6.1 秒，大于等于 15.0 秒的共有 3 年，其中最大周期的极大值 16.1 秒出现在 1967 年 9 月 8 日，波向为 E。

表 3.5-1　周期年变化（1960—2001 年）　　　　　　　　　　　单位：秒

| | 1月 | 2月 | 3月 | 4月 | 5月 | 6月 | 7月 | 8月 | 9月 | 10月 | 11月 | 12月 | 年 |
|---|---|---|---|---|---|---|---|---|---|---|---|---|---|
| 平均周期 | 3.6 | 3.6 | 3.7 | 3.7 | 3.8 | 3.7 | 3.7 | 3.7 | 3.7 | 3.8 | 3.7 | 3.6 | 3.7 |
| 最大周期 | 10.3 | 10.9 | 8.8 | 11.3 | 15.6 | 12.3 | 14.3 | 15.0 | 16.1 | 14.5 | 13.4 | 10.4 | 16.1 |

## 2. 各向平均周期和最大周期

全年及各季代表月各向周期的分布见表 3.5-2、图 3.5-1 和图 3.5-2。全年各向平均周期为 2.8 ~ 4.7 秒，E 向和 ENE 向周期值较大。全年各向最大周期 E 向最大，为 16.1 秒；ESE 向次之，为 15.6 秒；WSW 向最小，为 4.6 秒。

表 3.5-2　全年各向平均周期和最大周期（1960—2001 年）　　　　　　单位：秒

| | N | NNE | NE | ENE | E | ESE | SE | SSE | S | SSW | SW | WSW | W | WNW | NW | NNW |
|---|---|---|---|---|---|---|---|---|---|---|---|---|---|---|---|---|
| 平均周期 | 3.2 | 3.2 | 3.8 | 4.4 | 4.7 | 4.1 | 3.6 | 3.3 | 3.1 | 2.8 | 2.8 | 2.8 | 2.9 | 3.1 | 3.2 | 3.1 |
| 最大周期 | 8.4 | 7.9 | 10.2 | 13.9 | 16.1 | 15.6 | 13.7 | 8.3 | 7.3 | 5.3 | 6.0 | 4.6 | 7.3 | 8.9 | 7.4 | 7.0 |

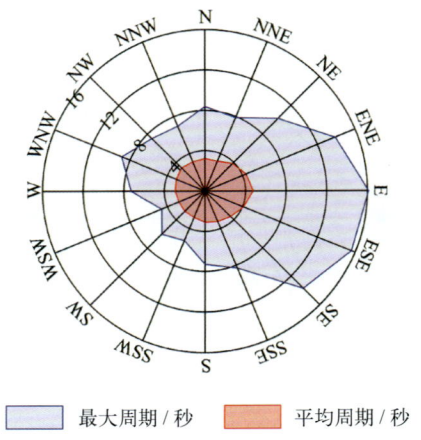

图 3.5-1　全年各向平均周期和最大周期（1960—2001 年）

1 月平均周期 E 向最大，为 4.6 秒；SSW 向和 SW 向最小，均为 2.6 秒。最大周期 ENE 向最大，为 10.3 秒；NE 向次之，为 8.6 秒；SSW—WSW 向最小，均为 4.0 秒。

4 月平均周期 E 向最大，为 4.7 秒；WSW 向最小，为 2.5 秒。最大周期 ESE 向最大，为 11.3 秒；E 向次之，为 11.2 秒；WSW 向最小，为 3.2 秒。

7 月平均周期 E 向最大，为 4.9 秒；W—NW 向最小，均为 2.8 秒。最大周期 E 向和 ESE 向最大，均为 14.3 秒；SE 向次之，为 13.7 秒；WNW 向最小，为 3.8 秒。

10 月平均周期 E 向最大，为 4.8 秒；SSW 向最小，为 2.7 秒。最大周期 E 向最大，为 14.5 秒；ESE 向次之，为 10.9 秒；WSW 向最小，为 3.7 秒。

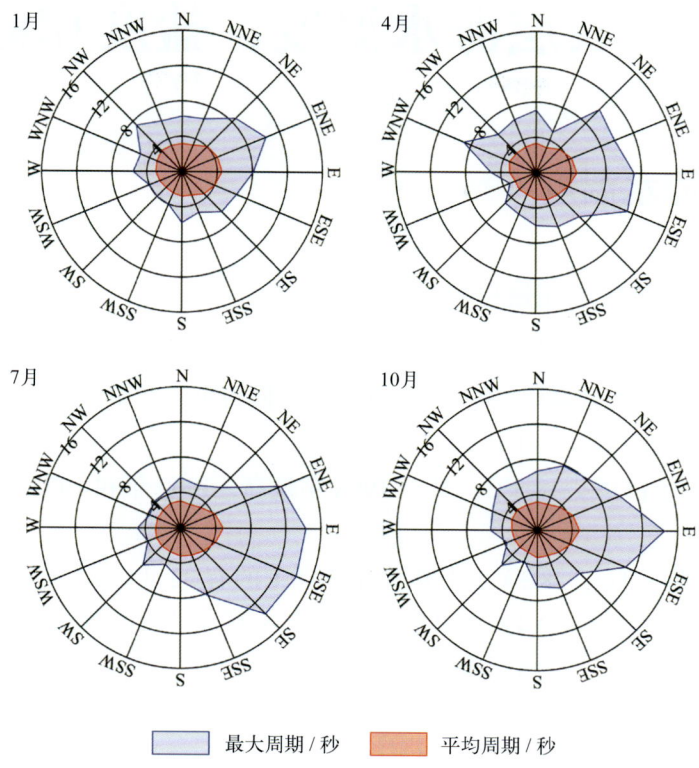

图3.5-2 四季代表月各向平均周期和最大周期（1960—2001年）

# 第四章　表层海水温度、盐度和海发光

## 第一节　表层海水温度

### 1. 平均水温、最高水温和最低水温

引水船站月平均水温的年变化具有峰谷明显的特点，8月最高，为27.9℃，2月最低，为6.0℃，年较差为21.9℃。3—8月为升温期，9月至翌年2月为降温期。月最高水温和月最低水温的年变化特征与月平均水温相似（图4.1-1）。

历年的平均水温为15.9～18.5℃，其中1998年最高，1969年和1972年均为最低。累年平均水温为16.8℃。

历年的最高水温均不低于28.3℃，其中大于30.0℃的有32年，大于31.0℃的有9年，出现时间为7—9月。水温极大值为32.4℃，出现在1983年8月3日。

历年的最低水温均不高于5.7℃，其中小于3℃的有12年，小于2℃的有4年，出现时间为12月至翌年3月，2月最多。水温极小值为1.4℃，出现在1977年2月17日。

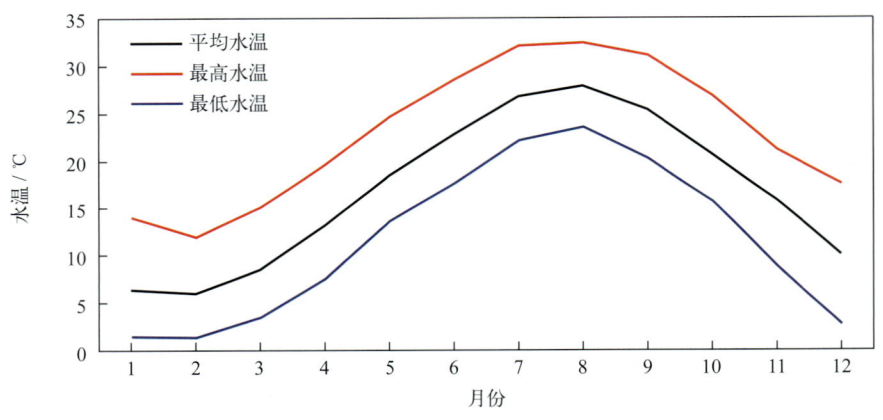

图4.1-1　水温年变化（1960—2001年）

### 2. 日平均水温稳定通过界限温度的日期

采用五日滑动平均方法求出稳定通过各个界限温度的日期，见表4.1-1。日平均水温全年均稳定通过5℃，稳定通过10℃的有261天，稳定通过15℃的有209天，稳定通过20℃的有148天，稳定通过25℃的初日为7月2日，终日为9月17日，共78天。

表4.1-1　日平均水温稳定通过界限温度的日期（1960—2001年）

|  | 10℃ | 15℃ | 20℃ | 25℃ |
| --- | --- | --- | --- | --- |
| 初日 | 3月30日 | 4月26日 | 5月26日 | 7月2日 |
| 终日 | 12月15日 | 11月20日 | 10月20日 | 9月17日 |
| 天数 | 261 | 209 | 148 | 78 |

### 3. 长期趋势变化

1960—2000年,年平均水温和年最低水温均呈波动上升趋势,上升速率分别为0.21℃/(10年)和0.37℃/(10年),年最高水温无明显变化趋势,其中1983年最高水温为1960年以来的第一高值,1994年和1998年最高水温均为1960年以来的第二高值,1977年和1967年最低水温分别为1960年以来的第一低值和第二低值。

十年平均水温变化显示,1970—1979年平均水温最低,1990—1999年平均水温较上一个十年升幅最大,升幅为0.58℃(图4.1-2)。

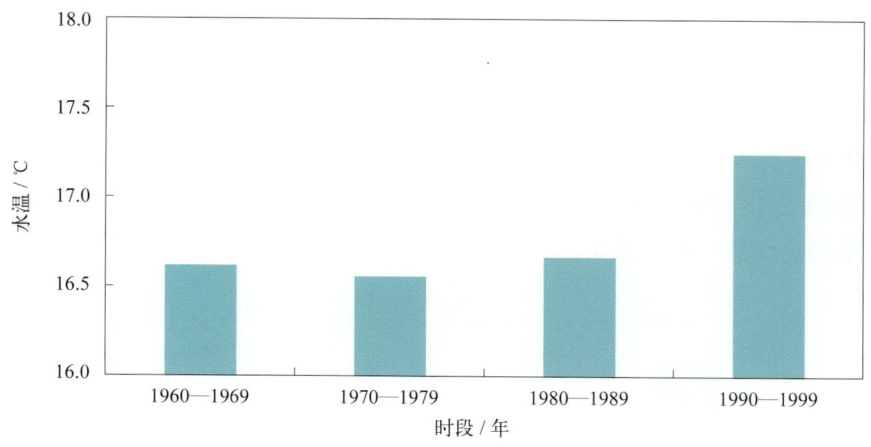

图4.1-2　十年平均水温变化

## 第二节　表层海水盐度

### 1. 平均盐度、最高盐度和最低盐度

引水船站月平均盐度的年变化具有冬春季较高、夏秋季较低的特点,最高值出现在2月,为19.61,最低值出现在7月,为8.06,年较差为11.55。月最高盐度1月最大,6月最小。月最低盐度12月最大,7月和8月均为最小(图4.2-1)。

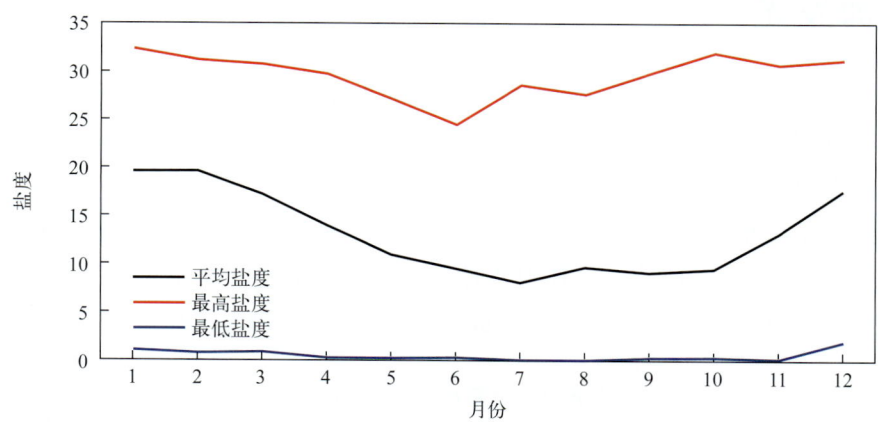

图4.2-1　盐度年变化(1960—2001年)

历年（1995年数据有缺测）的平均盐度为9.41～16.88，其中1966年最高，1983年最低。累年平均盐度为13.14。

历年的最高盐度均大于22.80，其中大于28.00的有25年，大于31.00的有5年。年最高盐度多出现在冬春季，夏秋季较少。盐度极大值为32.40，出现在1997年1月9日。

历年的最低盐度均小于3.50，其中小于1.00的有21年，小于0.50的有12年。年最低盐度多出现在7—9月，出现在7月的有11年，出现在8月的有9年。盐度极小值为0.10，出现在1962年8月6日和1967年7月2日。

### 2. 长期趋势变化

1974—1989年观测记录的盐度为日平均值，年平均盐度长期趋势变化统计结果仅供参考，年最高盐度和年最低盐度未做统计。1960—2000年，年平均盐度呈波动下降趋势，下降速率为0.83 /（10年）。

十年平均盐度变化显示，1960—1969年平均盐度最高，1980—1989年平均盐度最低，比1960—1969年平均盐度低3.92（图4.2-2）。

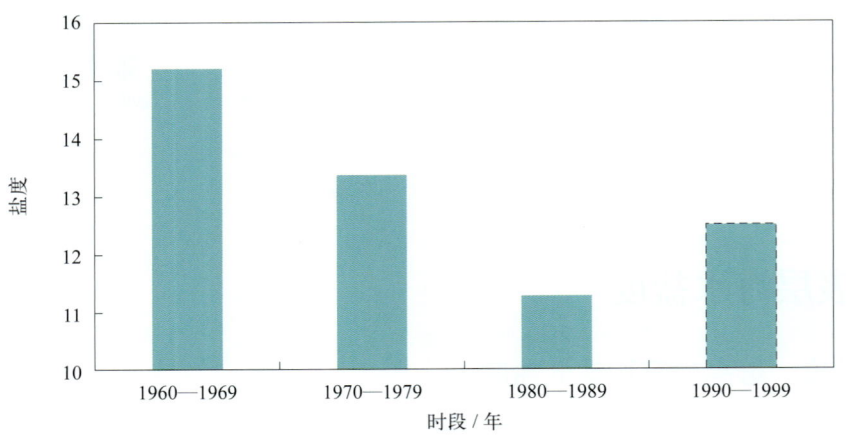

图4.2-2　十年平均盐度变化（数据不足十年加虚线框表示，下同）

## 第三节　海发光

1960—2001年，引水船站观测到的海发光主要为火花型（H），弥漫型（M）出现10次。海发光以1级海发光为主，占海发光次数的89.1%；2级海发光次之，占8.4%；4级海发光出现了1次，出现时间为1972年6月26日。

各月及全年海发光频率见表4.3-1和图4.3-1。海发光主要出现在6—10月，其中8月最多；11月至翌年5月出现较少，其中2月最少。累年平均海发光频率为7.0%。

历年海发光频率均不大于30.4%，其中1967年海发光频率最大，有9年未观测到海发光。

表4.3-1　各月及全年海发光频率（1960—2001年）

| | 1月 | 2月 | 3月 | 4月 | 5月 | 6月 | 7月 | 8月 | 9月 | 10月 | 11月 | 12月 | 年 |
|---|---|---|---|---|---|---|---|---|---|---|---|---|---|
| 频率/% | 1.2 | 0.7 | 2.1 | 2.4 | 5.2 | 10.9 | 9.9 | 19.8 | 16.9 | 8.0 | 4.7 | 1.5 | 7.0 |

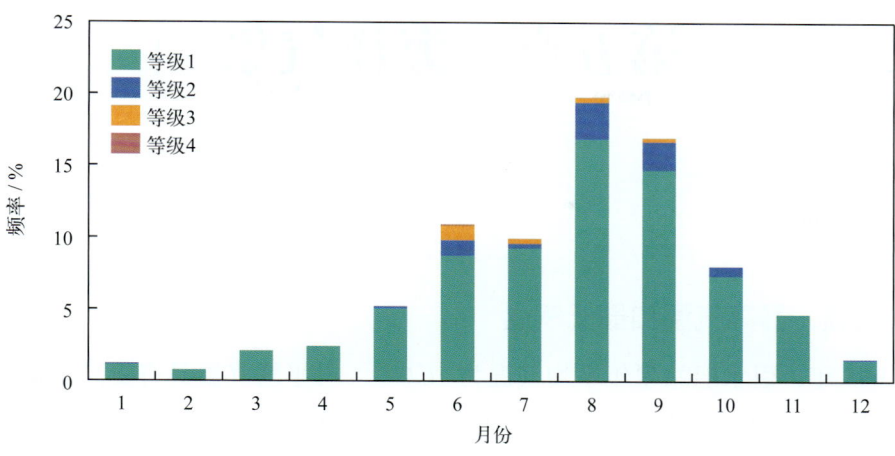

图4.3-1　各月各级海发光频率（1960—2001年）

# 第五章 海洋气象

## 第一节 气温

### 1. 平均气温、最高气温和最低气温

1960—1995 年,引水船站累年平均气温为 16.0℃。月平均气温具有夏高冬低的变化特征,8 月最高,为 27.3℃,1 月最低,为 4.9℃,年较差为 22.4℃。月最高气温和月最低气温的年变化特征与月平均气温相似,月最高气温极大值出现在 8 月,月最低气温极小值出现在 1 月(表 5.1-1,图 5.1-1)。

表 5.1-1 气温年变化(1960—1995 年)　　　　　　　　　　　　　　　　单位:℃

| | 1月 | 2月 | 3月 | 4月 | 5月 | 6月 | 7月 | 8月 | 9月 | 10月 | 11月 | 12月 | 年 |
|---|---|---|---|---|---|---|---|---|---|---|---|---|---|
| 平均气温 | 4.9 | 5.1 | 8.0 | 12.8 | 17.9 | 22.2 | 26.7 | 27.3 | 24.5 | 19.7 | 14.3 | 8.1 | 16.0 |
| 最高气温 | 14.2 | 13.8 | 18.2 | 24.8 | 27.4 | 30.6 | 34.3 | 36.5 | 33.4 | 27.8 | 23.0 | 18.9 | 36.5 |
| 最低气温 | -5.6 | -4.2 | -1.0 | 4.1 | 10.8 | 16.1 | 19.5 | 20.6 | 17.0 | 8.3 | -0.1 | -5.0 | -5.6 |

注:1995年7月停测。

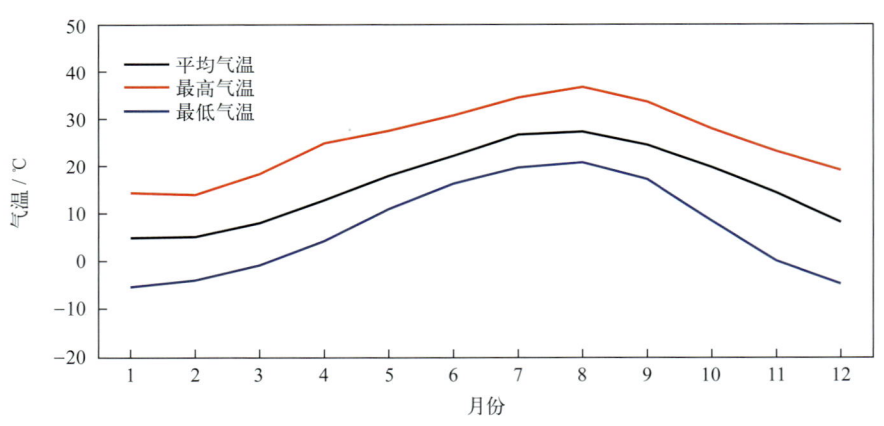

图5.1-1　气温年变化(1960—1995年)

历年的平均气温为 15.1 ~ 17.4℃,其中 1961 年最高,1972 年最低。

历年的最高气温均高于 29.5℃,其中高于 32.0℃的有 12 年,高于 34.0℃的有 4 年。最早出现时间为 7 月 6 日(1972 年),最晚出现时间为 8 月 22 日(1969 年)。8 月最高气温出现频率最高,占统计年份的 51%,7 月次之,占 46%(图 5.1-2)。极大值为 36.5℃,出现在 1966 年 8 月 3 日和 5 日。

历年的最低气温均低于 1.0℃,其中低于 -2.0℃的有 16 年,低于 -5.0℃的有 3 年。最早出现时间为 12 月 13 日(1972 年),最晚出现时间为 2 月 26 日(1981 年)。1 月最低气温出现频率最高,占统计年份的 46%,2 月次之,占 31%(图 5.1-2)。极小值为 -5.6℃,出现在 1967 年 1 月 15 日。

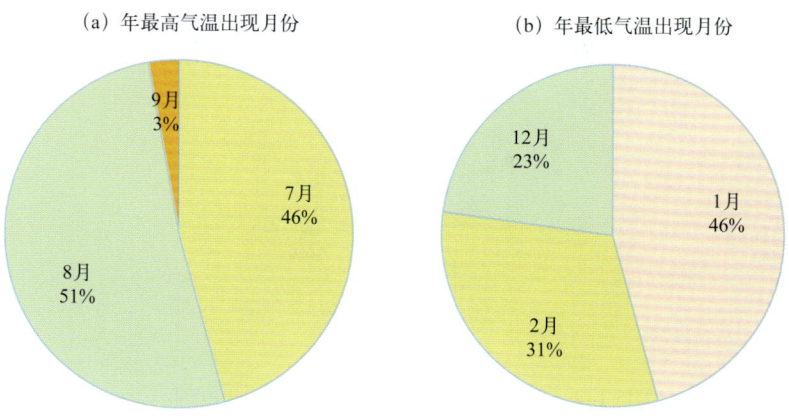

图5.1-2 年最高、最低气温出现月份及频率（1960—1995年）

## 2. 长期趋势变化

1960—1994年，引水船站年平均气温和年最高气温均呈波动下降趋势，下降速率分别为0.13℃/（10年）（线性趋势均未通过显著性检验）和0.58℃/（10年），年最低气温无明显变化趋势。

十年平均气温变化显示，1960—1969年平均气温最高，为16.2℃，1980—1989年平均气温最低，为15.7℃（图5.1-3）。

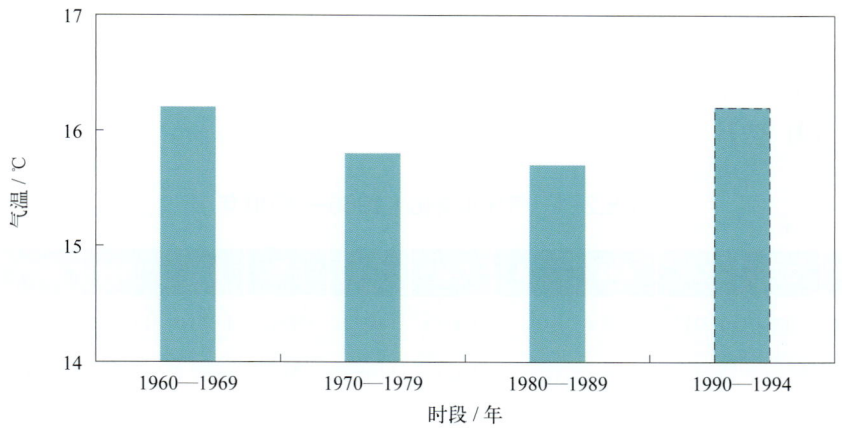

图5.1-3 十年平均气温变化

## 3. 常年自然天气季节和大陆度

利用引水船站1966—1995年气温累年日平均数据计算五日滑动平均气温，根据《气候季节划分》（QX/T 152—2012）方法，引水船站平均春季时间从4月4日至6月15日，共73天；平均夏季时间从6月16日至10月2日，共109天；平均秋季时间从10月3日至12月8日，共67天；平均冬季时间从12月9日至翌年4月3日，共116天。冬季时间最长，秋季时间最短（图5.1-4）。

引水船站焦金斯基大陆度指数为53.4%，属大陆性季风气候。

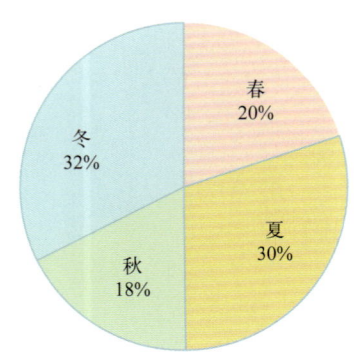

图5.1-4 四季平均日数百分率（1966—1995年）

## 第二节 气压

### 1. 平均气压、最高气压和最低气压

1966—2000年，引水船站累年平均气压为1 017.1百帕。月平均气压具有冬高夏低的变化特征，1月和12月最高，均为1 026.8百帕，7月最低，为1 005.5百帕，年较差为21.3百帕。月最高气压1月最大，7月最小。月最低气压12月最大，8月最小（表5.2-1，图5.2-1）。

历年的平均气压为1 015.8～1 019.4百帕，其中1970年最高，2000年最低。

历年的最高气压均高于1 034.5百帕，其中高于1 040.0百帕的有10年。极大值为1 045.1百帕，出现在1970年1月5日。

历年的最低气压均低于1 001.5百帕，其中低于990.0百帕的有4年。极小值为983.0百帕，出现在1986年8月27日。

表5.2-1 气压年变化（1966—2000年） 单位：百帕

| | 1月 | 2月 | 3月 | 4月 | 5月 | 6月 | 7月 | 8月 | 9月 | 10月 | 11月 | 12月 | 年 |
|---|---|---|---|---|---|---|---|---|---|---|---|---|---|
| 平均气压 | 1 026.8 | 1 025.0 | 1 021.3 | 1 016.4 | 1 011.9 | 1 007.4 | 1 005.5 | 1 006.9 | 1 013.0 | 1 019.7 | 1 024.1 | 1 026.8 | 1 017.1 |
| 最高气压 | 1 045.1 | 1 040.7 | 1 041.6 | 1 036.3 | 1 026.7 | 1 018.6 | 1 015.3 | 1 016.7 | 1 027.5 | 1 033.7 | 1 039.7 | 1 042.3 | 1 045.1 |
| 最低气压 | 1 007.9 | 1 002.6 | 995.9 | 998.4 | 996.7 | 992.1 | 990.5 | 983.0 | 983.4 | 1 000.3 | 1 005.4 | 1 010.5 | 983.0 |

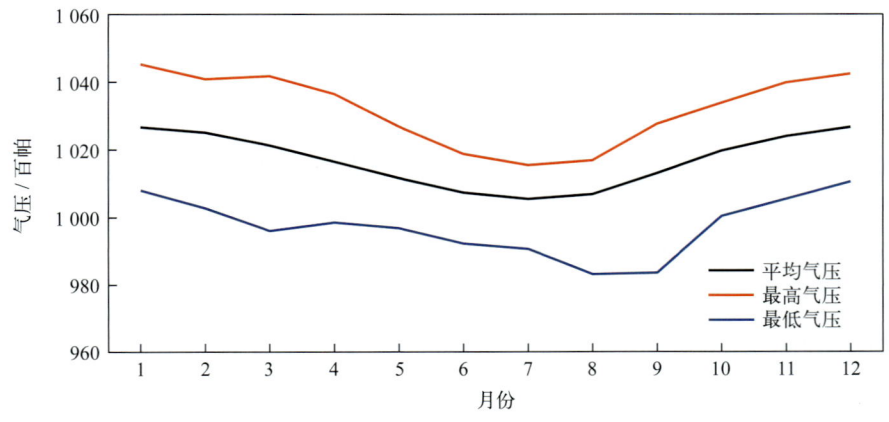

图5.2-1 气压年变化（1966—2000年）

### 2. 长期趋势变化

引水船站气压观测是在不同的船舶上进行，约 10 天一个航次，观测高度变化频繁，故不做长期趋势变化分析。

## 第三节 相对湿度

### 1. 平均相对湿度和最小相对湿度

1962—1995 年，引水船站累年平均相对湿度为 79.5%。月平均相对湿度 7 月最大，为 87.6%，11 月最小，为 71.7%。平均月最小相对湿度 7 月最大，为 70.3%，11 月最小，为 37.0%。最小相对湿度的极小值为 21%，出现在 1968 年 1 月 15 日、1980 年 12 月 27 日和 1981 年 5 月 3 日（表 5.3-1，图 5.3-1）。

表 5.3-1 相对湿度年变化（1962—1995 年）

|  | 1月 | 2月 | 3月 | 4月 | 5月 | 6月 | 7月 | 8月 | 9月 | 10月 | 11月 | 12月 | 年 |
| --- | --- | --- | --- | --- | --- | --- | --- | --- | --- | --- | --- | --- | --- |
| 平均相对湿度 /% | 75.0 | 77.5 | 80.7 | 83.7 | 84.6 | 87.5 | 87.6 | 84.0 | 76.9 | 71.9 | 71.7 | 72.6 | 79.5 |
| 平均最小相对湿度 /% | 38.3 | 40.7 | 42.9 | 44.7 | 47.9 | 62.1 | 70.3 | 63.1 | 49.0 | 39.6 | 37.0 | 37.3 | 47.7 |
| 最小相对湿度 /% | 21 | 28 | 31 | 30 | 21 | 50 | 61 | 47 | 33 | 25 | 26 | 21 | 21 |

注：平均最小相对湿度为各月最小相对湿度的累年平均值及其年平均值。1962年数据有缺测，1995年7月停测。

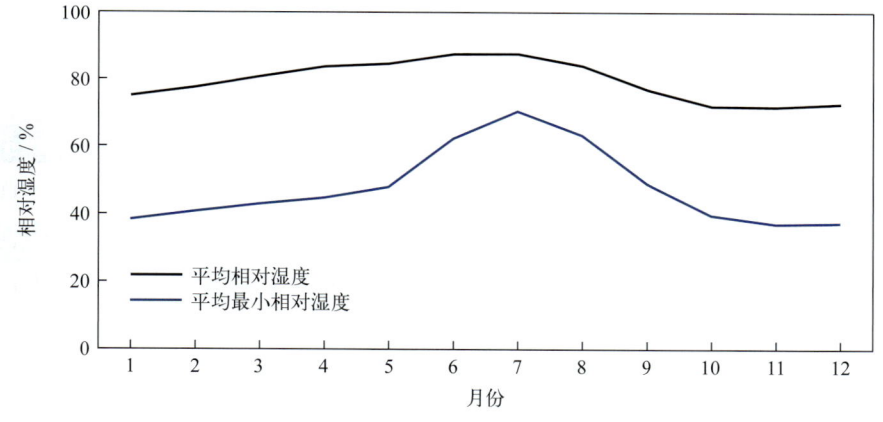

图5.3-1 相对湿度年变化（1962—1995年）

### 2. 长期趋势变化

1963—1994 年，引水船站年平均相对湿度为 77.4% ~ 81.2%，其中 1972 年最大，1973 年最小，年平均相对湿度呈上升趋势，上升速率为 0.26%/（10 年）（线性趋势未通过显著性检验）。十年平均相对湿度变化显示，引水船站十年平均相对湿度变化不大（图 5.3-2）。

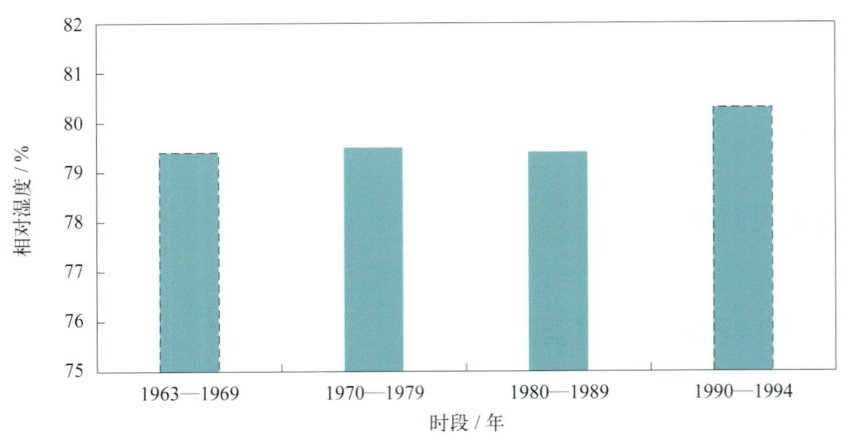

图5.3-2 十年平均相对湿度变化

### 3. 温湿指数

根据《人居环境气候舒适度评价》(GB/T 27963—2011)的温湿指数统计方法和气候舒适度等级划分方法,统计引水船站各月温湿指数,结果显示:12月至翌年4月温湿指数为6.2～13.0,感觉为寒冷;11月温湿指数为14.3,感觉为冷;5—6月和9—10月温湿指数为17.6～23.2,感觉为舒适;7月和8月温湿指数分别为25.9和26.2,感觉为热(表5.3-2)。

表5.3-2 温湿指数年变化(1962—1995年)

| | 1月 | 2月 | 3月 | 4月 | 5月 | 6月 | 7月 | 8月 | 9月 | 10月 | 11月 | 12月 |
|---|---|---|---|---|---|---|---|---|---|---|---|---|
| 温湿指数 | 6.2 | 6.3 | 8.7 | 13.0 | 17.6 | 21.7 | 25.9 | 26.2 | 23.2 | 18.9 | 14.3 | 9.0 |
| 感觉程度 | 寒冷 | 寒冷 | 寒冷 | 寒冷 | 舒适 | 舒适 | 热 | 热 | 舒适 | 舒适 | 冷 | 寒冷 |

## 第四节 风

### 1. 平均风速和最大风速

引水船站风速的年变化见表5.4-1和图5.4-1。累年平均风速为6.7米/秒,月平均风速1月最大,为7.0米/秒,6月最小,为6.2米/秒。平均最大风速8月最大,为18.4米/秒,6月最小,为15.5米/秒。最大风速月最大值对应风向多为NW向(4个月)。

表5.4-1 风速年变化(1960—1999年) 单位:米/秒

| | | 1月 | 2月 | 3月 | 4月 | 5月 | 6月 | 7月 | 8月 | 9月 | 10月 | 11月 | 12月 | 年 |
|---|---|---|---|---|---|---|---|---|---|---|---|---|---|---|
| 平均风速 | | 7.0 | 6.8 | 6.7 | 6.5 | 6.3 | 6.2 | 6.6 | 6.9 | 6.7 | 6.6 | 6.9 | 6.9 | 6.7 |
| 最大风速 | 平均值 | 16.8 | 16.2 | 15.7 | 16.3 | 16.7 | 15.5 | 16.4 | 18.4 | 16.5 | 16.8 | 17.7 | 17.5 | 16.7 |
| | 最大值 | 22.0 | 22.7 | 21.0 | 22.0 | 25.0 | 24.0 | 25.0 | 30.3 | 26.7 | 23.7 | 24.3 | 24.0 | 30.3 |
| | 对应风向 | NW | NNW | N | E/NW/NNW | W | SE | NW | NNE | NNE | N | NW | NNW | NNE |

注:1999年数据有缺测。

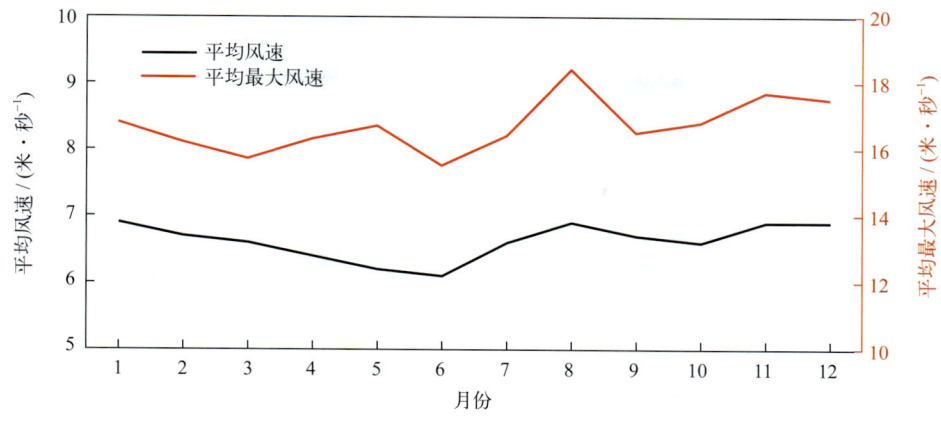

图5.4-1 平均风速和平均最大风速年变化（1960—1999年）

历年的平均风速为3.6～7.6米/秒，其中1984年最大，1997年最小。历年的最大风速均大于等于14.0米/秒，其中大于等于24.0米/秒的有9年。最大风速的最大值为30.3米/秒，出现在1986年8月27日，风向为NNE，正值8615号台风影响期间。年最大风速出现在8月的频率最高，2月和3月未出现（图5.4-2）。

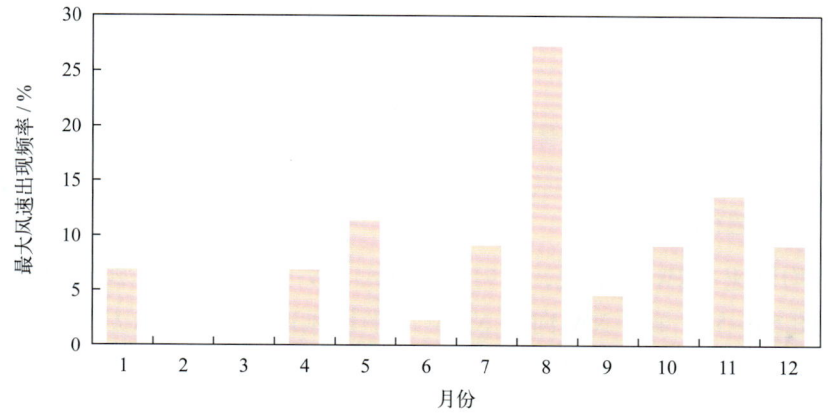

图5.4-2 年最大风速出现频率（1960—1999年）

## 2. 各向风频率

全年NE向风最多，频率为9.0%，SSE向次之，频率为8.9%，WSW向最少，频率为1.8%（图5.4-3）。

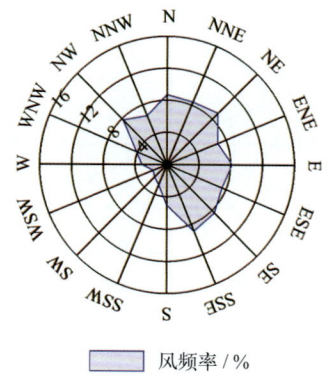

图5.4-3 全年各向风频率（1966—1999年）

1月盛行风向为WNW—NE，频率和为69.2%；4月盛行风向为E—SSE，频率和为44.4%；7月盛行风向为E—S，频率和为66.1%；10月盛行风向为N—E，频率和为60.3%（图5.4-4）。

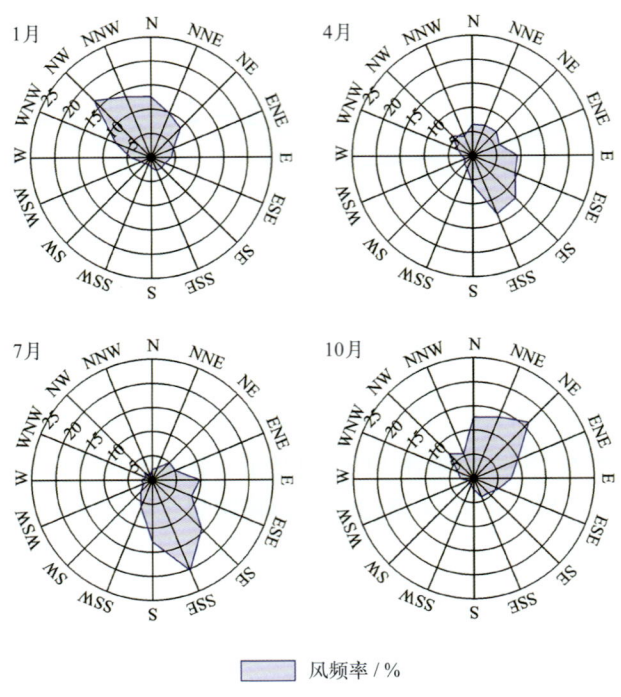

图5.4-4　四季代表月各向风频率（1966—1999年）

### 3. 各向平均风速和最大风速

全年各向平均风速NNW向最大，为7.5米/秒，NW向次之，为7.2米/秒，WSW向最小，为3.6米/秒（图5.4-5）。1月NW向和NNW向平均风速超过8.0米/秒，其中NW向最大，为9.0米/秒；4月NNW向最大，为8.4米/秒；7月SSE向最大，为7.2米/秒；10月NW向最大，为8.2米/秒（图5.4-6）。

全年各向最大风速NNE向最大，为30.3米/秒，E向、W向和NW向次之，均为25.0米/秒，SW向最小，为15.0米/秒（图5.4-5）。1月NW向最大风速最大，为22.0米/秒；4月E向、NW向和NNW向最大，均为22.0米/秒；7月NW向最大，为25.0米/秒；10月N向最大，为23.7米/秒（图5.4-6）。

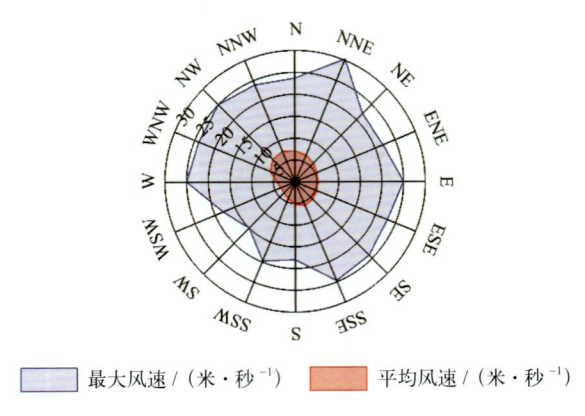

图5.4-5　全年各向平均风速和最大风速（1966—1999年）

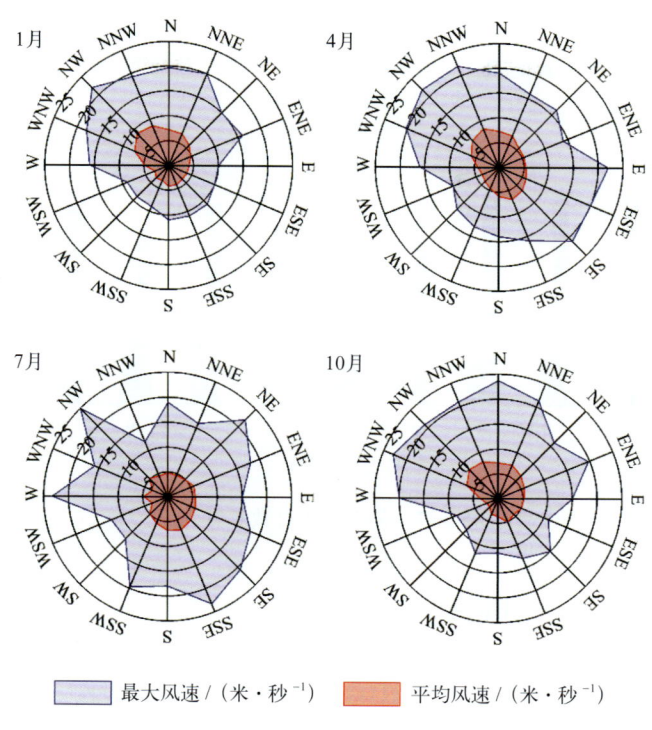

图5.4-6 四季代表月各向平均风速和最大风速（1966—1999年）

## 4. 大风日数

风力大于等于6级的大风日数12月最多，为10.1天，占全年的10.5%，1月次之，为9.9天（表5.4-2，图5.4-7）。平均年大风日数为95.9天（表5.4-2）。历年大风日数1972年最多，为148天，1999年最少，为17天。

风力大于等于8级的大风日数8月、11月和12月最多，均为0.9天，3月和6月最少，均为0.3天。历年大风日数1983年最多，为15天，有4年未出现。

风力大于等于6级的月大风日数最多为20天，出现在1979年4月和1984年12月；最长连续大于等于6级大风日数为16天，出现在1984年12月14—29日（表5.4-2）。

表5.4-2 各级大风日数年变化（1960—1999年） 单位：天

| | 1月 | 2月 | 3月 | 4月 | 5月 | 6月 | 7月 | 8月 | 9月 | 10月 | 11月 | 12月 | 年 |
|---|---|---|---|---|---|---|---|---|---|---|---|---|---|
| 大于等于6级大风平均日数 | 9.9 | 8.3 | 8.2 | 8.4 | 6.5 | 5.7 | 7.0 | 7.9 | 7.0 | 7.8 | 9.1 | 10.1 | 95.9 |
| 大于等于7级大风平均日数 | 3.3 | 3.1 | 2.6 | 2.1 | 2.0 | 1.4 | 1.8 | 2.9 | 2.5 | 2.9 | 4.4 | 4.2 | 33.2 |
| 大于等于8级大风平均日数 | 0.5 | 0.6 | 0.3 | 0.6 | 0.5 | 0.3 | 0.5 | 0.9 | 0.5 | 0.6 | 0.9 | 0.9 | 7.1 |
| 大于等于6级大风最多日数 | 18 | 18 | 17 | 20 | 12 | 13 | 16 | 19 | 16 | 15 | 17 | 20 | 148 |
| 最长连续大于等于6级大风日数 | 7 | 9 | 7 | 9 | 6 | 9 | 9 | 8 | 7 | 6 | 7 | 16 | 16 |

注：大于等于6级大风统计时间为1960—1999年，大于等于7级和大于等于8级大风统计时间为1966—1999年。

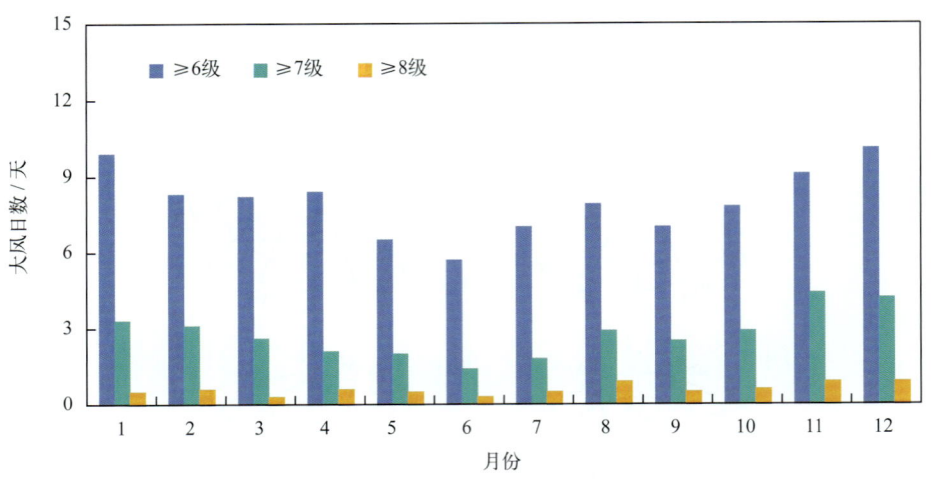

图5.4-7　各级大风日数年变化

## 第五节　雾及其他天气现象

### 1. 雾

引水船站雾日数的年变化见表5.5-1、图5.5-1和图5.5-2。1966—1995年，平均年雾日数为31.2天。平均月雾日数4月最多，为7.1天，8月未出现；月雾日数最多为13天，出现在1984年4月，《东海区海洋站海洋水文气候志》记载1964年4月雾日数亦为13天；最长连续雾日数为8天，出现在1972年4月13—20日。

表5.5-1　雾日数年变化（1966—1995年）　　　　　　　　　　　　　　　单位：天

|  | 1月 | 2月 | 3月 | 4月 | 5月 | 6月 | 7月 | 8月 | 9月 | 10月 | 11月 | 12月 | 年 |
|---|---|---|---|---|---|---|---|---|---|---|---|---|---|
| 平均雾日数 | 2.7 | 3.2 | 4.8 | 7.1 | 5.8 | 3.0 | 1.0 | 0.0 | 0.1 | 0.3 | 1.2 | 2.0 | 31.2 |
| 最多雾日数 | 8 | 8 | 8 | 13 | 12 | 12 | 5 | 0 | 2 | 2 | 8 | 6 | 45 |
| 最长连续雾日数 | 5 | 4 | 5 | 8 | 7 | 4 | 5 | 0 | 1 | 1 | 5 | 3 | 8 |

注：1995年7月停测。

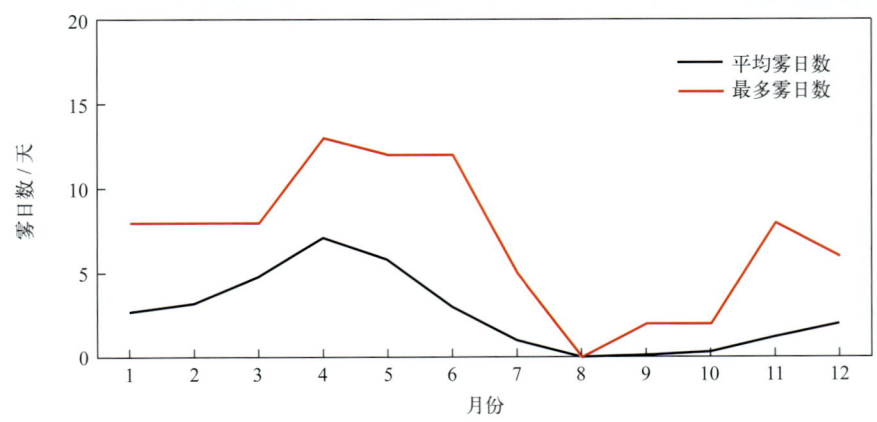

图5.5-1　平均雾日数和最多雾日数年变化（1966—1995年）

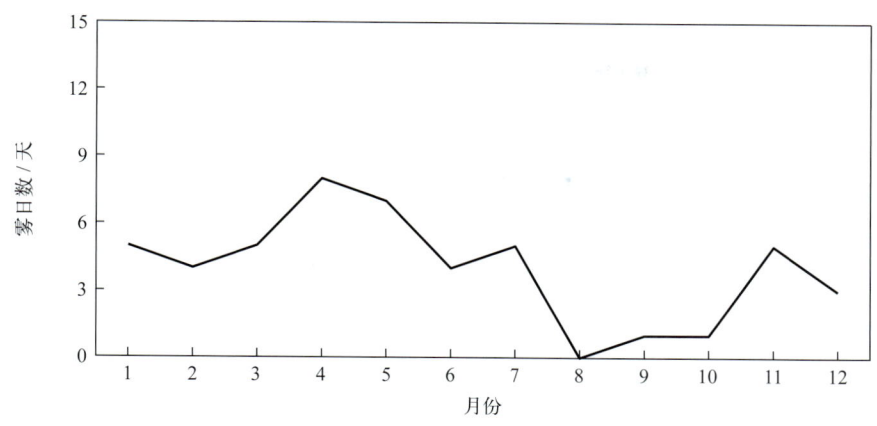

图5.5-2 最长连续雾日数年变化(1966—1995年)

1966—1994年,年雾日数呈上升趋势(图5.5-3),上升速率为4.64天/(10年)。1991年雾日数最多,为45天,1975年最少,为12天。

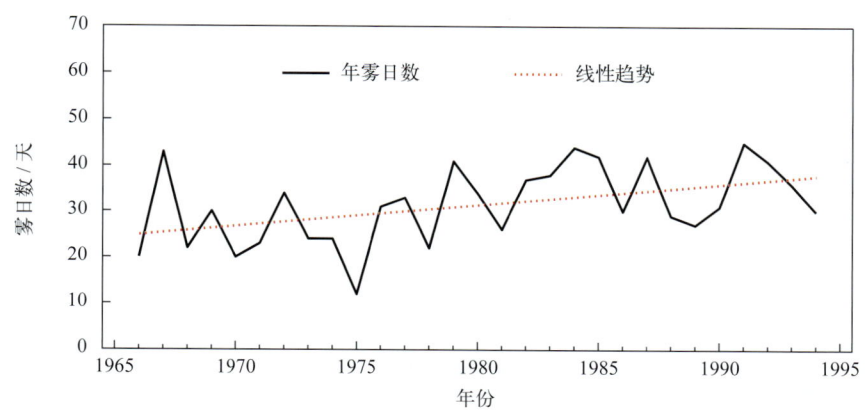

图5.5-3 1966—1994年雾日数变化

## 2. 轻雾

引水船站轻雾日数的年变化见表5.5-2和图5.5-4。1966—1995年,平均年轻雾日数为110.1天。平均月轻雾日数5月最多,为13.8天,9月最少,为3.1天;最多月轻雾日数为24天,出现在1968年5月。

1966—1994年,年轻雾日数呈上升趋势,上升速率为14.96天/(10年)。1966年轻雾日数最多,为165天,1974年最少,为66天(图5.5-5)。

表5.5-2 轻雾日数年变化(1966—1995年) 单位:天

| | 1月 | 2月 | 3月 | 4月 | 5月 | 6月 | 7月 | 8月 | 9月 | 10月 | 11月 | 12月 | 年 |
| --- | --- | --- | --- | --- | --- | --- | --- | --- | --- | --- | --- | --- | --- |
| 平均轻雾日数 | 11.3 | 11.1 | 13.7 | 13.4 | 13.8 | 10.5 | 6.3 | 3.5 | 3.1 | 5.1 | 7.6 | 10.7 | 110.1 |
| 最多轻雾日数 | 21 | 21 | 22 | 22 | 24 | 20 | 13 | 11 | 8 | 11 | 20 | 19 | 165 |

注:1995年7月停测。

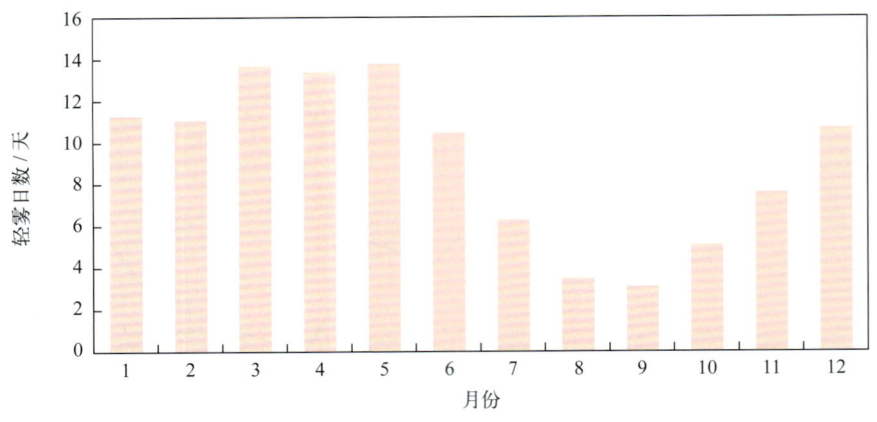

图5.5-4 轻雾日数年变化（1966—1995年）

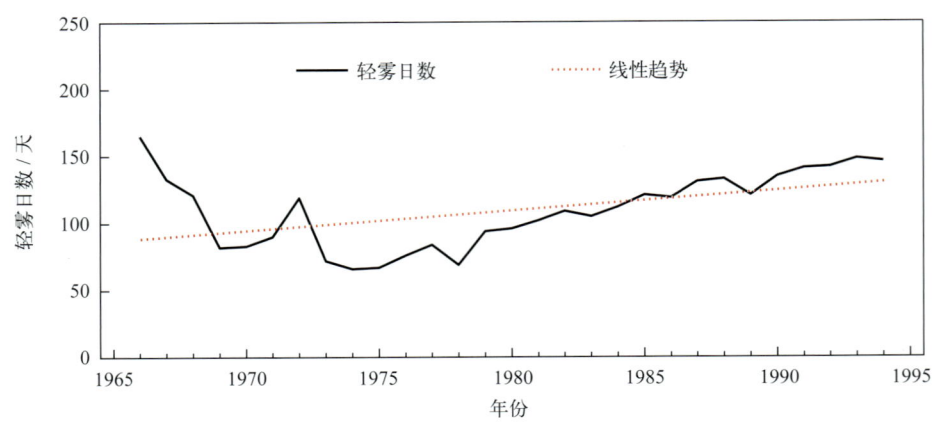

图5.5-5 1966—1994年轻雾日数变化

### 3. 雷暴

引水船站雷暴日数的年变化见表5.5-3和图5.5-6。1960—1995年，平均年雷暴日数为13.0天。雷暴主要出现在春季、夏季和秋季，7月最多，平均日数为3.1天，11月出现过一次。雷暴最早初日为1月26日（1969年），最晚终日为12月19日（1979年）。

表5.5-3　雷暴日数年变化（1960—1995年）　　　　　　　　　单位：天

|  | 1月 | 2月 | 3月 | 4月 | 5月 | 6月 | 7月 | 8月 | 9月 | 10月 | 11月 | 12月 | 年 |
| --- | --- | --- | --- | --- | --- | --- | --- | --- | --- | --- | --- | --- | --- |
| 平均雷暴日数 | 0.1 | 0.2 | 1.1 | 1.3 | 0.8 | 2.1 | 3.1 | 2.0 | 2.0 | 0.2 | 0.0 | 0.1 | 13.0 |
| 最多雷暴日数 | 1 | 3 | 6 | 7 | 3 | 12 | 10 | 7 | 9 | 3 | 1 | 1 | 25 |

注：1995年7月停测。

1960—1994年，年雷暴日数呈下降趋势，下降速率为1.00天/（10年）（线性趋势未通过显著性检验）。1963年和1977年雷暴日数最多，均为25天，1961年和1994年最少，均为1天（图5.5-7）。

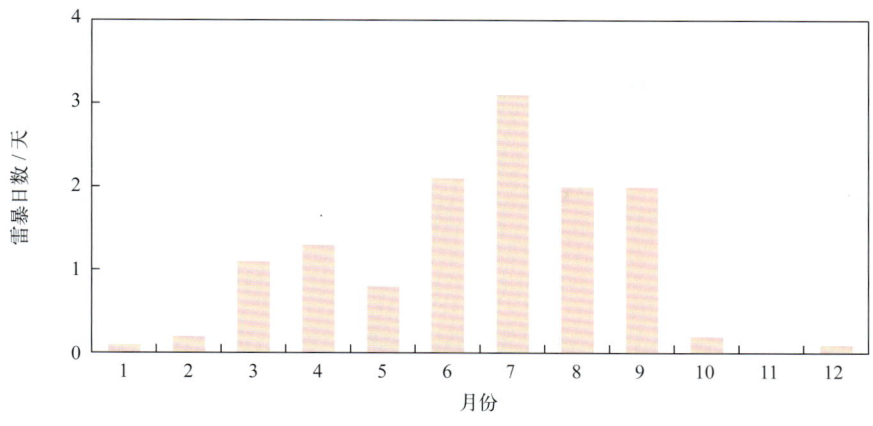

图5.5-6　雷暴日数年变化（1960—1995年）

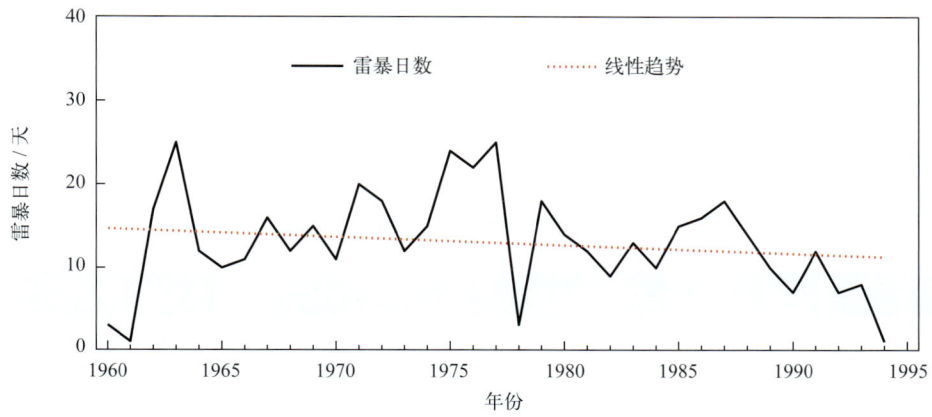

图5.5-7　1960—1994年雷暴日数变化

### 4. 霜

引水船站霜日数的年变化见表5.5-4和图5.5-8。1983—1995年，平均年霜日数为2.0天。霜全部出现在12月至翌年2月，1月最多，平均日数为1.2天。霜最早初日为12月31日（1984年），最晚终日为2月25日（1992年）。

表5.5-4　霜日数年变化（1983—1995年）　　　　　　　　　　　　　　单位：天

|  | 1月 | 2月 | 3月 | 4月 | 5月 | 6月 | 7月 | 8月 | 9月 | 10月 | 11月 | 12月 | 年 |
|---|---|---|---|---|---|---|---|---|---|---|---|---|---|
| 平均霜日数 | 1.2 | 0.7 | 0.0 | 0.0 | 0.0 | 0.0 | 0.0 | 0.0 | 0.0 | 0.0 | 0.0 | 0.1 | 2.0 |
| 最多霜日数 | 4 | 2 | 0 | 0 | 0 | 0 | 0 | 0 | 0 | 0 | 0 | 1 | 5 |

注：1995年7月停测。

1991年霜日数最多，为5天，1987年、1988年、1990年和1994年最少，均为1天。

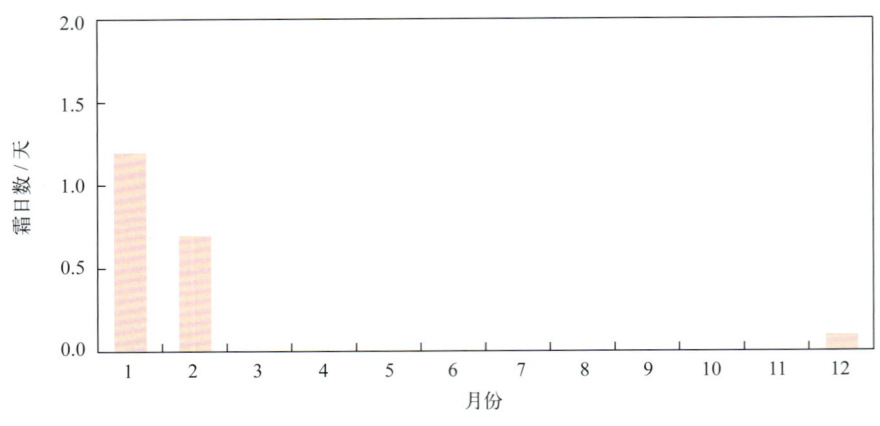

图5.5-8　霜日数年变化（1983—1995年）

### 5. 降雪

引水船站降雪日数的年变化见表5.5-5和图5.5-9。1966—1995年，平均年降雪日数为3.5天。降雪全部出现在12月至翌年3月，2月最多，平均日数为1.6天。降雪最早初日为12月2日（1981年），最晚终日为3月13日（1970年）。

表5.5-5　降雪日数年变化（1966—1995年）　　　　　　　　单位：天

| | 1月 | 2月 | 3月 | 4月 | 5月 | 6月 | 7月 | 8月 | 9月 | 10月 | 11月 | 12月 | 年 |
|---|---|---|---|---|---|---|---|---|---|---|---|---|---|
| 平均降雪日数 | 1.4 | 1.6 | 0.1 | 0.0 | 0.0 | 0.0 | 0.0 | 0.0 | 0.0 | 0.0 | 0.0 | 0.4 | 3.5 |
| 最多降雪日数 | 5 | 5 | 2 | 0 | 0 | 0 | 0 | 0 | 0 | 0 | 0 | 3 | 9 |

注：1995年7月停测。

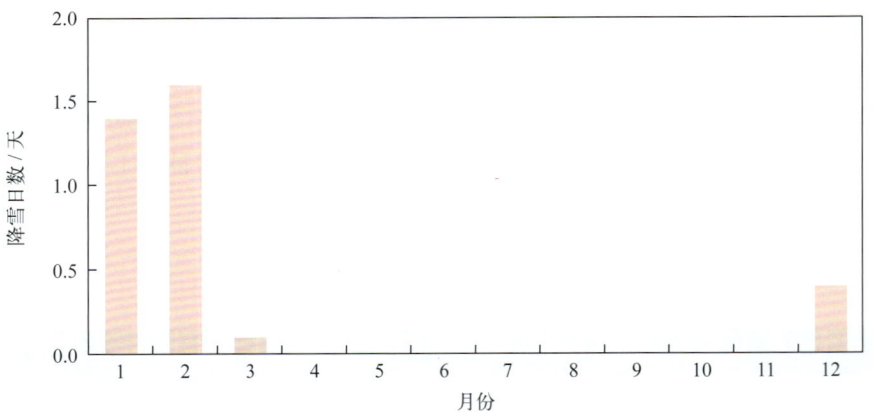

图5.5-9　降雪日数年变化（1966—1995年）

1966—1994年，年降雪日数呈下降趋势，下降速率为0.98天/（10年）（线性趋势未通过显著性检验）。1984年降雪日数最多，为9天，1971年全年无降雪（图5.5-10）。

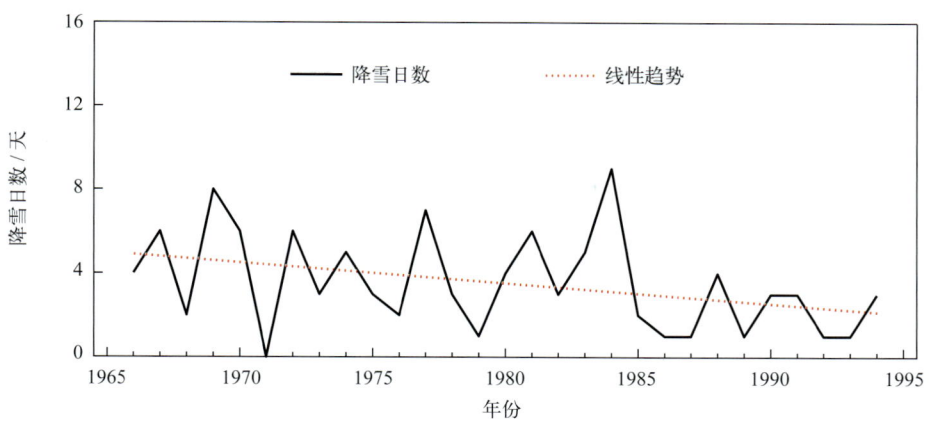

图 5.5-10 1966—1994 年降雪日数变化

## 第六节 能见度

1966—1995 年，引水船站累年平均能见度为 21.8 千米。9 月平均能见度最大，为 27.8 千米，4 月最小，为 16.7 千米。能见度小于 1 千米的平均年日数为 14.6 天，4 月最多，为 3.6 天，8 月未出现（表 5.6-1，图 5.6-1 和图 5.6-2）。

表 5.6-1 能见度年变化（1966—1995 年）

|  | 1月 | 2月 | 3月 | 4月 | 5月 | 6月 | 7月 | 8月 | 9月 | 10月 | 11月 | 12月 | 年 |
|---|---|---|---|---|---|---|---|---|---|---|---|---|---|
| 平均能见度/千米 | 19.0 | 19.2 | 17.6 | 16.7 | 19.1 | 20.7 | 24.1 | 26.1 | 27.8 | 27.1 | 23.9 | 20.5 | 21.8 |
| 能见度小于1千米平均日数/天 | 1.4 | 1.6 | 2.6 | 3.6 | 2.0 | 1.3 | 0.1 | 0.0 | 0.1 | 0.1 | 0.6 | 1.2 | 14.6 |

注：1979—1985 年数据缺测，1995 年 7 月停测。

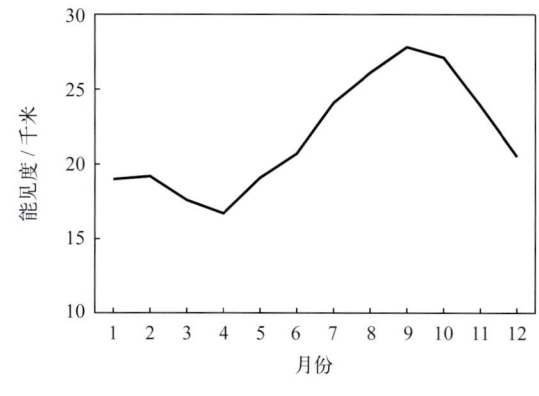

图 5.6-1 能见度年变化

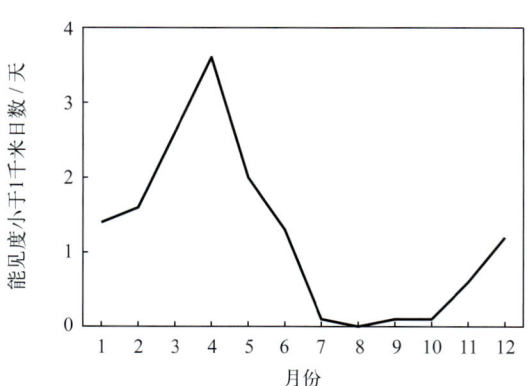

图 5.6-2 能见度小于 1 千米日数年变化

历年平均能见度为 15.7 ~ 28.3 千米，1978 年最高，1966 年最低。能见度小于 1 千米的日数 1987 年最多，为 32 天，1975 年最少，为 2 天（图 5.6-3）。

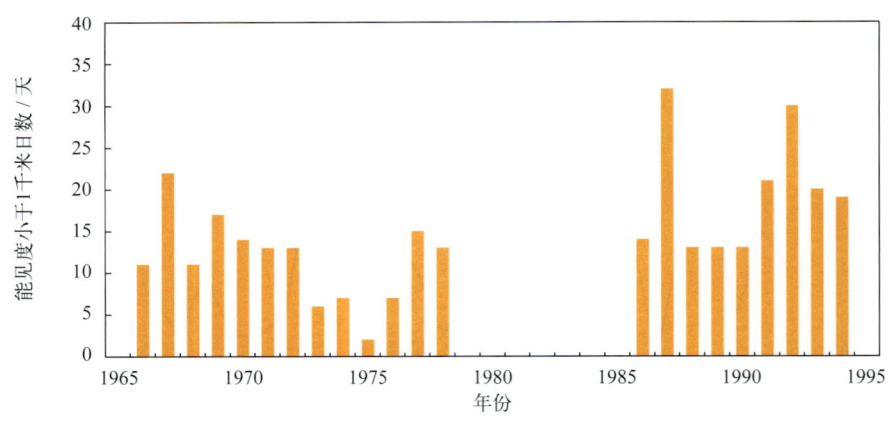

图5.6-3　能见度小于1千米年日数变化

## 第七节　云

1966—1995年，引水船站累年平均总云量为5.1成，6月平均总云量最多，为6.4成，8月和12月最少，均为4.2成；累年平均低云量为2.2成，3月平均低云量最多，为2.7成，7月最少，为1.7成（表5.7-1，图5.7-1）。

表5.7-1　总云量和低云量年变化（1966—1995年）

|  | 1月 | 2月 | 3月 | 4月 | 5月 | 6月 | 7月 | 8月 | 9月 | 10月 | 11月 | 12月 | 年 |
|---|---|---|---|---|---|---|---|---|---|---|---|---|---|
| 平均总云量/成 | 4.9 | 5.4 | 5.8 | 5.7 | 5.9 | 6.4 | 5.2 | 4.2 | 5.0 | 4.5 | 4.3 | 4.2 | 5.1 |
| 平均低云量/成 | 2.4 | 2.5 | 2.7 | 2.6 | 2.6 | 2.6 | 1.7 | 1.8 | 2.2 | 1.8 | 1.9 | 1.9 | 2.2 |

注：1995年7月停测。

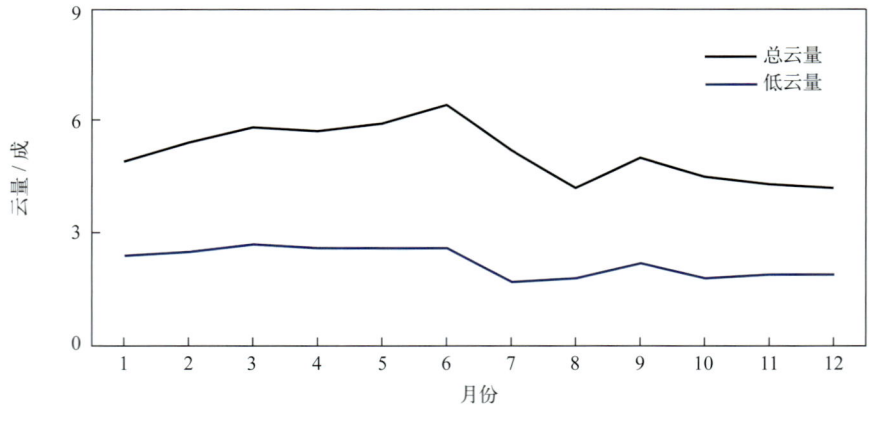

图5.7-1　总云量和低云量年变化（1966—1995年）

1966—1994年，年平均总云量呈减少趋势，减少速率为0.45成/（10年），1970年最多，为6.9成，1979年、1986年和1988年最少，均为4.3成（图5.7-2）；年平均低云量呈减少趋势，减少速率为0.32成/（10年），1970年最多，为3.2成，1992年最少，为1.5成（图5.7-3）。

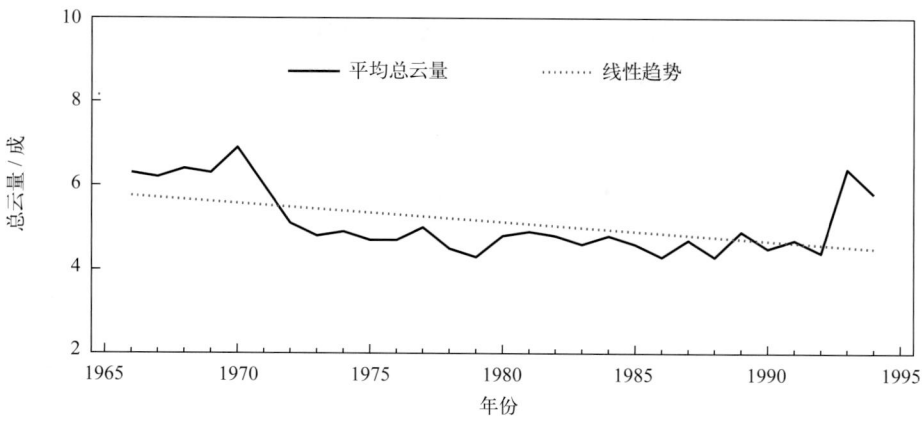

图5.7-2　1966—1994年平均总云量变化

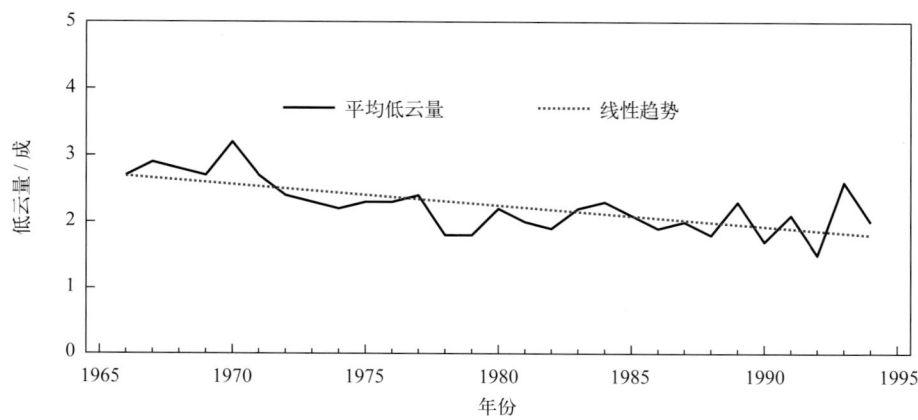

图5.7-3　1966—1994年平均低云量变化

# 第六章 海平面

引水船附近海域海平面年变化特征明显，2月最低，8月最高，年变幅为53厘米（图6-1），平均海平面在验潮基面上214厘米。

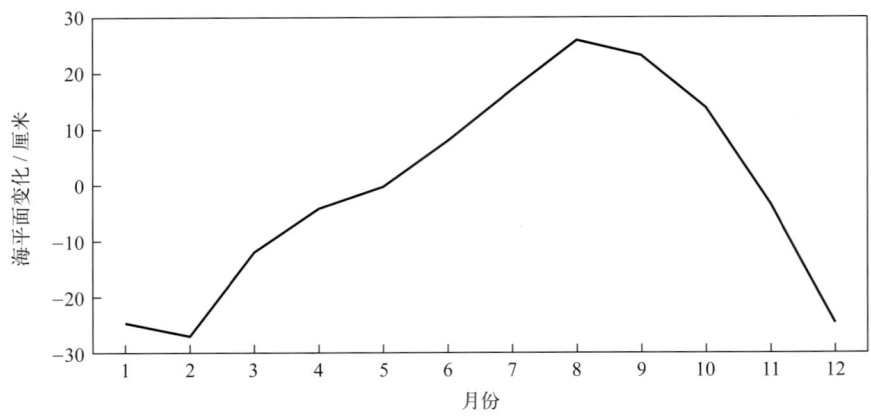

图6-1　海平面年变化（1992—1994年）

# 第七章 灾害

## 第一节 海洋灾害

### 1. 风暴潮

1956年8月1—2日，5612号台风登陆浙江象山，影响长江口等区域，上海市电线和电线杆被刮坏很多，人行道上树木折断歪倒的占30%以上，因东北风极强，江潮抬高，沿江低地被淹（《中国海洋灾害四十年资料汇编》）。

1962年8月1—2日，6207号台风在东海转向影响上海市和杭州湾沿海，其间正遇农历七月初二和初三天文大潮，造成严重潮灾。上海市苏州河、黄浦江决堤46处，市区大部分进水，有的地段水深达2米。10天后水才退尽，给工业生产及国家财产造成很大损失（《中国海洋灾害四十年资料汇编》）。

1974年8月18—21日，7413号台风登陆浙江省椒江市三门县，在长江口—杭州湾—温州一带引发特大潮灾，受灾最严重的地区为长江口，杭州湾沿岸。台风引起的风暴高潮位造成长江口内验潮站5次超过警戒水位（《中国海洋灾害四十年资料汇编》）。

1981年8月30日至9月3日，8114号台风沿岸北上，影响浙江和上海沿岸，引发特大潮灾。崇明县全县受淹面积达7 575亩[①]（《中国海洋灾害四十年资料汇编》）。

1989年8月4日（农历七月初三），8913号台风在上海川沙县登陆，正逢天文大潮，致使长江口及以北沿岸多个验潮站的实测潮位超过当地警戒水位。上海市出现了少见的大风、暴雨、高潮三者合击的险情，城乡有6 717户住宅进水，市区马路有43条段积水，水深一般在30厘米左右，经济损失严重。9月15日（农历八月十六），8923号台风登陆时正值我国东部沿海天文大潮期，引发特大风暴潮灾，从长江口到福建省闽江口，有多个验潮站的潮位超过当地警戒水位。10月16日（农历九月十七），受强冷空气过境的影响，上海沿海出现1912年以来非汛期最高潮位，造成上海市西沟港施工围堰溃决，有661户居民住宅进水（《1989年中国海洋灾害公报》）。

1990年，上海受北上的9005号、9015号台风影响，局部出现较大风暴潮增水，特别是9005号台风早在6月份就影响长江口以北；受9015号台风影响，上海沿岸出现1米以上增水，加上暴雨的作用，上海市区部分街道积水严重（《1990年中国海洋灾害公报》）。

1992年，由天文大潮和9216号强热带风暴共同作用引起了特大风暴潮，风暴前期影响的浙江、上海沿海验潮站的增水一般为80～140厘米（温州较大，为208厘米）（《1992年中国海洋灾害公报》）。

1994年8月22日，受台风风暴潮影响，上海多地出现超警戒水位（《1994年中国海洋灾害公报》）。

1996年7月31日，9608号台风影响期间，上海市沿海有50～100厘米的增水，又恰逢天文大潮期，加上长江上中游洪水下泄的影响，长江口、黄浦江下游段部分验潮站出现接近和超过历史纪录的高潮位（《1996年中国海洋灾害公报》）。

1997年8月18日，9711号台风从上海市西面经过，虽没造成大的险情，但黄浦江的潮位突

---

[①] 1亩≈666.7平方米。

破历史纪录的 5.22 米，达 5.72 米。据统计，经济损失约 6 亿元（《1997 年中国海洋灾害公报》）。

1998 年 9 月 19 日，9806 号台风在浙江省舟山市普陀区登陆，近台风中心最大风力有 10 级，受其影响浙江省杭州湾、上海市长江口出现较大风暴潮，上海市沿海出现最大增水 103 厘米（《1998 年中国海洋灾害公报》）。

2000 年 8 月 31 日凌晨，受 0012 号台风"派比安"影响，上海全市直接经济损失 1.22 亿元，死亡 1 人。9 月 15 日，0014 号台风"桑美"影响东海期间，恰逢天文大潮，上海市各沿海验潮站均出现了超警戒水位的高潮位（《2000 年中国海洋灾害公报》）。

2002 年 9 月 7 日，受 0216 号台风"森拉克"影响，浙江、上海沿海普遍出现了 100～300 厘米的风暴增水。从上海高桥到福建东山沿海有近 20 个验潮站超过当地警戒水位（《2002 年中国海洋灾害公报》）。

2005 年 8 月 6—9 日，0509 号台风"麦莎"引起的风暴潮影响上海市，此次特大风暴潮过程是继 9711 号台风风暴潮后，影响我国东部沿海最严重的一次。"麦莎"影响期间正逢农历七月大潮，受风暴潮和天文大潮的共同影响，沿岸有多个验潮站的风暴潮增水超过 100 厘米。上海市直接经济损失 13.58 亿元。9 月 11 日，0515 号台风"卡努"引发风暴潮影响上海市，直接经济损失 3.70 亿元，受灾人口 19.72 万（《2005 年中国海洋灾害公报》）。

2007 年 10 月 7 日，受 0746 号台风"罗莎"引发的风暴潮与台风浪的共同影响，浙江省和上海市多个验潮站的增水超过 100 厘米（《2007 年中国海洋灾害公报》）。

2011 年 8 月 5—8 日，1109 号超强台风"梅花"沿我国近海北上。受风暴潮和近岸浪的共同影响，上海市水产养殖损失 1 500 公顷，防波堤损毁 0.14 千米，因灾直接经济损失 0.12 亿元（《2011 年中国海洋灾害公报》）。

2012 年 8 月 8 日，1211 号台风"海葵"在浙江省象山县鹤浦镇附近登陆，受风暴潮和近岸浪的共同影响，上海市损毁防波堤 0.30 千米，直接经济损失 600 万元（《2012 年中国海洋灾害公报》）。

2015 年 7 月 11 日 16 时 40 分前后，1509 号强台风"灿鸿"在浙江省舟山市朱家尖沿海登陆。受风暴潮和近岸浪的共同影响，上海和浙江产生较大损失（《2015 年中国海洋灾害公报》）。

2016 年 9 月 16—19 日，1616 号台风"马勒卡"与南下冷空气配合，影响浙江省和上海市沿海。上海市多个验潮站出现了超过当地警戒潮位的高潮位。9 月 28 日，受 1617 号台风"鲇鱼"引发的风暴潮和近岸浪的共同影响，上海沿海出现蓝色警戒高潮位（《2016 年中国海洋灾害公报》）。

2018 年 8 月 12—14 日，1814 号台风"摩羯"引发风暴潮，给上海带来直接经济损失 0.54 亿元（《2018 年中国海洋灾害公报》）。

2019 年 8 月 10 日前后，1909 号超强台风"利奇马"影响上海沿海，直接经济损失 0.03 亿元（《2019 年中国海洋灾害公报》）。

### 2. 海浪

1981 年 8 月 30 日 14 时，受 8114 号台风影响，台湾省以东洋面形成 6 米以上的狂浪区。31 日 08 时台风及狂浪区移入东海，最大风速 34 米/秒，最大波高 10 米。受风和浪的共同影响，江苏、上海、浙江一带沿海严重受灾。崇明县全县受淹面积达 7 575 亩，水稻 1 470 亩，死亡 8 人，伤 4 人（《中国海洋灾害近四十年资料汇编》）。

1992 年 2 月 23 日下午，受南下冷空气影响，长江口外海出现偏北风 6～7 级，浪高 3 米，傍晚风力加大到 8～9 级，浪高增至 4 米。当时长江口外有捕鳗渔船 2 000 艘，在巨浪袭击下

21艘渔船翻沉（射阳县16艘，启东县5艘），64人落水，54人得救，死亡1人，失踪9人，直接经济损失60万元。9月23日，9219号强热带风暴登陆北上，长江口沿海测得偏东向浪高3.0米（《1992年中国海洋灾害公报》）。

1995年11月6日夜间至7日，东海出现7～8级的偏北大风，部分海区风力高达9级，阵风10～12级。在这次寒潮巨浪过程中，上海和浙江沿海有大量渔船翻沉。7日15时前后，载重3 000吨的轮船"展望"号装载2 500吨钢材，由天津驶往福州途中，在上海外海（31°18′03″N，122°04′53″E）遭巨浪袭击进水而沉没，船上22人全部遇难；18时前后，载重11 000吨的货轮"华珠1"号装载8 625吨块煤，由天津驶往上海途中，在上海外海（31°41′48″N，122°45′18″E）遇险沉没，船上30人全部遇难（《1995年中国海洋灾害公报》）。

1997年18日14时至19日14时，狂风巨浪致使上海沿海各县、市区冲开堤防决口395处，冲毁护岸50处，损坏堤岸217.95千米，25座水产、民间交通码头受损或沉没，210艘船只受损，沉船7艘（100吨级），海水养殖设施损坏6 000亩（《1997年中国海洋灾害公报》）。

2000年11月30日，受海浪影响，"浙舟606"号渔船在长江口附近沉没，造成14人死亡（含失踪），经济损失1 000万元（《2000年中国海洋灾害公报》）。

2004年2月9日，受冷空气浪影响，1艘渔船在长江口外沉没，造成1人死亡，直接经济损失10万元。8月11日，0414号台风"云娜"在东海形成5～12米台风浪。受台风浪袭击，上海市的渔业、水利设施损失严重（《2004年中国海洋灾害公报》）。

2005年1月21日，受冷空气浪影响，"邮镇221"号船在长江口外海域遇险，造成1人失踪。2月25日，受冷空气浪影响，"浙定59125"号船在长江口外海域沉没，造成6人失踪。3月13日，受冷空气浪影响，"全兴98"号船在长江口外海域沉没，造成直接经济损失25万元。6月16日，受东海气旋浪影响，"皖淮北货01225"号船在长江口外海域沉没，造成1人失踪，直接经济损失1 000万元。12月4日，受冷空气浪影响，"浙岱渔03221"和"振乐57"轮船在浙江舟山和长江口海域遇险，造成5人失踪，直接经济损失300万元（《2005年中国海洋灾害公报》）。

2006年3月5日，受冷空气浪影响，"寿县2588"号轮在长江口A41灯浮附近沉没，造成直接经济损失200万元。5月27日，受气旋浪影响，"沪崇乡机528"号轮在长江口H10—H11之间沉没，造成2人失踪，直接经济损失200万元（《2006年中国海洋灾害公报》）。

2007年1月2日，受冷空气浪影响，"浙嵊渔01496"号船在上海水域沉没，造成8人失踪，直接经济损失171万元。3月3—6日，东海出现波高4～5米的巨浪区，上海、浙江等省（市）沿海先后出现波高4～6米的巨浪和狂浪。12月6日，受冷空气浪影响，"浙岭渔运281"号船在上海水域沉没，造成16人失踪，直接经济损失372万元（《2007年中国海洋灾害公报》）。

2008年，受冷空气浪和气旋浪影响，上海市3只船只沉没，造成2人死亡（含失踪），直接经济损失129万元（《2008年中国海洋灾害公报》）。

2009年，上海市海浪灾害造成4人死亡（含失踪），直接经济损失0.03亿元（《2009年中国海洋灾害公报》）。

### 3. 赤潮

1989年，长江口附近海域沿海发生过赤潮（《1989年中国海洋灾害公报》）。

1990年5月下旬，在长江口至绿华山一带发生赤潮，面积约2 700平方千米（《1990年中国海洋灾害公报》）。

1993年，长江口发生赤潮，受其影响，上海对虾养殖业蒙受较严重的损失（《1993年中国海洋灾害公报》)。

1998年，我国近海海域发生了历史上最严重的赤潮灾害，东海5起赤潮主要发生在长江口、杭州湾和嵊泗海域(《1998年中国海洋灾害公报》)。

2001年，我国海域赤潮发生次数增多、发生时间提前、影响范围扩大，其中上海附近海域发生2次赤潮灾害过程(《2001年中国海洋灾害公报》)。

2004年6月11—13日，长江口外至花鸟山、嵊山海域赤潮，面积约1 000平方千米，主要赤潮生物为具齿原甲藻和中肋骨条藻(《2004年中国海洋灾害公报》)。

2005年5月24日至6月1日，长江口外海域赤潮，最大面积约7 000平方千米，主要赤潮生物为米氏凯伦藻和具齿原甲藻。6月3—5日，长江口外海域赤潮，最大面积约2 000平方千米，主要赤潮生物为中肋骨条藻和聚生角毛藻(《2005年中国海洋灾害公报》)。

2006年5月14日，长江口外海域发生赤潮，最大面积约1 000平方千米，主要赤潮生物为具齿原甲藻(《2006年中国海洋灾害公报》)。

2009年4月9日，长江口海域出现赤潮，最大面积约100平方千米。5月19—30日，长江口外、舟山北部海域出现赤潮，最大面积约1 500平方千米(《2009年中国海洋灾害公报》)。

2016年5月17—20日，长江口以东海域发生赤潮，最大面积820平方千米，优势藻为东海原甲藻。8月16—21日，长江口海域发生单次面积最大的赤潮过程，最大面积2 000平方千米，持续时间6天(《2016年中国海洋灾害公报》)。

### 4. 海岸侵蚀

1999年，我国沿岸绝大多数海岸侵蚀呈缓慢淤进或稳定状态，但局部地区十分严重。另外，长江口和钱塘江口(杭州湾)等重要河口都有淤积现象(《1999年中国海洋灾害公报》)。

2009年，上海崇明东滩岸段年平均侵蚀距离为11.2米(《2009年中国海洋灾害公报》)。

2012年，崇明岛东滩有3.42千米的岸段受到侵蚀，平均侵蚀距离为22.1米，最大侵蚀距离为47米，侵蚀总面积为7.56万平方米(《2012年中国海平面公报》)。

2013年，上海市崇明东滩南侧粉砂淤泥质岸段平均侵蚀距离为10.1米(《2013年中国海洋灾害公报》)。

2014年，上海市崇明东滩南侧粉砂淤泥质岸段平均侵蚀距离为4.4米(《2014年中国海洋灾害公报》)。

2015年，上海崇明东滩粉砂淤泥质海岸平均侵蚀距离为7.9米，较上一年有所增大(《2015年中国海洋灾害公报》)。

2016年，上海崇明东滩粉砂淤泥质海岸平均侵蚀距离为5.1米(《2016年中国海洋灾害公报》)。

2017年，上海崇明东滩粉砂淤泥质海岸平均侵蚀距离为1.6米(《2017年中国海洋灾害公报》)。

## 第二节 灾害性天气

根据《中国气象灾害大典·上海卷》(1949—2000年)和《东海区海洋站海洋水文气候志》记载，引水船站周边发生的主要灾害性天气有暴雨洪涝、大风(龙卷风)、冰雹、雷电、雾以及寒潮。

## 1. 暴雨洪涝

1970年7月1日，崇明县降雷暴雨，雨量63.1毫米，伴有大风，晚玉米倒伏减产。

1975年9月28—29日，连日降雷暴雨，局部大暴雨，崇明县东北部八滧水闸28日雨量185毫米；29日，上海县三林公社雨量146.1毫米，徐家汇雨量111.9毫米。

1976年7月1—2日，上海市降暴雨，局部出现大暴雨，崇明县中部特大暴雨。2日，雨量达216毫米。

1981年7月11日，崇明县堡镇一带大暴雨，雨量108.6毫米。由于雨量集中，短时间内倾盆而下，造成河水倒灌，公路、大街积水深20~30厘米，工厂进水停产。

1982年4月25日，南汇、川沙、奉贤和崇明县东部降暴雨，田间积水，三麦倒伏。9月8日，崇明县局部降暴雨、大暴雨，八滧垦区雨量最大为254毫米，全县农田受淹12万多亩。

1986年6月12—13日，连日普降暴雨，局部大暴雨。总雨量大多在100~160毫米，崇明站12日雨量104.5毫米。

1989年8月20日，崇明、川沙、上海、青浦县降暴雨，上海、崇明县局部大暴雨。

1990年9月6日，嘉定、崇明、松江、奉贤等县暴雨，局部大暴雨，崇明县界河特大暴雨，雨量达228.0毫米。

1995年6月20—21日，上海市出现首场梅雨暴雨，21日，崇明县局部大暴雨，跃进农场雨量为114.1毫米。由于短时降雨集中，市区有60多条马路积水深10~40厘米、内环高架道路有13处不同程度积水，最深达半米。

## 2. 大风和龙卷风

1955年2月19日夜，大风，从横沙岛赴川沙县参加会议的横沙区干部群众乘"长泰"号帆船在长江口遭大风，船上53人全部遇难。

1958年7月7日，大风，龙华站极大风速21.6米/秒，风向WNW。崇明、嘉定县倒损房屋约1.5万间。

1959年4月11日，大风、暴雨又逢高潮。龙华站极大风速25.5米/秒，风向E，东海海面最大风力11级，长江口以北风力更强。造成1949年以后最大的海损事件。

1961年10月4日，崇明县裕安、陈家镇、向化等8个乡遭龙卷风袭击，刮倒房屋102间，损坏427间，伤9人。

1966年3月2日夜，崇明县三星、海桥、合作、庙镇4个公社交界处出现龙卷风、冰雹，历时20分钟，倒损房屋1 042间，死1人，伤51人，5 000亩作物受严重影响。7月22日，崇明县堡镇乡遭雷雨大风和冰雹袭击，倒损房屋112间，棚舍474间，棉田受灾2 000亩，玉米大面积倒伏。

1967年7月4日夜至5日凌晨，崇明县三星、海桥公社10个大队遭龙卷风袭击，倒损房屋613间，伤23人。1艘100余吨铁驳船被吹上岸滩。

1971年7月2日，局部雷暴大风，崇明县陈镇公社毁坏棚舍266间，轻伤3人。玉米受灾1 000多亩。

1976年6月10日，崇明县新建、三星、庙镇、江口公社出现龙卷风、冰雹，刮倒房屋62间，大树折断，受灾农作物3 000亩。

1977年3月15日夜，崇明县东部地区遭雷暴大风突袭，倒塌房屋、棚舍4 190间，损坏1.12万间，部分电线杆折断，供电、通信一度中断。死1人，伤98人。6月9日，崇明县新建副业场遭龙卷风袭击，江面激起大浪高达 11～12 米，登陆后受害地带宽 30～40 米，历时 10 分钟，行程 10 千米，吹倒房屋 24 间，围墙 30 米。9 月 11 日 7 时，7708 号台风在上海崇明登陆。台风中心最大风力达 12 级以上，最大风速极值为 70 米/秒，8 级大风圈 700 千米。登陆时的最大风力达 10 级，10 日降水量为 136.0 毫米。台风造成一艘巴拿马万吨轮在花鸟山外沉没，一艘 1 220 吨客轮、一艘机帆船和一条 40 吨水泥船沉没黄浦江中。

1980 年 7 月 1 日，崇明县陈家镇遭雷雨大风袭击，损坏房屋 64 间，玉米倒伏 1 786 亩。7 月 17 日夜，崇明县西部东风、红星、长征、长江农场等遭雷暴大风袭击，吹倒房屋 263 间、棚舍 1 993 间、食堂烟囱 80 多个，10 多家单位断电。棉花、玉米、果树受损。

1981 年 8 月 9 日，崇明县城桥公社局部出现雷暴大风，倒损房屋 142 间，棉花倒伏 7 000 亩。8 月 31 日至 9 月 1 日凌晨，长江口引水船和南汇县芦潮港极大风速 37.0 米/秒，川沙、南汇站风力 11 级，龙华站极大风速 24.9 米/秒，风向 NNE。长江口、黄浦江 22 个水位站水位创 1913 年有记录以来的最高值，黄浦公园站水位达 5.22 米。

1986 年 8 月 27 日傍晚，8615 号台风在上海市以东 200～300 千米洋面上转向东北。受其影响，长江口、崇明岛风力都在 12 级以上（37.0 米/秒），南汇站极大风速 33.0 米/秒，川沙站 31.0 米/秒，市区龙华站 26 日、27 日极大风速分别为 26.0 米/秒（风向 N）和 26.2 米/秒（风向 NW）。

1988 年 5 月 4 日晨，上海市局部遭雷暴雨大风。崇明县前进、长江农场倒损房屋棚舍 113 间，刮倒电杆 74 根，倒坍烟囱 32 个，压死 1 人。

1989 年 4 月 28 日下午，长江口大风，南汇站极大风速 20.0 米/秒。一艘 100 吨级空油船翻沉，死 4 人，另有 3 艘停泊在炮台湾的长航铁驳船被刮沉。青浦县双塔港监四号标沉船 2 艘。9 月 16 日 4 时 10 分，崇明县大同、港东、港西、建设、新民 5 个乡 16 个村和上海县 3 个乡遭龙卷风侵袭，历时半小时。

1991 年 9 月 5 日，崇明县向化乡遭龙卷侵袭。刮倒房屋 128 间，损坏 227 间，电杆倒 410 根，死亡 1 人。

1992 年 2 月 23 日下午，长江口出现偏北大风，沿海风力 8～9 级，阵风 10 级，持续 2 个多小时。在长江入海口的江苏省启东市附近海面有 21 条捕鳗苗船翻沉，64 人落水，54 人被救起，2 人死亡，8 人失踪。崇明县境内出现短时间大风，团结沙附近有 28 条捕鳗小船翻沉，2 人死亡，14 人失踪。

1993 年 5 月 19 日，长江口大风，引水船站极大风速 22.0 米/秒。"营航 6 号"装载 48 吨带钢，经长江口宝 6 灯浮上游水域时，突遇大风巨浪袭击，未加盖的货船不到 2 分钟就沉没，3 名船员失踪。

1994 年 6 月 17 日，川沙、崇明出现东北大风 8 级，沿海 9～10 级。一艘满载 354 吨煤炭的浙江"景 102"轮钢质船，在长江口南支航道 65 号灯浮附近遇狂风翻沉，船上 7 人被渔船救起，2 人下落不明。

1995 年 8 月 24 日，受 9507 号台风影响，上海市普降大到暴雨，最大日雨量在崇明北四滧为 102.6 毫米，25 日下午风力开始增强，浦东川沙地区曾出现 9 级，19 时 35 分南汇县芦潮港实测最大阵风达 11 级，长江口的引水船站在 21 时 42 分测得 12 级大风，风向 SSE。因短时雨量集中，造成市区 105 条道路积水、有 6 000 余户居民家中进水，积水深 10～20 厘米。11 月 7 日，大风，龙华站极大风速 20.0 米/秒，风向 WNW，崇明站、引水船站为 25 米/秒，造成吴淞口水域共有 24 艘船搁浅走锚，1 人死亡，1 人失踪。11 月 23 日，大风，引水船站风速为 23.0 米/秒，风向 NW，黄浦江上 2 艘个体运沙船 1 沉 1 翻。

1996年12月6日，长江口大风，一超载沙石料的运输船在长江口沉没，1人被救起，3人失踪。

1998年12月2日凌晨，长江口江面上大风骤起，引水船站阵风12级，风急浪高，一艘挖泥船在浦东国际机场建材码头沉没，落水船员幸被救起。

2000年7月12日15时前后，崇明西部新村、跃进、新海等乡镇遭遇飑线袭击，雷雨、冰雹历时约1小时，最大风力10级以上，300多农户受灾。9月13—14日，在0014号台风"桑美"外围和冷空气的共同作用下，风雨潮并袭。11月30日20时，长江口大风，一艘从大连开往温州的"浙舟606"轮驶经长江口外水域时遇风浪沉没。

### 3. 冰雹

1960年5月3日，崇明县江口、城桥、城东、大同、建设、新河、新民、大新、陈镇、汲浜等公社遭冰雹袭击，最大雹块直径3厘米，民房天窗被打坏。

1966年7月22日，崇明县堡镇乡遭冰雹大风袭击，冰雹大如鸡蛋，小如蚕豆，棉田受灾2 000亩，玉米大面积倒伏。

1969年6月2日，崇明、嘉定、宝山、川沙等县遭冰雹袭击，冰雹最大如鸡蛋，1 000多亩玉米80%被打成光杆，油菜田20%～30%遭损。

1976年6月10日，崇明县新建、三星、庙镇、江口等公社出现龙卷风、冰雹。

2000年7月12日15时前后，崇明西部新村、跃进、新海等乡镇遭受飑线及暴雨、冰雹袭击，历时1个小时，雹块最大直径约3厘米，受灾农户300多户，受灾玉米1 100亩，水稻5 500亩。

### 4. 雷电

1961年7月4日，崇明县城桥镇种畜场遭雷击，死亡1人，伤1人。

1962年7月4日，崇明县百万沙农场遭雷击，死亡1人。7月20日、21日，6处输电线路遭雷击断电，其中，淞沪变电站1条35 000伏高压线遭雷击，停电2分钟。

1963年5月8日20时，崇明县侯家镇遭雷击，死亡1人。

1969年8月31日，崇明县城北，大新等9个公社因雷击停电数小时，击毁房屋5间，死亡2人，伤5人。

1981年7月30日，崇明县五滧公社畜牧场遭雷击，死亡1人。

1983年9月2日傍晚，崇明县江口公社遭雷击，死亡2人，伤多人。

1988年7月24日，崇明县陈家镇、松江县天马乡、川沙县城镇乡、南汇县新港乡遭雷击，死亡4人，伤2人。7月25日，崇明县港东乡遭雷击，死亡1人。

1998年7月4日17时前后，崇明县红星农场，一对夫妇劳动后回家时遭雷击死亡。7月17日16时45分，崇明县有1人在田中遭雷击身亡，另有3人受伤。

2000年8月27日下午，崇明县一农妇在野外劳动时遭雷击身亡。

### 5. 雾

1975年4月16—19日，长江口及上海市持续大雾，3艘载煤和载油的轮船不能按期进港，直接影响了上海市的煤油供应。

1977年12月上旬，一艘外轮开往上海，由于大雾，在长江口$H_{3b}$灯浮附近搁浅4天。

1978年4月10—12日，长江口及上海市持续大雾，两艘船碰撞，一艘外轮搁浅。

1992年12月6日，大雾笼罩上海市，陆上能见度仅百米，江面上不足50米，轮渡全部停航，去崇明、长兴、横沙三岛的旅客积压2万人。

1997年10月23日凌晨，大雾。崇明、闵行等地能见度为40～60米，沪宁、沪嘉、莘松高速公路能见度不足10米，高速公路上发生3起车辆追尾事故，3条高速公路先后关闭，部分轮渡船停航。

### 6. 寒潮

1987年3月26日，上海市出现百年以来同期最低气温，徐家汇最低为-2.2℃，崇明县最低为-3.3℃，有重霜，蔬菜受冻6 000亩，茄类等蔬菜秧苗大部分冻死。

# 大戢山海洋站

# 第一章　概况

## 第一节　基本情况

大戢山海洋站（简称大戢山站）位于浙江省舟山市嵊泗县。舟山市位于舟山群岛，地处我国东南沿海，长江口南侧，杭州湾外缘的东海洋面上。嵊泗县是浙江省最东部、舟山群岛最北部的一个海岛县，是沪、杭、甬的东大门和天然屏障，历来是军事要塞，也是国际海轮进出长江口的必经之道。

大戢山站始建于1977年10月，隶属国家海洋局东海分局，2019年7月后隶属自然资源部东海局，由上海中心站管辖。测点位于大戢山岛上，东南距嵊泗本岛30千米，西南距小洋山岛（上海洋山深水港）21千米，西北距上海芦潮港28千米，底质为基岩，附近水深约10米（图1.1-1）。

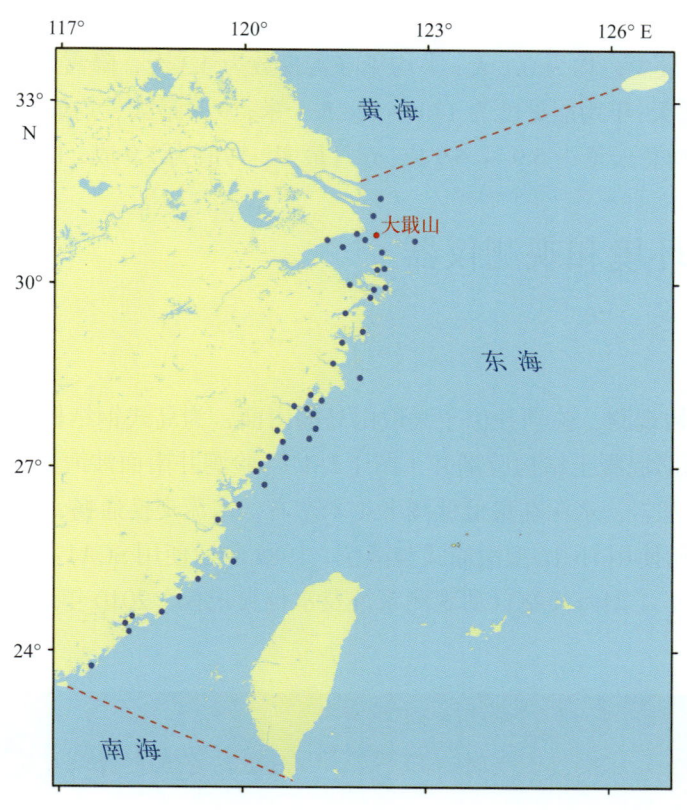

图1.1-1　大戢山站地理位置示意

大戢山站观测项目有潮汐、海浪、表层海水温度、表层海水盐度、气温、气压、相对湿度、风和降水等。1999年前，主要为人工观测或使用简易设备观测，1999年后，部分观测项目使用自动观测系统，2002年自动观测系统升级为CZY1-1型，多数项目实现了自动化观测、数据存储和传输，2012年更新为XZY3型水文气象自动观测系统。

大戢山附近海域为正规半日潮特征，海平面2月最低，9月最高，年变幅为39厘米，平均海平面为264厘米，平均高潮位为406厘米，平均低潮位为119厘米，均具有夏秋高、冬春低的年变化特点；全年海况以0～4级为主，年均平均波高为0.7米，年均平均周期为2.5秒，历史最大波高最大值为 8.0 米，历史平均周期最大值为 9.6 秒，常浪向为 NNE，强浪向为 NNE；年均表层海水温度为 16.3 ～ 18.1℃，8 月最高，均值为 27.4℃，2 月最低，均值为 6.7℃，历史水温最高值为 31.1℃，历史水温最低值为 2.4℃；年均表层海水盐度为 15.33 ～ 22.99，1 月最高，均值为 23.57，7 月最低，均值为 15.39，历史盐度最高值为 33.60，历史盐度最低值小于 2.00；海发光均为火花型，8 月出现频率最高，3 月最低，1 级海发光最多，出现的最高级别为 3 级。

大戢山站主要受大陆性季风气候影响，年均气温为 15.1 ～ 18.4℃，8 月最高，均值为 27.2℃，1 月最低，均值为 5.6℃，历史最高气温为 37.3℃，历史最低气温为 -7.0℃；年均气压为 1 006.0 ～ 1 008.2 百帕，具有冬高夏低的变化特征，12 月最高，均值为 1 016.7 百帕，7 月最低，均值为 996.6 百帕；年均相对湿度为 75.5% ～ 85.0%，6 月最大，均值为 89.8%，12 月最小，均值为 73.5%；年均风速为 6.4 ～ 8.1 米/秒，1 月和 12 月最大，均为 7.9 米/秒，6 月最小，均值为 6.7 米/秒，冬季（1 月）盛行风向为 NW—NE（顺时针，下同），春季（4 月）盛行风向为 N—NE 和 ESE—S，夏季（7 月）盛行风向为 ESE—SSW，秋季（10 月）盛行风向为 NNW—ENE；平均年降水量为 905.5 毫米，6 月平均降水量最多，占全年的 16.7%；平均年雾日数为 38.9 天，4 月最多，均值为 7.4 天，8 月最少，均值为 0.1 天；平均年雷暴日数为 21.0 天，7 月最多，均值为 4.7 天，11 月至翌年 1 月最少，均为 0.1 天；平均年降雪日数为 4.3 天，降雪发生在 12 月至翌年 3 月，1 月最多，均值为 2.2 天；年均能见度为 17.8 ～ 24.5 千米，9 月最大，均值为 28.3 千米，4 月最小，均值为 16.5 千米；年均总云量为 5.9 ～ 6.9 成，6 月最多，均值为 7.9 成，12 月最少，均值为 5.0 成。

## 第二节　观测环境和观测仪器

### 1. 潮汐

1977 年 10 月开始观测，验潮井位于大戢山岛的南面，为岛式钢结构。2001 年 5 月在原验潮井西侧 8 米处新建钢筋混凝土结构验潮井（图 1.2-1）。验潮井南面涉海，东面 100 米为大戢山东码头。验潮井底质为基岩，水深在最低低潮下 1 米左右，水流交换通畅，泥沙淤积少。

1977 年 10 月开始使用 HCJ2 型滚筒式验潮仪，1988 年后使用 SCA1-1 型浮子式水位计，1999 年 2 月开始使用 CZY1-1 型海洋站自动观测系统及水位自记仪，2010 年后使用 SCA11-3A 型浮子式水位计。

图 1.2-1　大戢山站验潮井（摄于 2006 年 8 月 12 日）

## 2. 海浪

1977年10月开始观测，测点位于站办公楼正东偏北约300米的半山腰（图1.2-2）。建站初期使用光学测波仪，测波浮筒布放处水深大于15米，流急，海底地形复杂，1988年7月后目测，目测海拔高度为24.6米，开阔度为200°，北向800米处有一小礁，东向100米是与本岛相连的"老虎头"大礁石，底质为基岩。2008年7月在测波室西北斜上方约8米处安装一台X波段测波雷达，2010年3月正式运行，2016年6月因设备故障停止使用（图1.2-3）。

图1.2-2　大戢山站测波室（摄于2007年4月18日）

图1.2-3　X波段雷达（摄于2010年6月3日）

## 3. 表层海水温度、盐度和海发光

1977年10月开始观测，测点位于验潮井旁。

建站初期在验潮井平台人工采样，使用SWL1-1型水温表测量水温，使用滴定管、SYY1-1型光学折射盐度计、SYA2-1型实验室盐度计等测定盐度。2006年8月，在新验潮井平台中修建温盐井筒，2007年4月后水温使用EC250型温盐传感器自动观测，盐度使用SYA2-1型实验室盐度计测定。2009年开始盐度使用SYA2-2型实验室盐度计测定。2010年开始使用YZY4-3型温盐传感器自动观测水温。2019年8月后使用YZY4-3型温盐传感器自动观测盐度。

海发光为每日天黑后人工目测。1999年2月停测。

## 4. 气象要素

1977年10月开始观测。观测场位于大戢山山顶南偏西的值班室房顶，距验潮井约400米（图1.2-4）。在观测场东面约13米处有约25米高灯塔，2米处有23米高铁塔。2010年9月在原气象值班室北侧扩建了4米×10米的新值班室，房顶作为新的气象观测场。

气象观测仪器主要有气温、气压、湿度自记仪和EL型电接风向风速计等。2002年起使用CZY1-1型海洋站自动观测系统。2012年6月后使用XZY3型水文气象自动观测系统配合各要素传感器进行数据采集和传输，传感器包括HMP155型温湿度传感器、278型气压传感器、XFY3-1型风传感器和SL3-1型雨量传感器等。

图1.2-4　大戢山站气象观测场（摄于2006年8月12日）

# 第二章 潮位

## 第一节 潮汐

### 1. 潮汐类型

利用大戢山站近19年（2001—2019年）验潮资料分析的调和常数，计算出潮汐系数$(H_{K_1}+H_{O_1})/H_{M_2}$为0.35。按我国潮汐类型分类标准，大戢山附近海域为正规半日潮，每个潮汐日（大约24.8小时）有两次高潮和两次低潮，高潮日不等现象较为明显。

1978—2019年，大戢山站$M_2$分潮振幅呈增大趋势，增大速率为2.20毫米/年；迟角呈减小趋势，减小速率为0.06°/年。$K_1$和$O_1$分潮振幅均呈减小趋势，减小速率分别为0.11毫米/年和0.09毫米/年；$K_1$分潮迟角呈减小趋势，减小速率为0.03°/年；$O_1$分潮迟角无明显变化趋势。

### 2. 潮汐特征值

由1978—2019年资料统计分析得出：大戢山站平均高潮位为406厘米，平均低潮位为119厘米，平均潮差为287厘米；平均高高潮位为434厘米，平均低低潮位为108厘米，平均大的潮差为326厘米。平均涨潮历时5小时50分钟，平均落潮历时6小时35分钟，两者相差45分钟。

累年各月潮汐特征值见表2.1-1。

表2.1-1 累年各月潮汐特征值（1978—2019年） 单位：厘米

| 月份 | 平均高潮位 | 平均低潮位 | 平均潮差 | 平均高高潮位 | 平均低低潮位 | 平均大的潮差 |
|---|---|---|---|---|---|---|
| 1 | 388 | 105 | 283 | 415 | 94 | 321 |
| 2 | 390 | 102 | 288 | 414 | 94 | 320 |
| 3 | 396 | 102 | 294 | 419 | 96 | 323 |
| 4 | 399 | 107 | 292 | 423 | 99 | 324 |
| 5 | 403 | 117 | 286 | 432 | 106 | 326 |
| 6 | 409 | 127 | 282 | 442 | 114 | 328 |
| 7 | 413 | 130 | 283 | 448 | 117 | 331 |
| 8 | 425 | 133 | 292 | 456 | 122 | 334 |
| 9 | 431 | 137 | 294 | 457 | 128 | 329 |
| 10 | 421 | 132 | 289 | 447 | 123 | 324 |
| 11 | 404 | 121 | 283 | 433 | 110 | 323 |
| 12 | 391 | 111 | 280 | 420 | 98 | 322 |
| 年 | 406 | 119 | 287 | 434 | 108 | 326 |

注：潮位值均以验潮零点为基面。

平均高潮位和平均低潮位均具有夏秋高、冬春低的特点（图2.1-1），其中平均高潮位9月最高，为431厘米，1月最低，为388厘米，年较差为43厘米；平均低潮位9月最高，为137厘米，2月和3月最低，均为102厘米，年较差为35厘米；平均高高潮位9月最高，为457厘米，2月最低，为414厘米，年较差为43厘米；平均低低潮位9月最高，为128厘米，1月和2月最低，均为94厘米，年较差为34厘米。平均潮差3月和9月最大，12月最小，年较差为14厘米；平均大的潮差8月最大，2月最小，年较差为14厘米（图2.1-2）。

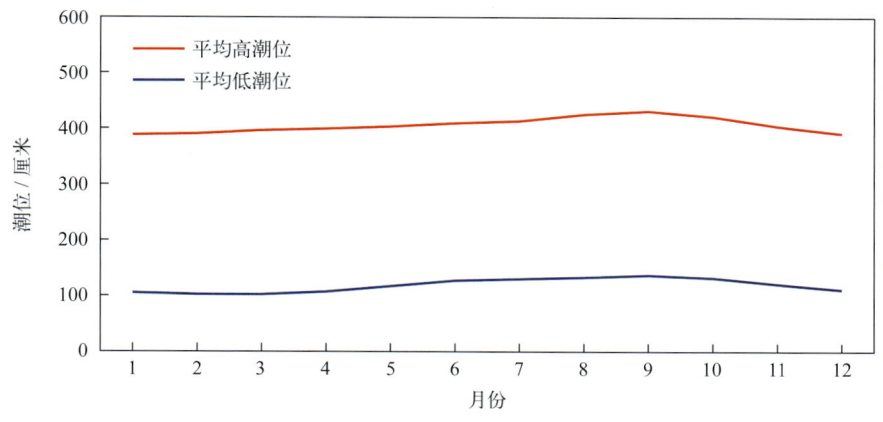

图2.1-1　平均高潮位和平均低潮位年变化

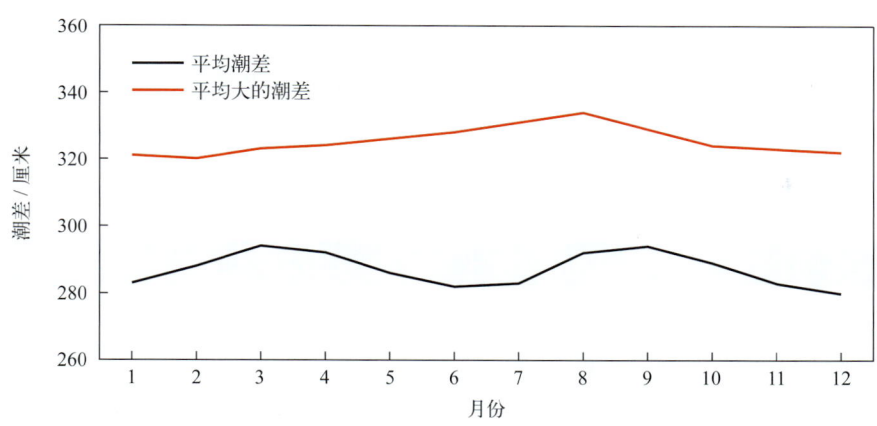

图2.1-2　平均潮差和平均大的潮差年变化

1978—2019年，大戢山站平均高潮位呈明显上升趋势，上升速率为6.04毫米/年。受天文潮长周期变化影响，平均高潮位存在较为显著的准19年周期变化，振幅为4.51厘米。平均高潮位最高值出现在2016年，为425厘米；最低值出现在1985年，为392厘米。大戢山站平均低潮位变化趋势不明显。平均低潮位准19年周期变化较为显著，振幅为4.19厘米。平均低潮位最高值出现在1989年，为126厘米；最低值出现在1978年、1979年和1980年，均为107厘米。

1978—2019年，大戢山站平均潮差呈波动增大趋势，增大速率为5.19毫米/年。平均潮差准19年周期变化显著，振幅为8.60厘米。平均潮差最大值出现在2015年，为307厘米；最小值出现在1988年，为271厘米（图2.1-3）。

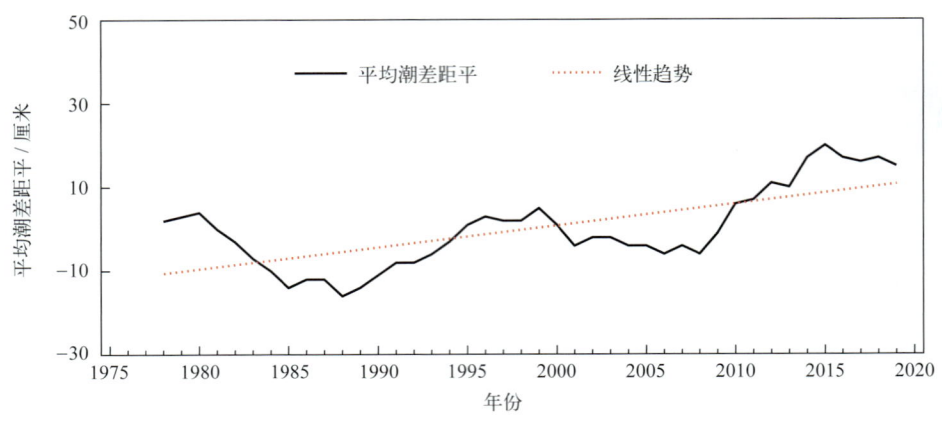

图2.1-3　1978—2019年平均潮差距平变化

## 第二节　极值潮位

大戢山站年最高潮位和年最低潮位的各月发生频率见表2.2-1。年最高潮位出现时间主要集中在6—10月，其中8月发生频率最高，为40%；7月和9月次之，均为17%。年最低潮位主要出现在11月至翌年4月，其中3月发生频率最高，为29%；2月和12月次之，均为17%。

1978—2019年，大戢山站年最高潮位呈上升趋势，上升速率为2.29毫米/年（线性趋势未通过显著性检验）。历年的最高潮位均高于518厘米，其中高于580厘米的有3年；历史最高潮位为599厘米，出现在1997年8月18日，正值9711号台风"温妮"影响期间。大戢山站年最低潮位呈上升趋势，上升速率为3.81毫米/年。历年最低潮位均低于26厘米，其中低于-10厘米的有5年；历史最低潮位为-32厘米，出现在1978年1月11日，由强温带气旋引起（表2.2-1）。

表2.2-1　最高潮位和最低潮位及年极值出现频率（1978—2019年）

| | 1月 | 2月 | 3月 | 4月 | 5月 | 6月 | 7月 | 8月 | 9月 | 10月 | 11月 | 12月 |
|---|---|---|---|---|---|---|---|---|---|---|---|---|
| 最高潮位值/厘米 | 520 | 522 | 523 | 517 | 533 | 546 | 562 | 599 | 569 | 562 | 548 | 522 |
| 年最高潮位出现频率/% | 0 | 0 | 0 | 0 | 0 | 10 | 17 | 40 | 17 | 14 | 2 | 0 |
| 最低潮位值/厘米 | -32 | -11 | -18 | -2 | -9 | 35 | 38 | 24 | 15 | -1 | 2 | -19 |
| 年最低潮位出现频率/% | 14 | 17 | 29 | 12 | 2 | 0 | 0 | 0 | 0 | 0 | 9 | 17 |

## 第三节　增减水

受地形和气候特征的影响，大戢山站出现30厘米以上增水的频率明显高于同等强度减水的频率，超过60厘米的增水平均约26天出现一次，而超过60厘米的减水平均约215天出现一次（表2.3-1）。

大戢山站100厘米以上的增水主要出现在3月、7月、9月和10月，60厘米以上的减水多发生在10月至翌年4月，这些大的增减水过程主要与该海域受温带气旋、寒潮大风以及热带气旋等影响有关（表2.3-2）。

表 2.3-1　不同强度增减水平均出现周期（1978—2019 年）

| 范围 / 厘米 | 出现周期 / 天 | |
|---|---|---|
| | 增水 | 减水 |
| >30 | 1.66 | 3.28 |
| >40 | 4.21 | 11.94 |
| >50 | 10.51 | 45.36 |
| >60 | 25.97 | 214.68 |
| >70 | 69.60 | 1 524.23 |
| >80 | 177.24 | — |
| >90 | 411.95 | — |
| >100 | 952.65 | — |
| >120 | 3 048.47 | — |

"—"表示无数据。

表 2.3-2　各月不同强度增减水出现频率（1978—2019 年）

| 月份 | 增水 / % | | | | | 减水 / % | | | | |
|---|---|---|---|---|---|---|---|---|---|---|
| | >30厘米 | >50厘米 | >60厘米 | >80厘米 | >100厘米 | >30厘米 | >40厘米 | >50厘米 | >60厘米 | >70厘米 |
| 1 | 3.98 | 0.48 | 0.19 | 0.01 | 0.00 | 2.08 | 0.60 | 0.12 | 0.03 | 0.00 |
| 2 | 3.81 | 0.53 | 0.18 | 0.00 | 0.00 | 2.20 | 0.67 | 0.16 | 0.03 | 0.01 |
| 3 | 3.20 | 0.51 | 0.28 | 0.02 | 0.01 | 2.38 | 0.70 | 0.19 | 0.03 | 0.00 |
| 4 | 1.18 | 0.09 | 0.02 | 0.00 | 0.00 | 1.04 | 0.27 | 0.09 | 0.04 | 0.01 |
| 5 | 0.60 | 0.04 | 0.00 | 0.00 | 0.00 | 0.17 | 0.01 | 0.00 | 0.00 | 0.00 |
| 6 | 0.30 | 0.03 | 0.01 | 0.00 | 0.00 | 0.05 | 0.01 | 0.00 | 0.00 | 0.00 |
| 7 | 0.71 | 0.15 | 0.06 | 0.02 | 0.01 | 0.34 | 0.03 | 0.00 | 0.00 | 0.00 |
| 8 | 2.34 | 0.46 | 0.22 | 0.04 | 0.00 | 0.53 | 0.09 | 0.02 | 0.00 | 0.00 |
| 9 | 3.30 | 0.57 | 0.31 | 0.11 | 0.03 | 0.20 | 0.03 | 0.00 | 0.00 | 0.00 |
| 10 | 3.26 | 0.62 | 0.20 | 0.03 | 0.01 | 0.91 | 0.25 | 0.10 | 0.02 | 0.00 |
| 11 | 3.85 | 0.78 | 0.29 | 0.04 | 0.00 | 2.55 | 0.79 | 0.22 | 0.04 | 0.00 |
| 12 | 3.71 | 0.52 | 0.17 | 0.00 | 0.00 | 2.81 | 0.75 | 0.20 | 0.05 | 0.02 |

　　1978—2019 年，除 4—6 月外，大戢山站年最大增水在其余各月均有出现，其中 3 月出现频率最高，为 19%；1 月和 11 月次之，均为 14%。年最大减水多出现在 10 月至翌年 3 月和 8 月，其中 1 月出现频率最高，为 21%；11 月次之，为 19%（表 2.3-3）。

　　1978—2019 年，大戢山站年最大增水无明显变化趋势。历史最大增水出现在 1983 年 9 月 27 日，为 142 厘米；2014 年最大增水较大，为 139 厘米；1997 年、2000 年、2002 年和 2016 年最大增水均达到或超过了 105 厘米。大戢山站年最大减水呈增大趋势，增大速率为 1.51 毫米 / 年（线性趋势未通过显著性检验)。历史最大减水发生在 2012 年 4 月 4 日,为 79 厘米;1980 年、2004 年和 2005 年最大减水均达到或超过了 70 厘米。

表 2.3-3　最大增水和最大减水及年极值出现频率(1978—2019 年)

| | 1月 | 2月 | 3月 | 4月 | 5月 | 6月 | 7月 | 8月 | 9月 | 10月 | 11月 | 12月 |
|---|---|---|---|---|---|---|---|---|---|---|---|---|
| 最大增水值/厘米 | 91 | 81 | 107 | 70 | 59 | 67 | 107 | 108 | 142 | 139 | 92 | 84 |
| 年最大增水出现频率/% | 14 | 2 | 19 | 0 | 0 | 0 | 5 | 10 | 12 | 12 | 14 | 12 |
| 最大减水值/厘米 | 68 | 75 | 67 | 79 | 42 | 45 | 56 | 58 | 46 | 70 | 69 | 78 |
| 年最大减水出现频率/% | 21 | 14 | 10 | 4 | 0 | 0 | 0 | 10 | 0 | 10 | 19 | 12 |

# 第三章　海浪

## 第一节　海况

　　大戢山站全年及各月各级海况的频率见图3.1-1。全年海况以0～4级为主，频率为91.07%，其中0～2级海况频率为43.60%。全年5级及以上海况频率为8.93%，最大频率出现在12月，为15.44%。全年7级及以上海况频率为0.36%，最大频率出现在8月，为1.08%，3月未出现。

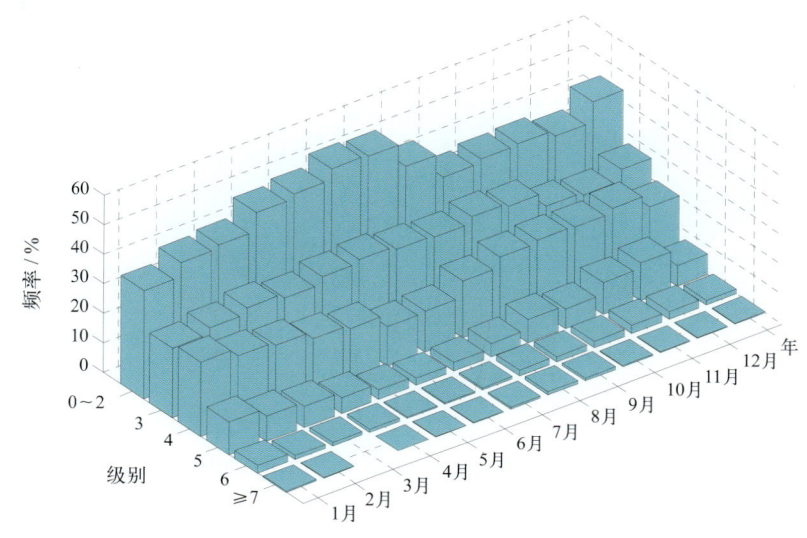

图3.1-1　全年及各月各级海况频率（1978—2019年）

## 第二节　波型

　　大戢山站风浪频率和涌浪频率的年变化见表3.2-1。全年以风浪为主，频率为100.00%，涌浪频率为20.39%。各月的风浪频率相差不大，涌浪频率差异较大。涌浪在2—4月较多，其中4月最多，频率为25.31%；在7月、11月和12月较少，其中12月最少，频率为16.99%。

表3.2-1　各月及全年风浪涌浪频率（1978—2019年）

|  | 1月 | 2月 | 3月 | 4月 | 5月 | 6月 | 7月 | 8月 | 9月 | 10月 | 11月 | 12月 | 年 |
|---|---|---|---|---|---|---|---|---|---|---|---|---|---|
| 风浪 / % | 99.98 | 100.00 | 100.00 | 100.00 | 99.98 | 100.00 | 100.00 | 100.00 | 100.00 | 99.98 | 100.00 | 100.00 | 100.00 |
| 涌浪 / % | 19.93 | 25.05 | 24.11 | 25.31 | 19.44 | 23.26 | 17.45 | 18.52 | 18.48 | 19.75 | 17.11 | 16.99 | 20.39 |

注：风浪包含F、FU、F/U和U/F波型；涌浪包含U、FU、F/U和U/F波型。

## 第三节　波向

### 1. 各向风浪频率

　　大戢山站各月及全年各向风浪频率见图3.3-1。1—3月和11月N向风浪居多，NNE向次之。

4月SE向风浪居多，N向次之。5月和8月SE向风浪居多，ESE向次之。6月ESE向风浪居多，SSE向次之。7月SE向风浪居多，SSE向次之。9月NNE向风浪居多，NE向次之。10月NNE向风浪居多，N向次之。12月N向风浪居多，NNW向次之。全年N向风浪居多，频率为11.17%；NNE向次之，频率为10.91%；WSW向最少，频率为0.88%。

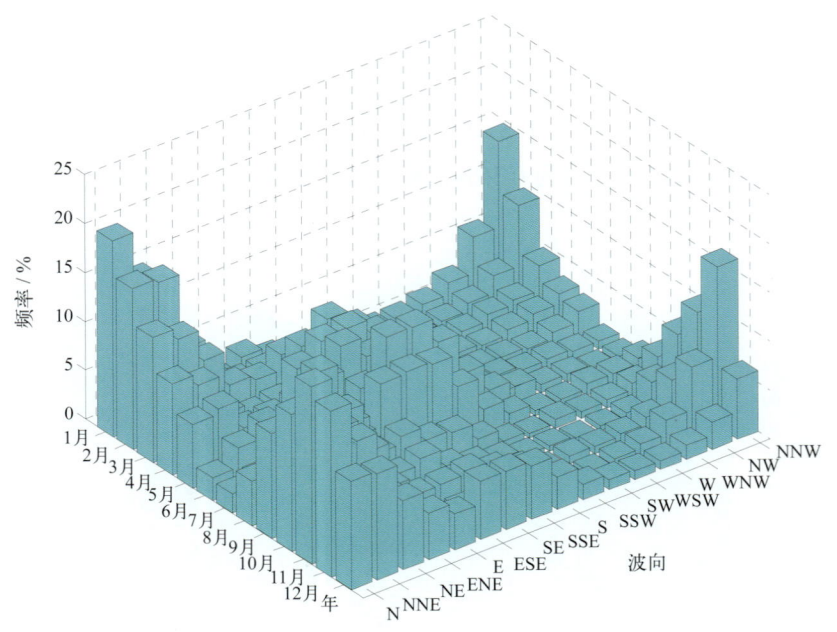

图3.3-1　各月及全年各向风浪频率（1978—2019年）

## 2. 各向涌浪频率

大戢山站各月及全年各向涌浪频率见图3.3-2。1—3月NE向涌浪居多，ENE向次之。4—6月和8—12月ENE向涌浪居多，NE向次之。7月ENE向涌浪居多，E向次之。全年ENE向涌浪居多，频率为5.64%；NE向次之，频率为4.47%；SSW—WSW向出现频率接近0或未出现。

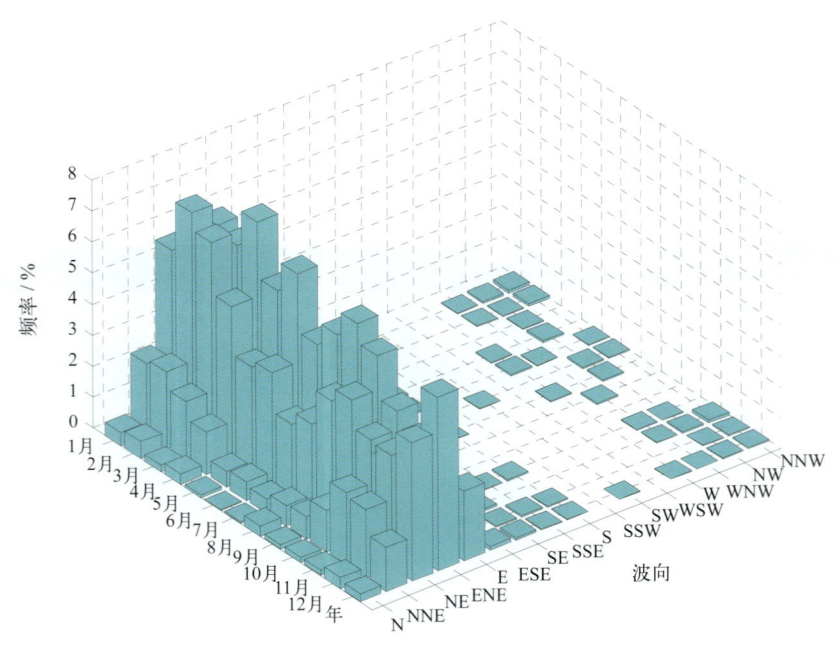

图3.3-2　各月及全年各向涌浪频率（1978—2019年）

## 第四节 波高

### 1. 平均波高和最大波高

大戢山站波高的年变化见表3.4-1。月平均波高的年变化不明显，为0.5～0.9米。历年的平均波高为0.5～1.0米。

月最大波高比月平均波高的变化幅度大，极大值出现在8月，为8.0米，极小值出现在3月，为3.4米，变幅为4.6米。历年的最大波高为2.5～8.0米，不小于6.0米的有3年，其中最大波高的极大值8.0米出现在1986年8月27日，正值8615号台风"薇拉"影响期间，波向为NNE，对应平均风速为35米/秒，对应平均周期为5.9秒。

表3.4-1 波高年变化（1978—2019年） 单位：米

|  | 1月 | 2月 | 3月 | 4月 | 5月 | 6月 | 7月 | 8月 | 9月 | 10月 | 11月 | 12月 | 年 |
|---|---|---|---|---|---|---|---|---|---|---|---|---|---|
| 平均波高 | 0.9 | 0.8 | 0.7 | 0.7 | 0.6 | 0.5 | 0.5 | 0.7 | 0.8 | 0.8 | 0.8 | 0.8 | 0.7 |
| 最大波高 | 4.7 | 3.8 | 3.4 | 3.7 | 3.7 | 3.8 | 5.0 | 8.0 | 6.5 | 4.5 | 4.0 | 3.8 | 8.0 |

### 2. 各向平均波高和最大波高

全年及各季代表月各向波高的分布见表3.4-2、图3.4-1和图3.4-2。全年各向平均波高为0.6～1.2米，大值主要分布于NW—NNE向，其中NNW向最大，小值主要分布于SW向和WSW向。全年各向最大波高NNE向最大，为8.0米；NNW向次之，为5.7米；SW向最小，为2.4米。

表3.4-2 全年各向平均波高和最大波高（1978—2019年） 单位：米

|  | N | NNE | NE | ENE | E | ESE | SE | SSE | S | SSW | SW | WSW | W | WNW | NW | NNW |
|---|---|---|---|---|---|---|---|---|---|---|---|---|---|---|---|---|
| 平均波高 | 1.1 | 1.1 | 0.9 | 0.8 | 0.7 | 0.8 | 0.8 | 0.8 | 0.8 | 0.7 | 0.6 | 0.6 | 0.8 | 1.0 | 1.1 | 1.2 |
| 最大波高 | 5.5 | 8.0 | 5.5 | 4.1 | 4.5 | 4.6 | 3.4 | 5.0 | 3.7 | 3.7 | 2.4 | 3.6 | 5.0 | 5.0 | 3.9 | 5.7 |

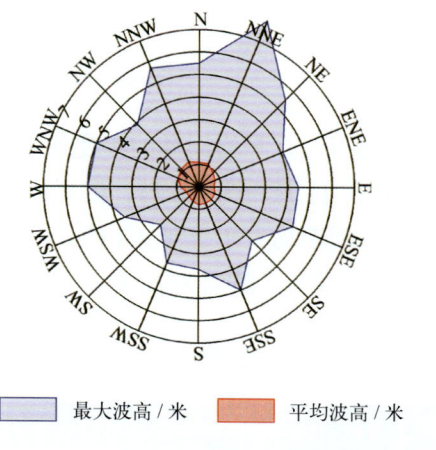

图3.4-1 全年各向平均波高和最大波高（1978—2019年）

1月平均波高NNW向最大，为1.3米；SW向和WSW向最小，均为0.5米。最大波高NNW向最大，为4.7米；NW向次之，为3.9米；WSW向最小，为0.9米。

4月平均波高NNE向最大，为1.2米；SW向和WSW向最小，均为0.6米。最大波高ESE向最大，为3.7米；SSE向次之，为3.5米；WSW向最小，为1.3米。

7月平均波高N向最大，为1.2米；SW向最小，为0.6米。最大波高W向最大，为5.0米；WNW向次之，为4.7米；ENE向和E向最小，均为2.2米。

10月平均波高N向、NNE向、NW向和NNW向最大，均为1.1米；S向、SSW向、SW向和WSW向最小，均为0.6米。最大波高NE向最大，为4.5米；ENE向次之，为4.1米；SSW向最小，为1.1米。

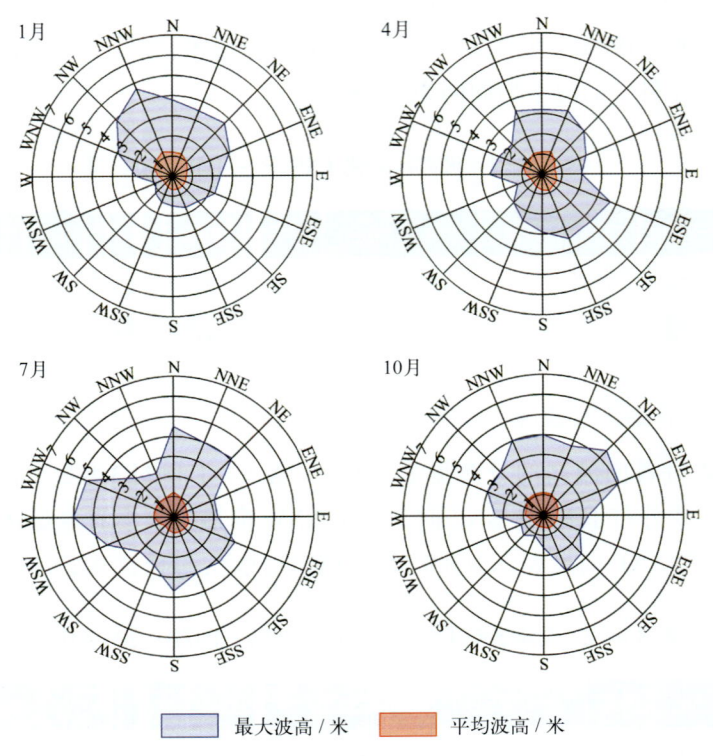

图3.4-2　四季代表月各向平均波高和最大波高（1978—2019年）

## 第五节　周期

### 1. 平均周期和最大周期

大戢山站周期的年变化见表3.5-1。月平均周期的年变化不明显，为2.1～2.8秒。月最大周期的年变化幅度较大，极大值出现在11月，为9.6秒，极小值出现在6月，为6.3秒。历年的平均周期为1.9～3.2秒，历年的最大周期均大于等于4.8秒，大于8.0秒的有5年，其中最大周期的极大值9.6秒出现在1978年11月13日，波向为NNE。

表3.5-1　周期年变化（1978—2019年）　　　　　　单位：秒

| | 1月 | 2月 | 3月 | 4月 | 5月 | 6月 | 7月 | 8月 | 9月 | 10月 | 11月 | 12月 | 年 |
| --- | --- | --- | --- | --- | --- | --- | --- | --- | --- | --- | --- | --- | --- |
| 平均周期 | 2.8 | 2.7 | 2.6 | 2.4 | 2.3 | 2.2 | 2.1 | 2.4 | 2.7 | 2.6 | 2.6 | 2.7 | 2.5 |
| 最大周期 | 7.4 | 8.2 | 9.0 | 9.1 | 7.9 | 6.3 | 6.4 | 7.7 | 8.9 | 9.0 | 9.6 | 8.8 | 9.6 |

## 2. 各向平均周期和最大周期

全年及各季代表月各向周期的分布见表3.5-2、图3.5-1和图3.5-2。全年各向平均周期为2.7～3.6秒，ENE向和NE向周期值较大。全年各向最大周期NNE向最大，为9.6秒；NE向次之，为9.1秒；SW向最小，为5.0秒。

表 3.5-2　全年各向平均周期和最大周期（1978—2019年）　　　　　　　单位：秒

|  | N | NNE | NE | ENE | E | ESE | SE | SSE | S | SSW | SW | WSW | W | WNW | NW | NNW |
|---|---|---|---|---|---|---|---|---|---|---|---|---|---|---|---|---|
| 平均周期 | 3.3 | 3.4 | 3.5 | 3.6 | 3.3 | 2.9 | 2.9 | 2.9 | 2.9 | 2.8 | 2.7 | 2.8 | 2.9 | 3.1 | 3.3 | 3.4 |
| 最大周期 | 7.2 | 9.6 | 9.1 | 8.9 | 6.9 | 7.6 | 5.2 | 6.6 | 5.8 | 5.4 | 5.0 | 5.2 | 5.5 | 5.6 | 5.7 | 6.3 |

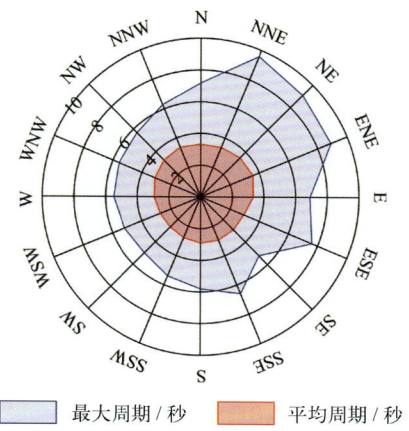

图3.5-1　全年各向平均周期和最大周期（1978—2019年）

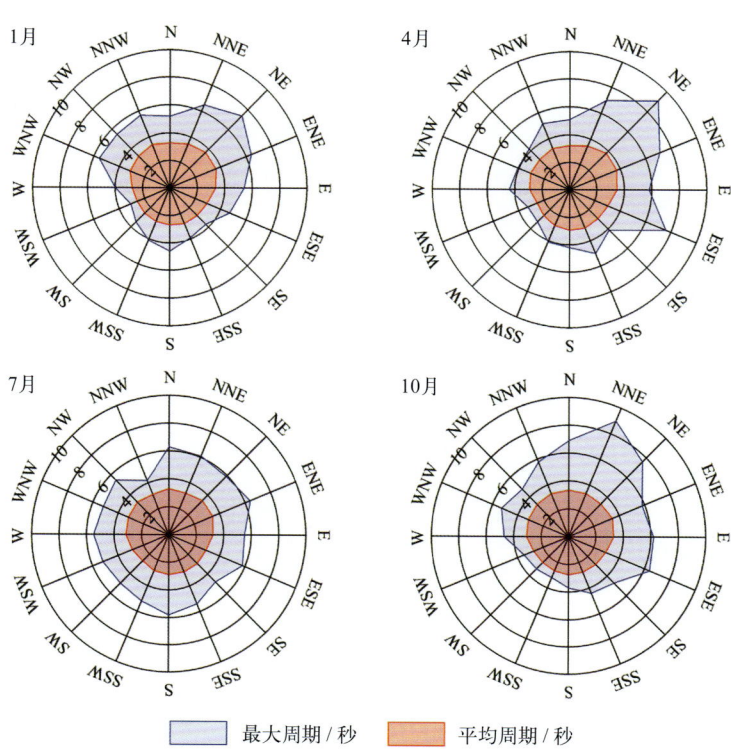

图3.5-2　四季代表月各向平均周期和最大周期（1978—2019年）

1月平均周期NE向最大，为3.7秒；SSW向、SW向和WSW向最小，均为2.6秒。最大周期NE向最大，为7.4秒；NNE向次之，为6.5秒；WSW向最小，为3.1秒。

4月平均周期NE向最大，为3.8秒；WSW向最小，为2.6秒。最大周期NE向最大，为9.1秒；ESE向次之，为7.6秒；SW向和WSW向最小，均为3.3秒。

7月平均周期ENE向最大，为3.5秒；SW向最小，为2.7秒。最大周期ENE向最大，为6.4秒；N向次之，为6.3秒；NNW向最小，为4.2秒。

10月平均周期ENE向最大，为3.5秒；SSW向和SW向最小，均为2.7秒。最大周期NNE向最大，为9.0秒；NE向次之，为7.6秒；SSW向最小，为3.2秒。

# 第四章 表层海水温度、盐度和海发光

## 第一节 表层海水温度

### 1. 平均水温、最高水温和最低水温

大戢山站月平均水温的年变化具有峰谷明显的特点，8月最高，为27.4℃，2月最低，为6.7℃，年较差为20.7℃。3—8月为升温期，9月至翌年2月为降温期。月最高水温和月最低水温的年变化特征与月平均水温相似（图4.1-1）。

历年（2000年、2002—2004年数据有缺测）的平均水温为16.3～18.1℃，其中2007年最高，1981年、1987年和1992年均为最低。累年平均水温为17.0℃。

历年的最高水温均不低于28.3℃，其中大于29.0℃的有29年，大于30.0℃的有12年，出现时间为7—9月。水温极大值为31.1℃，出现在2016年8月15日。

历年的最低水温均不高于6.6℃，其中小于5.0℃的有20年，小于4℃的有5年，出现时间为12月至翌年2月，2月最多。水温极小值为2.4℃，出现在1980年2月9日。

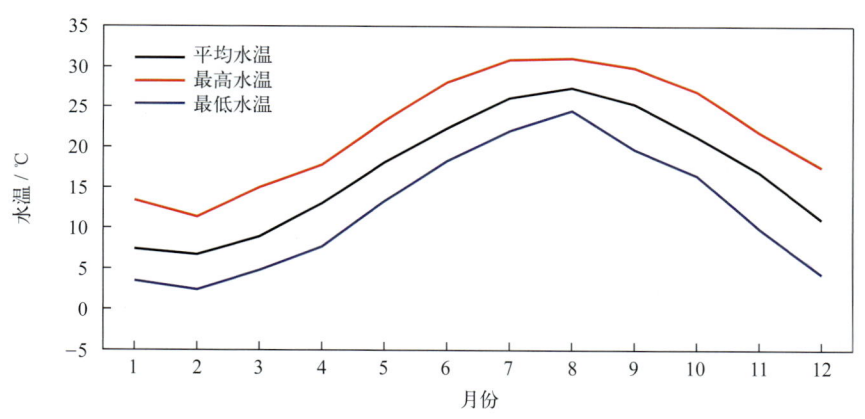

图4.1-1　水温年变化（1977—2019年）

### 2. 日平均水温稳定通过界限温度的日期

采用五日滑动平均方法求出稳定通过各个界限温度的日期，见表4.1-1。日平均水温全年均稳定通过5℃，稳定通过10℃的有269天，稳定通过15℃的有212天，稳定通过20℃的有151天，稳定通过25℃的初日为7月7日，终日为9月18日，共74天。

表4.1-1　日平均水温稳定通过界限温度的日期（1977—2019年）

|  | 10℃ | 15℃ | 20℃ | 25℃ |
| --- | --- | --- | --- | --- |
| 初日 | 3月28日 | 4月28日 | 5月29日 | 7月7日 |
| 终日 | 12月21日 | 11月25日 | 10月26日 | 9月18日 |
| 天数 | 269 | 212 | 151 | 74 |

### 3. 长期趋势变化

1978—2019 年，年平均水温和年最低水温均呈波动上升趋势，上升速率分别为 0.23℃/（10 年）和 0.31℃/（10 年），年最高水温无明显变化趋势，其中 2016 年最高水温为 1978 年以来的第一高值，1994 年和 1998 年最高水温均为 1978 年以来的第二高值，1980 年和 1984 年最低水温分别为 1978 年以来的第一低值和第二低值。

十年平均水温变化显示，1980—1989 年平均水温最低，1990—1999 年平均水温较上一个十年升幅最大，升幅为 0.62℃（图 4.1-2）。

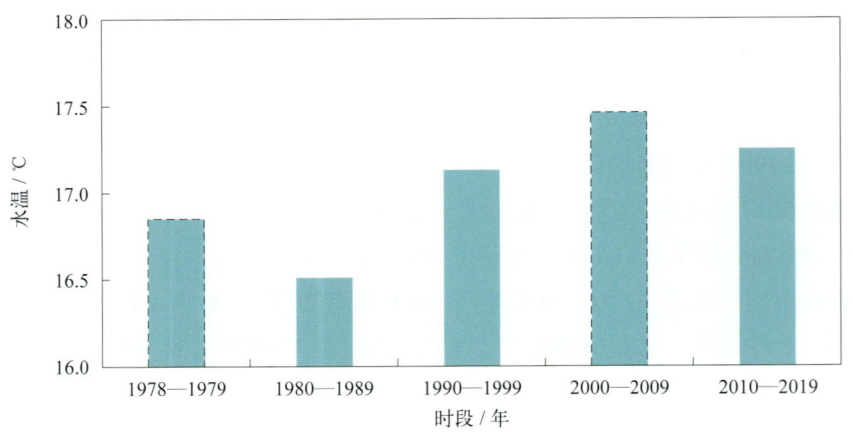

图4.1-2　十年平均水温变化（数据不足十年加虚线框表示，下同）

## 第二节　表层海水盐度

### 1. 平均盐度、最高盐度和最低盐度

大戢山站月平均盐度的年变化具有冬春季较高、夏秋季较低的特点，最高值出现在 1 月，为 23.57，最低值出现在 7 月，为 15.39，年较差为 8.18。月最高盐度 1 月最大，7 月最小。月最低盐度 2 月最大，9 月最小（图 4.2-1）。

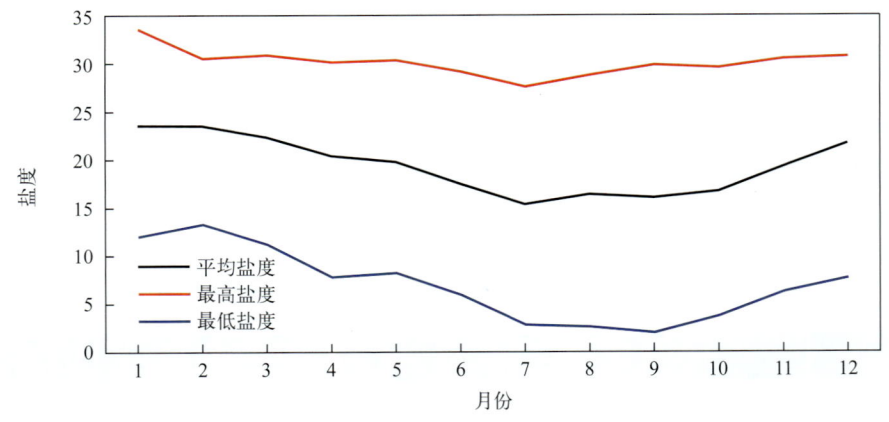

图4.2-1　盐度年变化（1977—2019年）

历年（1995 年、2000—2006 年数据有缺测）的平均盐度为 15.33 ~ 22.99，其中 2011 年最高，

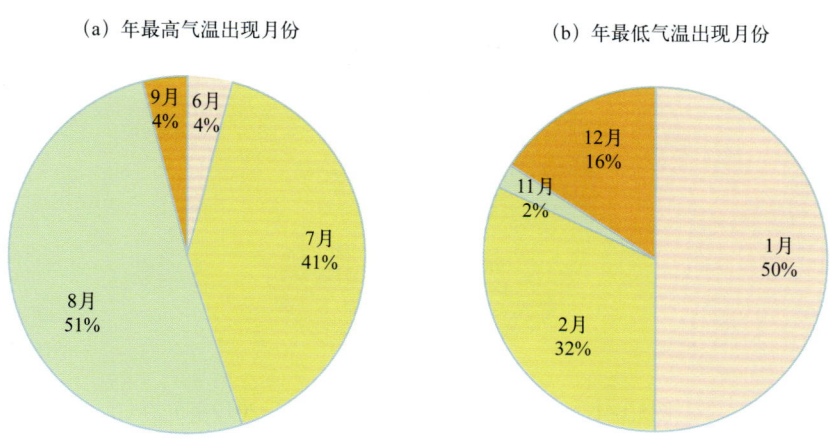

图5.1-2 年最高、最低气温出现月份及频率（1977—2019年）

## 2. 长期趋势变化

1978—2019年，年平均气温、年最高气温和年最低气温均呈波动上升趋势，上升速率分别为0.59℃/（10年）、1.06℃/（10年）和0.83℃/（10年）。

十年平均气温变化显示，1980—1989年平均气温最低，为15.5℃；2010—2019年平均气温最高，为17.2℃，2000—2009年平均气温较上一个十年升幅最大，升幅为1.0℃（图5.1-3）。

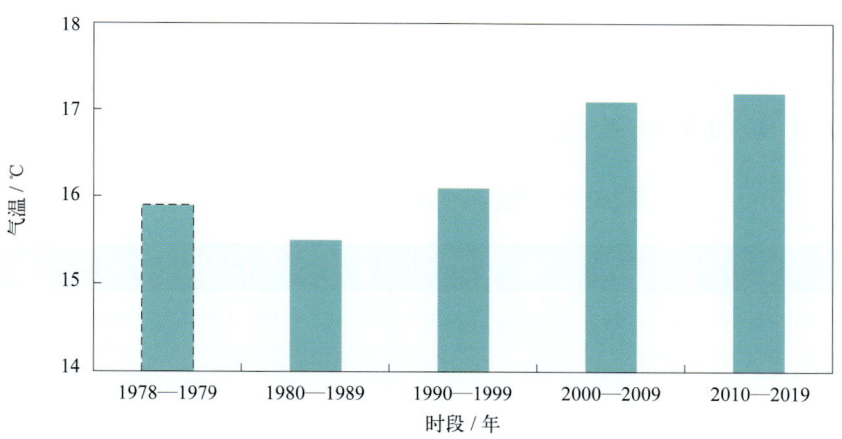

图5.1-3 十年平均气温变化

## 3. 常年自然天气季节和大陆度

利用大戢山站1977—2019年气温累年日平均数据计算五日滑动平均气温，根据《气候季节划分》（QX/T 152—2012）方法，大戢山平均春季时间从3月29日至6月14日，共78天；平均夏季时间从6月15日至10月5日，共113天；平均秋季时间从10月6日至12月11日，共67天；平均冬季时间从12月12日至翌年3月28日，共107天。夏季时间最长，秋季时间最短（图5.1-4）。

大戢山站焦金斯基大陆度指数为51.3%，属大陆性季风气候。

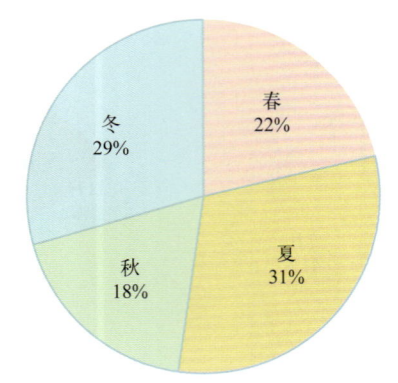

图5.1-4　四季平均日数百分率（1977—2019年）

## 第二节　气压

### 1. 平均气压、最高气压和最低气压

1977—2019年，大戢山站累年平均气压为1 007.2百帕。月平均气压具有冬高夏低的变化特征，12月最高，为1 016.7百帕，7月最低，为996.6百帕，年较差为20.1百帕。月最高气压1月最大，7月最小。月最低气压12月最大，9月最小（表5.2-1，图5.2-1）。

历年的平均气压为1 006.0 ~ 1 008.2百帕，其中1995年最高，2006年最低。

历年的最高气压均高于1 024.5百帕，其中高于1 030.0百帕的有9年。极大值为1 033.0百帕，出现在2000年1月31日。

历年的最低气压均低于990.0百帕，其中低于970.0百帕的有4年。极小值为967.2百帕，出现在1981年9月1日，正值8114号台风影响期间。

表5.2-1　气压年变化（1977—2019年）　　　　　　　　　　　　　　　　单位：百帕

| | 1月 | 2月 | 3月 | 4月 | 5月 | 6月 | 7月 | 8月 | 9月 | 10月 | 11月 | 12月 | 年 |
|---|---|---|---|---|---|---|---|---|---|---|---|---|---|
| 平均气压 | 1 016.6 | 1 014.6 | 1 011.0 | 1 006.3 | 1 002.3 | 998.0 | 996.6 | 997.6 | 1 003.6 | 1 009.9 | 1 013.7 | 1 016.7 | 1 007.2 |
| 最高气压 | 1 033.0 | 1 030.4 | 1 028.4 | 1 025.7 | 1 015.7 | 1 010.0 | 1 007.7 | 1 008.9 | 1 015.5 | 1 022.8 | 1 027.9 | 1 031.0 | 1 033.0 |
| 最低气压 | 998.0 | 989.7 | 988.1 | 986.7 | 986.5 | 983.0 | 970.5 | 967.4 | 967.2 | 985.7 | 990.6 | 998.6 | 967.2 |

注：1977年数据有缺测。

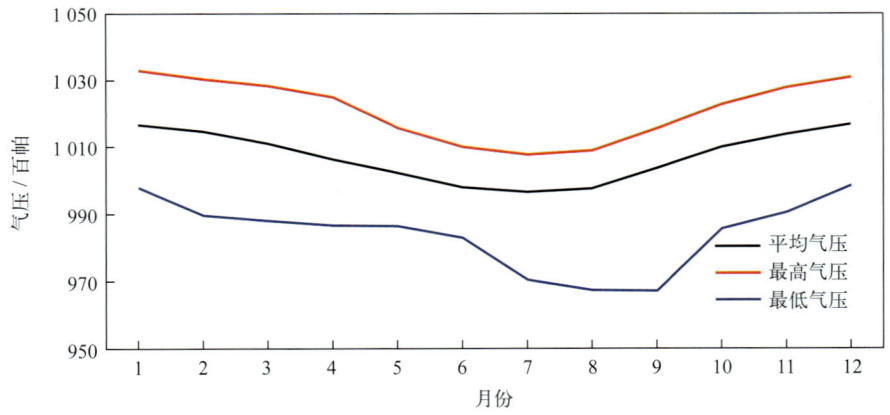

图5.2-1　气压年变化（1977—2019年）

1983年最低。累年平均盐度为19.40。

历年的最高盐度均大于26.80，其中大于29.00的有23年，大于30.00的有11年。年最高盐度多出现在冬春季，夏秋季较少。盐度极大值为33.60，出现在1993年1月24日。

历年的最低盐度均小于13.70，其中小于10.00的有28年，小于4.00的有7年。年最低盐度多出现在7—9月，占统计年份的77%。盐度极小值小于2.00，出现在1998年9月2日。

### 2. 长期趋势变化

1978—2019年，年平均盐度变化趋势不明显，年最高盐度呈波动下降趋势，下降速率为0.30 /（10年），年最低盐度呈波动上升趋势，上升速率为0.68 /（10年）。1993年和1980年最高盐度分别为1978年以来的第一高值和第二高值；1998年和1980年最低盐度分别为1978年以来的第一低值和第二低值。

## 第三节 海发光

1977—1999年，大戢山站观测到的海发光均为火花型（H）。海发光以1级海发光为主，占海发光次数的94.4%；2级海发光次之，占4%；海发光最高级别为3级。

各月及全年海发光频率见表4.3-1和图4.3-1。海发光频率的年变化为冬春季偏低，夏秋季偏高，8月海发光频率最高，3月海发光频率最低。累年平均海发光频率为17.1%。

历年海发光频率为3.5% ~ 49.3%，其中1997年海发光频率最大，1982年最小。

表4.3-1　各月及全年海发光频率（1977—1999年）

| | 1月 | 2月 | 3月 | 4月 | 5月 | 6月 | 7月 | 8月 | 9月 | 10月 | 11月 | 12月 | 年 |
|---|---|---|---|---|---|---|---|---|---|---|---|---|---|
| 频率/% | 0.5 | 0.6 | 0.2 | 2.7 | 19.8 | 24.9 | 32.8 | 53.0 | 43.8 | 21.0 | 7.8 | 1.1 | 17.1 |

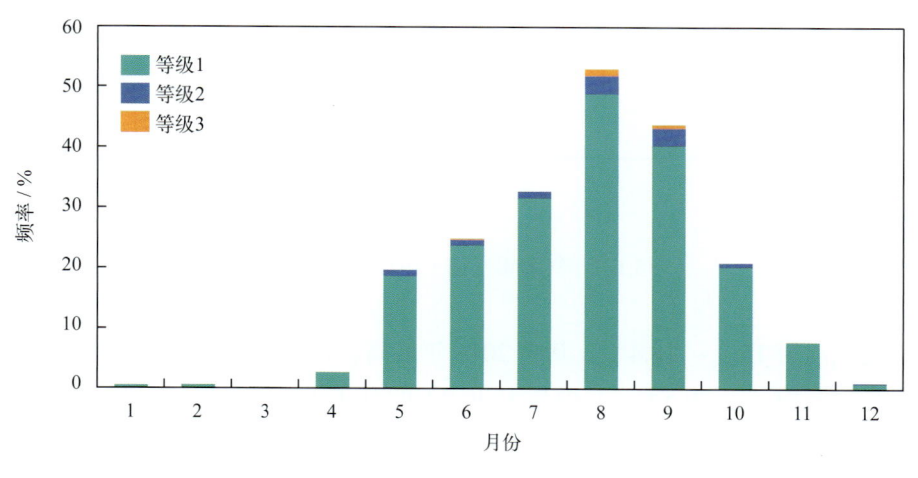

图4.3-1　各月各级海发光频率（1977—1999年）

# 第五章 海洋气象

## 第一节 气温

### 1. 平均气温、最高气温和最低气温

1977—2019年，大戢山站累年平均气温为16.4℃。月平均气温具有夏高冬低的变化特征，8月最高，为27.2℃，1月最低，为5.6℃，年较差为21.6℃。月最高气温和月最低气温的年变化特征与月平均气温相似，月最高气温极大值出现在7月和8月，月最低气温极小值出现在1月（表5.1-1，图5.1-1）。

表5.1-1 气温年变化（1977—2019年） 单位：℃

| | 1月 | 2月 | 3月 | 4月 | 5月 | 6月 | 7月 | 8月 | 9月 | 10月 | 11月 | 12月 | 年 |
|---|---|---|---|---|---|---|---|---|---|---|---|---|---|
| 平均气温 | 5.6 | 6.1 | 9.0 | 13.6 | 18.6 | 22.4 | 26.6 | 27.2 | 24.4 | 20.0 | 14.8 | 8.8 | 16.4 |
| 最高气温 | 20.2 | 24.0 | 23.5 | 26.9 | 30.9 | 33.4 | 37.3 | 37.3 | 34.7 | 31.0 | 27.9 | 22.4 | 37.3 |
| 最低气温 | -7.0 | -4.5 | -1.7 | 3.9 | 8.6 | 13.4 | 18.0 | 17.3 | 15.5 | 6.7 | -2.8 | -6.1 | -7.0 |

注：1977年数据有缺测。

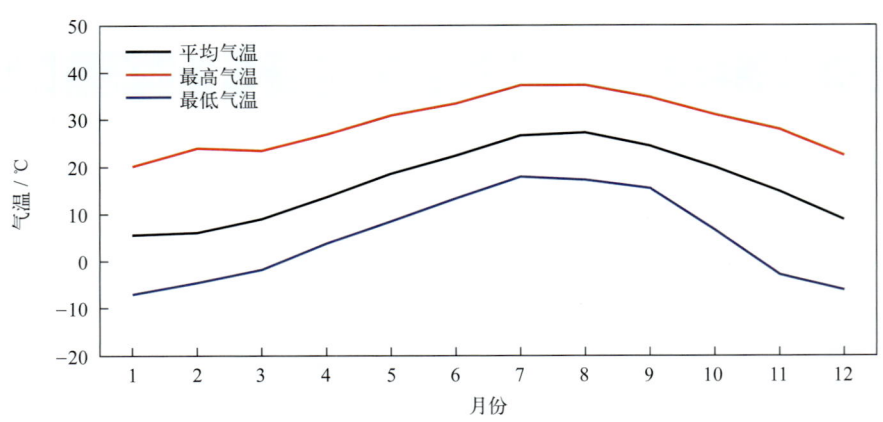

图5.1-1 气温年变化（1977—2019年）

历年的平均气温为15.1～18.4℃，其中2016年最高，1980年最低。

历年的最高气温均高于29.5℃，其中高于36.0℃的有4年。最早出现时间为6月29日（1978年和2000年），最晚出现时间为9月4日（1995年）。8月最高气温出现频率最高，占统计年份的51%，7月次之，占41%（图5.1-2）。极大值为37.3℃，出现在2017年7月19日和8月7日。

历年的最低气温均低于3.0℃，其中低于-2.0℃的有28年，低于-5.0℃的有6年。最早出现时间为11月27日（2002年），最晚出现时间为2月27日（1981年）。1月最低气温出现频率最高，占统计年份的50%，2月次之，占32%（图5.1-2）。极小值为-7.0℃，出现在1986年1月5日。

### 2. 长期趋势变化

1978—2019 年，年平均气压呈下降趋势，下降速率为 0.23 百帕 /（10 年）；年最高气压无明显变化趋势；年最低气压呈上升趋势，上升速率为 0.58 百帕 /（10 年）（线性趋势未通过显著性检验）。

十年平均气压变化显示，1980—1989 年平均气压最高，为 1 007.6 百帕，2000—2009 年平均气压最低，为 1 006.5 百帕；2000—2009 年平均气压较上一个十年降幅最大，降幅为 1.0 百帕，2010—2019 年平均气压较上一个十年上升 0.7 百帕（图 5.2-2）。

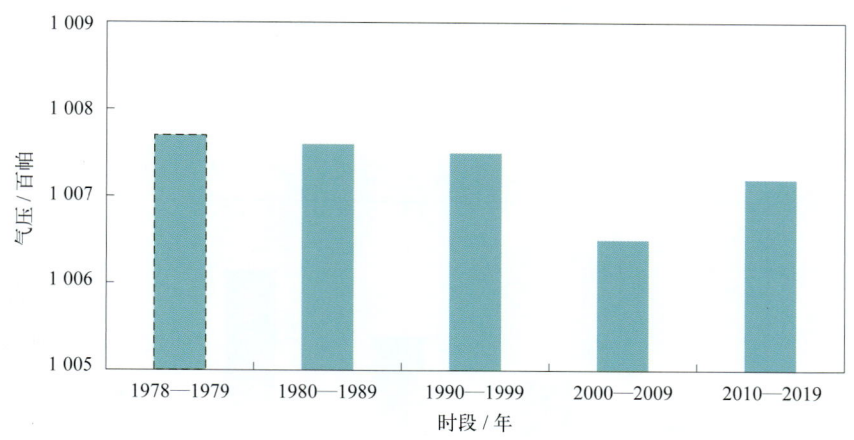

图5.2-2　十年平均气压变化

## 第三节　相对湿度

### 1. 平均相对湿度和最小相对湿度

1977—2019 年，大戢山站累年平均相对湿度为 80.9%。月平均相对湿度 6 月最大，为 89.8%，12 月最小，为 73.5%。平均月最小相对湿度 7 月最大，为 60.6%，12 月最小，为 30.8%。最小相对湿度的极小值为 4%，出现在 1999 年 4 月 29 日（表 5.3-1，图 5.3-1）。

表5.3-1　相对湿度年变化（1977—2019 年）

| | 1月 | 2月 | 3月 | 4月 | 5月 | 6月 | 7月 | 8月 | 9月 | 10月 | 11月 | 12月 | 年 |
|---|---|---|---|---|---|---|---|---|---|---|---|---|---|
| 平均相对湿度 /% | 76.4 | 78.0 | 80.7 | 82.4 | 85.2 | 89.8 | 89.3 | 86.9 | 80.4 | 74.3 | 73.7 | 73.5 | 80.9 |
| 平均最小相对湿度 /% | 32.1 | 33.1 | 32.2 | 32.1 | 33.4 | 55.0 | 60.6 | 56.8 | 47.1 | 39.1 | 34.5 | 30.8 | 40.6 |
| 最小相对湿度 /% | 6 | 7 | 6 | 4 | 6 | 27 | 37 | 33 | 18 | 23 | 13 | 7 | 4 |

注：平均最小相对湿度为各月最小相对湿度的累年平均值及其年平均值。1977年数据有缺测。

### 2. 长期趋势变化

1978—2019 年，年平均相对湿度为 75.5% ~ 85.0%，其中 2015 年和 2016 年均为最大，2011 年最小，年平均相对湿度呈上升趋势，上升速率为 0.28% /（10 年）（线性趋势未通过显著性检验）。

十年平均相对湿度变化显示，2000—2009 年平均相对湿度最大，为 82.0%；2010—2019 年平均相对湿度较上一个十年下降 1.6%（图 5.3-2）。

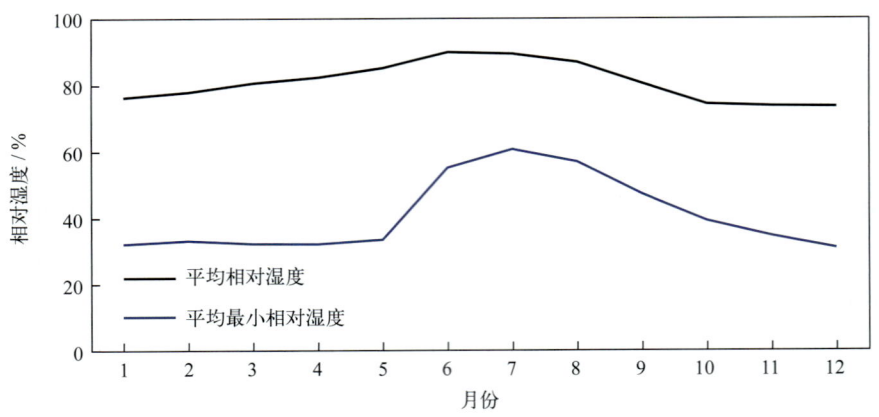

图5.3-1　相对湿度年变化（1977—2019年）

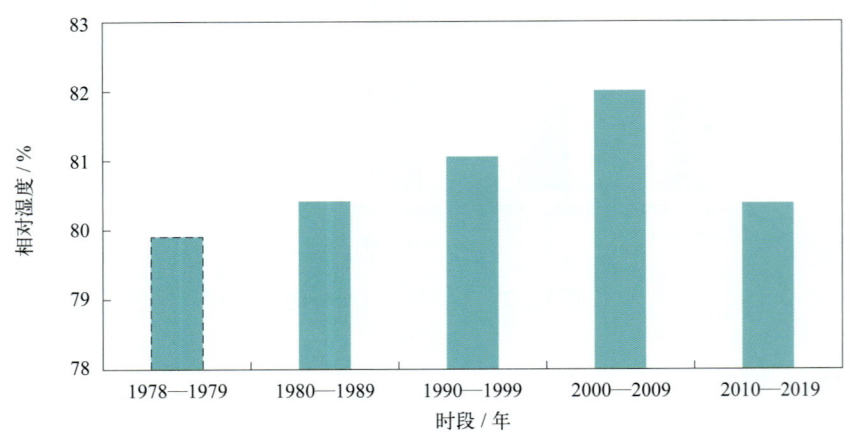

图5.3-2　十年平均相对湿度变化

### 3. 温湿指数

根据《人居环境气候舒适度评价》（GB/T 27963—2011）的温湿指数统计方法和气候舒适度等级划分方法，统计大戢山站各月温湿指数，结果显示：12月至翌年4月温湿指数为6.7～13.7，感觉为寒冷；11月温湿指数为14.8，感觉为冷；5月、6月、9月和10月温湿指数为18.2～23.3，感觉为舒适；7月和8月温湿指数分别为25.8和26.2，感觉为热（表5.3-2）。

表5.3-2　温湿指数年变化（1977—2019年）

|  | 1月 | 2月 | 3月 | 4月 | 5月 | 6月 | 7月 | 8月 | 9月 | 10月 | 11月 | 12月 |
|---|---|---|---|---|---|---|---|---|---|---|---|---|
| 温湿指数 | 6.7 | 7.1 | 9.6 | 13.7 | 18.2 | 22.0 | 25.8 | 26.2 | 23.3 | 19.2 | 14.8 | 9.6 |
| 感觉程度 | 寒冷 | 寒冷 | 寒冷 | 寒冷 | 舒适 | 舒适 | 热 | 热 | 舒适 | 舒适 | 冷 | 寒冷 |

# 第四节　风

### 1. 平均风速和最大风速

大戢山站风速的年变化见表5.4-1和图5.4-1。累年平均风速为7.4米/秒，月平均风速冬半年大，夏半年小，其中1月和12月最大，均为7.9米/秒，6月最小，为6.7米/秒。平均最大风速 8 月最大，为 24.1 米 / 秒，6 月最小，为 19.6 米 / 秒。最大风速月最大值对应风向多为 NNE 向（7个月）。极大风速的最大值为 42.4 米 / 秒，出现在 2019 年 10 月 1 日，对应风向为 NE。

表 5.4-1　风速年变化（1977—2019 年）　　　　　　　　　　　　　　　　单位：米 / 秒

| | | 1月 | 2月 | 3月 | 4月 | 5月 | 6月 | 7月 | 8月 | 9月 | 10月 | 11月 | 12月 | 年 |
|---|---|---|---|---|---|---|---|---|---|---|---|---|---|---|
| 平均风速 | | 7.9 | 7.6 | 7.6 | 7.5 | 7.1 | 6.7 | 7.2 | 7.2 | 7.1 | 6.9 | 7.5 | 7.9 | 7.4 |
| 最大风速 | 平均值 | 21.2 | 20.3 | 20.8 | 21.6 | 20.6 | 19.6 | 21.5 | 24.1 | 21.7 | 21.2 | 21.5 | 21.3 | 21.3 |
| | 最大值 | 28.0 | 27.0 | 28.7 | 28.0 | 30.0 | 31.7 | 34.0 | 35.0 | 34.0 | 33.3 | 31.0 | 26.0 | 35.0 |
| | 最大值对应风向 | NNE | NE | SSW/NNW | NNW | NNE | ENE | NNE | NNE | NNE | NE | NNE | NNE | NNE |
| 极大风速 | 最大值 | 28.7 | 28.3 | 29.0 | 28.9 | 29.1 | 31.8 | 31.1 | 40.5 | 35.6 | 42.4 | 30.6 | 29.9 | 42.4 |
| | 最大值对应风向 | NW | SSW | NW | WNW | N | E | SSW/SW | N | NNE | NE | NNW | NW | NE |

注：1977年、2002年和2004年数据有缺测，极大风速的统计时间为1999年4月至2019年12月。

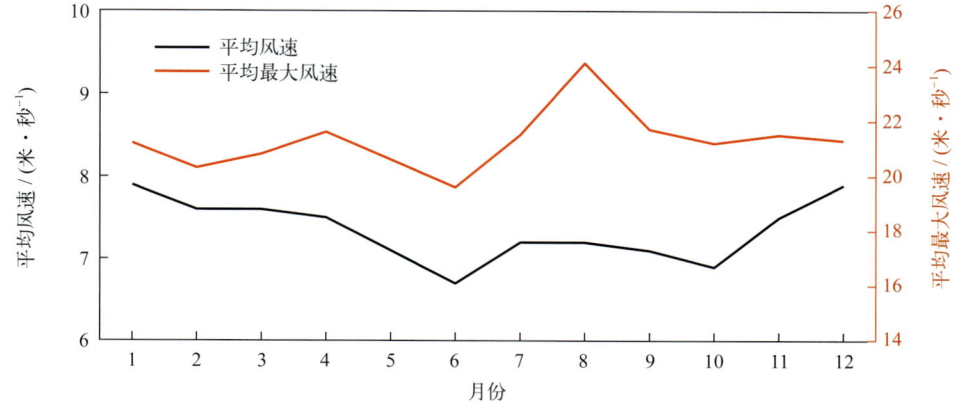

图5.4-1　平均风速和平均最大风速年变化（1977—2019年）

历年的平均风速为 6.4 ~ 8.1 米 / 秒，其中 1981 年和 1985 年均为最大，2015 年最小。历年的最大风速均大于等于 22.6 米 / 秒，其中大于等于 32.0 米 / 秒的有 9 年。最大风速的最大值为 35.0 米 / 秒，出现在 1986 年 8 月 27 日，风向为 NNE，正值 8615 号台风影响期间。年最大风速出现在 8 月的频率最高，5 月未出现（图 5.4-2）。

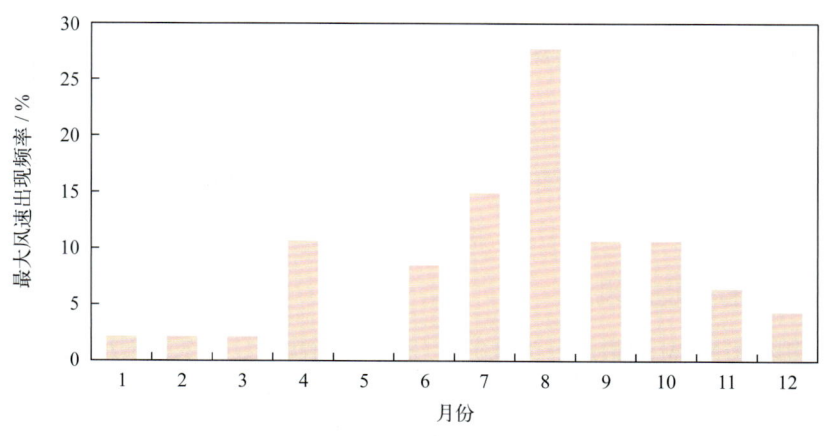

图5.4-2　年最大风速出现频率（1977—2019年）

## 2. 各向风频率

全年以 N 向风最多，频率为 11.9%，NNE 向次之，频率为 11.7%，WSW 向最少，频率为 1.8%（图 5.4-3）。

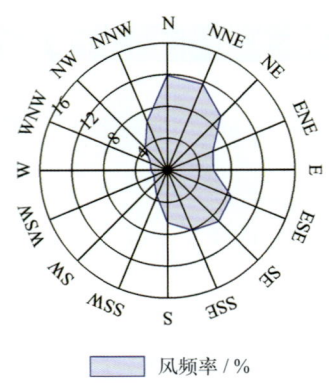

图5.4-3　全年各向风频率（1977—2019年）

1 月盛行风向为 NW—NE，频率和为 67.6%；4 月盛行风向为 N—NE 和 ESE—S，频率和分别为 26.1% 和 43.8%；7 月盛行风向为 ESE—SSW，频率和为 69.6%；10 月盛行风向为 NNW—ENE，频率和为 64.3%（图 5.4-4）。

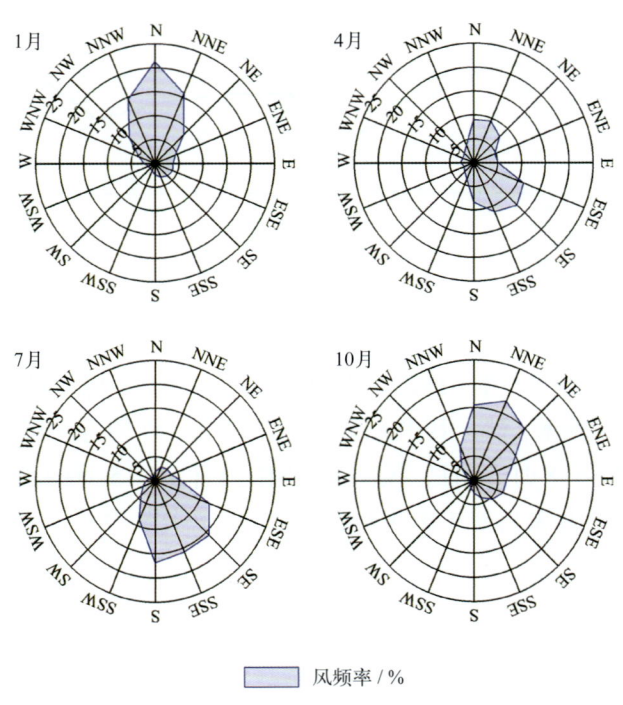

图5.4-4　四季代表月各向风频率（1977—2019年）

## 3. 各向平均风速和最大风速

全年各向平均风速 NNW 向最大，为 8.0 米 / 秒，N 向次之，为 7.7 米 / 秒，SW 向最小，为 5.3 米 / 秒（图 5.4-5）。1 月 N 向、NW 向和 NNW 向平均风速均大于 8.0 米 / 秒，其中 NNW 向最大，为9.2米/秒；4月SSE向最大，为8.5米/秒；7月SSE向最大，为7.4米/秒；10月N向和NNW向平均风速均大于8.0米/秒，NNW向最大，为8.5米/秒（图5.4-6）。

全年各向最大风速NNE向最大，为35.0米/秒，N向次之，为34.7米/秒，S向和WSW向最小，均为25.0米/秒（图5.4-5）。1月NNE向最大风速最大，为28.0米/秒；4月NNW向最大，为28.0米/秒；7月NNE向最大，为34.0米/秒；10月NE向最大，为33.3米/秒（图5.4-6）。

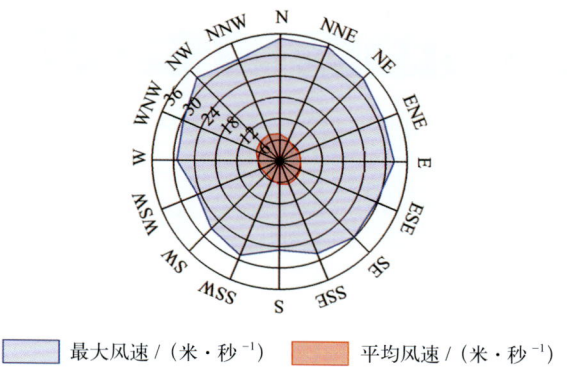

图5.4-5　全年各向平均风速和最大风速（1977—2019年）

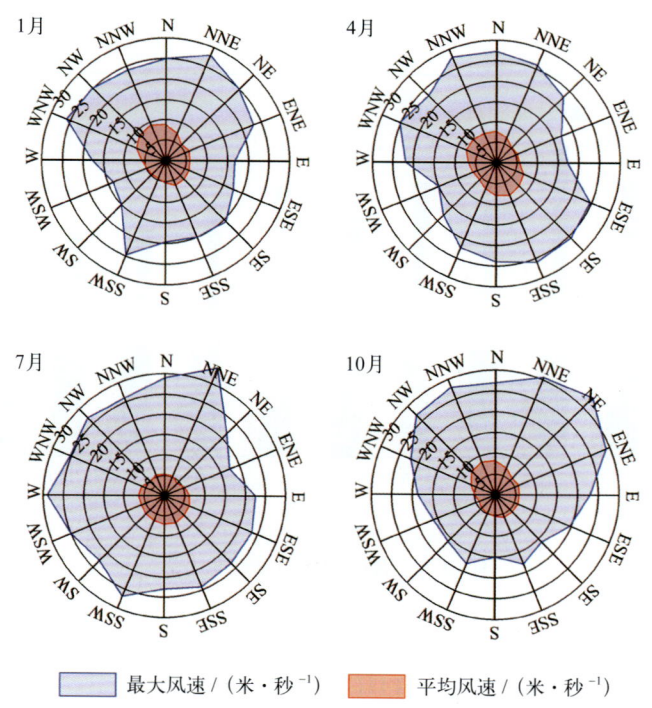

图5.4-6　四季代表月各向平均风速和最大风速（1977—2019年）

## 4. 大风日数

风力大于等于6级的大风日数4月最多，为20.4天，占全年的9.7%，1月和3月次之，均为20.2天，10月最少，为14.5天（表5.4-2，图5.4-7）。平均年大风日数为211.2天（表5.4-2）。历年大风日数1985年最多，为267天，2019年最少，为145天。

风力大于等于 8 级的大风日数 12 月最多，为 4.3 天，6 月最少，为 2.0 天。历年大风日数 1979 年最多，为 72 天，2011 年和 2017 年最少，均为 13 天。

风力大于等于 6 级的月大风日数最多为 28 天，出现在 1994 年 5 月；最长连续大于等于 6 级大风日数为 27 天，出现在 1985 年 2 月 13 日至 3 月 11 日（表 5.4-2）。

表 5.4-2  各级大风日数年变化（1977—2019 年） 单位：天

| | 1月 | 2月 | 3月 | 4月 | 5月 | 6月 | 7月 | 8月 | 9月 | 10月 | 11月 | 12月 | 年 |
|---|---|---|---|---|---|---|---|---|---|---|---|---|---|
| 大于等于 6 级大风平均日数 | 20.2 | 18.0 | 20.2 | 20.4 | 17.9 | 15.6 | 17.8 | 16.3 | 14.7 | 14.5 | 16.9 | 18.7 | 211.2 |
| 大于等于 7 级大风平均日数 | 10.5 | 9.2 | 10.8 | 11.0 | 8.4 | 6.6 | 8.3 | 8.0 | 7.0 | 7.1 | 9.9 | 11.1 | 107.9 |
| 大于等于 8 级大风平均日数 | 4.0 | 2.8 | 4.1 | 4.1 | 2.4 | 2.0 | 2.7 | 3.1 | 2.9 | 2.8 | 4.2 | 4.3 | 39.4 |
| 大于等于 6 级大风最多日数 | 27 | 24 | 27 | 26 | 28 | 22 | 26 | 26 | 24 | 25 | 24 | 26 | 267 |
| 最长连续大于等于 6 级大风日数 | 23 | 18 | 27 | 15 | 18 | 11 | 19 | 18 | 13 | 14 | 15 | 18 | 27 |

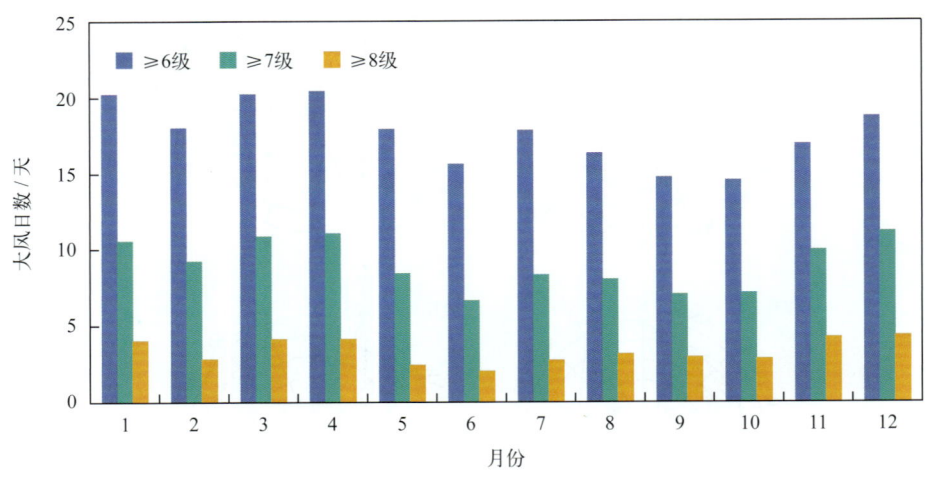

图 5.4-7  各级大风日数年变化

## 第五节  降水

### 1. 降水量和降水日数

（1）降水量

大戢山站降水量的年变化见表 5.5-1 和图 5.5-1。平均年降水量为 905.5 毫米，降水量的季节分布不均匀，夏季（6—8 月）为 315.9 毫米，占全年降水量的 34.9%，秋季（9—11 月）为 209.9 毫米，占全年的 23.2%，春季（3—5 月）为 203.8 毫米，占全年的 22.5%，冬季（12 月至翌年 2 月）为 175.9 毫米，占全年的 19.4%。6 月平均降水量最多，为 151.3 毫米，占全年的 16.7%。

历年年降水量为551.8～1 258.3毫米，其中2005年最多，2003年最少。

最大日降水量超过100毫米的有7年。最大日降水量为142.1毫米，出现在2016年9月16日。

表5.5-1　降水量年变化（2001—2019年）　　　　　　　　　　　　　　　　　　单位：毫米

|  | 1月 | 2月 | 3月 | 4月 | 5月 | 6月 | 7月 | 8月 | 9月 | 10月 | 11月 | 12月 | 年 |
| --- | --- | --- | --- | --- | --- | --- | --- | --- | --- | --- | --- | --- | --- |
| 平均降水量 | 56.0 | 61.5 | 66.6 | 66.8 | 70.4 | 151.3 | 71.0 | 93.6 | 94.1 | 52.5 | 63.3 | 58.4 | 905.5 |
| 最大日降水量 | 79.1 | 37.5 | 48.5 | 36.9 | 75.8 | 82.9 | 87.1 | 120.5 | 142.1 | 105.6 | 69.0 | 103.7 | 142.1 |

### （2）降水日数

平均年降水日数为127.0天。降水日数的年变化特征为上半年多、下半年少（图5.5-2和图5.5-3）。日降水量大于等于10毫米的平均年日数为27.1天，各月均有出现；日降水量大于等于50毫米的平均年日数为2.4天，出现在5月至翌年1月；日降水量大于等于100毫米的平均年日数为0.4天，出现在8—10月和12月；日降水量大于等于150毫米的情况在各月均未出现（图5.5-3）。

最多年降水日数为162天，出现在2015年；最少年降水日数为89天，出现在2003年。最长连续降水日数为13天，出现在2009年2月22日至3月6日；最长连续无降水日数为43天，出现在2002年10月20日至12月1日。

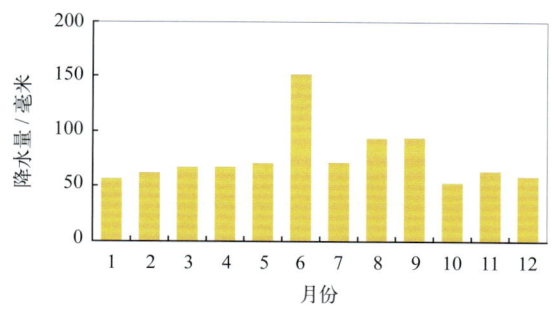

图5.5-1　降水量年变化（2001—2019年）

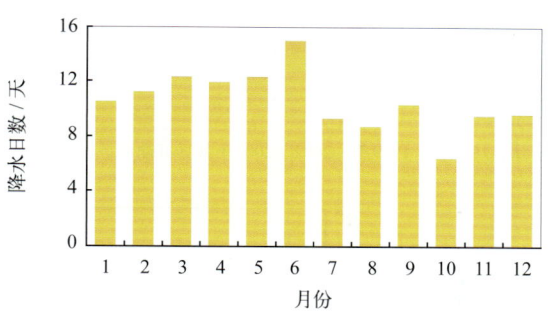

图5.5-2　降水日数年变化（2001—2019年）

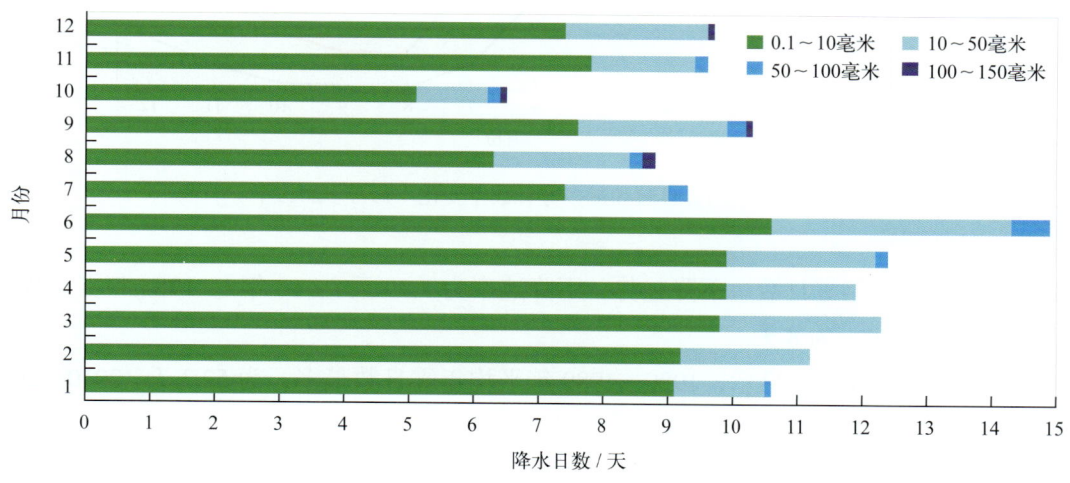

图5.5-3　各月各级平均降水日数分布（2001—2019年）

### 2. 长期趋势变化

2001—2019 年，年降水量呈上升趋势，上升速率为 148.35 毫米/（10 年）；年最大日降水量呈下降趋势，下降速率为 3.70 毫米/（10 年）（线性趋势未通过显著性检验）。

2001—2019 年，年降水日数呈增加趋势，增加速率为 29.67 天/（10 年）；最长连续降水日数呈增加趋势，增加速率为 1.39 天/（10 年）（线性趋势未通过显著性检验）；最长连续无降水日数呈减少趋势，减少速率为 7.19 天/（10 年）。

## 第六节　雾及其他天气现象

### 1. 雾

大戢山站雾日数的年变化见表 5.6-1、图 5.6-1 和图 5.6-2。1977—2019 年，平均年雾日数为 38.9 天。平均月雾日数 4 月最多，为 7.4 天，8 月最少，为 0.1 天；月雾日数最多为 15 天，出现在 1984 年 6 月；最长连续雾日数为 9 天，出现在 1991 年 4 月 5—13 日。

表 5.6-1　雾日数年变化（1977—2019 年）　　　　　单位：天

| | 1月 | 2月 | 3月 | 4月 | 5月 | 6月 | 7月 | 8月 | 9月 | 10月 | 11月 | 12月 | 年 |
|---|---|---|---|---|---|---|---|---|---|---|---|---|---|
| 平均雾日数 | 3.3 | 4.3 | 7.0 | 7.4 | 5.9 | 5.0 | 1.4 | 0.1 | 0.2 | 0.3 | 1.3 | 2.7 | 38.9 |
| 最多雾日数 | 8 | 10 | 14 | 14 | 14 | 15 | 6 | 2 | 2 | 3 | 6 | 7 | 61 |
| 最长连续雾日数 | 6 | 5 | 5 | 9 | 6 | 6 | 4 | 2 | 2 | 2 | 5 | 5 | 9 |

注：1977 年、1999 年、2002—2004 年数据有缺测，2000—2001 年数据缺测。

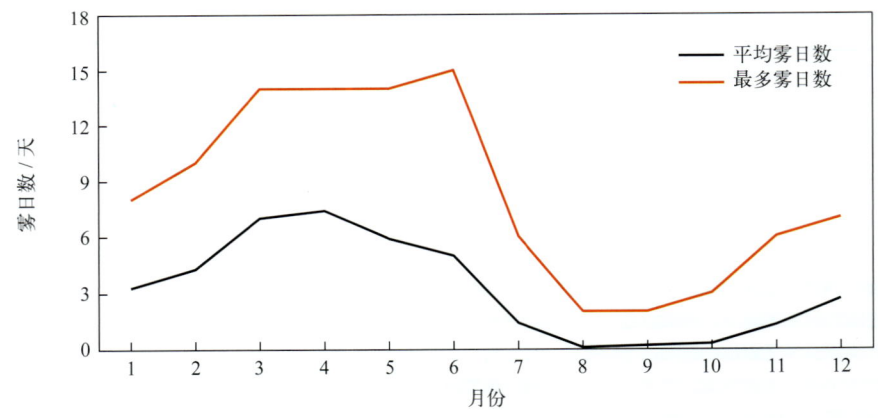

图 5.6-1　平均雾日数和最多雾日数年变化（1977—2019 年）

1978—2019 年，年雾日数呈下降趋势，下降速率为 7.99 天/（10 年）。1984 年雾日数最多，为 61 天，2017 年最少，为 8 天。

十年平均年雾日数变化显示，1980—1989 年平均年雾日数最多，为 52.3 天，2010—2019 年平均年雾日数较 1980—1989 年下降 24.9 天（图 5.6-3）。

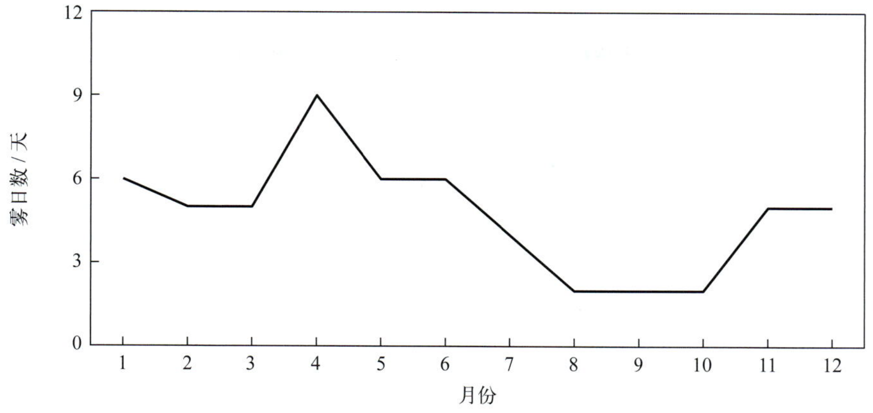

图5.6-2　最长连续雾日数年变化（1977—2019年）

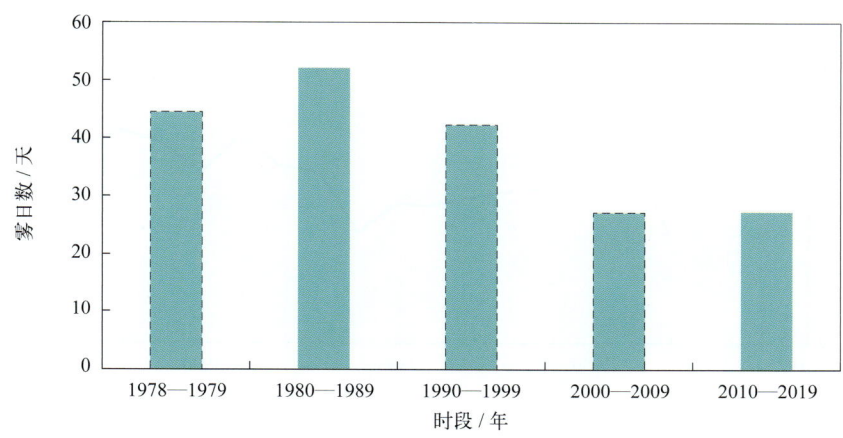

图5.6-3　十年平均年雾日数变化

## 2. 轻雾

大戢山站轻雾日数的年变化见表5.6-2和图5.6-4。1977—1995年，平均年轻雾日数为100.5天。平均月轻雾日数3月最多，为12.7天，9月最少，为3.1天；最多月轻雾日数为23天，出现在1992年1月。

1978—1994年，年轻雾日数呈上升趋势，上升速率为27.65天/（10年）。1994年轻雾日数最多，为131天，1978年最少，为65天（图5.6-5）。

表5.6-2　轻雾日数年变化（1977—1995年）　　　　　　　　　　　　　　　　　　　　　单位：天

|  | 1月 | 2月 | 3月 | 4月 | 5月 | 6月 | 7月 | 8月 | 9月 | 10月 | 11月 | 12月 | 年 |
| --- | --- | --- | --- | --- | --- | --- | --- | --- | --- | --- | --- | --- | --- |
| 平均轻雾日数 | 10.9 | 8.6 | 12.7 | 12.4 | 11.4 | 9.8 | 5.6 | 3.4 | 3.1 | 4.6 | 7.5 | 10.5 | 100.5 |
| 最多轻雾日数 | 23 | 20 | 19 | 17 | 14 | 15 | 13 | 9 | 6 | 11 | 15 | 19 | 131 |

注：1977年数据有缺测，1995年7月停测。

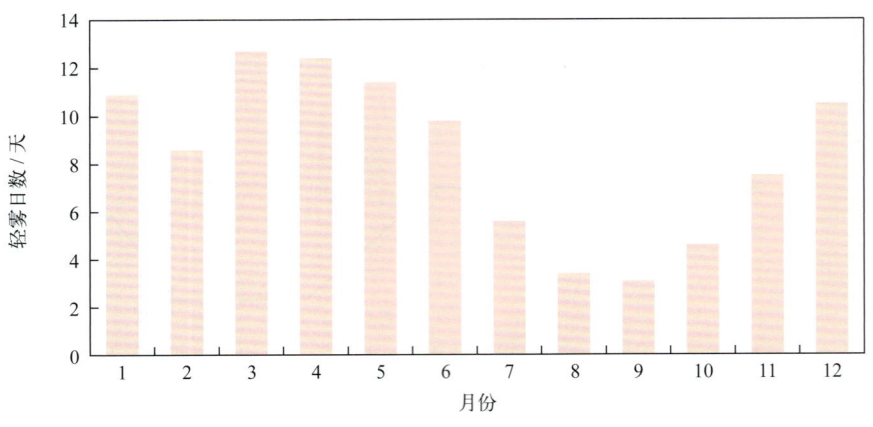

图5.6-4 轻雾日数年变化（1977—1995年）

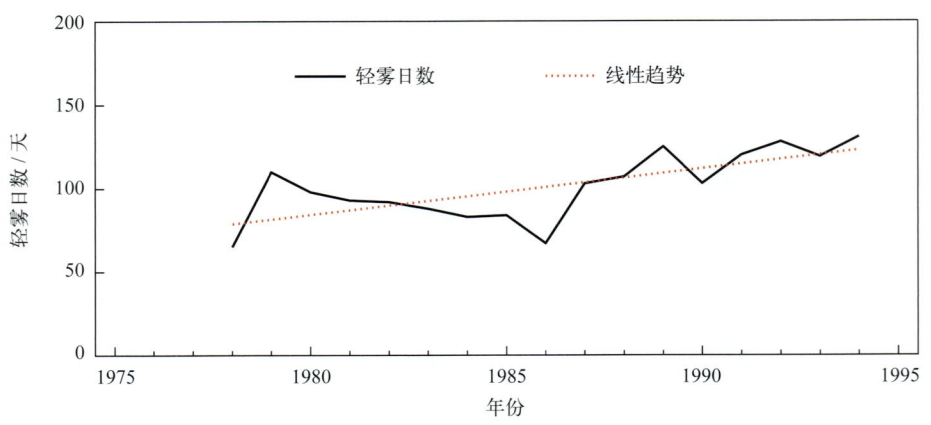

图5.6-5 1978—1994年轻雾日数变化

### 3. 雷暴

大戢山站雷暴日数的年变化见表5.6-3和图5.6-6。1977—1995年，平均年雷暴日数为21.0天。雷暴夏多冬少，7月最多，平均日数为4.7天，11月至翌年1月最少，均为0.1天。雷暴最早初日为1月28日（1979年），最晚终日为12月19日（1979年）。

表5.6-3 雷暴日数年变化（1977—1995年） 单位：天

|  | 1月 | 2月 | 3月 | 4月 | 5月 | 6月 | 7月 | 8月 | 9月 | 10月 | 11月 | 12月 | 年 |
| --- | --- | --- | --- | --- | --- | --- | --- | --- | --- | --- | --- | --- | --- |
| 平均雷暴日数 | 0.1 | 0.2 | 2.1 | 1.9 | 1.8 | 2.8 | 4.7 | 4.5 | 2.2 | 0.5 | 0.1 | 0.1 | 21.0 |
| 最多雷暴日数 | 1 | 1 | 8 | 7 | 4 | 8 | 10 | 9 | 7 | 3 | 2 | 1 | 34 |

注：1977年数据有缺测，1995年7月停测。

1978—1994年，年雷暴日数呈下降趋势，下降速率为3.26天/（10年）（线性趋势未通过显著性检验）。1987年雷暴日数最多，为34天，1994年最少，为10天（图5.6-7）。

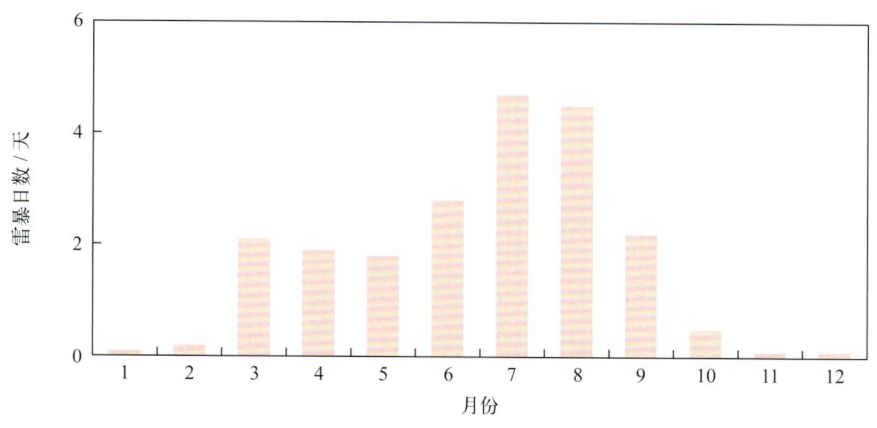

图5.6-6　雷暴日数年变化（1977—1995年）

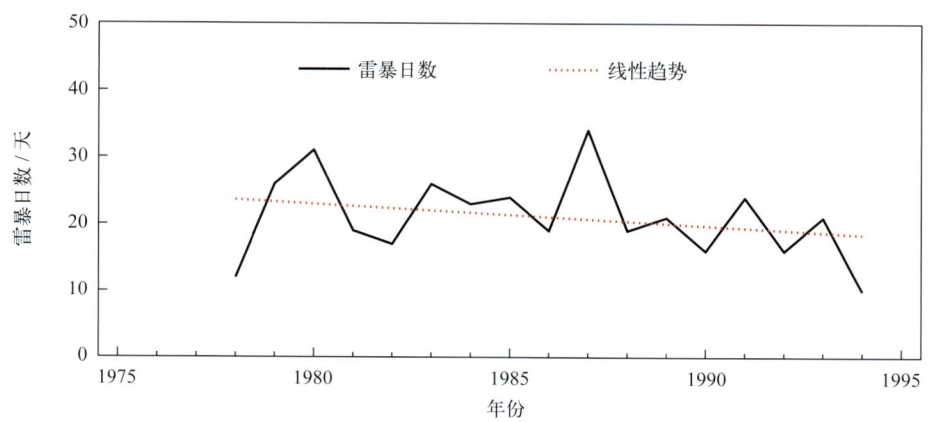

图5.6-7　1978—1994年雷暴日数变化（线性趋势未通过显著性检验）

### 4. 霜

大戢山站在1980年2月11日和13日观测到霜。

### 5. 降雪

大戢山站降雪日数的年变化见表5.6-4和图5.6-8。1977—1995年，平均年降雪日数为4.3天。降雪全部出现在12月至翌年3月，1月最多，平均日数为2.2天。降雪最早初日为12月2日（1981年），最晚终日为3月18日（1985年）。

表5.6-4　降雪日数年变化（1977—1995年）　　　　单位：天

| | 1月 | 2月 | 3月 | 4月 | 5月 | 6月 | 7月 | 8月 | 9月 | 10月 | 11月 | 12月 | 年 |
| --- | --- | --- | --- | --- | --- | --- | --- | --- | --- | --- | --- | --- | --- |
| 平均降雪日数 | 2.2 | 1.4 | 0.2 | 0.0 | 0.0 | 0.0 | 0.0 | 0.0 | 0.0 | 0.0 | 0.0 | 0.5 | 4.3 |
| 最多降雪日数 | 9 | 4 | 1 | 0 | 0 | 0 | 0 | 0 | 0 | 0 | 0 | 2 | 12 |

注：1977年数据有缺测，1995年7月停测。

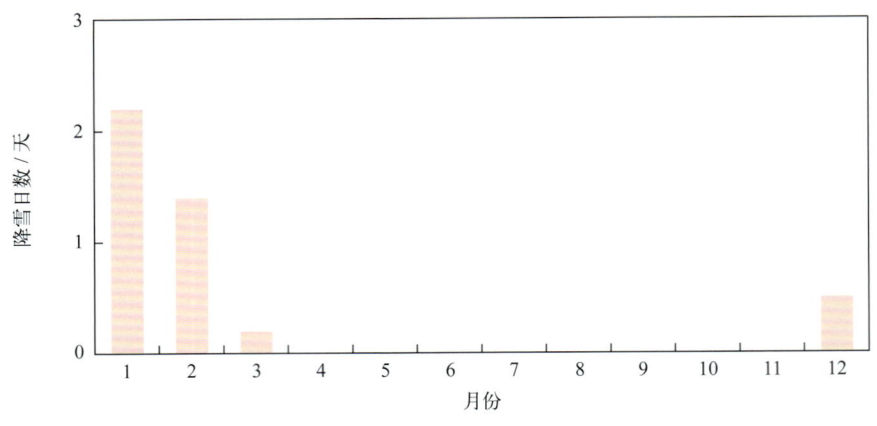

图5.6-8 降雪日数年变化（1977—1995年）

1978—1994年，年降雪日数呈下降趋势，下降速率为2.94天/（10年）（线性趋势未通过显著性检验）。1981年降雪日数最多，为12天，1993年无降雪（图5.6-9）。

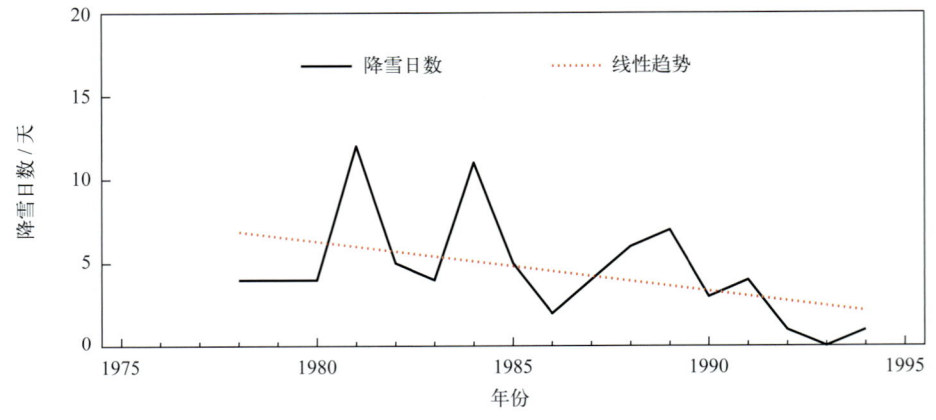

图5.6-9 1978—1994年降雪日数变化

## 第七节 能见度

1982—2019年，大戢山站累年平均能见度为21.1千米。9月平均能见度最大，为28.3千米，4月最小，为16.5千米。能见度小于1千米的平均年日数为27.4天，4月最多，为5.4天，8月和9月最少，均为0.1天（表5.7-1，图5.7-1和图5.7-2）。

表5.7-1 能见度年变化（1982—2019年）

|  | 1月 | 2月 | 3月 | 4月 | 5月 | 6月 | 7月 | 8月 | 9月 | 10月 | 11月 | 12月 | 年 |
| --- | --- | --- | --- | --- | --- | --- | --- | --- | --- | --- | --- | --- | --- |
| 平均能见度/千米 | 18.8 | 19.1 | 17.7 | 16.5 | 17.8 | 17.9 | 22.8 | 25.3 | 28.3 | 27.0 | 23.3 | 19.2 | 21.1 |
| 能见度小于1千米平均日数/天 | 2.4 | 3.1 | 4.9 | 5.4 | 4.2 | 3.2 | 0.9 | 0.1 | 0.1 | 0.2 | 0.9 | 2.0 | 27.4 |

注：1999年、2002年和2007年数据有缺测，2000—2001年数据缺测。

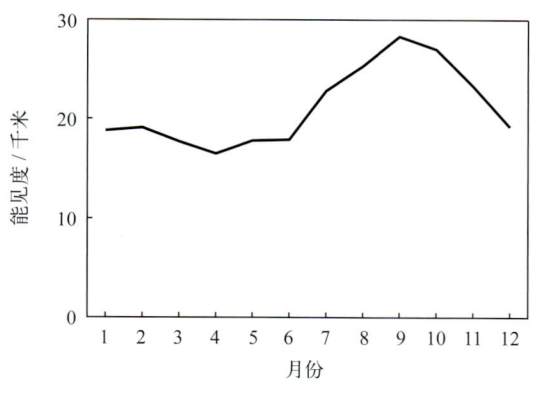

图5.7-1 能见度年变化

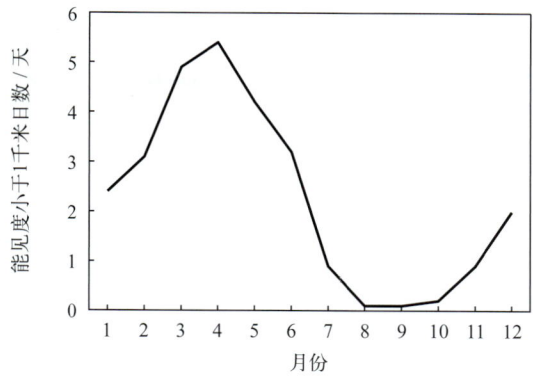

图5.7-2 能见度小于1千米日数年变化

历年平均能见度为 17.8 ~ 24.5 千米，1986 年最高，2008 年最低。能见度小于 1 千米的日数 1987 年最多，为 45 天，2017 年最少，为 6 天（图 5.7-3）。

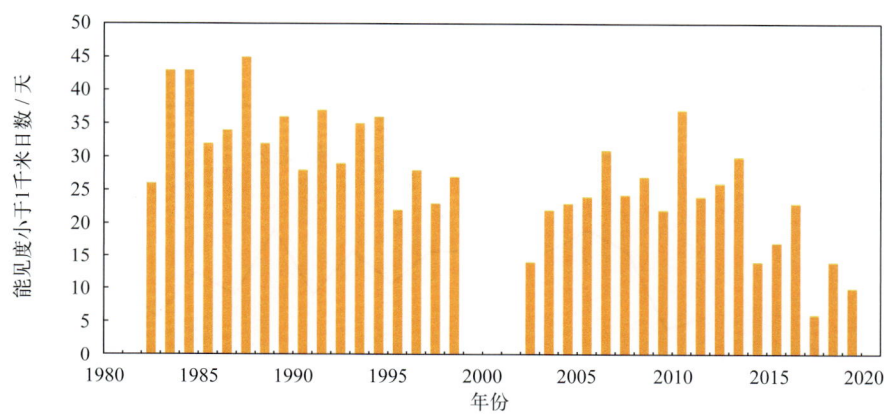

图5.7-3 能见度小于1千米年日数变化

1982—2019 年，年平均能见度总体呈下降趋势，下降速率为 0.54 千米 /（10 年）（线性趋势未通过显著性检验），其中，2008—2019 年呈上升趋势，上升速率为 4.88 千米 /（10 年）。

## 第八节 云

1977—1995 年，大戢山站累年平均总云量为 6.4 成，6 月平均总云量最多，为 7.9 成，12 月最少，为 5.0 成；累年平均低云量为 2.7 成，3 月和 9 月平均低云量最多，均为 3.2 成，7 月和 12 月最少，均为 2.2 成（表 5.8-1，图 5.8-1）。

表 5.8-1 总云量和低云量年变化（1977—1995 年）

|  | 1月 | 2月 | 3月 | 4月 | 5月 | 6月 | 7月 | 8月 | 9月 | 10月 | 11月 | 12月 | 年 |
| --- | --- | --- | --- | --- | --- | --- | --- | --- | --- | --- | --- | --- | --- |
| 平均总云量/成 | 6.0 | 6.7 | 7.3 | 7.1 | 7.1 | 7.9 | 6.8 | 6.1 | 6.4 | 5.5 | 5.3 | 5.0 | 6.4 |
| 平均低云量/成 | 2.7 | 2.7 | 3.2 | 2.9 | 2.7 | 3.1 | 2.2 | 2.6 | 3.2 | 2.4 | 2.4 | 2.2 | 2.7 |

注：1977年数据有缺测，1995年7月停测。

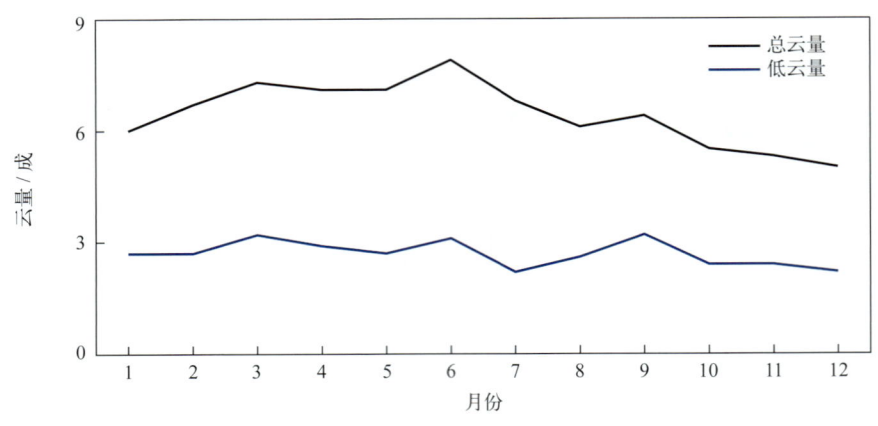

图5.8-1　总云量和低云量年变化（1977—1995年）

1978—1994年，年平均总云量呈减少趋势，减少速率为0.14成/（10年）（线性趋势未通过显著性检验），1981年和1989年最多，均为6.9成，1994年最少，为5.9成（图5.8-2）；年平均低云量变化趋势不明显，1989年最多，为3.4成，1994年最少，为2.1成（图5.8-3）。

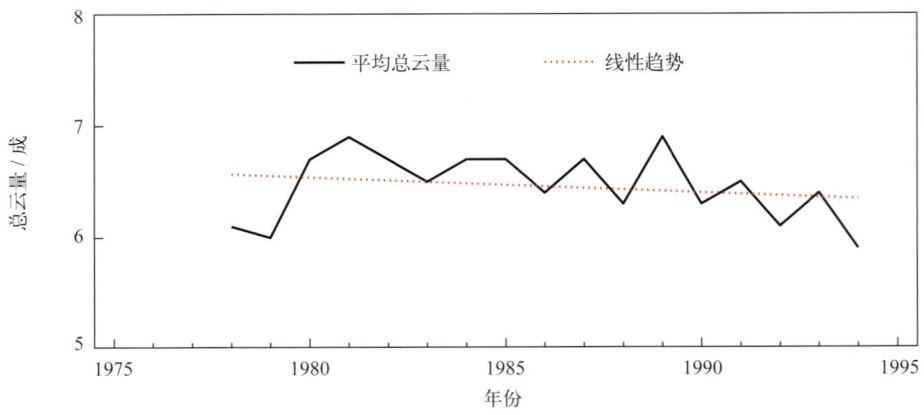

图5.8-2　1978—1994年平均总云量变化

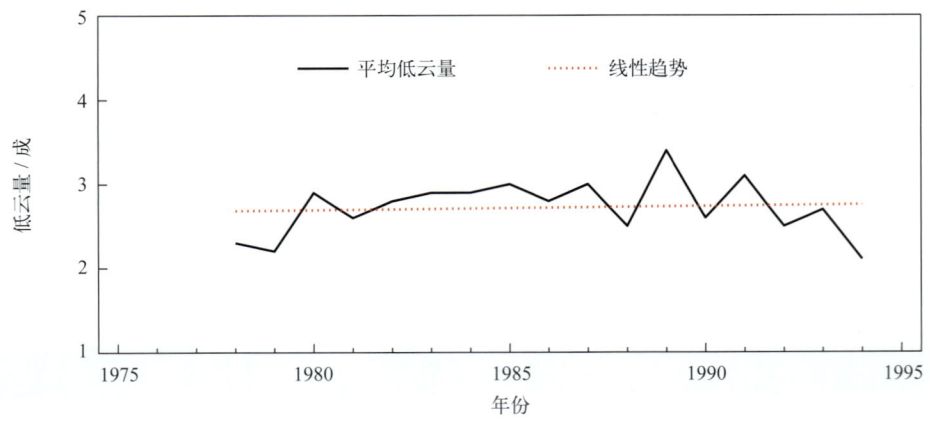

图5.8-3　1978—1994年平均低云量变化

# 第六章　海平面

## 1. 年变化

大戢山附近海域海平面年变化特征明显，2月最低，9月最高，年变幅为39厘米（图6-1），平均海平面在验潮基面上264厘米。

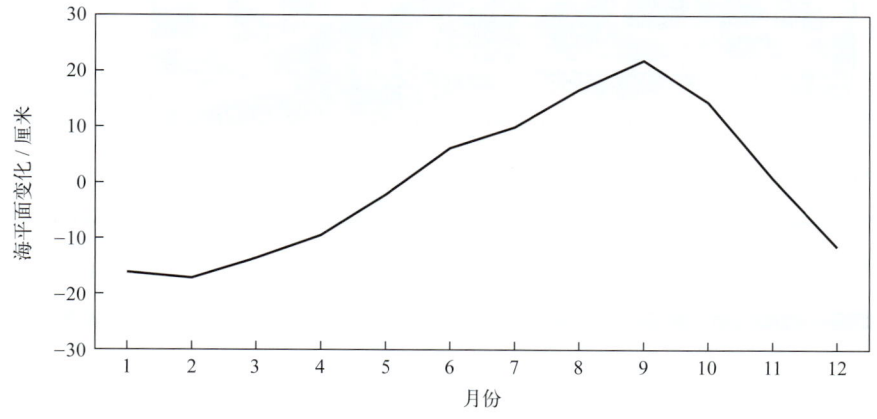

图6-1　海平面年变化（1978—2019年）

## 2. 长期趋势变化

1978—2019年，大戢山附近海域海平面变化呈波动上升趋势，上升速率为3.2毫米/年；1993—2019年，海平面上升速率为3.5毫米/年，低于同期中国沿海3.9毫米/年的平均水平。1978—1980年，海平面处于有观测记录以来的最低位，之后阶段性上升明显，先后在1983年、1991年和1998年达到小高峰；2012—2019年，海平面虽有波动但总体维持在高位，2013年比2012年下降约48毫米，2016年海平面上升至有观测记录以来的最高位。

大戢山附近海域十年平均海平面波动上升。1980—1989年，十年平均海平面上升明显，较1978—1979年海平面上升约60毫米；1990—1999年和2000—2009年，十年平均海平面均逐步上升；2010—2019年，海平面上升显著，处于近四十余年来的最高位，比2000—2009年平均海平面高44毫米，比1980—1989年平均海平面高约100毫米（图6-2）。

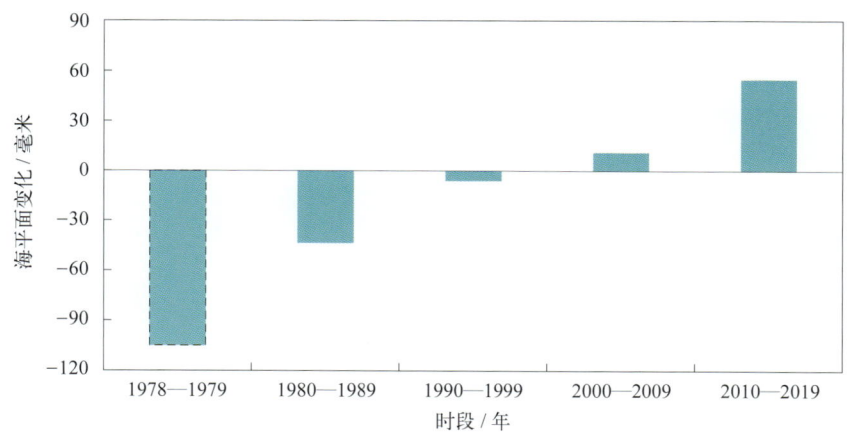

图6-2　十年平均海平面变化

### 3. 周期性变化

1978—2019 年，大戢山附近海域海平面有 2 年、7～8 年和准 19 年的显著变化周期，振荡幅度 1～2 厘米。1983 年、1991 年、1998 年和 2016 年皆处于 2 年、7～8 年和准 19 年周期性振荡的高位，几个主要周期性振荡高位叠加，抬高了同时段海平面的高度（图 6-3）。

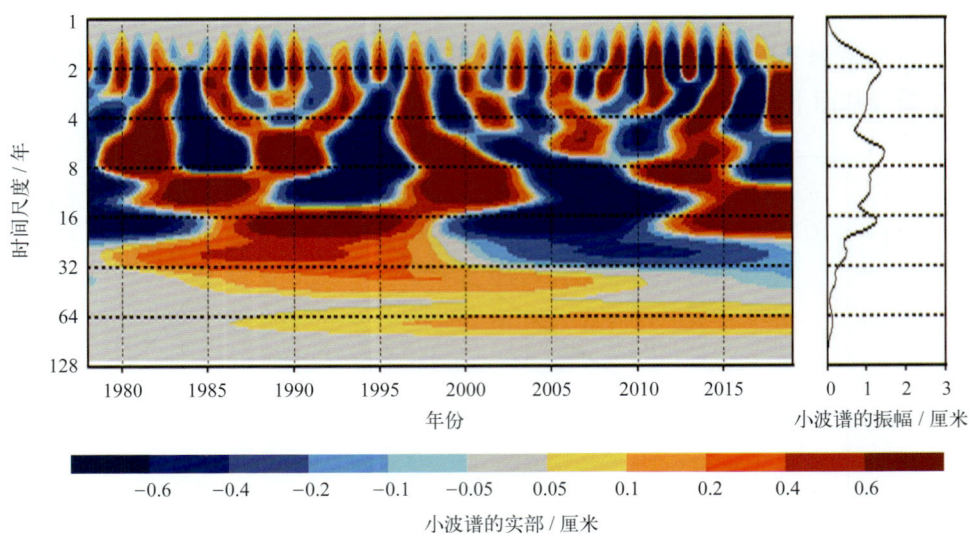

图6-3　年均海平面的小波（wavelet）变换

# 第七章 灾害

## 第一节 海洋灾害

### 1. 风暴潮

1956年8月1—2日，5612号台风登陆浙江象山，影响杭州湾和长江口等区域，浙江沿海发生特大风暴潮，潮灾异常严重。上海市电线和电线杆刮坏很多，人行道上树木折断歪倒的占30%以上，因东北风极强，使江潮抬高，沿江低地被淹（《中国海洋灾害四十年资料汇编》）。

1962年8月1—2日，6207号台风在东海转向影响上海市和杭州湾沿海，其间正遇农历七月初二和初三天文大潮，造成严重潮灾。受其影响，上海市苏州河、黄浦江决堤46处，市区大部分进水，有的地段水深达2米，10天后水才退尽，给工业生产及国家财产造成很大损失（《中国海洋灾害四十年资料汇编》）。

1974年8月18—21日，7413号台风登陆浙江椒江市三门县，长江口—杭州湾—温州一带引发特大潮灾，受灾最严重的地区为长江口、杭州湾沿岸。7413号台风引起的风暴高潮位造成长江口内验潮站5次超过警戒水位（《中国海洋灾害四十年资料汇编》）。

1979年8月22—25日，7910号台风登陆浙江舟山，影响浙江省和上海市，引发严重潮灾。杭州湾沿岸出现最大增水，大戢山最大增水超过0.5米（《中国海洋灾害四十年资料汇编》）。

1981年8月30日至9月3日，8114号台风沿岸北上，影响浙江和上海沿岸，引发特大潮灾。大戢山最大增水超过0.5米（《中国海洋灾害四十年资料汇编》）。

1989年8月4日（农历七月初三），8913号台风在上海川沙县登陆，正逢天文大潮，致使长江口及以北沿岸多个验潮站的实测潮位超过当地警戒水位。上海市出现了少见的大风、暴雨、高潮三者合击的险情，城乡有6 717户住宅进水，市区马路有43条段积水，水深一般在30厘米左右，经济损失严重。9月15日（农历八月十六），8923号台风登陆，正值我国东部沿海天文大潮期，引发特大风暴潮灾，从长江口到福建省闽江口，有多个验潮站的潮位超过当地警戒水位。10月16日（农历九月十七），受强冷空气过境影响，上海沿海出现1912年以来非汛期最高潮位，造成上海市西沟港施工围堰溃决，有661户居民住宅进水（《1989年中国海洋灾害公报》）。

1990年，上海受北上的9005号、9015号台风影响，局部出现较大风暴潮增水，特别是9005号台风早在6月份就影响长江口以北；受9015号台风影响，上海沿岸出现1米以上较大增水，加上暴雨的作用，上海市区部分街道积水严重。受9018号台风影响，浙江省杭州湾沿岸部分验潮站潮位超过当地警戒水位（《1990年中国海洋灾害公报》）。

1992年，天文大潮和9216号强热带风暴共同作用，引起了92特大风暴潮，受风暴前期影响，浙江、上海沿海验潮站增水一般为80～140厘米（温州较大，为208厘米）（《1992年中国海洋灾害公报》）。

1996年7月31日，受9608号台风引发的风暴潮影响，上海市沿海有50～100厘米的增水，又恰逢天文大潮期，加上长江上中游洪水下泄的影响，长江口、黄浦江下游段部分验潮站出现接近和超过历史纪录的高潮位（《1996年中国海洋灾害公报》）。

1997年8月18日，9711号台风从上海市西面经过，虽没造成大的险情，但黄浦江的潮位突破历史纪录的 5.22 米，达 5.72 米。上海市外围一线海堤损毁十几千米，松江、金山 10 多千米江堤堤防漫溢，造成 7 人死亡。据统计，经济损失约 6 亿元。9711 号台风造成了 1949 年以来经济损失最大的一次风暴潮灾害，钱塘江北岸的海宁站最高潮位达 9.4 米，为历史最高潮位（《1997 年中国海洋灾害公报》）。

1998 年 9 月 19 日，9806 号台风在浙江省舟山市普陀区登陆，近台风中心最大风力有 10 级，受其影响，浙江省杭州湾、上海市长江口出现较大风暴潮，上海市沿海出现最大增水 103 厘米（《1998 年中国海洋灾害公报》）。

2000 年 8 月 31 日凌晨，受 0012 号台风"派比安"影响，上海市直接经济损失 1.22 亿元，死亡 1 人。9 月 15 日，0014 号台风"桑美"影响东海期间，恰逢天文大潮，上海市各沿海验潮站均出现了超警戒水位的高潮位（《2000 年中国海洋灾害公报》）。

2002 年 9 月 7 日，受 0216 号台风"森拉克"影响，浙江、上海沿海普遍出现了 100～300 厘米的风暴增水。福建东山到上海高桥沿海有近 20 个验潮站的潮位超过当地警戒水位（《2002 年中国海洋灾害公报》）。

2005 年 8 月 6—9 日，0509 号台风"麦莎"引起的特大风暴潮相继影响浙江省、上海市，这是继 9711 号台风风暴潮后，影响我国东部沿海最严重的一次。"麦莎"影响期间正逢农历七月大潮，受风暴潮和天文大潮的共同影响，沿岸有多个验潮站的风暴潮增水超过 100 厘米，上海市直接经济损失 13.58 亿元。9 月 11 日，0515 号台风"卡努"引发的风暴潮影响上海市，造成直接经济损失 3.70 亿元，受灾人口 19.72 万（《2005 年中国海洋灾害公报》）。

2007 年 10 月 7 日，受 0716 号台风"罗莎"风暴潮与台风浪的共同影响，上海市多个验潮站的增水超过 100 厘米（《2007 年中国海洋灾害公报》）。

2011 年 8 月 5—8 日，1109 号超强台风"梅花"沿我国近海北上。受风暴潮和近岸浪的共同影响，上海市水产养殖损失 1 500 公顷，防波堤损毁 0.14 千米，因灾直接经济损失 0.12 亿元（《2011 年中国海洋灾害公报》）。

2012 年 8 月 8 日，1211 号台风"海葵"在浙江省象山县鹤浦镇附近登陆，受风暴潮和近岸浪的共同影响，上海市损毁防波堤 0.30 千米，直接经济损失 600 万元（《2012 年中国海洋灾害公报》）。

2015 年 7 月 11 日 16 时 40 分前后，1509 号强台风"灿鸿"在浙江省舟山市朱家尖沿海登陆。受风暴潮和近岸浪的共同影响，上海市紧急转移安置人口 3.94 万人，水产养殖受灾面积 2.4 公顷，渔船损坏 2 艘，防波堤损毁 0.02 千米，农田淹没 570 公顷，直接经济损失 0.05 亿元（《2015 年中国海洋灾害公报》）。

2016 年 9 月 16—19 日，1616 号台风"马勒卡"与南下冷空气配合影响浙江省和上海市沿海。上海市多个验潮站出现了超过当地警戒潮位的高潮位。9 月 28 日，受 1617 号台风"鲇鱼"引发的风暴潮和近岸浪的共同影响，上海沿海出现蓝色警戒高潮位（《2016 年中国海洋灾害公报》）。

2018 年 8 月 12—14 日，1814 号台风"摩羯"引发的风暴潮给上海带来直接经济损失 0.54 亿元（《2018 年中国海洋灾害公报》）。

2019 年 8 月 10 日前后，1909 号超强台风"利奇马"影响上海沿海，造成直接经济损失 0.03 亿元（《2019 年中国海洋灾害公报》）。

### 2. 海浪

1981 年 8 月 30 日 14 时，受 8114 号台风影响，台湾省以东洋面形成 6 米以上的狂浪区。31 日 08 时台风及狂浪区移入东海，最大风速 34 米/秒，最大波高 10 米。受风和浪的共同影响，江苏、上海和浙江沿海严重受灾。（《中国海洋灾害近四十年资料汇编》）。

1992年2月23日下午，受南下冷空气影响，长江口外海出现偏北风6～7级，浪高3米，傍晚风力加大到8～9级，浪高增至4米。当时长江口外有捕鳗渔船2 000艘，在巨浪袭击下21艘渔船翻沉（射阳县16艘，启东市5艘），64人落水，54人得救，死亡1人，失踪9人，直接经济损失60万元。9月23日，9219号强热带风暴登陆北上，长江口沿海测得偏东向浪高3.0米（《1992年中国海洋灾害公报》）。

1995年11月6日夜间至7日，东海出现7～8级的偏北大风，部分海区风力高达9级，阵风10～12级。在这次寒潮巨浪过程中，上海和浙江沿海有大量渔船翻沉。11月7日15时前后，载重3 000吨的轮船"展望"号装载2 500吨钢材，从天津驶往福州途中，在上海外海（31°18′03″N，122°04′53″E）遭巨浪袭击进水而沉没，船上22人全部遇难；7日18时前后，载重11 000吨的货轮"华珠1"号装载8 625吨块煤，从天津驶往上海途中，在上海外海（31°41′48″N，122°45′18″E）遇险沉没，船上30人全部遇难（《1995年中国海洋灾害公报》）。

1997年8月18日14时至19日14时，大戢山海洋站实测最大波高6.6米，狂风巨浪致使沿海各县、市区冲开堤防决口395处，冲毁护岸50处，损坏堤岸217.95千米，25座水产、民间交通码头受损或沉没，船只受损210艘，沉船7艘（100吨级），海水养殖设施损坏6 000亩（《1997年中国海洋灾害公报》）。

2000年11月30日，受海浪影响，"浙舟606"号渔船在长江口附近沉没，造成14人死亡（含失踪），经济损失1 000万元（《2000年中国海洋灾害公报》）。

2004年2月9日，受冷空气浪影响，1艘渔船在长江口外沉没，造成1人死亡，直接经济损失10万元。8月11日，0414号台风"云娜"在东海形成5～12米台风浪，上海市的渔业、水利设施受到严重损失（《2004年中国海洋灾害公报》）。

2005年1月21日，受冷空气浪影响，"邮镇221"号船在长江口外海域遇险，造成1人失踪。2月25日，受冷空气浪影响，"浙定59125"号船在长江口外海域沉没，造成6人失踪。3月13日，受冷空气浪影响，"全兴98"号船在长江口外海域沉没，造成直接经济损失25万元。6月16日，受东海气旋浪影响，"皖淮北货01225"号船在长江口外海域沉没，造成1人失踪，直接经济损失1 000万元。12月4日，受冷空气浪影响，"振乐57"轮船在长江口海域遇险，造成5人失踪，直接经济损失300万元（《2005年中国海洋灾害公报》）。

2006年3月5日，受冷空气浪影响，"寿县2588"号轮在长江口A41灯浮附近沉没，直接经济损失200万元。5月27日，受气旋浪影响，"沪崇乡机528"号轮在长江口H10—H11之间沉没，造成2人失踪，直接经济损失200万元（《2006年中国海洋灾害公报》）。

2007年1月2日，受冷空气浪影响，"浙嵊渔01496"号船在上海水域沉没，造成8人失踪，直接经济损失171万元。3月3—6日，东海出现波高4～5米的巨浪区，上海、浙江等沿海先后出现波高4～6米的巨浪和狂浪。12月6日，受冷空气浪影响，"浙岭渔运281"号船在上海水域沉没，造成16人失踪，直接经济损失372万元（《2007年中国海洋灾害公报》）。

2008年，受冷空气浪和气旋浪影响，上海市3只船只沉没，造成2人死亡（含失踪），直接经济损失129万元（《2008年中国海洋灾害公报》）。

2009年，上海市海浪灾害造成4人死亡（含失踪），直接经济损失0.03亿元（《2009年中国海洋灾害公报》）。

### 3. 赤潮

1989 年，浙江省嵊山、长江口附近海域沿海均发生过赤潮（《1989 年中国海洋灾害公报》）。

1990 年 5 月下旬，长江口至绿华山一带发生赤潮，面积约 2 700 平方千米（《1990 年中国海洋灾害公报》）。

1993 年，长江口和杭州湾均发生赤潮。受赤潮影响，上海对虾养殖业损失严重。6 月 3 日，嵊山附近海域发现两处为红色和淡红色、呈条状和块状分布的赤潮，赤潮面积分别为 10 平方千米和 5 平方千米（《1993 年中国海洋灾害公报》）。

1997 年 7 月 28 日，根据卫星和现场观测结果，嵊山海区水色为淡棕红色，表层水温 29℃，主要赤潮生物为夜光藻、中肋骨条藻，范围较大（《1997 年中国海洋灾害公报》）。

1998 年，我国近海海域发生了历史上最严重的赤潮灾害，灾害造成了严重的危害和经济损失。东海 5 起赤潮主要发生在长江口、杭州湾和嵊泗海域（《1998 年中国海洋灾害公报》）。

2001 年，我国海域赤潮发生次数增多、发生时间提前、影响范围扩大，其中浙江发生 26 次赤潮灾害过程，上海发生 2 次赤潮灾害过程（《2001 年中国海洋灾害公报》）。

2004 年 6 月 11—13 日，长江口外至花鸟山、嵊山海域赤潮，面积约 1 000 平方千米，主要赤潮生物为具齿原甲藻和中肋骨条藻（《2004 年中国海洋灾害公报》）。

2005 年 5 月 24 日至 6 月 1 日，长江口外海域赤潮最大面积约 7 000 平方千米，主要赤潮生物为米氏凯伦藻和具齿原甲藻。6 月 3—5 日，长江口外海域赤潮最大面积约 2 000 平方千米，主要赤潮生物为中肋骨条藻和聚生角毛藻（《2005 年中国海洋灾害公报》）。

2006 年 5 月 14 日，长江口外海域发生赤潮，最大面积约 1 000 平方千米，主要赤潮生物为具齿原甲藻（《2006 年中国海洋灾害公报》）。

2009 年 4 月 9 日，长江口海域出现赤潮，最大面积约 100 平方千米。5 月 19—30 日，长江口外、舟山北部海域出现赤潮，最大面积约 1 500 平方千米（《2009 年中国海洋灾害公报》）。

2016 年 5 月 17—20 日，长江口以东海域发生赤潮，最大面积 820 平方千米，优势藻为东海原甲藻。8 月 16—21 日，长江口海域发生单次面积最大的赤潮过程，最大面积为 2 000 平方千米，持续时间 6 天（《2016 年中国海洋灾害公报》）。

### 4. 海岸侵蚀

1999 年，我国沿岸绝大多数呈缓慢淤进或稳定状态，但局部地区海岸侵蚀十分严重。长江口和钱塘江口（杭州湾）等重要河口都有淤积现象（《1999 年中国海洋灾害公报》）。

## 第二节　灾害性天气

根据《中国气象灾害大典·上海卷》（1949—2000 年）和《中国气象灾害年鉴》（2000 年后）记载，上海周边发生的主要灾害性天气有暴雨洪涝、大风（龙卷风）、冰雹、雷电、雾、寒潮和大雪。

### 1. 暴雨洪涝

1949 年 7 月 24—25 日，强台风在上海金山至浙江平湖间登陆北上，发生风、暴、潮三碰头现象。徐家汇 25 日极大风速 39.0 米/秒，风向 ENE，台风过程雨量 161.2 毫米，其中 25 日 148.2 毫米，苏州河口最高潮位达 4.77 米，吴淞口最高潮位 5.58 米，海水上涨 3.53 米。全市海塘江堤冲决 500 多处，海水冲上陆，全市街道一片汪洋，最深处达 2 米。

1954年入夏之后，雨水特多，梅雨持续长达2个月，大雨暴雨频见，5—7月雨量729毫米，比常年同期多70%，加上太湖洪水下泄，黄浦江上游出现历史最高水位（8月3日青浦水位3.56米，松江水位3.80米），发生特大洪涝。

1961年10月4日，6126号强台风（Tida）在浙江三门登陆后北上，上海市受其影响。龙华站极大风速28.0米/秒，风向NE，台风过程雨量72.2毫米。金山、崇明等县沿海风雨更大，堡镇老码头趸船沉没，引桥折断，石墩撞坏。

1963年9月12—13日，上海市受强台风倒槽影响，出现大风、大暴雨。12日，龙华站极大风速27.1米/秒，风向NE，宝山站达34.0米/秒。市区和上海、青浦、川沙、金山县大暴雨，南汇县全县普降特大暴雨，过程降雨量达434.6毫米，雨量最大在大团，为512毫米。松江、奉贤、上海等县降雨量300毫米以上，川沙、金山等县及市区降雨量250毫米以上，其他县也在100毫米以上。

1977年8月21日夜至22日，上海市出现百年罕见的特大暴雨，暴雨中心在宝山县塘桥和嘉定县南翔，降雨量分别为585.6毫米和571.7毫米（主要集中在21日夜间至22日上午）。暴雨范围波及全市（除川沙、南汇县部分地区），大于等于100毫米的大暴雨从市区北部、宝山、嘉定直至崇明县。蕰藻浜两岸洪水泛滥，积水最深处达2米，一片汪洋，田园尽淹。财产损失近2亿元。

1981年8月31日至9月1日凌晨，长江口引水船和南汇县芦潮港极大风速37.0米/秒，川沙、南汇站风力11级，龙华站极大风速24.9米/秒，风向NNE。长江口、黄浦江22个水位站水位创1913年有记录以来的最高值，黄浦公园站水位达5.22米。郊县海塘决口19处，崇明、宝山县小圩堤全被冲毁。江水漫过旧防洪墙。

1985年8月31日至9月3日，上海连日暴雨袭击。9月1日，全市普降大暴雨，龙华站雨量106.3毫米，局部特大暴雨，中心在川沙境内，高桥水文站日雨量达459.6毫米，川沙站1小时最大雨量108.8毫米，雨强之大为历史上罕见。

1988年9月3—4日，上海普降暴雨、大暴雨，日雨量一般在70～90毫米。3日，松江、嘉定、奉贤、上海、金山和龙华站的雨量都在100毫米以上，松江县泗联乡、金山县亭林乡、奉贤县庄行乡和崇明县陈家镇遭特大暴雨，其中亭林乡日雨量最大达250.6毫米，市区以杨浦区最大，为183.0毫米。

1989年8月4日，8913号台风在上海川沙登陆，狂风、暴雨又值高潮。沿海风力10级，川沙站极大风速18.0米/秒。龙华站雨量63.6毫米，虹口区最大达90毫米，黄浦公园站水位5.04米，超出警戒线64厘米，受其影响，江河水位猛涨，黄浦江上29条轮渡全线停驶，市区有43条马路积水，水深30厘米，居民房屋进水6 930户。全市经济损失约800万元。

1991年6月3日至7月15日，梅雨持续43天，龙华站梅雨总雨量达474.4毫米，是常年梅雨量的2～3倍，其间接连受到暴雨的袭击，市郊大部地区受淹。同时，太湖上游及邻省暴雨不断，造成流域性洪灾。上海市受淹农田103万亩，冲毁鱼塘4 200亩，经济损失达11.484 4亿元。8月7—8日，上海市普降雷暴雨和大暴雨，局部特大暴雨，为多年罕见，全市即成汪洋一片，直接经济损失1亿多元。

1992年8月30—31日，受9216号台风影响，上海市出现风暴潮并袭。从30日下半夜起，全市出现8级阵风，龙华站极大风速20.4米/秒，风向E，沿江沿海地区9～10级大风，并普降大到暴雨，局部大暴雨。31日，龙华站雨量59.3毫米，雨量最大在川沙蔡路、龚路和宝山张华浜，为103毫米，黄浦公园站潮位高达5.04米，黄浦江上游米市渡潮位达3.92米，是1916年有记录以来的最高潮位。台风造成1人死亡，3人轻伤，经济损失达4 575万元。

1993年8月16—22日，上海市连降大雨、暴雨，局部大暴雨。青浦县连续一周大雨、暴雨，总雨量188.0毫米。18日，赵屯县雨量达102.7毫米，又值天文大潮和太浦河上游洪水大量下泄，致使该县水位接连突破警戒水位和紧急水位，22日，该县金泽、蒸淀、商榻水位超过历史最高的1991年炸坝泄洪的水位15厘米。青浦西部地区9个乡镇出现堤坝决口。直接经济损失1 000万元。

1995年6月24—25日，受梅雨带强降雨云团的影响，除奉贤、金山、松江大雨外，上海市降暴雨和大暴雨。24日，雨量最大为闵行区华漕160.5毫米。25日，川沙施湾雨量106.0毫米，雨量集中，每小时可达30毫米以上。

1996年7月5—6日，上海市普遍降大到暴雨、局部大暴雨。5日，市区、闵行、浦东、青浦、崇明局部雨量都在100毫米以上，崇明庙港146.5毫米，市区龙华站121.4毫米。短时雨量集中、强度大，直接经济损失5 500万元。

1997年8月18—19日，受9711号台风影响，出现风、雨、潮三碰头现象。上海市出现8～10级大风，沿江、沿海地区阵风达11～12级，普降暴雨和大暴雨。宝山区前卫18日雨量147.2毫米，崇明北四滧19日为198.0毫米。又值大潮汛，吴淞口潮位5.99米，超过警戒水位1.19米，黄浦公园潮位5.72米，超过警戒水位1.17米，米市渡站潮位4.27，超警戒水位0.77米，均突破了历史纪录。暴雨和大风造成市区防汛墙决口3处，漫溢倒灌20处，沿江、沿海险情频频出现，一线海塘多处溃决，受损511处69千米。金山嘴海潮达到6.57米（历史最高5.97米）。奉贤县长约22.6千米堤防全线漫溢。造成直接经济损失在6.3亿元以上。

1999年6月7日至7月20日，百年未遇的强梅雨肆虐上海，梅雨期43天。仅次于1954年，梅雨期总雨量815毫米，是常年同期的4倍多，又创上海市历史之最。梅雨期间，暴雨日数超常，全市出现17个暴雨日，其中5天达大暴雨日，连续3～5天的持续性暴雨更是罕见，造成了严重的洪涝灾害。直接经济损失8.7亿元。

2004年8月22—23日，上海出现强降雨。奉贤区燎原农场降雨量最大，为178毫米，中心城区以普陀区降雨量最大，为132毫米。这是2004年最大的一场暴雨。

2005年，受0515号台风"卡努"的影响，上海降雨量最大的是金山区，为178毫米，市区以普陀区最大，为131毫米，其次是徐家汇，为120毫米。直接经济损失3.5亿元。

2007年10月7—8日，受0716号超强台风"罗莎"的影响，上海出现7～9级大风，沿海海面风力达10～12级，长江口外和洋山港最大阵风达11～13级；全市普降暴雨，局部降大暴雨，7日08时至8日08时，有8个自动站降雨量超过100毫米，其中雨量较大的有青浦香花桥154.2毫米、青浦华新151.4毫米、青浦赵屯138.8毫米。受大风和暴雨的影响，发往崇明等三岛和普陀山等浙江方向的客轮陆续停航，200余架次航班延误或取消，开往苏、浙、闽的100多个长途客运班次取消。直接经济损失1.5亿元。

2009年7月21日至8月12日，受强雷雨云团、北方冷空气和0908号台风"莫拉克"的影响，上海地区出现历史上罕见的盛夏连续强降水，多次大暴雨，有近8 000户民居进水，约300个航班延误。市区累积雨量为375毫米，为历史同期第二多，郊区累积雨量为261～442毫米；市区雨日为21天，郊区为17～19天，创本市有气象记录以来最长连续降水日数。

2011年8月6—8日，受超强台风"梅花"影响，上海全市普遍出现中雨，局部大雨，过程最大雨量为39.2毫米（金山），市区风力7～9级，长江口区和沿江沿海地区出现了10～11级阵风，沿海海面及洋山港区阵风达12～13级。超强台风"梅花"对上海农业、供电、市政、交通等各方面均有较大影响，导致34.6万人受灾，7 100多公顷农作物受灾，直接经济损失2.5亿元。

2012年8月7—8日，1211号台风"海葵"影响上海，上海11个气象站过程雨量63.7～217.4毫米，各站出现的极大风速为12.4～29.2米/秒，直接经济损失5.2亿元。

2013年10月6—8日，受1323号台风"菲特"外围云系和冷空气的共同影响，上海市平均降水量228.4毫米，松江站最大为289.2毫米。其中7日20时至8日20时，上海市平均日降水量达到160.0毫米，打破1961年以来历史纪录，正值天文高潮位，城市排水受影响，造成上海市1 177条道路积水，12.1万人受灾，9 904人被紧急转移安置，直接经济损失3.7亿元。

2014年9月23日上午10时45分，1416号台风"凤凰"在上海市奉贤区海湾镇沿海登陆。受其影响，22日20时至23日11时，上海普降大雨到暴雨，降水主要集中在浦东新区和市区。1416号台风"凤凰"造成浦东机场国际进出港航班延误319架次，取消航班31架次，改降虹桥等周边机场3架次。10月12—13日，受冷空气和1419号台风"黄蜂"共同影响，上海长江口水域出现8级以上偏北大风，造成上海港全港30余艘船舶出入境(港)受阻。

2016年9月15—16日，受1614号台风"莫兰蒂"外围环流和北方弱冷空气的共同影响，上海市普降暴雨到大暴雨。受其影响，崇明区受灾人口4 579人，直接经济损失2 389万元。

### 2. 大风和龙卷风

1955年2月19日夜，从横沙岛赴川沙县参加会议的横沙区干部群众乘"长泰"号帆船在长江口遭大风，船上53人全部遇难。

1956年8月1日午后，松江县遭龙卷风袭击，县大礼堂及1 644间瓦房倒塌，死亡6人，伤146人。9月24日，上海市遭受3个龙卷风袭击，造成全市死亡68人，受伤842人，其中重伤253人，近千间房屋倒塌，财产损失数百万元。

1958年7月7日，龙华站极大风速21.6米/秒，风向WNW。崇明、嘉定县倒损房屋约1.5万间，吹翻渔船10条，死13人，伤29人。

1959年4月11日，大风、暴雨又逢高潮。龙华站极大风速25.5米/秒，风向E，东海海面最大风力11级，长江口以北风力更强。时值小黄鱼鱼汛，吕泗渔场5 108艘渔船正在捕鱼作业，不及回港避风，翻沉船148条，重伤1 342条，下落不明132条，渔民死亡399人，下落不明1 212人，为1949年以后最大的海损事件。

1963年9月1日，龙卷风袭击南汇县，除新港、老港、周西3个乡外，各乡都不同程度遭受损失，全县共倒塌房屋191间，损坏房屋6 075间，损毁2个窑场9万块砖坯等，死亡10人，伤26人。

1967年3月26日，一次强对流天气经过上海，同时出现破坏性极强的龙卷风，上海市普遍遭雷雨大风。龙华站极大风速达到34.7米/秒，风向W，为上海市最大。倒损房屋1万多间，伤28人。

1970年7月26日，青浦、松江、金山、上海、嘉定、崇明等县，遭雷暴雨、大风、冰雹袭击。金山站极大风速32.0米/秒。

1972年8月17—18日，受台风外围影响，龙华站极大风速26.6米/秒，风向ESE。

1974年6月4日，突发雷雨大风，局部伴有冰雹，嘉定站极大风速27.0米/秒，为最大。

1975年5月30日，除崇明县外，9个县93个公社及市区6个区遭受雷暴大风和特强冰雹袭击。松江站极大风速31.0米/秒，龙华站20.7米/秒，风向NNW。

1983年4月28日和29日，上海市连遭雷暴大风袭击，龙华站极大风速分别为21.7米/秒和25.5米/秒，风向NNW，南汇站分别为25.0米/秒和34.0米/秒。

1985年7月17日，松江、金山、青浦、奉贤、南汇县遭雷雨大风袭击，金山站极大风速达32.0米/秒。26日，雷雨大风，龙华站极大风速18.1米/秒，风向SSW，崇明站21.0米/秒。

1986年7月11日，台风倒槽区内发生4个龙卷风，涉及奉贤、南汇和川沙县的12个乡镇，造成死亡31人，重伤168人，轻伤386人。毁坏各类房屋4 800余间，工厂14家，幼儿园及中小学11所，直接经济损失达3 000余万元。

1991年7月14日上半夜，松江、金山和青浦县的部分地区遭到雷暴雨、大风袭击。8月7日晚20时前后，龙卷风横扫松江县泖港、张泽乡，青浦县西岑乡，金山县枫围乡和奉贤县乌桥乡等地。龙卷在暴雨中跳跃式前进，铺天盖地而来，景象恐怖。

1992年2月23日下午，长江口出现偏北大风，沿海风力8～9级，阵风10级，持续2个多小时。在长江入海口的江苏省启东市附近海面有21条捕鳗苗船翻沉，64人落水，54人被救起。崇明县境内出现短时间大风，团结沙附近有28条捕鳗小船翻沉，2人死亡，14人失踪。

1994年6月17日，川沙、崇明出现东北大风8级，沿海9～10级。一艘满载354吨煤炭的浙江"景102"轮钢质船，在长江口南支航道65号灯浮附近遇狂风翻沉，船上7人被渔船救起，2人下落不明。

1995年4月20日上午，长江口江面风大浪高。一艘满载900吨黄沙的江轮于10时35分在浏河锚地遇风浪沉没，12名船员全部落水，救起8人，其中1人死亡，其余4人失踪。

1996年6月17日下午，崇明县西北部遭飑线袭击，16时10分崇明站极大风速19米/秒，风向NNW，并伴有雷暴雨，合作乡1小时雨量达47.6毫米。12月6日，长江口大风，一超载沙石料的运输船在长江口沉没，1人被救起，3人失踪。

1999年1月19日晨，长江口大风。沪崇1150号渔船在东海翻船，7名船员全部落水，除1人被救起外，其余6人失踪。6月8日，长江口大风，浙江德清一船在途经宝山2号灯标时被大风倾覆，船上4人落水，2人被救起。9月6日早晨，浦东新区、奉贤、南汇和松江部分地区遭龙卷风袭击，造成37人受伤，2 000多间农房受损或倒塌，经济损失超过5 000万元。

2000年11月30日20时，长江口大风，一艘从大连开往温州的"浙舟606"轮驶经长江口外水域时遇风浪沉没，20名船员，13人失踪，6人被救起，1人经抢救无效死亡。

2005年7月30日下午，上海市青浦、松江、崇明、金山等区(县)部分乡镇遭受龙卷风、暴雨和雷电袭击。受灾人口2 500人，死亡1人，伤4人；农作物受灾面积256公顷；直接经济损失1 081万元。8月，受0509号台风"麦莎"影响，上海市有133.1万人受灾，直接经济损失13.4亿元。

2007年9月18—19日和10月8—9日，0712号超强台风"韦帕"和0716号超强台风"罗莎"分别严重影响上海。沿海地区出现7～9级阵风，长江口和近海最大风力达11～12级，上海市普降暴雨，局部大暴雨。全市受灾人口3.7万人，虹桥、浦东两大机场约300架次航班延误或取消，直接经济损失1.5亿元。

2008年8月22日，洋山港区出现地线大风，气象站和山顶的极大风速分别达40.6米/秒和57.9米/秒。东海大桥上6辆集装箱卡车侧翻，部分活动板房摧毁。

2015年7月10—12日、8月22—24日和9月20日，1509号台风"灿鸿"、1515号台风"天鹅"和1521号台风"杜鹃"先后影响上海，共造成15.2万人受灾，直接经济损失2.3亿元。

### 3. 冰雹

1956年7月9日下午，嘉定县外岗乡、练西乡遭受冰雹，冰雹大如拳头、小如黄豆。

1963年10月25日傍晚，青浦县徐泾公社至松江县泗泾、砖桥公社遭冰雹突击，并伴有龙卷风。徐泾冰雹多数似拇指大，少数大如拳头，墙角积雹5～6寸。泗泾、砖桥冰雹最大有半斤重。

1967年3月26日18时23—26分，金山县洙泾、亭新和奉贤县庄行、光明、钱桥、胡桥遭冰雹袭击，冰雹小的如蚕豆、大的如鸡蛋，最大的如拳头，打烂夏熟作物，胡桥受灾最严重。

1969年5月29日下午到傍晚，崇明、青浦、松江、上海、南汇等县局部地区发生特强冰雹。16—17时，冰雹最先发生于崇明县中部新民至堡镇间各公社，持续约18分钟。雹块大如子弹，最大如鸡蛋，整个过程延续1个多小时。积雹经2个多小时未融尽。数万亩棉花、玉米、油菜受灾。

1975年5月30日傍晚以后，一次影响范围最广并伴有9～11级雷暴大风的特强冰雹袭击上海。除崇明县外，有9个县的93个公社和市区6个区遭受特强冰雹袭击。松江县新五公社最大冰雹重45.6克，川沙县冰雹大如小核桃，间有拳头般大雹块。

1987年3月6日，青浦县蒸淀、小蒸乡遭冰雹袭击，冰雹大如核桃（3～3.5厘米），一般如蚕豆，持续数十分钟，地面积聚厚5～10厘米，死亡3人，受伤60多人。上海市直接经济损失287万元。

1995年8月7日13时，浦东新区高桥、凌桥地区遭冰雹袭击，密度较大，持续约1个小时，冰雹大如蚕豆，小如黄豆，最大直径为5.5厘米。

2000年7月12日15时前后，崇明西部新村、跃进、新海等乡镇遭受飑线及暴雨、冰雹袭击，历时1个小时，雹块最大直径约3厘米，经济损失超过500万元。

### 4. 雷电

1961年6月20日，南汇县大团公社遭雷击，死亡4人，伤6人。7月4日，崇明县城桥镇种畜场遭雷击，死亡1人，伤1人，击毙奶牛1头。

1963年7月4日，恒丰路2户居民家遭雷击，死亡2人，伤2人。

1969年8月31日，崇明县城北、大新等9个公社因雷击停电数小时，击毁房屋5间，死亡2人，伤5人。

1976年4月27日，南汇县三灶公社遭雷击，死亡2人。8月31日08时25分，青浦县小蒸公社一学校教室遭雷击，正在上课的学生死亡2人，伤11人。

1983年9月2日傍晚，崇明县江口公社遭雷击，死亡2人，伤多人。9月10日凌晨，嘉定县桃浦二号仓库遭雷击起火，经济损失250万元。

1985年7月17日，金山县兴隆乡遭雷击，死亡2人，伤3人。

1988年7月14日，南汇县遭雷击，发生40多起高、低压熔丝及火表、变压器损坏事故，死亡2人，大治河毛纺厂遭雷击停电，损失2万元。24日，崇明县陈家镇、松江县天马乡、川沙县城镇乡、南汇县新港乡遭雷击，死亡4人，伤2人。25日，崇明县港东乡遭雷击，死亡1人。

1989年6月13日，南汇县黄路乡遭雷击，死亡1人。15日，奉贤县泰日乡和川沙县张江乡遭雷击，死亡3人。

1994年4月7日凌晨2时，青浦商榻乡一针织厂遭雷击起火，500平方米厂房被大火烧塌，厂内设备和大量半成品全部烧毁，经济损失300余万元。金山县一村民屋顶被雷击了个大窟窿。

1999年8月9—21日，上海启博通讯设备有限公司销售的程控交换机遭雷击，先后接到200多家用户报修，直接经济损失达数百万元。

2006年，上海市共发生雷击事件20宗，5人死亡，1人受伤，经济损失14万元。

2007年7月7日14时30分，上海市浦东机场西货运区建工集团703项目部二工区工地遭雷击，有 10 名工人在现场施工，其中 3 名工人在货运仓库钢结构屋面作业，坐在同一根钢梁上，各相距 2 米左右，坐中间的工人遭雷击死亡。

2008 年 8 月 19 日 11 时前后，上海市长宁区虹桥机场遭雷击，造成机场工作人员 1 人重伤、5 人轻伤。

2011 年，上海市共发生雷击事件 4 起，造成 4 人死亡。

2016 年 8 月 20 日，上海松江区午后出现强雷暴天气，西部泄洪通道洙桥村段建设工地 1 名工人遭雷击死亡。

### 5. 雾

1958 年 2 月 3 日，受大雾影响，班机停飞，火车误点，公共汽车发生互撞事件。

1978 年 2 月 4 日，受大雾影响，吴淞口外发生 6 艘轮船碰撞事故。

1982 年 7 月 6 日晨，黄浦江面因迷雾视程不清，一渔轮与渡轮相撞，渡轮船头顶被撞塌，数十人受伤。

1983 年 1 月 16 日，出现大雾，能见度小于 50 米，发生 8 起公交、航行事故。25—27 日，连日大雾，其特点是来势猛、区域大、雾时长、浓度重。26 日最小能见度仅 5 米，并出现雾凇。轮船、飞机推迟航行，有 1.8 万名旅客滞留上海。

1987 年 12 月，出现 8 个浓雾日。10 日，大雾锁江，黄浦江轮渡全线停航。20—23 日及 26 日，连续出现大雾，给上海市交通运输造成很大的影响。

1990 年 1 月 9 日凌晨，大雾迫使市轮渡停航。28 日，中午起雾，吴淞至长兴、崇明、横沙的航线停驶，傍晚雾更浓，最低能见度仅 5 米，黄浦江轮渡全线停航，市区交通中断 4～5 小时。11 月 1 日，大雾锁江。14 日，出现大雾。15 日，大雾导致黄浦江上能见度小于 10 米。

1992 年 1 月 21—30 日，上海 10 天中出现 8 次大雾天气，其中 23—27 日连续 5 天大雾，严重时，最小能见度不足 50 米。大雾使 77 个春运轮船航班受影响，数以百计的大小船只航期耽误，52 艘大型客货船被迫停航，2 万多名旅客被滞留在客运码头。

1997 年 1 月 20 日早、晚，上海市两次受到大雾影响，海陆空交通受阻。6 时至 11 时 25 分，能见度不足 50 米，19 时 50 分，大雾再起。3 月 10 日午后，长江口出现浓雾，14 时 30 分，1 艘万吨运矿轮与 1 艘运载 2 700 吨石脑油危险品的货船相撞，致使一船搁浅、一船失控，严重阻拦了主行道的通畅。

2000 年 2 月 12 日凌晨 01 时起大雾，不少路段能见度只有 10 多米。沪宁、沪杭、沪嘉 3 条高速公路及黄浦江客轮渡全部封闭和停航。

2004 年 11 月 8 日，上海大雾弥漫，奉贤区 A30 公路施工路段发生特大车祸，造成 10 人死亡、15 人受伤。

2007 年，上海市有 5 个雾日影响较大（其中 1—3 月有 4 天、12 月有 1 天）。1 月 18 日早晨，上海出现了大范围的浓雾天气，沪杭高速公路松江路段共发生 14 起交通事故，27 辆车相撞，7 人受伤。

2010 年 1 月 28 日，受雾影响，上海港全港包括吴淞、外高桥、洋山等在内的百余艘国际航行船舶取消入境（港）计划。2 月 23 日，上海浦东、虹桥两大机场 200 多个航班因大雾延误，部分班次长途车停发，黄浦江 18 条轮渡线停航。6 月，上海港水域出现了罕见的夏季大雾，影响航运。

2011 年 1—5 月、11 月，上海市多次出现大雾天气，严重影响交通。其中 2 月 22 日的大雾引发东海大桥 27 辆车连环相撞的重大交通事故，造成 3 人死亡、15 人受伤。

2013年1—4月、12月，上海市多次出现雾霾天气，严重影响交通。

2014年1—3月及11月，上海市共出现4次大雾，造成上海虹桥机场、浦东机场至少650个航班延误或取消或备降其他机场，长江上海段近160艘船舶改变航行计划，水上轮渡一度停驶，多条高速公路一度临时封闭。

2015年11月29日20时至30日10时，上海长时间被雾笼罩，闵行、宝山、嘉定、崇明、青浦、松江最小能见度不足100米。受大雾影响，从11月29日20时到30日08时，上海共发生交通事故734起，抛锚29起，上海两大机场延误航班18架次，30日早高峰高速道路出城段受到大雾影响。

## 6. 寒潮和大雪

1952年12月初，强寒潮入侵上海，生长旺盛的麦苗、蔬菜大面积严重冻伤、冻死，损失达7成之多，受灾农民近5万人。

1964年2月17—20日，连日降雪，上海市区积雪深达14厘米，发生塌屋和伤人事故。

1970年3月12—13日，全市普降大雪，青浦县最大积雪深度17厘米，电线结冰厚达5～10厘米。压断3.5万伏以上高压线48根，倾折低压电线杆、电话线杆、广播线杆数万根，造成大面积停电停水。上海至各地有线通信中断，火车、电车停驶。

1977年1月28—30日，持续3天大雪且严寒，31日龙华站最低气温 –10.1℃，上海县 –11.0℃，为1949年以来之最低值。积雪和结冰未化，2月8日、9日又降大雪，市郊积雪均在10～20厘米（青浦20厘米），导致交通事故47起，医院里骨折病人达2 000多人。

1984年1月17—18日，降大雪，两天内雨、雪量达46.7毫米。积雪压塌房屋、仓库、棚舍，压坏物资。积雪结冰压断电线，金山、青浦、上海各县输电线路中断40多条，造成停电，铁路沿线电话中断，车站滞留2.1万名乘客。

1991年12月26日午夜起大雪纷飞，气温骤降，至27日08时，龙华站雨雪量18.5毫米，积雪5厘米，郊区金山县积雪深达10厘米。连续4天平均气温低于 –1℃，连续3天的最低气温低于 –6℃，29日最低气温达 –8.0℃，是近24年间同期最低值。由于道路积雪，5天积雪冰未化，路面结冰打滑，严重影响交通运输。

2008年1月下旬至2月上旬，上海出现持续低温雨雪天气，平均气温和平均最高气温分别较常年同期偏低2.6℃和3.9℃，为近30年来最低值；雨雪持续时间为1964年以来最长，累计雨雪量114毫米，为1901年以来历史同期最多，积雪深度达22～23厘米，为近136年来次大值。因正值春运高峰期，此次低温雨雪天气严重影响公路、铁路、民航等交通部门的正常运营，直接经济损失1.6亿元。

2009年1月24日，受强寒潮影响，上海中心城区的最低气温达 –5.9℃，为近18年来中心城区出现的最低值，全市有逾万处水管受冻阻塞，居民生活受影响。

2016年1月23—26日，受北方超强冷空气影响，上海地区出现了近年来罕见的低温冰冻雨雪和大风天气，其间最低气温降至 –8.5～–6.9℃，郊区普遍出现7～8级阵风。

2018年1月24—28日，受北方强冷空气影响，上海地区出现大范围雨雪冰冻天气。受大面积冰冻雨雪天气影响，25日上海站停运70余趟列车。长途客运取消或延误400余班次，两大机场取消140多个航班。

# 金山嘴海洋站

# 第一章 概况

## 第一节 基本情况

金山嘴海洋站（简称金山嘴站）位于上海市金山区，坐落在杭州湾北岸。杭州湾沿岸是钱塘江河口的一个口外海滨，全长94千米，湾口东南侧罗列有2 100多个大小岛屿，成为杭州湾的天然屏障。湾口外金塘、虾峙门等水道深70～100米，与外海连通，外海的高盐水即从这些水道进入杭州湾内。金山嘴站附近地形属平原海岸，岸线平直，岸地平缓，由细砂和淤泥沉积物组成，水深较浅，测站东南向5千米处有大金山、3千米处有小金山两个小岛，高度在100米以下（图1.1-1）。

金山嘴站建于1950年9月，名为金山嘴三等水文站，隶属于华东水利部。建站时测点位于上海市金山县山阳公社金山嘴镇西吴家宅。1965年11月更名为金山嘴海洋站，隶属国家海洋局东海分局。1977年6月测点迁至浙江省嵊泗县滩浒岛。

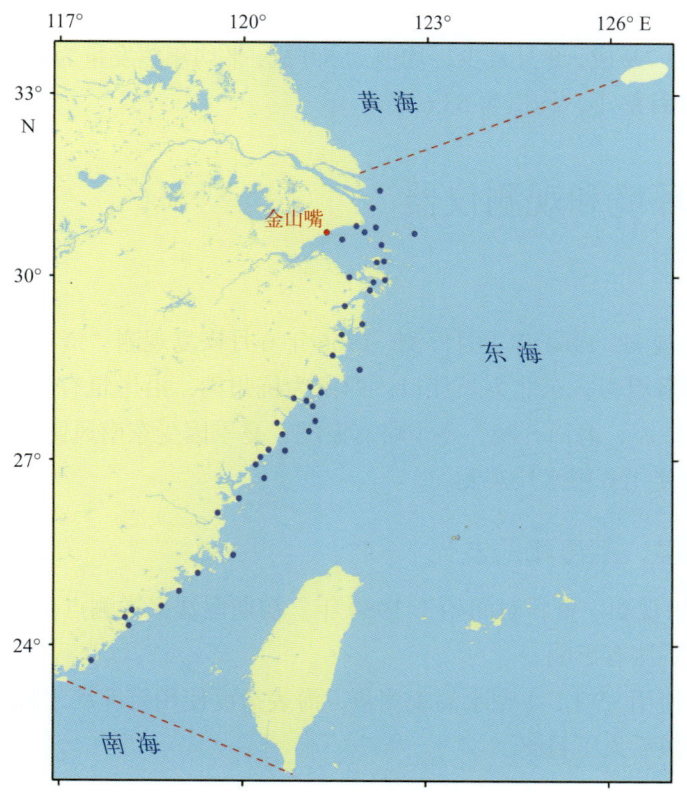

图1.1-1 金山嘴站地理位置示意

金山嘴站观测项目有潮汐、表层海水温度、表层海水盐度、气温、气压、相对湿度、风和降水等，多为人工观测。

金山嘴沿海为正规半日潮特征，海平面1月最低，9月最高，年变幅为41厘米，平均海平面为191厘米，平均高潮位为372厘米，平均低潮位为-23厘米，均具有夏秋高、冬春低的年变化特点；年均表层海水温度为16.6～18.1℃，8月最高，均值为29.3℃，1月最低，均值为5.6℃，历史水温最高值为 35.8℃，历史水温最低值为 -1.0℃；年均表层海水盐度为 9.57 ~ 13.82，2 月最高，均值为 15.13，7 月最低，均值为 9.31，历史盐度最高值为 18.75，历史盐度最低值为 0.57；海发光主要为火花型，8 月出现频率最高，1 月和 3 月未出现，1 级海发光最多，出现的最高级别为 2 级。

金山嘴站主要受大陆性季风气候影响，年均气温为 15.2 ~ 16.4℃，8 月最高，均值为 28.3℃，1 月最低，均值为 3.5℃，历史最高气温为 36.9℃，历史最低气温为 -10.1℃；年均气压为 1 014.9 ~ 1 016.4 百帕，具有冬高夏低的变化特征，1 月最高，均值为 1 025.4 百帕，7 月最低，均值为 1 004.1 百帕；年均相对湿度为 81.5% ~ 84.3%，6 月最大，均值为 87.3%，12 月最小，均值为 78.6%；年均风速为 4.5 ~ 5.2 米/秒，8 月最大，均值为 6.0 米/秒，10 月最小，均值为 4.1 米/秒，冬季（1 月）盛行风向为 NW—N（顺时针，下同），春季（4 月）盛行风向为 E—S，夏季（7 月）盛行风向为 ESE—S，秋季（10 月）盛行风向为 NW—NNE；平均年降水量为 988.7 毫米，9 月平均降水量最多，占全年的 16.9%；平均年雾日数为 29.1 天，4 月最多，均值为 4.3 天，7 月最少，均值为 0.8 天；平均年雷暴日数为 27.8 天，7 月最多，均值为 5.6 天，1 月和 10 月最少，均为 0.1 天；平均年霜日数为 34.4 天，霜日出现在 10 月至翌年 4 月，1 月最多，均值为 10.9 天；平均年降雪日数为 10.8 天，降雪发生在 12 月至翌年 4 月，1 月最多，均值为 4.4 天；年均能见度为 18.6 ~ 25.6 千米，7 月最大，均值为 29.5 千米，4 月最小，均值为 20.0 千米；年均总云量为 5.9 ~ 7.1 成，6 月最多，均值为 7.9 成，8 月最少，均值为 5.0 成；平均年蒸发量为 1 319.4 毫米，7 月最大，均值为 216.9 毫米，2 月最小，均值为 53.6 毫米。

## 第二节　观测环境和观测仪器

### 1. 潮汐

1950 年 9 月开始观测，1964 年 1 月停测，1966 年 6 月恢复观测。资料时间为 1967—1990 年。测点位于金山嘴镇西海堤旁，东北为长江口，西南为杭州湾，沿岸筑有海堤，观测地段约有 300 多米的浅滩，海底为砂泥，海面开阔，冬季略有淤泥，夏季因受东南风影响有冲刷。

1977 年 6 月前，使用 6 根水尺观测。

### 2. 表层海水温度、盐度和海发光

1955 年 10 月开始观测。资料时间始于 1960 年。初期温盐采样测点位于验潮测点旁，浅滩较大，夏季沙滩对水温观测有影响。

自建站起，水温使用 SWL1-1 型水温表测量，海表盐度使用氯度滴定管测定。

海发光为每日天黑后人工目测。

### 3. 气象要素

1950 年 10 月开始观测。资料时间始于 1960 年。观测场四周比较空旷。观测场内设有温度表百叶箱、轻重型风压板、雨量筒、小型蒸发皿和日照计等。

1967 年 7 月，观测场迁至海塘上，面积 8 平方米。观测场内设有温度表百叶箱、5 米风向杆及 70 厘米雨量筒等。

# 第二章 潮位

## 第一节 潮汐

### 1. 潮汐类型

利用金山嘴站 19 年（1972—1990 年）验潮资料分析的调和常数，计算出潮汐系数 $(H_{K_1}+H_{O_1})/H_{M_2}$ 为 0.31。按我国潮汐类型分类标准，金山嘴沿海为正规半日潮，每个潮汐日（大约 24.8 小时）有两次高潮和两次低潮，高潮日不等现象较为明显。

1967—1990 年，金山嘴站 $M_2$ 分潮振幅呈增大趋势，增大速率为 3.78 毫米/年；迟角呈减小趋势，减小速率为 0.15°/年。$K_1$ 和 $O_1$ 分潮振幅均呈减小趋势，减小速率分别为 0.86 毫米/年和 0.33 毫米/年；$K_1$ 和 $O_1$ 分潮迟角均无明显变化趋势。

### 2. 潮汐特征值

由 1967—1990 年资料统计分析得出：金山嘴站平均高潮位为 372 厘米，平均低潮位为 -23 厘米，平均潮差为 395 厘米；平均高高潮位为 405 厘米，平均低低潮位为 -35 厘米，平均大的潮差为 440 厘米。平均涨潮历时 5 小时 23 分钟，平均落潮历时 7 小时 2 分钟，两者相差 1 小时 39 分钟。

累年各月潮汐特征值见表 2.1-1。

表 2.1-1　累年各月潮汐特征值（1967—1990 年）　　　　单位：厘米

| 月份 | 平均高潮位 | 平均低潮位 | 平均潮差 | 平均高高潮位 | 平均低低潮位 | 平均大的潮差 |
|---|---|---|---|---|---|---|
| 1 | 346 | -31 | 377 | 379 | -46 | 425 |
| 2 | 347 | -32 | 379 | 375 | -43 | 418 |
| 3 | 353 | -34 | 387 | 380 | -40 | 420 |
| 4 | 360 | -32 | 392 | 391 | -41 | 432 |
| 5 | 372 | -26 | 398 | 408 | -39 | 447 |
| 6 | 383 | -19 | 402 | 421 | -33 | 454 |
| 7 | 389 | -16 | 405 | 426 | -30 | 456 |
| 8 | 396 | -13 | 409 | 429 | -26 | 455 |
| 9 | 400 | -9 | 409 | 430 | -20 | 450 |
| 10 | 389 | -10 | 399 | 422 | -21 | 443 |
| 11 | 371 | -21 | 392 | 406 | -35 | 441 |
| 12 | 353 | -29 | 382 | 388 | -47 | 435 |
| 年 | 372 | -23 | 395 | 405 | -35 | 440 |

注：潮位值均以验潮零点为基面。

平均高潮位和平均低潮位均具有夏秋高、冬春低的特点（图 2.1-1），其中平均高潮位 9 月最高，为 400 厘米，1 月最低，为 346 厘米，年较差为 54 厘米；平均低潮位 9 月最高，为 –9 厘米，3 月最低，为 –34 厘米，年较差为 25 厘米；平均高高潮位 9 月最高，为 430 厘米，2 月最低，为 375 厘米，年较差为 55 厘米；平均低低潮位 9 月最高，为 –20 厘米，12 月最低，为 –47 厘米，年较差为 27 厘米。平均潮差 8 月和 9 月最大，1 月最小，年较差为 32 厘米；平均大的潮差 7 月最大，2 月最小，年较差为 38 厘米（图 2.1-2）。

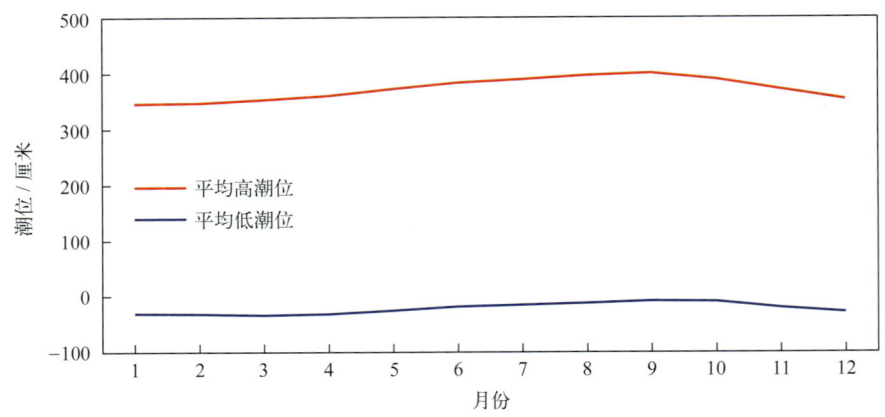

图 2.1-1　平均高潮位和平均低潮位年变化

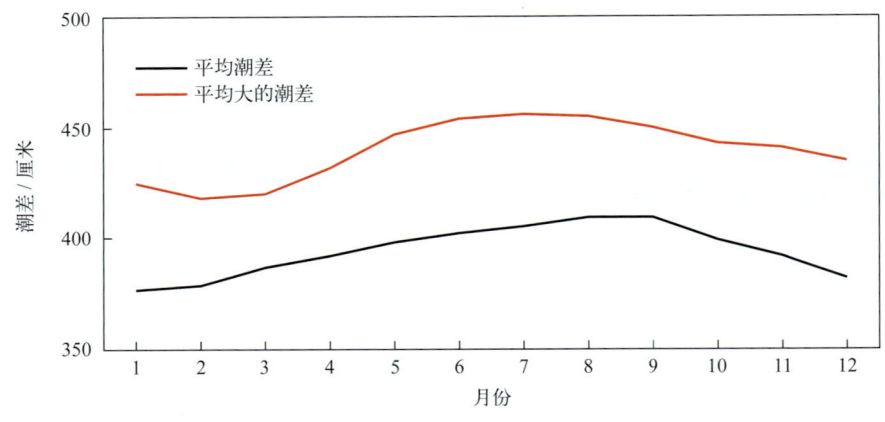

图 2.1-2　平均潮差和平均大的潮差年变化

1967—1990 年，金山嘴站平均高潮位呈明显上升趋势，上升速率为 6.00 毫米/年。受天文潮长周期变化影响，平均高潮位存在较为明显的准 19 年周期变化，振幅为 3.53 厘米。平均高潮位最高值出现在 1989 年，为 380 厘米；最低值出现在 1967 年，为 361 厘米。金山嘴站平均低潮位呈下降趋势，下降速率为 3.19 毫米/年。平均低潮位准 19 年周期变化较为显著，振幅为 6.72 厘米。平均低潮位最高值出现在 1970 年和 1975 年，均为 –15 厘米；最低值出现在 1980 年，为 –34 厘米。

1967—1990 年，金山嘴站平均潮差呈波动增大趋势，增大速率为 9.19 毫米/年。平均潮差准 19 年周期变化显著，振幅为 8.94 厘米。平均潮差最大值出现在 1980 年，为 412 厘米；最小值出现在 1967 年和 1970 年，均为 377 厘米（图 2.1-3）。

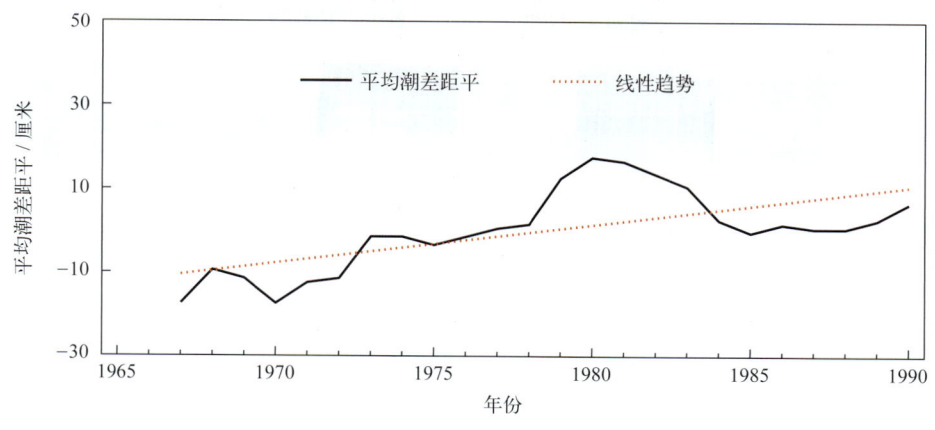

图2.1-3　1967—1990年平均潮差距平变化

## 第二节　极值潮位

金山嘴站年最高潮位和年最低潮位的各月发生频率见表2.2-1。年最高潮位出现时间主要集中在7—9月，其中7月发生频率最高，为38%；8月次之，为33%。年最低潮位主要出现在11月至翌年2月，其中2月发生频率最高，为25%；1月和12月次之，均为17%。

1967—1990年，金山嘴站年最高潮位呈上升趋势，上升速率为11.68毫米/年。历年的最高潮位均高于488厘米，其中高于540厘米的有5年；历史最高潮位为593厘米，出现在1974年8月20日，正值7413号台风"玛丽"影响期间。金山嘴站年最低潮位变化趋势不明显。历年最低潮位均低于-114厘米，其中低于-160厘米的有4年；历史最低潮位为-178厘米，出现在1969年4月5日，由强温带气旋引起（表2.2-1）。

表2.2-1　最高潮位和最低潮位及年极值出现频率（1967—1990年）

|  | 1月 | 2月 | 3月 | 4月 | 5月 | 6月 | 7月 | 8月 | 9月 | 10月 | 11月 | 12月 |
| --- | --- | --- | --- | --- | --- | --- | --- | --- | --- | --- | --- | --- |
| 最高潮位值/厘米 | 493 | 463 | 477 | 484 | 497 | 534 | 544 | 593 | 559 | 530 | 502 | 503 |
| 年最高潮位出现频率/% | 0 | 0 | 0 | 0 | 0 | 8 | 38 | 33 | 13 | 8 | 0 | 0 |
| 最低潮位值/厘米 | -135 | -137 | -132 | -178 | -127 | -110 | -114 | -120 | -161 | -172 | -137 | -162 |
| 年最低潮位出现频率/% | 17 | 25 | 8 | 4 | 0 | 0 | 0 | 4 | 4 | 8 | 13 | 17 |

## 第三节　增减水

受地形和气候特征的影响，金山嘴站出现50厘米以上增水的频率明显高于同等强度减水的频率，超过80厘米的增水平均约56天出现一次，而超过80厘米的减水平均约257天出现一次（表2.3-1）。

金山嘴站100厘米以上的增水主要出现在8月、9月和12月，80厘米以上的减水多发生在9—12月，这些大的增减水过程主要与该海域受温带气旋、寒潮大风以及热带气旋等影响有关（表2.3-2）。

表 2.3-1  不同强度增减水平均出现周期（1967—1990 年）

| 范围 / 厘米 | 出现周期 / 天 | |
| --- | --- | --- |
| | 增水 | 减水 |
| >30 | 1.01 | 1.27 |
| >40 | 2.44 | 3.92 |
| >50 | 5.50 | 12.35 |
| >60 | 12.06 | 37.97 |
| >70 | 24.95 | 111.96 |
| >80 | 56.34 | 256.84 |
| >90 | 116.44 | 727.72 |
| >100 | 236.02 | 1 746.53 |
| >120 | 1 091.58 | 8 732.67 |

表 2.3-2  各月不同强度增减水出现频率（1967—1990 年）

| 月份 | 增水 / % | | | | | 减水 / % | | | | |
| --- | --- | --- | --- | --- | --- | --- | --- | --- | --- | --- |
| | >30 厘米 | >50 厘米 | >70 厘米 | >100 厘米 | >120 厘米 | >30 厘米 | >50 厘米 | >70 厘米 | >80 厘米 | >100 厘米 |
| 1 | 6.00 | 0.74 | 0.10 | 0.00 | 0.00 | 4.08 | 0.40 | 0.02 | 0.01 | 0.00 |
| 2 | 5.42 | 0.72 | 0.07 | 0.00 | 0.00 | 2.98 | 0.23 | 0.02 | 0.01 | 0.00 |
| 3 | 4.79 | 0.59 | 0.06 | 0.00 | 0.00 | 4.25 | 0.43 | 0.02 | 0.01 | 0.00 |
| 4 | 1.73 | 0.19 | 0.02 | 0.00 | 0.00 | 4.06 | 0.35 | 0.04 | 0.01 | 0.00 |
| 5 | 2.12 | 0.21 | 0.03 | 0.00 | 0.00 | 1.15 | 0.03 | 0.00 | 0.00 | 0.00 |
| 6 | 2.04 | 0.20 | 0.08 | 0.00 | 0.00 | 0.90 | 0.01 | 0.00 | 0.00 | 0.00 |
| 7 | 2.63 | 0.54 | 0.09 | 0.00 | 0.00 | 2.14 | 0.10 | 0.00 | 0.00 | 0.00 |
| 8 | 4.10 | 1.26 | 0.51 | 0.06 | 0.01 | 3.74 | 0.40 | 0.01 | 0.00 | 0.00 |
| 9 | 4.47 | 0.95 | 0.31 | 0.09 | 0.03 | 2.45 | 0.35 | 0.11 | 0.06 | 0.01 |
| 10 | 5.19 | 0.98 | 0.24 | 0.01 | 0.00 | 2.93 | 0.47 | 0.10 | 0.04 | 0.02 |
| 11 | 5.67 | 1.65 | 0.31 | 0.01 | 0.00 | 4.74 | 0.45 | 0.04 | 0.02 | 0.00 |
| 12 | 5.27 | 1.04 | 0.18 | 0.04 | 0.00 | 5.88 | 0.81 | 0.08 | 0.03 | 0.00 |

1967—1990 年，金山嘴站年最大增水主要出现在 8—10 月，其中 8 月出现频率最高，为 34%；9 月和 10 月次之，均为 17%。年最大减水多出现在 10 月至翌年 1 月和 3 月，其中 12 月出现频率最高，为 21%；10 月次之，为 16%（表 2.3-3）。

1967—1990 年，金山嘴站年最大增水呈增大趋势，增大速率为 9.65 毫米 / 年（线性趋势未通过显著性检验）。历史最大增水出现在 1983 年 9 月 26 日，为 190 厘米；1974 年和 1986 年最大增水均超过了 125 厘米。金山嘴站年最大减水变化趋势不明显。历史最大减水发生在 1980 年 10 月 25 日，为 128 厘米；1977 年和 1981 年最大减水均超过了 115 厘米。

表 2.3-3  最大增水和最大减水及年极值出现频率（1967—1990 年）

| | 1月 | 2月 | 3月 | 4月 | 5月 | 6月 | 7月 | 8月 | 9月 | 10月 | 11月 | 12月 |
|---|---|---|---|---|---|---|---|---|---|---|---|---|
| 最大增水值 / 厘米 | 92 | 85 | 85 | 80 | 87 | 100 | 89 | 145 | 190 | 116 | 105 | 114 |
| 年最大增水出现频率 / % | 4 | 8 | 0 | 4 | 0 | 0 | 0 | 34 | 17 | 17 | 8 | 8 |
| 最大减水值 / 厘米 | 83 | 82 | 90 | 94 | 67 | 64 | 67 | 75 | 119 | 128 | 86 | 96 |
| 年最大减水出现频率 / % | 13 | 8 | 13 | 4 | 0 | 0 | 0 | 4 | 8 | 16 | 13 | 21 |

# 第三章 表层海水温度、盐度和海发光

## 第一节 表层海水温度

### 1. 平均水温、最高水温和最低水温

金山嘴站月平均水温的年变化具有峰谷明显的特点，8月最高，为29.3℃，1月最低，为5.6℃，年较差为23.7℃。2—8月为升温期，9月至翌年1月为降温期。月最高水温和月最低水温的年变化特征与月平均水温相似（图3.1–1）。

历年的平均水温为16.6～18.1℃，其中1961年最高，1972年最低。累年平均水温为17.2℃。

历年的最高水温均不低于32.9℃，其中大于34.0℃的有10年，大于等于35.0℃的有4年，出现时间为7—9月。水温极大值为35.8℃，出现在1961年8月3日和1964年7月15日。

历年的最低水温均不高于4.5℃，其中小于2.0℃的有12年，小于0℃的有2年，出现时间为12月至翌年2月，1月最多。水温极小值为–1.0℃，出现在1963年1月22日。

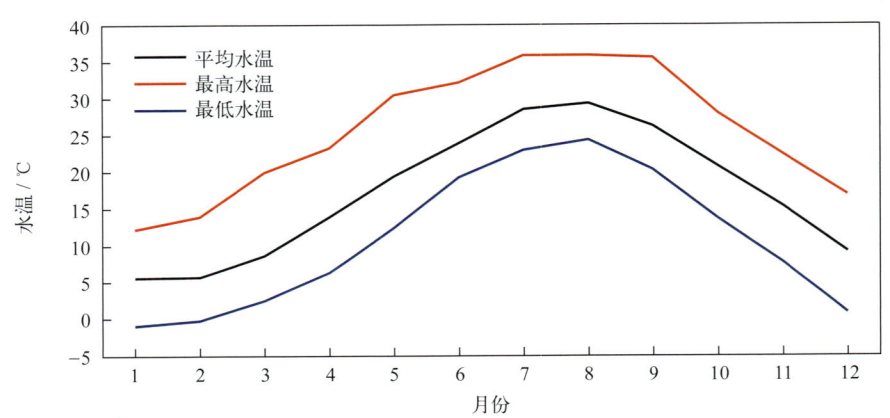

图3.1–1 水温年变化（1960—1977年）

### 2. 日平均水温稳定通过界限温度的日期

采用五日滑动平均方法求出稳定通过各个界限温度的日期，见表3.1–1。日平均水温全年均稳定通过0℃，稳定通过5℃的有362天，稳定通过10℃的有260天，稳定通过15℃的有211天，稳定通过20℃的有152天，稳定通过25℃的初日为6月26日，终日为9月21日，共88天。

表3.1–1 日平均水温稳定通过界限温度的日期（1960—1977年）

|  | 5℃ | 10℃ | 15℃ | 20℃ | 25℃ |
| --- | --- | --- | --- | --- | --- |
| 初日 | 2月3日 | 3月27日 | 4月21日 | 5月22日 | 6月26日 |
| 终日 | 1月30日 | 12月11日 | 11月17日 | 10月20日 | 9月21日 |
| 天数 | 362 | 260 | 211 | 152 | 88 |

### 3. 长期趋势变化

1960—1977年，年平均水温和年最高水温均呈波动下降趋势，下降速率分别为0.42℃/（10年）和1.11℃/（10年），年最低水温呈波动上升趋势，上升速率为1.17℃/（10年）（线性趋势未通过显著性检验），其中1961年和1964年最高水温均为1960—1977年的第一高值，1963年和1968年最低水温分别为1960—1977年的第一低值和第二低值。

## 第二节　表层海水盐度

### 1. 平均盐度、最高盐度和最低盐度

金山嘴站月平均盐度的年变化具有冬春季较高、夏秋季较低的特点，最高值出现在2月，为15.13，最低值出现在7月，为9.31，年较差为5.82。月最高盐度2月最大，6月最小。月最低盐度2月最大，9月最小（图3.2-1）。

历年的平均盐度为9.57～13.82，其中1960年最高，1975年最低。累年平均盐度为11.80。

历年的最高盐度均大于14.40，其中大于16.00的有13年，大于18.00的有4年。年最高盐度多出现在冬春季，夏秋季较少。盐度极大值为18.75，出现在1967年2月11日。《东海区海洋站海洋水文气候志》记载极端最高盐度为20.92，出现在1979年3月9日。

历年的最低盐度均小于9.70，其中小于6.00的有14年，小于4.00的有3年。年最低盐度多出现在6—10月，出现在6月的有5年。盐度极小值为0.57，出现在1963年9月13日。

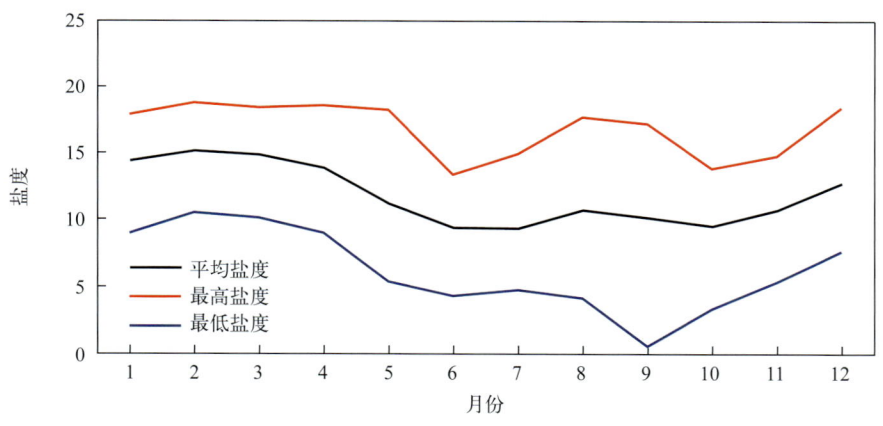

图3.2-1　盐度年变化（1960—1977年）

### 2. 长期趋势变化

1960—1977年，年平均盐度和年最高盐度均呈波动下降趋势，下降速率分别为1.54/（10年）和1.27/（10年），年最低盐度变化趋势不明显。1967年和1963年最高盐度分别为1960—1977年的第一高值和第二高值；1963年和1965年最低盐度分别为1960—1977年的第一低值和第二低值。

## 第三节　海发光

1960—1977年，金山嘴站观测到的海发光主要为火花型（H），弥漫型（M）出现3次。海发光以1级海发光为主，占海发光次数的87.2%；2级海发光次之，占11.0%；未出现3级和4级

海发光。

各月及全年海发光频率见表3.3-1和图3.3-1。海发光频率峰值出现在8月，1月和3月未观测到海发光。累年平均海发光频率为3.4%。

历年海发光频率均小于19.30%，其中1965年海发光频率最大，1961年、1962年、1970年、1972年和1975—1977年均未观测到海发光。

表3.3-1  各月及全年海发光频率（1960—1977年）

|  | 1月 | 2月 | 3月 | 4月 | 5月 | 6月 | 7月 | 8月 | 9月 | 10月 | 11月 | 12月 | 年 |
| --- | --- | --- | --- | --- | --- | --- | --- | --- | --- | --- | --- | --- | --- |
| 频率/% | 0.0 | 0.3 | 0.0 | 6.1 | 6.3 | 0.2 | 2.1 | 12.7 | 6.2 | 5.2 | 1.1 | 0.5 | 3.4 |

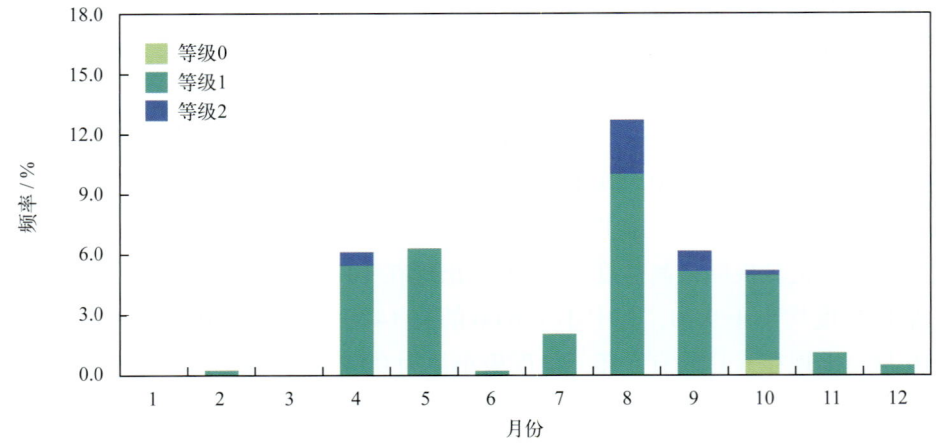

图3.3-1  各月各级海发光频率（1960—1977年）

# 第四章　海洋气象

## 第一节　气温

### 1. 平均气温、最高气温和最低气温

1960—1977年，金山嘴站累年平均气温为15.7℃。月平均气温具有夏高冬低的变化特征，8月最高，为28.3℃，1月最低，为3.5℃，年较差为24.8℃。月最高气温和月最低气温的年变化特征与月平均气温相似，月最高气温极大值出现在7月，月最低气温极小值出现在1月（表4.1-1，图4.1-1）。

表4.1-1　气温年变化（1960—1977年）　　　　　　　　　　　　　　　　　　　　单位：℃

| | 1月 | 2月 | 3月 | 4月 | 5月 | 6月 | 7月 | 8月 | 9月 | 10月 | 11月 | 12月 | 年 |
|---|---|---|---|---|---|---|---|---|---|---|---|---|---|
| 平均气温 | 3.5 | 4.4 | 8.2 | 13.5 | 18.7 | 23.1 | 27.8 | 28.3 | 24.1 | 18.1 | 12.6 | 6.1 | 15.7 |
| 最高气温 | 17.8 | 23.2 | 24.1 | 26.9 | 30.4 | 34.6 | 36.9 | 36.6 | 34.2 | 29.4 | 25.4 | 24.3 | 36.9 |
| 最低气温 | -10.1 | -9.1 | -3.1 | -1.1 | 6.3 | 12.9 | 17.2 | 18.5 | 11.3 | 1.8 | -3.0 | -7.8 | -10.1 |

注：1977年7月停测。

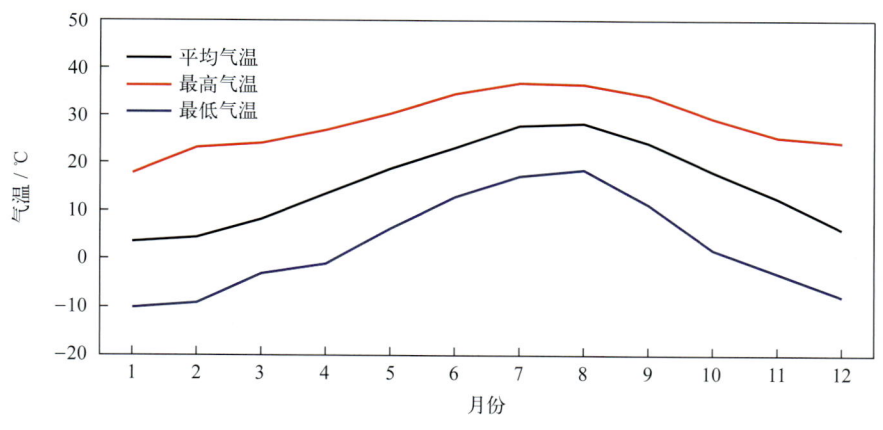

图4.1-1　气温年变化（1960—1977年）

历年的平均气温为15.2～16.4℃，其中1961年最高，1969年和1972年均为最低。

历年的最高气温均高于32.5℃，其中高于35.0℃的有4年。最早出现时间为7月5日（1972年），最晚出现时间为9月2日（1967年）。7月最高气温出现频率最高，占统计年份的65%，8月次之，占29%（图4.1-2）。极大值为36.9℃，出现在1971年7月30日。《东海区海洋站海洋水文气候志》记载极端最高气温为37.6℃，出现在1957年7月22日。

历年的最低气温均低于-4.0℃，其中低于-9.0℃的有2年。最早出现时间为12月14日（1972年），最晚出现时间为2月26日（1974年）。1月最低气温出现频率最高，占统计年份的36%，12月和2月次之，均占32%（图4.1-2）。极小值为-10.1℃，出现在1977年1月31日。

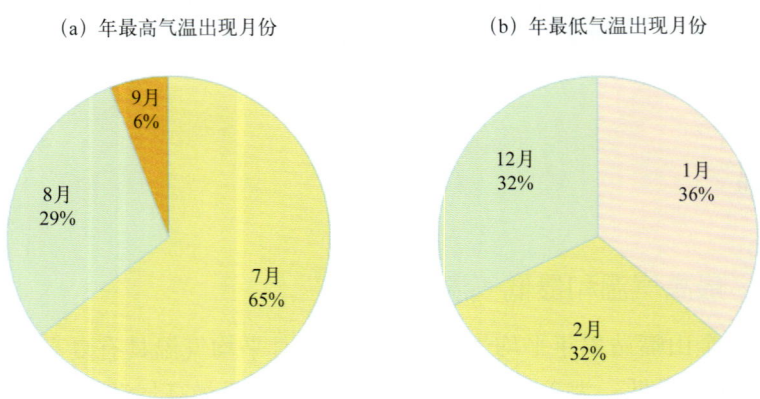

图4.1-2 年最高、最低气温出现月份及频率（1960—1977年）

### 2. 长期趋势变化

1960—1976年，年平均气温和年最高气温均呈波动下降趋势，下降速率分别为0.21℃/（10年）（线性趋势未通过显著性检验）和0.29℃/（10年）（线性趋势未通过显著性检验）；年最低气温无明显变化趋势。

### 3. 常年自然天气季节和大陆度

利用金山嘴站1966—1977年气温累年日平均数据计算五日滑动平均气温，根据《气候季节划分》（QX/T 152—2012）方法，金山嘴平均春季时间从3月29日至6月8日，共72天；平均夏季时间从6月9日至9月30日，共114天；平均秋季时间从10月1日至11月23日，共54天；平均冬季时间从11月24日至翌年3月28日，共125天。冬季时间最长，秋季时间最短（图4.1-3）。

金山嘴站焦金斯基大陆度指数为62.2%，属大陆性季风气候。

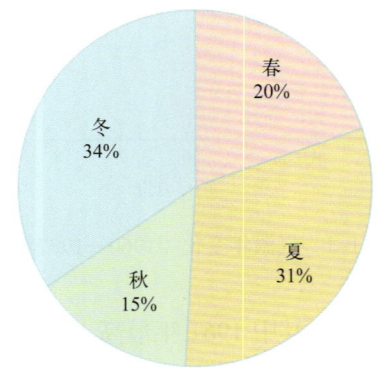

图4.1-3 四季平均日数百分率（1966—1977年）

## 第二节 气压

### 1. 平均气压、最高气压和最低气压

1960—1966年，金山嘴站累年平均气压为1 015.7百帕。月平均气压具有冬高夏低的变化特征，

1月最高，为1 025.4百帕，7月最低，为1 004.1百帕，年较差为21.3百帕。月最高气压12月最大，7月最小。月最低气压1月最大，8月最小（表4.2-1，图4.2-1）。

历年的平均气压为1 014.9～1 016.4百帕，其中1964年最高，1966年最低。气压极大值为1 042.0百帕，出现在1965年12月17日；气压极小值为986.7百帕，出现在1962年8月1日。

表4.2-1　气压年变化（1960—1966年）　　　　　　　　　　　　　　　　　　　　　　　单位：百帕

|  | 1月 | 2月 | 3月 | 4月 | 5月 | 6月 | 7月 | 8月 | 9月 | 10月 | 11月 | 12月 | 年 |
| --- | --- | --- | --- | --- | --- | --- | --- | --- | --- | --- | --- | --- | --- |
| 平均气压 | 1 025.4 | 1 024.3 | 1 019.3 | 1 015.3 | 1 010.6 | 1 006.3 | 1 004.1 | 1 005.3 | 1 011.4 | 1 019.0 | 1 022.4 | 1 025.0 | 1 015.7 |
| 最高气压 | 1 038.3 | 1 037.6 | 1 033.5 | 1 028.1 | 1 023.2 | 1 015.0 | 1 010.0 | 1 012.6 | 1 022.0 | 1 029.2 | 1 037.2 | 1 042.0 | 1 042.0 |
| 最低气压 | 1 010.4 | 1 009.0 | 1 000.4 | 999.7 | 996.4 | 995.7 | 988.6 | 986.7 | 996.8 | 997.6 | 1 008.5 | 1 008.6 | 986.7 |

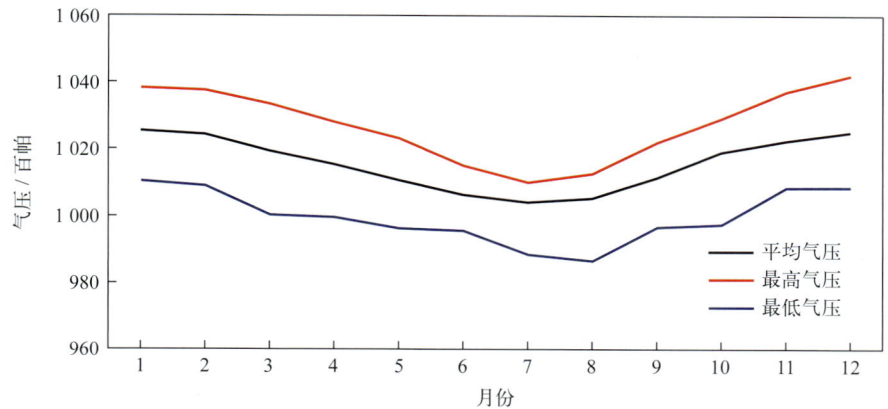

图4.2-1　气压年变化（1960—1966年）

### 2. 长期趋势变化

时间序列较短，不做长期趋势变化分析。

## 第三节　相对湿度

### 1. 平均相对湿度和最小相对湿度

1960—1977年，金山嘴站累年平均相对湿度为83.0%。月平均相对湿度6月最大，为87.3%，12月最小，为78.6%。平均月最小相对湿度7月最大，为65.0%，12月最小，为32.8%。最小相对湿度的极小值为13%，出现在1963年1月27日（表4.3-1，图4.3-1）。

表4.3-1　相对湿度年变化（1960—1977年）

|  | 1月 | 2月 | 3月 | 4月 | 5月 | 6月 | 7月 | 8月 | 9月 | 10月 | 11月 | 12月 | 年 |
| --- | --- | --- | --- | --- | --- | --- | --- | --- | --- | --- | --- | --- | --- |
| 平均相对湿度/% | 79.5 | 82.5 | 83.1 | 86.2 | 86.1 | 87.3 | 85.1 | 82.4 | 83.4 | 81.8 | 80.0 | 78.6 | 83.0 |
| 平均最小相对湿度/% | 32.9 | 34.7 | 39.2 | 44.1 | 47.5 | 57.1 | 65.0 | 60.3 | 49.2 | 39.5 | 35.9 | 32.8 | 44.9 |
| 最小相对湿度/% | 13 | 19 | 21 | 22 | 29 | 23 | 56 | 43 | 34 | 24 | 23 | 20 | 13 |

注：平均最小相对湿度为各月最小相对湿度的累年平均值及其年平均值。1977年7月数据停测。

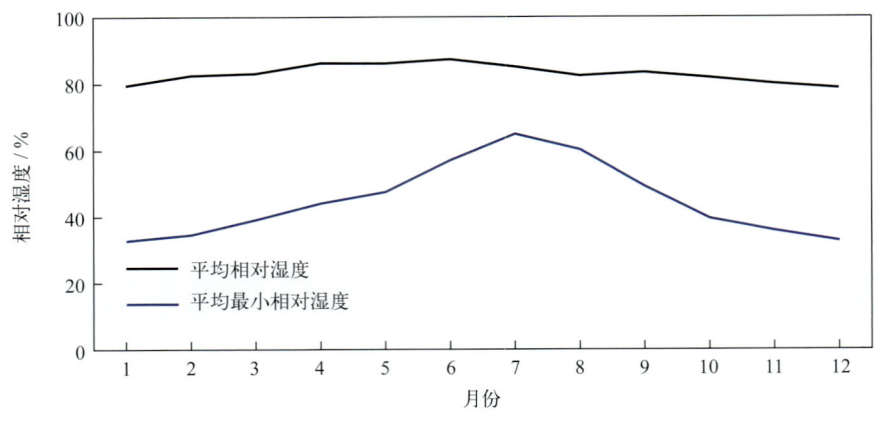

图4.3-1 相对湿度年变化（1960—1977年）

### 2. 长期趋势变化

1960—1976年，年平均相对湿度为81.5%～84.3%，其中1960年、1961年和1970年均为最大，1971年最小；年平均相对湿度呈下降趋势，下降速率为0.41%/（10年）（线性趋势未通过显著性检验）。

### 3. 温湿指数

根据《人居环境气候舒适度评价》（GB/T 27963—2011）的温湿指数统计方法和气候舒适度等级划分方法，统计金山嘴站各月温湿指数，结果显示：11月至翌年4月温湿指数为4.7～13.5，感觉为寒冷；5月、6月、9月和10月温湿指数为17.8～23.2，感觉为舒适；7月和8月温湿指数分别为26.7和27.0，感觉为热（表4.3-2）。

表4.3-2 温湿指数年变化（1960—1977年）

| | 1月 | 2月 | 3月 | 4月 | 5月 | 6月 | 7月 | 8月 | 9月 | 10月 | 11月 | 12月 |
|---|---|---|---|---|---|---|---|---|---|---|---|---|
| 温湿指数 | 4.7 | 5.4 | 8.8 | 13.5 | 18.4 | 22.5 | 26.7 | 27.0 | 23.2 | 17.8 | 12.8 | 7.0 |
| 感觉程度 | 寒冷 | 寒冷 | 寒冷 | 寒冷 | 舒适 | 舒适 | 热 | 热 | 舒适 | 舒适 | 寒冷 | 寒冷 |

## 第四节 风

### 1. 平均风速和最大风速

金山嘴站风速的年变化见表4.4-1和图4.4-1。累年平均风速为4.8米/秒，月平均风速春夏季大，秋冬季小，其中8月最大，为6.0米/秒，10月最小，为4.1米/秒。平均最大风速8月最大，为16.4米/秒，10月最小，为11.5米/秒。最大风速月最大值对应风向多为NW向（5个月）。

历年的平均风速为4.5～5.2米/秒，其中1965年最大，1976年最小。历年的最大风速均大于等于14.0米/秒，其中大于等于21.0米/秒的有4年。最大风速的最大值为31.0米/秒，出现在1969年7月28日，风向为SE［金山嘴站业务档案记载最大风速为36.0米/秒（阵风），风向为NW，出现在1969年7月15日］。年最大风速出现在8月的频率最高，6月和9—12月均未出现（图4.4-2）。

表 4.4-1　风速年变化（1960—1977 年）　　　　　　　　　　　　　　　　　　　　　单位：米/秒

| | | 1月 | 2月 | 3月 | 4月 | 5月 | 6月 | 7月 | 8月 | 9月 | 10月 | 11月 | 12月 | 年 |
|---|---|---|---|---|---|---|---|---|---|---|---|---|---|---|
| 平均风速 | | 4.3 | 4.5 | 4.9 | 4.9 | 5.0 | 5.0 | 5.6 | 6.0 | 4.5 | 4.1 | 4.3 | 4.3 | 4.8 |
| 最大风速 | 平均 | 14.0 | 13.3 | 14.1 | 14.3 | 14.2 | 12.9 | 16.3 | 16.4 | 12.9 | 11.5 | 12.9 | 12.7 | 13.8 |
| | 最大值 | 20.0 | 17.3 | 18.3 | 17.0 | 18.0 | 17.0 | 31.0 | 25.0 | 18.0 | 15.3 | 16.0 | 16.6 | 31.0 |
| | 最大值对应风向 | NW | NW | NW | WNW/ESE/SE/SSE | SE/SSE | SSE | SE | ESE | SE | SSE | NW | NW | SE |

注：1977年7月数据停测。

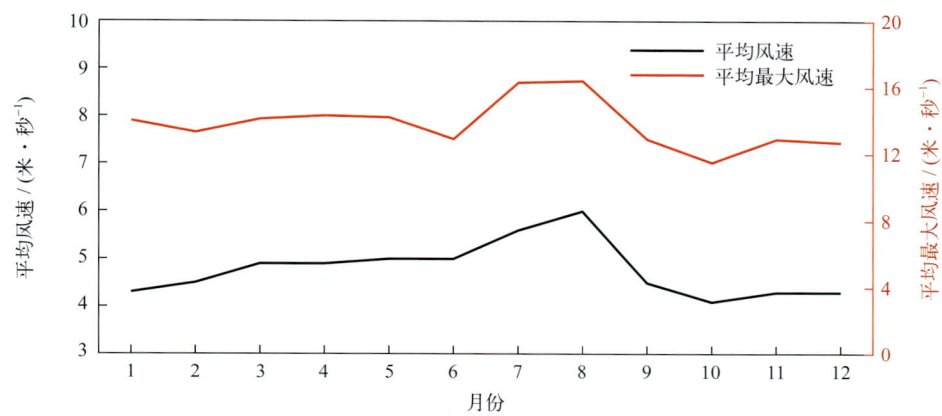

图4.4-1　平均风速和平均最大风速年变化（1960—1977年）

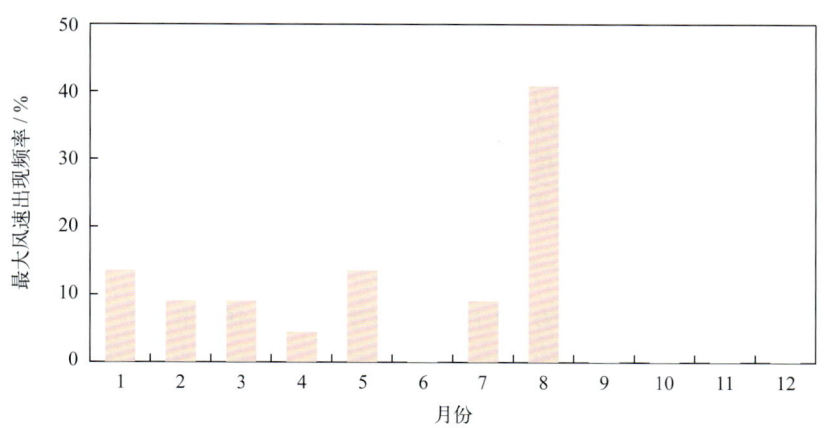

图4.4-2　年最大风速出现频率（1960—1977年）

## 2. 各向风频率

全年 NW 向风最多，频率为 12.7%，SSE 向次之，频率为 11.5%，WSW 向最少，频率为 1.0%（图 4.4-3）。

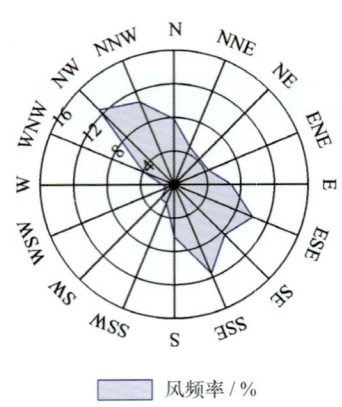

图4.4-3　全年各向风频率（1966—1977年）

1月盛行风向为NW—N，频率和为51.8%；4月盛行风向为E—S，频率和为57.6%；7月盛行风向为ESE—S，频率和为63.7%；10月盛行风向为NW—NNE，频率和为50.4%（图4.4-4）。

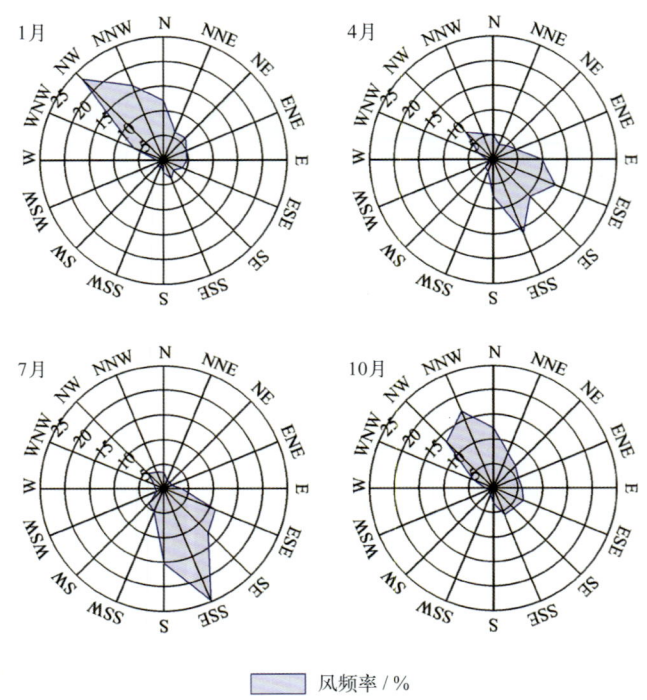

图4.4-4　四季代表月各向风频率（1966—1977年）

### 3. 各向平均风速和最大风速

全年各向平均风速SSE向最大，为6.1米/秒，SE向次之，为6.0米/秒，W向最小，为2.1米/秒（图4.4-5）。1月SE向平均风速最大，为4.9米/秒；4月SE向和SSE向最大，均为6.4米/秒；7月SSE向最大，为7.1米/秒；10月SSE向最大，为5.7米/秒（图4.4-6）。

全年各向最大风速SE向最大，为31.0米/秒，ESE向次之，为25.0米/秒，WSW向和W向最小，均为10.0米/秒（图4.4-5）。1月NW向最大风速最大，为17.0米/秒；4月ESE向、SE向、SSE向和WNW向最大，均为17.0米/秒；7月SE向最大，为31.0米/秒；10月SSE向最大，为15.3米/秒（图4.4-6）。

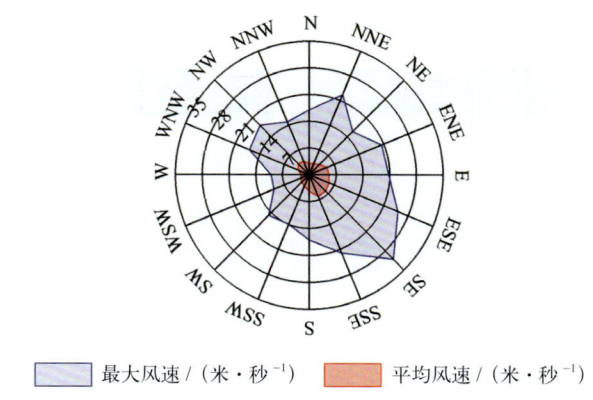

图4.4-5 全年各向平均风速和最大风速（1966—1977年）

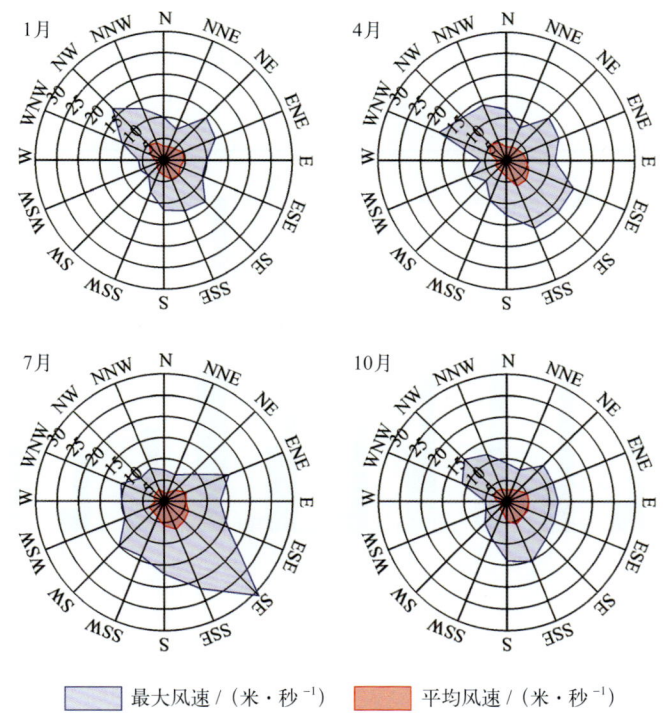

图4.4-6 四季代表月各向平均风速和最大风速（1966—1977年）

### 4. 大风日数

风力大于等于6级的大风日数8月最多，为8.8天，占全年的17.7%，7月次之，为6.2天（表4.4-2，图4.4-7）。平均年大风日数为49.8天（表4.4-2）。历年大风日数1973年最多，为106天，1964年最少，为11天。

风力大于等于8级的大风出现在2月、3月、5月和7—9月，其中8月最多，为0.9天。历年大风日数1975年最多，为6天，1966年和1967年未出现。

风力大于等于6级的月大风日数最多为21天，出现在1974年8月；最长连续大于等于6级大风日数为14天，出现在1973年8月18—31日（表4.4-2）。

表 4.4-2　各级大风日数年变化（1960—1977 年）　　　　　　　　　　　　　　单位：天

| | 1月 | 2月 | 3月 | 4月 | 5月 | 6月 | 7月 | 8月 | 9月 | 10月 | 11月 | 12月 | 年 |
|---|---|---|---|---|---|---|---|---|---|---|---|---|---|
| 大于等于6级大风平均日数 | 2.7 | 2.5 | 4.7 | 5.6 | 5.4 | 4.0 | 6.2 | 8.8 | 2.7 | 2.0 | 2.4 | 2.8 | 49.8 |
| 大于等于7级大风平均日数 | 0.5 | 0.8 | 1.4 | 2.2 | 2.3 | 0.5 | 2.3 | 4.4 | 0.5 | 0.6 | 0.5 | 0.3 | 16.3 |
| 大于等于8级大风平均日数 | 0.0 | 0.1 | 0.1 | 0.0 | 0.2 | 0.0 | 0.4 | 0.9 | 0.1 | 0.0 | 0.0 | 0.0 | 1.8 |
| 大于等于6级大风最多日数 | 8 | 7 | 9 | 16 | 15 | 13 | 16 | 21 | 7 | 8 | 6 | 6 | 106 |
| 最长连续大于等于6级大风日数 | 4 | 2 | 4 | 6 | 6 | 5 | 9 | 14 | 5 | 3 | 2 | 3 | 14 |

注：大于等于6级大风统计时间为1960—1977年，大于等于7级和大于等于8级大风统计时间为1966—1977年。

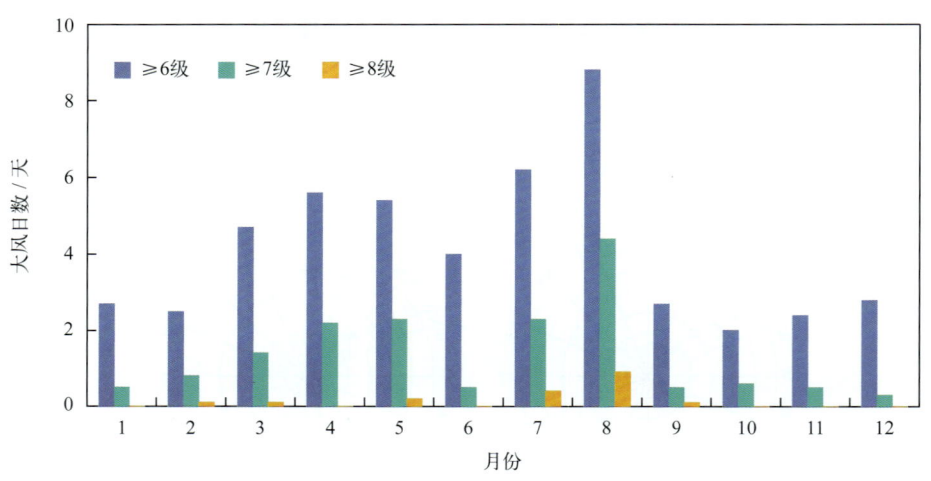

图4.4-7　各级大风日数年变化

## 第五节　降水

### 1. 降水量和降水日数

（1）降水量

金山嘴站降水量的年变化见表 4.5-1 和图 4.5-1。平均年降水量为 988.7 毫米，降水量的季节分布不均匀，夏季（6—8 月）、秋季（9—11 月）和春季（3—5 月）的降水量分别为 285.8 毫米、279.1 毫米和 276.3 毫米，分别占全年降水量的 28.9%、28.2% 和 27.9%，冬季（12 月至翌年 2 月）偏少，降水量为 147.5 毫米，占全年的 14.9%。9 月平均降水量最多，为 167.5 毫米，占全年的 16.9%，6 月次之，为 153.7 毫米，占全年的 15.5%。

历年年降水量为 769.0 ~ 1 236.0 毫米，其中 1961 年最多，1970 年最少。

最大日降水量超过 100 毫米的有 5 年，超过 150 毫米的有 2 年。最大日降水量为 185.2 毫米，出现在 1972 年 9 月 13 日。

表 4.5-1　降水量年变化（1960—1977 年）　　　　　　　　　　　　　　　　　　　　　　　单位：毫米

|  | 1月 | 2月 | 3月 | 4月 | 5月 | 6月 | 7月 | 8月 | 9月 | 10月 | 11月 | 12月 | 年 |
|---|---|---|---|---|---|---|---|---|---|---|---|---|---|
| 平均降水量 | 40.4 | 66.8 | 68.6 | 101.9 | 105.8 | 153.7 | 71.1 | 61.0 | 167.5 | 62.8 | 48.8 | 40.3 | 988.7 |
| 最大日降水量 | 36.2 | 43.8 | 42.0 | 65.7 | 77.5 | 86.6 | 71.5 | 96.0 | 185.2 | 69.9 | 55.9 | 48.4 | 185.2 |

注：1967年数据有缺测，1977年7月停测。

### （2）降水日数

平均年降水日数为 135.1 天。降水日数的年变化特征为上半年多、下半年少（图 4.5-2 和图 4.5-3）。日降水量大于等于 10 毫米的平均年日数为 29.9 天，各月均有出现；日降水量大于等于 50 毫米的平均年日数为 1.9 天，出现在 4—11 月；日降水量大于等于 100 毫米的平均年日数为 0.4 天，出现在 9 月；日降水量大于等于 150 毫米的平均年日数为 0.2 天，出现在 9 月；未有日降水量大于等于 200 毫米的情况出现（图 4.5-3）。

最多年降水日数为 158 天，出现在 1966 年；最少年降水日数为 106 天，出现在 1971 年。最长连续降水日数为 14 天，出现在 1969 年 6 月 28 日至 7 月 11 日；最长连续无降水日数为 47 天，出现在 1973 年 11 月 28 日至 1974 年 1 月 13 日。

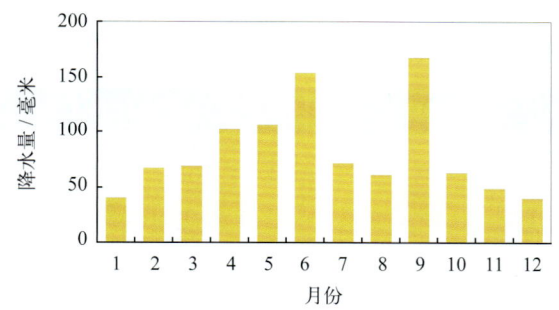

图4.5-1　降水量年变化（1960—1977年）

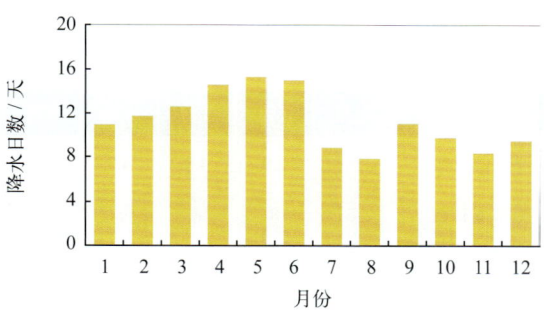

图4.5-2　降水日数年变化（1966—1977年）

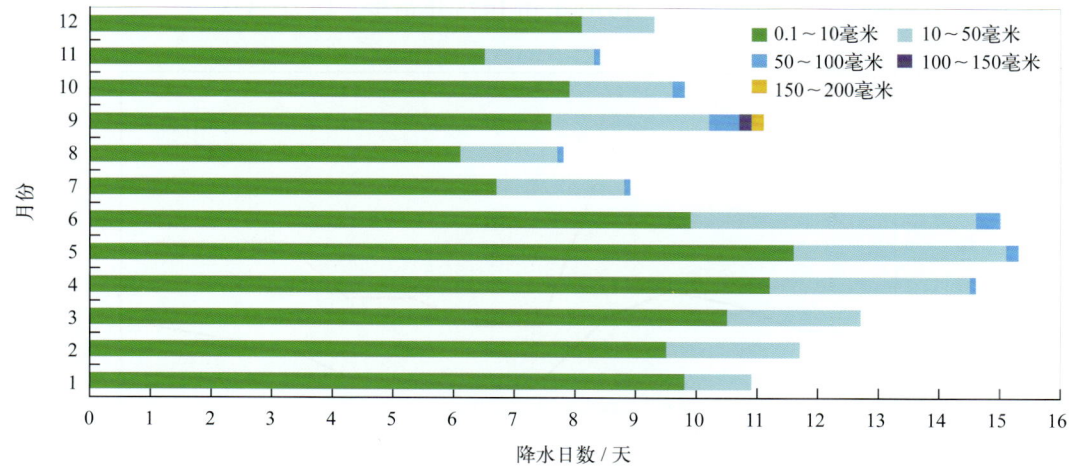

图4.5-3　各月各级平均降水日数分布（1960—1977年）

## 2. 长期趋势变化

1960—1976 年，年降水量呈下降趋势，下降速率为 99.00 毫米/（10 年）（线性趋势未通过显著性检验）；年最大日降水量呈下降趋势，下降速率为 31.92 毫米/（10 年）（线性趋势未通过显著性检验）。

1966—1976 年，年降水日数呈减少趋势，减少速率为 5.32 天/（10 年）（线性趋势未通过显著性检验）；最长连续降水日数呈减少趋势，减少速率为 2.36 天/（10 年）（线性趋势未通过显著性检验）；最长连续无降水日数呈减少趋势，减少速率为 1.82 天/（10 年）（线性趋势未通过显著性检验）。

## 第六节　雾及其他天气现象

### 1. 雾

金山嘴站雾日数的年变化见表 4.6-1、图 4.6-1 和图 4.6-2。1966—1977 年，平均年雾日数为 29.1 天。平均月雾日数 4 月最多，为 4.3 天，7 月最少，为 0.8 天；月雾日数最多为 9 天，出现在 1977 年 5 月；最长连续雾日数为 5 天，出现在 1967 年 3 月 13—17 日和 1977 年 4 月 11—15 日。

表 4.6-1　雾日数年变化（1966—1977 年）　　　　　　　　　　单位：天

|  | 1月 | 2月 | 3月 | 4月 | 5月 | 6月 | 7月 | 8月 | 9月 | 10月 | 11月 | 12月 | 年 |
|---|---|---|---|---|---|---|---|---|---|---|---|---|---|
| 平均雾日数 | 2.8 | 2.9 | 3.8 | 4.3 | 3.3 | 1.0 | 0.8 | 1.1 | 1.2 | 2.3 | 2.6 | 3.0 | 29.1 |
| 最多雾日数 | 6 | 8 | 8 | 8 | 9 | 3 | 3 | 4 | 4 | 6 | 6 | 6 | 38 |
| 最长连续雾日数 | 3 | 3 | 5 | 5 | 3 | 2 | 1 | 2 | 2 | 2 | 4 | 3 | 5 |

注：1977年7月停测。

1966—1976 年，年雾日数呈下降趋势，下降速率为 7.36 天/（10 年）（线性趋势未通过显著性检验）。1966 年雾日数最多，为 38 天，1970 年和 1975 年最少，均为 23 天。

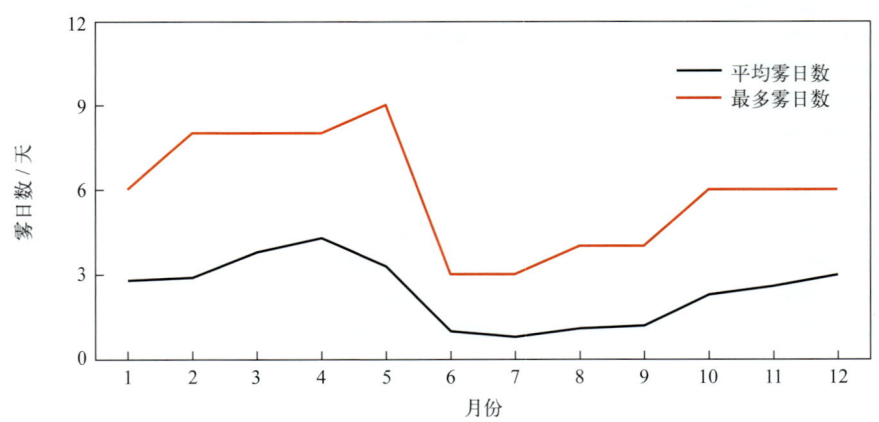

图 4.6-1　平均雾日数和最多雾日数年变化（1966—1977年）

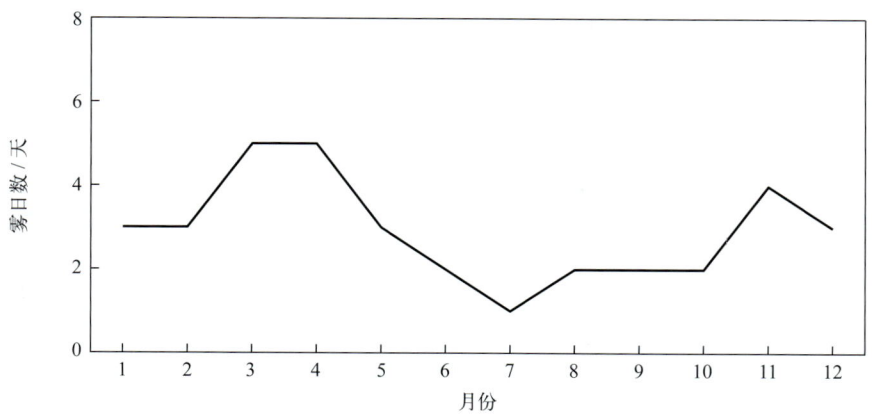

图4.6-2 最长连续雾日数年变化（1966—1977年）

### 2. 轻雾

金山嘴站轻雾日数的年变化见表4.6-2和图4.6-3。1966—1977年，平均年轻雾日数为140.6天。平均月轻雾日数1月最多，为15.9天，7月最少，为4.6天；最多月轻雾日数为25天，出现在1966年10月和12月。

1966—1976年，年轻雾日数呈下降趋势，下降速率为39.00天/（10年）（线性趋势未通过显著性检验）。1966年轻雾日数最多，为202天，1968年、1969年、1972年和1976年最少，均为129天（图4.6-4）。

表4.6-2 轻雾日数年变化（1966—1977年）　　　　　　　　　　单位：天

| | 1月 | 2月 | 3月 | 4月 | 5月 | 6月 | 7月 | 8月 | 9月 | 10月 | 11月 | 12月 | 年 |
|---|---|---|---|---|---|---|---|---|---|---|---|---|---|
| 平均轻雾日数 | 15.9 | 12.5 | 12.6 | 12.9 | 12.1 | 7.2 | 4.6 | 7.1 | 11.6 | 15.1 | 14.2 | 14.8 | 140.6 |
| 最多轻雾日数 | 20 | 17 | 20 | 19 | 20 | 13 | 8 | 16 | 22 | 25 | 18 | 25 | 202 |

注：1977年7月停测。

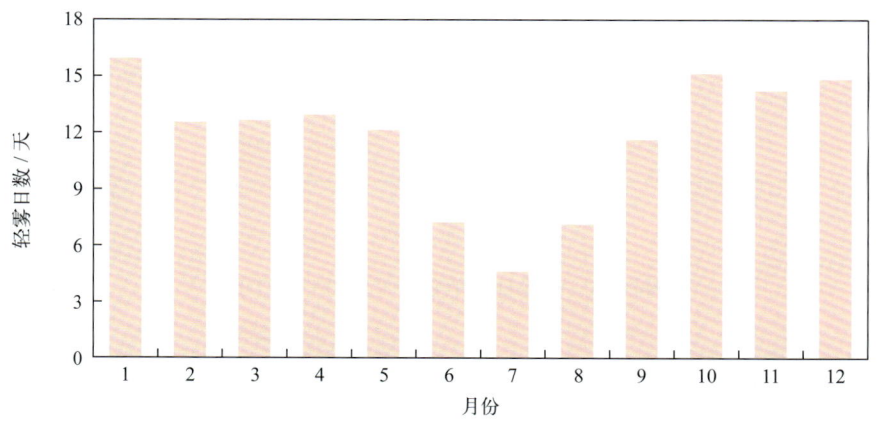

图4.6-3 轻雾日数年变化（1966—1977年）

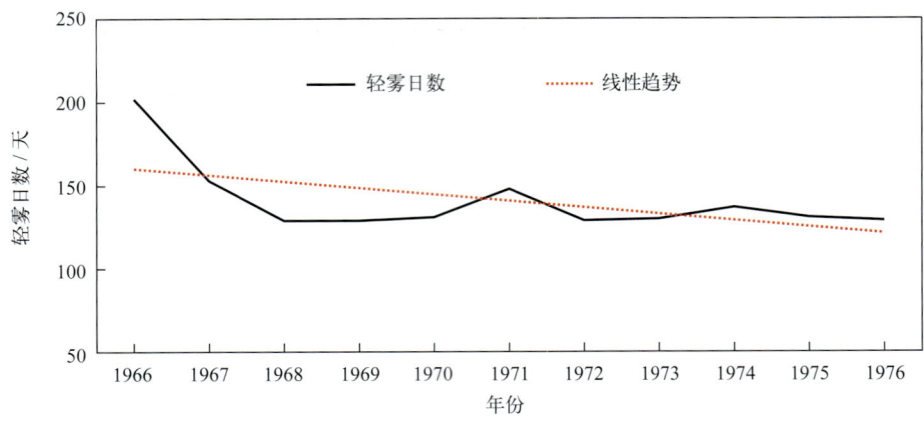

图4.6-4　1966—1976年轻雾日数变化

### 3. 雷暴

金山嘴站雷暴日数的年变化见表4.6-3和图4.6-5。1960—1977年，平均年雷暴日数为27.8天。雷暴主要出现在4—9月，其中7月最多，平均日数为5.6天，1月和10月最少，均为0.1天。雷暴最早初日为1月13日（1964年），最晚终日为12月8日（1968年）。

表4.6-3　雷暴日数年变化（1960—1977年）　　　　　　　　　单位：天

| | 1月 | 2月 | 3月 | 4月 | 5月 | 6月 | 7月 | 8月 | 9月 | 10月 | 11月 | 12月 | 年 |
| --- | --- | --- | --- | --- | --- | --- | --- | --- | --- | --- | --- | --- | --- |
| 平均雷暴日数 | 0.1 | 0.4 | 1.6 | 3.0 | 2.4 | 3.7 | 5.6 | 5.0 | 5.5 | 0.1 | 0.2 | 0.2 | 27.8 |
| 最多雷暴日数 | 1 | 3 | 5 | 6 | 9 | 9 | 14 | 13 | 12 | 1 | 2 | 3 | 42 |

注：1977年7月停测。

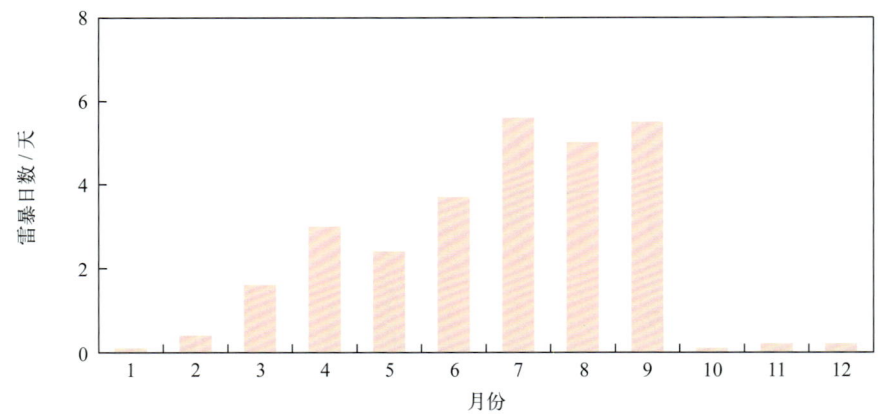

图4.6-5　雷暴日数年变化（1960—1977年）

1960—1976年，年雷暴日数呈下降趋势，下降速率为3.85天/（10年）（线性趋势未通过显著性检验）。1963年雷暴日数最多，为42天，1967年最少，为20天（图4.6-6）。

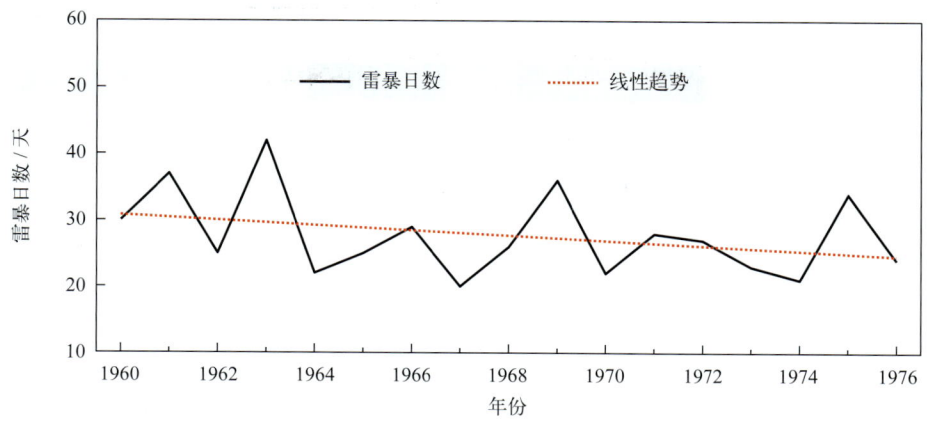

图4.6-6　1960—1976年雷暴日数变化

### 4. 霜

金山嘴站霜日数的年变化见表4.6-4和图4.6-7。1966—1977年，平均年霜日数为34.4天。霜全部出现在10月至翌年4月，1月最多，平均日数为10.9天。霜最早初日为10月29日（1966年），最晚终日为4月9日（1972年）。

表4.6-4　霜日数年变化（1966—1977年）　　　　　　　　　　　　　　　　　　　　　单位：天

|  | 1月 | 2月 | 3月 | 4月 | 5月 | 6月 | 7月 | 8月 | 9月 | 10月 | 11月 | 12月 | 年 |
|---|---|---|---|---|---|---|---|---|---|---|---|---|---|
| 平均霜日数 | 10.9 | 7.3 | 3.2 | 0.4 | 0.0 | 0.0 | 0.0 | 0.0 | 0.0 | 0.1 | 2.9 | 9.6 | 34.4 |
| 最多霜日数 | 18 | 13 | 6 | 2 | 0 | 0 | 0 | 0 | 0 | 1 | 9 | 22 | 44 |

注：1967年数据有缺测，1977年7月停测。

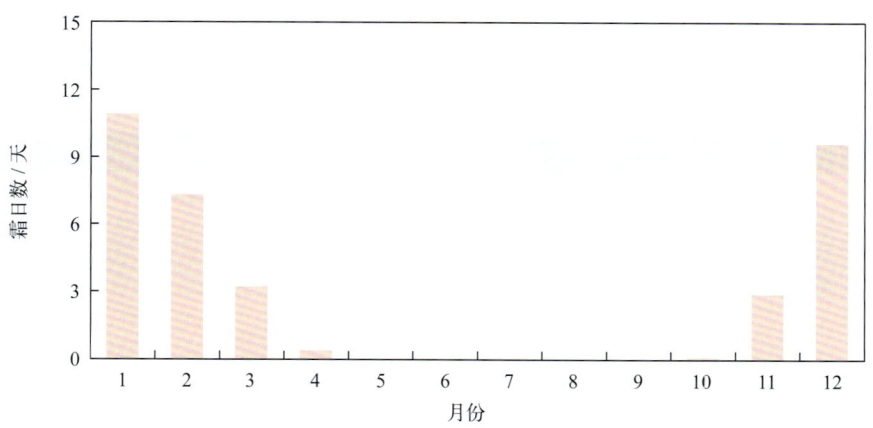

图4.6-7　霜日数年变化（1966—1977年）

1971年霜日数最多，为44天，1972年最少，为26天。

### 5. 降雪

金山嘴站降雪日数的年变化见表4.6-5和图4.6-8。1966—1977年，平均年降雪日数为10.8天。降雪全部出现在12月至翌年4月，1月最多，平均日数为4.4天。降雪最早初日为12月25日（1966年），最晚终日为4月4日（1969年）。

表4.6-5　降雪日数年变化（1966—1977年）　　　　　　　　　　　　　　　　单位：天

|  | 1月 | 2月 | 3月 | 4月 | 5月 | 6月 | 7月 | 8月 | 9月 | 10月 | 11月 | 12月 | 年 |
|---|---|---|---|---|---|---|---|---|---|---|---|---|---|
| 平均降雪日数 | 4.4 | 3.8 | 1.4 | 0.2 | 0.0 | 0.0 | 0.0 | 0.0 | 0.0 | 0.0 | 0.0 | 1.0 | 10.8 |
| 最多降雪日数 | 11 | 7 | 4 | 1 | 0 | 0 | 0 | 0 | 0 | 0 | 0 | 3 | 19 |

注：1967年数据有缺测，1977年7月停测。

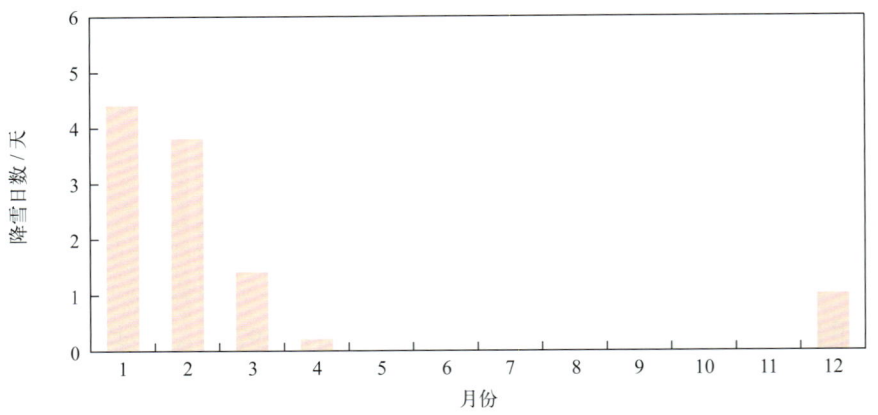

图4.6-8　降雪日数年变化（1966—1977年）

1969年降雪日数最多，为19天，1975年最少，为2天。

## 第七节　能见度

1966—1972年，金山嘴站累年平均能见度为23.6千米。7月平均能见度最大，为29.5千米，4月最小，为20.0千米。能见度小于1千米的平均年日数为14.1天，4月最多，为2.6天，7月未出现（表4.7-1，图4.7-1和图4.7-2）。

表4.7-1　能见度年变化（1966—1972年）

|  | 1月 | 2月 | 3月 | 4月 | 5月 | 6月 | 7月 | 8月 | 9月 | 10月 | 11月 | 12月 | 年 |
|---|---|---|---|---|---|---|---|---|---|---|---|---|---|
| 平均能见度/千米 | 20.2 | 20.4 | 21.7 | 20.0 | 23.2 | 27.3 | 29.5 | 29.4 | 24.4 | 23.9 | 22.9 | 20.7 | 23.6 |
| 能见度小于1千米平均日数/天 | 2.5 | 1.7 | 1.6 | 2.6 | 1.4 | 0.1 | 0.0 | 0.1 | 0.1 | 0.9 | 1.1 | 2.0 | 14.1 |

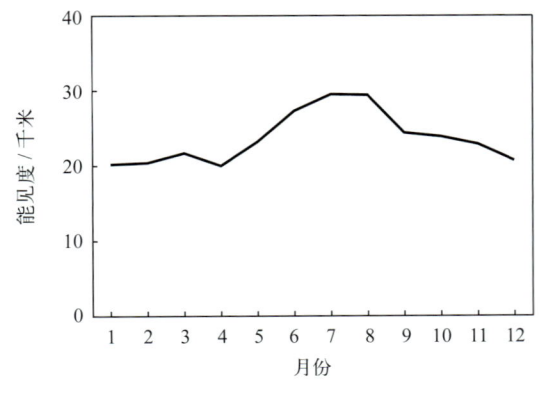

图4.7-1　能见度年变化

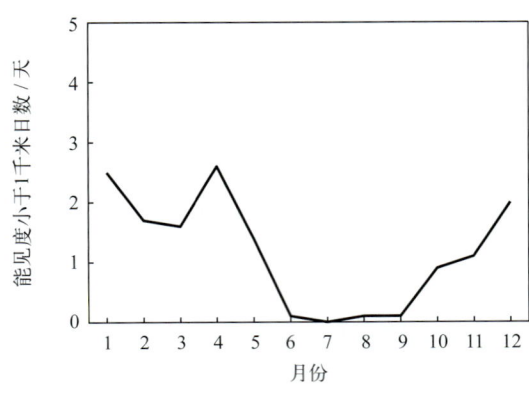

图4.7-2　能见度小于1千米日数年变化

历年平均能见度为 18.6～25.6 千米，1970 年最高，1966 年最低。能见度小于 1 千米的日数 1969 年最多，为 20 天，1968 年最少，为 9 天。

## 第八节　云

1966—1977 年，金山嘴站累年平均总云量为 6.5 成，6 月平均总云量最多，为 7.9 成，8 月最少，为 5.0 成；累年平均低云量为 2.8 成，2 月和 5 月平均低云量最多，均为 3.3 成，10 月和 11 月最少，均为 2.2 成（表 4.8-1，图 4.8-1）。

表 4.8-1　总云量和低云量年变化（1966—1977 年）

|  | 1月 | 2月 | 3月 | 4月 | 5月 | 6月 | 7月 | 8月 | 9月 | 10月 | 11月 | 12月 | 年 |
|---|---|---|---|---|---|---|---|---|---|---|---|---|---|
| 平均总云量/成 | 6.3 | 6.6 | 7.0 | 7.2 | 7.8 | 7.9 | 6.6 | 5.0 | 6.2 | 6.0 | 5.7 | 5.6 | 6.5 |
| 平均低云量/成 | 2.7 | 3.3 | 3.0 | 3.0 | 3.3 | 3.1 | 2.3 | 2.3 | 3.1 | 2.2 | 2.2 | 2.5 | 2.8 |

注：1977年7月停测。

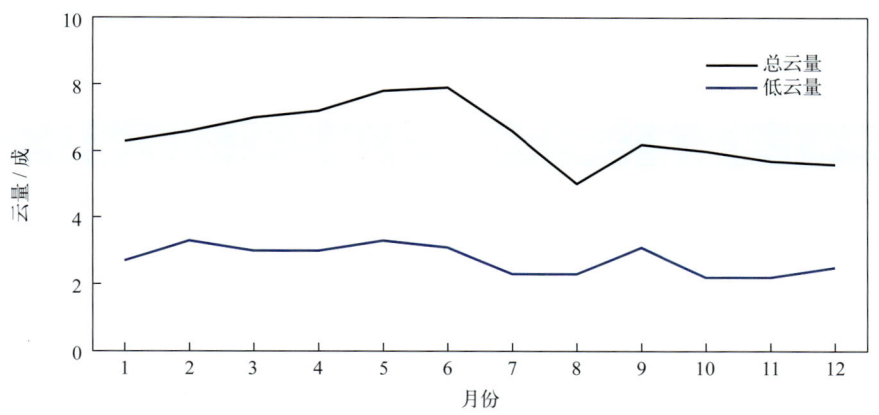

图 4.8-1　总云量和低云量年变化（1966—1977年）

1966—1976 年，年平均总云量呈增加趋势，增加速率为 0.25 成/（10 年）（线性趋势未通过显著性检验），1970 年和 1972 年最多，均为 7.1 成，1971 年最少，为 5.9 成（图 4.8-2）；年平均低云量变化趋势不明显，1969 年和 1972 年最多，均为 3.0 成，1971 年最少，为 2.4 成（图 4.8-3）。

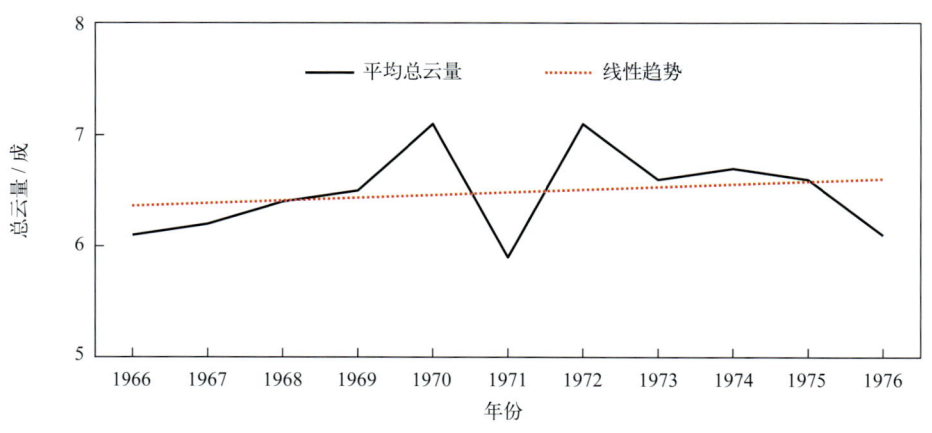

图 4.8-2　1966—1976年平均总云量变化

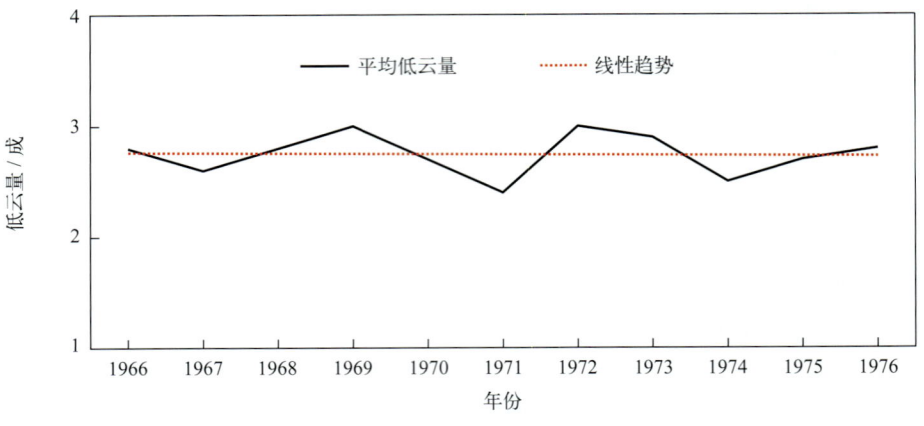

图4.8-3　1966—1976年平均低云量变化

## 第九节　蒸发量

1960—1966年，金山嘴站平均年蒸发量为1 319.4毫米。蒸发量夏秋季高、冬春季低，7月蒸发量最大，为216.9毫米，2月蒸发量最小，为53.6毫米（表4.9-1，图4.9-1）。

表4.9-1　蒸发量年变化（1960—1966年）　　　　　　　　　　单位：毫米

| | 1月 | 2月 | 3月 | 4月 | 5月 | 6月 | 7月 | 8月 | 9月 | 10月 | 11月 | 12月 | 年 |
|---|---|---|---|---|---|---|---|---|---|---|---|---|---|
| 平均蒸发量 | 53.7 | 53.6 | 79.9 | 89.5 | 120.0 | 127.9 | 216.9 | 199.7 | 141.1 | 106.1 | 76.2 | 54.8 | 1 319.4 |

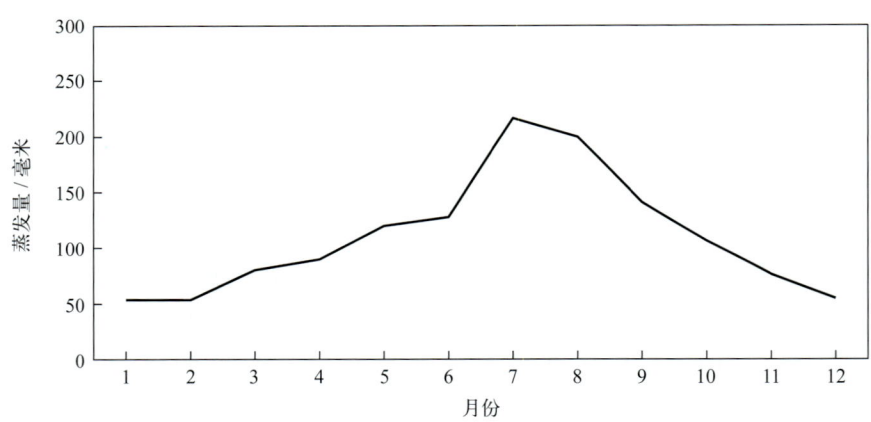

图4.9-1　蒸发量年变化（1960—1966年）

# 第五章 海平面

## 1. 年变化

金山嘴沿海海平面年变化特征明显，1月最低，9月最高，年变幅为41厘米（图5-1），平均海平面在验潮基面上191厘米。

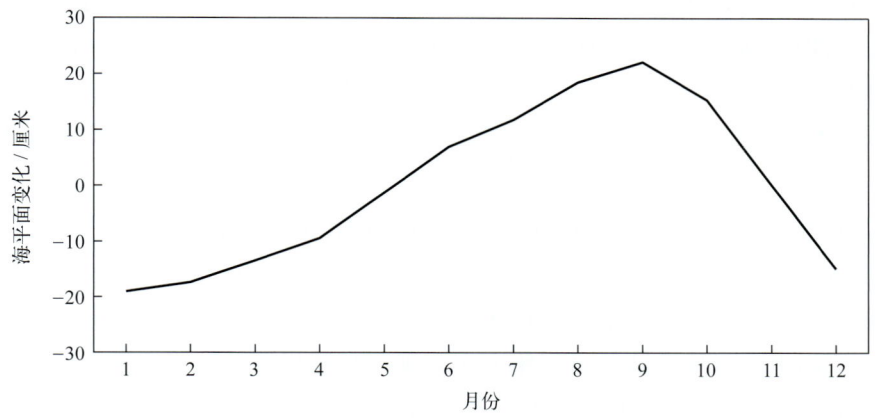

图5-1　海平面年变化（1967—1990年）

## 2. 长期趋势变化

金山嘴沿海海平面变化总体呈波动上升趋势。1967—1990年，金山嘴沿海海平面上升速率为2.2毫米/年。1967—1975年，金山嘴沿海海平面上升较快，1975年达到高峰，1975—1979年下降明显，降幅达70毫米，之后波动上升，1989年达到有观测记录以来的最高位。

# 第六章 灾害

## 第一节 海洋灾害

### 1. 风暴潮

1956年8月1—2日，5612号台风登陆浙江象山，影响杭州湾和长江口等区域，浙江沿海发生特大风暴潮，潮灾异常严重。金山嘴站最大增水超过2米（《中国海洋灾害四十年资料汇编》）。

1962年8月1—2日，6207号台风在东海转向影响上海市和杭州湾沿海，其间正遇农历七月初二和初三天文大潮，造成严重潮灾。金山嘴站最大增水超过1米（《中国海洋灾害四十年资料汇编》）。

1974年8月18—21日，7413号台风以垂直海岸方向正面登陆浙江椒江市三门县，在长江口—杭州湾—温州一带引发特大潮灾，受灾最严重的地区为长江口、杭州湾沿岸。金山嘴站最大增水149厘米，最高潮位593厘米（为有记录以来的最大值），超警戒水位38厘米。7413号台风近中心最大风力12级以上，台风登陆时又与年天文大潮期高潮相遇，且钱塘江流域和长江口一带出现大暴雨，内陆径流激增，台风引起增水，浙江省有半数验潮站出现了历史上的最高潮位。上从杭州湾闸口，下至平湖县乍浦，大部分站超过警戒水位0.5～1.0米（《中国海洋灾害四十年资料汇编》《东海区海洋站海洋水文气候志》）。

1979年8月22—25日，7910号台风登陆浙江舟山，影响浙江省和上海市，引发严重潮灾。杭州湾沿岸出现最大增水，金山嘴站最大增水超过1米（《中国海洋灾害四十年资料汇编》）。

1981年8月30日至9月3日，8114号台风沿岸北上，影响浙江和上海沿岸，引发特大潮灾。金山嘴站最大增水超过0.5米（《中国海洋灾害四十年资料汇编》）。

1989年8月4日（农历七月初三），8913号台风在上海川沙县登陆时正逢天文大潮，致使长江口及以北沿岸多个验潮站的实测潮位超过当地警戒水位。上海市出现了少见的大风、暴雨、高潮三者合击的险情，经济损失严重。9月15日（农历八月十六），8923号台风登陆时正值我国东部沿海天文大潮期，引发特大风暴潮灾，从长江口到福建省闽江口，有多个验潮站的潮位超过当地警戒水位。10月16日（农历九月十七），受强冷空气过境影响，上海沿海出现1912年以来非汛期最高潮位（《1989年中国海洋灾害公报》）。

1990年，上海受北上的9005号、9015号台风影响，局部出现较大风暴潮增水，特别是9005号台风早在6月就影响长江口以北；受9015号台风影响，上海沿岸出现1米以上较大增水，加上暴雨的作用，上海市区部分街道积水严重。受9018号台风影响，浙江省杭州湾沿岸部分验潮站潮位超过当地警戒水位（《1990年中国海洋灾害公报》）。

1992年，天文大潮和9216号强热带风暴共同作用引起了92特大风暴潮，风暴前期影响的浙江、上海沿海验潮站的增水一般为80～140厘米（温州较大，为208厘米）（《1992年中国海洋灾害公报》）。

1994年8月22日，受台风风暴潮影响，金山嘴站实测最高潮位6.14米，是建站以来的最高纪录（《1994年中国海洋灾害公报》）。

1996年7月31日，受9608号台风引发的风暴潮影响，上海市沿海有50～100厘米的增水(《1996年中国海洋灾害公报》)。

1997年8月,9711号台风造成了浙江省1949年以来经济损失最大的一次风暴潮灾害。钱塘江北岸的海宁站最高潮位达9.4米,为历史最高潮位。上海市外围一线海堤损毁十几千米,松江、金山10多千米江堤堤防漫溢,造成7人死亡。据统计,经济损失约6亿元(《1997年中国海洋灾害公报》)。

1998年9月19日,9806号台风在浙江省舟山市普陀区登陆,近台风中心最大风力达10级,受其影响,浙江省杭州湾出现较大风暴潮,上海市沿海出现最大增水103厘米(《1998年中国海洋灾害公报》)。

2000年8月31日凌晨,受0012号台风"派比安"影响,上海直接经济损失1.22亿元,死亡1人。9月15日,0014号台风"桑美"影响东海期间,恰逢天文大潮,上海市各沿海验潮站均出现了超警戒水位的高潮位(《2000年中国海洋灾害公报》)。

2002年9月7日,受0216号台风"森拉克"影响,浙江、上海沿海普遍出现了100～300厘米的风暴增水。从福建东山到上海高桥沿海有近20个验潮站超过当地警戒水位。上海地区潮位普遍偏高(《2002年中国海洋灾害公报》)。

2005年8月6—9日,0509号台风"麦莎"引起的风暴潮相继影响浙江省、上海市,此次特大风暴潮过程是继9711号台风风暴潮后,影响我国东部沿海最严重的一次。"麦莎"影响期间正逢农历七月大潮,受风暴潮和天文大潮的共同影响,沿岸多个验潮站的风暴潮增水超过100厘米。上海市直接经济损失13.58亿元。9月11日,0515号台风"卡努"引发风暴潮影响浙江省、上海市,上海市直接经济损失3.70亿元(《2005年中国海洋灾害公报》)。

2007年10月7日,受0716号超强台风"罗莎"风暴潮与台风浪的共同影响,浙江省和上海市多个验潮站的增水超过100厘米(《2007年中国海洋灾害公报》)。

2011年8月5—8日,1109号超强台风"梅花"沿我国近海北上。受风暴潮和近岸浪的共同影响,浙江省、上海市遭受较大经济损失,其中上海市水产养殖损失1 500公顷,防波堤损毁0.14千米,因灾直接经济损失0.12亿元(《2011年中国海洋灾害公报》)。

2012年8月8日,1211号台风"海葵"在浙江省象山县鹤浦镇附近登陆,受风暴潮和近岸浪的共同影响,上海市和浙江省经济损失较大。上海市损毁防波堤0.30千米,直接经济损失600万元(《2012年中国海洋灾害公报》)。

2015年7月11日16时40分前后,1509号强台风"灿鸿"在浙江省舟山市朱家尖附近海域登陆。受风暴潮和近岸浪的共同影响,上海和浙江产生较大经济损失(《2015年中国海洋灾害公报》)。

2016年9月16—19日,1616号台风"马勒卡"与南下冷空气配合影响浙江省和上海市沿海。上海市和浙江省多个验潮站出现了超过当地警戒潮位的高潮位。9月28日,受台风"鲇鱼"引发的风暴潮和近岸浪的共同影响,浙江产生较大经济损失。上海沿海出现蓝色警戒高潮位(《2016年中国海洋灾害公报》)。

2018年8月12—14日,1814号台风"摩羯"引发风暴潮,上海直接经济损失0.54亿元(《2018年中国海洋灾害公报》)。

2019年8月10日前后,1909号超强台风"利奇马"影响浙江和上海沿海,上海市直接经济损失0.03亿元(《2019年中国海洋灾害公报》)。

## 2. 海浪

1981年8月30日14时,受8114号台风影响,台湾省以东洋面形成6米以上的狂浪区。31

日 08 时，台风及狂浪区移入东海，最大风速 34 米/秒，最大波高 10 米。受其共同影响，江苏、上海、浙江一带沿海严重受灾（《中国海洋灾害四十年资料汇编》）。

2004 年 8 月 11 日，0414 号台风"云娜"在东海形成 5～12 米台风浪，浙江省舟山市的渔业受到严重损失；上海市的渔业、水利设施也受到严重损失（《2004 年中国海洋灾害公报》）。

2007 年 1 月 2 日，受冷空气浪影响，"浙嵊渔 01496"号船在上海水域沉没，造成 8 人失踪，直接经济损失 171 万元。3 月 3—6 日，东海出现波高 4～5 米的巨浪区，上海市和浙江省沿海先后出现波高 4～6 米的巨浪和狂浪。12 月 6 日，受冷空气浪影响，"浙岭渔运 281"号船在上海水域沉没，造成 16 人失踪，直接经济损失 372 万元（《2007 年中国海洋灾害公报》）。

2008 年，受冷空气浪和气旋浪影响，上海市 3 艘船只沉没，造成 2 人死亡（含失踪），直接经济损失 129 万元（《2008 年中国海洋灾害公报》）。

2009 年，上海市海浪灾害造成 4 人死亡（含失踪），直接经济损失 0.03 亿元（《2009 年中国海洋灾害公报》）。

2019 年 9 月 5—7 日，受 1913 号超强台风"玲玲"影响，东海出现有效波高 4.0～10.0 米的巨浪到狂涛，东海北部 MF07001 浮标实测最大有效波高 9.6 米、最大波高 14.2 米。9 月 5 日，1 艘上海籍货轮在浙江省舟山海域出现大幅横摇，导致部分集装箱落海，直接经济损失 800 万元（《2019 年中国海洋灾害公报》）。

### 3. 赤潮

1993 年，长江口和杭州湾均发生赤潮。受其影响，上海对虾养殖业蒙受较严重的损失。嵊山附近海域 6 月 3 日发现两处为红色和淡红色，呈条状和块状分布的赤潮，赤潮的面积分别为 10 平方千米和 5 平方千米（《1993 年中国海洋灾害公报》）。

1998 年，我国近海海域发生了历史上最严重的赤潮灾害，灾害造成了严重的危害和经济损失。东海 5 起赤潮主要发生在长江口、杭州湾和嵊泗海域（《1998 年中国海洋灾害公报》）。

2001 年，我国海域赤潮发生次数增多、发生时间提前、影响范围扩大，其中浙江海域发生 26 次赤潮灾害，上海附近海域发生 2 次赤潮灾害（《2001 年中国海洋灾害公报》）。

2009 年 5 月 19—30 日，长江口外、舟山北部海域出现赤潮，最大面积约 1 500 平方千米（《2009 年中国海洋灾害公报》）。

### 4. 海岸侵蚀

1999 年，我国沿海海岸绝大多数呈缓慢淤进或稳定状态，但局部地区海岸侵蚀十分严重。另外，长江口和钱塘江口（杭州湾）等重要河口都有淤积现象（《1999 年中国海洋灾害公报》）。

2018 年，上海杭州湾北岸监测岸段平均蚀退距离 12.3 米（《2018 年中国海洋灾害公报》）。

## 第二节　灾害性天气

根据《中国气象灾害大典·上海卷》（1949—2000 年）和《中国气象灾害年鉴》（2000 年后）及《东海区海洋站海洋水文气候志》记载，金山嘴站周边发生的主要灾害性天气有暴雨洪涝、大风（龙卷风）、冰雹、雷电、雾、寒潮和大雪。

### 1. 暴雨洪涝

1949 年 7 月 24—25 日，强台风在上海金山至浙江平湖间登陆北上，发生风、暴、潮三碰头。

徐家汇25日极大风速39.0米/秒，风向ENE，台风过程雨量161.2毫米，其中25日148.2毫米，苏州河口最高潮位达4.77米，吴淞口最高潮位5.58米。海水上涨3.53米。

1954年8月25日，台风在江苏海门北上转向，上海市受其影响。徐家汇日雨量89.1毫米。

1961年10月4—5日，强台风于4日在浙江三门登陆后北上，上海市受其影响，龙华站4日极大风速28.0米/秒，风向NE，台风过程雨量72.2毫米。金山、崇明等县沿海风雨更大。

1963年9月12—13日，上海市受强台风倒槽影响，出现大风、大暴雨。12日，龙华站极大风速27.1米/秒，风向NE，宝山站达34.0米/秒，金山嘴站阵风达24米/秒。台风暴雨引发大水，市区和上海、青浦、川沙、金山等县大暴雨，南汇县全县普降特大暴雨，过程降雨量达434.6毫米，雨量最大在大团，为512毫米。金山嘴站为340.9毫米。松江、奉贤、上海等县降雨量300毫米以上，川沙、金山等县及市区降雨量250毫米以上，其他县也在100毫米以上。

1984年6月14日，松江、青浦、金山、奉贤等县降暴雨，雨量在60~70毫米，金山县局部大暴雨，雨量达110.9毫米。

1986年9月5日，金山、松江、奉贤等县降暴雨，局部大暴雨，金山站雨量148.1毫米，并遇大潮汛。

1990年7月11—12日，崇明、嘉定、宝山、南汇、金山等县区先后出现雷暴雨、冰雹和龙卷风。11日，宝山大场大暴雨。

1991年6月3日至7月15日，梅雨持续43天，龙华站梅雨总雨量达474.4毫米，是常年梅雨量的2~3倍，其间接连受到暴雨的袭击，市郊大部地区受淹。同时，太湖上游及邻省暴雨不断，形成流域性洪灾。上海市经济损失达11.484 4亿元。

1995年6月24—25日，受梅雨带强降雨云团的影响，除奉贤、金山、松江大雨外，上海市降暴雨和大暴雨。24日，雨量最大为闵行区华漕160.5毫米。25日，川沙施湾雨量106.0毫米。雨量集中每小时可达30毫米以上。

1996年7月5—6日，全上海市普遍降大到暴雨，局部大暴雨。5日，市区、闵行、浦东、青浦、崇明等局部雨量都在100毫米以上，崇明庙港146.5毫米，市区龙华站121.4毫米。由于短时雨量集中、强度大，强降水超过了市政排水能力，造成全市200多条马路积水10~60厘米，3万多户居民家中进水5~40厘米，直接经济损失5 500万元。8月13日，金山朱行地区遭雷暴雨袭击，6小时雨量达127.5毫米，直接经济损失20万元。

1997年8月18—19日，受9711号台风影响，出现风、雨、潮三碰头。全市出现8~10级大风，沿江、沿海地区阵风有11~12级，普降暴雨和大暴雨。宝山区前卫18日雨量147.2毫米，崇明北四滧19日雨量198.0毫米。又值大潮汛，吴淞口潮位5.99米，超过警戒水位1.19米，黄浦公园潮位5.72米，超过警戒水位1.17米，米市渡站潮位4.27米，超过警戒水位0.77米，均突破了历史纪录。金山嘴海潮达到6.57米（历史最高5.97米）。造成上海市直接经济损失约6.3亿元。

1999年6月24日至7月1日，上海市遭受连续8天暴雨侵袭。其中6月26日、30日和7月1日局部大暴雨。除6月28日、7月1日暴雨涉及崇明、奉贤和浦东地区外，其他时间均波及市郊大部分地区，为上海市所罕见，且雨量一般都在60~80毫米，30日为最大，宝山区罗店雨量为160.5毫米。6月30日08时，太湖水位平均上涨至4.59米，超过警戒线1.09米。上海市西部地区水位全面突破警戒线，青浦的金泽、南门，金山枫泾等10个水文站水位均突破历史最高纪录。

2004年8月22—23日，上海市降年内最大的一场暴雨，奉贤区燎原农场降雨量最大，为178毫米。中心城区普陀区降雨量最大，为132毫米。

2005年，受0515号台风"卡努"的影响，上海降雨量最大的是金山区，为178毫米，市区以普陀区131毫米为最大，其次是徐家汇120毫米。据不完全统计，全市受灾人口19.7万人，直接经济损失3.5亿元。

2007年8月3日傍晚，一场强风暴雨袭击了位于嘉定区的上海国际赛车场，当时风力达13级，大风击塌部分看台，将上万个座椅连根拔起，刮到20米以外的F1赛道上，损失上千万元。10月7—8日，受0716号超强台风"罗莎"的影响，上海出现7～9级大风，沿海海面风力达10～12级，长江口外和洋山港最大阵风达11～13级；全市普降暴雨，局部降大暴雨，有8个自动站7日08时至8日08时降雨量超过100毫米，其中较大的青浦香花桥154.2毫米，青浦华新151.4毫米，青浦赵屯138.8毫米。直接经济损失1.5亿元。

2009年7月21日至8月12日，受强雷雨云团、北方冷空气和0908号台风"莫拉克"的影响，上海地区出现历史上罕见盛夏连续强降水，多次大暴雨。市区累积雨量375毫米，为历史同期第二多，郊区累积雨量为261～442毫米；市区雨日为21天，郊区为17～19天，创本市有气象记录以来最长连续降水日数。

2011年8月6—8日，受1109号台风"梅花"影响，上海全市普遍出现中雨，局部大雨，过程最大雨量为39.2毫米（金山），市区风力7～9级，长江口区和沿江沿海地区出现了10～11级阵风，上海市沿海海面及洋山港区阵风达12～13级，直接经济损失2.5亿元。

2012年8月7—8日，1211号台风"海葵"影响上海，上海11个气象站过程雨量为63.7～217.4毫米，各站出现的极大风速为12.4～29.2米/秒。台风"海葵"对上海各行各业均有较大影响，直接经济损失5.2亿元。

2013年10月6—8日，受1323号台风"菲特"外围云系和冷空气的共同影响，上海市平均降水量228.4毫米，松江站最大，为289.2毫米。其中7日20时至8日20时，上海市平均日降水量达到160.0毫米，打破1961年以来历史纪录。台风影响期间正值天文高潮位，影响城市排水，直接经济损失3.7亿元。

2014年9月23日上午10时45分，1416号台风"凤凰"在上海市奉贤区海湾镇沿海登陆。受其影响，22日20时至23日11时，上海普降大雨到暴雨，降水主要集中在浦东新区和市区。10月12—13日，受冷空气和1419号台风"黄蜂"共同影响，上海长江口水域出现8级以上偏北大风，造成上海港全港30余艘船舶出入境（港）受阻。

2016年9月15—16日，受1614号台风"莫兰蒂"外围环流和北方弱冷空气的共同影响，上海市普降暴雨到大暴雨，直接经济损失2 389万元。

### 2. 大风和龙卷风

1958年7月7日晚，金山县干巷、张堰遭龙卷风袭击，倒塌房屋389间、棚舍477间，水稻倒伏200多亩，伤6人，亡2人。

1959年9月5日，金山县张堰、干巷、吕巷、兴塔4个公社和川沙县金桥公社遭龙卷风袭击，倒塌房屋393间、棚舍135间，死1人，伤24人。同日，龙卷风还袭击了沪东造船厂，1台砂轮机、3台电焊机被卷入黄浦江中。停靠在码头的船只因钢缆被吹断，散离码头，12人受伤。

1965年5月9日夜，金山县干巷公社遭龙卷风袭击，翻沉农船2条，损坏房屋10多间。8月10日，金山县钱圩、金卫公社遭龙卷风袭击，吹毁房屋、棚舍535间，吹倒高压线杆4根，伤5人。

1967年3月26日18时20分，在上海金山县和浙江嘉善县接壤处出现一股破坏性极强的龙卷风。龙卷风途经枫围、兴塔、朱泾等公社，倒房数百间，并有人畜伤亡，有的高压输电线铁塔被拔起并扭折（每座铁塔有4根2.2米深的桩锚，按承受65米/秒的风速设计）。

1969年5月4日，金山县廊下、张堰公社出现龙卷风，毁坏房屋50多间。7月15日，上海、川沙、南汇、奉贤、金山等县遭强雷雨大风袭击，龙华站极大风速为18.6米/秒，风向SSE，川沙南部风力达9级。金山嘴站阵风36米/秒，龙卷风持续约半小时。

1970年7月26日，青浦、松江、金山、上海、嘉定、崇明等县，遭雷暴雨、大风、冰雹袭击。金山站极大风速32.0米/秒。

1972年8月17—18日，受台风外围影响，龙华站极大风速26.6米/秒，风向ESE。

1973年8月16日，金山县朱行公社东风大队出现龙卷风，倒塌房屋9间，损坏50～60间，折断电线杆20根。

1974年6月4日，上海地区突发雷雨大风，局部伴有冰雹。以嘉定站极大风速27.0米/秒为最大。

1975年7月27日下午至半夜，上海地区出现雷雨大风。金山站、青浦站极大风速20.0米/秒。

1976年6月4日，金山县大风，倒塌房屋、棚舍1 443间，倒电线杆22根，2万多亩油菜受灾，触电死亡2人，吹到河里淹死1人。8月16日，松江县叶榭，金山县朱行、亭新、干巷、张堰，奉贤县庄行等公社出现大风、冰雹，金山站极大风速19.0米/秒，奉贤站22.0米/秒。

1978年7月17日，金山县朱泾公社出现龙卷风，直径6～10米，发出巨响，所经之处河水卷起4米高。

1985年7月17日，松江、金山、青浦、奉贤、南汇等县遭雷雨大风袭击，金山站极大风速达32.0米/秒。

1986年4月9日下午，金山县金卫、山阳、钱圩等乡遭雷雨大风、冰雹袭击。

1991年7月14日上半夜，松江、金山和青浦等县的部分地区遭到雷暴雨、大风袭击。8月7日晚20时左右，龙卷风横扫松江县泖港、张泽乡，青浦县西岑乡，金山县枫围乡，奉贤县坞桥乡等地。龙卷风在暴雨中跳跃式前进，铺天盖地而来，景象恐怖。

1993年7月16日下午，上海市遭雷暴雨、大风突袭，当时闵行区能见度仅10米左右，持续10分钟。金山县雷暴雨，大风达22米/秒，浦东川沙极大风速19.0米/秒。经济损失100余万元。

1996年6月24日傍晚，松江、金山县局部出现雷雨大风。

1997年4月29日傍晚，金山区、松江县先后遭雷雨大风、冰雹袭击。

1998年7月30日深夜至31日凌晨，崇明、金山、松江等县出现雷雨大风。

2005年7月30日下午，上海市青浦、松江、崇明、金山等区(县)部分乡镇遭受龙卷风、暴雨和雷电袭击。8月，受0509号台风"麦莎"影响，上海市有133.1万人受灾，直接经济损失13.4亿元。

2007年9月18—19日和10月8—9日，0712号超强风"韦帕"和0716号超强台风"罗莎"相继严重影响上海。沿海地区出现7—9级阵风，长江口和近海最大风力达11～12级，全市普降暴雨，局部大暴雨。直接经济损失1.5亿元。

2008年8月22日，洋山港区出现飑线大风，气象站和山顶的极大风速分别达40.6米/秒和57.9米/秒。

2015年，有3个台风相继影响上海地区，分别是7月10—12日的1509号台风"灿鸿"、8月22—24日的1515号台风"天鹅"和9月20日的1521号台风"杜鹃"，共造成15.2万人受灾，直接经济损失2.3亿元。

### 3. 冰雹

1967年3月26日18时23—26分，金山县的朱泾、亭新，奉贤县的庄行、光明、钱桥和胡桥，均遭冰雹袭击，冰雹小的如蚕豆，大的如鸡蛋，最大的如拳头。

1969年8月19日，金山县枫围公社北部遭冰雹袭击。8月23日，嘉定、青浦、金山、川沙、南汇等地出现雷雨大风、冰雹。冰雹大的如鸡蛋，小的如蚕豆。

1973年2月28日，金山县朱泾、新农、松隐、廊下、吕巷、干巷等6个公社降雹，为上海历年中出现最早的一次冰雹。雹粒大如蚕豆。

1975年5月30日傍晚以后，一次影响范围广，并伴有9～11级雷暴大风的特强冰雹袭击上海。除崇明县外，有9个县的93个公社和市区6个区遭受特强冰雹袭击。松江县新五公社最大冰雹重45.6克，川沙县冰雹大如小核桃，间有拳头般大雹块。

1976年8月16日，松江县叶榭，金山县朱行、亭新、干巷、张堰，奉贤县庄行等公社遭冰雹，数千亩棉花叶被雹粒打碎。

1983年4月13日晚，奉贤、南汇、金山等县局部降冰雹，奉贤县奉城、钱桥、胡桥、塘湾等9个公社受灾较重。

1986年4月9日下午，金山县金卫、山阳、钱圩等乡遭雷雨大风、冰雹袭击，冰雹最大如核桃，作物受损7 000多亩。

### 4. 雷电

1963年8月23日，金山县遭雷击，造成断电事故。24日，市区遭雷击，4处起火。

1985年7月17日，金山县兴隆乡遭雷击，死亡2人，伤3人。

1992年8月27日07时20分，金山县新农乡光华村一职工在上班途中遭雷击身亡。

1993年9月19日凌晨01时前后，金山县15个村遭雷击，持续约1小时，一批农房、机器、配电房、变压器被击受损，有32户农户遭雷击。

1999年8月24日早晨，金山区一老农在田间遭雷击身亡。

2006年，上海市共发生雷击事件20宗，5人死亡，1人受伤，经济损失14万元。

2007年7月7日14时30分，上海市浦东机场西货运区建工集团703项目部二工区工地遭雷击，有10名工人在现场施工，其中3名工人在货运仓库钢结构屋面作业，3人坐在同一根钢梁上，各相距2米左右，坐中间的工人遭雷击死亡。

2008年8月19日11时前后，上海市长宁区虹桥机场遭雷击，造成机场工作人员1人重伤、5人轻伤。

2011年，上海市共发生雷击事件4起，共造成4人死亡。

2016年8月20日，上海松江区午后出现强雷暴天气，西部泄洪通道洙桥村段建设工地1名工人遭雷击死亡。

### 5. 雾

1998年12月1日凌晨起，上海市郊7个区县和虹桥机场有雾，能见度普遍在200米以内，金山区能见度最小，为10米。虹桥机场20多个出港航班延误。沪宁、莘松、沪嘉高速公路一度关闭。郊县船华线、荡车线、杜吴线、西闵线、荡米线轮渡先后停航。09时后大雾才逐渐散去，至中午恢复正常。12月29日，大雾，有60余架出港飞机的班期被延误。

2000年11月26日凌晨，上海大部分地区出现锋面混合大雾。金山、松江、嘉定、青浦等局部地区能见度只有20～30米。沪杭、沪宁2条高速公路一度关闭。虹桥机场有40个航班受阻，09时起，虹桥机场出港航班全部停飞，至10时前后才逐渐恢复。米市渡轮渡停航3个多小时。

2004年11月8日，上海大雾弥漫，奉贤区A30公路施工路段发生特大车祸，15人受伤。

2006年，上海市有14个大雾日，12月23日，上海市郊奉浦大桥上发生一起21辆车连环追尾重大交通事故，5人轻伤。

2007年，上海市有5个雾日影响较大，其中1—3月有4天，12月有1天。大雾弥漫，影响水、陆、空交通，高速公路关闭，轮渡停航，飞机起降受阻。年内因雾约有800个班次长途客运受影响，数十个航班延误。

2009年12月2日，上海市大雾天气致使沪宁、沪杭等高速公路和各长江大桥一度封闭，沪宁杭250个班次长途客运延误，上海港百艘次国际航船出航推迟或取消，虹桥机场所有航班一度处于停航状态。

2010年1月28日，受雾影响，上海港全港包括吴淞、外高桥、洋山等在内的百余艘国际航行船舶取消出入境（港）计划。2月23日，上海浦东、虹桥两大机场200多个航班因大雾延误，部分班次长途车停发，黄浦江18条轮渡线停航。2—6月、10—12月上海市多次出现大雾天气，严重影响交通。6月，上海港水域出现了罕见的夏季大雾，影响航运。

2011年1—5月、11月，上海市多次出现大雾天气，严重影响交通。上海虹桥机场、浦东机场因大雾至少有87个航班延误或取消；市区黄浦江轮渡及市区通往崇明三岛、浙江的客轮多次全线停航，上海港至少1 600艘船舶推迟或取消出航；大雾还多次造成部分高速公路临时封闭和长途客运延误，其中2月22日的大雾引发东海大桥27辆车连环相撞的重大交通事故，造成3人死亡、15人受伤。

2013年1—4月、12月，上海市多次出现雾霾天气，严重影响交通。上海虹桥机场、浦东机场约450个航班延误或取消；上海港至少660艘船舶推迟或取消航行计划；上海市区黄浦江轮渡及往返崇明方向的轮渡多次全线停航。

2014年1—3月及11月，上海市共出现4次大雾，造成上海虹桥机场、浦东机场至少650个航班延误或取消或备降其他机场，长江上海段近160艘船舶改变航行计划，水上轮渡一度停驶，多条高速公路一度临时封闭。

2015年11月29日20时至30日10时，上海长时间被雾笼罩，闵行、宝山、嘉定、崇明、青浦、松江等地最小能见度不足100米。受大雾影响，从11月29日20时到30日08时，上海共发生交通事故734起，船舶抛锚29起，上海两大机场延误航班18架次，30日早高峰时，高速道路出城段受大雾影响出现拥堵。

## 6. 寒潮和大雪

1984年1月17—18日，上海地区大雪，两天雨、雪量达46.7毫米。积雪压塌房屋、仓库、棚舍，压坏物资。积雪结冰压断电线，金山、青浦、上海等各县输电线路中断40多条，造成停电，铁路沿线电话中断，车站滞留2.1万名乘客。

1991年12月26日，上海地区午夜起大雪纷飞，气温骤降，至27日08时，龙华雨雪量18.5毫米，积雪5厘米，郊区金山县积雪深达10厘米。连续4天平均气温低于－1℃，连续3天最低气温低于－6℃，29日最低气温为－8.0℃，是近24年间同期最低值。

2008年1月下旬至2月上旬，上海出现持续低温雨雪天气。平均气温和平均最高气温分别较常年同期偏低2.6℃和3.9℃，为近30年来最低值；雨雪持续时间为1964年以来最长；累计雨雪量114毫米，为1901年以来历史同期最多，积雪深度达22～23厘米，为上海近136年来次大值。因正值春运高峰期，此次低温雨雪天气严重影响公路、铁路、民航等交通部门的正常运营，直接经济损失1.6亿元。

2009年1月24日，受强寒潮影响，上海中心城区的最低气温达–5.9℃，为近18年来中心城区出现的最低气温，全市有逾万处水管受冻阻塞，居民生活受影响。

2016年1月23—26日，受北方超强冷空气影响，上海地区出现了近年来罕见的低温冰冻雨雪和大风天气，其间最低气温降至–8.5～–6.9℃，郊区普遍出现7～8级阵风。

2018年1月24—28日，受北方强冷空气影响，上海地区出现大范围雨雪冰冻天气。道路结冰造成120余起汽车追尾、相撞或侧翻事故；积雪压垮雨棚、压断树枝，砸坏30余辆汽车；大雪导致车祸和骨折跌伤急诊病人明显增多。

# 嵊山海洋站

# 第一章 概况

## 第一节 基本情况

嵊山海洋站（简称嵊山站）位于浙江省舟山市嵊泗县。舟山市位于舟山群岛，地处我国东南沿海，长江口南侧，杭州湾外缘的东海洋面上。嵊泗县是浙江省最东部、舟山群岛最北部的一个海岛县，是沪、杭、甬的东大门和天然屏障，历来是军事要塞，也是国际海轮进出长江口的必经之道。

嵊山站建于1959年10月，名为浙江省舟山县嵊山海洋水文气象服务站，隶属于浙江省气象局。1966年1月后隶属国家海洋局东海分局，2019年7月后隶属自然资源部东海局，由宁波中心站管辖，业务工作由舟山海洋工作站管理。建站初期站址位于嵊泗县嵊山镇，2017年12月迁至嵊泗县菜园镇金平村。测点位于嵊山岛上，岛基为花岗岩，海岸线为礁石，海滩部分有沙，土层覆盖厚度10～80厘米，岛周围水深均在10米以上，东面最深，南面有小范围沙滩堆积（图1.1-1）。

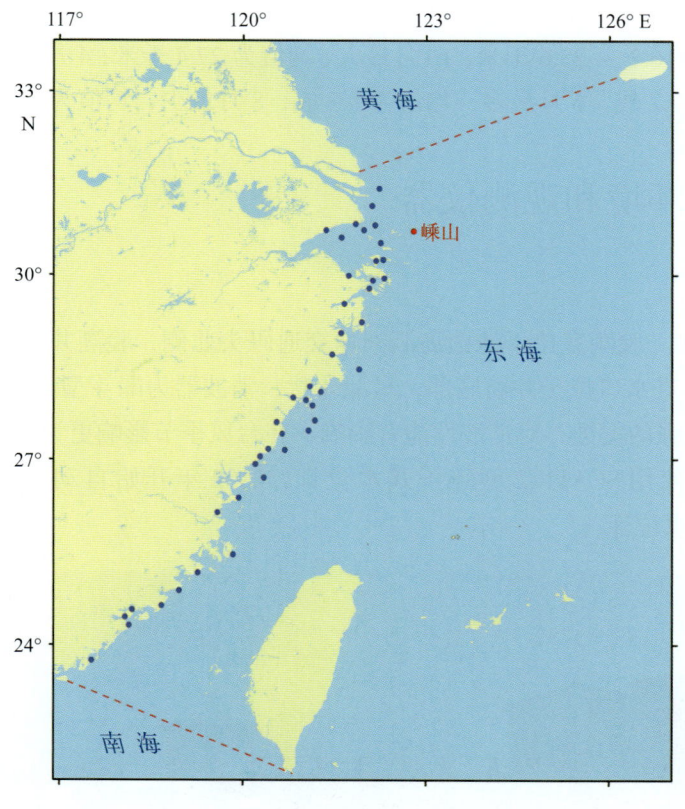

图1.1-1 嵊山站地理位置示意

嵊山站观测项目有潮汐、海浪、表层海水温度、表层海水盐度、气温、气压、相对湿度、风和降水等。2002年后逐步实现了自动化观测、数据采集、存储和传输。

嵊山附近海域为正规半日潮特征，海平面2月最低，9月最高，年变幅为34厘米，平均海平面为254厘米，平均高潮位为374厘米，平均低潮位为127厘米，均具有夏秋高、冬春低的年变化特点；全年海况以0～4级为主，年均平均波高为1.2米，年均平均周期为4.8秒，历史最大波高最大值为17.0米，历史平均周期最大值为19.8秒，常浪向为NE，强浪向为E；年均表层海水温度为16.1～19.3℃，8月最高，均值为24.9℃，2月最低，均值为9.2℃，历史水温最高值为30.1℃，历史水温最低值为4.4℃；年均表层海水盐度为27.59～31.66，2月最高，均值为31.71，9月最低，均值为27.91，历史盐度最高值为36.9，历史盐度最低值为8.45；海发光主要为火花型，6月和7月出现频率均为最高，2月最低，1级海发光最多，出现的最高级别为4级。

嵊山站主要受海洋性季风气候影响，年均气温为15.3～18.1℃，8月最高，均值为26.6℃，1月和2月最低，均为6.7℃，历史最高气温为35.4℃，历史最低气温为-5.8℃；年均气压为1 008.6～1 011.1百帕，具有冬高夏低的变化特征，12月最高，均值为1 019.0百帕，7月最低，均值为999.6百帕；年均相对湿度为71.8%～82.4%，7月最大，均值为91.4%，12月最小，均值为67.8%；年均风速为5.3～7.7米/秒，1月和12月最大，均为7.6米/秒，6月最小，均值为5.0米/秒，冬季（1月）盛行风向为NW—NE（顺时针，下同），春季（4月）盛行风向为SSE—SSW，夏季（7月）盛行风向为SSE—SSW，秋季（10月）盛行风向为NNW—NE；平均年降水量为1 065.1毫米，6月平均降水量最多，占全年的14.9%；平均年雾日数为39.0天，4月最多，均值为8.6天，9月和10月最少，均为0.2天；平均年雷暴日数为12.3天，4月和7月最多，均为2.0天，11月至翌年1月最少，均为0.1天；平均年霜日数为1.9天，霜日出现在12月至翌年3月，1月最多，均值为0.8天；平均年降雪日数为7.2天，降雪发生在11月至翌年4月，1月最多，均值为2.9天；年均能见度为16.2～25.6千米，10月最大，均值为27.4千米，4月最小，均值为13.8千米；年均总云量为6.1～7.2成，6月最多，均值为8.2成，8月最少，均值为5.4成。

## 第二节　观测环境和观测仪器

### 1. 潮汐

1995年开始观测。验潮室位于嵊山岛泗洲塘交通码头北侧，验潮井为岛式钢筋混凝土结构，验潮井底质为砂石，进水口位于井筒底部，呈漏斗状，消波器为漏斗型。下层海流及海浪冲刷对验潮井底部建筑有较强的侵蚀，对消波性能有影响，在台风季节影响更为显著（图1.2-1）。

自1995年开始使用SCA11-2型浮子式水位计，2002年开始自动化观测，2009年后使用SCA11-3A型浮子式水位计。

图1.2-1　嵊山站验潮室（摄于2010年8月26日）

## 2. 海浪

1960年开始观测。测波室位于嵊山镇前卫村鳗咀头东侧海岸边上,测点水深40米,向东约200千米有一海礁(图1.2-2)。受地形影响,W—E向浪偏小或观测不到。

除1979—1980年为仪器观测外,其他时段均为目测。

图1.2-2　嵊山站测波室(摄于2018年1月3日)

## 3. 表层海水温度、盐度和海发光

1960年开始观测,测点位于西嘴头的石油公司码头,1995年1月后位于验潮室内。测点附近海域水深约10米,水体交换条件较好。

表层海水温度使用SWL1-1型水温表测量。表层海水盐度先后使用比重计、氯度滴定管、电导率盐度计、光学盐度计等测定,2003年后使用SYA-2型实验室盐度计。

海发光为每日天黑后人工目测。2002年7月停测。

## 4. 气象要素

1960年开始观测。气象观测场位于嵊山镇团结村青石子坑山头,南边山岭高于观测场,距离约200米(图1.2-3)。

气象观测仪器主要有干湿球温度表、气压表和风向风速仪。2002年开始使用CZY1-1型海洋站自动观测系统。2009年后使用XFY3-1型风传感器和SL3-1型雨量传感器。2010年后使用HMP45A型温湿度传感器和278型气压传感器。

图1.2-3　嵊山站气象观测场(摄于2015年4月25日)

# 第二章 潮位

## 第一节 潮汐

### 1. 潮汐类型

利用嵊山站近 19 年（2001—2019 年）验潮资料分析的调和常数，计算出潮汐系数 $(H_{K_1}+H_{O_1})/H_{M_2}$ 为 0.38。按我国潮汐类型分类标准，嵊山附近海域为正规半日潮，每个潮汐日（大约 24.8 小时）有两次高潮和两次低潮，高潮日不等现象较为明显。

1996—2019 年，嵊山站 $M_2$ 分潮振幅呈减小趋势，减小速率为 0.50 毫米 / 年；迟角呈增大趋势，增大速率为 0.08°/ 年。$K_1$ 分潮振幅变化趋势不明显；迟角呈减小趋势，减小速率为 0.08°/ 年。$O_1$ 分潮振幅和迟角均无明显变化趋势。

### 2. 潮汐特征值

由 1996—2019 年资料统计分析得出：嵊山站平均高潮位为 374 厘米，平均低潮位为 127 厘米，平均潮差为 247 厘米；平均高高潮位为 398 厘米，平均低低潮位为 113 厘米，平均大的潮差为 285 厘米。平均涨潮历时 5 小时 59 分钟，平均落潮历时 6 小时 26 分钟，两者相差 27 分钟。

嵊山站累年各月潮汐特征值见表 2.1-1。

表 2.1-1　累年各月潮汐特征值（1996—2019 年）　　　　单位：厘米

| 月份 | 平均高潮位 | 平均低潮位 | 平均潮差 | 平均高高潮位 | 平均低低潮位 | 平均大的潮差 |
| --- | --- | --- | --- | --- | --- | --- |
| 1 | 347 | 114 | 233 | 384 | 99 | 285 |
| 2 | 363 | 108 | 255 | 383 | 98 | 285 |
| 3 | 368 | 107 | 261 | 385 | 100 | 285 |
| 4 | 370 | 114 | 256 | 388 | 105 | 283 |
| 5 | 373 | 128 | 245 | 396 | 114 | 282 |
| 6 | 378 | 137 | 241 | 404 | 120 | 284 |
| 7 | 382 | 140 | 242 | 409 | 121 | 288 |
| 8 | 390 | 141 | 249 | 414 | 125 | 289 |
| 9 | 396 | 144 | 252 | 416 | 130 | 286 |
| 10 | 388 | 138 | 250 | 409 | 126 | 283 |
| 11 | 374 | 131 | 243 | 399 | 116 | 283 |
| 12 | 364 | 122 | 242 | 388 | 104 | 284 |
| 年 | 374 | 127 | 247 | 398 | 113 | 285 |

注：潮位值均以验潮零点为基面。

平均高潮位和平均低潮位均具有夏秋高、冬春低的特点（图2.1-1），其中平均高潮位9月最高，为396厘米，1月最低，为347厘米，年较差为49厘米；平均低潮位9月最高，为144厘米，3月最低，为107厘米，年较差为37厘米；平均高高潮位9月最高，为416厘米，2月最低，为383厘米，年较差为33厘米；平均低低潮位9月最高，为130厘米，2月最低，为98厘米，年较差为32厘米。平均潮差3月最大，1月最小，年较差为28厘米；平均大的潮差8月最大，5月最小，年较差为7厘米（图2.1-2）。

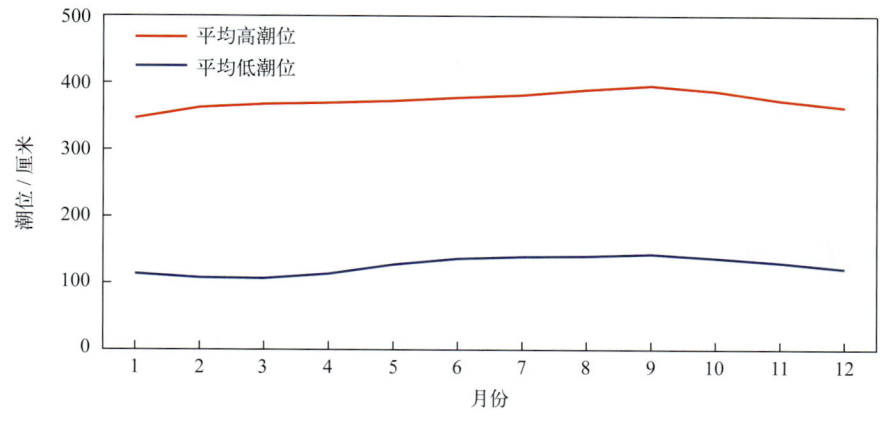

图2.1-1　平均高潮位和平均低潮位年变化

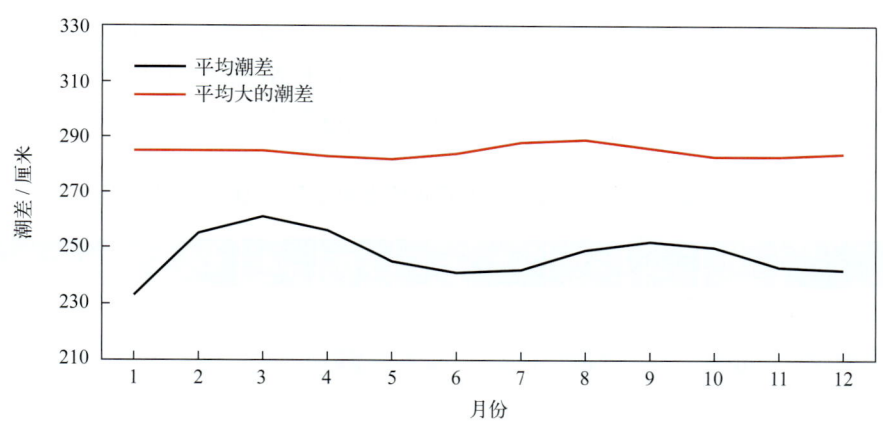

图2.1-2　平均潮差和平均大的潮差年变化

1996—2019年，嵊山站平均高潮位呈明显上升趋势，上升速率为4.73毫米/年。受天文潮长周期变化影响，平均高潮位存在较为显著的准19年周期变化，振幅为5.00厘米。平均高潮位最高值出现在2016年，为386厘米；最低值出现在2005年，为367厘米。嵊山站平均低潮位呈明显上升趋势，上升速率为4.12毫米/年。平均低潮位准19年周期变化较为明显，振幅为2.01厘米。平均低潮位最高值出现在2016年和2019年，均为134厘米；最低值出现在1996年，为116厘米。

1996—2019年，嵊山站平均潮差变化趋势不明显。平均潮差准19年周期变化显著，振幅为6.17厘米。平均潮差最大值出现在1996年，为257厘米；最小值出现在2008年，为241厘米（图2.1-3）。

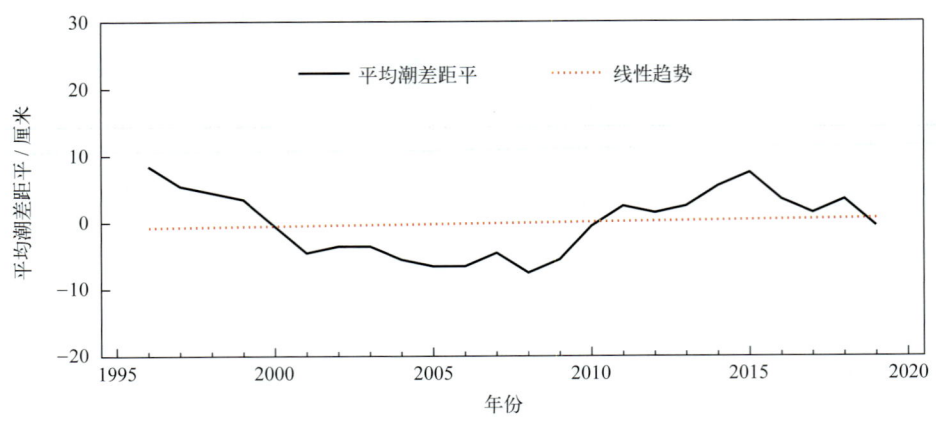

图2.1-3　1996—2019年平均潮差距平变化

## 第二节　极值潮位

嵊山站年最高潮位和年最低潮位的各月发生频率见表2.2-1。年最高潮位出现时间主要集中在8—9月和11月，其中8月发生频率最高，为38%；9月次之，为29%。年最低潮位主要出现在1—4月，其中1月发生频率最高，为37%；2月次之，为21%。

1996—2019年，嵊山站年最高潮位呈下降趋势，下降速率为3.09毫米/年（线性趋势未通过显著性检验）。历年的最高潮位均高于476厘米，其中高于515厘米的有5年；历史最高潮位为547厘米，出现在2000年8月20日，正值0012号台风"派比安"影响期间。嵊山站年最低潮位呈上升趋势，上升速率为7.84毫米/年。历年最低潮位均低于26厘米，其中低于1厘米的有5年；历史最低潮位为-15厘米，出现在2001年3月10日，由强温带气旋引起（表2.2-1）。

表2.2-1　最高潮位和最低潮位及年极值出现频率（1996—2019年）

| | 1月 | 2月 | 3月 | 4月 | 5月 | 6月 | 7月 | 8月 | 9月 | 10月 | 11月 | 12月 |
| --- | --- | --- | --- | --- | --- | --- | --- | --- | --- | --- | --- | --- |
| 最高潮位值/厘米 | 480 | 476 | 478 | 476 | 482 | 492 | 519 | 547 | 515 | 519 | 505 | 484 |
| 年最高潮位出现频率/% | 0 | 0 | 0 | 0 | 0 | 8 | 8 | 38 | 29 | 4 | 13 | 0 |
| 最低潮位值/厘米 | -6 | -10 | -15 | 0 | 18 | 38 | 43 | 39 | 39 | 19 | 7 | -3 |
| 年最低潮位出现频率/% | 37 | 21 | 17 | 13 | 0 | 0 | 0 | 0 | 0 | 0 | 4 | 8 |

## 第三节　增减水

受地形和气候特征的影响，嵊山站出现30厘米以上增水的频率明显高于同等强度减水的频率，超过50厘米的增水平均约57天出现一次，而超过50厘米的减水平均约335天出现一次（表2.3-1）。

嵊山站60厘米以上的增水主要出现在8—10月，50厘米以上的减水多发生在4月和12月，这些大的增减水过程主要与该海域受温带气旋、寒潮大风以及热带气旋等影响有关（表2.3-2）。

表 2.3-1　不同强度增减水平均出现周期（1996—2019 年）

| 范围 / 厘米 | 出现周期 / 天 | |
| --- | --- | --- |
| | 增水 | 减水 |
| >20 | 1.04 | 1.63 |
| >30 | 3.58 | 7.49 |
| >40 | 13.78 | 31.95 |
| >50 | 56.63 | 335.43 |
| >60 | 235.70 | 2 907.03 |
| >70 | 792.83 | — |
| >80 | 2 907.03 | — |

"—"表示无数据。

表 2.3-2　各月不同强度增减水出现频率（1996—2019 年）

| 月份 | 增水 / % | | | | | 减水 / % | | | | |
| --- | --- | --- | --- | --- | --- | --- | --- | --- | --- | --- |
| | >20 厘米 | >30 厘米 | >50 厘米 | >60 厘米 | >70 厘米 | >20 厘米 | >30 厘米 | >40 厘米 | >50 厘米 | >60 厘米 |
| 1 | 7.72 | 2.06 | 0.02 | 0.00 | 0.00 | 4.82 | 1.13 | 0.29 | 0.01 | 0.00 |
| 2 | 7.35 | 1.93 | 0.01 | 0.00 | 0.00 | 5.12 | 1.08 | 0.20 | 0.01 | 0.00 |
| 3 | 5.19 | 1.49 | 0.07 | 0.01 | 0.00 | 4.68 | 1.56 | 0.30 | 0.00 | 0.00 |
| 4 | 1.70 | 0.24 | 0.00 | 0.00 | 0.00 | 2.47 | 0.56 | 0.14 | 0.06 | 0.00 |
| 5 | 0.90 | 0.07 | 0.00 | 0.00 | 0.00 | 0.61 | 0.04 | 0.00 | 0.00 | 0.00 |
| 6 | 0.66 | 0.01 | 0.00 | 0.00 | 0.00 | 0.11 | 0.00 | 0.00 | 0.00 | 0.00 |
| 7 | 0.76 | 0.25 | 0.07 | 0.01 | 0.00 | 0.66 | 0.02 | 0.00 | 0.00 | 0.00 |
| 8 | 2.47 | 0.98 | 0.11 | 0.03 | 0.00 | 0.70 | 0.11 | 0.05 | 0.00 | 0.00 |
| 9 | 4.95 | 2.10 | 0.27 | 0.07 | 0.01 | 0.42 | 0.00 | 0.00 | 0.00 | 0.00 |
| 10 | 4.76 | 1.65 | 0.18 | 0.09 | 0.05 | 1.42 | 0.19 | 0.03 | 0.01 | 0.00 |
| 11 | 5.48 | 1.52 | 0.12 | 0.01 | 0.00 | 4.20 | 0.95 | 0.23 | 0.00 | 0.00 |
| 12 | 6.24 | 1.69 | 0.04 | 0.01 | 0.00 | 5.67 | 1.06 | 0.34 | 0.07 | 0.02 |

1996—2019 年，嵊山站年最大增水 11 月出现频率最高，为 21%；3 月、8 月和 12 月次之，均为 17%。年最大减水多出现在 11 月至翌年 2 月，其中 12 月出现频率最高，为 25%；1 月和 2 月次之，均为 17%（表 2.3-3）。

1996—2019 年，嵊山站年最大增水无明显变化趋势。历史最大增水出现在 2014 年 10 月 13 日，为 88 厘米；2000 年和 2012 年最大增水均超过或达到了 70 厘米。嵊山站年最大减水呈减小趋势，减小速率为 2.27 毫米 / 年（线性趋势未通过显著性检验）。历史最大减水发生在 2005 年 12 月 22 日，为 63 厘米；2004 年和 2012 年最大减水均超过或达到了 55 厘米。

表2.3-3 最大增水和最大减水及年极值出现频率（1996—2019年）

|  | 1月 | 2月 | 3月 | 4月 | 5月 | 6月 | 7月 | 8月 | 9月 | 10月 | 11月 | 12月 |
|---|---|---|---|---|---|---|---|---|---|---|---|---|
| 最大增水值/厘米 | 55 | 53 | 64 | 50 | 48 | 32 | 63 | 70 | 78 | 88 | 63 | 62 |
| 年最大增水出现频率/% | 12 | 0 | 17 | 0 | 0 | 0 | 4 | 17 | 8 | 4 | 21 | 17 |
| 最大减水值/厘米 | 53 | 53 | 50 | 60 | 35 | 30 | 36 | 48 | 29 | 55 | 50 | 63 |
| 年最大减水出现频率/% | 17 | 17 | 4 | 8 | 0 | 0 | 0 | 8 | 0 | 8 | 13 | 25 |

# 第三章　海浪

## 第一节　海况

嵊山站全年及各月各级海况的频率见图 3.1–1。全年海况以 0 ~ 4 级为主，频率为 92.06%，其中 0 ~ 2 级海况频率为 31.14%。全年 5 级及以上海况频率为 7.94%，最大频率出现在 12 月，为 11.45%。全年 7 级及以上海况频率为 0.22%，最大频率出现在 8 月，为 0.78%。

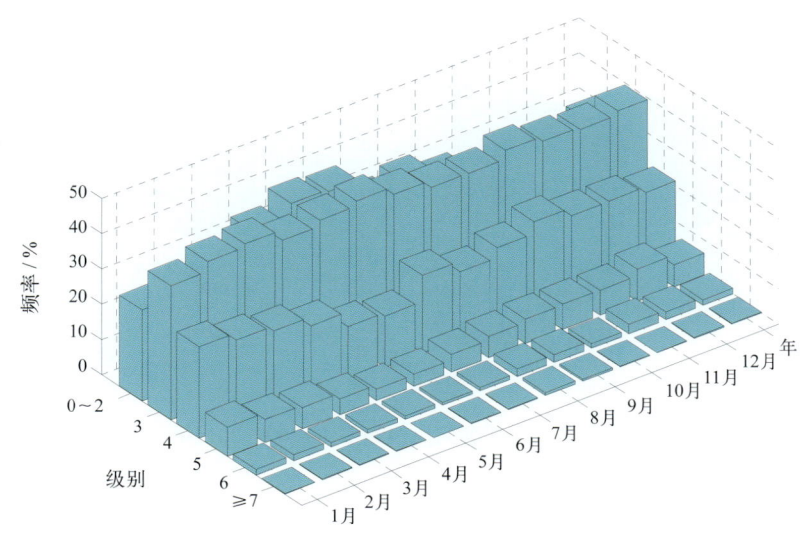

图3.1-1　全年及各月各级海况频率（1960—2019年）

## 第二节　波型

嵊山站风浪频率和涌浪频率的年变化见表 3.2-1。全年以风浪为主，频率为 99.73%，涌浪频率为 66.55%。各月的风浪频率相差不大，涌浪频率差异较大。涌浪在 7 月和 8 月较多，其中 8 月最多，频率为 73.87%，在春季（3—5 月）较少，其中 3 月最少，频率为 61.67%。

表 3.2-1　各月及全年风浪涌浪频率（1960—2019 年）

|  | 1月 | 2月 | 3月 | 4月 | 5月 | 6月 | 7月 | 8月 | 9月 | 10月 | 11月 | 12月 | 年 |
|---|---|---|---|---|---|---|---|---|---|---|---|---|---|
| 风浪 / % | 99.78 | 99.86 | 99.81 | 99.43 | 99.68 | 99.48 | 99.67 | 99.72 | 99.82 | 99.96 | 99.86 | 99.69 | 99.73 |
| 涌浪 / % | 65.29 | 64.92 | 61.67 | 62.01 | 62.22 | 68.98 | 72.88 | 73.87 | 69.39 | 64.59 | 65.58 | 66.11 | 66.55 |

注：风浪包含F、FU、F/U和U/F波型；涌浪包含U、FU、F/U和U/F波型。

## 第三节　波向

### 1. 各向风浪频率

嵊山站各月及全年各向风浪频率见图 3.3-1。1 月、2 月和 11 月 N 向风浪居多，NNW 向次之。

3月N向风浪居多，NE向次之。4月S向风浪居多，N向次之。5月和8月S向风浪居多，SSE向次之。6月S向风浪居多，E向次之。7月S向风浪居多，SSW向次之。9月NE向风浪居多，NNE向次之。10月NE向风浪居多，N向次之。12月NNW向风浪居多，N向次之。全年N向风浪居多，频率为11.83%，NE向次之，频率为10.24%，WSW向最少，频率为1.43%。

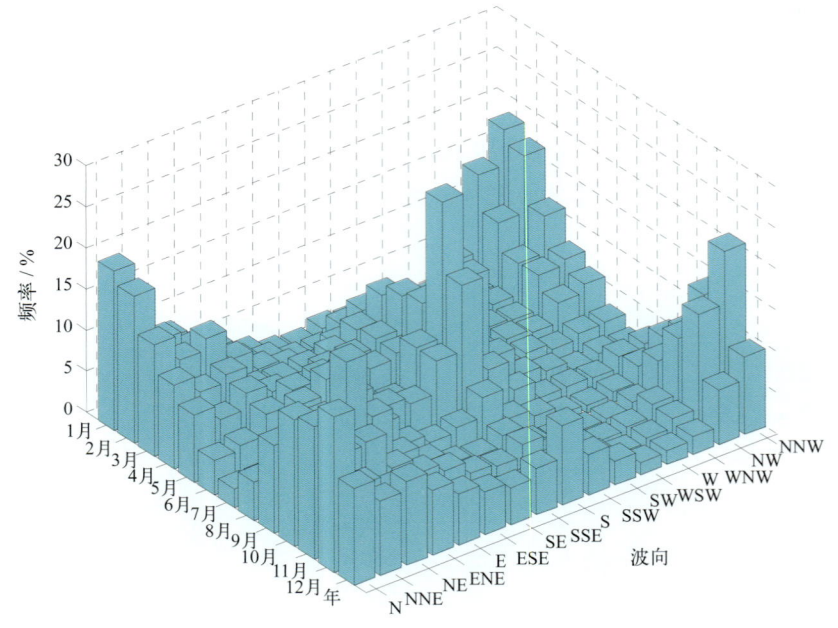

图3.3-1　各月及全年各向风浪频率（1960—2019年）

### 2. 各向涌浪频率

嵊山站各月及全年各向涌浪频率见图3.3-2。1—3月、11月和12月NE向涌浪居多，NNE向次之。4月和9月NE向涌浪居多，SE向次之。5月SE向涌浪居多，NE向次之。6月SE向涌浪居多，ESE向次之。7月和8月SE向涌浪居多，SSE向次之。10月NE向涌浪居多，ENE向次之。全年NE向涌浪居多，频率为16.64%，SE向次之，频率为10.63%，WSW向和WNW向最少，频率均为0.01%。

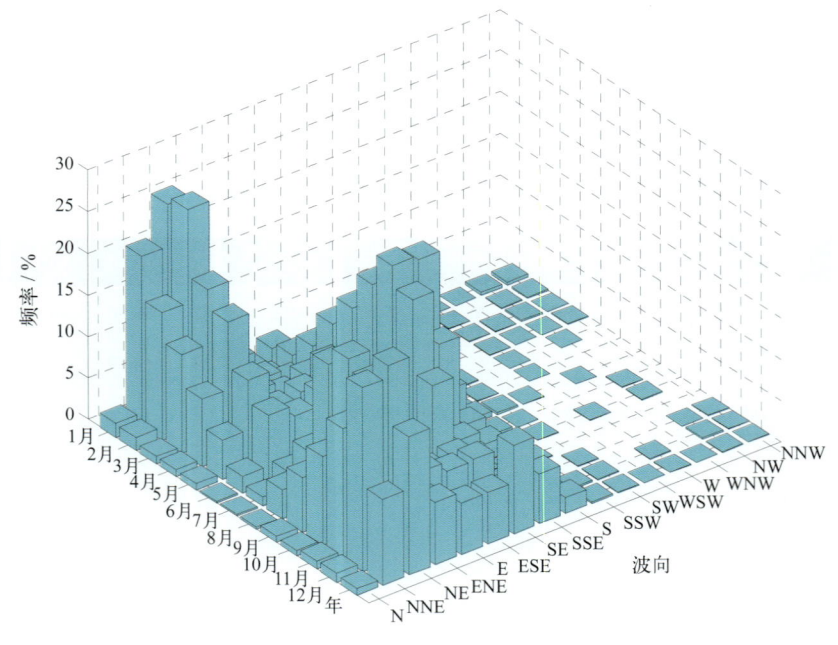

图3.3-2　各月及全年各向涌浪频率（1960—2019年）

## 第四节 波高

### 1. 平均波高和最大波高

嵊山站波高的年变化见表3.4-1。月平均波高的年变化不明显，为1.0～1.3米。历年的平均波高为0.9～1.6米。

月最大波高比月平均波高的变化幅度大，极大值出现在9月，为17.0米，极小值出现在1月，为4.2米，变幅为12.8米。历年的最大波高为2.6～17.0米，大于9.0米的有3年，其中最大波高的极大值17.0米出现在1981年9月1日，正值8114号台风（Agnes）影响期间，波向为E，对应平均风速为25米/秒，对应平均周期为13.6秒。

表3.4-1　波高年变化（1960—2019年）　　　　　　　　　　　　　　　　　　　单位：米

|  | 1月 | 2月 | 3月 | 4月 | 5月 | 6月 | 7月 | 8月 | 9月 | 10月 | 11月 | 12月 | 年 |
|---|---|---|---|---|---|---|---|---|---|---|---|---|---|
| 平均波高 | 1.2 | 1.2 | 1.2 | 1.1 | 1.0 | 1.1 | 1.2 | 1.3 | 1.3 | 1.3 | 1.2 | 1.2 | 1.2 |
| 最大波高 | 4.2 | 5.0 | 5.6 | 4.5 | 4.5 | 6.9 | 7.3 | 11.5 | 17.0 | 7.3 | 5.5 | 5.0 | 17.0 |

### 2. 各向平均波高和最大波高

全年及各季代表月各向波高的分布见表3.4-2、图3.4-1和图3.4-2。全年各向平均波高为0.7～1.4米，大值主要分布于NNW—NNE向，其中NNW向最大，小值主要分布于SW—W向。全年各向最大波高E向最大，为17.0米；ENE向次之，为16.0米；W向最小，为2.4米。

表3.4-2　全年各向平均波高和最大波高（1960—2019年）　　　　　　　　　　　单位：米

|  | N | NNE | NE | ENE | E | ESE | SE | SSE | S | SSW | SW | WSW | W | WNW | NW | NNW |
|---|---|---|---|---|---|---|---|---|---|---|---|---|---|---|---|---|
| 平均波高 | 1.3 | 1.3 | 1.2 | 1.2 | 1.2 | 1.2 | 1.1 | 1.1 | 1.1 | 1.2 | 0.8 | 0.7 | 0.7 | 1.1 | 1.2 | 1.4 |
| 最大波高 | 7.0 | 7.0 | 10.0 | 16.0 | 17.0 | 11.5 | 8.3 | 7.0 | 4.3 | 4.4 | 5.9 | 5.0 | 2.4 | 4.2 | 4.7 | 4.8 |

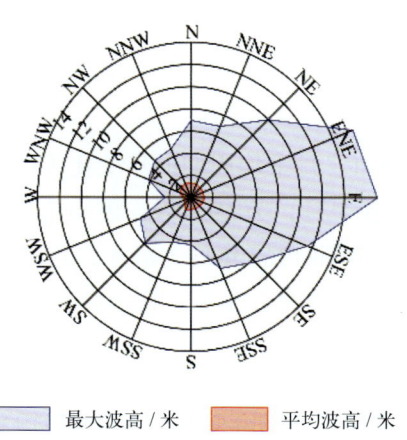

图3.4-1　全年各向平均波高和最大波高（1960—2019年）

1月平均波高N向和NNW向最大，均为1.4米；W向最小，为0.5米。最大波高WNW向最大，为4.2米；ENE向次之，为4.1米；W向最小，为1.5米。

4月平均波高 N 向最大，为 1.3 米；WSW 向和 W 向最小，均为 0.8 米。最大波高 NW 向最大，为 4.5 米；NE 向次之，为 4.0 米；WSW 向最小，为 1.5 米。

7月平均波高 E 向、ESE 向和 SSW 向最大，均为 1.3 米；W 向最小，为 0.5 米。最大波高 E 向最大，为 7.3 米；NE 向次之，为 6.0 米；W 向最小，为 1.0 米。

10月平均波高 NNE 向最大，为 1.4 米；WSW 向最小，为 0.6 米。最大波高 ESE 向最大，为 7.3 米；E 向次之，为 6.6 米；WSW 向最小，为 1.2 米。

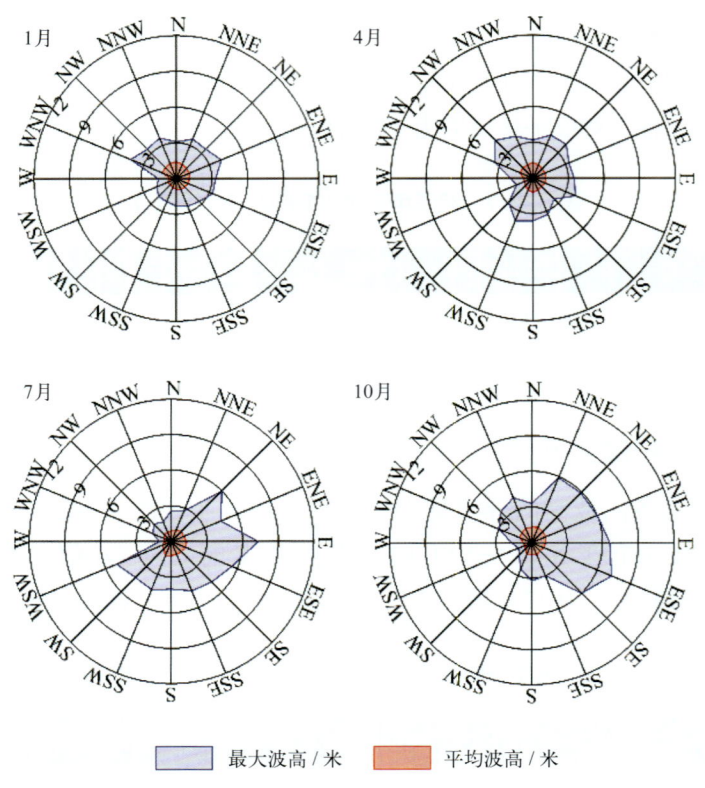

图3.4-2　四季代表月各向平均波高和最大波高（1960—2019年）

## 第五节　周期

### 1. 平均周期和最大周期

嵊山站周期的年变化见表 3.5-1。月平均周期的年变化不明显，为 4.6 ~ 5.0 秒。月最大周期的年变化幅度较大，极大值出现在 7 月，为 19.8 秒，极小值出现在 4 月，为 10.0 秒。历年的平均周期为 4.1 ~ 5.9 秒，其中 1967 年和 1968 年均为最大，1961 年和 1989 年均为最小。历年的最大周期均大于等于 6.5 秒，大于 13.0 秒的有 5 年，其中最大周期的极大值 19.8 秒出现在 1965 年 7 月 26 日，波向为 SE。

表 3.5-1　周期年变化（1960—2019 年）　　　　　单位：秒

| | 1月 | 2月 | 3月 | 4月 | 5月 | 6月 | 7月 | 8月 | 9月 | 10月 | 11月 | 12月 | 年 |
| --- | --- | --- | --- | --- | --- | --- | --- | --- | --- | --- | --- | --- | --- |
| 平均周期 | 4.9 | 4.9 | 4.8 | 4.7 | 4.6 | 4.7 | 5.0 | 5.0 | 5.0 | 4.9 | 4.8 | 4.8 | 4.8 |
| 最大周期 | 11.2 | 11.8 | 11.8 | 10.0 | 10.6 | 11.1 | 19.8 | 18.8 | 13.6 | 11.2 | 12.8 | 11.0 | 19.8 |

## 2. 各向平均周期和最大周期

全年及各季代表月各向周期的分布见表 3.5-2、图 3.5-1 和图 3.5-2。全年各向平均周期为 3.5～5.0 秒，SW—W 向周期值较小。全年各向最大周期 SE 向最大，为 19.8 秒；ESE 向次之，为 18.8 秒；SSW 向最小，为 7.7 秒。

表 3.5-2　全年各向平均周期和最大周期（1960—2019 年）　　　单位：秒

|  | N | NNE | NE | ENE | E | ESE | SE | SSE | S | SSW | SW | WSW | W | WNW | NW | NNW |
|---|---|---|---|---|---|---|---|---|---|---|---|---|---|---|---|---|
| 平均周期 | 4.8 | 5.0 | 4.9 | 4.9 | 4.8 | 4.9 | 4.9 | 4.7 | 4.6 | 4.4 | 3.8 | 3.5 | 3.6 | 4.7 | 4.9 | 5.0 |
| 最大周期 | 10.9 | 11.9 | 11.8 | 12.9 | 13.6 | 18.8 | 19.8 | 13.7 | 13.3 | 7.7 | 9.5 | 8.1 | 9.8 | 9.5 | 10.0 | 11.0 |

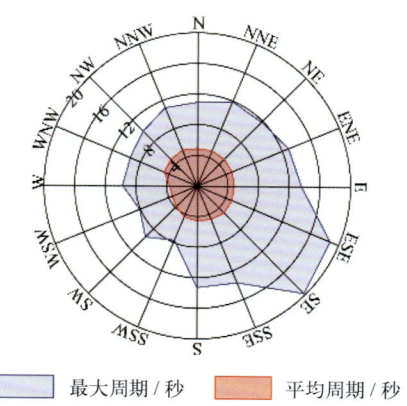

图3.5-1　全年各向平均周期和最大周期（1960—2019年）

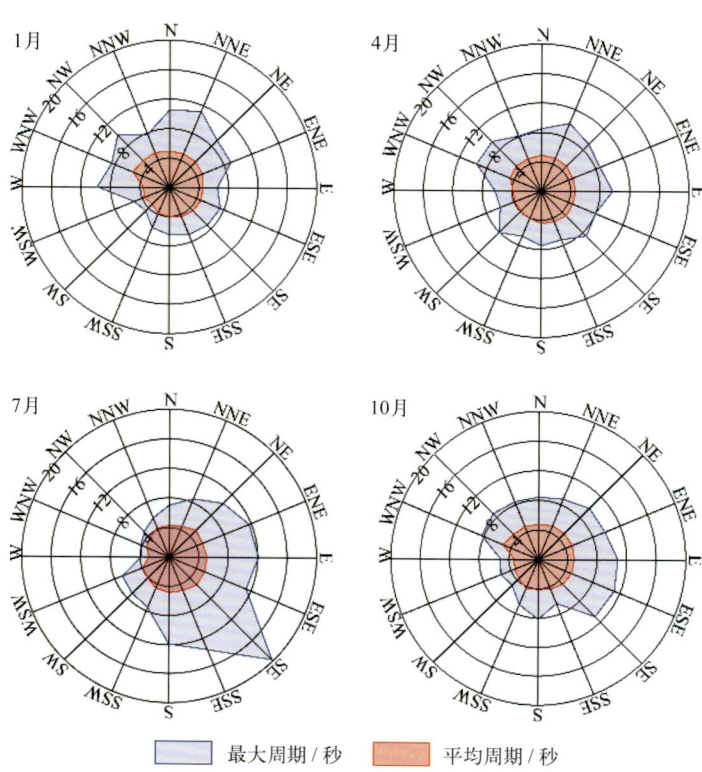

图3.5-2　四季代表月各向平均周期和最大周期（1960—2019年）

1月平均周期WNW向最大，为5.4秒；SW向最小，为3.3秒。最大周期NNE向最大，为11.2秒；N向次之，为10.5秒；SW向最小，为4.6秒。

4月平均周期N向和NNE向最大，均为4.9秒；WSW向和W向最小，均为3.9秒。最大周期NNE向最大，为10.0秒；E向次之，为9.7秒；WSW向最小，为6.0秒。

7月平均周期SE向最大，为5.3秒；W向最小，为2.7秒。最大周期SE向最大，为19.8秒；SSE向次之，为13.7秒；W向最小，为3.8秒。

10月平均周期WNW向最大，为5.2秒；W向最小，为3.3秒。最大周期ESE向最大，为11.2秒；SE向次之，为11.0秒；SW向最小，为5.0秒。

# 第四章 表层海水温度、盐度和海发光

## 第一节 表层海水温度

### 1. 平均水温、最高水温和最低水温

嵊山站月平均水温的年变化具有峰谷明显的特点，8月最高，为24.9℃，2月最低，为9.2℃，年较差为15.7℃。3—8月为升温期，9月至翌年2月为降温期。月最高水温和月最低水温的年变化特征与月平均水温相似（图4.1-1）。

历年（2002年、2006年和2009年数据有缺测，2003—2005年数据缺测）的平均水温为16.1～19.3℃，其中1995年最高，1972年最低。累年平均水温为17.5℃。

历年的最高水温均不低于25.9℃，其中大于28.0℃的有24年，大于29.0℃的有8年，出现时间为6—9月。水温极大值为30.1℃，出现在1963年8月31日。

历年的最低水温均不高于10.7℃，其中小于6.0℃的有10年，小于5.0℃的有2年，出现时间为1—3月，2月最多。水温极小值为4.4℃，出现在1963年的1月和2月，共4天。

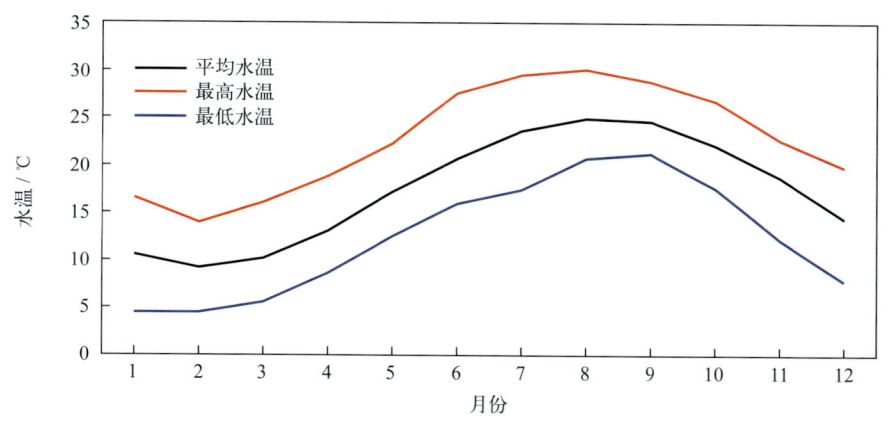

图4.1-1 水温年变化（1960—2019年）

### 2. 日平均水温稳定通过界限温度的日期

采用五日滑动平均方法求出稳定通过各个界限温度的日期，见表4.1-1。日平均水温全年均稳定通过5℃，稳定通过10℃的有315天，稳定通过15℃的有226天，稳定通过20℃的有153天，稳定通过25℃的初日为8月19日，终日为9月8日，共21天。

表4.1-1 日平均水温稳定通过界限温度的日期（1960—2019年）

|  | 10℃ | 15℃ | 20℃ | 25℃ |
| --- | --- | --- | --- | --- |
| 初日 | 3月14日 | 4月30日 | 6月8日 | 8月19日 |
| 终日 | 1月22日 | 12月11日 | 11月7日 | 9月8日 |
| 天数 | 315 | 226 | 153 | 21 |

### 3. 长期趋势变化

1960—2019年，年平均水温和年最低水温均呈波动上升趋势，上升速率分别为0.21℃/（10年）和0.38℃/（10年），年最高水温呈波动下降趋势，下降速率为0.19℃/（10年），其中1963年最高水温为1960年以来的第一高值，1987年和1996年最高水温均为1960年以来的第二高值，1963年和1971年最低水温分别为1960年以来的第一低值和第二低值。

十年平均水温变化显示，1990—2019年平均水温较1960—1989年明显升高，1960—1969年平均水温最低，1990—1999年平均水温较上一个十年升幅最大，升幅为0.77℃（图4.1-2）。

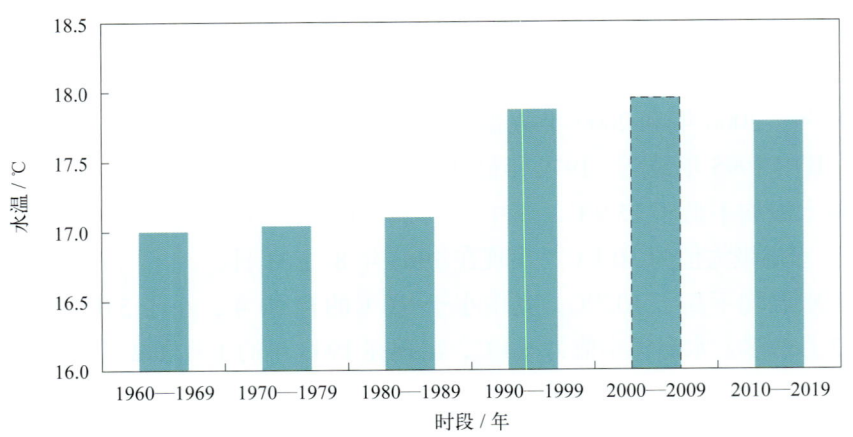

图4.1-2　十年平均水温变化（数据不足十年加虚线框表示，下同）

## 第二节　表层海水盐度

### 1. 平均盐度、最高盐度和最低盐度

嵊山站月平均盐度的年变化具有冬春季较高、夏秋季较低的特点，最高值出现在2月，为31.71，最低值出现在9月，为27.91，年较差为3.80。月最高盐度3月最大，10月最小。月最低盐度1月最大，8月最小（图4.2-1）。

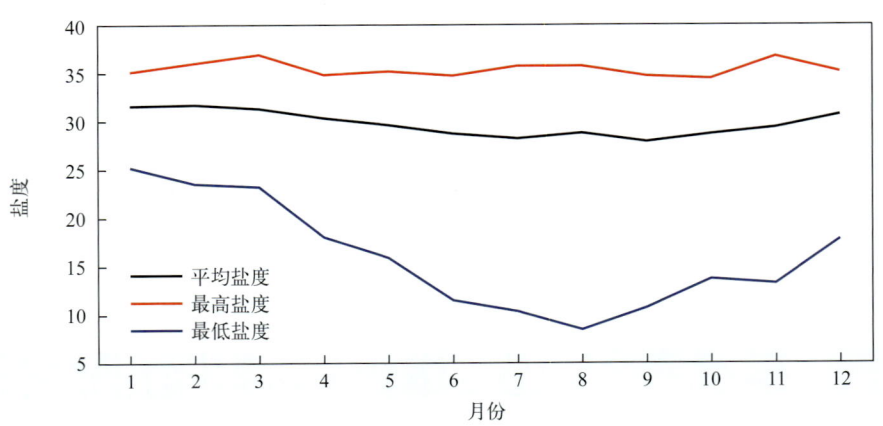

图4.2-1　盐度年变化（1960—2019年）

历年（1995年、2000—2002年、2006年和2009年数据有缺测，2003—2005年数据缺测）的平均盐度为27.59～31.66，其中1997年最高，1983年最低。累年平均盐度为29.75。

历年的最高盐度均大于31.05，其中大于34.00的有22年，大于35.00的有9年。年最高盐度多出现在冬季，秋季较少。盐度极大值为36.9，出现在1997年3月25日。

历年的最低盐度均小于27.70，其中小于15.00的有17年，小于12.00的有5年。年最低盐度多出现在6—9月，出现在6月的有14年，出现在7月的有17年。盐度极小值为8.45，出现在1963年8月31日。

### 2. 长期趋势变化

1960—2019年，年平均盐度和年最高盐度变化趋势不明显，年最低盐度呈波动上升趋势，上升速率为1.62/（10年）。1997年和1996年最高盐度分别为1960年以来的第一高值和第二高值；1963年和1984年最低盐度分别为1960年以来的第一低值和第二低值。

十年平均盐度变化显示，1980—1989年平均盐度最低，2010—2019年平均盐度较1980—1989年上升1.37（图4.2-2）。

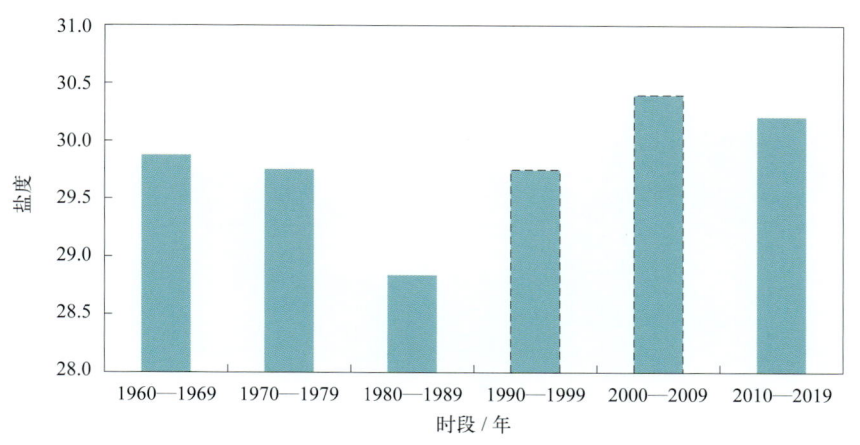

图4.2-2　十年平均盐度变化

## 第三节　海发光

1960—2002年，嵊山站观测到的海发光主要为火花型（H），弥漫型（M）出现5次，闪光型（S）出现1次。海发光以1级海发光为主，占海发光次数的55.7%；2级海发光次之，占36.0%；出现的最高级别为4级。

各月及全年海发光频率见表4.3-1和图4.3-1。海发光频率5—10月较高，其中6月和7月均为最高，2月最低。累年平均海发光频率为69.1%。

历年海发光频率为48.8%～95.2%，其中1961年最大，2001年最小。

表4.3-1　各月及全年海发光频率（1960—2002年）

|  | 1月 | 2月 | 3月 | 4月 | 5月 | 6月 | 7月 | 8月 | 9月 | 10月 | 11月 | 12月 | 年 |
|---|---|---|---|---|---|---|---|---|---|---|---|---|---|
| 频率/% | 21.8 | 18.1 | 27.1 | 55.9 | 93.0 | 99.8 | 99.8 | 98.5 | 98.2 | 91.2 | 74.0 | 35.9 | 69.1 |

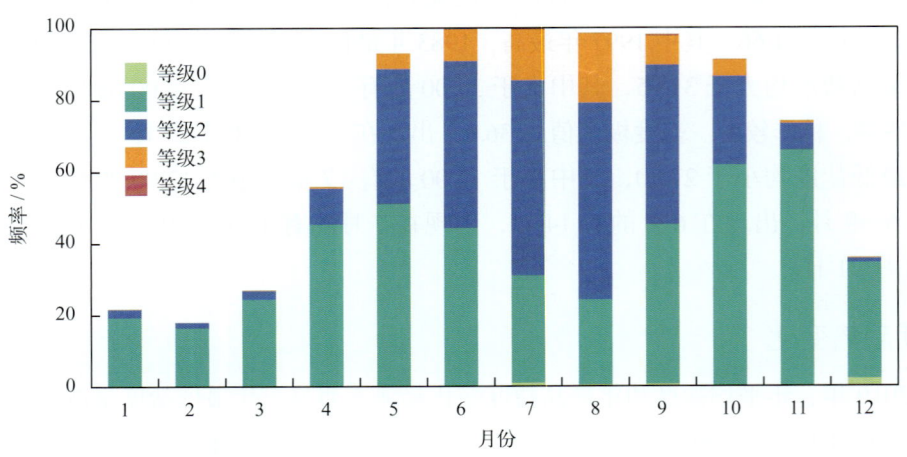

图4.3-1　各月各级海发光频率（1960—2002年）

# 第五章 海洋气象

## 第一节 气温

### 1. 平均气温、最高气温和最低气温

1963—2019年，嵊山站累年平均气温为16.4℃。月平均气温具有夏高冬低的变化特征，8月最高，为26.6℃，1月和2月最低，均为6.7℃，年较差为19.9℃。月最高气温和月最低气温的年变化特征与月平均气温相似，月最高气温极大值出现在7月，月最低气温极小值出现在1月（表5.1-1，图5.1-1）。

表5.1-1 气温年变化（1963—2019年） 单位：℃

|  | 1月 | 2月 | 3月 | 4月 | 5月 | 6月 | 7月 | 8月 | 9月 | 10月 | 11月 | 12月 | 年 |
| --- | --- | --- | --- | --- | --- | --- | --- | --- | --- | --- | --- | --- | --- |
| 平均气温 | 6.7 | 6.7 | 9.0 | 13.1 | 17.7 | 21.7 | 25.5 | 26.6 | 24.3 | 20.2 | 15.5 | 9.8 | 16.4 |
| 最高气温 | 18.6 | 20.8 | 22.2 | 26.5 | 28.5 | 32.2 | 35.4 | 35.2 | 33.5 | 30.3 | 26.6 | 23.5 | 35.4 |
| 最低气温 | -5.8 | -3.7 | -1.2 | 1.5 | 8.8 | 13.8 | 17.3 | 17.2 | 15.3 | 8.9 | 2.1 | -5.7 | -5.8 |

注：1963年数据有缺测。

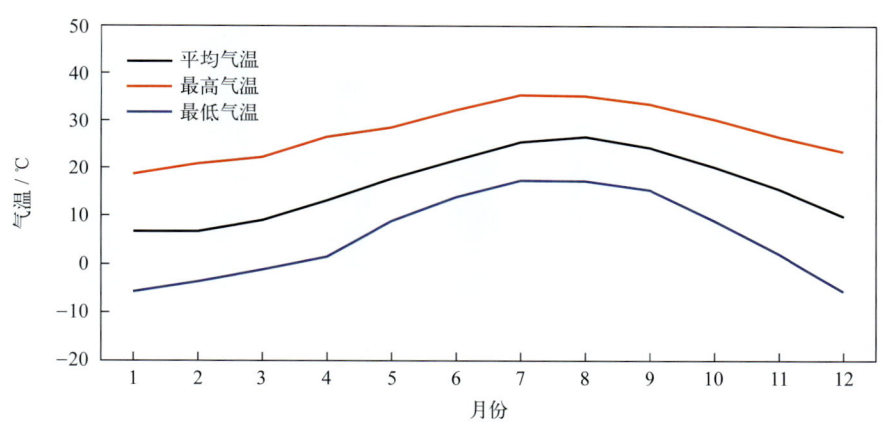

图5.1-1 气温年变化（1963—2019年）

历年的平均气温为15.3～18.1℃，其中2006年最高，1969年和1972年均为最低。

历年的最高气温均高于29.0℃，其中高于34.0℃的有4年。最早出现时间为6月28日（1978年），最晚出现时间为9月4日（1995年）。8月最高气温出现频率最高，占统计年份的56%，7月次之，占39%（图5.1-2）。极大值为35.4℃，出现在2007年7月21日。

历年的最低气温均低于3.5℃，其中低于-2.0℃的有17年，低于-5.0℃的有3年。最早出现时间为12月15日（1975年），最晚出现时间为2月27日（1972年）。1月最低气温出现频率最高，占统计年份的47%，2月次之，占39%（图5.1-2）。极小值为-5.8℃，出现在2016年1月24日。

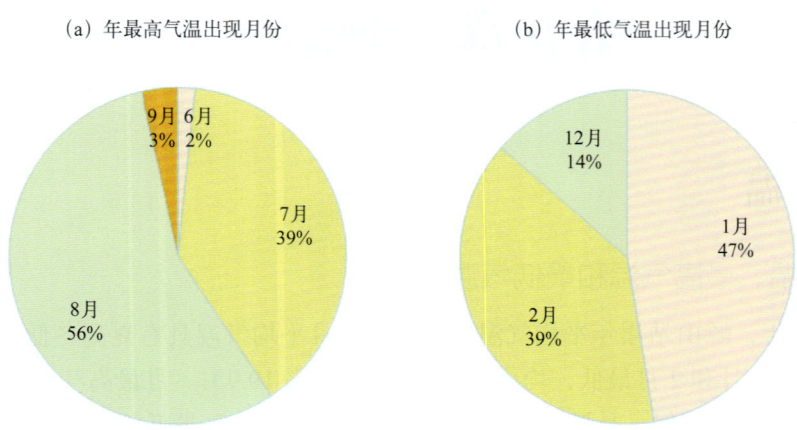

图5.1-2 年最高、最低气温出现月份及频率（1963—2019年）

### 2. 长期趋势变化

1964—2019年，年平均气温、年最高气温和年最低气温均呈波动上升趋势，上升速率分别为0.30℃/（10年）、0.24℃/（10年）和0.50℃/（10年）。

十年平均气温变化显示，2000—2009年平均气温最高，为17.2℃，较上一个十年升幅最大，升幅为0.7℃（图5.1-3）。

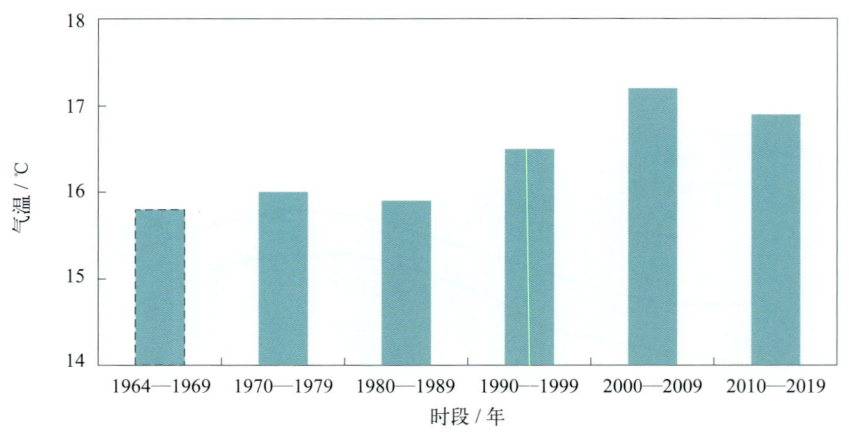

图5.1-3 十年平均气温变化

### 3. 常年自然天气季节和大陆度

利用嵊山站1965—2019年气温累年日平均数据计算五日滑动平均气温，根据《气候季节划分》（QX/T 152—2012）方法，嵊山平均春季时间从3月29日至6月19日，共83天；平均夏季时间从6月20日至10月5日，共108天；平均秋季时间从10月6日至12月14日，共70天；平均冬季时间从12月15日至翌年3月28日，共104天。夏季时间最长，秋季时间最短（图5.1-4）。

嵊山站焦金斯基大陆度指数为45.8%，属海洋性季风气候。

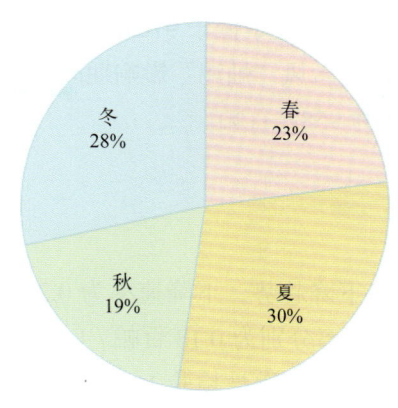

图5.1-4 四季平均日数百分率（1965—2019年）

## 第二节　气压

### 1. 平均气压、最高气压和最低气压

1973—2019年，嵊山站累年平均气压为1 009.8百帕。月平均气压具有冬高夏低的变化特征，12月最高，为1 019.0百帕，7月最低，为999.6百帕，年较差为19.4百帕。月最高气压1月最大，7月最小。月最低气压12月最大，7月最小（表5.2-1，图5.2-1）。

表5.2-1　气压年变化（1973—2019年）　　　　　　　　　　　　　　　　　　　单位：百帕

|  | 1月 | 2月 | 3月 | 4月 | 5月 | 6月 | 7月 | 8月 | 9月 | 10月 | 11月 | 12月 | 年 |
| --- | --- | --- | --- | --- | --- | --- | --- | --- | --- | --- | --- | --- | --- |
| 平均气压 | 1 018.8 | 1 017.0 | 1 013.7 | 1 009.1 | 1 005.2 | 1 000.8 | 999.6 | 1 000.4 | 1 006.0 | 1 012.3 | 1 016.1 | 1 019.0 | 1 009.8 |
| 最高气压 | 1 035.1 | 1 032.6 | 1 031.1 | 1 027.5 | 1 018.9 | 1 012.8 | 1 010.2 | 1 011.4 | 1 017.8 | 1 025.5 | 1 029.4 | 1 032.9 | 1 035.1 |
| 最低气压 | 999.4 | 993.9 | 993.1 | 989.7 | 988.3 | 983.5 | 958.2 | 958.5 | 964.6 | 979.9 | 991.0 | 1 000.2 | 958.2 |

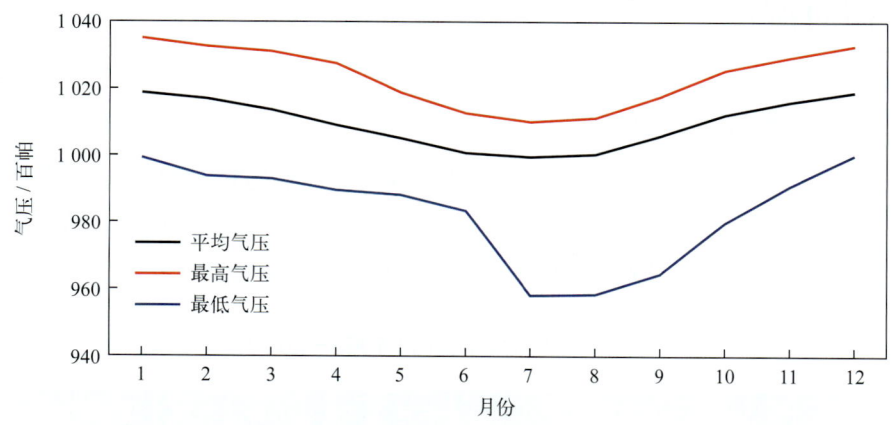

图5.2-1　气压年变化（1973—2019年）

历年的平均气压为1 008.6～1 011.1百帕，其中1995年最高，2012年最低。

历年的最高气压均高于1 026.5百帕，其中高于1 032.0百帕的有7年。极大值为1 035.1百帕，出现在2000年1月31日。

历年的最低气压均低于993.0百帕，其中低于970.0百帕的有8年。极小值为958.2百帕，出现在2015年7月12日，正值1509号台风"灿鸿"影响期间。另外，2000年8月31日，受0012号台风"派比安"影响，最低气压为958.5百帕。

### 2. 长期趋势变化

1973—2019年，年平均气压呈下降趋势，下降速率为0.28百帕/（10年）；年最高气压和年最低气压均呈波动上升趋势，上升速率分别为0.18百帕/（10年）（线性趋势未通过显著性检验）和0.25百帕/（10年）（线性趋势未通过显著性检验）。

十年平均气压变化显示，1980—1989年和1990—1999年平均气压最高，均为1 010.3百帕，2000—2009年平均气压最低，为1 009.2百帕；2000—2009年平均气压较上一个十年降幅最大，降幅为1.1百帕（图5.2-2）。

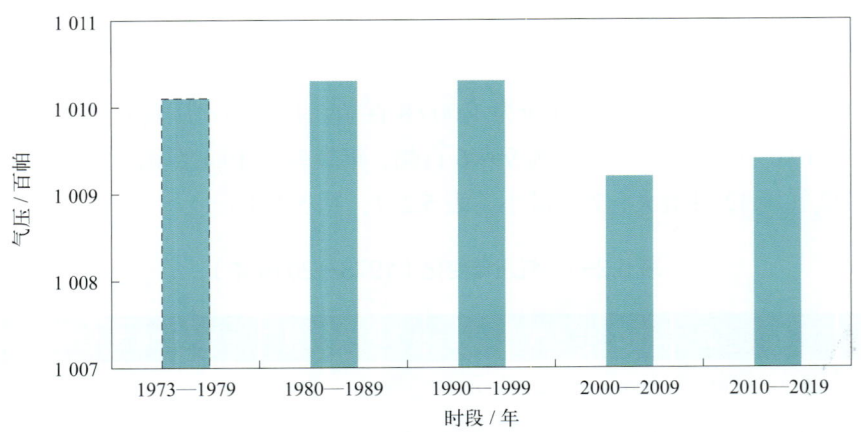

图5.2-2 十年平均气压变化

## 第三节 相对湿度

### 1. 平均相对湿度和最小相对湿度

1963—2019年，嵊山站累年平均相对湿度为78.6%。月平均相对湿度7月最大，为91.4%，12月最小，为67.8%。平均月最小相对湿度7月最大，为69.9%，1月最小，为34.6%。最小相对湿度的极小值为2%，出现在2005年12月22日（表5.3-1，图5.3-1）。

表5.3-1 相对湿度年变化（1963—2019年）

|  | 1月 | 2月 | 3月 | 4月 | 5月 | 6月 | 7月 | 8月 | 9月 | 10月 | 11月 | 12月 | 年 |
| --- | --- | --- | --- | --- | --- | --- | --- | --- | --- | --- | --- | --- | --- |
| 平均相对湿度/% | 69.6 | 72.8 | 77.8 | 83.3 | 86.0 | 90.3 | 91.4 | 87.2 | 78.6 | 70.1 | 67.9 | 67.8 | 78.6 |
| 平均最小相对湿度/% | 34.6 | 38.3 | 38.6 | 36.6 | 42.7 | 61.1 | 69.9 | 63.1 | 48.6 | 38.8 | 36.2 | 35.1 | 45.3 |
| 最小相对湿度/% | 9 | 17 | 12 | 7 | 12 | 24 | 53 | 33 | 31 | 12 | 16 | 2 | 2 |

注：平均最小相对湿度为各月最小相对湿度的累年平均值及其年平均值。1963年数据有缺测。

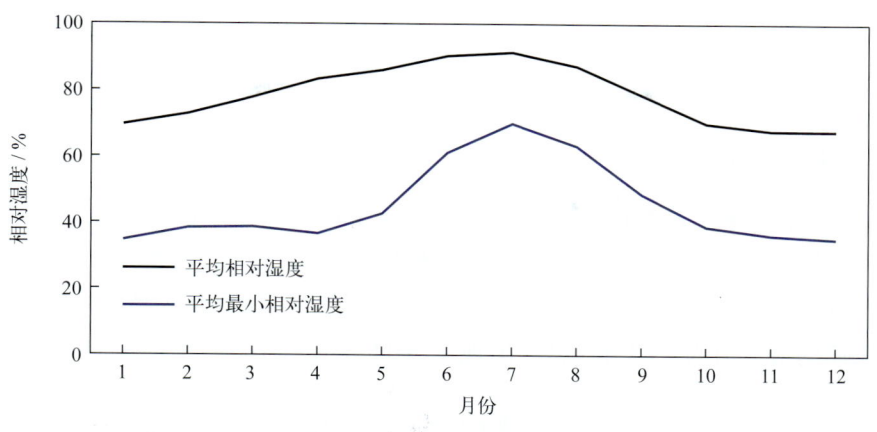

图5.3-1 相对湿度年变化（1963—2019年）

## 2. 长期趋势变化

1964—2019年，年平均相对湿度为71.8%~82.4%，其中2018年最大，2006年最小。年平均相对湿度总体变化趋势不明显。十年平均相对湿度变化显示，2010—2019年平均相对湿度最大，为80.4%，2000—2009年平均相对湿度最小，为76.5%（图5.3-2）。

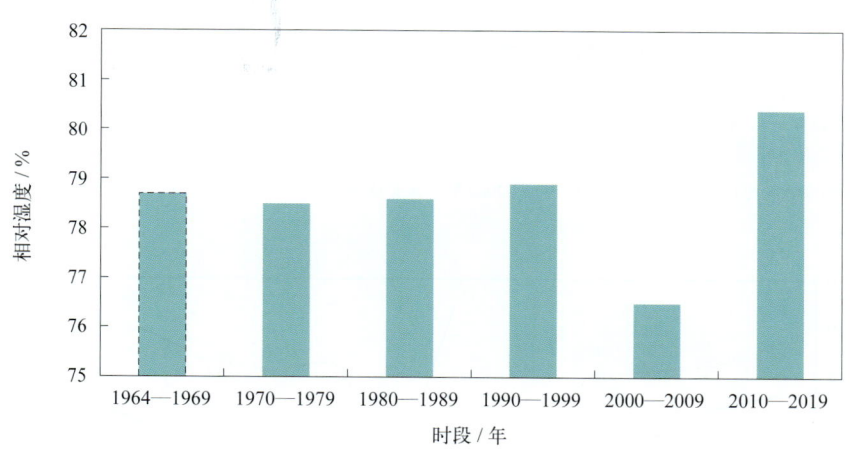

图5.3-2 十年平均相对湿度变化

## 3. 温湿指数

根据《人居环境气候舒适度评价》（GB/T 27963—2011）的温湿指数统计方法和气候舒适度等级划分方法，统计嵊山站各月温湿指数，结果显示：12月至翌年4月温湿指数为7.8~13.2，感觉为寒冷；11月温湿指数为15.3，感觉为冷；5—7月、9月和10月温湿指数为17.5~25.0，感觉为舒适；8月温湿指数为25.8，感觉为热（表5.3-2）。

表5.3-2 温湿指数年变化（1963—2019年）

|  | 1月 | 2月 | 3月 | 4月 | 5月 | 6月 | 7月 | 8月 | 9月 | 10月 | 11月 | 12月 |
| --- | --- | --- | --- | --- | --- | --- | --- | --- | --- | --- | --- | --- |
| 温湿指数 | 8.0 | 7.8 | 9.7 | 13.2 | 17.5 | 21.3 | 25.0 | 25.8 | 23.1 | 19.2 | 15.3 | 10.6 |
| 感觉程度 | 寒冷 | 寒冷 | 寒冷 | 寒冷 | 舒适 | 舒适 | 舒适 | 热 | 舒适 | 舒适 | 冷 | 寒冷 |

## 第四节 风

### 1. 平均风速和最大风速

嵊山站风速的年变化见表5.4-1和图5.4-1。累年平均风速为6.4米/秒，月平均风速冬半年大，夏半年小，其中1月和12月最大，均为7.6米/秒，6月最小，为5.0米/秒。平均最大风速11月最大，为20.5米/秒，6月最小，为16.1米/秒。最大风速月最大值对应风向多为N向（6个月）。极大风速的最大值为43.3米/秒，出现在2011年8月7日，对应风向为N。

表5.4-1　风速年变化（1965—2019年）　　　　　　　　　　　　　单位：米/秒

|  |  | 1月 | 2月 | 3月 | 4月 | 5月 | 6月 | 7月 | 8月 | 9月 | 10月 | 11月 | 12月 | 年 |
| --- | --- | --- | --- | --- | --- | --- | --- | --- | --- | --- | --- | --- | --- | --- |
| 平均风速 |  | 7.6 | 7.3 | 6.7 | 6.1 | 5.5 | 5.0 | 5.6 | 5.6 | 6.1 | 6.4 | 7.0 | 7.6 | 6.4 |
| 最大风速 | 平均值 | 20.1 | 19.4 | 19.2 | 19.1 | 16.8 | 16.1 | 17.0 | 19.5 | 19.2 | 19.6 | 20.5 | 20.4 | 18.9 |
| 最大风速 | 最大值 | 26.7 | 34.0 | 25.0 | 28.0 | 22.0 | 31.3 | 43.0 | 44.0 | 41.7 | 35.0 | 30.0 | 25.0 | 44.0 |
| 最大风速 | 最大值对应风向 | NNW | NNE | N | NE | N | NNE | SW | N | NNW | N | N | N/NW | N |
| 极大风速 | 最大值 | 30.0 | 26.9 | 27.9 | 29.7 | 27.2 | 31.0 | 36.3 | 43.3 | 34.9 | 32.1 | 36.2 | 28.5 | 43.3 |
| 极大风速 | 最大值对应风向 | NNW | N | NNW | N | N | ESE | NNE | N | NE | N | NNE | N | N |

注：极大风速的统计时间为1998—2019年，其中1998—2002年数据有缺测。

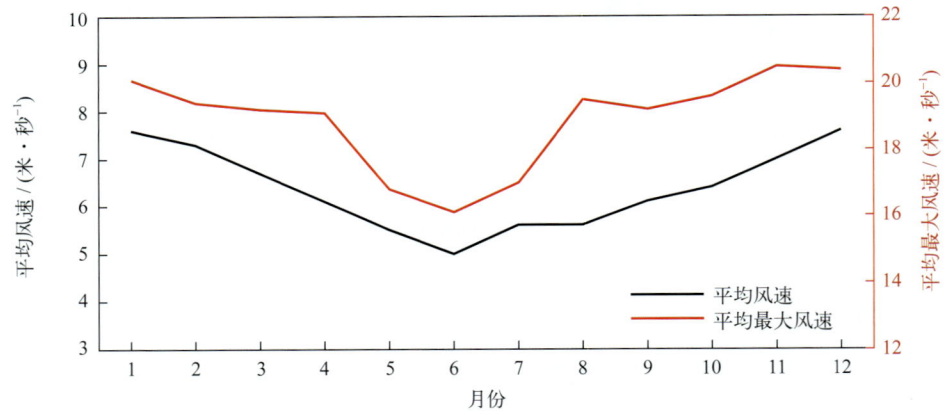

图5.4-1　平均风速和平均最大风速年变化（1965—2019年）

历年的平均风速为5.3～7.7米/秒，其中1966年最大，2008年最小。历年的最大风速均大于等于19.0米/秒，其中大于等于28.0米/秒的有15年，大于等于38.0米/秒的有3年。最大风速的最大值为44.0米/秒，出现在1986年8月27日，风向为N。年最大风速出现在11月和12月的频率最高，出现在5月的频率最低（图5.4-2）。

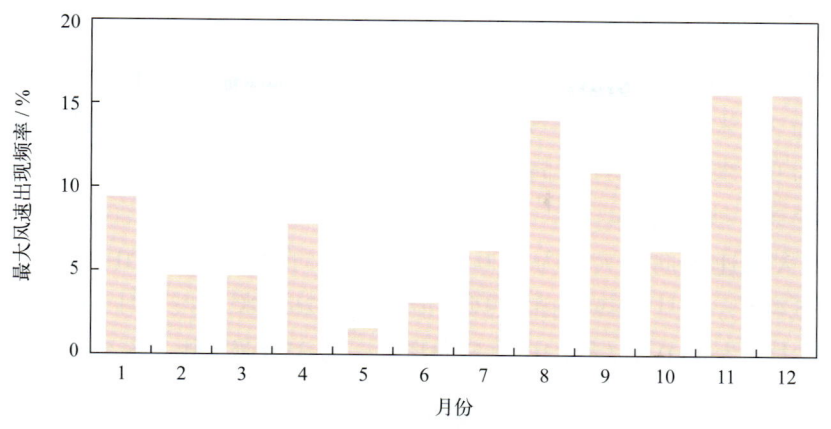

图5.4-2 年最大风速出现频率（1965—2019年）

### 2. 各向风频率

全年 NNE 向风最多，频率为 13.8%，N 向次之，频率为 13.1%，WSW 向最少，频率为 1.1%（图 5.4-3）。

1 月盛行风向为 NW—NE，频率和为 72.3%；4 月盛行风向为 SSE—SSW，频率和为 35.6%；7 月盛行风向为 SSE—SSW，频率和为 65.5%；10 月盛行风向为 NNW—NE，频率和为 61.8%（图 5.4-4）。

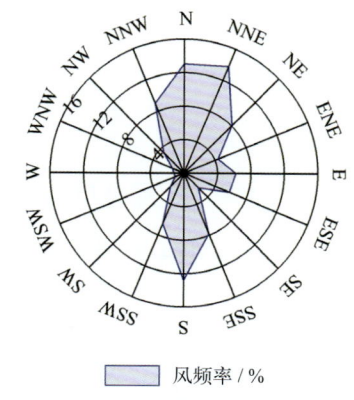

图5.4-3 全年各向风频率（1965—2019年）

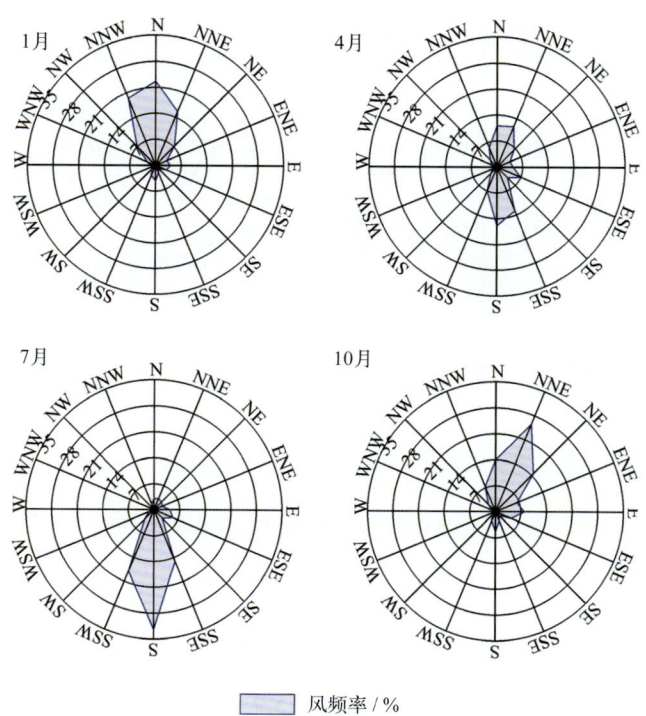

图5.4-4 四季代表月各向风频率（1965—2019年）

### 3. 各向平均风速和最大风速

全年各向平均风速 N 向和 NNW 向最大，均为 7.5 米 / 秒，NNE 向次之，为 6.8 米 / 秒，WSW 向最小，为 3.2 米 / 秒（图 5.4-5）。1 月 N 向和 NNW 向平均风速均超过 8.0 米 / 秒，其中 NNW 向最大，为 9.8 米 / 秒；4 月 N 向最大，为 7.4 米 / 秒；7 月 S 向最大，为 6.1 米 / 秒；10 月 N 向最大，为 8.2 米 / 秒（图 5.4-6）。

全年各向最大风速 N 向最大，为 44.0 米 / 秒，SW 向次之，为 43.0 米 / 秒，SE 向最小，为 20.7 米 / 秒（图 5.4-5）。1 月 NNW 向最大风速最大，为 26.7 米 / 秒；4 月 NE 向最大，为 28.0 米 / 秒；7 月 SW 向最大，为 43.0 米 / 秒；10 月 N 向最大，为 35.0 米 / 秒（图 5.4-6）。

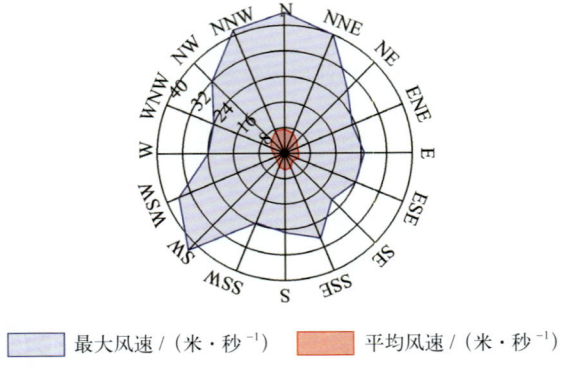

图 5.4-5　全年各向平均风速和最大风速（1965—2019 年）

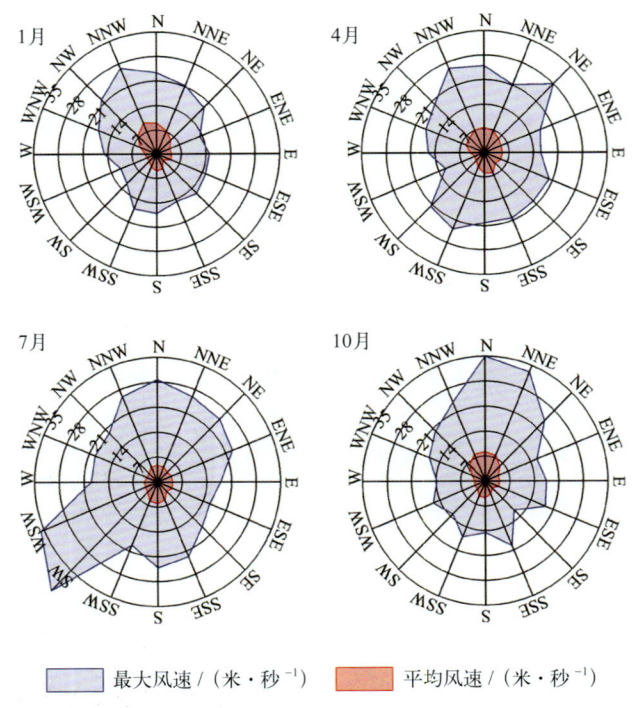

图 5.4-6　四季代表月各向平均风速和最大风速（1965—2019 年）

### 4. 大风日数

风力大于等于 6 级的大风日数 1 月最多，为 17.5 天，占全年的 12.0%，12 月次之，为 16.6 天（表 5.4-2，图 5.4-7）。平均年大风日数为 145.9 天（表 5.4-2）。历年大风日数 1974 年最多，为209天，1968年最少，为83天。

风力大于等于8级的大风日数12月最多，为4.1天，6月最少，为0.5天。历年大风日数1989年最多，为64天，2017年最少，为3天。

风力大于等于6级的月大风日数最多为25天，出现在1989年3月和4月、1984年12月和2012年12月；最长连续大于等于6级大风日数为20天，出现在1984年12月10—29日（表5.4-2）。

表5.4-2　各级大风日数年变化（1965—2019年）　　　　　　　　　　单位：天

| | 1月 | 2月 | 3月 | 4月 | 5月 | 6月 | 7月 | 8月 | 9月 | 10月 | 11月 | 12月 | 年 |
|---|---|---|---|---|---|---|---|---|---|---|---|---|---|
| 大于等于6级大风平均日数 | 17.5 | 15.3 | 15.3 | 13.6 | 9.9 | 6.9 | 8.5 | 7.6 | 9.5 | 11.4 | 13.8 | 16.6 | 145.9 |
| 大于等于7级大风平均日数 | 9.8 | 7.4 | 7.6 | 6.0 | 3.4 | 2.2 | 2.7 | 3.2 | 4.0 | 5.2 | 7.9 | 9.9 | 69.3 |
| 大于等于8级大风平均日数 | 3.2 | 2.4 | 2.3 | 1.8 | 0.8 | 0.5 | 0.6 | 1.2 | 1.5 | 2.0 | 3.2 | 4.1 | 23.6 |
| 大于等于6级大风最多日数 | 24 | 23 | 25 | 25 | 18 | 16 | 19 | 17 | 18 | 20 | 22 | 25 | 209 |
| 最长连续大于等于6级大风日数 | 18 | 14 | 14 | 13 | 18 | 9 | 12 | 10 | 10 | 16 | 13 | 20 | 20 |

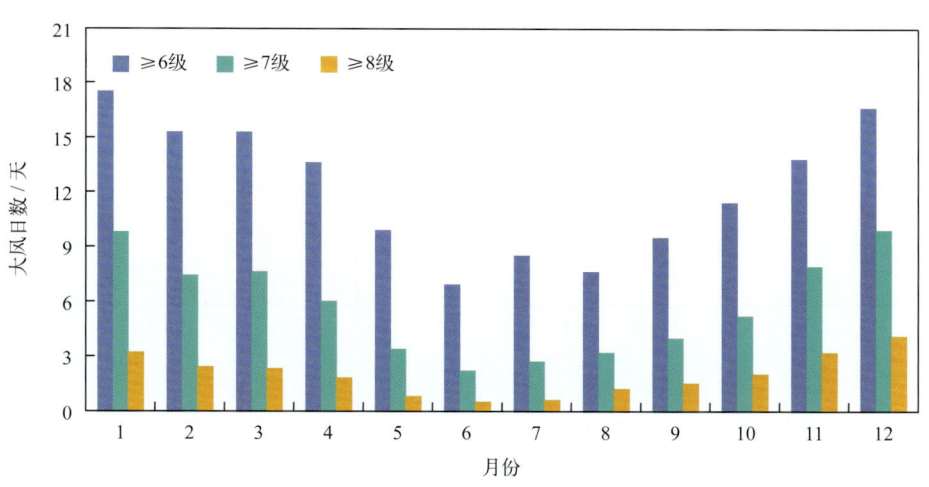

图5.4-7　各级大风日数年变化

## 第五节　降水

### 1. 降水量和降水日数

#### （1）降水量

嵊山站降水量的年变化见表5.5-1和图5.5-1。平均年降水量为1 065.1毫米，降水量的季节分布不均匀，夏季（6—8月）为349.4毫米，占全年降水量的32.8%，春季（3—5月）为303.2毫米，占全年的28.5%，秋季（9—11月）为240.6毫米，占全年的22.6%，冬季（12月至翌年2月）为171.9毫米，占全年的16.1%。6月平均降水量最多，为159.1毫米，占全年的14.9%。

历年年降水量为604.6～1 677.9毫米，其中1999年最多，1967年最少。

最大日降水量超过 100 毫米的有 16 年，超过 150 毫米的有 6 年，超过 200 毫米的有 3 年。最大日降水量为 229.6 毫米，出现在 2017 年 10 月 16 日，主要受 1720 号台风"卡努"外围云系和冷空气的共同影响。

表 5.5-1 降水量年变化（1963—2019 年） 单位：毫米

| | 1月 | 2月 | 3月 | 4月 | 5月 | 6月 | 7月 | 8月 | 9月 | 10月 | 11月 | 12月 | 年 |
|---|---|---|---|---|---|---|---|---|---|---|---|---|---|
| 平均降水量 | 52.5 | 66.1 | 92.7 | 101.2 | 109.3 | 159.1 | 85.8 | 104.5 | 105.1 | 74.5 | 61.0 | 53.3 | 1 065.1 |
| 最大日降水量 | 48.9 | 43.9 | 53.1 | 90.0 | 96.6 | 144.9 | 163.6 | 221.1 | 216.3 | 229.6 | 98.7 | 107.2 | 229.6 |

注：1963 年数据有缺测。

### （2）降水日数

平均年降水日数为 132.1 天。降水日数的年变化特征为上半年多、下半年少（图 5.5-2 和图 5.5-3）。日降水量大于等于 10 毫米的平均年日数为 32.0 天，各月均有出现；日降水量大于等于 50 毫米的平均年日数为 2.5 天，出现在 3—12 月；日降水量大于等于 100 毫米的平均年日数为 0.4 天，出现在 6—12 月；日降水量大于等于 150 毫米的平均年日数为 0.12 天，出现在 7—10 月；日降水量大于等于 200 毫米的平均年日数为 0.05 天，出现在 8—10 月（图 5.5-3）。

最多年降水日数为 158 天，出现在 1965 年和 2016 年，最少年降水日数为 94 天，出现在 1971 年。最长连续降水日数为 20 天，出现在 2009 年 2 月 15 日至 3 月 6 日；最长连续无降水日数为 67 天，出现在 1973 年 11 月 9 日至 1974 年 1 月 14 日。

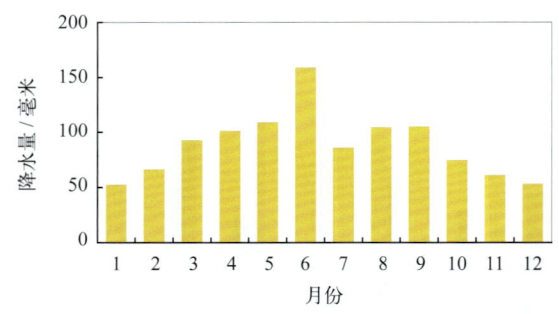

图5.5-1 降水量年变化（1963—2019年）

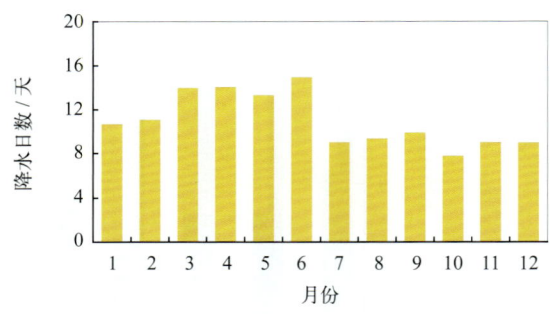

图5.5-2 降水日数年变化（1965—2019年）

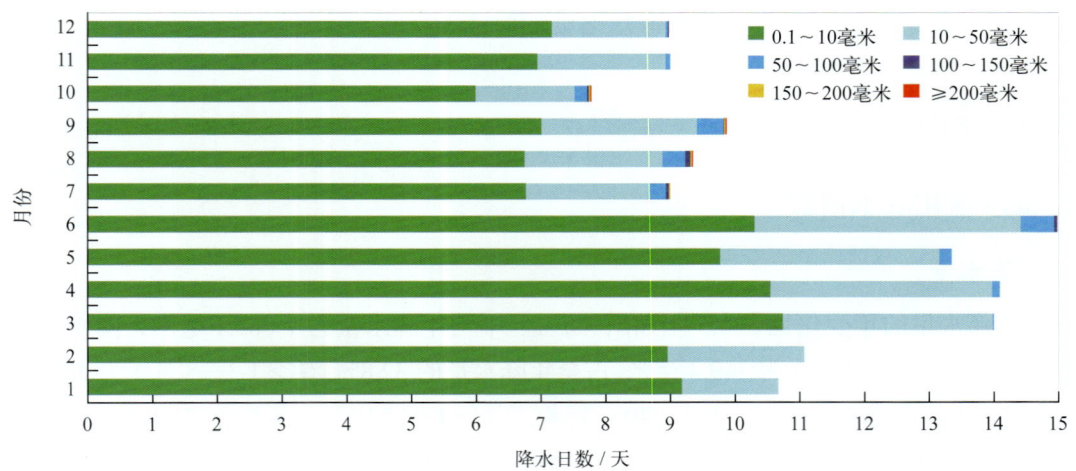

图5.5-3 各月各级平均降水日数分布（1963—2019年）

### 2. 长期趋势变化

1964—2019 年，嵊山站年降水量呈上升趋势，上升速率为 64.33 毫米/（10 年）。十年平均年降水量变化显示，2010—2019 年平均年降水量最大，为 1 218.6 毫米，较上一个十年升幅最大，升幅为 163.3 毫米（图 5.5-4）。1964—2019 年，年最大日降水量呈上升趋势，上升速率为 10.82 毫米/（10 年）。

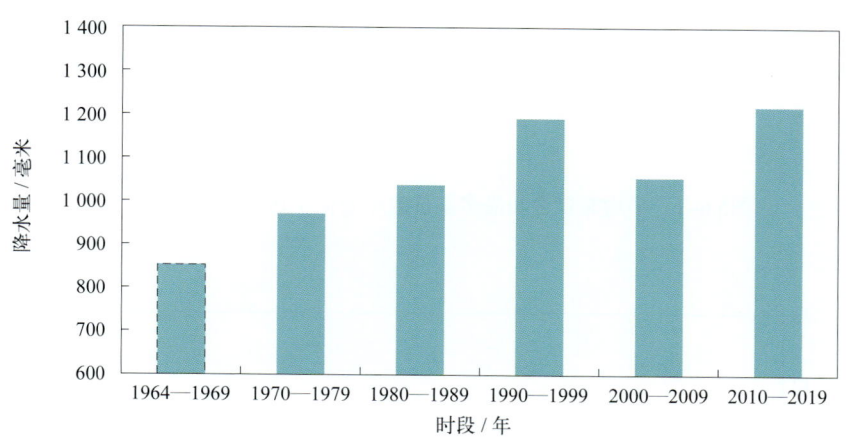

图5.5-4　十年平均年降水量变化

1965—2019 年，年降水日数和最长连续降水日数均呈微弱增加趋势，增加速率分别为 0.34 天/（10 年）（线性趋势未通过显著性检验）和 0.27 天/（10 年）（线性趋势未通过显著性检验）；最长连续无降水日数呈减少趋势，减少速率为 1.63 天/（10 年）（线性趋势未通过显著性检验）。

## 第六节　雾及其他天气现象

### 1. 雾

嵊山站雾日数的年变化见表 5.6-1、图 5.6-1 和图 5.6-2。1965—2019 年，平均年雾日数为 39.0 天。平均月雾日数 4 月最多，为 8.6 天，9 月和 10 月最少，均为 0.2 天；月雾日数最多为 19 天，出现在 1984 年 6 月；最长连续雾日数为 9 天，出现在 1993 年 6 月 14—22 日和 1998 年 4 月 4—12 日。《东海区海洋站海洋水文气候志》记载最长连续雾日数为 11 天，出现在 5 月。

表 5.6-1　雾日数年变化（1965—2019 年）　　　　单位：天

| | 1月 | 2月 | 3月 | 4月 | 5月 | 6月 | 7月 | 8月 | 9月 | 10月 | 11月 | 12月 | 年 |
|---|---|---|---|---|---|---|---|---|---|---|---|---|---|
| 平均雾日数 | 1.2 | 2.0 | 4.7 | 8.6 | 8.3 | 7.2 | 4.5 | 0.8 | 0.2 | 0.2 | 0.5 | 0.8 | 39.0 |
| 最多雾日数 | 5 | 8 | 11 | 17 | 18 | 19 | 11 | 5 | 2 | 2 | 4 | 6 | 66 |
| 最长连续雾日数 | 4 | 4 | 6 | 9 | 8 | 9 | 6 | 4 | 2 | 2 | 4 | 4 | 9 |

注：1965年和2002年数据有缺测，2003年、2007年和2018年数据缺测。

1965—2019 年，年雾日数呈下降趋势，下降速率为 4.26 天/（10 年）。1991 年雾日数最多，为 66 天，2019 年最少，为 10 天。

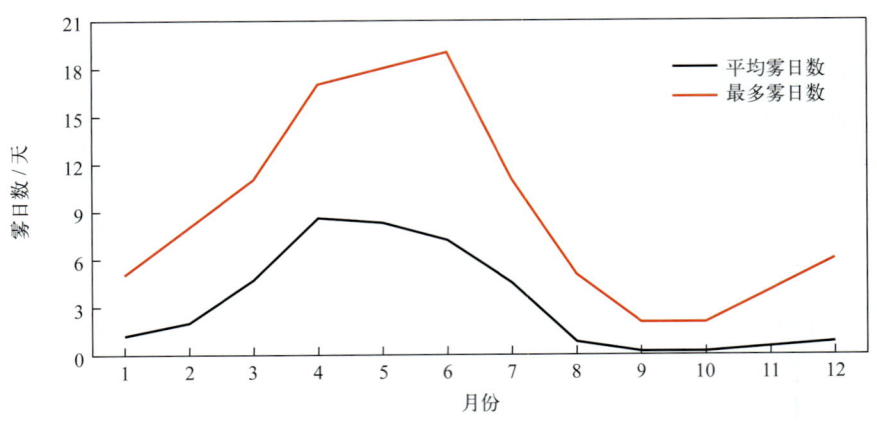

图5.6-1 平均雾日数和最多雾日数年变化（1965—2019年）

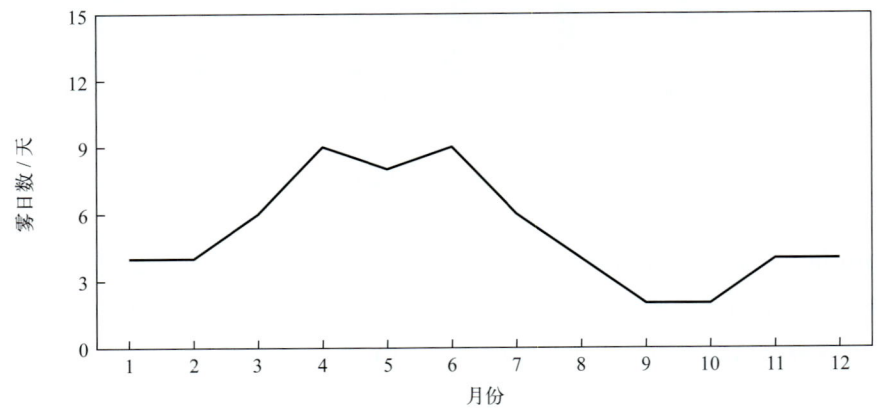

图5.6-2 最长连续雾日数年变化（1965—2019年）

十年平均年雾日数变化显示，1990—1999年平均年雾日数最多，为47.0天，较1970—1979年多6.3天（图5.6-3）。

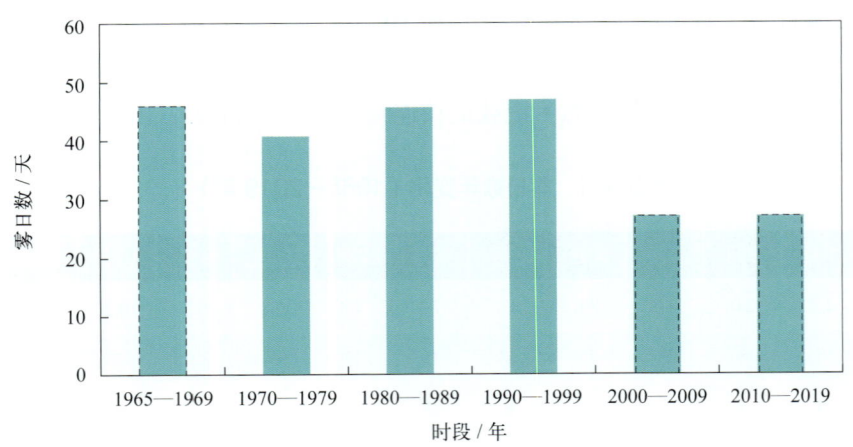

图5.6-3 十年平均年雾日数变化

## 2. 轻雾

嵊山站轻雾日数的年变化见表5.6-2和图5.6-4。1965—1995年，平均年轻雾日数为125.5天。平均月轻雾日数5月最多，为18.2天，10月最少，为3.8天；最多月轻雾日数为26天，出现在1984年6月和1990年6月。

1965—1994年，年轻雾日数呈上升趋势，上升速率为24.37天/（10年）。1994年轻雾日数最多，为184天，1974年最少，为74天（图5.6-5）。

表 5.6-2 轻雾日数年变化（1965—1995年） 单位：天

|  | 1月 | 2月 | 3月 | 4月 | 5月 | 6月 | 7月 | 8月 | 9月 | 10月 | 11月 | 12月 | 年 |
|---|---|---|---|---|---|---|---|---|---|---|---|---|---|
| 平均轻雾日数 | 8.5 | 8.8 | 13.3 | 16.8 | 18.2 | 16.8 | 14.2 | 8.2 | 3.9 | 3.8 | 5.7 | 7.3 | 125.5 |
| 最多轻雾日数 | 22 | 18 | 23 | 24 | 25 | 26 | 24 | 20 | 9 | 15 | 17 | 18 | 184 |

注：1965年数据有缺测，1995年7月停测。

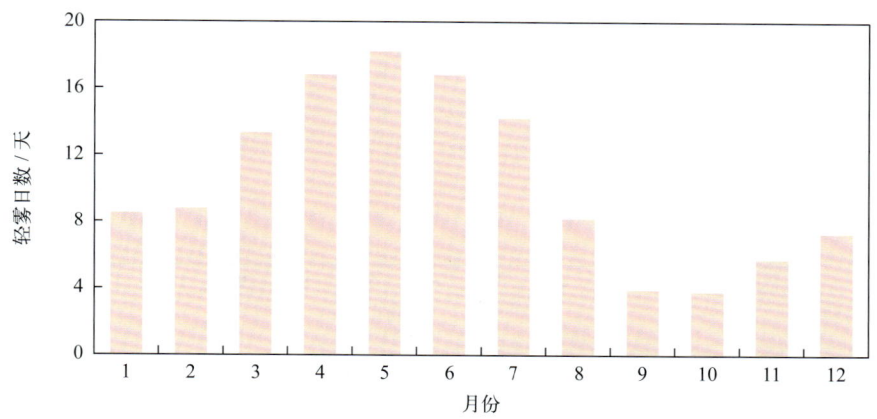

图5.6-4 轻雾日数年变化（1965—1995年）

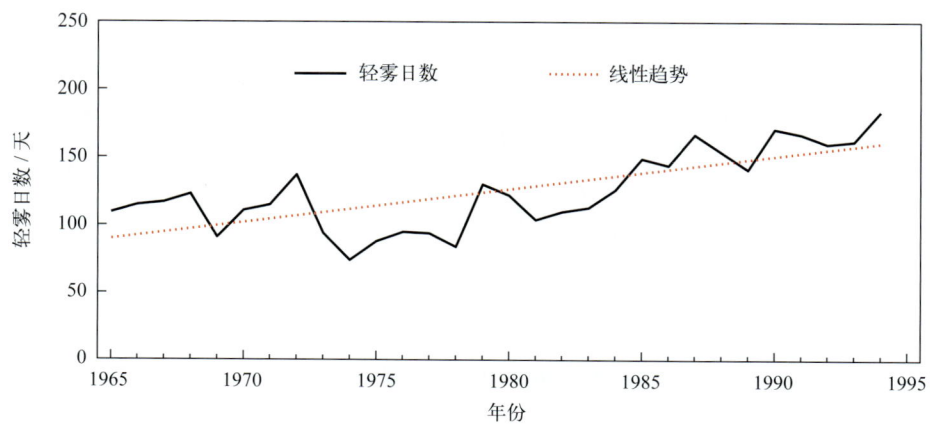

图5.6-5 1965—1994年轻雾日数变化

## 3. 雷暴

嵊山站雷暴日数的年变化见表5.6-3和图5.6-6。1963—1995年，平均年雷暴日数为12.3天。

雷暴主要出现在3—9月，其中4月和7月最多，平均日数均为2.0天，11月至翌年1月最少，均为0.1天。雷暴最早初日为1月19日（1989年），最晚终日为12月22日（1965年）。

表5.6-3 雷暴日数年变化（1963—1995年）　　　　　　　　　　　　单位：天

| | 1月 | 2月 | 3月 | 4月 | 5月 | 6月 | 7月 | 8月 | 9月 | 10月 | 11月 | 12月 | 年 |
|---|---|---|---|---|---|---|---|---|---|---|---|---|---|
| 平均雷暴日数 | 0.1 | 0.3 | 1.7 | 2.0 | 1.1 | 1.7 | 2.0 | 1.7 | 1.3 | 0.2 | 0.1 | 0.1 | 12.3 |
| 最多雷暴日数 | 1 | 3 | 6 | 6 | 4 | 7 | 6 | 6 | 6 | 2 | 1 | 1 | 21 |

注：1963年数据有缺测，1995年7月停测。

1964—1994年，年雷暴日数呈上升趋势，上升速率为1.40天/（10年）（线性趋势未通过显著性检验）。1977年和1980年雷暴日数最多，均为21天，1970年最少，为2天（图5.6-7）。

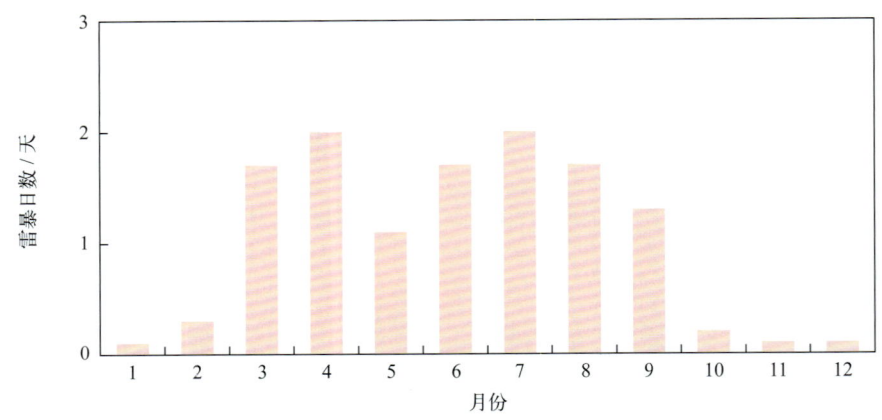

图5.6-6　雷暴日数年变化（1963—1995年）

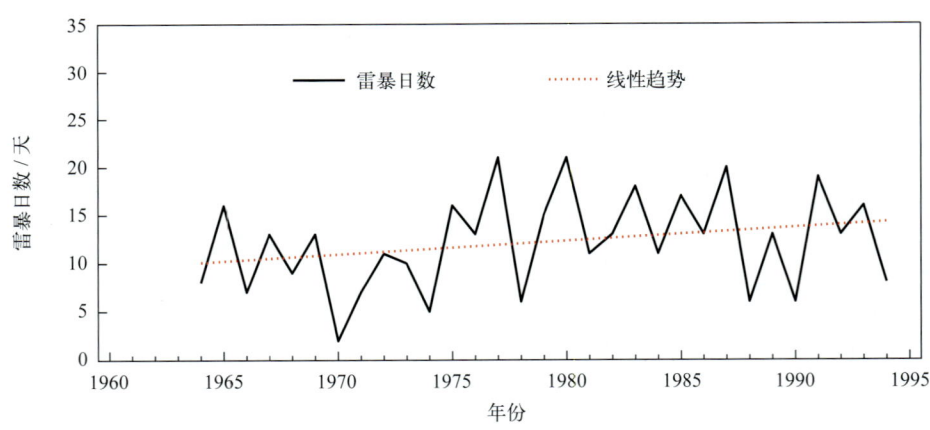

图5.6-7　1964—1994年雷暴日数变化

### 4. 霜

嵊山站霜日数的年变化见表5.6-4和图5.6-8。1963—1995年，平均年霜日数为1.9天。霜全部出现在12月至翌年3月，1月最多，平均日数为0.8天。霜最早初日为12月16日（1967年），最晚终日为 3 月 5 日（1972 年）。

表 5.6-4　霜日数年变化（1963—1995 年）　　　　　　　　　　　　　　　　　　　　　　单位：天

| | 1月 | 2月 | 3月 | 4月 | 5月 | 6月 | 7月 | 8月 | 9月 | 10月 | 11月 | 12月 | 年 |
|---|---|---|---|---|---|---|---|---|---|---|---|---|---|
| 平均霜日数 | 0.8 | 0.5 | 0.2 | 0.0 | 0.0 | 0.0 | 0.0 | 0.0 | 0.0 | 0.0 | 0.0 | 0.4 | 1.9 |
| 最多霜日数 | 3 | 4 | 2 | 0 | 0 | 0 | 0 | 0 | 0 | 0 | 0 | 2 | 6 |

注：1979年数据缺测，1995年7月停测。

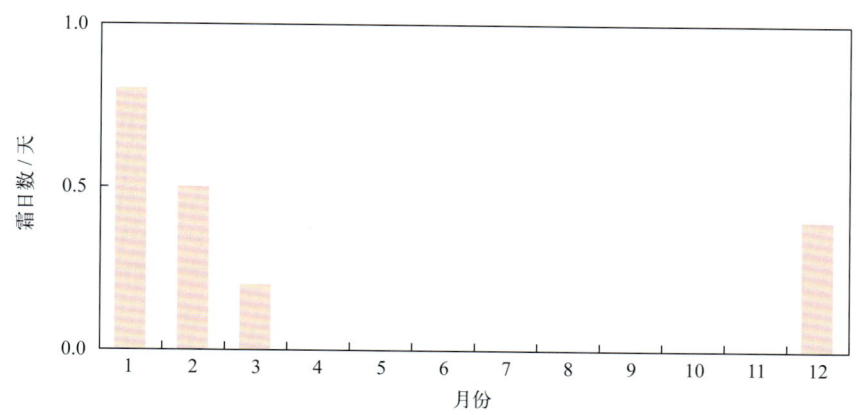

图 5.6-8　霜日数年变化（1963—1995 年）

1963—1994 年，年霜日数呈上升趋势，上升速率为 0.47 天 /（10 年）（线性趋势未通过显著性检验）。1978 年霜日数最多，为 6 天，有 8 年未出现霜（图 5.6-9）。

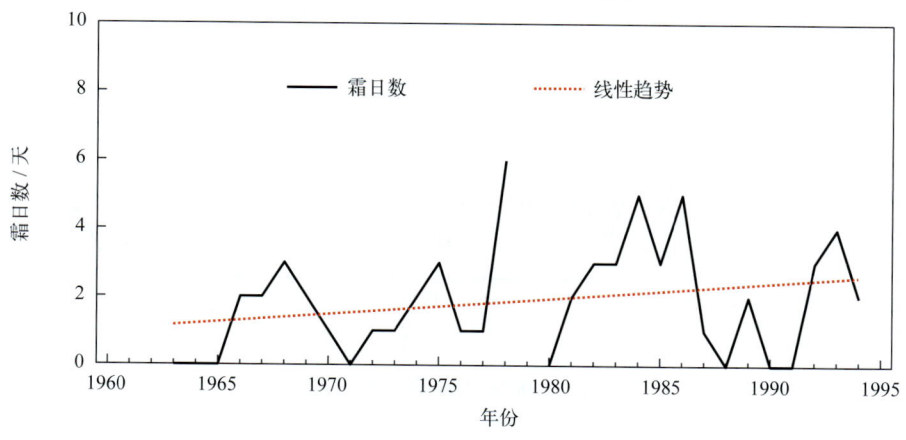

图 5.6-9　1963—1994 年霜日数变化

### 5. 降雪

嵊山站降雪日数的年变化见表 5.6-5 和图 5.6-10。1965—1995 年，平均年降雪日数为 7.2 天。降雪全部出现在 11 月至翌年 4 月，1 月最多，平均日数为 2.9 天。降雪最早初日为 11 月 29 日（1971 年），最晚终日为 4 月 4 日（1969 年）。

表 5.6-5　降雪日数年变化（1965—1995年）　　　　　　　　　　　单位：天

| | 1月 | 2月 | 3月 | 4月 | 5月 | 6月 | 7月 | 8月 | 9月 | 10月 | 11月 | 12月 | 年 |
|---|---|---|---|---|---|---|---|---|---|---|---|---|---|
| 平均降雪日数 | 2.9 | 2.2 | 0.5 | 0.1 | 0.0 | 0.0 | 0.0 | 0.0 | 0.0 | 0.0 | 0.1 | 1.4 | 7.2 |
| 最多降雪日数 | 10 | 6 | 3 | 1 | 0 | 0 | 0 | 0 | 0 | 0 | 1 | 8 | 18 |

注：1995年7月停测。

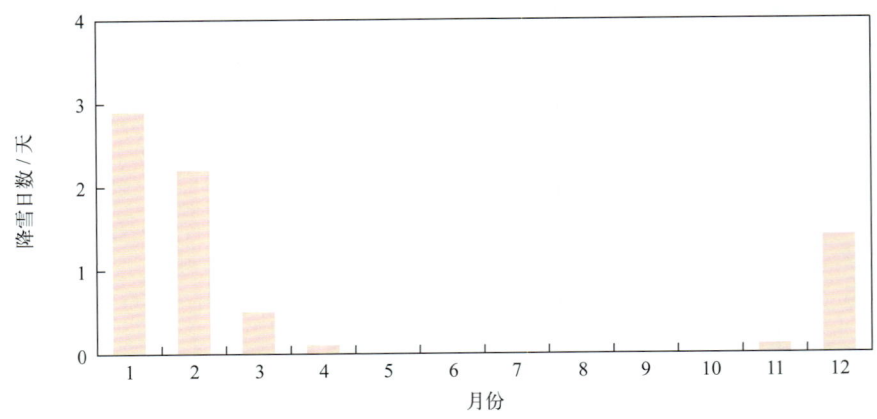

图5.6-10　降雪日数年变化（1965—1995年）

1965—1994 年，年降雪日数呈下降趋势，下降速率为 2.22 天 /（10 年）。1984 年降雪日数最多，为 18 天，1990 年和 1992 年最少，均为 2 天（图 5.6-11）。

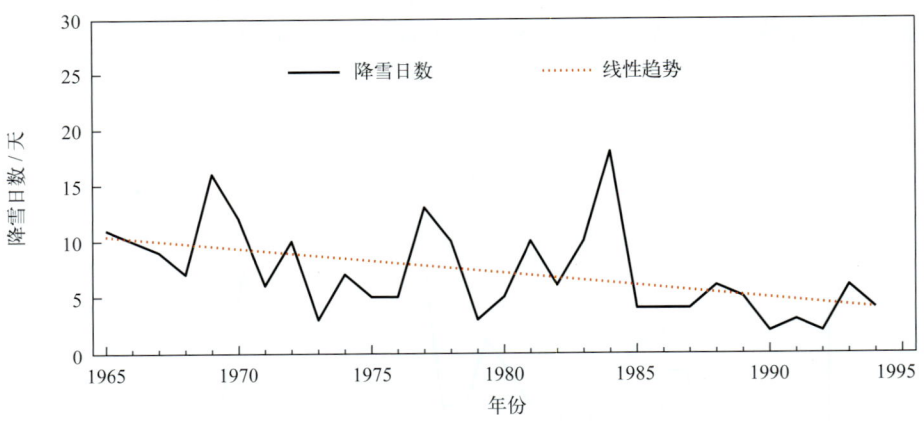

图5.6-11　1965—1994年降雪日数变化

## 第七节　能见度

1965—2002 年，嵊山站累年平均能见度为 19.9 千米。10 月平均能见度最大，为 27.4 千米，4 月最小，为 13.8 千米。能见度小于 1 千米的平均年日数为 31.8 天，5 月最多，为 7.4 天，9 月最少，为 0.1 天（表 5.7-1，图 5.7-1 和图 5.7-2）。

历年平均能见度为 16.2 ~ 25.6 千米，1967 年最高，2001 年最低。能见度小于 1 千米的日数 1991 年最多，为 49 天，1965 年最少，为 19 天（图 5.7-3）。

表 5.7-1　能见度年变化（1965—2002 年）

| | 1月 | 2月 | 3月 | 4月 | 5月 | 6月 | 7月 | 8月 | 9月 | 10月 | 11月 | 12月 | 年 |
|---|---|---|---|---|---|---|---|---|---|---|---|---|---|
| 平均能见度/千米 | 19.6 | 20.1 | 16.5 | 13.8 | 14.5 | 15.4 | 17.6 | 21.6 | 26.4 | 27.4 | 24.8 | 21.3 | 19.9 |
| 能见度小于1千米平均日数/天 | 1.1 | 1.4 | 3.9 | 7.1 | 7.4 | 5.4 | 3.4 | 0.6 | 0.1 | 0.2 | 0.4 | 0.8 | 31.8 |

注：1965年数据有缺测，1973年4月至1981年12月数据缺测，2002年7月停测。

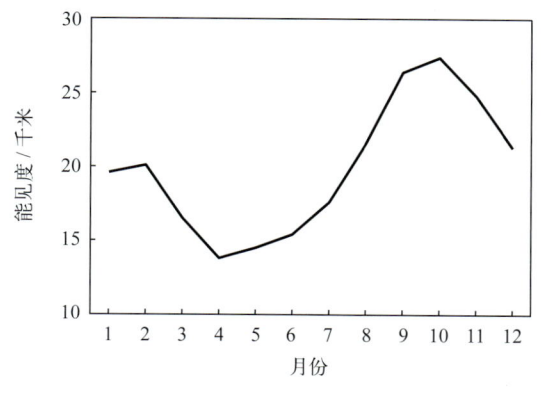

图5.7-1　能见度年变化

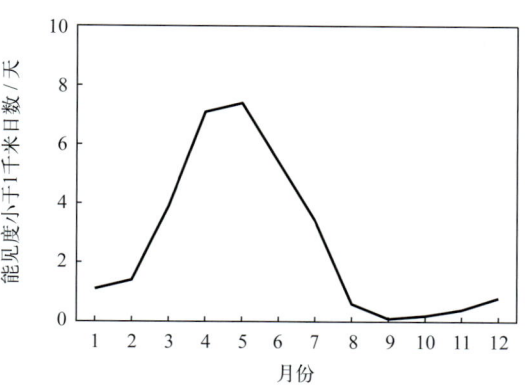

图5.7-2　能见度小于1千米日数年变化

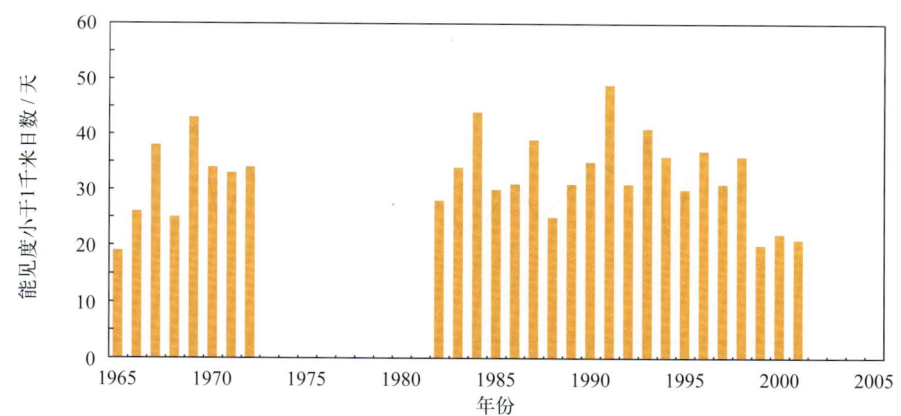

图5.7-3　能见度小于1千米年日数变化

1982—2001年，年平均能见度呈下降趋势，下降速率为2.23千米/（10年）。

## 第八节　云

1965—1995年，嵊山站累年平均总云量为6.7成，6月平均总云量最多，为8.2成，8月最少，为5.4成；累年平均低云量为3.8成，1月平均低云量最多，为4.5成，8月最少，为2.7成（表5.8-1，图5.8-1）。

1965—1994年，年平均总云量和年平均低云量变化趋势均不明显，年平均总云量1970年最多，为7.2成，1971年最少，为6.1成（图5.8-2）；年平均低云量1985年最多，为4.3成，1978年和1988年最少，均为3.3成（图5.8-3）。

表 5.8-1　总云量和低云量年变化（1965—1995 年）

|  | 1月 | 2月 | 3月 | 4月 | 5月 | 6月 | 7月 | 8月 | 9月 | 10月 | 11月 | 12月 | 年 |
|---|---|---|---|---|---|---|---|---|---|---|---|---|---|
| 平均总云量/成 | 6.8 | 7.1 | 7.1 | 7.2 | 7.5 | 8.2 | 6.8 | 5.4 | 6.2 | 6.0 | 6.1 | 6.1 | 6.7 |
| 平均低云量/成 | 4.5 | 4.4 | 4.0 | 4.0 | 4.0 | 4.4 | 3.4 | 2.7 | 3.3 | 3.3 | 3.9 | 4.2 | 3.8 |

注：1965年数据有缺测，1995年7月停测。

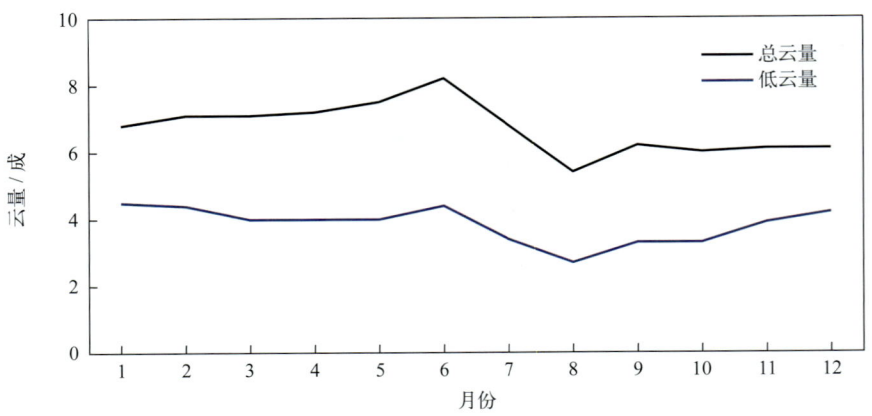

图5.8-1　总云量和低云量年变化（1965—1995年）

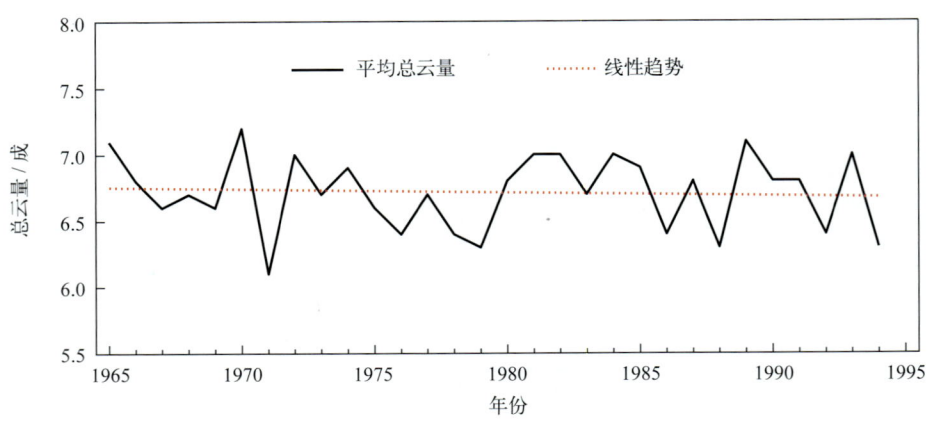

图5.8-2　1965—1994年平均总云量变化

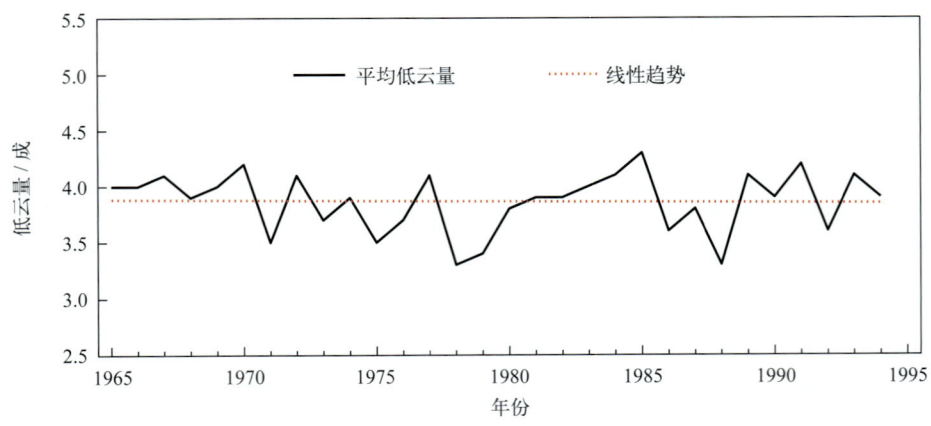

图5.8-3　1965—1994年平均低云量变化

# 第六章 海平面

## 1. 年变化

嵊山附近海域海平面年变化特征明显,2月最低,9月最高,年变幅为34厘米(图6-1),平均海平面在验潮基面上254厘米。

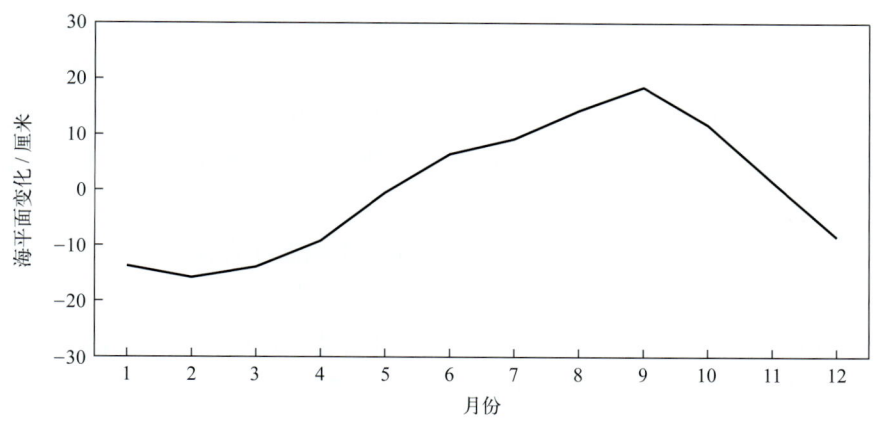

图6-1 海平面年变化(1996—2019年)

## 2. 长期趋势变化

1996—2019年,嵊山附近海域海平面总体呈波动上升趋势,上升速率为3.0毫米/年。1996—1998年,嵊山附近海域海平面上升较快,升幅为67毫米,2000—2009年海平面总体波动较小,2010年后海平面上升较快,且伴随明显的年际波动,2016年海平面处于1996年以来的最高位,2017—2018年海平面下降明显,降幅超过50毫米,2019年海平面回升至1996年以来的第二高位。2010—2019年平均海平面较2000—2009年高34毫米。

# 第七章 灾害

## 第一节 海洋灾害

### 1. 风暴潮

1974年8月18—21日，7413号台风登陆浙江省椒江市三门县，在长江口—杭州湾—温州一带引发特大潮灾，受灾最严重的地区为长江口、杭州湾沿岸。7413号台风以垂直海岸方向正面登陆，近中心最大风力12级以上，台风登陆时又与天文大潮期高潮相遇，浙江全省有半数验潮站出现了历史上的最高潮位。上从杭州湾闸口，下至平湖县乍浦大部分站超过警戒水位0.5~1.0米，造成杭州湾南岸新垦区的堤塘多处溃决，海水倒灌酿成灾情（《中国海洋灾害四十年资料汇编》）。

1979年8月22—25日，7910号台风登陆浙江舟山，影响浙江省和上海市，引发严重潮灾（《中国海洋灾害四十年资料汇编》）。

1989年9月15日（农历八月十六），8923号台风登陆，正值我国东部沿海天文大潮期，引发特大风暴潮灾，从长江口到福建省闽江口，有多个验潮站的潮位超过当地警戒水位（《1989年中国海洋灾害公报》）。

1992年，天文大潮和9216号强热带风暴共同作用，引起了92特大风暴潮，风暴前期影响的浙江、上海沿海测站的增水一般为80~140厘米（温州较大，为208厘米）（《1992年中国海洋灾害公报》）。

1996年7月31日，9608号台风风暴潮影响期间，浙江沿海发生严重的风暴潮灾害（《1996年中国海洋灾害公报》）。

1997年8月，9711号台风风暴潮造成了1949年以来经济损失最大的一次风暴潮灾害。浙江省是此次灾害的重灾区。钱塘江北岸的海宁站最高潮位达9.4米，为历史最高潮位。沿江堤塘7处决口，造成151间房屋倒塌，13.5万亩盐田受淹。邻近的海盐县大部分临江堤塘越顶过水，决口72处约8.5千米，其中2.5千米与海面贯通相平，全县25.5万人全部受灾（《1997年中国海洋灾害公报》）。

1998年9月19日，9806号台风在浙江省舟山市普陀区登陆，正值天文大潮期，潮高浪大，近台风中心最大风力有10级，受其影响浙江省杭州湾、上海市长江口出现较大风暴潮，上海市沿海出现最大增水103厘米（《1998年中国海洋灾害公报》）。

2000年9月11日，0014号台风"桑美"影响东海期间，恰逢天文大潮，长江口、杭州湾沿岸有10多个验潮站的高潮位超过当地警戒水位。浙江舟山等市城区进水，部分房屋倒塌、农田受淹，非标准海塘受损严重，海陆空交通全部中断。浙江省直接经济损失31.4亿元（《2000年中国海洋灾害公报》）。

2002年9月7日，受0216号台风"森拉克"影响，浙江、上海沿海普遍出现了100~300厘米的风暴增水。从福建东山到上海高桥沿海有近20个验潮站超过当地警戒水位（《2002年中国海洋灾害公报》）。

2004年8月11日，0414号台风"云娜"在东海形成5~12米台风浪。受台风浪袭击，浙江省舟山市的渔业受到严重损失；上海市的渔业、水利设施也受到严重损失（《2004年中国海洋灾害公报》）。

2005年8月6—9日，0509号台风"麦莎"引起的风暴潮相继影响浙江省、上海市，此次特大风暴潮过程是继9711号台风风暴潮后，影响我国东部沿海最严重的一次。"麦莎"影响期间正逢农历七月大潮，受风暴潮和天文大潮的共同影响，沿岸有多个验潮站的风暴潮增水超过100厘米。9月11日，0515号台风"卡努"引发风暴潮，影响浙江省（《2005年中国海洋灾害公报》）。

2007年10月7日，受0716号台风"罗莎"引发的风暴潮与台风浪的共同影响，浙江省多个验潮站的增水超过100厘米（《2007年中国海洋灾害公报》）。

2011年8月5—8日，1109号超强台风"梅花"沿我国近海北上。受风暴潮和近岸浪的共同影响，浙江省、上海市产生较大经济损失（《2011年中国海洋灾害公报》）。

2012年8月8日，1211号台风"海葵"在浙江省象山县鹤浦镇附近登陆，受风暴潮和近岸浪的共同影响，浙江省经济损失较大（《2012年中国海洋灾害公报》）。

2015年7月11日16时40分前后，1509号强台风"灿鸿"在浙江省舟山市朱家尖沿海登陆。受风暴潮和近岸浪的共同影响，浙江遭受较大经济损失（《2015年中国海洋灾害公报》）。

2016年9月16—19日，1616号台风"马勒卡"与南下冷空气配合，影响浙江省和上海市沿海。浙江省多个验潮站出现了超过当地警戒潮位的高潮位。9月28日，受1617号台风"鲇鱼"引发的风暴潮和近岸浪的共同影响，浙江遭受较大经济损失（《2016年中国海洋灾害公报》）。

2019年8月10日前后，1909号超强台风"利奇马"影响浙江和上海沿海（《2019年中国海洋灾害公报》）。

## 2. 海浪

1979年8月24日，受7910号台风影响，嵊山波高达6.3米，增水2米，平均风速26米/秒，阵风12级，位于岸边的建筑物受损严重，渔机厂厂房倒塌，码头被冲垮100米，部分建筑设施沉入大海，供销社物资仓库进水，4条木帆船被巨浪毁坏，经济损失严重（《东海区海洋站海洋水文气候志》）。

1992年2月23日下午，受南下冷空气影响，长江口外海出现偏北风6~7级，浪高3米，傍晚风力加大到8~9级，浪高增至4米。当时长江口外有捕鳗渔船2 000艘，在巨浪袭击下，21艘渔船翻沉（射阳县16艘，启东市5艘），64人落水，54人得救，死亡1人，失踪9人，直接经济损失60万元。9月23日，9219号强热带风暴登陆北上，长江口沿海测得偏东向浪高3.0米（《1992年中国海洋灾害公报》）。

1998年9月19日，9806号台风在浙江省舟山市普陀区登陆，正值天文大潮期，潮高浪大。受其影响，东海海面出现7~8米的狂浪区，浙江沿海海面风力10~12级，局部地段拍岸浪高达7~8米，处于台风浪正面袭击的舟山沿海损失严重（《1998年中国海洋灾害公报》）。

2000年11月30日，受海浪影响，"浙舟606号"渔船在长江口附近沉没，造成14人死亡（含失踪），经济损失1 000万元（《2000年中国海洋灾害公报》）。

2004年2月9日，受冷空气浪影响，1艘渔船在长江口外沉没，造成1人死亡，直接经济损失10万元（《2004年中国海洋灾害公报》）。

2005年1月21日，受冷空气浪影响，"邮镇221号"船在长江口外海域遇险，造成1人失踪。2月25日，受冷空气浪影响，"浙定59125号"船在长江口外海域沉没，造成6人失踪。3月13日，受冷空气浪影响,"全兴98号"船在长江口外海域沉没,造成直接经济损失25万元。6月16日,受东海气旋浪影响,"皖淮北货01225号"船在长江口外海域沉没,造成1人失踪,直接经济损失1 000万元。9月8—12日,0515号台风"卡努"在东海形成8～12米的台风浪。浙江嵊山海洋站实测最大波高4.5米。12月4日,受冷空气浪影响,"浙岱渔03221"和"振乐57"轮船在浙江舟山和长江口海域遇险,造成5人失踪,直接经济损失300万元(《2005年中国海洋灾害公报》)。

2007年3月3—6日,东海出现波高4～5米的巨浪区,上海、浙江等省(市)沿海先后出现波高4～6米的巨浪和狂浪(《2007年中国海洋灾害公报》)。

2014年9月22日,受1416号台风"凤凰"影响,浙江省舟山市嵊泗县附近海域出现了4～6米的巨浪到狂浪,受其影响,浙江省1艘渔船沉没,死亡(含失踪)3人,直接经济损失3万元(《2014年中国海洋灾害公报》)。

2019年9月5—7日,受1913号超强台风"玲玲"影响,东海出现有效波高4～10米的巨浪到狂涛,东海北部MF07001浮标实测最大有效波高9.6米、最大波高14.2米。9月5日,1艘上海籍货轮在浙江省舟山海域出现大幅横摇,导致部分集装箱落海,直接经济损失800.00万元(《2019年中国海洋灾害公报》)。

### 3. 赤潮

1989年,浙江省嵊山、长江口附近海域沿海均发生过赤潮(《1989年中国海洋灾害公报》)。

1990年5月下旬,在长江口至绿华山一带发生赤潮,面积约2 700平方千米(《1990年中国海洋灾害公报》)。

1993年,长江口和杭州湾均发生赤潮。受赤潮影响,上海对虾养殖业蒙受较严重的损失。6月3日,嵊山附近海域发现两处为红色和淡红色,呈条状和块状分布的赤潮,赤潮的面积分别为10平方千米和5平方千米(《1993年中国海洋灾害公报》)。

1997年7月28日,根据卫星和现场观测结果,嵊山海区水色为淡棕红色,表层水温29℃,主要赤潮生物为夜光藻和中肋骨条藻,范围较大(《1997年中国海洋灾害公报》)。

1998年,我国近海海域发生了历史上最严重的赤潮灾害,灾害造成了严重的危害和经济损失。东海5起赤潮主要发生在长江口、杭州湾和嵊泗海域(《1998年中国海洋灾害公报》)。

2001年,我国海域赤潮发生次数增多、发生时间提前、影响范围扩大,其中浙江发生26次赤潮灾害过程(《2001年中国海洋灾害公报》)。

2004年6月11—13日,长江口外至花鸟山、嵊山海域发生赤潮,面积约1 000平方千米,主要赤潮生物为具齿原甲藻和中肋骨条藻(《2004年中国海洋灾害公报》)。

2005年5月24日至6月1日,长江口外海域发生赤潮,最大面积约7 000平方千米,主要赤潮生物为米氏凯伦藻和具齿原甲藻。6月3—5日,长江口外海域发生赤潮,最大面积约2 000平方千米,主要赤潮生物为中肋骨条藻和聚生角毛藻(《2005年中国海洋灾害公报》)。

2006年5月14日,长江口外海域发生赤潮,最大面积约1 000平方千米,主要赤潮生物为具齿原甲藻。5月3—6日,浙江省舟山外海域发生赤潮,最大面积约1 000平方千米,主要赤潮生物为具齿原甲藻和中肋骨条藻(《2006年中国海洋灾害公报》)。

2009年4月9日,长江口海域出现赤潮,最大面积约100平方千米。5月19—30日,长江口外、舟山北部海域出现赤潮,最大面积约1 500平方千米。6月17—22日,嵊山西南海域发生赤潮,优势种为中肋骨条藻和旋链角毛藻，最大面积 230 平方千米（《2009 年中国海洋灾害公报》）。

2016 年 5 月 16—21 日，浙江舟山嵊山海域发生赤潮，最大面积 120 平方千米，赤潮优势种为东海原甲藻；7 月 18—21 日，舟山嵊山至花鸟附近海域发生赤潮，最大面积 350 平方千米，赤潮优势种为东海原甲藻；8 月 8—11 日，嵊山东南海域发生赤潮，最大面积 200 平方千米，赤潮优势种为东海原甲藻（《2016 年中国海洋灾害公报》）。

2019 年 6 月 29 日至 7 月 2 日，舟山嵊泗泗礁山岛西侧海域发生赤潮，最大面积 250 平方千米，优势种为中肋骨条藻（《2019 年中国海洋灾害公报》）。

## 第二节　灾害性天气

根据《中国气象灾害大典·浙江卷》（1949—2000 年）和《东海区海洋站海洋水文气候志》记载，嵊山站周边发生的主要灾害性天气有暴雨洪涝、大风（龙卷风）和雾。

### 1. 暴雨洪涝

1959 年 8 月 28—31 日，受 5904 号台风影响，南麂、坎门、大陈、石浦、嵊泗等站最大风速均在 40 米 / 秒以上，温州、台州、丽水、宁波 4 地区的 4 天雨量均在 100 毫米以上，死亡 24 人，经济损失按 1990 年价折算为 3.43 亿元。9 月 3—6 日，受 5905 号台风影响，南麂、坎门、大陈、嵊泗最大风速在 40 米 / 秒以上，温州、台州、丽水、宁波、绍兴等地雨量均在 100 毫米以上，有 15 个站在 300 毫米以上，全省死亡 135 人，经济损失按 1990 年价折算为 2.12 亿元。

1981 年 9 月 1 日，8114 号台风经嵊泗诸岛北上，风力 12 级以上，镇海站达 42 米 / 秒，浙北、浙东地区普降暴雨，灾害较重，直接经济损失按 1990 年价为 4.56 亿元。

2000 年 8 月 30 日，受 0012 号台风"派比安"影响，浙江东部沿海岛屿和平原分别出现 12 级和 8～11 级以上大风，嵊泗为 44 米 / 秒，普陀风速大于 40 米 / 秒。舟山、宁波普降大到暴雨，局部特大暴雨，定海及岱山、嵊泗县城电力供应中断，舟山全市经济损失 3.5 亿元。

### 2. 大风和龙卷风

1949 年 7 月 24 日，4906 号台风在普陀登陆，风力 12 级以上，25 日在乎湖再度登陆，泗礁山、大黄龙、大小洋山等岛渔船、民房损失惨重，死亡 170 人，经济损失 5 000 多万元。

1957 年 12 月 12 日，低压入海产生 6～8 级大风，浙北嵊山沉船 102 条，死亡 15 人。

1964 年 7 月 28 日，6408 号台风在嵊山岛西侧穿过，08 时平均风速 28 米 / 秒，阵风达 12 级，持续了 9 个小时，最低气压为 982.6 百帕，总降水量 136.2 毫米，岛上房屋倒塌 49 间，摧毁 147 间。

1970 年 12 月 2 日，黄海低压产生 7～8 级大风，嵊山枸杞港沉船 37 条，死亡 2 人，东福山岛沉没黄沙船 2 条，死 4 人。

1981 年 11 月 4 日，东海低压与冷空气结合，产生 8～10 级大风，嵊山渔场沉船 2 条，死亡 4 人。

1983 年 6 月 2 日，钱塘江口低压发展，产生 8～10 级大风，嵊山渔场沉船 13 条，死亡 24 人。9 月 27 日，8310 号台风沿浙江近海北上，沿海风力 11～12 级，嵊泗最大达 50.5 米 / 秒，风大潮高，损坏堤坝 50 千米，船 222 条，冲走原盐 5 785 吨，死亡 13 人，经济损失 1 亿元（按 1990 年价）。

1986 年 4 月 9 日，平湖县 2 个乡和嵊泗小洋乡出现龙卷风，并伴冰雹阵雨，嵊泗死亡 3 人。

1992年2月23日，黄海低压发展，发生8～9级大风，嵊泗、岱山等渔船沉6条，死16人。

1995年11月7日，浙北出现10级以上大风，嵊泗风速达32米/秒，11条木质渔船沉没，死亡5人。

### 3. 雾

1960年3月，嵊泗最长一次大雾持续时间达91.5小时。

1962年6月，定海最长一次大雾持续时间为16.8小时。

# 滩浒海洋站

# 第一章 概况

## 第一节 基本情况

滩浒海洋测点（简称滩浒站）位于浙江省舟山市嵊泗县。舟山市位于舟山群岛，地处我国东南沿海，长江口南侧，杭州湾外缘的东海洋面上。嵊泗县是浙江省最东部、舟山群岛最北部的一个海岛县，是沪、杭、甬的东大门和天然屏障，历来是军事要塞，也是国际海轮进出长江口的必经之道。

滩浒站的前身是金山嘴站，于1977年6月迁址至滩浒岛，称为金山海洋站滩浒测点，隶属国家海洋局东海分局，2019年7月后隶属自然资源部东海局，由上海中心站管辖。测点位于滩浒岛上，杭州湾入海口处，北距上海市约28千米，西南距浙江省慈溪市约38千米（图1.1–1）。

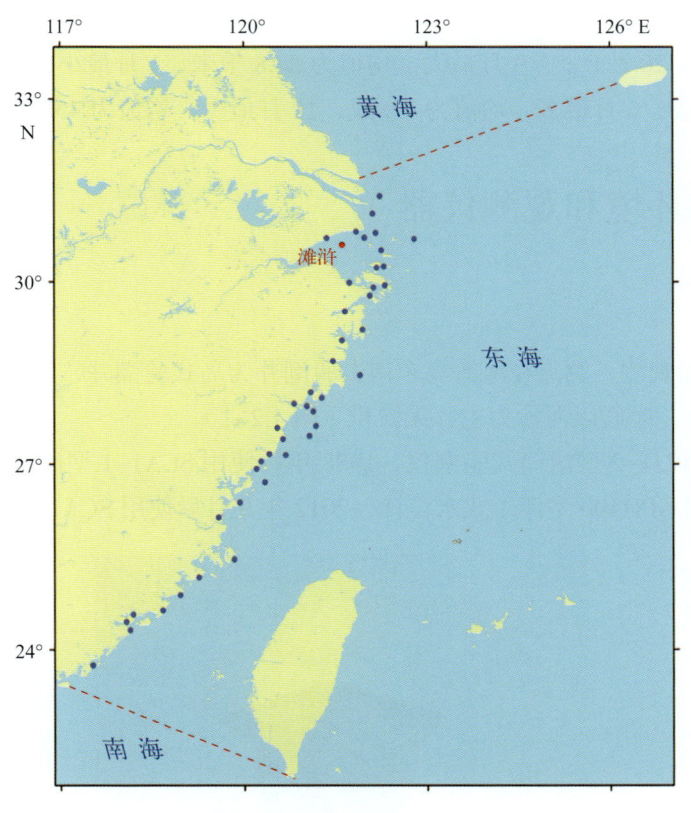

图1.1–1　滩浒站地理位置示意

滩浒站观测项目有潮汐、海浪、表层海水温度、表层海水盐度、气温、气压、相对湿度、风和降水等。2002年后多数观测项目实现了自动化观测、数据采集、存储和传输。

滩浒站附近海域为正规半日潮特征，海平面1月和2月最低，9月最高，年变幅为39厘米，平均海平面为208厘米，平均高潮位为548厘米，平均低潮位为199厘米，均具有夏秋高、冬春低的年变化特点；全年海况以0～3级为主，年均平均波高为0.4米，年均平均周期为1.8秒，历史最大波高最大值为5.4米，历史平均周期最大值为6.6秒，常浪向为N，强浪向为E；年均表层海水温度为16.6～18.4℃，8月最高，均值为28.9℃，2月最低，均值为6.4℃，历史水温最高值为 32.1℃，历史水温最低值为 2.8℃；年均表层海水盐度为 10.05～20.44，2 月最高，均值为 16.52，10 月最低，均值为 10.59，历史盐度最高值为 25.60，历史盐度最低值为 4.39；海发光全部为火花型，出现的最高级别为 2 级。

滩浒站主要受大陆性季风气候影响，年均气温为 15.3～19.0℃，8 月最高，均值为 28.2℃，1 月最低，均值为 5.5℃，历史最高气温为 39.3℃，历史最低气温为 -6.7℃；年均气压为 1 010.2～1 011.9 百帕，具有冬高夏低的变化特征，12 月最高，均值为 1 020.8 百帕，7 月最低，均值为 999.9 百帕；年均相对湿度为 73.7%～87.0%，6 月最大，均值为 89.1%，12 月最小，均值为 74.1%；年均风速为 5.8～7.7 米/秒，8 月最大，均值为 7.4 米/秒，6 月最小，均值为 6.3 米/秒，冬季（1 月）盛行风向为 NW—NNE（顺时针，下同），春季（4 月）盛行风向为 ESE—S，夏季（7 月）盛行风向为 ESE—SSW，秋季（10 月）盛行风向为 NNW—ENE；平均年降水量为 1 041.8 毫米，6 月平均降水量最多，占全年的 16.0%；平均年雾日数为 29.2 天，4 月最多，均值为 6.2 天，8 月最少，均值为 0.1 天；平均年雷暴日数为 21.2 天，7 月最多，均值为 5.3 天，1 月和 12 月最少，均为 0.1 天；平均年霜日数为 6.7 天，霜日出现在 12 月至翌年 2 月，1 月最多，均值为 3.4 天；平均年降雪日数为 4.9 天，降雪发生在 12 月至翌年 3 月，1 月最多，均值为 2.5 天；年均能见度为 15.8～20.2 千米，9 月最大，均值为 24.8 千米，1 月最小，均值为 13.3 千米；年均总云量为 6.0～6.8 成，6 月最多，均值为 7.9 成，12 月最少，均值为 4.9 成。

## 第二节 观测环境和观测仪器

### 1. 潮汐

1977 年 6 月开始观测，测点在滩浒岛东南，验潮井为岛式验潮井，钢筋混凝土结构，底质为基岩，水深超过 6 米，海底以泥沙为主，无淤积（图 1.2-1）。

观测初期使用 HCJ1-2 型滚筒式验潮仪，1988 年后使用 SCA1-1 型浮子式水位计，2002 年开始自动化观测，使用 GPH500 型浮子式水位计，2012 年 9 月后使用 SCA11-3A 型浮子式水位计。

图 1.2-1 滩浒站验潮室（摄于 2013 年 4 月 20 日）

### 2. 海浪

测波室位于滩浒站办公楼正东约 400 米半山腰"老虎头"处，海拔高度为 22.8 米，观测海域开阔度为 180°，底质为泥沙，涨落潮时受地形影响，海流较急，平均水深超过 8 米（图 1.2-2）。

1984年6月前使用HAB-2型岸用光学测波仪，1984年6月后为人工目测，2007年5月至2011年1月使用声学测波仪。2011年1月后为人工目测。

图1.2-2　滩浒站测波室（摄于2007年2月10日）

### 3. 表层海水温度、盐度和海发光

测点在验潮室旁，2006年9月在验潮室内增加温盐井。测点与外海畅通，无污水、船只影响，温盐井筒处海蛎子生长快，影响井筒进水口及传感器浮子升降，水质浑浊，传感器易受淤积泥沙干扰。

海表水温使用SWL1-1型水温表测量。海表盐度先后使用氯度滴定管、光学折射盐度计等测定。2009年11月后使用自动观测系统和温盐传感器，如EC250型和ACTW-LAR型温盐传感器，2012年9月后使用YZY4-3型温盐传感器，同时使用SYA2-2型实验室盐度计。

海发光为每日天黑后人工目测。

### 4. 气象要素

气象观测场位于滩浒站办公楼正北面50米的山头上，为一宽15米（南北）长19米（东西）的长方形，观测场四周开阔，没有障碍物影响（图1.2-3）。

观测仪器主要包括气温、气压和湿度自记仪，EL型电接风向风速计和虹吸雨量计等。2002年6月开始使用CZY1-1型海洋站自动观测系统配合各要素传感器，2015年5月后使用SL3-1型雨量传感器，2016年5月后使用HMP45A型温湿度传感器和278型气压传感器，2017年5月后使用XFY3-1型风传感器，2019年4月后使用HMP155型温湿度传感器。

图1.2-3　滩浒站气象观测场（摄于2007年3月21日）

# 第二章 潮位

## 第一节 潮汐

### 1. 潮汐类型

利用滩浒站近 19 年（2001—2019 年）验潮资料分析的调和常数，计算出潮汐系数 $(H_{K_1}+H_{O_1})/H_{M_2}$ 为 0.32。按我国潮汐类型分类标准，滩浒附近海域为正规半日潮，每个潮汐日（大约 24.8 小时）有两次高潮和两次低潮，高潮日不等现象较为明显。

1978—2019 年，滩浒站 $M_2$ 分潮振幅呈增大趋势，增大速率为 6.08 毫米/年；迟角呈减小趋势，减小速率为 0.22°/年。$K_1$ 和 $O_1$ 分潮振幅均呈减小趋势，减小速率分别为 0.32 毫米/年和 0.41 毫米/年；$K_1$ 分潮迟角呈减小趋势，减小速率为 0.08°/年；$O_1$ 分潮迟角无明显变化趋势。

### 2. 潮汐特征值

由 1978—2019 年资料统计分析得出：滩浒站平均高潮位为 548 厘米，平均低潮位为 199 厘米，平均潮差为 349 厘米；平均高高潮位为 578 厘米，平均低低潮位为 187 厘米，平均大的潮差为 391 厘米。平均涨潮历时 5 小时 37 分钟，平均落潮历时 6 小时 50 分钟，两者相差 1 小时 13 分钟。

累年各月潮汐特征值见表 2.1-1。

表 2.1-1 累年各月潮汐特征值（1978—2019 年） 单位：厘米

| 月份 | 平均高潮位 | 平均低潮位 | 平均潮差 | 平均高高潮位 | 平均低低潮位 | 平均大的潮差 |
| --- | --- | --- | --- | --- | --- | --- |
| 1 | 526 | 190 | 336 | 556 | 176 | 380 |
| 2 | 526 | 189 | 337 | 552 | 180 | 372 |
| 3 | 532 | 189 | 343 | 557 | 182 | 375 |
| 4 | 538 | 190 | 348 | 565 | 182 | 383 |
| 5 | 546 | 195 | 351 | 577 | 183 | 394 |
| 6 | 555 | 202 | 353 | 589 | 188 | 401 |
| 7 | 560 | 205 | 355 | 594 | 190 | 404 |
| 8 | 571 | 209 | 362 | 600 | 196 | 404 |
| 9 | 577 | 215 | 362 | 603 | 205 | 398 |
| 10 | 566 | 211 | 355 | 594 | 201 | 393 |
| 11 | 548 | 200 | 348 | 579 | 188 | 391 |
| 12 | 533 | 192 | 341 | 564 | 177 | 387 |
| 年 | 548 | 199 | 349 | 578 | 187 | 391 |

注：潮位值均以验潮零点为基面。1985年数据缺测。

平均高潮位和平均低潮位均具有夏秋高、冬春低的特点（图 2.1-1），其中平均高潮位 9 月最高，为 577 厘米，1 月和 2 月最低，均为 526 厘米，年较差为 51 厘米；平均低潮位 9 月最高，为 215 厘米，2 月和 3 月最低，均为 189 厘米，年较差为 26 厘米；平均高高潮位 9 月最高，为 603 厘米，2 月最低，为 552 厘米，年较差为 51 厘米；平均低低潮位 9 月最高，为 205 厘米，1 月最低，为 176 厘米，年较差为 29 厘米。平均潮差 8 月和 9 月均为最大，1 月最小，年较差为 26 厘米；平均大的潮差 7 月和 8 月均为最大，2 月最小，年较差为 32 厘米（图 2.1-2）。

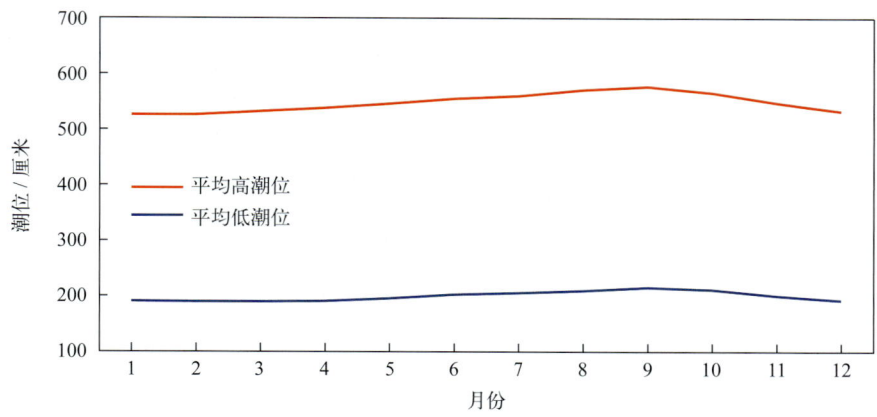

图 2.1-1　平均高潮位和平均低潮位年变化

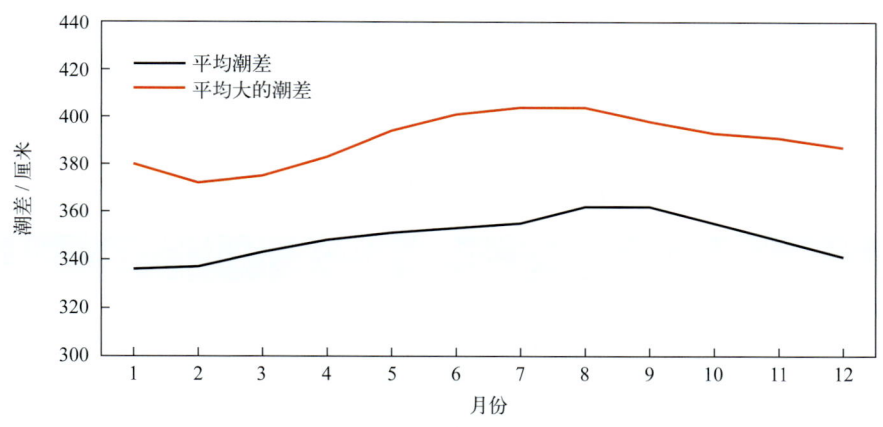

图 2.1-2　平均潮差和平均大的潮差年变化

1978—2019 年，滩浒站平均高潮位呈明显上升趋势，上升速率为 12.37 毫米 / 年。受天文潮长周期变化影响，平均高潮位存在较为显著的准 19 年周期变化，振幅为 5.54 厘米。平均高潮位最高值出现在 2016 年，为 583 厘米；最低值出现在 1978 年和 1979 年，均为 527 厘米。滩浒站平均低潮位呈下降趋势，下降速率为 1.59 毫米 / 年。平均低潮位准 19 年周期变化较为显著，振幅为 4.50 厘米。平均低潮位最高值出现在 1989 年，为 209 厘米；最低值出现在 2018 年，为 188 厘米。

1978—2019 年，滩浒站平均潮差呈波动增大趋势，增大速率为 13.95 毫米 / 年。平均潮差准 19 年周期变化显著，振幅为 10.01 厘米。平均潮差最大值出现在 2018 年和 2019 年，均为 388 厘米；最小值出现在 1987 年和 1988 年，均为 323 厘米（图 2.1-3）。

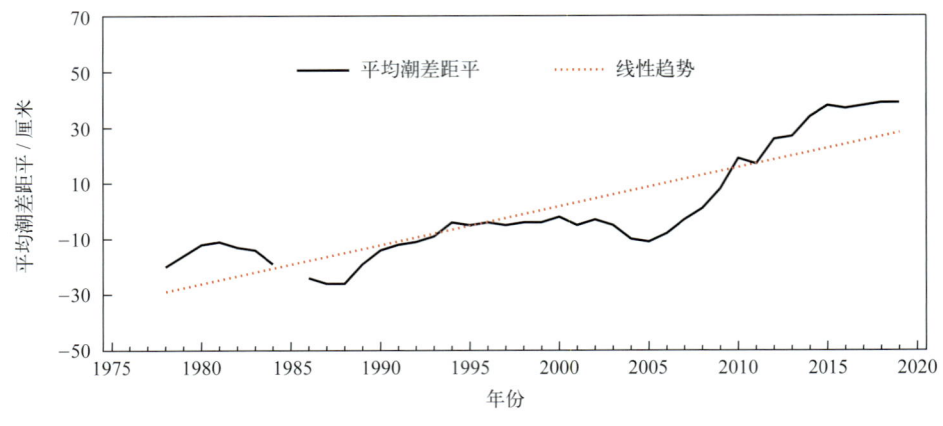

图2.1-3　1978—2019年平均潮差距平变化

## 第二节　极值潮位

滩浒站年最高潮位和年最低潮位的各月发生频率见表2.2-1。年最高潮位出现时间主要集中在7—10月，其中8月发生频率最高，为36%；7月和9月次之，均为20%。年最低潮位主要出现在11月至翌年3月，其中11月、12月和1月发生频率最高，均为17%；3月次之，为15%。

1978—2019年，滩浒站年最高潮位呈上升趋势，上升速率为9.20毫米/年。历年的最高潮位均高于644厘米，其中高于730厘米的有3年；历史最高潮位为776厘米，出现在1997年8月19日，正值9711号台风"温妮"影响期间。滩浒站年最低潮位呈上升趋势，上升速率为3.33毫米/年。历年最低潮位均低于124厘米，其中低于92厘米的有4年；历史最低潮位为81厘米，出现在1980年10月25日和1990年12月3日，由强温带气旋引起（表2.2-1）。

表2.2-1　最高潮位和最低潮位及年极值出现频率（1978—2019年）

|  | 1月 | 2月 | 3月 | 4月 | 5月 | 6月 | 7月 | 8月 | 9月 | 10月 | 11月 | 12月 |
|---|---|---|---|---|---|---|---|---|---|---|---|---|
| 最高潮位值/厘米 | 677 | 668 | 673 | 648 | 673 | 700 | 695 | 776 | 730 | 732 | 699 | 676 |
| 年最高潮位出现频率/% | 0 | 0 | 0 | 0 | 0 | 7 | 20 | 36 | 20 | 10 | 7 | 0 |
| 最低潮位值/厘米 | 93 | 91 | 94 | 93 | 102 | 121 | 112 | 101 | 103 | 81 | 93 | 81 |
| 年最低潮位出现频率/% | 17 | 10 | 15 | 5 | 7 | 0 | 2 | 5 | 0 | 5 | 17 | 17 |

## 第三节　增减水

受地形和气候特征的影响，滩浒站出现50厘米以上增水的频率明显高于同等强度减水的频率，超过70厘米的增水平均约33天出现一次，而超过70厘米的减水平均约331天出现一次（表2.3-1）。

滩浒站120厘米以上的增水主要出现在7—9月，70厘米以上的减水多发生在9月至翌年1月，这些大的增减水过程主要与该海域受温带气旋、寒潮大风以及热带气旋等影响有关（表2.3-2）。

表 2.3-1　不同强度增减水平均出现周期（1978—2019 年）

| 范围 / 厘米 | 出现周期 / 天 | |
| --- | --- | --- |
| | 增水 | 减水 |
| >30 | 1.21 | 2.15 |
| >40 | 2.97 | 7.80 |
| >50 | 7.07 | 29.71 |
| >60 | 15.97 | 104.83 |
| >70 | 32.57 | 330.80 |
| >80 | 65.01 | 3 721.55 |
| >90 | 120.05 | 7 443.10 |
| >100 | 275.67 | — |
| >120 | 744.31 | — |
| >150 | 4 962.07 | — |

"—"表示无数据。

表 2.3-2　各月不同强度增减水出现频率（1978—2019 年）

| 月份 | 增水 / % | | | | | 减水 / % | | | | |
| --- | --- | --- | --- | --- | --- | --- | --- | --- | --- | --- |
| | >30 厘米 | >50 厘米 | >70 厘米 | >100 厘米 | >120 厘米 | >30 厘米 | >50 厘米 | >60 厘米 | >70 厘米 | >80 厘米 |
| 1 | 5.22 | 0.60 | 0.05 | 0.00 | 0.00 | 2.83 | 0.24 | 0.06 | 0.03 | 0.00 |
| 2 | 4.69 | 0.65 | 0.06 | 0.00 | 0.00 | 2.52 | 0.08 | 0.01 | 0.00 | 0.00 |
| 3 | 4.38 | 0.67 | 0.08 | 0.00 | 0.00 | 3.17 | 0.26 | 0.04 | 0.01 | 0.00 |
| 4 | 1.62 | 0.09 | 0.00 | 0.00 | 0.00 | 1.89 | 0.09 | 0.05 | 0.01 | 0.00 |
| 5 | 1.24 | 0.07 | 0.00 | 0.00 | 0.00 | 0.43 | 0.00 | 0.00 | 0.00 | 0.00 |
| 6 | 1.00 | 0.06 | 0.03 | 0.00 | 0.00 | 0.20 | 0.00 | 0.00 | 0.00 | 0.00 |
| 7 | 1.16 | 0.25 | 0.12 | 0.04 | 0.02 | 0.88 | 0.03 | 0.00 | 0.00 | 0.00 |
| 8 | 3.33 | 0.96 | 0.37 | 0.07 | 0.03 | 1.34 | 0.08 | 0.02 | 0.01 | 0.01 |
| 9 | 4.51 | 1.05 | 0.31 | 0.05 | 0.02 | 0.66 | 0.08 | 0.05 | 0.02 | 0.00 |
| 10 | 4.19 | 0.84 | 0.13 | 0.01 | 0.00 | 1.54 | 0.14 | 0.05 | 0.02 | 0.00 |
| 11 | 4.45 | 0.98 | 0.24 | 0.01 | 0.00 | 3.44 | 0.31 | 0.08 | 0.02 | 0.00 |
| 12 | 4.52 | 0.71 | 0.12 | 0.00 | 0.00 | 3.79 | 0.30 | 0.10 | 0.02 | 0.00 |

1978—2019 年，除 4—6 月外，滩浒站年最大增水在其余各月均有出现，其中 10 月和 11 月出现频率最高，均为 17%；8 月和 12 月次之，均为 15%。除 5—7 月外，滩浒站年最大减水在其余各月均有出现，其中 1 月出现频率最高，为 17%；11 月和 12 月次之，均为 15%（表 2.3-3）。

1978—2019 年，滩浒站年最大增水呈增大趋势，增大速率为 1.32 毫米 / 年（线性趋势未通过显著性检验）。历史最大增水出现在 1997 年 8 月 18 日，为 179 厘米；1983 年、2002 年和 2012 年最大增水均超过了 130 厘米。滩浒站年最大减水呈增大趋势，增大速率为 2.21 毫米 / 年（线性趋势未通过显著性检验）。历史最大减水发生在 2000 年 8 月 31 日，为 93 厘米；1980 年、1996 年、2001 年和 2018 年最大减水均超过或达到了 80 厘米。

表 2.3-3　最大增水和最大减水及年极值出现频率（1978—2019 年）

| | 1月 | 2月 | 3月 | 4月 | 5月 | 6月 | 7月 | 8月 | 9月 | 10月 | 11月 | 12月 |
| --- | --- | --- | --- | --- | --- | --- | --- | --- | --- | --- | --- | --- |
| 最大增水值 / 厘米 | 94 | 98 | 85 | 71 | 83 | 99 | 144 | 179 | 150 | 111 | 109 | 93 |
| 年最大增水出现频率 / % | 7 | 5 | 7 | 0 | 0 | 0 | 5 | 15 | 12 | 17 | 17 | 15 |
| 最大减水值 / 厘米 | 81 | 66 | 80 | 73 | 47 | 48 | 60 | 93 | 78 | 81 | 73 | 80 |
| 年最大减水出现频率 / % | 17 | 7 | 12 | 5 | 0 | 0 | 0 | 12 | 10 | 7 | 15 | 15 |

# 第三章 海浪

## 第一节 海况

滩浒站全年及各月各级海况的频率见图3.1-1。全年海况以0～3级为主，频率为80.23%，其中0～2级海况频率为53.70%。全年5级及以上海况频率为3.87%，最大频率出现在8月，为8.06%。全年7级及以上海况频率为0.13%，最大频率出现在8月，为0.48%，11月和12月均未出现。

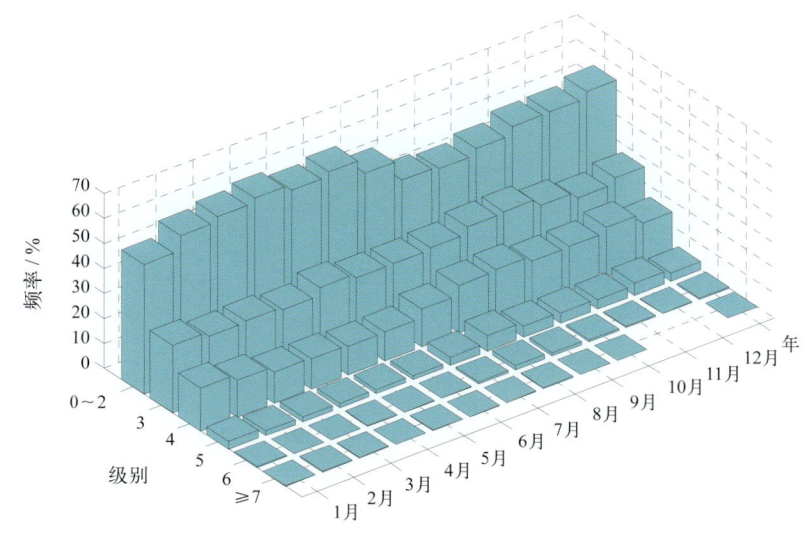

图3.1-1 全年及各月各级海况频率（1977—2019年）

## 第二节 波型

滩浒站风浪频率和涌浪频率的年变化见表3.2-1。全年以风浪为主，频率为99.96%，涌浪频率为2.01%。各月的风浪频率相差不大，涌浪频率差异较大。涌浪在4—7月较多，其中6月最多，频率为3.07%，在2月、10月和12月较少，其中10月最少，频率为1.53%。

表3.2-1 各月及全年风浪涌浪频率（1977—2019年）

|   | 1月 | 2月 | 3月 | 4月 | 5月 | 6月 | 7月 | 8月 | 9月 | 10月 | 11月 | 12月 | 年 |
|---|---|---|---|---|---|---|---|---|---|---|---|---|---|
| 风浪/% | 100.00 | 99.96 | 99.94 | 99.98 | 99.94 | 99.96 | 100.00 | 99.89 | 99.94 | 100.00 | 99.96 | 99.90 | 99.96 |
| 涌浪/% | 2.11 | 1.64 | 1.89 | 2.38 | 2.34 | 3.07 | 2.34 | 1.73 | 1.67 | 1.53 | 1.78 | 1.64 | 2.01 |

注：风浪包含F、FU、F/U和U/F波型；涌浪包含U、FU、F/U和U/F波型。

## 第三节 波向

### 1. 各向风浪频率

滩浒站各月及全年各向风浪频率见图3.3-1。1月N向风浪居多，NNW向次之。2月、3月、

10月和11月N向风浪居多，NNE向次之。4月和5月SSE向风浪居多，SE向次之。6月SE向风浪居多，SSE向次之。7月S向风浪居多，SSE向次之。8月SSE向风浪居多，S向次之。9月NNE向风浪居多，NE向次之。12月NNW向风浪居多，N向次之。全年N向风浪居多，频率为8.19%；NNE向次之，频率为6.93%；W向最少，频率为0.42%。

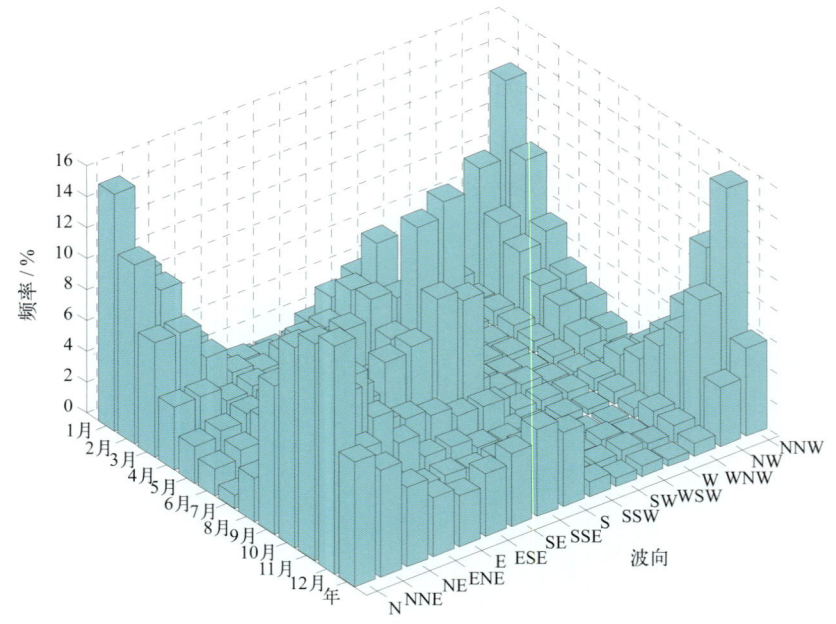

图3.3-1　各月及全年各向风浪频率（1977—2019年）

## 2. 各向涌浪频率

滩浒站各月及全年各向涌浪频率见图3.3-2。1月、3—5月、8月和9月E向涌浪居多，ENE向次之。2月NE向和E向涌浪居多，ENE向和SE向次之。6月E向涌浪居多，SE向次之。7月E向涌浪居多，ENE向、ESE向和S向次之。10月和11月E向涌浪居多，NE向次之。12月NE向涌浪居多，NNE向次之。全年E向涌浪居多，频率为0.43%；ENE向次之，频率为0.25%；W向最少，频率接近0。

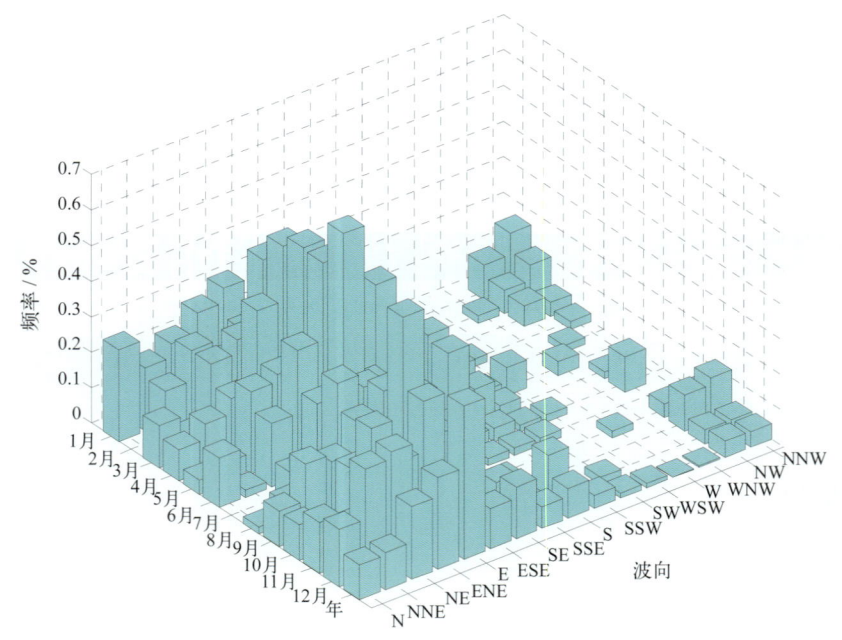

图3.3-2　各月及全年各向涌浪频率（1977—2019年）

## 第四节 波高

### 1. 平均波高和最大波高

滩浒站波高的年变化见表 3.4-1。月平均波高的年变化不明显，为 0.3～0.5 米。历年（2006 年因数据较少未纳入统计）的平均波高为 0.2～0.6 米。

月最大波高比月平均波高的变化幅度大，极大值出现在 8 月，为 5.4 米，极小值出现在 12 月，为 2.4 米，变幅为 3.0 米。历年的最大波高为 1.6～5.4 米，不小于 4.0 米的有 4 年，其中最大波高的极大值 5.4 米出现在 2005 年 8 月 6 日，正值 0509 号台风"麦莎"影响期间，波向为 E，对应平均风速为 26 米/秒，无对应平均周期。

表 3.4-1　波高年变化（1977—2019 年）　　　　　　　　　　　　　　　　　　单位：米

| | 1月 | 2月 | 3月 | 4月 | 5月 | 6月 | 7月 | 8月 | 9月 | 10月 | 11月 | 12月 | 年 |
| --- | --- | --- | --- | --- | --- | --- | --- | --- | --- | --- | --- | --- | --- |
| 平均波高 | 0.4 | 0.4 | 0.4 | 0.3 | 0.3 | 0.3 | 0.4 | 0.5 | 0.5 | 0.5 | 0.5 | 0.5 | 0.4 |
| 最大波高 | 3.3 | 2.5 | 2.8 | 2.5 | 4.0 | 2.8 | 4.0 | 5.4 | 3.0 | 3.8 | 3.0 | 2.4 | 5.4 |

### 2. 各向平均波高和最大波高

全年及各季代表月各向波高的分布见表 3.4-2、图 3.4-1 和图 3.4-2。全年各向平均波高为 0.5～0.8 米，大值主要分布于 NW—NNE 向，小值主要分布于 SSW—W 向。全年各向最大波高 E 向最大，为 5.4 米；N 向、NE 向和 ENE 向次之，均为 4.0 米；W 向最小，为 1.9 米。

表 3.4-2　全年各向平均波高和最大波高（1977—2019 年）　　　　　　　　　　　单位：米

| | N | NNE | NE | ENE | E | ESE | SE | SSE | S | SSW | SW | WSW | W | WNW | NW | NNW |
| --- | --- | --- | --- | --- | --- | --- | --- | --- | --- | --- | --- | --- | --- | --- | --- | --- |
| 平均波高 | 0.8 | 0.8 | 0.7 | 0.6 | 0.6 | 0.6 | 0.6 | 0.7 | 0.6 | 0.5 | 0.5 | 0.5 | 0.5 | 0.7 | 0.8 | 0.8 |
| 最大波高 | 4.0 | 3.8 | 4.0 | 4.0 | 5.4 | 3.8 | 3.6 | 3.0 | 3.4 | 3.2 | 2.4 | 2.1 | 1.9 | 2.8 | 3.3 | 3.3 |

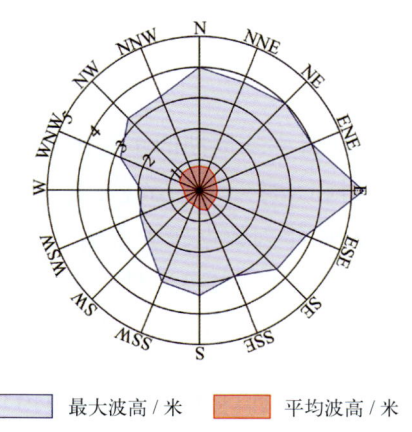

图 3.4-1　全年各向平均波高和最大波高（1977—2019 年）

1 月平均波高 NNE 向、NW 向和 NNW 向最大，均为 0.8 米；SSW 向、SW 向、WSW 向和 W 向最小，均为 0.4 米。最大波高 NNW 向最大，为 3.3 米；N 向和 NNE 向次之，均为 2.7 米；SW 向最小，为 0.8 米。

4 月平均波高 NNW 向最大，为 0.8 米；SW 向和 WSW 向最小，均为 0.4 米。最大波高 SSE 向最大，为 2.5 米；SE 向和 NNW 向次之，均为 2.3 米；SW 向和 WSW 向最小，均为 0.9 米。

7 月平均波高 NE 向最大，为 0.9 米；SSW 向和 SW 向最小，均为 0.5 米。最大波高 NE 向最大，为 4.0 米；NNE 向次之，为 3.2 米；SW 向和 W 向最小，均为 1.5 米。

10 月平均波高 N 向和 NNE 向最大，均为 0.8 米；SW 向最小，为 0.4 米。最大波高 NNE 向最大，为 3.8 米；N 向次之，为 3.6 米；SW 向最小，为 0.7 米。

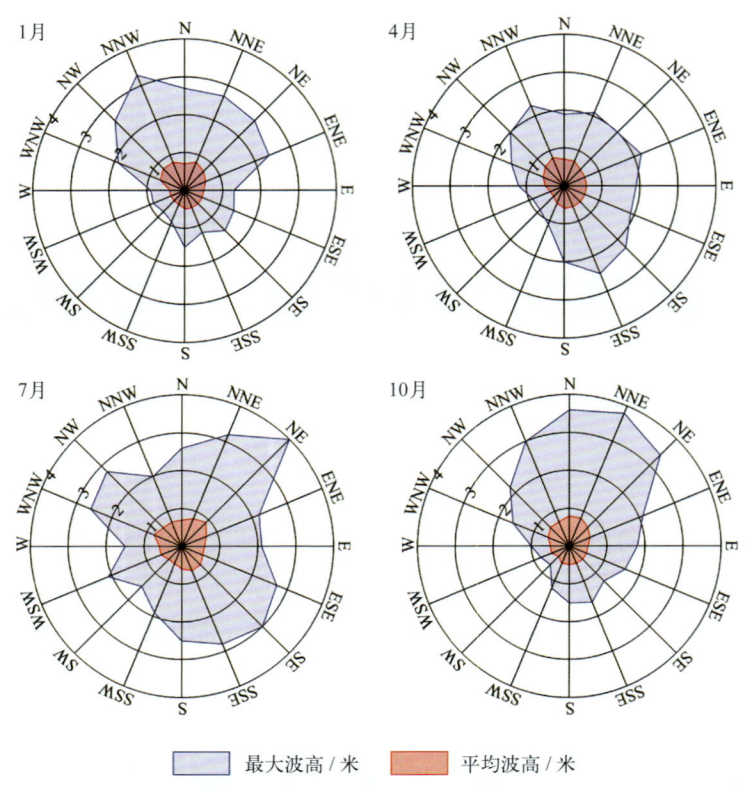

图 3.4–2　四季代表月各向平均波高和最大波高（1977—2019 年）

## 第五节　周期

### 1. 平均周期和最大周期

滩浒站周期的年变化见表 3.5-1。月平均周期的年变化不明显，为 1.6 ~ 2.1 秒。月最大周期的年变化幅度较大，极大值出现在 7 月和 8 月，均为 6.6 秒，极小值出现在 11 月和 12 月，均为 5.2 秒。历年的平均周期为 1.0 ~ 2.3 秒（2006 年因数据较少未纳入统计），其中 2000 年和 2001 年均为最大，1996 年最小。历年的最大周期均不小于 3.8 秒，不小于 6.0 秒的有 5 年，其中最大周期的极大值 6.6 秒出现在 2 个年份，共 4 次，对应波向为 NE、E 和 ESE。

表 3.5-1　周期年变化（1977—2019 年）　　　　　　　　　单位：秒

|  | 1月 | 2月 | 3月 | 4月 | 5月 | 6月 | 7月 | 8月 | 9月 | 10月 | 11月 | 12月 | 年 |
|---|---|---|---|---|---|---|---|---|---|---|---|---|---|
| 平均周期 | 1.9 | 1.7 | 1.7 | 1.6 | 1.6 | 1.6 | 1.7 | 2.0 | 2.1 | 2.0 | 1.9 | 1.9 | 1.8 |
| 最大周期 | 5.9 | 5.6 | 5.3 | 6.0 | 5.4 | 5.6 | 6.6 | 6.6 | 5.8 | 6.5 | 5.2 | 5.2 | 6.6 |

## 2. 各向平均周期和最大周期

全年及各季代表月各向周期的分布见表 3.5-2、图 3.5-1 和图 3.5-2。全年各向平均周期为 2.7～3.1 秒，NW—NE 向周期值较大。全年各向最大周期 NE 向、E 向和 ESE 向最大，均为 6.6 秒；NNE 向次之，为 6.5 秒；WSW 向和 W 向最小，均为 4.5 秒。

表 3.5-2　全年各向平均周期和最大周期（1977—2019 年）　　　　单位：秒

|  | N | NNE | NE | ENE | E | ESE | SE | SSE | S | SSW | SW | WSW | W | WNW | NW | NNW |
|---|---|---|---|---|---|---|---|---|---|---|---|---|---|---|---|---|
| 平均周期 | 3.1 | 3.1 | 3.1 | 3.0 | 3.0 | 2.9 | 2.9 | 3.0 | 2.9 | 2.8 | 2.7 | 2.7 | 2.8 | 3.0 | 3.1 | 3.1 |
| 最大周期 | 6.2 | 6.5 | 6.6 | 5.6 | 6.6 | 6.6 | 6.2 | 5.5 | 5.9 | 5.7 | 4.9 | 4.5 | 4.5 | 5.0 | 5.5 | 5.9 |

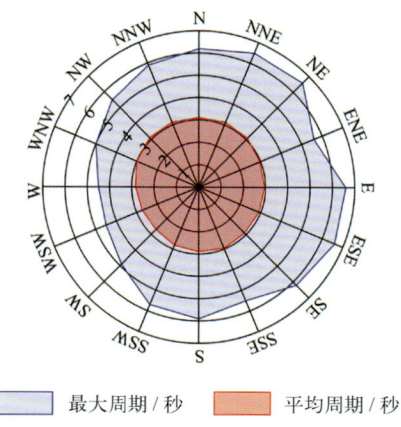

图 3.5-1　全年各向平均周期和最大周期（1977—2019 年）

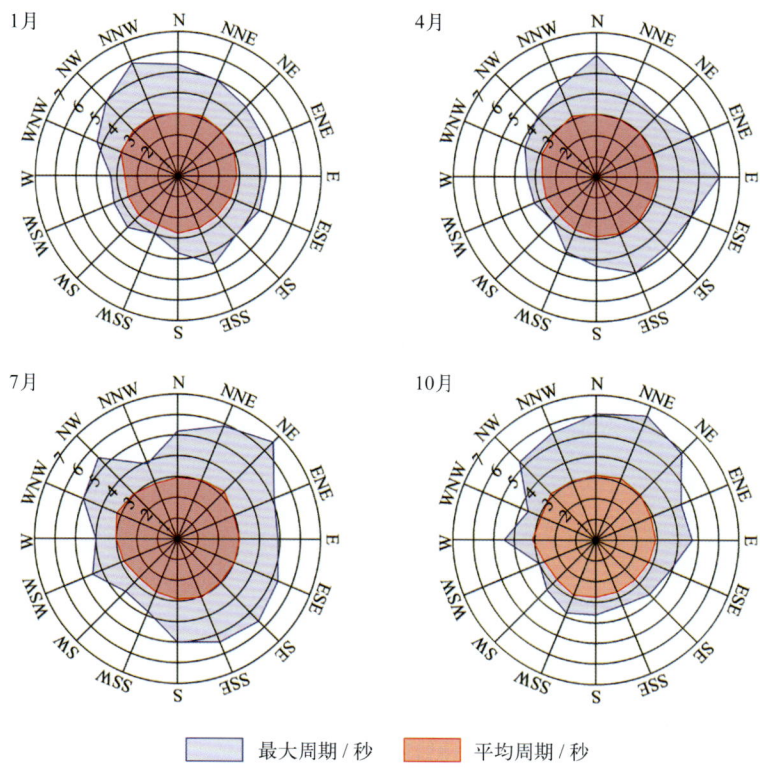

图 3.5-2　四季代表月各向平均周期和最大周期（1977—2019 年）

1月平均周期NNE向、NW向和NNW向最大，均为3.1秒；SSW向和W向最小，均为2.6秒。最大周期NNW向最大，为5.9秒；N向次之，为5.4秒；SSW向最小，为3.0秒。

4月平均周期NNW向最大，为3.2秒；SW向最小，为2.6秒。最大周期E向最大，为6.0秒；N向次之，为5.9秒；SW向最小，为3.0秒。

7月平均周期NE向和WNW向最大，均为3.2秒；SW向最小，为2.7秒。最大周期NE向最大，为6.6秒；NNE向次之，为5.9秒；SW向最小，为3.6秒。

10月平均周期NNE向最大，为3.2秒；SE向、SSE向、SW向和WSW向最小，均为2.7秒。最大周期NNE向最大，为6.5秒；N向次之，为6.1秒；WSW向最小，为3.0秒。

# 第四章 表层海水温度、盐度和海发光

## 第一节 表层海水温度

### 1. 平均水温、最高水温和最低水温

滩浒站月平均水温的年变化具有峰谷明显的特点，8月最高，为28.9℃，2月最低，为6.4℃，年较差为22.5℃。3—8月为升温期，9月至翌年2月为降温期。月最高水温和月最低水温的年变化特征与月平均水温相同（图4.1-1）。

历年（2002年和2009年数据有缺测）的平均水温为16.6~18.4℃，其中2017年和2018年均为最高，1981年、1986年和1992年均为最低。累年平均水温为17.4℃。

历年的最高水温均不低于29.1℃，其中大于30.0℃的有31年，大于31.0℃的有9年，出现时间为7—9月。水温极大值为32.1℃，出现在1998年8月17日。

历年的最低水温均不高于7.2℃，其中小于5.0℃的有18年，小于4.0℃的有6年，出现时间为12月至翌年2月，2月最多。水温极小值为2.8℃，出现在1984年2月7日。

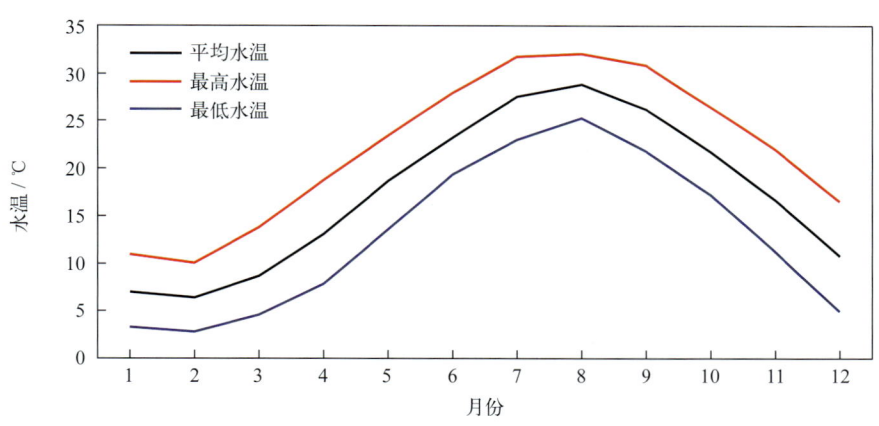

图4.1-1 水温年变化（1977—2019年）

### 2. 日平均水温稳定通过界限温度的日期

采用五日滑动平均方法求出稳定通过各个界限温度的日期，见表4.1-1。日平均水温全年均稳定通过5℃，稳定通过10℃的有267天，稳定通过15℃的有212天，稳定通过20℃的有157天，稳定通过25℃的初日为6月29日，终日为9月23日，共87天。

表4.1-1 日平均水温稳定通过界限温度的日期（1977—2019年）

|  | 10℃ | 15℃ | 20℃ | 25℃ |
| --- | --- | --- | --- | --- |
| 初日 | 3月29日 | 4月27日 | 5月24日 | 6月29日 |
| 终日 | 12月20日 | 11月24日 | 10月27日 | 9月23日 |
| 天数 | 267 | 212 | 157 | 87 |

### 3. 长期趋势变化

1978—2019 年，年平均水温、年最高水温和年最低水温均呈波动上升趋势，上升速率分别为 0.31℃/（10 年）、0.22℃/（10 年）和 0.40℃/（10 年），其中 1999 年和 2018 年最高水温分别为 1978 年以来的第一高值和第二高值，1984 年和 2011 年最低水温分别为 1978 年以来的第一低值和第二低值。

十年平均水温变化显示，2010—2019 年平均水温最高，1980—1989 年平均水温最低，1990—1999 年平均水温较上一个十年升幅最大，升幅为 0.48℃（图 4.1-2）。

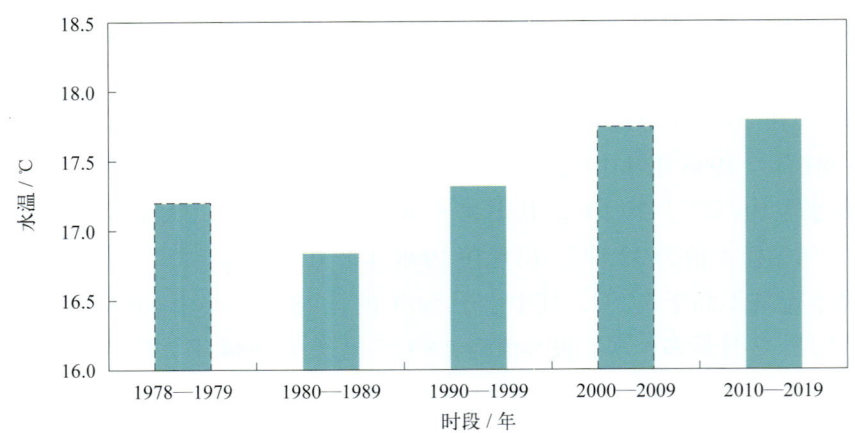

图4.1-2　十年平均水温变化（数据不足十年加虚线框表示，下同）

## 第二节　表层海水盐度

### 1. 平均盐度、最高盐度和最低盐度

滩浒站月平均盐度的年变化具有冬春季较高、夏秋季较低的特点，最高值出现在 2 月，为 16.52，最低值出现在 10 月，为 10.59，年较差为 5.93。月最高盐度 1 月最大，10 月最小。月最低盐度 3 月最大，9 月最小（图 4.2-1）。

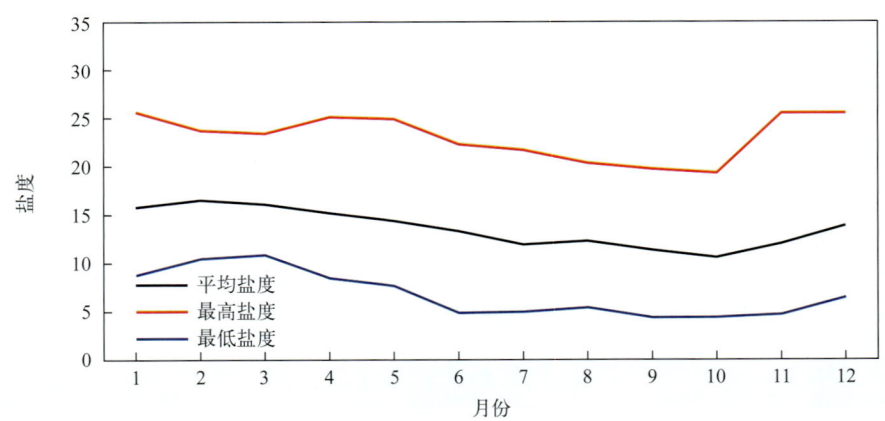

图4.2-1　盐度年变化（1977—2019年）

历年（1995年、2002年和2009年数据有缺测）的平均盐度为10.05～20.44，其中2018年最高，1983年最低。累年平均盐度为13.61。

历年的最高盐度均大于15.50，其中大于18.00的有29年，大于23.00的有3年。年最高盐度多出现在冬春季，夏秋季较少。盐度极大值为25.60，出现在2018年1月18日。

历年的最低盐度均小于16.70，其中小于8.00的有26年，小于5.00的有6年。年最低盐度多出现在7—10月，出现在9月的有12年，出现在10月的有13年。盐度极小值为4.39，出现在1988年9月30日。

### 2. 长期趋势变化

1978—2019年，年平均盐度、年最高盐度和年最低盐度均呈波动上升趋势，上升速率分别为0.88/（10年）、0.78/（10年）和0.90/（10年）。2018年和2019年最高盐度分别为1978年以来的第一高值和第二高值；1988年和1983年最低盐度分别为1978年以来的第一低值和第二低值。

十年平均盐度变化显示，1980—1989年平均盐度最低，为11.95，2010—2019年平均盐度为14.85（图4.2-2）。

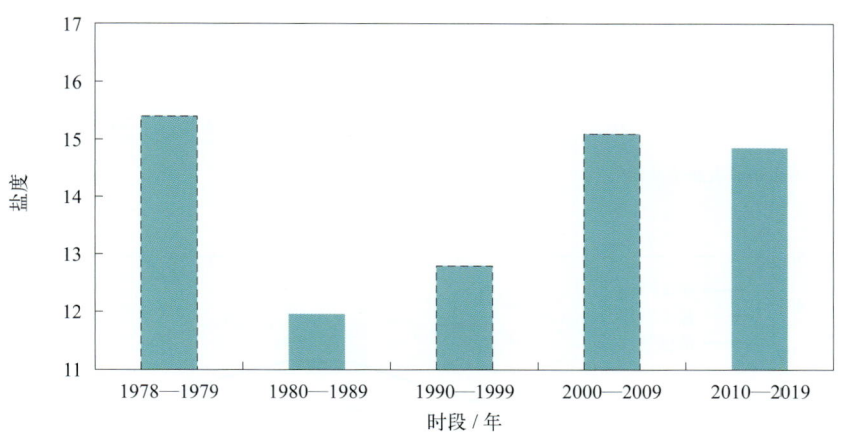

图4.2-2 十年平均盐度变化

## 第三节 海发光

1977—2019年（2002—2005年和2009年数据有缺测），滩浒站共观测到9次火花型（H）海发光，其中1级海发光3次，2级海发光6次。

# 第五章 海洋气象

## 第一节 气温

### 1. 平均气温、最高气温和最低气温

1977—2019 年，滩浒站累年平均气温为 16.8℃。月平均气温具有夏高冬低的变化特征，8 月最高，为 28.2℃，1 月最低，为 5.5℃，年较差为 22.7℃。月最高气温和月最低气温的年变化特征与月平均气温相似，月最高气温极大值出现在 7 月，月最低气温极小值出现在 1 月（表 5.1-1，图 5.1-1）。

表 5.1-1 气温年变化（1977—2019 年） 单位：℃

|  | 1月 | 2月 | 3月 | 4月 | 5月 | 6月 | 7月 | 8月 | 9月 | 10月 | 11月 | 12月 | 年 |
| --- | --- | --- | --- | --- | --- | --- | --- | --- | --- | --- | --- | --- | --- |
| 平均气温 | 5.5 | 6.2 | 9.2 | 14.0 | 19.1 | 23.2 | 27.8 | 28.2 | 24.8 | 20.2 | 14.6 | 8.4 | 16.8 |
| 最高气温 | 20.4 | 25.0 | 26.5 | 28.5 | 35.5 | 35.5 | 39.3 | 39.2 | 36.1 | 33.1 | 28.0 | 22.5 | 39.3 |
| 最低气温 | -6.7 | -5.2 | -2.7 | 3.4 | 8.6 | 13.5 | 18.1 | 20.0 | 14.9 | 7.3 | 0.0 | -6.5 | -6.7 |

注：1977 年、2004 年和 2005 年数据有缺测。

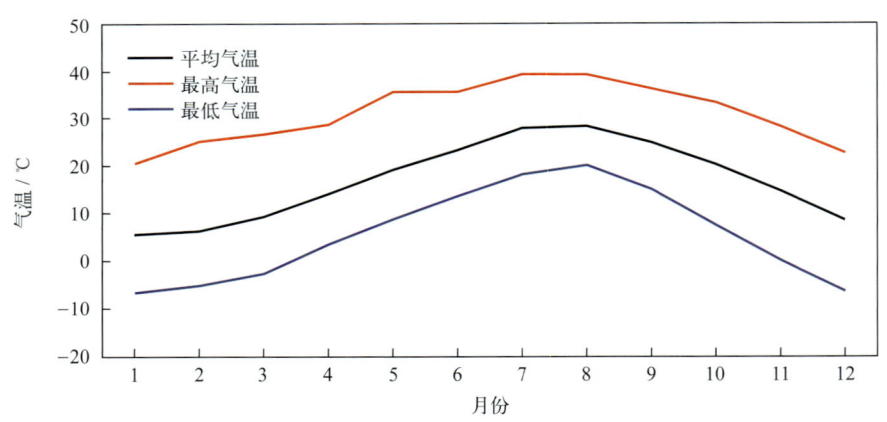

图 5.1-1 气温年变化（1977—2019年）

历年的平均气温为 15.3 ~ 19.0℃，其中 2016 年最高，1980 年最低。

历年的最高气温均高于 33.5℃，其中高于 38.0℃的有 4 年。最早出现时间为 7 月 2 日（2005 年），最晚出现时间为 9 月 12 日（1999 年）。7 月最高气温出现频率最高，占统计年份的 56%，8 月次之，占 42%（图 5.1-2）。极大值为 39.3℃，出现在 2013 年 7 月 29 日。

历年的最低气温均低于 3.0℃，其中低于 0℃的有 38 年，低于 -5.0℃的有 4 年。最早出现时间为 12 月 20 日（1999 年），最晚出现时间为 3 月 7 日（1988 年）。1 月最低气温出现频率最高，占统计年份的 56%，2 月次之，占 30%（图 5.1-2）。极小值为 -6.7℃，出现在 1980 年 1 月 31 日。

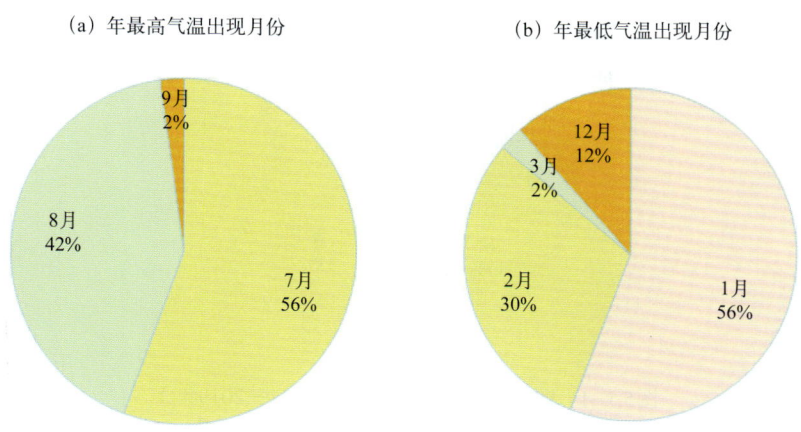

图5.1-2 年最高、最低气温出现月份及频率（1977—2019年）

## 2. 长期趋势变化

1978—2019 年，年平均气温、年最高气温和年最低气温均呈波动上升趋势，上升速率分别为 0.64℃/(10 年)、0.49℃/(10 年) 和 0.81℃/(10 年)。

十年平均气温变化显示，2010—2019 年平均气温最高，为 17.7℃，1980—1989 年平均气温最低，为 15.8℃（图 5.1-3）。

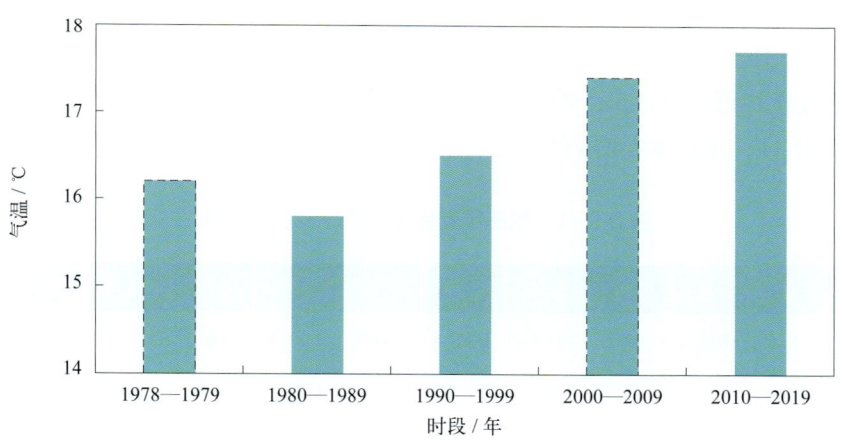

图5.1-3 十年平均气温变化

## 3. 常年自然天气季节和大陆度

利用滩浒站 1977—2019 年气温累年日平均数据计算五日滑动平均气温，根据《气候季节划分》（QX/T 152—2012）方法，滩浒平均春季时间从 3 月 27 日至 6 月 7 日，共 73 天；平均夏季时间从 6 月 8 日至 10 月 6 日，共 121 天；平均秋季时间从 10 月 7 日至 12 月 8 日，共 63 天；平均冬季时间从 12 月 9 日至翌年 3 月 26 日，共 108 天。夏季时间最长，秋季时间最短（图 5.1-4）。

滩浒站焦金斯基大陆度指数为 55.4%，属大陆性季风气候。

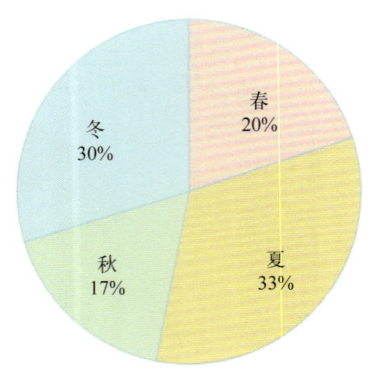

图5.1-4 四季平均日数百分率（1977—2019年）

## 第二节 气压

### 1. 平均气压、最高气压和最低气压

1977—2019年，滩浒站累年平均气压为1 010.9百帕。月平均气压具有冬高夏低的变化特征，12月最高，为1 020.8百帕，7月最低，为999.9百帕，年较差为20.9百帕。月最高气压1月最大，7月最小。月最低气压12月最大，9月最小（表5.2-1，图5.2-1）。

历年的平均气压为1 010.2～1 011.9百帕，其中1993年和2011年均为最高，2007年最低。

历年的最高气压均高于1 029.0百帕，其中高于1 035.0百帕的有4年。极大值为1 037.7百帕，出现在2000年1月31日。

历年的最低气压均低于993.5百帕，其中低于978.0百帕的有5年。极小值为975.0百帕，出现在1981年9月1日，正值8114号台风影响期间。

表5.2-1 气压年变化（1977—2019年） 单位：百帕

|      | 1月 | 2月 | 3月 | 4月 | 5月 | 6月 | 7月 | 8月 | 9月 | 10月 | 11月 | 12月 | 年 |
|---|---|---|---|---|---|---|---|---|---|---|---|---|---|
| 平均气压 | 1 020.6 | 1 018.6 | 1 014.8 | 1 009.9 | 1 005.8 | 1 001.3 | 999.9 | 1 000.9 | 1 007.2 | 1 013.6 | 1 017.6 | 1 020.8 | 1 010.9 |
| 最高气压 | 1 037.7 | 1 035.9 | 1 033.7 | 1 029.0 | 1 019.1 | 1 014.3 | 1 012.7 | 1 017.0 | 1 018.9 | 1 026.8 | 1 032.4 | 1 035.2 | 1 037.7 |
| 最低气压 | 1 002.6 | 993.1 | 990.9 | 990.9 | 990.4 | 988.0 | 976.8 | 976.5 | 975.0 | 991.8 | 996.7 | 1 003.7 | 975.0 |

注：1977年、2004年和2005年数据有缺测。

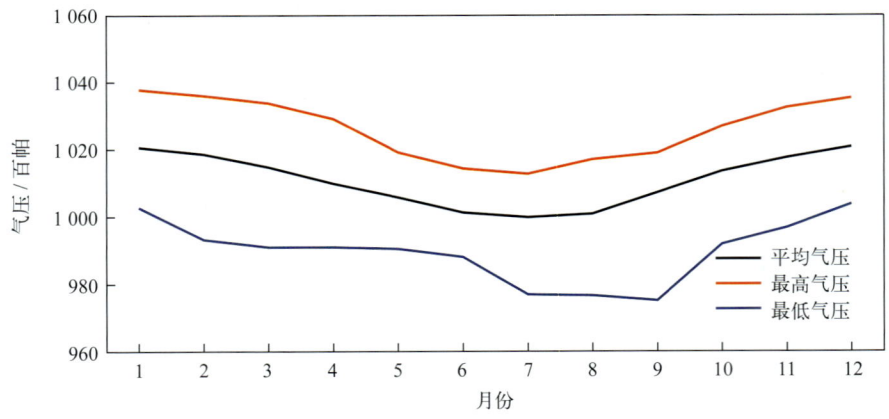

图5.2-1 气压年变化（1977—2019年）

## 2. 长期趋势变化

1978—2019 年，年平均气压呈下降趋势，下降速率为 0.10 百帕 /（10 年）（线性趋势未通过显著性检验）；年最高气压和年最低气压均呈波动上升趋势，上升速率分别为 0.23 百帕 /（10 年）（线性趋势未通过显著性检验）和 0.27 百帕 /（10 年）（线性趋势未通过显著性检验）。

十年平均气压变化显示，1990—1999 年平均气压最高，为 1 011.2 百帕，2010—2019 年平均气压较 1990—1999 年平均气压低 0.3 百帕（图 5.2-2）。

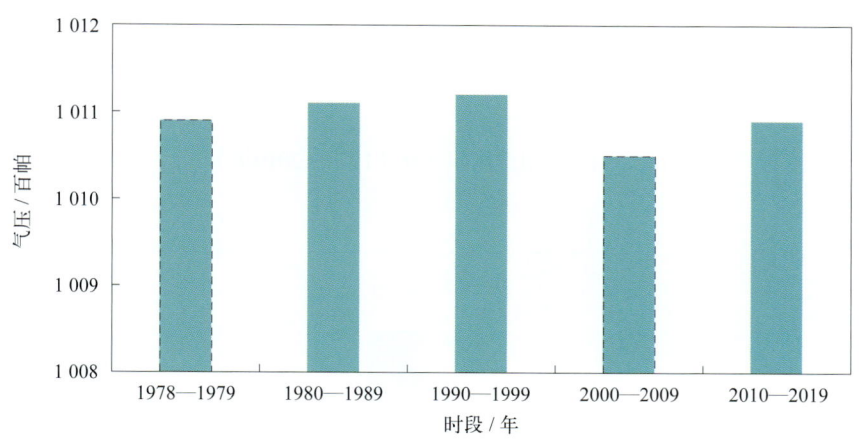

图5.2-2　十年平均气压变化

## 第三节　相对湿度

### 1. 平均相对湿度和最小相对湿度

1977—2019 年，滩浒站累年平均相对湿度为 81.2%。月平均相对湿度 6 月最大，为 89.1%，12 月最小，为 74.1%。平均月最小相对湿度 7 月最大，为 54.7%，12 月最小，为 30.4%。最小相对湿度的极小值为 16%，出现在 1980 年 2 月 5 日（表 5.3-1，图 5.3-1）。

表 5.3-1　相对湿度年变化（1977—2019 年）

| | 1月 | 2月 | 3月 | 4月 | 5月 | 6月 | 7月 | 8月 | 9月 | 10月 | 11月 | 12月 | 年 |
|---|---|---|---|---|---|---|---|---|---|---|---|---|---|
| 平均相对湿度 /% | 78.0 | 80.2 | 82.8 | 84.1 | 85.4 | 89.1 | 86.4 | 83.2 | 80.1 | 75.7 | 75.4 | 74.1 | 81.2 |
| 平均最小相对湿度 /% | 30.6 | 32.6 | 33.8 | 37.3 | 38.9 | 54.1 | 54.7 | 53.0 | 44.7 | 35.6 | 33.9 | 30.4 | 40.0 |
| 最小相对湿度 /% | 18 | 16 | 19 | 18 | 23 | 33 | 36 | 30 | 27 | 22 | 19 | 19 | 16 |

注：平均最小相对湿度为各月最小相对湿度的累年平均值及其年平均值。1977年、2004年、2005年和2009年数据有缺测。

### 2. 长期趋势变化

1978—2019 年，年平均相对湿度为 73.7% ~ 87.0%，其中 2011 年最大，2007 年最小，年平均相对湿度呈上升趋势，上升速率为 0.17% /（10 年）（线性趋势未通过显著性检验）。十年平均相对湿度变化显示，1990—1999 年平均相对湿度最大，为 81.9%，2010—2019 年次之，为 81.8%（图 5.3-2）。

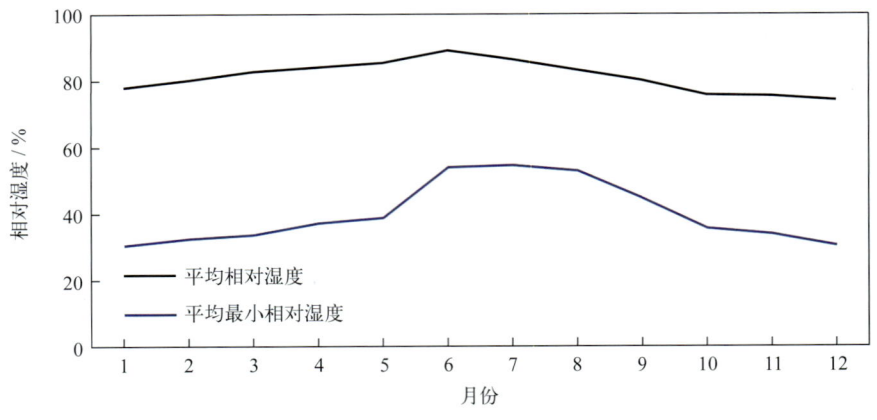

图5.3-1　相对湿度年变化（1977—2019年）

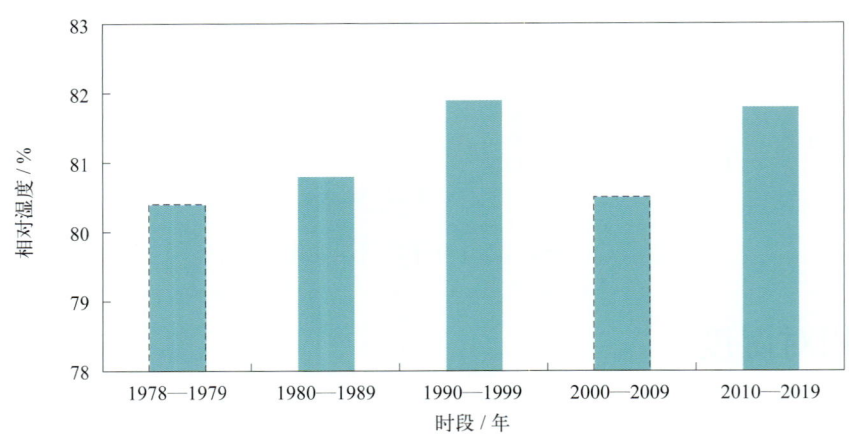

图5.3-2　十年平均相对湿度变化

### 3. 温湿指数

根据《人居环境气候舒适度评价》（GB/T 27963—2011）的温湿指数统计方法和气候舒适度等级划分方法，统计滩浒站各月温湿指数，结果显示：12月至翌年3月温湿指数为6.6～9.7，感觉为寒冷；4月和11月温湿指数分别为14.0和14.6，感觉为冷；5月、6月、9月和10月温湿指数为18.7～23.7，感觉为舒适；7月和8月温湿指数分别为26.8和26.9，感觉为热（表5.3-2）。

表5.3-2　温湿指数年变化（1977—2019年）

|  | 1月 | 2月 | 3月 | 4月 | 5月 | 6月 | 7月 | 8月 | 9月 | 10月 | 11月 | 12月 |
| --- | --- | --- | --- | --- | --- | --- | --- | --- | --- | --- | --- | --- |
| 温湿指数 | 6.6 | 7.1 | 9.7 | 14.0 | 18.7 | 22.7 | 26.8 | 26.9 | 23.7 | 19.4 | 14.6 | 9.3 |
| 感觉程度 | 寒冷 | 寒冷 | 寒冷 | 冷 | 舒适 | 舒适 | 热 | 热 | 舒适 | 舒适 | 冷 | 寒冷 |

## 第四节　风

### 1. 平均风速和最大风速

滩浒站风速的年变化见表5.4-1和图5.4-1。累年平均风速为6.8米/秒，8月最大，为7.4米/秒，6月最小，为6.3米/秒。平均最大风速8月最大，为23.2米/秒，2月最小，为17.9米/秒。最大风速月最大值对应风向多为 NNE 向、NE 向和 NNW 向（均为 3 个月）。极大风速的最大值为 40.9 米/秒，出现在 2015 年 7 月 11 日，对应风向为 NE。

表 5.4-1　风速年变化（1977—2019 年）　　　　　　　　　　　　　　　单位：米/秒

| | | 1月 | 2月 | 3月 | 4月 | 5月 | 6月 | 7月 | 8月 | 9月 | 10月 | 11月 | 12月 | 年 |
|---|---|---|---|---|---|---|---|---|---|---|---|---|---|---|
| 平均风速 | | 6.8 | 6.6 | 6.7 | 6.7 | 6.6 | 6.3 | 7.0 | 7.4 | 7.1 | 6.7 | 6.8 | 6.8 | 6.8 |
| 最大风速 | 平均值 | 18.4 | 17.9 | 19.0 | 19.2 | 18.8 | 18.6 | 21.0 | 23.2 | 19.8 | 19.5 | 19.4 | 19.0 | 19.5 |
| | 最大值 | 23.9 | 23.7 | 27.3 | 24.3 | 28.0 | 28.0 | 30.7 | 35.0 | 33.7 | 31.4 | 27.0 | 25.0 | 35.0 |
| | 最大值对应风向 | NNW | NW | SSE | NNW | NNE | S | NE | NE | NNE | NNE | NE | NNW | NE |
| 极大风速 | 最大值 | 29.3 | 25.3 | 27.9 | 26.6 | 27.2 | 28.5 | 40.9 | 40.3 | 29.5 | 38.6 | 27.0 | 29.2 | 40.9 |
| | 最大值对应风向 | NNW | NW | NNW | NNW | N | SE | NE | ESE | W | NNE | NW | WNW | NE |

注：1977 年和 2004—2006 年数据有缺测，极大风速的统计时间为 2002 年 5 月至 2019 年 12 月。

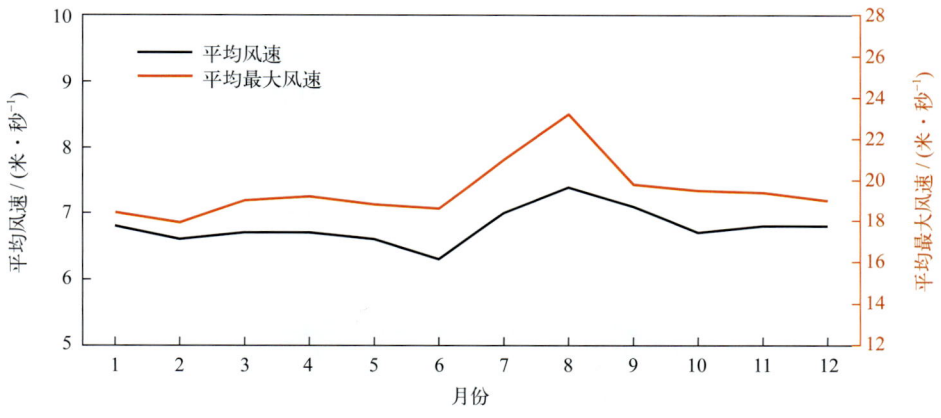

图 5.4-1　平均风速和平均最大风速年变化（1977—2019 年）

历年的平均风速为 5.8 ~ 7.7 米/秒，其中 2013 年和 2018 年均为最大，1997 年最小。历年的最大风速均大于等于 19.3 米/秒，其中大于等于 32.0 米/秒的有 5 年。最大风速最大值为 35.0 米/秒，出现在 2000 年 8 月 30 日，风向为 NE。年最大风速出现在 8 月的频率最高，7 月次之（图 5.4-2）。

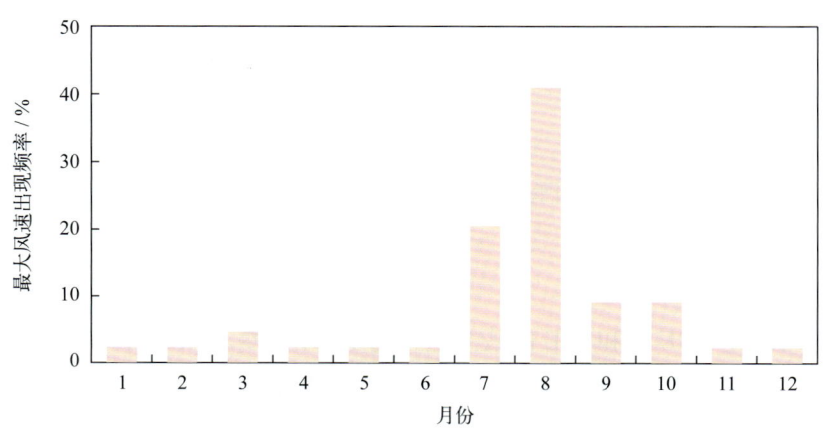

图 5.4-2　年最大风速出现频率（1978—2019 年）

## 2. 各向风频率

全年 N 向风最多，频率为 11.6%，NNE 向次之，频率为 10.8%，W 向最少，频率为 1.5%（图 5.4-3）。

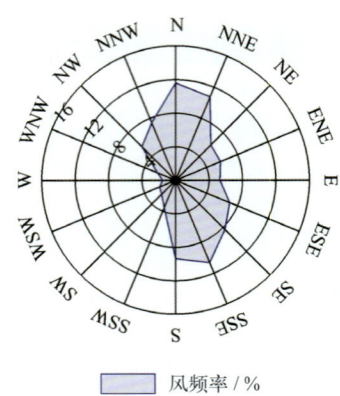

图5.4-3　全年各向风频率（1977—2019年）

1 月盛行风向为 NW—NNE，频率和为 61.1%；4 月盛行风向为 ESE—S，频率和为 47.7%；7 月盛行风向为 ESE—SSW，频率和为 70.8%；10 月盛行风向为 NNW—ENE，频率和为 60.5%（图 5.4-4）。

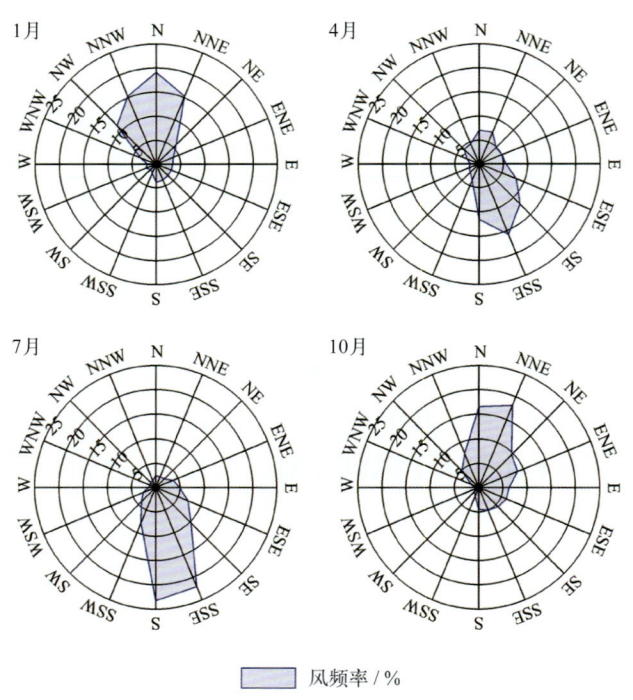

图5.4-4　四季代表月各向风频率（1977—2019年）

## 3. 各向平均风速和最大风速

全年各向平均风速 NNE 向和 SSE 向最大，均为 7.1 米/秒，NW 向和 NNW 向次之，均为 6.9 米/秒，SW 向最小，为 4.0 米/秒（图 5.4-5）。1 月 NNW 向平均风速最大，为 7.7 米/秒；4 月

SSE 向最大，为 8.3 米 / 秒；7 月 SSE 向最大，为 8.2 米 / 秒；10 月 NNW 向最大，为 7.7 米 / 秒（图 5.4-6）。

全年各向最大风速 NE 向最大，为 35.0 米 / 秒，N 向次之，为 34.7 米 / 秒，W 向最小，为 23.0 米 / 秒（图 5.4-5）。1 月和 4 月 NNW 向最大风速最大，分别为 23.9 米 / 秒和 24.3 米 / 秒；7 月 NE 向最大，为 30.7 米 / 秒；10 月 NNE 向最大，为 31.4 米 / 秒（图 5.4-6）。

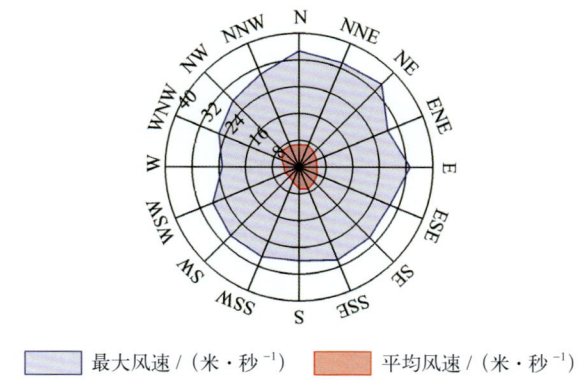

图 5.4-5　全年各向平均风速和最大风速（1977—2019 年）

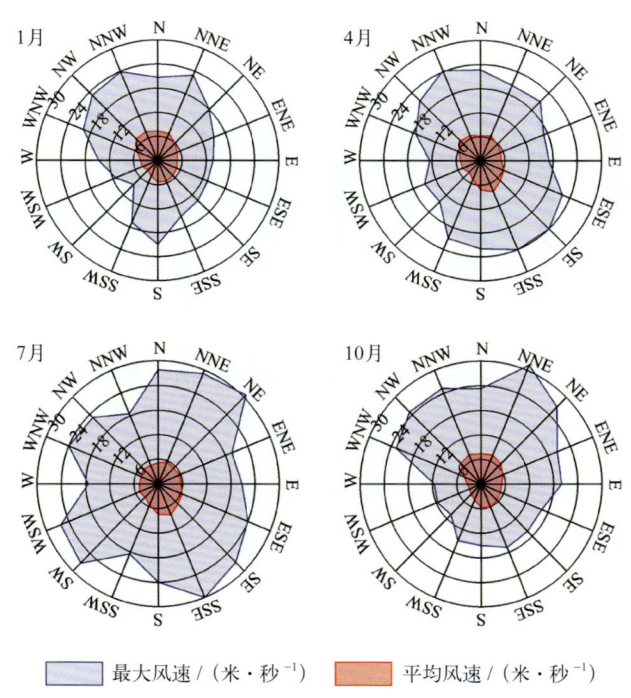

图 5.4-6　四季代表月各向平均风速和最大风速（1977—2019 年）

## 4. 大风日数

风力大于等于 6 级的大风日数 8 月最多，为 18.3 天，占全年的 9.4%，3 月次之，为 18.1 天（表 5.4-2，图 5.4-7）。平均年大风日数为 195.3 天（表 5.4-2）。历年大风日数 1985 年最多，为 231 天，2011 年最少，为 151 天。

风力大于等于 8 级的大风日数 8 月最多，为 3.6 天，2 月最少，为 1.1 天。历年大风日数 2001 年最多，为 49 天，2011 年最少，为 4 天。

风力大于等于 6 级的月大风日数最多为 28 天，出现在 2010 年 3 月和 2012 年 8 月；最长连续大于等于 6 级大风日数为 34 天，出现在 2012 年 7 月 21 日至 8 月 23 日（表 5.4-2）。

表 5.4-2　各级大风日数年变化（1977—2019 年）　　　　　　　　单位：天

| | 1月 | 2月 | 3月 | 4月 | 5月 | 6月 | 7月 | 8月 | 9月 | 10月 | 11月 | 12月 | 年 |
| --- | --- | --- | --- | --- | --- | --- | --- | --- | --- | --- | --- | --- | --- |
| 大于等于6级大风平均日数 | 16.1 | 14.4 | 18.1 | 17.8 | 17.2 | 14.6 | 17.9 | 18.3 | 15.1 | 14.0 | 15.9 | 15.9 | 195.3 |
| 大于等于7级大风平均日数 | 5.8 | 5.4 | 7.8 | 8.7 | 7.3 | 5.4 | 9.3 | 9.8 | 7.0 | 5.9 | 6.9 | 7.1 | 86.4 |
| 大于等于8级大风平均日数 | 1.3 | 1.1 | 1.8 | 2.2 | 1.6 | 1.3 | 3.2 | 3.6 | 1.9 | 1.5 | 2.2 | 2.1 | 23.8 |
| 大于等于6级大风最多日数 | 23 | 21 | 28 | 25 | 25 | 25 | 26 | 28 | 23 | 22 | 23 | 27 | 231 |
| 最长连续大于等于6级大风日数 | 11 | 13 | 23 | 18 | 14 | 12 | 19 | 34 | 13 | 17 | 15 | 15 | 34 |

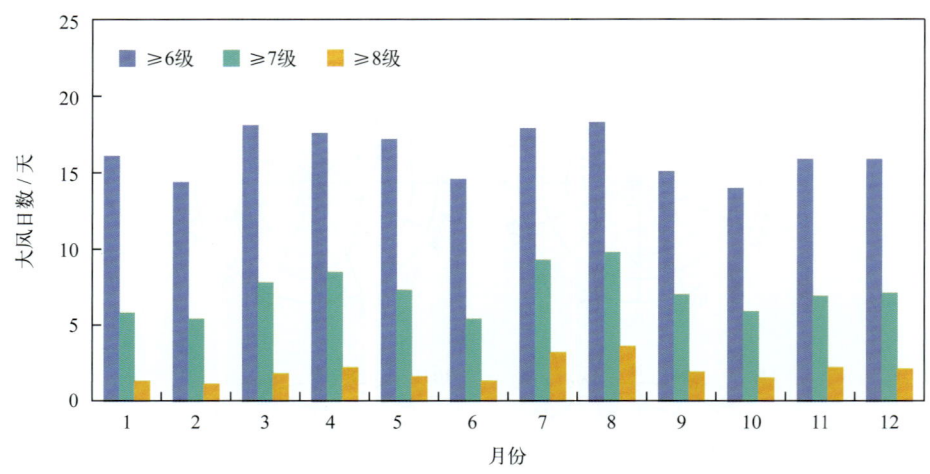

图 5.4-7　各级大风日数年变化

## 第五节　降水

### 1. 降水量和降水日数

#### （1）降水量

滩浒站降水量的年变化见表 5.5-1 和图 5.5-1。平均年降水量为 1 041.8 毫米，降水量的季节分布不均匀，夏季（6—8 月）为 389.2 毫米，占全年降水量的 37.4%，春季（3—5 月）为 279.5 毫米，占全年的 26.8%，秋季（9—11 月）为 205.7 毫米，占全年的 19.7%，冬季（12 月至翌年 2 月）为 167.4 毫米，占全年的 16.1%。6 月平均降水量最多，为 167.3 毫米，占全年的 16.0%。

历年年降水量为 610.7～1 509.8 毫米，其中 2015 年最多，1979 年最少。

最大日降水量超过 100 毫米的有 8 年，超过 150 毫米的有 1 年。最大日降水量为 250.5 毫米，出现在1986年9月5日。

表 5.5-1　降水量年变化（1977—2019年）　　　　　　　　　　　　　　　　　单位：毫米

| | 1月 | 2月 | 3月 | 4月 | 5月 | 6月 | 7月 | 8月 | 9月 | 10月 | 11月 | 12月 | 年 |
|---|---|---|---|---|---|---|---|---|---|---|---|---|---|
| 平均降水量 | 59.8 | 65.0 | 97.9 | 88.7 | 92.9 | 167.3 | 112.4 | 109.5 | 97.4 | 59.7 | 48.6 | 42.6 | 1 041.8 |
| 最大日降水量 | 77.8 | 77.6 | 76.1 | 77.3 | 105.2 | 136.0 | 105.8 | 112.5 | 250.5 | 79.1 | 50.4 | 40.2 | 250.5 |

注：1977年和2005年数据有缺测。

### （2）降水日数

平均年降水日数为130.1天。降水日数的年变化特征为上半年多、下半年少（图5.5-2和图5.5-3）。日降水量大于等于10毫米的平均年日数为31.9天，各月均有出现；日降水量大于等于50毫米的平均年日数为2.6天，出现在1—11月；日降水量大于等于100毫米的平均年日数为0.2天，出现在5—9月；日降水量大于等于150毫米的平均年日数为0.02天，出现在9月；日降水量大于等于200毫米的平均年日数为0.02天，出现在9月（图5.5-3）。

最多年降水日数为163天，出现在2015年；最少年降水日数为90天，出现在2004年。最长连续降水日数为20天，出现在2009年2月15日至3月6日；最长连续无降水日数为54天，出现在1995年11月15日至1996年1月7日。

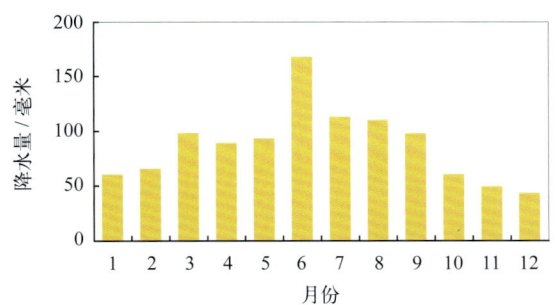

图5.5-1　降水量年变化（1977—2019年）

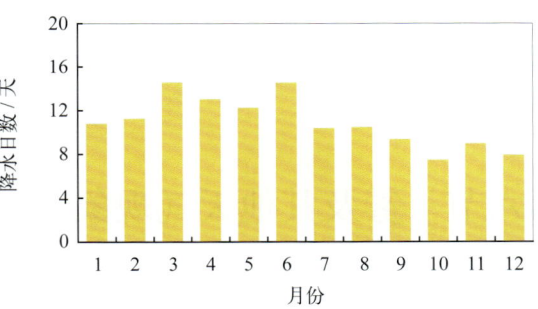

图5.5-2　降水日数年变化（1977—2019年）

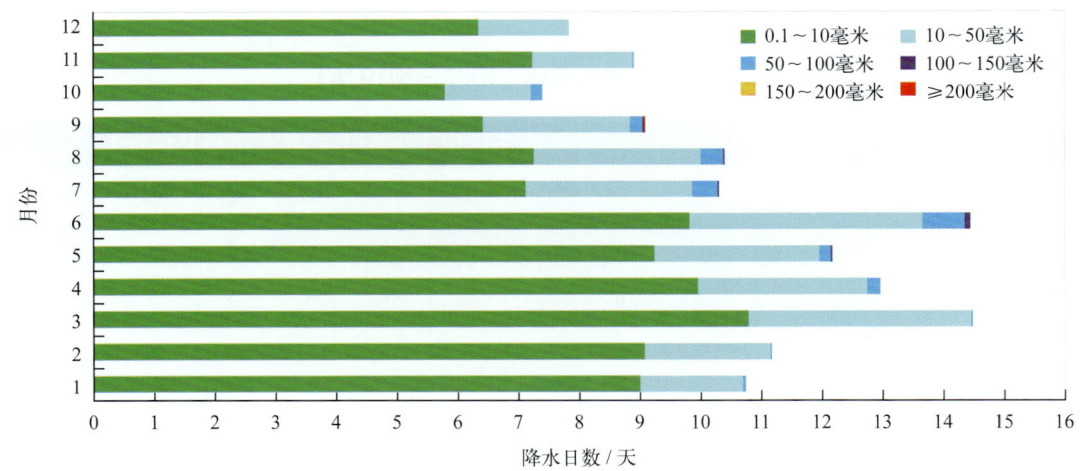

图5.5-3　各月各级平均降水日数分布（1977—2019年）

### 2. 长期趋势变化

1978—2019 年，年降水量呈上升趋势，上升速率为 46.06 毫米/（10 年）（线性趋势未通过显著性检验）。十年平均年降水量变化显示，2010—2019 年平均年降水量最大，为 1 139.4 毫米，比 1980—1989 年增加 88.0 毫米（图 5.5-4）。1978—2019 年，年最大日降水量变化趋势不明显。

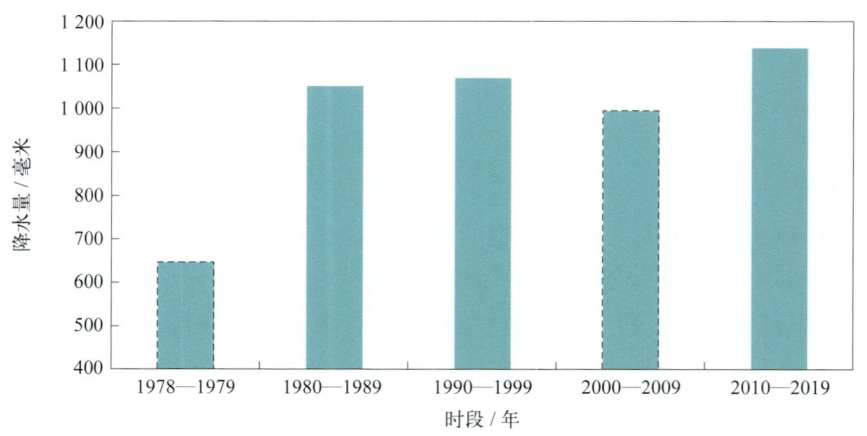

图 5.5-4　十年平均年降水量变化

1978—2019 年，年降水日数呈增加趋势，增加速率为 2.80 天/（10 年）（线性趋势未通过显著性检验）；最长连续降水日数呈增加趋势，增加速率为 0.65 天/（10 年）（线性趋势未通过显著性检验）；最长连续无降水日数呈减少趋势，减少速率为 2.26 天/（10 年）（线性趋势未通过显著性检验）。

## 第六节　雾及其他天气现象

### 1. 雾

滩浒站雾日数的年变化见表 5.6-1、图 5.6-1 和图 5.6-2。1977—2019 年，平均年雾日数为 29.2 天。平均月雾日数 4 月最多，为 6.2 天，8 月最少，为 0.1 天；月雾日数最多为 12 天，出现了 4 次；最长连续雾日数为 6 天，出现了 5 次。

表 5.6-1　雾日数年变化（1977—2019 年）　　　　　　　　　　　　　单位：天

| | 1月 | 2月 | 3月 | 4月 | 5月 | 6月 | 7月 | 8月 | 9月 | 10月 | 11月 | 12月 | 年 |
|---|---|---|---|---|---|---|---|---|---|---|---|---|---|
| 平均雾日数 | 3.3 | 3.8 | 5.5 | 6.2 | 3.5 | 1.9 | 0.4 | 0.1 | 0.2 | 0.3 | 1.4 | 2.6 | 29.2 |
| 最多雾日数 | 8 | 10 | 12 | 12 | 12 | 11 | 4 | 1 | 3 | 2 | 8 | 9 | 57 |
| 最长连续雾日数 | 5 | 4 | 5 | 6 | 6 | 4 | 2 | 1 | 3 | 3 | 5 | 5 | 6 |

注：1977 年、2002 年、2004 年、2006 年、2009 年数据有缺测。2003 年数据缺测。

1978—2019 年，年雾日数呈下降趋势，下降速率为 6.87 天/（10 年）。1983 年雾日数最多，为 57 天，2007 年和 2017 年最少，均为 9 天。

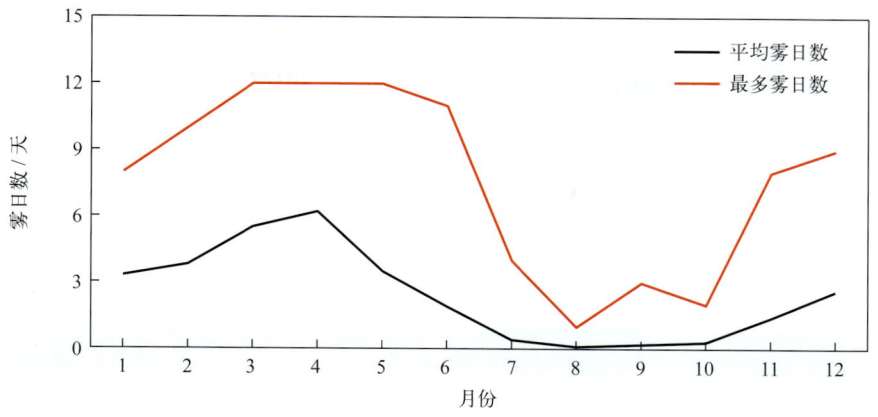

图5.6-1　平均雾日数和最多雾日数年变化（1977—2019年）

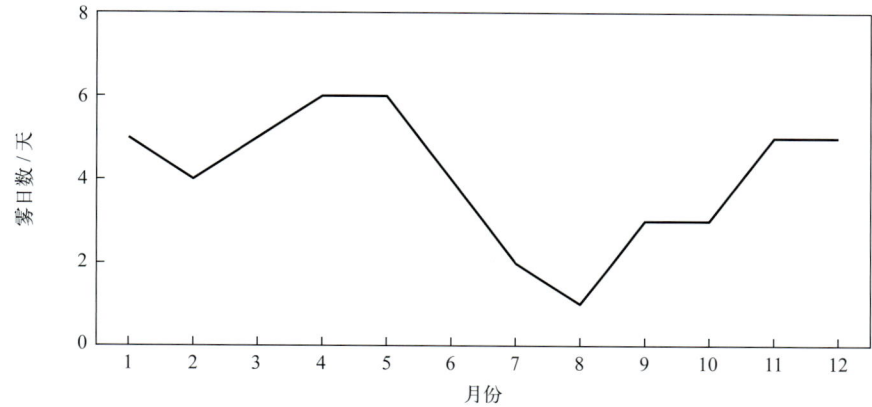

图5.6-2　最长连续雾日数年变化（1977—2019年）

十年平均年雾日数变化显示，1980—1989 年平均年雾日数最多，为 40.7 天，2010—2019 年平均年雾日数最少，为 19.5 天（图 5.6-3）。

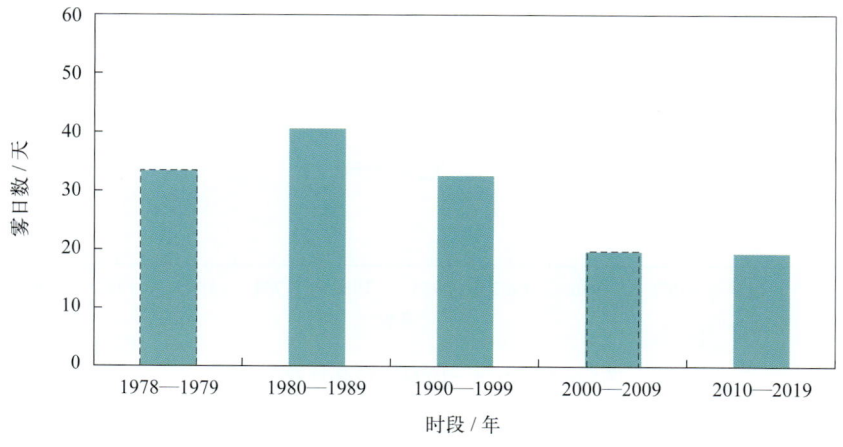

图5.6-3　十年平均年雾日数变化

## 2. 轻雾

滩浒站轻雾日数的年变化见表5.6-2和图5.6-4。1977—1995年，平均年轻雾日数为155.3天。平均月轻雾日数3月最多，为18.5天，9月最少，为6.2天。最多月轻雾日数为25天，出现了3次。

1978—1994年，年轻雾日数呈上升趋势，上升速率为34.73天/（10年）。1994年轻雾日数最多，为206天，1978年最少，为117天（图5.6-5）。

表5.6-2　轻雾日数年变化（1977—1995年）　　　　　　　　　　单位：天

| | 1月 | 2月 | 3月 | 4月 | 5月 | 6月 | 7月 | 8月 | 9月 | 10月 | 11月 | 12月 | 年 |
|---|---|---|---|---|---|---|---|---|---|---|---|---|---|
| 平均轻雾日数 | 18.1 | 15.4 | 18.5 | 16.7 | 14.6 | 11.8 | 7.8 | 8.3 | 6.2 | 8.3 | 13.2 | 16.4 | 155.3 |
| 最多轻雾日数 | 25 | 22 | 25 | 22 | 20 | 20 | 16 | 17 | 13 | 15 | 24 | 25 | 206 |

注：1977年数据有缺测，1995年7月停测。

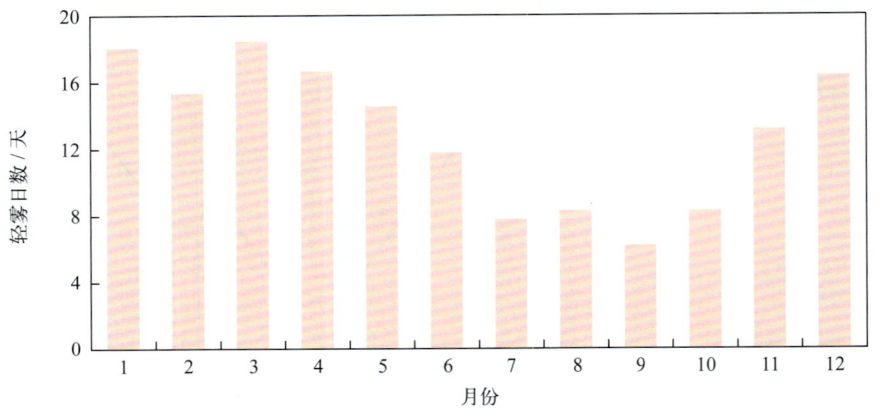

图5.6-4　轻雾日数年变化（1977—1995年）

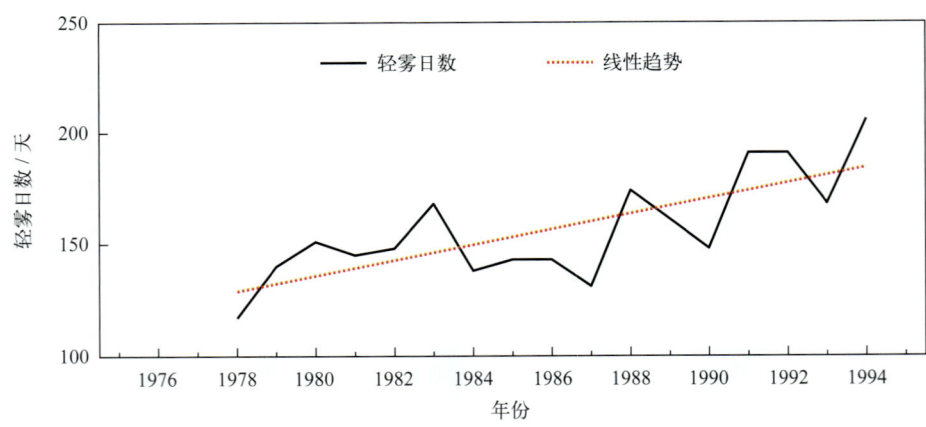

图5.6-5　1978—1994年轻雾日数变化

## 3. 雷暴

滩浒站雷暴日数的年变化见表5.6-3和图5.6-6。1977—1995年，平均年雷暴日数为21.2天。雷暴主要出现在3—9月，其中7月最多，平均日数为5.3天，1月和12月最少，均为0.1天。雷暴最早初日为1月28日（1979年），最晚终日为12月7日（1992年）。

表5.6-3　雷暴日数年变化（1977—1995年）　　　　　　　　　　　　　单位：天

| | 1月 | 2月 | 3月 | 4月 | 5月 | 6月 | 7月 | 8月 | 9月 | 10月 | 11月 | 12月 | 年 |
| --- | --- | --- | --- | --- | --- | --- | --- | --- | --- | --- | --- | --- | --- |
| 平均雷暴日数 | 0.1 | 0.3 | 2.1 | 1.8 | 1.3 | 3.4 | 5.3 | 3.8 | 2.2 | 0.6 | 0.2 | 0.1 | 21.2 |
| 最多雷暴日数 | 1 | 3 | 6 | 6 | 5 | 7 | 9 | 8 | 5 | 4 | 2 | 1 | 36 |

注：1977年数据有缺测，1995年7月停测。

1978—1994年，年雷暴日数变化趋势不明显。1991年雷暴日数最多，为36天，1978年最少，为9天（图5.6-7）。

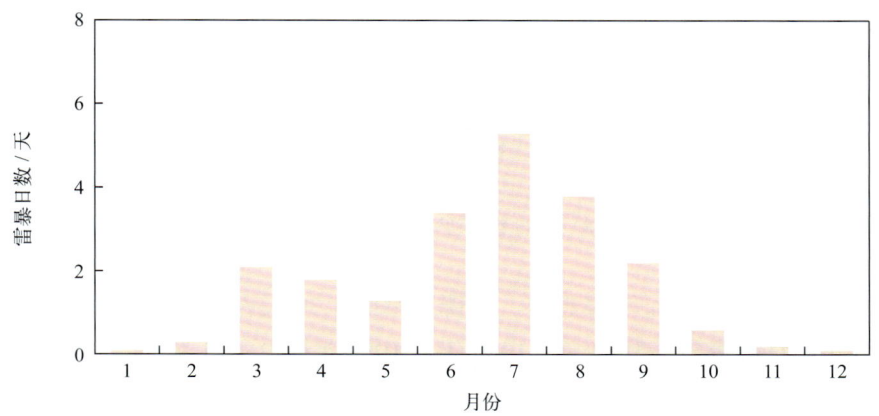

图5.6-6　雷暴日数年变化（1977—1995年）

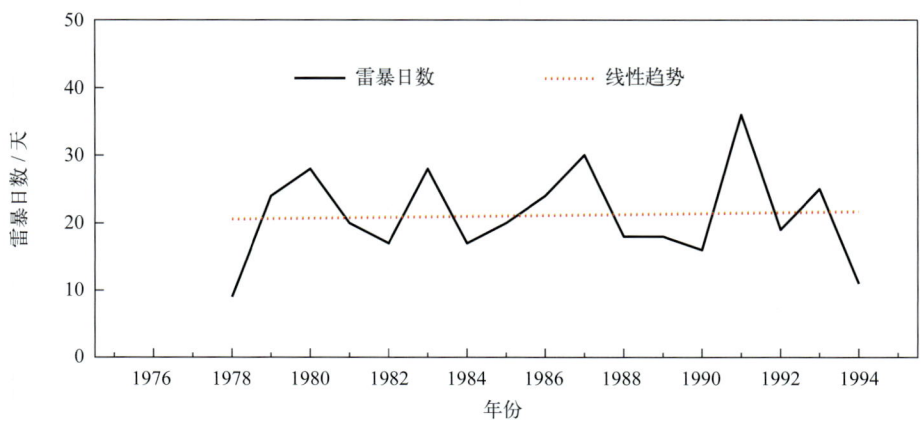

图5.6-7　1978—1994年雷暴日数变化

### 4. 霜

滩浒站霜日数的年变化见表5.6-4和图5.6-8。1977—1995年，平均年霜日数为6.7天。霜全部出现在12月至翌年2月，1月最多，平均日数为3.4天。霜最早初日为12月5日（1990年），最晚终日为2月28日（1986年）。

表 5.6-4　霜日数年变化（1977—1995年）　　　　　　　　　　　　　　　　　　　单位：天

|  | 1月 | 2月 | 3月 | 4月 | 5月 | 6月 | 7月 | 8月 | 9月 | 10月 | 11月 | 12月 | 年 |
|---|---|---|---|---|---|---|---|---|---|---|---|---|---|
| 平均霜日数 | 3.4 | 1.8 | 0.0 | 0.0 | 0.0 | 0.0 | 0.0 | 0.0 | 0.0 | 0.0 | 0.0 | 1.5 | 6.7 |
| 最多霜日数 | 8 | 7 | 0 | 0 | 0 | 0 | 0 | 0 | 0 | 0 | 0 | 8 | 14 |

注：1977年数据有缺测，1979年数据缺测，1995年7月停测。

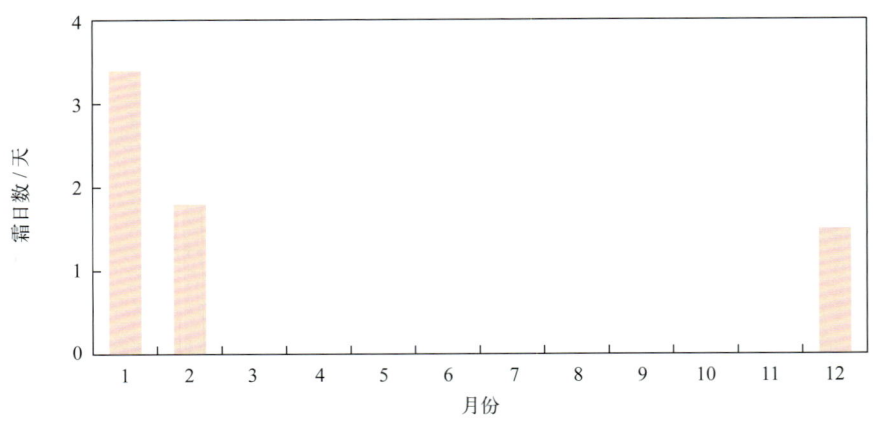

图5.6-8　霜日数年变化（1977—1995年）

1980—1994 年，年霜日数呈下降趋势，下降速率为 1.39 天 /（10 年）（线性趋势未通过显著性检验）。1986 年霜日数最多，为 14 天，1980 年和 1989 年最少，均为 2 天（图 5.6-9）。

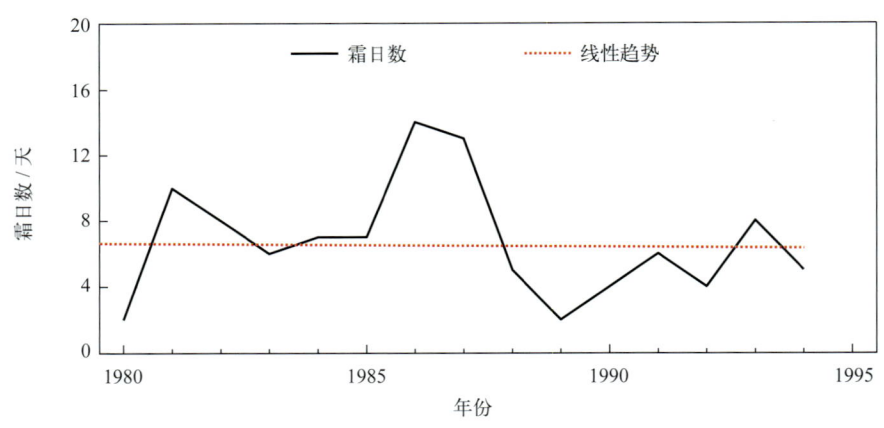

图5.6-9　1980—1994年霜日数变化

### 5. 降雪

滩浒站降雪日数的年变化见表 5.6-5 和图 5.6-10。1977—1995 年，平均年降雪日数为 4.9 天。降雪全部出现在 12 月至翌年 3 月，1 月最多，平均日数为 2.5 天。降雪最早初日为 12 月 10 日（1985 年），最晚终日为 3 月 16 日（1986 年）。

表 5.6-5　降雪日数年变化（1977—1995年）　　　　　　　　　　　　　　　　　　　单位：天

|  | 1月 | 2月 | 3月 | 4月 | 5月 | 6月 | 7月 | 8月 | 9月 | 10月 | 11月 | 12月 | 年 |
|---|---|---|---|---|---|---|---|---|---|---|---|---|---|
| 平均降雪日数 | 2.5 | 1.4 | 0.3 | 0.0 | 0.0 | 0.0 | 0.0 | 0.0 | 0.0 | 0.0 | 0.0 | 0.7 | 4.9 |
| 最多降雪日数 | 11 | 4 | 1 | 0 | 0 | 0 | 0 | 0 | 0 | 0 | 0 | 4 | 16 |

注：1977年数据有缺测，1995年7月停测。

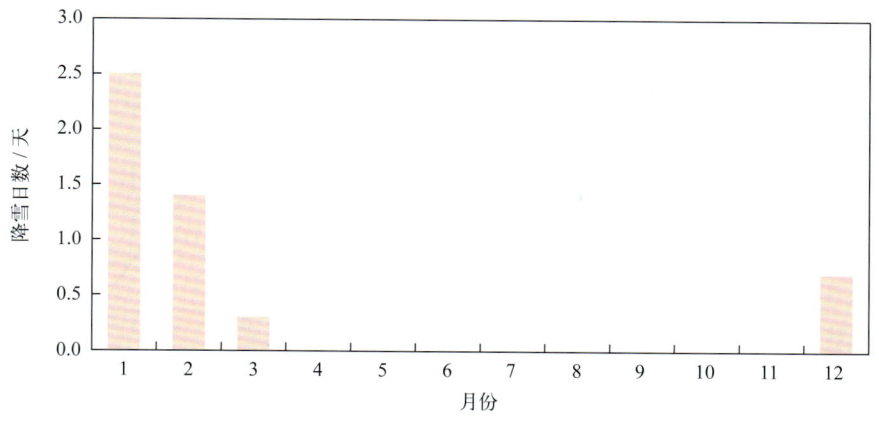

图5.6-10 降雪日数年变化（1977—1995年）

1978—1994年，年降雪日数呈下降趋势，下降速率为2.72天/（10年）（线性趋势未通过显著性检验）。1984年降雪日数最多，为16天，1992年最少，为1天（图5.6-11）。

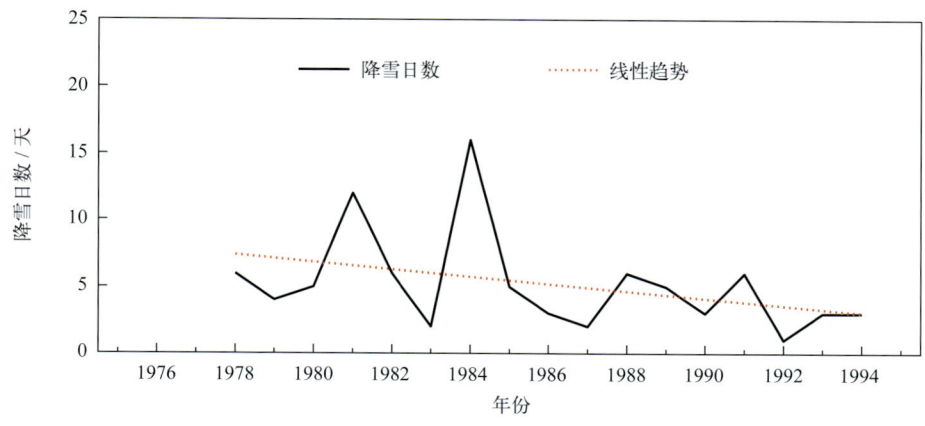

图5.6-11 1978—1994年降雪日数变化

## 第七节 能见度

1982—2019年，滩浒站累年平均能见度为17.7千米。9月平均能见度最大，为24.8千米，1月最小，为13.3千米。能见度小于1千米的平均年日数为18.7天，4月最多，为4.2天，8月未出现（表5.7-1，图5.7-1和图5.7-2）。

表5.7-1 能见度年变化（1982—2019年）

|  | 1月 | 2月 | 3月 | 4月 | 5月 | 6月 | 7月 | 8月 | 9月 | 10月 | 11月 | 12月 | 年 |
| --- | --- | --- | --- | --- | --- | --- | --- | --- | --- | --- | --- | --- | --- |
| 平均能见度/千米 | 13.3 | 14.8 | 13.8 | 14.0 | 16.0 | 16.6 | 21.6 | 23.8 | 24.8 | 23.0 | 17.3 | 13.7 | 17.7 |
| 能见度小于1千米平均日数/天 | 1.8 | 2.5 | 3.8 | 4.2 | 2.1 | 1.2 | 0.2 | 0.0 | 0.1 | 0.2 | 0.8 | 1.8 | 18.7 |

注：2002—2004年、2006年和2009年数据有缺测。

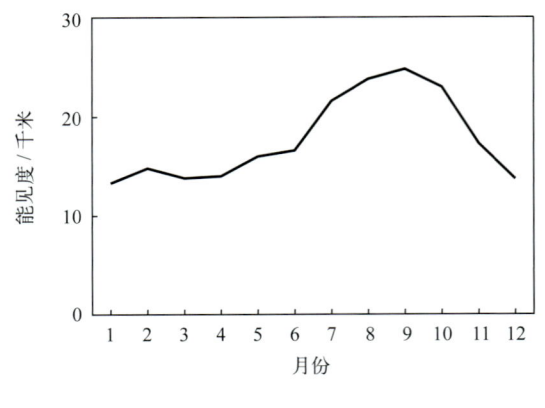

图5.7-1 能见度年变化　　　　　图5.7-2 能见度小于1千米日数年变化

历年平均能见度为15.8～20.2千米，1984年和2017年均为最高，1998年、2000年和2015年均为最低。能见度小于1千米的日数1983年最多，为34天，2017年最少，为6天（图5.7-3）。

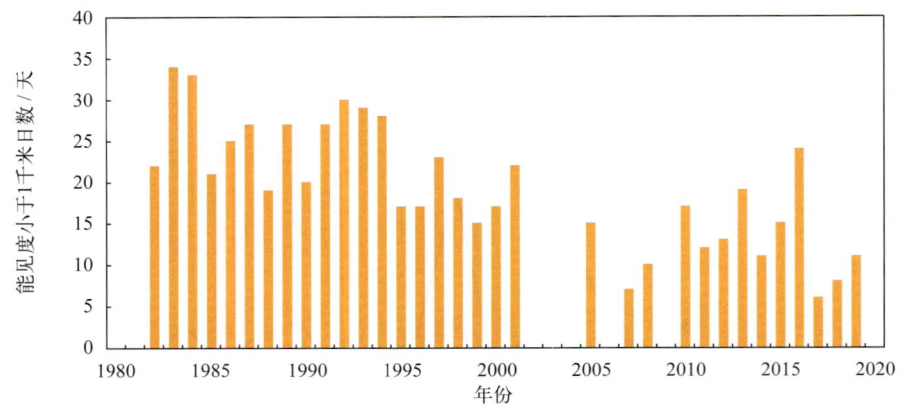

图5.7-3　能见度小于1千米年日数变化

1982—2001年，年平均能见度呈下降趋势，下降速率为2.20千米/（10年）。

# 第八节　云

1977—1995年，滩浒站累年平均总云量为6.4成，6月平均总云量最多，为7.9成，12月最少，为4.9成；累年平均低云量为2.4成，6月和9月平均低云量最多，均为3.0成，12月最少，为1.8成（表5.8-1，图5.8-1）。

表5.8-1　总云量和低云量年变化（1977—1995年）

| | 1月 | 2月 | 3月 | 4月 | 5月 | 6月 | 7月 | 8月 | 9月 | 10月 | 11月 | 12月 | 年 |
|---|---|---|---|---|---|---|---|---|---|---|---|---|---|
| 平均总云量/成 | 6.0 | 6.7 | 7.3 | 7.0 | 7.0 | 7.9 | 6.8 | 6.1 | 6.6 | 5.4 | 5.2 | 4.9 | 6.4 |
| 平均低云量/成 | 2.3 | 2.2 | 2.7 | 2.4 | 2.3 | 3.0 | 2.1 | 2.9 | 3.0 | 1.9 | 1.9 | 1.8 | 2.4 |

注：1977年数据有缺测，1995年7月停测。

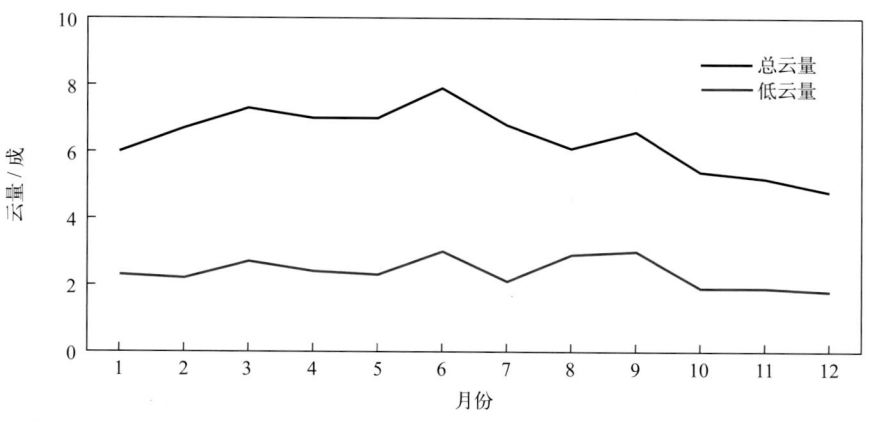

图5.8-1　总云量和低云量年变化（1977—1995年）

1978—1994年，年平均总云量呈减少趋势，减少速率为0.12成/(10年)（线性趋势未通过显著性检验），1980年、1981年和1989年最多，均为6.8成，1979年和1994年最少，均为6.0成（图5.8-2）；年平均低云量无明显变化趋势，1985年最多，为2.8成，1981年最少，为2.0成（图5.8-3）。

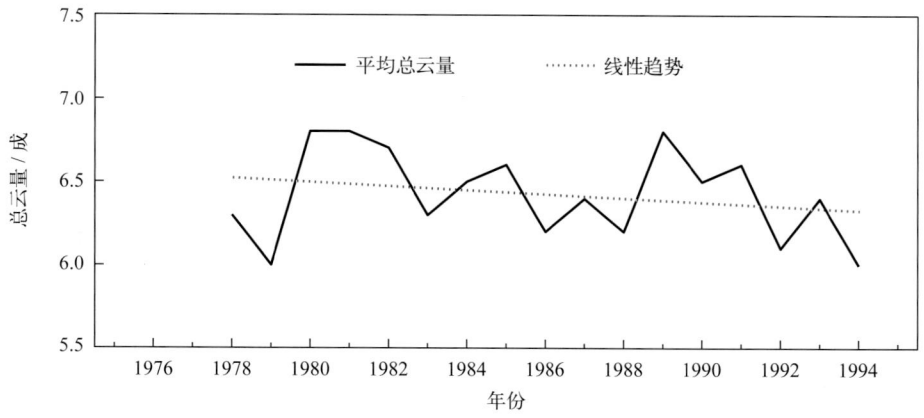

图5.8-2　1978—1994年平均总云量变化

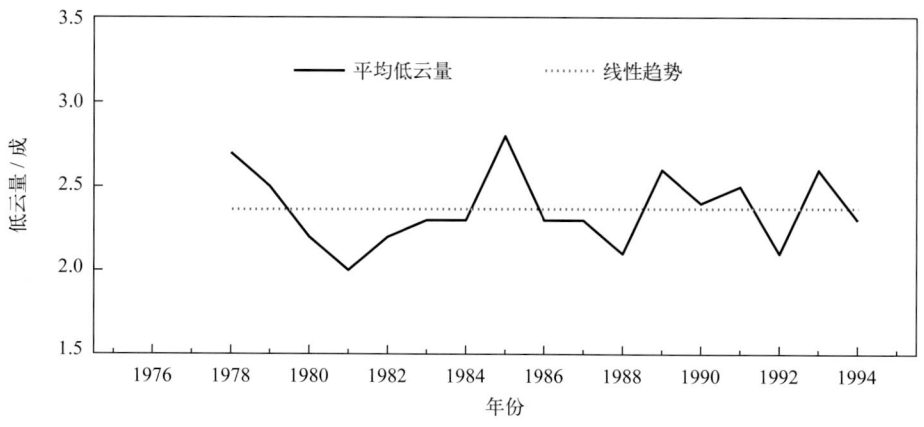

图5.8-3　1978—1994年平均低云量变化

# 第六章　海平面

## 1. 年变化

滩浒附近海域海平面年变化特征明显，1月和2月最低，9月最高，年变幅为39厘米（图6-1），平均海平面在验潮基面上208厘米。

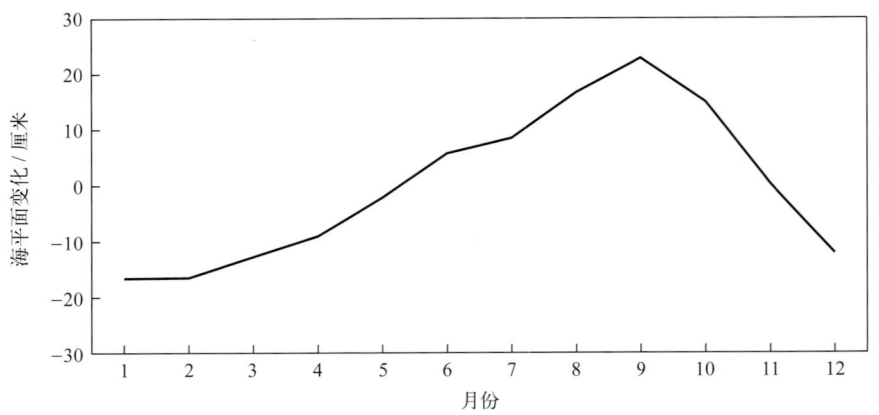

图6-1　海平面年变化（1978—2019年）

## 2. 长期趋势变化

滩浒附近海域海平面变化总体呈波动上升趋势。1978—2019年，海平面上升速率为4.6毫米/年；1993—2019年，海平面上升速率为5.0毫米/年，高于同期中国沿海3.9毫米/年的平均水平。滩浒附近海域海平面在1980年处于有观测记录以来的最低位，之后波动上升，分别在1991年和1998年两次达到小高峰；2012—2019年连续8年海平面处于高位，其中2016年海平面达到有观测记录以来的最高位，2017年和2018年连续两年下降明显，降幅达75毫米，2019年略有回升。

滩浒附近海域十年平均海平面明显上升。1978—1979年，海平面处于最低位；1980—1989年、1990—1999年和2000—2009年，这3个十年的平均海平面逐步上升；2010—2019年，海平面处于40余年来的最高位，比1978—1979年平均海平面高180毫米，比1980—1989年平均海平面高143毫米（图6-2）。

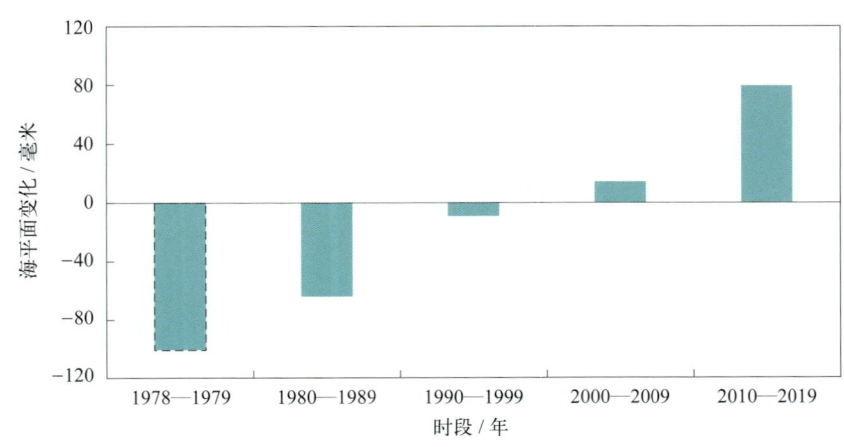

图6-2　十年平均海平面变化

### 3. 周期性变化

1978—2019 年，滩浒附近海域海平面有 2～3 年、准 9 年和准 19 年的显著变化周期，振荡幅度为 1～2 厘米。1991 年、1998 年和 2016 年前后，海平面处于 2～3 年、准 9 年和准 19 年周期性振荡的高位，几个主要周期性振荡高位叠加，抬高了同时段海平面的高度（图 6-3）。

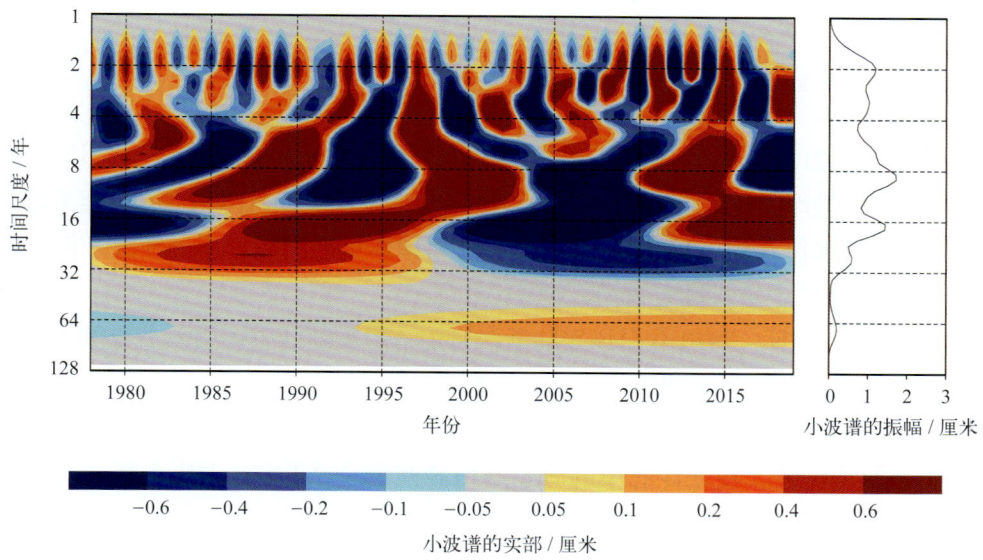

图6-3　年均海平面的小波（wavelet）变换

# 第七章 灾害

## 第一节 海洋灾害

### 1. 风暴潮

1974年8月18—21日，7413号台风登陆浙江椒江市三门县，在长江口—杭州湾—温州一带引发特大潮灾，受灾最严重的地区为长江口、杭州湾沿岸。上从杭州湾闸口，下至平湖县乍浦大部分验潮站超过警戒水位0.5～1.0米，因而杭州湾南岸新垦区的堤塘多处溃决，海水倒灌酿成灾情（《中国海洋灾害四十年资料汇编》）。

1979年8月22—25日，7910号台风登陆浙江舟山，影响浙江省，引发严重潮灾，杭州湾沿岸出现最大增水（《中国海洋灾害四十年资料汇编》）。

1997年8月，9711号台风风暴潮造成了1949年以来经济损失最大的一次风暴潮灾害。浙江省是此次灾害的重灾区。钱塘江北岸的海宁站最高潮位达9.4米，为历史最高潮位。沿江堤塘7处决口，造成151间房屋倒塌，13.5万亩盐田受淹。邻近的海盐县大部分临江堤塘越顶过水，决口72处约8.5千米，其中2.5千米与海面贯通相平，全县25.5万人全部受灾（《1997年中国海洋灾害公报》）。

1998年9月19日，9806号台风在浙江省舟山市普陀区登陆，近台风中心最大风力有10级，受其影响杭州湾出现较大风暴潮（《1998年中国海洋灾害公报》）。

2000年9月11日，0014号台风"桑美"影响东海期间，恰逢天文大潮，杭州湾沿岸多个验潮站的高潮位超过当地警戒水位。浙江舟山等市城区进水，部分房屋倒塌、农田受淹，非标准海塘受损严重，海陆空交通全部中断。全省直接经济损失31.4亿元（《2000年中国海洋灾害公报》）。

### 2. 赤潮

1989年，浙江省嵊山、长江口附近海域沿海均发生过赤潮（《1989年中国海洋灾害公报》）。

1993年，长江口和杭州湾均发生赤潮（《1993年中国海洋灾害公报》）。

1998年，我国近海海域发生了历史上最严重的赤潮灾害，灾害造成了严重的危害和经济损失。东海5起赤潮主要发生在长江口、杭州湾和嵊泗海域（《1998年中国海洋灾害公报》）。

2004年6月11—13日，长江口外至花鸟山、嵊山海域发生赤潮，面积约1 000平方千米，主要赤潮生物为具齿原甲藻和中肋骨条藻（《2004年中国海洋灾害公报》）。

2009年5月19—30日，长江口外、舟山北部海域出现赤潮，最大面积约1 500平方千米。6月17—22日，嵊山西南海域发生赤潮，优势种为中肋骨条藻和旋链角毛藻，最大面积230平方千米（《2009年中国海洋灾害公报》）。

## 第二节 灾害性天气

根据《中国气象灾害大典·上海卷》（1949—2000年）和《中国气象灾害大典·浙江卷》（1949—2000年）记载，滩浒站周边发生的主要灾害性天气主要有暴雨洪涝和雾。

### 1. 暴雨洪涝

1974年8月19日，7413号台风在三门登陆，沿海风力12级以上，东部地区出现大暴雨，时值天文大潮，杭州湾及沿海潮位超历史纪录，钱塘江的仓前超出历史最高潮位1.08米，海塘严重损坏422.3千米，撞毁和严重损坏小渔船2 340只，损失张网、海带养殖毛竹13 200支，网具2 604顶，冲坏码头14座，死亡136人，直接经济损失按1990年价为6.13亿元。

1995年8月25日凌晨，9507号台风在浙江省温岭市登陆后北上，于当天19时越过杭州湾进入上海市金山县境内，经过市区穿过崇明岛进入江苏境内，受其影响，上海市普降暴雨。

2000年7月10日02时30分，2004号强热带风暴"启德"在浙江省玉环县登陆，登陆时中心气压980百帕，近中心最大风速30米/秒，登陆后穿过杭州湾，进入上海市，局部特大暴雨，沿海岛屿风力有9～11级，个别达12级以上。

### 2. 雾

1994年1月9日凌晨到10日傍晚，由于湿度大、风小，从江苏北部到杭州湾的广大地区出现持续大雾，上海地区局部能见度仅5～15米，持续长达38小时。

1997年12月27—31日，浙江省大部分地区有雾，其中东部沿海及杭州湾两岸尤为严重，大雾天气对水陆空交通影响较大。

# 岱山海洋站

# 第一章 概况

## 第一节 基本情况

岱山海洋站（简称岱山站）位于浙江省舟山市岱山县，舟山群岛新区中部。舟山群岛是位于长江口南侧、杭州湾外缘的东海洋面上的一组岛群，东西长 182 千米，南北宽 169 千米，分布海域 22 000 平方千米，陆域面积 1 371 平方千米，是中国第一大群岛，相当于中国海岛总数的 20%。岱山岛是其中的第二大岛。

岱山站前身是长涂海洋站，建于 1959 年 11 月，名为浙江省舟山县长涂海洋水文气象服务站，隶属浙江省气象局。1966 年 1 月更名为长涂海洋站（简称长涂站），隶属国家海洋局东海分局。长涂站位于岱山县大长涂山岛，岛上四周环山，海拔高度约 100 米，岛四周岸线岬湾曲折，附近多为泥质海底，岛的西面为岱山岛。2001 年 6 月迁至岱山岛（图 1.1-1），更名为岱山站。2019 年 7 月后隶属自然资源部东海局，由宁波中心站管辖，业务工作由舟山工作站管理。岱山岛位于杭州湾口外，舟山本岛以北，最高点海拔超 250 米，海岸线长约 96 千米。

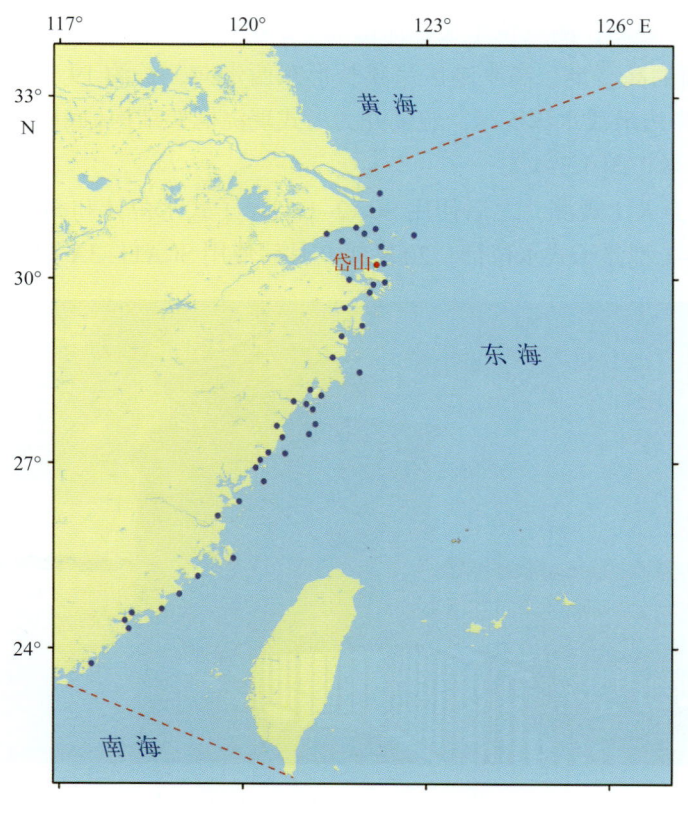

图1.1-1 岱山站地理位置示意

岱山站观测项目有潮汐、表层海水温度、表层海水盐度、气温、气压、相对湿度、风和降水等。2002 年后潮汐观测实现自动化，2004 年后表层海水温度和盐度、气温、气压、相对湿度、风和降水等实现观测自动化。

岱山附近海域为正规半日潮特征，海平面 2 月最低，9 月最高，年变幅为 36 厘米，平均海平面为 282 厘米，平均高潮位为 395 厘米，平均低潮位为 176 厘米，均具有夏秋高、冬春低的年变化特点；年均表层海水温度为 16.0 ~ 18.9℃，8 月最高，均值为 26.7℃，2 月最低，均值为 7.5℃，历史水温最高值为 29.6℃，历史水温最低值为 2.6℃；年均表层海水盐度为 20.86 ~ 25.39，8 月最高，均值为 25.83，10 月最低，均值为 20.28，历史盐度最高值为 33.84，历史盐度最低值为 3.10。

岱山站主要受海洋性季风气候影响，年均气温为 16.5 ~ 18.7℃，8 月最高，均值为 28.2℃，1 月最低，均值为 6.7℃，历史最高气温为 40.9℃，历史最低气温为 -5.1℃；年均气压为 1 010.9 ~ 1 013.0 百帕，具有冬高夏低的变化特征，1 月最高，均值为 1 022.6 百帕，7 月最低，均值为 1 001.9 百帕；年均相对湿度为 74.6% ~ 91.0%，6 月最大，均值为 90.6%，12 月最小，均值为 75.4%；年均风速为 3.5 ~ 5.8 米/秒，8 月和 12 月最大，均为 5.0 米/秒，6 月最小，均值为 3.9 米/秒，冬季（1 月）盛行风向为 NW—N（顺时针，下同），春季（4 月）盛行风向为 ESE—S，夏季（7 月）盛行风向为 ESE—S，秋季（10 月）盛行风向为 NW—NE；平均年降水量为 1 329.5 毫米，6 月平均降水量最多，占全年的 16.0%。

## 第二节 观测环境和观测仪器

### 1. 潮汐

1959 年 11 月开始观测，测点位于大长涂山岛。2001 年 6 月迁至岱山岛后，验潮室位于岱山县高亭镇对江山南面的高亭港。高亭港区呈狭长形东西走向，长约 19 千米，宽 1 ~ 3 千米，航道水深 15 ~ 30 米，岸边最浅水深 5 米。验潮井为岛式现浇框架结构，底质为裸露岩石，距岸 7 米，最低潮时水深超过 1 米（图 1.2-1）。

1976 年 10 月前为人工观测，之后使用 SCA2-1 型浮子式水位计和 SCA5-1 型浮子式水位计，2003 年后使用 SCA1-1 型浮子式水位计，2009 年 9 月后使用 SCA11-3A 型浮子式水位计。

图 1.2-1　岱山站验潮室（摄于 2018 年 11 月 2 日）

### 2. 表层海水温度和盐度

1959 年 11 月开始观测，2003 年 1 月 1 日至 2005 年 3 月 10 日期间停测。测点均位于验潮井旁，与外海畅通无阻。

海表水温使用 SWL1-1 型水温表测量。海表盐度使用比重计、氯度滴定管、WUS 型感应式盐度计和SYS1-1型盐度计等测定，2010年5月后使用YZY4-3型温盐传感器，同时使用SYA2-2型实验室盐度计。

### 3. 气象要素

1959年11月至1962年3月，观测点位于大长涂山岛。迁至岱山岛后，2004年10月开始观测。观测场位于岱山县高亭镇哈巴山山顶，四周平坦空旷，邻近无高大建筑物。2011年11月气象观测场迁至高亭镇南峰社区翁家山，观测场海拔高度为40米，四周开阔无障碍物，濒临海边（图1.2-2）。

1959年11月至1962年3月使用干湿球温度计、空盒气压表和轻便风向风速仪等。2004年10月后使用CZY1-1型海洋站自动观测系统及各要素传感器，包括YZY5-1型温湿度传感器、XFY3-1型风传感器和SL3-1型雨量传感器，2009年后使用HMP45A型温湿度传感器，2014年后使用270型和278型气压传感器。

图1.2-2　岱山站气象观测场（摄于2011年9月20日）

# 第二章　潮位

## 第一节　潮汐

### 1. 潮汐类型

利用长涂站 1983—2001 年和岱山站 2003—2019 年验潮资料分析的调和常数，计算出潮汐系数 $(H_{K_1}+H_{O_1})/H_{M_2}$ 分别为 0.46 和 0.49。按我国潮汐类型分类标准，长涂站和岱山站附近海域均为正规半日潮，每个潮汐日（大约 24.8 小时）有两次高潮和两次低潮，高潮日不等现象较为明显。

1960—2001 年，长涂站 $M_2$ 分潮振幅呈减小趋势，减小速率为 0.42 毫米 / 年；迟角呈增大趋势，增大速率为 0.08°/ 年。$K_1$ 分潮振幅变化趋势不明显；迟角呈减小趋势，减小速率为 0.03°/ 年。$O_1$ 分潮振幅和迟角均无明显变化趋势。

2003—2019 年，岱山站 $M_2$ 分潮振幅变化趋势不明显；迟角呈增大趋势，增大速率为 0.49°/ 年。$K_1$ 分潮振幅呈减小趋势，减小速率为 0.20 毫米 / 年；迟角无明显变化趋势。$O_1$ 分潮振幅变化趋势不明显；迟角呈增大趋势，增大速率为 0.09°/ 年。

### 2. 潮汐特征值

由 1960—2001 年资料统计分析得出：长涂站平均高潮位为 361 厘米，平均低潮位为 138 厘米，平均潮差为 223 厘米；平均高高潮位为 384 厘米，平均低低潮位为 120 厘米，平均大的潮差为 264 厘米。平均涨潮历时 5 小时 47 分钟，平均落潮历时 6 小时 38 分钟，两者相差 51 分钟。

长涂站累年各月潮汐特征值见表 2.1-1。

表 2.1-1　长涂站累年各月潮汐特征值（1960—2001 年）　　　单位：厘米

| 月份 | 平均高潮位 | 平均低潮位 | 平均潮差 | 平均高高潮位 | 平均低低潮位 | 平均大的潮差 |
| --- | --- | --- | --- | --- | --- | --- |
| 1 | 351 | 125 | 226 | 372 | 105 | 267 |
| 2 | 350 | 119 | 231 | 369 | 105 | 264 |
| 3 | 352 | 121 | 231 | 370 | 111 | 259 |
| 4 | 352 | 126 | 226 | 372 | 114 | 258 |
| 5 | 355 | 136 | 219 | 379 | 119 | 260 |
| 6 | 362 | 147 | 215 | 388 | 125 | 263 |
| 7 | 364 | 148 | 216 | 391 | 125 | 266 |
| 8 | 374 | 150 | 224 | 398 | 130 | 268 |
| 9 | 383 | 156 | 227 | 404 | 139 | 265 |
| 10 | 377 | 153 | 224 | 399 | 137 | 262 |
| 11 | 364 | 143 | 221 | 387 | 123 | 264 |
| 12 | 352 | 132 | 220 | 376 | 109 | 267 |
| 年 | 361 | 138 | 223 | 384 | 120 | 264 |

注：潮位值均以验潮零点为基面。

长涂站平均高潮位和平均低潮位均具有夏秋高、冬春低的特点（图 2.1-1），其中平均高潮位 9 月最高，为 383 厘米，2 月最低，为 350 厘米，年较差为 33 厘米；平均低潮位 9 月最高，为 156 厘米，2 月最低，为 119 厘米，年较差为 37 厘米；平均高高潮位 9 月最高，为 404 厘米，2 月最低，为 369 厘米，年较差为 35 厘米；平均低低潮位 9 月最高，为 139 厘米，1 月和 2 月最低，均为 105 厘米，年较差为 34 厘米。平均潮差 2 月和 3 月均为最大，6 月最小，年较差为 16 厘米；平均大的潮差 8 月最大，4 月最小，年较差为 10 厘米（图 2.1-2）。

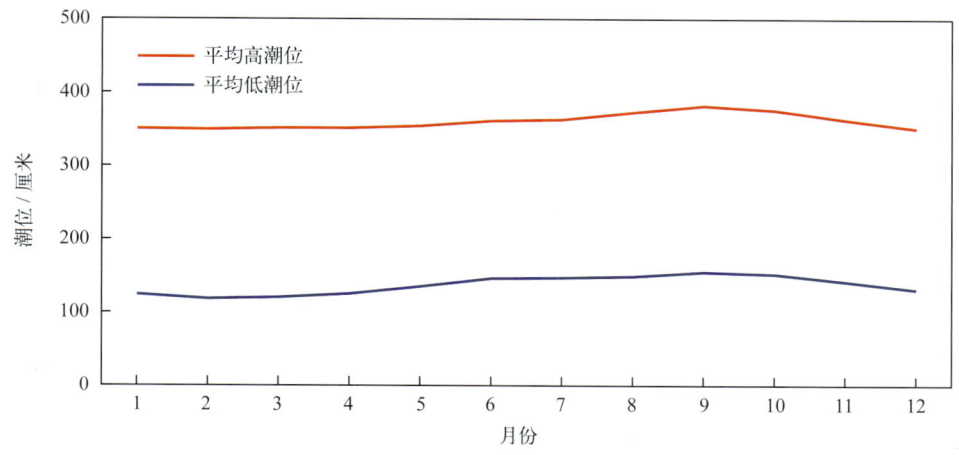

图2.1-1　长涂站平均高潮位和平均低潮位年变化

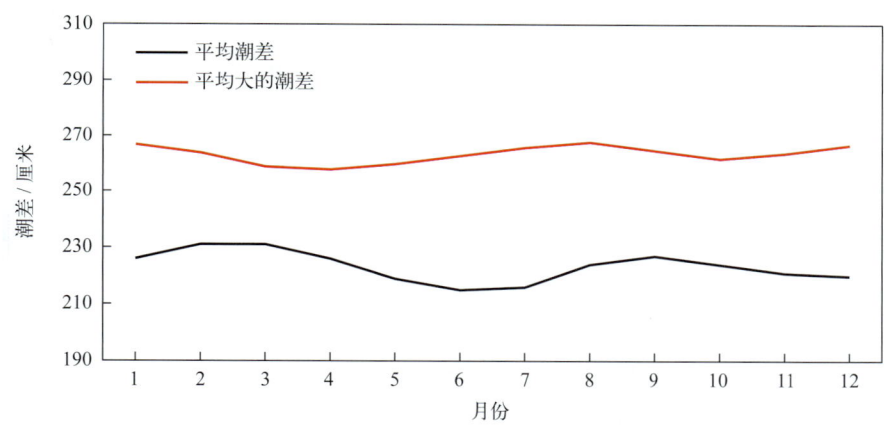

图2.1-2　长涂站平均潮差和平均大的潮差年变化

1960—2001 年，长涂站平均高潮位呈上升趋势，上升速率为 1.70 毫米 / 年。受天文潮长周期变化影响，平均高潮位存在较为明显的准 19 年周期变化，振幅为 3.75 厘米。平均高潮位最高值出现在 1998 年，为 371 厘米；最低值出现在 1968 年，为 353 厘米。长涂站平均低潮位呈明显上升趋势，上升速率为 3.18 毫米 / 年。平均低潮位准 19 年周期变化较为明显，振幅为 3.37 厘米。平均低潮位最高值出现在 1991 年，为 146 厘米；最低值出现在 1963 年，为 123 厘米。

1960—2001 年，长涂站平均潮差呈波动减小趋势，减小速率为 1.48 毫米 / 年。平均潮差准 19 年周期变化显著，振幅为 6.94 厘米。平均潮差最大值出现在 1960 年，为 236 厘米；最小值出现在 1989 年，为 214 厘米（图 2.1-3）。

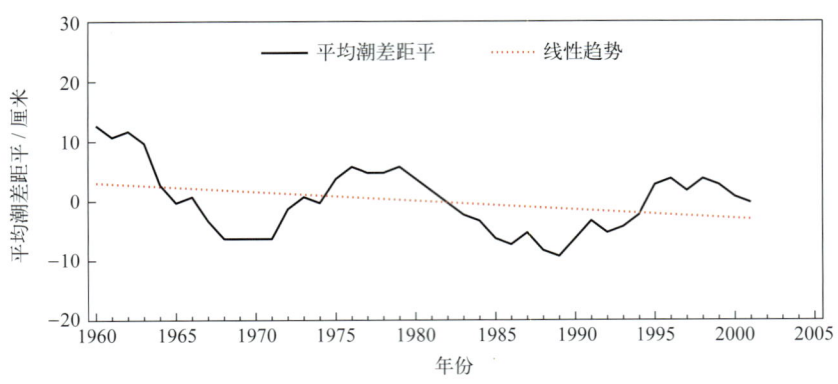

图2.1-3　1960—2001年长涂站平均潮差距平变化

由 2003—2019 年资料统计分析得出：岱山站平均高潮位为 395 厘米，平均低潮位为 176 厘米，平均潮差为 219 厘米；平均高高潮位为 421 厘米，平均低低潮位为 161 厘米，平均大的潮差为 260 厘米。平均涨潮历时 5 小时 53 分钟，平均落潮历时 6 小时 32 分钟，两者相差 39 分钟。

岱山站累年各月潮汐特征值见表 2.1-2。

表 2.1-2　岱山站累年各月潮汐特征值（2003—2019 年）　　　　单位：厘米

| 月份 | 平均高潮位 | 平均低潮位 | 平均潮差 | 平均高高潮位 | 平均低低潮位 | 平均大的潮差 |
| --- | --- | --- | --- | --- | --- | --- |
| 1 | 382 | 165 | 217 | 407 | 147 | 260 |
| 2 | 381 | 162 | 219 | 403 | 149 | 254 |
| 3 | 383 | 160 | 223 | 404 | 151 | 253 |
| 4 | 384 | 165 | 219 | 407 | 154 | 253 |
| 5 | 389 | 175 | 214 | 416 | 160 | 256 |
| 6 | 397 | 182 | 215 | 428 | 164 | 264 |
| 7 | 399 | 183 | 216 | 430 | 162 | 268 |
| 8 | 410 | 187 | 223 | 438 | 169 | 269 |
| 9 | 419 | 193 | 226 | 443 | 178 | 265 |
| 10 | 413 | 191 | 222 | 438 | 177 | 261 |
| 11 | 396 | 182 | 214 | 424 | 164 | 260 |
| 12 | 386 | 172 | 214 | 413 | 152 | 261 |
| 年 | 395 | 176 | 219 | 421 | 161 | 260 |

注：潮位值均以验潮零点为基面。

岱山站平均高潮位和平均低潮位均具有夏秋高、冬春低的特点（图 2.1-4），其中平均高潮位 9 月最高，为 419 厘米，2 月最低，为 381 厘米，年较差为 38 厘米；平均低潮位 9 月最高，为 193 厘米，3 月最低，为 160 厘米，年较差为 33 厘米；平均高高潮位 9 月最高，为 443 厘米，2 月最低，为 403 厘米，年较差为 40 厘米；平均低低潮位 9 月最高，为 178 厘米，1 月最低，为 147 厘米，年较差为 31 厘米。平均潮差 9 月最大，5 月、11 月和 12 月均为最小，年较差为 12 厘米；平均大的潮差 8 月最大，3 月和 4 月均为最小，年较差为 16 厘米（图 2.1-5）。

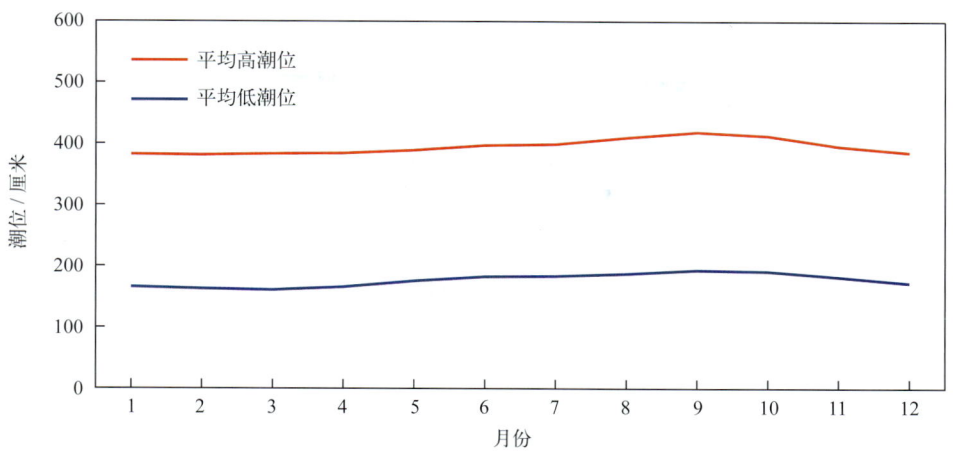

图2.1-4　岱山站平均高潮位和平均低潮位年变化

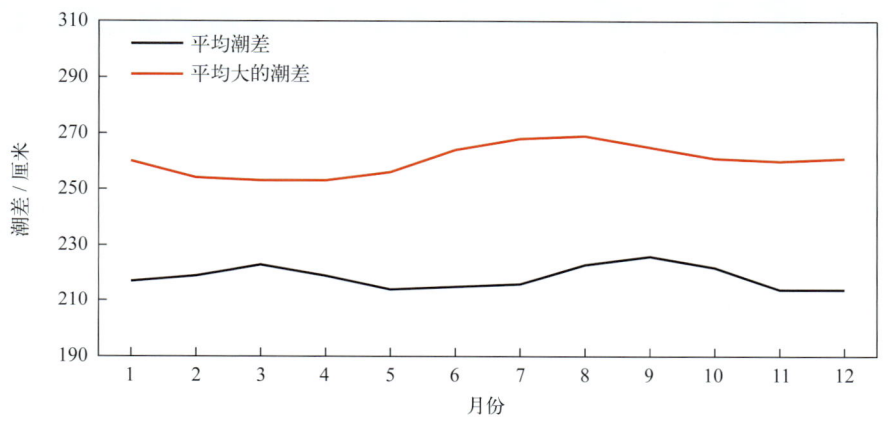

图2.1-5　岱山站平均潮差和平均大的潮差年变化

2003—2019年，岱山站平均高潮位呈明显上升趋势，上升速率为12.21毫米/年。平均高潮位最高值出现在2016年，为406厘米；最低值出现在2005年，为385厘米。岱山站平均低潮位无明显变化趋势。平均低潮位最高值出现在2012年和2016年，均为182厘米；最低值出现在2005年和2018年，均为173厘米。

2003—2019年，岱山站平均潮差呈明显增大趋势，增大速率为11.50毫米/年。平均潮差最大值出现在2015年和2018年，均为227厘米；最小值出现在2003年，为209厘米（图2.1-6）。

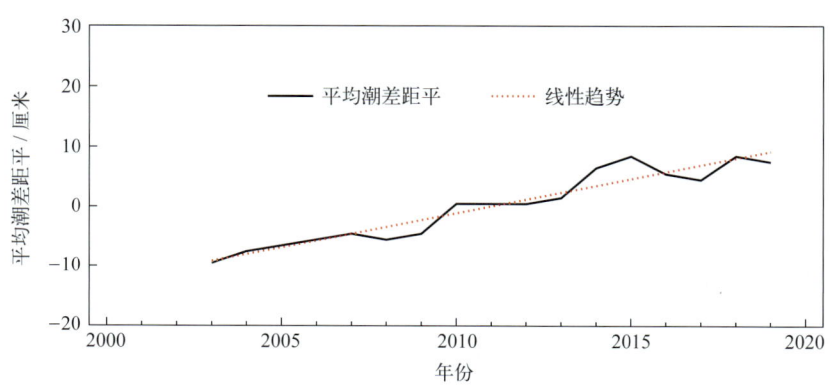

图2.1-6　2003—2019年岱山站平均潮差距平变化

## 第二节 极值潮位

长涂站年最高潮位和年最低潮位的各月发生频率见表2.2-1。年最高潮位出现时间主要集中在7—10月，其中8月发生频率最高，为31%；9月次之，为21%。年最低潮位主要出现在12月至翌年3月，其中1月和2月发生频率最高，均为26%；12月次之，为19%。

1960—2001年，长涂站年最高潮位呈上升趋势，上升速率为8.77毫米/年。历年的最高潮位均高于449厘米，其中高于510厘米的有4年；历史最高潮位为549厘米，出现在1997年8月18日，正值9711号台风"温妮"影响期间。长涂站年最低潮位呈上升趋势，上升速率为2.11毫米/年（线性趋势未通过显著性检验）。历年最低潮位均低于37厘米，其中低于-1厘米的有4年；历史最低潮位为-18厘米，出现在2001年3月10日，由强温带气旋引起（表2.2-1）。

表2.2-1 长涂站最高潮位和最低潮位及年极值出现频率（1960—2001年）

|  | 1月 | 2月 | 3月 | 4月 | 5月 | 6月 | 7月 | 8月 | 9月 | 10月 | 11月 | 12月 |
|---|---|---|---|---|---|---|---|---|---|---|---|---|
| 最高潮位值/厘米 | 473 | 454 | 461 | 444 | 459 | 489 | 500 | 549 | 534 | 494 | 498 | 472 |
| 年最高潮位出现频率/% | 0 | 0 | 0 | 0 | 0 | 5 | 12 | 31 | 21 | 19 | 5 | 7 |
| 最低潮位值/厘米 | -6 | -1 | -18 | -3 | 27 | 48 | 26 | 38 | 58 | 25 | 16 | 2 |
| 年最低潮位出现频率/% | 26 | 26 | 14 | 7 | 0 | 0 | 0 | 0 | 0 | 0 | 7 | 19 |

岱山站年最高潮位和年最低潮位的各月发生频率见表2.2-2。年最高潮位出现时间主要集中在7—10月，其中9月发生频率最高，为29%；8月次之，为23%。年最低潮位出现在11月至翌年2月和4月，其中1月发生频率最高，为41%；11月和12月次之，均为18%。

2003—2019年，岱山站年最高潮位呈上升趋势，上升速率为12.18毫米/年（线性趋势未通过显著性检验）。历年的最高潮位均高于487厘米，其中高于530厘米的有3年；历史最高潮位为542厘米，出现在2014年10月12日，正值1419号台风"黄蜂"影响期间。岱山站年最低潮位呈上升趋势，上升速率为16.94毫米/年。历年最低潮位均低于96厘米，其中低于60厘米的有4年；历史最低潮位为46厘米，出现在2010年1月2日，由强温带气旋引起（表2.2-2）。

表2.2-2 岱山站最高潮位和最低潮位及年极值出现频率（2003—2019年）

|  | 1月 | 2月 | 3月 | 4月 | 5月 | 6月 | 7月 | 8月 | 9月 | 10月 | 11月 | 12月 |
|---|---|---|---|---|---|---|---|---|---|---|---|---|
| 最高潮位值/厘米 | 521 | 483 | 498 | 470 | 483 | 514 | 511 | 536 | 520 | 542 | 513 | 499 |
| 年最高潮位出现频率/% | 6 | 0 | 0 | 0 | 0 | 0 | 12 | 23 | 29 | 18 | 6 | 6 |
| 最低潮位值/厘米 | 46 | 64 | 57 | 63 | 75 | 99 | 93 | 88 | 101 | 86 | 56 | 68 |
| 年最低潮位出现频率/% | 41 | 12 | 0 | 11 | 0 | 0 | 0 | 0 | 0 | 0 | 18 | 18 |

## 第三节 增减水

受地形和气候特征的影响，长涂站出现30厘米以上增水的频率明显高于同等强度减水的频率，超过50厘米的增水平均约16天出现一次，而超过50厘米的减水平均约109天出现一次（表2.3-1）。

表 2.3-1　长涂站不同强度增减水平均出现周期（1960—2001 年）

| 范围 / 厘米 | 出现周期 / 天 | |
| --- | --- | --- |
| | 增水 | 减水 |
| >30 | 2.02 | 4.46 |
| >40 | 5.68 | 21.74 |
| >50 | 15.79 | 109.19 |
| >60 | 46.75 | 1 273.84 |
| >70 | 128.45 | 7 643.04 |
| >80 | 254.77 | — |
| >90 | 424.61 | — |
| >100 | 1 175.85 | — |
| >120 | 7 643.04 | — |

"—"表示无数据。

长涂站 80 厘米以上的增水主要出现在 8—10 月，60 厘米以上的减水多发生在 3 月、4 月和 12 月，这些大的增减水过程主要与该海域受温带气旋、寒潮大风以及热带气旋等影响有关（表 2.3-2）。

表 2.3-2　长涂站各月不同强度增减水出现频率（1960—2001 年）

| 月份 | 增水 / % | | | | | 减水 / % | | | | |
| --- | --- | --- | --- | --- | --- | --- | --- | --- | --- | --- |
| | >30 厘米 | >50 厘米 | >60 厘米 | >80 厘米 | >100 厘米 | >20 厘米 | >30 厘米 | >40 厘米 | >50 厘米 | >60 厘米 |
| 1 | 3.66 | 0.34 | 0.10 | 0.00 | 0.00 | 5.33 | 1.24 | 0.22 | 0.04 | 0.00 |
| 2 | 2.87 | 0.18 | 0.04 | 0.00 | 0.00 | 5.42 | 1.27 | 0.27 | 0.06 | 0.00 |
| 3 | 2.35 | 0.18 | 0.03 | 0.00 | 0.00 | 6.55 | 1.70 | 0.49 | 0.12 | 0.01 |
| 4 | 0.72 | 0.02 | 0.00 | 0.00 | 0.00 | 5.21 | 1.16 | 0.24 | 0.04 | 0.01 |
| 5 | 0.31 | 0.00 | 0.00 | 0.00 | 0.00 | 1.25 | 0.10 | 0.02 | 0.00 | 0.00 |
| 6 | 0.33 | 0.04 | 0.00 | 0.00 | 0.00 | 0.56 | 0.07 | 0.00 | 0.00 | 0.00 |
| 7 | 0.84 | 0.08 | 0.01 | 0.00 | 0.00 | 3.41 | 0.40 | 0.02 | 0.01 | 0.00 |
| 8 | 2.06 | 0.49 | 0.24 | 0.07 | 0.01 | 4.65 | 0.61 | 0.14 | 0.02 | 0.00 |
| 9 | 3.29 | 0.68 | 0.35 | 0.11 | 0.03 | 1.49 | 0.11 | 0.01 | 0.00 | 0.00 |
| 10 | 2.19 | 0.39 | 0.12 | 0.01 | 0.00 | 2.32 | 0.43 | 0.14 | 0.04 | 0.00 |
| 11 | 3.23 | 0.45 | 0.13 | 0.00 | 0.00 | 6.97 | 1.60 | 0.21 | 0.03 | 0.00 |
| 12 | 2.94 | 0.32 | 0.05 | 0.00 | 0.00 | 8.95 | 2.56 | 0.53 | 0.09 | 0.02 |

1960—2001 年，除 5—6 月外，长涂站年最大增水在其余各月均有出现，其中 8 月出现频率最高，为 19%；9 月和 11 月次之，均为 14%。年最大减水多出现在 11 月至翌年 4 月，其中 1 月、3 月、11 月和 12 月出现频率最高，均为 17%；2 月和 4 月次之，均为 12%（表 2.3-3）。

1960—2001 年，长涂站年最大增水和最大减水均无明显变化趋势。历史最大增水出现在 1983 年 9 月 27 日，为 123 厘米；1981 年、1986 年和 1997 年最大增水均超过了 100 厘米。历史最大减水发生在 1969 年 4 月 5 日，为 74 厘米；2000 年最大减水也较大，为 73 厘米；1960 年、1976 年和 2001 年最大减水均超过了 65 厘米。

表 2.3-3　长涂站最大增水和最大减水及年极值出现频率（1960—2001 年）

|  | 1月 | 2月 | 3月 | 4月 | 5月 | 6月 | 7月 | 8月 | 9月 | 10月 | 11月 | 12月 |
| --- | --- | --- | --- | --- | --- | --- | --- | --- | --- | --- | --- | --- |
| 最大增水值 / 厘米 | 82 | 69 | 68 | 61 | 50 | 62 | 74 | 107 | 123 | 90 | 77 | 71 |
| 年最大增水出现频率 / % | 12 | 5 | 10 | 2 | 0 | 0 | 2 | 19 | 14 | 10 | 14 | 12 |
| 最大减水值 / 厘米 | 60 | 58 | 68 | 74 | 43 | 39 | 67 | 56 | 45 | 61 | 57 | 73 |
| 年最大减水出现频率 / % | 17 | 12 | 17 | 12 | 0 | 0 | 4 | 0 | 0 | 4 | 17 | 17 |

受地形和气候特征的影响，岱山站出现 30 厘米以上增水的频率明显高于同等强度减水的频率，超过 60 厘米的增水平均约 37 天出现一次，而超过 60 厘米的减水平均约 326 天出现一次（表 2.3-4）。

表 2.3-4　岱山站不同强度增减水平均出现周期（2003—2019 年）

| 范围 / 厘米 | 出现周期 / 天 | |
| --- | --- | --- |
| | 增水 | 减水 |
| >30 | 1.62 | 4.00 |
| >40 | 4.45 | 16.20 |
| >50 | 13.57 | 77.54 |
| >60 | 37.37 | 326.49 |
| >70 | 101.69 | — |
| >80 | 221.55 | — |
| >90 | 516.94 | — |
| >100 | 3 101.67 | — |

"—"表示无数据。

岱山站 90 厘米以上的增水主要出现在 7—8 月和 10 月，60 厘米以上的减水多发生在 4 月和 11—12 月，这些大的增减水过程主要与该海域受温带气旋、寒潮大风以及热带气旋等影响有关（表 2.3-5）。

2003—2019 年，除 4—6 月外，岱山站年最大增水在其余各月均有出现，其中 3 月和 10 月出现频率最高，均为 23%；2 月和 8 月次之，均为 12%。年最大减水多出现在 11 月至翌年 1 月和 3—4 月，其中 11 月出现频率最高，为 35%；1 月和 12 月次之，均为 18%（表 2.3-6）。

2003—2019 年，岱山站年最大增水呈增大趋势，增大速率为 7.79 毫米 / 年（线性趋势未通过显著性检验）。历史最大增水出现在 2014 年 10 月 13 日和 2015 年 7 月 11 日，均为 102 厘米；2012 年和 2019 年最大增水均超过了 80 厘米。岱山站年最大减水变化趋势不明显。历史最大减水发生在 2007 年 11 月 21 日，为 69 厘米；2005 年和 2012 年最大减水均超过或达到了 65 厘米。

表 2.3-5　岱山站各月不同强度增减水出现频率（2003—2019 年）

| 月份 | 增水 / % | | | | | 减水 / % | | | | |
|---|---|---|---|---|---|---|---|---|---|---|
| | >20 厘米 | >30 厘米 | >50 厘米 | >70 厘米 | >90 厘米 | >20 厘米 | >30 厘米 | >40 厘米 | >50 厘米 | >60 厘米 |
| 1 | 8.88 | 3.47 | 0.17 | 0.00 | 0.00 | 5.76 | 1.60 | 0.34 | 0.02 | 0.00 |
| 2 | 10.68 | 4.76 | 0.41 | 0.00 | 0.00 | 5.47 | 1.35 | 0.17 | 0.01 | 0.00 |
| 3 | 8.61 | 3.64 | 0.51 | 0.05 | 0.00 | 7.36 | 2.48 | 0.75 | 0.08 | 0.00 |
| 4 | 4.38 | 1.05 | 0.03 | 0.00 | 0.00 | 5.49 | 1.05 | 0.34 | 0.18 | 0.13 |
| 5 | 3.51 | 0.56 | 0.00 | 0.00 | 0.00 | 1.44 | 0.15 | 0.00 | 0.00 | 0.00 |
| 6 | 1.74 | 0.08 | 0.00 | 0.00 | 0.00 | 0.24 | 0.01 | 0.00 | 0.00 | 0.00 |
| 7 | 1.55 | 0.46 | 0.22 | 0.14 | 0.03 | 2.50 | 0.27 | 0.03 | 0.00 | 0.00 |
| 8 | 4.63 | 2.23 | 0.31 | 0.07 | 0.01 | 2.31 | 0.13 | 0.00 | 0.00 | 0.00 |
| 9 | 7.46 | 3.60 | 0.47 | 0.00 | 0.00 | 0.87 | 0.02 | 0.00 | 0.00 | 0.00 |
| 10 | 9.18 | 4.69 | 0.85 | 0.17 | 0.06 | 3.04 | 0.69 | 0.05 | 0.00 | 0.00 |
| 11 | 7.73 | 3.12 | 0.36 | 0.05 | 0.00 | 7.92 | 2.68 | 0.86 | 0.16 | 0.02 |
| 12 | 8.24 | 3.28 | 0.35 | 0.00 | 0.00 | 8.24 | 2.07 | 0.54 | 0.20 | 0.03 |

表 2.3-6　岱山站最大增水和最大减水及年极值出现频率（2003—2019 年）

| | 1月 | 2月 | 3月 | 4月 | 5月 | 6月 | 7月 | 8月 | 9月 | 10月 | 11月 | 12月 |
|---|---|---|---|---|---|---|---|---|---|---|---|---|
| 最大增水值 / 厘米 | 64 | 70 | 77 | 55 | 47 | 37 | 102 | 91 | 69 | 102 | 78 | 65 |
| 年最大增水出现频率 / % | 6 | 12 | 23 | 0 | 0 | 0 | 6 | 12 | 6 | 23 | 6 | 6 |
| 最大减水值 / 厘米 | 52 | 51 | 57 | 68 | 37 | 32 | 49 | 39 | 35 | 49 | 69 | 65 |
| 年最大减水出现频率 / % | 18 | 0 | 12 | 12 | 0 | 0 | 0 | 0 | 0 | 5 | 35 | 18 |

# 第三章　表层海水温度和盐度

## 第一节　表层海水温度

### 1. 平均水温、最高水温和最低水温

岱山站月平均水温的年变化具有峰谷明显的特点，8月最高，为26.7℃，2月最低，为7.5℃，年较差为19.2℃。3—8月为升温期，9月至翌年2月为降温期。月最高水温和月最低水温的年变化特征与月平均水温相似（图3.1–1）。

历年（2003年和2004年停测，2005年和2015年数据有缺测）的平均水温为16.0～18.9℃，其中2019年最高，1976年和1977年均为最低。累年平均水温为17.3℃。

历年的最高水温均不低于27.1℃，其中大于28.5℃的有25年，大于29.0℃的有8年，出现时间为8—9月，出现在8月的有45年。水温极大值为29.6℃，出现在1961年8月2日和1963年8月26日。

历年的最低水温均不高于9.8℃，其中小于6.0℃的有24年，小于4.0℃的有4年，出现时间为12月至翌年3月，2月最多。水温极小值为2.6℃，出现在1977年2月5日。

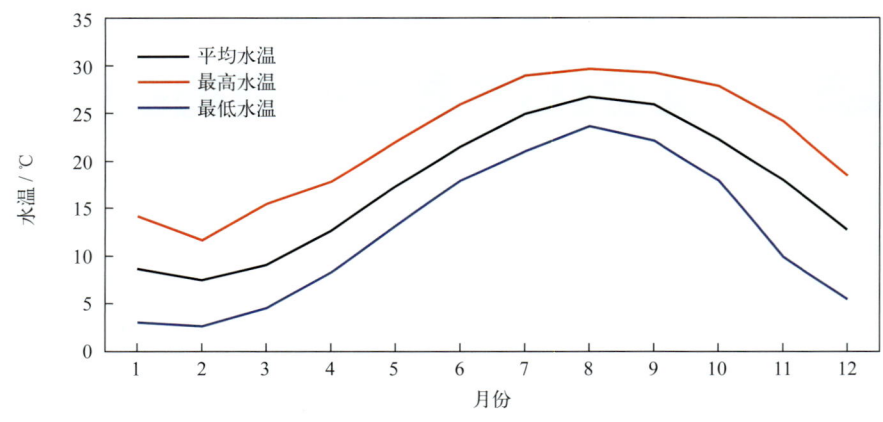

图3.1–1　水温年变化（1960—2019年）

### 2. 日平均水温稳定通过界限温度的日期

采用五日滑动平均方法求出稳定通过各个界限温度的日期，见表3.1–1。日平均水温全年均稳定通过5℃，稳定通过10℃的有282天，稳定通过15℃的有215天，稳定通过20℃的有152天，稳定通过25℃的初日为7月16日，终日为9月23日，共70天。

表3.1–1　日平均水温稳定通过界限温度的日期（1960—2019年）

|  | 10℃ | 15℃ | 20℃ | 25℃ |
| --- | --- | --- | --- | --- |
| 初日 | 3月27日 | 5月1日 | 6月4日 | 7月16日 |
| 终日 | 1月2日 | 12月1日 | 11月2日 | 9月23日 |
| 天数 | 282 | 215 | 152 | 70 |

### 3. 长期趋势变化

1960—2019年，年平均水温和年最低水温呈波动上升趋势，上升速率分别为0.23℃/（10年）和0.54℃/（10年），年最高水温无明显变化趋势，其中1961年和1963年最高水温均为1960年以来的第一高值，1971年和1990年最高水温均为1960年以来的第二高值，1977年和1968年最低水温分别为1960年以来的第一低值和第二低值。

十年平均水温变化显示，1970—1979年平均水温最低，1990—1999年平均水温较上一个十年升幅最大（图3.1-2）。

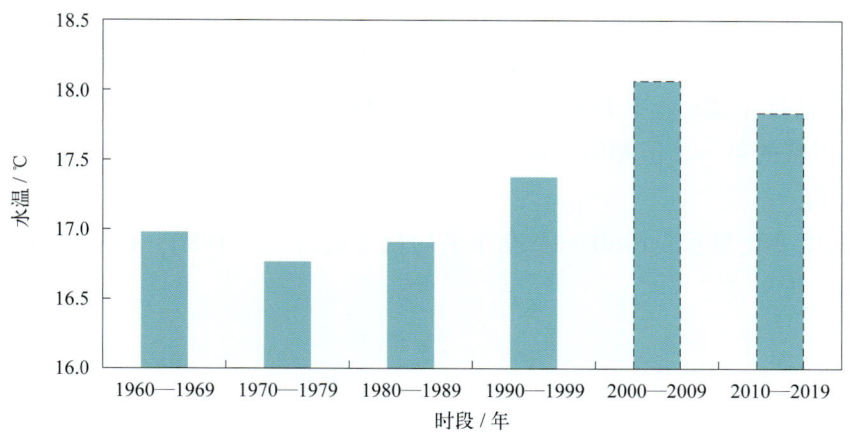

图3.1-2　十年平均水温变化（数据不足十年加虚线框表示，下同）

## 第二节　表层海水盐度

### 1. 平均盐度、最高盐度和最低盐度

岱山站月平均盐度的年变化具有冬、春、夏季较高，秋季较低的特点，最高值出现在8月，为25.83，最低值出现在10月，为20.28，年较差为5.55。月最高盐度8月最大，10月最小。月最低盐度5月最大，6月最小（图3.2-1）。

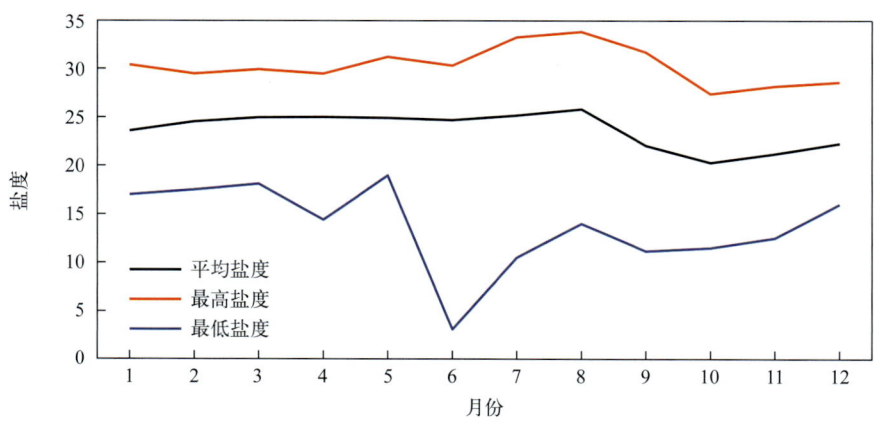

图3.2-1　盐度年变化（1960—2019年）

历年（1995年、1997年、2005年、2007年、2009年和2015年数据有缺测，2003年和

2004年停测）的平均盐度为 20.86 ~ 25.39，其中 1978 年最高，1998 年最低。累年平均盐度为 23.71。

历年的最高盐度均大于 26.90，其中大于 31.00 的有 17 年，大于 32.00 的有 8 年。年最高盐度多出现在夏季，秋冬季较少。盐度极大值为 33.84，出现在 1960 年 8 月 10 日。

历年的最低盐度均小于 22.60，其中小于 15.00 的有 26 年，小于 12.00 的有 5 年。年最低盐度多出现在 9 月和 10 月，出现在 9 月的有 15 年，出现在 10 月的有 30 年。盐度极小值为 3.10，出现在 1995 年 6 月 25 日和 26 日。

2. 长期趋势变化

1960—2019 年，年平均盐度无明显变化趋势，年最高盐度呈波动下降趋势，下降速率为 0.46 /（10 年），年最低盐度呈波动上升趋势，上升速率为 0.65 /（10 年）。1960 年和 1963 年最高盐度分别为 1960 年以来的第一高值和第二高值；1995 年和 2002 年最低盐度分别为 1960 年以来的第一低值和第二低值。

十年平均盐度变化显示，1960—1969 年平均盐度最高，比 1980—1989 年平均盐度高 1.33（图 3.2-2）。

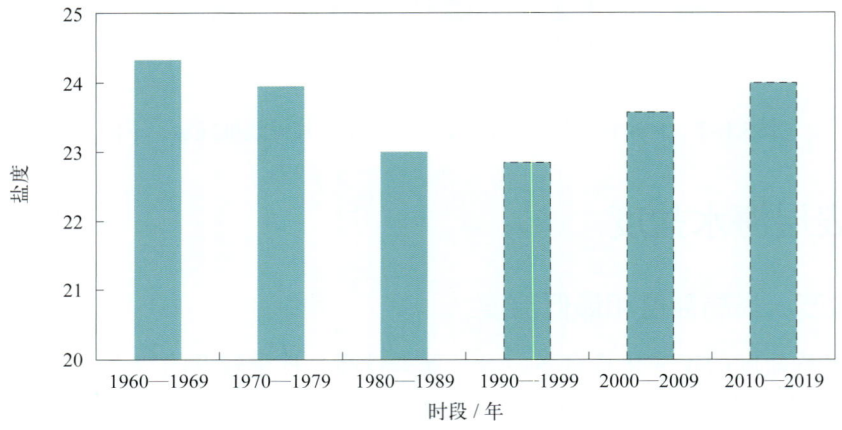

图3.2-2　十年平均盐度变化

# 第四章 海洋气象

## 第一节 气温

### 1. 平均气温、最高气温和最低气温

2004—2019年，岱山站累年平均气温为17.5℃。月平均气温具有夏高冬低的变化特征，8月最高，为28.2℃，1月最低，为6.7℃，年较差为21.5℃。月最高气温和月最低气温的年变化特征与月平均气温相似，月最高气温极大值出现在8月，月最低气温极小值出现在1月（表4.1-1，图4.1-1）。

表4.1-1　气温年变化（2004—2019年）　　　　　　　　　　　　　　　　　　单位：℃

| | 1月 | 2月 | 3月 | 4月 | 5月 | 6月 | 7月 | 8月 | 9月 | 10月 | 11月 | 12月 | 年 |
|---|---|---|---|---|---|---|---|---|---|---|---|---|---|
| 平均气温 | 6.7 | 7.3 | 10.4 | 15.0 | 19.8 | 23.2 | 27.6 | 28.2 | 25.2 | 21.0 | 16.1 | 9.7 | 17.5 |
| 最高气温 | 23.4 | 22.9 | 26.4 | 30.5 | 32.1 | 36.8 | 39.0 | 40.9 | 35.9 | 32.1 | 29.7 | 23.1 | 40.9 |
| 最低气温 | -5.1 | -1.6 | -1.3 | 3.3 | 10.5 | 15.8 | 18.6 | 19.1 | 18.0 | 11.7 | 1.6 | -2.5 | -5.1 |

注：2004年和2006年数据有缺测。

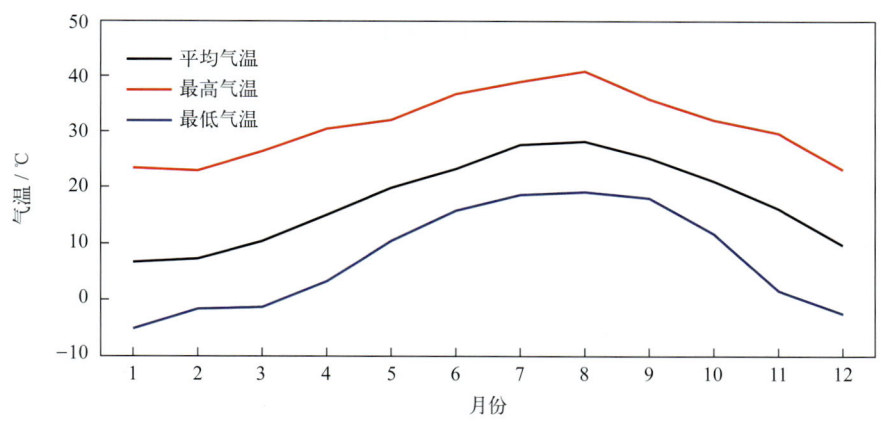

图4.1-1　气温年变化（2004—2019年）

历年的平均气温为16.5～18.7℃，其中2018年最高，2005年最低。

历年的最高气温均高于33.5℃，其中高于38.0℃的有3年。最早出现时间为6月24日（2016年），最晚出现时间为8月27日（2006年）。8月最高气温出现频率最高，占统计年份的54%，7月次之，占33%（图4.1-2）。极大值为40.9℃，出现在2013年8月8日。

历年的最低气温均低于2.5℃，其中低于-2.0℃的有4年。最早出现时间为12月18日（2017年），最晚出现时间为2月13日（2008年）。1月最低气温出现频率最高，占统计年份的56%，2月次之，占31%（图4.1-2）。极小值为-5.1℃，出现在2016年1月24日。

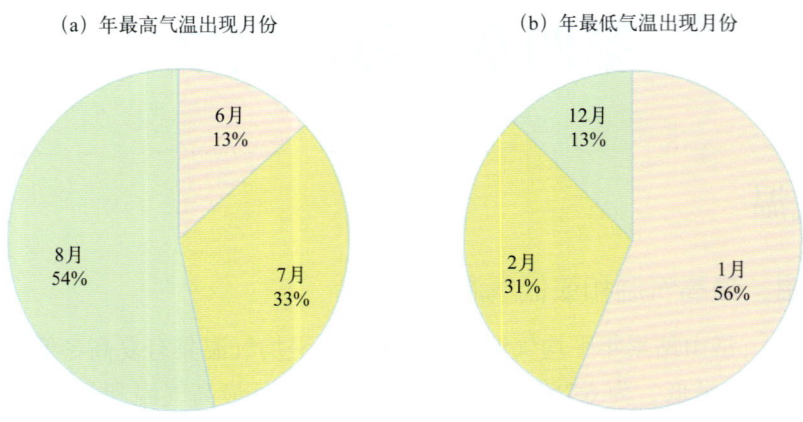

图4.1-2 年最高、最低气温出现月份及频率（2004—2019年）

### 2. 长期趋势变化

2005—2019 年，年平均气温、年最高气温和年最低气温均呈波动上升趋势，上升速率分别为 0.44℃ /（10 年）（线性趋势未通过显著性检验）、0.32℃ /（10 年）（线性趋势未通过显著性检验）和 0.92℃ /（10 年）（线性趋势未通过显著性检验）。

### 3. 常年自然天气季节和大陆度

利用岱山站 2004—2019 年气温累年日平均数据计算五日滑动平均气温，根据《气候季节划分》（QX/T 152—2012）方法，岱山平均春季时间从 3 月 16 日至 6 月 8 日，共 85 天；平均夏季时间从 6 月 9 日至 10 月 11 日，共 125 天；平均秋季时间从 10 月 12 日至 12 月 15 日，共 65 天；平均冬季时间从 12 月 16 日至翌年 3 月 15 日，共 90 天。夏季时间最长，秋季时间最短（图 4.1-3）。

岱山站焦金斯基大陆度指数为 42.7%，属海洋性季风气候。

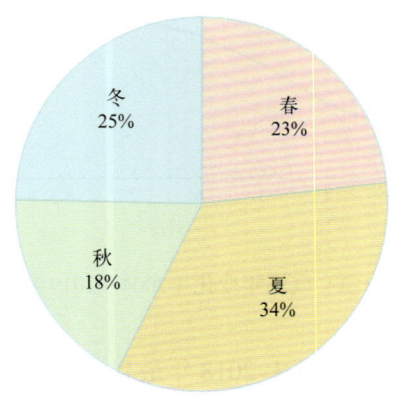

图4.1-3 四季平均日数百分率（2004—2019年）

## 第二节 气压

### 1. 平均气压、最高气压和最低气压

2004—2019 年，岱山站累年平均气压为 1 012.4 百帕。月平均气压具有冬高夏低的变化特征，1 月最高，为 1 022.6 百帕，7 月最低，为 1 001.9 百帕，年较差为 20.7 百帕。月最高气压 2 月最大，

7月最小。月最低气压1月最大,7月最小(表4.2-1,图4.2-1)。

历年的平均气压为1 010.9～1 013.0百帕,其中2005年、2008年、2011年和2017年均为最高,2012年最低。

历年的最高气压均高于1 030.5百帕,其中高于1 035.0百帕的有3年。极大值为1 037.4百帕,出现在2006年2月9日。

历年的最低气压均低于995.5百帕,其中低于982.0百帕的有4年。极小值为971.8百帕,出现在2015年7月11日,正值1509号台风"灿鸿"影响期间。

表4.2-1 气压年变化(2004—2019年)　　　　　　　　　　　　　　　单位:百帕

| | 1月 | 2月 | 3月 | 4月 | 5月 | 6月 | 7月 | 8月 | 9月 | 10月 | 11月 | 12月 | 年 |
|---|---|---|---|---|---|---|---|---|---|---|---|---|---|
| 平均气压 | 1 022.6 | 1 020.1 | 1 016.7 | 1 011.6 | 1 007.5 | 1 002.8 | 1 001.9 | 1 002.5 | 1 008.4 | 1 014.8 | 1 018.2 | 1 021.7 | 1 012.4 |
| 最高气压 | 1 036.0 | 1 037.4 | 1 031.0 | 1 027.3 | 1 019.4 | 1 013.2 | 1 010.7 | 1 013.9 | 1 017.9 | 1 026.5 | 1 032.9 | 1 035.3 | 1 037.4 |
| 最低气压 | 1 007.5 | 997.1 | 998.4 | 993.4 | 993.1 | 987.9 | 971.8 | 978.8 | 990.9 | 983.0 | 997.1 | 1 004.3 | 971.8 |

注:2004年和2006年数据有缺测。

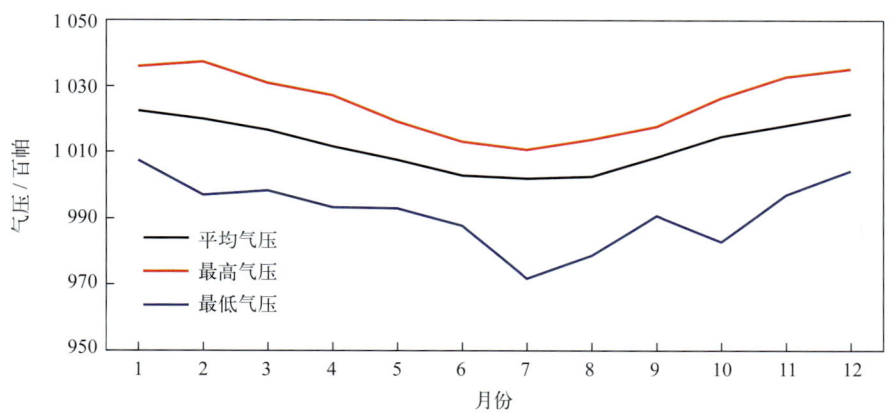

图4.2-1 气压年变化(2004—2019年)

### 2. 长期趋势变化

2005—2019年,年平均气压和年最低气压均呈下降趋势,下降速率分别为0.33百帕/(10年)(线性趋势未通过显著性检验)和6.30百帕/(10年)(线性趋势未通过显著性检验);年最高气压无明显变化趋势。

## 第三节 相对湿度

### 1. 平均相对湿度和最小相对湿度

2004—2019年,岱山站累年平均相对湿度为82.3%。月平均相对湿度6月最大,为90.6%,12月最小,为75.4%。平均月最小相对湿度7月最大,为54.3%,3月最小,为26.3%。最小相对湿度的极小值为13%,出现在2010年3月22日和2014年1月1日(表4.3-1,图4.3-1)。

表 4.3-1　相对湿度年变化（2004—2019年）

|  | 1月 | 2月 | 3月 | 4月 | 5月 | 6月 | 7月 | 8月 | 9月 | 10月 | 11月 | 12月 | 年 |
|---|---|---|---|---|---|---|---|---|---|---|---|---|---|
| 平均相对湿度 /% | 79.8 | 82.8 | 81.8 | 83.3 | 85.1 | 90.6 | 87.5 | 85.0 | 82.3 | 76.7 | 77.4 | 75.4 | 82.3 |
| 平均最小相对湿度 /% | 34.3 | 37.1 | 26.3 | 26.9 | 32.1 | 54.1 | 54.3 | 51.8 | 48.7 | 40.2 | 33.5 | 31.1 | 39.2 |
| 最小相对湿度 /% | 13 | 20 | 13 | 15 | 17 | 36 | 41 | 26 | 36 | 24 | 14 | 15 | 13 |

注：平均最小相对湿度为各月最小相对湿度的累年平均值及其年平均值。2004年和2006年数据有缺测。

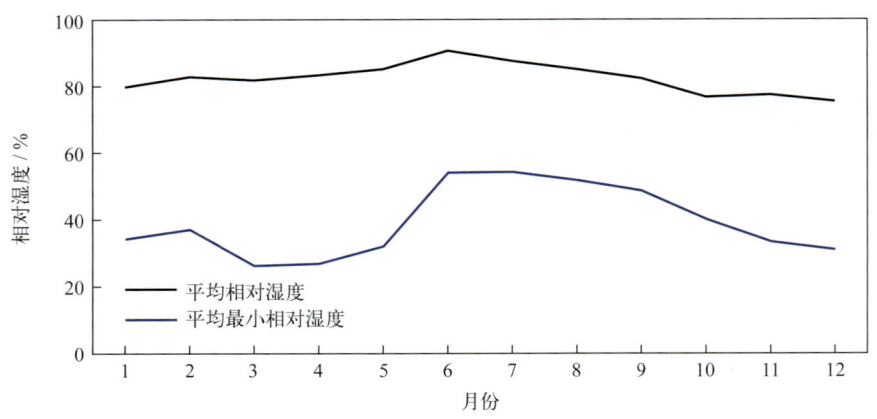

图4.3-1　相对湿度年变化（2004—2019年）

## 2. 长期趋势变化

2005—2019 年，年平均相对湿度为 74.6% ~ 91.0%，其中 2006 年最大，2011 年最小，年平均相对湿度呈下降趋势，下降速率为 0.69% /（10 年）（线性趋势未通过显著性检验）。

## 3. 温湿指数

根据《人居环境气候舒适度评价》（GB/T 27963—2011）的温湿指数统计方法和气候舒适度等级划分方法，统计岱山站各月温湿指数，结果显示：12月至翌年3月温湿指数为 7.5 ~ 10.8，感觉为寒冷；4月和11月温湿指数分别为 14.9 和 15.9，感觉为冷；5月、6月、9月和10月温湿指数为 19.4 ~ 24.2，感觉为舒适；7月和8月温湿指数分别为 26.7 和 27.1，感觉为热（表 4.3-2）。

表 4.3-2　温湿指数年变化（2004—2019年）

|  | 1月 | 2月 | 3月 | 4月 | 5月 | 6月 | 7月 | 8月 | 9月 | 10月 | 11月 | 12月 |
|---|---|---|---|---|---|---|---|---|---|---|---|---|
| 温湿指数 | 7.5 | 8.0 | 10.8 | 14.9 | 19.4 | 22.7 | 26.7 | 27.1 | 24.2 | 20.2 | 15.9 | 10.3 |
| 感觉程度 | 寒冷 | 寒冷 | 寒冷 | 冷 | 舒适 | 舒适 | 热 | 热 | 舒适 | 舒适 | 冷 | 寒冷 |

# 第四节　风

## 1. 平均风速和最大风速

岱山站风速的年变化见表 4.4-1 和图 4.4-1。累年平均风速为 4.7 米 / 秒，月平均风速 8 月和 12 月最大，均为 5.0 米 / 秒，6 月最小，为 3.9 米 / 秒。平均最大风速 8 月最大，为 16.5 米 / 秒，5 月最小，为 13.5 米 / 秒。最大风速月最大值对应风向多为偏北向。极大风速的最大值为 40.5 米 / 秒，出现在 2012 年 8 月 8 日，对应风向为 ESE，正值 1211 号台风"海葵"影响期间。

表 4.4-1　风速年变化（2004—2019 年）　　　　　　　　　　　　　　单位：米/秒

| | | 1月 | 2月 | 3月 | 4月 | 5月 | 6月 | 7月 | 8月 | 9月 | 10月 | 11月 | 12月 | 年 |
|---|---|---|---|---|---|---|---|---|---|---|---|---|---|---|
| 平均风速 | | 4.8 | 4.7 | 4.8 | 4.7 | 4.5 | 3.9 | 4.7 | 5.0 | 4.6 | 4.6 | 4.5 | 5.0 | 4.7 |
| 最大风速 | 平均值 | 14.1 | 13.6 | 14.5 | 14.8 | 13.5 | 13.8 | 15.1 | 16.5 | 15.4 | 14.5 | 13.8 | 14.7 | 14.5 |
| | 最大值 | 18.1 | 17.2 | 18.6 | 17.7 | 17.2 | 19.7 | 26.7 | 28.5 | 22.4 | 25.8 | 18.7 | 17.6 | 28.5 |
| | 最大值对应风向 | NW | NNW | NNE | SE | ESE | W | NNE | SE | N | NE | NNW | NW | SE |
| 极大风速 | 最大值 | 28.2 | 24.9 | 25.6 | 24.3 | 27.6 | 24.7 | 38.2 | 40.5 | 32.6 | 36.3 | 30.2 | 25.9 | 40.5 |
| | 最大值对应风向 | WNW | NNW | WNW | NNW | ESE | E | NNE | ESE | N | NE | NNW | NW | ESE |

注：2004 年和 2006 年数据有缺测。

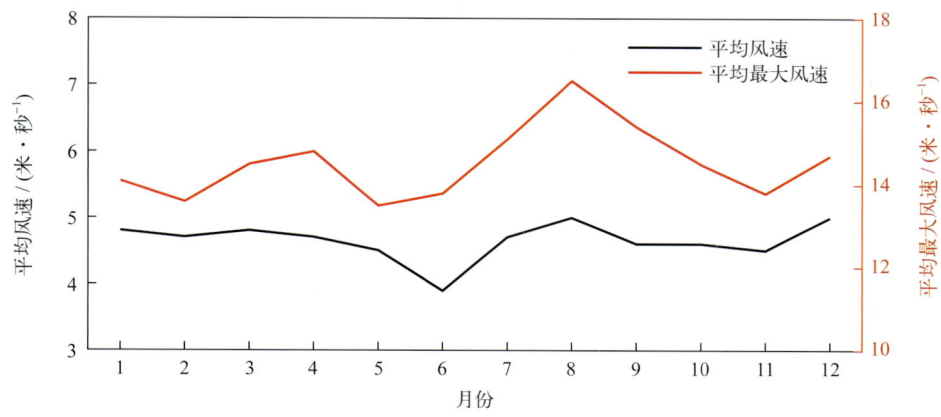

图 4.4-1　平均风速和平均最大风速年变化（2004—2019 年）

历年的平均风速为 3.5～5.8 米/秒，其中 2013 年最大，2008 年最小。历年的最大风速均大于等于 15.1 米/秒，其中大于等于 18.0 米/秒的有 10 年，大于等于 24.0 米/秒的有 3 年。最大风速的最大值为 28.5 米/秒，出现在 2012 年 8 月 8 日，风向为 SE。年最大风速出现在 7 月的频率最高，1 月、2 月、5 月、6 月和 12 月均未出现（图 4.4-2）。

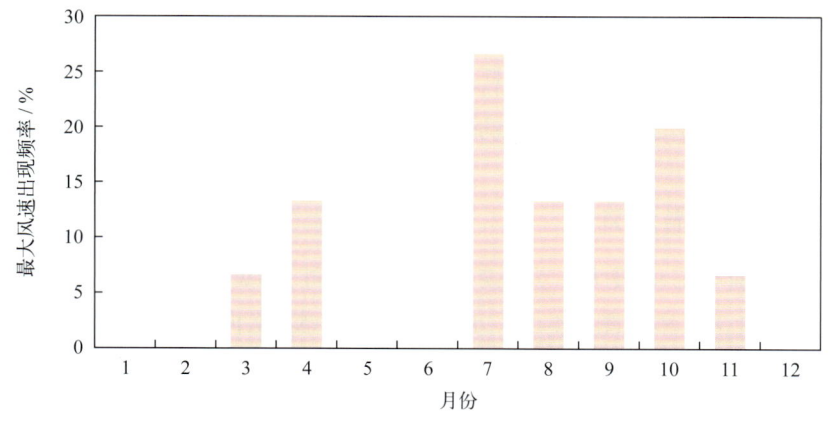

图 4.4-2　年最大风速出现频率（2004—2019 年）

## 2. 各向风频率

全年 NNW 向风最多，频率为 11.3%，N 向次之，频率为 9.9%，SW 向最少，频率为 0.9%（图 4.4-3）。

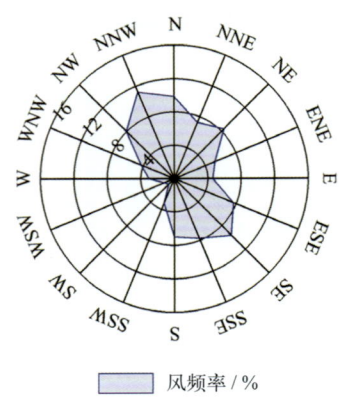

图 4.4-3　全年各向风频率（2004—2019年）

1 月盛行风向为 NW—N，频率和为 56.7%；4 月盛行风向为 ESE—S，频率和为 44.9%；7 月盛行风向为 ESE—S，频率和为 68.3%；10 月盛行风向为 NW—NE，频率和为 70.6%（图 4.4-4）。

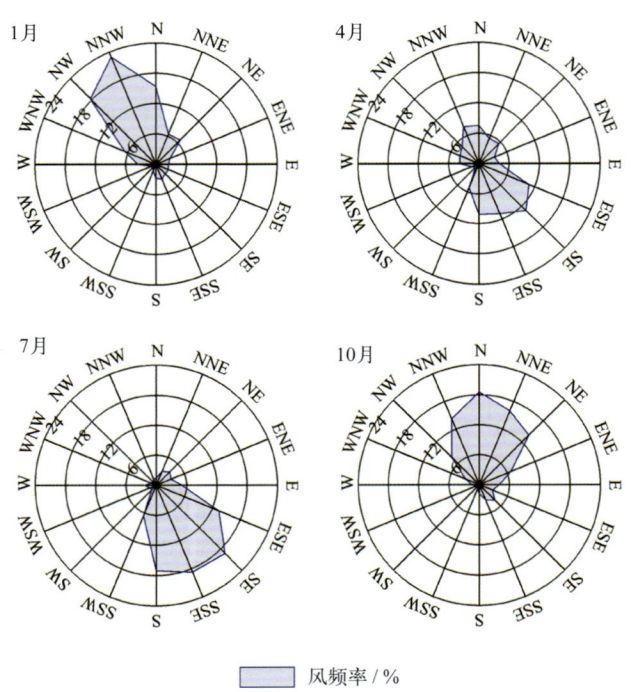

图 4.4-4　四季代表月各向风频率（2004—2019年）

## 3. 各向平均风速和最大风速

全年各向平均风速 SSE 向最大，为 4.7 米/秒，SE 向、NW 向和 NNW 向次之，均为 4.6 米/秒，SW 向最小，为 2.1 米/秒（图 4.4-5）。1 月 NW 向和 NNW 向平均风速最大，均为 5.3 米/秒；4 月和 7 月均为 SSE 向最大，分别为 5.9 米/秒和 5.1 米/秒；10 月 NW 向和 NNW 向最大，均为 4.9 米/秒（图 4.4-6）。

全年各向最大风速 SE 向最大，为 28.5 米/秒，NNE 向次之，为 26.7 米/秒，SW 向最小，为 12.8 米/秒（图 4.4-5）。1 月 NW 向最大风速最大，为 18.1 米/秒；4 月 SE 向最大，为 17.7 米/秒；7 月 NNE 向最大，为 26.7 米/秒；10 月 NE 向最大，为 25.8 米/秒（图 4.4-6）。

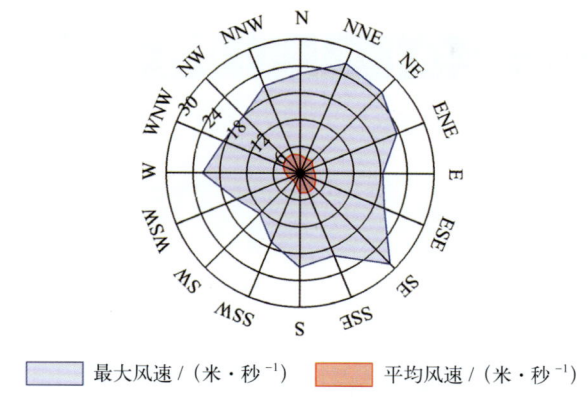

图 4.4-5　全年各向平均风速和最大风速（2004—2019 年）

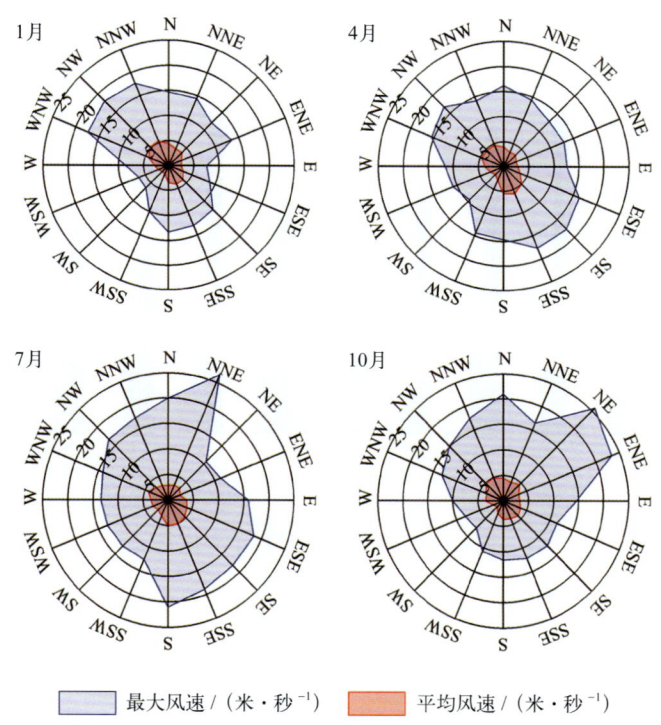

图 4.4-6　四季代表月各向平均风速和最大风速（2004—2019 年）

## 4. 大风日数

风力大于等于 6 级的大风日数 3 月最多，为 7.5 天，占全年的 10.8%，4 月和 12 月次之，均为 7.3 天（表 4.4-2，图 4.4-7）。平均年大风日数为 69.2 天（表 4.4-2）。历年大风日数 2013 年最多，为 129 天，2008 年最少，为 20 天。

风力大于等于 8 级的大风日数 8 月最多，为 0.9 天，2—6 月、11 月和 12 月最少，均为 0.1 天。历年大风日数 2012 年和 2019 年最多，均为 9 天，2006—2010 年均未出现。

风力大于等于6级的月大风日数最多为19天,出现在2012年4月;最长连续大于等于6级大风日数为8天,出现在2012年4月6—13日和2013年7月12—19日(表4.4-2)。

表4.4-2 各级大风日数年变化(2004—2019年)　　　　　　　　　　　单位:天

| | 1月 | 2月 | 3月 | 4月 | 5月 | 6月 | 7月 | 8月 | 9月 | 10月 | 11月 | 12月 | 年 |
| --- | --- | --- | --- | --- | --- | --- | --- | --- | --- | --- | --- | --- | --- |
| 大于等于6级大风平均日数 | 5.8 | 6.1 | 7.5 | 7.3 | 5.3 | 2.7 | 5.5 | 7.1 | 4.2 | 4.8 | 5.6 | 7.3 | 69.2 |
| 大于等于7级大风平均日数 | 1.0 | 0.9 | 1.7 | 2.1 | 0.9 | 0.4 | 1.5 | 2.1 | 1.6 | 1.6 | 1.0 | 1.6 | 16.4 |
| 大于等于8级大风平均日数 | 0.2 | 0.1 | 0.1 | 0.1 | 0.1 | 0.1 | 0.5 | 0.9 | 0.5 | 0.5 | 0.1 | 0.1 | 3.3 |
| 大于等于6级大风最多日数 | 12 | 13 | 15 | 19 | 11 | 7 | 13 | 18 | 11 | 15 | 12 | 15 | 129 |
| 最长连续大于等于6级大风日数 | 4 | 7 | 6 | 8 | 6 | 3 | 8 | 7 | 6 | 7 | 5 | 7 | 8 |

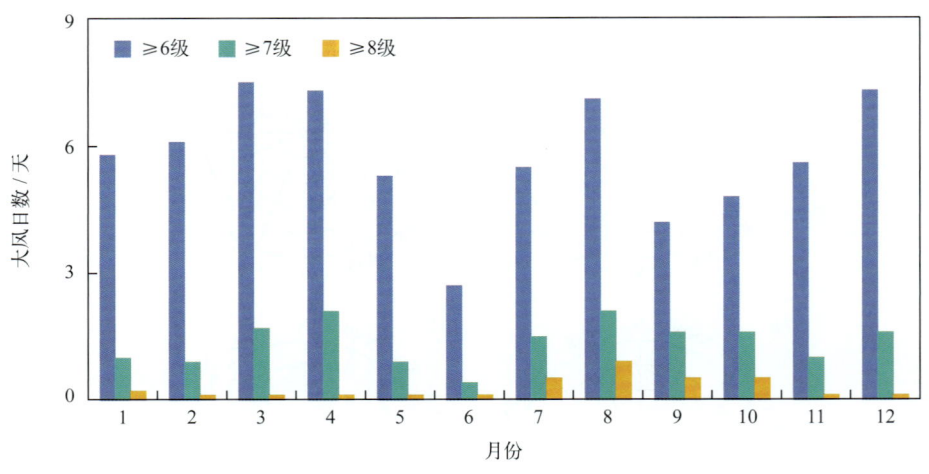

图4.4-7 各级大风日数年变化

## 第五节　降水

### 1. 降水量和降水日数

(1) 降水量

岱山站降水量的年变化见表4.5-1和图4.5-1。平均年降水量为1 329.5毫米,降水量的季节分布不均匀,夏季(6—8月)为447.3毫米,占全年降水量的33.6%,春季(3—5月)为307.7毫米,占全年的23.1%,秋季(9—11月)为344.9毫米,占全年的25.9%,冬季(12月至翌年2月)为229.6毫米,占全年的17.3%。6月平均降水量最多,为212.7毫米,占全年的16.0%。

历年年降水量为927.0～1 743.2毫米,其中2019年最多,2006年最少。

最大日降水量超过100毫米的有6年,超过150毫米的有5年,超过200毫米的有1年。最大日降水量为210.2毫米，出现在2012年6月18日。

表4.5-1　降水量年变化（2004—2019年）　　　　　　　　　　　　单位：毫米

| | 1月 | 2月 | 3月 | 4月 | 5月 | 6月 | 7月 | 8月 | 9月 | 10月 | 11月 | 12月 | 年 |
|---|---|---|---|---|---|---|---|---|---|---|---|---|---|
| 平均降水量 | 62.5 | 85.0 | 106.4 | 93.4 | 107.9 | 212.7 | 87.5 | 147.1 | 133.3 | 130.6 | 81.0 | 82.1 | 1 329.5 |
| 最大日降水量 | 48.1 | 36.9 | 47.2 | 75.0 | 79.3 | 210.2 | 89.8 | 178.3 | 90.3 | 194.8 | 44.2 | 79.8 | 210.2 |

注：2004年数据有缺测。

### （2）降水日数

平均年降水日数为146.6天。降水日数的年变化特征为上半年多、下半年少（图4.5-2和图4.5-3）。日降水量大于等于10毫米的平均年日数为39.5天，各月均有出现；日降水量大于等于50毫米的平均年日数为3.5天，出现在4—10月和12月；日降水量大于等于100毫米的平均年日数为0.5天，出现在6月、8月和10月；日降水量大于等于150毫米的平均年日数为0.45天，出现在6月、8月和10月；日降水量大于等于200毫米的平均年日数为0.07天，出现在6月（图4.5-3）。

最多年降水日数为172天，出现在2010年；最少年降水日数为121天，出现在2011年。最长连续降水日数为21天，出现在2011年9月29日至10月19日；最长连续无降水日数为26天，出现在2008年11月25日至12月20日。

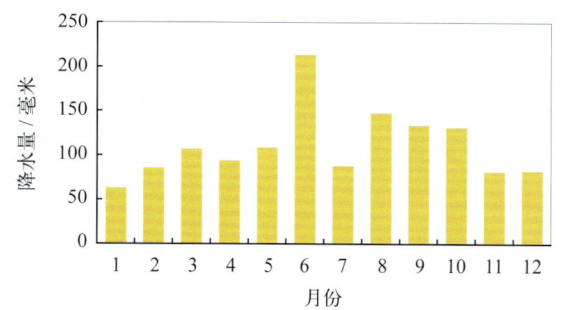

图4.5-1　降水量年变化（2004—2019年）

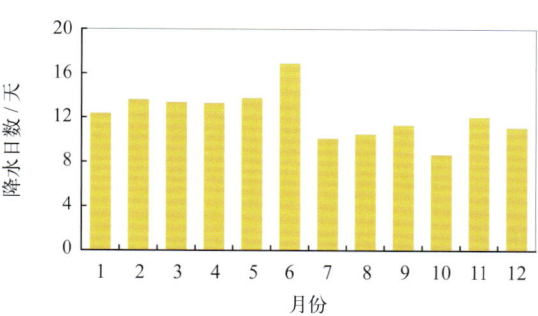

图4.5-2　降水日数年变化（2004—2019年）

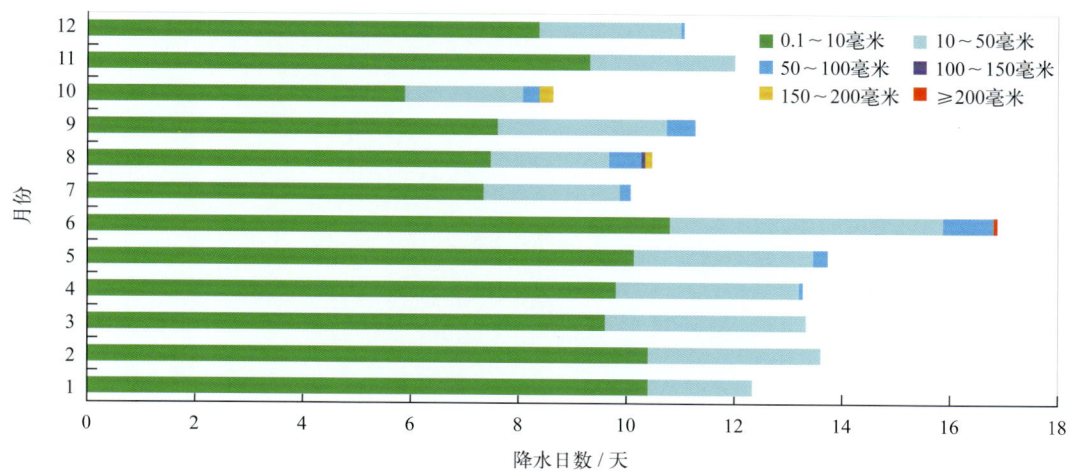

图4.5-3　各月各级平均降水日数分布（2004—2019年）

## 2. 长期趋势变化

2005—2019 年，年降水量和年最大日降水量均呈上升趋势，上升速率分别为 279.78 毫米/（10 年）（线性趋势未通过显著性检验）和 10.60 毫米/（10 年）（线性趋势未通过显著性检验）。

2005—2019 年，年降水日数呈增加趋势，增加速率为 15.14 天/（10 年）（线性趋势未通过显著性检验）；最长连续降水日数和最长连续无降水日数均呈减少趋势，减少速率分别为 1.04 天/（10 年）（线性趋势未通过显著性检验）和 7.25 天/（10 年）。

# 第五章　海平面

## 1. 年变化

岱山附近海域海平面年变化特征明显，2月最低，9月最高，年变幅为36厘米（图5-1），平均海平面在验潮基面上282厘米。

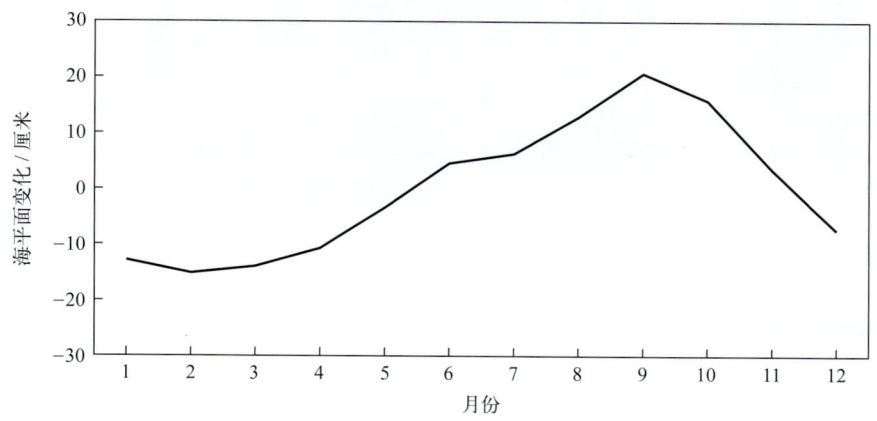

图5-1　海平面年变化（1960—2019年）

## 2. 长期趋势变化

岱山附近海域海平面变化总体呈波动上升趋势。1960—2019年，岱山附近海域海平面上升速率为3.3毫米/年；1993—2019年，海平面上升速率为6.3毫米/年，远高于同期中国沿海3.9毫米/年的平均水平。海平面在2000年之前上升较缓，1975年、1991年和1998年三次达到小高峰，2000年之后波动上升显著，2005—2012年海平面上升了130毫米，2012—2019年海平面持续处于有观测记录以来的高位，其中2016年海平面为观测以来的最高位。

岱山附近海域十年平均海平面持续上升。1960—1969年，十年平均海平面处于近60年来的最低位；1970—1979年平均海平面较1960—1969年高45毫米；2000—2009年平均海平面较1990—1999年高约34毫米；2010—2019年，海平面处于近60年来的最高位，比1960—1969年平均海平面高190毫米（图5-2）。

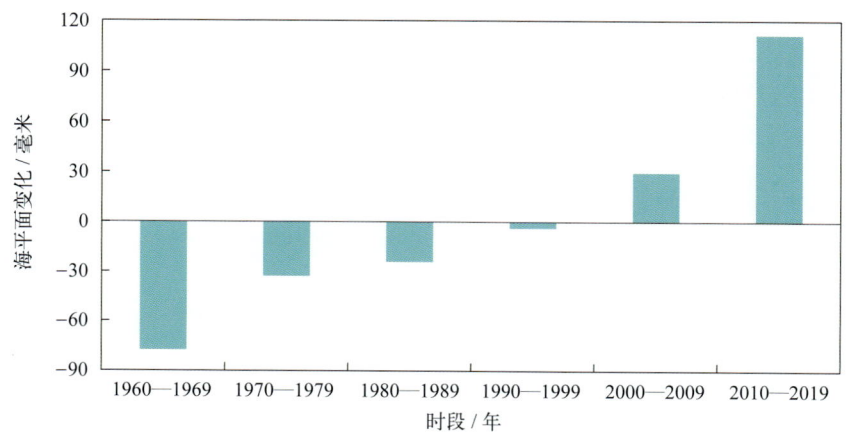

图5-2　十年平均海平面变化

### 3. 周期性变化

1960—2019 年，岱山附近海域海平面有 2～3 年、4 年、11 年和 28 年的显著变化周期，振荡幅度为 1～2 厘米。1975 年和 2016 年处于 2～3 年、4 年、11 年和 28 年周期性振荡的高位，几个主要周期性振荡高位叠加，抬高了同时段海平面的高度（图 5-3）。

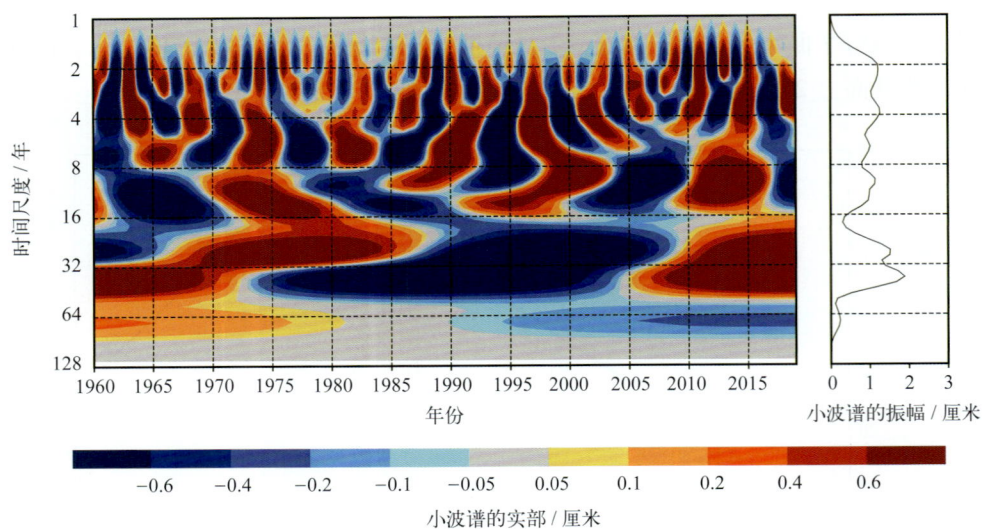

图5-3　年均海平面的小波（wavelet）变换

# 第六章 灾害

## 第一节 海洋灾害

### 1. 风暴潮

1974年8月18—21日，7413号台风登陆浙江椒江市三门县，在长江口—杭州湾—温州一带引发特大潮灾，受灾最严重的地区为长江口、杭州湾沿岸。上从杭州湾闸口，下至平湖县乍浦大部分验潮站潮位超过警戒水位0.5～1.0米，造成杭州湾南岸新垦区的堤塘多处溃决，海水倒灌酿成灾情（《中国海洋灾害四十年资料汇编》）。

1977年9月10日，7708号台风在上海崇明岛附近登陆，受其影响，长涂站连续4天发生风暴潮增水，最大增水为113厘米。淹没农田6 659亩，冲垮海塘7条，损失原盐3.57万担，冲毁码头4座，倒塌房屋437间、仓库34间，沉没机帆船17艘，损坏船只121艘，经济损失严重（《东海区海洋站海洋水文气候志》）。

1979年8月22—25日，7910号台风登陆浙江舟山，引发严重潮灾，杭州湾沿岸出现最大增水（《中国海洋灾害四十年资料汇编》）。

1989年9月15日（农历八月十六），8923号台风登陆时正值我国东部沿海天文大潮期，引发特大风暴潮灾，从长江口到福建省闽江口，有多个验潮站的潮位超过当地警戒水位（《1989年中国海洋灾害公报》）。

1992年8月，由天文大潮和9216号强热带风暴共同作用引起了92特大风暴潮，风暴前期影响的浙江沿海验潮站的增水一般为80～140厘米（《1992年中国海洋灾害公报》）。

1997年8月，9711号台风造成了1949年以来浙江省经济损失最大的一次风暴潮灾害。舟山市有150条海塘受损，其中7条全线崩溃，7万亩稻田和3万亩蔬菜、8万亩经济作物被淹，1 500亩淡水养殖场被海水侵入。受风暴潮影响，海水倒灌，定海、普陀、岱山等地普遍受海水淹浸，沈家门镇几乎半个城镇被潮水淹没（《1997年中国海洋灾害公报》）。

1998年9月19日，9806号台风在浙江省舟山市普陀区登陆，近台风中心最大风力有10级，受其影响，杭州湾出现较大风暴潮。岱山县东沙镇新道头等几条海塘被冲垮，海水涌入内陆。普陀、岱山县城进水，倒塌房屋7 165间（《1998年中国海洋灾害公报》）。

2000年8月30日前后，0012号台风"派比安"登陆舟山市，影响长达12小时，岱山等地均发生海水倒灌，浙江省直接经济损失11.56亿元（《2000年中国海洋灾害公报》）。

2002年9月7日，受0216号台风"森拉克"影响，浙江沿海普遍出现了100～300厘米的风暴增水。从福建东山到上海高桥沿海有近20个验潮站超过当地警戒水位（《2002年中国海洋灾害公报》）。

2005年8月6—9日，0509号台风"麦莎"引起的风暴潮影响浙江省，此次特大风暴潮过程是继9711号台风风暴潮后，影响我国东部沿海最严重的一次。"麦莎"影响期间正逢农历七月大潮，受风暴潮和天文大潮的共同影响，沿岸有多个验潮站的风暴潮增水超过100厘米。9月11日，0515号台风"卡努"引发风暴潮影响浙江省（《2005年中国海洋灾害公报》）。

2007年10月7日，受0716号超强台风"罗莎"引起的风暴潮与台风浪共同影响，浙江省多个验潮站的增水超过100厘米（《2007年中国海洋灾害公报》）。

2011年8月5—8日，1109号超强台风"梅花"沿我国近海北上。受风暴潮和近岸浪的共同影响，浙江省遭受较大经济损失（《2011年中国海洋灾害公报》）。

2015年7月11日16时40分前后，1509号强台风"灿鸿"在浙江省舟山市朱家尖沿海登陆。受风暴潮和近岸浪的共同影响，浙江遭受较大经济损失（《2015年中国海洋灾害公报》）。

2016年9月16—19日，1616号台风"马勒卡"与南下冷空气配合影响浙江省沿海。浙江省多个验潮站出现了超过当地警戒潮位的高潮位。28日，受1617号台风"鲇鱼"引发风暴潮和近岸浪的共同影响，浙江遭受较大经济损失（《2016年中国海洋灾害公报》）。

2019年8月10日前后，1909号超强台风"利奇马"在浙江省温岭市城南镇沿海登陆，中心附近最大风力16级，浙江省直接经济损失超76亿（《2019年中国海洋灾害公报》）。

### 2. 海浪

1998年9月19日，9806号台风在浙江舟山登陆时正值天文大潮期，潮高浪大。受其影响，东海海面出现7～8米的狂浪区，浙江沿海海面风力10～12级，局部地段拍岸浪高达7～8米，受台风浪正面袭击的舟山沿海损失严重（《1998年中国海洋灾害公报》）。

2004年9月8日，受东海气旋浪影响，"普渔3161"轮和"浙岱渔15567"轮在普陀桃花和岱山附近海域沉没，造成3人死亡（含失踪），直接经济损失51万元（《2004年中国海洋灾害公报》）。

2005年12月4日，受冷空气浪影响，"浙岱渔03221"和"振乐57"轮船在浙江舟山海域遇险，造成5人失踪，直接经济损失300万元（《2005年中国海洋灾害公报》）。

2007年3月3—6日，东海出现波高4～5米的巨浪区，浙江等沿海先后出现波高4～6米的巨浪和狂浪（《2007年中国海洋灾害公报》）。

2015年1月14日，受冷空气与气旋共同影响，浙江省舟山市岱山县附近海域沉没浙江籍渔船1艘，造成7人死亡（含失踪），直接经济损失30万元（《2015年中国海洋灾害公报》）。

2019年9月5—7日，受1913号超强台风"玲玲"影响，东海出现有效波高4.0～10.0米的巨浪到狂涛，东海北部MF07001浮标实测最大有效波高9.6米、最大波高14.2米。9月5日，1艘上海籍货轮在浙江省舟山海域出现大幅横摇，导致部分集装箱落海，直接经济损失800.00万元（《2019年中国海洋灾害公报》）。

### 3. 赤潮

2001年，我国海域赤潮发生次数增多，发生时间提前，影响范围扩大，其中浙江海域发生26次赤潮灾害过程（《2001年中国海洋灾害公报》）。

2006年5月3—6日，浙江省舟山外海域发生赤潮，最大面积约1 000平方千米，主要赤潮生物是具齿原甲藻和中肋骨条藻（《2006年中国海洋灾害公报》）。

2008年7月16—18日，岱山县大长涂山岛南部海域发生赤潮，最大面积约100平方千米（《2008年中国海洋灾害公报》）。

2009年5月19—30日，长江口外、舟山北部海域出现赤潮，最大面积约1 500平方千米（《2009年中国海洋灾害公报》）。

## 第二节 灾害性天气

根据《中国气象灾害大典·浙江卷》(1949—2000年)和《中国气象灾害年鉴》(2000年后)记载，岱山（长涂）站周边发生的主要灾害性天气有暴雨洪涝、大风（龙卷风）、雷电、雾、寒潮和大雪。

### 1. 暴雨洪涝

1951年8月18—22日，受5116号台风影响，定海雨量525毫米，宁波地区东北部、嘉兴地区雨量为55～220毫米，造成局部洪涝。

1979年8月24日，7910号台风在普陀登陆后北上，北部沿海风力11～12级，22—26日总雨量定海325毫米，皎口水库上游的大磐山457毫米，时值朔潮大汛，造成海塘决口，海水倒灌，舟山、宁波、温州3地区受灾。损坏渔船460艘，损失张网毛竹8万多支，冲塌海塘、江堤147.7千米，码头32座，死亡51人，直接经济损失按1990年价折算为4.25亿元。

1998年9月19—20日，受9806号强热带风暴影响，舟山、宁波、绍兴、杭州等地有大到暴雨，局部大暴雨，并有8级以上大风，普陀极大风速39米/秒。据不完全统计，宁波、舟山和绍兴等地有235.4万人受灾，成灾人口94.9万人，因灾死亡3人，直接经济损失7.1亿元。

### 2. 大风和龙卷风

1949年7月24日，4906号台风在普陀登陆，风力12级以上，25日在乎湖再度登陆，泗礁山、大黄龙、大小洋山等岛的渔船、民房损失惨重，死亡170人，经济损失5000多万元。

1959年4月11日，江苏吕泗渔场突遭大风袭击，风力8～10级，浙江渔民死亡1479人，沉没渔船278艘，损坏渔船2000余艘，直接经济损失总计约2000多万元，这是1949年以来浙江省的最大海损事件。

1979年12月23日，东海低压与冷空气结合产生8～9级大风，浙北西堰门沉船3条，死亡46人。

1980年6月27日，舟山中街山渔场因飑线过境，出现8～10级、最大12级以上大风，渔场沉船105条，死亡144人。

1992年黄海低压发展，2月23日发生8～9级大风，嵊泗、岱山等渔船沉6条，死16人。

1994年10月10日，9430号台风在闽北沿海北上，浙江东部沿海风力10～12级以上，大陈风速达45.3米/秒，石浦风速达42米/秒，有暴雨，舟山、台州、温州等地区受灾，7人死亡，经济损失1亿元。

2000年9月12—14日，受台风"桑美"外围影响，浙北、浙中沿海海面和浙南沿海海面分别出现了10～12级和9～11级的偏北大风。台风"桑美"引起的狂风暴雨大潮对舟山市影响很大，造成严重损失，水产养殖受灾面积1520公顷，319条共计1341.1千米海塘严重受损，62条船只沉没，损坏码头147座，受灾人口88.6万，舟山全市直接经济损失14.7亿元。

2005年8月4—6日，受0508号强热带风暴"天鹰"影响，普陀东亭风速达45.2米/秒、普陀风速达42.1米/秒。据不完全统计，浙江省温州、台州、宁波、舟山等地受灾，受灾人口1047.9万人，死亡5人；水产养殖受损面积4.8万公顷；水库、堤防、护岸等损坏无数，直接经济损失89.1亿元。

### 3. 雷电

2004年7月6日17时,浙江舟山市定海金塘镇发生雷击,造成1人死亡,2人受伤。

### 4. 雾

1989年4月21日,"浙舟59"号船因大雾与他船相撞沉没,死亡2人,失踪5人,损失360多万元。

### 5. 寒潮和大雪

2005年3月8—13日,浙江大部分地区过程降温幅度在10℃以上,全省自北而南出现了中到大雪,部分地区达到暴雪;舟山积雪达13厘米。此次降雪过程是浙江1970年以来3月份出现的范围最广、强度最强的一次。据统计,受灾人口249.8万人,因灾直接经济损失约7亿元。

# 镇海海洋站

# 第一章　概况

## 第一节　基本情况

镇海海洋站（简称镇海站）位于浙江省宁波市镇海区。宁波市地处我国海岸线中段，长江三角洲南翼，东有舟山群岛为天然屏障，北濒杭州湾，西接绍兴市，全市岛屿众多，岸线总长达1 600余千米。镇海区位于宁波市北部，处于宁绍水网平原东端，地形狭长，甬江由西南流向东北入海，横贯境内中部。

镇海站建于1982年7月，隶属国家海洋局东海分局，2019年7月后隶属自然资源部东海局，由宁波中心站管辖。气象测点于1985年在甬江口外游山建成，验潮井于1988年在甬江口宁波港16号泊位建成（图1.1-1）。

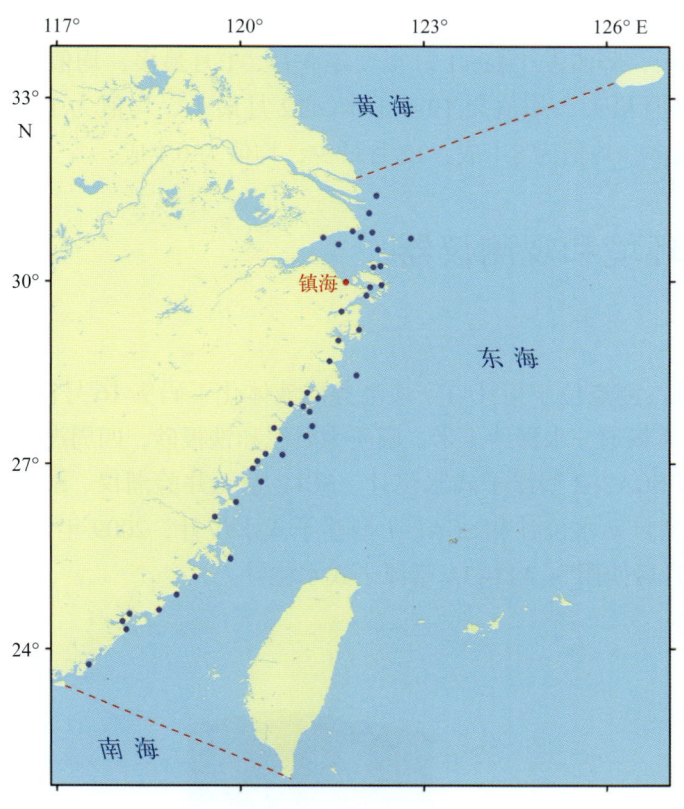

图1.1-1　镇海站地理位置示意

镇海站观测项目有潮汐、海浪、表层海水温度、表层海水盐度、气温、气压、相对湿度、风和降水等。2002年7月海洋站自动观测系统投入使用，实现了多数观测项目（除海浪外）的自动化观测、数据采集、存储和传输。

镇海沿海为不正规半日潮特征，海平面2月最低，9月最高，年变幅为38厘米，平均海平面为216厘米，平均高潮位为315厘米，平均低潮位为108厘米，均具有夏秋高、冬春低的年变化特点；全年海况以0～3级为主，年均平均波高为0.4米，年均平均周期为2.2秒，历史最大波高最大值为6.1米，历史平均周期最大值为8.7秒，常浪向为N，强浪向为NNW；年均表层海水温度为

17.5～18.9℃，8月最高，均值为28.3℃，2月最低，均值为8.4℃，历史水温最高值为34.2℃，历史水温最低值为3.1℃；年均表层海水盐度为16.72～22.52，2月最高，均值为21.66，10月最低，均值为17.54，历史盐度最高值为32.20，历史盐度最低值小于2.00；海发光均为火花型，6月出现频率最高，有5个月未出现，1级海发光最多，出现的最高级别为3级。

镇海站主要受海洋性季风气候影响，年均气温为16.3～18.8℃，7月和8月最高，均为28.6℃，1月最低，均值为6.3℃，历史最高气温为41.7℃，历史最低气温为-6.6℃；年均气压为1 013.2～1 015.4百帕，具有冬高夏低的变化特征，12月最高，均值为1 024.3百帕，7月最低，均值为1 003.4百帕；年均相对湿度为74.6%～80.7%，6月最大，均值为83.3%，12月最小，均值为74.6%；年均风速为3.8～5.3米/秒，1月和12月最大，均为5.2米/秒，6月最小，均值为3.6米/秒，冬季（1月）盛行风向为NW—NNE（顺时针，下同），春季（4月）盛行风向为E—SE，夏季（7月）盛行风向为E—SW，秋季（10月）盛行风向为NW—ENE；平均年降水量为1 335.1毫米，6月平均降水量最多，占全年的14.7%；平均年雾日数为27.4天，4月最多，均值为4.9天，8月最少，均值为0.4天；平均年雷暴日数为27.9天，7月最多，均值为7.1天，1月无雷暴；平均年霜日数为12.4天，霜日出现在11月至翌年3月，1月最多，均值为4.5天；平均年降雪日数为4.2天，降雪发生在11月至翌年3月，1月最多，均值为1.6天；年均能见度为10.2～16.7千米，7月最大，均值为19.4千米，12月最小，均值为11.0千米；年均总云量为6.7～7.8成，6月最多，均值为8.1成，12月最少，均值为6.1成。

## 第二节　观测环境和观测仪器

### 1. 潮汐

1988年开始观测，测点位于甬江口宁波港务局液体化工码头16号泊位旁，验潮井为岛式钢筋混凝土结构，与外海畅通，水深约1米，底质为淤泥和铁板砂，四周没有排污管道（图1.2-1）。

观测仪器主要有SCA2-2型浮子式水位计、SCL2型无井验潮仪、SCA6-1型和SCA6-2型声学水位计、XZA3-2型自动水位计和SCA1-1型浮子式水位计，2009年4月启用XZY3型水文气象自动观测系统，9月后使用SCA11-3A型浮子式水位计。

图1.2-1　镇海站验潮室（摄于2019年12月）

## 2. 海浪

1985年开始观测。测波室位于镇海外游山山顶，测点南面是气象观测场与化工区陆地，北面是杭州湾，东面是甬江口，测点开阔度为120°。随着地方经济发展，码头建设、滩涂开发、跨海大桥等项目的开展对海浪观测产生严重影响，2017年1月停测。

1989年6月前使用光学测波仪，之后一直为目测。

## 3. 表层海水温度、盐度和海发光

1987年10月开始观测，测点位于验潮井旁，为避免受甬江径流等的影响，1998年测点迁至海浪测点，水体交换充分（图1.2-2）。

2010年7月前使用SWL1-1型水温表测量水温，使用电导式盐度计、光学折射盐度计和SYC1-2型感应式盐度计等测定盐度。之后使用YZY4-3型温盐传感器。

海发光为每日天黑后人工目测。1996年停测。

图1.2-2　镇海站温盐测点取样平台（摄于2016年12月）

## 4. 气象要素

1985年开始观测。测点位于甬江出海口的北侧外游山上，北面为杭州湾，南面为甬江出海口，东面与舟山群岛金塘岛隔海相望，西面是滩涂，四周无高大建筑物及其他相关设施。2010年12月，观测场翻建（图1.2-3）。

观测仪器主要有干湿球温度表、最高（低）温度表、动槽式水银气压表、EL型电接风向风速计和雨量筒。2002年7月开始使用CZY1-1海洋站自动观测系统配合各要素传感器进行观测。2009年4月升级为XZY3型水文气象自动观测系统，传感器主要有HMP45A型温湿度传感器、278型气压传感器、XFY3-1型风传感器和SL3-1型雨量传感器。2018年4月温湿度传感器更换为HMP155型。

图1.2-3　镇海站气象观测场（摄于2011年2月）

# 第二章 潮位

## 第一节 潮汐

### 1. 潮汐类型

利用镇海站近 19 年（2001—2019 年）验潮资料分析的调和常数，计算出潮汐系数 $(H_{K_1}+H_{O_1})/H_{M_2}$ 为 0.55。按我国潮汐类型分类标准，镇海沿海为不正规半日潮，每个潮汐日（大约 24.8 小时）有两次高潮和两次低潮，高潮日不等现象较为明显。

1988—2019 年，镇海站 $M_2$ 分潮振幅呈增大趋势，增大速率为 7.42 毫米/年；迟角无明显变化趋势。$K_1$ 和 $O_1$ 分潮振幅变化趋势不明显；迟角均呈减小趋势，减小速率分别为 0.14°/年和 0.08°/年。

### 2. 潮汐特征值

由 1988—2019 年资料统计分析得出：镇海站平均高潮位为 315 厘米，平均低潮位为 108 厘米，平均潮差为 207 厘米；平均高高潮位为 344 厘米，平均低低潮位为 91 厘米，平均大的潮差为 253 厘米。平均涨潮历时 6 小时 20 分钟，平均落潮历时 6 小时 5 分钟，两者相差 15 分钟。

累年各月潮汐特征值见表 2.1-1。

表 2.1-1　累年各月潮汐特征值（1988—2019 年）　　　单位：厘米

| 月份 | 平均高潮位 | 平均低潮位 | 平均潮差 | 平均高高潮位 | 平均低低潮位 | 平均大的潮差 |
|---|---|---|---|---|---|---|
| 1 | 302 | 95 | 207 | 330 | 74 | 256 |
| 2 | 301 | 93 | 208 | 325 | 78 | 247 |
| 3 | 303 | 93 | 210 | 326 | 83 | 243 |
| 4 | 303 | 98 | 205 | 329 | 86 | 243 |
| 5 | 308 | 107 | 201 | 339 | 91 | 248 |
| 6 | 317 | 116 | 201 | 350 | 95 | 255 |
| 7 | 320 | 117 | 203 | 353 | 95 | 258 |
| 8 | 331 | 121 | 210 | 360 | 101 | 259 |
| 9 | 342 | 127 | 215 | 367 | 111 | 256 |
| 10 | 333 | 122 | 211 | 361 | 106 | 255 |
| 11 | 316 | 110 | 206 | 347 | 91 | 256 |
| 12 | 306 | 100 | 206 | 336 | 77 | 259 |
| 年 | 315 | 108 | 207 | 344 | 91 | 253 |

注：潮位值均以验潮零点为基面。

平均高潮位和平均低潮位均具有夏秋高、冬春低的特点（图2.1-1），其中平均高潮位9月最高，为342厘米，2月最低，为301厘米，年较差为41厘米；平均低潮位9月最高，为127厘米，2月和3月最低，均为93厘米，年较差为34厘米；平均高高潮位9月最高，为367厘米，2月最低，为325厘米，年较差为42厘米；平均低低潮位9月最高，为111厘米，1月最低，为74厘米，年较差为37厘米。平均潮差9月最大，5月和6月均为最小，年较差为14厘米；平均大的潮差8月和12月均为最大，3月和4月均为最小，年较差为16厘米（图2.1-2）。

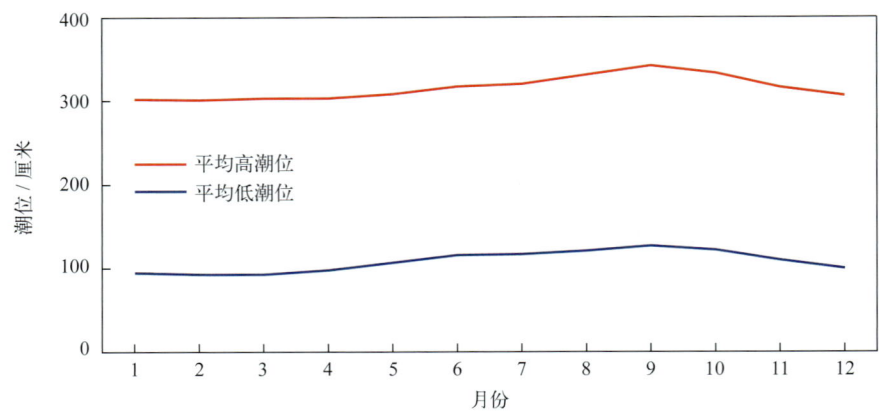

图2.1-1　平均高潮位和平均低潮位年变化

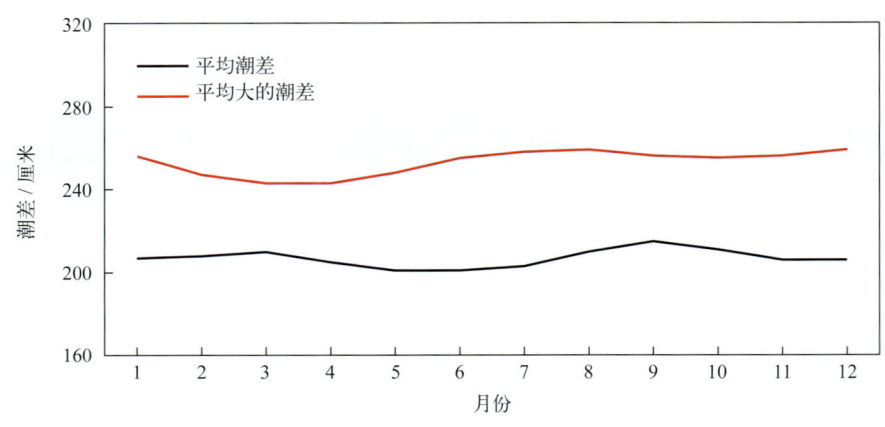

图2.1-2　平均潮差和平均大的潮差年变化

1988—2019年，镇海站平均高潮位呈明显上升趋势，上升速率为12.14毫米/年。受天文潮长周期变化影响，平均高潮位存在较为明显的准19年周期变化，振幅为4.22厘米。平均高潮位最高值出现在2016年，为340厘米；最低值出现在1988年，为299厘米。镇海站平均低潮位呈下降趋势，下降速率为6.10毫米/年。平均低潮位准19年周期变化较弱，振幅为0.67厘米。平均低潮位最高值出现在1989年，为125厘米；最低值出现在2018年，为97厘米。

1988—2019年，镇海站平均潮差呈波动增大趋势，增大速率为18.24毫米/年。平均潮差准19年周期变化较为显著，振幅为4.89厘米。平均潮差最大值出现在2018年，为237厘米；最小值出现在1988年，为178厘米（图2.1-3）。

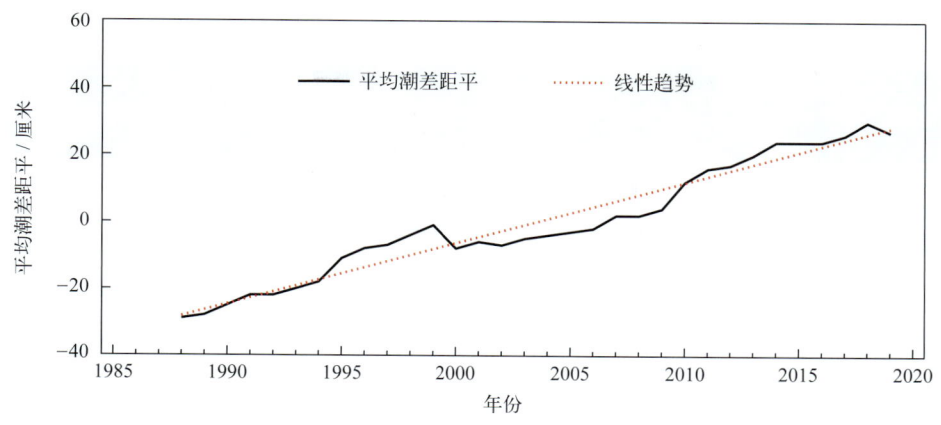

图2.1-3　1988—2019年平均潮差距平变化

## 第二节　极值潮位

镇海站年最高潮位和年最低潮位的各月发生频率见表2.2-1。年最高潮位出现时间主要集中在7—10月，其中8月发生频率最高，为28%；7月次之，为22%。年最低潮位主要出现在12月至翌年2月，其中1月发生频率最高，为44%；12月次之，为16%。

1988—2019年，镇海站年最高潮位呈上升趋势，上升速率为9.72毫米/年（线性趋势未通过显著性检验）。历年的最高潮位均高于400厘米，其中高于485厘米的有4年；历史最高潮位为516厘米，出现在1997年8月18日，正值9711号台风"温妮"影响期间。镇海站年最低潮位呈下降趋势，下降速率为6.35毫米/年。历年最低潮位均低于7厘米，其中低于–24厘米的有4年；历史最低潮位为–29厘米，出现在2001年3月10日，由强温带气旋引起（表2.2-1）。

表2.2-1　最高潮位和最低潮位及年极值出现频率（1988—2019年）

| | 1月 | 2月 | 3月 | 4月 | 5月 | 6月 | 7月 | 8月 | 9月 | 10月 | 11月 | 12月 |
|---|---|---|---|---|---|---|---|---|---|---|---|---|
| 最高潮位值/厘米 | 429 | 418 | 430 | 403 | 419 | 450 | 458 | 516 | 504 | 488 | 455 | 435 |
| 年最高潮位出现频率/% | 0 | 0 | 0 | 0 | 0 | 3 | 22 | 28 | 19 | 19 | 9 | 0 |
| 最低潮位值/厘米 | –25 | –23 | –29 | –17 | –6 | 20 | 4 | 4 | 17 | 4 | –27 | –24 |
| 年最低潮位出现频率/% | 44 | 13 | 9 | 6 | 3 | 0 | 0 | 0 | 0 | 0 | 9 | 16 |

## 第三节　增减水

受地形和气候特征的影响，镇海站出现50厘米以上增水的频率明显高于同等强度减水的频率，超过70厘米的增水平均约26天出现一次，而超过70厘米的减水平均约684天出现一次（表2.3-1）。

镇海站120厘米以上的增水主要出现在2月和7—9月，80厘米以上的减水多发生在3月、4月、8月和12月，这些大的增减水过程主要与该海域受温带气旋、寒潮大风以及热带气旋等影响有关（表2.3-2）。

表 2.3-1　不同强度增减水平均出现周期（1988—2019 年）

| 范围 / 厘米 | 出现周期 / 天 | |
| --- | --- | --- |
| | 增水 | 减水 |
| >30 | 1.08 | 2.57 |
| >40 | 2.43 | 10.04 |
| >50 | 5.56 | 38.14 |
| >60 | 12.63 | 168.59 |
| >70 | 26.20 | 684.27 |
| >80 | 51.47 | 969.38 |
| >90 | 78.60 | 1 292.50 |
| >100 | 109.74 | 1 938.76 |
| >120 | 264.38 | — |
| >150 | 2 908.14 | — |

"—"表示无数据。

表 2.3-2　各月不同强度增减水出现频率（1988—2019 年）

| 月份 | 增水 / % | | | | | 减水 / % | | | | |
| --- | --- | --- | --- | --- | --- | --- | --- | --- | --- | --- |
| | >30 厘米 | >50 厘米 | >70 厘米 | >100 厘米 | >120 厘米 | >30 厘米 | >50 厘米 | >60 厘米 | >70 厘米 | >80 厘米 |
| 1 | 5.44 | 0.60 | 0.01 | 0.00 | 0.00 | 1.94 | 0.12 | 0.01 | 0.00 | 0.00 |
| 2 | 5.59 | 0.94 | 0.20 | 0.03 | 0.02 | 2.31 | 0.13 | 0.02 | 0.00 | 0.00 |
| 3 | 5.20 | 0.94 | 0.15 | 0.00 | 0.00 | 2.88 | 0.27 | 0.08 | 0.03 | 0.02 |
| 4 | 1.80 | 0.13 | 0.00 | 0.00 | 0.00 | 1.66 | 0.13 | 0.07 | 0.02 | 0.01 |
| 5 | 1.33 | 0.08 | 0.01 | 0.01 | 0.00 | 0.23 | 0.00 | 0.00 | 0.00 | 0.00 |
| 6 | 1.17 | 0.03 | 0.00 | 0.00 | 0.00 | 0.21 | 0.00 | 0.00 | 0.00 | 0.00 |
| 7 | 0.94 | 0.22 | 0.16 | 0.10 | 0.07 | 0.73 | 0.02 | 0.00 | 0.00 | 0.00 |
| 8 | 3.57 | 1.00 | 0.37 | 0.11 | 0.05 | 1.42 | 0.21 | 0.04 | 0.02 | 0.01 |
| 9 | 6.20 | 1.53 | 0.33 | 0.14 | 0.04 | 0.33 | 0.03 | 0.00 | 0.00 | 0.00 |
| 10 | 5.14 | 1.39 | 0.30 | 0.04 | 0.00 | 1.21 | 0.02 | 0.00 | 0.00 | 0.00 |
| 11 | 5.12 | 1.12 | 0.29 | 0.01 | 0.00 | 3.54 | 0.22 | 0.01 | 0.00 | 0.00 |
| 12 | 5.04 | 1.03 | 0.09 | 0.02 | 0.00 | 3.05 | 0.17 | 0.06 | 0.01 | 0.01 |

　　1988—2019 年，除 4—6 月外，镇海站年最大增水在其余各月均有出现，其中 10 月出现频率最高，为 25%；8 月次之，为 16%。除 5—7 月外，镇海站年最大减水在其余各月均有出现，其中 3 月出现频率最高，为 25%；1 月和 11 月次之，均为 16%（表 2.3-3）。

　　1988—2019 年，镇海站年最大增水呈减小趋势，减小速率为 5.64 毫米 / 年（线性趋势未通过显著性检验）。历史最大增水出现在 1997 年 8 月 18 日，为 170 厘米；1988 年、1989 年和 2002 年最大增水均超过或达到了140厘米。镇海站年最大减水呈减小趋势，减小速率为9.07毫米/年。历史最大减水为114厘米，出现在1993年4月6日和2000年3月20日；1988年、1991年和1998年最大减水均超过或达到了90厘米。

表2.3-3  最大增水和最大减水及年极值出现频率（1988—2019年）

|  | 1月 | 2月 | 3月 | 4月 | 5月 | 6月 | 7月 | 8月 | 9月 | 10月 | 11月 | 12月 |
| --- | --- | --- | --- | --- | --- | --- | --- | --- | --- | --- | --- | --- |
| 最大增水值/厘米 | 79 | 149 | 95 | 67 | 124 | 66 | 140 | 170 | 138 | 110 | 108 | 143 |
| 年最大增水出现频率/% | 9 | 9 | 6 | 0 | 0 | 0 | 7 | 16 | 6 | 25 | 9 | 13 |
| 最大减水值/厘米 | 63 | 68 | 114 | 114 | 41 | 48 | 56 | 111 | 61 | 54 | 66 | 90 |
| 年最大减水出现频率/% | 16 | 9 | 25 | 6 | 0 | 0 | 0 | 6 | 6 | 3 | 16 | 13 |

# 第三章 海浪

## 第一节 海况

镇海站全年及各月各级海况的频率见图3.1-1。全年海况以0~3级为主，频率为84.29%，其中0~2级海况频率为66.43%。全年5级及以上海况频率为3.84%，最大频率出现在12月，为9.21%。全年7级及以上海况频率为0.14%，最大频率出现在8月，为0.49%，2—7月未出现。

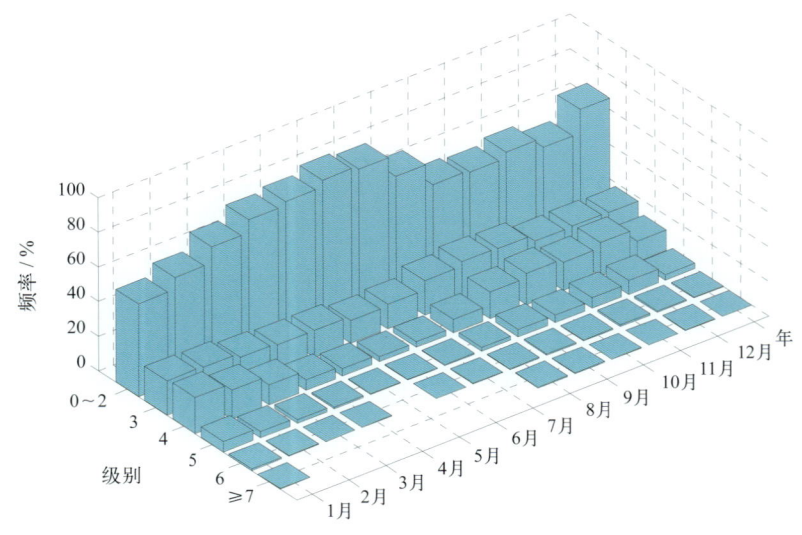

图3.1-1 全年及各月各级海况频率（1985—2016年）

## 第二节 波型

镇海站风浪频率和涌浪频率的年变化见表3.2-1。全年风浪较多，频率为99.55%，涌浪频率为62.75%。各月的风浪频率相差不大，涌浪频率差异较大。涌浪在1月和12月较多，其中1月最多，频率为73.81%，在6月和7月较少，其中7月最少，频率为49.99%。

表3.2-1 各月及全年风浪涌浪频率（1985—2016年）

|  | 1月 | 2月 | 3月 | 4月 | 5月 | 6月 | 7月 | 8月 | 9月 | 10月 | 11月 | 12月 | 年 |
|---|---|---|---|---|---|---|---|---|---|---|---|---|---|
| 风浪/% | 99.48 | 99.59 | 99.60 | 99.37 | 99.60 | 99.52 | 99.53 | 99.56 | 99.71 | 99.51 | 99.61 | 99.58 | 99.55 |
| 涌浪/% | 73.81 | 66.84 | 58.87 | 53.19 | 54.52 | 50.52 | 49.99 | 61.07 | 71.10 | 71.41 | 67.92 | 73.22 | 62.75 |

注：风浪包含F、FU、F/U和U/F波型；涌浪包含U、FU、F/U和U/F波型。

## 第三节 波向

### 1. 各向风浪频率

镇海站各月及全年各向风浪频率见图3.3-1。1月、11月和12月NW向风浪居多，NNW向次之。

2月NNW向风浪居多，NNE向次之。3月NNE向风浪居多，NNW向次之。4月、6月和7月E向风浪居多，ESE向次之。5月ESE向风浪居多，E向次之。8月E向风浪居多，NNE向次之。9月和10月NNE向风浪居多，NE向次之。全年NNE向风浪居多，频率为9.33%；NNW向次之，频率为8.41%；SSW向最少，频率为0.34%。

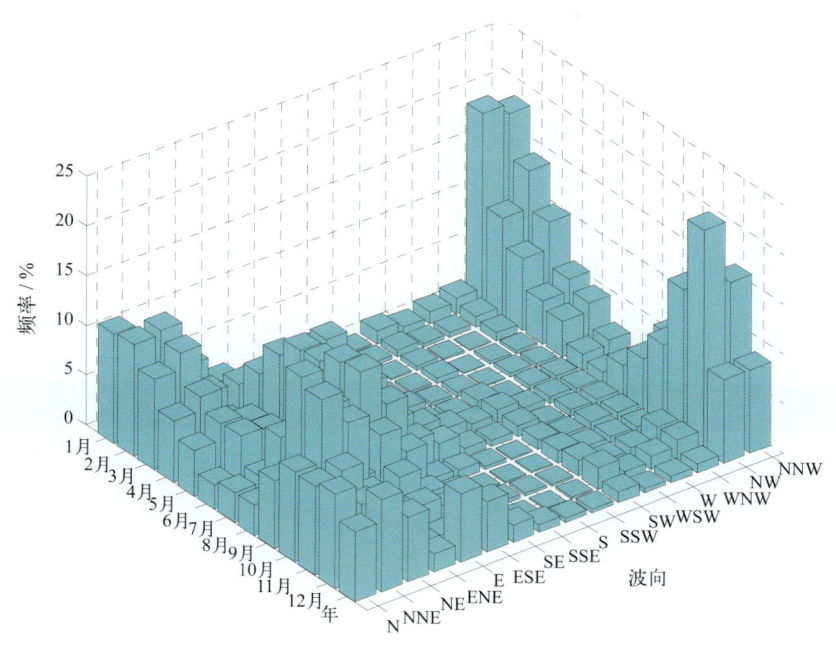

图3.3-1　各月及全年各向风浪频率（1985—2016年）

### 2. 各向涌浪频率

镇海站各月及全年各向涌浪频率见图3.3-2。1—11月N向涌浪居多，NNE向次之。12月N向涌浪居多，NNW向次之。全年N向涌浪居多，频率为39.67%；NNE向次之，频率为11.27%；SSW向和WSW向最少，频率均接近0。

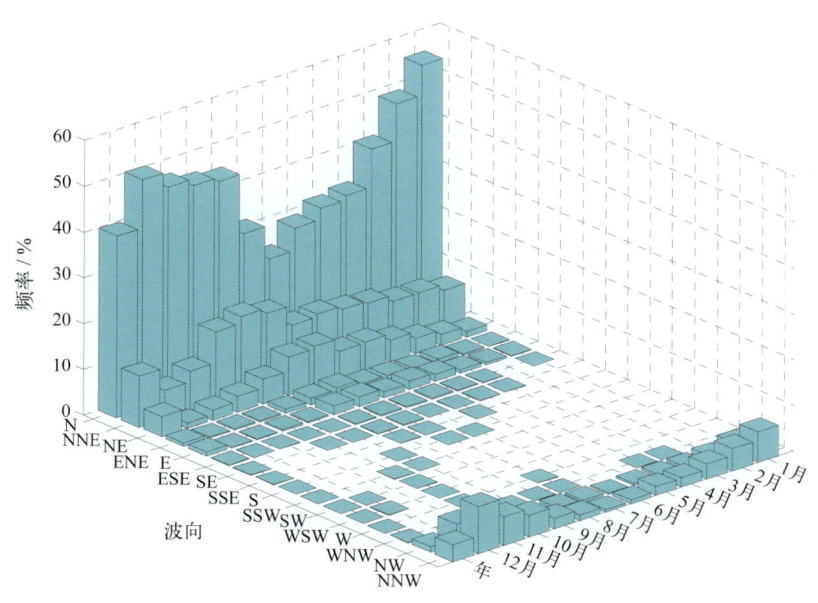

图3.3-2　各月及全年各向涌浪频率（1985—2016年）

## 第四节 波高

### 1. 平均波高和最大波高

镇海站波高的年变化见表 3.4-1。月平均波高的年变化不明显，为 0.2 ~ 0.6 米。历年的平均波高为 0.1 ~ 0.6 米。

月最大波高比月平均波高的变化幅度大，极大值出现在 8 月，为 6.1 米，极小值出现在 5 月，为 2.3 米，变幅为 3.8 米。历年的最大波高为 1.7 ~ 6.1 米，大于 5.0 米的有 2 年，其中最大波高的极大值 6.1 米出现在 1986 年 8 月 27 日，正值 8615 号台风"薇拉"影响期间，波向为 NNW，对应平均风速为 28 米/秒，对应平均周期为 8.7 秒。

表 3.4-1　波高年变化（1985—2016 年）　　　　　　　　　　　　　　　　单位：米

|  | 1月 | 2月 | 3月 | 4月 | 5月 | 6月 | 7月 | 8月 | 9月 | 10月 | 11月 | 12月 | 年 |
|---|---|---|---|---|---|---|---|---|---|---|---|---|---|
| 平均波高 | 0.6 | 0.5 | 0.4 | 0.3 | 0.2 | 0.2 | 0.2 | 0.3 | 0.5 | 0.5 | 0.5 | 0.6 | 0.4 |
| 最大波高 | 3.0 | 3.2 | 2.7 | 2.8 | 2.3 | 2.5 | 2.5 | 6.1 | 4.6 | 5.5 | 3.7 | 4.2 | 6.1 |

### 2. 各向平均波高和最大波高

全年及各季代表月各向波高的分布见表 3.4-2、图 3.4-1 和图 3.4-2。全年各向平均波高为 0.3 ~ 1.0 米，大值主要分布于 WNW—NNW 向，其中 NW 向最大，小值主要分布于 S 向和 SSW 向。全年各向最大波高 NNW 向最大，为 6.1 米；NNE 向次之，为 5.5 米；SSW 向最小，为 0.8 米。

表 3.4-2　全年各向平均波高和最大波高（1985—2016 年）　　　　　　　　单位：米

|  | N | NNE | NE | ENE | E | ESE | SE | SSE | S | SSW | SW | WSW | W | WNW | NW | NNW |
|---|---|---|---|---|---|---|---|---|---|---|---|---|---|---|---|---|
| 平均波高 | 0.5 | 0.6 | 0.6 | 0.5 | 0.4 | 0.4 | 0.4 | 0.4 | 0.3 | 0.3 | 0.4 | 0.5 | 0.5 | 0.9 | 1.0 | 0.9 |
| 最大波高 | 4.8 | 5.5 | 4.0 | 3.8 | 3.2 | 3.7 | 1.9 | 1.5 | 1.4 | 0.8 | 1.4 | 2.0 | 1.6 | 3.7 | 4.8 | 6.1 |

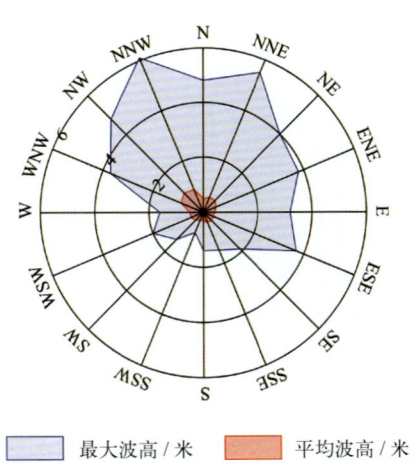

图 3.4-1　全年各向平均波高和最大波高（1985—2016年）

1月平均波高WNW向最大，为1.1米；SSE向和SSW向最小，均为0.2米。最大波高NW向最大，为3.0米；N向次之，为2.9米；SSE向和SSW向最小，均为0.3米。未出现SW向波高有效样本。

4月平均波高WNW向、NW向和NNW向最大，均为0.8米；WSW向最小，为0.2米。最大波高NW向最大，为2.8米；NNW向次之，为2.6米；WSW向最小，为0.3米。

7月平均波高NW向最大，为0.8米；N向、S向和SSW向最小，均为0.3米。最大波高NE向最大，为2.5米；NNE向和NW向次之，均为2.4米；SSW向最小，为0.6米。

10月平均波高WNW向最大，为1.3米；SE向、S向和WSW向最小，均为0.3米。最大波高NNE向最大，为5.5米；NW向次之，为4.8米；SE向、SSE向、S向和WSW向最小，均为0.5米。

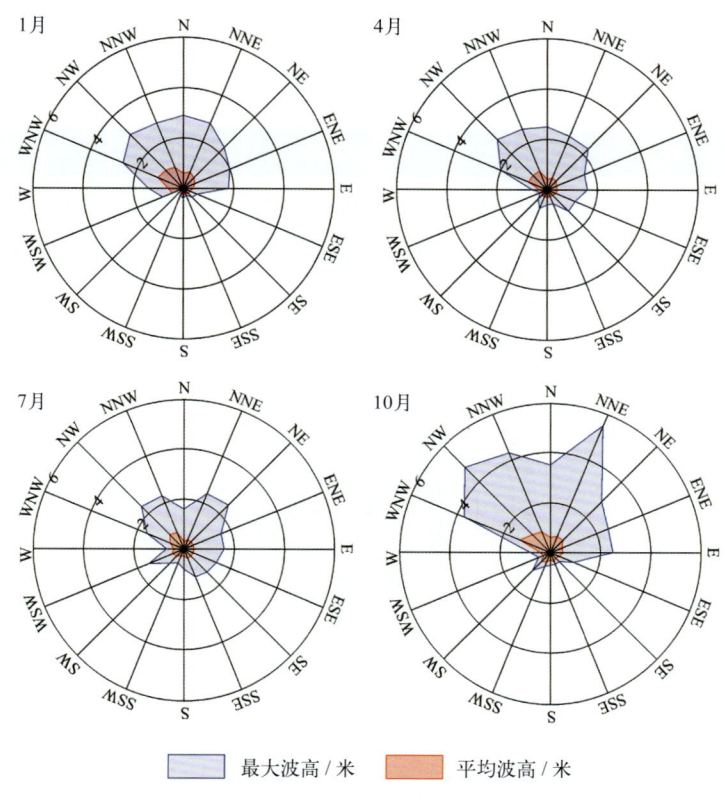

图3.4-2　四季代表月各向平均波高和最大波高（1985—2016年）

## 第五节　周期

### 1. 平均周期和最大周期

镇海站周期的年变化见表3.5-1。月平均周期的年变化不明显，为1.7～2.7秒。月最大周期的年变化幅度较大，极大值出现在8月，为8.7秒，极小值出现在6月和7月，均为5.8秒。历年的平均周期为0.8～4.1秒，其中1986年最大，2016年最小。历年的最大周期均不小于4.6秒，大于7.0秒的有3年，其中最大周期的极大值8.7秒出现在1986年8月27日，波向为NNW。

表 3.5-1　周期年变化（1985—2016 年）　　　　　　　　　　　　　　　　　　单位：秒

| | 1月 | 2月 | 3月 | 4月 | 5月 | 6月 | 7月 | 8月 | 9月 | 10月 | 11月 | 12月 | 年 |
|---|---|---|---|---|---|---|---|---|---|---|---|---|---|
| 平均周期 | 2.7 | 2.4 | 2.1 | 1.8 | 1.8 | 1.7 | 1.7 | 2.1 | 2.5 | 2.5 | 2.5 | 2.7 | 2.2 |
| 最大周期 | 6.3 | 6.7 | 6.3 | 6.1 | 5.9 | 5.8 | 5.8 | 8.7 | 7.7 | 6.6 | 6.4 | 7.6 | 8.7 |

## 2. 各向平均周期和最大周期

全年及各季代表月各向周期的分布见表 3.5-2、图 3.5-1 和图 3.5-2。全年各向平均周期为 3.1～3.8 秒，WNW—NNW 向周期值较大。全年各向最大周期 NNW 向最大，为 8.7 秒；N 向次之，为 8.1 秒；SSW 向最小，为 4.3 秒。

表 3.5-2　全年各向平均周期和最大周期（1985—2016 年）　　　　　　　　　单位：秒

| | N | NNE | NE | ENE | E | ESE | SE | SSE | S | SSW | SW | WSW | W | WNW | NW | NNW |
|---|---|---|---|---|---|---|---|---|---|---|---|---|---|---|---|---|
| 平均周期 | 3.5 | 3.4 | 3.4 | 3.4 | 3.1 | 3.2 | 3.3 | 3.3 | 3.2 | 3.1 | 3.2 | 3.4 | 3.5 | 3.7 | 3.8 | 3.8 |
| 最大周期 | 8.1 | 6.8 | 6.2 | 6.8 | 5.7 | 5.7 | 6.1 | 5.3 | 5.4 | 4.3 | 4.9 | 4.9 | 5.2 | 6.0 | 7.7 | 8.7 |

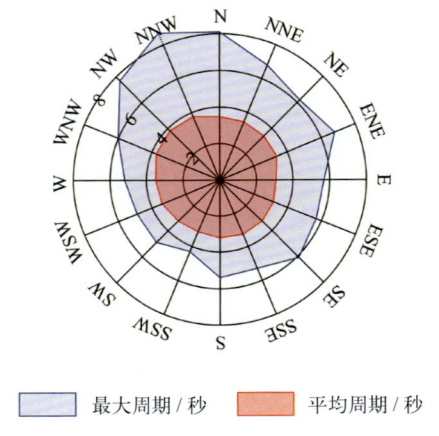

图3.5-1　全年各向平均周期和最大周期（1985—2016年）

1 月平均周期 WNW 向最大，为 4.1 秒；SSW 向最小，为 2.5 秒。最大周期 N 向和 NW 向最大，均为 6.3 秒；NNE 向次之，为 6.2 秒；SSW 向最小，为 2.5 秒。

4 月平均周期 SSW 向最大，为 4.2 秒；WSW 向最小，为 2.7 秒。最大周期 SE 向最大，为 6.1 秒；N 向次之，为 5.9 秒；WSW 向最小，为 2.8 秒。

7 月平均周期 NW 向最大，为 3.6 秒；E 向和 SSW 向最小，均为 3.0 秒。最大周期 NE 向和 NW 向最大，均为 5.8 秒；NNE 向次之，为 5.6 秒；SSW 向最小，为 3.4 秒。

10 月平均周期 WNW 向最大，为 4.0 秒；S 向最小，为 2.9 秒。最大周期 NNE 向最大，为 6.6 秒；N 向、NW 向和 NNW 向次之，均为 6.4 秒；S 向最小，为 3.0 秒。

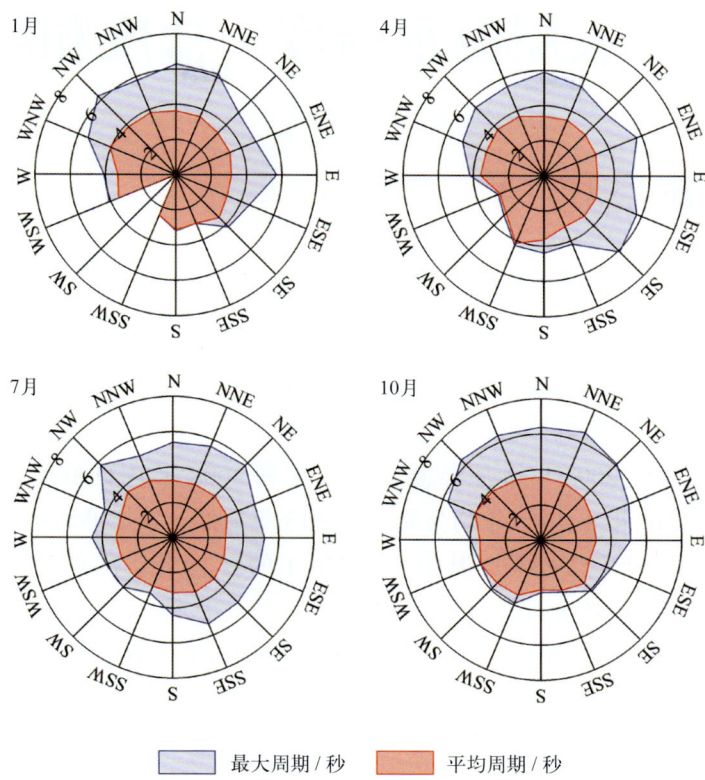

图3.5-2 四季代表月各向平均周期和最大周期（1985—2016年）

# 第四章　表层海水温度、盐度和海发光

## 第一节　表层海水温度

### 1. 平均水温、最高水温和最低水温

镇海站月平均水温的年变化具有峰谷明显的特点，8月最高，为28.3℃，2月最低，为8.4℃，年较差为19.9℃。3—8月为升温期，9月至翌年2月为降温期。月最高水温和月最低水温的年变化特征与月平均水温相似（图4.1-1）。

历年（2002年7月至2005年2月停测、2006年和2008年数据有缺测）的平均水温为17.5～18.9℃，其中2016年和2018年均为最高，2013年最低。累年平均水温为18.2℃。

历年的最高水温均不低于29.3℃，其中大于32.0℃的有10年，出现时间为7—9月。水温极大值为34.2℃，出现在1994年8月2日。

历年的最低水温均不高于8.3℃，其中小于6.0℃的有10年，小于5℃的有2年，出现时间为12月至翌年2月，2月最多。水温极小值为3.1℃，出现在2008年2月2日。

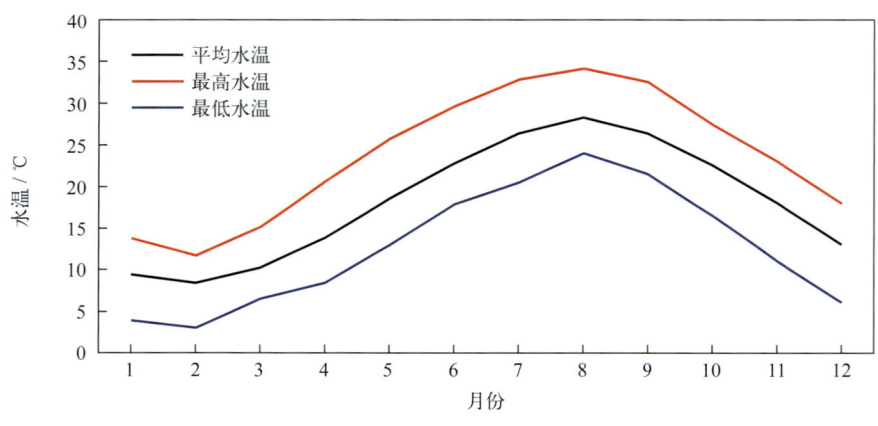

图4.1-1　水温年变化（1988—2019年）

### 2. 日平均水温稳定通过界限温度的日期

采用五日滑动平均方法求出稳定通过各个界限温度的日期，见表4.1-1。日平均水温全年均稳定通过5℃，稳定通过10℃的有302天，稳定通过15℃的有223天，稳定通过20℃的有161天，稳定通过25℃的初日为7月2日，终日为9月27日，共88天。

表4.1-1　日平均水温稳定通过界限温度的日期（1988—2019年）

|  | 10℃ | 15℃ | 20℃ | 25℃ |
| --- | --- | --- | --- | --- |
| 初日 | 3月14日 | 4月24日 | 5月27日 | 7月2日 |
| 终日 | 翌年1月9日 | 12月2日 | 11月3日 | 9月27日 |
| 天数 | 302 | 223 | 161 | 88 |

### 3. 长期趋势变化

1988—2019 年，年平均水温呈波动上升趋势，上升速率为 0.17℃ /（10 年），2015—2019 年连续 5 年处于高位，年最高水温和年最低水温均无明显变化趋势，其中 1994 年和 1990 年最高水温分别为 1988 年以来的第一高值和第二高值，2008 年和 2000 年最低水温分别为 1988 年以来的第一低值和第二低值。

十年平均水温变化显示，2010—2019 年平均水温最高，十年平均值为 18.3℃（图 4.1-2）。

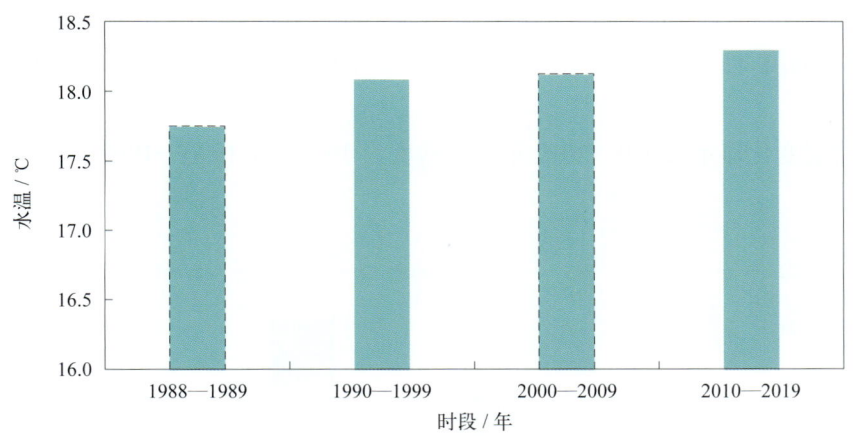

图4.1-2　十年平均水温变化（数据不足十年加虚线框表示，下同）

## 第二节　表层海水盐度

### 1. 平均盐度、最高盐度和最低盐度

镇海站月平均盐度的年变化具有冬、春、夏季较高，秋季较低的特点，最高值出现在 2 月，为 21.66，最低值出现在 10 月，为 17.54，年较差为 4.12。月最高盐度 8 月最大，10 月最小。月最低盐度 1 月最大，3 月、5—11 月均为最小（图 4.2-1）。

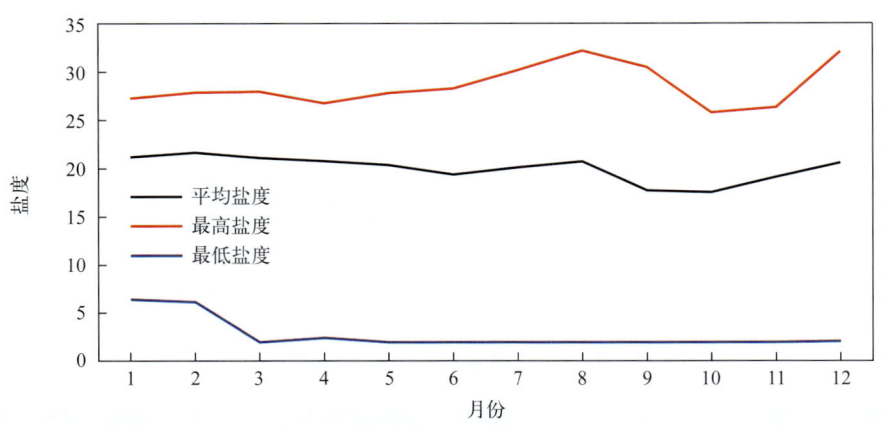

图4.2-1　盐度年变化（1988—2019年）

历年（2002 年 7 月至 2005 年 2 月停测、2006 年和 2008 年数据有缺测）的平均盐度为 16.72 ~ 22.52，其中 2007 年最高，1989 年最低。累年平均盐度为 20.05。

历年的最高盐度均大于 24.20，其中大于 29.00 的有 11 年，大于 30.00 的有 3 年。年最高盐度多出现在春夏季，秋冬季较少。盐度极大值为 32.20，出现在 1995 年 8 月 12 日和 15 日。

历年的最低盐度均小于 13.60，其中小于 10.00 的有 19 年，小于 4.00 的有 9 年。年最低盐度多出现在夏季，占统计年份的 46%。盐度极小值小于 2.00，出现 65 天。

### 2. 长期趋势变化

1988—2019 年，年平均盐度变化趋势不明显，年最高盐度呈波动下降趋势，下降速率为 0.78/（10 年），年最低盐度呈波动上升趋势，上升速率为 2.71/（10 年）。1995 年和 2006 年最高盐度分别为 1988 年以来的第一高值和第二高值；1988—1992 年和 1994 年最低盐度均为 1988 年以来的最低值。

十年平均盐度变化显示，2010—2019 年平均盐度为 19.47，较 1990—1999 年平均盐度低约 0.41（图 4.2-2）。

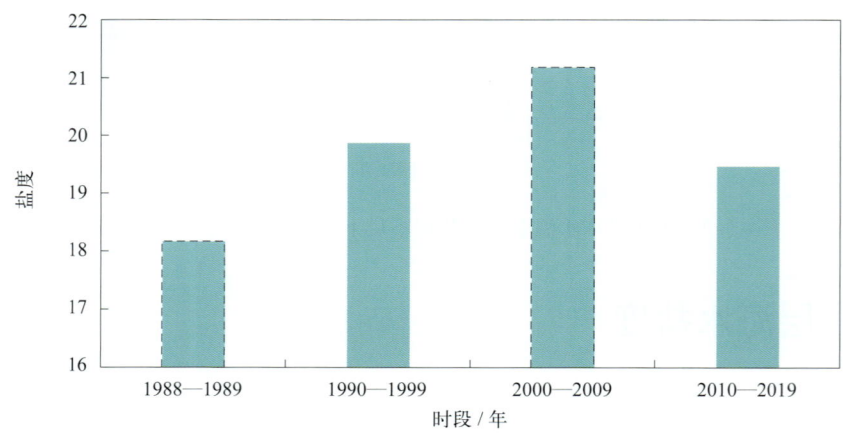

图 4.2-2　十年平均盐度变化

## 第三节　海发光

1988—1995 年，镇海站观测到的海发光均为火花型（H）。海发光以 1 级海发光为主，占海发光次数的 78.4%；2 级海发光次之，占 19.6%；3 级海发光观测到 1 次，出现在 1988 年 6 月 17 日；未观测到 4 级海发光。

各月及全年海发光频率见表 4.3-1 和图 4.3-1。海发光频率 6 月最高，1—3 月、9 月和 12 月未观测到。累年平均海发光频率为 2.5%。

历年海发光频率均小于 10.3%，其中 1988 年海发光频率最大，1993 年和 1994 年未观测到。

表 4.3-1　各月及全年海发光频率（1988—1995 年）

| | 1月 | 2月 | 3月 | 4月 | 5月 | 6月 | 7月 | 8月 | 9月 | 10月 | 11月 | 12月 | 年 |
|---|---|---|---|---|---|---|---|---|---|---|---|---|---|
| 频率/% | 0.0 | 0.0 | 0.0 | 0.6 | 2.4 | 18.9 | 2.7 | 3.6 | 0.0 | 1.1 | 1.3 | 0.0 | 2.5 |

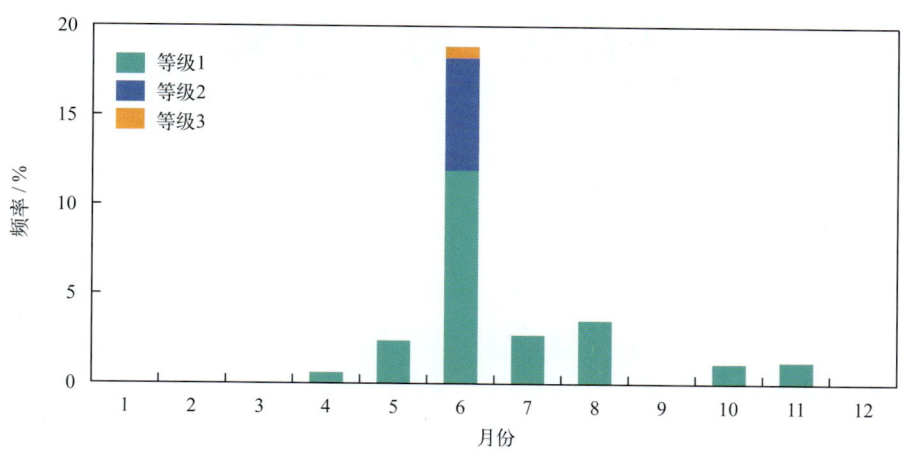

图4.3-1　各月各级海发光频率（1988—1995年）

# 第五章 海洋气象

## 第一节 气温

### 1. 平均气温、最高气温和最低气温

1985—2019 年，镇海站累年平均气温为 17.5℃。月平均气温具有夏高冬低的变化特征，7 月和 8 月最高，均为 28.6℃，1 月最低，为 6.3℃，年较差为 22.3℃。月最高气温和月最低气温的年变化特征与月平均气温相似，月最高气温极大值出现在 7 月，月最低气温极小值出现在 1 月（表 5.1-1，图 5.1-1）。

表 5.1-1 气温年变化（1985—2019 年） 单位：℃

| | 1月 | 2月 | 3月 | 4月 | 5月 | 6月 | 7月 | 8月 | 9月 | 10月 | 11月 | 12月 | 年 |
| --- | --- | --- | --- | --- | --- | --- | --- | --- | --- | --- | --- | --- | --- |
| 平均气温 | 6.3 | 7.1 | 10.3 | 15.3 | 20.1 | 24.0 | 28.6 | 28.6 | 25.2 | 20.4 | 14.9 | 8.9 | 17.5 |
| 最高气温 | 26.9 | 29.3 | 32.8 | 34.9 | 34.4 | 39.5 | 41.7 | 40.8 | 36.8 | 33.5 | 31.3 | 27.3 | 41.7 |
| 最低气温 | -6.6 | -3.1 | -1.4 | 1.6 | 8.6 | 13.9 | 18.3 | 20.0 | 13.6 | 5.8 | 0.3 | -4.5 | -6.6 |

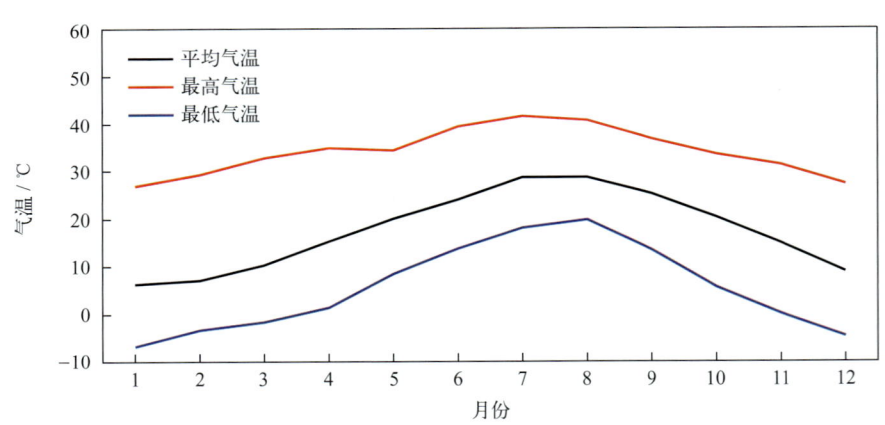

图5.1-1 气温年变化（1985—2019年）

历年的平均气温为 16.3 ~ 18.8℃，其中 2007 年最高，1986 年最低。

历年的最高气温均高于 34.0℃，其中高于 38.0℃的有 13 年，高于 40.0℃的有 4 年。最早出现时间为 6 月 14 日（1989 年），最晚出现时间为 8 月 27 日（2019 年）。7 月最高气温出现频率最高，占统计年份的 54%，8 月次之，占 32%（图 5.1-2）。极大值为 41.7℃，出现在 2005 年 7 月 2 日。

历年的最低气温均低于 1.5℃，其中低于 -2.0℃的有 21 年，低于 -4.0℃的有 6 年。最早出现时间为 12 月 16 日（2002 年），最晚出现时间为 3 月 8 日（1988 年）。1 月最低气温出现频率最高，占统计年份的 67%，12 月次之，占 16%（图 5.1-2）。极小值为 -6.6℃，出现在 2016 年 1 月 25 日。

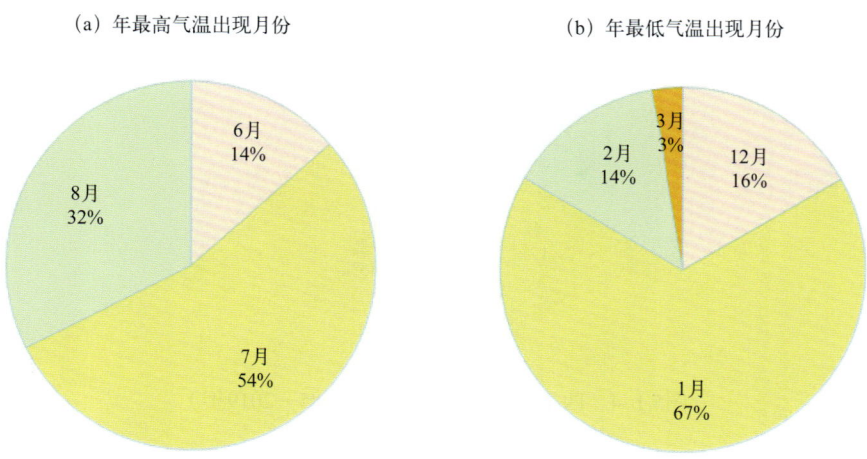

图5.1-2 年最高、最低气温出现月份及频率（1985—2019年）

### 2. 长期趋势变化

1985—2019年，年平均气温、年最高气温和年最低气温均呈波动上升趋势，上升速率分别为0.49℃/（10年）、0.80℃/（10年）和0.34℃/（10年）（线性趋势未通过显著性检验）。

十年平均气温变化显示，2000—2009年平均气温最高，为18.0℃，较1990—1999年上升0.9℃（图5.1-3）。

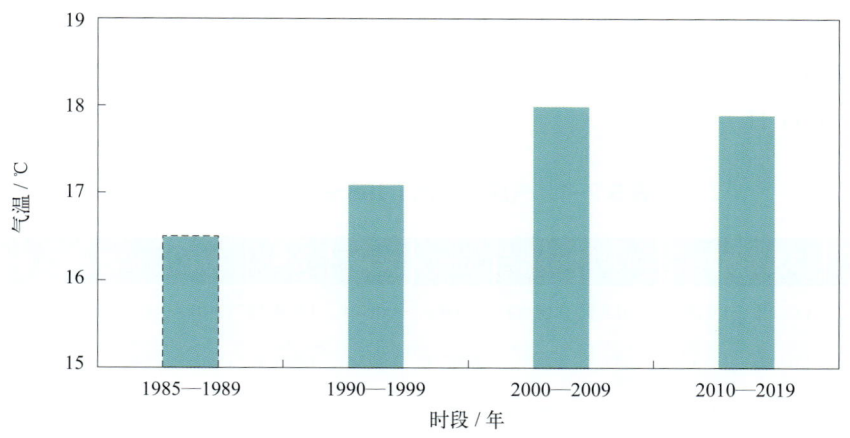

图5.1-3 十年平均气温变化

### 3. 常年自然天气季节和大陆度

利用镇海站1985—2019年气温累年日平均数据计算五日滑动平均气温，根据《气候季节划分》（QX/T 152—2012）方法，镇海平均春季时间从3月14日至6月2日，共81天；平均夏季时间从6月3日至10月6日，共126天；平均秋季时间从10月7日至12月8日，共63天；平均冬季时间从12月9日至翌年3月13日，共95天。夏季时间最长，秋季时间最短（图5.1-4）。

镇海站焦金斯基大陆度指数为45.0%，属海洋性季风气候。

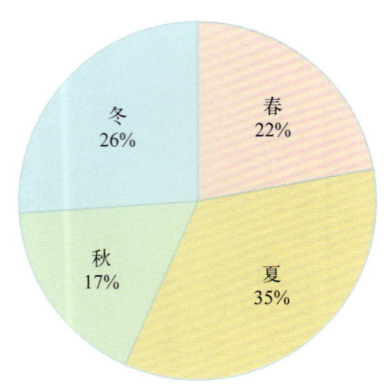

图5.1-4　四季平均日数百分率（1985—2019年）

## 第二节　气压

### 1. 平均气压、最高气压和最低气压

1985—2019年，镇海站累年平均气压为1 014.3百帕。月平均气压具有冬高夏低的变化特征，12月最高，为1 024.3百帕，7月最低，为1 003.4百帕，年较差为20.9百帕。月最高气压1月最大，7月最小。月最低气压1月最大，7月最小（表5.2-1，图5.2-1）。

历年的平均气压为1 013.2～1 015.4百帕，其中1995年最高，2007年最低。

历年的最高气压均高于1 032.0百帕，其中高于1 038.0百帕的有8年。极大值为1 041.7百帕，出现在2000年1月31日。

历年的最低气压均低于997.5百帕，其中低于982.0百帕的有4年。极小值为976.4百帕，出现在2015年7月11日。

表5.2-1　气压年变化（1985—2019年）　　　　　　　　　　　　　　单位：百帕

| | 1月 | 2月 | 3月 | 4月 | 5月 | 6月 | 7月 | 8月 | 9月 | 10月 | 11月 | 12月 | 年 |
|---|---|---|---|---|---|---|---|---|---|---|---|---|---|
| 平均气压 | 1 024.2 | 1 022.1 | 1 018.5 | 1 013.4 | 1 009.2 | 1 004.6 | 1 003.4 | 1 004.3 | 1 010.3 | 1 016.9 | 1 020.8 | 1 024.3 | 1 014.3 |
| 最高气压 | 1 041.7 | 1 039.0 | 1 036.8 | 1 032.3 | 1 023.2 | 1 017.1 | 1 015.7 | 1 015.9 | 1 022.5 | 1 030.4 | 1 035.8 | 1 038.9 | 1 041.7 |
| 最低气压 | 1 007.1 | 997.3 | 997.1 | 994.2 | 993.4 | 990.0 | 976.4 | 978.0 | 987.2 | 991.7 | 1 000.2 | 1 006.5 | 976.4 |

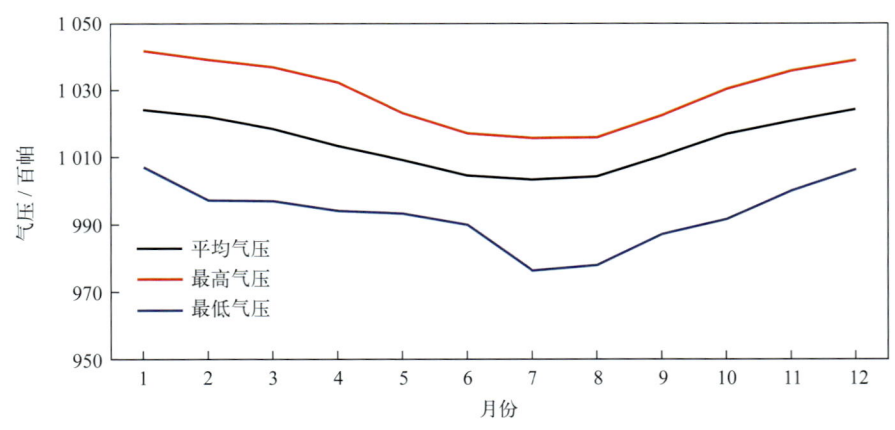

图5.2-1　气压年变化（1985—2019年）

## 2. 长期趋势变化

1985—2019 年，年平均气压呈下降趋势，下降速率为 0.30 百帕 /（10 年）；年最高气压变化趋势不明显；年最低气压呈下降趋势，下降速率为 0.39 百帕 /（10 年）（线性趋势未通过显著性检验）。

十年平均气压变化显示，2000—2009 年平均气压最低，为 1 013.9 百帕，较上一个十年下降 0.9 百帕，2010—2019 年平均气压略有回升（图 5.2-2）。

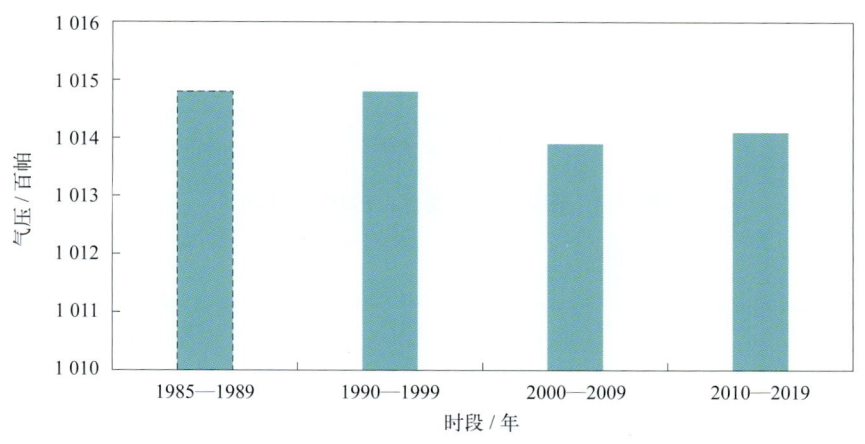

图5.2-2　十年平均气压变化

# 第三节　相对湿度

## 1. 平均相对湿度和最小相对湿度

1985—2019 年，镇海站累年平均相对湿度为 77.9%。月平均相对湿度 6 月最大，为 83.3%，12 月最小，为 74.6%。平均月最小相对湿度 8 月最大，为 48.4%，4 月最小，为 27.1%。最小相对湿度的极小值为 11%，出现在 2007 年 5 月 17 日和 2008 年 12 月 23 日（表 5.3-1，图 5.3-1）。

表 5.3-1　相对湿度年变化（1985—2019 年）

|  | 1月 | 2月 | 3月 | 4月 | 5月 | 6月 | 7月 | 8月 | 9月 | 10月 | 11月 | 12月 | 年 |
|---|---|---|---|---|---|---|---|---|---|---|---|---|---|
| 平均相对湿度 /% | 77.4 | 78.0 | 78.4 | 77.9 | 79.3 | 83.3 | 77.8 | 78.7 | 77.8 | 75.4 | 75.9 | 74.6 | 77.9 |
| 平均最小相对湿度 /% | 36.3 | 35.9 | 31.9 | 27.1 | 28.9 | 45.2 | 46.1 | 48.4 | 46.1 | 39.9 | 37.3 | 31.7 | 37.9 |
| 最小相对湿度 /% | 14 | 16 | 14 | 15 | 11 | 25 | 28 | 24 | 21 | 22 | 21 | 11 | 11 |

注：平均最小相对湿度为各月最小相对湿度的累年平均值及其年平均值。

## 2. 长期趋势变化

1985—2019 年，年平均相对湿度为 74.6% ~ 80.7%，其中 1989 年最大，2012 年最小，年平均相对湿度呈下降趋势，下降速率为 1.12% /（10 年）。

十年平均相对湿度变化显示，1990—1999 年平均相对湿度最大，为 79.2%，2010—2019 年平均相对湿度最小，为 76.1%（图 5.3-2）。

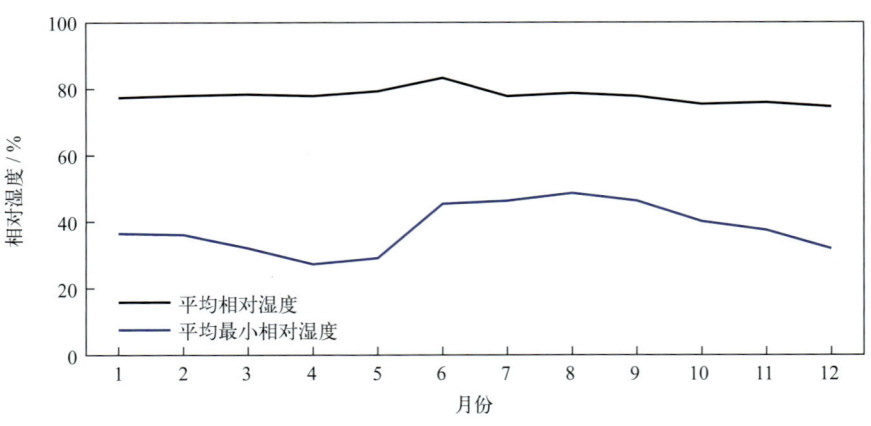

图5.3-1　相对湿度年变化（1985—2019年）

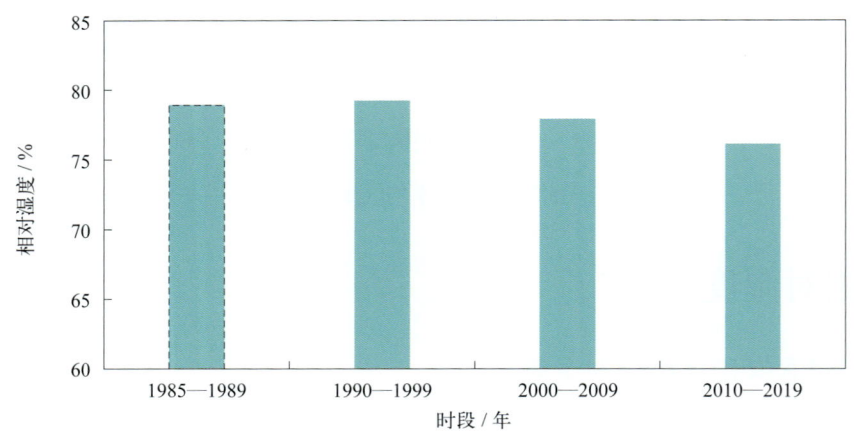

图5.3-2　十年平均相对湿度变化

### 3. 温湿指数

根据《人居环境气候舒适度评价》（GB/T 27963—2011）的温湿指数统计方法和气候舒适度等级划分方法，统计镇海站各月温湿指数，结果显示：12月至翌年3月温湿指数为7.3～10.8，感觉为寒冷；4月和11月温湿指数分别为15.1和14.9，感觉为冷；5月、6月、9月和10月温湿指数为19.5～23.9，感觉为舒适；7月和8月温湿指数均为26.9，感觉为热（表5.3-2）。

表5.3-2　温湿指数年变化（1985—2019年）

| | 1月 | 2月 | 3月 | 4月 | 5月 | 6月 | 7月 | 8月 | 9月 | 10月 | 11月 | 12月 |
|---|---|---|---|---|---|---|---|---|---|---|---|---|
| 温湿指数 | 7.3 | 8.0 | 10.8 | 15.1 | 19.5 | 23.1 | 26.9 | 26.9 | 23.9 | 19.6 | 14.9 | 9.6 |
| 感觉程度 | 寒冷 | 寒冷 | 寒冷 | 冷 | 舒适 | 舒适 | 热 | 热 | 舒适 | 舒适 | 冷 | 寒冷 |

## 第四节　风

### 1. 平均风速和最大风速

镇海站风速的年变化见表5.4-1和图5.4-1。累年平均风速为4.5米/秒，1月和12月最大，均为 5.2 米/秒，6 月最小，为 3.6 米/秒。平均最大风速 8 月最大，为 19.1 米/秒，5 月最小，为 13.6 米/秒。最大风速月最大值对应风向多为 NW 向（5 个月）。极大风速的最大值为 35.2 米/秒，出现在 1997 年 8 月 18 日，正值 9711 号台风"温妮"影响期间，对应风向为 NE。

表 5.4-1  风速年变化（1985—2019 年）　　　　　　　　　　　　　　　　　　　单位：米/秒

| | | 1月 | 2月 | 3月 | 4月 | 5月 | 6月 | 7月 | 8月 | 9月 | 10月 | 11月 | 12月 | 年 |
|---|---|---|---|---|---|---|---|---|---|---|---|---|---|---|
| 平均风速 | | 5.2 | 4.8 | 4.5 | 4.1 | 3.8 | 3.6 | 3.8 | 4.3 | 5.0 | 5.1 | 4.9 | 5.2 | 4.5 |
| 最大风速 | 平均值 | 16.2 | 15.4 | 15.5 | 15.4 | 13.6 | 13.7 | 14.6 | 19.1 | 16.7 | 16.8 | 16.9 | 16.9 | 15.9 |
| | 最大值 | 23.0 | 24.0 | 26.0 | 20.6 | 19.0 | 26.3 | 24.7 | 32.0 | 26.1 | 26.3 | 25.0 | 24.7 | 32.0 |
| | 最大值对应风向 | NNW | NW | NW | NNW | NW | ESE | NNE | E | N | NNE | NW | NW | E |
| 极大风速 | 最大值 | 22.8 | 21.9 | 26.2 | 24.6 | 21.3 | 24.5 | 31.4 | 35.2 | 31.2 | 31.7 | 25.5 | 24.8 | 35.2 |
| | 最大值对应风向 | NNW | NNW | NW | NNW | WNW | W | NE/NNE | NE | E | NE | NW | NW | NE |

注：1997年数据有缺测；极大风速的统计时间为1995年7月至2019年12月，其中1998年、2003年和2004年数据有缺测。

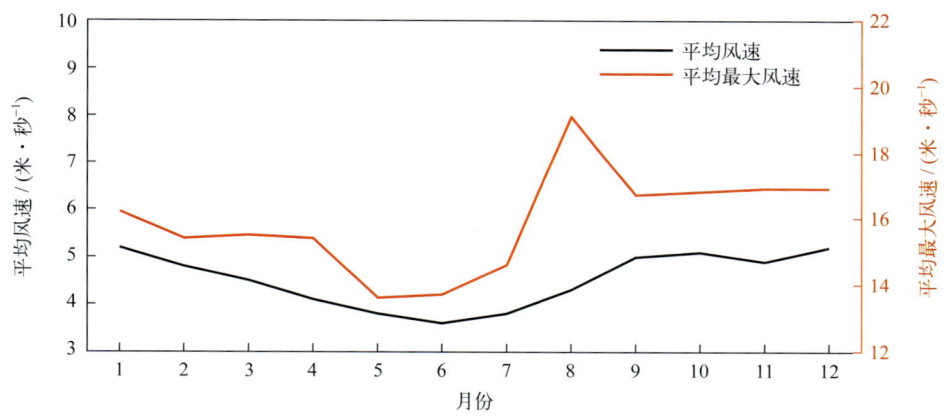

图5.4-1  平均风速和平均最大风速年变化（1985—2019年）

历年的平均风速为 3.8 ~ 5.3 米/秒，其中 1989 年最大，2015 年最小。历年的最大风速均大于等于 16.2 米/秒，其中大于等于 28.0 米/秒的有 4 年。最大风速的最大值为 32.0 米/秒，出现在 1988 年 8 月 8 日，风向为 E。年最大风速出现在 8 月的频率最高，1 月和 5 月未出现（图 5.4-2）。

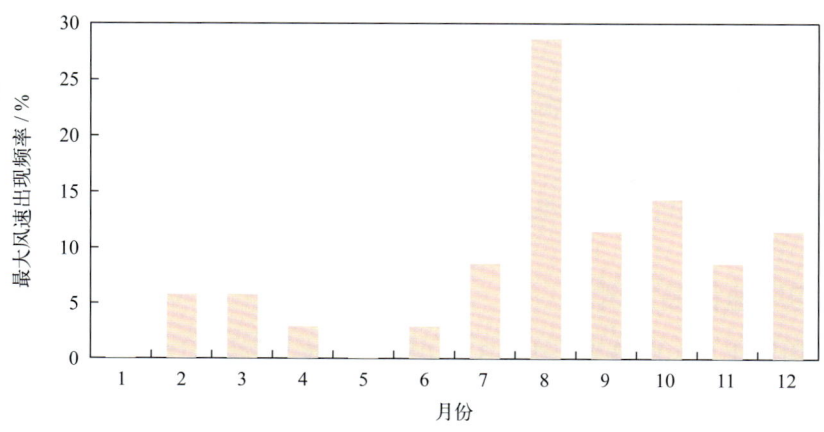

图5.4-2  年最大风速出现频率（1985—2019年）

## 2. 各向风频率

全年 ESE 向风最多，频率为 11.2%，NNE 向次之，频率为 9.1%，W 向最少，频率为 2.0%（图 5.4-3）。

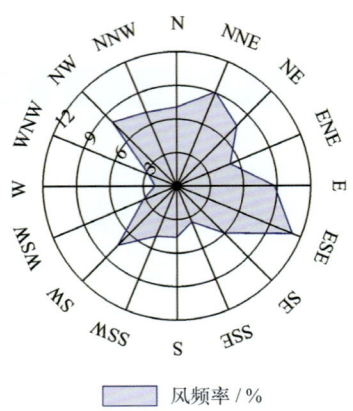

图5.4-3　全年各向风频率（1985—2019年）

1月盛行风向为 NW—NNE，频率和为 54.2%；4月盛行风向为 E—SE，频率和为 36.0%；7月盛行风向为 E—SW，频率和为 77.6%；10月盛行风向为 NW—ENE，频率和为 57.5%（图 5.4-4）。

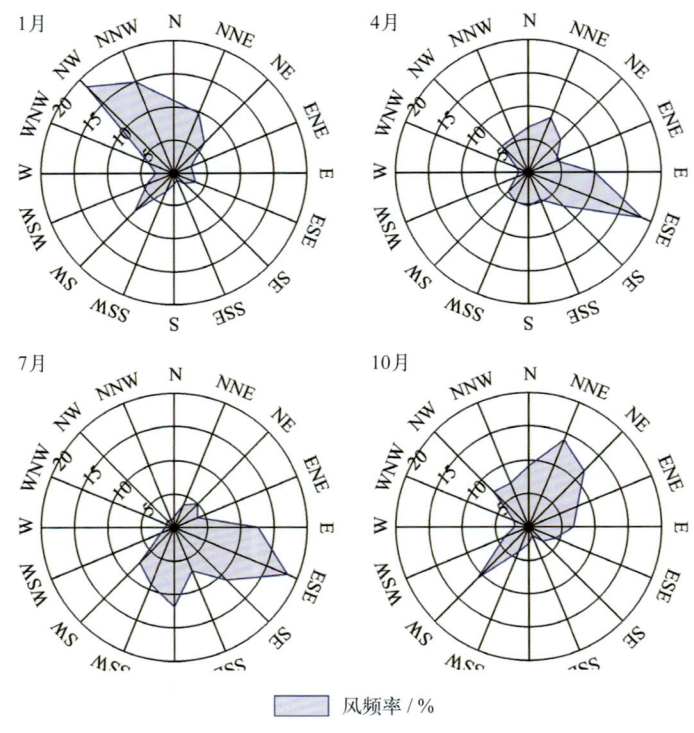

图5.4-4　四季代表月各向风频率（1985—2019年）

## 3. 各向平均风速和最大风速

全年各向平均风速 NW 向最大，为 6.3 米/秒，NNW 向次之，为 5.9 米/秒，S 向最小，为 2.4 米/秒（图 5.4-5）。1月 NW 向平均风速最大，为 7.4 米/秒；4月 NW 向最大，为 5.5 米/秒；

7月NE向、E向和ESE向最大，均为4.2米/秒；10月NW向最大，为7.2米/秒（图5.4-6）。

全年各向最大风速E向最大，为32.0米/秒，NNE向次之，为30.0米/秒，S向最小，为12.0米/秒（图5.4-5）。1月和4月NNW向最大风速最大，分别为23.0米/秒和20.6米/秒；7月和10月NNE向最大，分别为24.7米/秒和26.3米/秒（图5.4-6）。

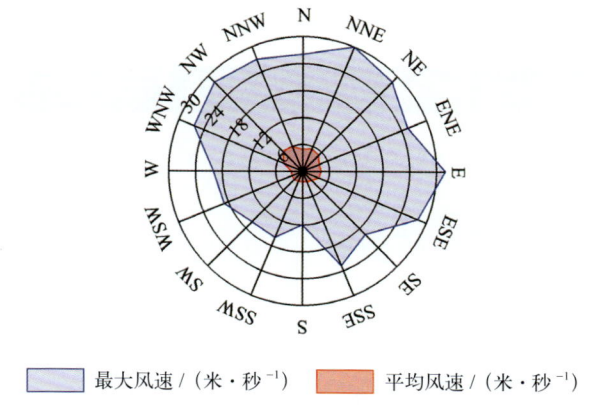

图5.4-5　全年各向平均风速和最大风速（1985—2019年）

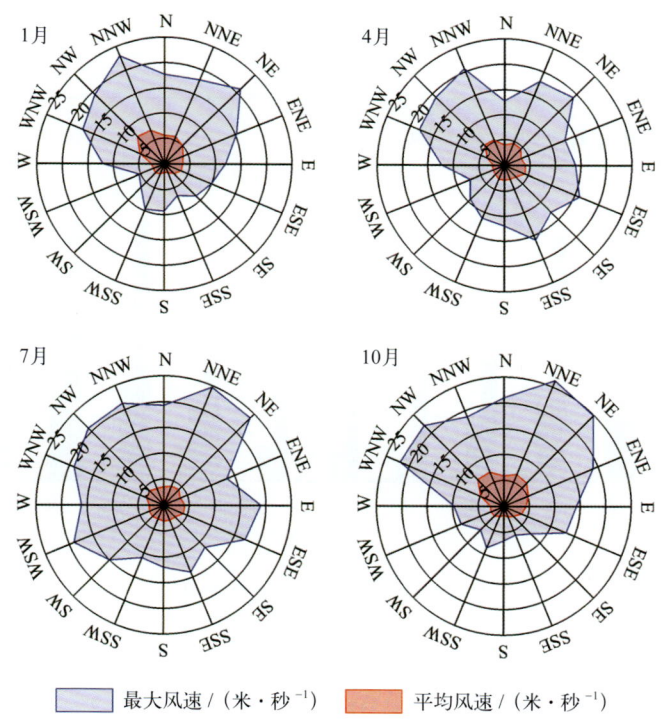

图5.4-6　四季代表月各向平均风速和最大风速（1985—2019年）

## 4. 大风日数

风力大于等于6级的大风日数12月最多，为9.9天，占全年的12.4%，1月次之，为9.3天（表5.4-2，图5.4-7）。平均年大风日数为79.7天（表5.4-2）。历年大风日数1994年最多，为127天，2015年最少，为36天。

风力大于等于8级的大风日数8月最多，为1.1天，5月最少，为0.1天。历年大风日数1986年、1987年和1994年最多，均为17天，有4年未出现。

风力大于等于6级的月大风日数最多为17天，出现在1993年12月和1994年10月；最长连续大于等于6级大风日数为11天，出现在2000年9月6—16日（表5.4-2）。

表5.4-2　各级大风日数年变化（1985—2019年）　　　　　　　　　　　单位：天

| | 1月 | 2月 | 3月 | 4月 | 5月 | 6月 | 7月 | 8月 | 9月 | 10月 | 11月 | 12月 | 年 |
| --- | --- | --- | --- | --- | --- | --- | --- | --- | --- | --- | --- | --- | --- |
| 大于等于6级大风平均日数 | 9.3 | 6.9 | 7.7 | 5.9 | 3.7 | 2.4 | 3.4 | 5.4 | 8.1 | 8.2 | 8.8 | 9.9 | 79.7 |
| 大于等于7级大风平均日数 | 3.1 | 2.0 | 2.5 | 1.6 | 0.7 | 0.9 | 1.1 | 2.3 | 2.9 | 2.7 | 3.9 | 3.7 | 27.4 |
| 大于等于8级大风平均日数 | 0.8 | 0.3 | 0.2 | 0.3 | 0.1 | 0.2 | 0.3 | 1.1 | 0.6 | 0.6 | 0.9 | 1.0 | 6.4 |
| 大于等于6级大风最多日数 | 16 | 15 | 14 | 15 | 11 | 9 | 10 | 13 | 15 | 17 | 16 | 17 | 127 |
| 最长连续大于等于6级大风日数 | 6 | 8 | 7 | 7 | 5 | 2 | 4 | 5 | 11 | 6 | 7 | 8 | 11 |

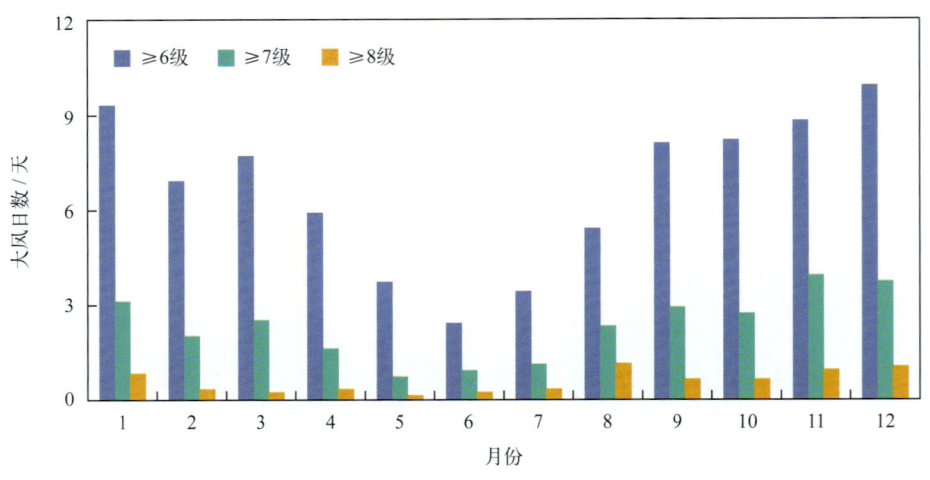

图5.4-7　各级大风日数年变化

## 第五节　降水

### 1. 降水量和降水日数

#### （1）降水量

镇海站降水量的年变化见表5.5-1和图5.5-1。平均年降水量为1 335.1毫米，降水量的季节分布不均匀，夏季（6—8月）为479.2毫米，占全年降水量的35.9%，春季（3—5月）为334.4毫米，占全年的25.0%，秋季（9—11月）为309.8毫米，占全年的23.2%，冬季（12月至翌年2月）为211.7毫米，占全年的15.9%。6月平均降水量最多，为196.9毫米，占全年的14.7%。

历年年降水量为864.1～2 001.8毫米,其中2016年最多,2003年最少。

最大日降水量超过100毫米的有9年,超过150毫米的有4年。最大日降水量为225.0毫米,出现在2015年9月30日。

表5.5-1　降水量年变化(1985—2019年)　　　　　　　　　　　　　　　　　　　　单位:毫米

|  | 1月 | 2月 | 3月 | 4月 | 5月 | 6月 | 7月 | 8月 | 9月 | 10月 | 11月 | 12月 | 年 |
| --- | --- | --- | --- | --- | --- | --- | --- | --- | --- | --- | --- | --- | --- |
| 平均降水量 | 72.5 | 76.0 | 119.2 | 105.9 | 109.3 | 196.9 | 122.2 | 160.1 | 164.5 | 75.0 | 70.3 | 63.2 | 1 335.1 |
| 最大日降水量 | 50.5 | 42.9 | 43.0 | 144.9 | 75.4 | 102.3 | 97.3 | 185.0 | 225.0 | 102.2 | 53.4 | 76.8 | 225.0 |

(2)降水日数

平均年降水日数为152.1天。降水日数的年变化特征为上半年多、下半年少(图5.5-2和图5.5-3)。日降水量大于等于10毫米的平均年日数为40.9天,各月均有出现;日降水量大于等于50毫米的平均年日数为3.1天,出现在4月至翌年1月;日降水量大于等于100毫米的平均年日数为0.4天,出现在4月、6月和8—10月;日降水量大于等于150毫米的平均年日数为0.18天,出现在8月和9月;日降水量大于等于200毫米的平均年日数为0.03天,出现在9月(图5.5-3)。

最多年降水日数为186天,出现在2010年;最少年降水日数为117天,出现在1995年。最长连续降水日数为21天,出现在2009年2月14日至3月6日;最长连续无降水日数为37天,出现在1994年6月28日至8月3日。

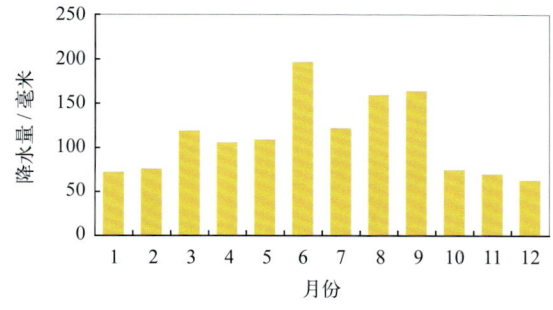

图5.5-1　降水量年变化(1985—2019年)

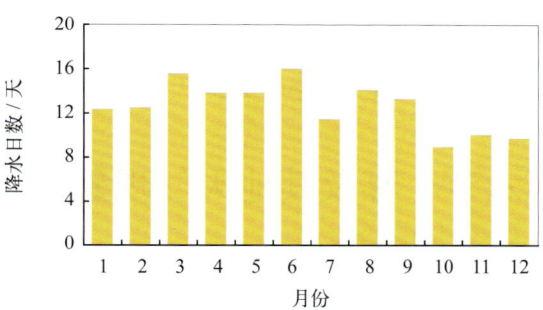

图5.5-2　降水日数年变化(1985—2019年)

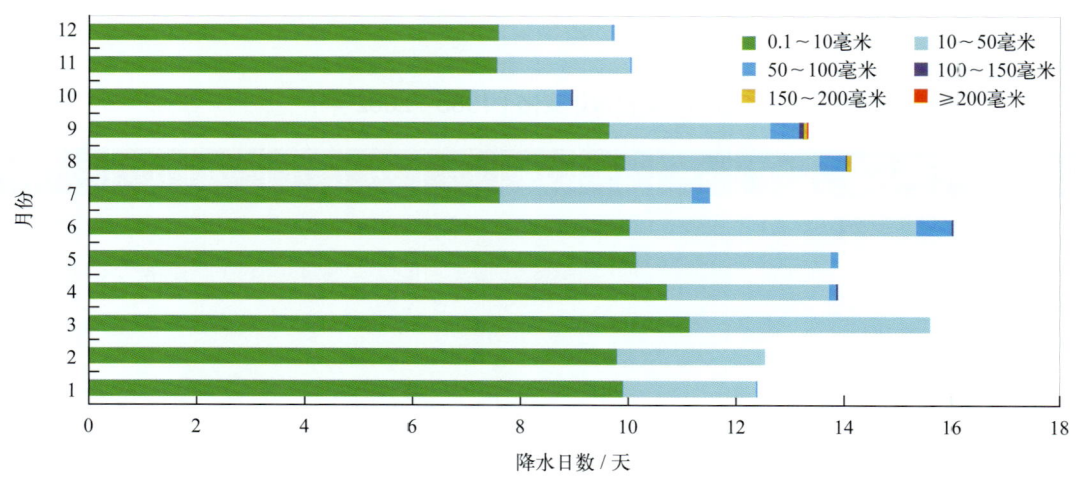

图5.5-3　各月各级平均降水日数分布(1985—2019年)

### 2. 长期趋势变化

1985—2019 年，年降水量呈上升趋势，上升速率为 75.62 毫米／（10 年）（线性趋势未通过显著性检验）。十年平均年降水量变化显示，2010—2019 年平均年降水量最大，为 1 484.2 毫米，2000—2009 年平均年降水量最小，为 1 237.4 毫米（图 5.5-4）。1985—2019 年，年最大日降水量呈上升趋势，上升速率为 17.25 毫米／（10 年）。

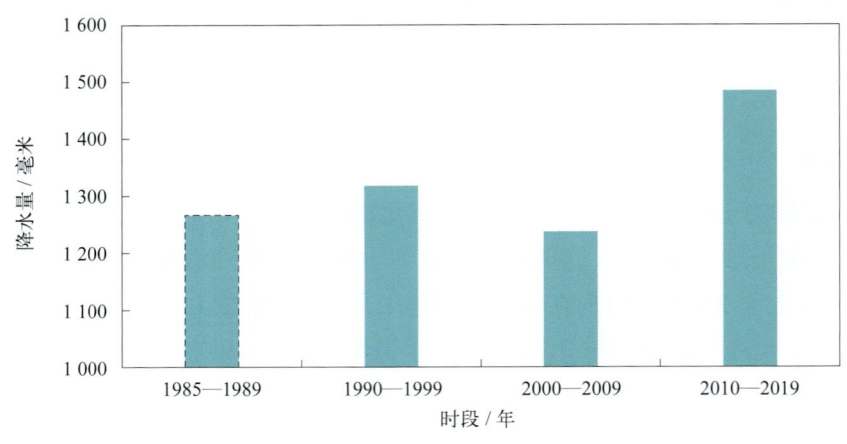

图 5.5-4　十年平均年降水量变化

1985—2019 年，年降水日数呈增加趋势，增加速率为 5.06 天／（10 年）；最长连续降水日数呈增加趋势，增加速率为 0.74 天／（10 年）（线性趋势未通过显著性检验）；最长连续无降水日数呈减少趋势，减少速率为 2.28 天／（10 年）。

## 第六节　雾及其他天气现象

### 1. 雾

镇海站雾日数的年变化见表 5.6-1、图 5.6-1 和图 5.6-2。1985—2002 年，平均年雾日数为 27.4 天。平均月雾日数 4 月最多，为 4.9 天，8 月最少，为 0.4 天；月雾日数最多为 9 天，出现在 2000 年 3 月、1994 年 4 月和 2001 年 5 月；最长连续雾日数为 5 天，出现在 1994 年 4 月 4—8 日和 2001 年 5 月 15—19 日。

表 5.6-1　雾日数年变化（1985—2002 年）　　　　　单位：天

|  | 1月 | 2月 | 3月 | 4月 | 5月 | 6月 | 7月 | 8月 | 9月 | 10月 | 11月 | 12月 | 年 |
|---|---|---|---|---|---|---|---|---|---|---|---|---|---|
| 平均雾日数 | 3.5 | 2.1 | 4.1 | 4.9 | 3.6 | 1.4 | 0.5 | 0.4 | 0.5 | 1.1 | 1.8 | 3.5 | 27.4 |
| 最多雾日数 | 8 | 7 | 9 | 9 | 9 | 6 | 2 | 3 | 3 | 3 | 4 | 7 | 34 |
| 最长连续雾日数 | 3 | 4 | 4 | 5 | 5 | 2 | 2 | 1 | 3 | 2 | 2 | 3 | 5 |

注：2002 年 7 月停测。

1985—2001 年，年雾日数呈上升趋势，上升速率为 0.56 天／（10 年）（线性趋势未通过显著性检验）。2001 年雾日数最多，为 34 天，1998 年最少，为 21 天。

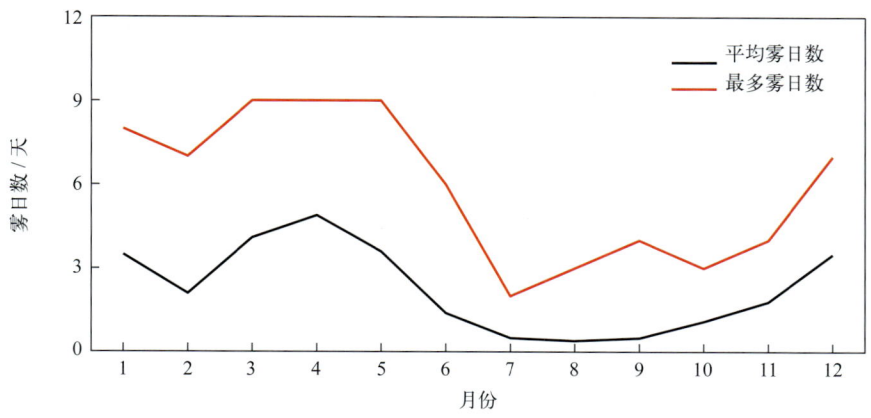

图5.6-1　平均雾日数和最多雾日数年变化（1985—2002年）

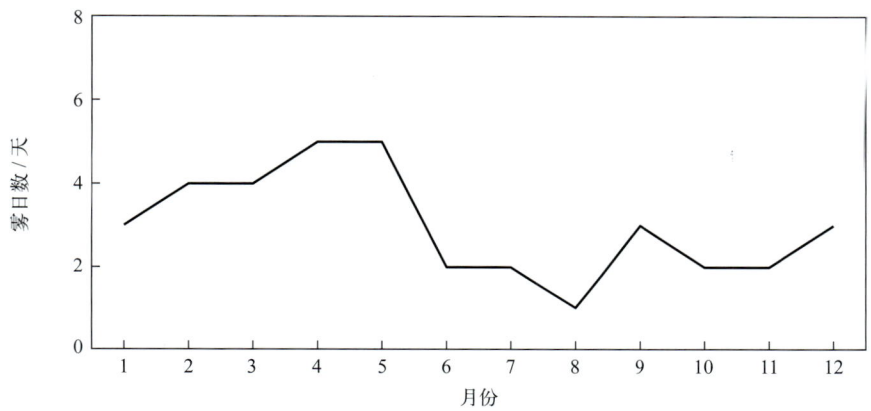

图5.6-2　最长连续雾日数年变化（1985—2002年）

## 2. 轻雾

镇海站轻雾日数的年变化见表 5.6-2 和图 5.6-3。1985—1995 年，平均年轻雾日数为 236.7 天。平均月轻雾日数 12 月最多，为 24.6 天，7 月最少，为 12.5 天；最多月轻雾日数为 28 天，出现在 1987 年 12 月、1992 年 1 月和 1994 年 11 月。

1985—1994 年，年轻雾日数呈上升趋势，上升速率为 37.70 天 /（10 年）（线性趋势未通过显著性检验）。1989 年轻雾日数最多，为 253 天，1985 年最少，为 185 天（图 5.6-4）。

表5.6-2　轻雾日数年变化（1985—1995年）　　　　　　　　　　　　　　　　　　　　单位：天

|  | 1月 | 2月 | 3月 | 4月 | 5月 | 6月 | 7月 | 8月 | 9月 | 10月 | 11月 | 12月 | 年 |
| --- | --- | --- | --- | --- | --- | --- | --- | --- | --- | --- | --- | --- | --- |
| 平均轻雾日数 | 23.7 | 18.0 | 22.9 | 20.5 | 22.5 | 20.2 | 12.5 | 17.7 | 14.3 | 18.5 | 21.3 | 24.6 | 236.7 |
| 最多轻雾日数 | 28 | 24 | 25 | 25 | 26 | 24 | 18 | 26 | 18 | 25 | 28 | 28 | 253 |

注：1995年7月停测。

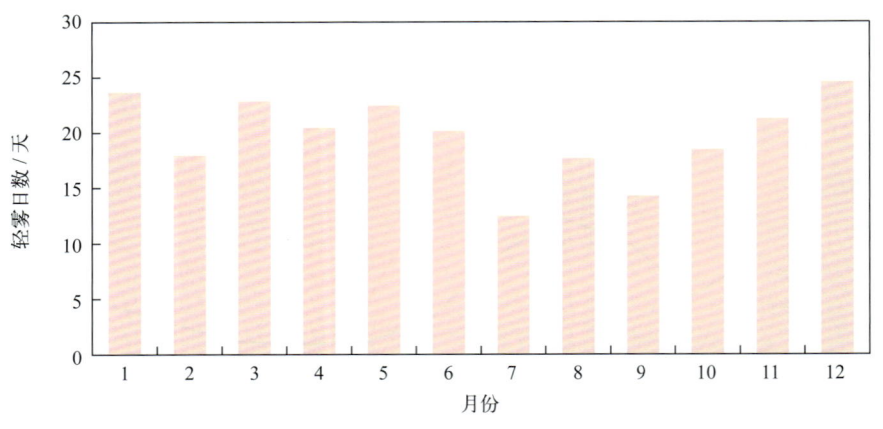

图5.6-3　轻雾日数年变化（1985—1995年）

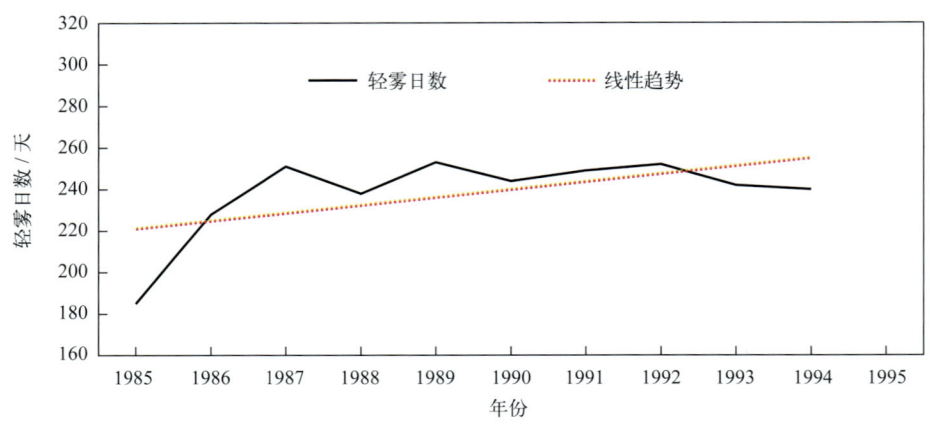

图5.6-4　1985—1994年轻雾日数变化

### 3. 雷暴

镇海站雷暴日数的年变化见表5.6-3和图5.6-5。1985—1995年，平均年雷暴日数为27.9天。雷暴主要出现在3—9月，其中7月最多，平均日数为7.1天，1月无雷暴。雷暴最早初日为2月4日（1985年），最晚终日为12月7日（1992年）。

表5.6-3　雷暴日数年变化（1985—1995年）　　　　　　　　　　　　　　　　　单位：天

|  | 1月 | 2月 | 3月 | 4月 | 5月 | 6月 | 7月 | 8月 | 9月 | 10月 | 11月 | 12月 | 年 |
|---|---|---|---|---|---|---|---|---|---|---|---|---|---|
| 平均雷暴日数 | 0.0 | 0.3 | 3.1 | 2.9 | 2.1 | 3.6 | 7.1 | 5.9 | 2.2 | 0.5 | 0.1 | 0.1 | 27.9 |
| 最多雷暴日数 | 0 | 1 | 9 | 6 | 7 | 9 | 13 | 13 | 5 | 2 | 1 | 1 | 41 |

注：1995年7月停测。

1985—1994年，年雷暴日数呈下降趋势，下降速率为20.18天/(10年)（线性趋势未通过显著性检验）。1987年雷暴日数最多，为41天，1994年最少，为13天（图5.6-6）。

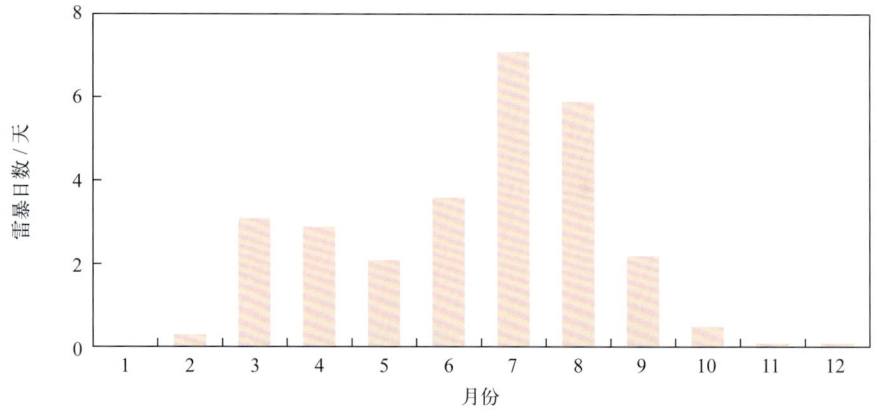

图5.6-5　雷暴日数年变化（1985—1995年）

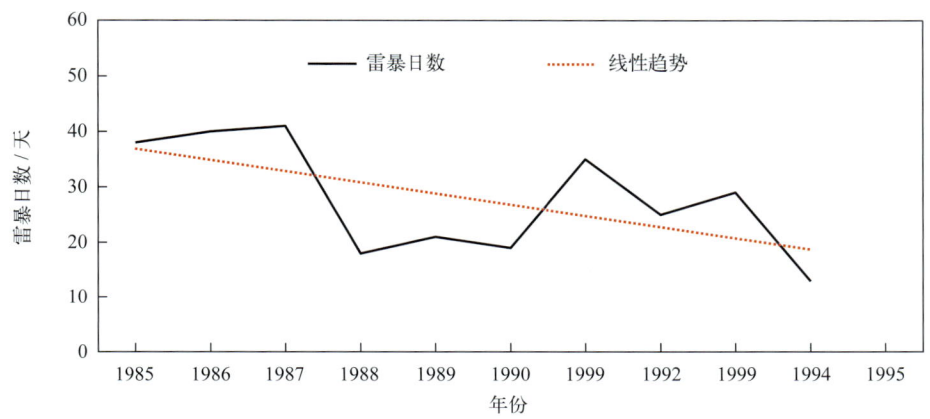

图5.6-6　1985—1994年雷暴日数变化

## 4. 霜

镇海站霜日数的年变化见表5.6-4和图5.6-7。1985—1995年，平均年霜日数为12.4天。霜全部出现在11月至翌年3月，1月最多，平均日数为4.5天。霜最早初日为11月12日（1992年），最晚终日为3月27日（1994年）。

表5.6-4　霜日数年变化（1985—1995年）　　　　　　　　　　　　　　　　　　　单位：天

|  | 1月 | 2月 | 3月 | 4月 | 5月 | 6月 | 7月 | 8月 | 9月 | 10月 | 11月 | 12月 | 年 |
| --- | --- | --- | --- | --- | --- | --- | --- | --- | --- | --- | --- | --- | --- |
| 平均霜日数 | 4.5 | 2.8 | 0.9 | 0.0 | 0.0 | 0.0 | 0.0 | 0.0 | 0.0 | 0.0 | 0.4 | 3.8 | 12.4 |
| 最多霜日数 | 12 | 8 | 3 | 0 | 0 | 0 | 0 | 0 | 0 | 0 | 2 | 11 | 27 |

注：1995年7月停测。

1985—1994年，年霜日数呈下降趋势，下降速率为4.73天/(10年)（线性趋势未通过显著性检验）。1986年霜日数最多，为27天，1988年最少，为5天（图5.6-8）。

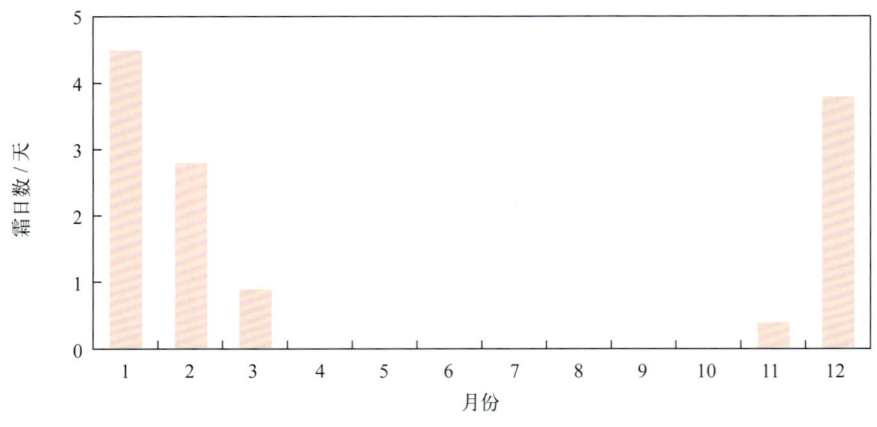

图5.6-7　霜日数年变化（1985—1995年）

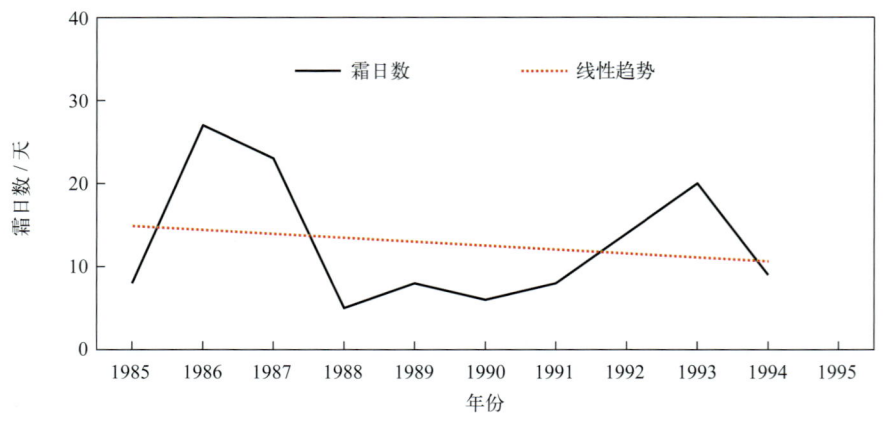

图5.6-8　1985—1994年霜日数变化

### 5. 降雪

镇海站降雪日数的年变化见表5.6-5和图5.6-9。1985—1995年，平均年降雪日数为4.2天。降雪全部出现在11月至翌年3月，1月最多，平均日数为1.6天。降雪最早初日为11月28日（1987年），最晚终日为3月25日（1987年）。

表5.6-5　降雪日数年变化（1985—1995年）　　　　　　　　　　　　　　单位：天

| | 1月 | 2月 | 3月 | 4月 | 5月 | 6月 | 7月 | 8月 | 9月 | 10月 | 11月 | 12月 | 年 |
|---|---|---|---|---|---|---|---|---|---|---|---|---|---|
| 平均降雪日数 | 1.6 | 1.5 | 0.4 | 0.0 | 0.0 | 0.0 | 0.0 | 0.0 | 0.0 | 0.0 | 0.2 | 0.5 | 4.2 |
| 最多降雪日数 | 4 | 5 | 2 | 0 | 0 | 0 | 0 | 0 | 0 | 0 | 2 | 3 | 7 |

注：1995年7月停测。

1985—1994年，年降雪日数呈下降趋势，下降速率为2.12天/（10年）（线性趋势未通过显著性检验）。1985年、1988年和1989年降雪日数最多，均为7天，1986年无降雪（图5.6-10）。

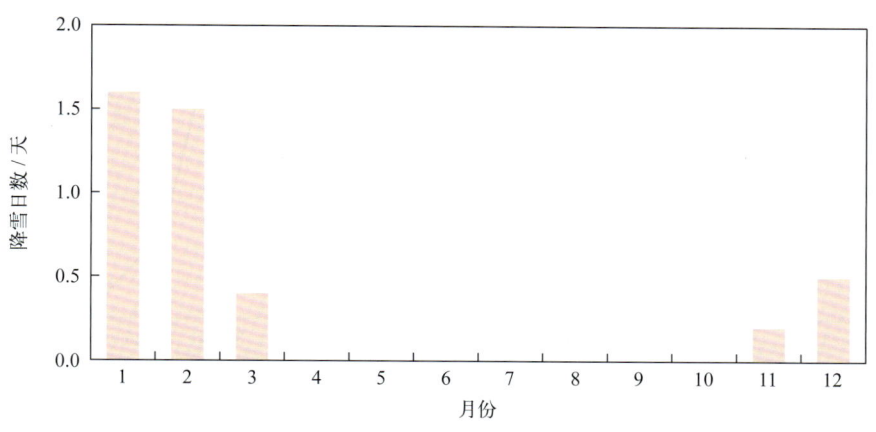

图5.6-9 降雪日数年变化（1985—1995年）

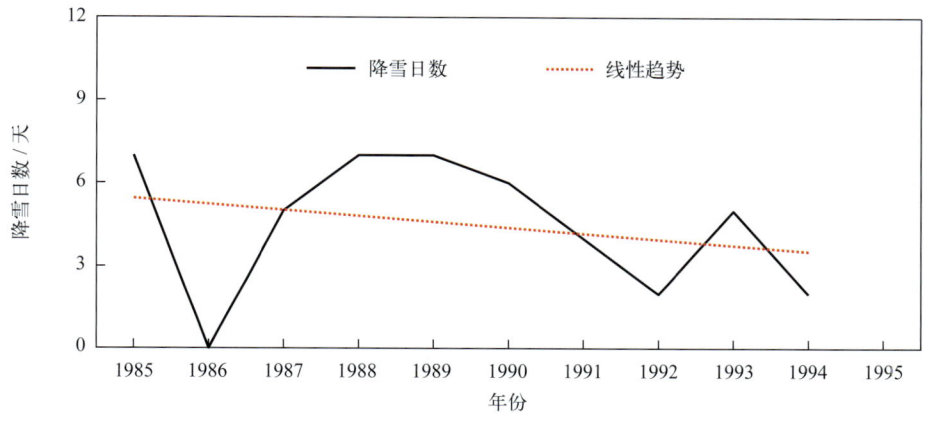

图5.6-10 1985—1994年降雪日数变化

## 第七节 能见度

1985—2019年，镇海站累年平均能见度为14.9千米。7月平均能见度最大，为19.4千米，12月最小，为11.0千米。能见度小于1千米的平均年日数为12.3天，4月最多，为2.5天，7月和8月最少，均为0.1天（表5.7-1，图5.7-1和图5.7-2）。

表5.7-1 能见度年变化（1985—2019年）

|  | 1月 | 2月 | 3月 | 4月 | 5月 | 6月 | 7月 | 8月 | 9月 | 10月 | 11月 | 12月 | 年 |
|---|---|---|---|---|---|---|---|---|---|---|---|---|---|
| 平均能见度/千米 | 11.1 | 13.7 | 12.1 | 13.4 | 14.2 | 15.4 | 19.4 | 18.6 | 19.2 | 17.1 | 13.7 | 11.0 | 14.9 |
| 能见度小于1千米平均日数/天 | 1.6 | 1.0 | 2.1 | 2.5 | 1.0 | 0.5 | 0.1 | 0.1 | 0.2 | 0.5 | 0.8 | 1.9 | 12.3 |

注：2002年7月至2015年7月停测。

历年平均能见度为10.2～16.7千米，1985年和1990年均为最高，2016年最低。能见度小于1千米的日数2016年最多，为19天，2017年和2018年最少，均为3天（图5.7-3）。

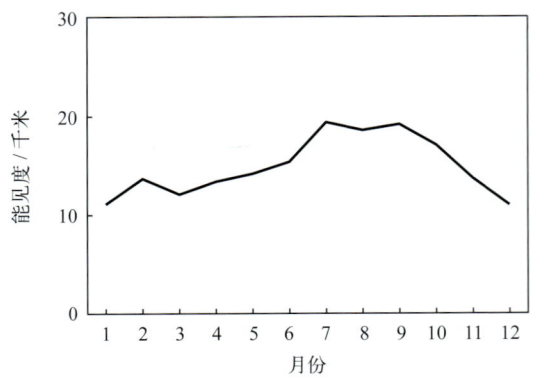
图5.7-1　能见度年变化

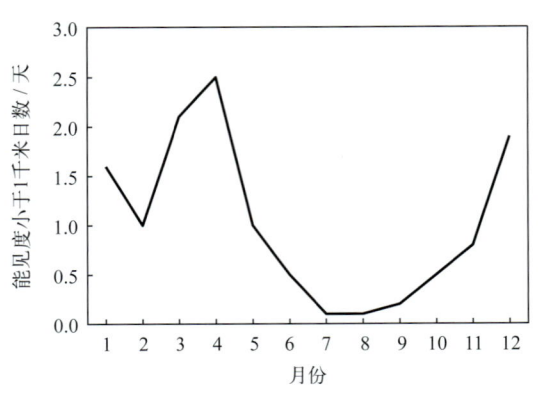
图5.7-2　能见度小于1千米日数年变化

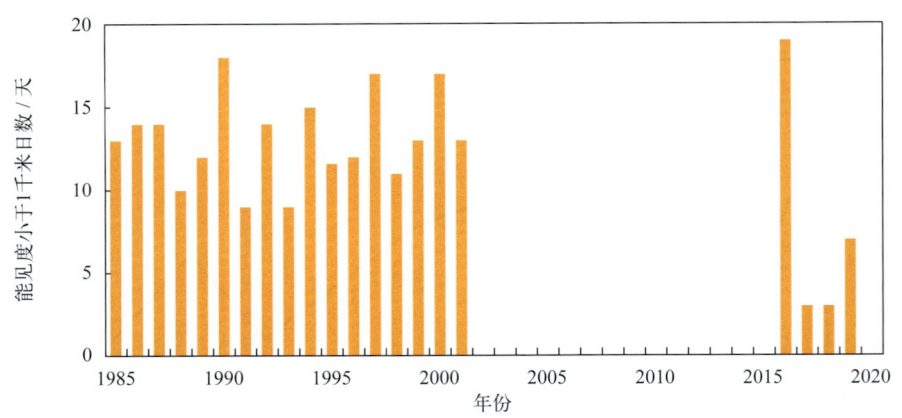
图5.7-3　能见度小于1千米年日数变化

1985—2001年，年平均能见度呈下降趋势，下降速率为0.99千米/（10年）。

## 第八节　云

1985—1995年，镇海站累年平均总云量为7.1成，6月平均总云量最多，为8.1成，12月最少，为6.1成；累年平均低云量为4.8成，3月平均低云量最多，为5.5成，7月最少，为3.8成（表5.8-1，图5.8-1）。

表5.8-1　总云量和低云量年变化（1985—1995年）

|  | 1月 | 2月 | 3月 | 4月 | 5月 | 6月 | 7月 | 8月 | 9月 | 10月 | 11月 | 12月 | 年 |
| --- | --- | --- | --- | --- | --- | --- | --- | --- | --- | --- | --- | --- | --- |
| 平均总云量/成 | 7.0 | 7.3 | 7.7 | 7.7 | 7.7 | 8.1 | 7.1 | 6.6 | 7.3 | 6.7 | 6.3 | 6.1 | 7.1 |
| 平均低云量/成 | 5.3 | 5.1 | 5.5 | 4.8 | 4.4 | 4.9 | 3.8 | 4.2 | 5.3 | 4.6 | 4.5 | 4.7 | 4.8 |

注：1995年7月停测。

1985—1994年，年平均总云量呈减少趋势，减少速率为0.33成/（10年）（线性趋势未通过显著性检验），1989年最多，为7.8成，1994年最少，为6.7成（图5.8-2）；年平均低云量变化趋势不明显，1989年最多，为5.4成，1986年、1987年和1992年最少，均为4.6成（图5.8-3）。

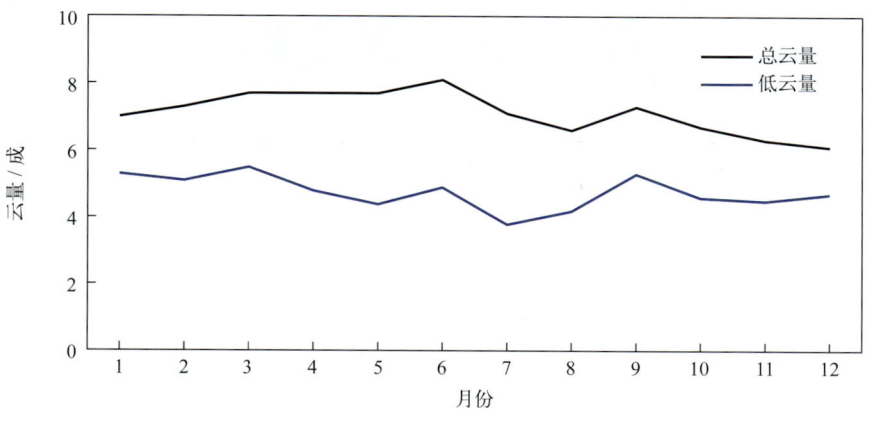

图5.8-1 总云量和低云量年变化（1985—1995年）

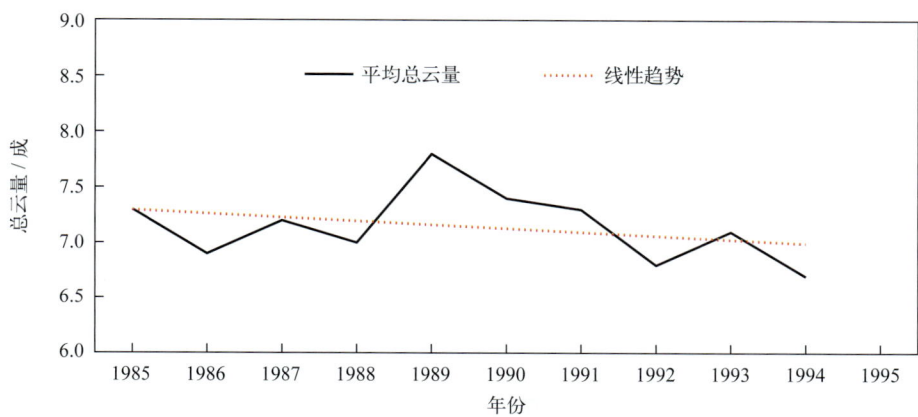

图5.8-2 1985—1994年平均总云量变化

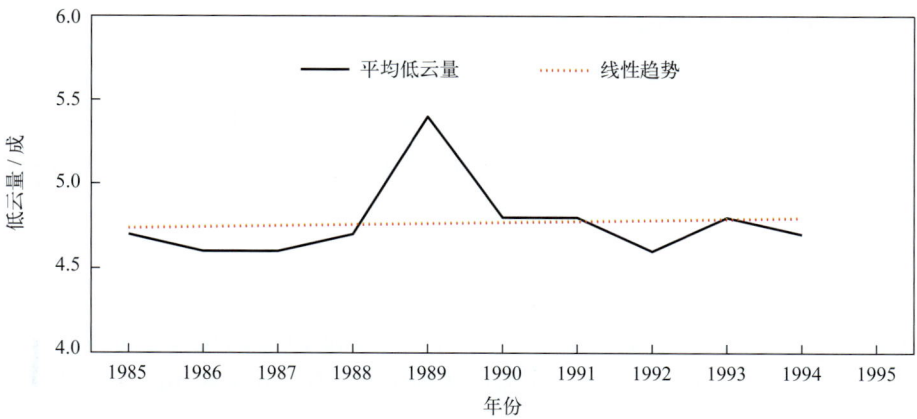

图5.8-3 1985—1994年平均低云量变化

# 第六章 海平面

## 1. 年变化

镇海沿海海平面年变化特征明显，2月最低，9月最高，年变幅为38厘米（图6-1），平均海平面在验潮基面上216厘米。

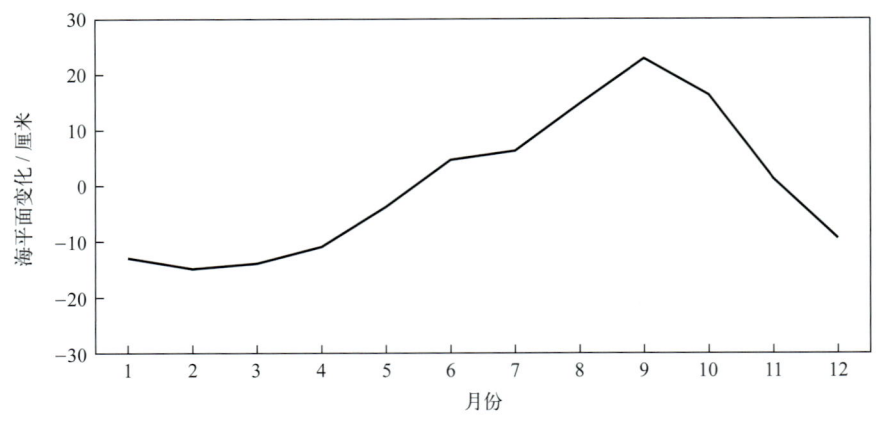

图6-1 海平面年变化（1966—2019年）[①]

## 2. 长期趋势变化

镇海沿海海平面变化总体呈波动上升趋势。1966—2019年，镇海沿海海平面上升速率为2.5毫米/年；1993—2019年，镇海沿海海平面上升速率为5.6毫米/年，远高于同期中国沿海3.9毫米/年的平均水平。镇海沿海海平面在1979年前后处于有观测记录以来的最低位，2005—2016年上升较快，升幅达190毫米，2016年达到有观测记录以来的最高位，2017—2018年连续两年下降明显，降幅超过80毫米，2019年回升35毫米。

镇海沿海十年平均海平面总体上升。1970—1979年，十年平均海平面处于有观测记录以来的最低位；1980—1989年平均海平面较1970—1979年高30毫米；1990—1999年平均海平面与1980—1989年基本持平；2010—2019年平均海平面处于有观测记录以来的最高位，比2000—2009年高80毫米，比1970—1979年高130毫米（图6-2）。

## 3. 周期性变化

1966—2019年，镇海沿海海平面有准2年、7年、9年和19年的显著变化周期，振荡幅度均为1~2.5厘米。1979年、1996年和2005年前后皆处于准7年、9年和19年周期性振荡的低位，几个主要周期性振荡低位叠加，拉低了同时段海平面的高度（图6-3）。

---

① 1988年前数据为水利部门水文站观测。

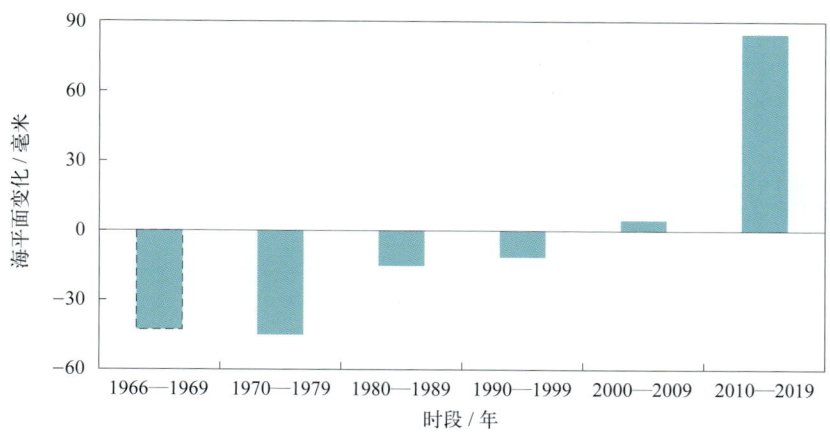

图6-2 十年平均海平面变化

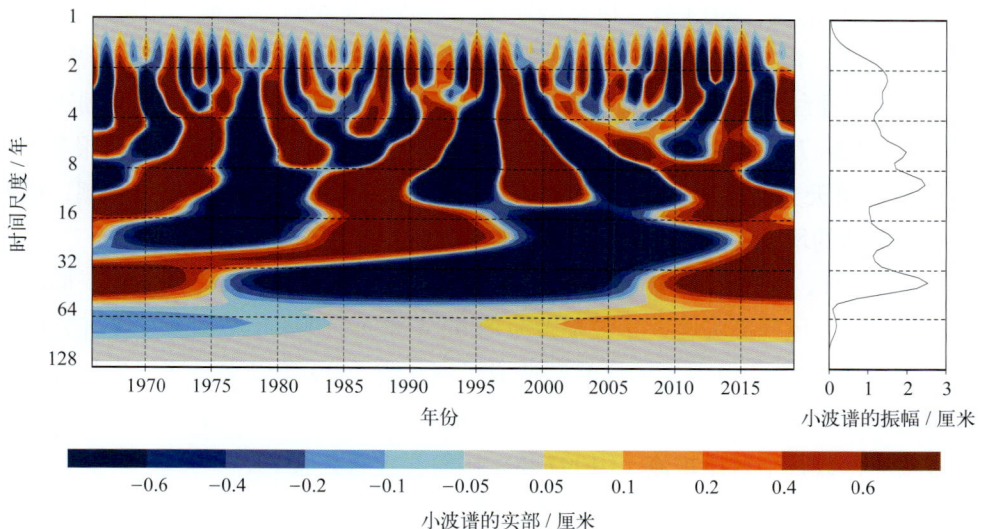

图6-3 年均海平面的小波（wavelet）变换

# 第七章 灾害

## 第一节 海洋灾害

### 1. 风暴潮

1974年8月18—21日，7413号台风登陆浙江省椒江市三门县，在长江口—杭州湾—温州一带引发特大潮灾，受灾最严重的地区为长江口、杭州湾沿岸。上从杭州湾闸口，下至平湖县乍浦，大部分验潮站超过警戒水位0.5～1.0米，造成杭州湾南岸新垦区的堤塘多处溃决，海水倒灌酿成灾情（《中国海洋灾害四十年资料汇编》）。

1989年7月20日，8909号台风在浙江省象山县登陆，宁波地区灾害相当严重，沿海海塘被严重破坏；8月4日前后，8913号台风影响期间，宁波市受冲刷、滑坡、塌方的海塘7 278米，损失石方6万立方米，沿岸沉、损大小船只20余艘，直接经济损失约400万元；9月15日（农历八月十六），8923号台风登陆时正值我国东部沿海天文大潮期，引发特大风暴潮灾，台州和宁波地区损失惨重，3.38万人无家可归，死伤近2 000人（《1989年中国海洋灾害公报》）。

1992年8月，由天文大潮和9216号强热带风暴共同作用引起了92特大风暴潮，风暴前期影响的浙江沿海验潮站的增水一般为80～140厘米（《1992年中国海洋灾害公报》）。

1994年8月21日，正值农历七月十五天文大潮期，大潮、巨浪、狂风并发，形成浙江省沿海百年不遇的罕见特大风暴潮灾害，宁波损毁海塘62千米（《1994年中国海洋灾害公报》）。

1997年8月，9711号台风引发的风暴潮造成了浙江省1949年以来经济损失最大的一次风暴潮灾害。镇海站高潮位超过当地警戒水位，突破历史极值。宁波市沿海各县、市区的海塘、水库、堤坝受到严重毁坏，数百个村庄被淹（《1997年中国海洋灾害公报》）。

1998年9月19日，受9806号台风引发的风暴潮影响，镇海站最高潮位超过当地警戒潮位，实测浪高达6米，宁波沿海损失严重（《1998年中国海洋灾害公报》）。

2000年8月27日前后，受0012号台风"派比安"影响，宁波等地发生海水倒灌；9月11日，0014号台风"桑美"影响东海期间，恰逢天文大潮，宁波城区进水，部分房屋倒塌、农田受淹，非标准海塘受损严重，海陆空交通全部中断（《2000年中国海洋灾害公报》）。

2002年9月7日，受0216号台风"森拉克"影响，浙江沿海普遍出现了100～300厘米的风暴增水。从福建东山到上海高桥沿海有近20个验潮站超过当地警戒水位（《2002年中国海洋灾害公报》）。

2005年8月6—9日，0509号台风"麦莎"引起的风暴潮影响浙江省，此次特大风暴潮过程是继9711号台风风暴潮后，影响我国东部沿海最严重的一次。正逢农历七月大潮，受风暴潮和天文大潮的共同影响，沿岸有多个验潮站的风暴潮增水超过100厘米。9月11日，0515号台风"卡努"引发的风暴潮影响浙江省，两次灾害期间宁波均受灾（《2005年中国海洋灾害公报》）。

2007年10月7日，受0716号超强台风"罗莎"引发的风暴潮与台风浪的共同影响，浙江省多个验潮站的增水超过100厘米（《2007年中国海洋灾害公报》）。

2010年10月23—27日，受强冷空气影响，东海出现一次温带风暴潮过程，镇海站增水超过100厘米，最高潮位超过当地警戒潮位，宁波镇海部分地区受淹（《2010年中国海洋灾害公报》）。

2011年8月5—8日，1109号超强台风"梅花"沿我国近海北上。受其引发的风暴潮和近岸浪的共同影响，浙江省遭受较大经济损失（《2011年中国海洋灾害公报》）。

2012年8月8日前后，1211号台风"海葵"在浙江省象山县附近登陆，引发风暴潮灾害，镇海站增水167厘米，最高潮位超过当地警戒潮位（《2012年中国海洋灾害公报》）。

2013年10月7日前后，1323号台风"菲特"影响浙江沿海，镇海站最高潮位超过当地警戒潮位（《2013年中国海洋灾害公报》）。

2015年7月11日前后，1509号强台风"灿鸿"影响浙江沿海，镇海站最大增水164厘米，最高潮位超过当地警戒潮位（《2015年中国海洋灾害公报》）。

2016年9月16—19日，1616号台风"马勒卡"与南下冷空气配合影响浙江省沿海，镇海站等多个验潮站出现了超过当地警戒潮位的高潮位。28日，受1617号台风"鲇鱼"引发的风暴潮和近岸浪的共同影响，镇海站出现了达到当地蓝色警戒潮位的高潮位，浙江遭受较大经济损失（《2016年中国海洋灾害公报》）。

2019年8月10日前后，1909号超强台风"利奇马"影响浙江沿海，镇海站最大增水114厘米；10月1日前后，1918号强热带风暴"米娜"影响浙江沿海，镇海站最大增水112厘米，最高潮位达到当地橙色警戒潮位（《2019年中国海洋灾害公报》）。

### 2. 海浪

1997年8月18—19日，受9711号台风浪影响，宁波市沿海各县（市、区）冲开堤防决口3 379处，冲毁护岸1 072处，损坏堤岸633千米，停泊在各处码头的小型渔船当即有25艘沉没、10艘粉碎（《1997年中国海洋灾害公报》）。

2004年8月11—13日，受0414号台风"云娜"影响，宁波市渔业遭受严重损失；10月1日，受东海气旋浪影响，"浙岱渔04703"轮和"浙象渔20109"轮在镇海北仑港码头附近沉没，直接经济损失43万元（《2004年中国海洋灾害公报》）。

2007年1月12日，受冷空气浪影响，两艘运沙船在宁波市甬江镇海水域翻沉，造成1人死亡（失踪），直接经济损失117万元；11月3日，受冷空气浪影响，"闽霞渔1211"轮在宁波海域失踪，造成9人死亡（含失踪），直接经济损失193万元（《2007年中国海洋灾害公报》）。

### 3. 赤潮

2001年，我国海域赤潮发生次数增多，发生时间提前，影响范围扩大，其中浙江海域发生26次赤潮灾害过程（《2001年中国海洋灾害公报》）。

2013年5月20—24日，宁波韭山列岛东南海域发生赤潮，面积约140平方千米，赤潮优势种为东海原甲藻（《2013年中国海洋灾害公报》）。

2019年5月15—28日，宁波渔山海域发生赤潮，面积约200平方千米，赤潮优势种为东海原甲藻和夜光藻（《2019年中国海洋灾害公报》）。

## 第二节 灾害性天气

根据《中国气象灾害大典·浙江卷》（1949—2000年）和《中国气象灾害年鉴》（2000年后）记载，镇海站周边发生的主要灾害性天气有暴雨洪涝、大风（龙卷风）、雷电和冰雹。

### 1. 暴雨洪涝

1949年7月24日，受4906号台风影响，狂风暴雨袭击宁波全境，余姚日雨量达108毫米，沿海各县受淹农田4.15万公顷，余姚最重，灾民6万，死亡200多人。

1951年8月18—22日，受5116号台风影响，定海雨量525毫米，宁波地区东北部、嘉兴地区雨量为55～220毫米，造成局部洪涝，共31.2万亩农田受灾。

1952年7月19—21日，受5207号台风影响，温州、宁波、台州、丽水、金华及杭州地区西部都出现了大的洪涝灾害。浙江省死亡457人，直接经济损失按1990年价折算为1.269亿元。

1956年8月1日24时，5612号台风在象山登陆，台风所经之处拔树倒房，海水倒灌，山洪暴发。浙江省死亡4 925人，冲毁中、小型水库87座，沉毁渔船902只，损坏2 233只，直接经济损失按1990年价折算为3.62亿元。象山县南庄区海塘全线溃决，纵深10千米一片汪洋，死亡3 403人，其中林海乡就死亡2 432人，有241户全家死亡。

1961年10月4日07时，6126号台风在三门县登陆，穿过宁波、杭州湾及嘉兴东部入海，有10个站的风速大于40米/秒，出现暴雨到大暴雨。浙江东北部出现严重洪涝，台州、宁波、嘉兴等地区暴雨洪水成灾，死亡337人，伤1 353人，冲坏水库18座，冲坏水利工程6 000多处，直接经济损失按1990年价折算为4.79亿元。

1974年8月19日，7413号台风在三门县登陆，沿海风力12级以上，东部地区出现大暴雨，时值天文大潮，杭州湾及沿海潮位超历史纪录，钱塘江的仓前超出历史最高潮位1.08米，海塘严重损坏422.3千米，撞毁和严重损坏小渔船2 340只，冲坏码头14座，死亡136人，直接经济损失按1990年价为6.13亿元。

1981年9月1日，8114号台风经嵊泗诸岛北上，风力12级以上，镇海站达42米/秒，浙北、浙东地区普降暴雨，灾害较重，损失大小渔船951艘，冲垮对虾养殖塘600亩，损失对虾30吨，淡水鱼塘倒灌海水7 000亩，损失鱼170吨，逃走鱼种120万尾，冲垮码头113座，死亡42人，直接经济损失按1990年价为4.56亿元。

1988年7月29—30日，受热带云团影响，宁波、绍兴南部、台州北部出现特大暴雨，宁海里加坑12小时雨量为477毫米，马岙为456毫米，宁海、三门、新昌、奉化、嵊县、黄岩、临海、象山等县250万人受灾，死亡256人，直接经济损失8亿元，宁海、奉化、象山、三门等县渔业损失严重。

1989年7月20日，8909号台风在象山登陆转向北上，沿海风力10～12级，22—24日浙江中、南部地区普降暴雨，总雨量大于300毫米的有8个县，造成山洪暴发，江河泛滥。浙江省24万人被洪水围困，冲坏堤塘总长392千米，死亡132人，直接经济损失13亿元。

1998年9月19—20日，受9806号强热带风暴影响，舟山、宁波、绍兴、杭州等地区有大到暴雨，局部大暴雨，并有8级以上大风。据不完全统计，有235.4万人受灾，死亡3人，直接经济损失7.1亿元。

2000年8月10—11日上午，受0008号台风"杰拉华"影响，浙北浙中普降大到暴雨，局部大暴雨，三门日雨量达207毫米，沿海岛屿有10～12级、沿海平原有8～10级大风。由于0008号台风风力强，暴雨集中，给台州、宁波、舟山等地造成了较严重损失。宁波市有76个乡镇225个村受灾，沿海养殖受损面积0.6公顷，全市经济损失3.3亿元。

### 2. 大风和龙卷风

1954年5月14日，猫头洋、大目洋6～8级大风，沉损渔船103只，死亡渔民197人。

1980年6月26—27日，浙江省9个地区26个县市连续2天受冰雹大风袭击，镇海最大风速40米/秒，全省经济损失586万元，死亡190人，其中渔民144人。

1983年9月16日，余姚、慈溪2县受龙卷风袭击，倒房1 973间，死亡19人，伤144人。

1992年4月21日，浦江、兰溪、磐安、建德、江山、缙云、宁海7县出现冰雹大风，建德雹径2厘米，大风12级以上，受灾农田17万亩，死亡15人，倒房110间。宁海县出现龙卷风，风速30米/秒。

2000年6月21日下午，慈溪市有3个村遭受龙卷风袭击，房屋毁坏80间，受伤30人，电线杆倒塌，大树折断。

2012年8月8日03时20分，1211号台风"海葵"在浙江省象山县鹤浦镇沿海登陆，登陆时为强台风强度，中心附近最大风力有14级（42米/秒）。在此次台风过程中，浙江省降雨量较大的县（区、市）有宁海297毫米、象山279毫米、奉化261毫米、三门243毫米、北仑232毫米、鄞州228毫米；共有547个乡镇雨量超过100毫米，168个乡镇超过200毫米，39个乡镇超过300毫米，16个乡镇超过400毫米。浙江中北部沿海12级以上大风持续了32小时，14级以上大风持续了24小时，最大风速为东矶56.0米/秒（16级）、大陈53.0米/秒（16级）、石浦50.9米/秒（15级）。据统计，浙江省直接经济损失272.9亿元。

### 3. 雷电

2006年8月10日，宁波市鄞州区集士港镇岳云村2人遭雷击身亡。

2007年7月23日，浙江省宁波市博洋家纺有限公司仓库因雷击起火，造成直接经济损失116万元。

2013年9月14日13时23分许，宁波市北仑区九山景区"九峰之巅"一凉亭被雷电击穿，在此躲避雷雨的17名游客不幸被雷击，造成1人死亡、16人受伤。

### 4. 冰雹

1980年7月16—18日，宁波、台州的4个县出现冰雹大风，最大雹径8厘米（镇海），最大风速38米/秒。

1981年7月14—15日，镇海、宁波、海宁、嘉兴、余杭、临安等7县（市）冰雹大风，风力10级以上，28 400亩农田受灾，死亡3人，倒房210间。

1983年4月13—15日，杭州、宁波等地区31个县下冰雹，雹径3.5厘米，富阳14日的最大雹径18厘米，造成15.8万亩农作物受灾，死亡9人。4月28—29日，杭州、宁波冰雹大风，雹大如鸡蛋，风力11级，28.3万亩农作物受灾，死亡6人，倒房7 521间。

2000年5月12日傍晚至夜间，杭州、绍兴、宁波、舟山等市部分县（市）遭冰雹袭击，并伴有狂风暴雨，象山县农作物重灾面积560余公顷，其中经济作物绝收面积300余公顷，直接经济损失超过250万元。

# 石浦海洋站

# 第一章 概况

## 第一节 基本情况

石浦海洋站（简称石浦站）位于浙江省宁波市象山县。宁波市地处我国海岸线中段，长江三角洲南翼，东有舟山群岛为天然屏障，北濒杭州湾，西接绍兴市，全市岛屿众多，岸线总长达1 600余千米。象山县位于象山港和三门湾之间，三面环海，是典型的半岛县，海洋资源极其丰富，海岸线长约925千米。

石浦站建于1959年11月，名为象山县石浦海洋水文气象服务站，隶属象山县农水局，站址位于宁波市象山县石铺镇东门岛。1966年4月开始隶属国家海洋局东海分局，2019年7月后隶属自然资源部东海局，由宁波中心站管辖。石浦站所处的石浦港，由东门、对面山、南田、高塘诸岛围成天然屏障，还有铜瓦门、东门、下湾门、蜊门港及三门等5个水道与外海相通，水深4～33米，是东南沿海著名的避风良港（图1.1-1）。港内沿岸地形曲折，平地山地交错，山地高度100～300米，底质大部分为泥沙，少数为岩石，水深一般为5～10米，深处为40～60米。

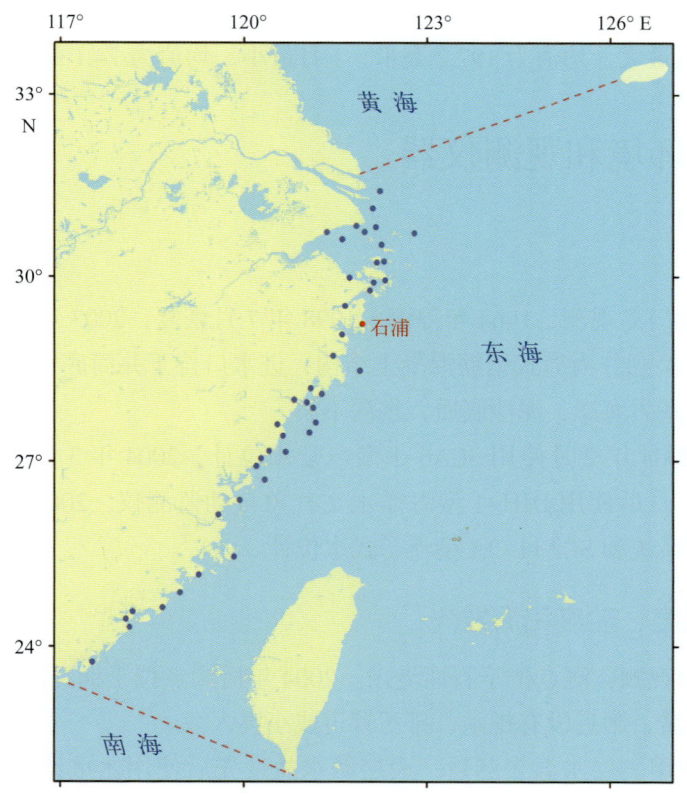

图1.1-1 石浦站地理位置示意

石浦站观测项目有潮汐、表层海水温度、表层海水盐度、气温、气压、相对湿度、风和降水等。2004年后多数观测项目逐步实现了自动化观测、数据采集、存储和传输。

石浦沿海为正规半日潮特征，海平面2月最低，9月最高，年变幅为36厘米，平均海平面为307厘米，平均高潮位为474厘米，平均低潮位为147厘米，均具有夏秋高、冬春低的年变化特点；年均表层海水温度为 17.1 ~ 19.2℃，8 月最高，均值为 28.3℃，2 月最低，均值为 8.1℃，历史水温最高值为 31.5℃，历史水温最低值为 4.0℃；年均表层海水盐度为 24.96 ~ 28.72，8 月最高，均值为 29.94，10 月最低，均值为 24.96，历史盐度最高值为 34.70，历史盐度最低值小于 2.00；海发光主要为火花型，8 月出现频率最高，2 月最低，1 级海发光最多，出现的最高级别为 4 级。

石浦站主要受海洋性季风气候影响，年均气温为 15.6 ~ 18.5℃，8 月最高，均值为 27.6℃，1 月最低，均值为 5.9℃，历史最高气温为 38.8℃，历史最低气温为 -7.5℃；年均气压为 1 004.3 ~ 1 007.0 百帕，具有冬高夏低的变化特征，1 月和 12 月最高，均为 1 014.8 百帕，7 月最低，均值为 995.6 百帕；年均相对湿度为 72.6% ~ 83.3%，6 月最大，均值为 89.2%，12 月最小，均值为 69.1%；年均风速为 3.3 ~ 6.4 米/秒，7 月最大，均值为 5.2 米/秒，5 月最小，均值为 4.0 米/秒，冬季（1 月）盛行风向为 NNW—NNE（顺时针，下同），春季（4 月）盛行风向为 N—NE，夏季（7 月）盛行风向为 SSE—SW，秋季（10 月）盛行风向为 NNW—NE；平均年降水量为 1 384.2 毫米，6 月平均降水量最多，占全年的 15.4%；平均年雾日数为 56.3 天，5 月最多，均值为 11.5 天，8 月和 9 月最少，均为 0.8 天；平均年雷暴日数为 30.7 天，7 月最多，均值为 5.6 天，1 月最少，均值为 0.1 天；平均年霜日数为 10.3 天，霜日出现在 11 月至翌年 3 月，1 月最多，均值为 4.3 天；平均年降雪日数为 10.5 天，降雪发生在 12 月至翌年 4 月，2 月最多，均值为 4.5 天；年均能见度为 18.2 ~ 31.4 千米，9 月最大，均值为 32.9 千米，4 月最小，均值为 22.0 千米；年均总云量为 4.3 ~ 5.3 成，6 月最多，均值为 6.2 成，12 月最少，均值为 3.9 成；平均年蒸发量为 1 502.8 毫米，8 月最大，均值为 197.2 毫米，1 月最小，均值为 74.1 毫米。

## 第二节　观测环境和观测仪器

### 1. 潮汐

1960 年开始在东门岛观测，1964 年停测。1998 年 7 月恢复，2003 年在铜瓦门大桥北侧新建验潮井（图 1.2-1），验潮井为岛式钢筋混凝土结构，进水口位于井筒底部，呈漏斗状。测点与外海畅通，水流平稳，基岩海岸，泥沙底质，水深不淤。

1998 年 7 月至 2004 年 2 月使用 SCA6-1 型声学水位计，2004 年 3 月后使用 SCA1-2 型浮子式水位计，2007 年 8 月后使用 DJH-1 型海洋水文气象自动监测仪，2009 年 9 月后使用 XZY3-1 型水文气象自动观测系统和 SCA11-3A 型浮子式水位计。

### 2. 表层海水温度、盐度和海发光

1960 年 1 月开始观测，测点位于石浦港内。2004 年后测点位于铜瓦门大桥东北侧验潮井旁，与外海畅通，水深不淤，附近没有排水、排污管道或小溪入海。

表层海水温度使用表层水温表测量。表层海水盐度先后使用比重计、氯度滴定管、感应式盐度计等测定，2007 年 12 月使用德国 WTW cond330i 型便携式电导率仪，2009 年 9 月后使用 YZY4-3 型温盐传感器。

海发光为每日天黑后人工目测。2007 年后停测。

图1.2-1　石浦站验潮室（摄于2019年3月20日）

### 3. 气象要素

1999年9月开始观测气压和风，1960—1985年数据抄自石浦气象站。观测场设在验潮室屋顶，面积约16平方米，周围墙高约1米。观测场北面、西面是石浦港，较为开阔，南面、东面有山体阻挡，其中东侧山高64米。2014年9月气象观测场搬迁至铜瓦门点灯山岗（图1.2-2），海拔高度为94米，四周开阔，与原测点距离约400米。

2009年前观测仪器为DMJ1气压计、动槽式水银气压表和XZA2-1型自动测风仪。2009年后使用XZY3型水文气象自动观测系统和41382LC型温湿度传感器、61202V型气压传感器、XZC2-1型自动测风仪及SL3-1型雨量传感器。2013年3月后使用HMP45A型温湿度传感器和278型气压传感器，2014年后使用XFY3-1型风传感器。

图1.2-2　石浦站气象观测场（摄于2019年12月11日）

# 第二章 潮位

## 第一节 潮汐

### 1. 潮汐类型

利用石浦站近19年（2001—2019年）验潮资料分析的调和常数，计算出潮汐系数$(H_{K_1}+H_{O_1})/H_{M_2}$为0.34。按我国潮汐类型分类标准，石浦站沿海为正规半日潮，每个潮汐日（大约24.8小时）有两次高潮和两次低潮，低潮日不等现象较为明显。

1999—2019年，石浦站$M_2$分潮振幅和迟角均呈减小趋势，减小速率分别为5.08毫米/年和0.14°/年。$K_1$和$O_1$分潮振幅变化趋势均不明显；迟角均呈减小趋势，减小速率分别为0.13°/年和0.07°/年。

### 2. 潮汐特征值

由1999—2019年资料统计分析得出：石浦站平均高潮位为474厘米，平均低潮位为147厘米，平均潮差为327厘米；平均高高潮位为491厘米，平均低低潮位为120厘米，平均大的潮差为371厘米。平均涨潮历时6小时4分钟，平均落潮历时6小时21分钟，两者相差17分钟。

累年各月潮汐特征值见表2.1-1。

表2.1-1 累年各月潮汐特征值（1999—2019年）　　　　单位：厘米

| 月份 | 平均高潮位 | 平均低潮位 | 平均潮差 | 平均高高潮位 | 平均低低潮位 | 平均大的潮差 |
|---|---|---|---|---|---|---|
| 1 | 461 | 137 | 324 | 476 | 109 | 367 |
| 2 | 460 | 133 | 327 | 472 | 113 | 359 |
| 3 | 463 | 131 | 332 | 473 | 114 | 359 |
| 4 | 464 | 135 | 329 | 476 | 115 | 361 |
| 5 | 468 | 145 | 323 | 485 | 118 | 367 |
| 6 | 475 | 153 | 322 | 495 | 122 | 373 |
| 7 | 476 | 152 | 324 | 498 | 120 | 378 |
| 8 | 489 | 156 | 333 | 508 | 127 | 381 |
| 9 | 501 | 164 | 337 | 515 | 138 | 377 |
| 10 | 493 | 161 | 332 | 510 | 134 | 376 |
| 11 | 476 | 151 | 325 | 495 | 121 | 374 |
| 12 | 465 | 144 | 321 | 483 | 112 | 371 |
| 年 | 474 | 147 | 327 | 491 | 120 | 371 |

注：潮位值均以验潮零点为基面。

平均高潮位和平均低潮位均具有夏秋高、冬春低的特点（图2.1-1），其中平均高潮位9月最高，为501厘米，2月最低，为460厘米，年较差为41厘米；平均低潮位9月最高，为164厘米，3月最低，为131厘米，年较差为33厘米；平均高高潮位9月最高，为515厘米，2月最低，为472厘米，年较差为43厘米；平均低低潮位9月最高，为138厘米，1月最低，为109厘米，年较差为29厘米。平均潮差9月最大，12月最小，年较差为16厘米；平均大的潮差8月最大，2月和3月均为最小，年较差为22厘米（图2.1-2）。

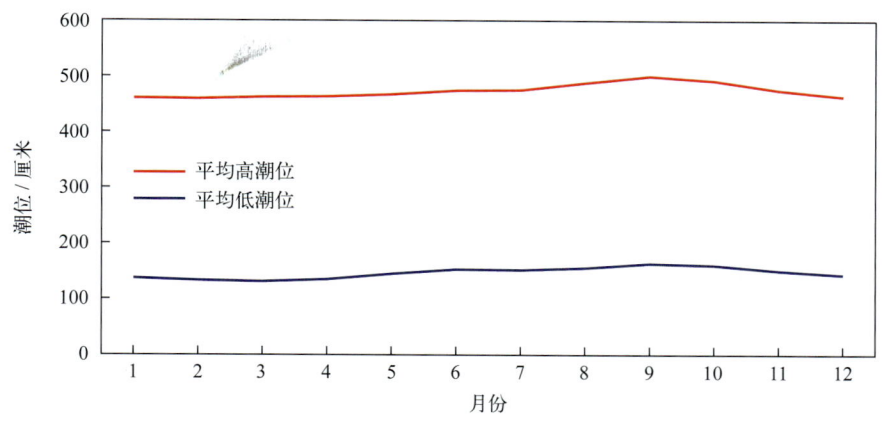

图2.1-1　平均高潮位和平均低潮位年变化

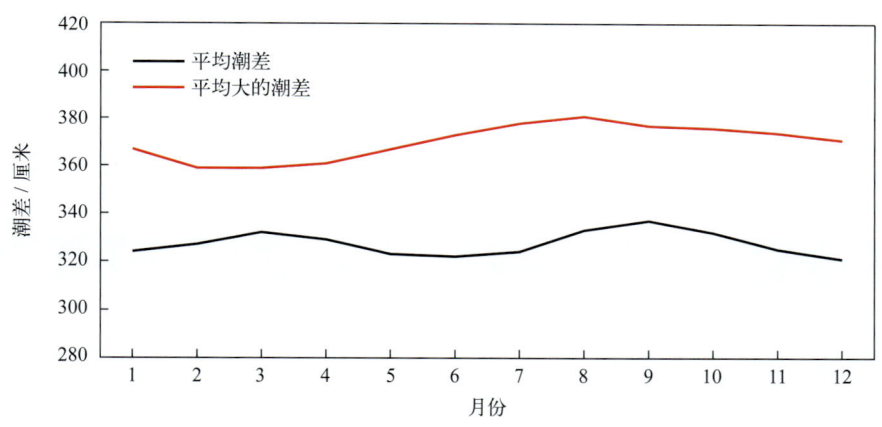

图2.1-2　平均潮差和平均大的潮差年变化

1999—2019年，石浦站平均高潮位呈上升趋势，上升速率为2.64毫米/年（线性趋势未通过显著性检验）。受天文潮长周期变化影响，平均高潮位存在较为显著的准19年周期变化，振幅为7.37厘米。平均高潮位最高值出现在2016年，为484厘米；最低值出现在2005年，为464厘米。石浦站平均低潮位呈明显上升趋势，上升速率为5.73毫米/年。平均低潮位准19年周期变化较弱，振幅为0.80厘米。平均低潮位最高值出现在2016年和2019年，均为155厘米；最低值出现在2000年，为139厘米。

1999—2019年，石浦站平均潮差呈波动减小趋势，减小速率为3.09毫米/年（线性趋势未通过显著性检验）。平均潮差准19年周期变化显著，振幅为7.99厘米。平均潮差最大值出现在1999年，为339厘米；最小值出现在2008年，为320厘米（图2.1-3）。

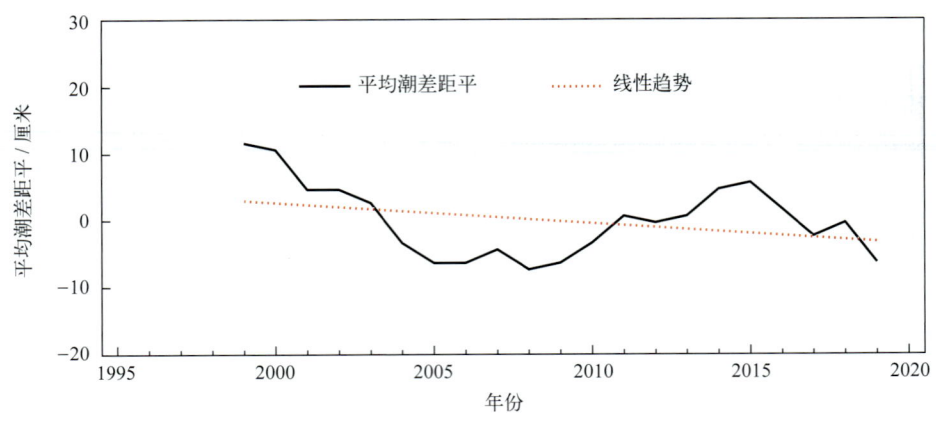

图2.1-3　1999—2019年平均潮差距平变化

## 第二节　极值潮位

石浦站年最高潮位和年最低潮位的各月发生频率见表2.2-1。年最高潮位出现时间主要集中在8—10月，其中9月发生频率最高，为43%；8月次之，为24%。年最低潮位主要出现在11月至翌年4月，其中1月发生频率最高，为33%；12月次之，为19%。

1999—2019年，石浦站年最高潮位变化趋势不明显。历年的最高潮位均高于581厘米，其中高于635厘米的有4年；历史最高潮位为648厘米，出现在2000年9月13日，正值0014号台风"桑美"影响期间。石浦站年最低潮位呈上升趋势，上升速率为9.56毫米/年。历年最低潮位均低于21厘米，其中低于-2厘米的有4年；历史最低潮位为-11厘米，出现在1999年12月24日，由强温带气旋引起（表2.2-1）。

表2.2-1　最高潮位和最低潮位及年极值出现频率（1999—2019年）

|  | 1月 | 2月 | 3月 | 4月 | 5月 | 6月 | 7月 | 8月 | 9月 | 10月 | 11月 | 12月 |
| --- | --- | --- | --- | --- | --- | --- | --- | --- | --- | --- | --- | --- |
| 最高潮位值/厘米 | 584 | 576 | 607 | 578 | 588 | 596 | 593 | 636 | 648 | 644 | 612 | 593 |
| 年最高潮位出现频率/% | 0 | 0 | 0 | 0 | 0 | 5 | 0 | 24 | 43 | 19 | 9 | 0 |
| 最低潮位值/厘米 | -5 | -1 | -3 | 7 | 18 | 21 | 20 | 23 | 39 | 25 | 2 | -11 |
| 年最低潮位出现频率/% | 33 | 10 | 10 | 9 | 0 | 0 | 5 | 0 | 0 | 0 | 14 | 19 |

## 第三节　增减水

受地形和气候特征的影响，石浦站出现30厘米以上增水的频率明显高于同等强度减水的频率，超过60厘米的增水平均约28天出现一次，而超过60厘米的减水平均约401天出现一次（表2.3-1）。

石浦站100厘米以上的增水主要出现在1—2月和7—9月，60厘米以上的减水多发生在3—4月和11—12月，这些大的增减水过程主要和该海域受热带气旋和温带气旋等影响有关（表2.3-2）。

表 2.3-1  不同强度增减水平均出现周期（1999—2019 年）

| 范围 / 厘米 | 出现周期 / 天 | |
| --- | --- | --- |
| | 增水 | 减水 |
| >30 | 1.59 | 4.20 |
| >40 | 4.23 | 16.40 |
| >50 | 11.29 | 71.92 |
| >60 | 28.34 | 401.26 |
| >70 | 48.56 | 1 906.00 |
| >80 | 77.80 | 2 541.33 |
| >90 | 127.07 | 3 812.00 |
| >100 | 211.78 | 3 812.00 |
| >120 | 1 524.80 | 7 624.00 |

表 2.3-2  各月不同强度增减水出现频率（1999—2019 年）

| 月份 | 增水 / % | | | | | 减水 / % | | | | |
| --- | --- | --- | --- | --- | --- | --- | --- | --- | --- | --- |
| | >30 厘米 | >50 厘米 | >70 厘米 | >100 厘米 | >120 厘米 | >30 厘米 | >40 厘米 | >50 厘米 | >60 厘米 | >70 厘米 |
| 1 | 3.19 | 0.10 | 0.01 | 0.01 | 0.00 | 1.07 | 0.15 | 0.01 | 0.00 | 0.00 |
| 2 | 3.88 | 0.20 | 0.04 | 0.01 | 0.00 | 1.18 | 0.23 | 0.02 | 0.00 | 0.00 |
| 3 | 3.40 | 0.37 | 0.00 | 0.00 | 0.00 | 2.29 | 0.84 | 0.24 | 0.05 | 0.03 |
| 4 | 0.89 | 0.10 | 0.00 | 0.00 | 0.00 | 1.20 | 0.34 | 0.11 | 0.05 | 0.00 |
| 5 | 0.62 | 0.00 | 0.00 | 0.00 | 0.00 | 0.13 | 0.00 | 0.00 | 0.00 | 0.00 |
| 6 | 0.24 | 0.01 | 0.00 | 0.00 | 0.00 | 0.05 | 0.00 | 0.00 | 0.00 | 0.00 |
| 7 | 1.13 | 0.38 | 0.17 | 0.08 | 0.01 | 0.34 | 0.05 | 0.02 | 0.00 | 0.00 |
| 8 | 2.48 | 0.80 | 0.35 | 0.10 | 0.02 | 0.85 | 0.21 | 0.04 | 0.00 | 0.00 |
| 9 | 5.39 | 1.22 | 0.25 | 0.03 | 0.01 | 0.12 | 0.00 | 0.00 | 0.00 | 0.00 |
| 10 | 4.57 | 0.83 | 0.17 | 0.00 | 0.00 | 0.53 | 0.08 | 0.01 | 0.00 | 0.00 |
| 11 | 2.54 | 0.31 | 0.02 | 0.00 | 0.00 | 2.46 | 0.74 | 0.11 | 0.01 | 0.00 |
| 12 | 3.02 | 0.08 | 0.00 | 0.00 | 0.00 | 1.65 | 0.39 | 0.13 | 0.01 | 0.00 |

1999—2019 年，除 4—6 月和 12 月外，石浦站年最大增水在其余各月均有出现，其中 2 月、8 月和 10 月出现频率最高，均为 19%；1 月次之，为 14%。年最大减水多出现在 1—4 月和 11 月，其中 3 月出现频率最高，为 24%；1 月、4 月和 11 月次之，均为 14%（表 2.3-3）。

1999—2019 年，石浦站年最大增水无明显变化趋势。历史最大增水出现在 2012 年 8 月 8 日，为 125 厘米；2005 年、2015 年和 2019 年最大增水均超过了 120 厘米。石浦站年最大减水呈减小趋势，减小速率为 6.47 毫米 / 年（线性趋势未通过显著性检验）。历史最大减水发生在 2001 年 3 月 10 日，为 121 厘米；2004 年、2005 年、2012 年和 2013 年最大减水均超过了 60 厘米。

表 2.3-3  最大增水和最大减水及年极值出现频率（1999—2019 年）

|  | 1月 | 2月 | 3月 | 4月 | 5月 | 6月 | 7月 | 8月 | 9月 | 10月 | 11月 | 12月 |
| --- | --- | --- | --- | --- | --- | --- | --- | --- | --- | --- | --- | --- |
| 最大增水值/厘米 | 105 | 115 | 66 | 61 | 45 | 52 | 123 | 125 | 121 | 95 | 86 | 61 |
| 年最大增水出现频率/% | 14 | 19 | 9 | 0 | 0 | 0 | 5 | 19 | 10 | 19 | 5 | 0 |
| 最大减水值/厘米 | 51 | 54 | 121 | 68 | 35 | 33 | 56 | 59 | 37 | 54 | 67 | 62 |
| 年最大减水出现频率/% | 14 | 10 | 24 | 14 | 0 | 0 | 5 | 9 | 0 | 5 | 14 | 5 |

# 第三章 表层海水温度、盐度和海发光

## 第一节 表层海水温度

### 1. 平均水温、最高水温和最低水温

石浦站月平均水温的年变化具有峰谷明显的特点，8月最高，为28.3℃，2月最低，为8.1℃，年较差为20.2℃。3—8月为升温期，9月至翌年2月为降温期。月最高水温和月最低水温的年变化特征与月平均水温相似（图3.1-1）。

历年的平均水温为17.1～19.2℃，其中2002年和2007年均为最高，1976年最低。累年平均水温为18.1℃。

历年的最高水温均不低于28.5℃，其中大于30.0℃的有31年，大于31.0℃的有5年，出现时间为7—9月。水温极大值为31.5℃，出现在2018年8月11日。

历年的最低水温均不高于8.6℃，其中小于6.0℃的有18年，小于5℃的有9年，出现时间为12月至翌年2月，2月最多。水温极小值为4.0℃，共出现了5次（天），均发生在1978年前。

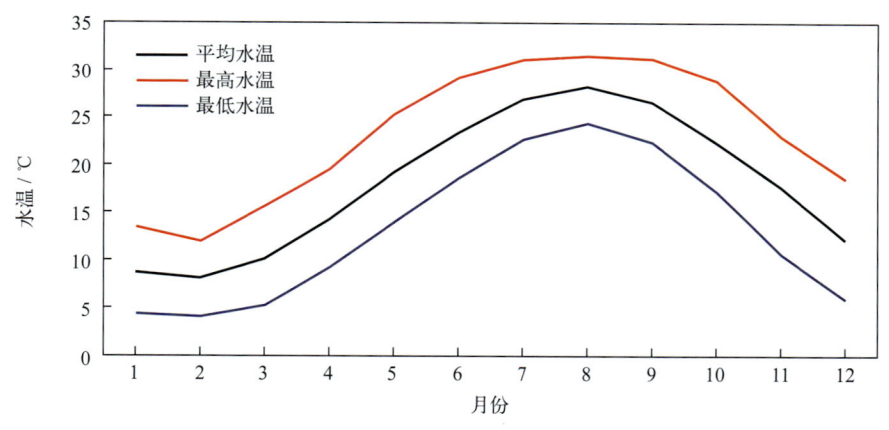

图3.1-1 水温年变化（1960—2019年）

### 2. 日平均水温稳定通过界限温度的日期

采用五日滑动平均方法求出稳定通过各个界限温度的日期，见表3.1-1。日平均水温全年均稳定通过5℃，稳定通过10℃的有292天，稳定通过15℃的有223天，稳定通过20℃的有163天，稳定通过25℃的初日为6月29日，终日为9月27日，共91天。

表3.1-1 日平均水温稳定通过界限温度的日期（1960—2019年）

|  | 10℃ | 15℃ | 20℃ | 25℃ |
| --- | --- | --- | --- | --- |
| 初日 | 3月15日 | 4月21日 | 5月22日 | 6月29日 |
| 终日 | 12月31日 | 11月29日 | 10月31日 | 9月27日 |
| 天数 | 292 | 223 | 163 | 91 |

### 3. 长期趋势变化

1960—2019 年，年平均水温和年最低水温均呈波动上升趋势，上升速率分别为 0.19℃ /（10 年）和 0.28℃ /（10 年），年最高水温无明显变化趋势，其中 2018 年最高水温为 1960 年以来的第一高值，1963 年、2003 年和 2016 年最高水温均为 1960 年以来的第二高值；1968 年和 1977 年最低水温均为 1960 年以来的第一低值，1963 年最低水温为 1960 年以来的第二低值。

十年平均水温变化显示，2000—2009 年平均水温最高，1970—1979 年平均水温最低，1990—1999 年平均水温较上一个十年升幅最大，升幅为 0.50℃（图 3.1-2）。

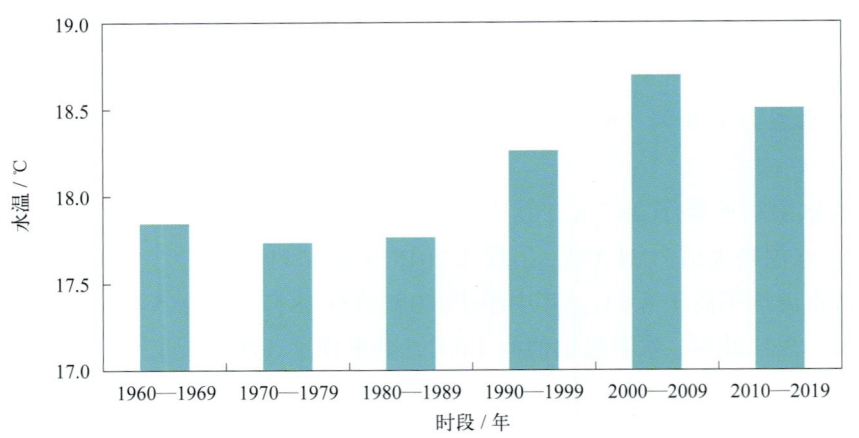

图 3.1-2　十年平均水温变化

## 第二节　表层海水盐度

### 1. 平均盐度、最高盐度和最低盐度

石浦站月平均盐度的年变化具有秋冬季较低、夏季较高的特点，最高值出现在 8 月，为 29.94，最低值出现在 10 月，为 24.96，年较差为 4.98。月最高盐度 9 月最大，12 月最小。月最低盐度 4 月最大，6 月最小（图 3.2-1）。

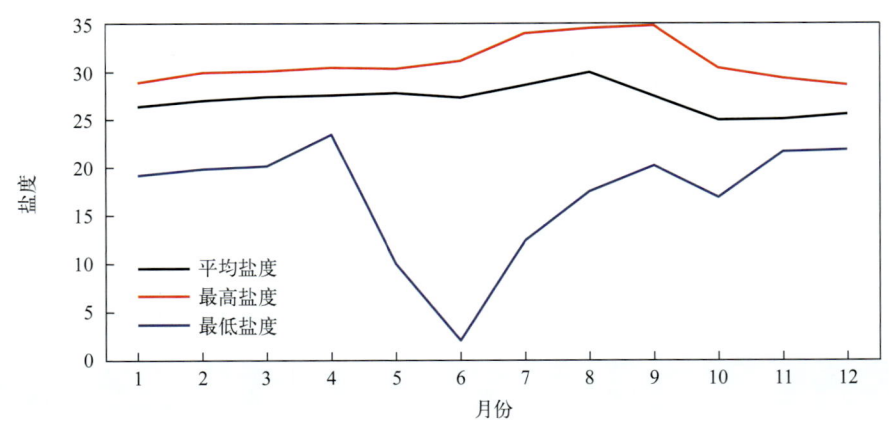

图 3.2-1　盐度年变化（1960—2019年）

历年（2007 年和 2016 年数据有缺测）的平均盐度为 24.96 ~ 28.72，其中 1960 年最高，1988 年最低。累年平均盐度为 27.07。

历年的最高盐度均大于 27.20，其中大于 32.00 的有 24 年，大于 34.00 的有 3 年。年最高盐度多出现夏秋季，冬春季较少。盐度极大值为 34.70，出现在 1961 年 9 月 3 日。《东海区海洋站海洋水文气候志》记载最高盐度为 35.21，出现在 1963 年 8 月 2 日 20 时。

历年的最低盐度均小于 25.80，其中小于 22.00 的有 21 年，小于 18.00 的有 5 年。年最低盐度一年四季均有出现，其中出现在秋季的较多，占统计年份的 56%。盐度极小值小于 2.00，1988 年 6 月 13—23 日多次出现，当月石浦沿海多日连续降水。

### 2. 长期趋势变化

1960—2019 年，年平均盐度和年最高盐度均呈波动下降趋势，下降速率分别为 0.26 /（10 年）和 0.56 /（10 年），年最低盐度无明显变化趋势。1961 年和 1963 年最高盐度分别为 1960 年以来的第一高值和第二高值；1988 年和 1976 年最低盐度分别为 1960 年以来的第一低值和第二低值。

十年平均盐度变化显示，1960—1969 年平均盐度最高，1980—1989 年平均盐度最低，1980—1989 年平均盐度较上一个十年降幅为 0.89（图 3.2-2）。

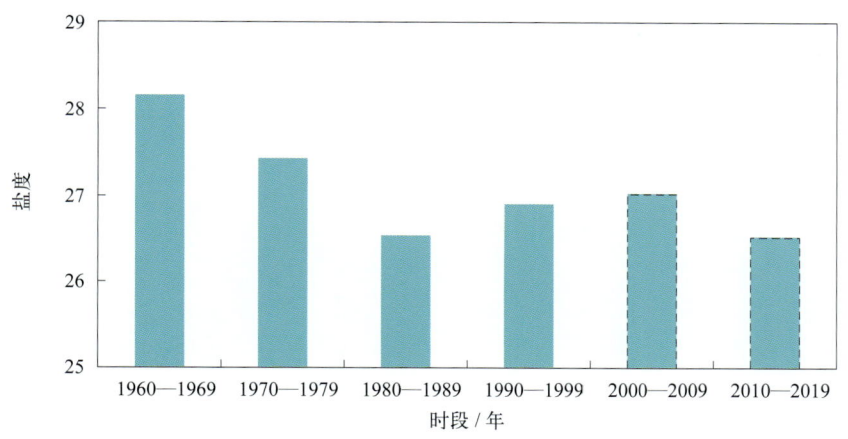

图 3.2-2　十年平均盐度变化（数据不足十年加虚线框表示，下同）

## 第三节　海发光

1960—2007 年，石浦站观测到的海发光主要为火花型（H），闪光型（S）观测到 8 次，弥漫型（M）观测到 2 次。海发光以 1 级海发光为主，占海发光次数的 71.3%；2 级海发光次之，占 26.7%；观测到 1 次 4 级海发光，时间为 1965 年 10 月 30 日。

各月及全年海发光频率见表 3.3-1 和图 3.3-1。海发光频率的年变化特征为冬季偏低、夏季偏高，8 月海发光频率最高，2 月海发光频率最低。累年平均海发光频率为 57.8%。

历年海发光频率为 25.8% ~ 92.94%，其中 1982 年最大，2001 年最小。

表 3.3-1　各月及全年海发光频率（1960—2007 年）

| | 1月 | 2月 | 3月 | 4月 | 5月 | 6月 | 7月 | 8月 | 9月 | 10月 | 11月 | 12月 | 年 |
|---|---|---|---|---|---|---|---|---|---|---|---|---|---|
| 频率 /% | 18.8 | 10.1 | 11.5 | 44.8 | 89.7 | 94.3 | 95.3 | 95.4 | 83.3 | 63.3 | 46.9 | 28.2 | 57.8 |

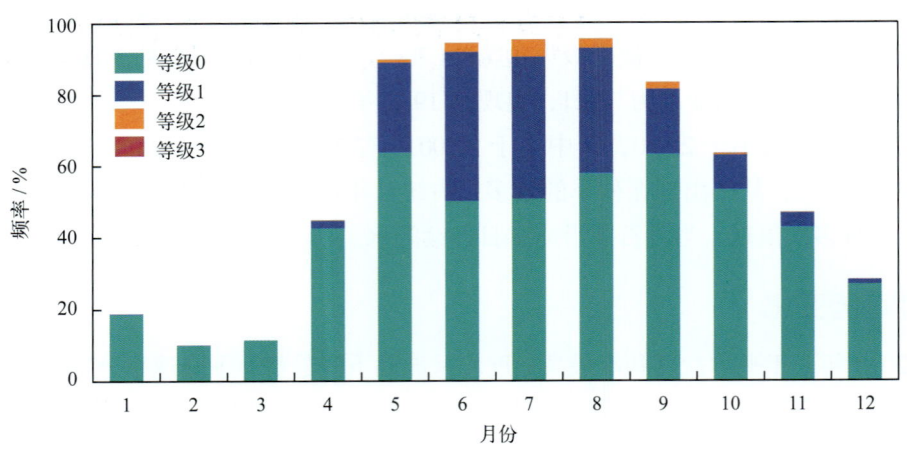

图3.3-1　各月各级海发光频率（1960—2007年）

# 第四章 海洋气象

## 第一节 气温

### 1. 平均气温、最高气温和最低气温

1960—2019 年，石浦站累年平均气温为 16.8℃。月平均气温具有夏高冬低的变化特征，8 月最高，为 27.6℃，1 月最低，为 5.9℃，年较差为 21.7℃。月最高气温和月最低气温的年变化特征与月平均气温相似，月最高气温极大值出现在 8 月，月最低气温极小值出现在 1 月（表 4.1-1，图 4.1-1）。

表 4.1-1 气温年变化（1960—2019 年） 单位：℃

|  | 1月 | 2月 | 3月 | 4月 | 5月 | 6月 | 7月 | 8月 | 9月 | 10月 | 11月 | 12月 | 年 |
| --- | --- | --- | --- | --- | --- | --- | --- | --- | --- | --- | --- | --- | --- |
| 平均气温 | 5.9 | 6.5 | 9.7 | 14.6 | 19.2 | 23.0 | 27.2 | 27.6 | 24.6 | 19.9 | 14.6 | 8.7 | 16.8 |
| 最高气温 | 23.9 | 23.7 | 25.6 | 31.3 | 32.4 | 34.9 | 37.6 | 38.8 | 35.8 | 33.3 | 27.6 | 25.7 | 38.8 |
| 最低气温 | -7.5 | -5.6 | -1.0 | 1.7 | 8.6 | 14.1 | 17.8 | 19.2 | 12.3 | 6.3 | -0.1 | -5.2 | -7.5 |

注：1986年1月至2007年7月数据缺测。

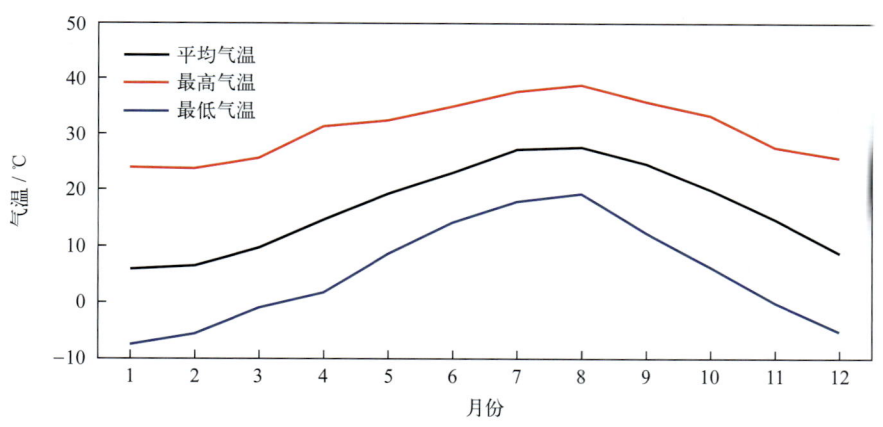

图4.1-1 气温年变化（1960—2019年）

历年的平均气温为 15.6～18.5℃，其中 2016 年、2017 年和 2018 年连续 3 年均为最高，1976 年最低。

历年的最高气温均高于 32.0℃，其中高于 35.0℃的有 22 年，高于 38.0℃的有 2 年。最早出现时间为 7 月 9 日（1972 年、1977 年和 1981 年），最晚出现时间为 8 月 23 日（2018 年）。7 月最高气温出现频率最高，占统计年份的 51%，8 月次之，占 49%（图 4.1-2）。极大值为 38.8℃，出现在 1971 年 8 月 20 日。

历年的最低气温均低于 2.5℃，其中低于 -2.0℃的有 31 年，低于 -6.0℃的有 3 年。最早出现时间为 12 月 13 日（1972 年），最晚出现时间为 2 月 27 日（1981 年）。1 月最低气温出现频率最高，占统计年份的 43%，2 月次之，占 31%（图 4.1-2）。极小值为 -7.5℃，出现在 1967 年 1 月 16 日。

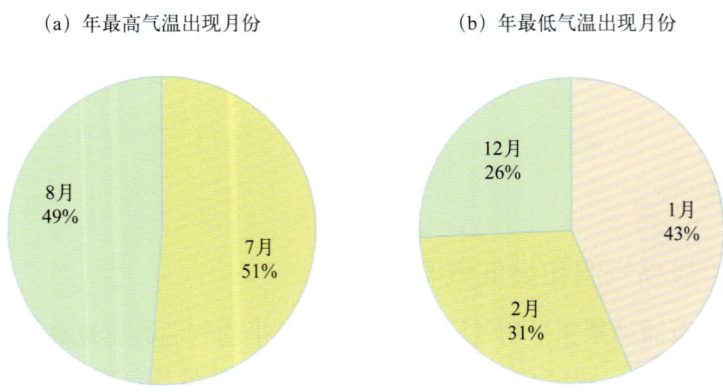

图4.1-2 年最高、最低气温出现月份及频率（1960—2019年）

### 2. 长期趋势变化

1960—1985年，年平均气温和年最高气温均呈波动下降趋势，下降速率分别为0.15℃/（10年）（线性趋势未通过显著性检验）和0.85℃/（10年）（线性趋势未通过显著性检验）；年最低气温无明显变化趋势。2008—2019年，年平均气温、年最高气温和年最低气温均呈波动上升趋势，上升速率分别为0.53℃/（10年）、1.14℃/（10年）（线性趋势未通过显著性检验）和1.70℃/（10年）（线性趋势未通过显著性检验）。

### 3. 常年自然天气季节和大陆度

利用石浦站1966—1985年和2007—2019年气温累年日平均数据计算五日滑动平均气温，根据《气候季节划分》（QX/T 152—2012）方法，石浦平均春季时间从3月18日至6月9日，共84天；平均夏季时间从6月10日至10月5日，共118天；平均秋季时间从10月6日至12月9日，共65天；平均冬季时间从12月10日至翌年3月17日，共98天。夏季时间最长，秋季时间最短（图4.1-3）。

石浦站焦金斯基大陆度指数为44.3%，属海洋性季风气候。

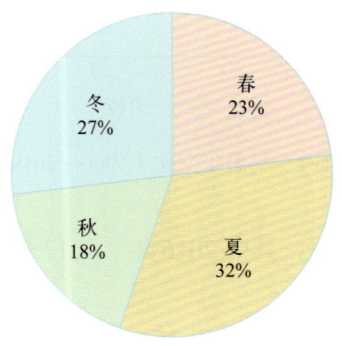

图4.1-3 四季平均日数百分率（1966—2019年）

## 第二节 气压

### 1. 平均气压、最高气压和最低气压

1966—2019年，石浦站累年平均气压为1 005.7百帕。月平均气压具有冬高夏低的变化特征，

1月和12月最高，均为1 014.8百帕，7月最低，为995.6百帕，年较差为19.2百帕。月最高气压1月最大，7月最小。月最低气压12月最大，8月最小（表4.2-1，图4.2-1）。

历年的平均气压为1 004.3～1 007.0百帕，其中1967年最高，2007年最低。

历年的最高气压均高于1 021.5百帕，其中高于1 028.0百帕的有9年，高于1 030.0百帕的有2年。极大值为1 030.8百帕，出现在2000年1月31日。

历年的最低气压均低于990.0百帕，其中低于980.0百帕的有12年，低于970.0百帕的有6年。极小值为958.9百帕，出现在2012年8月8日，正值1211号台风"海葵"影响期间。

表4.2-1  气压年变化（1966—2019年）　　　　　　　　　　　　　　　　　　　　单位：百帕

|  | 1月 | 2月 | 3月 | 4月 | 5月 | 6月 | 7月 | 8月 | 9月 | 10月 | 11月 | 12月 | 年 |
| --- | --- | --- | --- | --- | --- | --- | --- | --- | --- | --- | --- | --- | --- |
| 平均气压 | 1 014.8 | 1 012.8 | 1 009.7 | 1 005.1 | 1 001.0 | 996.8 | 995.6 | 996.1 | 1 001.8 | 1 008.0 | 1 011.9 | 1 014.8 | 1 005.7 |
| 最高气压 | 1 030.8 | 1 029.1 | 1 027.0 | 1 023.9 | 1 014.5 | 1 008.4 | 1 005.4 | 1 007.4 | 1 014.9 | 1 019.9 | 1 025.7 | 1 029.6 | 1 030.8 |
| 最低气压 | 996.3 | 989.9 | 987.3 | 986.7 | 986.5 | 930.0 | 960.1 | 958.9 | 968.5 | 973.7 | 990.8 | 997.2 | 958.9 |

注：1968—1972年数据有缺测，1986年1月至1999年8月数据缺测。

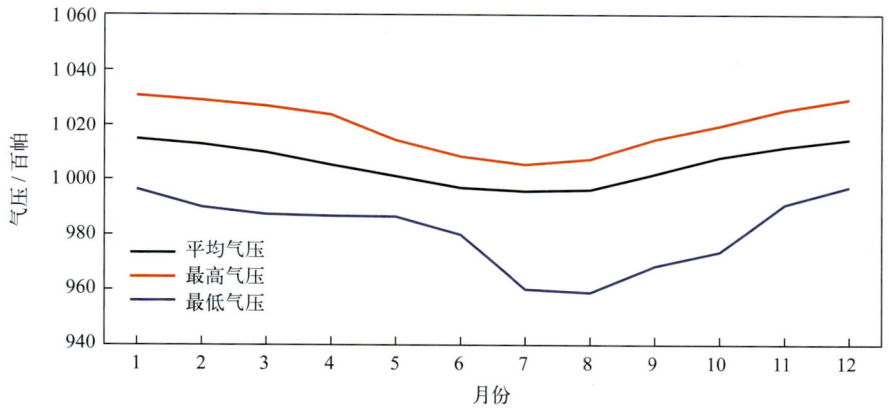

图4.2-1  气压年变化（1966—2019年）

### 2. 长期趋势变化

2000—2019年，年平均气压变化趋势不明显；年最高气压和年最低气压均呈波动下降趋势，下降速率分别为0.81百帕/（10年）（线性趋势未通过显著性检验）和1.77百帕/（10年）（线性趋势未通过显著性检验）。

## 第三节  相对湿度

### 1. 平均相对湿度和最小相对湿度

1960—2019年，石浦站累年平均相对湿度为78.8%。月平均相对湿度6月最大，为89.2%，12月最小，为69.1%。平均月最小相对湿度7月最大，为53.3%，1月最小，为23.2%。最小相对湿度的极小值为4%，出现在1963年2月26日（表4.3-1，图4.3-1）。

表 4.3-1　相对湿度年变化（1960—2019 年）

|  | 1月 | 2月 | 3月 | 4月 | 5月 | 6月 | 7月 | 8月 | 9月 | 10月 | 11月 | 12月 | 年 |
|---|---|---|---|---|---|---|---|---|---|---|---|---|---|
| 平均相对湿度 / % | 70.6 | 75.0 | 78.1 | 81.7 | 84.1 | 89.2 | 85.5 | 83.5 | 80.4 | 74.8 | 73.6 | 69.1 | 78.8 |
| 平均最小相对湿度 / % | 23.2 | 28.3 | 25.6 | 29.1 | 33.1 | 52.3 | 53.3 | 51.4 | 45.1 | 35.1 | 28.2 | 23.8 | 35.7 |
| 最小相对湿度 / % | 9 | 4 | 7 | 13 | 13 | 27 | 40 | 26 | 26 | 18 | 13 | 13 | 4 |

注：平均最小相对湿度为各月最小相对湿度的累年平均值及其年平均值。1986年1月至2007年7月数据缺测。

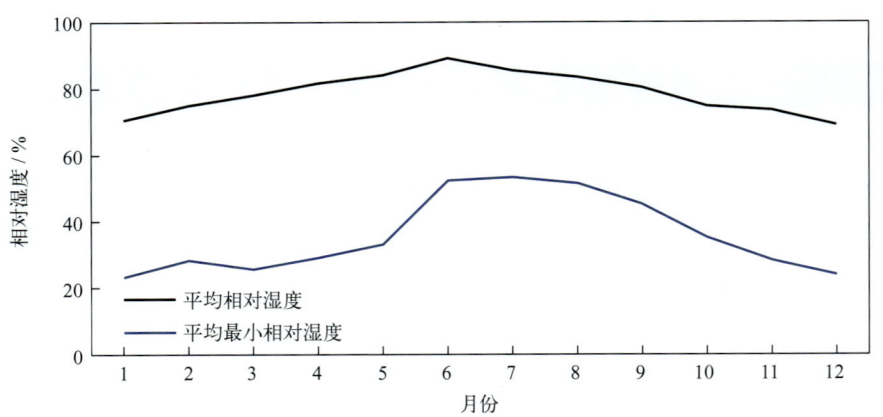

图4.3-1　相对湿度年变化（1960—2019年）

### 2. 长期趋势变化

1960—2019 年，年平均相对湿度为 72.6% ~ 83.3%，其中 2017 年最大，2009 年最小。1960—1985 年，平均相对湿度无明显变化趋势；2008—2019 年，平均相对湿度呈上升趋势，上升速率为 7.90% /（10 年）。

### 3. 温湿指数

根据《人居环境气候舒适度评价》（GB/T 27963—2011）的温湿指数统计方法和气候舒适度等级划分方法，统计石浦站各月温湿指数，结果显示：12月至翌年 3 月温湿指数为 7.3 ~ 10.3，感觉为寒冷；4月和11月温湿指数分别为 14.6 和 14.5，感觉为冷；5月、6月、9月和10月温湿指数为 18.7 ~ 23.5，感觉为舒适；7月和8月温湿指数分别为 26.2 和 26.4，感觉为热（表 4.3-2）。

表 4.3-2　温湿指数年变化（1960—2019 年）

|  | 1月 | 2月 | 3月 | 4月 | 5月 | 6月 | 7月 | 8月 | 9月 | 10月 | 11月 | 12月 |
|---|---|---|---|---|---|---|---|---|---|---|---|---|
| 温湿指数 | 7.3 | 7.6 | 10.3 | 14.6 | 18.7 | 22.4 | 26.2 | 26.4 | 23.5 | 19.2 | 14.5 | 9.6 |
| 感觉程度 | 寒冷 | 寒冷 | 寒冷 | 冷 | 舒适 | 舒适 | 热 | 热 | 舒适 | 舒适 | 冷 | 寒冷 |

## 第四节　风

### 1. 平均风速和最大风速

石浦站风速的年变化见表 4.4-1 和图 4.4-1。累年平均风速为 4.7 米 / 秒，月平均风速 7 月最大，为 5.2 米/秒，5 月最小，为 4.0 米/秒。平均最大风速 8 月最大，为 18.8 米/秒，2 月最小，为 14.0 米/秒。最大风速月最大值对应风向多为 N 向（5 个月）。极大风速的最大值为 41.2 米/秒，出现在 2015 年 7 月 11 日，正值 1509 号台风"灿鸿"影响期间，对应风向为 N。

表 4.4-1　风速年变化（1960—2019 年） 单位：米/秒

| | | 1月 | 2月 | 3月 | 4月 | 5月 | 6月 | 7月 | 8月 | 9月 | 10月 | 11月 | 12月 | 年 |
|---|---|---|---|---|---|---|---|---|---|---|---|---|---|---|
| 平均风速 | | 4.9 | 4.9 | 4.7 | 4.4 | 4.0 | 4.1 | 5.2 | 4.9 | 4.7 | 4.9 | 4.7 | 4.8 | 4.7 |
| 最大风速 | 平均值 | 14.5 | 14.0 | 14.7 | 15.5 | 14.4 | 14.2 | 17.5 | 18.8 | 16.4 | 14.9 | 14.7 | 14.6 | 15.4 |
| | 最大值 | 20.0 | 22.0 | 24.0 | 25.0 | 24.0 | 22.0 | 37.0 | 40.0 | 30.0 | 24.0 | 23.3 | 21.0 | 40.0 |
| | 最大值对应风向 | N/NNW | N | SSW | SW | SSW | ENE | SSE | ENE | N | N | N | NNW | ENE |
| 极大风速 | 最大值 | 23.2 | 24.5 | 21.0 | 24.8 | 25.1 | 29.9 | 41.2 | 39.5 | 30.5 | 34.4 | 22.8 | 22.2 | 41.2 |
| | 最大值对应风向 | NW | SSE | N | SW | S | SW | N | NE | ENE | SSW | NNW | NNW | N |

注：1986年1月至1999年8月数据缺测，2000年、2002年、2006—2007年数据有缺测，极大风速的统计时间为1999年9月至2019年12月。

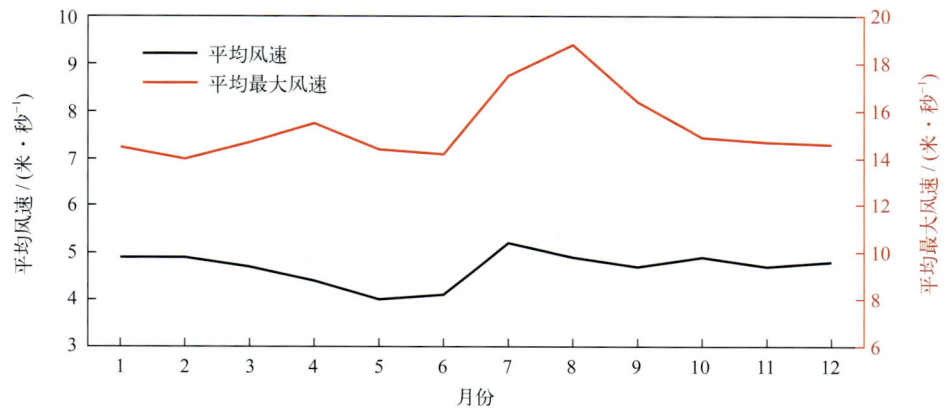

图4.4-1　平均风速和平均最大风速年变化（1960—2019年）

历年的平均风速为 3.3 ~ 6.4 米/秒，其中 1978 年最大，2004 年和 2005 年均为最小。历年的最大风速均大于等于 11.4 米/秒，其中大于等于 28.0 米/秒的有 7 年。最大风速的最大值为 40.0 米/秒，出现在 1979 年 8 月 24 日，风向为 ENE。年最大风速出现在 8 月的频率最高，11 月和 12 月未出现（图 4.4-2）。

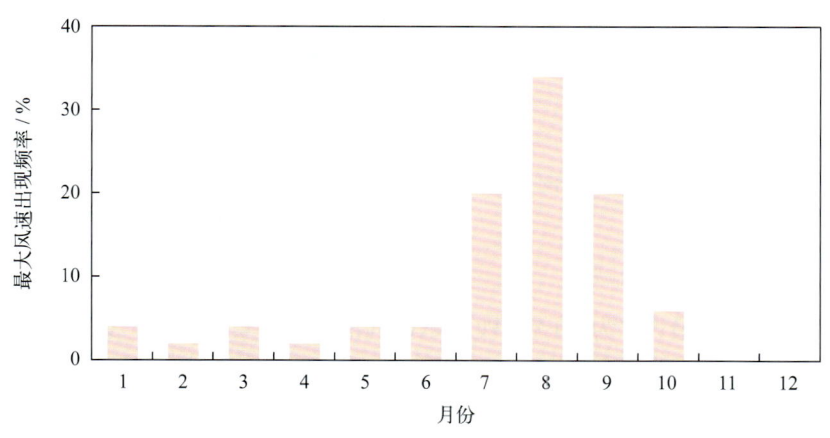

图4.4-2　年最大风速出现频率（1960—2019年）

## 2. 各向风频率

全年 N 向风最多，频率为 21.5%，NNW 向次之，频率为 10.6%，WNW 向最少，频率为 1.4%（图 4.4-3）。

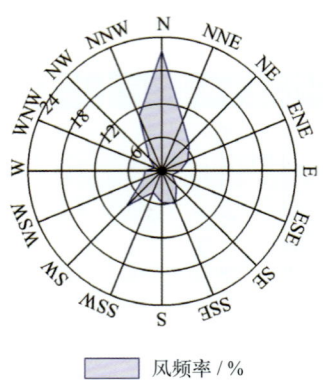

图 4.4-3　全年各向风频率（1966—2019 年）

1 月盛行风向为 NNW—NNE，频率和为 64.8%；4 月盛行风向为 N—NE，频率和为 32.7%；7 月盛行风向为 SSE—SW，频率和为 60.3%；10 月盛行风向为 NNW—NE，频率和为 65.9%（图 4.4-4）。

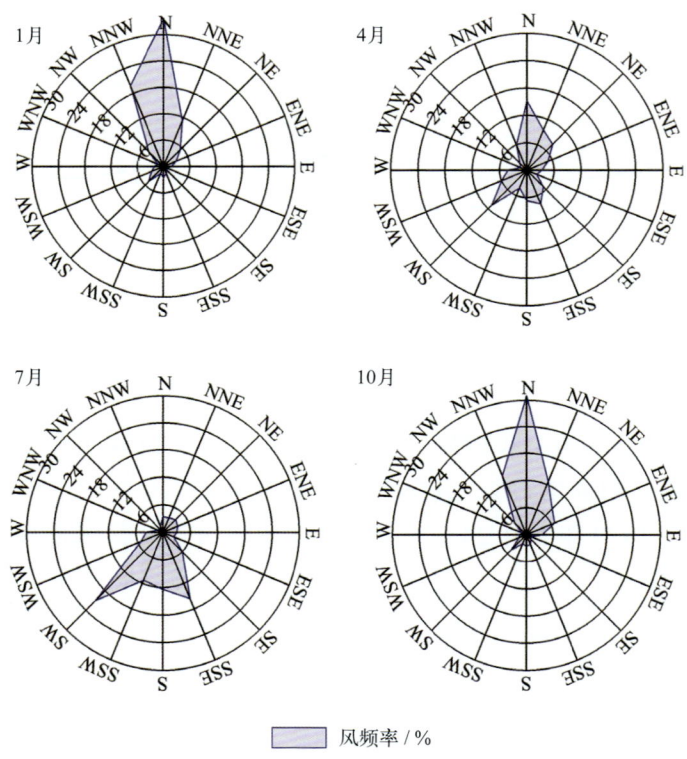

图 4.4-4　四季代表月各向风频率（1966—2019 年）

## 3. 各向平均风速和最大风速

全年各向平均风速 N 向最大，为 5.0 米/秒，NNW 向次之，为 4.7 米/秒，WNW 向最小，为 2.0 米/秒（图 4.4-5）。1 月和 4 月均为 N 向平均风速最大，分别为 5.7 米/秒和 5.0 米/秒；7 月 SSW 向最大，为 5.6 米/秒；10 月 N 向最大，为 5.4 米/秒（图 4.4-6）。

全年各向最大风速 ENE 向最大，为 40.0 米/秒，SSE 向次之，为 37.0 米/秒，NW 向最小，为 18.0 米/秒（图 4.4-5）。1 月 NNW 向最大风速最大，为 20.0 米/秒；4 月 SW 向最大，为 25.0 米/秒；7 月 SSE 向最大，为 37.0 米/秒；10 月 N 向最大，为 24.0 米/秒（图 4.4-6）。

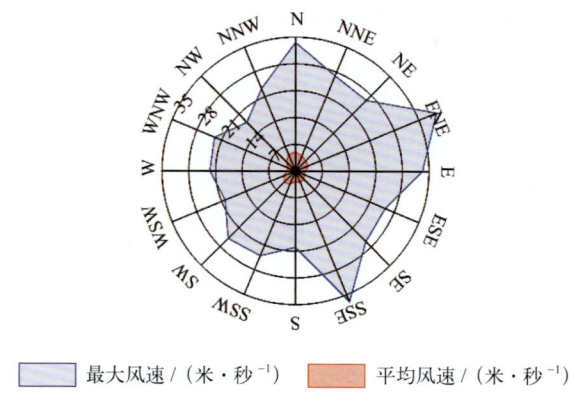

图 4.4-5　全年各向平均风速和最大风速（1966—2019 年）

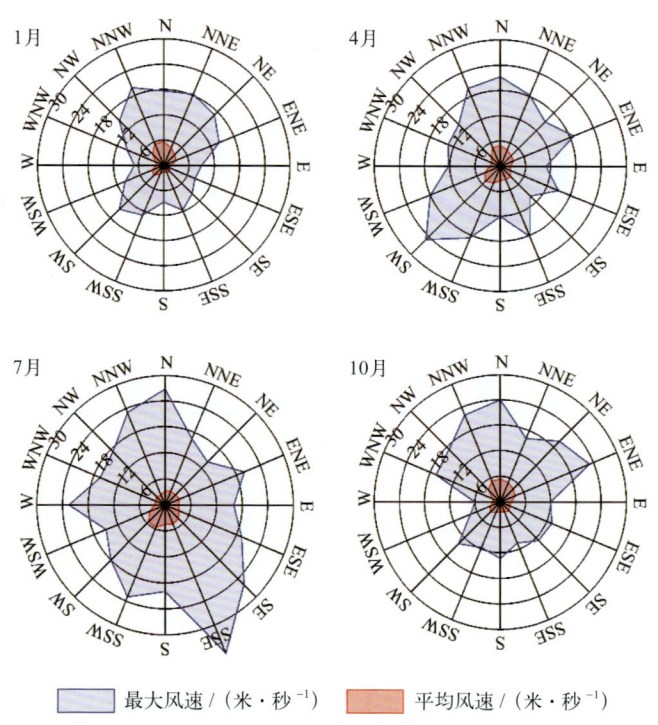

图 4.4-6　四季代表月各向平均风速和最大风速（1966—2019 年）

## 4. 大风日数

风力大于等于 6 级的大风日数 7 月最多，为 5.3 天，占全年的 10.7%，1 月次之，为 4.8 天（表 4.4-2，图 4.4-7）。平均年大风日数为 49.5 天（表 4.4-2）。历年大风日数 1985 年最多，为 119 天，2005 年最少，为 8 天。

风力大于等于 8 级的大风日数 8 月最多，为 0.8 天，1—3 月、6 月和 12 月最少，均为 0.2 天。历年大风日数 1979 年最多，为 14 天，有 7 年未出现。

风力大于等于 6 级的月大风日数最多为 17 天，出现在 1982 年 3 月和 1983 年 7 月；最长连续大于等于 6 级大风日数为 9 天，出现在 1985 年 7 月 3—11 日（表 4.4-2）。

表 4.4-2　各级大风日数年变化（1960—2019 年）　　　　　单位：天

| | 1月 | 2月 | 3月 | 4月 | 5月 | 6月 | 7月 | 8月 | 9月 | 10月 | 11月 | 12月 | 年 |
|---|---|---|---|---|---|---|---|---|---|---|---|---|---|
| 大于等于6级大风平均日数 | 4.8 | 3.9 | 4.6 | 4.2 | 3.0 | 3.2 | 5.3 | 4.2 | 3.8 | 4.0 | 4.0 | 4.5 | 49.5 |
| 大于等于7级大风平均日数 | 1.2 | 0.9 | 1.4 | 1.6 | 0.9 | 1.2 | 2.0 | 2.1 | 1.5 | 1.4 | 1.3 | 1.1 | 16.6 |
| 大于等于8级大风平均日数 | 0.2 | 0.2 | 0.2 | 0.5 | 0.3 | 0.2 | 0.6 | 0.8 | 0.5 | 0.3 | 0.3 | 0.2 | 4.3 |
| 大于等于6级大风最多日数 | 16 | 11 | 17 | 12 | 12 | 12 | 17 | 15 | 10 | 13 | 13 | 11 | 119 |
| 最长连续大于等于6级大风日数 | 8 | 4 | 6 | 5 | 4 | 4 | 9 | 8 | 7 | 6 | 8 | 5 | 9 |

注：大于等于6级大风统计时间为1960—2019年，大于等于7级和大于等于8级大风统计时间为1966—2019年。

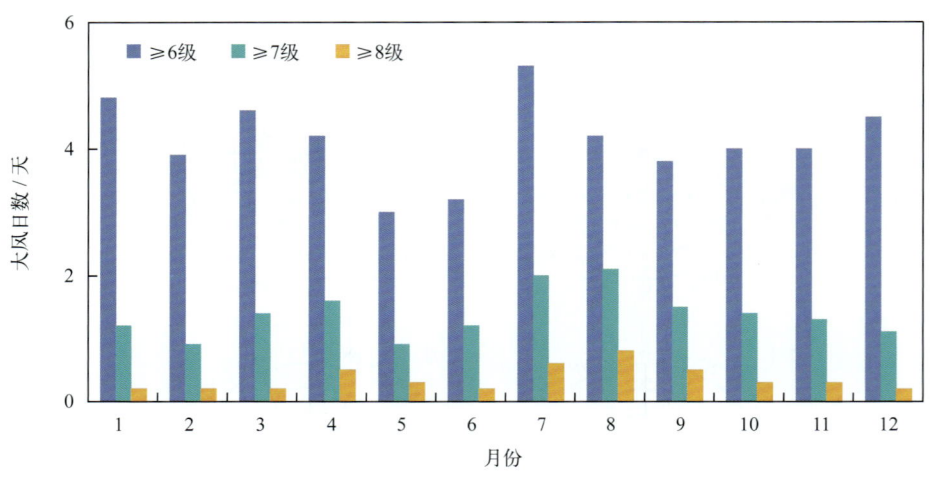

图 4.4-7　各级大风日数年变化

## 第五节　降水

### 1. 降水量和降水日数

#### （1）降水量

石浦站降水量的年变化见表 4.5-1 和图 4.5-1。平均年降水量为 1 384.2 毫米，降水量的季节分布不均匀，夏季（6—8 月）为 447.7 毫米，占全年降水量的 32.3%，春季（3—5 月）为 394.7 毫米，占全年的 28.5%，秋季（9—11 月）为 357.1 毫米，占全年的 25.8%，冬季（12 月至翌年 2 月）为 184.7 毫米，占全年的 13.3%。6 月平均降水量最多，为 212.7 毫米，占全年的 15.4%。

历年年降水量为 806.3 ~ 2 010.1 毫米，其中 2019 年最多，1967 年最少。

最大日降水量超过 100 毫米的有 21 年，超过 150 毫米的有 8 年。最大日降水量为 329.8 毫米，出现在 2017 年 10 月 15 日。

表 4.5-1　降水量年变化（1960—2019 年）　　　　　　　　　　　　　　　　　　　　　单位：毫米

|  | 1月 | 2月 | 3月 | 4月 | 5月 | 6月 | 7月 | 8月 | 9月 | 10月 | 11月 | 12月 | 年 |
|---|---|---|---|---|---|---|---|---|---|---|---|---|---|
| 平均降水量 | 53.4 | 77.8 | 113.3 | 123.4 | 158.0 | 212.7 | 94.6 | 140.4 | 171.8 | 106.7 | 78.6 | 53.5 | 1 384.2 |
| 最大日降水量 | 59.2 | 44.5 | 63.4 | 63.5 | 281.6 | 156.0 | 122.8 | 118.3 | 195.5 | 329.8 | 96.1 | 101.5 | 329.8 |

注：1986年1月至2007年7月数据缺测。

（2）降水日数

平均年降水日数为 165.5 天。降水日数年变化特征为上半年多、下半年少（图 4.5-2 和图 4.5-3）。日降水量大于等于 10 毫米的平均年日数为 40.5 天，各月均有出现；日降水量大于等于 50 毫米的平均年日数为 3.3 天，出现在 1 月和 3—12 月；日降水量大于等于 100 毫米的平均年日数为 0.7 天，出现在 5—10 月和 12 月；日降水量大于等于 150 毫米的平均年日数为 0.21 天，出现在 5 月、6 月、9 月和 10 月；日降水量大于等于 200 毫米的平均年日数为 0.06 天，出现在 5 月和 10 月（图 4.5-3）。

最多年降水日数为 193 天，出现在 2015 年和 2016 年；最少为 123 天，出现在 2008 年。最长连续降水日数为 34 天，出现在 2015 年 10 月 29 日至 12 月 1 日；最长连续无降水日数为 36 天，出现在 1983 年 11 月 11 日至 12 月 16 日。

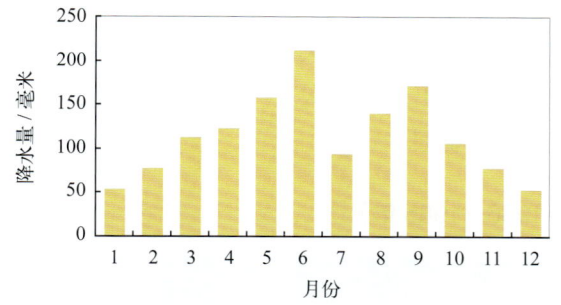

图4.5-1　降水量年变化（1960—2019年）

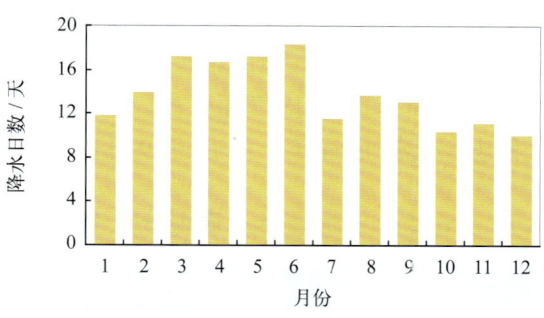

图4.5-2　降水日数年变化（1966—2019年）

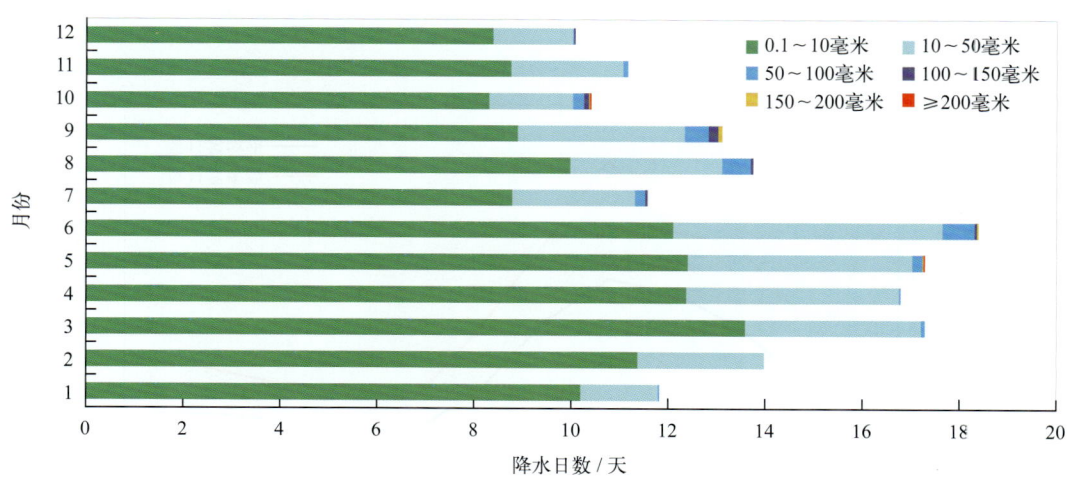

图4.5-3　各月各级平均降水日数分布（1960—2019年）

### 2. 长期趋势变化

1960—1985年，年降水量和年最大日降水量均呈下降趋势，下降速率分别为24.78毫米/（10年）（线性趋势未通过显著性检验）和16.20毫米/（10年）（线性趋势未通过显著性检验）。2008—2019年，年降水量和年最大日降水量均呈上升趋势，上升降速率分别为393.68毫米/（10年）（线性趋势未通过显著性检验）和83.07毫米/（10年）（线性趋势未通过显著性检验）。

1966—1985年，年降水日数和最长连续无降水日数均呈增加趋势，增加速率分别为3.31天/（10年）（线性趋势未通过显著性检验）和2.27天/（10年）（线性趋势未通过显著性检验）；最长连续降水日数呈减少趋势，减少速率为1.74天/（10年）（线性趋势未通过显著性检验）。2008—2019年，年降水日数呈增加趋势，增加速率为43.64天/（10年）；最长连续降水日数呈增加趋势，增加速率为4.23天/（10年）（线性趋势未通过显著性检验）；最长连续无降水日数呈减少趋势，减少速率为3.32天/（10年）（线性趋势未通过显著性检验）。

## 第六节　雾及其他天气现象

### 1. 雾

石浦站雾日数的年变化见表4.6-1、图4.6-1和图4.6-2。1966—1985年，平均年雾日数为56.3天。平均月雾日数5月最多，为11.5天，8月和9月最少，均为0.8天；月雾日数最多为20天，出现在1967年5月和1977年5月；最长连续雾日数为8天，出现了3次。《东海区海洋站海洋水文气候志》记载1964年4月12—19日也出现了8天的连续雾日。

表4.6-1　雾日数年变化（1966—1985年）　　　　　单位：天

| | 1月 | 2月 | 3月 | 4月 | 5月 | 6月 | 7月 | 8月 | 9月 | 10月 | 11月 | 12月 | 年 |
|---|---|---|---|---|---|---|---|---|---|---|---|---|---|
| 平均雾日数 | 2.6 | 4.3 | 8.2 | 10.6 | 11.5 | 8.5 | 3.6 | 0.8 | 0.8 | 1.5 | 1.9 | 2.0 | 56.3 |
| 最多雾日数 | 9 | 9 | 14 | 15 | 20 | 14 | 8 | 3 | 4 | 4 | 5 | 6 | 69 |
| 最长连续雾日数 | 6 | 6 | 6 | 8 | 7 | 8 | 7 | 3 | 3 | 3 | 3 | 3 | 8 |

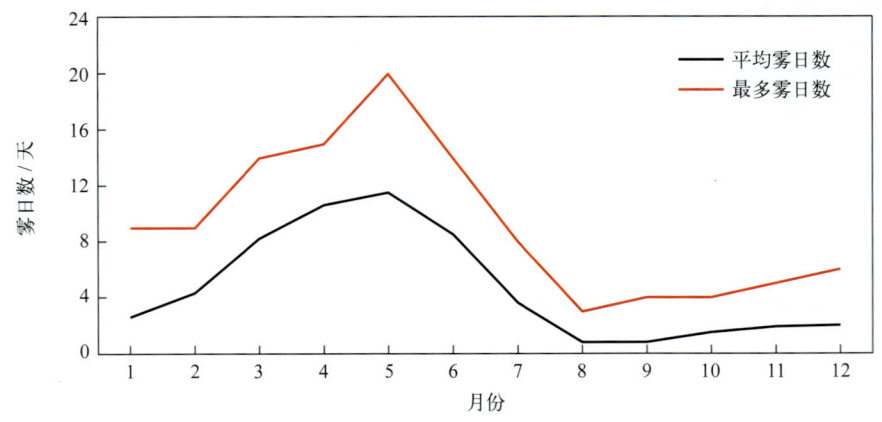

图4.6-1　平均雾日数和最多雾日数年变化（1966—1985年）

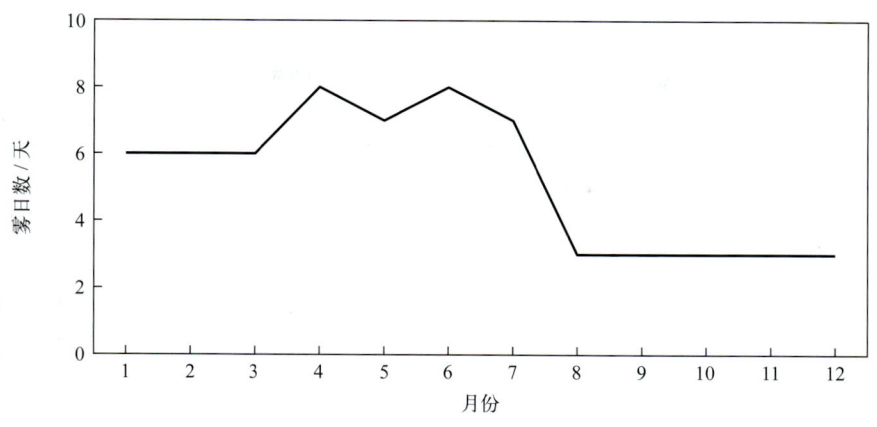

图4.6-2 最长连续雾日数年变化（1966—1985年）

1966—1985年，年雾日数呈上升趋势，上升速率为0.89天/（10年）（线性趋势未通过显著性检验）。1983年雾日数最多，为69天，1975年最少，为39天。《东海区海洋站海洋水文气候志》记载1963年雾日数也为39天。

### 2. 轻雾

石浦站轻雾日数的年变化见表4.6-2和图4.6-3。1966—1985年，平均年轻雾日数为83.7天。平均月轻雾日数5月最多，为13.4天，9月最少，为2.9天；最多月轻雾日数为22天，出现在1984年6月。

表4.6-2 轻雾日数年变化（1966—1985年） 单位：天

|  | 1月 | 2月 | 3月 | 4月 | 5月 | 6月 | 7月 | 8月 | 9月 | 10月 | 11月 | 12月 | 年 |
|---|---|---|---|---|---|---|---|---|---|---|---|---|---|
| 平均轻雾日数 | 6.0 | 6.7 | 9.7 | 10.8 | 13.4 | 11.3 | 5.4 | 3.3 | 2.9 | 4.7 | 4.5 | 5.0 | 83.7 |
| 最多轻雾日数 | 13 | 17 | 20 | 18 | 21 | 22 | 14 | 13 | 8 | 13 | 11 | 11 | 140 |

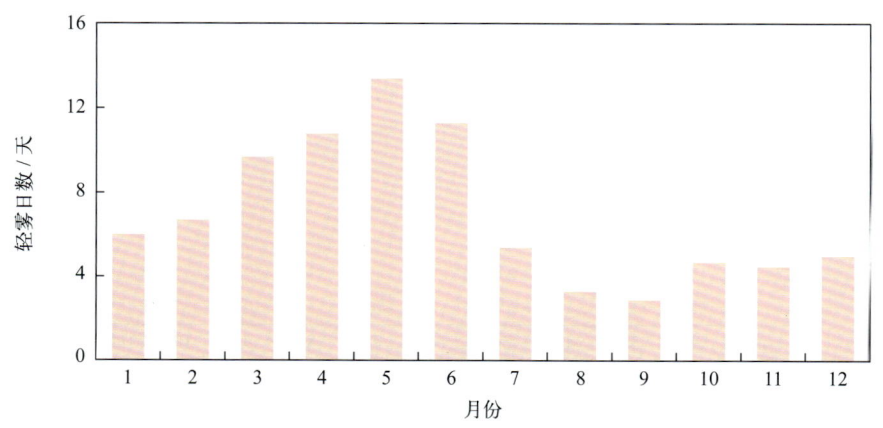

图4.6-3 轻雾日数年变化（1966—1985年）

1966—1985年，年轻雾日数呈上升趋势，上升速率为40.89天/（10年）。1984年轻雾日数最多，为140天，1971年最少，为31天（图4.6-4）。

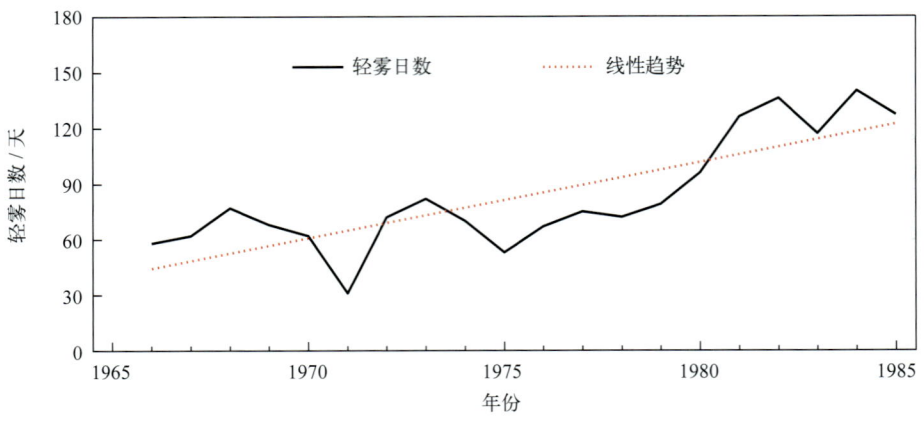

图4.6-4　1966—1985年轻雾日数变化

### 3. 雷暴

石浦站雷暴日数的年变化见表4.6-3和图4.6-5。1960—1985年，平均年雷暴日数为30.7天。雷暴主要出现在3—9月，其中7月最多，平均日数为5.6天，1月最少，为0.1天。雷暴最早初日为1月19日（1971年），最晚终日为12月22日（1965年）。

表4.6-3　雷暴日数年变化（1960—1985年）　　　　单位：天

| | 1月 | 2月 | 3月 | 4月 | 5月 | 6月 | 7月 | 8月 | 9月 | 10月 | 11月 | 12月 | 年 |
| --- | --- | --- | --- | --- | --- | --- | --- | --- | --- | --- | --- | --- | --- |
| 平均雷暴日数 | 0.1 | 0.7 | 3.0 | 3.8 | 3.0 | 4.2 | 5.6 | 4.7 | 4.2 | 0.8 | 0.4 | 0.2 | 30.7 |
| 最多雷暴日数 | 1 | 2 | 10 | 9 | 12 | 9 | 13 | 13 | 12 | 6 | 2 | 4 | 51 |

1960—1985年，年雷暴日数呈下降趋势，下降速率为4.11天/（10年）（线性趋势未通过显著性检验）。1963年雷暴日数最多，为51天，1978年最少，为14天（图4.6-6）。

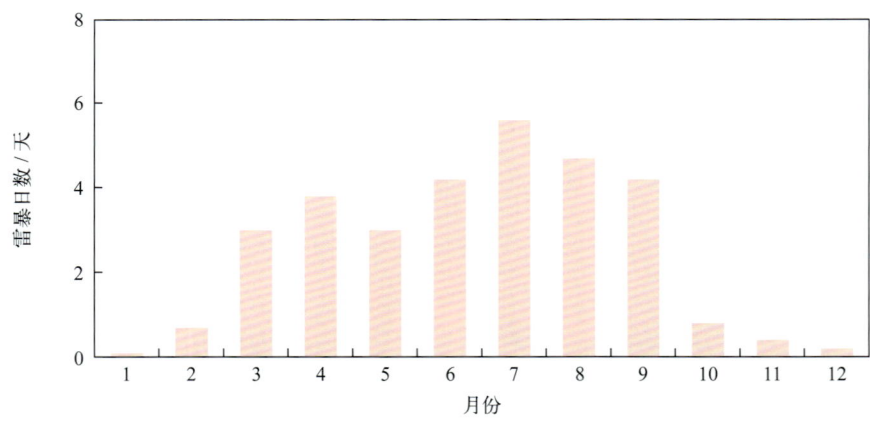

图4.6-5　雷暴日数年变化（1960—1985年）

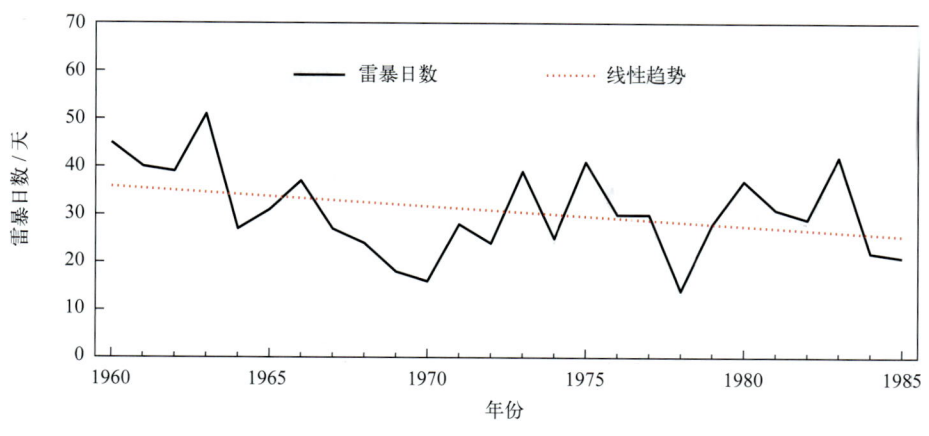

图4.6-6　1960—1985年雷暴日数变化

### 4. 霜

石浦站霜日数的年变化见表4.6-4和图4.6-7。1960—1985年，平均年霜日数为10.3天。霜全部出现在11月至翌年3月，1月最多，平均日数为4.3天。霜最早初日为11月22日（1976年），最晚终日为3月31日（1985年）。

表4.6-4　霜日数年变化（1960—1985年）　　　　　　　　　　　　　　　　　　　　单位：天

| | 1月 | 2月 | 3月 | 4月 | 5月 | 6月 | 7月 | 8月 | 9月 | 10月 | 11月 | 12月 | 年 |
|---|---|---|---|---|---|---|---|---|---|---|---|---|---|
| 平均霜日数 | 4.3 | 2.7 | 0.7 | 0.0 | 0.0 | 0.0 | 0.0 | 0.0 | 0.0 | 0.0 | 0.1 | 2.5 | 10.3 |
| 最多霜日数 | 9 | 5 | 3 | 0 | 0 | 0 | 0 | 0 | 0 | 0 | 2 | 9 | 19 |

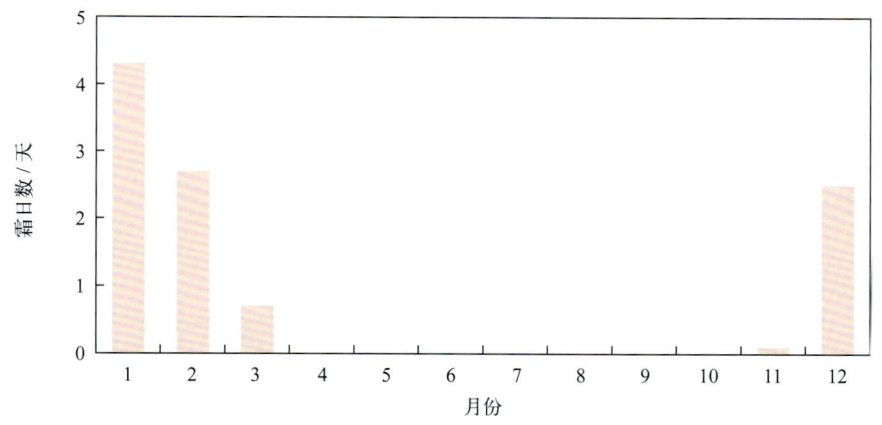

图4.6-7　霜日数年变化（1960—1985年）

1960—1985年，年霜日数呈下降趋势，下降速率为0.89天/（10年）（线性趋势未通过显著性检验）。1963年和1967年霜日数最多，均为19天，1965年和1977年最少，均为5天（图4.6-8）。

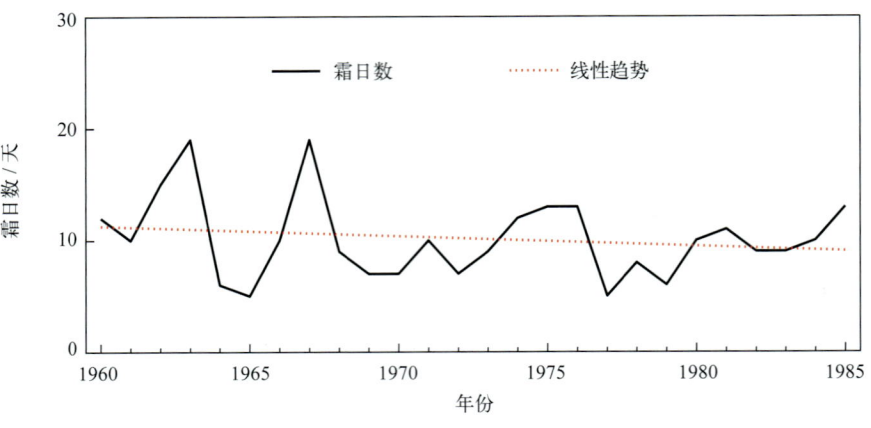

图4.6-8 1960—1985年霜日数变化

### 5. 降雪

石浦站降雪日数的年变化见表4.6-5和图4.6-9。1960—1985年，平均年降雪日数为10.5天。降雪全部出现在12月至翌年4月，2月最多，平均日数为4.5天。降雪最早初日为12月2日（1967年），最晚终日为4月9日（1971年）。

表4.6-5 降雪日数年变化（1960—1985年） 单位：天

|  | 1月 | 2月 | 3月 | 4月 | 5月 | 6月 | 7月 | 8月 | 9月 | 10月 | 11月 | 12月 | 年 |
|---|---|---|---|---|---|---|---|---|---|---|---|---|---|
| 平均降雪日数 | 3.3 | 4.5 | 1.3 | 0.1 | 0.0 | 0.0 | 0.0 | 0.0 | 0.0 | 0.0 | 0.0 | 1.3 | 10.5 |
| 最多降雪日数 | 13 | 9 | 6 | 1 | 0 | 0 | 0 | 0 | 0 | 0 | 0 | 5 | 24 |

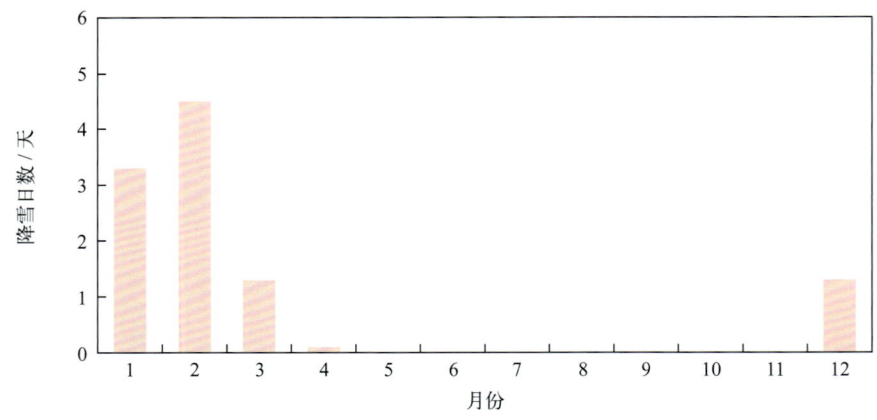

图4.6-9 降雪日数年变化（1960—1985年）

1960—1985年，年降雪日数呈上升趋势，上升速率为4.61天/（10年）。1984年降雪日数最多，为24天，1960年、1962年和1965年最少，均为2天（图4.6-10）。

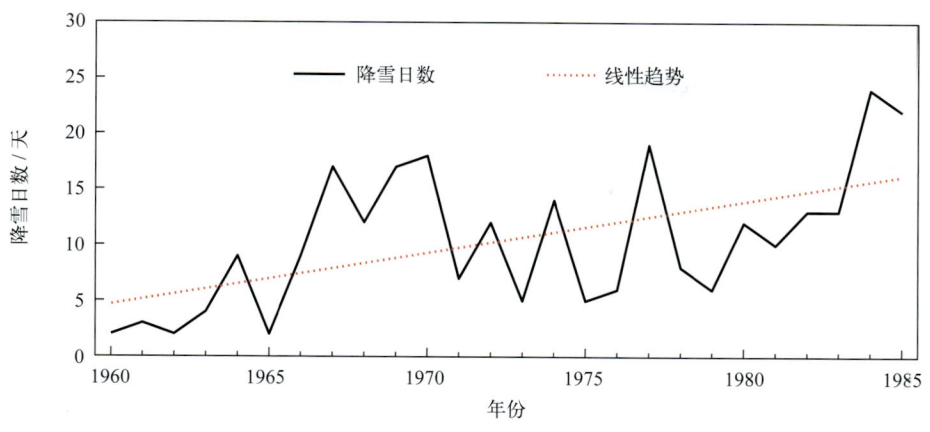

图4.6-10 1960—1985年降雪日数变化

## 第七节 能见度

1966—1985年，石浦站累年平均能见度为26.8千米。9月平均能见度最大，为32.9千米，4月最小，为22.0千米。能见度小于1千米的平均年日数为26.8天，5月最多，为6.1天，8月未出现（表4.7-1，图4.7-1和图4.7-2）。

表4.7-1 能见度年变化（1966—1985年）

|  | 1月 | 2月 | 3月 | 4月 | 5月 | 6月 | 7月 | 8月 | 9月 | 10月 | 11月 | 12月 | 年 |
| --- | --- | --- | --- | --- | --- | --- | --- | --- | --- | --- | --- | --- | --- |
| 平均能见度/千米 | 23.9 | 23.9 | 23.9 | 22.0 | 22.1 | 25.0 | 29.4 | 32.2 | 32.9 | 31.1 | 29.4 | 26.3 | 26.8 |
| 能见度小于1千米平均日数/天 | 1.1 | 2.2 | 4.5 | 5.8 | 6.1 | 3.8 | 1.2 | 0.0 | 0.3 | 0.3 | 0.8 | 0.7 | 26.8 |

注：1979—1981年数据缺测。

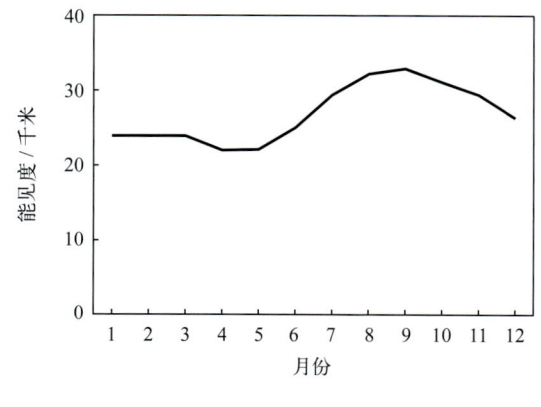

图4.7-1 能见度年变化

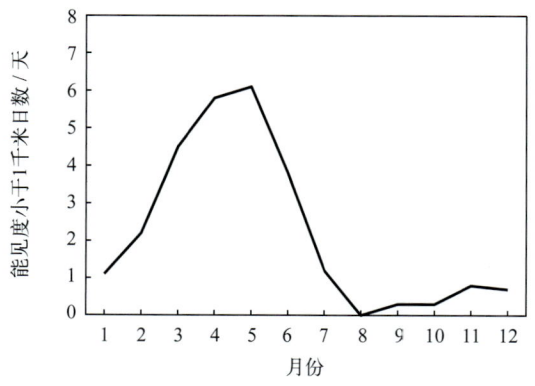

图4.7-2 能见度小于1千米日数年变化

历年平均能见度为18.2～31.4千米，1968年最高，1983年最低。能见度小于1千米的日数1983年最多，为36天，1975年最少，为17天。1966—1978年，年平均能见度呈下降趋势，下降速率为3.41千米/（10年）（图4.7-3）。

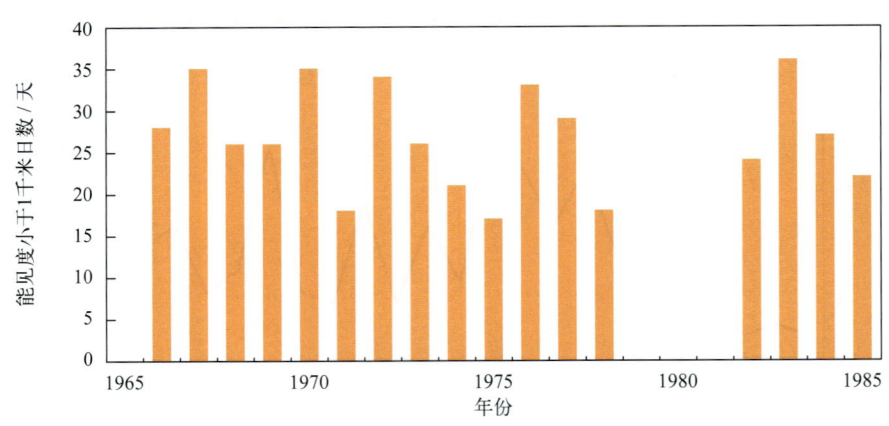

图4.7-3 能见度小于1千米年日数变化

## 第八节 云

1966—1985年,石浦站累年平均总云量为5.0成,6月平均总云量最多,为6.2成,12月最少,为3.9成;累年平均低云量为2.7成,6月平均低云量最多,为3.7成,12月最少,为1.9成(表4.8-1,图4.8-1)。

表4.8-1 总云量和低云量年变化(1966—1985年)

|  | 1月 | 2月 | 3月 | 4月 | 5月 | 6月 | 7月 | 8月 | 9月 | 10月 | 11月 | 12月 | 年 |
|---|---|---|---|---|---|---|---|---|---|---|---|---|---|
| 平均总云量/成 | 4.6 | 5.2 | 5.6 | 5.6 | 5.9 | 6.2 | 5.2 | 4.2 | 4.6 | 4.5 | 4.3 | 3.9 | 5.0 |
| 平均低云量/成 | 2.4 | 2.7 | 3.0 | 3.1 | 3.4 | 3.7 | 2.7 | 2.7 | 2.5 | 2.3 | 2.1 | 1.9 | 2.7 |

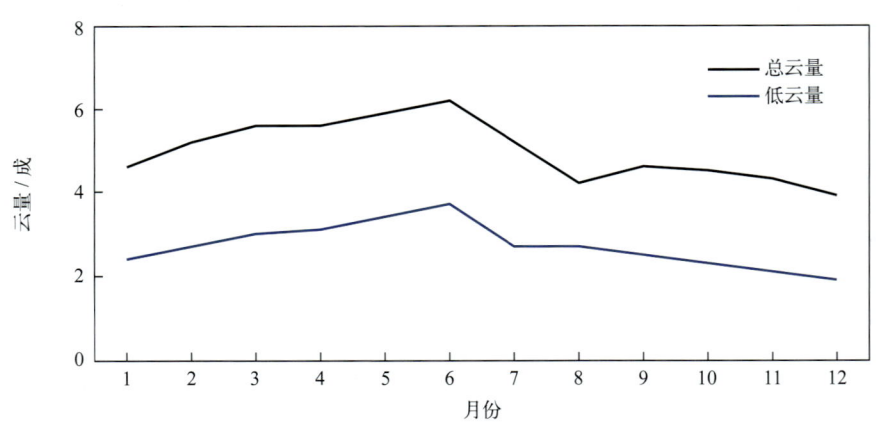

图4.8-1 总云量和低云量年变化(1966—1985年)

1966—1985年,年平均总云量呈增加趋势,增加速率为0.14成/(10年)(线性趋势未通过显著性检验),1970年和1980年最多,均为5.3成,1971年最少,为4.3成(图4.8-2)。年平均低云量呈增加趋势,增加速率为0.31成/(10年),1984年最多,为3.1成,1968年最少,为2.2成(图4.8-3)。

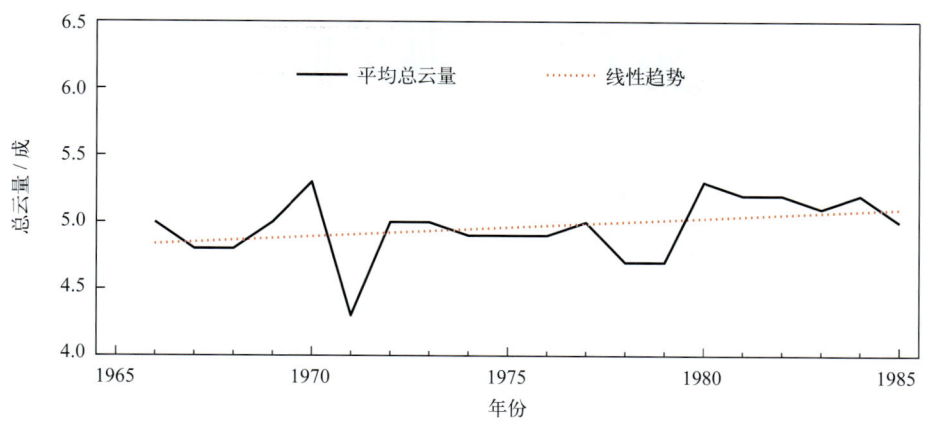

图 4.8-2　1966—1985 年平均总云量变化

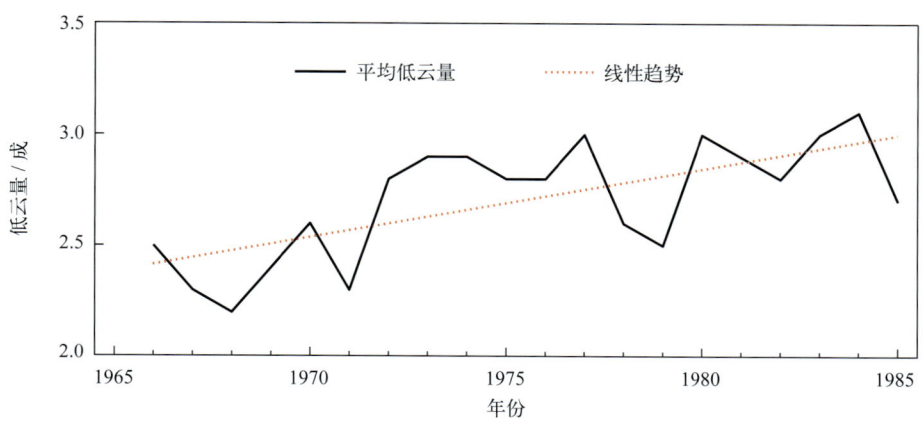

图 4.8-3　1966—1985 年平均低云量变化

## 第九节　蒸发量

1960—1972 年，石浦站平均年蒸发量为 1 502.8 毫米。8 月蒸发量最大，为 197.2 毫米，1 月蒸发量最小，为 74.1 毫米（表 4.9-1，图 4.9-1）。

表 4.9-1　蒸发量年变化（1960—1972 年）　　　　　　　　　　　　　　　　　　单位：毫米

| | 1月 | 2月 | 3月 | 4月 | 5月 | 6月 | 7月 | 8月 | 9月 | 10月 | 11月 | 12月 | 年 |
|---|---|---|---|---|---|---|---|---|---|---|---|---|---|
| 平均蒸发量 | 74.1 | 74.5 | 90.1 | 98.2 | 136.3 | 119.9 | 184.7 | 197.2 | 186.5 | 155.5 | 109.0 | 76.8 | 1 502.8 |

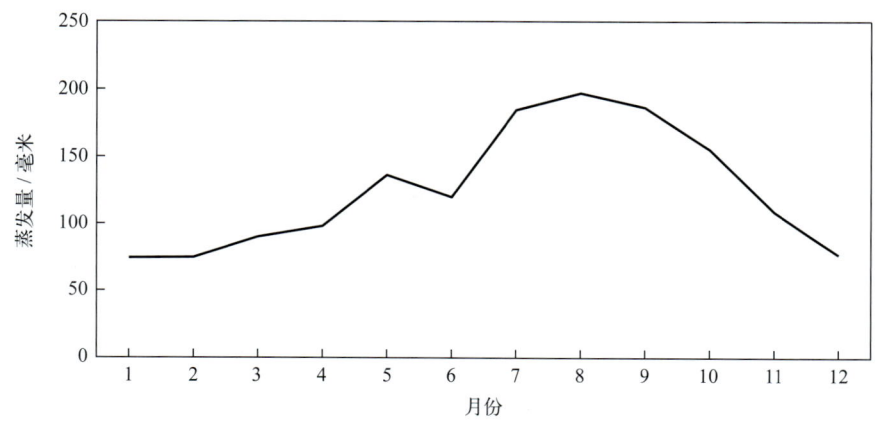

图 4.9-1　蒸发量年变化（1960—1972 年）

# 第五章 海平面

## 1. 年变化

石浦沿海海平面年变化特征明显，2月最低，9月最高，年变幅为36厘米（图5-1），平均海平面在验潮基面上307厘米。

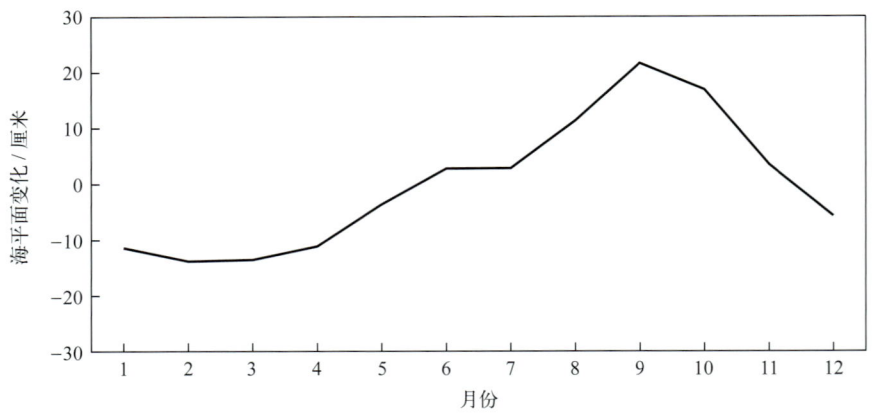

图5-1 海平面年变化（1999—2019年）

## 2. 长期趋势变化

石浦沿海海平面变化总体呈波动上升趋势。1999—2019年，石浦沿海海平面上升速率为4.0毫米/年。石浦沿海海平面在2005年前后经历了一次低位，之后波动上升，2011—2012年上升明显，升幅为74毫米，2016年海平面达到观测记录以来的最高位，2017—2018年下降明显，降幅为86毫米，2019年海平面上升约40毫米。

# 第六章 灾害

## 第一节 海洋灾害

### 1. 风暴潮

1974年8月18—21日，7413号台风登陆浙江省椒江市三门县，在长江口—杭州湾—温州一带引发特大潮灾（《中国海洋灾害四十年资料汇编》）。

1989年7月20日，8909号台风在浙江省象山县登陆，在其影响期间，宁波地区灾害相当严重，沿海海塘破坏严重；8月4日前后，8913号台风影响期间，宁波市受冲刷、滑坡、塌方的海塘7 278米，损失石方6万立方米，沿岸沉、损大小船只20余艘，直接经济损失约400万元；9月15日（农历八月十六），8923号台风登陆时正值我国东部沿海天文大潮期，引发特大风暴潮灾，台州和宁波地区损失惨重，3.38万人无家可归，死伤近2 000人（《1989年中国海洋灾害公报》）。

1992年8月，由天文大潮和9216号强热带风暴共同作用引起了92特大风暴潮，风暴前期影响的浙江沿海测站的增水一般为80～140厘米（《1992年中国海洋灾害公报》）。

1994年8月21日，正值农历七月十五天文大潮期，大潮、巨浪、狂风并发，形成浙江省沿海百年不遇的罕见特大风暴潮灾害，宁波损毁海塘62千米（《1994年中国海洋灾害公报》）。

1997年8月，9711号台风引发的风暴潮造成了浙江省1949年以来经济损失最大的一次风暴潮灾害。宁波市沿海各县（市、区）的海塘、水库、堤坝受到严重毁坏，数百个村庄被淹。在石浦港，潮位漫过沿港公路。在西沪港，潮水漫过海堤，一直淹没到公路，附近的稻田一片汪洋（《1997年中国海洋灾害公报》）。

1998年9月19日，受9806号台风引发的风暴潮影响，宁波沿海损失严重（《1998年中国海洋灾害公报》）。

2000年8月27日前后，受0012号台风"派比安"影响，宁波等地发生海水倒灌；9月11日，0014号台风"桑美"影响东海期间，恰逢天文大潮，宁波城区进水，部分房屋倒塌、农田受淹，非标准海塘受损严重，海陆空交通全部中断（《2000年中国海洋灾害公报》）。

2002年9月7日，受0216号台风"森拉克"影响，浙江沿海普遍出现了100～300厘米的风暴增水。从福建东山到上海高桥沿海有近20个验潮站超过当地警戒水位（《2002年中国海洋灾害公报》）。

2005年8月6—9日，0509号台风"麦莎"引起的风暴潮影响浙江省，此次特大风暴潮过程是继9711号台风风暴潮后，影响我国东部沿海最严重的一次。正逢农历七月大潮，受风暴潮和天文大潮的共同影响，沿岸有多个验潮站的风暴潮增水超过100厘米。9月11日，0515号台风"卡努"引发风暴潮影响浙江省，两次灾害期间宁波均受灾（《2005年中国海洋灾害公报》）。

2007年10月7日，受0716号超强台风"罗莎"引发的风暴潮与台风浪的共同影响，浙江省多个验潮站的增水超过100厘米（《2007年中国海洋灾害公报》）。

2011年8月5—8日，1109号超强台风"梅花"沿我国近海北上，受其引发的风暴潮和近岸浪的共同影响，浙江省遭受较大经济损失（《2011年中国海洋灾害公报》）。

2012年8月8日前后，1211号台风"海葵"在浙江象山县附近登陆，引发风暴潮灾害，石浦站最高潮位超过当地警戒潮位（《2012年中国海洋灾害公报》）。

2015年7月11日前后，1509号强台风"灿鸿"影响浙江沿海，石浦站最大增水152厘米（《2015年中国海洋灾害公报》）。

2016年9月16—19日，1616号台风"马勒卡"与南下冷空气配合影响浙江省沿海，石浦站等多个验潮站出现了超过当地警戒潮位的高潮位（《2016年中国海洋灾害公报》）。

2019年8月10日前后，1909号超强台风"利奇马"影响浙江沿海，石浦站最大增水146厘米；10月1日前后，1918号强热带风暴"米娜"影响浙江省沿海，石浦站最高潮位超过当地黄色警戒潮位（《2019年中国海洋灾害公报》）。

### 2. 海浪

1997年8月18—19日，受9711号台风浪影响，宁波市沿海各县（市、区）冲开堤防决口3 379处，冲毁护岸1 072处，损坏堤岸633千米，停泊在各处码头的小型渔船当即有25艘沉没、10艘粉碎（《1997年中国海洋灾害公报》）。

2007年11月3日，受冷空气浪影响，"闽霞渔1211"轮在宁波海域失踪，造成9人死亡（含失踪），直接经济损失193万元（《2007年中国海洋灾害公报》）。

### 3. 赤潮

2001年，我国海域赤潮发生次数增多、发生时间提前、影响范围扩大，其中浙江海域发生26次赤潮灾害（《2001年中国海洋灾害公报》）。

2010年7月21—25日，浙江省象山港海域发生赤潮，面积约120平方千米，赤潮优势种为旋链角毛藻、红色中缢虫；8月4—9日，浙江省象山港海域再次发生赤潮，面积约190平方千米，赤潮优势种为红色中缢虫、旋链角毛藻（《2010年中国海洋灾害公报》）。

2011年7月26—27日，浙江省象山港西户港口至乌沙山电厂附近海域发生赤潮，面积约160平方千米，赤潮优势种为中肋骨条藻（《2011年中国海洋灾害公报》）。

2013年5月20—24日，宁波韭山列岛东南海域发生赤潮，面积约140平方千米，赤潮优势种为东海原甲藻（《2013年中国海洋灾害公报》）。

2017年，浙江省象山港内双山港至黄墩港、铁港海域发生单次持续时间最长的赤潮过程，从2月7日至3月9日，持续时间为31天，最大面积50平方千米（《2017年中国海洋灾害公报》）。

2018年8月7—9日，浙江象山港大嵩江口至西沪港部分海域发生赤潮，面积约120平方千米，赤潮优势种为旋链角毛藻（《2018年中国海洋灾害公报》）。

2019年4月25日至5月12日，宁波石浦至渔山列岛之间近岸海域发生赤潮，面积约160平方千米，赤潮优势种为东海原甲藻；5月15—28日，宁波渔山列岛海域发生赤潮，面积约200平方千米，赤潮优势种为东海原甲藻和夜光藻（《2019年中国海洋灾害公报》）。

### 4. 海啸

2011年3月11日，日本东北部近海发生9.0级强烈地震并引发特大海啸，浙江石浦站监测到52厘米的海啸波（《2011年中国海洋灾害公报》）。

## 第二节　灾害性天气

根据《中国气象灾害大典·浙江卷》（1949—2000年）和《中国气象灾害年鉴》（2000年后）

及《东海区海洋站海洋水文气候志》记载，石浦站周边发生的主要灾害性天气有暴雨洪涝、大风（龙卷风）和冰雹。

### 1. 暴雨洪涝

1949年7月24日，受4906号台风影响，狂风暴雨袭击宁波全境，余姚日雨量达108毫米，沿海各县受淹农田4.15万公顷，余姚最重，灾民6万，死亡200多人。

1952年7月19—21日，受5207号台风影响，温州、宁波、台州、丽水、金华及杭州地区西部都出现了大的洪涝灾害。浙江省死亡457人，直接经济损失按1990年价折算为1.269亿元。

1956年8月1日24时，5612号台风在象山登陆，石浦站最大风速60～65米/秒。台风所经之处拔树倒房、海水倒灌、山洪暴发。象山县南庄区海塘全线溃决，纵深10千米一片汪洋，死亡3 403人，其中林海乡死亡2 432人，有241户全家死亡。浙江省死亡4 925人，冲毁中、小型水库87座，沉毁渔船902只，损坏2 233只，直接经济损失按1990年价折算为3.62亿元。

1959年8月28—31日，受5904号台风影响，南麂、坎门、大陈、石浦、嵊泗等站最大风速均在40米/秒以上，4天雨量温州、台州、丽水、宁波4地区均在100毫米以上，有13个站大于200毫米，5个站大于300毫米，苍南顺溪达488毫米。浙江省受灾农田323万亩，死亡24人，经济损失按1990年价折算为3.43亿元。

1961年10月4日07时，6126号台风在三门县登陆，穿过宁波、杭州湾及嘉兴东部入海，风速大于40米/秒的有10个站，石浦达52米/秒，出现暴雨到大暴雨，浙东北部出现严重洪涝，台州、宁波、嘉兴等地区暴雨洪水成灾，死亡337人，伤1 353人，冲坏水库18座，冲坏水利工程6 000多处，直接经济损失按1990年价折算为4.79亿元。

1974年8月19日，7413号台风在三门县登陆，沿海风力12级以上，石浦为45米/秒，东部地区出现大暴雨，时值天文大潮，杭州湾及沿海潮位超历史纪录，钱塘江的仓前超出历史最高潮位1.08米，海塘严重损坏422.3千米，撞毁和严重损坏小渔船2 340只，冲坏码头14座，死亡136人，直接经济损失按1990年价为6.13亿元。

1981年9月22—24日，受8116号台风外围东风波影响，浙江省东部、南部地区有大暴雨，黄岩、宁海、象山等县3小时雨量110～135毫米，乐清站475毫米，过程总雨量达579毫米，黄岩等4站达300～400毫米，宁海等6站为200～300毫米，雨量主要集中在24小时内，造成雨量过大，冲毁10万立方米水库1座，沉损船只712条，死亡75人，下落不明5人。

1988年7月29—30日，受热带云团影响，宁波、绍兴南部、台州北部出现特大暴雨，宁海里加坑12小时雨量为477毫米，马岙为456毫米，宁海、三门、新昌、奉化、嵊县、黄岩、临海、象山等县250万人受灾，死亡256人，直接经济损失8亿元，宁海、奉化、象山、三门等县渔业损失严重。

1989年7月20日，8909号台风在象山登陆转向北上，沿海风力10～12级，石浦最大风速57.8米/秒，22—24日浙江中、南部地区普降暴雨，总雨量大于300毫米的有8个县，造成山洪暴发、江河泛滥。浙江省24万人被洪水围困，冲坏堤塘总长392千米，死亡132人，直接经济损失13亿元。

1998年9月19—20日，受9806号强热带风暴影响，舟山、宁波、绍兴、杭州等地区有大到暴雨，局部大暴雨，并有8级以上大风。9806号强热带风暴给沿海地区，主要是宁波、舟山和绍兴等地的水利、交通、通信、工农业生产和人民群众生命财产造成了一定损失，据不完全统计，有235.4万人受灾，死亡3人，直接经济损失7.1亿元。

2000年8月17日傍晚，象山县丹城镇受强对流云团影响，普降大暴雨，丹城镇17—22时5个小时降水量达121毫米，18—19时1小时降水量达55.6毫米，由于雨量集中，定塘、晓塘、新桥、东陈、大徐、泗洲头等6个乡镇3 840公顷农作物受淹，其中定塘镇损失760万元。

### 2. 大风和龙卷风

1954年5月14日，猫头洋、大目洋6～8级大风，沉损渔船103只，死亡渔民197人。

1956年8月1日，台风在象山县登陆，登陆时中心气压为955.0百帕，最大风速为34.0米/秒，海水冲垮海堤，水面高出陆地3～4米，南庄和梅林两公社的人畜伤亡惨重，房屋、土地等全部被冲毁。

1979年8月23—24日，7910号台风正面袭击象山县，最低气压为960.4百帕，最大风速达40.0米/秒，风向ENE，瞬间极大风速达52.0米/秒，风向NNW，日最大降水量为71.0毫米，10级以上大风时间持续36小时以上，其中12级以上大风持续12小时以上。

2012年8月8日03时20分，1211号台风"海葵"在浙江省象山县鹤浦镇沿海登陆，登陆时为强台风强度，中心附近最大风力有14级（42米/秒）。降雨量较大的县（区、市）有宁海297毫米、象山279毫米、奉化261毫米、三门243毫米；降雨量较大的乡镇有临安市岭541毫米、宁海胡陈522毫米、象山黄泥桥488毫米、奉化龚原474毫米、三门百两岗468毫米。浙江中北部沿海12级以上大风持续了32小时，14级以上大风持续了24小时，最大风速为东矶56.0米/秒（16级）、大陈53.0米/秒（16级）、石浦50.9米/秒（15级）。据统计，浙江省直接经济损失272.9亿元。

### 3. 冰雹

2000年5月12日傍晚至夜间，杭州、绍兴、宁波、舟山等地部分县市遭冰雹袭击，并伴有狂风暴雨，象山县农作物重灾面积560余公顷，其中经济作物绝收面积300余公顷，直接经济损失超过250万元。

# 大陈海洋站

# 第一章 概况

## 第一节 基本情况

大陈海洋站（简称大陈站）位于浙江省台州市。台州市东濒东海，南邻温州，西连丽水、金华，北接绍兴、宁波，大陆海岸线长约 740 千米，岛屿众多，海岛岸线长约 941 千米。

大陈站建于 1959 年 11 月，名为黄岩县大陈海洋水文气象站，隶属于浙江省气象局，站址在台州市椒江区大陈镇下大陈岛。1966 年 7 月更名为大陈海洋站，隶属国家海洋局东海分局，2019 年 7 月后隶属自然资源部东海局，由温州中心站管辖。下大陈岛地形呈北东—南西走向，地势起伏不平，站西南有海拔 200 多米的山，近岸平均水深为 15 米，海底平坦，海岸均为岩石。岛的北面为上大陈岛，距离 3.4 千米（图 1.1-1）。

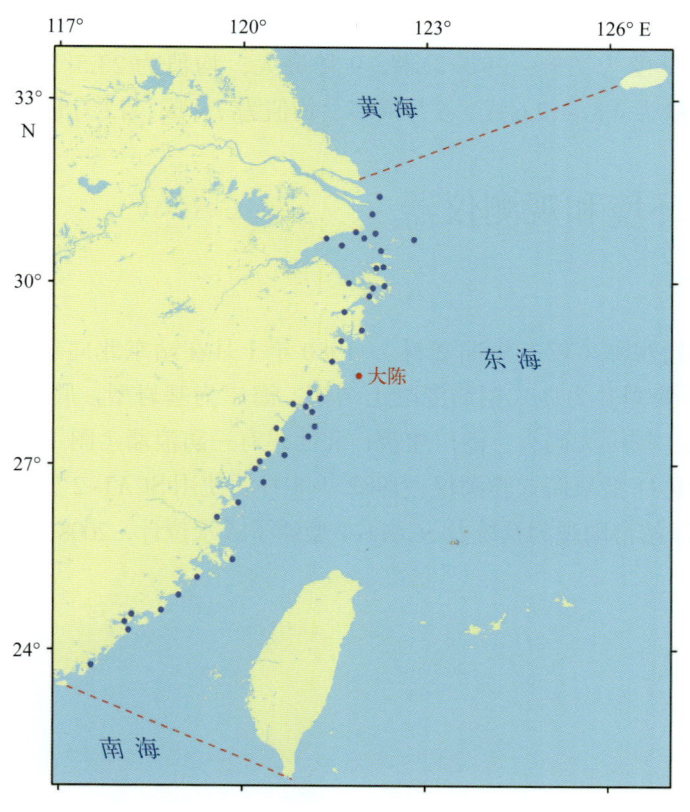

图 1.1-1　大陈站地理位置示意

大陈站观测项目有潮汐、海浪、表层海水温度、表层海水盐度、气温、气压、相对湿度、风和降水等。建站初期为人工观测，2002 年后逐步实现了自动化观测、数据采集、存储和传输。

大陈附近海域为正规半日潮特征，海平面 2 月最低，9 月最高，年变幅为 31 厘米，平均海平面为 306 厘米，平均高潮位为 478 厘米，平均低潮位为 139 厘米，均具有夏秋高、冬春低的年变化特点；全年海况以 0 ~ 4 级为主，年均平均波高为 1.3 米，年均平均周期为 5.6 秒，历史最大波高最大值为 14.4 米，历史平均周期最大值为 15.9 秒，常浪向为 ENE，强浪向为 E；年均表层海水温度为 17.1 ~ 19.1℃，8 月最高，均值为 26.8℃，2 月最低，均值为 8.8℃，历史水温最高值为

31.1℃，历史水温最低值为4.7℃；年均表层海水盐度为27.28～30.08，7月最高，均值为31.75，10月最低，均值为26.54，历史盐度最高值为36.00，历史盐度最低值为19.85；海发光主要为火花型，8月出现频率最高，2月最低，1级海发光最多，出现的最高级别为4级。

大陈站主要受海洋性季风气候影响，年均气温为16.1～19.2℃，8月最高，均值为27.3℃，1月最低，均值为7.2℃，历史最高气温为36.0℃，历史最低气温为-5.7℃；年均气压为1 006.9～1 009.5百帕，具有冬高夏低的变化特征，1月最高，均值为1 017.2百帕，7月最低，均值为998.6百帕；年均相对湿度为78.0%～88.4%，6月最大，均值为93.2%，12月最小，均值为73.6%；年均风速为6.2～7.7米/秒，1月最大，均值为7.7米/秒，5月最小，均值为5.2米/秒，冬季（1月）盛行风向为NNW—NE（顺时针，下同），春季（4月）盛行风向为N—NE，夏季（7月）盛行风向为S—SW，秋季（10月）盛行风向为N—NE；平均年降水量为1 352.3毫米，6月平均降水量最多，占全年的13.5%；平均年雾日数为61.8天，5月最多，均值为13.3天，9月最少，均值为0.3天；平均年雷暴日数为24.3天，8月最多，均值为3.9天，1月和12月最少，均为0.1天；平均年霜日数为2.1天，霜全部出现在12月至翌年3月，1月最多，均值为1.0天；平均年降雪日数为7.1天，降雪发生在11月至翌年4月，2月最多，均值为2.7天；年均能见度为7.5～29.5千米，9月最大，均值为23.5千米，4月最小，均值为12.9千米；年均总云量为4.8～7.6成，6月最多，均值为7.9成，12月最少，均值为5.2成。

## 第二节  观测环境和观测仪器

### 1. 潮汐

1959年11月开始观测（仅有短期资料），1980年1月在站东北向约400米处的东坑依托天然岩礁建成验潮井。验潮井为岛式钢筋混凝土结构，海岸为基岩型，底质为砾石，基本无淤积。测点与外海水流通畅，周围无码头、港口建筑，北面建有一防浪墙（图1.2-1）。

1980年起使用HCJ1型滚筒式验潮仪，1982年8月后使用SCA1-2型浮子式水位计，2002年后使用CZY1-1型海洋站自动观测系统及SCA11-1型浮子式水位计，2008年11月后使用SCA11-3A型浮子式水位计。

图1.2-1  大陈站验潮室（摄于2016年12月30日）

## 2. 海浪

1959年11月开始观测，资料时间始于1965年，2002年7月至2007年2月停测。测点位于下大陈岛甲午岩，站东南向约2.5千米处，海面开阔度为120°。测波浮标位于测点东南方向约800米处，海底平缓，底质淤泥，水深约15米。

建站初期为人工目测或使用岸用光学测波仪观测，2007年起使用SZF1-2型浮标，2017年5月至2018年底同时使用FZS6-1型浮标，2018年5月后使用SBF3-2型浮标。在浮标发生故障期间为人工观测（图1.2-2）。

图1.2-2　大陈站测波室及浮标（测波室摄于2017年6月，浮标摄于2018年5月）

## 3. 表层海水温度、盐度和海发光

1959年11月开始观测。测点与潮汐测点在一处，温盐井在验潮井旁，测点与外海通畅，周边无码头、厂矿、河流、排水口和排污口等。

自建站至2007年2月，表层海水温度使用SWL1-1型水温表测量，表层海水盐度用帆布桶采样后每月集中测定，先后使用过比重计、氯度滴定管、实验室盐度计和感应式盐度计等。2007年2月后使用YZY4-3型温盐传感器自动观测海表水温和盐度。

海发光为每日天黑后人工目测。2002年后停测。

## 4. 气象要素

1959年11月开始观测，1983年1月至2002年6月期间停测，2002年7月新建气象观测场，恢复观测。1965—1991年资料抄自大陈气象站。观测场位于站北50米处的后山顶，为11米×14米的简易观测场，2010年扩建为20米×25米。观测场地势较为平缓，四周为荒坡草地及蔬菜地，距离居民点较远，附近无工厂、高大建筑物，除南向小山头稍有阻挡外，其余各向视野开阔（图1.2-3）。

气象观测仪器主要有干湿球温度表、最高最低温度表、厄斯曼通风干湿表、空盒式气压表、福丁式气压表、维尔达风向风速仪、EL型电接风向风速计和雨量筒等。2002年7月启用CZY1-1型海洋站自动观测系统，2009年开始使用XZY3型水文气象自动观测系统配合各要素传感器进行数据采集、存储和传输，各传感器不断更新。2019年使用的传感器主要有HMP155型温湿度传感器、278型气压传感器、XFY3-1型风传感器和SL3-1型雨量传感器等。

图1.2-3　大陈站气象观测场（摄于2020年9月30日）

# 第二章 潮位

## 第一节 潮汐

### 1. 潮汐类型

利用大陈站近19年（2001—2019年）验潮资料分析的调和常数，计算出潮汐系数$(H_{K_1}+H_{O_1})/H_{M_2}$为0.33。按我国潮汐类型分类标准，大陈附近海域为正规半日潮，每个潮汐日（大约24.8小时）有两次高潮和两次低潮，低潮日不等现象较为明显。

1980—2019年，大陈站$M_2$分潮振幅和迟角均呈减小趋势，减小速率分别为1.22毫米/年和0.07°/年。$K_1$和$O_1$分潮振幅均无明显变化趋势；迟角均呈减小趋势，减小速率分别为0.02°/年和0.01°/年（线性趋势未通过显著性检验）。

### 2. 潮汐特征值

由1980—2019年资料统计分析得出：大陈站平均高潮位为478厘米，平均低潮位为139厘米，平均潮差为339厘米；平均高高潮位为492厘米，平均低低潮位为111厘米，平均大的潮差为381厘米。平均涨潮历时6小时16分钟，平均落潮历时6小时9分钟，两者相差7分钟。

累年各月潮汐特征值见表2.1-1。

表2.1-1　累年各月潮汐特征值（1980—2019年）　　　　单位：厘米

| 月份 | 平均高潮位 | 平均低潮位 | 平均潮差 | 平均高高潮位 | 平均低低潮位 | 平均大的潮差 |
|---|---|---|---|---|---|---|
| 1 | 467 | 133 | 334 | 480 | 103 | 377 |
| 2 | 466 | 127 | 339 | 475 | 106 | 369 |
| 3 | 469 | 125 | 344 | 477 | 108 | 369 |
| 4 | 468 | 128 | 340 | 479 | 107 | 372 |
| 5 | 471 | 136 | 335 | 486 | 107 | 379 |
| 6 | 476 | 143 | 333 | 494 | 110 | 384 |
| 7 | 475 | 140 | 335 | 494 | 106 | 388 |
| 8 | 490 | 145 | 345 | 506 | 115 | 391 |
| 9 | 501 | 153 | 348 | 514 | 126 | 388 |
| 10 | 498 | 153 | 345 | 512 | 125 | 387 |
| 11 | 484 | 145 | 339 | 500 | 113 | 387 |
| 12 | 471 | 138 | 333 | 487 | 105 | 382 |
| 年 | 478 | 139 | 339 | 492 | 111 | 381 |

注：潮位值均以验潮零点为基面。

平均高潮位和平均低潮位均具有夏秋高、冬春低的特点（图2.1-1），其中平均高潮位9月最高，为501厘米，2月最低，为466厘米，年较差为35厘米；平均低潮位9月和10月最高，均为153厘米，3月最低，为125厘米，年较差为28厘米；平均高高潮位9月最高，为514厘米，2月最低，为475厘米，年较差为39厘米；平均低低潮位9月最高，为126厘米，1月最低，为103厘米，年较差为23厘米。平均潮差9月最大，6月和12月均为最小，年较差为15厘米；平均大的潮差8月最大，2月和3月均为最小，年较差为22厘米（图2.1-2）。

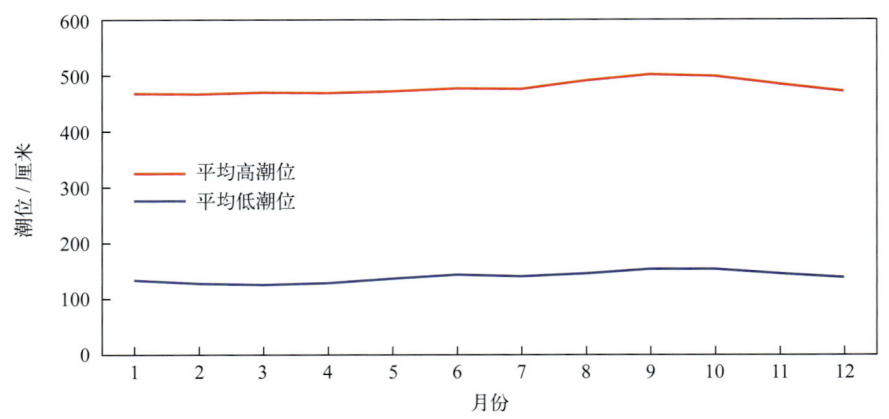

图2.1-1　平均高潮位和平均低潮位年变化

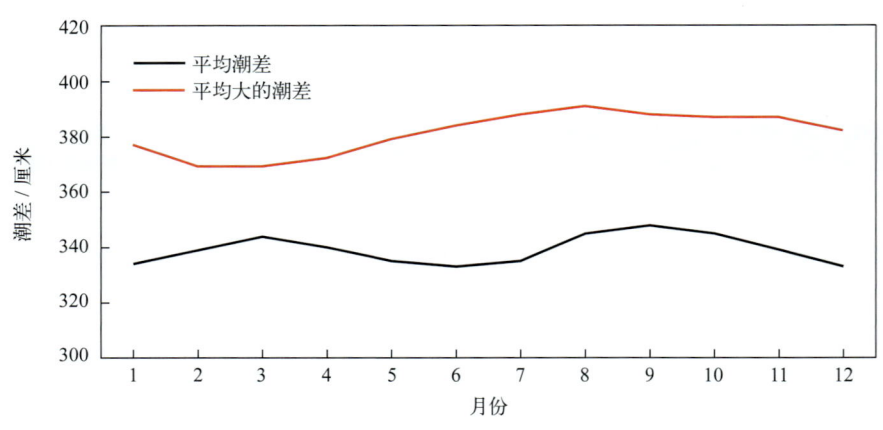

图2.1-2　平均潮差和平均大的潮差年变化

1980—2019年，大陈站平均高潮位呈上升趋势，上升速率为2.78毫米/年。受天文潮长周期变化影响，平均高潮位存在较为显著的准19年周期变化，振幅为4.12厘米。平均高潮位最高值出现在2016年，为490厘米；最低值出现在1986年，为469厘米。大陈站平均低潮位呈明显上升趋势，上升速率为4.09毫米/年。平均低潮位准19年周期变化较为明显，振幅为4.04厘米。平均低潮位最高值出现在2019年，为149厘米；最低值出现在1980年，为125厘米。

1980—2019年，大陈站平均潮差呈波动减小趋势，减小速率为1.31毫米/年（线性趋势未通过显著性检验）。平均潮差准19年周期变化显著，振幅为8.12厘米。平均潮差最大值出现在1996年，为353厘米；最小值出现在2008年，为327厘米（图2.1-3）。

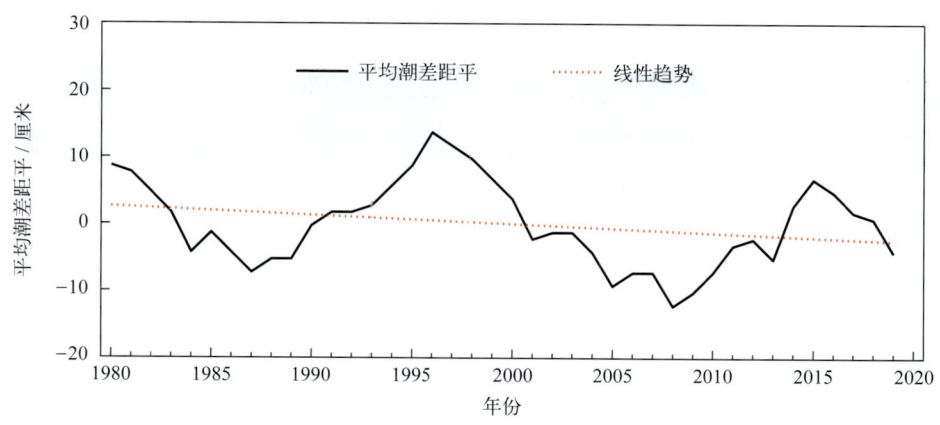

图2.1-3 1980—2019年平均潮差距平变化

## 第二节 极值潮位

大陈站年最高潮位和年最低潮位的各月发生频率见表2.2-1。年最高潮位出现时间主要集中在8—10月，其中9月发生频率最高，为40%；10月次之，为33%。年最低潮位主要出现在12月至翌年3月，其中1月发生频率最高，为28%；12月次之，为18%。

1980—2019年，大陈站年最高潮位呈上升趋势，上升速率为4.58毫米/年（线性趋势未通过显著性检验）。历年的最高潮位均高于577厘米，其中高于630厘米的有5年；历史最高潮位为639厘米，出现在2001年10月17日，正值0121号台风"海燕"影响期间。大陈站年最低潮位呈明显上升趋势，上升速率为5.26毫米/年。历年最低潮位均低于14厘米，其中低于-4厘米的有6年；历史最低潮位为-20厘米，共出现了3次，分别出现在1983年1月29日、1987年3月1日和1990年12月3日，均由强温带气旋引起（表2.2-1）。

表2.2-1 最高潮位和最低潮位及年极值出现频率（1980—2019年）

|  | 1月 | 2月 | 3月 | 4月 | 5月 | 6月 | 7月 | 8月 | 9月 | 10月 | 11月 | 12月 |
|---|---|---|---|---|---|---|---|---|---|---|---|---|
| 最高潮位值/厘米 | 582 | 577 | 609 | 581 | 582 | 600 | 631 | 630 | 636 | 639 | 618 | 600 |
| 年最高潮位出现频率/% | 0 | 0 | 0 | 0 | 0 | 5 | 0 | 15 | 40 | 33 | 7 | 0 |
| 最低潮位值/厘米 | -20 | -12 | -20 | -2 | -3 | -1 | -6 | 3 | 13 | -1 | -4 | -20 |
| 年最低潮位出现频率/% | 28 | 15 | 10 | 7 | 7 | 0 | 7 | 0 | 0 | 0 | 8 | 18 |

## 第三节 增减水

受地形和气候特征的影响，大陈站出现30厘米以上增水的频率明显高于同等强度减水的频率，超过60厘米的增水平均约43天出现一次，而超过60厘米的减水平均约901天出现一次（表2.3-1）。

大陈站90厘米以上的增水主要出现在8—10月，60厘米以上的减水多发生在4月和11月，这些大的增减水过程主要与该海域受温带气旋和热带气旋等影响有关（表2.3-2）。

表 2.3-1　不同强度增减水平均出现周期（1980—2019 年）

| 范围 / 厘米 | 出现周期 / 天 | |
|---|---|---|
| | 增水 | 减水 |
| >30 | 1.92 | 5.14 |
| >40 | 5.84 | 25.55 |
| >50 | 16.72 | 119.11 |
| >60 | 42.64 | 900.77 |
| >70 | 106.76 | — |
| >80 | 215.11 | — |
| >90 | 554.32 | — |
| >100 | 1 029.45 | — |
| >120 | 3 603.07 | — |

"—"表示无数据。

表 2.3-2　各月不同强度增减水出现频率（1980—2019 年）

| 月份 | 增水 / % | | | | | 减水 / % | | | | |
|---|---|---|---|---|---|---|---|---|---|---|
| | >30 厘米 | >50 厘米 | >70 厘米 | >90 厘米 | >100 厘米 | >20 厘米 | >30 厘米 | >40 厘米 | >50 厘米 | >60 厘米 |
| 1 | 2.80 | 0.13 | 0.01 | 0.00 | 0.00 | 3.78 | 0.93 | 0.17 | 0.01 | 0.00 |
| 2 | 2.89 | 0.08 | 0.00 | 0.00 | 0.00 | 4.84 | 1.08 | 0.17 | 0.03 | 0.00 |
| 3 | 2.56 | 0.20 | 0.01 | 0.00 | 0.00 | 5.90 | 1.41 | 0.35 | 0.07 | 0.00 |
| 4 | 0.77 | 0.05 | 0.00 | 0.00 | 0.00 | 3.89 | 0.62 | 0.12 | 0.05 | 0.02 |
| 5 | 0.73 | 0.05 | 0.01 | 0.00 | 0.00 | 0.77 | 0.09 | 0.01 | 0.00 | 0.00 |
| 6 | 0.38 | 0.00 | 0.00 | 0.00 | 0.00 | 0.77 | 0.10 | 0.02 | 0.01 | 0.00 |
| 7 | 0.56 | 0.12 | 0.03 | 0.00 | 0.00 | 5.15 | 0.45 | 0.02 | 0.00 | 0.00 |
| 8 | 2.52 | 0.54 | 0.19 | 0.06 | 0.03 | 4.54 | 0.60 | 0.04 | 0.00 | 0.00 |
| 9 | 3.99 | 0.74 | 0.15 | 0.02 | 0.01 | 2.77 | 0.31 | 0.04 | 0.00 | 0.00 |
| 10 | 3.27 | 0.57 | 0.06 | 0.01 | 0.00 | 2.64 | 0.48 | 0.13 | 0.03 | 0.00 |
| 11 | 2.80 | 0.32 | 0.01 | 0.00 | 0.00 | 7.83 | 1.99 | 0.48 | 0.09 | 0.03 |
| 12 | 2.43 | 0.06 | 0.00 | 0.00 | 0.00 | 6.52 | 1.20 | 0.24 | 0.07 | 0.00 |

1980—2019 年，除 4 月和 6 月外，大陈站年最大增水在其余各月均有出现，其中 8 月和 9 月出现频率最高，均为 23%；11 月次之，为 20%。除 6 月和 9 月外，年最大减水在其余各月均有出现，其中 11 月出现频率最高，为 18%；1 月和 2 月次之，均为 15%（表 2.3-3）。

1980—2019 年，大陈站年最大增水呈增大趋势，增大速率为 4.26 毫米 / 年（线性趋势未通过显著性检验）。历史最大增水出现在 2004 年 8 月 12 日，为 153 厘米；2005 年和 2019 年最大增水均超过了 115 厘米。大陈站年最大减水呈增大趋势，增大速率为 1.19 毫米 / 年（线性趋势未通过显著性检验）。历史最大减水发生在 2012 年 4 月 4 日，为 67 厘米；2008 年最大减水也较大，为 66 厘米；1984 年、2001 年、2006 年和 2009 年最大减水均超过了 60 厘米。

表 2.3-3　最大增水和最大减水及年极值出现频率（1980—2019 年）

|  | 1月 | 2月 | 3月 | 4月 | 5月 | 6月 | 7月 | 8月 | 9月 | 10月 | 11月 | 12月 |
| --- | --- | --- | --- | --- | --- | --- | --- | --- | --- | --- | --- | --- |
| 最大增水值 / 厘米 | 71 | 72 | 104 | 65 | 81 | 53 | 90 | 153 | 118 | 97 | 90 | 71 |
| 年最大增水出现频率 / % | 5 | 2 | 10 | 0 | 2 | 0 | 5 | 23 | 23 | 8 | 20 | 2 |
| 最大减水值 / 厘米 | 53 | 57 | 62 | 67 | 48 | 58 | 54 | 51 | 46 | 62 | 66 | 61 |
| 年最大减水出现频率 / % | 15 | 15 | 10 | 8 | 2 | 0 | 2 | 10 | 0 | 10 | 18 | 10 |

# 第三章 海浪

## 第一节 海况

大陈站全年及各月各级海况的频率见图 3.1-1。全年海况以 0～4 级为主,频率为 96.53%,其中 0～2 级海况频率为 45.86%。全年 5 级及以上海况频率为 3.47%,最大频率出现在 9 月,为 6.71%。全年 7 级及以上海况频率为 0.11%,出现在 7—10 月,最大频率出现在 8 月,为 0.85%。

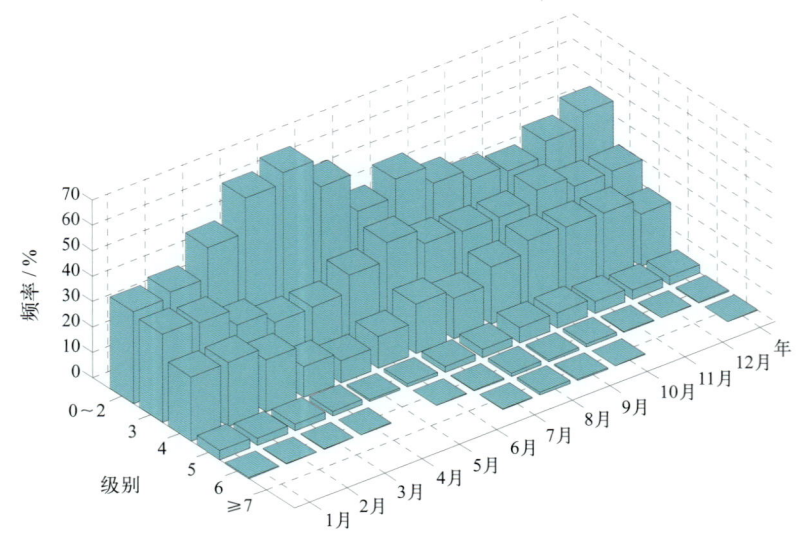

图 3.1-1　全年及各月各级海况频率（1965—2019 年）

## 第二节 波型

大陈站风浪频率和涌浪频率的年变化见表 3.2-1。全年风浪频率为 100.00%,涌浪频率为 99.91%,风浪与涌浪基本上同时存在。各月的风浪和涌浪频率均相差不大,均为或接近 100.00%。

表 3.2-1　各月及全年风浪涌浪频率（1965—2019 年）

|  | 1月 | 2月 | 3月 | 4月 | 5月 | 6月 | 7月 | 8月 | 9月 | 10月 | 11月 | 12月 | 年 |
|---|---|---|---|---|---|---|---|---|---|---|---|---|---|
| 风浪/% | 100.00 | 100.00 | 100.00 | 100.00 | 100.00 | 100.00 | 99.98 | 100.00 | 100.00 | 100.00 | 100.00 | 100.00 | 100.00 |
| 涌浪/% | 99.83 | 100.00 | 99.79 | 99.95 | 99.89 | 99.98 | 100.00 | 99.82 | 99.91 | 99.82 | 99.92 | 100.00 | 99.91 |

注：风浪包含 F、FU、F/U 和 U/F 波型；涌浪包含 U、FU、F/U 和 U/F 波型。

## 第三节 波向

### 1. 各向风浪频率

大陈站各月及全年各向风浪频率见图 3.3-1。1 月、11 月和 12 月 N 向风浪居多,NNE 向次之。2 月、3 月、9 月和 10 月 NNE 向风浪居多,N 向次之。4 月和 5 月 NNE 向风浪居多,NE 向次之。

6月SSW向风浪居多，NNE向次之。7月和8月SSW向风浪居多，S向次之。全年NNE向风浪居多，频率为26.56%，N向次之，频率为19.49%，W向最少，频率为0.11%。

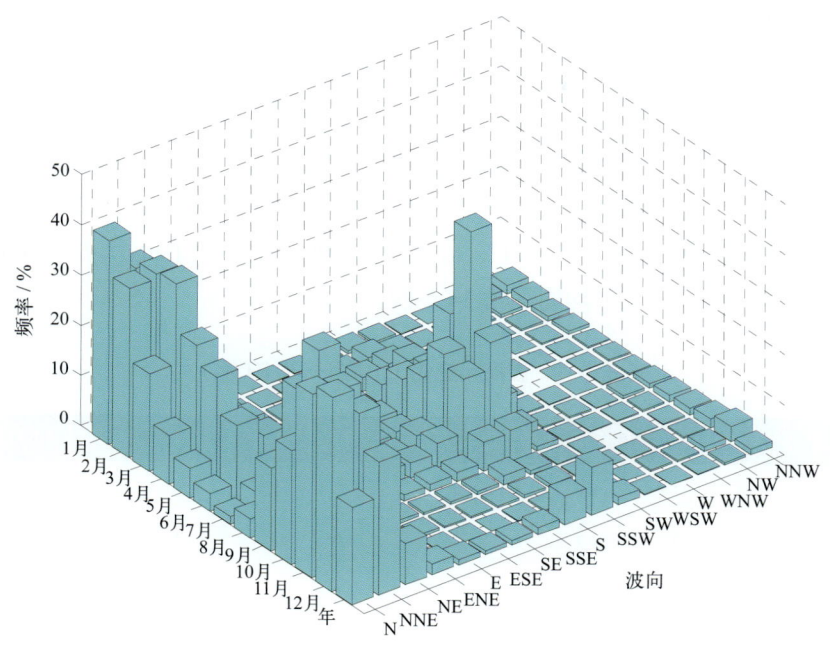

图3.3-1　各月及全年各向风浪频率（1965—2019年）

### 2. 各向涌浪频率

大陈站各月及全年各向涌浪频率见图3.3-2。1—3月和10—12月ENE向涌浪居多，E向次之。4月和9月E向涌浪居多，ENE向次之。5月E向涌浪居多，ESE向次之。6月SE向涌浪居多，E向次之。7月SE向涌浪居多，SSE向次之。8月SE向涌浪居多，ESE向次之。全年ENE向涌浪居多，频率为36.59%，E向次之，频率为29.76%，未出现WSW—NNW向涌浪。

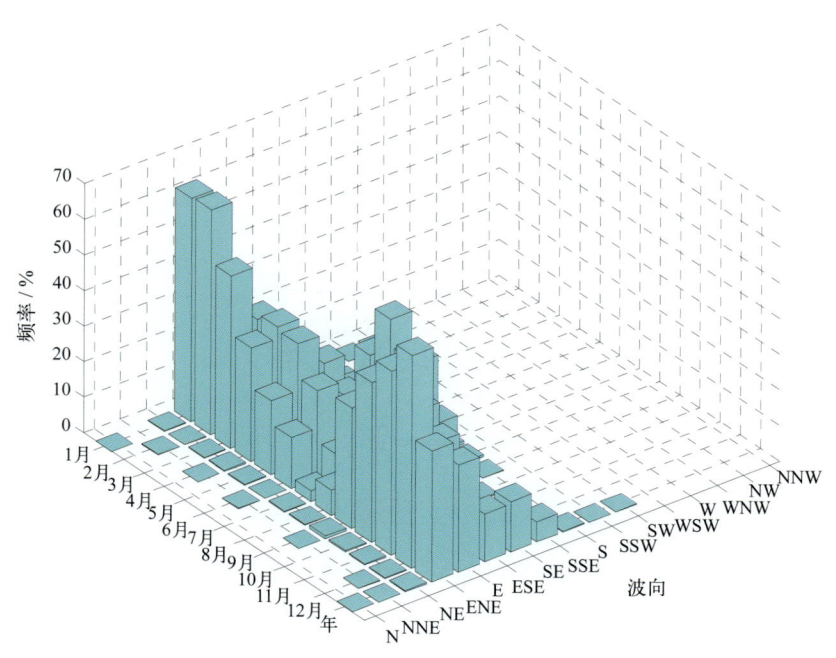

图3.3-2　各月及全年各向涌浪频率（1965—2019年）

## 第四节 波高

### 1. 平均波高和最大波高

大陈站波高的年变化见表3.4-1。月平均波高的年变化不明显，为 1.1 ～ 1.5 米。历年的平均波高为 1.0 ～ 1.5 米。

月最大波高比月平均波高的变化幅度大，极大值出现在8月，为14.4米，极小值出现在4月，为4.5米，变幅为9.9米。历年的最大波高为 3.3 ～ 14.4 米，大于 10.0 米的共有 8 年，其中最大波高的极大值 14.4 米出现在 1972 年 8 月 17 日，正值 7209 号台风（Betty）影响期间，波向为 E，对应平均风速为 17 米/秒，对应平均周期为 14.5 秒。

表 3.4-1　波高年变化（1965—2019 年）　　　　　　　　　　　　　单位：米

| | 1月 | 2月 | 3月 | 4月 | 5月 | 6月 | 7月 | 8月 | 9月 | 10月 | 11月 | 12月 | 年 |
|---|---|---|---|---|---|---|---|---|---|---|---|---|---|
| 平均波高 | 1.3 | 1.4 | 1.2 | 1.1 | 1.1 | 1.1 | 1.3 | 1.5 | 1.5 | 1.5 | 1.4 | 1.3 | 1.3 |
| 最大波高 | 5.4 | 5.2 | 5.2 | 4.5 | 6.3 | 7.6 | 13.0 | 14.4 | 13.4 | 12.2 | 6.0 | 5.1 | 14.4 |

### 2. 各向平均波高和最大波高

全年及各季代表月各向波高的分布见表3.4-2、图3.4-1和图3.4-2。全年各向平均波高为 1.1 ～ 1.6 米，大值主要分布于 N 向和 NNE 向，小值主要分布于 SSE 向。全年各向最大波高 E 向最大，为 14.4 米；NNE 向次之，为 13.0 米；S 向最小，为 8.2 米。

表 3.4-2　全年各向平均波高和最大波高（1965—2019 年）　　　　　　单位：米

| | N | NNE | NE | ENE | E | ESE | SE | SSE | S | SSW | SW | WSW | W | WNW | NW | NNW |
|---|---|---|---|---|---|---|---|---|---|---|---|---|---|---|---|---|
| 平均波高 | 1.6 | 1.6 | 1.4 | 1.3 | 1.2 | 1.2 | 1.2 | 1.1 | 1.2 | 1.2 | 1.3 | 1.4 | 1.4 | 1.4 | 1.4 | 1.5 |
| 最大波高 | 11.8 | 13.0 | 12.7 | 10.2 | 14.4 | 12.4 | 11.0 | 11.6 | 8.2 | 8.8 | 10.0 | 9.0 | 10.6 | 8.7 | 9.2 | 9.5 |

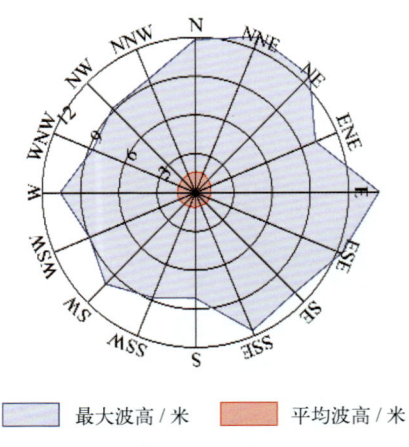

图3.4-1　全年各向平均波高和最大波高（1965—2019年）

1月平均波高 N 向和 NNE 向最大，均为 1.5 米；E 向和 ESE 向最小，均为 1.1 米。最大波高 NE 向最大，为 5.4 米；E 向次之，为 4.9 米；SSW 向最小，为 3.3 米。

4月平均波高 NNE 向最大，为 1.4 米；ESE 向和 SE 向最小，均为 1.0 米。最大波高 SSW 向最大，为 4.5 米；NNE 向和 SE 向次之，均为 4.4 米；NNW 向最小，为 3.0 米。

7月平均波高 N 向和 NNE 向最大，均为 1.8 米；SSE 向最小，为 1.1 米。最大波高 NNE 向最大，为 13.0 米；NE 向次之，为 12.7 米；WNW 向最小，为 5.8 米。

10月平均波高 WNW 向、NW 向和 NNW 向最大，均为 2.0 米；ESE 向最小，为 1.2 米。最大波高 E 向最大，为 12.2 米；NE 向和 SSE 向次之，均为 11.6 米；SW 向最小，为 6.7 米。

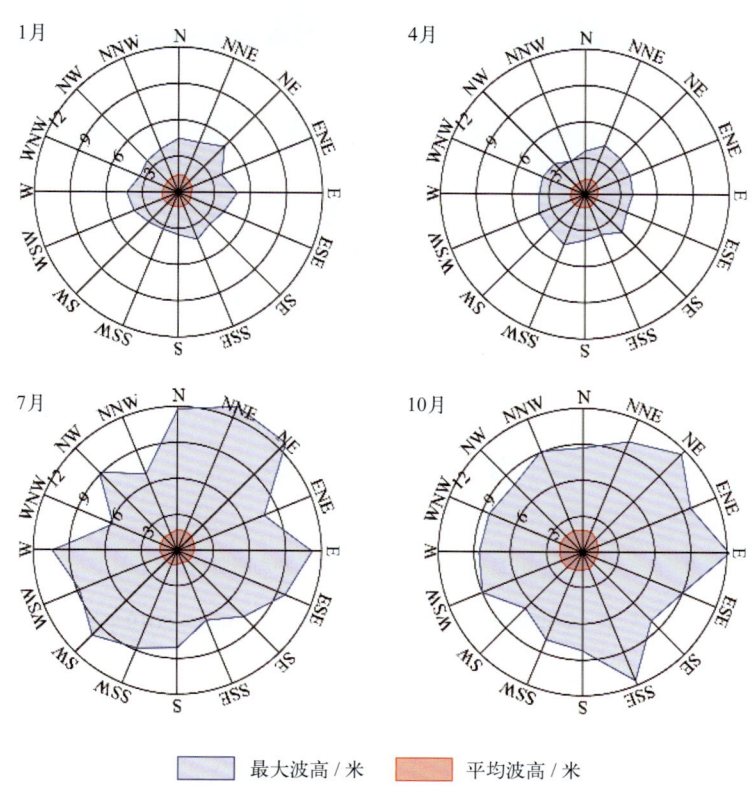

图3.4-2　四季代表月各向平均波高和最大波高（1965—2019年）

# 第五节　周期

### 1. 平均周期和最大周期

大陈站周期的年变化见表 3.5-1。月平均周期的年变化不明显，为 5.5～5.9 秒。月最大周期的年变化幅度较大，极大值出现在 8 月，为 15.9 秒，极小值出现在 2 月，为 10.0 秒。历年的平均周期为 5.1～6.9 秒，其中 1987 年最大，有 6 年均为最小。历年的最大周期均大于等于 7.4 秒，大于 14.0 秒的共有 3 年，其中最大周期的极大值 15.9 秒出现在 1997 年 8 月 18 日，波向为 E。

表3.5-1　周期年变化（1965—2019 年）　　　　　　　　　　　　　　单位：秒

| | 1月 | 2月 | 3月 | 4月 | 5月 | 6月 | 7月 | 8月 | 9月 | 10月 | 11月 | 12月 | 年 |
|---|---|---|---|---|---|---|---|---|---|---|---|---|---|
| 平均周期 | 5.5 | 5.5 | 5.5 | 5.5 | 5.5 | 5.5 | 5.6 | 5.8 | 5.8 | 5.9 | 5.6 | 5.6 | 5.6 |
| 最大周期 | 11.9 | 10.0 | 10.3 | 11.5 | 12.1 | 12.1 | 13.9 | 15.9 | 14.5 | 13.0 | 12.7 | 11.7 | 15.9 |

## 2. 各向平均周期和最大周期

全年及各季代表月各向周期的分布见表3.5-2、图3.5-1和图3.5-2。全年各向平均周期为5.0～6.1秒，ENE—SE向周期值较大。全年各向最大周期E向最大，为15.9秒；NNE向次之，为15.6秒；S向最小，为10.1秒。

表 3.5-2　全年各向平均周期和最大周期（1965—2019 年）　　　　　　　单位：秒

|  | N | NNE | NE | ENE | E | ESE | SE | SSE | S | SSW | SW | WSW | W | WNW | NW | NNW |
|---|---|---|---|---|---|---|---|---|---|---|---|---|---|---|---|---|
| 平均周期 | 5.6 | 5.6 | 5.3 | 5.8 | 6.1 | 6.1 | 5.9 | 5.4 | 5.0 | 5.2 | 5.1 | 5.1 | 5.3 | 5.4 | 5.4 | 5.4 |
| 最大周期 | 13.9 | 15.6 | 12.2 | 12.9 | 15.9 | 13.3 | 13.9 | 13.5 | 10.1 | 10.5 | 10.3 | 11.5 | 11.0 | 10.2 | 12.2 | 11.1 |

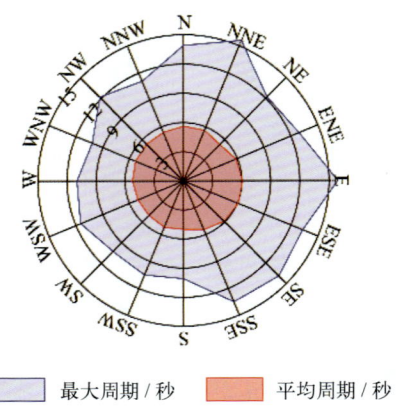

图3.5-1　全年各向平均周期和最大周期（1965—2019年）

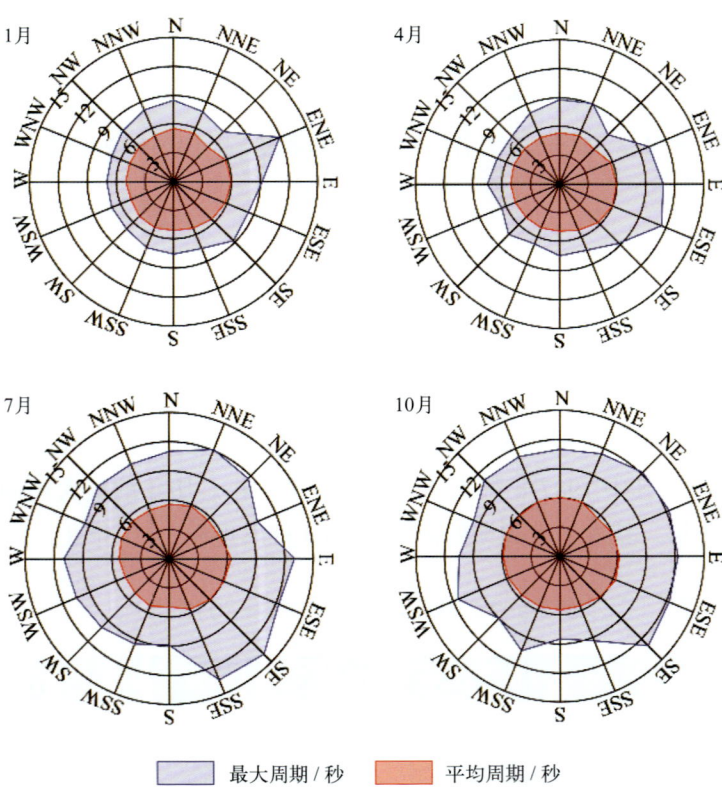

图3.5-2　四季代表月各向平均周期和最大周期（1965—2019年）

1月平均周期E向最大，为6.0秒；WSW向最小，为4.9秒。最大周期ENE向最大，为11.9秒；E向次之，为9.2秒；SW向、WSW向、W向和WNW向最小，均为7.0秒。

4月平均周期ESE向最大，为6.0秒；S向、SSW向、SW向和WSW向最小，均为5.0秒。最大周期ESE向最大，为11.5秒；E向次之，为10.8秒；WSW向最小，为6.5秒。

7月平均周期E向最大，为6.4秒；S向和WSW向最小，均为5.0秒。最大周期SE向最大，为13.9秒；SSE向次之，为13.5秒；S向最小，为8.9秒。

10月平均周期ESE向最大，为6.3秒；NE向、SSE向和S向最小，均为5.5秒。最大周期SE向最大，为13.0秒；ENE向、E向和ESE向次之，均为12.3秒；S向最小，为8.5秒。

# 第四章　表层海水温度、盐度和海发光

## 第一节　表层海水温度

### 1. 平均水温、最高水温和最低水温

大陈站月平均水温的年变化具有峰谷明显的特点，8月最高，为26.8℃，2月最低，为8.8℃，年较差为18.0℃。3—8月为升温期，9月至翌年2月为降温期。月最高水温和月最低水温的年变化特征与月平均水温相似（图4.1-1）。

历年（2002—2006年数据有缺测）的平均水温为17.1～19.1℃，其中2018年和2019年均为最高，1967年和1976年均为最低。累年平均水温为18.0℃。

历年的最高水温均不低于27.8℃，其中大于29.0℃的有30年，大于30.0℃的有14年，出现时间为7—9月。水温极大值为31.1℃，出现在2006年8月31日。

历年的最低水温均不高于9.8℃，其中小于7.0℃的有19年，小于5.5℃的有6年，出现时间为12月至翌年3月，2月最多。水温极小值为4.7℃，出现在1977年2月6日和10日。

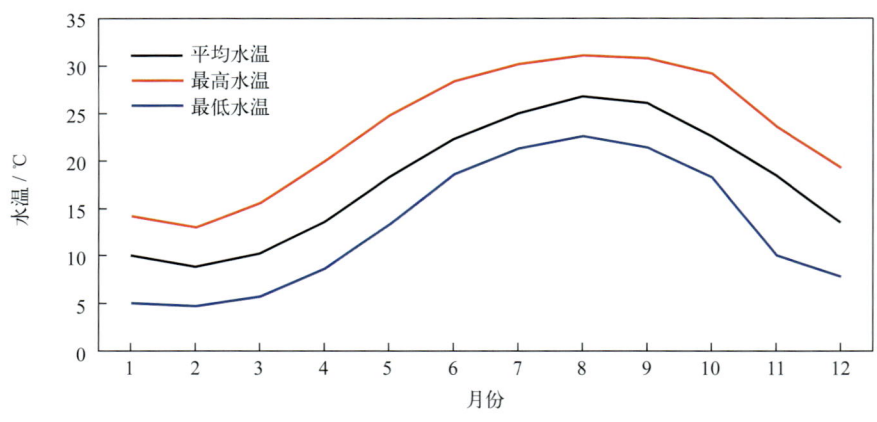

图4.1-1　水温年变化（1960—2019年）

### 2. 日平均水温稳定通过界限温度的日期

采用五日滑动平均方法求出稳定通过各个界限温度的日期，见表4.1-1。日平均水温全年均稳定通过5℃，稳定通过10℃的有307天，稳定通过15℃的有225天，稳定通过20℃的有164天，稳定通过25℃的初日为7月17日，终日为9月26日，共72天。

表4.1-1　日平均水温稳定通过界限温度的日期（1960—2019年）

|  | 10℃ | 15℃ | 20℃ | 25℃ |
| --- | --- | --- | --- | --- |
| 初日 | 3月15日 | 4月26日 | 5月27日 | 7月17日 |
| 终日 | 1月15日 | 12月6日 | 11月6日 | 9月26日 |
| 天数 | 307 | 225 | 164 | 72 |

### 3. 长期趋势变化

1960—2019 年，年平均水温和年最低水温均呈波动上升趋势，上升速率分别为 0.18℃/（10 年）和 0.41℃/（10 年），年最高水温无明显变化趋势，其中 2006 年和 1996 年最高水温分别为 1960 年以来的第一高值和第二高值，1977 年最低水温为 1960 年以来的第一低值，1962 年和 1964 年最低水温均为 1960 年以来的第二低值。

十年平均水温变化显示，2010—2019 年平均水温最高，1980—1989 年平均水温最低，1990—1999 年平均水温较上一个十年升幅最大，升幅为 0.48℃（图 4.1-2）。

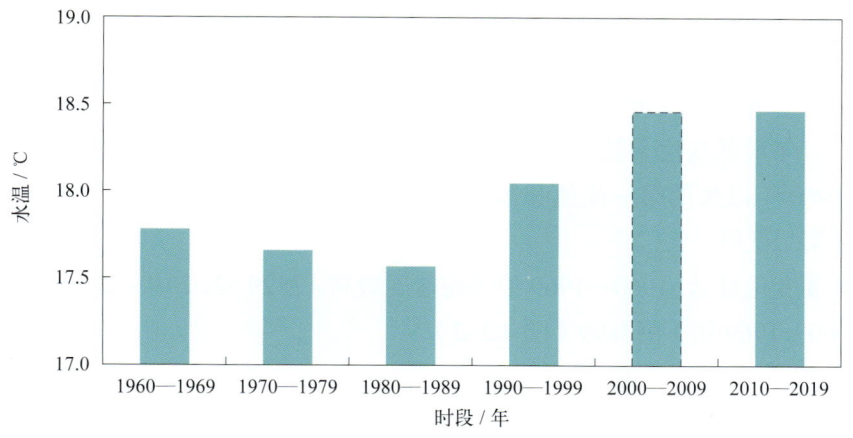

图4.1-2　十年平均水温变化（数据不足十年加虚线框表示，下同）

## 第二节　表层海水盐度

### 1. 平均盐度、最高盐度和最低盐度

大陈站月平均盐度的年变化具有峰谷明显的特点，最高值出现在 7 月，为 31.75，最低值出现在 10 月，为 26.54，年较差为 5.21。月最高盐度 8 月最大，12 月最小。月最低盐度 2 月最大，10 月最小（图 4.2-1）。

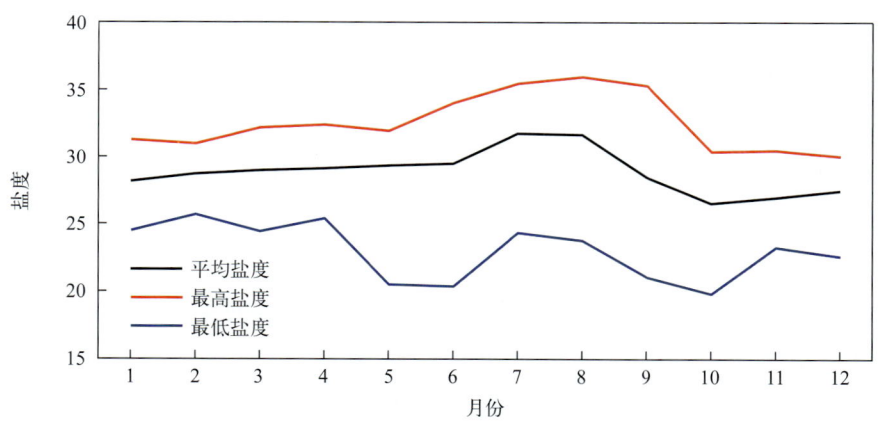

图4.2-1　盐度年变化（1960—2019年）

历年（1997 年、2002—2006 年数据有缺测）的平均盐度为 27.28 ~ 30.08，其中 1960 年最高，

2010年最低。累年平均盐度为28.89。

历年的最高盐度均大于29.60，其中大于34.00的有35年，大于35.00的有5年。年最高盐度出现在6—9月，其中7月和8月占统计年份的95%。盐度极大值为36.00，出现在1961年8月13日。

历年的最低盐度均小于27.70，其中小于25.00的有38年，小于22.00的有7年。年最低盐度一年四季均有出现，其中多出现在秋季，占统计年份的68%。盐度极小值为19.85，出现在1998年10月5日。《东海区海洋站海洋水文气候志》记载极端最低盐度为12.52，出现在1964年10月15日08时。

### 2. 长期趋势变化

1960—2019年，年平均盐度和年最高盐度均呈波动下降趋势，下降速率分别为0.18/（10年）和0.33/（10年），年最低盐度呈波动上升趋势，上升速率为0.26/（10年）。1961年和1960年最高盐度分别为1960年以来的第一高值和第二高值；1998年和1976年最低盐度分别为1960年以来的第一低值和第二低值。

十年平均盐度变化显示，1960—1969年平均盐度最高，为29.52，2010—2019年平均盐度较低，为28.53，较1960—1969年下降0.99（图4.2-2）。

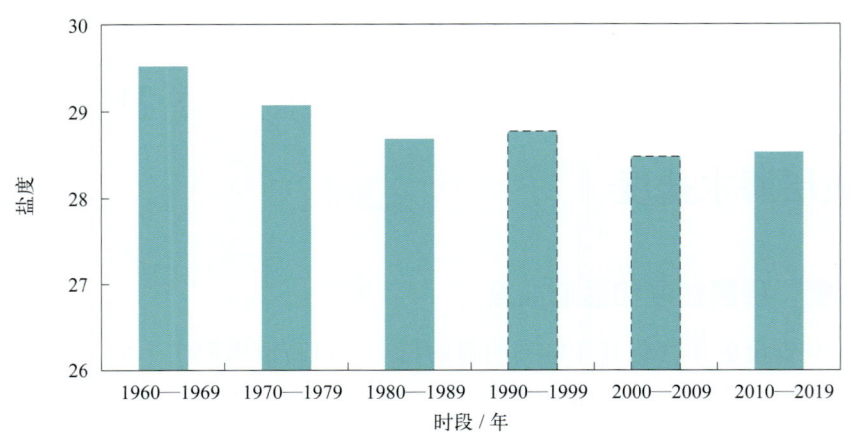

图4.2-2　十年平均盐度变化

## 第三节　海发光

1960—2002年，大陈站观测到的海发光主要为火花型（H），弥漫型（M）观测到14次。海发光以1级海发光为主，占海发光次数的53.4%；2级海发光次之，占34.2%；4级海发光最少，占1.8%。

各月及全年海发光频率见表4.3-1和图4.3-1。海发光频率的年变化为1—3月偏低、5—10月偏高，其中8月最高，2月最低。累年平均海发光频率为73.1%。

历年海发光频率为47.3%～92.9%，其中1976年最大，2001年最小。

表 4.3-1　各月及全年海发光频率（1960—2002 年）

| | 1月 | 2月 | 3月 | 4月 | 5月 | 6月 | 7月 | 8月 | 9月 | 10月 | 11月 | 12月 | 年 |
|---|---|---|---|---|---|---|---|---|---|---|---|---|---|
| 频率/% | 29.1 | 19.9 | 29.5 | 68.7 | 95.2 | 97.4 | 96.7 | 98.9 | 96.3 | 92.3 | 80.8 | 62.5 | 73.1 |

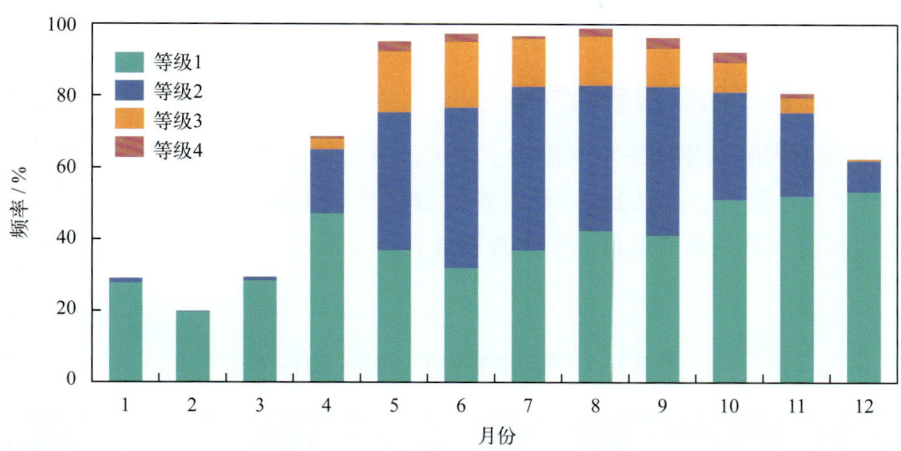

图4.3-1　各月各级海发光频率（1960—2002年）

# 第五章 海洋气象

## 第一节 气温

### 1. 平均气温、最高气温和最低气温

1965—2019 年，大陈站累年平均气温为 17.2℃。月平均气温具有夏高冬低的变化特征，8 月最高，为 27.3℃，1 月最低，为 7.2℃，年较差为 20.1℃。月最高气温和月最低气温的年变化特征与月平均气温相似，月最高气温极大值出现在 8 月，月最低气温极小值出现在 1 月（表 5.1-1，图 5.1-1）。

表 5.1-1　气温年变化（1965—2019 年）　　　　　　　　　　　　　　　　　单位：℃

|      | 1月 | 2月 | 3月 | 4月 | 5月 | 6月 | 7月 | 8月 | 9月 | 10月 | 11月 | 12月 | 年 |
|---|---|---|---|---|---|---|---|---|---|---|---|---|---|
| 平均气温 | 7.2 | 7.4 | 10.0 | 14.4 | 19.1 | 22.9 | 26.6 | 27.3 | 24.9 | 20.8 | 15.9 | 10.1 | 17.2 |
| 最高气温 | 21.7 | 24.3 | 25.3 | 27.8 | 31.4 | 31.5 | 35.0 | 36.0 | 35.0 | 30.3 | 27.8 | 23.2 | 36.0 |
| 最低气温 | -5.7 | -3.4 | -0.7 | 0.9 | 9.0 | 13.2 | 18.6 | 20.0 | 14.1 | 8.3 | 2.5 | -3.3 | -5.7 |

注：1992—2002 年数据缺测。

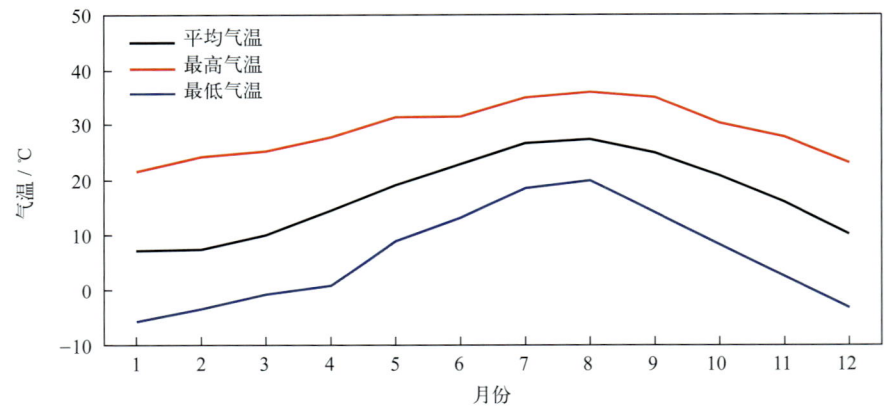

图 5.1-1　气温年变化（1965—2019 年）

历年的平均气温为 16.1 ~ 19.2℃，其中 2016 年最高，1969 年、1972 年和 1976 年均为最低。

历年的最高气温均高于 29.5℃，其中高于 34.0℃的有 3 年。最早出现时间为 7 月 9 日（2014 年），最晚出现时间为 9 月 11 日（1975 年）。8 月最高气温出现频率最高，占统计年份的 70%，7 月次之，占 28%（图 5.1-2）。极大值为 36.0℃，出现在 2006 年 8 月 31 日。

历年的最低气温均低于 3.5℃，其中低于 -2.0℃的有 16 年，低于 -5.0℃的有 2 年。最早出现时间为 12 月 13 日（1972 年），最晚出现时间为 2 月 27 日（1981 年）。1 月最低气温出现频率最高，占统计年份的 40%，2 月次之，占 33%（图 5.1-2）。极小值为 -5.7℃，出现在 1970 年 1 月 15 日。

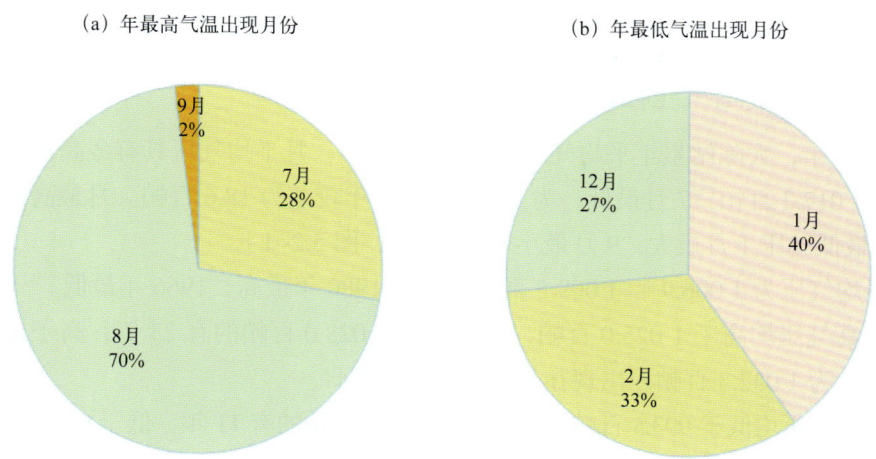

图5.1-2 年最高、最低气温出现月份及频率（1965—2019年）

### 2. 长期趋势变化

1965—1991年，年平均气温和年最低气温均呈波动上升趋势，上升速率分别为0.14℃/（10年）（线性趋势未通过显著性检验）和0.50℃/（10年）（线性趋势未通过显著性检验）；年最高气温无明显变化趋势。2003—2019年，年平均气温、年最高气温和年最低气温均呈波动上升趋势，上升速率分别为0.19℃/（10年）（线性趋势未通过显著性检验）、0.40℃/（10年）（线性趋势未通过显著性检验）和1.35℃/（10年）（线性趋势未通过显著性检验）。

### 3. 常年自然天气季节和大陆度

利用大陈站1965—1991年和2003—2019年气温累年日平均数据计算五日滑动平均气温，根据《气候季节划分》（QX/T 152—2012）方法，大陈平均春季时间从3月17日至6月9日，共85天；平均夏季时间从6月10日至10月10日，共123天；平均秋季时间从10月11日至12月15日，共66天；平均冬季时间从12月16日至翌年3月16日，共91天。夏季时间最长，秋季时间最短（图5.1-3）。

大陈站焦金斯基大陆度指数为41.0%，属海洋性季风气候。

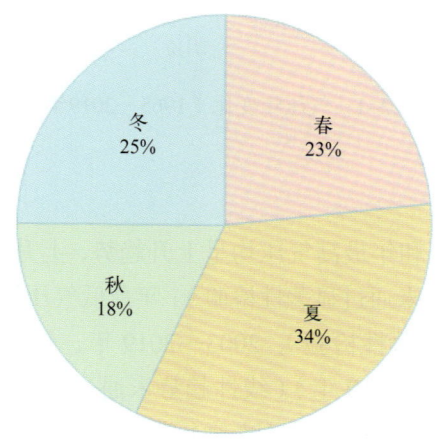

图5.1-3 四季平均日数百分率（1965—2019年）

## 第二节　气压

### 1. 平均气压、最高气压和最低气压

1965—2019 年，大陈站累年平均气压为 1 008.3 百帕。月平均气压具有冬高夏低的变化特征，1 月最高，为 1 017.2 百帕，7 月最低，为 998.6 百帕，年较差为 18.6 百帕。月最高气压 1 月最大，7 月最小。月最低气压 1 月最大，9 月最小（表 5.2-1，图 5.2-1）。

历年的平均气压为 1 006.9 ~ 1 009.5 百帕，其中 1980 年最高，1966 年最低。

历年的最高气压均高于 1 025.0 百帕，其中高于 1 028.0 百帕的有 23 年，高于 1 030.0 百帕的有 6 年。极大值为 1 032.3 百帕，出现在 2016 年 1 月 25 日。

历年的最低气压均低于 993.5 百帕，其中低于 980.0 百帕的有 11 年，低于 970.0 百帕的有 8 年。极小值为 948.6 百帕，出现在 2005 年 9 月 11 日，正值 0515 号台风"卡努"影响期间。

表 5.2-1　气压年变化（1965—2019 年）　　　　　　　　单位：百帕

| | 1月 | 2月 | 3月 | 4月 | 5月 | 6月 | 7月 | 8月 | 9月 | 10月 | 11月 | 12月 | 年 |
|---|---|---|---|---|---|---|---|---|---|---|---|---|---|
| 平均气压 | 1 017.2 | 1 015.3 | 1 012.4 | 1 008.1 | 1 003.9 | 999.8 | 998.6 | 998.8 | 1 004.2 | 1 010.4 | 1 014.4 | 1 017.0 | 1 008.3 |
| 最高气压 | 1 032.3 | 1 031.3 | 1 030.0 | 1 025.6 | 1 017.6 | 1 011.2 | 1 009.7 | 1 009.9 | 1 015.8 | 1 022.8 | 1 029.5 | 1 030.4 | 1 032.3 |
| 最低气压 | 1 000.4 | 994.3 | 993.3 | 990.7 | 988.0 | 981.9 | 965.6 | 954.4 | 948.6 | 974.3 | 994.6 | 999.0 | 948.6 |

注：1992—2002 年数据缺测。

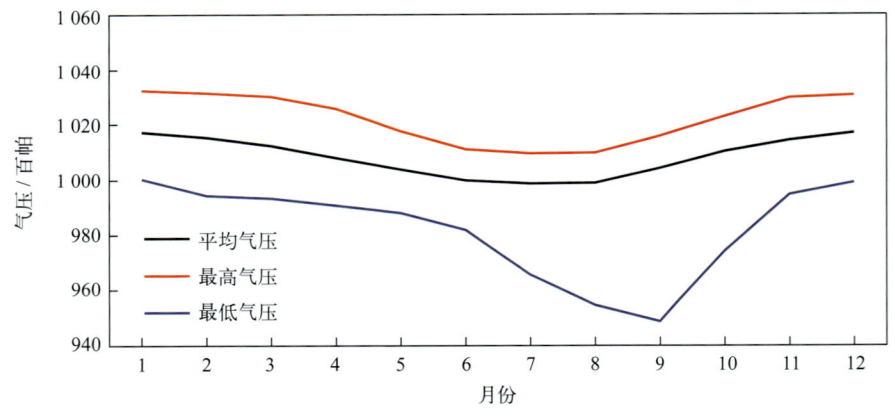

图 5.2-1　气压年变化（1965—2019年）

### 2. 长期趋势变化

1965—1991 年，年平均气压和年最高气压均呈上升趋势，上升速率分别为 0.50 百帕/（10 年）和 0.08 百帕/（10 年）（线性趋势未通过显著性检验）；年最低气压呈下降趋势，下降速率为 2.37 百帕/（10 年）（线性趋势未通过显著性检验）。2003—2019 年，年平均气压和年最高气压均呈下降趋势，下降速率分别为 0.22 百帕/（10 年）（线性趋势未通过显著性检验）和 0.18 百帕/（10 年）（线性趋势未通过显著性检验）；年最低气压呈波动上升趋势，上升速率为 1.11 百帕/（10 年）（线性趋势未通过显著性检验）。

## 第三节 相对湿度

### 1. 平均相对湿度和最小相对湿度

1965—2019 年,大陈站累年平均相对湿度为 83.0%。月平均相对湿度 6 月最大,为 93.2%,12 月最小,为 73.6%。平均月最小相对湿度 7 月最大,为 69.9%,1 月最小,为 32.1%。最小相对湿度的极小值为 7%,出现在 1988 年 4 月 9 日(表 5.3-1,图 5.3-1)。

表 5.3-1 相对湿度年变化(1965—2019 年)

| | 1月 | 2月 | 3月 | 4月 | 5月 | 6月 | 7月 | 8月 | 9月 | 10月 | 11月 | 12月 | 年 |
|---|---|---|---|---|---|---|---|---|---|---|---|---|---|
| 平均相对湿度 /% | 75.9 | 79.9 | 82.6 | 86.4 | 89.5 | 93.2 | 91.5 | 87.6 | 82.1 | 76.9 | 76.2 | 73.6 | 83.0 |
| 平均最小相对湿度 /% | 32.1 | 36.3 | 38.1 | 41.0 | 45.1 | 64.4 | 69.9 | 61.5 | 53.5 | 41.9 | 37.3 | 32.6 | 46.1 |
| 最小相对湿度 /% | 13 | 13 | 14 | 7 | 14 | 41 | 50 | 38 | 37 | 27 | 18 | 9 | 7 |

注:平均最小相对湿度为各月最小相对湿度的累年平均值及其年平均值。1992—2002年数据缺测。

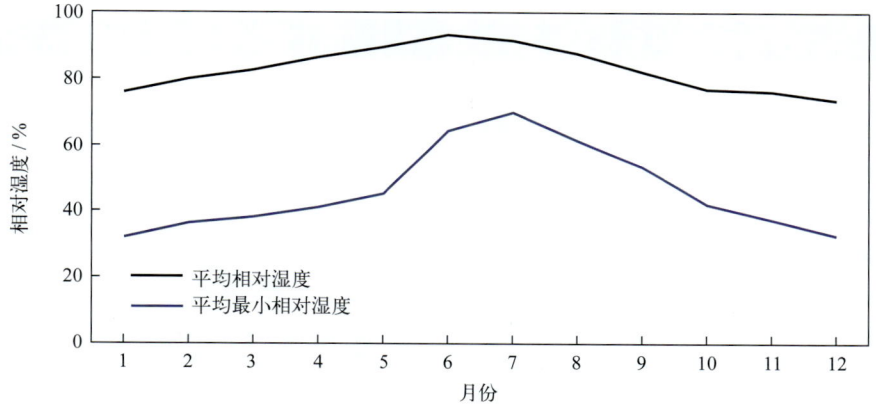

图5.3-1 相对湿度年变化(1965—2019年)

### 2. 长期趋势变化

1965—2019 年,年平均相对湿度为 78.0% ~ 88.4%,其中 2003 年最大,2013 年最小。1965—1991 年,平均相对湿度呈上升趋势,上升速率为 0.53% /(10 年)(线性趋势未通过显著性检验);2003—2019 年,平均相对湿度呈下降趋势,下降速率为 0.18% /(10 年)(线性趋势未通过显著性检验)。

### 3. 温湿指数

根据《人居环境气候舒适度评价》(GB/T 27963—2011)的温湿指数统计方法和气候舒适度等级划分方法,统计大陈站各月温湿指数,结果显示:12月至翌年3月温湿指数为 8.2 ~ 10.7,感觉为寒冷;4月和11月温湿指数分别为 14.4 和 15.7,感觉为冷;5月、6月、9月和10月温湿指数为 18.8 ~ 23.9,感觉为舒适;7月和8月温湿指数分别为 26.0 和 26.5,感觉为热(表 5.3-2)。

表 5.3-2　温湿指数年变化（1965—2019 年）

| | 1月 | 2月 | 3月 | 4月 | 5月 | 6月 | 7月 | 8月 | 9月 | 10月 | 11月 | 12月 |
|---|---|---|---|---|---|---|---|---|---|---|---|---|
| 温湿指数 | 8.2 | 8.2 | 10.4 | 14.4 | 18.8 | 22.6 | 26.0 | 26.5 | 23.9 | 20.0 | 15.7 | 10.7 |
| 感觉程度 | 寒冷 | 寒冷 | 寒冷 | 冷 | 舒适 | 舒适 | 热 | 热 | 舒适 | 舒适 | 冷 | 寒冷 |

## 第四节　风

### 1. 平均风速和最大风速

大陈站风速的年变化见表 5.4-1 和图 5.4-1。累年平均风速为 6.8 米 / 秒，月平均风速 1 月最大，为 7.7 米 / 秒，5 月最小，为 5.2 米 / 秒。平均最大风速 9 月最大，为 20.5 米 / 秒，6 月最小，为 16.3 米 / 秒。最大风速月最大值对应风向多为 N 向（6 个月）。极大风速的最大值为 54.6 米 / 秒，出现在 2005 年 9 月 11 日，正值 0515 号台风"卡努"影响期间，对应风向为 E。

表 5.4-1　风速年变化（1965—2019 年）　　　　　　　　　　　　单位：米 / 秒

| | | 1月 | 2月 | 3月 | 4月 | 5月 | 6月 | 7月 | 8月 | 9月 | 10月 | 11月 | 12月 | 年 |
|---|---|---|---|---|---|---|---|---|---|---|---|---|---|---|
| 平均风速 | | 7.7 | 7.4 | 6.6 | 5.5 | 5.2 | 5.8 | 7.0 | 6.1 | 7.0 | 7.6 | 7.5 | 7.6 | 6.8 |
| 最大风速 | 平均值 | 18.4 | 17.9 | 18.2 | 17.6 | 16.6 | 16.3 | 18.4 | 20.1 | 20.5 | 19.6 | 18.7 | 18.7 | 18.4 |
| | 最大值 | 26.0 | 23.4 | 24.0 | 25.0 | 21.1 | 24.6 | 36.3 | 38.1 | 41.4 | 32.2 | 25.1 | 24.0 | 41.4 |
| | 最大值对应风向 | N | N | NNE | N | NNE | N | NNE | ENE | NE | NNE | N | ENE |
| 极大风速 | 最大值 | 27.7 | 28.5 | 29.0 | 26.4 | 27.4 | 32.4 | 48.1 | 51.8 | 54.6 | 40.8 | 29.7 | 30.3 | 54.6 |
| | 最大值对应风向 | NNE | NE | NNE | NNE/NE | NNE | NE | NNE | ENE | E | NE | NNE | N | E |

注：1992—2002 年数据缺测，极大风速的统计时间为 2003—2019 年。

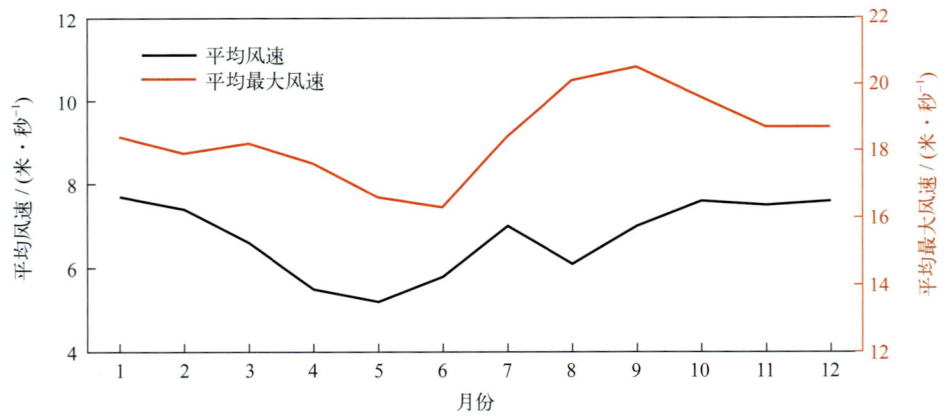

图 5.4-1　平均风速和平均最大风速年变化（1965—2019 年）

历年的平均风速为 6.2 ~ 7.7 米 / 秒，其中 1974 年最大，2008 年和 2014 年均为最小。历年的最大风速均大于等于 18.0 米 / 秒，其中大于等于 28.0 米 / 秒的有 9 年。最大风速的最大值为 41.4 米 / 秒，出现在 2005 年 9 月 11 日，风向为 ENE。年最大风速出现在 9 月的频率最高，5 月未出现（图 5.4-2）。

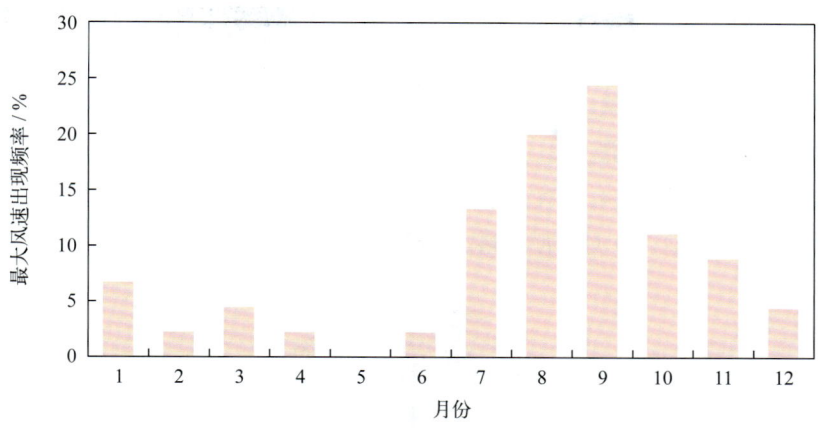

图5.4-2　年最大风速出现频率（1965—2019年）

### 2. 各向风频率

全年 NNE 向风最多，频率为 21.3%，N 向次之，频率为 19.0%，WSW 向最少，频率为 1.6%（图 5.4-3）。

1 月盛行风向为 NNW—NE，频率和为 81.1%；4 月盛行风向为 N—NE，频率和为 44.6%；7 月盛行风向为 S—SW，频率和为 66.1%；10 月盛行风向为 N—NE，频率和为 71.6%（图 5.4-4）。

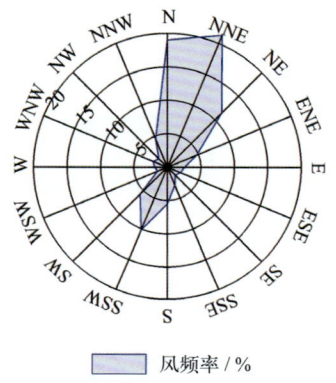

图5.4-3　全年各向风频率（1965—2019年）

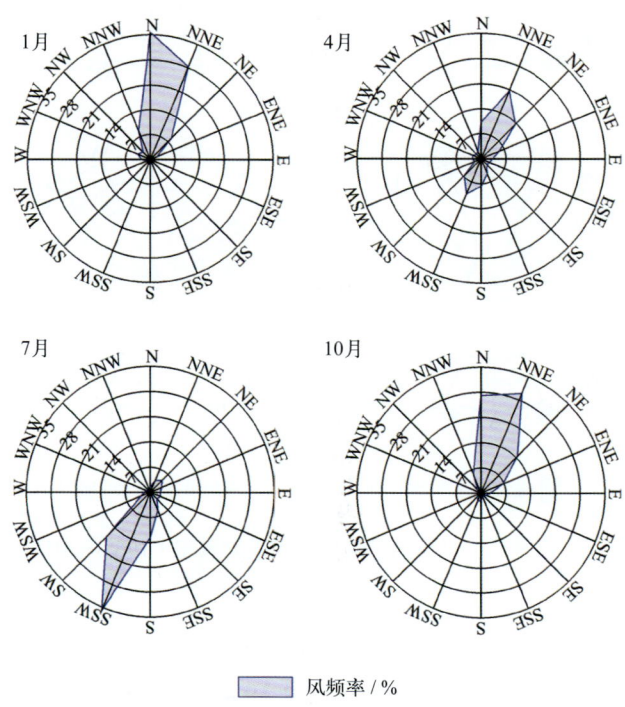

图5.4-4　四季代表月各向风频率（1965—2019年）

### 3. 各向平均风速和最大风速

全年各向平均风速 N 向最大，为 7.7 米/秒，NNE 向次之，为 7.6 米/秒，W 向最小，为 2.2 米/秒（图 5.4-5）。1 月和 4 月均为 N 向平均风速最大，分别为 9.3 米/秒和 7.3 米/秒；7 月 SW 向最大，为 8.4 米/秒；10 月 N 向最大，为 9.0 米/秒（图 5.4-6）。

全年各向最大风速 ENE 向最大，为 41.4 米/秒，N 向次之，为 38.1 米/秒，SE 向最小，为 20.7 米/秒（图 5.4-5）。1 月和 4 月 N 向最大风速最大，分别为 26.0 米/秒和 25.0 米/秒；7 月 NNE 向最大，为 36.3 米/秒；10 月 NE 向最大，为 32.2 米/秒（图 5.4-6）。

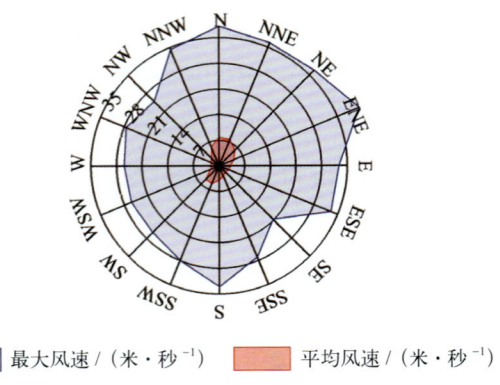

图 5.4-5　全年各向平均风速和最大风速（1965—2019 年）

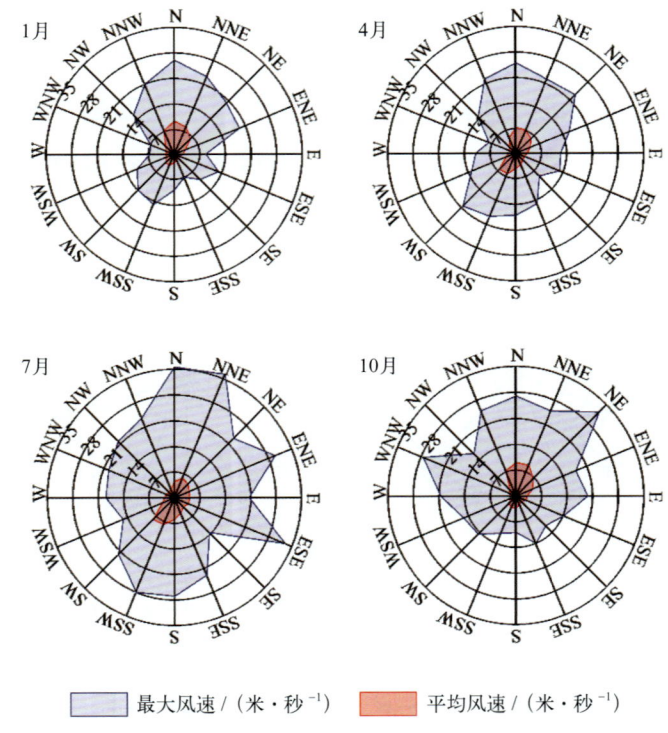

图 5.4-6　四季代表月各向平均风速和最大风速（1965—2019 年）

### 4. 大风日数

风力大于等于 6 级的大风日数 1 月最多，为 19.4 天，占全年的 11.6%，12 月次之，为 18.0 天（表 5.4-2，图 5.4-7）。平均年大风日数为 166.6 天（表 5.4-2）。历年大风日数 1983 年最多，为219天，1968年最少，为92天。

风力大于等于8级的大风日数10月最多，为2.5天，6月最少，为0.5天。历年大风日数1983年最多，为45天，1973年最少，为1天。

风力大于等于6级的月大风日数最多为31天，出现在2011年1月；最长连续大于等于6级大风日数为35天，出现在2008年1月12日至2月15日和2010年12月28日至2011年1月31日（表5.4-2）。

表5.4-2　各级大风日数年变化（1965—2019年）　　　　　　　　　　　　单位：天

|  | 1月 | 2月 | 3月 | 4月 | 5月 | 6月 | 7月 | 8月 | 9月 | 10月 | 11月 | 12月 | 年 |
|---|---|---|---|---|---|---|---|---|---|---|---|---|---|
| 大于等于6级大风平均日数 | 19.4 | 16.8 | 16.1 | 11.0 | 8.5 | 10.1 | 13.0 | 9.3 | 12.8 | 16.3 | 15.3 | 18.0 | 166.6 |
| 大于等于7级大风平均日数 | 9.4 | 8.4 | 8.2 | 4.8 | 3.0 | 3.7 | 5.3 | 3.8 | 6.1 | 7.9 | 7.9 | 9.4 | 77.9 |
| 大于等于8级大风平均日数 | 1.8 | 1.4 | 1.8 | 1.0 | 0.7 | 0.5 | 1.0 | 1.3 | 2.1 | 2.5 | 2.0 | 1.9 | 18.0 |
| 大于等于6级大风最多日数 | 31 | 24 | 25 | 19 | 14 | 18 | 24 | 17 | 21 | 26 | 22 | 30 | 219 |
| 最长连续大于等于6级大风日数 | 35 | 35 | 14 | 7 | 7 | 8 | 15 | 16 | 12 | 21 | 16 | 20 | 35 |

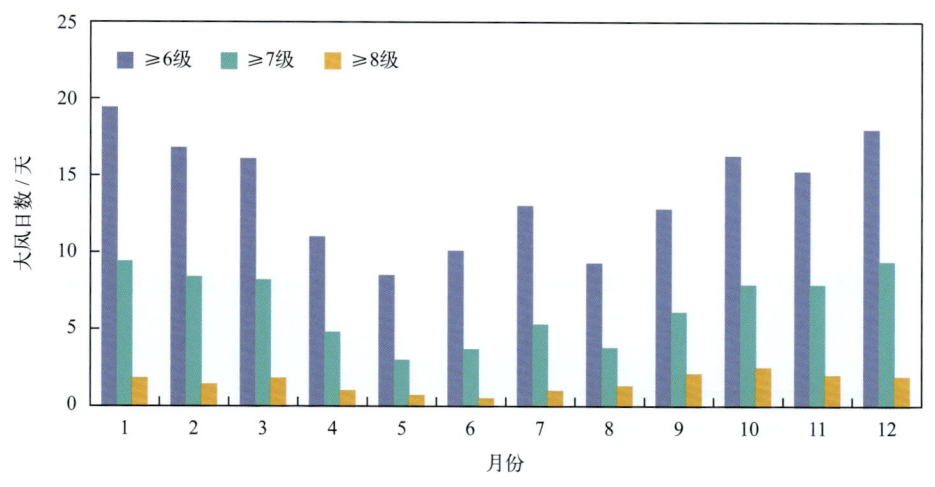

图5.4-7　各级大风日数年变化

## 第五节　降水

### 1. 降水量和降水日数

#### （1）降水量

大陈站降水量的年变化见表5.5-1和图5.5-1。平均年降水量为1 352.3毫米，降水量的季节分布不均匀，夏季（6—8月）为431.2毫米，占全年降水量的31.9%，春季（3—5月）为407.1毫米，占全年的30.1%，秋季（9—11月）为315.3毫米，占全年的23.3%，冬季（12月至翌年2月）为

198.7毫米，占全年的14.7%。6月平均降水量最多，为182.0毫米，占全年的13.5%。

历年年降水量为745.3~2 196.8毫米，其中1989年最多，1967年最少。

最大日降水量超过100毫米的有26年，超过150毫米的有11年，超过200毫米的有6年。最大日降水量为261.4毫米，出现在1977年9月26日。

表5.5-1　降水量年变化（1965—2019年）　　　　　　　　　　单位：毫米

|  | 1月 | 2月 | 3月 | 4月 | 5月 | 6月 | 7月 | 8月 | 9月 | 10月 | 11月 | 12月 | 年 |
| --- | --- | --- | --- | --- | --- | --- | --- | --- | --- | --- | --- | --- | --- |
| 平均降水量 | 59.2 | 75.9 | 121.2 | 128.5 | 157.4 | 182.0 | 107.3 | 141.9 | 149.5 | 83.9 | 81.9 | 63.6 | 1 352.3 |
| 最大日降水量 | 43.6 | 38.5 | 191.9 | 109.7 | 136.5 | 223.8 | 241.5 | 147.7 | 261.4 | 245.2 | 131.2 | 67.2 | 261.4 |

注：1992—2002年数据缺测，2003年数据有缺测。

### （2）降水日数

平均年降水日数为158.0天。降水日数年变化特征为上半年多、下半年少（图5.5-2和图5.5-3）。日降水量大于等于10毫米的平均年日数为38.8天，各月均有出现；日降水量大于等于50毫米的平均年日数为3.6天，出现在3—12月；日降水量大于等于100毫米的平均年日数为0.9天，出现在3—11月；日降水量大于等于150毫米的平均年日数为0.28天，出现在3月、6月、7月、9月和10月；日降水量大于等于200毫米的平均年日数为0.14天，出现在6月、7月、9月和10月（图5.5-3）。

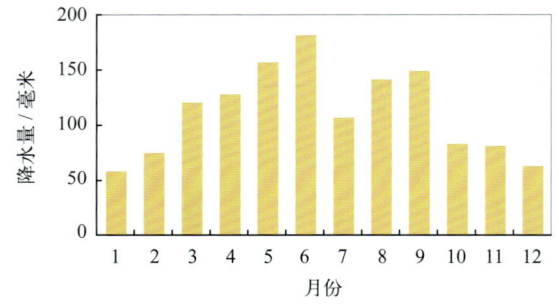

图5.5-1　降水量年变化（1965—2019年）

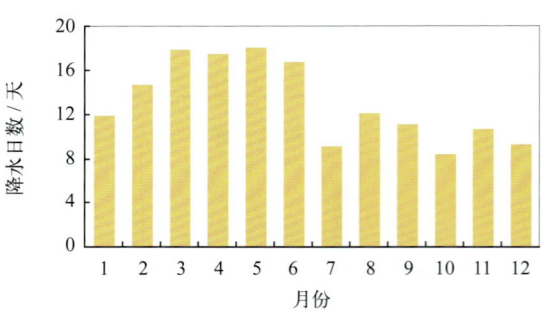

图5.5-2　降水日数年变化（1965—2019年）

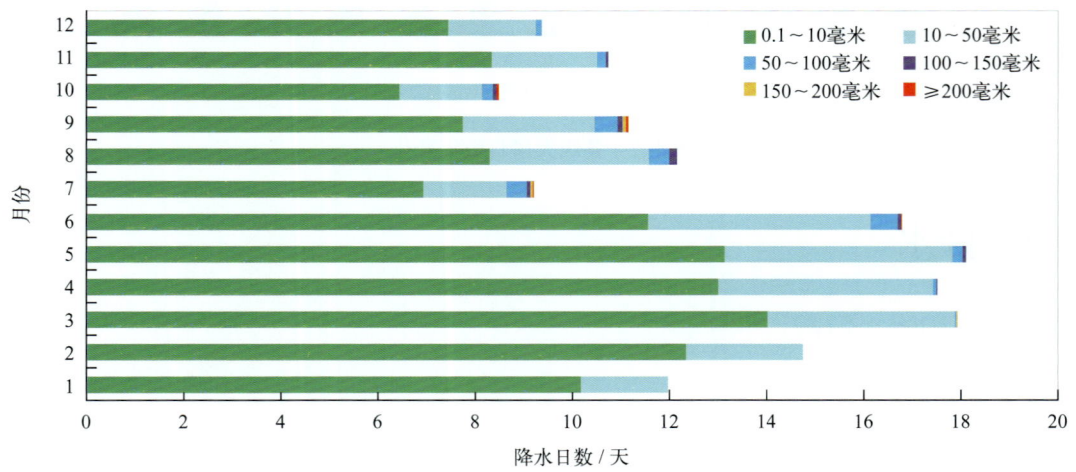

图5.5-3　各月各级平均降水日数分布（1965—2019年）

最多年降水日数为 198 天，出现在 2015 年；最少年降水日数为 120 天，出现在 1971 年。最长连续降水日数为 20 天，出现在 2019 年 2 月 5—24 日；最长连续无降水日数为 36 天，出现在 1983 年 11 月 11 日至 12 月 16 日和 1988 年 11 月 24 至 12 月 29 日。

### 2. 长期趋势变化

1965—1991 年，年降水量和年最大日降水量均呈上升趋势，上升速率分别为 137.57 毫米/（10年）和 12.76 毫米/（10 年）（线性趋势未通过显著性检验）。2004—2019 年，年降水量和年最大日降水量均呈下降趋势，下降速率分别为 177.64 毫米/（10 年）（线性趋势未通过显著性检验）和 35.82 毫米/（10 年）（线性趋势未通过显著性检验）。

1965—1991 年，年降水日数和最长连续无降水日数均呈增加趋势，增加速率分别为 1.79 天/（10 年）（线性趋势未通过显著性检验）和 1.53 天/（10 年）（线性趋势未通过显著性检验）；最长连续降水日数变化趋势不明显。2004—2019 年，年降水日数和最长连续降水日数均呈增加趋势，增加速率分别为 8.24 天/（10 年）（线性趋势未通过显著性检验）和 1.82 天/（10 年）（线性趋势未通过显著性检验）；最长连续无降水日数无明显变化趋势。

## 第六节 雾及其他天气现象

### 1. 雾

大陈站雾日数的年变化见表 5.6-1、图 5.6-1 和图 5.6-2。1965—1991 年，平均年雾日数为 61.8 天。平均月雾日数 5 月最多，为 13.3 天，9 月最少，为 0.3 天；月雾日数最多为 21 天，出现在 1988 年 6 月；最长连续雾日数为 12 天，出现在 1980 年 6 月 5—16 日。

表 5.6-1 雾日数年变化（1965—1991 年） 单位：天

| | 1月 | 2月 | 3月 | 4月 | 5月 | 6月 | 7月 | 8月 | 9月 | 10月 | 11月 | 12月 | 年 |
|---|---|---|---|---|---|---|---|---|---|---|---|---|---|
| 平均雾日数 | 3.3 | 5.0 | 8.7 | 12.1 | 13.3 | 10.2 | 4.0 | 0.4 | 0.3 | 1.0 | 1.5 | 2.0 | 61.8 |
| 最多雾日数 | 9 | 13 | 13 | 19 | 19 | 21 | 10 | 3 | 2 | 5 | 6 | 5 | 80 |
| 最长连续雾日数 | 6 | 10 | 6 | 8 | 11 | 12 | 5 | 3 | 2 | 3 | 3 | 3 | 12 |

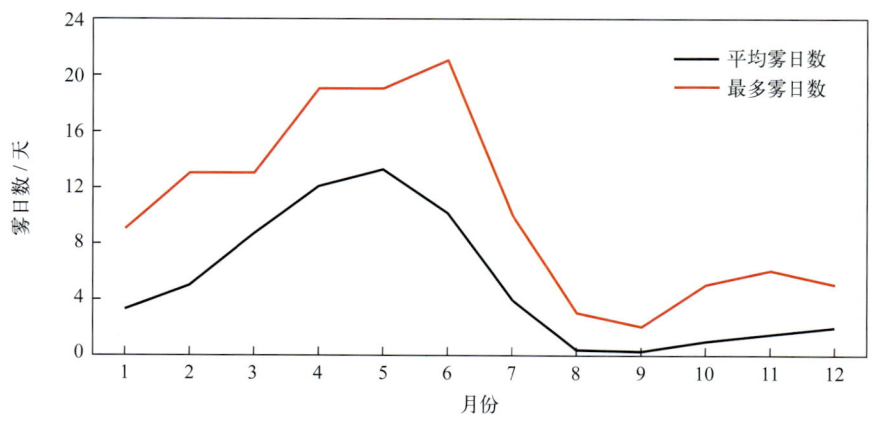

图 5.6-1 平均雾日数和最多雾日数年变化（1965—1991 年）

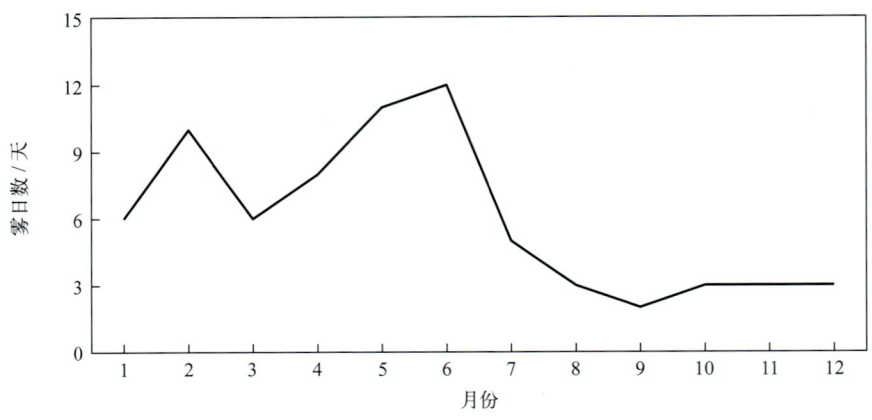

图5.6-2 最长连续雾日数年变化（1965—1991年）

1965—1991年，年雾日数呈上升趋势，上升速率为6.71天/（10年）。1987年雾日数最多，为80天，1975年最少，为42天。

### 2. 轻雾

大陈站轻雾日数的年变化见表5.6-2和图5.6-3。1965—1991年，平均年轻雾日数为107.5天。平均月轻雾日数5月最多，为16.6天，9月最少，为3.3天；最多月轻雾日数为26天，出现在1988年5月。

1965—1991年，年轻雾日数呈上升趋势，上升速率为55.46天/（10年）。1991年轻雾日数最多，为196天，1971年最少，为51天（图5.6-4）。

表5.6-2 轻雾日数年变化（1965—1991年） 单位：天

|  | 1月 | 2月 | 3月 | 4月 | 5月 | 6月 | 7月 | 8月 | 9月 | 10月 | 11月 | 12月 | 年 |
| --- | --- | --- | --- | --- | --- | --- | --- | --- | --- | --- | --- | --- | --- |
| 平均轻雾日数 | 9.1 | 9.3 | 11.5 | 13.7 | 16.6 | 15.4 | 8.0 | 4.6 | 3.3 | 4.1 | 4.7 | 7.2 | 107.5 |
| 最多轻雾日数 | 22 | 22 | 25 | 22 | 26 | 24 | 19 | 19 | 14 | 13 | 14 | 22 | 196 |

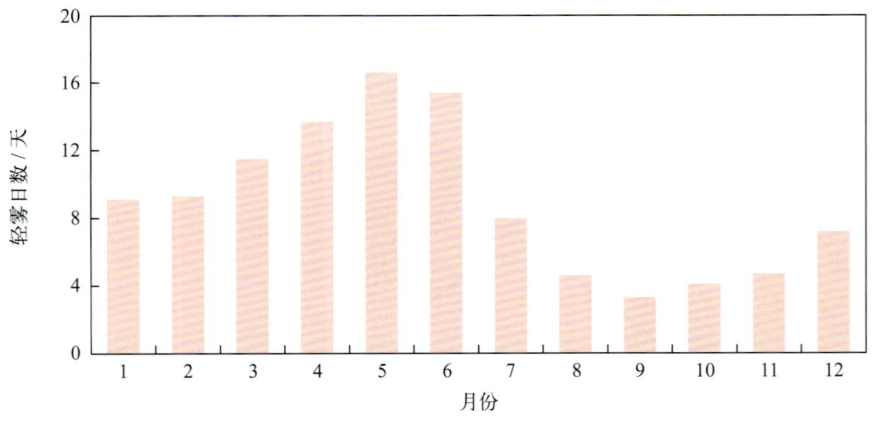

图5.6-3 轻雾日数年变化（1965—1991年）

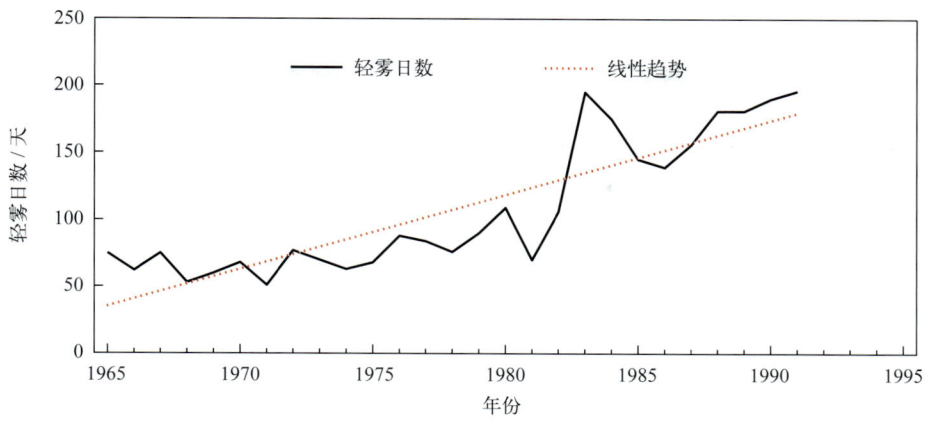

图5.6-4　1965—1991年轻雾日数变化

### 3. 雷暴

大陈站雷暴日数的年变化见表5.6-3和图5.6-5。1965—1991年，平均年雷暴日数为24.3天。雷暴主要出现在3—9月，其中8月最多，平均日数为3.9天，1月和12月最少，均为0.1天。雷暴最早初日为1月7日（1989年），最晚终日为12月22日（1965年）。

表5.6-3　雷暴日数年变化（1965—1991年）　　　　　　　　　　　　　　　　单位：天

| | 1月 | 2月 | 3月 | 4月 | 5月 | 6月 | 7月 | 8月 | 9月 | 10月 | 11月 | 12月 | 年 |
| --- | --- | --- | --- | --- | --- | --- | --- | --- | --- | --- | --- | --- | --- |
| 平均雷暴日数 | 0.1 | 0.8 | 3.4 | 3.5 | 2.2 | 3.0 | 3.3 | 3.9 | 3.0 | 0.6 | 0.4 | 0.1 | 24.3 |
| 最多雷暴日数 | 1 | 3 | 12 | 11 | 9 | 9 | 9 | 10 | 13 | 2 | 2 | 2 | 44 |

1965—1991年，年雷暴日数呈上升趋势，上升速率为2.09天/（10年）（线性趋势未通过显著性检验）。1975年雷暴日数最多，为44天，1972年和1978年最少，均为14天（图5.6-6）。

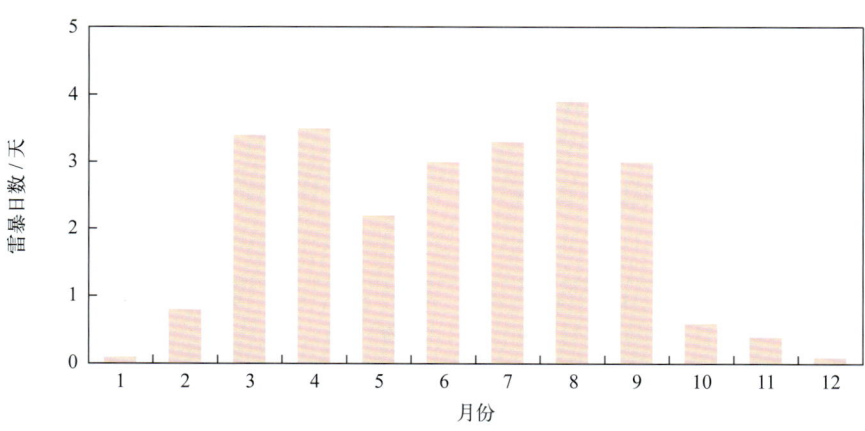

图5.6-5　雷暴日数年变化（1965—1991年）

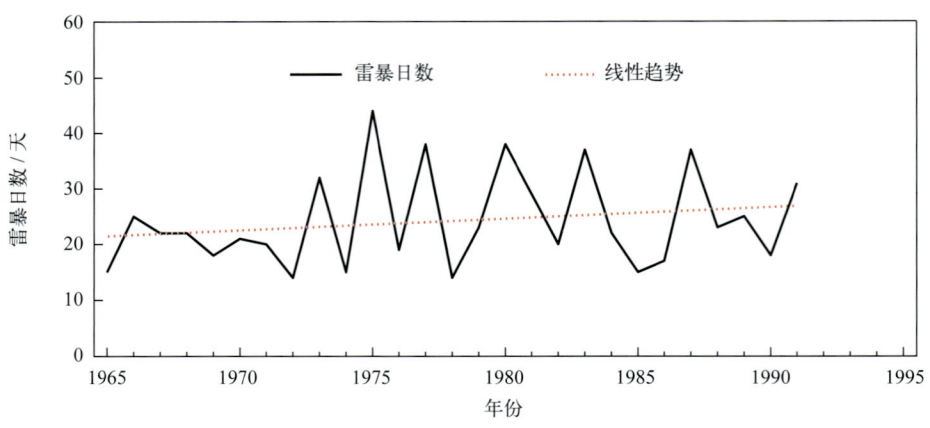

图5.6-6　1965—1991年雷暴日数变化

### 4. 霜

大陈站霜日数的年变化见表5.6-4和图5.6-7。1965—1991年，平均年霜日数为2.1天。霜全部出现在12月至翌年3月，1月最多，平均日数为1.0天。霜最早初日为12月5日（1986年），最晚终日为3月5日（1972年）。

表5.6-4　霜日数年变化（1965—1991年）　　　　　　　　　　单位：天

| | 1月 | 2月 | 3月 | 4月 | 5月 | 6月 | 7月 | 8月 | 9月 | 10月 | 11月 | 12月 | 年 |
|---|---|---|---|---|---|---|---|---|---|---|---|---|---|
| 平均霜日数 | 1.0 | 0.6 | 0.1 | 0.0 | 0.0 | 0.0 | 0.0 | 0.0 | 0.0 | 0.0 | 0.0 | 0.4 | 2.1 |
| 最多霜日数 | 3 | 3 | 1 | 0 | 0 | 0 | 0 | 0 | 0 | 0 | 0 | 3 | 8 |

注：1979年数据缺测。

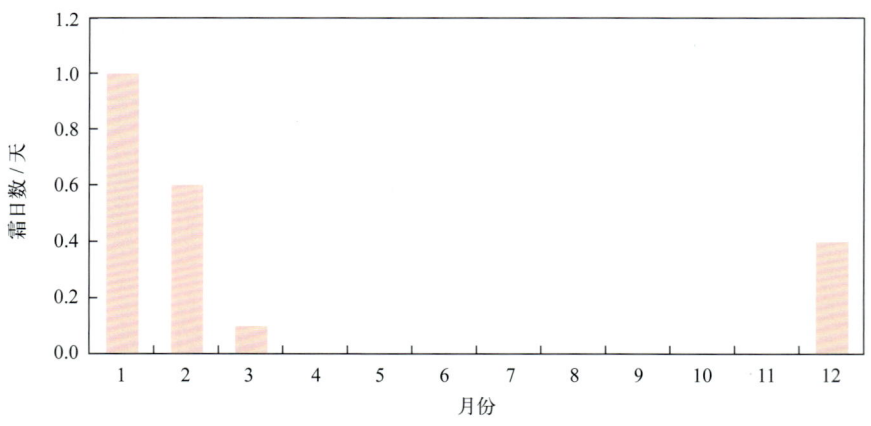

图5.6-7　霜日数年变化（1965—1991年）

1965—1991年，年霜日数呈下降趋势，下降速率为0.74天/（10年）（线性趋势未通过显著性检验）。1967年霜日数最多，为8天，1973年、1982年、1988年和1991年均全年无霜（图5.6-8）。

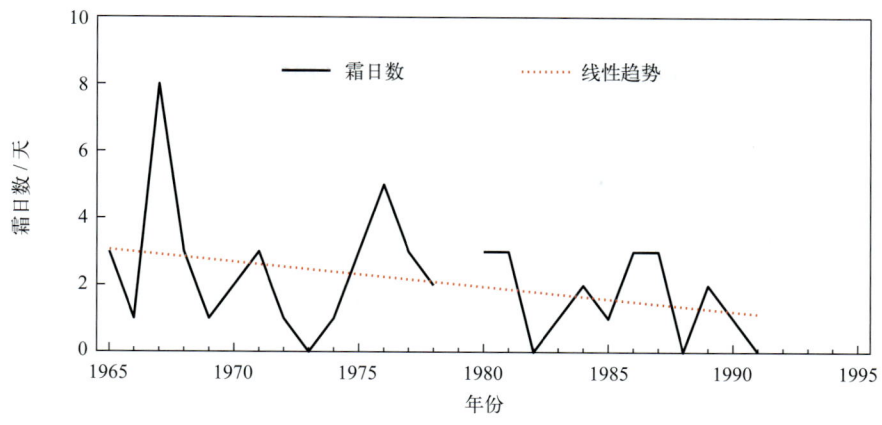

图5.6-8　1965—1991年霜日数变化

### 5. 降雪

大陈站降雪日数的年变化见表5.6-5和图5.6-9。1965—1991年，平均年降雪日数为7.1天。降雪全部出现在11月至翌年4月，2月最多，平均日数为2.7天。降雪最早初日为11月28日（1987年），最晚终日为4月4日（1969年）。

表5.6-5　降雪日数年变化（1965—1991年）　　　　　　　　　　　　　单位：天

| | 1月 | 2月 | 3月 | 4月 | 5月 | 6月 | 7月 | 8月 | 9月 | 10月 | 11月 | 12月 | 年 |
|---|---|---|---|---|---|---|---|---|---|---|---|---|---|
| 平均降雪日数 | 2.4 | 2.7 | 0.8 | 0.1 | 0.0 | 0.0 | 0.0 | 0.0 | 0.0 | 0.0 | 0.0 | 1.1 | 7.1 |
| 最多降雪日数 | 10 | 9 | 4 | 1 | 0 | 0 | 0 | 0 | 0 | 0 | 1 | 5 | 17 |

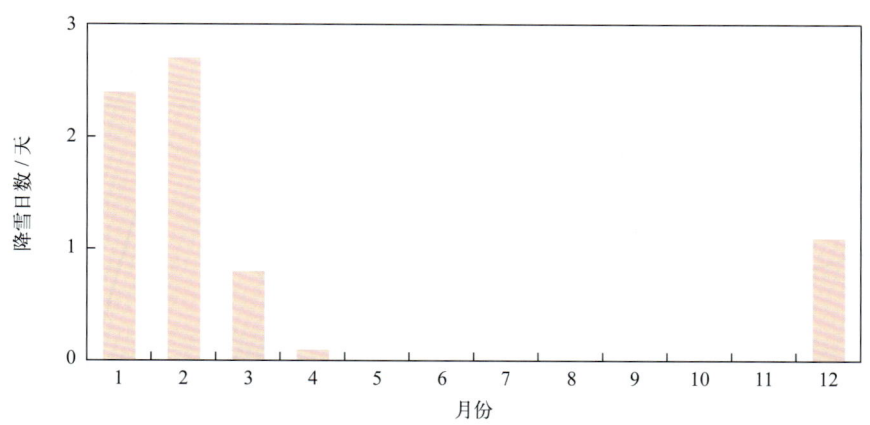

图5.6-9　降雪日数年变化（1965—1991年）

1965—1991年，年降雪日数呈下降趋势，下降速率为1.37天/（10年）（线性趋势未通过显著性检验）。1984年降雪日数最多，为17天，1973年和1987年最少，均为2天（图5.6-10）。

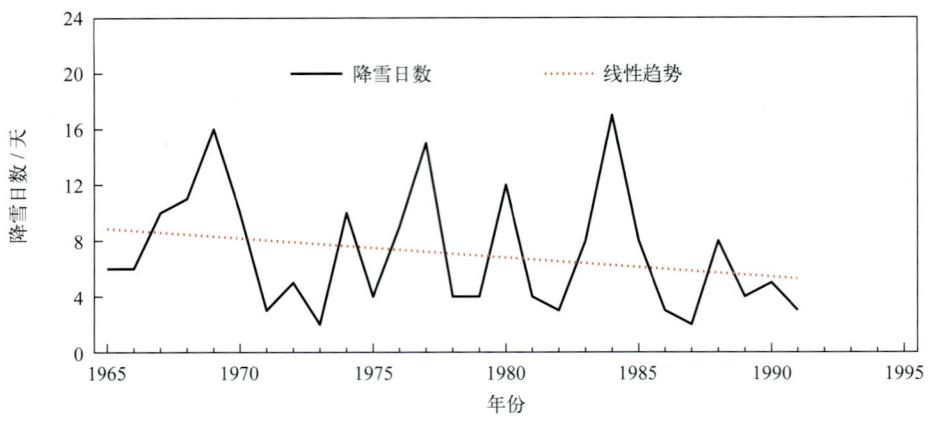

图5.6-10　1965—1991年降雪日数变化

## 第七节　能见度

1965—2019年，大陈站累年平均能见度为17.3千米。9月平均能见度最大，为23.5千米，4月最小，为12.9千米。能见度小于1千米的平均年日数为38.5天，5月最多，为8.7天，8月和9月最少，均为0.1天（表5.7-1，图5.7-1和图5.7-2）。

表5.7-1　能见度年变化（1965—2019年）

|  | 1月 | 2月 | 3月 | 4月 | 5月 | 6月 | 7月 | 8月 | 9月 | 10月 | 11月 | 12月 | 年 |
| --- | --- | --- | --- | --- | --- | --- | --- | --- | --- | --- | --- | --- | --- |
| 平均能见度/千米 | 14.7 | 15.1 | 14.1 | 12.9 | 13.8 | 14.8 | 19.0 | 22.1 | 23.5 | 22.0 | 19.1 | 16.2 | 17.3 |
| 能见度小于1千米平均日数/天 | 2.1 | 3.3 | 5.4 | 8.2 | 8.7 | 6.0 | 1.7 | 0.1 | 0.1 | 0.4 | 1.3 | 1.2 | 38.5 |

注：1973—1981年、1992年1月至2009年6月数据缺测。

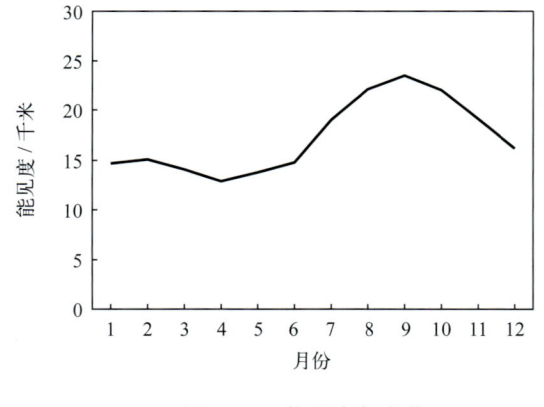

图5.7-1　能见度年变化

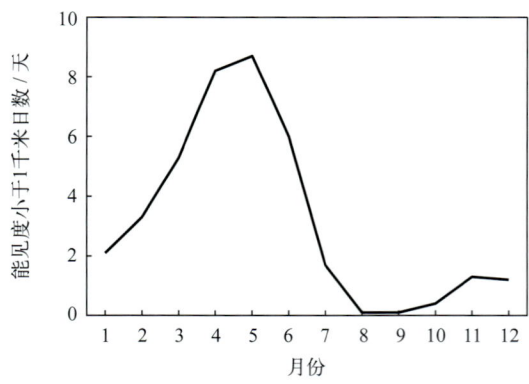

图5.7-2　能见度小于1千米日数年变化

历年平均能见度为7.5～29.5千米，1967年最高，2010年和2011年均为最低。能见度小于1千米的日数，2010年最多，为57天，2017年最少，为16天（图5.7-3）。

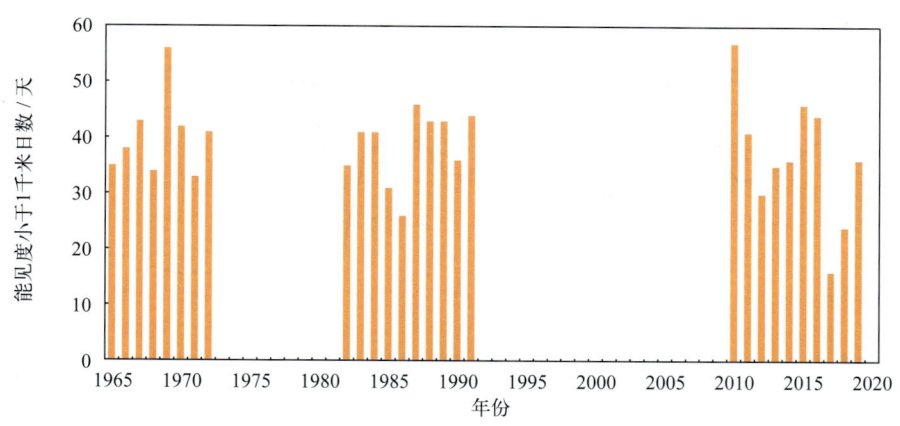

图5.7-3　能见度小于1千米年日数变化

## 第八节　云

1965—1991年，大陈站累年平均总云量为6.4成，6月平均总云量最多，为7.9成，12月最少，为5.2成；累年平均低云量为3.6成，6月平均低云量最多，为4.8成，12月最少，为2.6成（表5.8-1，图5.8-1）。

表5.8-1　总云量和低云量年变化（1965—1991年）

|  | 1月 | 2月 | 3月 | 4月 | 5月 | 6月 | 7月 | 8月 | 9月 | 10月 | 11月 | 12月 | 年 |
| --- | --- | --- | --- | --- | --- | --- | --- | --- | --- | --- | --- | --- | --- |
| 平均总云量/成 | 5.9 | 6.7 | 7.0 | 7.2 | 7.6 | 7.9 | 6.8 | 5.6 | 5.9 | 5.7 | 5.6 | 5.2 | 6.4 |
| 平均低云量/成 | 3.2 | 3.6 | 4.0 | 4.0 | 4.4 | 4.8 | 3.9 | 3.3 | 3.4 | 2.9 | 3.0 | 2.6 | 3.6 |

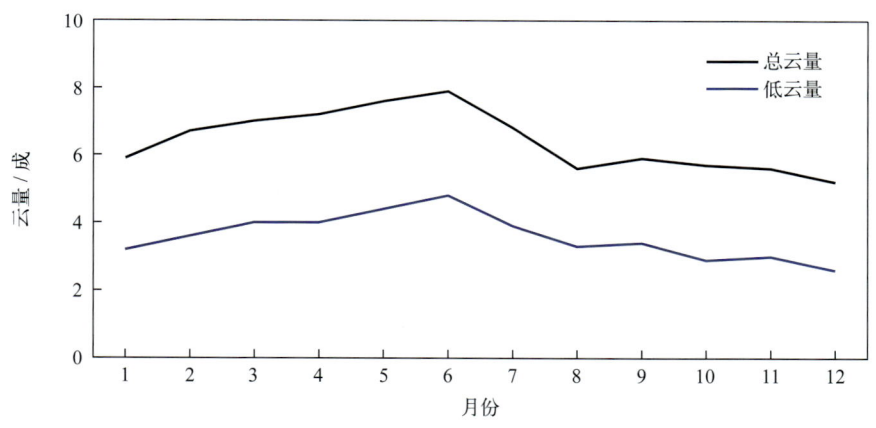

图5.8-1　总云量和低云量年变化（1965—1991年）

1965—1991年，年平均总云量和年平均低云量均呈减少趋势，减少速率分别为0.83成/（10年）和0.24成/（10年）（线性趋势未通过显著性检验）。年平均总云量1970年最多，为7.6成，1986年最少，为4.8成（图5.8-2）；年平均低云量1981年最多，为4.5成，1988年最少，为2.5成（图5.8-3）。

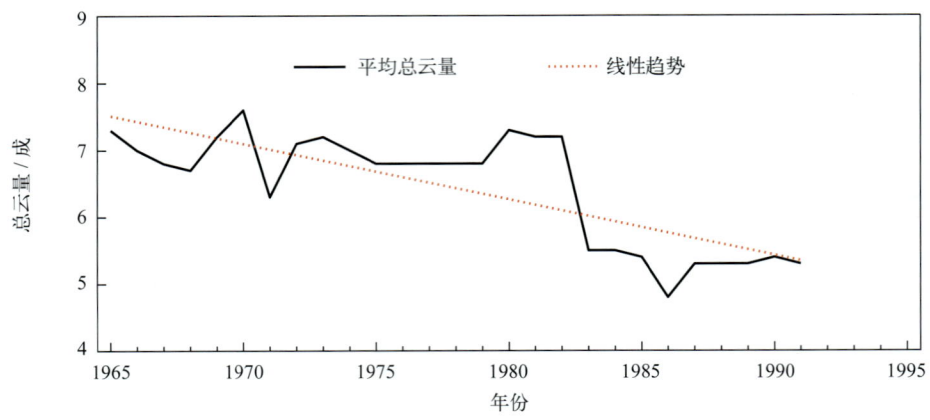

图5.8-2　1965—1991年平均总云量变化

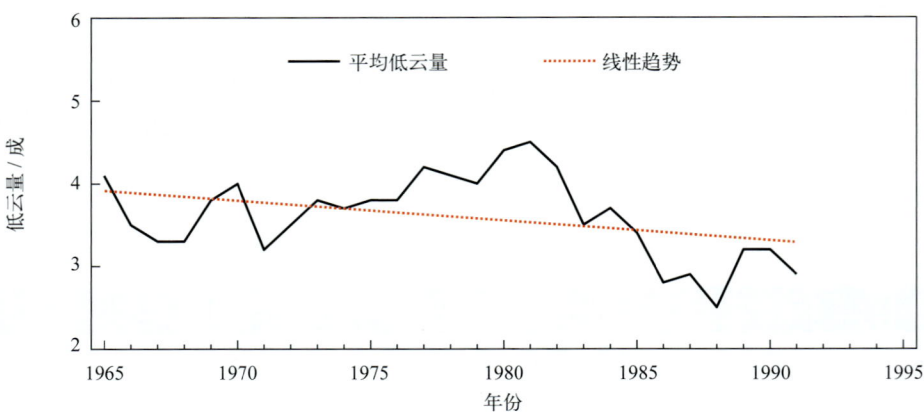

图5.8-3　1965—1991年平均低云量变化

# 第六章 海平面

## 1. 年变化

大陈附近海域海平面年变化特征明显，2月最低，9月最高，年变幅为31厘米（图6-1），平均海平面在验潮基面上306厘米。

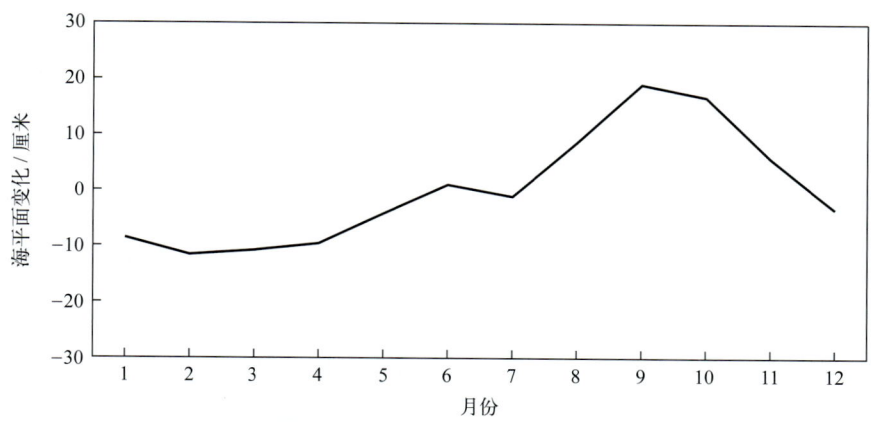

图6-1 海平面年变化（1980—2019年）

## 2. 长期趋势变化

大陈附近海域海平面变化总体呈波动上升趋势。1980—2019年，大陈附近海域海平面上升速率为3.2毫米/年；1993—2019年，海平面上升速率为3.7毫米/年，两个时段的海平面上升速率均低于同期中国沿海3.4毫米/年和3.9毫米/年的平均水平。大陈附近海域海平面在1980年处于有观测记录以来的最低位，在1990年和2000年前后均出现高位，2011—2012年海平面上升较快，升幅约65毫米，2016年达到有观测记录以来的最高位，2017—2018年连续两年下降明显，降幅超过50毫米，2019年上升了32毫米。

大陈附近海域十年平均海平面总体上升。1980—1989年十年平均海平面处于有观测记录以来的最低位；1990—1999年平均海平面较1980—1989年高约30毫米；2000—2009年平均海平面持续升高；2010—2019年平均海平面为有观测记录以来的最高位，比2000—2009年高45毫米，比1980—1989年高96毫米（图6-2）。

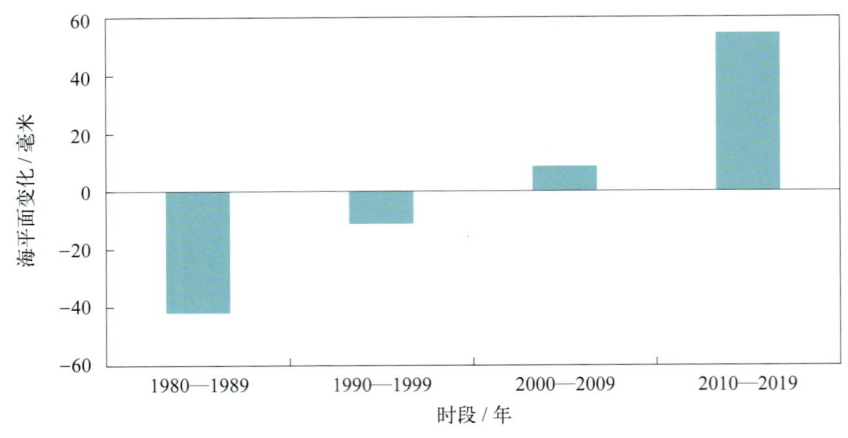

图6-2　十年平均海平面变化

### 3. 周期性变化

1980—2019 年，大陈附近海域海平面有准 2 年、9 年和 19 年的显著变化周期，振荡幅度均为 1～2 厘米。1990 年、2000 年和 2016 年前后皆处于海平面准 2 年、9 年和 19 年周期性振荡的高位，几个主要周期性振荡高位叠加，抬高了同时段海平面的高度（图 6-3）。

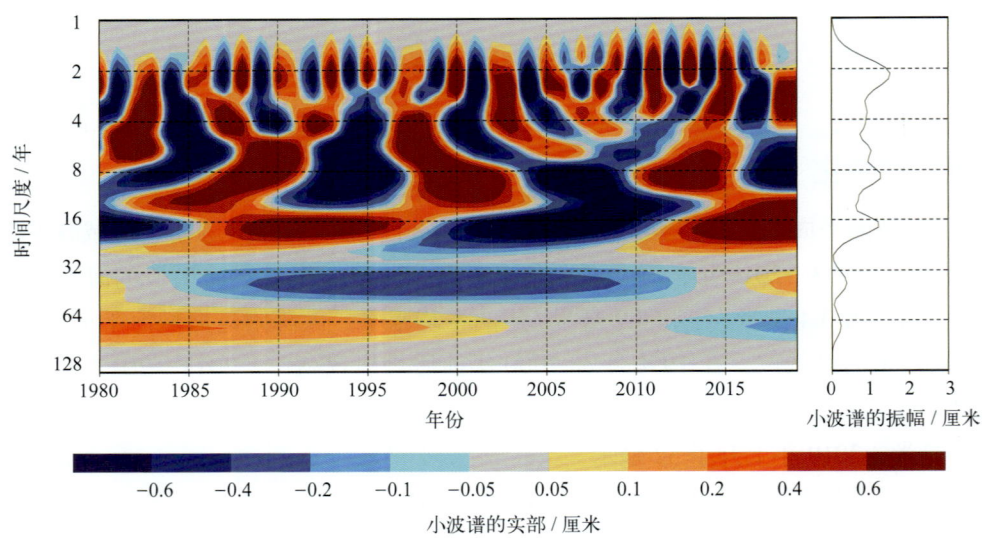

图6-3　年均海平面的小波（wavelet）变换

# 第七章 灾害

## 第一节 海洋灾害

### 1. 风暴潮

1974年8月18—21日，7413号台风登陆浙江椒江市三门县，在长江口—杭州湾—温州一带引发特大潮灾（《中国海洋灾害四十年资料汇编》）。

1989年9月15日（农历八月十六），8923号台风登陆时正值我国东部沿海天文大潮期，引发特大风暴潮灾，从长江口到福建省闽江口，有多个验潮站的潮位超过当地警戒水位（《1989年中国海洋灾害公报》）。

1992年8月，天文大潮和9216号强热带风暴共同作用引起了92特大风暴潮，风暴前期影响的浙江沿海测站的增水一般为80～140厘米（《1992年中国海洋灾害公报》）。

1997年8月，9711号台风引发的风暴潮造成了1949年以来经济损失最大的一次风暴潮灾害。浙江省是此次灾害的重灾区（《1997年中国海洋灾害公报》）。

2002年9月7日，受0216号台风"森拉克"影响，浙江沿海普遍出现了100～300厘米的风暴增水。从福建东山到上海高桥沿海有近20个验潮站超过当地警戒水位（《2002年中国海洋灾害公报》）。

2005年8月6—9日，0509号台风"麦莎"引起的风暴潮影响浙江省，此次特大风暴潮过程是继9711号台风风暴潮后，影响我国东部沿海最严重的一次。正逢农历七月大潮，受风暴潮和天文大潮的共同影响，沿岸有多个验潮站的风暴潮增水超过100厘米。9月11日，0515号台风"卡努"在浙江省台州市金清镇登陆，最大增水出现在海门，达320厘米，超警戒潮位116厘米。浙江省台州、宁波、温州、舟山等市直接经济损失18.18亿元（《2005年中国海洋灾害公报》）。

2007年10月7日，受0716号超强台风"罗莎"引发的风暴潮与台风浪的共同影响，浙江省多个验潮站的增水超过100厘米（《2007年中国海洋灾害公报》）。

2011年8月5—8日，1109号超强台风"梅花"沿我国近海北上。受其引发的风暴潮和近岸浪的共同影响，浙江省遭受较大经济损失（《2011年中国海洋灾害公报》）。

2016年9月16—19日，1616号台风"马勒卡"与南下冷空气配合影响浙江省沿海。浙江省多个验潮站出现了超过当地警戒潮位的高潮位。28日，受1617号台风"鲇鱼"引发的风暴潮和近岸浪的共同影响，浙江遭受较大经济损失（《2016年中国海洋灾害公报》）。

2019年8月10日前后，1909号超强台风"利奇马"影响浙江沿海（《2019年中国海洋灾害公报》）。

### 2. 海浪

2007年3月3—6日，东海出现波高4～5米的巨浪区，浙江沿海出现波高4～6米的巨浪和狂浪（《2007年中国海洋灾害公报》）。

### 3. 赤潮

2001年，我国海域赤潮发生次数增多、发生时间提前、影响范围扩大，其中浙江发生26次赤潮灾害（《2001 年中国海洋灾害公报》）。

## 第二节 灾害性天气

根据《中国气象灾害大典·浙江卷》（1949—2000 年）和《中国气象灾害年鉴》（2000 年后）及《东海区海洋站海洋水文气候志》记载，大陈站周边发生的主要灾害性天气有暴雨洪涝、大风（龙卷风）、冰雹、雷电、雾、寒潮和大雪。

### 1. 暴雨洪涝

1952 年 7 月 19 日，受 5207 号台风影响，温州、宁波、台州、丽水、金华及杭州地区西部都出现了大的洪涝灾害；全省受灾农田 398.5 万亩，死亡 457 人，直接经济损失按 1990 年价折算为 1.269 亿元。

1958 年 9 月 2—5 日，受 5822 号台风影响，南麂、坎门、大陈、石浦最大风速大于 40 米/秒，4 天总雨量宁波、台州、温州、丽水 4 地区在 100～400 毫米，倒塌房屋 2.6 万间，死亡 105 人，经济损失按 1990 年价折算为 3.37 亿元。

1959 年 8 月 28—31 日，受 5904 号台风影响，南麂、坎门、大陈、石浦、嵊泗等站最大风速均在 40 米/秒以上，4 天雨量温州、台州、丽水、宁波 4 地区均在 100 毫米以上，有 13 个站大于 200 毫米，5 个站大于 300 毫米，死亡 24 人，经济损失按 1990 年价折算为 3.43 亿元。

1961 年 10 月 4 日，受 6126 号台风影响，风速大于 40 米/秒的有 10 个站，伴随暴雨到大暴雨，浙江东北部出现严重洪涝，台州、宁波、嘉兴等地区暴雨洪水成灾，死亡 337 人，冲坏水库 18 座，冲坏水利工程 6 000 多处，直接经济损失按 1990 年价折算为 4.79 亿元。

1965 年 8 月 18—22 日，受 6513 号台风影响，大陈、南麂最大风速 40 米/秒以上，大部分地区雨量在 200 毫米以上，永嘉达 486 毫米，造成局部洪涝，倒塌房屋 4 万间，死亡 74 人，直接经济损失按 1990 年价折算为 3.76 亿元。

1975 年 8 月 10—13 日，受 7504 号台风影响，浙江东部沿海风力 12 级以上，总雨量括苍山 355 毫米、三门 264 毫米，台州、温州、金华、衢州、丽水 5 地区受灾，尤以温州、台州地区最为严重，江堤海塘决口总长 176 千米，淹田 206.5 万亩，毁坏渔船 451 只，死亡 179 人，直接经济损失按 1990 年价折算为 4.07 亿元。

1982 年 7 月 28—31 日，受 8209 号台风影响，浙江中南部沿海风力 9～11 级，总雨量温州、台州及丽水地区东部均为 100～200 毫米，三门 314 毫米，乐清砩头过程雨量 704 毫米、24 小时雨量 540 毫米，死亡 41 人，直接经济损失按 1990 年价折算为 6.5 亿元。

1985 年 7 月 30 日，8506 号台风在玉环登陆后移向太湖。浙江东南部沿海最大风速坎门达 47 米/秒，3 天总雨量大于 200 毫米的有 7 个站，括苍山达 425 毫米、温岭 405 毫米，台州、绍兴、宁波、杭州、嘉兴、湖州及温州地区北部发生洪涝，受灾农田 219 万亩，倒塌房屋 2.35 万间，死亡 213 人，经济损失按 1990 年价折算为 5.33 亿元。

1989 年 9 月 15—16 日，受 8923 号台风影响，浙江中部、南部出现大范围暴雨，16 日雨量大于 100 毫米的有 10 个县（市），其中括苍山达 207 毫米，沿海风力普遍在 10 级以上，时值中秋大潮汛，风、雨、潮叠加，造成重大灾害，全省 37 个县（市）受灾，沉损船只 2 094 条，冲毁江堤海塘 4 000 处，死亡 184 人，直接经济损失 13.8 亿元。其中台州地区死亡 164 人，直接经济损失超过 1 亿元。

1990年6月24日，9005号台风在福鼎登陆后经浙江出海，受其影响，台州最大风速达40米/秒，温州、台州等地普降大到暴雨，24小时雨量大于100毫米的有7个县，455万人受灾，死亡32人，经济损失4.6亿元。

1994年8月21日，受9417号台风影响，浙江沿海风力12级以上、10级大风半径达150千米，12级以上大风持续10多个小时。浙江省大部分地区出现暴雨，日雨量大于100毫米有70个站，时值农历七月十五大潮汛，风、雨、潮三碰头，沿海浪高20米，汹涌异常，217万人被洪水围困，死亡1 126人，失踪319人，48个县（市）受灾严重，直接经济损失177.6亿元。

1996年7月31日至8月2日，受9608号热带气旋影响，浙江东部沿海普降大到暴雨，局部大暴雨和特大暴雨，沿海海面最大风力有10级，台州海门港潮位高达6.16米，高出警戒水位0.66米，坎门港潮位8.7米，超出警戒水位1.3米。全省742万人受灾，死亡67人，损坏海塘、桥涵、路基、通信设施无数，直接经济损失33.5亿元。

1997年8月18—19日，受9711号台风影响，浙中、浙北地区普降暴雨到特大暴雨。东部沿海和内陆部分地区风力11～12级，以大陈56米/秒为最大。有10个站的潮位超历史纪录。这次台风的主要特点是"四大""两高"和"三碰头"，即台风范围大、强度大、风力大、雨量大，水位高、潮位高，风、雨、潮"三碰头"，其严重情况为浙江历史上所罕见。全省有75个县（市）受灾，207万群众被洪水围困，死亡238人，直接经济损失达198亿元。

1999年10月6—10日，受9914号强热带风暴影响，浙江东部沿海普降暴雨大暴雨，局部特大暴雨。椒江降水总量达348毫米，日降水量达307毫米，12小时降水量达295.4毫米，1小时最大降水量达89.7毫米，创该站12小时历史最大降水量纪录。受特大暴雨袭击，仅台州市就有3个区遭灾，其中椒江区受灾农田9 333公顷，路桥区受淹农田8 000公顷，受灾人口32万人，直接经济损失15.7亿元。

2000年8月10—11日上午，受0008号台风"杰拉华"影响，浙北、浙中普降大到暴雨，局部大暴雨。三门日降雨量达207毫米，沿海岛屿有10～12级、沿海平原有8～10级大风。台州市受灾4个县市57个乡镇，受灾人口34.3万，水产养殖损失2 330公顷、数量1.03万吨，损坏堤防16处、32.4千米，堤防决口68处，损坏护岸42处。

2004年8月12日，受0414号台风"云娜"影响，台州、温州和宁波的部分地区的风力达12级，沿海有11个测站风速超过40米/秒，以大陈阵风58.7米/秒为最大。浙江东部地区出现了暴雨到大暴雨，台州和温州部分地区出现特大暴雨。台州海门的潮位达7.42米，接近历史最高潮位。75个县（市）受灾，其中台州、温州受灾最为严重。全省受灾人口达1 299万人，死亡179人；水产养殖受灾面积4.4万公顷；损坏堤防4 059处、长562.8千米，堤防决口1 222处、88.2千米；损坏水文测站99个；直接经济损失181.28亿元。

2006年7月13—15日，受0604号强热带风暴"碧利斯"影响，浙江沿海海面出现了10～12级大风，适逢天文大潮汛，温州、台州沿海出现较高潮位，鳌江、瑞安、温州、海门均超警戒潮位。全省74.8万人受灾，直接经济损失6.9亿元，其中水利设施损失为1.0亿元。

### 2. 大风和龙卷风

1957年9月17日，浙江沿海出现冷空气大风，风力6～7级，大陈渔场遭风暴，渔民死亡49人，失踪28人，渔船沉损243只。

1961年10月3—4日，6126号强台风正面袭击大陈站，狂风暴雨摧毁了各种观测仪器，破坏了日常观测工作，下大陈岛上3人死亡，561户人家受灾，6 094间房屋被损坏，41艘船只受损，

90% 农作物被毁。

1974 年 8 月 19—20 日，7413 号强台风正面袭击大陈站，极大风速达 37.8 米/秒，日降水量为 135.3 毫米，过程总降水量为 393.4 毫米。台风带来的狂风巨浪和暴雨，冲毁庄稼和公路，冲塌许多房屋，冲倒防波海堤，毁坏渔船数只，经济损失严重。

1978 年 2 月 28 日，因低压发展引导冷空气南下产生大风，大陈东 200 海里渔场遭大风袭击，渔民死亡 12 人，沉船 23 艘，严重损坏船只 641 艘。

1985 年 12 月 22 日，渔山列岛附近洋面 6～7 级大风，南渔山岛附近海面沉船 9 条，33 人下落不明。

1986 年 7 月 24 日 17 时，黄岩县屿下乡因龙卷风死 1 人。

2000 年 7 月 10 日 00 时 46 分，椒江区洪家国家基准气候站附近发生一起龙卷风，影响时间持续约 15 分钟，受其袭击，台州市伤 2 人，直接经济损失 337 万元。

### 3. 冰雹

1980 年 7 月 16—18 日，宁波、台州的 4 个县出现冰雹大风，最大风速 38 米/秒。

1981 年 5 月 2 日，杭州、金华、台州 3 地区及长兴、诸暨、镇海、永嘉等 18 个县（市）出现冰雹大风，雹径一般 3～4 厘米，风力 8～10 级，死亡 4 人，125 万亩农田受灾。

1991 年 5 月 21—22 日，鄞县、天台、乐清、东阳、建德等县冰雹大风，最大冰雹如鸡蛋，风速 23 米/秒，死亡 5 人，倒房 260 多间，沉船 18 只。

### 4. 雷电

2004 年 6 月 26 日，临海市发生强雷暴，杜桥镇杜前村部分村民遭雷击，共造成 17 人死亡，13 人受伤，直接经济损失上百万元。这是台州自 1760 年有历史记录以来最严重的一次雷击事故。

2007 年 7 月 11 日 13 时 30 分，浙江省台州市台峰草制品有限公司一仓库遭雷击起火，直接经济损失 530 万元。

2011 年 8 月 3 日 19 时，浙江省台州市仙居县大神仙居景区大岩背淡竹乡官坑村村民在简易帐篷中吃饭时遭雷击，造成 1 人死亡，2 人重伤，直接经济损失 100 万元。

### 5. 雾

1963 年 5 月，大陈一次大雾持续时间达 117.6 小时。

### 6. 寒潮和大雪

1978 年 2 月 14—15 日，浙江全省降大到暴雪，金华、衢州、丽水、台州等地区雪深 12～28 厘米，部分地方公路交通中断，浙赣铁路一度受阻。

1980 年 1 月 28—30 日，受寒潮和暴雪影响，浙江全省降温 12.3～14.8℃；丽水、台州地区降雪 10～20 厘米。

1989 年 1 月 31 日，台州地区降大雪，全区积雪 8～15 厘米，临海到杭州、金华交通中断，数百辆过境车辆受阻，全区有 30 多条 10 千伏高压电力线路发生故障停电。

1999 年 12 月 16—19 日，浙江遭受 1991 年以来范围最广、强度最强的一次寒潮过程，全省日平均气温降幅达 11～13℃，寒潮影响后的 23 日早晨，全省日最低气温除东部海岛外，为 $-9.6$～$-4.0$℃。由于持续低温冰冻，衢州、金华、丽水、台州等 4 个市（地）的 60% 以上的柑橘树遭受轻度或中度冻害，对来年产量有严重影响，同时，对春花作物、大棚蔬菜以及花卉等都有不同程度影响。

# 坎门海洋站

# 第一章 概况

## 第一节 基本情况

坎门海洋站（简称坎门站）位于浙江省玉环市玉环岛。玉环市地处浙江省东南部，台州市东南端，东濒东海，全市海岸线长298千米，绵长曲折，港湾众多，具有丰富的渔业资源。

坎门站建于1930年，由国民政府陆军测量局建成，名为坎门验潮所，5月开始观测，1934年11月停测，是我国沿海历史最悠久的验潮站之一。1959年1月海军东海舰队司令部海测处重建后恢复观测，1965年4月更名为坎门海洋站，隶属国家海洋局东海分局，2019年7月后隶属自然资源部东海局，由温州中心站管辖。站址位于玉环市坎门街道前台学头（图1.1-1）。

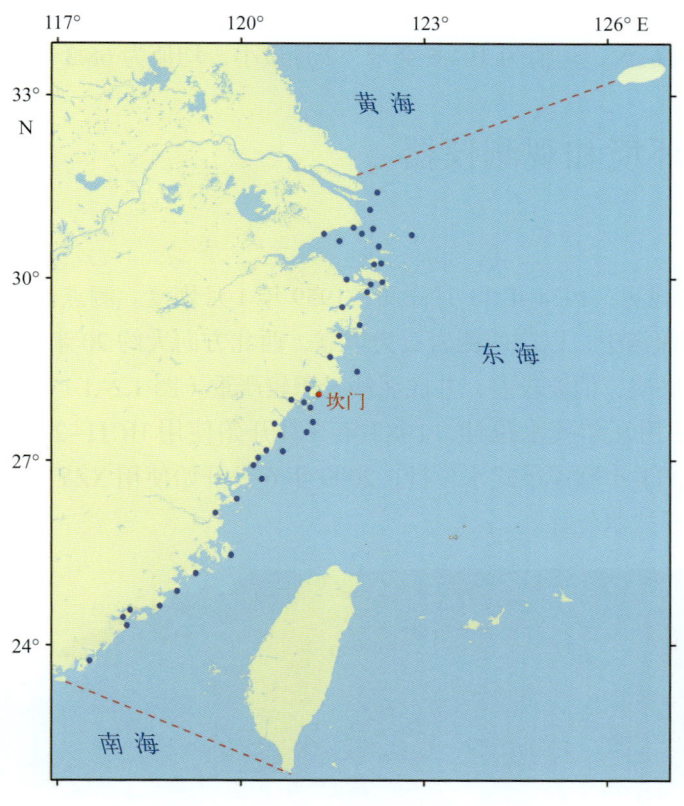

图1.1-1 坎门站地理位置示意

坎门站观测项目有潮汐、表层海水温度、表层海水盐度、气温、气压、相对湿度、风和降水等。建站初期为人工观测，2001年6月后逐步实现自动化观测、数据采集、存储和传输。

坎门附近海域为正规半日潮特征，海平面3月最低，9月最高，年变幅为29厘米，平均海平面为392厘米，平均高潮位为591厘米，平均低潮位为186厘米；年均表层海水温度为17.6～19.7℃，8月最高，均值为28.9℃，2月最低，均值为8.6℃，历史水温最高值为32.5℃，历史水温最低值为2.9℃；年均表层海水盐度为24.04～29.75，8月最高，均值为31.52，11月最低，均值为25.97，历史盐度最高值为34.70，历史盐度最低值为13.50；海发光主要为火花型，9月出现频率最高，3月最低，1级海发光最多，出现的最高级别为4级。

坎门站主要受海洋性季风气候影响，年均气温为 16.7 ~ 19.6℃，8 月最高，均值为 28.0℃，1 月最低，均值为 7.6℃，历史最高气温为 36.6℃，历史最低气温为 –5.3℃；年均气压为 1 011.1 ~ 1 013.5 百帕，具有冬高夏低的变化特征，12 月最高，均值为 1 021.5 百帕，7 月最低，均值为 1 002.7 百帕；年均相对湿度为 73.4% ~ 83.2%，6 月最大，均值为 88.9%，12 月最小，均值为 67.8%；年均风速为 3.2 ~ 6.0 米/秒，7 月最大，均值为 5.0 米/秒，4 月和 5 月最小，均为 3.1 米/秒，冬季（1 月）盛行风向为 NNW—ENE（顺时针，下同），春季（4 月）盛行风向为 NNW—ENE，夏季（7 月）盛行风向为 SSE—WSW，秋季（10 月）盛行风向为 NNW—ENE；平均年降水量为 1 364.8 毫米，6 月平均降水量最多，占全年的 14.4%；平均年雾日数为 26.4 天，4 月最多，均值为 6.6 天，8 月未出现；平均年雷暴日数为 31.5 天，8 月最多，均值为 5.4 天，1 月和 12 月最少，均为 0.1 天；平均年霜日数为 6.3 天，霜全部出现在 11 月至翌年 3 月，1 月最多，均值为 3.3 天；平均年降雪日数为 5.9 天，降雪发生在 11 月至翌年 4 月，2 月最多，均值为 2.5 天；年均能见度为 6.8 ~ 31.6 千米，8 月最大，均值为 22.0 千米，4 月最小，均值为 14.6 千米；年均总云量为 4.9 ~ 7.3 成，6 月最多，均值为 8.3 成，12 月最少，均值为 5.2 成；年均蒸发量为 1 459.9 毫米，8 月最大，均值为 194.6 毫米，2 月最小，均值为 68.2 毫米。

## 第二节　观测环境和观测仪器

### 1. 潮汐

1930 年 5 月开始观测，1934 年 11 月停测，1959 年 1 月恢复。测点位于浙江省玉环市坎门前台灯塔跃进岙附近的深沟中，以沟两侧岩石为依靠，西北方向大约 20 米处有浅滩，南面是大海。验潮井为岛式，泥沙底质，消波较差，井底泥沙淤积较严重（图 1.2-1）。

1982 年 5 月前使用瓦尔代水位计，1982 年 5 月开始使用 HCJ1-2 型滚筒式验潮仪，2001 年 10 月开始使用 SCA11-1 型浮子式水位计，2009 年 6 月开始使用 XZY3 型水文气象自动观测系统和 SCA11-3A 型浮子式水位计。

图 1.2-1　坎门站验潮室（摄于 2021 年 8 月 12 日）

## 2. 表层海水温度、盐度和海发光

1960年开始观测，测点位于站西南方向260米处，2001年10月后测点在验潮井旁的温盐井中，井底常年受海浪影响，有泥沙淤积。2013年12月温盐井受台风影响损坏，移至第二防浪坝。

1960年至2001年10月，海表水温使用套管式水温表和SWL1-1型水温表测量，海表盐度先后使用比重计、氯度滴定管、移液管、HD-2型实验室盐度计、WUS型感应式盐度计和光学折射盐度计等测定。2001年11月后使用YZY4-1型温盐传感器、SWL1-1型水温表和SYA2-1型实验室盐度计，2009年6月后使用YZY4-3型温盐传感器，2014年9月后使用A7CT-CAR型温盐传感器。

海发光为每日天黑后人工目测。2002年7月停测。

## 3. 气象要素

1959年开始观测。观测场位于坎门前台灯塔社区大平头，距站60米，距水文测点约200米。观测场的东部、南部是海，北部、西北部为陆地，周围无高大建筑物（图1.2-2）。

观测仪器主要有通风干湿球温度表、最高最低温度表、温度自计仪、空盒气压计、叹槽式水银气压表、维尔德风速风向仪、EL型电接风向风速计和雨量筒等。2001年6月后使用CZY1-1型海洋站自动观测系统和各要素传感器，主要有ZYZ5-1型温湿度传感器、270型气压传感器、XFY3-1型风传感器和SL3-1型雨量传感器。2009年6月后使用XZY3型水文气象自动观测系统，各传感器不断更新，主要有HMP155型温湿度传感器、278型气压传感器和CJY-1A型前向散射能见度仪等。

图1.2-2　坎门站气象观测场（摄于2021年8月11日）

# 第二章 潮位

## 第一节 潮汐

### 1. 潮汐类型

利用坎门站近 19 年（2001—2019 年）验潮资料分析的调和常数，计算出潮汐系数 $(H_{K_1}+H_{O_1})/H_{M_2}$ 为 0.28。按我国潮汐类型分类标准，坎门附近海域为正规半日潮，每个潮汐日（大约 24.8 小时）有两次高潮和两次低潮，低潮日不等现象较为明显。

1959—2019 年，坎门站 $M_2$ 分潮振幅和迟角均呈减小趋势，减小速率分别为 0.38 毫米/年和 0.08°/年。$K_1$ 分潮振幅变化趋势不明显；迟角呈减小趋势，减小速率为 0.01°/年。$O_1$ 分潮振幅无明显变化趋势；迟角呈减小趋势，减小速率为 0.01°/年（线性趋势未通过显著性检验）。

### 2. 潮汐特征值

由 1959—2019 年资料统计分析得出：坎门站平均高潮位为 591 厘米，平均低潮位为 186 厘米，平均潮差为 405 厘米；平均高高潮位为 607 厘米，平均低低潮位为 157 厘米，平均大的潮差为 450 厘米。平均涨潮历时 6 小时 17 分钟，平均落潮历时 6 小时 8 分钟，两者相差 9 分钟。

累年各月潮汐特征值见表 2.1-1。

表 2.1-1 累年各月潮汐特征值（1959—2019 年）  单位：厘米

| 月份 | 平均高潮位 | 平均低潮位 | 平均潮差 | 平均高高潮位 | 平均低低潮位 | 平均大的潮差 |
|---|---|---|---|---|---|---|
| 1 | 582 | 183 | 399 | 596 | 152 | 444 |
| 2 | 580 | 178 | 402 | 591 | 155 | 436 |
| 3 | 581 | 173 | 408 | 591 | 156 | 435 |
| 4 | 581 | 174 | 407 | 593 | 153 | 440 |
| 5 | 584 | 183 | 401 | 601 | 153 | 448 |
| 6 | 588 | 188 | 400 | 607 | 154 | 453 |
| 7 | 587 | 182 | 405 | 607 | 148 | 459 |
| 8 | 600 | 188 | 412 | 617 | 157 | 460 |
| 9 | 614 | 198 | 416 | 628 | 169 | 459 |
| 10 | 612 | 201 | 411 | 628 | 171 | 457 |
| 11 | 598 | 194 | 404 | 615 | 161 | 454 |
| 12 | 587 | 189 | 398 | 604 | 153 | 451 |
| 年 | 591 | 186 | 405 | 607 | 157 | 450 |

注：潮位值均以验潮零点为基面。

平均高潮位9月最高，为614厘米，2月最低，为580厘米，年较差为34厘米；平均低潮位10月最高，为201厘米，3月最低，为173厘米，年较差为28厘米（图2.1-1）；平均高高潮位9月和10月最高，均为628厘米，2月和3月最低，均为591厘米，年较差为37厘米；平均低低潮位10月最高，为171厘米，7月最低，为148厘米，年较差为23厘米。平均潮差9月最大，12月最小，年较差为18厘米；平均大的潮差8月最大，3月最小，年较差为25厘米（图2.1-2）。

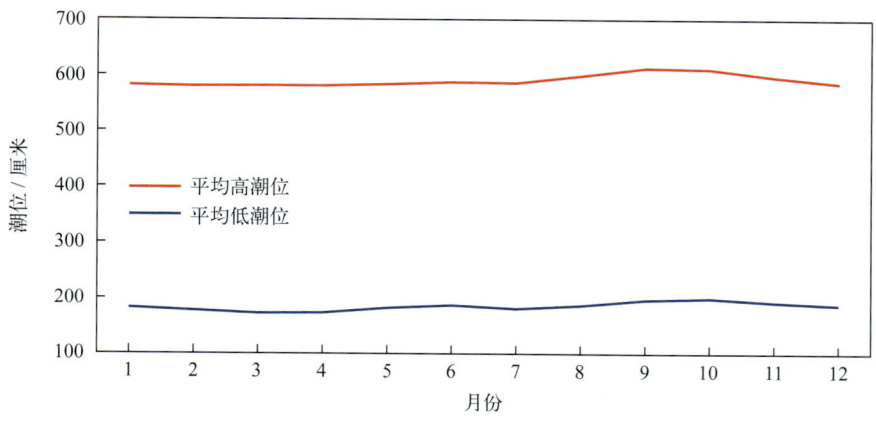

图2.1-1　平均高潮位和平均低潮位年变化

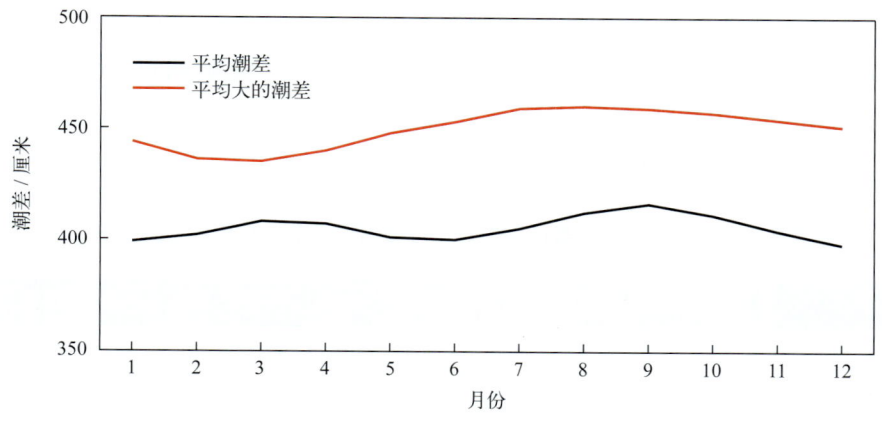

图2.1-2　平均潮差和平均大的潮差年变化

1959—2019年，坎门站平均高潮位呈上升趋势，上升速率为2.54毫米/年。受天文潮长周期变化影响，平均高潮位存在较为显著的准19年周期变化，振幅为4.93厘米。平均高潮位最高值出现在2014年和2016年，均为607厘米；最低值出现在1968年，为580厘米。坎门站平均低潮位呈上升趋势，上升速率为2.43毫米/年。平均低潮位准19年周期变化较为明显，振幅为3.92厘米。平均低潮位最高值出现在2019年，为197厘米；最低值出现在1963年，为168厘米。

1959—2019年，坎门站平均潮差无明显变化趋势。平均潮差准19年周期变化显著，振幅为8.65厘米。平均潮差最大值出现在1961年，为421厘米；最小值出现在2005年，为393厘米（图2.1-3）。

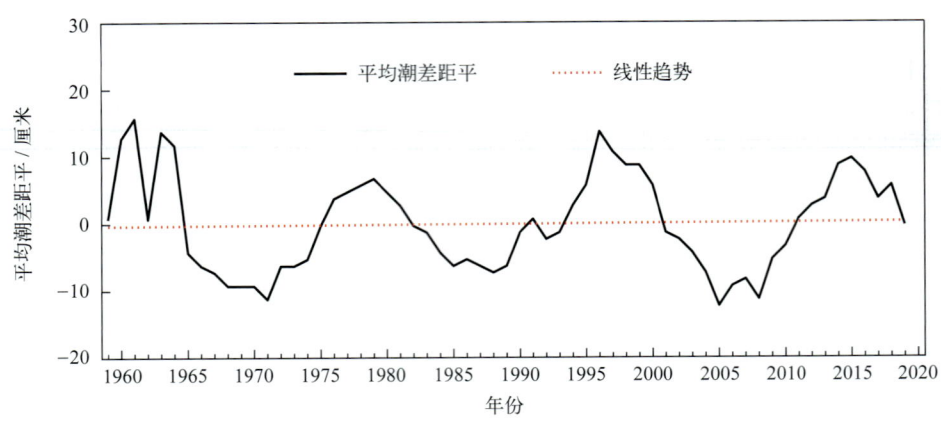

图2.1-3 1959—2019年平均潮差距平变化

## 第二节 极值潮位

坎门站年最高潮位和年最低潮位的各月发生频率见表2.2-1。年最高潮位出现时间主要集中在8—10月，其中9月发生频率最高，为28%；8月次之，为26%。除6月和9—10月外，年最低潮位在其他月份均有出现，其中1月发生频率最高，为25%；7月次之，为20%。

1959—2019年，坎门站年最高潮位呈上升趋势，上升速率为4.63毫米/年（线性趋势未通过显著性检验）。历年的最高潮位均高于699厘米，其中高于840厘米的有4年；历史最高潮位为871厘米，出现在2013年10月6日，正值1323号台风"菲特"影响期间。坎门站年最低潮位呈上升趋势，上升速率为2.39毫米/年。历年最低潮位均低于52厘米，其中低于20厘米的有6年；历史最低潮位出现在1965年7月29日，为13厘米，由强温带气旋引起（表2.2-1）。

表2.2-1 最高潮位和最低潮位及年极值出现频率（1959—2019年）

| | 1月 | 2月 | 3月 | 4月 | 5月 | 6月 | 7月 | 8月 | 9月 | 10月 | 11月 | 12月 |
|---|---|---|---|---|---|---|---|---|---|---|---|---|
| 最高潮位值/厘米 | 723 | 704 | 729 | 702 | 702 | 780 | 870 | 864 | 842 | 871 | 792 | 722 |
| 年最高潮位出现频率/% | 0 | 0 | 0 | 0 | 0 | 6 | 8 | 26 | 28 | 23 | 7 | 2 |
| 最低潮位值/厘米 | 18 | 21 | 19 | 23 | 23 | 27 | 13 | 31 | 45 | 39 | 29 | 15 |
| 年最低潮位出现频率/% | 25 | 8 | 8 | 10 | 11 | 0 | 20 | 3 | 0 | 0 | 2 | 13 |

## 第三节 增减水

受地形和气候特征的影响，坎门站出现30厘米以上增水的频率明显高于同等强度减水的频率，超过60厘米的增水平均约28天出现一次，而超过60厘米的减水平均约410天出现一次（表2.3-1）。

坎门站100厘米以上的增水主要出现在7—10月，60厘米以上的减水多发生在4月、7月、9月和12月，这些大的增减水过程主要与该海域受温带气旋和热带气旋等影响有关（表2.3-2）。

表 2.3-1  不同强度增减水平均出现周期（1959—2019 年）

| 范围 / 厘米 | 出现周期 / 天 | |
| --- | --- | --- |
|  | 增水 | 减水 |
| >30 | 1.43 | 3.49 |
| >40 | 4.16 | 17.43 |
| >50 | 11.13 | 84.87 |
| >60 | 27.83 | 410.23 |
| >70 | 60.53 | 4 430.47 |
| >80 | 99.79 | 22 152.33 |
| >90 | 153.84 | — |
| >100 | 228.37 | — |
| >120 | 582.96 | — |
| >150 | 3 692.06 | — |

"—"表示无数据。

表 2.3-2  各月不同强度增减水出现频率（1959—2019 年）

| 月份 | 增水 / % | | | | | 减水 / % | | | | |
| --- | --- | --- | --- | --- | --- | --- | --- | --- | --- | --- |
|  | >30 厘米 | >50 厘米 | >70 厘米 | >100 厘米 | >120 厘米 | >20 厘米 | >30 厘米 | >40 厘米 | >50 厘米 | >60 厘米 |
| 1 | 3.51 | 0.19 | 0.01 | 0.00 | 0.00 | 5.82 | 1.54 | 0.24 | 0.02 | 0.00 |
| 2 | 3.41 | 0.15 | 0.00 | 0.00 | 0.00 | 5.88 | 1.27 | 0.22 | 0.03 | 0.00 |
| 3 | 3.13 | 0.19 | 0.00 | 0.00 | 0.00 | 8.68 | 2.35 | 0.57 | 0.11 | 0.01 |
| 4 | 1.16 | 0.08 | 0.00 | 0.00 | 0.00 | 6.77 | 1.32 | 0.23 | 0.07 | 0.02 |
| 5 | 0.82 | 0.01 | 0.00 | 0.00 | 0.00 | 1.26 | 0.09 | 0.00 | 0.00 | 0.00 |
| 6 | 1.28 | 0.06 | 0.01 | 0.00 | 0.00 | 1.24 | 0.20 | 0.03 | 0.00 | 0.00 |
| 7 | 1.58 | 0.32 | 0.08 | 0.03 | 0.00 | 6.82 | 0.83 | 0.11 | 0.03 | 0.02 |
| 8 | 4.05 | 1.05 | 0.29 | 0.08 | 0.03 | 7.39 | 1.62 | 0.39 | 0.11 | 0.01 |
| 9 | 5.62 | 1.07 | 0.28 | 0.07 | 0.03 | 3.04 | 0.58 | 0.13 | 0.05 | 0.02 |
| 10 | 4.35 | 0.89 | 0.15 | 0.04 | 0.02 | 3.28 | 0.48 | 0.09 | 0.01 | 0.00 |
| 11 | 2.93 | 0.35 | 0.01 | 0.00 | 0.00 | 8.49 | 1.82 | 0.33 | 0.02 | 0.00 |
| 12 | 3.09 | 0.14 | 0.00 | 0.00 | 0.00 | 8.79 | 2.18 | 0.53 | 0.14 | 0.03 |

1959—2019 年，坎门站年最大增水多出现在 7—10 月，其中 8 月出现频率最高，为 30%；9 月次之，为 18%。除 5 月外，坎门站年最大减水在其余各月均有出现，其中 3 月出现频率最高，为 18%；12 月次之，为 15%（表 2.3-3）。

1959—2019 年，坎门站年最大增水呈增大趋势，增大速率为 1.14 毫米 / 年（线性趋势未通过显著性检验）。历史最大增水出现在 2013 年 10 月 6 日，为 173 厘米；1994 年、2002 年和 2018

年最大增水均超过或达到了155厘米。坎门站年最大减水无明显变化趋势。历史最大减水发生在2003年12月24日，为88厘米；1961年、1981年和2006年最大减水均超过了70厘米。

表2.3-3 最大增水和最大减水及年极值出现频率（1959—2019年）

|  | 1月 | 2月 | 3月 | 4月 | 5月 | 6月 | 7月 | 8月 | 9月 | 10月 | 11月 | 12月 |
| --- | --- | --- | --- | --- | --- | --- | --- | --- | --- | --- | --- | --- |
| 最大增水值/厘米 | 74 | 70 | 69 | 67 | 56 | 129 | 155 | 156 | 155 | 173 | 91 | 70 |
| 年最大增水出现频率/% | 3 | 3 | 8 | 0 | 0 | 3 | 13 | 30 | 18 | 15 | 7 | 0 |
| 最大减水值/厘米 | 65 | 65 | 72 | 67 | 40 | 50 | 70 | 65 | 75 | 64 | 60 | 88 |
| 年最大减水出现频率/% | 10 | 8 | 18 | 7 | 0 | 3 | 8 | 13 | 7 | 3 | 8 | 15 |

# 第三章　表层海水温度、盐度和海发光

## 第一节　表层海水温度

### 1. 平均水温、最高水温和最低水温

坎门站月平均水温的年变化具有峰谷明显的特点，8月最高，为28.9℃，2月最低，为8.6℃，年较差为20.3℃。3—8月为升温期，9月至翌年2月为降温期。月最高水温和月最低水温的年变化特征与月平均水温相似（图3.1-1）。

历年（2002—2003年数据有缺测）的平均水温为17.6～19.7℃，其中2018年最高，1969年和1976年均为最低。累年平均水温为18.5℃。

历年的最高水温均不低于29.1℃，其中大于31.0℃的有23年，大于32.0℃的有2年，出现时间为7—9月。水温极大值为32.5℃，出现在2016年8月19日和21日。

历年的最低水温均不高于9.2℃，其中小于6.0℃的有19年，小于5℃的有6年，出现时间为12月至翌年2月，2月最多。水温极小值为2.9℃，出现在1980年2月9日。

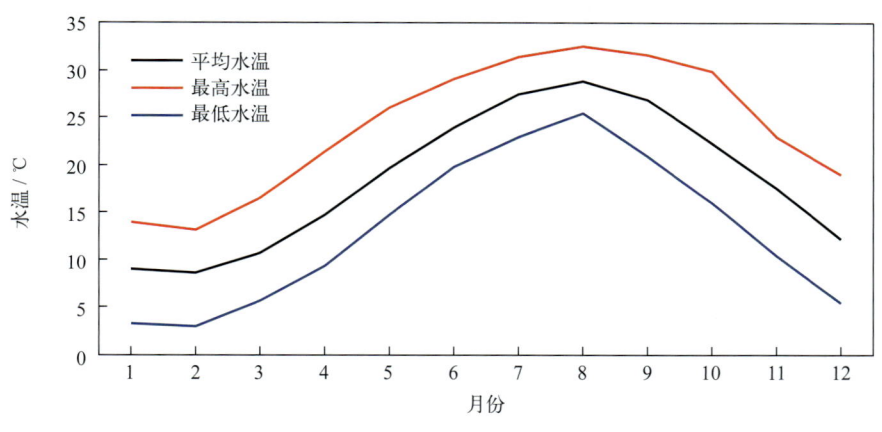

图3.1-1　水温年变化（1960—2019年）

### 2. 日平均水温稳定通过界限温度的日期

采用五日滑动平均方法求出稳定通过各个界限温度的日期，见表3.1-1。日平均水温全年均稳定通过5℃，稳定通过10℃的有300天，稳定通过15℃的有226天，稳定通过20℃的有165天，稳定通过25℃的初日为6月26日，终日为9月28日，共95天。

表3.1-1　日平均水温稳定通过界限温度的日期（1960—2019年）

|  | 10℃ | 15℃ | 20℃ | 25℃ |
| --- | --- | --- | --- | --- |
| 初日 | 3月9日 | 4月18日 | 5月19日 | 6月26日 |
| 终日 | 1月2日 | 11月29日 | 10月30日 | 9月28日 |
| 天数 | 300 | 226 | 165 | 95 |

### 3. 长期趋势变化

1960—2019 年，年平均水温、年最高水温和年最低水温均呈波动上升趋势，上升速率分别为 0.14℃/（10 年）、0.12℃/（10 年）和 0.31℃/（10 年），其中 2016 年和 2018 年最高水温分别为 1960 年以来的第一高值和第二高值，1980 年和 1977 年最低水温分别为 1960 年以来的第一低值和第二低值。

十年平均水温变化显示，1960—1989 年十年平均水温阶梯式下降，1980—2019 年十年平均水温波动上升，1980—1989 年平均水温最低，1990—1999 年平均水温较上一个十年升幅最大，升幅为 0.47℃（图 3.1-2）。

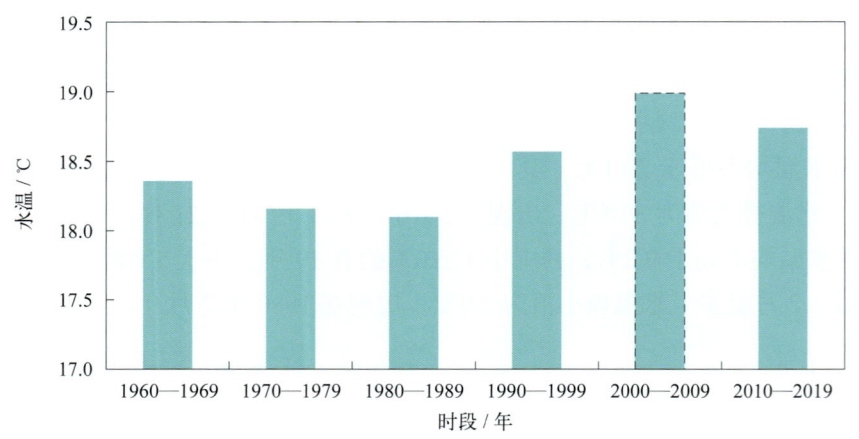

图3.1-2 十年平均水温变化（数据不足十年加虚线框表示，下同）

## 第二节 表层海水盐度

### 1. 平均盐度、最高盐度和最低盐度

坎门站月平均盐度的年变化具有峰谷明显的特点，最高值出现在 8 月，为 31.52，最低值出现在 11 月，为 25.97，年较差为 5.55。月最高盐度 9 月最大，12 月最小。月最低盐度 1 月最大，8 月最小（图 3.2-1）。

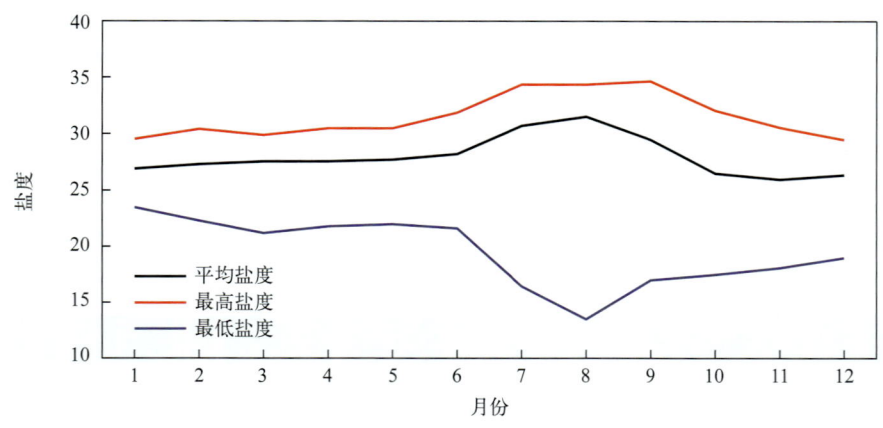

图3.2-1 盐度年变化（1960—2019年）

历年（2002—2003年和2006年数据有缺测）的平均盐度为24.04～29.75，其中1967年最高，1998年最低。累年平均盐度为27.97。

历年的最高盐度均大于26.80，其中大于33.00的有38年，大于34.00的有12年。年最高盐度多出现在夏秋季，冬春季较少。盐度极大值为34.70，出现在1967年9月13日和16日。

历年的最低盐度均小于28.05，其中小于25.00的有41年，小于20.00的有3年。年最低盐度一年四季均有出现，多出现在秋冬季，占统计年份的83%。盐度极小值为13.50，出现在2001年8月25日，当日降水量为124.9毫米。

### 2. 长期趋势变化

1960—2019年，年平均盐度、年最高盐度和年最低盐度均呈波动下降趋势，下降速率分别为0.29/（10年）、0.42/（10年）和0.42/（10年）。1967年和1971年最高盐度分别为1960年以来的第一高值和第二高值；2001年和2002年最低盐度分别为1960年以来的第一低值和第二低值。

十年平均盐度变化显示，1960—1969年平均盐度最高，为28.87，1990—1999年平均盐度最低，为27.16，1990—1999年平均盐度较1960—1969年下降1.71（图3.2-2）。

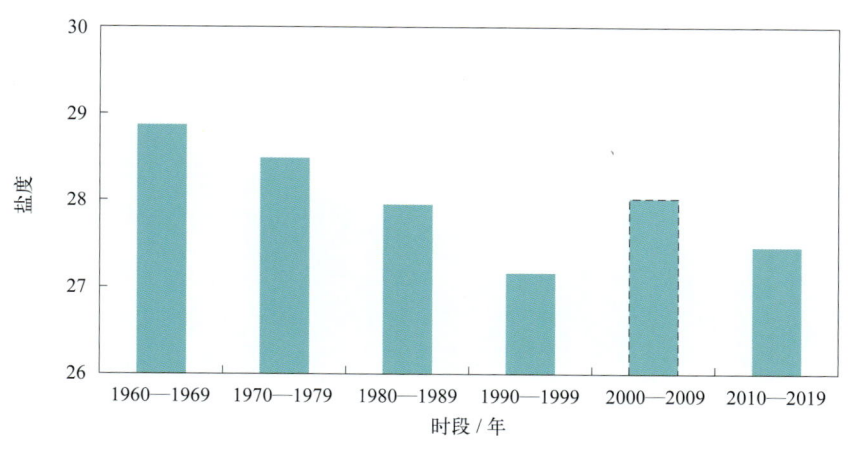

图3.2-2　十年平均盐度变化

## 第三节　海发光

1960—2002年，坎门站观测到的海发光主要为火花型（H），弥漫型（M）观测到54次，闪光型（S）观测到1次。海发光以1级海发光为主，占海发光次数的61.7%；2级次之，占29.5%；4级最少，占1.5%。

各月及全年海发光频率见表3.3-1和图3.3-1。海发光频率5—10月较高，其中9月最高，3月最低。累年平均海发光频率为29.8%。

历年海发光频率为2.3%～51.8%，其中1965年最大，2001年最小。

表3.3-1　各月及全年海发光频率（1960—2002年）

|  | 1月 | 2月 | 3月 | 4月 | 5月 | 6月 | 7月 | 8月 | 9月 | 10月 | 11月 | 12月 | 年 |
|---|---|---|---|---|---|---|---|---|---|---|---|---|---|
| 频率/% | 4.6 | 1.9 | 1.7 | 6.7 | 45.2 | 47.0 | 50.8 | 59.5 | 65.8 | 44.2 | 19.0 | 10.3 | 29.8 |

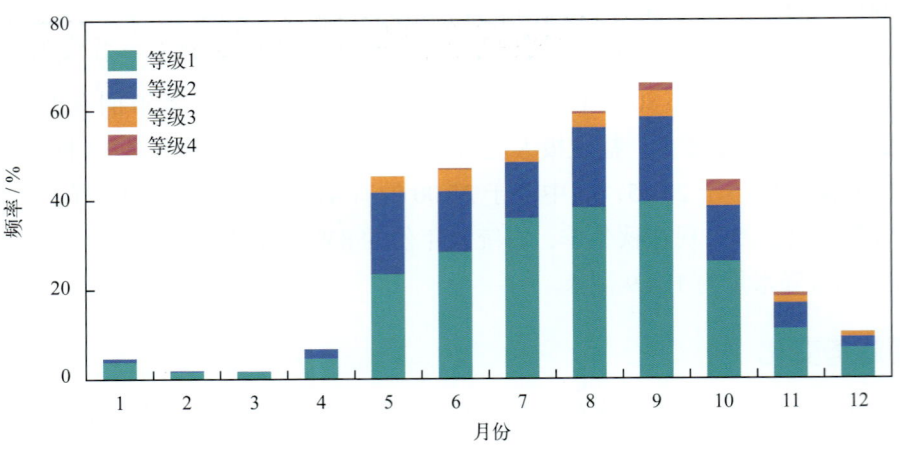

图3.3-1　各月各级海发光频率（1960—2002年）

# 第四章 海洋气象

## 第一节 气温

### 1. 平均气温、最高气温和最低气温

1960—2019年，坎门站累年平均气温为17.8℃。月平均气温具有夏高冬低的变化特征，8月最高，为28.0℃，1月最低，为7.6℃，年较差为20.4℃。月最高气温和月最低气温的年变化特征与月平均气温相似，月最高气温极大值出现在8月，月最低气温极小值出现在1月（表4.1-1，图4.1-1）。

表4.1-1 气温年变化（1960—2019年） 单位：℃

|  | 1月 | 2月 | 3月 | 4月 | 5月 | 6月 | 7月 | 8月 | 9月 | 10月 | 11月 | 12月 | 年 |
| --- | --- | --- | --- | --- | --- | --- | --- | --- | --- | --- | --- | --- | --- |
| 平均气温 | 7.6 | 7.9 | 10.8 | 15.3 | 20.0 | 23.9 | 27.5 | 28.0 | 25.3 | 20.8 | 15.8 | 10.3 | 17.8 |
| 最高气温 | 22.0 | 23.0 | 24.0 | 26.5 | 31.8 | 32.9 | 36.1 | 36.6 | 36.4 | 32.2 | 28.2 | 25.5 | 36.6 |
| 最低气温 | -5.3 | -5.2 | -1.6 | 2.9 | 8.8 | 13.5 | 18.2 | 19.7 | 12.6 | 7.7 | 1.2 | -3.4 | -5.3 |

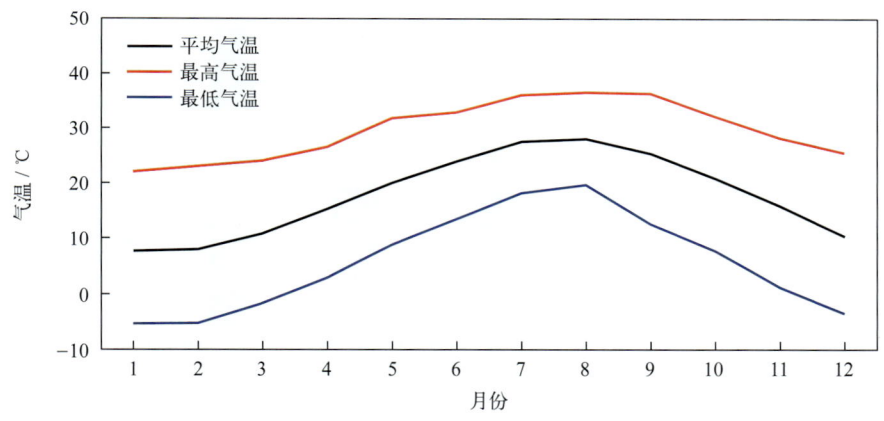

图4.1-1 气温年变化（1960—2019年）

历年的平均气温为16.7～19.6℃，其中2016年最高，1967年最低。

历年的最高气温均高于31.0℃，其中高于34.0℃的有20年，高于36.0℃的有3年。最早出现时间为7月5日（2002年），最晚出现时间为9月27日（2017年）。8月最高气温出现频率最高，占统计年份的66%，7月次之，占26%（图4.1-2）。极大值为36.6℃，出现在2013年8月19日。

历年的最低气温均低于2.5℃，其中低于-2.0℃的有29年，低于-5.0℃的有4年。最早出现时间为12月14日（1975年），最晚出现时间为3月4日（1988年）。1月最低气温出现频率最高，占统计年份的47%，2月次之，占31%（图4.1-2）。极小值为-5.3℃，出现在1967年1月16日。

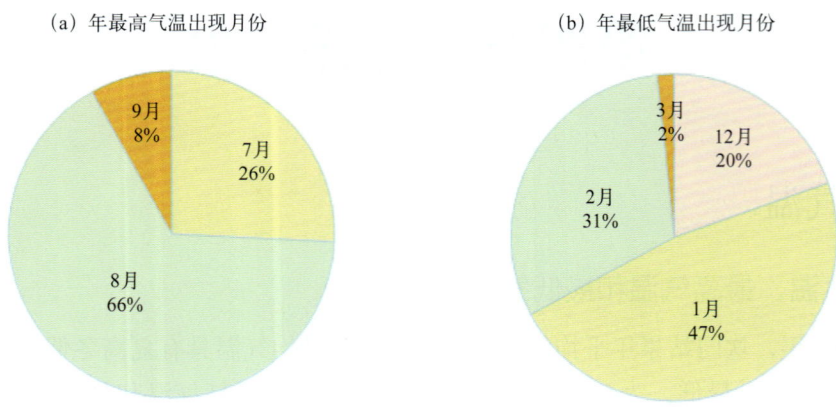

图4.1-2 年最高、最低气温出现月份及频率（1960—2019年）

## 2. 长期趋势变化

1960—2019年，年平均气温、年最高气温和年最低气温均呈波动上升趋势，上升速率分别为0.32℃/（10年）、0.38℃/（10年）和0.41℃/（10年）。

十年平均气温变化显示，2010—2019年平均气温最高，为18.6℃，1960—1969年平均气温最低，为17.2℃，2000—2009年平均气温较上一个十年升幅最大，升幅为0.7℃（图4.1-3）。

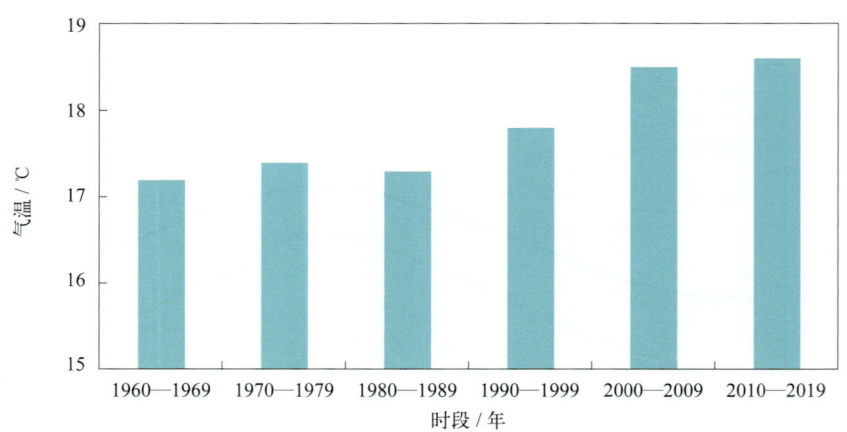

图4.1-3 十年平均气温变化

## 3. 常年自然天气季节和大陆度

利用坎门站1966—2019年气温累年日平均数据计算五日滑动平均气温，根据《气候季节划分》（QX/T 152—2012）方法，坎门平均春季时间从3月12日至5月31日，共81天；平均夏季时间从6月1日至10月9日，共131天；平均秋季时间从10月10日至12月24日，共76天；平均冬季时间从12月25日至翌年3月11日，共77天。夏季时间最长，其他3个季节时间长度相差不大（图4.1-4）。

坎门站焦金斯基大陆度指数为42.2%，属海洋性季风气候。

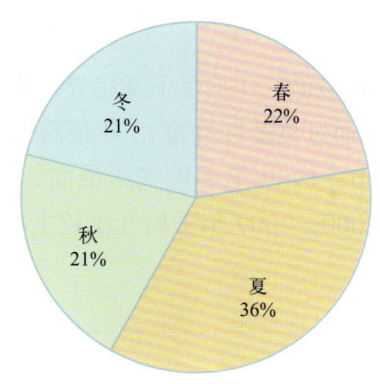

图4.1-4 四季平均日数百分率(1966—2019年)

## 第二节 气压

### 1. 平均气压、最高气压和最低气压

1966—2019年,坎门站累年平均气压为1 012.4百帕。月平均气压具有冬高夏低的变化特征,12月最高,为1 021.5百帕,7月最低,为1 002.7百帕,年较差为18.8百帕。月最高气压1月最大,7月最小。月最低气压1月最大,8月最小(表4.2-1,图4.2-1)。

历年的平均气压为1 011.1~1 013.5百帕,其中1987年最高,2007年最低。

历年的最高气压均高于1 029.5百帕,其中高于1 032.0百帕的有35年,高于1 036.0百帕的有2年。极大值为1 037.1百帕,出现在2016年1月25日。

历年的最低气压均低于997.5百帕,其中低于990.0百帕的有25年,低于970.0百帕的有5年。极小值为947.7百帕,出现在2019年8月10日,正值1909号台风"利奇马"影响期间。

表4.2-1 气压年变化(1966—2019年)　　　　　　　　　　　　　　　　单位:百帕

| | 1月 | 2月 | 3月 | 4月 | 5月 | 6月 | 7月 | 8月 | 9月 | 10月 | 11月 | 12月 | 年 |
| --- | --- | --- | --- | --- | --- | --- | --- | --- | --- | --- | --- | --- | --- |
| 平均气压 | 1 021.4 | 1 019.6 | 1 016.4 | 1 012.0 | 1 008.0 | 1 003.6 | 1 002.7 | 1 002.8 | 1 008.2 | 1 014.5 | 1 018.5 | 1 021.5 | 1 012.4 |
| 最高气压 | 1 037.1 | 1 035.3 | 1 033.3 | 1 030.6 | 1 022.4 | 1 015.0 | 1 013.3 | 1 013.8 | 1 020.1 | 1 027.6 | 1 033.9 | 1 035.9 | 1 037.1 |
| 最低气压 | 1 003.2 | 998.5 | 998.5 | 993.9 | 992.5 | 987.1 | 975.8 | 947.7 | 978.1 | 989.8 | 999.9 | 1 002.1 | 947.7 |

注:1968—1972年数据缺测。

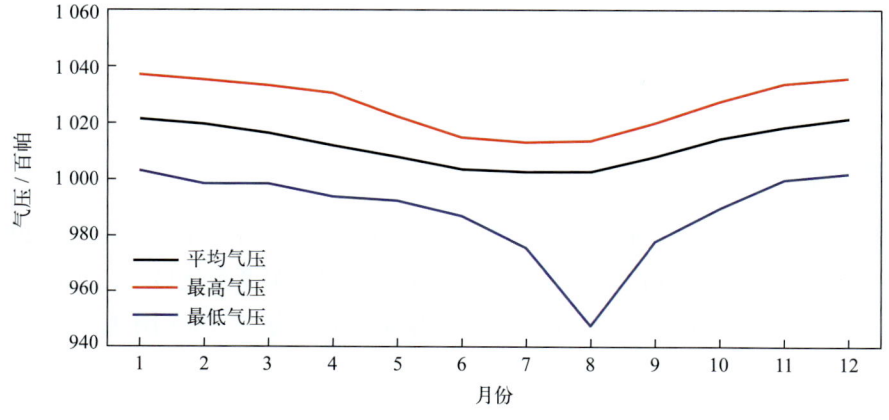

图4.2-1 气压年变化(1966—2019年)

## 2. 长期趋势变化

1973—2019 年，年平均气压和年最低气压均呈下降趋势，下降速率分别为 0.19 百帕/（10 年）和 1.49 百帕/（10 年）（线性趋势未通过显著性检验）；年最高气压变化趋势不明显。

十年平均气压变化显示，1980—1989 年平均气压最高，为 1 013.0 百帕，2000—2009 年平均气压最低，为 1 011.5 百帕；2000—2009 年平均气压较上一个十年降幅最大，降幅为 1.2 百帕（图 4.2-2）。

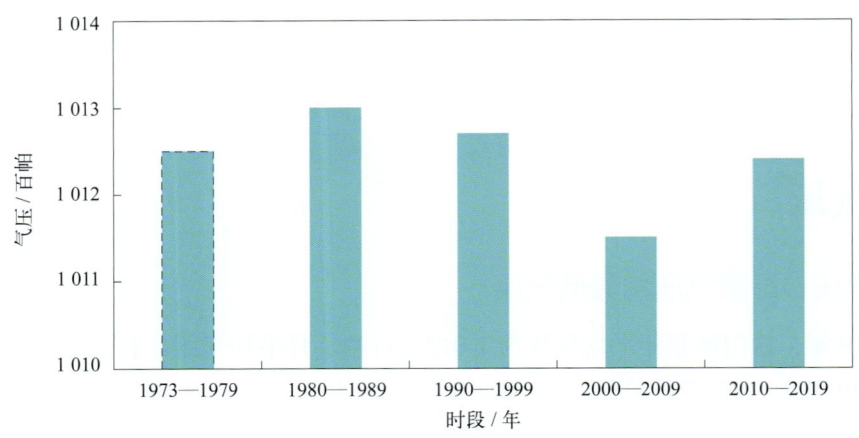

图4.2-2　十年平均气压变化

# 第三节　相对湿度

## 1. 平均相对湿度和最小相对湿度

1960—2019 年，坎门站累年平均相对湿度为 78.7%。月平均相对湿度 6 月最大，为 88.9%，12 月最小，为 67.8%。平均月最小相对湿度 7 月最大，为 64.7%，12 月最小，为 26.9%。最小相对湿度的极小值为 1%，出现在 2007 年 2 月 2 日（表 4.3-1，图 4.3-1）。

表 4.3-1　相对湿度年变化（1960—2019 年）

|  | 1月 | 2月 | 3月 | 4月 | 5月 | 6月 | 7月 | 8月 | 9月 | 10月 | 11月 | 12月 | 年 |
| --- | --- | --- | --- | --- | --- | --- | --- | --- | --- | --- | --- | --- | --- |
| 平均相对湿度 /% | 70.9 | 75.6 | 79.9 | 83.6 | 85.8 | 88.9 | 86.4 | 83.1 | 78.4 | 72.7 | 71.2 | 67.8 | 78.7 |
| 平均最小相对湿度 /% | 28.3 | 33.3 | 37.2 | 42.9 | 43.4 | 60.1 | 64.7 | 57.2 | 44.5 | 35.2 | 30.0 | 26.9 | 42.0 |
| 最小相对湿度 /% | 4 | 1 | 9 | 19 | 20 | 31 | 35 | 34 | 22 | 20 | 12 | 3 | 1 |

注：平均最小相对湿度为各月最小相对湿度的累年平均值及其年平均值。

## 2. 长期趋势变化

1960—2019 年，年平均相对湿度为 73.4% ~ 83.2%，其中 2016 年最大，2006 年最小。1960—2019 年，平均相对湿度变化趋势不明显。十年平均相对湿度变化显示，2010—2019 年平均相对湿度最大，为 79.6%，2000—2009 年平均相对湿度最小，为 77.5%（图 4.3-2）。

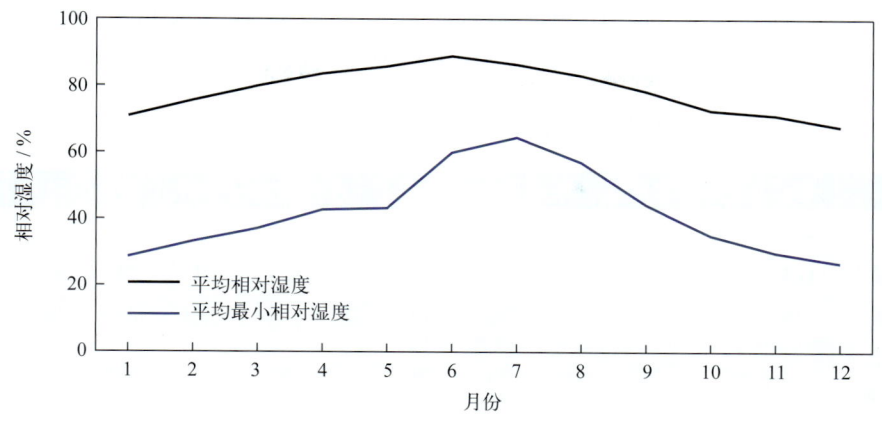

图4.3-1 相对湿度年变化（1960—2019年）

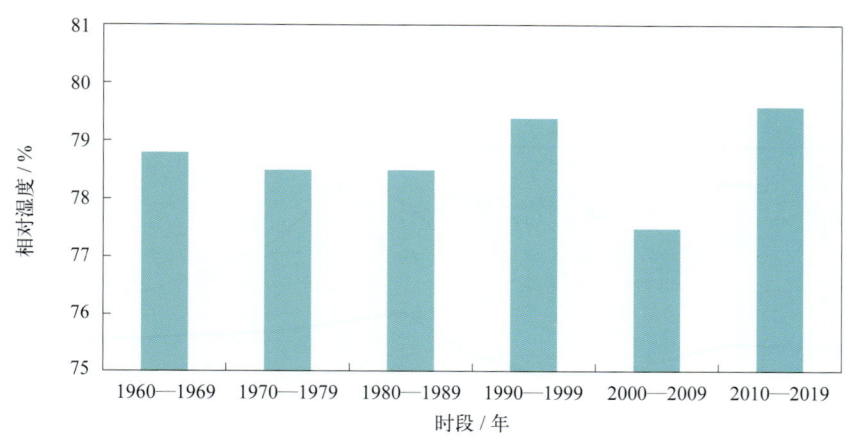

图4.3-2 十年平均相对湿度变化

### 3. 温湿指数

根据《人居环境气候舒适度评价》（GB/T 27963—2011）的温湿指数统计方法和气候舒适度等级划分方法，统计坎门站各月温湿指数，结果显示：12月至翌年3月温湿指数为8.7～11.2，感觉为寒冷；4月和11月温湿指数分别为15.2和15.6，感觉为冷；5月、6月、9月和10月温湿指数为19.6～24.0，感觉为舒适；7月和8月温湿指数分别为26.5和26.8，感觉为热（表4.3-2）。

表4.3-2 温湿指数年变化（1960—2019年）

|  | 1月 | 2月 | 3月 | 4月 | 5月 | 6月 | 7月 | 8月 | 9月 | 10月 | 11月 | 12月 |
| --- | --- | --- | --- | --- | --- | --- | --- | --- | --- | --- | --- | --- |
| 温湿指数 | 8.7 | 8.8 | 11.2 | 15.2 | 19.6 | 23.3 | 26.5 | 26.8 | 24.0 | 19.8 | 15.5 | 11.1 |
| 感觉程度 | 寒冷 | 寒冷 | 寒冷 | 冷 | 舒适 | 舒适 | 热 | 热 | 舒适 | 舒适 | 冷 | 寒冷 |

## 第四节 风

### 1. 平均风速和最大风速

坎门站风速的年变化见表4.4-1和图4.4-1。累年平均风速为4.0米/秒，月平均风速7月最大，为5.0米/秒，4月和5月最小，均为3.1米/秒。平均最大风速8月最大，为17.7米/秒，12月最小，为10.8米/秒。最大风速月最大值对应风向多为N向（4个月）。极大风速的最大值为41.0米/秒，出现在2019年8月10日，对应风向为SW，正值1909号台风"利奇马"影响期间。

表4.4-1　风速年变化（1960—2019年）　　　　　　　　　　　　　　　　单位：米/秒

|  |  | 1月 | 2月 | 3月 | 4月 | 5月 | 6月 | 7月 | 8月 | 9月 | 10月 | 11月 | 12月 | 年 |
|---|---|---|---|---|---|---|---|---|---|---|---|---|---|---|
| 平均风速 | | 4.0 | 4.0 | 3.5 | 3.1 | 3.1 | 3.8 | 5.0 | 4.7 | 4.4 | 4.3 | 4.2 | 4.1 | 4.0 |
| 最大风速 | 平均值 | 11.4 | 11.2 | 12.0 | 11.7 | 11.4 | 13.4 | 16.7 | 17.7 | 14.2 | 12.6 | 11.2 | 10.8 | 12.9 |
| | 最大值 | 20.0 | 18.0 | 20.0 | 20.0 | 20.0 | 26.0 | 32.7 | 34.3 | 34.0 | 34.0 | 24.0 | 20.0 | 34.3 |
| | 最大值对应风向 | N | N | NE | — | NW | SSE | S | ENE | — | WSW | N | N | ENE |
| 极大风速 | 最大值 | 15.9 | 19.4 | 17.0 | 17.5 | 18.8 | 19.4 | 34.9 | 41.0 | 37.9 | 31.7 | 18.0 | 17.3 | 41.0 |
| | 最大值对应风向 | NE | ENE | ENE | WSW | E | SSW | SE | SW | ENE | ENE | N | N | SW |

注：极大风速的统计时间为2002年2月至2019年12月。

"—"表示无数据。

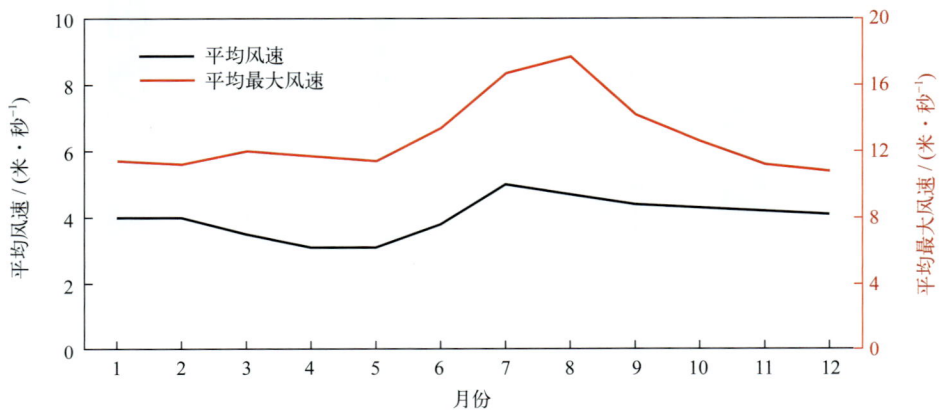

图4.4-1　平均风速和平均最大风速年变化（1960—2019年）

历年的平均风速为3.2～6.0米/秒，其中1964年最大，2019年最小。历年的最大风速均大于等于13.3米/秒，其中大于等于28.0米/秒的有9年。最大风速的最大值为34.3米/秒，出现在1994年8月21日，风向为ENE，正值9417号台风"弗雷德"影响期间。年最大风速出现在8月的频率最高，2月、4月、5月和11月未出现（图4.4-2）。

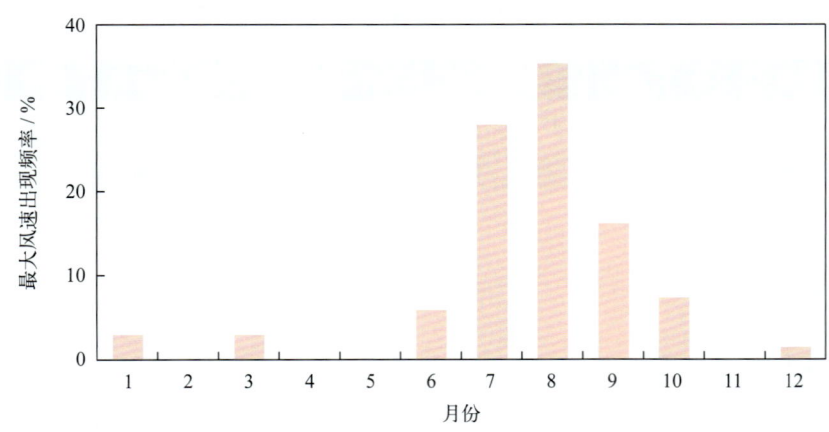

图4.4-2　年最大风速出现频率（1960—2019年）

## 2. 各向风频率

全年 N 向风最多，频率为 14.7%，NE 向次之，频率为 12.6%，WNW 向最少，频率为 1.0%（图 4.4-3）。

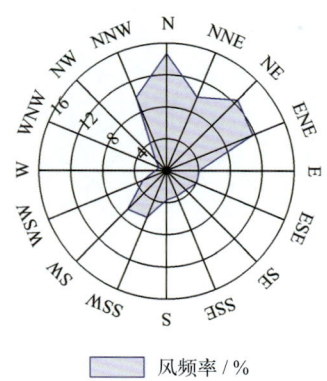

图4.4-3　全年各向风频率（1966—2019年）

1月盛行风向为 NNW—ENE，频率和为 83.5%；4月盛行风向为 NNW—ENE，频率和为 47.4%；7月盛行风向为 SSE—WSW，频率和为 69.5%；10月盛行风向为 NNW—ENE，频率和为 80.1%（图 4.4-4）。

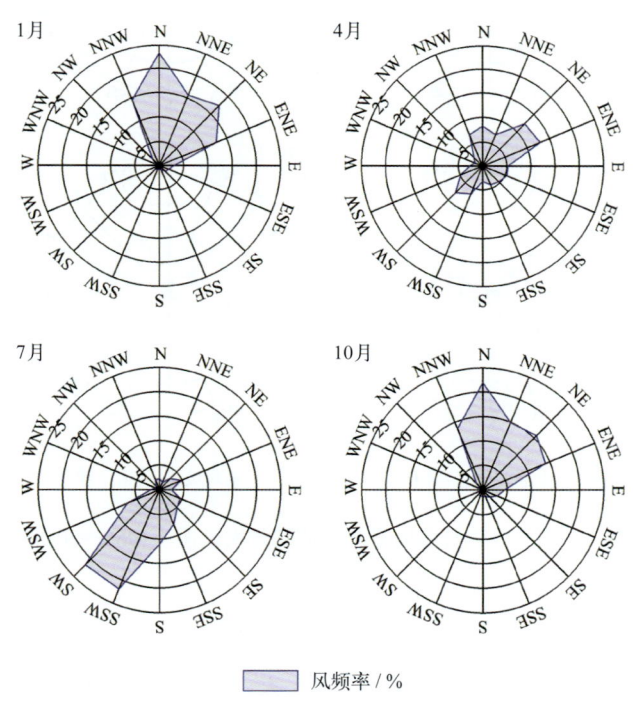

图4.4-4　四季代表月各向风频率（1966—2019年）

## 3. 各向平均风速和最大风速

全年各向平均风速 ENE 向最大，为 4.6 米/秒，NE 向次之，为 4.1 米/秒，WNW 向最小，为 1.4 米/秒（图 4.4-5）。1月、4月和10月均为 ENE 向平均风速最大，分别为 4.7 米/秒、4.1 米/秒和 5.1 米/秒；7月 SW 向最大，为 5.8 米/秒（图 4.4-6）。

全年各向最大风速 ENE 向最大，为 34.3 米/秒，S 向次之，为 33.3 米/秒，NW 向最小，为

15.3米/秒（图4.4-5）。1月N向和NNE向最大风速最大，均为18.0米/秒；4月NE向最大风速最大，为18.0米/秒；7月S向最大，为32.7米/秒；10月SSE向最大，为21.0米/秒（图4.4-6）。

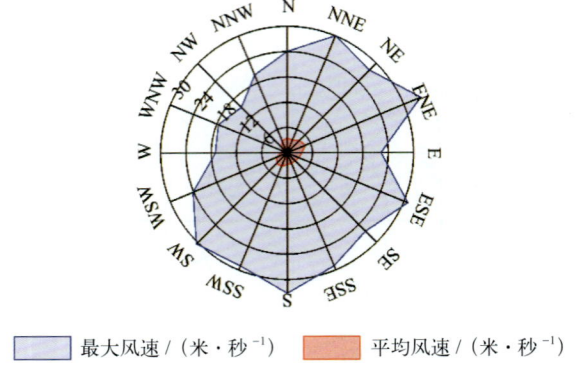

图4.4-5　全年各向平均风速和最大风速（1966—2019年）

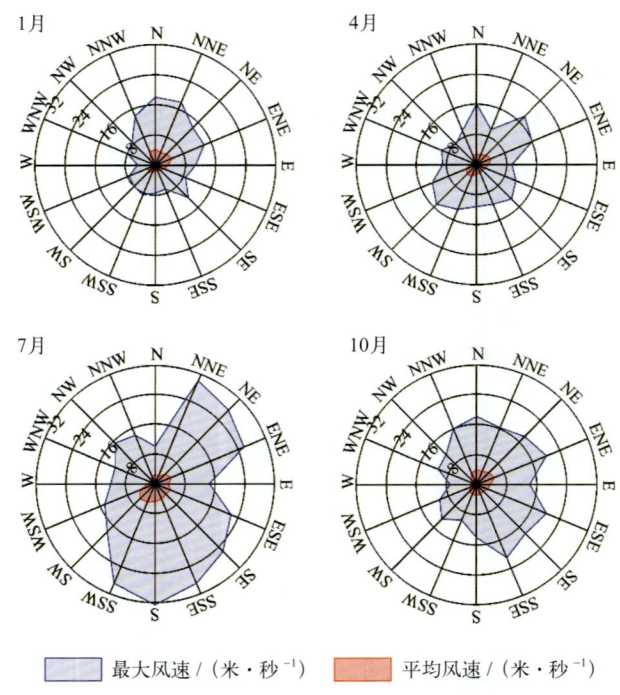

图4.4-6　四季代表月各向平均风速和最大风速（1966—2019年）

### 4. 大风日数

风力大于等于6级的大风日数7月最多，为5.6天，占全年的20.0%，8月次之，为4.9天（表4.4-2，图4.4-7）。平均年大风日数为28.0天（表4.4-2）。历年大风日数1960年最多，为68天，2014年最少，为7天。

风力大于等于8级的大风日数主要出现在7—10月，其中8月最多，为0.6天。历年大风日数1966年最多，为11天，有20年未出现。

风力大于等于6级的月大风日数最多为14天，出现在1964年2月和1985年7月；最长连续大于等于6级大风日数为9天，出现在1978年10月6—14日（表4.4-2）。

表 4.4-2　各级大风日数年变化（1960—2019 年）　　　　　　　　　　　　　　　　单位：天

|  | 1月 | 2月 | 3月 | 4月 | 5月 | 6月 | 7月 | 8月 | 9月 | 10月 | 11月 | 12月 | 年 |
|---|---|---|---|---|---|---|---|---|---|---|---|---|---|
| 大于等于6级大风平均日数 | 1.4 | 1.4 | 1.5 | 1.5 | 1.1 | 3.1 | 5.6 | 4.9 | 2.5 | 2.2 | 1.5 | 1.3 | 28.0 |
| 大于等于7级大风平均日数 | 0.2 | 0.2 | 0.1 | 0.1 | 0.1 | 0.6 | 1.6 | 1.8 | 0.7 | 0.5 | 0.1 | 0.1 | 6.1 |
| 大于等于8级大风平均日数 | 0.0 | 0.0 | 0.0 | 0.0 | 0.0 | 0.0 | 0.5 | 0.6 | 0.2 | 0.1 | 0.0 | 0.0 | 1.4 |
| 大于等于6级大风最多日数 | 7 | 14 | 7 | 6 | 6 | 11 | 14 | 13 | 11 | 12 | 8 | 8 | 68 |
| 最长连续大于等于6级大风日数 | 3 | 3 | 4 | 3 | 4 | 6 | 6 | 6 | 6 | 9 | 3 | 4 | 9 |

注：大于等于6级大风统计时间为1960—2019年，大于等于7级和大于等于8级大风统计时间为1966—2019年。

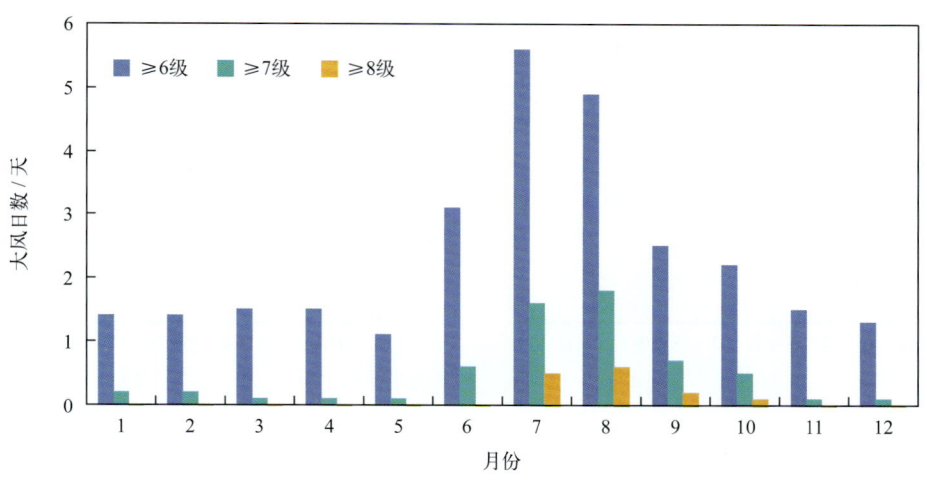

图4.4-7　各级大风日数年变化

## 第五节　降水

### 1. 降水量和降水日数

#### （1）降水量

坎门站降水量的年变化见表 4.5-1 和图 4.5-1。平均年降水量为 1 364.8 毫米，降水量的季节分布不均匀，夏季（6—8月）为 458.1 毫米，占全年降水量的 33.6%，春季（3—5月）为 425.6 毫米，占全年的 31.2%，秋季（9—11月）为 294.5 毫米，占全年的 21.6%，冬季（12月至翌年2月）为 186.6 毫米，占全年的 13.7%。6月平均降水量最多，为 196.0 毫米，占全年的 14.4%。

历年年降水量为 827.7～2 198.5 毫米，其中 2012 年最多，1971 年最少。

最大日降水量超过 100 毫米的有 27 年，超过 150 毫米的有 10 年，超过 200 毫米的有 6 年。最大日降水量为 316.1 毫米，出现在 2009 年 9 月 30 日。

表 4.5-1　降水量年变化（1960—2019 年）　　　　　　　　　　　　　　　　单位：毫米

| | 1月 | 2月 | 3月 | 4月 | 5月 | 6月 | 7月 | 8月 | 9月 | 10月 | 11月 | 12月 | 年 |
|---|---|---|---|---|---|---|---|---|---|---|---|---|---|
| 平均降水量 | 59.7 | 77.6 | 124.9 | 133.7 | 167.0 | 196.0 | 103.6 | 158.5 | 158.7 | 65.1 | 70.7 | 49.3 | 1 364.8 |
| 最大日降水量 | 105.0 | 92.5 | 77.6 | 68.1 | 78.5 | 151.7 | 202.1 | 208.6 | 316.1 | 142.6 | 85.4 | 100.6 | 316.1 |

注：2003年数据有缺测。

(2) 降水日数

平均年降水日数为154.0天。降水日数年变化特征为上半年多、下半年少（图 4.5-2 和图 4.5-3）。日降水量大于等于 10 毫米的平均年日数为 38.9 天，各月均有出现；日降水量大于等于 50 毫米的平均年日数为 4.1 天，各月均有出现；日降水量大于等于 100 毫米的平均年日数为 0.6 天，出现在 1 月、6—10 月和 12 月；日降水量大于等于 150 毫米的平均年日数为 0.21 天，出现在 6—9 月；日降水量大于等于 200 毫米的平均年日数为 0.08 天，出现在 7—9 月（图 4.5-3）。

最多年降水日数为 199 天，出现在 2012 年；最少年降水日数为 122 天，出现在 1986 年。最长连续降水日数为 25 天，出现在 2016 年 4 月 3—27 日；最长连续无降水日数为 46 天，出现在 1973 年 11 月 29 日至 1974 年 1 月 13 日。

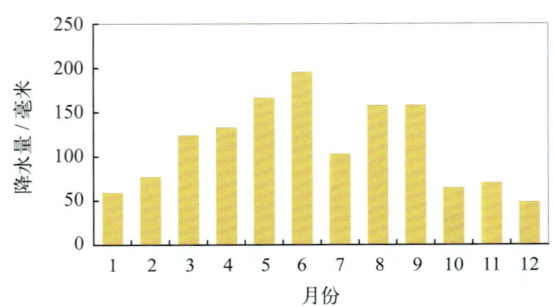

图4.5-1　降水量年变化（1960—2019年）

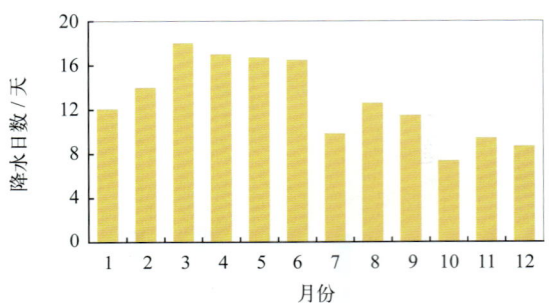

图4.5-2　降水日数年变化（1966—2019年）

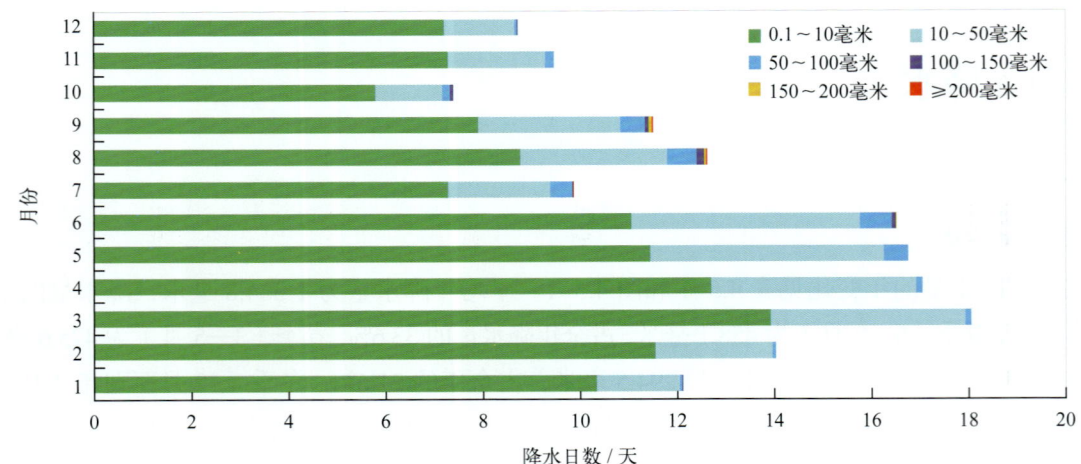

图4.5-3　各月各级平均降水日数分布（1960—2019年）

## 2. 长期趋势变化

1960—2019 年，年降水量呈上升趋势，上升速率为 40.17 毫米 /（10 年）（线性趋势未通过显著性检验）。十年平均年降水量变化显示，1990—1999 年平均年降水量最小，为 1 270.5 毫米；2010—2019 年平均年降水量较 1990—1999 年增加了 208.5 毫米（图 4.5-4）。1960—2019 年，年最大日降水量呈下降趋势，下降速率为 3.43 毫米 /（10 年）（线性趋势未通过显著性检验）。

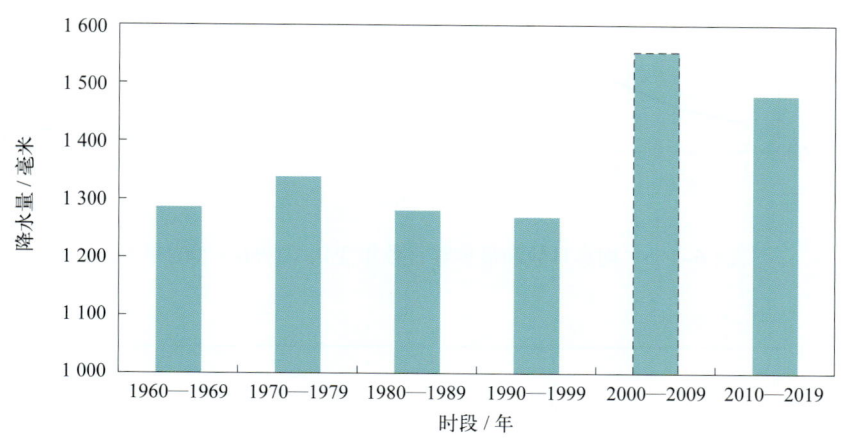

图 4.5-4　十年平均年降水量变化

1966—2019 年，年降水日数和最长连续降水日数均呈增加趋势，增加速率分别为 0.82 天 /（10 年）（线性趋势未通过显著性检验）和 0.76 天 /（10 年）；最长连续无降水日数呈减少趋势，减少速率为 0.59 天 /（10 年）（线性趋势未通过显著性检验）。

# 第六节　雾及其他天气现象

## 1. 雾

坎门站雾日数的年变化见表 4.6-1、图 4.6-1 和图 4.6-2。1966—2002 年，平均年雾日数为 26.4 天。平均月雾日数 4 月最多，为 6.6 天，8 月未出现；月雾日数最多为 16 天，出现在 1998 年 4 月；最长连续雾日数为 10 天，出现在 1967 年 3 月 26 日至 4 月 4 日。

表 4.6-1　雾日数年变化（1966—2002 年）　　　　单位：天

|  | 1月 | 2月 | 3月 | 4月 | 5月 | 6月 | 7月 | 8月 | 9月 | 10月 | 11月 | 12月 | 年 |
| --- | --- | --- | --- | --- | --- | --- | --- | --- | --- | --- | --- | --- | --- |
| 平均雾日数 | 1.7 | 2.5 | 4.1 | 6.6 | 6.0 | 2.7 | 0.4 | 0.0 | 0.1 | 0.3 | 0.8 | 1.2 | 26.4 |
| 最多雾日数 | 7 | 7 | 11 | 16 | 12 | 11 | 3 | 0 | 1 | 2 | 6 | 5 | 59 |
| 最长连续雾日数 | 5 | 3 | 6 | 10 | 6 | 7 | 2 | 0 | 1 | 2 | 4 | 3 | 10 |

注：2003 年 1 月停测。

1966—2002 年，年雾日数呈下降趋势，下降速率为 2.02 天 /（10 年）（线性趋势未通过显著性检验）。1966 年雾日数最多，为 59 天，1971 年最少，为 7 天。

十年平均年雾日数变化显示，1970—1979 年平均年雾日数最少，为 18.2 天，1980—1989 年平均年雾日数较上一个十年升幅最大,升幅为 11.1 天(图 4.6-3)。

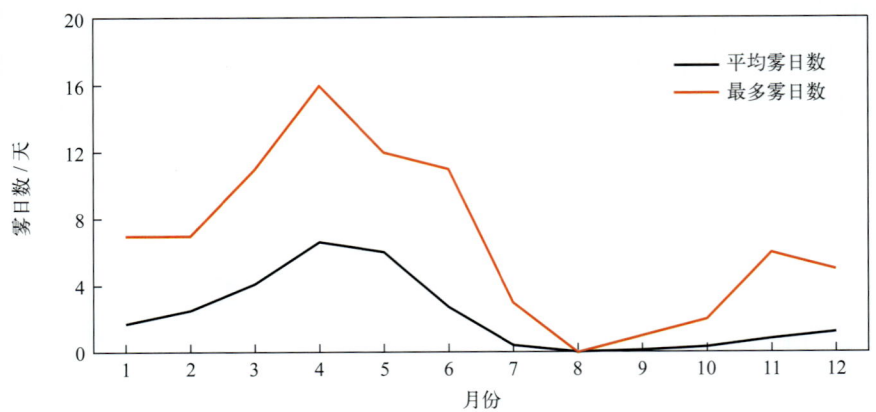

图 4.6-1　平均雾日数和最多雾日数年变化(1966—2002 年)

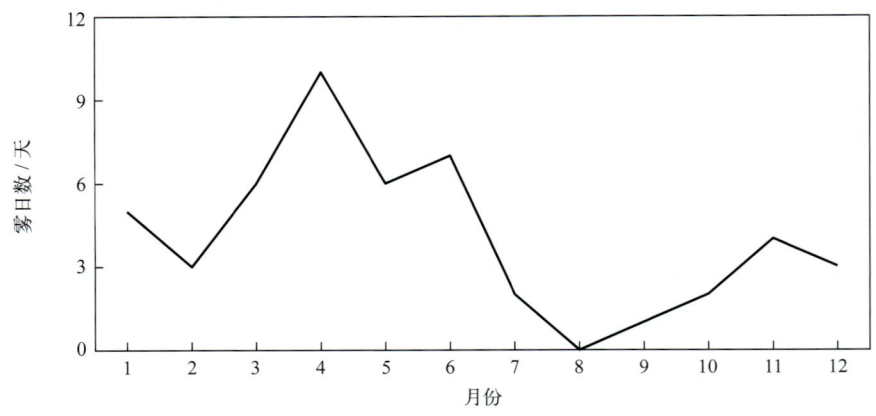

图 4.6-2　最长连续雾日数年变化(1966—2002 年)

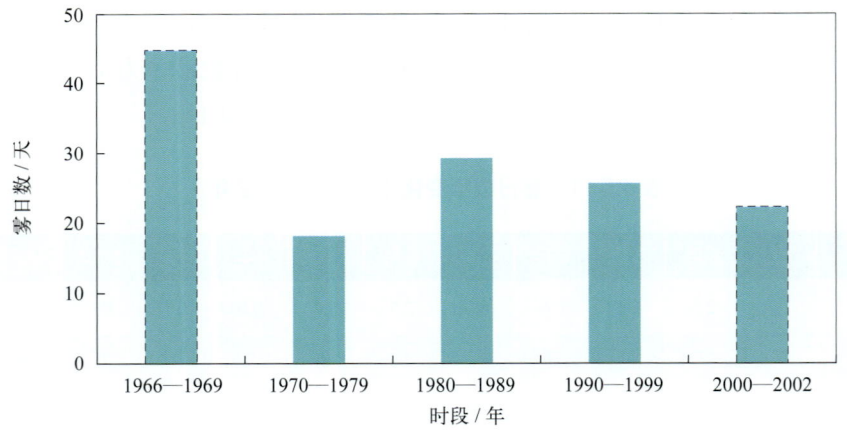

图 4.6-3　十年平均年雾日数变化

## 2. 轻雾

坎门站轻雾日数的年变化见表 4.6-2 和图 4.6-4。1966—1995 年,平均年轻雾日数为 90.2 天。

平均月轻雾日数5月最多，为14.4天，9月最少，为1.7天；最多月轻雾日数为22天，共出现6次，均在1981年后。

1966—1994年，年轻雾日数呈上升趋势，上升速率为46.48天/（10年）。1994年轻雾日数最多，为167天，1971年最少，为27天（图4.6-5）。

表4.6-2　轻雾日数年变化（1966—1995年）　　　　　　　　　　　　　单位：天

|  | 1月 | 2月 | 3月 | 4月 | 5月 | 6月 | 7月 | 8月 | 9月 | 10月 | 11月 | 12月 | 年 |
|---|---|---|---|---|---|---|---|---|---|---|---|---|---|
| 平均轻雾日数 | 8.1 | 9.1 | 11.4 | 13.8 | 14.4 | 9.5 | 3.7 | 2.6 | 1.7 | 3.7 | 5.0 | 7.2 | 90.2 |
| 最多轻雾日数 | 22 | 18 | 21 | 22 | 22 | 21 | 12 | 13 | 10 | 11 | 16 | 19 | 167 |

注：1995年7月停测。

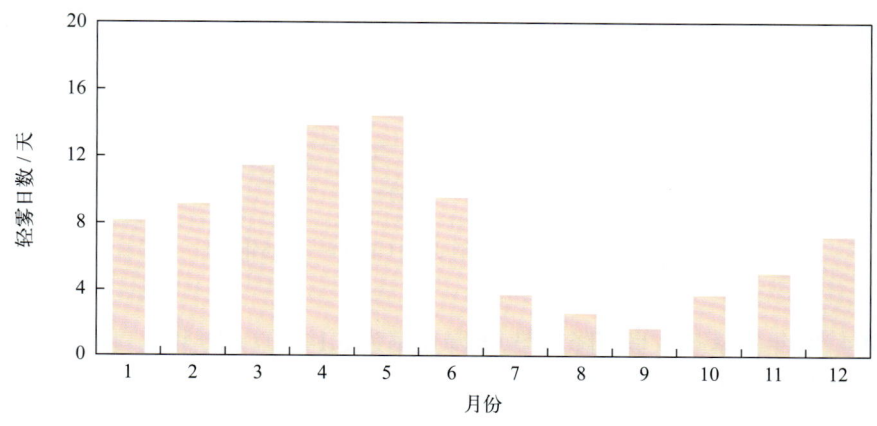

图4.6-4　轻雾日数年变化（1966—1995年）

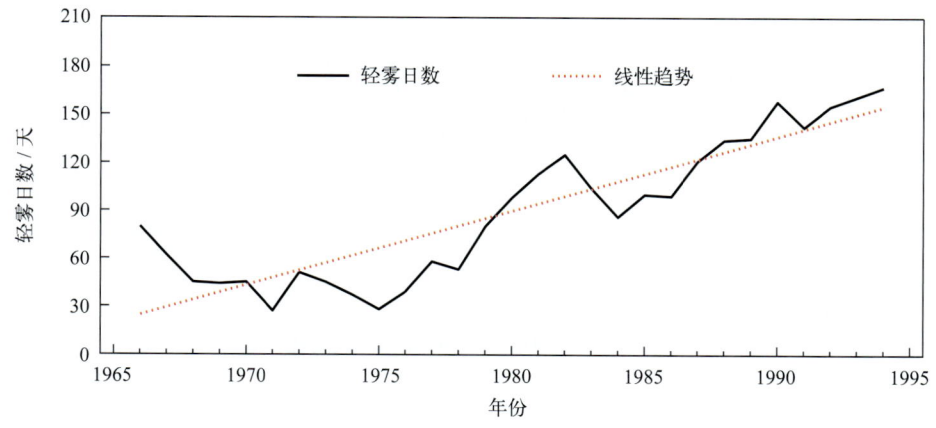

图4.6-5　1966—1994年轻雾日数变化

## 3. 雷暴

坎门站雷暴日数的年变化见表4.6-3和图4.6-6。1960—1995年，平均年雷暴日数为31.5天。雷暴主要出现在3—9月，其中8月最多，平均日数为5.4天，1月和12月最少，均为0.1天。雷暴最早初日为1月7日（1989年），最晚终日为12月27日（1992年）。

表4.6-3　雷暴日数年变化（1960—1995年）　　　　　　　　　　　　　　　　单位：天

| | 1月 | 2月 | 3月 | 4月 | 5月 | 6月 | 7月 | 8月 | 9月 | 10月 | 11月 | 12月 | 年 |
|---|---|---|---|---|---|---|---|---|---|---|---|---|---|
| 平均雷暴日数 | 0.1 | 0.8 | 3.3 | 5.1 | 3.2 | 4.2 | 4.2 | 5.4 | 4.0 | 0.7 | 0.4 | 0.1 | 31.5 |
| 最多雷暴日数 | 2 | 3 | 8 | 12 | 10 | 12 | 10 | 18 | 14 | 4 | 4 | 2 | 57 |

注：1995年7月停测。

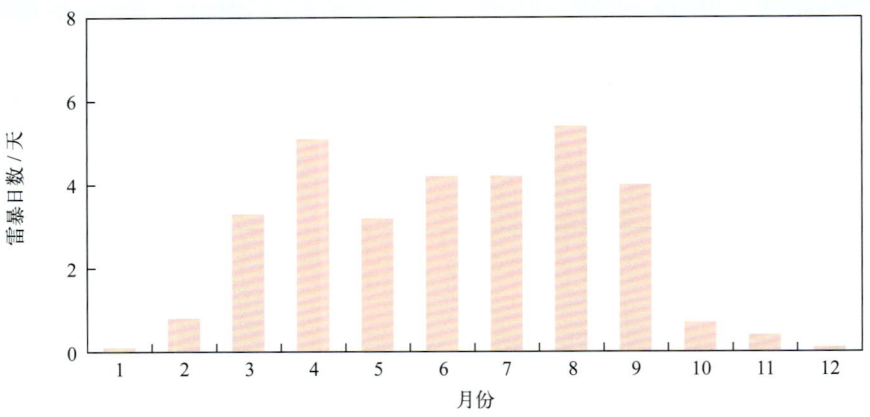

图4.6-6　雷暴日数年变化（1960—1995年）

1960—1994年，年雷暴日数呈下降趋势，下降速率为5.14天/（10年）。1961年雷暴日数最多，为57天，1986年最少，为14天（图4.6-7）。

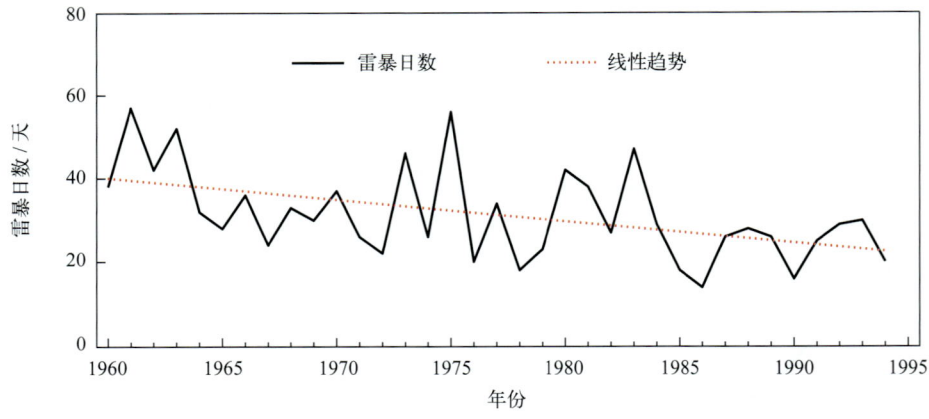

图4.6-7　1960—1994年雷暴日数变化

### 4. 霜

坎门站霜日数的年变化见表4.6-4和图4.6-8。1960—1995年，平均年霜日数为6.3天。霜全部出现在11月至翌年3月，1月最多，平均日数为3.3天。霜最早初日为11月22日（1976年），最晚终日为3月25日（1977年）。

1960—1994年，年霜日数呈下降趋势，下降速率为0.89天/（10年）（线性趋势未通过显著性检验）。1962年和1963年霜日数最多，均为16天，1988年全年无霜（图4.6-9）。

表4.6-4　霜日数年变化（1960—1995年）　　　　　　　　　　　　　　　　　　　　单位：天

| | 1月 | 2月 | 3月 | 4月 | 5月 | 6月 | 7月 | 8月 | 9月 | 10月 | 11月 | 12月 | 年 |
|---|---|---|---|---|---|---|---|---|---|---|---|---|---|
| 平均霜日数 | 3.3 | 1.3 | 0.5 | 0.0 | 0.0 | 0.0 | 0.0 | 0.0 | 0.0 | 0.0 | 0.1 | 1.1 | 6.3 |
| 最多霜日数 | 13 | 5 | 5 | 0 | 0 | 0 | 0 | 0 | 0 | 0 | 1 | 7 | 16 |

注：1979年数据缺测，1995年7月停测。

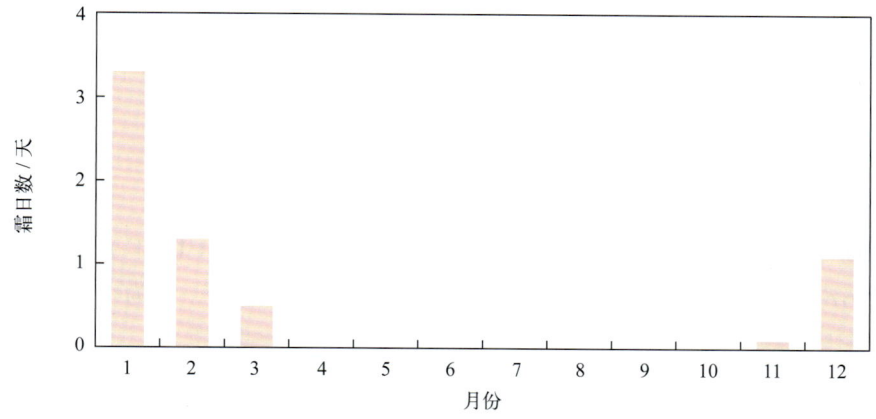

图4.6-8　霜日数年变化（1960—1995年）

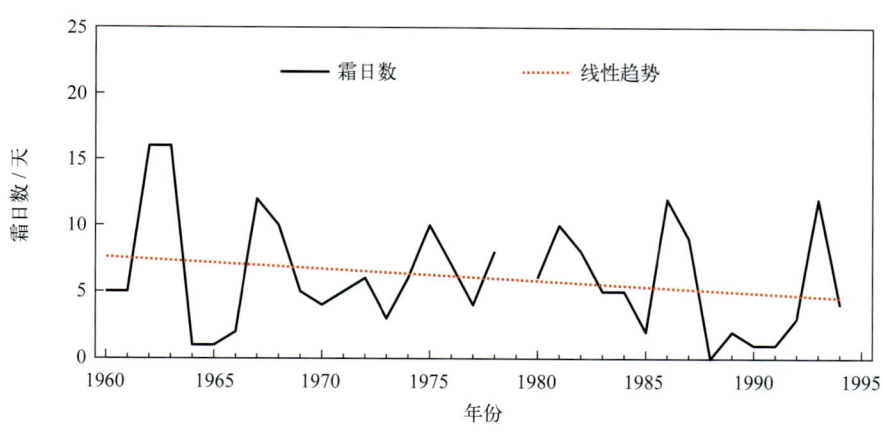

图4.6-9　1960—1994年霜日数变化

## 5. 降雪

坎门站降雪日数的年变化见表4.6-5和图4.6-10。1960—1995年，平均年降雪日数为5.9天。降雪全部出现在11月至翌年4月，2月最多，平均日数为2.5天。降雪最早初日为11月11日（1973年），最晚终日为4月1日（1960年和1974年）。

表4.6-5　降雪日数年变化（1960—1995年）　　　　　　　　　　　　　　　　　　　　单位：天

| | 1月 | 2月 | 3月 | 4月 | 5月 | 6月 | 7月 | 8月 | 9月 | 10月 | 11月 | 12月 | 年 |
|---|---|---|---|---|---|---|---|---|---|---|---|---|---|
| 平均降雪日数 | 2.0 | 2.5 | 0.6 | 0.1 | 0.0 | 0.0 | 0.0 | 0.0 | 0.0 | 0.0 | 0.0 | 0.7 | 5.9 |
| 最多降雪日数 | 9 | 9 | 3 | 1 | 0 | 0 | 0 | 0 | 0 | 0 | 1 | 5 | 14 |

注：1995年7月停测。

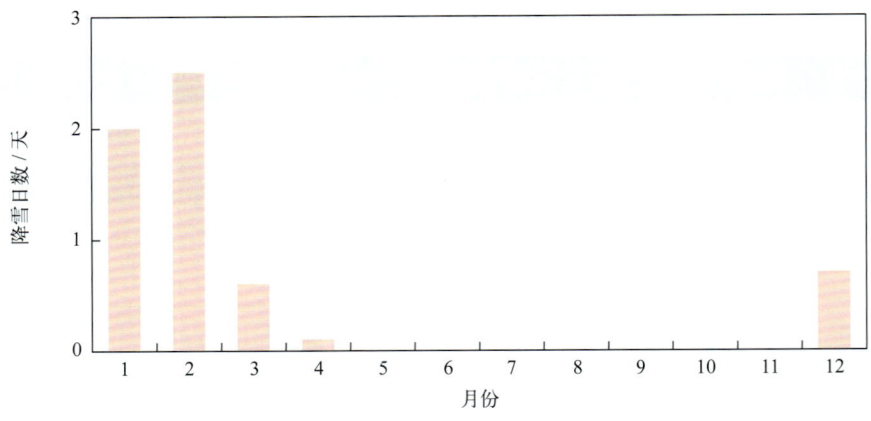

图4.6-10　降雪日数年变化（1960—1995年）

1960—1994年，年降雪日数呈下降趋势，下降速率为0.25天/（10年）（线性趋势未通过显著性检验）。1967年降雪日数最多，为14天，1962年和1987年最少，均为1天（图4.6-11）。

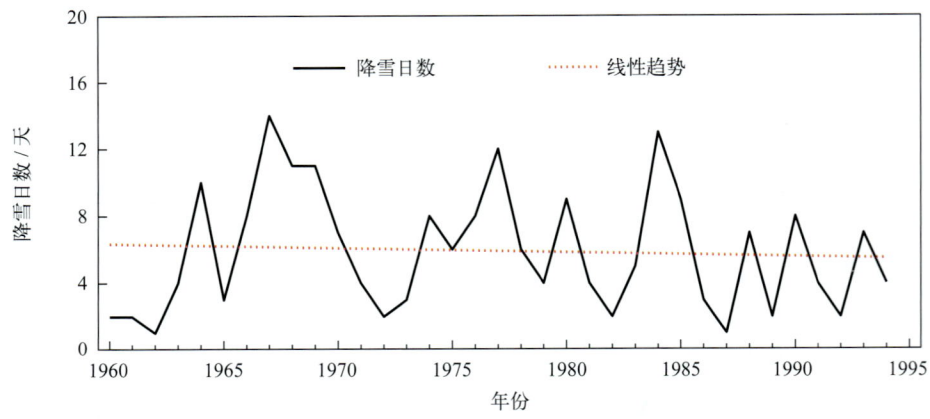

图4.6-11　1960—1994年降雪日数变化

## 第七节　能见度

1966—2019年，坎门站累年平均能见度为17.7千米。8月平均能见度最大，为22.0千米，4月最小，为14.6千米。能见度小于1千米的平均年日数为15.1天，4月最多，为4.0天，8—10月最少，均为0.1天（表4.7-1，图4.7-1和图4.7-2）。

表4.7-1　能见度年变化（1966—2019年）

|  | 1月 | 2月 | 3月 | 4月 | 5月 | 6月 | 7月 | 8月 | 9月 | 10月 | 11月 | 12月 | 年 |
|---|---|---|---|---|---|---|---|---|---|---|---|---|---|
| 平均能见度/千米 | 15.3 | 16.2 | 15.3 | 14.6 | 14.7 | 17.1 | 20.4 | 22.0 | 21.8 | 20.5 | 18.2 | 16.4 | 17.7 |
| 能见度小于1千米平均日数/天 | 1.2 | 1.6 | 2.2 | 4.0 | 3.3 | 1.2 | 0.2 | 0.1 | 0.1 | 0.1 | 0.5 | 0.6 | 15.1 |

注：1973—1981年、2002年7月至2009年6月数据缺测；2011—2013年、2015—2016年和2019年数据有缺测。

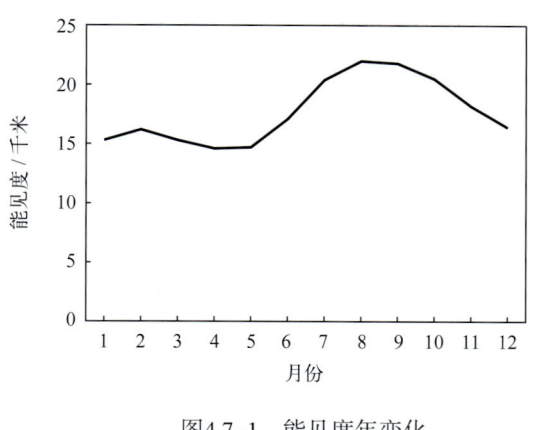
图4.7-1 能见度年变化

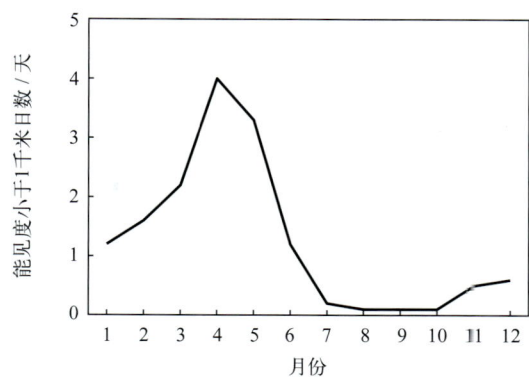
图4.7-2 能见度小于1千米日数年变化

历年平均能见度为 6.8 ~ 31.6 千米，1971 年最高，2010 年最低。能见度小于 1 千米的日数 2010 年最多，为 35 天，2018 年最少，为 1 天（图 4.7-3）。1982—2001 年，年平均能见度呈下降趋势，下降速率为 2.37 千米 /（10 年）。

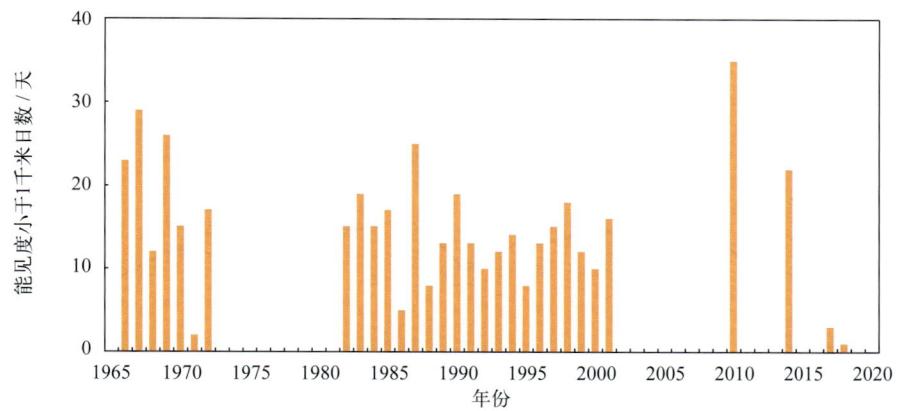
图4.7-3 能见度小于1千米年日数变化

# 第八节　云

1966—1995 年，坎门站累年平均总云量为 6.7 成，6 月平均总云量最多，为 8.3 成，12 月最少，为 5.2 成；累年平均低云量为 4.4 成，6 月平均低云量最多，为 5.5 成，10 月最少，为 3.2 成（表 4.8-1，图 4.8-1）。

表 4.8-1　总云量和低云量年变化（1966—1995 年）

|  | 1月 | 2月 | 3月 | 4月 | 5月 | 6月 | 7月 | 8月 | 9月 | 10月 | 11月 | 12月 | 年 |
| --- | --- | --- | --- | --- | --- | --- | --- | --- | --- | --- | --- | --- | --- |
| 平均总云量 / 成 | 6.3 | 7.1 | 7.6 | 7.7 | 7.9 | 8.3 | 6.8 | 6.0 | 6.2 | 5.6 | 5.6 | 5.2 | 6.7 |
| 平均低云量 / 成 | 4.1 | 5.0 | 5.3 | 5.2 | 5.4 | 5.5 | 4.0 | 4.0 | 3.9 | 3.2 | 3.3 | 3.4 | 4.4 |

注：1995 年 7 月停测。

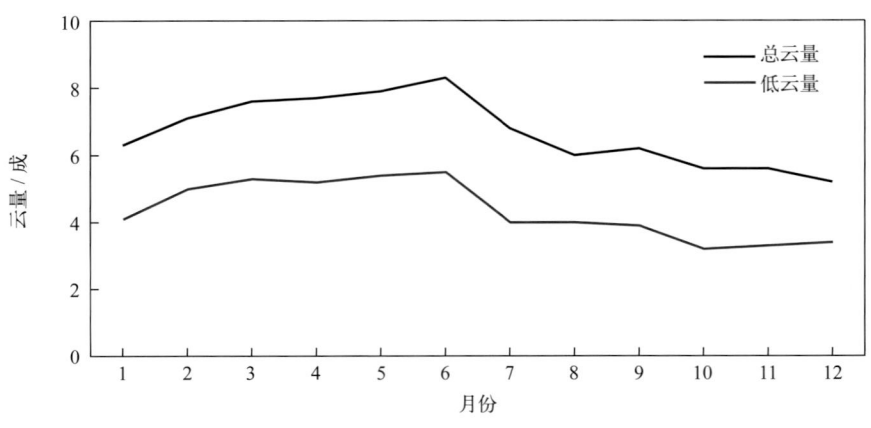

图4.8-1　总云量和低云量年变化（1966—1995年）

1966—1994年，年平均总云量和年平均低云量均呈增加趋势，增加速率分别为0.17成/（10年）（线性趋势未通过显著性检验）和0.47成/（10年）。年平均总云量1970年最多，为7.3成，1967年最少，为4.9成（图4.8-2）；年平均低云量1993年最多，为5.4成，1968年最少，为2.6成（图4.8-3）。

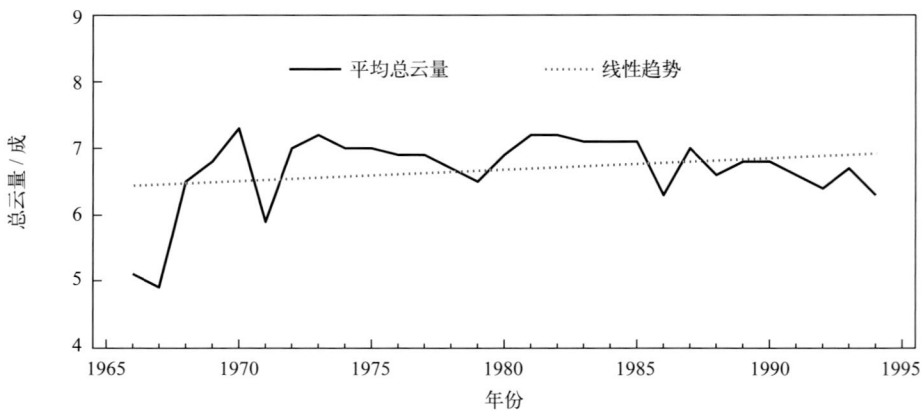

图4.8-2　1966—1994年平均总云量变化

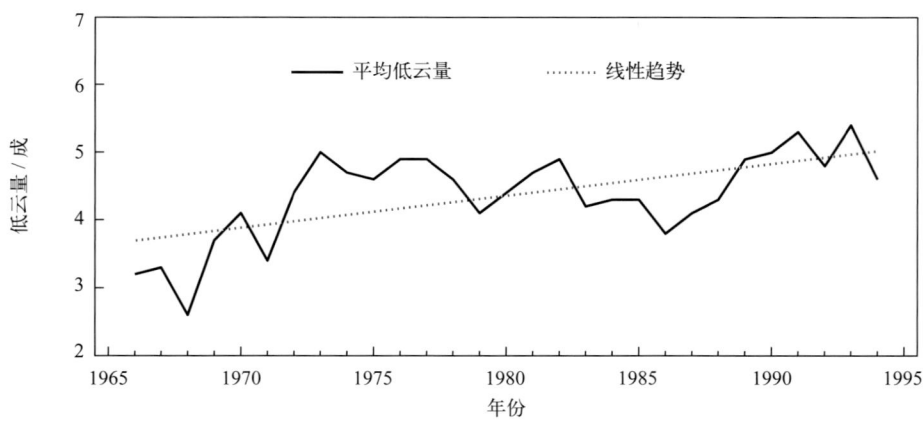

图4.8-3　1966—1994年平均低云量变化

## 第九节 蒸发量

1960—1967 年，坎门站平均年蒸发量为 1 459.9 毫米。8 月蒸发量最大，为 194.6 毫米，2 月蒸发量最小，为 68.2 毫米（表 4.9-1，图 4.9-1）。

表 4.9-1　蒸发量年变化（1960—1967 年）　　　　　　　　　　单位：毫米

| | 1月 | 2月 | 3月 | 4月 | 5月 | 6月 | 7月 | 8月 | 9月 | 10月 | 11月 | 12月 | 年 |
|---|---|---|---|---|---|---|---|---|---|---|---|---|---|
| 平均蒸发量 | 79.3 | 68.2 | 79.3 | 81.2 | 106.4 | 109.2 | 187.7 | 194.6 | 186.8 | 168.6 | 111.8 | 86.8 | 1 459.9 |

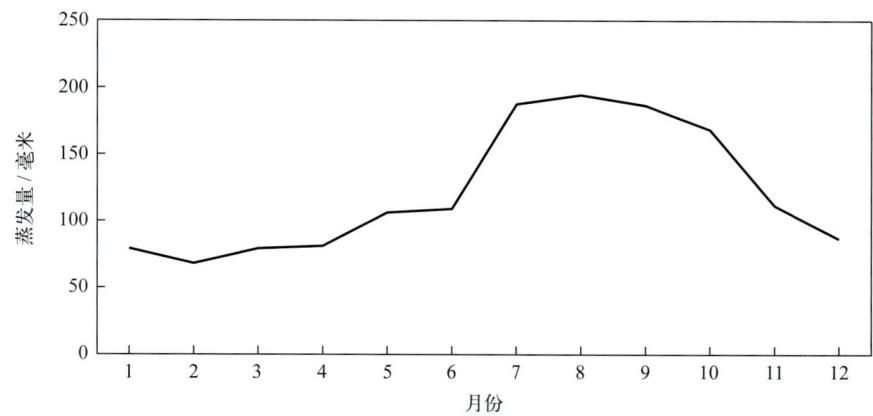

图4.9-1　蒸发量年变化（1960—1967年）

# 第五章 海平面

## 1. 年变化

坎门附近海域海平面年变化特征明显，3月最低，9月最高，年变幅为29厘米（图5-1），平均海平面在验潮基面上392厘米。

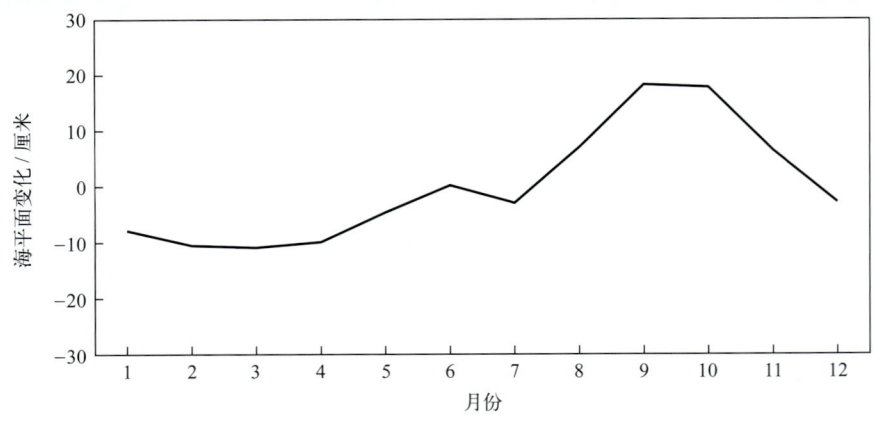

图5-1 海平面年变化（1959—2019年）

## 2. 长期趋势变化

坎门附近海域海平面变化总体呈波动上升趋势。1959—2019年，海平面上升速率为2.5毫米/年；1993—2019年，海平面上升速率为4.8毫米/年，高于同期中国沿海3.9毫米/年的平均水平。坎门附近海域海平面在1963年处于有观测记录以来的最低位，1975年和1989年经历了两次小高位，2011—2012年上升较快，升幅为74毫米，2016年达到有观测记录以来的最高位，2017—2018年连续两年下降明显，降幅近60毫米，2019年上升了43毫米（图5-2）。

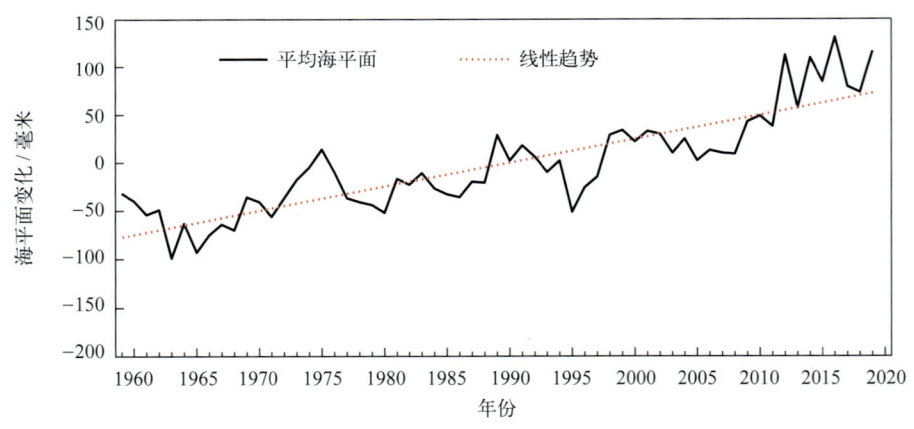

图 5-2 1959—2019年坎门沿海海平面变化

坎门附近海域十年平均海平面总体上升。1960—1969年，十年平均海平面处于有观测记录以来的最低位；1970—1979年平均海平面较1960—1969年高36毫米；1980—1989年海平面上升较慢，1990—1999年和2000—2009年平均海平面均较上一个十年高约20毫米；2010—2019年，海平面处于有观测记录以来的最高位，比2000—2009年平均海平面高65毫米，比1960—1969年高149毫米（图5-3）。

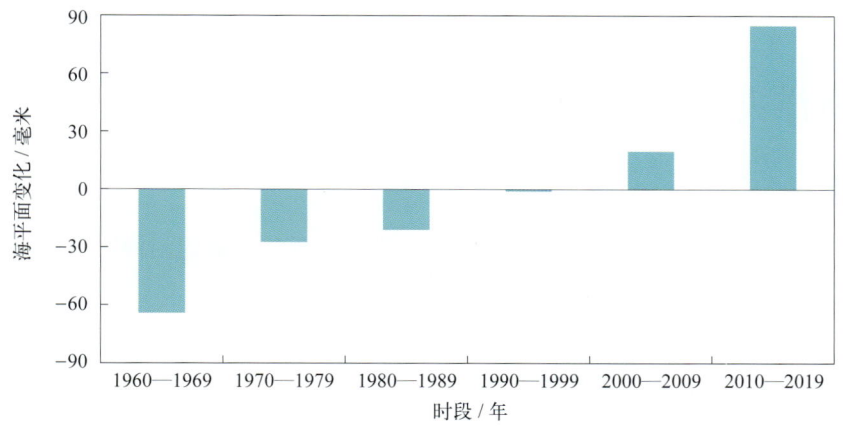

图5-3 十年平均海平面变化

## 3. 周期性变化

1959—2019年，坎门附近海域海平面有准2年、7年和11年的显著变化周期，振荡幅度均为1~2厘米。1975年、1989年和2016年前后皆处于海平面准2年、7年和11年周期性振荡的高位，几个主要周期性振荡高位叠加，抬高了同时段海平面高度（图5-4）。

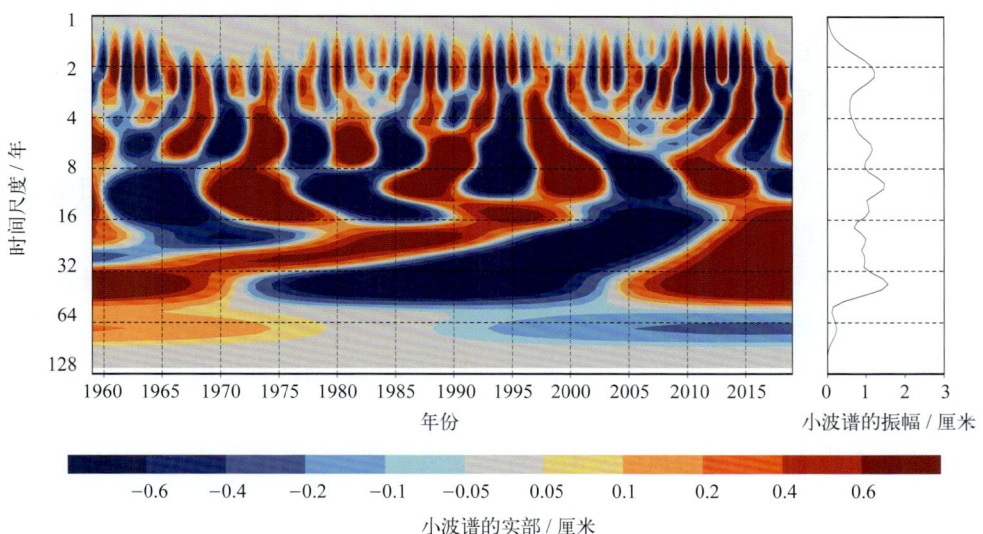

图5-4 年均海平面的小波（wavelet）变换

# 第六章 灾害

## 第一节 海洋灾害

### 1. 风暴潮

1959年9月4—7日，5905号台风引发的风暴潮影响浙江至福建沿海，坎门站最大增水超过50厘米（《中国海洋灾害四十年资料汇编》）。

1960年8月8—10日，6008号台风引发的风暴潮影响浙江至福建沿海，坎门站最大增水超过100厘米（《中国海洋灾害四十年资料汇编》）。

1969年9月27日，6911号台风引发的风暴潮影响浙江至福建沿海，坎门站最大增水超过1米，潮位超过当地警戒水位（《中国海洋灾害四十年资料汇编》）。

1971年9月23日，7123号台风引发的风暴潮影响浙江至福建沿海，坎门站最大增水超过1米，潮位超过当地警戒水位（《中国海洋灾害四十年资料汇编》）。

1972年7月26—27日，7203号台风引发的风暴潮影响我国沿海，此次过程生命史最长达26天，路径特殊，在洋面上3次打转，3次登陆，是历史上少见的，坎门站增水超过50厘米（《中国海洋灾害四十年资料汇编》）。

1974年8月17—21日，受7413号强台风影响，又逢天文大潮，坎门站所测潮位连续4天达780厘米，超警戒水位60厘米（坎门站警戒水位为720厘米），76条海塘长达61千米全线过水，227处决堤，海水淹没农田12万亩，房屋2 592间，冲毁112艘船只，造成严重灾害（《东海区海洋站海洋水文气候志》）。

1979年8月22—25日，7910号台风引发的风暴潮影响浙江至江苏沿海，坎门站潮位超过当地警戒水位（《中国海洋灾害四十年资料汇编》）。

1985年7月，8506号台风引发风暴潮灾害影响浙江沿海，最大增水发生在坎门站，达到1.1米（《中国海洋灾害四十年资料汇编》）。

1989年7月20日（农历六月十八）23时，8909号台风在浙江省象山县南田岛登陆，对台州地区所造成的灾害相当严重，沿海大量的海塘、内陆的山塘水库受到严重破坏。9月15日（农历八月十六）19时15分，8923号台风引发浙江省特大风暴潮灾，台风登陆时正值我国东部沿海天文大潮期，造成了严重损失。台州地区的大多数县（市）受灾，椒江、玉环等县（市）受灾最严重，堤坝海塘冲毁，海水倒灌，大片农田和许多村庄受淹，海水冲入台州电厂，工厂被迫停电（《1989年中国海洋灾害公报》）。

1992年，天文大潮和9216号强热带风暴共同引起了92特大风暴潮，浙江省损失严重。由于海堤被毁、海水倒灌，沿海一片汪洋，台州部分地区水深达1.2～2.4米（《1992年中国海洋灾害公报》）。

1994年8月21日，正值农历七月十五天文大潮期，大潮、巨浪、狂风并发，形成浙江省沿海百年不遇的罕见特大风暴潮灾害。台州地区损坏海塘约135千米，74.47千米的标准海塘中，全毁3.31千米，严重损坏10.53千米，一般损坏25.65千米；139.1千米的一般海塘中，全毁13.5千米，严重毁坏11.01千米，一般损坏70.61千米（《1994年中国海洋灾害公报》）。

1995年，浙江省东南沿海部分地区受9508号台风风暴潮影响，遭受严重灾害。台州地区有

7个县（市）受灾，经济损失8 492万元。

1997年8月18—19日，9711号台风影响浙江，台州市受台风正面袭击，狂风巨浪伴随着风暴潮，山洪暴发，临江水位猛涨，全市有190个乡4 800个行政村受灾。受灾人口470多万，61.8万人被潮水和洪水围困，38万人紧急转移。受灾农作物近200万亩，全市减产和损失粮食21万吨，损失惨重（《1997年中国海洋灾害公报》）。

2005年7月19日前后，受0505号台风"海棠"引发的风暴潮影响，浙江省温州市、台州市直接经济损失6.07亿元。8月6日，0509号台风"麦莎"在浙江省玉环县登陆，造成台州受灾。9月11日前后，受0515号台风"卡努"影响，台州等地受灾（《2005年中国海洋灾害公报》）。

2006年8月10日前后，0608号台风"桑美"影响浙江沿海，台州等地受灾（《2006年中国海洋灾害公报》）。

2012年7月底至8月初，1209号台风"苏拉"影响浙江，坎门站最大增水达到101厘米，造成较大影响（《2012年中国海洋灾害公报》）。

2013年10月7日前后，1323号台风"菲特"影响浙江沿海，坎门站最大增水167厘米，综合水位超过当地警戒潮位，造成较大损失（《2013年中国海洋灾害公报》）。

2015年7月11日前后，1509号台风"灿鸿"影响浙江沿海，坎门站最大增水149厘米（《2015年中国海洋灾害公报》）。

2016年9月13—19日，1616号台风"马勒卡"影响浙江沿海，坎门站出现黄色警戒高潮位（《2016年中国海洋灾害公报》）。

2019年8月10日前后，1909号台风"利奇马"影响浙江沿海，坎门站最大增水121厘米。10月1日前后，1918号台风"米娜"影响浙江沿海，坎门站最高潮位达到当地橙色警戒潮位（《2019年中国海洋灾害公报》）。

### 2. 海浪

1995年7月31日至8月3日，9508号台风影响浙江，台州等地遭受严重的台风浪灾害（《1995年中国海洋灾害公报》）。

1997年8月18—19日，受9711号台风影响，受台风浪和风暴潮正面袭击的台州市区的一线海塘、二线海塘几乎全部崩溃，冲开堤防决口4 385处，冲毁护岸工程1 640处，损坏堤岸243千米（《1997年中国海洋灾害公报》）。

2004年8月11—13日，0414号台风"云娜"引发台风浪，台州市的渔业受到严重损失。21—26日，0417号台风"艾利"引发台风浪，给台州市的渔业、水利设施造成了严重损坏（《2004年中国海洋灾害公报》）。

2005年11月28日，浙江玉环北部海域发生冷空气浪，"浙岭机377"轮沉没，3人死亡（含失踪），直接经济损失150万元（《2005年中国海洋灾害公报》）。

2016年1月22—25日，受冷空气影响，东海部分海域出现了4.0～6.0米的巨浪到狂浪（国家海洋局QF205浮标实测东北和偏北风7～8级，最大有效波高5.8米，最大波高8.9米），造成台州市附近海域45艘渔船受损，直接经济损失78.00万元，无人员死亡和失踪（《2016年中国海洋灾害公报》）。

### 3. 赤潮

1990年5月上旬，中国海监飞机在东海巡航监视中发现浙江省台州列岛至桃花岛附近海域有赤潮发生，水色鲜红，呈条状分布，约有 7 000 多平方千米。受赤潮影响，沿海养殖业和海洋生物资源遭受严重损失（《1990 年中国海洋灾害公报》）。

2000 年 5 月 12—24 日，浙江中部台州列岛附近海域连续发生赤潮事件，其中规模最大的一次面积达 5 800 多平方千米，持续时间 1 周。由于赤潮发生在浙江省重要的渔业养殖区域，养殖业受到严重影响，部分滩涂养殖死亡率急剧上升。9 月 3—24 日，在浙江中部台州列岛附近海域连续发生赤潮事件。其中，规模最大的一次面积达 5 800 多平方千米，持续时间 1 周（《2000 年中国海洋灾害公报》）。

2001 年 5 月中旬，浙江省乐清湾、隘顽湾发生约 5 平方千米的赤潮，玉环县养殖虾塘受灾面积约 133 公顷，直接经济损失 150 万元（《2001 年中国海洋灾害公报》）。

2004 年 6 月 29 日，浙江省中南部自舟山虾峙岛至台州列岛以南海域发生赤潮，总影响面积约 2 000 平方千米（《2004 年中国海洋灾害公报》）。

2009 年 4 月 28 日，台州外侧海域发生赤潮，最大面积 700 平方千米，赤潮优势种为裸甲藻。5 月 2—7 日，渔山列岛—台州列岛海域发生赤潮，最大面积 1 330 平方千米（《2009 年中国海洋灾害公报》）。

2010 年 5 月 11 日至 6 月 1 日，玉环东部海域发生赤潮，最大面积 110 平方千米，赤潮优势种为东海原甲藻（《2010 年中国海洋灾害公报》）。

2013 年 5 月 18 日至 6 月 2 日，浙江台州玉环漩门海域发生赤潮，最大面积 120 平方千米，赤潮优势种为东海原甲藻（《2013 年中国海洋灾害公报》）。

2017 年 6 月 27—30 日，洛屿岛以外海域及玉环披山海域发生赤潮，最大面积 300 平方千米，赤潮优势种为米氏凯伦藻（《2017 年中国海洋灾害公报》）。

## 第二节　灾害性天气

根据《中国气象灾害大典·浙江卷》（1949—2000 年）和《中国气象灾害年鉴》（2000 年后）及《东海区海洋站海洋水文气候志》记载，坎门站周边发生的主要灾害性天气有暴雨洪涝、大风（龙卷风）、冰雹、雷电、寒潮和大雪。

### 1. 暴雨洪涝

1958 年 9 月 2—5 日，受 5822 号台风影响，南麂、坎门、大陈、石浦最大风速大于 40 米/秒，宁波、台州、温州、丽水 4 地区 4 天总雨量在 100～400 毫米。倒塌房屋 2.6 万间，死亡 105 人，经济损失按 1990 年价折算为 3.37 亿元。

1959 年 8 月 28—31 日，受 5904 号台风影响，南麂、坎门、大陈、石浦、嵊泗等站最大风速均在 40 米/秒以上，温州、台州、丽水、宁波 4 地区 4 天雨量均在 100 毫米以上，有 13 个站大于 200 毫米，5 个站大于 300 毫米，苍南顺溪达 488 毫米。死亡 24 人，经济损失按 1990 年价折算为 3.43 亿元。

1963 年 8 月 26 日，受 6316 号强台风影响，坎门站测得低气压为 996.7 百帕，日最大降水量达 250 毫米，过程降水量 400 毫米，2 万多亩农田被淹，76 处水利工程（包括 3 座水库）、26 处 306 米堤塘和 591 间房屋被冲毁，冲走渔船 5 艘，损坏 26 艘。

1975 年 8 月 10—13 日，受 7504 号台风影响，浙江东部沿海风力 12 级以上，坎门站达 44 米/秒，总雨量括苍山 355 毫米，三门 264 毫米，台州、温州、金华、衢州、丽水 5 地区受灾，尤以温、台地区最为严重，江堤海塘决口总长 176 千米，淹田 206.5 万亩，毁坏渔船 451 只，死亡 179 人，直接经济损失按 1990 年价折算为 4.07 亿元。

1985 年 7 月 30 日，8506 号台风在玉环登陆后移向太湖。浙江东南部沿海坎门最大风速达 47 米／秒，3 天总雨量大于 200 毫米的有 7 个站，括苍山达 425 毫米，温岭 405 毫米，台州、绍兴、宁波、杭州、嘉兴、湖州及温州地区北部发生洪涝，受灾农田 219 万亩，倒塌房屋 2.35 万间，死亡 213 人，经济损失按 1990 年价折算为 5.33 亿元。

1992 年 8 月 28—31 日，受 9216 号台风影响，浙江东南沿海风力达 9～11 级，坎门站阵风 33 米／秒，全省普降暴雨，8 月 29 日至 9 月 1 日总雨量大于 100 毫米的有 40 个站，括苍山达 461 毫米，乐清砩头 714 毫米，永嘉中保 710 毫米，全省 58 个县（市）受灾，142.8 万人一度被洪水围困，死亡 148 人，直接经济损失 31.5 亿元。

1994 年 8 月 21 日，受 9417 号台风影响，浙江沿海风力 12 级以上、10 级大风半径达 150 千米，坎门站阵风 50.4 米／秒，北麂站平均风速达 46 米／秒，12 级以上大风持续 10 多个小时，浙江省大部分地区出现暴雨，日雨量大于 100 毫米的有 70 个站，时值农历七月十五大潮汛，风、雨、潮三碰头，沿海浪高 20 米，汹涌异常，全省 48 个县（市）受灾严重，217 万人被洪水围困，死亡 1 126 人，失踪 319 人，直接经济损失 177.6 亿元。

1996 年 7 月 31 日至 8 月 2 日，受 9608 号热带气旋影响，浙江东部沿海普降大到暴雨，局部大暴雨和特大暴雨，沿海海面最大风力有 10 级，台州海门港潮位高达 6.16 米，高出警戒水位 0.66 米，坎门港潮位 8.7 米，超出警戒水位 1.3 米。全省 742 万人受灾，死亡 67 人，损坏海塘、桥涵、路基、通信设施无数，直接经济损失 33.5 亿元。

2000 年 8 月 10—11 日上午，受 0008 号台风"杰拉华"影响，浙北、浙中普降大到暴雨，局部大暴雨，三门日雨量达 207 毫米，沿海岛屿有 10～12 级、沿海平原有 8～10 级大风。台州市受灾 4 个县市 57 个乡镇，受灾人口 34.3 万，水产养殖损失 2 330 公顷，数量 1.03 万吨，损坏堤防 16 处，计 32.4 千米，堤防决口 68 处，损坏护岸 42 处。

### 2. 大风和龙卷风

1957 年 9 月 17 日，浙江沿海出现冷空气大风，风力 6～7 级，大陈渔场遭风暴，渔民死亡 49 人，失踪 28 人，渔船沉损 243 只。

1985 年 12 月 22 日，渔山列岛附近洋面 6～7 级大风，南渔山岛附近海面沉船 9 条，33 人下落不明。

### 3. 冰雹

1980 年 7 月 16—18 日，宁波、台州的 4 个县出现冰雹大风，最大风速 38 米／秒。

1991 年 5 月 21—22 日，鄞县、天台、乐清、东阳、建德等县冰雹大风，最大冰雹如鸡蛋，风速 23 米／秒，死亡 5 人，倒房 260 多间，沉船 18 只。

### 4. 雷电

2004 年 6 月 26 日，临海市发生强雷暴，杜桥镇杜前村部分村民遭雷击，共造成 17 人死亡，13 人受伤，直接经济损失上百万元，是台州自 1760 年有历史记录以来最严重的一次雷击事故。

2007 年 7 月 11 日 13 时 30 分，浙江省台州市台峰草制品有限公司一仓库遭雷击起火，直接经济损失 530 万元。

### 5. 寒潮和大雪

1978 年 2 月 14—15 日，浙江省大到暴雪，金华、衢州、丽水、台州等地区雪深 12～28 厘米，部分地方公路交通中断，浙赣铁路一度受阻。

1980 年 1 月 28—30 日寒潮，浙江省降温 12.3～14.8℃；丽水、台州地区降雪 10～20 厘米。

1989 年 1 月 31 日，台州地区大雪，积雪 8～15 厘米，临海到杭州、金华交通中断，数百辆过境车辆受阻，有 30 多条 10 000 伏高压电力线路发生故障停电。

# 南麂海洋站

# 第一章　概况

## 第一节　基本情况

南麂海洋站（简称南麂站）位于浙江省平阳县南麂岛。平阳县是浙江省辖县，位于浙江东南沿海，是革命老根据地县。南麂岛位于南麂列岛中，距离鳌江29海里[①]、温州50海里、台湾基隆140海里、钓鱼岛163海里，拥有丰富的渔业和旅游业资源。

南麂站建于1959年12月，名为南麂海洋水文气象站，隶属于浙江省气象局，站址位于平阳县南麂岛（镇）火焜岙村。1966年更名为南麂海洋站，隶属国家海洋局东海分局，2019年7月后隶属自然资源部东海局，由温州中心站管辖。南麂岛近岸水深14～29米，四周岸线曲折，泥沙底质，岛上为高低起伏的山地，最高山头的海拔高度为229米（图1.1-1）。

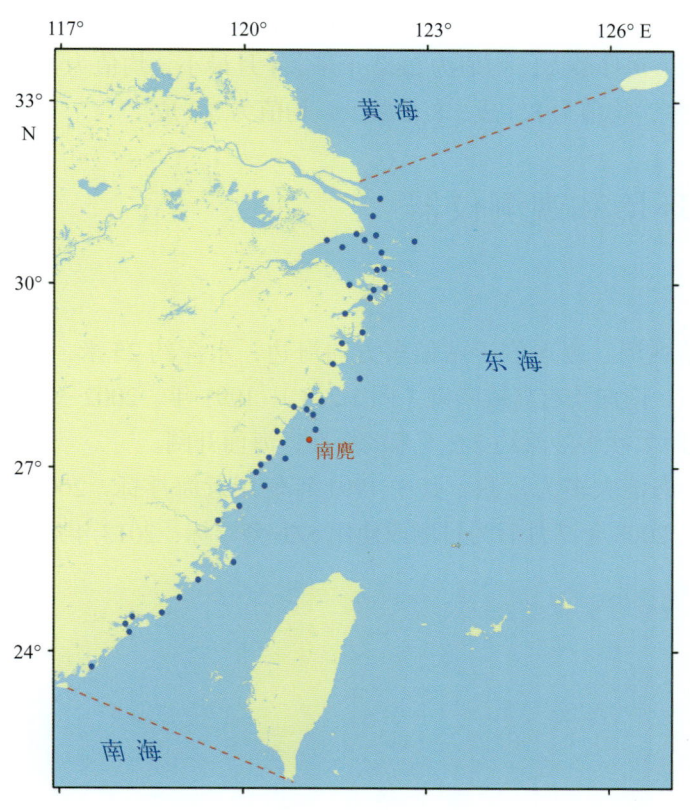

图1.1-1　南麂站地理位置示意

南麂站观测项目有海浪、表层海水温度、表层海水盐度、气温、气压、相对湿度、风和降水等。建站初期为人工观测，2002年1月后逐步实现了自动化观测、数据采集、存储和传输。

南麂附近海域全年海况以0～4级为主，年均平均波高为1.3米，年均平均周期为5.2秒，历史最大波高最大值为15.0米，历史平均周期最大值为19.4秒，常浪向和强浪向均为E；年均表层海水温度为18.1～20.0℃，8月最高，均值为27.7℃，2月最低，均值为9.8℃，历史水温最高

---

① 1海里=1.852千米。

值为32.1℃，历史水温最低值为5.7℃；年均表层海水盐度为27.77～31.21，7月最高，均值为32.95，10月最低，均值为28.42，历史盐度最高值为36.06，历史盐度最低值为12.80；海发光主要为火花型，5月出现频率最高，2月最低，1级海发光最多，出现的最高级别为4级。

南麂站主要受海洋性季风气候影响，年均气温为16.7～18.8℃，8月最高，均值为27.4℃，2月最低，均值为8.2℃，历史最高气温为37.8℃，历史最低气温为-3.6℃；年均气压为999.3～1 001.7百帕，具有冬高夏低的变化特征，12月最高，均值为1 009.0百帕，7月和8月最低，均为991.6百帕；年均相对湿度为77.8%～87.4%，6月最大，均值为91.8%，12月最小，均值为72.5%；年均风速为5.5～8.1米/秒，11月最大，均值为8.1米/秒，5月最小，均值为5.0米/秒，冬季（1月）盛行风向为NNW—NE（顺时针，下同），春季（4月）盛行风向为N—ENE，夏季（7月）盛行风向为SSW—SW，秋季（10月）盛行风向为N—ENE；平均年降水量为1 292.8毫米，6月平均降水量最多，占全年的15.2%；平均年雾日数为45.4天，4月最多，均值为10.1天，9月最少，均值为0.2天；平均年雷暴日数为23.3天，4月最多，均值为4.6天，12月最少，均值为0.1天；平均年霜日数为0.4天，霜全部出现在12月至翌年3月，各月平均霜日数均为0.1天；平均年降雪日数为4.6天，降雪全部出现在12月至翌年3月，2月最多，均值为2.0天；年均能见度为15.2～30.0千米，9月最大，均值为28.2千米，4月最小，均值为15.3千米；年均总云量为6.0～7.5成，6月最多，均值为8.3成，8月最少，均值为5.8成。

## 第二节 观测环境和观测仪器

### 1. 海浪

1960年1月开始观测。测点位于站偏东方向海边，水深约25米，底质为泥沙，开阔度为70°，在北偏东、偏东、南向均有岛或暗礁（图1.2-1）。1991年、2002—2004年及2008年后测点位于南麂岛东南海域距大沙岙沙滩约7.5千米的海面，海面开阔。

2008年7月前，海浪大多为目测，其中1991年使用近海浮标，2002年2月至2004年6月使用SBF1-1型浮标。2008年7月后为目测或使用SZF型浮标，2013年后使用SZF2-1A型浮标。

图1.2-1 南麂站测波室（摄于2009年前）

## 2. 表层海水温度、盐度和海发光

1959年12月开始观测。建站初期测点在南麂岛火焜岙口右侧中部的渔用码头旁。2002年7月至2006年1月停测。2010年9月测点迁至南麂新码头内侧，所处海域和外海水交换较好，周边无工厂和生活污水排入。

2010年9月前，表层海水温度使用SWL1-1型水温表测量，表层海水盐度使用氯度滴定管、WUS型感应式盐度计和SYA2-2型实验室盐度计测定。2010年9月后，使用YZY4-3型温盐传感器自动观测。

海发光为每日天黑后人工目测。2002年7月停测。

## 3. 气象要素

1959年12月开始观测，观测场位于站南70余米处的山头上，1975年迁至三盘尾，1988年迁至火焜岙右侧岭头，1998年迁回三盘尾，2009年7月再次迁回南麂火焜岙右侧岭头（图1.2-2）。资料时间自1965年开始。

2002年前观测仪器主要有干湿球温度表、最高最低温度表、厄斯曼通风干湿表、气压自记计、维尔达风向风速仪、EL型电接风向风速计和ZX-2型测风仪等仪器。2002年1月开始使用DWJ1型双簧片温度计、270型气压传感器、XZA2-1型自动测风仪和SL3-1型雨量传感器。2009年6月开始使用YZY5-1型温湿度传感器、278型气压传感器和XFY3-1型风传感器等。2011年后使用HMP45A型温湿度传感器。2013年7月后使用HMP155型温湿度传感器。

图1.2-2　南麂站气象观测场（摄于2019年3月26日）

# 第二章 海浪

## 第一节 海况

南麂站全年及各月各级海况的频率见图2.1-1。全年海况以0～4级为主，频率为90.21%，其中0～2级海况频率为34.61%。全年5级及以上海况频率为9.79%，最大频率出现在10月，为15.00%。全年7级及以上海况频率为0.24%，最大频率出现在8月，为0.89%。

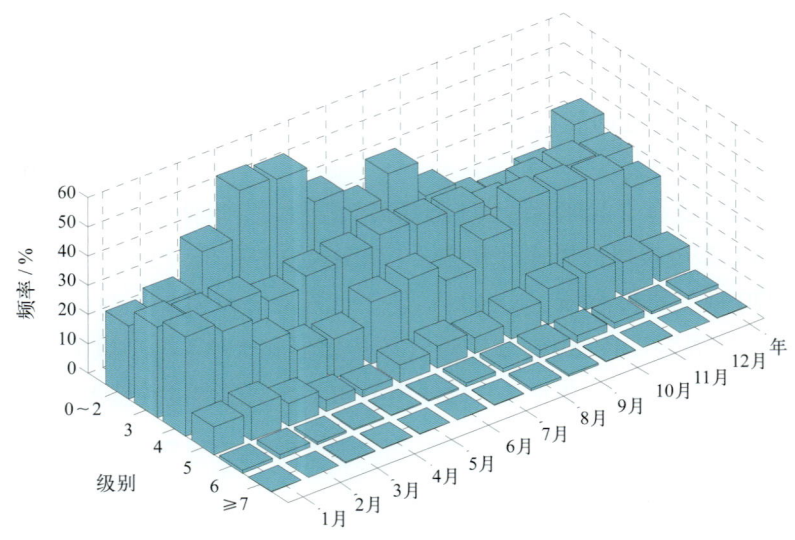

图2.1-1 全年及各月各级海况频率（1960—2019年）

## 第二节 波型

南麂站风浪频率和涌浪频率的年变化见表2.2-1。全年风浪和涌浪频率相差不大，风浪频率为98.60%，涌浪频率为98.91%。各月的风浪频率和涌浪频率均相差不大。风浪在10—12月较多，其中12月最多，频率为99.66%，5月最小，频率为96.95%。涌浪在8月和11月较多，其中11月最多，频率为99.37%，2月最少，频率为97.36%。

表2.2-1 各月及全年风浪涌浪频率（1960—2019年）

|  | 1月 | 2月 | 3月 | 4月 | 5月 | 6月 | 7月 | 8月 | 9月 | 10月 | 11月 | 12月 | 年 |
|---|---|---|---|---|---|---|---|---|---|---|---|---|---|
| 风浪/% | 98.86 | 98.74 | 97.06 | 97.06 | 96.95 | 98.32 | 98.99 | 98.96 | 99.06 | 99.59 | 99.52 | 99.66 | 98.60 |
| 涌浪/% | 98.46 | 97.36 | 98.97 | 99.23 | 99.22 | 98.79 | 99.09 | 99.32 | 98.75 | 99.02 | 99.37 | 99.14 | 98.91 |

注：风浪包含F、FU、F/U和U/F波型；涌浪包含U、FU、F/U和U/F波型。

## 第三节 波向

### 1. 各向风浪频率

南麂站各月及全年各向风浪频率见图2.3-1。1月、11月和12月NNE向风浪居多，N向次之。

2月、3月、9月和10月NNE向风浪居多，NE向次之。4月和5月NE向风浪居多，NNE向次之。6—8月SSW向风浪居多，SW向次之。全年NNE向风浪居多，频率为24.48%；NE向次之，频率为17.44%；WNW向最少，频率为0.17%。

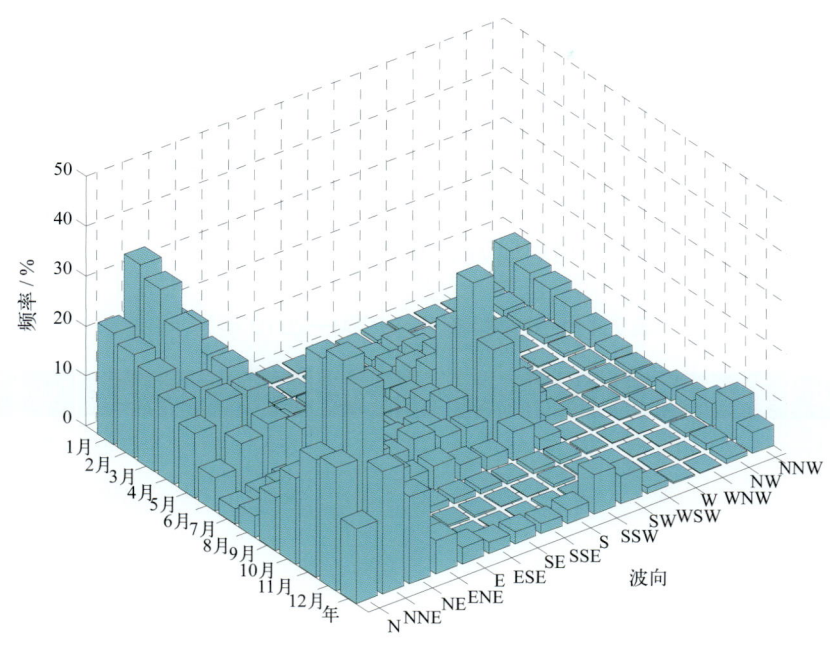

图2.3-1　各月及全年各向风浪频率（1960—2019年）

### 2. 各向涌浪频率

南麂站各月及全年各向涌浪频率见图2.3-2。1—4月和9—12月E向涌浪居多，ESE向次之。5—8月ESE向涌浪居多，E向次之。全年E向涌浪居多，频率为50.98%；ESE向次之，频率为38.71%；未出现WNW向涌浪。

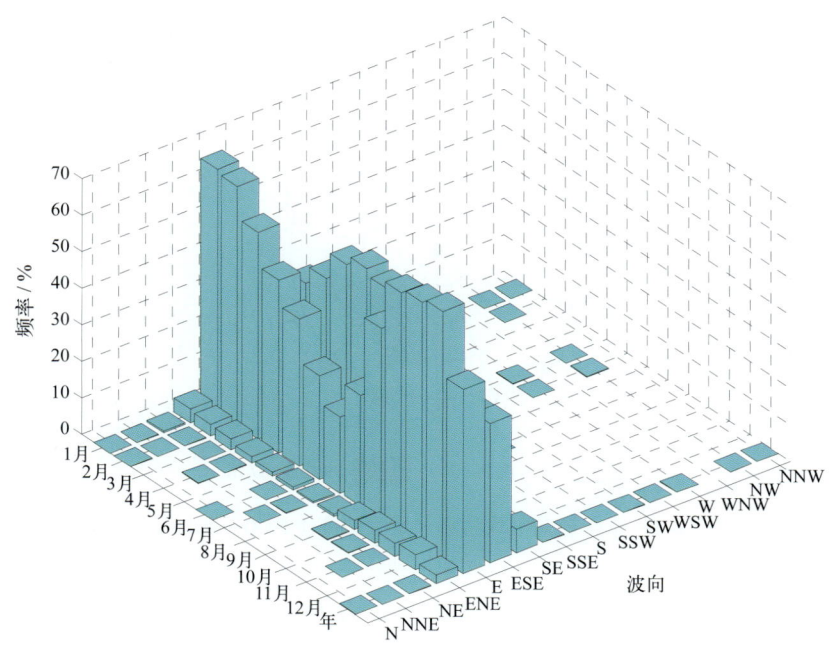

图2.3-2　各月及全年各向涌浪频率（1960—2019年）

## 第四节 波高

### 1. 平均波高和最大波高

南麂站波高的年变化见表2.4-1。月平均波高的年变化不明显，为1.0~1.5米。历年的平均波高为0.8~1.6米。

月最大波高比月平均波高的变化幅度大，极大值出现在9月，为15.0米，极小值出现在5月，为6.1米，变幅为8.9米。历年的最大波高为2.9~15.0米（2006年因数据较少未纳入统计），不小于10.0米的有6年，其中最大波高的极大值15.0米出现在2002年9月7日，正值0216号台风"森拉克"影响期间，波向为E，对应平均周期为16.0秒。

表2.4-1 波高年变化（1960—2019年） 单位：米

|  | 1月 | 2月 | 3月 | 4月 | 5月 | 6月 | 7月 | 8月 | 9月 | 10月 | 11月 | 12月 | 年 |
|---|---|---|---|---|---|---|---|---|---|---|---|---|---|
| 平均波高 | 1.3 | 1.3 | 1.2 | 1.1 | 1.0 | 1.1 | 1.3 | 1.3 | 1.3 | 1.5 | 1.3 | 1.4 | 1.3 |
| 最大波高 | 7.9 | 6.5 | 6.6 | 7.8 | 6.1 | 6.2 | 13.5 | 11.0 | 15.0 | 9.1 | 7.9 | 8.0 | 15.0 |

### 2. 各向平均波高和最大波高

全年及各季代表月各向波高的分布见表2.4-2、图2.4-1和图2.4-2。全年各向平均波高为1.0~1.4米，小值主要分布于ESE向和E向，其中ESE向最小。全年各向最大波高E向最大，为15.0米；N向和NNE向次之，均为10.4米；NW向最小，为6.8米。

表2.4-2 全年各向平均波高和最大波高（1960—2019年） 单位：米

|  | N | NNE | NE | ENE | E | ESE | SE | SSE | S | SSW | SW | WSW | W | WNW | NW | NNW |
|---|---|---|---|---|---|---|---|---|---|---|---|---|---|---|---|---|
| 平均波高 | 1.3 | 1.4 | 1.4 | 1.4 | 1.1 | 1.0 | 1.2 | 1.4 | 1.4 | 1.4 | 1.4 | 1.4 | 1.4 | 1.3 | 1.3 | 1.2 |
| 最大波高 | 10.4 | 10.4 | 9.1 | 10.0 | 15.0 | 9.5 | 8.0 | 9.6 | 9.4 | 9.2 | 9.2 | 8.2 | 8.8 | 8.1 | 6.8 | 9.1 |

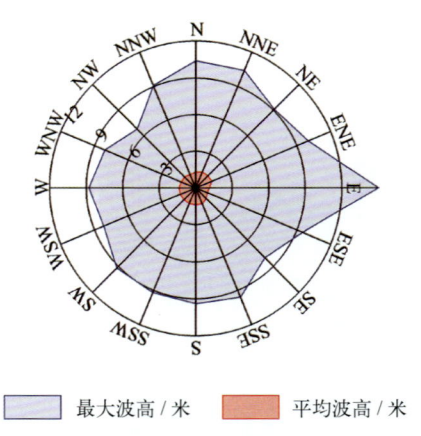

图2.4-1 全年各向平均波高和最大波高（1960—2019年）

1月平均波高S向最大，为1.6米；ESE向最小，为1.0米。最大波高NE向最大，为7.9米；WNW向次之，为7.3米；SW向最小，为4.5米。

4月平均波高 NNE 向、SSE 向、S 向、SSW 向、SW 向和 WSW 向最大，均为 1.2 米；ESE 向最小，为 0.8 米。最大波高 NE 向最大，为 7.8 米；N 向次之，为 5.9 米；NW 向最小，为 3.3 米。

7月平均波高 NNW 向最大，为 1.6 米；ESE 向最小，为 1.1 米。最大波高 E 向最大，为 13.5 米；NNE 向次之，为 10.4 米；WSW 向最小，为 5.7 米。

10月平均波高 N 向、S 向和 SSW 向最大，均为 1.7 米；ESE 向最小，为 1.1 米。最大波高 NNW 向最大，为 9.1 米；ESE 向次之，为 9.0 米；SW 向最小，为 5.0 米。

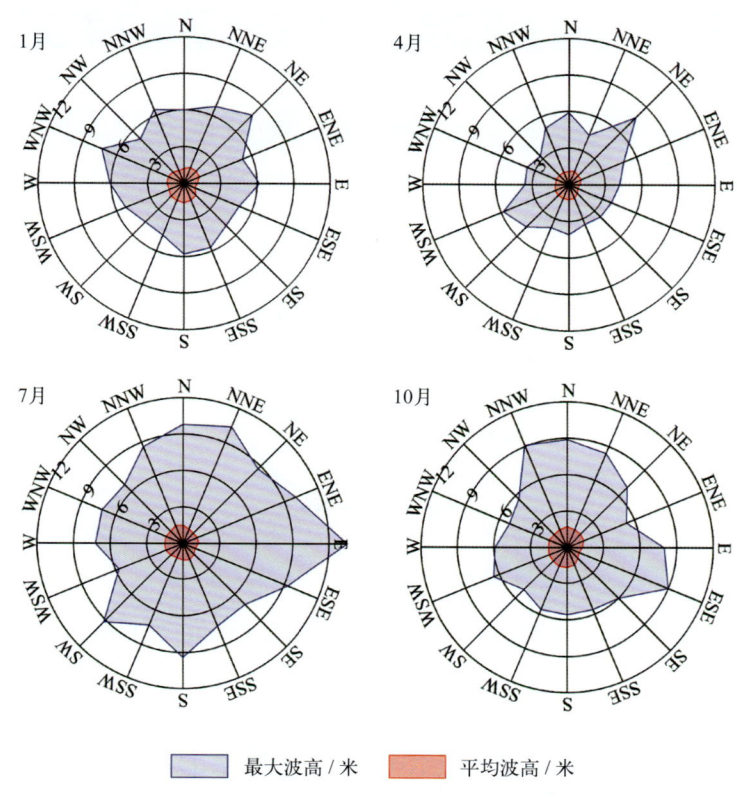

图 2.4-2　四季代表月各向平均波高和最大波高（1960—2019 年）

## 第五节　周期

### 1. 平均周期和最大周期

南麂站周期的年变化见表 2.5-1。月平均周期的年变化不明显，为 5.0 ~ 5.4 秒。月最大周期的年变化幅度较大，极大值出现在 9 月，为 19.4 秒，极小值出现在 2 月和 12 月，均为 9.0 秒。历年的平均周期为 4.7 ~ 5.9 秒，其中 1963 年最大，1975 年最小。历年的最大周期均不小于 6.7 秒，不小于 13.0 秒的有 7 年，其中最大周期的极大值 19.4 秒出现在 2002 年 9 月 7 日，波向为 E。

表 2.5-1　周期年变化（1960—2019 年）　　　　　　　　　　　　　　　单位：秒

| | 1月 | 2月 | 3月 | 4月 | 5月 | 6月 | 7月 | 8月 | 9月 | 10月 | 11月 | 12月 | 年 |
|---|---|---|---|---|---|---|---|---|---|---|---|---|---|
| 平均周期 | 5.0 | 5.1 | 5.3 | 5.3 | 5.2 | 5.1 | 5.2 | 5.4 | 5.3 | 5.4 | 5.2 | 5.1 | 5.2 |
| 最大周期 | 9.8 | 9.0 | 10.5 | 11.5 | 10.5 | 13.0 | 14.8 | 15.0 | 19.4 | 13.3 | 11.1 | 9.0 | 19.4 |

## 2. 各向平均周期和最大周期

全年及各季代表月各向周期的分布见表 2.5-2、图 2.5-1 和图 2.5-2。全年各向平均周期为 4.8 ~ 5.7 秒，E 向和 ESE 向周期值均为最大。全年各向最大周期 E 向最大，为 19.4 秒；ESE 向次之，为 14.8 秒；NNW 向最小，为 10.0 秒。

表 2.5-2　全年各向平均周期和最大周期（1960—2019 年）　　　　　　　　　　　单位：秒

| | N | NNE | NE | ENE | E | ESE | SE | SSE | S | SSW | SW | WSW | W | WNW | NW | NNW |
|---|---|---|---|---|---|---|---|---|---|---|---|---|---|---|---|---|
| 平均周期 | 5.2 | 4.9 | 4.9 | 5.1 | 5.7 | 5.7 | 5.2 | 4.9 | 4.9 | 4.8 | 4.9 | 5.1 | 5.2 | 5.3 | 5.3 | 5.3 |
| 最大周期 | 12.7 | 11.5 | 14.2 | 12.7 | 19.4 | 14.8 | 13.2 | 12.8 | 12.0 | 11.0 | 11.5 | 12.0 | 11.0 | 12.0 | 10.5 | 10.0 |

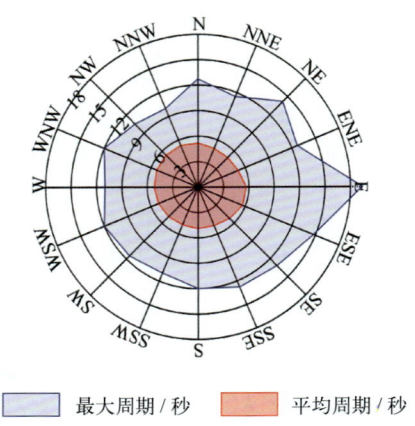

图2.5-1　全年各向平均周期和最大周期（1960—2019年）

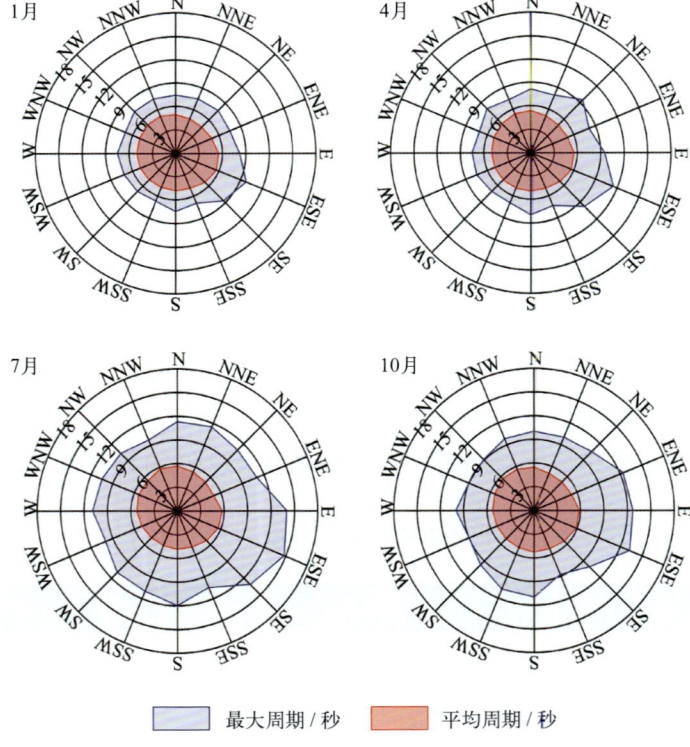

图2.5-2　四季代表月各向平均周期和最大周期（1960—2019年）

1月平均周期 ESE 向最大，为 5.7 秒；NNE 向和 NE 向最小，均为 4.7 秒。最大周期 ESE 向最大，为 9.8 秒；SE 向次之，为 8.7 秒；SSW 向最小，为 6.7 秒。

4月平均周期 ESE 向最大，为 5.7 秒；NE 向、SSE 向、S 向、SSW 向、SW 向、WSW 向和 W 向最小，均为 5.0 秒。最大周期 ESE 向最大，为 11.5 秒；SE 向次之，为 9.8 秒；SSW 向最小，为 7.0 秒。

7月平均周期 NNW 向最大，为 5.8 秒；SSW 向最小，为 4.7 秒。最大周期 ESE 向最大，为 14.8 秒；E 向次之，为 14.0 秒；NNW 向最小，为 9.7 秒。

10月平均周期 ESE 向最大，为 5.9 秒；NNE 向最小，为 5.0 秒。最大周期 ESE 向最大，为 13.3 秒；E 向次之，为 12.7 秒；SSE 向最小，为 8.8 秒。

# 第三章　表层海水温度、盐度和海发光

## 第一节　表层海水温度

### 1. 平均水温、最高水温和最低水温

南麂站月平均水温的年变化具有峰谷明显的特点，8月最高，为27.7℃，2月最低，为9.8℃，年较差为17.9℃。3—8月为升温期，9月至翌年2月为降温期。月最高水温和月最低水温的年变化特征与月平均水温相似（图3.1-1）。

历年（2002年7月至2006年1月数据缺测）的平均水温为18.1～20.0℃，其中2001年最高，2011年最低。累年平均水温为19.0℃。

历年的最高水温均不低于29.2℃，其中大于31.0℃的有21年，大于31.5℃的有7年，出现时间为7—9月，8月最多。水温极大值为32.1℃，出现在1979年8月7日。

历年的最低水温均不高于10.4℃，其中小于8.0℃的有19年，小于6.5℃的有6年，出现时间为1—3月，2月最多。水温极小值为5.7℃，出现在1977年2月3日。

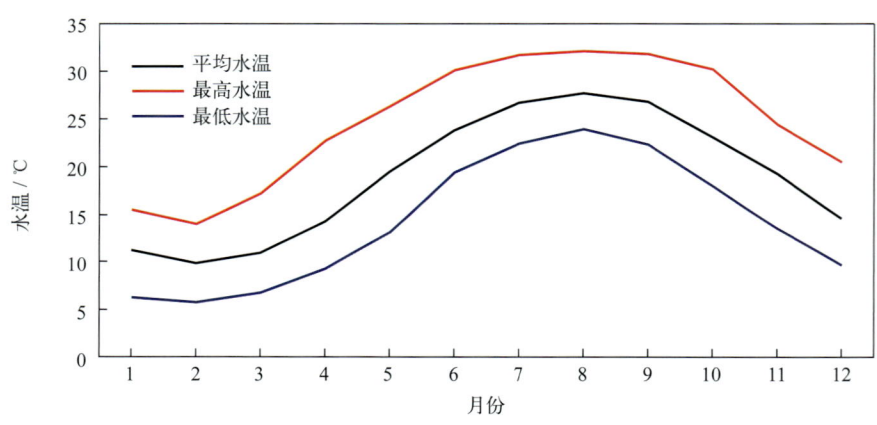

图3.1-1　水温年变化（1960—2019年）

### 2. 日平均水温稳定通过界限温度的日期

采用五日滑动平均方法求出稳定通过各个界限温度的日期，见表3.1-1。日平均水温全年均稳定通过5℃，稳定通过10℃的有335天，稳定通过15℃的有236天，稳定通过20℃的有176天，稳定通过25℃的初日为6月25日，终日为10月1日，共99天。

表3.1-1　日平均水温稳定通过界限温度的日期（1960—2019年）

|  | 10℃ | 15℃ | 20℃ | 25℃ |
| --- | --- | --- | --- | --- |
| 初日 | 3月3日 | 4月21日 | 5月20日 | 6月25日 |
| 终日 | 1月31日 | 12月12日 | 11月11日 | 10月1日 |
| 天数 | 335 | 236 | 176 | 99 |

### 3. 长期趋势变化

1960—2019 年，年平均水温和年最低水温均呈波动上升趋势，上升速率分别为 0.08℃/（10年）和 0.19℃/（10 年），年最高水温呈波动下降趋势，下降速率为 0.11℃/（10 年），其中 1979 年最高水温为 1960 年以来的第一高值，1964 年和 1983 年最高水温均为 1960 年以来的第二高值，1977 年最低水温为 1960 年以来的第一低值，1974 年和 2011 年最低水温均为 1960 年以来的第二低值。

十年平均水温变化显示，1980—1989 年平均水温最低，1990—1999 年平均水温较上一个十年升幅最大，升幅为 0.49℃（图 3.1-2）。

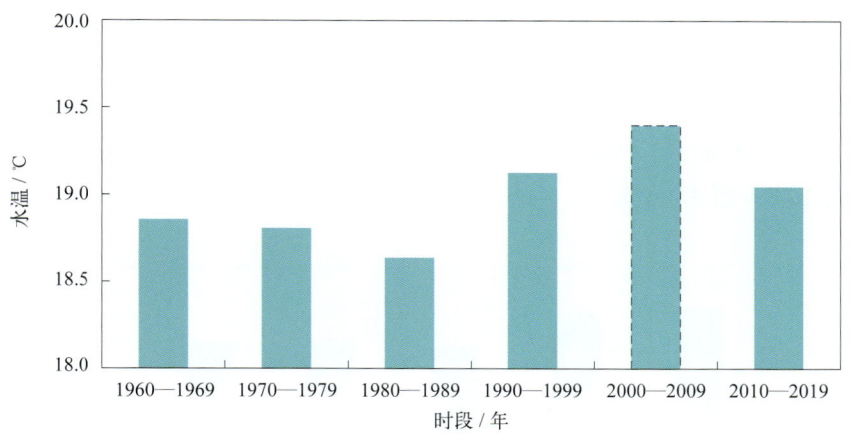

图3.1-2　十年平均水温变化（数据不足十年加虚线框表示，下同）

## 第二节　表层海水盐度

### 1. 平均盐度、最高盐度和最低盐度

南麂站月平均盐度的年变化具有秋冬季较低、夏季较高的特点，最高值出现在 7 月，为 32.95，最低值出现在 10 月，为 28.42，年较差为 4.53。月最高盐度 8 月最大，11 月最小。月最低盐度 7 月最大，8 月最小（图 3.2-1）。

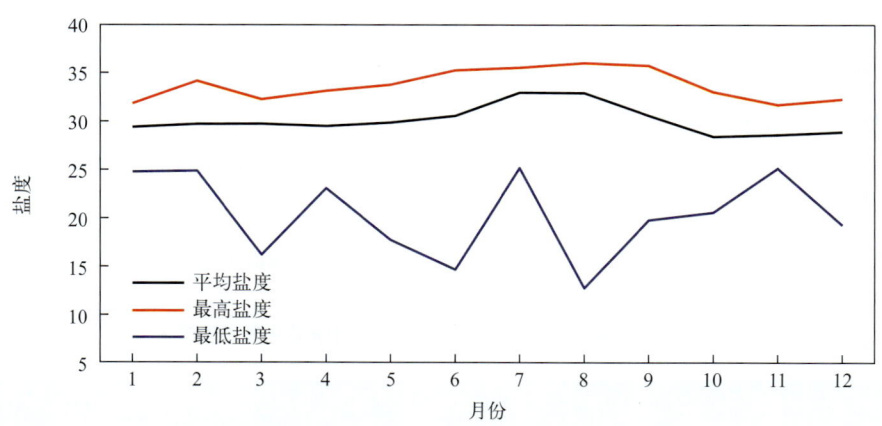

图3.2-1　盐度年变化（1960—2019年）

历年（2002年7月至2006年1月数据缺测）的平均盐度为27.77～31.21，其中1967年最高，2014年最低。累年平均盐度为30.09。

历年的最高盐度均大于32.55，其中大于34.00的有48年，大于35.50的有4年。年最高盐度主要出现在夏季，占统计年份的93%。盐度极大值为36.06，出现在2008年8月13日。

历年的最低盐度均小于28.45，其中小于24.00的有18年，小于20.00的有6年。年最低盐度一年四季均有出现，秋季出现最多，占统计年份的37%。盐度极小值为12.80，出现在1994年8月8日，当日降水量为52.6毫米。

### 2. 长期趋势变化

1960—2019年，年平均盐度呈波动下降趋势，下降速率为0.25／（10年），年最高盐度和年最低盐度均无明显变化趋势。2008年和1994年最高盐度分别为1960年以来的第一高值和第二高值；1994年和2002年最低盐度分别为1960年以来的第一低值和第二低值。

十年平均盐度变化显示，1960—1969年平均盐度最高，2010—2019年平均盐度最低，比1960—1969年低1.48（图3.2-2）。

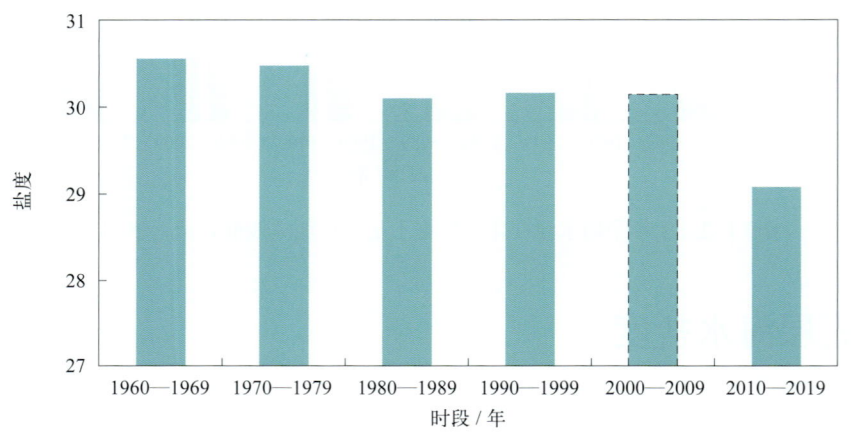

图3.2-2 十年平均盐度变化

## 第三节 海发光

1960—2002年，南麂站观测到的海发光主要为火花型（H），闪光型（S）观测到53次，弥漫型（M）观测到3次。海发光以1级海发光为主，占海发光次数的48.6%；2级次之，占30.1%；4级最少，占3.2%。

各月及全年海发光频率见表3.3-1和图3.3-1。海发光频率的年变化为1—3月偏低，4—12月偏高，5月海发光频率最高，2月海发光频率最低。累年平均海发光频率为79.7%。

历年海发光频率为60.8%～97.0%，其中1960年最大，2000年最小。

表3.3-1 各月及全年海发光频率（1960—2002年）

| | 1月 | 2月 | 3月 | 4月 | 5月 | 6月 | 7月 | 8月 | 9月 | 10月 | 11月 | 12月 | 年 |
|---|---|---|---|---|---|---|---|---|---|---|---|---|---|
| 频率/% | 52.3 | 36.5 | 53.6 | 86.3 | 96.2 | 94.7 | 94.2 | 90.2 | 94.8 | 94.1 | 87.2 | 72.8 | 79.7 |

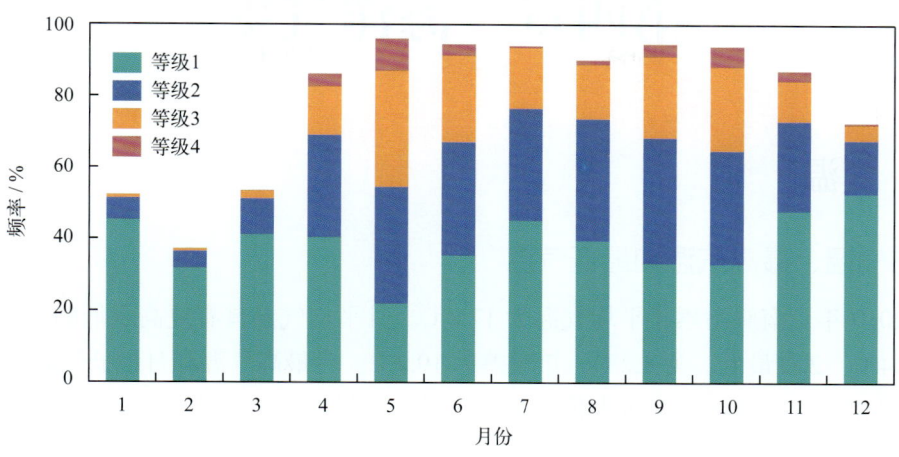

图3.3-1　各月各级海发光频率（1960—2002年）

# 第四章 海洋气象

## 第一节 气温

### 1. 平均气温、最高气温和最低气温

1965—2019 年,南麂站累年平均气温为 17.8℃。月平均气温具有夏高冬低的变化特征,8 月最高,为 27.4℃,2 月最低,为 8.2℃,年较差为 19.2℃。月最高气温和月最低气温的年变化特征与月平均气温相似,月最高气温极大值出现在 8 月,月最低气温极小值出现在 12 月(表 4.1-1,图 4.1-1)。

表 4.1-1 气温年变化(1965—2019 年) 单位:℃

| | 1月 | 2月 | 3月 | 4月 | 5月 | 6月 | 7月 | 8月 | 9月 | 10月 | 11月 | 12月 | 年 |
| --- | --- | --- | --- | --- | --- | --- | --- | --- | --- | --- | --- | --- | --- |
| 平均气温 | 8.3 | 8.2 | 10.5 | 14.9 | 19.7 | 23.6 | 26.7 | 27.4 | 25.3 | 21.2 | 16.4 | 11.2 | 17.8 |
| 最高气温 | 22.2 | 22.8 | 25.4 | 28.1 | 29.8 | 31.7 | 33.7 | 37.8 | 34.9 | 32.5 | 27.3 | 23.8 | 37.8 |
| 最低气温 | -3.1 | -2.7 | -0.7 | 3.5 | 9.5 | 14.8 | 16.2 | 19.1 | 14.9 | 9.0 | 3.7 | -3.6 | -3.6 |

注:2002—2004 年和 2008 年数据有缺测。

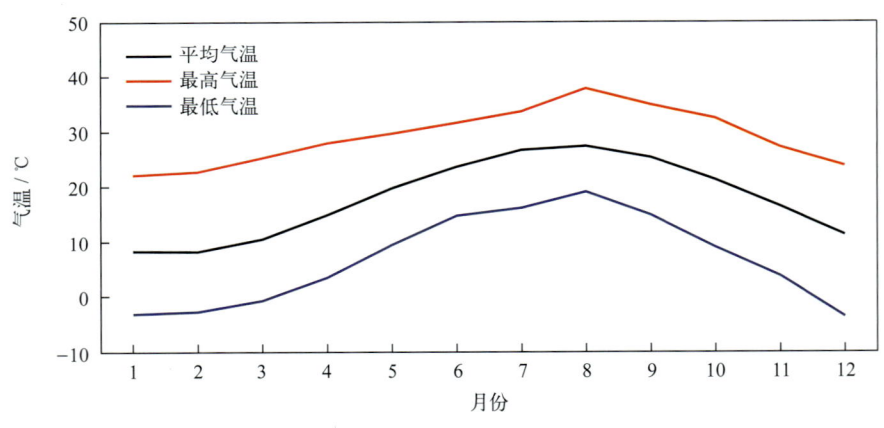

图 4.1-1 气温年变化(1965—2019 年)

历年的平均气温为 16.7 ~ 18.8℃,其中 2006 年和 2007 年均为最高,1988 年最低。

历年的最高气温均高于 30.0℃,其中高于 34.0℃的有 6 年。最早出现时间为 7 月 5 日(1974 年和 1988 年),最晚出现时间为 9 月 27 日(2017 年)。8 月最高气温出现频率最高,占统计年份的 67%,7 月次之,占 18%(图 4.1-2)。极大值为 37.8℃,出现在 2004 年 8 月 13 日。

历年的最低气温均低于 4.5℃,其中低于 0.0℃的有 22 年,低于 -2.0℃的有 5 年。最早出现时间为 12 月 13 日(1975 年),最晚出现时间为 3 月 4 日(1988 年)。1 月最低气温出现频率最高,占统计年份的 44%,2 月次之,占 31%(图 4.1-2)。极小值为 -3.6℃,出现在 1991 年 12 月 28 日。

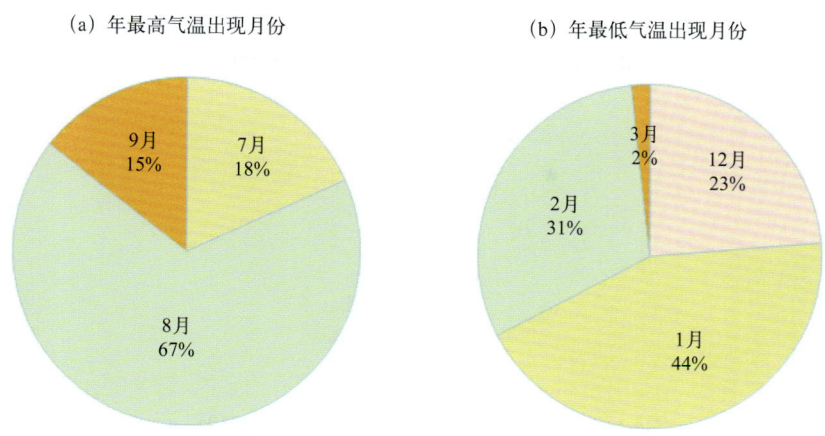

图4.1-2 年最高、最低气温出现月份及频率（1965—2019年）

## 2. 长期趋势变化

1965—2019年，年平均气温、年最高气温和年最低气温均呈波动上升趋势，上升速率分别为0.21℃/（10年）、0.44℃/（10年）和0.34℃/（10年）。

十年平均气温变化显示，1980—1989年平均气温最低，为17.4℃，2010—2019年平均气温较1980—1989年上升0.9℃（图4.1-3）。

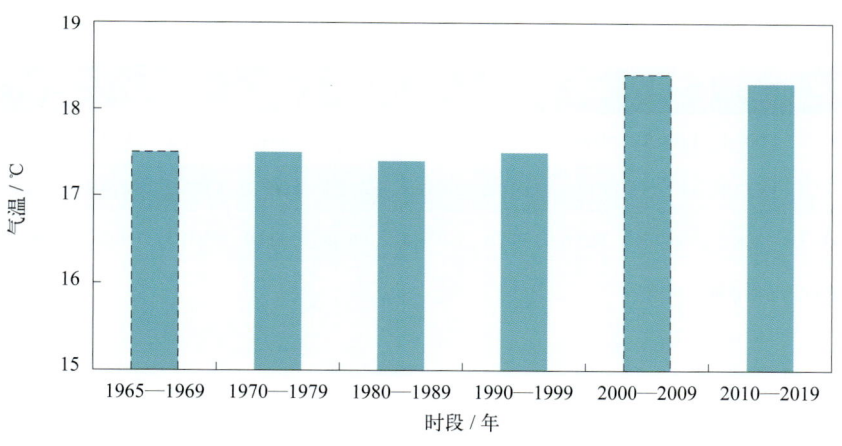

图4.1-3 十年平均气温变化

## 3. 常年自然天气季节和大陆度

利用南麂站1965—2019年气温累年日平均数据计算五日滑动平均气温，根据《气候季节划分》（QX/T 152—2012）方法，南麂平均春季时间从3月14日至6月6日，共85天；平均夏季时间从6月7日至10月12日，共128天；平均秋季时间从10月13日至12月27日，共76天；平均冬季时间从12月28日至翌年3月13日，共76天。夏季时间最长，秋季和冬季时间均最短（图4.1-4）。

南麂站焦金斯基大陆度指数为39.6%，属海洋性季风气候。

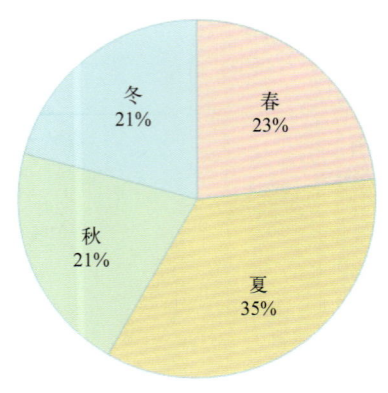

图4.1-4 四季平均日数百分率（1965—2019年）

## 第二节 气压

### 1. 平均气压、最高气压和最低气压

1973—2019年，南麂站累年平均气压为1 000.6百帕。月平均气压具有冬高夏低的变化特征，12月最高，为1 009.0百帕，7月和8月最低，均为991.6百帕，年较差为17.4百帕。月最高气压1月最大，7月最小。月最低气压1月最大，8月最小（表4.2-1，图4.2-1）。

表4.2-1 气压年变化（1973—2019年） 单位：百帕

| | 1月 | 2月 | 3月 | 4月 | 5月 | 6月 | 7月 | 8月 | 9月 | 10月 | 11月 | 12月 | 年 |
|---|---|---|---|---|---|---|---|---|---|---|---|---|---|
| 平均气压 | 1 008.7 | 1 007.1 | 1 004.2 | 1 000.2 | 996.5 | 992.4 | 991.6 | 991.6 | 996.7 | 1 002.5 | 1 006.3 | 1 009.0 | 1 000.6 |
| 最高气压 | 1 023.4 | 1 022.8 | 1 021.5 | 1 017.1 | 1 010.2 | 1 003.3 | 1 001.4 | 1 003.2 | 1 008.2 | 1 014.9 | 1 020.9 | 1 022.6 | 1 023.4 |
| 最低气压 | 991.3 | 988.2 | 987.2 | 983.6 | 982.1 | 974.5 | 967.5 | 939.0 | 971.3 | 962.0 | 989.1 | 990.5 | 939.0 |

注：2002—2004年和2008年数据有缺测。

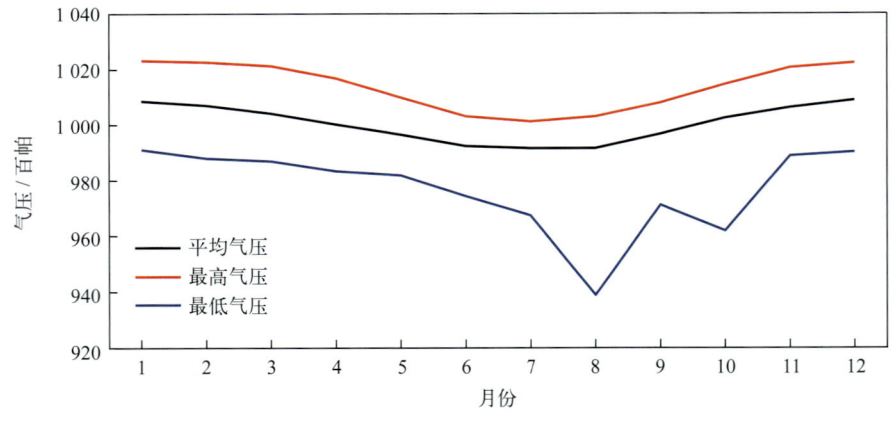

图4.2-1 气压年变化（1973—2019年）

历年的平均气压为999.3～1 001.7百帕，其中2011年最高，1974年最低。

历年的最高气压均高于1 016.5百帕，其中高于1 022.0百帕的有7年。极大值为1 023.4百帕，出现在2016年1月25日。

历年的最低气压均低于986.0百帕,其中低于970.0百帕的有10年,低于960.0百帕的有3年。极小值为939.0百帕,出现在1994年8月21日和22日,正值9417号台风"弗雷德"影响期间。

### 2. 长期趋势变化

1973—2019年,年平均气压呈下降趋势,下降速率为0.13百帕/(10年)(线性趋势未通过显著性检验);年最高气压呈上升趋势,上升速率为0.12百帕/(10年)(线性趋势未通过显著性检验);年最低气压呈下降趋势,下降速率为1.06百帕/(10年)(线性趋势未通过显著性检验)。

十年平均气压变化显示,1980—1989年平均气压最高,为1 001.1百帕,2010—2019年平均气压比1980—1989年下降0.7百帕(图4.2-2)。

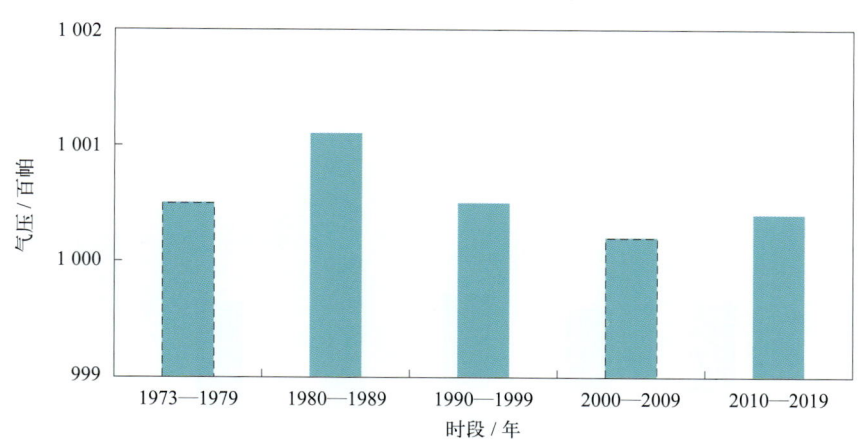

图4.2-2 十年平均气压变化

## 第三节 相对湿度

### 1. 平均相对湿度和最小相对湿度

1965—2019年,南麂站累年平均相对湿度为81.9%。月平均相对湿度6月最大,为91.8%,12月最小,为72.5%。平均月最小相对湿度7月最大,为68.8%,12月最小,为32.7%。最小相对湿度的极小值为3%,出现在2005年12月22日(表4.3-1,图4.3-1)。

表4.3-1 相对湿度年变化(1965—2019年)

|  | 1月 | 2月 | 3月 | 4月 | 5月 | 6月 | 7月 | 8月 | 9月 | 10月 | 11月 | 12月 | 年 |
| --- | --- | --- | --- | --- | --- | --- | --- | --- | --- | --- | --- | --- | --- |
| 平均相对湿度 / % | 75.2 | 78.7 | 82.6 | 85.5 | 88.9 | 91.8 | 90.0 | 86.4 | 80.4 | 75.7 | 75.3 | 72.5 | 81.9 |
| 平均最小相对湿度 / % | 34.0 | 37.9 | 39.0 | 42.6 | 47.6 | 65.5 | 68.8 | 62.3 | 50.2 | 40.8 | 36.8 | 32.7 | 46.5 |
| 最小相对湿度 / % | 4 | 8 | 10 | 9 | 8 | 23 | 36 | 35 | 27 | 20 | 20 | 3 | 3 |

注:平均最小相对湿度为各月最小相对湿度的累年平均值及其年平均值。2002—2005年和2008年数据有缺测。

### 2. 长期趋势变化

1965—2019年,年平均相对湿度为77.8% ~ 87.4%,其中2019年最大,2011年最小,年平均相对湿度呈上升趋势,上升速率为0.86%/(10年)。十年平均相对湿度变化显示,2010—2019年平均相对湿度最大,为84.7%,1970—1979年最小,为80.4%(图4.3-2)。

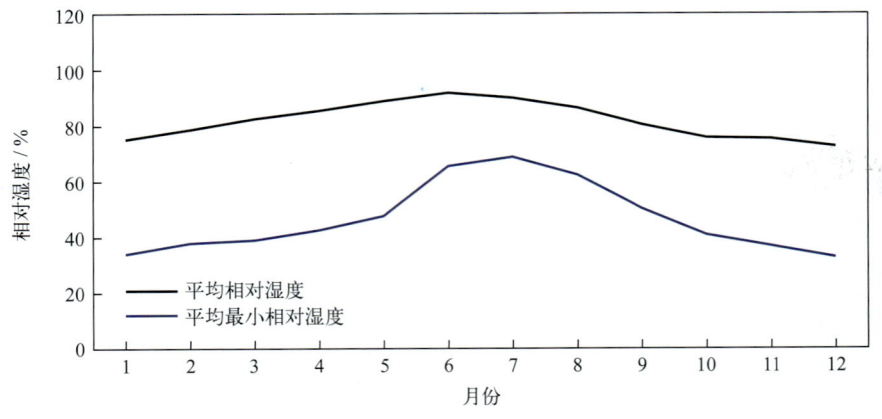

图4.3-1　相对湿度年变化（1965—2019年）

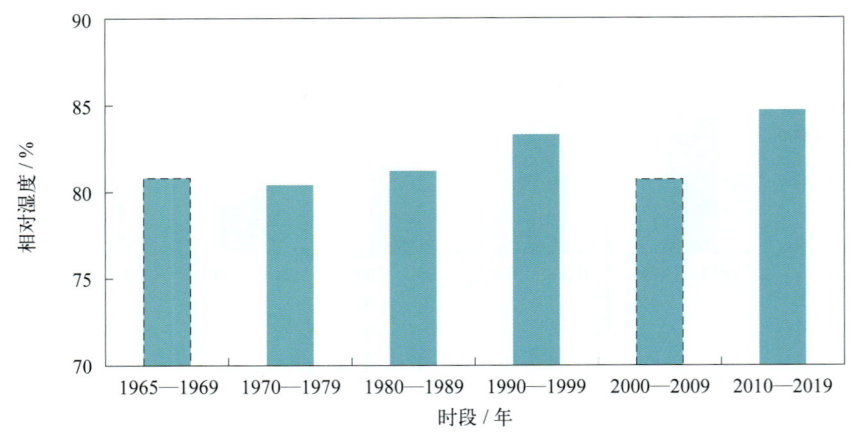

图4.3-2　十年平均相对湿度变化

### 3. 温湿指数

根据《人居环境气候舒适度评价》（GB/T 27963—2011）的温湿指数统计方法和气候舒适度等级划分方法，统计南麂站各月温湿指数，结果显示：12月至翌年3月温湿指数为8.9～11.6，感觉为寒冷；4月和11月温湿指数分别为14.9和16.2，感觉为冷；5—6月和9—10月温湿指数为19.4～24.1，感觉为舒适；7月和8月温湿指数分别为26.0和26.4，感觉为热（表4.3-2）。

表4.3-2　温湿指数年变化（1965—2019年）

|  | 1月 | 2月 | 3月 | 4月 | 5月 | 6月 | 7月 | 8月 | 9月 | 10月 | 11月 | 12月 |
|---|---|---|---|---|---|---|---|---|---|---|---|---|
| 温湿指数 | 9.1 | 8.9 | 10.9 | 14.9 | 19.4 | 23.2 | 26.0 | 26.4 | 24.1 | 20.3 | 16.2 | 11.6 |
| 感觉程度 | 寒冷 | 寒冷 | 寒冷 | 冷 | 舒适 | 舒适 | 热 | 热 | 舒适 | 舒适 | 冷 | 寒冷 |

## 第四节　风

### 1. 平均风速和最大风速

南麂站风速的年变化见表4.4-1和图4.4-1。累年平均风速为6.8米/秒，月平均风速11月最大，为8.1米/秒，5月最小，为5.0米/秒。平均最大风速8月最大，为21.5米/秒，5月最小，为16.7米/秒。最大风速月最大值对应风向多为NNE向（6个月）。极大风速的最大值为62.5米/秒，出现在2013年10月7日，正值1323号台风"菲特"影响期间，对应风向为E。

表4.4-1　风速年变化（1965—2019年）　　　　　　　　　　　　　　　　　单位：米/秒

| | | 1月 | 2月 | 3月 | 4月 | 5月 | 6月 | 7月 | 8月 | 9月 | 10月 | 11月 | 12月 | 年 |
|---|---|---|---|---|---|---|---|---|---|---|---|---|---|---|
| 平均风速 | | 8.0 | 7.8 | 6.7 | 5.3 | 5.0 | 5.8 | 6.3 | 5.7 | 6.9 | 8.0 | 8.1 | 8.0 | 6.8 |
| 最大风速 | 平均值 | 18.9 | 19.4 | 19.0 | 17.4 | 16.7 | 17.1 | 18.3 | 21.5 | 21.0 | 21.2 | 19.6 | 19.2 | 19.1 |
| | 最大值 | 27.0 | 26.7 | 26.7 | 28.0 | 25.0 | 26.3 | 34.0 | 38.2 | 40.5 | 52.7 | 27.3 | 28.0 | 52.7 |
| | 最大值对应风向 | NNE | NNE | NNE/NE | NE | NNE | SSE | SE | ENE | NE | ENE | NNE | NNE | ENE |
| 极大风速 | 最大值 | 28.8 | 31.1 | 28.8 | 31.4 | 27.6 | 26.6 | 35.9 | 47.5 | 52.8 | 62.5 | 28.0 | 29.5 | 62.5 |
| | 最大值对应风向 | NE | NNE | NE | NE | NNE | SW | E | ENE | ENE | E | N | NE | E |

注：2002—2004年和2008年数据有缺测，极大风速的统计时间为1997年8月至2019年12月。

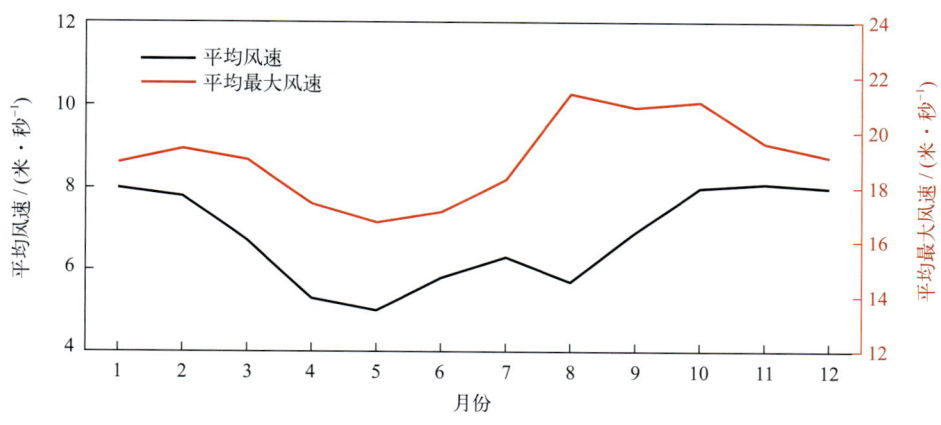

图4.4-1　平均风速和平均最大风速年变化（1965—2019年）

历年的平均风速为5.5～8.1米/秒，其中1988年和1998年均为最大，2006年最小。历年的最大风速均大于等于15.8米/秒，其中大于等于28.0米/秒的有20年，大于等于38.0米/秒的有3年。最大风速最大值为52.7米/秒，出现在2013年10月7日，风向为ENE。年最大风速在各月均有出现，8月出现频率最高（图4.4-2）。

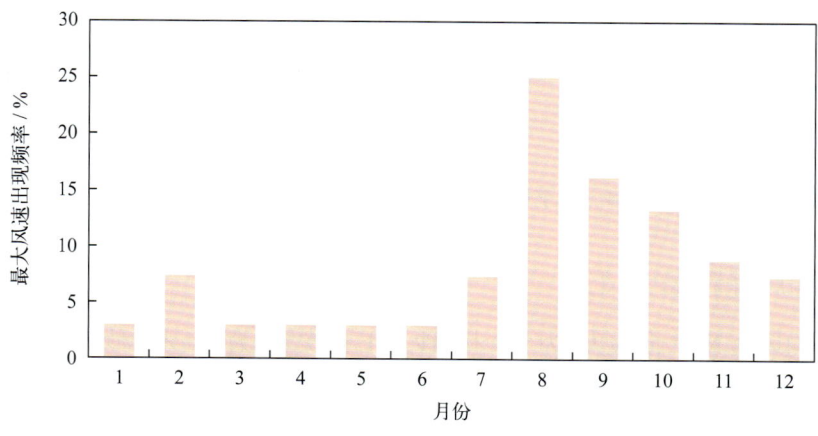

图4.4-2　年最大风速出现频率（1965—2019年）

## 2. 各向风频率

全年 NNE 向风最多，频率为 22.8%，NE 向次之，频率为 19.7%，WNW 向最少，频率为 0.7%（图 4.4-3）。

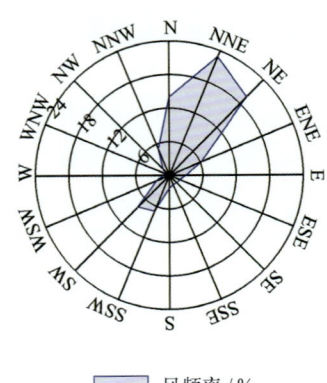

图 4.4-3　全年各向风频率（1965—2019年）

1 月盛行风向为 NNW—NE，频率和为 86.9%；4 月盛行风向为 N—ENE，频率和为 59.2%；7 月盛行风向为 SSW—SW，频率和为 50.8%；10 月盛行风向为 N—ENE，频率和为 85.1%（图 4.4-4）。

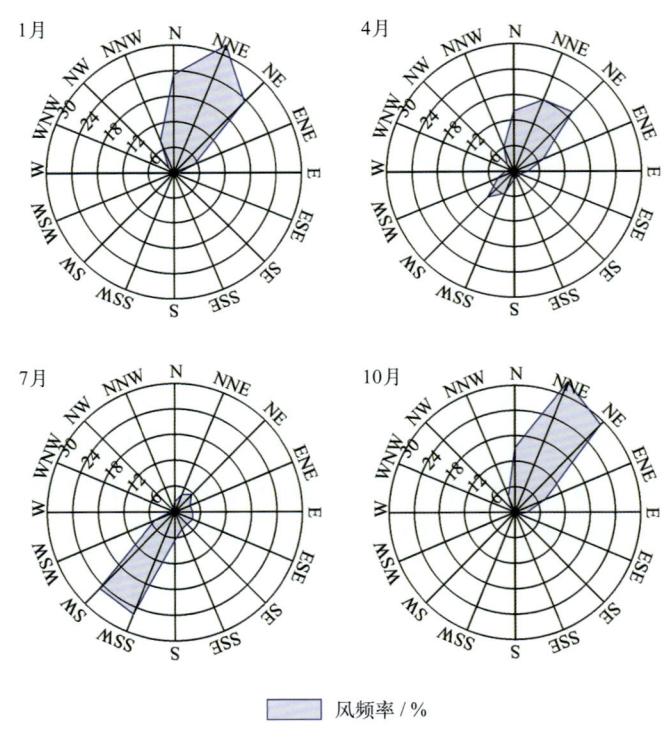

图 4.4-4　四季代表月各向风频率（1965—2019年）

## 3. 各向平均风速和最大风速

全年各向平均风速 NNE 向最大，为 7.8 米/秒，NE 向次之，为 7.5 米/秒，W 向和 WNW 向最小，均为 2.1 米/秒（图 4.4-5）。1 月 NNE 向和 NE 向平均风速最大，均为 9.0 米/秒；4 月 NE 向平均风速最大,为 6.9 米/秒;7 月 SW 向平均风速最大,为 7.1 米/秒;10 月 NNE 向平均风速最大,为 9.2 米/秒(图 4.4-6)。

全年各向最大风速 ENE 向最大,为 52.7 米/秒,NE 向次之,为 40.5 米/秒,W 向最小,为 18.3 米/秒(图 4.4-5)。1 月 NNE 向最大风速最大,为 27.0 米/秒;4 月 NE 向最大,为 28.0 米/秒;7 月 SE 向最大,为 34.0 米/秒;10 月 ENE 向最大,为 52.7 米/秒(图 4.4-6)。

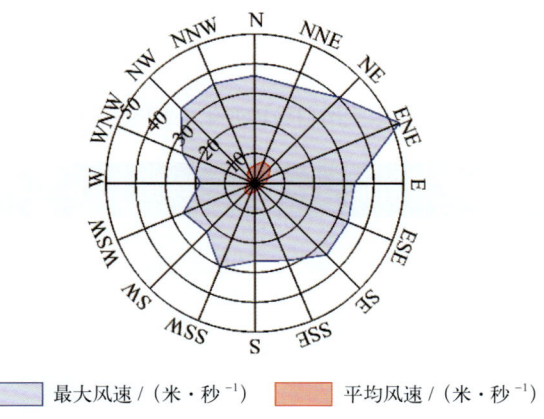

图4.4-5　全年各向平均风速和最大风速(1965—2019年)

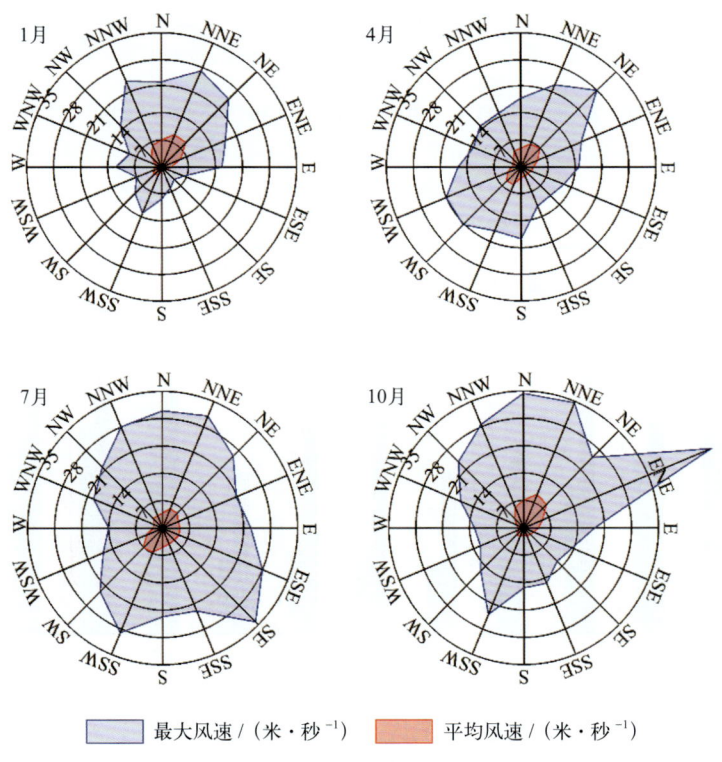

图4.4-6　四季代表月各向平均风速和最大风速(1965—2019年)

### 4. 大风日数

风力大于等于 6 级的大风日数 1 月和 12 月最多,均为 17.9 天,各占全年的 11.1%,11 月次之,为17.5天（表4.4-2，图4.4-7）。平均年大风日数为161.3天（表4.4-2）。历年大风日数1991年最多，为268天，1972年最少，为53天。

风力大于等于8级的大风日数10月最多，为4.8天，6月最少，为1.0天。历年大风日数1988年最多，为132天，2000年最少，为2天。

风力大于等于6级的月大风日数最多为31天，出现在2011年1月；最长连续大于等于6级大风日数为35天，出现过2次，分别出现在1989年1月8日至2月11日和2010年12月29日至2011年2月1日（表4.4-2）。

表4.4-2  各级大风日数年变化（1965—2019年） 单位：天

| | 1月 | 2月 | 3月 | 4月 | 5月 | 6月 | 7月 | 8月 | 9月 | 10月 | 11月 | 12月 | 年 |
|---|---|---|---|---|---|---|---|---|---|---|---|---|---|
| 大于等于6级大风平均日数 | 17.9 | 15.8 | 14.1 | 9.7 | 8.3 | 10.9 | 10.7 | 8.4 | 13.2 | 16.9 | 17.5 | 17.9 | 161.3 |
| 大于等于7级大风平均日数 | 10.8 | 9.3 | 7.7 | 4.7 | 3.5 | 4.4 | 4.3 | 3.9 | 7.8 | 10.8 | 10.1 | 9.9 | 87.2 |
| 大于等于8级大风平均日数 | 3.9 | 3.1 | 2.9 | 1.4 | 1.3 | 1.0 | 1.2 | 1.7 | 3.4 | 4.8 | 3.6 | 3.3 | 31.6 |
| 大于等于6级大风最多日数 | 31 | 28 | 27 | 21 | 22 | 24 | 22 | 22 | 24 | 29 | 28 | 29 | 268 |
| 最长连续大于等于6级大风日数 | 34 | 35 | 33 | 23 | 10 | 13 | 16 | 13 | 19 | 30 | 26 | 26 | 35 |

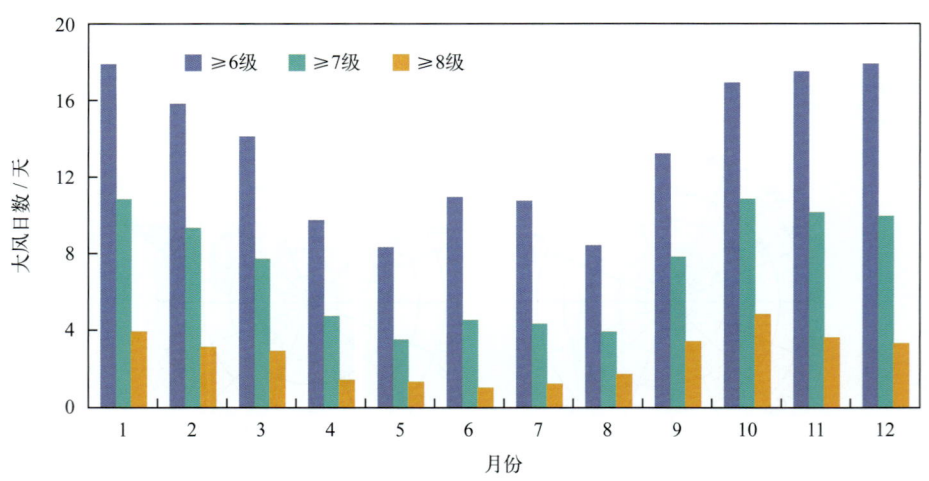

图4.4-7  各级大风日数年变化

## 第五节　降水

### 1. 降水量和降水日数

（1）降水量

南麂站降水量的年变化见表4.5-1和图4.5-1。平均年降水量为1 292.8毫米，降水量的季节分布不均匀，夏季（6—8月）为417.3毫米，占全年降水量的32.3%，春季（3—5月）为406.4毫米，占全年的31.4%，秋季（9—11月）为282.8毫米，占全年的21.9%，冬季（12月至翌年2月）为186.3毫米，占全年的14.4%。6月平均降水量最多，为196.9毫米，占全年的15.2%。

历年年降水量为676.6 ~ 1 947.9毫米，其中2009年最多，1967年最少。

最大日降水量超过100毫米的有19年，超过150毫米的有8年。最大日降水量为472.4毫米，出现在2009年9月30日，正值0918号台风"米娜"影响期间。

表4.5-1　降水量年变化（1965—2019年）　　　　　　　　　　　　　　　单位：毫米

|  | 1月 | 2月 | 3月 | 4月 | 5月 | 6月 | 7月 | 8月 | 9月 | 10月 | 11月 | 12月 | 年 |
| --- | --- | --- | --- | --- | --- | --- | --- | --- | --- | --- | --- | --- | --- |
| 平均降水量 | 58.0 | 74.9 | 124.3 | 130.4 | 151.7 | 196.9 | 78.4 | 142.0 | 143.7 | 64.4 | 74.7 | 53.4 | 1292.8 |
| 最大日降水量 | 71.4 | 44.4 | 93.9 | 67.2 | 82.8 | 165.4 | 180.0 | 214.6 | 472.4 | 153.2 | 199.5 | 78.3 | 472.4 |

注：2002—2003年数据有缺测。

（2）降水日数

平均年降水日数为152.9天。降水日数的年变化特征为上半年多、下半年少（图4.5-2和图4.5-3）。日降水量大于等于10毫米的平均年日数为37.0天，各月均有出现；日降水量大于等于50毫米的平均年日数为3.9天，除2月外其余各月均有出现；日降水量大于等于100毫米的平均年日数为0.5天，出现在6—11月；日降水量大于等于150毫米的平均年日数为0.16天，出现在6—11月；日降水量大于等于200毫米的平均年日数为0.04天，出现在8月和9月（图4.5-3）。

最多年降水日数为200天，出现在2012年；最少年降水日数为114天，出现在1971年。最长连续降水日数为19天，出现在1990年2月15日至3月5日；最长连续无降水日数为46天，出现在1973年11月29日至1974年1月13日。

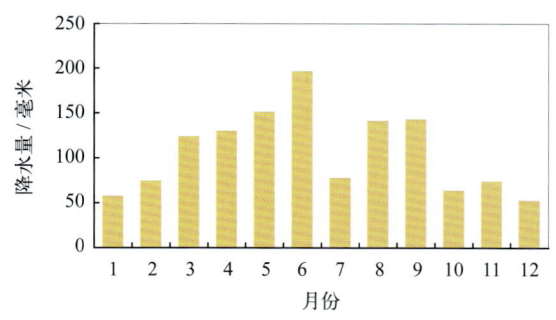

图4.5-1　降水量年变化（1965—2019年）

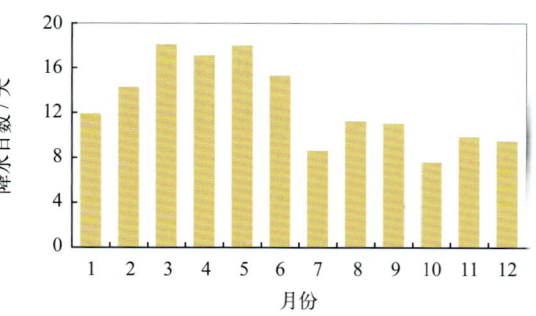

图4.5-2　降水日数年变化（1965—2019年）

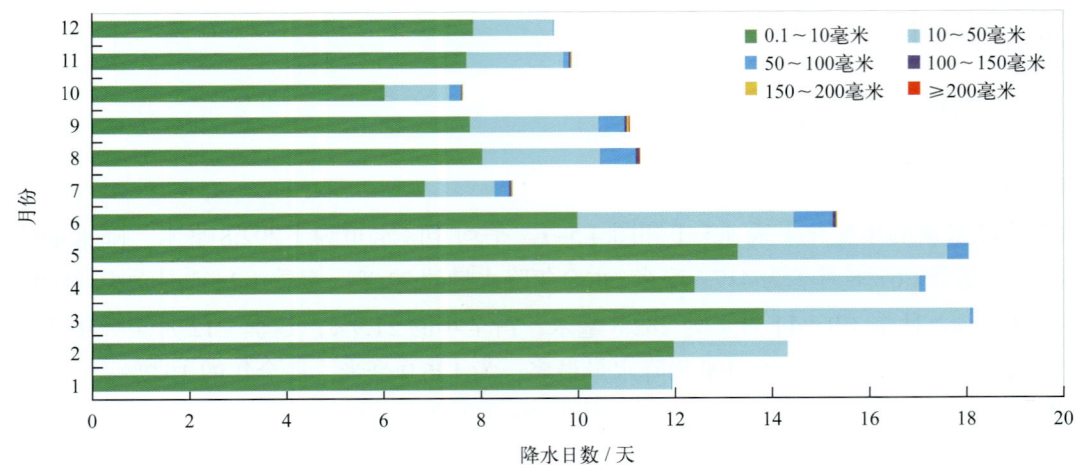

图4.5-3　各月各级平均降水日数分布（1965—2019年）

### 2. 长期趋势变化

1965—2019年，年降水量呈上升趋势，上升速率为88.08毫米/（10年）。十年平均年降水量变化显示，2010—2019年平均年降水量最大，为1 511.7毫米，较1970—1979年增加331.5毫米（图4.5-4）。1965—2019年，年最大日降水量呈上升趋势，上升速率为13.13毫米/（10年）。

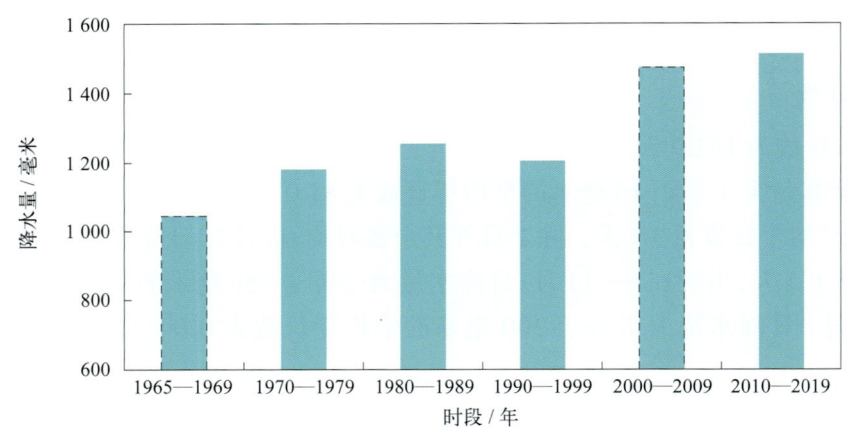

图4.5-4　十年平均年降水量变化

1965—2019年，年降水日数呈增加趋势，增加速率为2.63天/（10年）（线性趋势未通过显著性检验）；最长连续降水日数呈增加趋势，增加速率为0.48天/（10年）（线性趋势未通过显著性检验）；最长连续无降水日数呈减少趋势，减少速率为1.06天/（10年）（线性趋势未通过显著性检验）。

## 第六节　雾及其他天气现象

### 1. 雾

南麂站雾日数的年变化见表4.6-1、图4.6-1和图4.6-2。1965—2002年，平均年雾日数为

45.4 天。平均月雾日数 4 月最多，为 10.1 天，9 月最少，为 0.2 天；月雾日数最多为 21 天，出现在 1991 年 4 月；最长连续雾日数为 14 天，出现在 1996 年 5 月 28 日至 6 月 10 日。

表 4.6-1　雾日数年变化（1965—2002 年）　　　　　　　　　　　单位：天

|  | 1月 | 2月 | 3月 | 4月 | 5月 | 6月 | 7月 | 8月 | 9月 | 10月 | 11月 | 12月 | 年 |
| --- | --- | --- | --- | --- | --- | --- | --- | --- | --- | --- | --- | --- | --- |
| 平均雾日数 | 2.8 | 4.2 | 6.9 | 10.1 | 9.3 | 5.6 | 2.7 | 0.6 | 0.2 | 0.4 | 1.3 | 1.3 | 45.4 |
| 最多雾日数 | 10 | 15 | 15 | 21 | 18 | 18 | 13 | 4 | 3 | 3 | 7 | 7 | 91 |
| 最长连续雾日数 | 7 | 5 | 8 | 10 | 8 | 14 | 7 | 3 | 3 | 3 | 6 | 4 | 14 |

注：2002年3月停测。

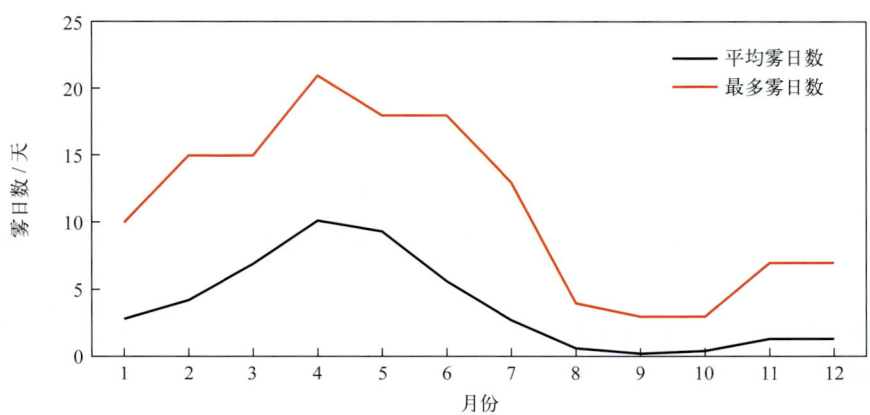

图4.6-1　平均雾日数和最多雾日数年变化（1965—2002年）

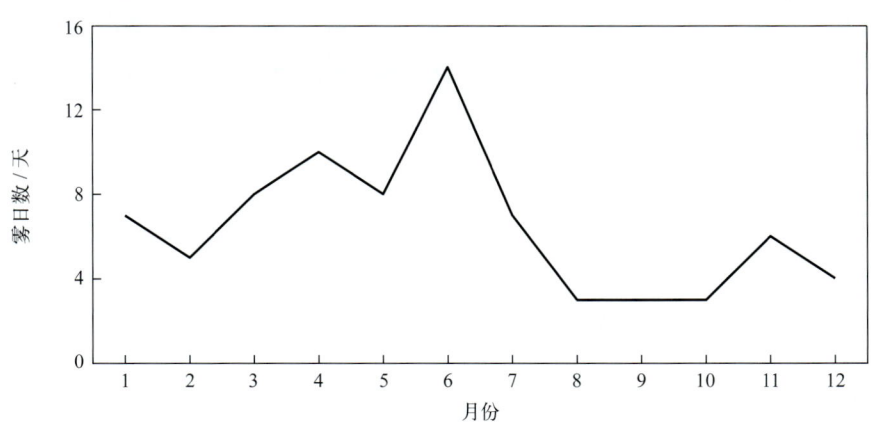

图4.6-2　最长连续雾日数年变化（1965—2002年）

1965—2001 年，年雾日数呈上升趋势，上升速率为 8.41 天/（10 年）。1990 年雾日数最多，为 91 天，2000 年最少，为 19 天。

十年平均年雾日数变化显示，1970—1999 年平均年雾日数呈阶梯上升，1990—1999 年平均年雾日数最多，为 66.5 天，较 1970—1979 年增加 34.9 天（图 4.6-3）。

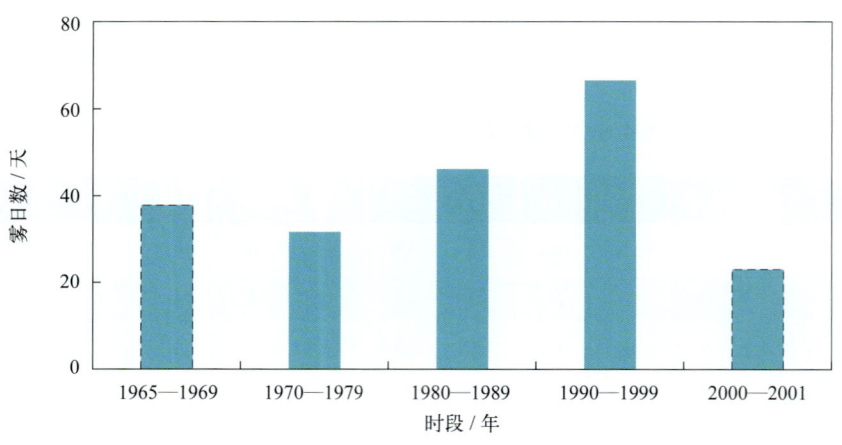

图4.6-3　十年平均年雾日数变化

## 2. 轻雾

南麂站轻雾日数的年变化见表4.6-2和图4.6-4。1965—1995年，平均年轻雾日数为77.8天。平均月轻雾日数5月最多，为13.5天，9月最少，为1.1天；最多月轻雾日数为28天，出现在1988年5月。

1965—1994年，年轻雾日数呈上升趋势，上升速率为42.96天/（10年）。1990年轻雾日数最多，为163天，1971年最少，为23天（图4.6-5）。

表4.6-2　轻雾日数年变化（1965—1995年）　　　　　　　　　　　　　　　单位：天

| | 1月 | 2月 | 3月 | 4月 | 5月 | 6月 | 7月 | 8月 | 9月 | 10月 | 11月 | 12月 | 年 |
|---|---|---|---|---|---|---|---|---|---|---|---|---|---|
| 平均轻雾日数 | 6.1 | 7.0 | 9.4 | 12.8 | 13.5 | 8.9 | 5.3 | 3.1 | 1.1 | 2.1 | 3.9 | 4.6 | 77.8 |
| 最多轻雾日数 | 19 | 18 | 19 | 23 | 28 | 23 | 23 | 17 | 6 | 13 | 17 | 20 | 163 |

注：1995年7月停测。

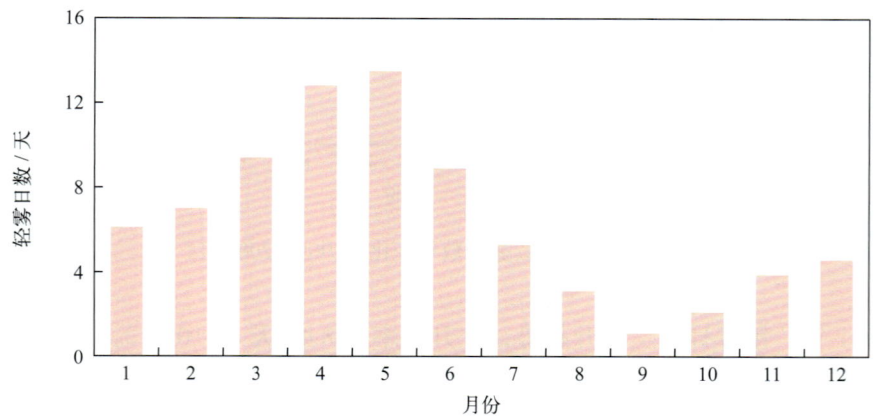

图4.6-4　轻雾日数年变化（1965—1995年）

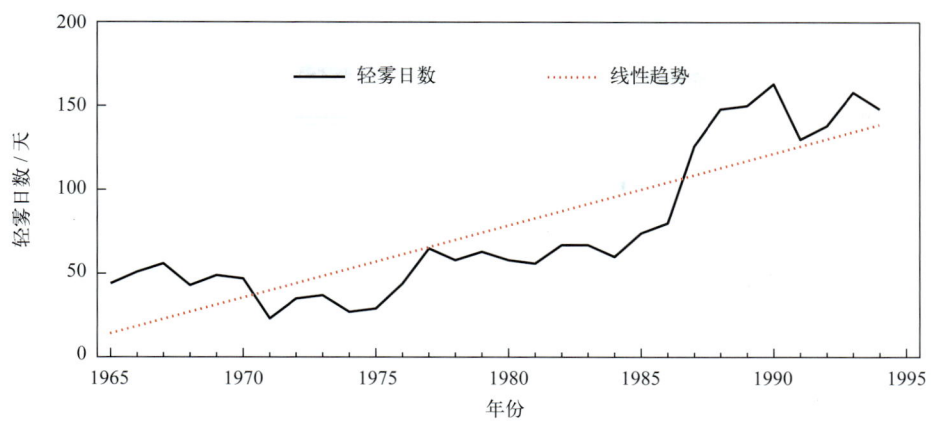

图4.6-5 1965—1994年轻雾日数变化

### 3. 雷暴

南麂站雷暴日数的年变化见表4.6-3和图4.6-6。1965—1995年，平均年雷暴日数为23.3天。雷暴主要出现在3—9月，其中4月最多，为4.6天，12月最少，为0.1天。雷暴最早初日为1月7日（1989年），最晚终日为12月27日（1992年）。

表4.6-3 雷暴日数年变化（1965—1995年） 单位：天

|  | 1月 | 2月 | 3月 | 4月 | 5月 | 6月 | 7月 | 8月 | 9月 | 10月 | 11月 | 12月 | 年 |
| --- | --- | --- | --- | --- | --- | --- | --- | --- | --- | --- | --- | --- | --- |
| 平均雷暴日数 | 0.2 | 0.9 | 3.7 | 4.6 | 2.3 | 2.8 | 2.2 | 3.0 | 2.6 | 0.6 | 0.3 | 0.1 | 23.3 |
| 最多雷暴日数 | 2 | 4 | 11 | 10 | 5 | 8 | 6 | 7 | 9 | 4 | 2 | 1 | 37 |

注：1995年7月停测。

1965—1994年，年雷暴日数呈上升趋势，上升速率为1.36天/（10年）（线性趋势未通过显著性检验）。1975年雷暴日数最多，为37天，1971年最少，为11天（图4.6-7）。

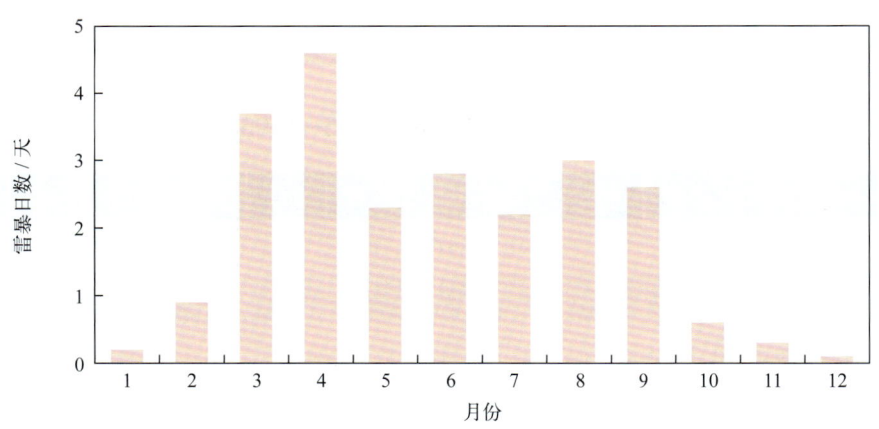

图4.6-6 雷暴日数年变化（1965—1995年）

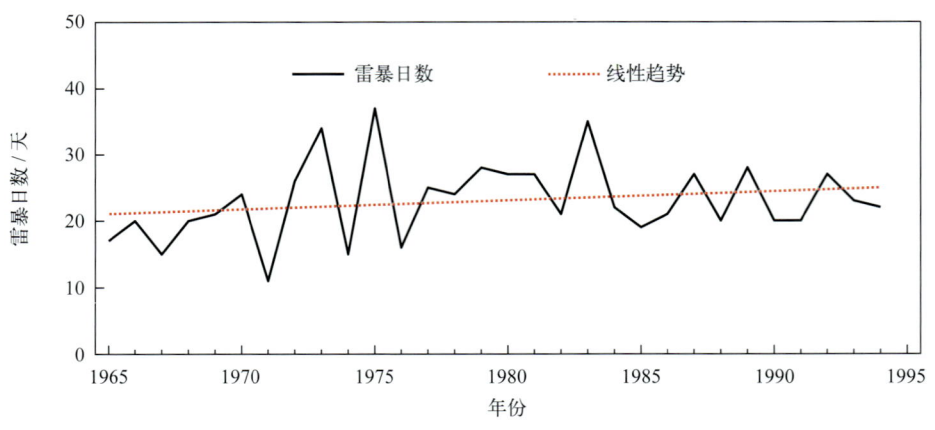

图4.6-7　1965—1994年雷暴日数变化

### 4. 霜

南麂站霜日数的年变化见表4.6-4。1965—1995年，平均年霜日数为0.4天，霜全部出现在12月至翌年3月，各月平均霜日数均为0.1天。霜最早初日为12月10日（1976年），最晚终日为3月4日（1968年和1986年）。共有8年出现霜，出现日数均不超过2天。

表4.6-4　霜日数年变化（1965—1995年）　　　　　　　　　　　　　　　　　单位：天

| | 1月 | 2月 | 3月 | 4月 | 5月 | 6月 | 7月 | 8月 | 9月 | 10月 | 11月 | 12月 | 年 |
|---|---|---|---|---|---|---|---|---|---|---|---|---|---|
| 平均霜日数 | 0.1 | 0.1 | 0.1 | 0.0 | 0.0 | 0.0 | 0.0 | 0.0 | 0.0 | 0.0 | 0.0 | 0.1 | 0.4 |
| 最多霜日数 | 1 | 2 | 2 | 0 | 0 | 0 | 0 | 0 | 0 | 0 | 0 | 1 | 2 |

注：1965年数据有缺测，1979年数据缺测，1995年7月停测。

### 5. 降雪

南麂站降雪日数的年变化见表4.6-5和图4.6-8。1965—1995年，平均年降雪日数为4.6天。降雪全部出现在12月至翌年3月，2月最多，平均日数为2.0天。月降雪日数最多为10天，出现在1968年2月。降雪最早初日为12月6日（1982年），最晚终日为3月30日（1985年）。

表4.6-5　降雪日数年变化（1965—1995年）　　　　　　　　　　　　　　　　单位：天

| | 1月 | 2月 | 3月 | 4月 | 5月 | 6月 | 7月 | 8月 | 9月 | 10月 | 11月 | 12月 | 年 |
|---|---|---|---|---|---|---|---|---|---|---|---|---|---|
| 平均降雪日数 | 1.5 | 2.0 | 0.6 | 0.0 | 0.0 | 0.0 | 0.0 | 0.0 | 0.0 | 0.0 | 0.0 | 0.5 | 4.6 |
| 最多降雪日数 | 6 | 10 | 3 | 0 | 0 | 0 | 0 | 0 | 0 | 0 | 0 | 3 | 13 |

注：1995年7月停测。

1965—1994年，年降雪日数呈下降趋势，下降速率为1.02天/（10年）（线性趋势未通过显著性检验）。1968年降雪日数最多，为13天，1973年全年无降雪（图4.6-9）。

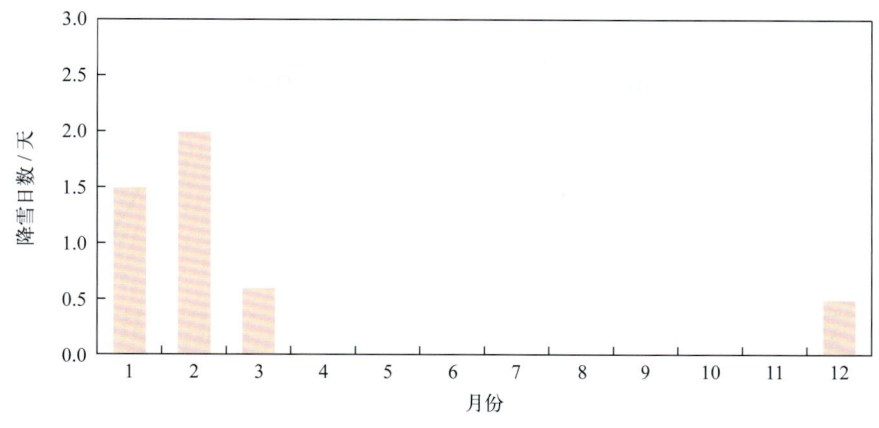

图4.6-8　降雪日数年变化（1965—1995年）

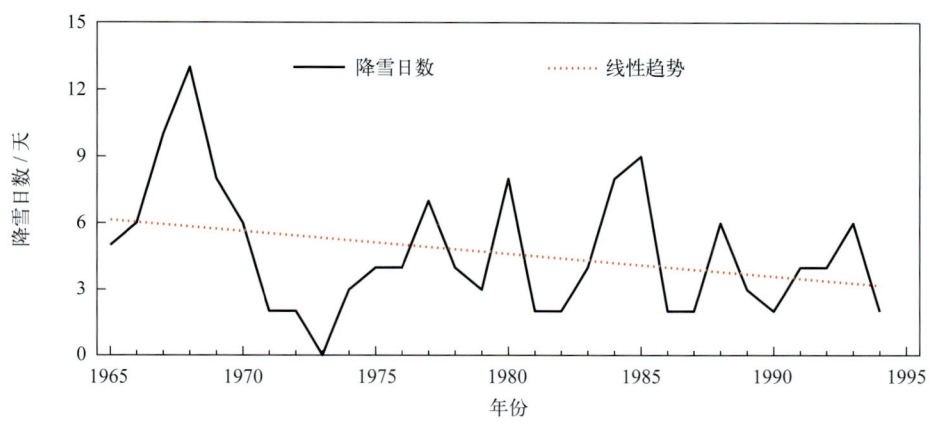

图4.6-9　1965—1994年降雪日数变化

## 第七节　能见度

1965—2019年，南麂站累年平均能见度为21.1千米。9月平均能见度最大，为28.2千米，4月最小，为15.3千米。能见度小于1千米的平均年日数为34.0天，4月最多，为7.9天，9月最少，出现过1次（表4.7-1，图4.7-1和图4.7-2）。

表4.7-1　能见度年变化（1965—2019年）

|  | 1月 | 2月 | 3月 | 4月 | 5月 | 6月 | 7月 | 8月 | 9月 | 10月 | 11月 | 12月 | 年 |
|---|---|---|---|---|---|---|---|---|---|---|---|---|---|
| 平均能见度/千米 | 17.6 | 17.8 | 16.6 | 15.3 | 17.3 | 20.6 | 25.1 | 27.6 | 28.2 | 25.4 | 22.2 | 19.5 | 21.1 |
| 能见度小于1千米平均日数/天 | 1.8 | 2.7 | 5.7 | 7.9 | 6.8 | 4.1 | 2.1 | 0.4 | 0.0 | 0.3 | 1.2 | 1.0 | 34.0 |

注：1973—1981年、2002年5月和2002年7月至2019年3月数据缺测。

历年平均能见度为15.2～30.0千米，1968年最高，1997年最低。能见度小于1千米的日数1993年最多，为65天，2000年最少，为11天（图4.7-3）。

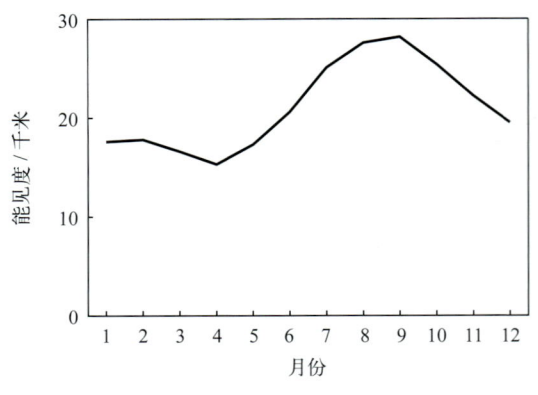
图4.7-1 能见度年变化

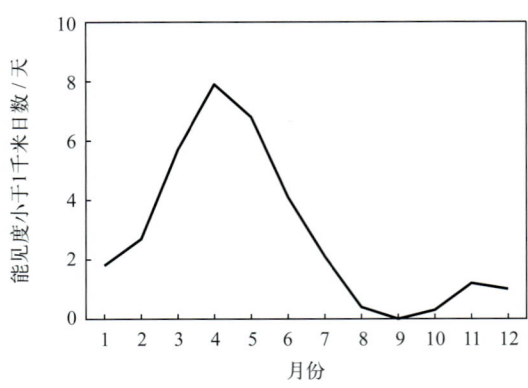
图4.7-2 能见度小于1千米日数年变化

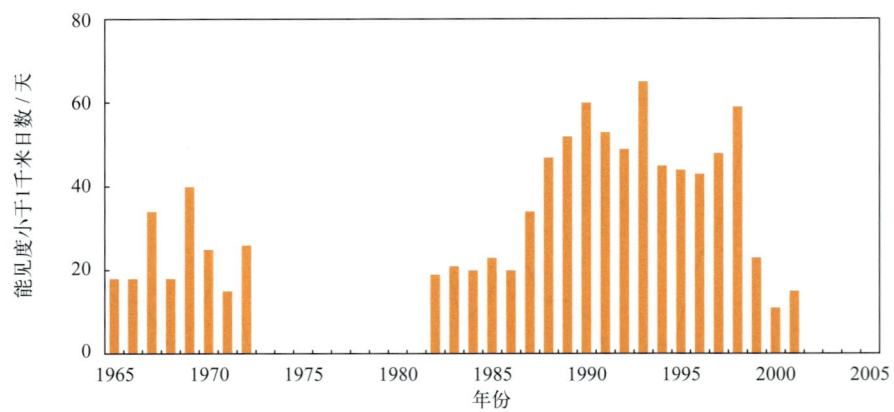
图4.7-3 能见度小于1千米年日数变化

1982—2001年，平均能见度呈下降趋势，下降速率为3.94千米/（10年）。

## 第八节 云

1965—1995年，南麂站累年平均总云量为6.9成，6月最多，为8.3成，8月最少，为5.8成；累年平均低云量为3.2成，6月最多，为4.2成，10月最少，为2.4成（表4.8-1，图4.8-1）。

表4.8-1 总云量和低云量年变化（1965—1995年）

|  | 1月 | 2月 | 3月 | 4月 | 5月 | 6月 | 7月 | 8月 | 9月 | 10月 | 11月 | 12月 | 年 |
| --- | --- | --- | --- | --- | --- | --- | --- | --- | --- | --- | --- | --- | --- |
| 平均总云量/成 | 6.7 | 7.5 | 7.9 | 8.0 | 8.2 | 8.3 | 6.7 | 5.8 | 6.1 | 5.9 | 6.1 | 5.9 | 6.9 |
| 平均低云量/成 | 2.7 | 3.1 | 3.3 | 3.7 | 3.9 | 4.2 | 3.3 | 3.2 | 3.1 | 2.4 | 2.5 | 2.5 | 3.2 |

注：1995年7月停测。

1965—1994年，年平均总云量变化趋势不明显，1970年最多，为7.5成，1971年最少，为6.0成（图4.8-2）；年平均低云量呈增加趋势，增加速率为0.53成/（10年），1989年和1990年最多，均为4.7成，1979年最少，为2.0成（图4.8-3）。

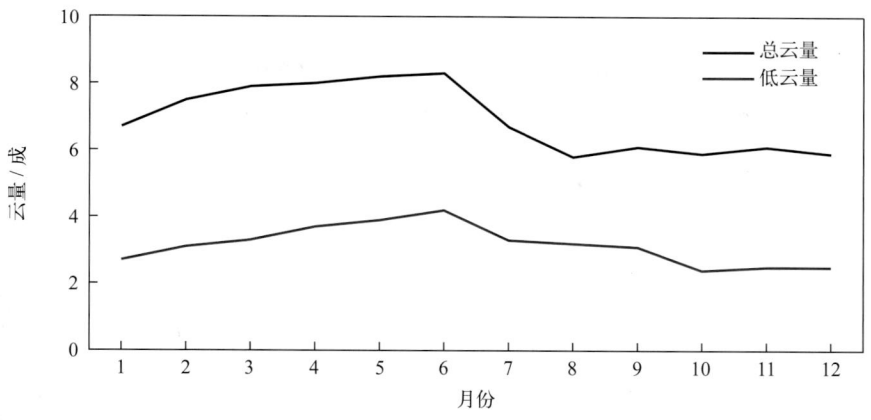

图4.8-1 总云量和低云量年变化（1965—1995年）

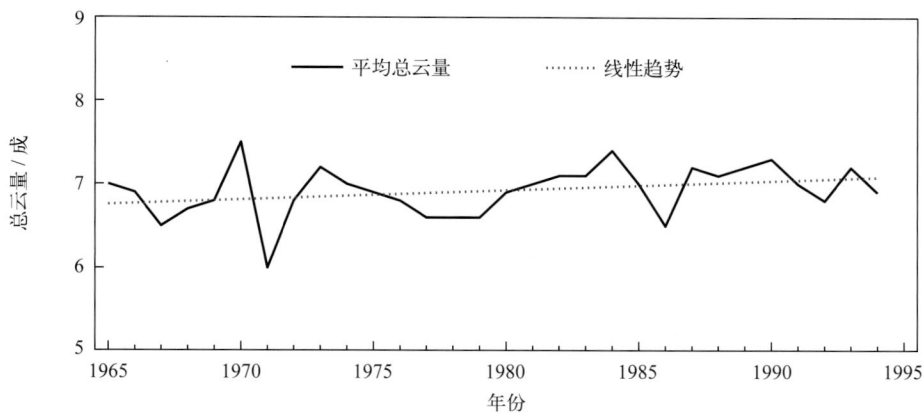

图4.8-2 1965—1994年平均总云量变化

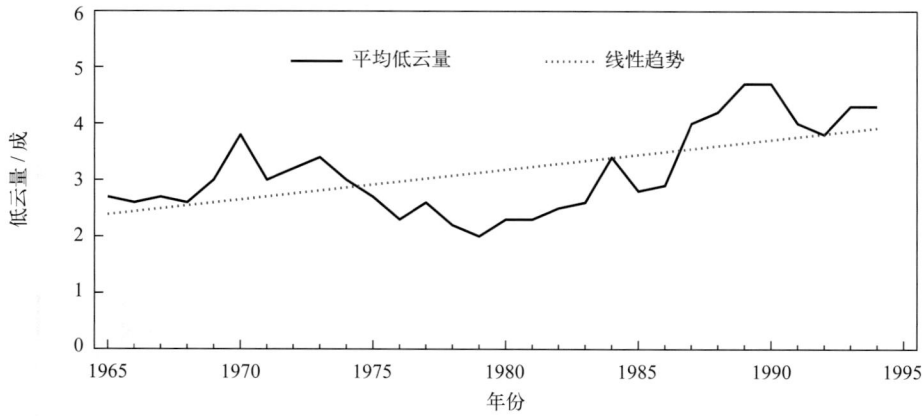

图4.8-3 1965—1994年平均低云量变化

# 第五章 灾害

## 第一节 海洋灾害

### 1. 风暴潮

1974年8月18—21日，7413号台风登陆浙江省椒江市三门县，在长江口—杭州湾—温州一带引发特大潮灾（《中国海洋灾害四十年资料汇编》）。

1989年9月15日（农历八月十六），8923号台风登陆时正值我国东部沿海天文大潮期，引发特大风暴潮灾，从长江口到福建省闽江口，有多个验潮站的潮位超过当地警戒水位（《1989年中国海洋灾害公报》）。

1990年，9005号台风于农历五月初二大潮期登陆后给浙江省温州地区带来极为严重的风暴潮灾，温州地区有13万人受灾，死亡7人，伤20人，倒塌房屋163间，损毁船只220只，由于电线杆倒断，温州市停水、停电20多个小时，全市被冲毁堤塘179处。9018号台风影响期间，由于台风强、范围大，又遇当地大潮期，温州外海潮位猛涨，潮水沿江上溯，上游洪水下泄不及造成温州地区洪水泛滥，平阳县街心水深3米，周围几个乡镇的11.2万人遭洪水包围，农田被淹65万亩，交通全部中断。据温州市防汛指挥部统计，在9018号台风潮灾中受淹农田94.63万亩，受灾人口189.7万人，死亡22人，伤240人，粮食损失521.65万斤，大面积成熟的晚稻被水浸泡后失收，沉损各种船只71艘，倒塌房屋6 283间，损坏25 310间，加之水利设施的破坏，直接经济损失3.61亿元（《1990年中国海洋灾害公报》）。

1992年8月，由天文大潮和9216号强热带风暴共同作用引起了92特大风暴潮，风暴前期影响的浙江沿海测站的增水一般为80～140厘米，温州市区被洪水围困，受淹时间一般在48小时，近海地区达72小时（《1992年中国海洋灾害公报》）。

1997年8月，9711号台风引发的风暴潮造成了1949年以来经济损失最大的一次风暴潮灾害。浙江省是此次灾害的重灾区（《1997年中国海洋灾害公报》）。

2002年9月7日，受0216号台风"森拉克"影响，浙江沿海普遍出现了100～300厘米的风暴增水。从福建东山到上海高桥沿海有近20个验潮站超过当地警戒水位（《2002年中国海洋灾害公报》）。

2005年8月6—9日，0509号台风"麦莎"引起的风暴潮影响浙江省，此次特大风暴潮过程是继9711号台风风暴潮后，影响我国东部沿海最严重的一次。"麦莎"影响期间正逢农历七月大潮，受风暴潮和天文大潮的共同影响，沿岸有多个验潮站的风暴潮增水超过100厘米。9月11日，0515号台风"卡努"引发的风暴潮影响浙江省（《2005年中国海洋灾害公报》）。

2006年8月10日前后，0608号台风"桑美"造成特大风暴潮灾害，浙江南麂岛深海养殖业损失惨重（《2006年中国海洋灾害公报》）。

2007年10月7日，受0716号台风"罗莎"引发的风暴潮与台风浪的共同影响，浙江省多个验潮站的增水超过100厘米（《2007年中国海洋灾害公报》）。

2011年8月5—8日，1109号超强台风"梅花"沿我国近海北上。受其引发的风暴潮和近岸浪的共同影响，浙江省遭受较大经济损失（《2011年中国海洋灾害公报》）。

2013年10月7日，受1323号台风"菲特"影响，浙江温州平阳县南麂码头渔船损毁严重（《2013年中国海洋灾害公报》）。

2016年9月16—19日，1616号台风"马勒卡"与南下冷空气配合影响浙江省沿海，多个验潮站出现了超过当地警戒潮位的高潮位。28日，受1617号台风"鲇鱼"引发的风暴潮和近岸浪共同影响，浙江遭受较大经济损失（《2016年中国海洋灾害公报》）。

2019年8月10日前后，1909号超强台风"利奇马"影响浙江沿海（《2019年中国海洋灾害公报》）。

## 2. 海浪

1994年8月21日前后，温州沿海遭遇特大台风浪灾害，南麂海洋站实测平均波高7.3米。平阳县一线海塘几乎全面崩溃，二线海塘决口，三线海塘进水（《1994年中国海洋灾害公报》）。

1996年7—8月，9607号和9608号台风引发灾害性海浪，在巨大的海浪和风暴潮共同作用下，给温州沿海带来了巨大灾害。8月1日，南麂站实测最大波高6.5米（《1996年中国海洋灾害公报》）。

2005年7月17—20日，0505号台风"海棠"在台湾省以东洋面、东海和台湾海峡形成9米以上的台风浪，浙江南麂海洋站实测最大波高13.5米。8月3—6日，0509号台风"麦莎"先后在台湾省以东洋面、东海形成8～12米的台风浪，浙江南麂海洋站实测最大波高5.5米（《2005年中国海洋灾害公报》）。

2007年3月3—6日，东海出现波高4～5米的巨浪区，浙江沿海先后出现波高4～6米的巨浪和狂浪（《2007年中国海洋灾害公报》）。

2019年1月25—28日，受冷空气影响，东海出现了7～8级的东北风和有效波高达3.5～4.5米的大浪到巨浪。28日，1艘外籍船舶在浙江省南麂岛东侧附近海域沉没，死亡（含失踪）9人，直接经济损失200.00万元（《2019年中国海洋灾害公报》）。

## 3. 赤潮

2001年，我国海域赤潮发生次数增多、发生时间提前、影响范围扩大，其中浙江海域发生26次赤潮灾害过程（《2001年中国海洋灾害公报》）。

2003年5月25日至6月17日，浙江省南麂周围海域赤潮持续24天，最大面积800平方千米，赤潮优势藻种为具齿原甲藻（《2003年中国海洋灾害公报》）。

2005年5月30日至6月10日，浙江南麂列岛附近海域发生赤潮，最大面积约500平方千米，主要赤潮生物为米氏凯伦藻和具齿原甲藻，直接经济损失2 400万元（《2005年中国海洋灾害公报》）。

2006年6月12—14日，浙江省洞头岛到南麂列岛附近海域发生赤潮，最大面积约2 100平方千米，主要赤潮生物为米氏凯伦藻（《2006年中国海洋灾害公报》）。

2010年5月20—29日，浙江省南麂附近海域发生赤潮，面积约100平方千米，赤潮优势种为东海原甲藻（《2010年中国海洋灾害公报》）。

2012年5月23日至6月8日，浙江温州南麂列岛附近海域发生赤潮，面积约40平方千米，直接经济损失280.4万元（《2012年中国海洋灾害公报》）。

2019年5月9日至6月11日，温州南麂列岛—北麂列岛—洞头列岛以东海域发生单次面积最大和持续时间最长的赤潮过程，最大面积为800平方千米，持续时间为34天（《2019年中国海洋灾害公报》）。

## 第二节 灾害性天气

根据《中国气象灾害大典·浙江卷》（1949—2000年）和《中国气象灾害年鉴》（2000年后）记载，南麂站周边发生的主要灾害性天气有暴雨洪涝、大风（龙卷风）、雷电、冰雹和寒潮。

### 1. 暴雨洪涝

1952年7月19日，受5207号台风影响，温州、宁波、台州、丽水、金华及杭州地区西部都出现了大的洪涝灾害。浙江省受灾农田398.5万亩，死亡457人，直接经济损失按1990年价折算为1.269亿元。

1953年8月17日，5310号台风在乐清登陆，最大风力达12级，温岭、温州的3天总雨量分别为269毫米和170毫米；温州和台州地区洪涝，浙江省受灾农田102.7万亩，倒塌房屋7 016间，死亡126人，经济损失按1990年价折算为5 766万元。

1958年9月2—5日，受5822号台风影响，南麂、坎门、大陈、石浦最大风速大于40米/秒，4天总雨量宁波、台州、温州、丽水4地区在100~400毫米，温州有5个站在400毫米以上，昌禅为525毫米，死亡105人，经济损失按1990年价折算为3.37亿元。

1959年8月28—31日，受5904号台风影响，南麂、坎门、大陈、石浦、嵊泗等站最大风速均在40米/秒以上，4天雨量温州、台州、丽水、宁波4地区均在100毫米以上，有13个站大于200毫米，5个站大于300毫米，苍南顺溪达488毫米。浙江省受灾农田323万亩，死亡24人，经济损失按1990年价折算为3.43亿元。

1965年8月18—22日，受6513号台风影响，大陈、南麂最大风速40米/秒以上，大部分地区雨量在200毫米以上，永嘉达486毫米，造成局部洪涝，死亡74人，直接经济损失按1990年价折算为3.76亿元。

1972年8月2日，7207号台风在平阳登陆西行，南部沿海风力10~12级，温州、台州、金华、杭州地区出现暴雨，建德最大，5天总雨量359毫米。8月17日，7209号台风在平阳登陆后西行，20日移至江西消亡。受其影响，浙江东部沿海风力12级以上，温州、台州、丽水、宁波、舟山等地区出现大暴雨，15—19日的总雨量，大于300毫米的有9个站，大于400毫米的有6个站，暴雨中心在苍南、黄岩，昌禅626毫米，庄屋572毫米。浙江省半月内连受2次台风袭击，死亡157人，经济损失按1990年价折算为7.14亿元。

1975年8月10—13日，受7504号台风影响，浙江东部沿海风力12级以上，台州、温州、金华、衢州、丽水5地区受灾，尤以温州、台州地区最为严重，江堤海塘决口总长176千米，淹田206.5万亩，毁坏渔船451只，死亡179人，直接经济损失按1990年价折算为4.07亿元。

1982年7月28—31日，受8209号台风影响，浙江中南部沿海风力9~11级，温州、台州及丽水地区东部总雨量为100~200毫米，乐清碑头过程雨量704毫米、24小时540毫米，共淹农田180万亩，死亡41人，直接经济损失按1990年价折算为6.5亿元。

1985年8月23日，8510号台风在长乐登陆，浙江东南部受其外围影响降大暴雨，3天总雨量，温州为303毫米，苍南昌禅为432毫米，死亡18人，直接经济损失1.66亿元（1990年价）。

1990年6月24日，受9005号台风影响，温州、台州等地普降大到暴雨，24小时雨量大于100毫米的有7个县，乐清碑头达445毫米。浙江省7个地区455万人受灾，死亡32人，经济损失4.6亿元。

1992年9月23日，9219号台风在平阳登陆后，穿过浙江进入江苏，浙江东部风力10~12级。

22日夜到23日夜24小时雨量温州、台州地区200~300毫米，括苍山377毫米，砩头477毫米，温州、永嘉153个城镇进水，水深1~2米。全省52个县（市）受灾，133.8万人一度被洪水围困，死亡53人，直接经济损失22亿元。

1994年8月21日，9417号台风在瑞安梅头镇登陆后向西北移动，沿海风力12级以上，10级大风半径达150千米，12级以上大风持续10多个小时。浙江省大部分地区出现暴雨，日雨量大于100毫米的有70个站，乐清砩头24小时雨量620毫米，时值农历七月十五大潮汛，风、雨、潮三碰头，瓯江、飞云江出现历史上罕见的高水位，瑞安、温州港潮位分别达6.88米和7.35米，为有记录以来的最高潮位，沿海浪高20米，汹涌异常，217万人被洪水围困，死亡1 126人，直接经济损失177.6亿元。

1996年7月31日至8月2日，受9608号热带气旋的影响，浙江东部沿海普降大到暴雨，局部大暴雨和特大暴雨，苍南、瑞安、平阳等地过程降水量200毫米以上，沿海海面最大风力有10级，温州沿海最高潮位均超警戒水位约1米。全省5个市742万人受灾，死亡67人，损坏海塘、桥涵、路基、通信设施无数，直接经济损失33.5亿元。

1999年9月4日，受9909号热带风暴倒槽东风扰动影响，温州、台州2市遭受百年不遇的特大暴雨袭击，发生较严重的洪涝灾害。温州市城区9月4日05—08时3小时降水量达347毫米，1小时最大降水量达138毫米，3小时最大降水量不仅刷新当地历史最高纪录，而且创浙江历史最高纪录。在不到24小时内，降水总量温州达416毫米，永嘉293毫米、临海227毫米，温州市区积水超过1米。据温州市统计局资料，温州市死亡152人，直接经济损失32.4亿元。

2000年7月4—5日，浙江东南沿海地区普降暴雨，局部特大暴雨，平阳和苍南两县局部乡镇遭受较严重洪涝灾害，据省民政厅统计，受灾人口49.8万，直接经济损失4 810万元。8月22—23日，受0010号台风"碧利斯"外围影响，浙江东部沿海岛屿和平原出现了8~9级以上大风，温州、丽水、台州等市普降暴雨、大暴雨，温州、丽水受灾严重，温州地区直接经济损失4 326万元。

2006年8月10—11日，受0608号超强台风"桑美"影响，浙江东南沿海部分地区风力11~12级，局部达14~17级，风力在12级以上的观测站有：苍南霞关（68.0米/秒）、平阳南麂（45.2米/秒）、洞头小门（41.0米/秒）、苍南新安（39.8米/秒）、瑞安赵山渡（39.1米/秒）、泰顺（35.7米/秒）和瑞安（33.0米/秒）。全省大部地区出现降水，其中温州和丽水局部地区有特大暴雨。全省36个站在100毫米以上，其中苍南云岩（430毫米）和平阳水头（317毫米）超过300毫米。全省共有345.6万人受灾，死亡204人，直接经济损失127.3亿元。

2007年10月6—9日，受0716号超强台风"罗莎"影响，浙江沿海海面风力普遍有9~11级，部分达12~13级（洞头虎头屿39.8米/秒），沿海地区和浙北地区风力普遍有8~10级，局部达11~12级（苍南渔寮35.3米/秒）。全省普降暴雨到大暴雨，温州、台州、宁波部分地区降特大暴雨，单点降雨量永嘉十八垄（545.8毫米）、苍南昌禅（529.5毫米）。全省受灾人口784.3万人；损失水产品25.8万吨；损坏堤防1 686处236千米，堤防决口386处26千米，损坏护岸1 699处，毁坏水闸71座、塘坝391座；直接经济损失89.1亿元。

2009年8月6—12日，受0908号台风"莫拉克"影响，浙江沿海出现了10~12级、局部13~15级的大风，其中苍南渔寮极大风速43.2米/秒、苍南马站42.8米/秒、温州大罗山雷达站41.7米/秒、洞头小门41.0米/秒、瑞安北龙40.9米/秒。6日08时至12日08时，浙江出现强降水，过程降水量普遍有100~300毫米，东南部达300~500毫米。部分站点过程雨量超过50年一遇。9日08时至10日08时，瑞安（152.4毫米）、嵊县（113.5毫米）降水量均超过当地

8月日降水量历史极值。据不完全统计，全省共计有768.5万人受灾，死亡5人，直接经济损失约88.4亿元。

2010年7月26—27日，台州、温州等地区出现暴雨到大暴雨，局部特大暴雨，强降水造成温岭等城区积涝严重，32个乡镇受灾，29.4万人受灾，直接经济损失超过14亿元。

### 2. 大风和龙卷风

1989年5月11日，温州市出现龙卷风。

2007年8月18日23时30分前后，受0708号台风"圣帕"外围影响，一股长达8千米、宽800米的强龙卷风呈带状穿过苍南县龙港镇，造成9人死亡、62人受伤，156间房屋倒塌。

2013年10月，受1323号台风"菲特"影响，浙江东南沿海风力普遍有12～14级，持续11小时左右；局部海岛和山区观测站瞬时极大风力达15～17级，苍南石砰山、苍南望洲山分别出现76.1米/秒和73.1米/秒的大风，破浙江省瞬时大风纪录（"桑美"苍南霞关68.0米/秒），苍南马站（63.0米/秒，目前浙江历史极值第4位）、平阳南麂岛（60.0米/秒）、平阳上头屿（55.8米/秒）、瑞安北龙（55.6米/秒）、瑞安铜盘山岛（55.3米/秒）、苍南龙沙（53.1米/秒）、苍南赤溪（53.0米/秒）等10个测站观测到16级以上大风。浙江省52个县（市、区）面雨量超200毫米，21个县（市、区）面雨量超300毫米。浙江省直接经济损失599.4亿元。

### 3. 雷电

2006年8月31日，浙江省台州市第一人民医院门诊大楼医疗设备遭雷击流袭击，造成直接经济损失约300万元。

2007年6月25日16点40分前后，温州乐清市磐石镇芝湾村小龙坪山坡一亭子遭受雷击，造成5人死亡，1人受伤。

2011年8月13日17时05分，浙江省平阳县鳌江镇西湾办事处的海堤上，发生雷击伤亡事故，造成2人死亡，4人受伤。

### 4. 冰雹

1977年5月5—6日，温州、台州、丽水3地区12个县出现冰雹大风，最大雹径13厘米（温州），风力11～12级。

1984年3月31日，杭、温地区10个县出现冰雹大风，雹径3.5厘米，风力9级以上。

1986年4月10—11日，浙江省数十个县（市）受飑线影响伴有冰雹大风，风力8～10级，温州最大的雹径10厘米，共有230万人受灾，死亡32人，农田受灾200多万亩，倒房1万余间。大量线路断线，狂风暴雨引起山洪暴发。

1989年5月11—12日，温州、金华地区7个县下冰雹，雹如鸡蛋大，23.6万亩农田受灾，倒房1 060间，吹倒通信线杆1 010根、树木2万多株，死亡7人，经济损失2 169万元。

### 5. 寒潮

1952年12月2—3日，浙江省受寒潮影响，温州48小时降温17.4℃。

1996年2月15—19日，温州、台州、舟山3地区降温13～15℃，浙江省其余各地降温17～19℃。

# 台山海洋站

# 第一章 概况

## 第一节 基本情况

台山海洋站（简称台山站）位于福建省福鼎市沙埕镇台山列岛。福鼎市位于福建省东北部，东南濒东海，海域辽阔，海域面积约14 960平方千米，海岸线长约430千米，渔业资源非常丰富，是福建省的渔业重点县市之一。台山列岛处于福建、浙江海域交界处，是外海前哨，距大陆约30千米，周围水深为20～40米，附近海底较为平坦，多为泥质。

台山站建于1962年，名为福建省气象台台山水文气象站，隶属福建省气象局。1966年1月更名为台山海洋站，隶属国家海洋局东海分局，1993年停止观测。2009年3月恢复观测，2019年7月后隶属自然资源部东海局，由宁德中心站管辖。测点位于福建省福鼎市台山列岛西台山岛（图1.1-1）。

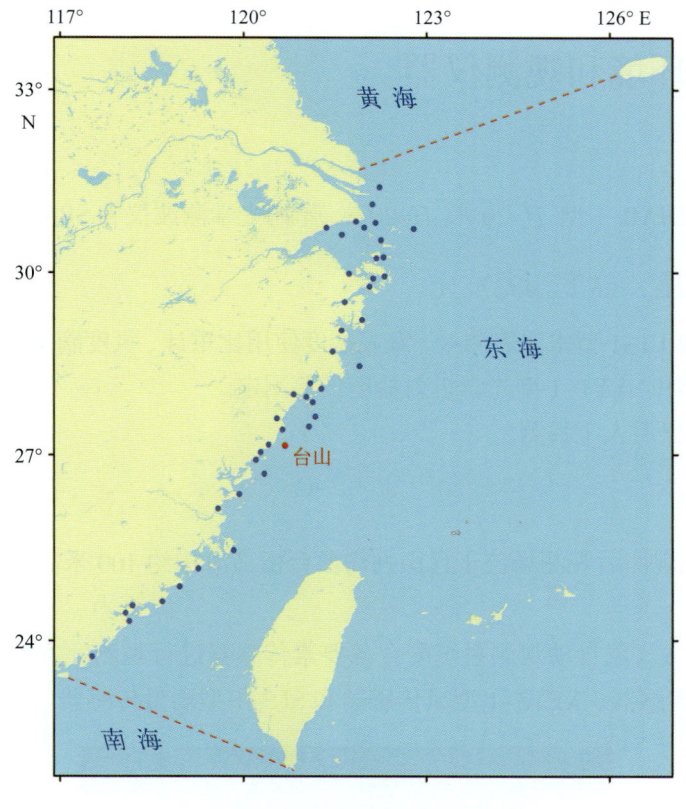

图1.1-1　台山站地理位置示意

台山站1993年前观测项目有海浪、表层海水温度、表层海水盐度、气温、气压、相对湿度、风和降水等。2009年后观测项目有气温、气压、相对湿度、风和降水等，实现了自动化观测、数据采集、存储和传输。

台山附近海域全年海况以0～4级为主，年均平均波高为1.3米，年均平均周期为6.0秒，历史最大波高最大值为12.0米，历史平均周期最大值为12.7秒，常浪向为ENE，强浪向为NNE；年均表层海水温度为18.3～19.6℃，8月最高，均值为26.7℃，2月最低，均值为10.1℃，历史水温最高值为30.6℃，历史水温最低值为6.5℃；年均表层海水盐度为29.80～31.59，7月最高，均值为 33.71，10 月最低，均值为 28.95，历史盐度最高值为 35.30，历史盐度最低值为 6.40；海发光主要为火花型，6 月出现频率最高，2 月最低，1 级海发光最多，出现的最高级别为 4 级。

台山站主要受海洋性季风气候影响，年均气温为 16.8 ~ 21.8℃，8 月最高，均值为 27.4℃，2 月最低，均值为 8.4℃，历史最高气温为 40.0℃，历史最低气温为 –1.9℃；年均气压为 1 001.3 ~ 1 005.4 百帕，具有冬高夏低的变化特征，1 月和 12 月最高，均为 1 010.6 百帕，8 月最低，均值为 993.3 百帕；年均相对湿度为 79.0% ~ 87.5%，6 月最大，均值为 93.7%，12 月最小，均值为 73.6%；年均风速为 7.1 ~ 9.0 米 / 秒，11 月最大，均值为 9.1 米 / 秒，5 月最小，均值为 6.4 米 / 秒，冬季（1 月）盛行风向为 N—ENE（顺时针，下同），春季（4 月）盛行风向为 N—ENE，夏季（7 月）盛行风向为 SSW—WSW，秋季（10 月）盛行风向为 NNE—ENE；平均年降水量为 1 073.5 毫米，6 月平均降水量最多，占全年的 16.1%；平均年雾日数为 81.2 天，5 月最多，均值为 16.7 天，9 月最少，均值为 0.7 天；平均年雷暴日数为 31.4 天，4 月最多，均值为 5.3 天，11 月至翌年 1 月最少，均为 0.2 天；平均年降雪日数为 4.1 天，降雪发生在 12 月至翌年 3 月，2 月最多，均值为 2.0 天；年均能见度为 17.4 ~ 32.3 千米，9 月最大，均值为 32.7 千米，4 月最小，均值为 19.5 千米；年均总云量为 4.8 ~ 5.9 成，5 月最多，均值为 6.5 成，8 月和 12 月最少，均为 4.6 成。

## 第二节　观测环境和观测仪器

### 1. 海浪

海浪观测仪器为 HAB-1 型（$H$=20 米、$H$=40 米）岸用光学测波仪和 SBA1-2 型岸用光学测波仪。

### 2. 表层海水温度、盐度和海发光

海表水温使用 SWL1-1 型水温表测量，海表盐度使用比重计、氯度滴定管、SYC1-1 型盐度计、WUS 型感应式盐度计和 SYY1-1 型光学折射盐度计等测定。

海发光为每日天黑后人工目测。

### 3. 气象要素

2009 年恢复气象观测后观测场位于台山列岛西台山岛海拔约 100 米高的山头上，周边环境开阔（图 1.2-1）。

使用 XZY3 型水文气象自动观测系统配合各要素传感器进行观测，主要有 HMP155 型温湿度传感器、278 型气压传感器、XFY3-1 型风传感器和 SL3-1 型雨量传感器。

图 1.2-1　台山站气象观测场（摄于 2009 年 8 月 2 日）

# 第二章 海浪

## 第一节 海况

台山站全年及各月各级海况的频率见图2.1-1。全年海况以0～4级为主，频率为81.83%，其中0～2级海况频率为31.70%。全年5级及以上海况频率为18.17%，最大频率出现在11月，为34.43%。全年7级及以上海况频率为0.31%，最大频率出现在10月，为1.14%，3月和4月未出现。

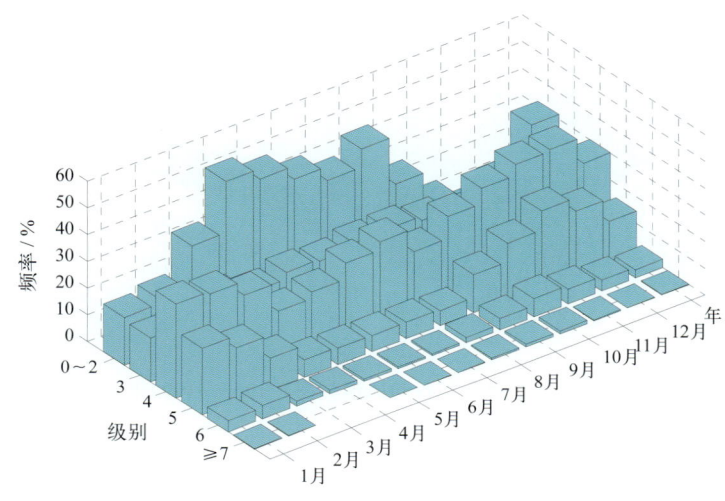

图2.1-1　全年及各月各级海况频率（1963—1992年）

## 第二节 波型

台山站风浪频率和涌浪频率的年变化见表2.2-1。全年风浪和涌浪频率相差不大，风浪频率为99.97%，涌浪频率为99.31%。各月的风浪频率和涌浪频率均相差不大。涌浪在7月和8月较多，其中7月最多，频率为99.97%，在9—11月较少，其中10月最少，频率为97.53%。

表2.2-1　各月及全年风浪涌浪频率（1963—1992年）

|  | 1月 | 2月 | 3月 | 4月 | 5月 | 6月 | 7月 | 8月 | 9月 | 10月 | 11月 | 12月 | 年 |
| --- | --- | --- | --- | --- | --- | --- | --- | --- | --- | --- | --- | --- | --- |
| 风浪/% | 99.97 | 99.97 | 99.94 | 100.00 | 100.00 | 99.91 | 99.97 | 99.91 | 99.97 | 100.00 | 100.00 | 100.00 | 99.97 |
| 涌浪/% | 99.02 | 99.07 | 99.68 | 99.85 | 99.71 | 99.88 | 99.97 | 99.91 | 98.75 | 97.53 | 98.96 | 99.39 | 99.31 |

注：风浪包含F、FU、F/U和U/F波型；涌浪包含U、FU、F/U和U/F波型。

## 第三节 波向

### 1. 各向风浪频率

台山站各月及全年各向风浪频率见图2.3-1。1—5月和10—12月NNE向风浪居多，NE向次之。6月SW向风浪居多，NNE向次之。7月SW向风浪居多，SSW向次之。8月SW向风浪居多，NE向次之。9月NE向风浪居多，NNE向次之。全年NNE向风浪居多，频率为29.63%；NE向次之，频率为23.26%；W向最少，频率为0.06%。

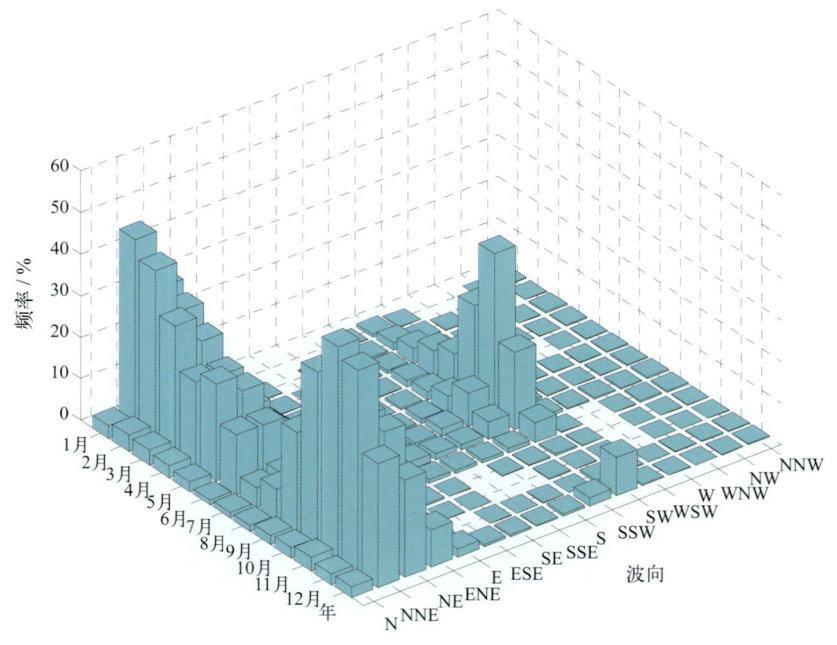

图2.3-1　各月及全年各向风浪频率（1963—1992年）

### 2. 各向涌浪频率

台山站各月及全年各向涌浪频率见图2.3-2。1—5月和8—12月ENE向涌浪居多，E向次之。6月ENE向涌浪居多，ESE向次之。7月ESE向涌浪居多，E向次之。全年ENE向涌浪居多，频率为72.05%；E向次之，频率为14.87%；未出现SSW—NNE向涌浪。

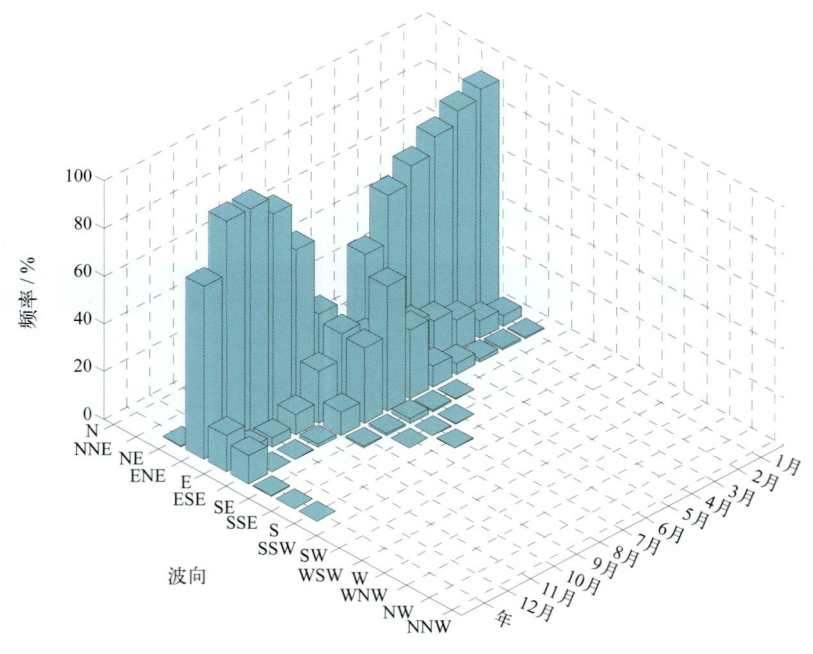

图2.3-2　各月及全年各向涌浪频率（1963—1992年）

## 第四节 波高

### 1. 平均波高和最大波高

台山站波高的年变化见表 2.4-1。月平均波高的年变化不明显，为 0.9 ~ 1.7 米。历年的平均波高为 1.2 ~ 1.5 米。

月最大波高比月平均波高的变化幅度大，极大值出现在 8 月，为 12.0 米，极小值出现在 4 月，为 5.0 米，变幅为 7.0 米。历年的最大波高为 3.8 ~ 12.0 米，大于 8.0 米的有 3 年，其中最大波高的极大值 12.0 米出现在 1972 年 8 月 17 日，正值 7209 号台风（Betty）影响期间，波向为 NNE，对应平均风速为 37 米/秒，对应平均周期为 11.0 秒。

表 2.4-1  波高年变化（1963—1992 年）  单位：米

| | 1月 | 2月 | 3月 | 4月 | 5月 | 6月 | 7月 | 8月 | 9月 | 10月 | 11月 | 12月 | 年 |
|---|---|---|---|---|---|---|---|---|---|---|---|---|---|
| 平均波高 | 1.6 | 1.6 | 1.4 | 1.1 | 1.1 | 0.9 | 0.9 | 1.1 | 1.4 | 1.6 | 1.7 | 1.6 | 1.3 |
| 最大波高 | 5.3 | 5.8 | 5.1 | 5.0 | 5.2 | 5.7 | 7.7 | 12.0 | 7.5 | 6.8 | 5.2 | 5.3 | 12.0 |

### 2. 各向平均波高和最大波高

全年及各季代表月各向波高的分布见表 2.4-2、图 2.4-1 和图 2.4-2。全年各向平均波高为 0.7 ~ 2.6 米，大值主要分布于 W 向、NNE 向、NE 向和 WNW 向，其中 W 向最大。全年各向最大波高 NNE 向最大，为 12.0 米；SW 向次之，为 11.5 米；WSW 向最小，为 1.0 米。

表 2.4-2  全年各向平均波高和最大波高（1963—1992 年）  单位：米

| | N | NNE | NE | ENE | E | ESE | SE | SSE | S | SSW | SW | WSW | W | WNW | NW | NNW |
|---|---|---|---|---|---|---|---|---|---|---|---|---|---|---|---|---|
| 平均波高 | 1.8 | 2.1 | 2.1 | 1.2 | 0.9 | 0.7 | 0.9 | 0.9 | 1.0 | 0.8 | 0.8 | 0.7 | 2.6 | 2.1 | 1.9 | 1.9 |
| 最大波高 | 6.1 | 12.0 | 8.0 | 8.9 | 7.7 | 5.3 | 4.7 | 2.3 | 3.0 | 2.0 | 11.5 | 1.0 | 3.0 | 2.7 | 4.1 | 5.4 |

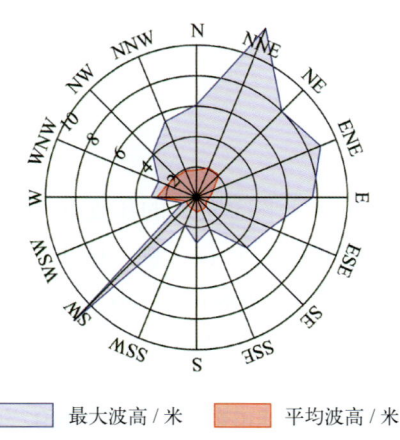

图2.4-1  全年各向平均波高和最大波高（1963—1992年）

1 月平均波高 N 向最大，为 2.1 米；ESE 向最小，为 0.6 米。最大波高 NE 向最大，为 5.3 米；NNE 向次之，为 5.0 米；ESE 向最小，为 1.0 米。未出现 SE—NNW 向波高有效样本。

4月平均波高 NE 向最大,为 2.0 米;WSW 向最小,为 0.6 米。最大波高 NNE 向最大,为 5.0 米;ENE 向次之,为 4.6 米;WSW 向最小,为 0.7 米。未出现 SE—S 向和 W—NW 向波高有效样本。

7月平均波高 NNW 向最大,为 3.3 米;WSW 向最小,为 0.6 米。最大波高 E 向最大,为 7.7 米;ENE 向次之,为 6.8 米;WSW 向最小,为 0.9 米。未出现 W 向和 WNW 向波高有效样本。

10月平均波高 NNE 向和 NE 向最大,均为 2.2 米;ESE 向最小,为 0.7 米。最大波高 NNE 向和 NE 向最大,均为 6.8 米;ENE 向次之,为 6.5 米;SSW 向最小,为 1.9 米。未出现 SE—S 向和 WSW—NNW 向波高有效样本。

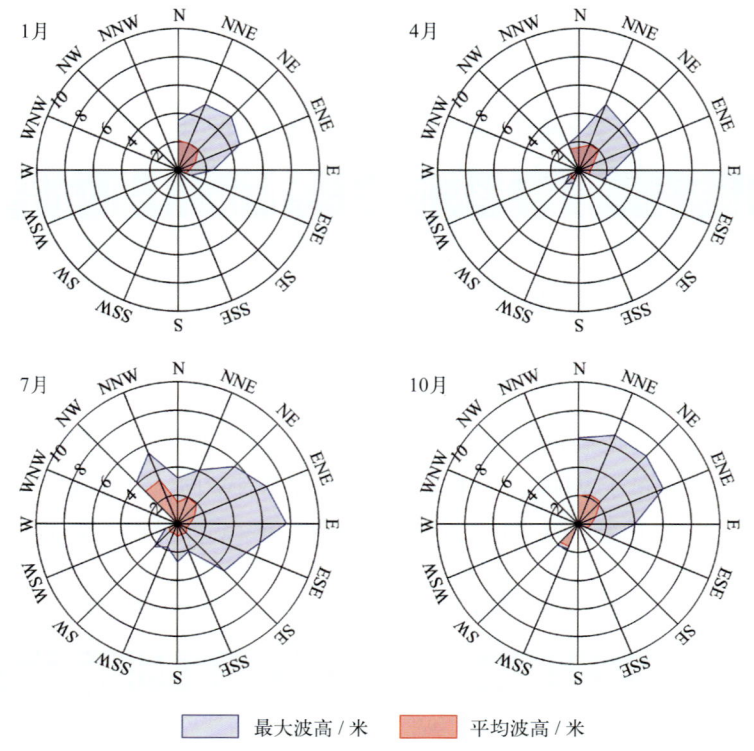

图2.4-2　四季代表月各向平均波高和最大波高（1963—1992年）

## 第五节　周期

### 1. 平均周期和最大周期

台山站周期的年变化见表 2.5-1。月平均周期的年变化不明显,为 5.8 ~ 6.3 秒。月最大周期的年变化幅度较大,极大值出现在 9 月,为 12.7 秒,极小值出现在 3 月,为 8.6 秒。历年的平均周期为 5.5 ~ 6.6 秒,其中 1964 年最大,1980 年最小。历年的最大周期均不小于 8.3 秒,大于 11.0 秒的有 8 年,其中最大周期的极大值 12.7 秒出现在 1983 年 9 月 26 日,波向为 ENE。

表 2.5-1　周期年变化（1963—1992 年）　　　　　　单位:秒

|  | 1月 | 2月 | 3月 | 4月 | 5月 | 6月 | 7月 | 8月 | 9月 | 10月 | 11月 | 12月 | 年 |
|---|---|---|---|---|---|---|---|---|---|---|---|---|---|
| 平均周期 | 5.8 | 5.8 | 5.9 | 6.2 | 6.1 | 6.0 | 6.1 | 6.3 | 5.9 | 5.9 | 5.8 | 5.8 | 6.0 |
| 最大周期 | 9.0 | 9.2 | 8.6 | 8.8 | 9.0 | 9.1 | 12.3 | 12.0 | 12.7 | 12.6 | 9.2 | 8.7 | 12.7 |

## 2. 各向平均周期和最大周期

全年及各季代表月各向周期的分布见表 2.5-2、图 2.5-1 和图 2.5-2。全年各向平均周期为 5.3 ~ 6.6 秒，SE 向、WNW 向和 E 向周期值较大。全年各向最大周期 ENE 向最大，为 12.7 秒；SW 向次之，为 12.0 秒；W 向最小，为 5.5 秒。

表 2.5-2　全年各向平均周期和最大周期（1963—1992 年）　　　　　单位：秒

|  | N | NNE | NE | ENE | E | ESE | SE | SSE | S | SSW | SW | WSW | W | WNW | NW | NNW |
|---|---|---|---|---|---|---|---|---|---|---|---|---|---|---|---|---|
| 平均周期 | 5.3 | 5.5 | 5.5 | 6.1 | 6.4 | 6.1 | 6.6 | 5.8 | 5.4 | 5.5 | 5.5 | 5.5 | 5.5 | 6.6 | 5.4 | 5.4 |
| 最大周期 | 7.3 | 11.0 | 11.2 | 12.7 | 11.8 | 9.8 | 8.7 | 7.5 | 6.2 | 6.7 | 12.0 | 6.6 | 5.5 | 6.6 | 6.0 | 7.6 |

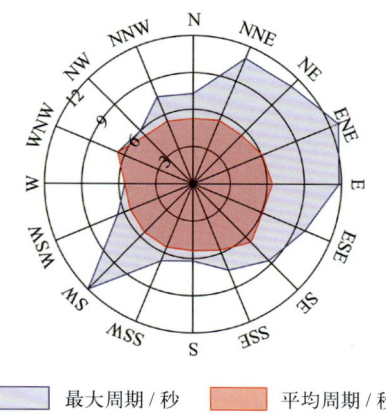

图 2.5-1　全年各向平均周期和最大周期（1963—1992 年）

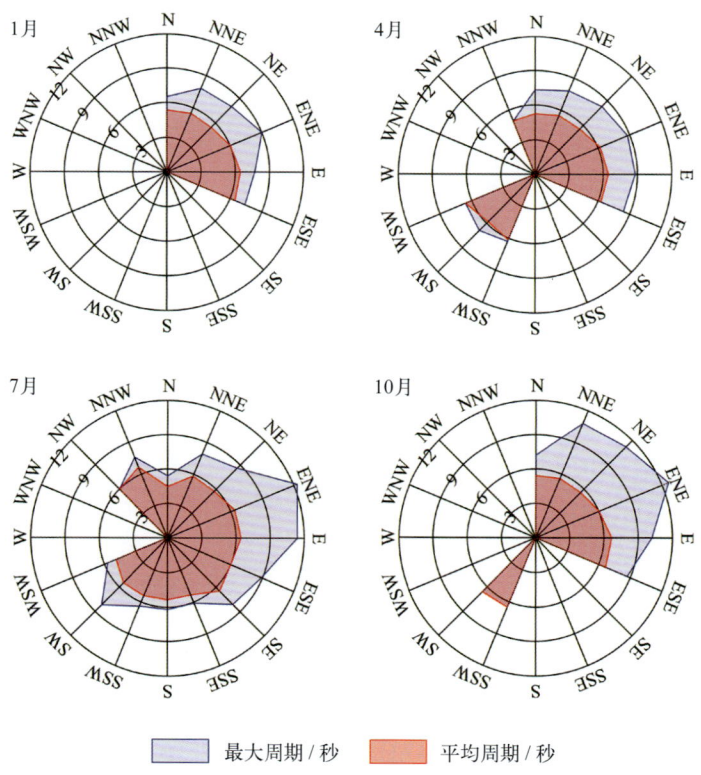

图 2.5-2　四季代表月各向平均周期和最大周期（1963—1992 年）

1月平均周期 E 向和 ESE 向最大，均为 6.5 秒；N 向最小，为 5.4 秒。最大周期 ENE 向最大，为 9.0 秒；NE 向次之，为 8.0 秒；N 向最小，为 6.5 秒。

4月平均周期 WSW 向最大，为 6.6 秒；NNW 向最小，为 5.0 秒。最大周期 ENE 向和 E 向最大，均为 8.8 秒；ESE 向次之，为 8.4 秒；NNW 向最小，为 5.0 秒。

7月平均周期 NNW 向最大，为 6.7 秒；N 向最小，为 4.5 秒。最大周期 ENE 向最大，为 12.3 秒；E 向次之，为 11.4 秒；N 向最小，为 5.4 秒。

10月平均周期 E 向和 ESE 向最大，均为 6.7 秒；N 向最小，为 5.4 秒。最大周期 ENE 向最大，为 12.6 秒；NE 向次之，为 11.2 秒；SSW 向最小，为 6.5 秒。

# 第三章　表层海水温度、盐度和海发光

## 第一节　表层海水温度

### 1. 平均水温、最高水温和最低水温

台山站月平均水温的年变化具有峰谷明显的特点，8月最高，为26.7℃，2月最低，为10.1℃，年较差为16.6℃。3—8月为升温期，9月至翌年2月为降温期。月最高水温和月最低水温的年变化特征与月平均水温相似（图3.1-1）。

历年的平均水温为18.3～19.6℃，其中1963年最高，1976年最低。累年平均水温为18.9℃。

历年的最高水温均不低于28.4℃，其中大于29.0℃的有26年，大于30.0℃的有4年，出现时间为7—9月。水温极大值为30.6℃，出现在1970年9月12日。

历年的最低水温均不高于10.8℃，其中小于9.0℃的有14年，小于8℃的有7年，出现时间为1—4月，2月最多。水温极小值为6.5℃，出现在1968年2月24日和1977年2月7日。

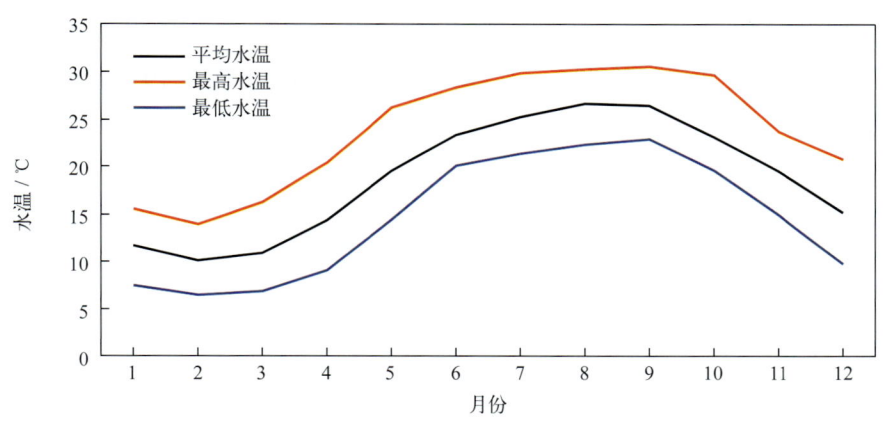

图3.1-1　水温年变化（1962—1992年）

### 2. 日平均水温稳定通过界限温度的日期

采用五日滑动平均方法求出稳定通过各个界限温度的日期，见表3.1-1。日平均水温全年均稳定通过5℃，稳定通过10℃的有358天，稳定通过15℃的有241天，稳定通过20℃的有176天，稳定通过25℃的初日为7月11日，终日为10月1日，共83天。

表3.1-1　日平均水温稳定通过界限温度的日期（1962—1992年）

|  | 10℃ | 15℃ | 20℃ | 25℃ |
|---|---|---|---|---|
| 初日 | 3月1日 | 4月20日 | 5月21日 | 7月11日 |
| 终日 | 翌年2月21日 | 12月16日 | 11月12日 | 10月1日 |
| 天数 | 358 | 241 | 176 | 33 |

### 3. 长期趋势变化

1963—1991 年，年平均水温无明显变化趋势；1962—1991 年，年最高水温呈波动下降趋势，下降速率为 0.23℃/（10 年），其中 1970 年最高水温为 1962—1991 年间的第一高值，1964 年和 1968 年最高水温均为第二高值；1963—1991 年，年最低水温呈波动上升趋势，上升速率为 0.54℃/（10 年），其中 1968 年和 1977 年最低水温均为 1963—1991 年间的第一低值，1964 年最低水温为第二低值。

## 第二节　表层海水盐度

### 1. 平均盐度、最高盐度和最低盐度

台山站月平均盐度最高值出现在 7 月，为 33.71，最低值出现在 10 月，为 28.95，年较差为 4.76。月最高盐度 7 月最大，1 月最小。月最低盐度 12 月最大，9 月最小（图 3.2–1）。

历年的平均盐度为 29.80 ~ 31.59，其中 1967 年最高，1983 年最低。累年平均盐度为 30.66。

历年的最高盐度均大于 33.95，其中大于 34.00 的有 30 年，大于 34.50 的有 9 年。年最高盐度多出现在夏秋季。盐度极大值为 35.30，出现在 1990 年 7 月 25 日。

历年的最低盐度均小于 27.35，其中小于 25.00 的有 22 年，小于 18.00 的有 9 年。年最低盐度多出现在春夏季，占统计年份的 87%。盐度极小值为 6.40，出现在 1990 年 9 月 4 日，当日降雨量为 80.5 毫米。

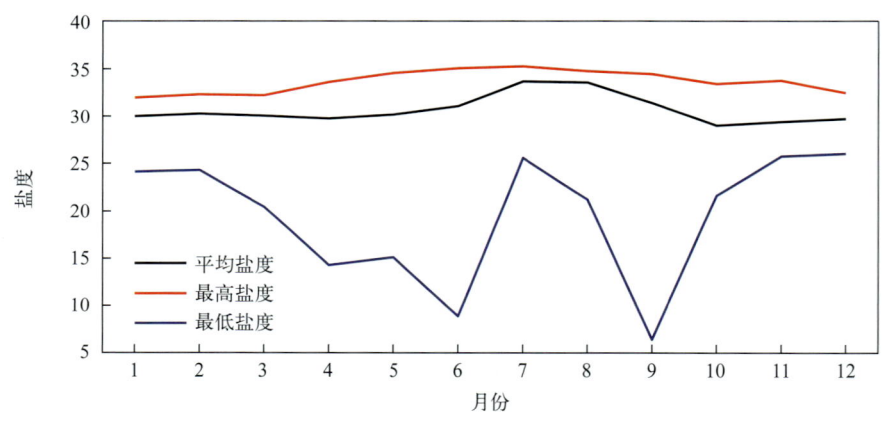

图 3.2–1　盐度年变化（1962—1992 年）

### 2. 长期趋势变化

年平均盐度（1963—1991 年）、年最高盐度（1962—1991 年）和年最低盐度（1963—1991 年）均无明显变化趋势。1990 年和 1991 年最高盐度分别为 1962—1991 年间的第一高值和第二高值；1990 年和 1974 年最低盐度分别为 1963—1991 年间的第一低值和第二低值。

## 第三节　海发光

1962—1992 年，台山站观测到的海发光主要为火花型（H），闪光型（S）较少，弥漫型（M）最少。海发光以 1 级海发光为主，占海发光次数的 51.2%；2 级次之，占 37.0%；4 级海发光最少，

占 1.0%。

各月及全年海发光频率见表 3.3-1 和图 3.3-1。海发光频率的年变化为 4—12 月较高，1—3 月较低，其中 6 月最高，2 月最低。累年平均海发光频率为 93.1%。

历年海发光频率为 80.9% ~ 98.8%，其中 1980 年海发光频率最大，1970 年最小。

表 3.3-1  各月及全年海发光频率（1962—1992 年）

| | 1月 | 2月 | 3月 | 4月 | 5月 | 6月 | 7月 | 8月 | 9月 | 10月 | 11月 | 12月 | 年 |
|---|---|---|---|---|---|---|---|---|---|---|---|---|---|
| 频率/% | 83.2 | 72.2 | 82.2 | 95.6 | 98.9 | 99.3 | 98.9 | 98.9 | 98.4 | 98.5 | 95.6 | 91.3 | 93.1 |

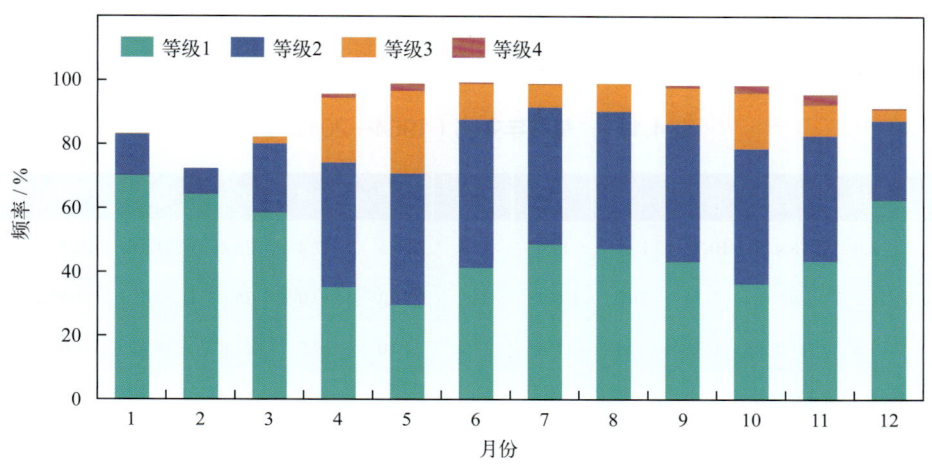

图3.3-1  各月各级海发光频率（1962—1992年）

# 第四章 海洋气象

## 第一节 气温

### 1. 平均气温、最高气温和最低气温

1964—2019 年，台山站累年平均气温为 17.9℃。月平均气温具有夏高冬低的变化特征，8 月最高，为 27.4℃，2 月最低，为 8.4℃，年较差为 19.0℃。月最高气温和月最低气温的年变化特征与月平均气温相似，月最高气温极大值出现在 8 月，月最低气温极小值出现在 12 月（表 4.1-1，图 4.1-1）。

表 4.1-1 气温年变化（1964—2019 年） 单位：℃

| | 1月 | 2月 | 3月 | 4月 | 5月 | 6月 | 7月 | 8月 | 9月 | 10月 | 11月 | 12月 | 年 |
| --- | --- | --- | --- | --- | --- | --- | --- | --- | --- | --- | --- | --- | --- |
| 平均气温 | 8.9 | 8.4 | 10.7 | 15.1 | 19.6 | 23.4 | 26.5 | 27.4 | 25.4 | 21.2 | 16.7 | 11.7 | 17.9 |
| 最高气温 | 24.8 | 24.9 | 32.3 | 31.2 | 36.1 | 34.2 | 37.2 | 40.0 | 35.9 | 33.3 | 34.4 | 30.2 | 40.0 |
| 最低气温 | -1.8 | -1.7 | 0.8 | 3.5 | 8.9 | 14.4 | 19.0 | 19.7 | 13.8 | 9.7 | 3.6 | -1.9 | -1.9 |

注：1993年1月至2009年8月停测。

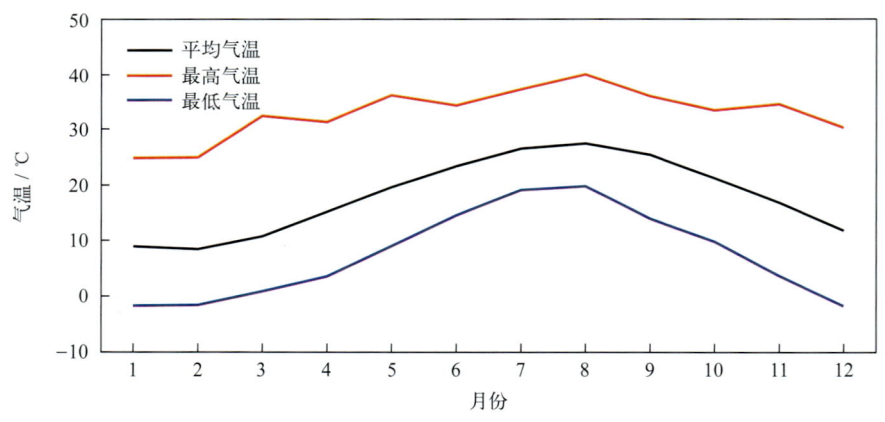

图4.1-1 气温年变化（1964—2019年）

历年的平均气温为 16.8 ~ 21.8℃，其中 2018 年最高，1984 年最低。

历年的最高气温均高于 30.0℃，其中高于 33.0℃的有 17 年，高于 36.0℃的有 2 年。最早出现时间为 7 月 19 日（1988 年和 1989 年），最晚出现时间为 9 月 12 日（2009 年）。8 月最高气温出现频率最高，占统计年份的 66%，7 月次之，占 19%（图 4.1-2）。极大值为 40.0℃，出现在 2018 年 8 月 8 日。

历年的最低气温均低于 6.5℃，其中低于 0.0℃的有 13 年，低于 -1.0℃的有 5 年。最早出现时间为 12 月 14 日（1975 年），最晚出现时间为 3 月 26 日（1987 年）。2 月最低气温出现频率最高，占统计年份的 42%，1 月次之，占 28%（图 4.1-2）。极小值为 -1.9℃，出现在 1976 年 12 月 27 日。

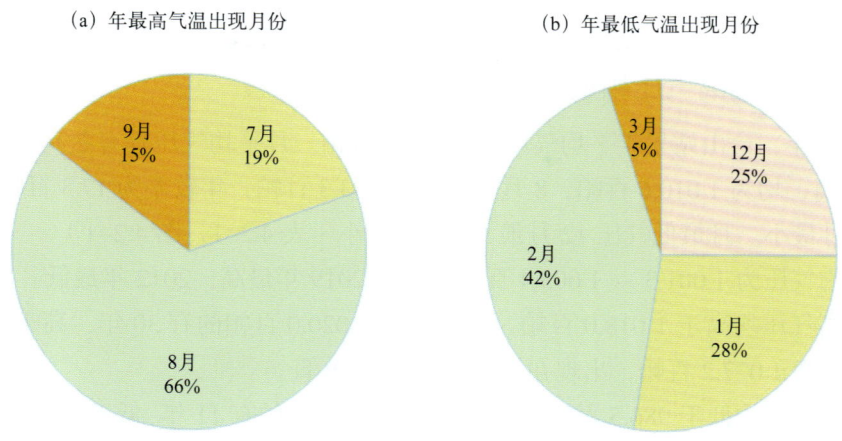

图4.1-2 年最高、最低气温出现月份及频率（1964—2019年）

## 2. 长期趋势变化

1964—1992年,年平均气温和年最低气温均呈波动上升趋势,上升速率分别为0.07℃/（10年）（线性趋势未通过显著性检验）和0.43℃/（10年）（线性趋势未通过显著性检验）,年最高气温呈下降趋势,下降速率为0.43℃/（10年）（线性趋势未通过显著性检验）。2010—2019年,年平均气温、年最高气温和年最低气温均呈波动上升趋势,上升速率分别为2.68℃/（10年）、3.02℃/（10年）（线性趋势未通过显著性检验）和3.81℃/（10年）（线性趋势未通过显著性检验）。

## 3. 常年自然天气季节和大陆度

利用台山站1966—1992年和2009—2019年气温累年日平均数据计算五日滑动平均气温,根据《气候季节划分》（QX/T 152—2012）方法,台山平均春季时间从3月13日至6月6日,共86天;平均夏季时间从6月7日至10月12日,共128天;平均秋季时间从10月13日至12月29日,共78天;平均冬季时间从12月30日至翌年3月12日,共73天。夏季时间最长,冬季时间最短（图4.1-3）。

台山站焦金斯基大陆度指数为39.7%,属海洋性季风气候。

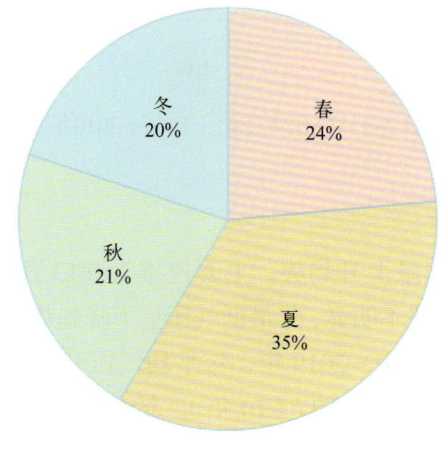

图4.1-3 四季平均日数百分率（1966—2019年）

## 第二节 气压

### 1. 平均气压、最高气压和最低气压

1966—2019 年，台山站累年平均气压为 1 002.5 百帕。月平均气压具有冬高夏低的变化特征，1 月和 12 月最高，均为 1 010.6 百帕，8 月最低，为 993.3 百帕，年较差为 17.3 百帕。月最高气压 12 月最大，7 月最小。月最低气压 12 月最大，8 月最小（表 4.2-1，图 4.2-1）。

历年的平均气压为 1 001.3 ~ 1 005.4 百帕，其中 2019 年最高，2012 年最低。

历年的最高气压均高于 1 018.0 百帕，其中高于 1 020.0 百帕的有 30 年，高于 1 025.0 百帕的有 3 年。极大值为 1 027.2 百帕，出现在 2018 年 12 月 29 日。

历年的最低气压均低于 986.5 百帕，其中低于 975.0 百帕的有 11 年，低于 970.0 百帕的有 8 年。极小值为 952.1 百帕，出现在 1972 年 8 月 17 日，正值 7209 号台风影响期间。

表 4.2-1　气压年变化（1966—2019 年）　　　　　　　　单位：百帕

| | 1月 | 2月 | 3月 | 4月 | 5月 | 6月 | 7月 | 8月 | 9月 | 10月 | 11月 | 12月 | 年 |
|---|---|---|---|---|---|---|---|---|---|---|---|---|---|
| 平均气压 | 1 010.6 | 1 009.0 | 1 006.3 | 1 002.3 | 998.4 | 994.5 | 993.5 | 993.3 | 998.4 | 1 004.3 | 1 008.3 | 1 010.6 | 1 002.5 |
| 最高气压 | 1 026.0 | 1 023.8 | 1 019.6 | 1 019.5 | 1 011.9 | 1 007.5 | 1 003.0 | 1 003.8 | 1 011.8 | 1 016.6 | 1 022.5 | 1 027.2 | 1 027.2 |
| 最低气压 | 994.2 | 991.5 | 989.4 | 987.5 | 982.3 | 976.9 | 959.8 | 952.1 | 965.3 | 956.7 | 990.0 | 995.5 | 952.1 |

注：1993年1月至2009年8月停测。

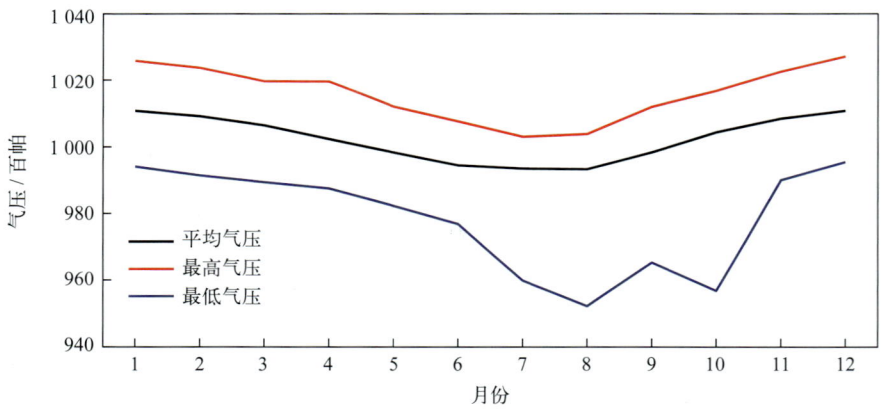

图 4.2-1　气压年变化（1966—2019年）

### 2. 长期趋势变化

1966—1992 年，年平均气压呈上升趋势，上升速率为 0.13 百帕 /（10 年）（线性趋势未通过显著性检验），年最高气压变化趋势不明显，年最低气压呈下降趋势，下降速率为 0.48 百帕 /（10 年）（线性趋势未通过显著性检验）；2010—2019 年，年平均气压和年最高气压均呈上升趋势，上升速率分别为 3.38 百帕 /（10 年）和 7.47 百帕 /（10 年），年最低气压呈下降趋势，下降速率为 11.95 百帕 /（10 年）（线性趋势未通过显著性检验）。

## 第三节　相对湿度

### 1. 平均相对湿度和最小相对湿度

1964—2019年，台山站累年平均相对湿度为83.5%。月平均相对湿度6月最大，为93.7%，12月最小，为73.6%。平均月最小相对湿度7月最大，为67.5%，12月最小，为30.8%。最小相对湿度的极小值为10%，出现在2011年3月29日（表4.3-1，图4.3-1）。

表4.3-1　相对湿度年变化（1964—2019年）

|  | 1月 | 2月 | 3月 | 4月 | 5月 | 6月 | 7月 | 8月 | 9月 | 10月 | 11月 | 12月 | 年 |
| --- | --- | --- | --- | --- | --- | --- | --- | --- | --- | --- | --- | --- | --- |
| 平均相对湿度/% | 76.7 | 80.8 | 84.6 | 87.5 | 90.7 | 93.7 | 92.3 | 88.0 | 81.6 | 76.9 | 75.8 | 73.6 | 83.5 |
| 平均最小相对湿度/% | 34.4 | 39.1 | 38.9 | 41.3 | 47.8 | 64.3 | 67.5 | 60.1 | 48.1 | 39.1 | 35.9 | 30.8 | 45.6 |
| 最小相对湿度/% | 20 | 20 | 10 | 22 | 33 | 36 | 55 | 37 | 21 | 14 | 18 | 15 | 10 |

注：平均最小相对湿度为各月最小相对湿度的累年平均值及其年平均值。1993年1月至2009年8月停测。

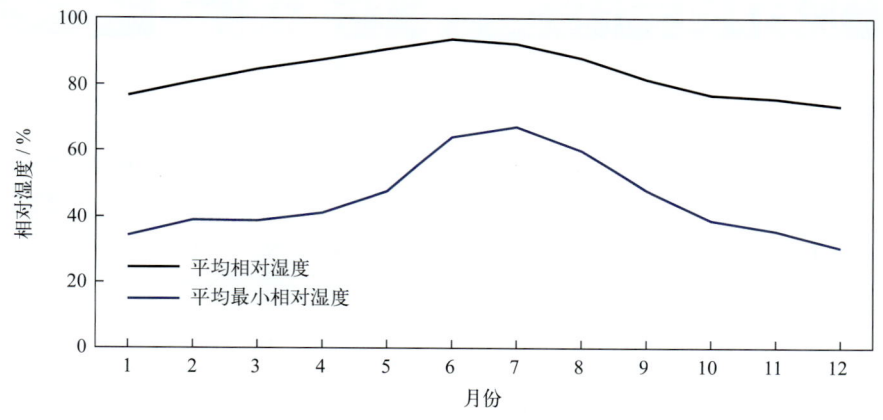

图4.3-1　相对湿度年变化（1964—2019年）

### 2. 长期趋势变化

1964—2019年，年平均相对湿度为79.0%～87.5%，其中2018年最大，2011年最小。

1964—1992年，年平均相对湿度呈上升趋势，上升速率为0.54%/（10年）（线性趋势未通过显著性检验）；2010—2019年，年平均相对湿度呈上升趋势，上升速率为7.98%/（10年）。

### 3. 温湿指数

根据《人居环境气候舒适度评价》（GB/T 27963—2011）的温湿指数统计方法和气候舒适度等级划分方法，统计台山站各月温湿指数，结果显示：12月至翌年3月温湿指数为9.1～12.1，感觉为寒冷；4月和11月温湿指数分别为15.0和16.4，感觉为冷；5月、6月、9月和10月温湿指数为19.4～24.3，感觉为舒适；7月和8月温湿指数分别为26.0和26.5，感觉为热（表4.3-2）。

表 4.3-2  温湿指数年变化（1964—2019 年）

|  | 1月 | 2月 | 3月 | 4月 | 5月 | 6月 | 7月 | 8月 | 9月 | 10月 | 11月 | 12月 |
|---|---|---|---|---|---|---|---|---|---|---|---|---|
| 温湿指数 | 9.6 | 9.1 | 11.0 | 15.0 | 19.4 | 23.1 | 26.0 | 26.5 | 24.3 | 20.3 | 16.4 | 12.1 |
| 感觉程度 | 寒冷 | 寒冷 | 寒冷 | 冷 | 舒适 | 舒适 | 热 | 热 | 舒适 | 舒适 | 冷 | 寒冷 |

## 第四节　风

### 1. 平均风速和最大风速

台山站风速的年变化见表 4.4-1 和图 4.4-1。累年平均风速为 7.9 米/秒，月平均风速 11 月最大，为 9.1 米/秒，5 月最小，为 6.4 米/秒。平均最大风速 8 月最大，为 23.9 米/秒，1 月最小，为 19.8 米/秒。最大风速月最大值对应风向多为 ENE 向（6 个月）。极大风速的最大值为 88.1 米/秒，出现在 2018 年 7 月 11 日，正值 1808 号台风"玛莉亚"影响期间，对应风向为 ENE。

表 4.4-1  风速年变化（1964—2019 年）　　　　　　　　　　　　　　　　单位：米/秒

| | | 1月 | 2月 | 3月 | 4月 | 5月 | 6月 | 7月 | 8月 | 9月 | 10月 | 11月 | 12月 | 年 |
|---|---|---|---|---|---|---|---|---|---|---|---|---|---|---|
| 平均风速 | | 8.9 | 8.8 | 7.8 | 6.6 | 6.4 | 7.2 | 7.9 | 6.6 | 7.7 | 8.9 | 9.1 | 8.8 | 7.9 |
| 最大风速 | 平均值 | 19.8 | 20.5 | 20.6 | 20.2 | 20.1 | 20.5 | 23.2 | 23.9 | 23.4 | 22.2 | 20.9 | 19.9 | 21.3 |
| | 最大值 | 27.7 | 26.3 | 27.0 | 28.0 | 27.0 | 29.0 | 57.1 | 40.0 | 40.0 | 34.2 | 28.0 | 25.0 | 57.1 |
| | 最大值对应风向 | ENE | NE | SW/WSW/ENE | SW | ENE | ENE | ENE | N | NNE/NE/ENE | S | NNE | NNE | ENE |
| 极大风速 | 最大值 | 25.8 | 31.2 | 27.1 | 28.4 | 24.7 | 28.9 | 88.1 | 46.7 | 38.9 | 46.3 | 28.6 | 31.5 | 88.1 |
| | 最大值对应风向 | NE | NNE | NNW | ENE | SW | SW | ENE | E | ENE | NNE | ENE | NE | ENE |

注：1993年1月至2009年8月停测。

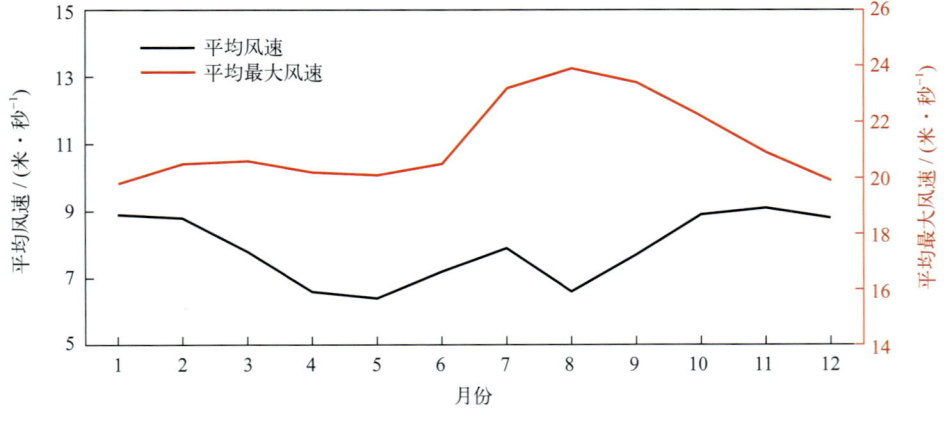

图 4.4-1　平均风速和平均最大风速年变化（1964—2019年）

历年的平均风速为 7.1 ~ 9.0 米/秒，其中 1971 年最大，2014 年最小。历年的最大风速均大于等于 22.1 米/秒，其中大于等于 28.0 米/秒的有 23 年，大于等于 38.0 米/秒的有 5 年。最大风速的最大值为 57.1 米/秒，出现在 2018 年 7 月 11 日，风向为 ENE。年最大风速出现在 8 月的频率最高，2 月、6 月和 12 月未出现（图 4.4-2）。

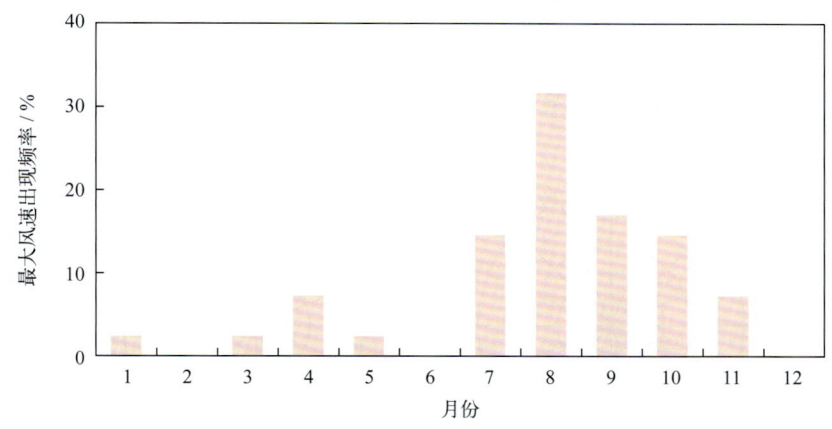

图4.4-2　年最大风速出现频率（1964—2019年）

## 2. 各向风频率

全年 NNE 向风最多，频率为 25.3%，NE 向次之，频率为 24.2%，SE 向风最少，频率为 0.6%（图 4.4-3）。

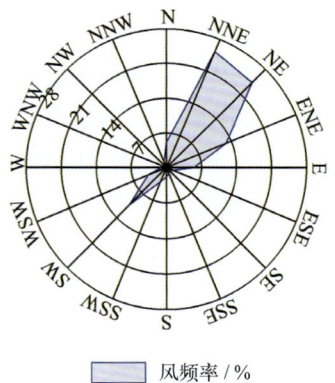

图4.4-3　全年各向风频率（1966—2019年）

1 月盛行风向为 N—ENE，频率和为 90.5%；4 月盛行风向为 N—ENE，频率和为 62.8%；7 月盛行风向为 SSW—WSW，频率和为 58.0%；10 月盛行风向为 NNE—ENE，频率和为 85.2%（图 4.4-4）。

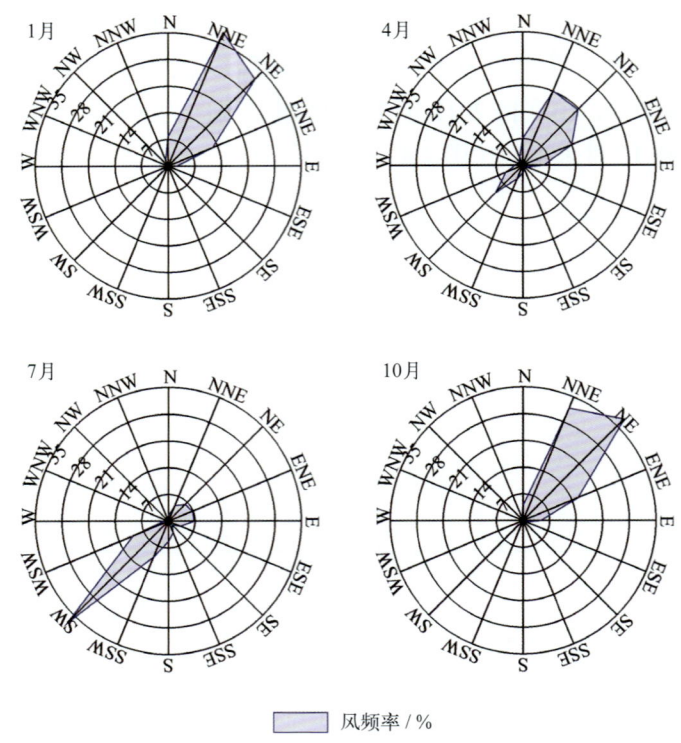

图4.4-4 四季代表月各向风频率（1966—2019年）

### 3. 各向平均风速和最大风速

全年各向平均风速NE向最大，为8.5米/秒，ENE向次之，为8.1米/秒，SE向最小，为1.7米/秒（图4.4-5）。1月NE向平均风速最大，为9.7米/秒；4月NE向和ENE向最大，均为7.4米/秒；7月SW向最大，为10.1米/秒；10月NE向最大，为9.8米/秒（图4.4-6）。

全年各向最大风速ENE向最大，为57.1米/秒，N向、NNE向和NE向次之，均为40.0米/秒，SE向最小，为20.0米/秒（图4.4-5）。1月最大风速ENE向最大，为27.7米/秒；4月SW向最大，为28.0米/秒；7月ENE向最大，为57.1米/秒；10月S向最大，为34.2米/秒（图4.4-6）。

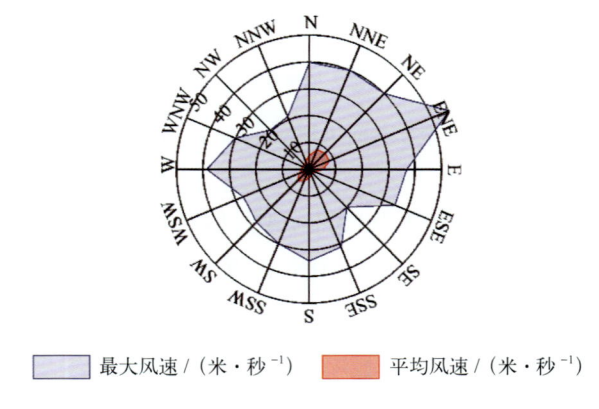

图4.4-5 全年各向平均风速和最大风速（1966—2019年）

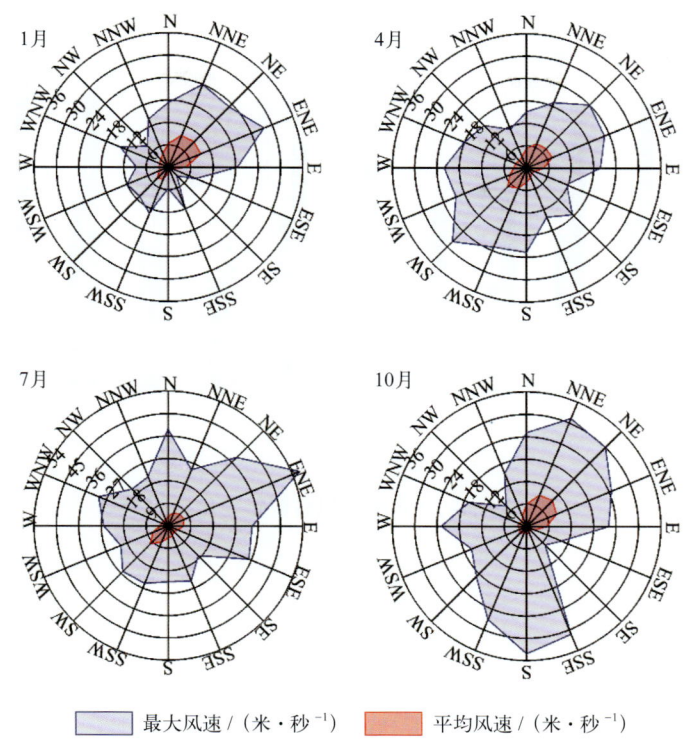

图4.4-6 四季代表月各向平均风速和最大风速（1966—2019年）

### 4. 大风日数

风力大于等于6级的大风日数12月最多，为21.9天，占全年的10.4%，1月次之，为21.5天（表4.4-2，图4.4-7）。平均年大风日数为211.5天（表4.4-2）。历年大风日数1988年最多，为268天，1968年最少，为117天。

风力大于等于8级的大风日数7月和10月最多，均为4.6天，5月最少，为2.3天。历年大风日数1988年最多，为92天，1968年最少，为17天。

风力大于等于6级的月大风日数最多为31天，出现在1977年1月和2011年1月；最长连续大于等于6级大风日数为53天，出现在1988年1月16日至3月8日（表4.4-2）。

表4.4-2 各级大风日数年变化（1964—2019年） 单位：天

| | 1月 | 2月 | 3月 | 4月 | 5月 | 6月 | 7月 | 8月 | 9月 | 10月 | 11月 | 12月 | 年 |
|---|---|---|---|---|---|---|---|---|---|---|---|---|---|
| 大于等于6级大风平均日数 | 21.5 | 19.7 | 19.0 | 13.6 | 12.8 | 15.5 | 16.8 | 12.9 | 16.3 | 20.1 | 21.4 | 21.9 | 211.5 |
| 大于等于7级大风平均日数 | 13.1 | 11.4 | 10.5 | 7.2 | 6.3 | 9.9 | 11.4 | 7.6 | 10.0 | 12.7 | 13.2 | 11.9 | 125.2 |
| 大于等于8级大风平均日数 | 3.2 | 3.3 | 3.3 | 2.9 | 2.3 | 3.9 | 4.6 | 3.3 | 4.1 | 4.6 | 3.6 | 2.6 | 41.7 |
| 大于等于6级大风最多日数 | 31 | 29 | 28 | 23 | 22 | 22 | 25 | 26 | 25 | 28 | 29 | 30 | 268 |
| 最长连续大于等于6级大风日数 | 38 | 48 | 53 | 18 | 15 | 14 | 16 | 13 | 19 | 28 | 47 | 30 | 53 |

注：大于等于6级大风统计时间为1964—2019年，大于等于7级和大于等于8级大风统计时间为1966—2019年。1993年1月至2009年8月停测。

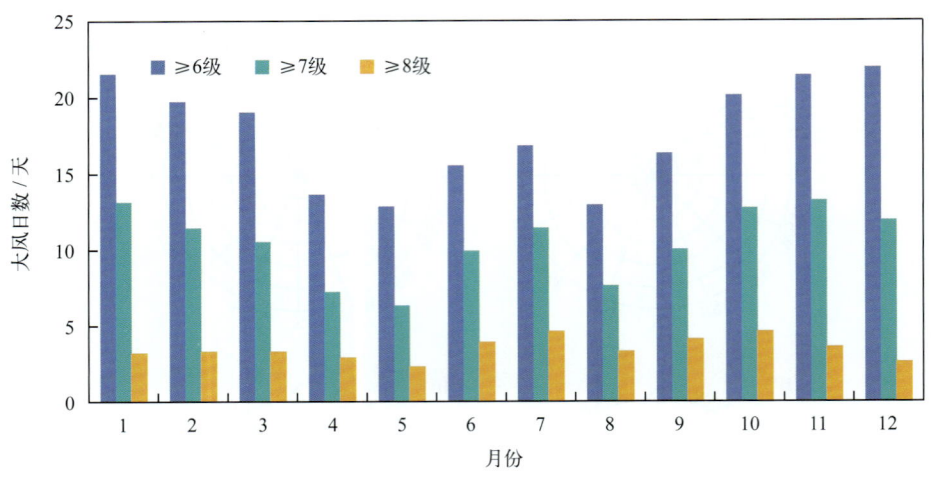

图4.4-7 各级大风日数年变化

## 第五节 降水

### 1. 降水量和降水日数

（1）降水量

台山站降水量的年变化见表4.5-1和图4.5-1。平均年降水量为1 073.5毫米，降水量的季节分布不均匀，春季（3—5月）为371.0毫米，占全年的34.6%，夏季（6—8月）为316.1毫米，占全年的29.4%，秋季（9—11月）为231.3毫米，占全年的21.5%，冬季（12月至翌年2月）为155.1毫米，占全年的14.4%。6月平均降水量最多，为172.3毫米，占全年的16.1%。

历年年降水量为465.3～1 752.3毫米，其中2019年最多，1967年最少。

最大日降水量超过100毫米的有6年，最大日降水量超过150毫米的有2年，最大日降水量为344.4毫米，出现在2019年11月9日。

表4.5-1 降水量年变化（1964—2019年） 单位：毫米

| | 1月 | 2月 | 3月 | 4月 | 5月 | 6月 | 7月 | 8月 | 9月 | 10月 | 11月 | 12月 | 年 |
|---|---|---|---|---|---|---|---|---|---|---|---|---|---|
| 平均降水量 | 50.2 | 71.0 | 109.4 | 116.8 | 144.8 | 172.3 | 48.1 | 95.7 | 104.7 | 51.4 | 75.2 | 33.9 | 1 073.5 |
| 最大日降水量 | 54.4 | 41.0 | 59.2 | 94.9 | 82.3 | 154.8 | 93.9 | 140.4 | 140.1 | 139.2 | 344.4 | 40.5 | 344.4 |

注：1993年1月至2009年8月停测。

（2）降水日数

平均年降水日数为148.1天。降水日数的年变化特征为上半年多、下半年少（图4.5-2和图4.5-3）。日降水量大于等于10毫米的平均年日数为32.5天，各月均有出现；日降水量大于等于50毫米的平均年日数为2.5天，出现在1月和3—11月；日降水量大于等于100毫米的平均年日数为0.3天，出现在6月和8—11月；日降水量大于等于150毫米的平均年日数为0.08天，出现在6月和11月；日降水量大于等于200毫米的平均年日数为0.03天，出现在11月（图4.5-3）。

最多年降水日数为200天，出现在2012年；最少年降水日数为105天，出现在1971年。最长连续降水日数为35天，出现在2019年2月6日至3月12日；最长连续无降水日数为67天，出现在 2009 年 11 月 17 日至 2010 年 1 月 22 日。

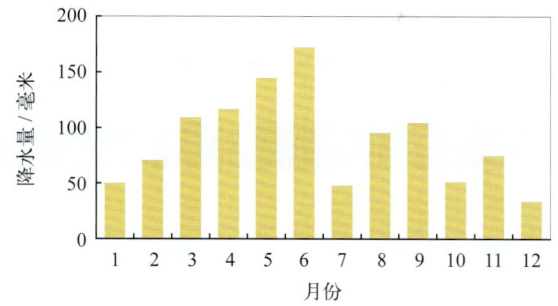

图4.5-1　降水量年变化（1964—2019年）

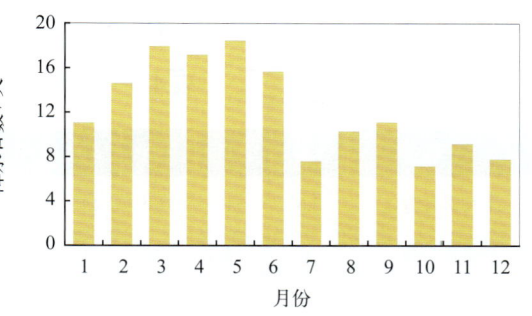

图4.5-2　降水日数年变化（1966—2019年）

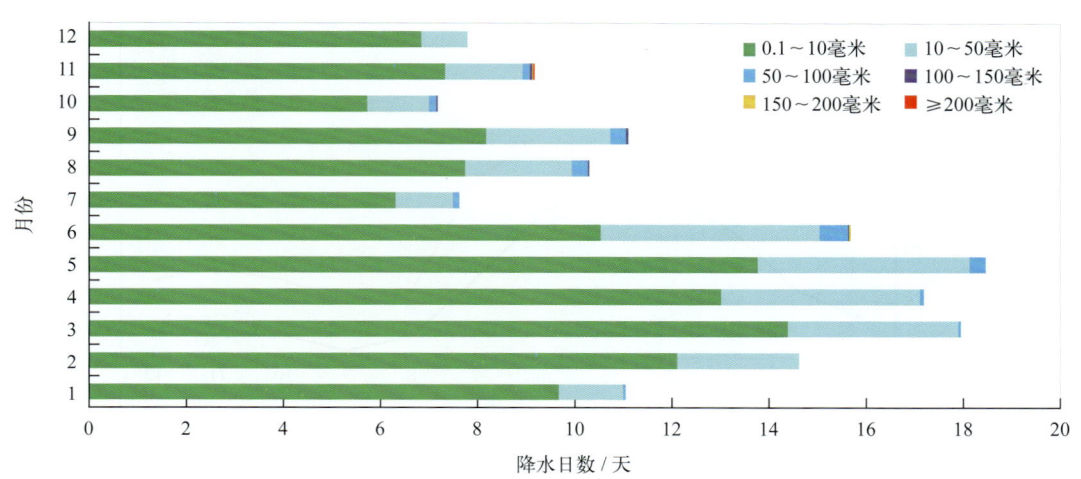

图4.5-3　各月各级平均降水日数分布（1964—2019年）

### 2. 长期趋势变化

1964—1992 年，年降水量和年最大日降水量均呈上升趋势，上升速率分别为 139.61 毫米/（10 年）和 8.77 毫米/（10 年）（线性趋势未通过显著性检验）；2010—2019 年，年降水量和年最大日降水量均呈上升趋势，上升速率分别为 285.94 毫米/（10 年）（线性趋势未通过显著性检验）和 158.99 毫米/（10 年）（线性趋势未通过显著性检验）。

1966—1992 年，年降水日数呈减少趋势，减少速率为 1.99 天/（10 年）（线性趋势未通过显著性检验）；最长连续降水日数和最长连续无降水日数均呈增加趋势，增加速率分别为 0.56 天/（10 年）（线性趋势未通过显著性检验）和 1.17 天/（10 年）（线性趋势未通过显著性检验）。2010—2019 年，年降水日数和最长连续降水日数均呈增加趋势，增加速率分别为 13.03 天/（10 年）（线性趋势未通过显著性检验）和 5.76 天/（10 年）（线性趋势未通过显著性检验）；最长连续无降水日数呈减少趋势，减少速率为 13.76 天/（10 年）（线性趋势未通过显著性检验）。

## 第六节　雾及其他天气现象

### 1. 雾

台山站雾日数的年变化见表 4.6-1、图 4.6-1 和图 4.6-2。1966—1992 年，平均年雾日数为

81.2 天。平均月雾日数 5 月最多，为 16.7 天，9 月最少，为 0.7 天；月雾日数最多为 24 天，出现在 1967 年 5 月和 1970 年 5 月；最长连续雾日数为 15 天，出现 1991 年 4 月 4—18 日。

表 4.6-1　雾日数年变化（1966—1992 年）　　　　　　　　　　　单位：天

| | 1月 | 2月 | 3月 | 4月 | 5月 | 6月 | 7月 | 8月 | 9月 | 10月 | 11月 | 12月 | 年 |
| --- | --- | --- | --- | --- | --- | --- | --- | --- | --- | --- | --- | --- | --- |
| 平均雾日数 | 3.6 | 6.0 | 11.3 | 14.5 | 16.7 | 12.8 | 7.2 | 2.0 | 0.7 | 2.1 | 1.9 | 2.4 | 81.2 |
| 最多雾日数 | 10 | 15 | 18 | 22 | 24 | 20 | 16 | 6 | 5 | 7 | 8 | 7 | 106 |
| 最长连续雾日数 | 7 | 7 | 14 | 15 | 12 | 11 | 11 | 4 | 4 | 4 | 4 | 5 | 15 |

注：1993年1月停测。

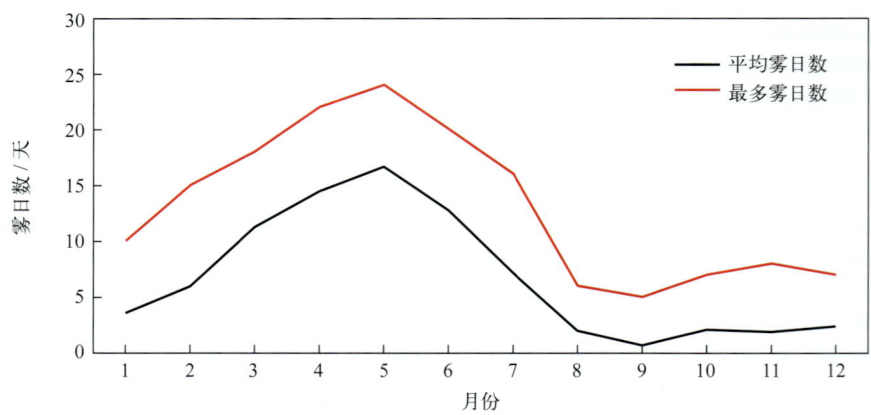

图 4.6-1　平均雾日数和最多雾日数年变化（1966—1992年）

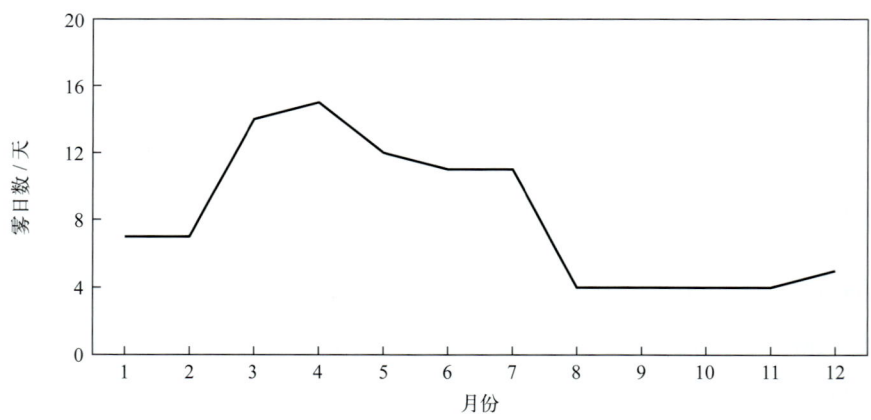

图 4.6-2　最长连续雾日数年变化（1966—1992年）

1966—1992 年，年雾日数呈上升趋势，上升速率为 3.85 天 /（10 年）（线性趋势未通过显著性检验）。1990 年雾日数最多，为 106 天，1971 年最少，为 64 天。

## 2. 轻雾

台山站轻雾日数的年变化见表 4.6-2 和图 4.6-3。1966—1992 年，平均年轻雾日数为 132.8 天。

平均月轻雾日数 5 月最多，为 17.1 天，9 月最少，为 4.7 天。最多月轻雾日数为 26 天，出现在 1988 年 5 月、1990 年 6 月和 1991 年 3 月。

表 4.6-2　轻雾日数年变化（1966—1992 年）　　　　　　　　　　　　　　　单位：天

|  | 1月 | 2月 | 3月 | 4月 | 5月 | 6月 | 7月 | 8月 | 9月 | 10月 | 11月 | 12月 | 年 |
|---|---|---|---|---|---|---|---|---|---|---|---|---|---|
| 平均轻雾日数 | 11.9 | 12.5 | 14.6 | 13.9 | 17.1 | 14.7 | 12.0 | 8.4 | 4.7 | 6.3 | 7.9 | 8.8 | 132.8 |
| 最多轻雾日数 | 24 | 23 | 26 | 23 | 26 | 26 | 22 | 20 | 13 | 15 | 19 | 23 | 208 |

注：1993年1月停测。

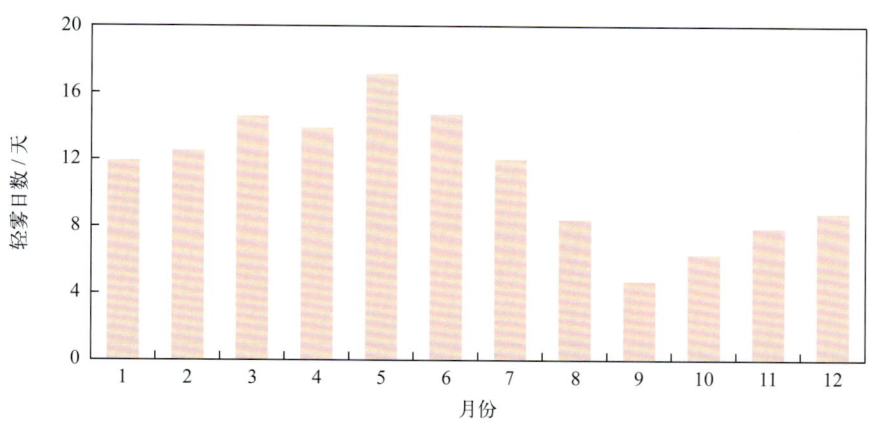

图4.6-3　轻雾日数年变化（1966—1992年）

1966—1992 年，年轻雾日数呈上升趋势，上升速率为 46.54 天/（10 年）。1992 年轻雾日数最多，为 208 天，1969 年最少，为 74 天（图 4.6-4）。

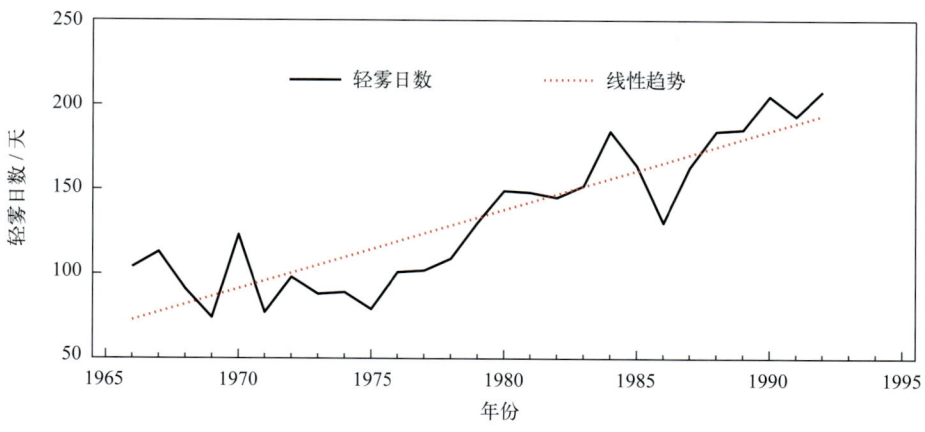

图4.6-4　1966—1992年轻雾日数变化

### 3. 雷暴

台山站雷暴日数的年变化见表 4.6-3 和图 4.6-5。1964—1992 年，平均年雷暴日数为 31.4 天。雷暴主要出现在 3—9 月，其中 4 月最多，平均日数为 5.3 天，11 月至翌年 1 月最少，均为 0.2 天。雷暴最早初日为 1 月 7 日（1989 年），最晚终日为 12 月 27 日（1977 年和 1992 年）。

表 4.6-3　雷暴日数年变化（1964—1992 年）　　　　　　　　　　　　　　　　　单位：天

|  | 1月 | 2月 | 3月 | 4月 | 5月 | 6月 | 7月 | 8月 | 9月 | 10月 | 11月 | 12月 | 年 |
|---|---|---|---|---|---|---|---|---|---|---|---|---|---|
| 平均雷暴日数 | 0.2 | 1.0 | 4.4 | 5.3 | 3.5 | 4.2 | 3.6 | 4.6 | 3.6 | 0.6 | 0.2 | 0.2 | 31.4 |
| 最多雷暴日数 | 2 | 4 | 11 | 14 | 9 | 9 | 11 | 10 | 11 | 6 | 2 | 1 | 51 |

注：1993年1月停测。

1964—1992 年，年雷暴日数呈下降趋势，下降速率为 1.35 天/（10 年）（线性趋势未通过显著性检验）。1975 年雷暴日数最多，为 51 天，1965 年最少，为 21 天（图 4.6-6）。

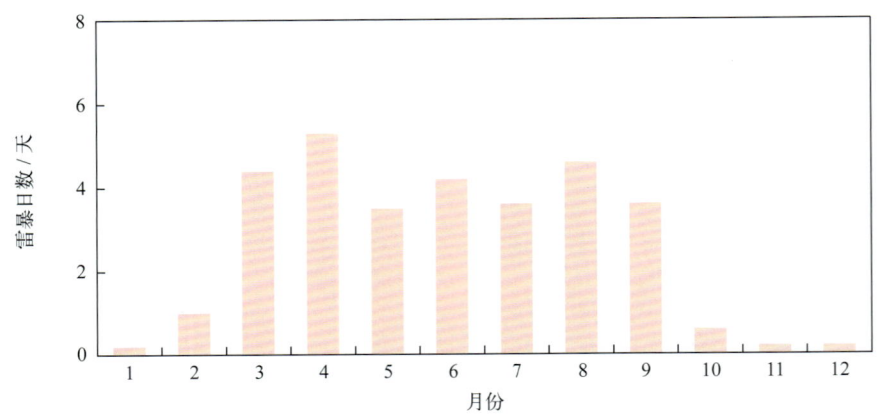

图4.6-5　雷暴日数年变化（1964—1992年）

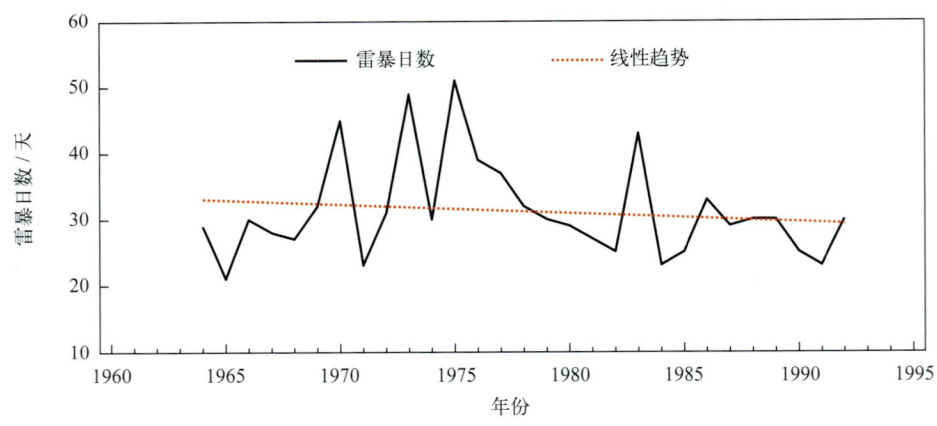

图4.6-6　1964—1992年雷暴日数变化

### 4. 霜

1964—1992 年，台山站有 3 天出现霜，分别出现在 1967 年 1 月、1972 年 3 月和 1978 年 1 月。

### 5. 降雪

台山站降雪日数的年变化见表 4.6-4 和图 4.6-7。1964—1992 年，平均年降雪日数为 4.1 天。降雪全部出现在 12 月至翌年 3 月，2 月最多，平均日数为 2.0 天。降雪最早初日为 12 月 12 日（1975

年和 1982 年），最晚终日为 3 月 26 日（1987 年）。

表 4.6-4　降雪日数年变化（1964—1992 年）　　　　　　　　　　　　　单位：天

|  | 1月 | 2月 | 3月 | 4月 | 5月 | 6月 | 7月 | 8月 | 9月 | 10月 | 11月 | 12月 | 年 |
|---|---|---|---|---|---|---|---|---|---|---|---|---|---|
| 平均降雪日数 | 1.3 | 2.0 | 0.4 | 0.0 | 0.0 | 0.0 | 0.0 | 0.0 | 0.0 | 0.0 | 0.0 | 0.4 | 4.1 |
| 最多降雪日数 | 6 | 10 | 2 | 0 | 0 | 0 | 0 | 0 | 0 | 0 | 0 | 3 | 11 |

注：1993年1月停测。

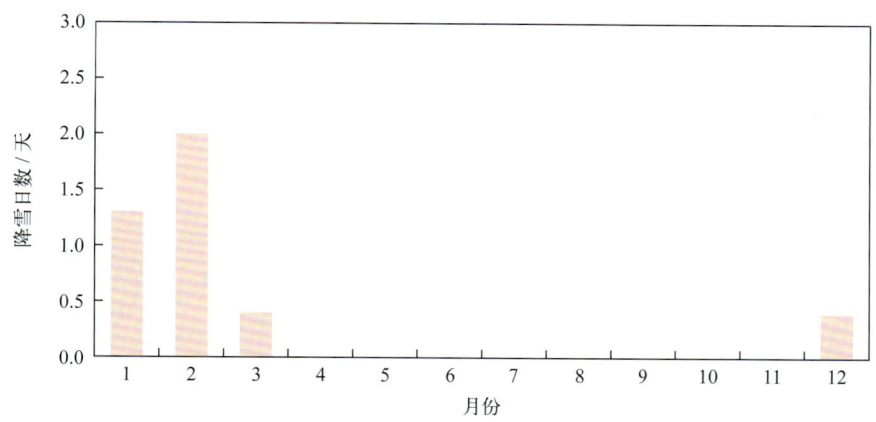

图4.6-7　降雪日数年变化（1964—1992年）

1964—1992 年，年降雪日数呈下降趋势，下降速率为 0.63 天 /（10 年）（线性趋势未通过显著性检验）。1977 年降雪日数最多，为 11 天，1965 年全年无降雪（图 4.6-8）。

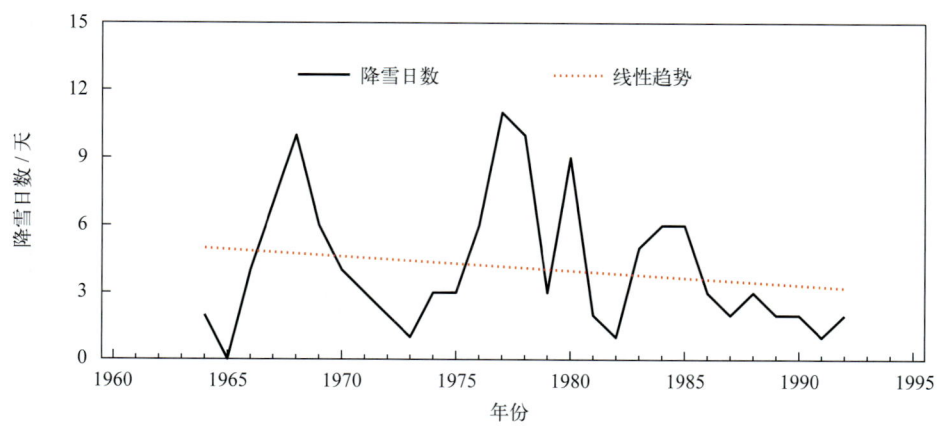

图4.6-8　1964—1992年降雪日数变化

## 第七节　能见度

1966—1992 年，台山站累年平均能见度为 25.4 千米。9 月平均能见度最大，为 32.7 千米，4 月最小，为 19.5 千米。能见度小于 1 千米的平均年日数为 41.5 天，5 月最多，为 10.0 天，9 月最少，为 0.1 天（表 4.7-1，图 4.7-1 和图 4.7-2）。

表 4.7-1　能见度年变化（1966—1992 年）

| | 1月 | 2月 | 3月 | 4月 | 5月 | 6月 | 7月 | 8月 | 9月 | 10月 | 11月 | 12月 | 年 |
|---|---|---|---|---|---|---|---|---|---|---|---|---|---|
| 平均能见度/千米 | 23.4 | 22.0 | 21.1 | 19.5 | 19.9 | 23.4 | 28.3 | 31.0 | 32.7 | 29.7 | 28.3 | 25.6 | 25.4 |
| 能见度小于1千米平均日数/天 | 1.9 | 3.6 | 6.6 | 9.2 | 10.0 | 5.2 | 2.1 | 0.6 | 0.1 | 0.4 | 0.7 | 1.1 | 41.5 |

注：1993年1月停测。

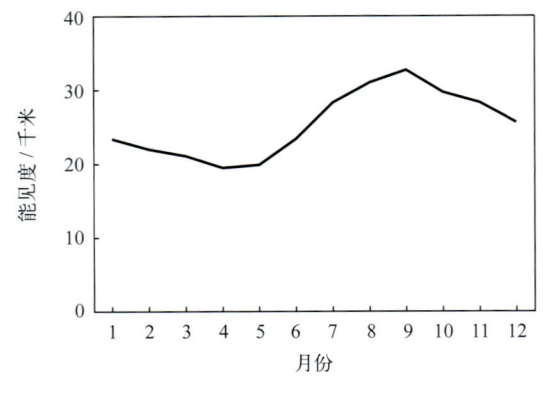

图4.7-1　能见度年变化

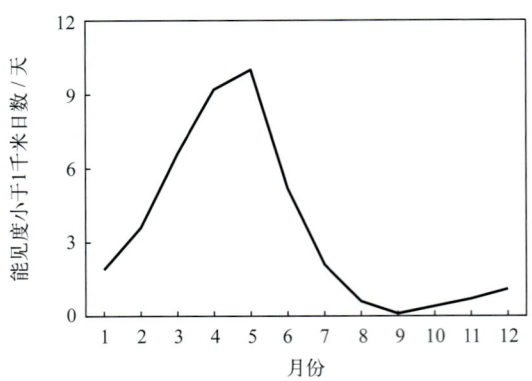

图4.7-2　能见度小于1千米日数年变化

历年平均能见度为 17.4 ~ 32.3 千米，1968 年最高，1992 年最低。能见度小于 1 千米的日数 1990 年最多，为 59 天，1975 年最少，为 24 天（图 4.7-3）。1966—1992 年，年平均能见度呈下降趋势，下降速率为 6.15 千米/（10 年）。

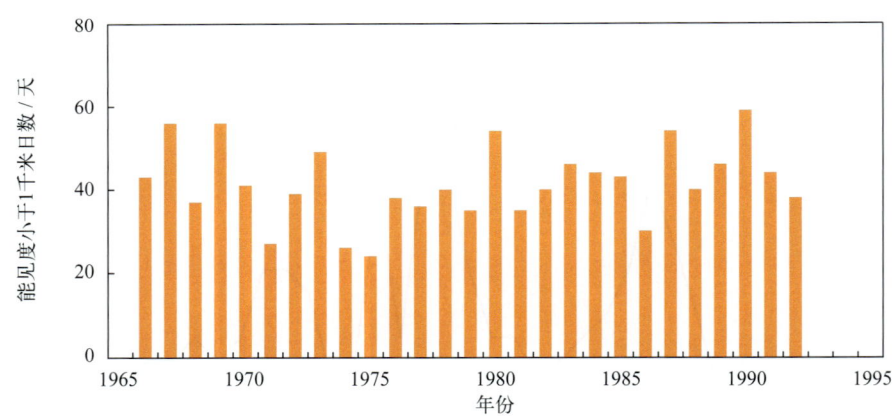

图4.7-3　能见度小于1千米年日数变化

## 第八节　云

1966—1992 年，台山站累年平均总云量为 5.4 成，5 月平均总云量最多，为 6.5 成，8 月和 12 月最少，均为 4.6 成；累年平均低云量为 3.5 成，5 月平均低云量最多，为 4.6 成，8 月最少，为 2.4 成（表 4.8-1，图 4.8-1）。

1966—1992 年，年平均总云量变化趋势不明显，1970 年最多，为 5.9 成，1971 年最少，为 4.8 成（图 4.8-2）；年平均低云量呈增加趋势，增加速率为 0.09 成/（10 年）（线性趋势未通过显著性检验），1970 年、1984 年和 1989 年最多，均为 3.8 成，1986 年最少，为 3.0 成（图 4.8-3）。

表 4.8-1　总云量和低云量年变化（1966—1992 年）

| | 1月 | 2月 | 3月 | 4月 | 5月 | 6月 | 7月 | 8月 | 9月 | 10月 | 11月 | 12月 | 年 |
|---|---|---|---|---|---|---|---|---|---|---|---|---|---|
| 平均总云量/成 | 5.3 | 5.9 | 6.1 | 6.2 | 6.5 | 6.4 | 5.2 | 4.6 | 4.9 | 4.7 | 4.9 | 4.5 | 5.4 |
| 平均低云量/成 | 3.7 | 4.2 | 4.5 | 4.2 | 4.6 | 3.9 | 2.5 | 2.4 | 2.9 | 2.7 | 2.9 | 3.0 | 3.5 |

注：1993年1月停测。

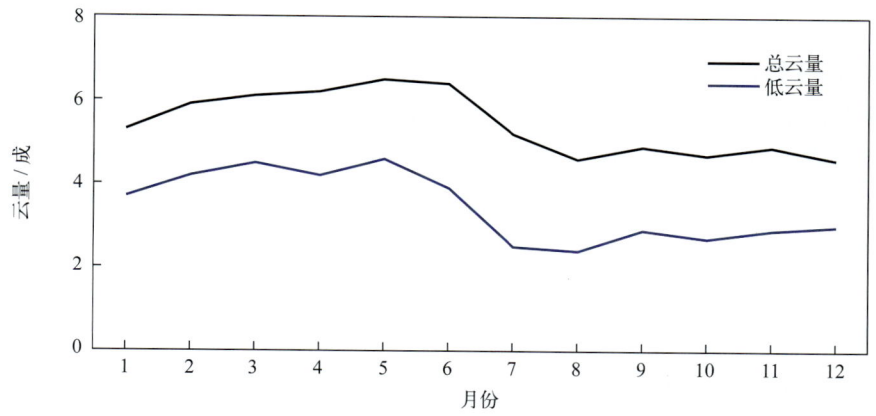

图4.8-1　总云量和低云量年变化（1966—1992年）

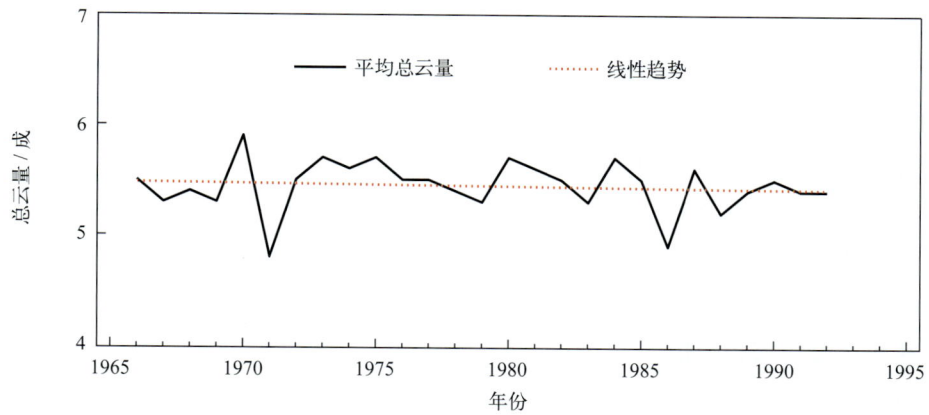

图4.8-2　1966—1992年平均总云量变化

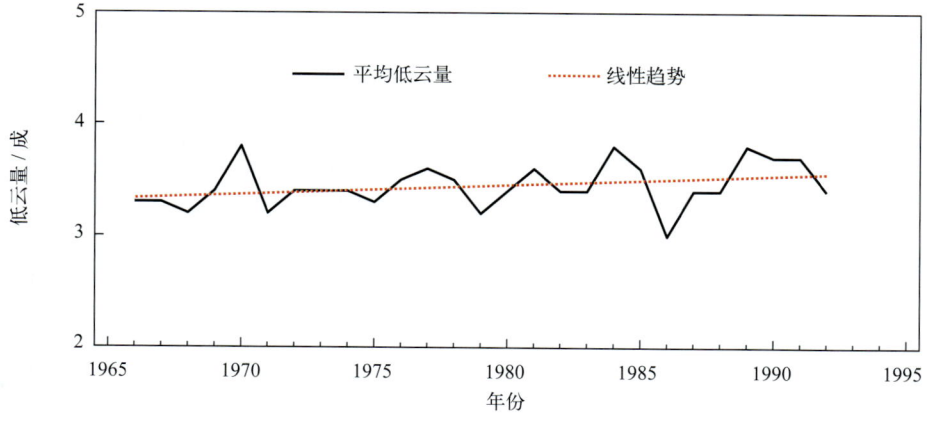

图4.8-3　1966—1992年平均低云量变化

# 第五章 灾害

## 第一节 海洋灾害

### 1. 风暴潮

1990年6月24日，9005号台风登陆福建省福鼎县，恰逢天文大潮，沿海潮位普遍高涨，宁德地区死亡5人，福鼎县受淹；9月4日，9017号台风登陆福鼎县，恰逢天文大潮，福鼎沿岸潮位普遍超过警戒水位，全县有10个乡镇、184个村的42万人受灾，受淹农田6.51万亩，死亡33人，重伤26人，倒塌房屋1 210间，桥梁被冲垮，电线杆倒断，水利设施损坏等，直接经济损失4 880万元（《1990年中国海洋灾害公报》）。

1992年，天文大潮和9216号风暴潮共同作用，引发了92特大风暴潮，福建省宁德等地受灾（《1992年中国海洋灾害公报》）。

1997年，9711号台风影响期间，宁德地区有29条海堤受损，决口25处，海水倒灌，受淹农田35万亩，迅猛的潮水和狂风巨浪造成福鼎的部分海堤漫顶滑坡、崩溃，损失严重（《1997年中国海洋灾害公报》）。

2001年7月31日，受0108号台风"桃芝"引发的风暴潮影响，福建省福州市、宁德市损坏堤防157处（共32.1千米），堤防决口154处（共1.3千米），约2万公顷农田被淹，0.8万公顷浅海养殖受损，直接经济损失约5.0亿元，受灾人口约100万。9月29日，受0119号台风"利奇马"引发的风暴潮影响，福建省宁德市约0.8万公顷农田被淹，直接经济损失约0.8亿元，受灾人口约24万（《2001年中国海洋灾害公报》）。

2005年9月1日和10月2日，0513号台风"泰利"和0519号台风"龙王"先后影响福建宁德沿海，造成农田受灾、海水养殖受损、房屋倒塌、防潮堤损毁（《2005年中国海洋灾害公报》）。

2007年10月7日，0716号超强台风"罗莎"在浙江苍南和福建福鼎交界处登陆，造成一定损失（《2007年中国海洋灾害公报》）。

2013年10月7日，1323号台风"菲特"在福建省福鼎市沙埕镇沿海登陆，造成一定经济损失（《2013年中国海洋灾害公报》）。

2018年9月16日前后，1822号台风"山竹"影响福建沿海，台山站最大增水达到175厘米（《2018年中国海洋灾害公报》）。

### 2. 海浪

1994年8月21日，福建沿海风力10~12级，福鼎风力超过12级，海浪越过海堤防浪墙2~3米，毁坏船只63艘，毁坏码头12座，毁坏海堤166.6千米，其中决口194处；福鼎县秦屿海堤防浪墙被毁274米，外坡砌石被毁800平方米（《1994年中国海洋灾害公报》）。

2004年8月11—13日，0414号台风"云娜"先后在东海、台湾海峡、南海和黄海形成5~12米台风浪。受台风浪袭击，福建省宁德等地的渔业、水利设施受到严重损失（《2004年中国海洋灾害公报》）。

### 3. 赤潮

2002年5月4—14日，福建省福鼎市和霞浦县东部海域发生500平方千米的赤潮。赤潮藻种为具齿原甲藻、夜光藻、中肋骨条藻。海洋水产养殖受灾面积8 700公顷，其中15公顷养殖贻贝死亡，直接经济损失达300万元。5月16—19日，福建省福鼎市和霞浦县东部海域发生800平方千米赤潮。赤潮藻种为具齿原甲藻。海洋水产养殖受灾面积1.3万公顷，直接经济损失250万元（《2002年中国海洋灾害公报》）。

2010年6月1—12日，福建省福鼎牛栏岗海水浴场至霞浦大京海水浴场发生赤潮，最大面积180平方千米，赤潮优势种为东海原甲藻（《2010年中国海洋灾害公报》）。

2012年5月18日至6月7日，福建宁德三沙湾的霞浦、福鼎海域发生赤潮，最大面积130平方千米，赤潮优势种为米氏凯伦藻，造成直接经济损失30万元（《2012年中国海洋灾害公报》）。

## 第二节 灾害性天气

根据《中国气象灾害大典·福建卷》（1949—2000年）和《中国气象灾害年鉴》（2000年后）及《东海区海洋站海洋水文气候志》记载，台山站周边发生的主要灾害性天气有暴雨洪涝、大风、冰雹、寒潮、霜冻和降雪。

### 1. 暴雨洪涝

1955年8月24—26日，受5519号台风影响，福建全省大部分地区出现一次降水过程，3天内有21个站出现暴雨到特大暴雨，其中福安专区的北部和福州的中部在200毫米以上，福清、长乐、福鼎和连江分别达312毫米、292毫米、267毫米和223毫米。

1956年9月3—5日，受5622号台风影响，福建省出现一次强降水过程，柘荣、福鼎、寿宁、福清的最大日降水量分别为523毫米、195毫米、177毫米和205毫米。据统计，福鼎县倒塌损坏房屋5 138座，损坏水库3个，海堤受损74处，死亡12人。

1958年9月3—5日，受5822号台风影响，福建部分县市出现暴雨到特大暴雨，以9月4日的降水强度最大，全省有20多个县市降暴雨到特大暴雨，霞浦、柘荣、平潭、福鼎等4县的日降水量达200毫米以上。暴雨引起山洪暴发，福鼎、霞浦2座县城被淹。

1960年8月1—2日，受6007号台风影响，福安专区有十几万亩土地受淹1~2天，不少地方交通断绝，通信中断，霞浦、福鼎2座县城被洪水围困；福鼎县倒塌房屋588间，桥梁损坏11座。同时发生水坝被冲坏、公路塌方、海堤水库决口等灾害。9月24日，福鼎县遭受暴雨袭击，日雨量达379.6毫米，从08时至16时，8个小时降雨量达354毫米，全县30个大队78个自然村被洪水围困一昼夜。低洼地带房屋只露顶，树只见梢，如万马奔腾的洪水把几千年的古石桥冲坏，全县倒塌房屋106座，死亡10人，受伤10人，洪水冲坏桥梁15座、道路37条、水库9个、水坝198条。

1965年8月19日，受6513号台风影响，福建省有20个县市出现暴雨，其中柘荣368毫米、罗源288毫米、福鼎252毫米，灾情较重的有福安、福鼎、福清3县。福鼎县山洪暴发，洪水泛滥成灾，水势是1949年以来最大的一次。

1969年9月26—28日，受6911号台风影响，3天内连续2天出现暴雨或特大暴雨的有宁德、福州、福鼎、柘荣等8县。台风袭击时，暴雨倾泻，狂风呼啸，海上巨浪滔天，漫无边际，溪河水位猛涨，山崩地裂，千年大树被连根拔起，大片田野和村庄被海水淹没，稻田一片汪洋，是多年未遇的台风灾害。福鼎县海堤被冲坏 156 条（长 2 267 米），死亡 3 人，受伤 80 人。

1971 年 9 月 21—24 日，受 7123 号台风影响，福建中、北部地区出现一次强降水过程，其中福鼎、柘荣等地在 200 毫米以上，日降水量在 150 毫米以上的有柘荣、福鼎、连江等地。宁德专区内连江、福鼎 2 县受灾最为严重，全区死亡 28 人，受伤 131 人，江海堤防决口 685 处（约长 23 455 米），山塘水库溃损 272 座，水电站损坏 12 座，小型水利设施冲坏 11 022 处，船只漂失 37 条、损坏 461 条。

1973 年 10 月 9—11 日，受 7315 号台风影响，宁德专区降雨大多超过 200 毫米，以福安、宁德、福鼎一带最大，福鼎的过程降水量高达 487.3 毫米，过程雨量刷新了 1949 年以来的最高纪录。福鼎的 24 小时最大雨量为 387.4 毫米。受台风大风和暴雨的影响，福鼎县洪水冲坏防洪堤 264 条、水渠 118 个、水坝 2 649 条。

1976 年 7 月 1—5 日，福建省大部地区先后出现暴雨，降水超过 100 毫米的有大田、尤溪、福安、福鼎等 13 个县，福安专区的霞浦、福鼎、古田、寿宁 4 县因暴雨成灾，冲坏溪岸、堤防、水渠等水利工程 261 处，福鼎、古田各有 1 座山塘被冲垮。

1977 年 8 月 31 日至 9 月 1 日，受 7705 号台风影响，福建省普降大到暴雨，其中福鼎为大暴雨，福鼎沙埕港潮位超过警戒水位 0.38 米（历史上最高超过警戒水位 0.9 米）。福鼎县冲毁桥梁 2 座，冲坏海堤 2 处（长 180 米），倒塌房屋 1 座，死亡 12 人，受伤 7 人。

1982 年 7 月 29 日至 8 月 1 日，福建东部沿海地区出现暴雨到大暴雨，福鼎县狂风暴雨，山洪暴发，全县 6.2 万人受灾，损坏电站 16 座、山塘 11 座，漂失船只 28 条、鱼苗 16 万尾，冲毁水利设施 233 处。

1983 年 8 月 20—26 日，受北方南下冷空气及西南暖湿气流的共同影响，福建沿海各地降中到大雨，宁德、莆田 2 地市降暴雨到大暴雨。过程雨量超过 300 毫米的有 2 个县，以福安的 357.8 毫米为最大，福鼎的 342.8 毫米次之。宁德地区死亡 3 人，受伤 6 人，渠道塌方 88 处（长 1 250 米），堤坝毁坏 71 处 2 290 米，冲坏小型桥梁 5 座。

1987 年 7 月 21 日 20 时至 29 日 20 时，福建先后受 8705 号和 8707 号台风影响，全省大部分地区雨量在 100 ~ 200 毫米之间，个别县市在 200 ~ 350 毫米之间。福鼎县对虾减产 320 担，江海堤防损坏 28 处（长约 8 630 米），水库受损 68 座，洪水冲坏渠道 83 处、电站 5 座，船只漂失、毁坏 71 条，渔具毁坏 3 402 件，海水养殖场受灾 650 亩，全县直接经济损失 502.9 万元。

1988 年 9 月 22—24 日，受 8817 号和 8819 号台风外围和冷空气的共同影响，福建省南部沿海风力 9 ~ 10 级，阵风风力 11 级。福鼎、霞浦、莆田等县部分地区降特大暴雨，福鼎秦屿、蟠溪两地 22 日的降雨量分别为 354 毫米和 346 毫米。9 月 25 日 21 时，福鼎沙埕潮位 10.59 米，超过危险潮位 0.09 米。

1994 年 8 月 21 日，受 9417 号台风影响，南平、宁德、福州 3 地市下了中等阵雨，部分县市大到暴雨，过程雨量以柘荣的 94 毫米为最大，福鼎的 64 毫米次之，日雨量大于 50 毫米的有 2 个县，以福鼎的 63.1 毫米为最大。宁德地区出现较大灾情，受灾人口 49.74 万。淡水养殖场受灾 775 公顷，损坏船只 63 条、码头 12 座，堤塘决口 19 处，损坏水闸 120 座、桥梁 30 座。全区直接经济损失 0.904 4 亿元。

2005 年 7 月 19 日 08 时至 20 日 08 时 24 小时，受 0505 号台风"海棠"影响，柘荣和福鼎降雨量超过 200 毫米，分别为 296 毫米和 217.1 毫米。据水文监测，福鼎市的管阳 17 日 08 时至 20 日 08 时过程降雨量达 780 毫米。据不完全统计，全省有宁德、福州、莆田、泉州 4 市 36 个（市、区）受灾，受灾人口 213.4 万人，死亡 3 人，受伤 21 人，4 个县城受淹，水产养殖损失面积 8 360 公顷、产量 6.4 万吨，损坏堤防 305 处（长 44.8 千米），堤防决口 19 处（长 1.4 千米），损坏护岸、灌溉设施 1 348 处，损坏水闸、水文测站、机电泵站、水电站 238 座，冲毁塘坝 110 座，直接经济损失 26.3 亿元。

2007 年 9 月 18 日 08 时至 19 日 08 时，受 0713 号超强台风"韦帕"影响，宁德福鼎市和柘荣县降雨量分别达 165.7 毫米和 108.3 毫米，狂风暴雨给宁德、莆田等市造成了一定损失。全省共有 48.69 万人受灾，水产养殖损失面积 5 360 公顷，直接经济损失 10.03 亿元，其中水利设施损失 1.33 亿元。10 月 6—9 日，受 0716 号超强台风"罗莎"影响，东北部出现强降水，另据气象区域自动站资料，福鼎白琳降雨量最大为 371.4 毫米，"罗莎"携带的狂风暴雨导致福建宁德、福州、莆田 3 市 42.9 万人受灾，水产养殖损失面积 4 500 公顷，损失水产品 1.66 万吨，直接经济损失 4.60 亿元，其中水利设施损失 6 100 万元。

2008 年 9 月 14 日，受 0813 号台风"森拉克"影响，福建中北部沿海出现 7～10 级、局部 11～13 级大风。福州、宁德两市部分县（市）出现暴雨至大暴雨，其中 14 日 20 时至 15 日 14 时福鼎市贯岭镇降雨量 214.0 毫米。全省转移安置 23 万人，其中转移海上养殖渔排和回港避风船只人员 16.9 万人，转移陆上人员 6.1 万人。

### 2. 大风

1952 年 8 月 30 日至 9 月 2 日，5216 号台风影响福建沿海，1 日 14 时，福鼎县 2 条载重 15 担的小船在海上被大风吹翻，1 人失踪。

1956 年 9 月 2—4 日，受 5622 号台风影响，厦门以北沿海地区出现 8 级以上大风，平潭、福州、三都、福鼎等地的最大瞬时风速达到或超过 40 米/秒。

1958 年 9 月 4 日，5822 号台风在福建福鼎县登陆，登陆时近中心风力为 12 级。9 月 3—5 日，福建沿海地区从北到南出现 8 级以上大风，最强风力出现在福鼎，瞬时最大风速达 40 米/秒，持续 7 小时，8 级以上大风持续 14 小时。福鼎县大风历时 13～19 小时，几人合围粗的古树被连根拔起，数十吨重的大船被刮上山顶，台风过程总降雨量 352.9 毫米，出现山洪暴发，海潮顶托，全县死亡 32 人，重伤 260 人，台山列岛上 154 座房屋被摧毁。

1966 年 9 月 2—4 日，受 6614 号台风影响，福建省有 40 个县市出现风力 8 级以上的大风，福鼎县沿海房屋倒塌损坏，4 万多人无家可归。9 月 6—7 日，受 6615 号台风影响，福鼎最大风速 34 米/秒，极大风速 40 米/秒以上。

1989 年 9 月 13 日，8921 号热带风暴在福建省霞浦县登陆，崇武以北沿海风力达 10 级，阵风 12 级。台山列岛海面翻船造成 2 人死亡。

1994 年 8 月 21 日，9417 号台风在浙江省瑞安市登陆，福建北部沿海风力 10～11 级，阵风 12 级以上，最大阵风风速达 34 米/秒。

2006 年 8 月 10 日早上起，受 0608 号超强台风"桑美"影响，福建北部沿海风力开始加大，至 16 时台山海洋站风速已达 56.3 米/秒（17 级），同时防汛部门测站（台山）15 时 53 分测得极大风速达 70.8 米/秒。福鼎市 8 月 10 日 17 时起连续 3 个多小时阵风超过 40 米/秒。福鼎合掌岩测站（海拔高度 700 米左右）8 月 10 日 17 时 14 分极大风速达 75.8 米/秒，超过 17 级。宁德市的部分县（市）出现 10～14 级大风。

2007 年 10 月 6—9 日，受 0716 号超强台风"罗莎"影响，福建中北部沿海出现 10～11 级大风，部分乡（镇）风力达 12～13 级，福鼎市沿海崳山岛极大风速达 37.7 米/秒，沿海地区部分县（市）和内陆地区局部县（市）出现 6～8 级大风。

2008年9月28日，受0815号台风"蔷薇"影响，福建中北部沿海出现9~13级大风，其中福鼎台山最大风速达40.6米/秒，全省5.2万艘各类海上作业船只全部进港避风，共转移26.7万海上人员。

2013年9月7日01时15分，1323号台风"菲特"在福建省福鼎市沙埕镇沿海登陆，登陆时中心附近最大风力有14级（42米/秒），是2013年登陆福建的最强台风。受其影响，福建北部沿海出现10~15级大风，以福鼎星仔岛50.7米/秒（15级）为最大。10月6日20时至7日20时，福鼎日降雨量228.5毫米，为10月历史同期最多。

2014年7月，受1410号台风"麦德姆"影响，福建省中北部沿海出现8~9级偏北大风，中部沿海最强阵风10~12级，以福鼎北澳岛极大风速36.9米/秒为最大。

2018年7月10日20时至12日08时，受1808号台风"玛丽亚"影响，福建中北部沿海出现11~13级大风，阵风14~17级。最大风速以福鼎沙埕镇的47.9米/秒为最大。

### 3. 冰雹

1955年3月18日14时19—36分，福鼎县降雹，平均冰雹直径3厘米，最大冰雹直径4.5厘米，降雹前后出现9级左右大风和大雨，降雹范围包括4个区29个乡。据16个乡统计，农田受灾面积达1892亩，溺亡1人，受伤13人，渔船被吹翻2条、打坏15条。

1957年4月23日16时左右，福鼎县相山、柯岭、岭头等乡镇降雹。据4个乡1个镇的不完全统计，大小麦打断106亩、倒伏585亩，约减产15%。4月25日00时31—34分，福鼎县降雹，冰雹平均重2.6克。

### 4. 寒潮、霜冻和降雪

1956年2月16—18日，寒潮南下，龙岩到福鼎连线以北地区降雪。

1960年3月底，强冷空气侵袭福建，引起各地剧烈降温，福建省各地降温总幅度都在10℃以上，24小时最大降温幅度达6.1~13.4℃，霞浦、福鼎、罗源、宁德的部分山区，最低气温都降到-2~-1℃，并出现霜和雪。

1971年1月28日，福建降大雪，福安至霞浦、寿宁、福鼎、温州、柘荣的公路交通中断4天（1月28—31日）。

1972年，龙岩、莆田、三明、建阳、宁德等专区的局部出现了严重的"清明寒"，福鼎县全县水稻烂种5392担，死苗重插的1159亩。

1989年1月10日开始，福建省内陆地区的大部和沿海部分县市出现寒潮，建阳、泰宁、寿宁、福鼎等县电线被雨淞压断，通信和供电受到影响，公路积雪，导致交通受阻。

1992年，出现1975年以来最强的一次寒潮天气过程，因其持续时间长，早稻烂种烂秧，春收作物减产。福鼎县许多蔬菜被冻死、冻伤，冬季市场蔬菜供应出现紧张状况，越冬农作物、交通运输等都受到影响。

# 三沙海洋站

# 第一章　概况

## 第一节　基本情况

三沙海洋站（简称三沙站）位于福建省宁德市霞浦县。宁德与台湾隔海相望，南接省会福州市，北接浙江，拥有世界级天然深水港三都澳，是中国大黄鱼之乡和"国家森林城市"，沿海地形为小平原。霞浦县地处台湾海峡西北岸，依山面海，海域面积2.89万平方千米，海岸线长505千米，深水岸线长61千米，岛屿411个，渔业资源丰富。

三沙站建于1959年8月，名为三沙海洋水文气象服务台，隶属于福建省气象局。1966年1月更名为三沙海洋站，隶属国家海洋局东海分局，2019年7月后隶属自然资源部东海局，由宁德中心站管辖。站址位于宁德市霞浦县三沙镇（图1.1-1）。

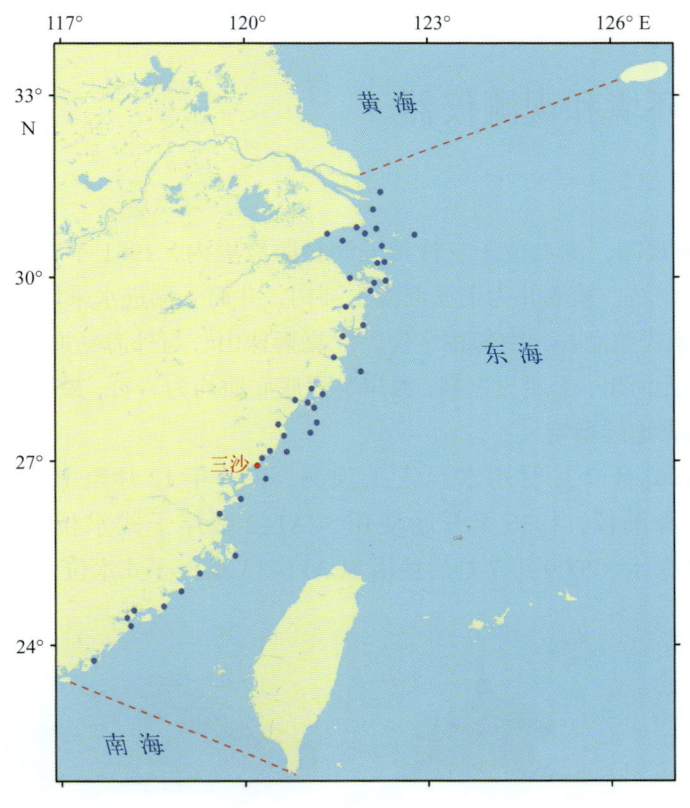

图1.1-1　三沙站地理位置示意

三沙站观测项目有潮汐、表层海水温度、表层海水盐度、气温、气压、相对湿度、风和降水等。建站初期为人工观测，2002年6月后基本实现自动化观测、数据采集、存储和传输。

三沙沿海为正规半日潮特征，海平面4月最低，10月最高，年变幅为29厘米，平均海平面为493厘米，平均高潮位为706厘米，平均低潮位为277厘米；年均表层海水温度为18.6～20.6℃，8月最高，均值为28.2℃，2月最低，均值为10.4℃，历史水温最高值为33.4℃，历史水温最低值为6.0℃；年均表层海水盐度为27.53～30.96，8月最高，均值为32.97，12月最低，均值为27.38，历史盐度最高值为35.80，历史盐度最低值为22.19；海发光主要为火花型，5月出现频率最高，2月最低，1级海发光最多，出现的最高级别为4级。

三沙站主要受海洋性季风气候影响，年均气温为17.6～20.6℃，8月最高，均值为28.5℃，2月最低，均值为9.5℃，历史最高气温为38.4℃，历史最低气温为-1.5℃；年均气压为1 006.7～1 008.6百帕，具有冬高夏低的变化特征，1月最高，均值为1 016.8百帕，8月最低，均值为998.6百帕；年均相对湿度为73.2%～84.4%，6月最大，均值为88.0%，12月最小，均值为69.2%；年均风速为3.1～6.4米/秒，11月最大，均值为5.1米/秒，5月和6月最小，均为3.4米/秒，冬季（1月）盛行风向为NNE—E（顺时针，下同），春季（4月）盛行风向为NE—E，夏季（7月）盛行风向为SSW—W，秋季（10月）盛行风向为N—E；平均年降水量为1 226.1毫米，6月平均降水量最多，占全年的16.9%；平均年雾日数为23.5天，4月最多，均值为6.3天，9月和10月未出现；平均年雷暴日数为34.8天，8月最多，均值为6.5天，1月最少，均值为0.1天；平均年降雪日数为3.4天，出现在12月至翌年3月，2月最多，均值为1.8天；年均能见度为24.5～29.3千米，9月最大，均值为32.6千米，3月最小，均值为19.6千米；年均总云量为5.2～7.8成，6月最多，均值为8.2成，8月、9月和10月最少，均为5.4成；平均年蒸发量为2 047.2毫米，10月最大，均值为298.9毫米，4月最小，均值为107.1毫米。

## 第二节　观测环境和观测仪器

### 1. 潮汐

1959年8月开始观测，测点位于三沙镇五澳村防波堤内，1961年7月停测。1963年12月，在狮球山建成有井验潮站，验潮井为钢筋混凝土结构，井筒下端进水采用虹吸管。1978年在原验潮井外14米处新建岛式验潮井，南邻福宁湾，北靠狮球山，与外海畅通，水流平稳，不易淤积，受风浪影响小。附近无河川，无船只停靠，海岸与海底底质均为岩石，最低潮时水深大于1米（图1.2-1）。1966年后数据连续稳定。

1959年8月至1961年7月使用水尺人工观测，1963年12月至1985年12月使用HCJ1型和HCJ1-2型滚筒式验潮仪，1986年开始使用SCA1-2型浮子式水位计，2002年6月后使用SCA11-1型浮子式水位计，2009年7月后使用SCA11-3A型浮子式水位计。

图1.2-1　三沙站验潮室（摄于2020年11月23日）

## 2. 表层海水温度、盐度和海发光

1959年10月开始观测，测点位于五澳村防波堤西岸。1964年3月后测点位于验潮井，暴雨时山上大量淡水注入海中。

2002年7月前，海表水温使用60-12温度计、SWL1-1型水温表测量，盐度使用比重计、摩尔-克纽森氯度滴定法、SYC1-1型盐度计和SYY1-1型光学折射盐度计测定。2002年7月开始使用CZY1-1型海洋站自动观测系统，2009年7月开始使用YZY4-3型温盐传感器。

海发光为每日天黑后人工目测。2002年9月停测。

## 3. 气象要素

1966年前统计数据抄自三沙气象台。1967年1月开始进行简易地面气象观测，1971年6月停测。2002年6月恢复，测点位于验潮室北面的狮球山上，北面有民房，外围墙距观测场4米，屋顶高度高于观测场地面6米。2013年7月迁址到三沙镇三澳村岗仔顶的新建气象观测场，四周开阔空旷，邻近无高大建筑物及山峦遮挡，无明显大气污染源（图1.2-2）。

建站初期，观测仪器主要有厄斯曼通风干湿表、空盒气压表和轻便风速仪等，云、能见度和天气现象为目测。2002年6月后，使用CZY1-1型海洋站自动观测系统，2009年7月升级为XZY3型水文气象自动观测系统，2013年7月迁至新气象观测场后，使用的传感器主要有HMP155型温湿度传感器、278型气压传感器、XFY3-1型风传感器和SL3-1型雨量传感器等。

图1.2-2　三沙站气象观测场（摄于2021年1月5日）

# 第二章 潮位

## 第一节 潮汐

### 1. 潮汐类型

利用三沙站近 19 年（2001—2019 年）验潮资料分析的调和常数，计算出潮汐系数 $(H_{K_1}+H_{O_1})/H_{M_2}$ 为 0.27。按我国潮汐类型分类标准，三沙沿海为正规半日潮，每个潮汐日（大约 24.8 小时）有两次高潮和两次低潮，低潮日不等现象较为明显。

1966—2019 年，三沙站 $M_2$ 分潮振幅呈增大趋势，增大速率为 1.07 毫米/年；迟角呈减小趋势，减小速率为 0.11°/年。$K_1$ 和 $O_1$ 分潮振幅均呈增大趋势，增大速率分别为 0.09 毫米/年和 0.08 毫米/年；迟角均呈减小趋势，减小速率分别为 0.02°/年和 0.03°/年。

### 2. 潮汐特征值

由 1966—2019 年资料统计分析得出：三沙站平均高潮位为 706 厘米，平均低潮位为 277 厘米，平均潮差为 429 厘米；平均高高潮位为 720 厘米，平均低低潮位为 245 厘米，平均大的潮差为 475 厘米。平均涨潮历时 6 小时 5 分钟，平均落潮历时 6 小时 20 分钟，两者相差 15 分钟。

累年各月潮汐特征值见表 2.1-1。

表 2.1-1  累年各月潮汐特征值（1966—2019 年）                    单位：厘米

| 月份 | 平均高潮位 | 平均低潮位 | 平均潮差 | 平均高高潮位 | 平均低低潮位 | 平均大的潮差 |
|---|---|---|---|---|---|---|
| 1 | 699 | 274 | 425 | 711 | 239 | 472 |
| 2 | 697 | 269 | 428 | 706 | 244 | 462 |
| 3 | 698 | 266 | 432 | 708 | 247 | 461 |
| 4 | 696 | 268 | 428 | 709 | 246 | 463 |
| 5 | 697 | 276 | 421 | 713 | 243 | 470 |
| 6 | 700 | 279 | 421 | 716 | 240 | 476 |
| 7 | 700 | 273 | 427 | 717 | 234 | 483 |
| 8 | 713 | 278 | 435 | 728 | 243 | 485 |
| 9 | 726 | 288 | 438 | 739 | 256 | 483 |
| 10 | 727 | 290 | 437 | 740 | 259 | 481 |
| 11 | 715 | 283 | 432 | 730 | 248 | 482 |
| 12 | 705 | 278 | 427 | 719 | 239 | 480 |
| 年 | 706 | 277 | 429 | 720 | 245 | 475 |

注：潮位值均以验潮零点为基面。

平均高潮位10月最高，为727厘米，4月最低，为696厘米，年较差为31厘米；平均低潮位10月最高，为290厘米，3月最低，为266厘米，年较差为24厘米（图2.1-1）；平均高高潮位10月最高，为740厘米，2月最低，为706厘米，年较差为34厘米；平均低低潮位10月最高，为259厘米，7月最低，为234厘米，年较差为25厘米。平均潮差9月最大，5月和6月均为最小，年较差为17厘米；平均大的潮差8月最大，3月最小，年较差为24厘米（图2.1-2）。

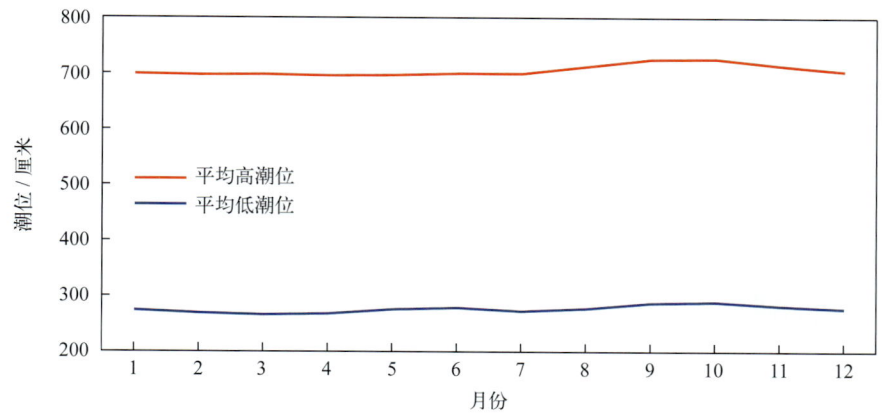

图2.1-1　平均高潮位和平均低潮位年变化

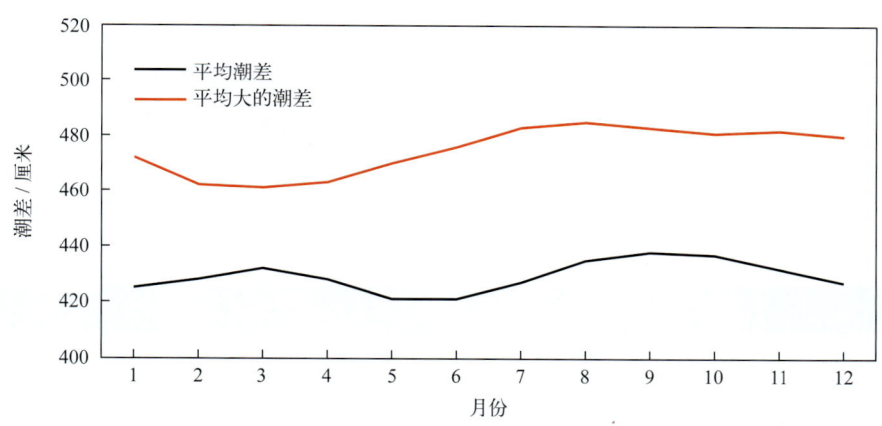

图2.1-2　平均潮差和平均大的潮差年变化

1966—2019年，三沙站平均高潮位呈上升趋势，上升速率为3.61毫米/年。受天文潮长周期变化影响，平均高潮位存在较为明显的准19年周期变化，振幅为5.68厘米。平均高潮位最高值出现在2016年，为724厘米；最低值出现在2005年，为691厘米。三沙站平均低潮位无明显变化趋势。平均低潮位准19年周期变化较为明显，振幅为5.06厘米。平均低潮位最高值出现在1969年，为289厘米；最低值出现在1978年，为266厘米。

1966—2019年，三沙站平均潮差呈增大趋势，增大速率为3.67毫米/年。平均潮差准19年周期变化显著，振幅为10.73厘米。平均潮差最大值出现在2015年，为447厘米；最小值出现在1969年和1971年，均为408厘米（图2.1-3）。

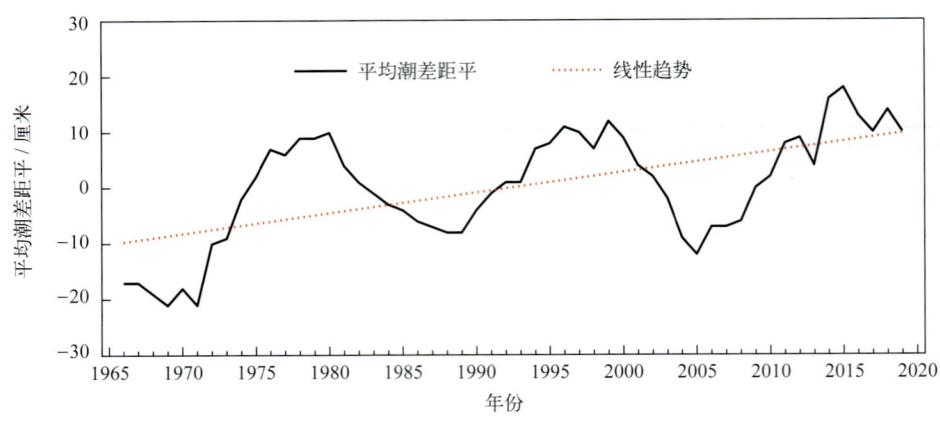

图2.1-3 1966—2019年平均潮差距平变化

## 第二节 极值潮位

三沙站年最高潮位和年最低潮位的各月发生频率见表2.2-1。年最高潮位出现时间主要集中在8—10月，其中10月发生频率最高，为37%；9月次之，为31%。年最低潮位主要出现在12月至翌年2月，其中1月发生频率最高，为39%；12月次之，为20%。

1966—2019年，三沙站年最高潮位呈上升趋势，上升速率为4.62毫米/年（线性趋势未通过显著性检验）。历年的最高潮位均高于806厘米，其中高于880厘米的有5年；历史最高潮位为928厘米，出现在2012年9月17日，正值1217号台风"杰拉华"影响期间。三沙站年最低潮位变化趋势不明显。历年最低潮位均低于140厘米，其中低于100厘米的有4年；历史最低潮位出现在1983年1月30日，为92厘米，由强温带气旋引起（表2.2-1）。

表2.2-1 最高潮位和最低潮位及年极值出现频率（1966—2019年）

|  | 1月 | 2月 | 3月 | 4月 | 5月 | 6月 | 7月 | 8月 | 9月 | 10月 | 11月 | 12月 |
|---|---|---|---|---|---|---|---|---|---|---|---|---|
| 最高潮位值/厘米 | 822 | 815 | 850 | 814 | 816 | 839 | 904 | 892 | 928 | 883 | 846 | 838 |
| 年最高潮位出现频率/% | 0 | 0 | 2 | 0 | 0 | 0 | 7 | 15 | 31 | 37 | 6 | 2 |
| 最低潮位值/厘米 | 92 | 101 | 98 | 101 | 111 | 108 | 103 | 117 | 131 | 121 | 111 | 93 |
| 年最低潮位出现频率/% | 39 | 11 | 2 | 7 | 4 | 4 | 4 | 0 | 0 | 0 | 9 | 20 |

## 第三节 增减水

受地形和气候特征的影响，三沙站出现30厘米以上增水的频率明显高于同等强度减水的频率，超过60厘米的增水平均约20天出现一次，而超过60厘米的减水平均约202天出现一次（表2.3-1）。

三沙站100厘米以上的增水主要出现在7—9月，80厘米以上的减水多发生在6月和9月，这些大的增减水过程主要与该海域受热带气旋和温带气旋等影响有关（表2.3-2）。

表 2.3-1 不同强度增减水平均出现周期（1966—2019 年）

| 范围 / 厘米 | 出现周期 / 天 | |
|---|---|---|
| | 增水 | 减水 |
| >30 | 1.17 | 2.99 |
| >40 | 3.08 | 14.66 |
| >50 | 8.00 | 60.30 |
| >60 | 19.85 | 202.24 |
| >70 | 49.03 | 473.54 |
| >80 | 125.26 | 1 941.51 |
| >90 | 329.07 | 19 415.08 |
| >100 | 647.17 | — |
| >120 | 9 707.54 | — |

"—"表示无数据。

表 2.3-2 各月不同强度增减水出现频率（1966—2019 年）

| 月份 | 增水 / % | | | | | 减水 / % | | | | |
|---|---|---|---|---|---|---|---|---|---|---|
| | >30 厘米 | >50 厘米 | >70 厘米 | >90 厘米 | >100 厘米 | >30 厘米 | >50 厘米 | >60 厘米 | >70 厘米 | >80 厘米 |
| 1 | 5.01 | 0.42 | 0.02 | 0.00 | 0.00 | 1.31 | 0.02 | 0.00 | 0.00 | 0.00 |
| 2 | 5.04 | 0.43 | 0.01 | 0.00 | 0.00 | 1.51 | 0.10 | 0.03 | 0.01 | 0.00 |
| 3 | 4.26 | 0.51 | 0.06 | 0.00 | 0.00 | 2.04 | 0.10 | 0.02 | 0.01 | 0.00 |
| 4 | 1.80 | 0.13 | 0.01 | 0.00 | 0.00 | 1.00 | 0.03 | 0.01 | 0.01 | 0.00 |
| 5 | 1.30 | 0.07 | 0.01 | 0.00 | 0.00 | 0.34 | 0.05 | 0.03 | 0.02 | 0.00 |
| 6 | 1.58 | 0.06 | 0.00 | 0.00 | 0.00 | 0.19 | 0.03 | 0.02 | 0.02 | 0.01 |
| 7 | 1.64 | 0.46 | 0.16 | 0.03 | 0.02 | 0.93 | 0.04 | 0.01 | 0.01 | 0.00 |
| 8 | 3.06 | 0.86 | 0.32 | 0.07 | 0.03 | 1.75 | 0.06 | 0.01 | 0.01 | 0.00 |
| 9 | 5.87 | 1.19 | 0.18 | 0.04 | 0.03 | 1.01 | 0.12 | 0.07 | 0.03 | 0.01 |
| 10 | 5.25 | 1.06 | 0.13 | 0.00 | 0.00 | 1.26 | 0.07 | 0.02 | 0.01 | 0.00 |
| 11 | 3.46 | 0.57 | 0.09 | 0.00 | 0.00 | 2.97 | 0.12 | 0.02 | 0.00 | 0.00 |
| 12 | 4.20 | 0.49 | 0.04 | 0.00 | 0.00 | 2.41 | 0.12 | 0.01 | 0.00 | 0.00 |

1966—2019 年，三沙站年最大增水多出现在 8—10 月，其中 8 月出现频率最高，为 28%；10 月次之，为 22%。三沙站年最大减水各月均有出现，其中 3 月出现频率最高，为 19%；11 月次之，为 15%（表 2.3-3）。

1966—2019 年，三沙站年最大增水变化趋势不明显。历史最大增水出现在 1966 年 9 月 3 日，为 226 厘米；1971 年、2005 年、2013 年和 2018 年最大增水均超过了 115 厘米。三沙站年最大减水呈减小趋势，减小速率为 1.31 毫米 / 年。历史最大减水发生在 1981 年 6 月 5 日，为 95 厘米；1976 年、1978 年和 2007 年最大减水均超过或达到了 80 厘米。

表 2.3-3　最大增水和最大减水及年极值出现频率（1966—2019 年）

|  | 1月 | 2月 | 3月 | 4月 | 5月 | 6月 | 7月 | 8月 | 9月 | 10月 | 11月 | 12月 |
| --- | --- | --- | --- | --- | --- | --- | --- | --- | --- | --- | --- | --- |
| 最大增水值 / 厘米 | 78 | 73 | 82 | 75 | 76 | 69 | 124 | 119 | 226 | 96 | 82 | 86 |
| 年最大增水出现频率 / % | 6 | 4 | 9 | 0 | 4 | 0 | 7 | 28 | 13 | 22 | 7 | 0 |
| 最大减水值 / 厘米 | 54 | 79 | 75 | 84 | 78 | 95 | 78 | 74 | 88 | 80 | 71 | 63 |
| 年最大减水出现频率 / % | 5 | 13 | 19 | 5 | 5 | 2 | 6 | 9 | 6 | 6 | 15 | 9 |

# 第三章　表层海水温度、盐度和海发光

## 第一节　表层海水温度

### 1. 平均水温、最高水温和最低水温

三沙站月平均水温的年变化具有峰谷明显的特点，8月最高，为28.2℃，2月最低，为10.4℃，年较差为17.8℃。3—8月为升温期，9月至翌年2月为降温期。月最高水温和月最低水温的年变化特征与月平均水温相似（图3.1-1）。

历年（2002年7月至2007年1月数据缺测）的平均水温为18.6～20.6℃，其中2018年最高，1984年最低。累年平均水温为19.5℃。

历年的最高水温均不低于29.3℃，其中大于31.0℃的有14年，大于32.0℃的有3年，出现时间为7—10月，8月最多。水温极大值为33.4℃，出现在1960年9月3日。

历年的最低水温均不高于11.4℃，其中小于10.0℃的有45年，小于7℃的有3年，出现时间为12月至翌年3月，2月最多。水温极小值为6.0℃，出现在1968年2月12日和15日及1977年2月4日。

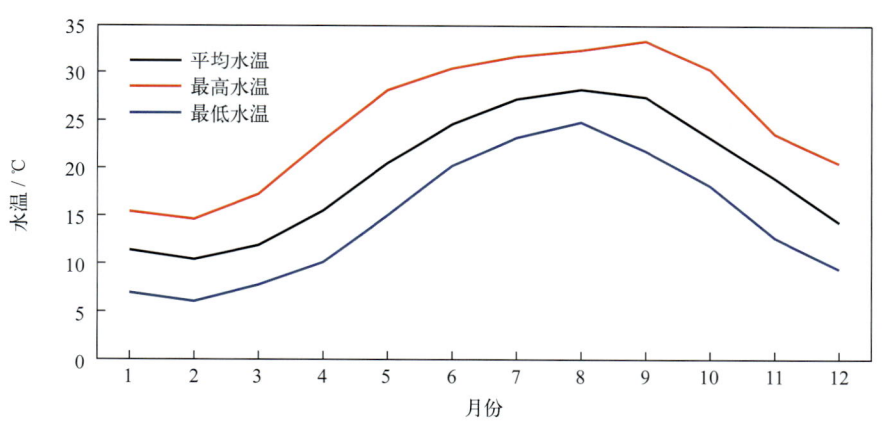

图3.1-1　水温年变化（1960—2019年）

### 2. 日平均水温稳定通过界限温度的日期

采用五日滑动平均方法求出稳定通过各个界限温度的日期，见表3.1-1。日平均水温全年均稳定通过10℃，稳定通过15℃的有241天，稳定通过20℃的有181天，稳定通过25℃的初日为6月20日，终日为10月4日，共107天。

表3.1-1　日平均水温稳定通过界限温度的日期（1960—2019年）

|  | 10℃ | 15℃ | 20℃ | 25℃ |
| --- | --- | --- | --- | --- |
| 初日 | 1月1日 | 4月14日 | 5月13日 | 6月20日 |
| 终日 | 12月31日 | 12月10日 | 11月9日 | 10月4日 |
| 天数 | 365 | 241 | 181 | 107 |

### 3. 长期趋势变化

1960—2019 年，年平均水温和年最低水温均呈波动上升趋势，上升速率分别为 0.13℃ /（10 年）和 0.24℃ /（10 年），年最高水温呈波动下降趋势，下降速率为 0.13℃ /（10 年），其中 1960 年和 1961 年最高水温分别为 1960 年以来的第一高值和第二高值；1968 年和 1977 年最低水温均为 1960 年以来的第一低值，1984 年最低水温为 1960 年以来的第二低值。

十年平均水温变化显示，1980—1989 年平均水温最低，2010—2019 年平均水温最高，两者相差 0.79℃（图 3.1-2）。

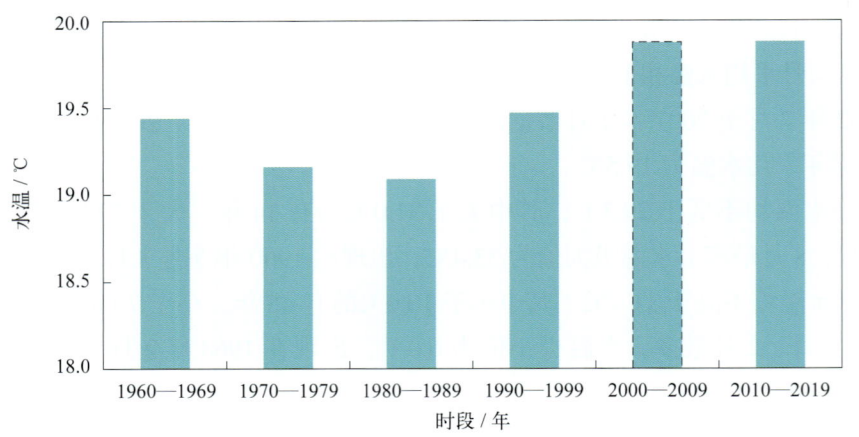

图 3.1-2　十年平均水温变化（数据不足十年加虚线框表示，下同）

## 第二节　表层海水盐度

### 1. 平均盐度、最高盐度和最低盐度

三沙站月平均盐度的年变化具有冬季较低、夏季较高的特点，最高值出现在 8 月，为 32.97，最低值出现在 12 月，为 27.38，年较差为 5.59。月最高盐度 8 月最大，1 月最小。月最低盐度 4 月最大，12 月最小（图 3.2-1）。

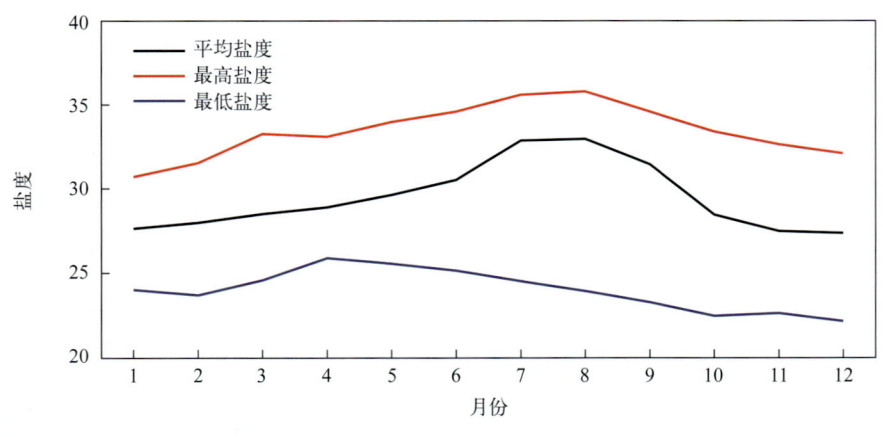

图 3.2-1　盐度年变化（1960—2019 年）

历年（2002 年 7 月至 2007 年 1 月数据缺测）的平均盐度为 27.53 ~ 30.96，其中 2008 年最高，

2016年最低。累年平均盐度为29.49。

历年的最高盐度均大于31.95，其中大于34.00的有36年，大于35.00的有3年。年最高盐度多出现在夏秋季。盐度极大值为35.80，出现在2015年8月4日、5日和7日。

历年的最低盐度均小于27.75，其中小于25.00的有15年，小于23.00的有3年。年最低盐度一年四季均有出现，其中多出现在秋冬季，占统计年份的76%。盐度极小值为22.19，出现在2007年12月6日。《东海区海洋站海洋水文气候志》记载极端最低盐度为18.59，出现在1962年9月5日20时。

### 2. 长期趋势变化

1960—2019年，年平均盐度和年最低盐度均呈波动下降趋势，下降速率分别为0.16/（10年）和0.37/（10年），年最高盐度无明显变化趋势。2015年和1996年最高盐度分别为1960年以来的第一高值和第二高值；2007年和2016年最低盐度分别为1960年以来的第一低值和第二低值。

十年平均盐度变化显示，1960—1969年平均盐度最高，2010—2019年平均盐度最低，两者相差1.06（图3.2-2）。

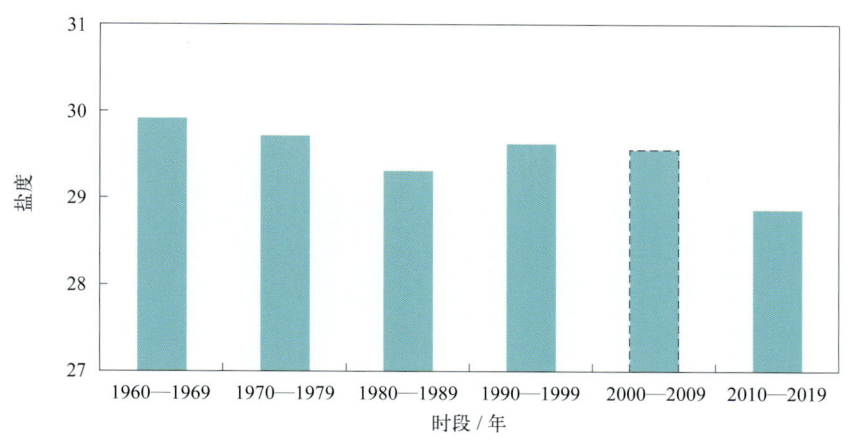

图3.2-2　十年平均盐度变化

## 第三节　海发光

1960—2002年，三沙站观测到的海发光主要为火花型（H），闪光型（S）次之，弥漫型（M）观测到7次。海发光以1级海发光为主，占海发光次数的76.7%；2级海发光次之，占19.4%；4级海发光最少，占0.1%。

各月及全年海发光频率见表3.3-1和图3.3-1。海发光频率的年变化为冬季偏低，夏季偏高，5月海发光频率最高，2月海发光频率最低。累年平均海发光频率为68.1%。

历年海发光频率为38.3%~91.5%，其中1963年最大，2000年最小。

表3.3-1　各月及全年海发光频率（1960—2002年）

|  | 1月 | 2月 | 3月 | 4月 | 5月 | 6月 | 7月 | 8月 | 9月 | 10月 | 11月 | 12月 | 年 |
| --- | --- | --- | --- | --- | --- | --- | --- | --- | --- | --- | --- | --- | --- |
| 频率/% | 34.0 | 19.8 | 27.2 | 67.2 | 96.1 | 93.2 | 92.8 | 93.7 | 93.6 | 81.9 | 63.9 | 48.9 | 68.1 |

注：2002年9月停测。

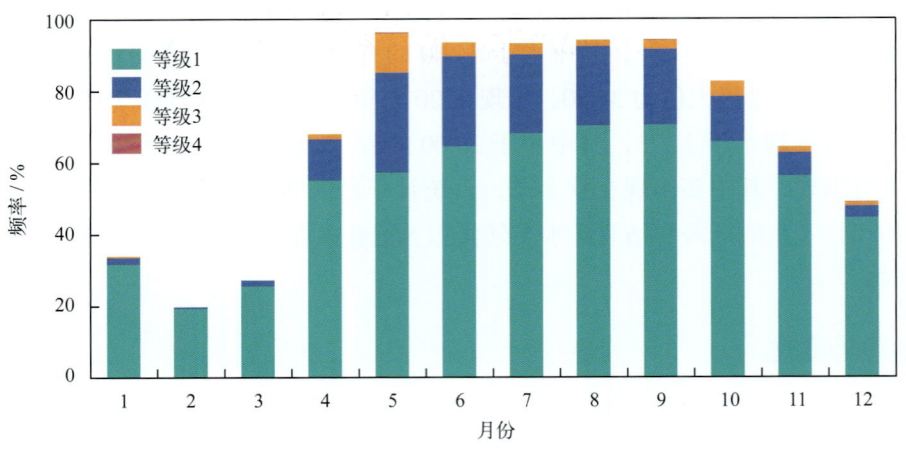

图3.3-1　各月各级海发光频率（1960—2002年）

# 第四章 海洋气象

## 第一节 气温

### 1. 平均气温、最高气温和最低气温

1960—2019年,三沙站累年平均气温为19.2℃。月平均气温具有夏高冬低的变化特征,8月最高,为28.5℃,2月最低,为9.5℃,年较差为19.0℃。月最高气温和月最低气温的年变化特征与月平均气温相似,月最高气温极大值出现在6月,月最低气温极小值出现在1月(表4.1-1,图4.1-1)。

表4.1-1 气温年变化(1960—2019年) 单位:℃

|  | 1月 | 2月 | 3月 | 4月 | 5月 | 6月 | 7月 | 8月 | 9月 | 10月 | 11月 | 12月 | 年 |
| --- | --- | --- | --- | --- | --- | --- | --- | --- | --- | --- | --- | --- | --- |
| 平均气温 | 9.9 | 9.5 | 12.0 | 16.6 | 21.1 | 24.5 | 27.9 | 28.5 | 26.7 | 22.3 | 18.0 | 12.8 | 19.2 |
| 最高气温 | 23.3 | 24.7 | 24.0 | 27.8 | 30.5 | 38.4 | 35.2 | 37.8 | 36.4 | 32.5 | 29.4 | 25.5 | 38.4 |
| 最低气温 | -1.5 | 0.3 | 1.7 | 6.3 | 12.3 | 16.3 | 21.4 | 20.6 | 15.6 | 12.2 | 6.1 | -0.5 | -1.5 |

注:1960年数据有缺测,1971年6月至2009年6月停测。

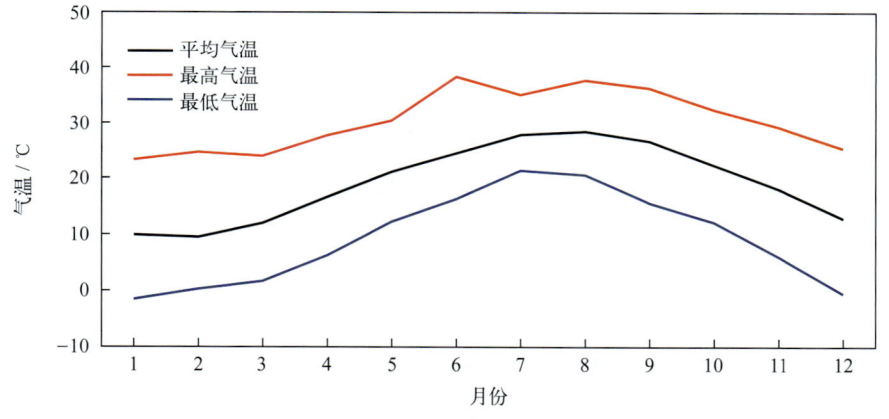

图4.1-1 气温年变化(1960—2019年)

历年的平均气温为17.6~20.6℃,其中2012年最高,1962年和1965年均为最低。

历年的最高气温均高于32.0℃,其中高于34.0℃的有11年,高于36.0℃的有4年。最早出现时间为6月25日(2011年),最晚出现时间为9月15日(2017年)。8月最高气温出现频率最高,占统计年份的59%,7月次之,占27%(图4.1-2)。极大值为38.4℃,出现在2011年6月25日。

历年的最低气温均低于5.0℃,其中低于2.0℃的有14年,低于0.0℃的有2年。最早出现时间为12月27日(1966年),最晚出现时间为3月10日(2010年)。1月最低气温出现频率最高,占统计年份的43%,2月次之,占33%(图4.1-2)。极小值为-1.5℃,出现在2016年1月25日。

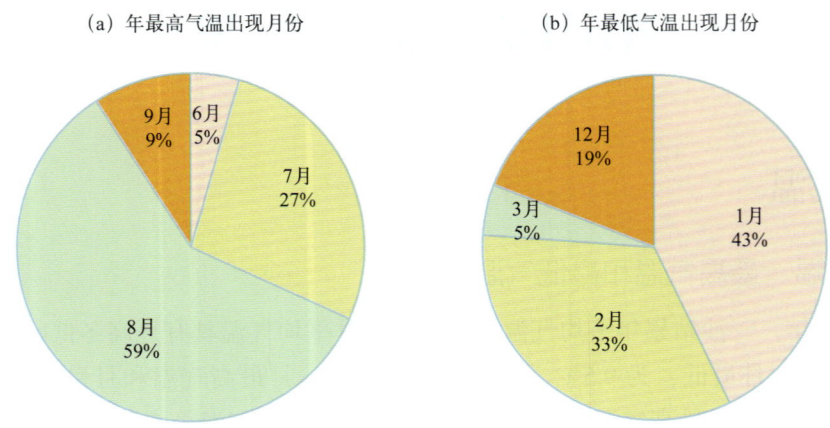

图4.1-2 年最高、最低气温出现月份及频率（1960—2019年）

## 2. 长期趋势变化

1961—1970年，年平均气温、年最高气温和年最低气温均呈波动上升趋势，上升速率分别为1.24℃/（10年）、0.78℃/（10年）（线性趋势未通过显著性检验）和0.21℃/（10年）（线性趋势未通过显著性检验）。2010—2019年，年平均气温、年最高气温均呈波动下降趋势，下降速率分别为0.72℃/（10年）（线性趋势未通过显著性检验）和4.31℃/（10年）；年最低气温呈波动上升趋势，上升速率为0.70℃/（10年）（线性趋势未通过显著性检验）。

2010—2019年平均气温、最高气温和最低气温均比1961—1970年高，分别高1.5℃、2.2℃和1.6℃。

## 3. 常年自然天气季节和大陆度

利用三沙站1966—1971年和2009—2019年气温累年日平均数据计算五日滑动平均气温，根据《气候季节划分》（QX/T 152—2012）方法，三沙平均春季时间从2月17日至5月24日，共97天；平均夏季时间从5月25日至10月26日，共155天；平均秋季时间从10月27日至翌年1月23日，共89天；平均冬季时间从1月24日至2月16日，共24天。夏季时间最长，冬季时间最短（图4.1-3）。

三沙站焦金斯基大陆度指数为39.8%，属海洋性季风气候。

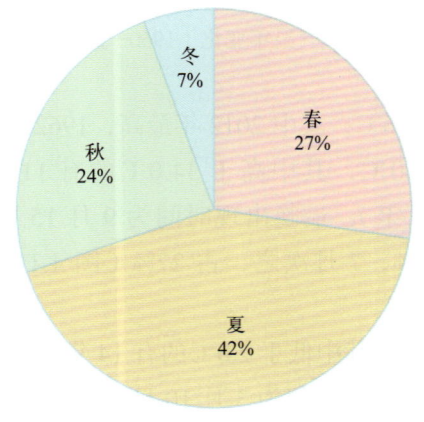

图4.1-3 四季平均日数百分率（1966—2019年）

## 第二节 气压

### 1. 平均气压、最高气压和最低气压

2002—2019年，三沙站累年平均气压为1 007.8百帕。月平均气压具有冬高夏低的变化特征，1月最高，为1 016.8百帕，8月最低，为998.6百帕，年较差为18.2百帕。月最高气压2月最大，7月最小。月最低气压1月最大，9月最小（表4.2-1，图4.2-1）。

历年的平均气压为1 006.7～1 008.6百帕，其中2011年和2017年均为最高，2007年最低。

历年的最高气压均高于1 023.5百帕，其中高于1 025.0百帕的有17年，高于1 032.0百帕的有2年。极大值为1 036.7百帕，出现在2012年2月7日。

历年的最低气压均低于990.5百帕，其中低于980.0百帕的有9年，低于970.0百帕的有3年。极小值为967.9百帕，出现在2002年9月8日，正值0216号台风"森拉克"影响期间。

表4.2-1 气压年变化（2002—2019年） 单位：百帕

| | 1月 | 2月 | 3月 | 4月 | 5月 | 6月 | 7月 | 8月 | 9月 | 10月 | 11月 | 12月 | 年 |
|---|---|---|---|---|---|---|---|---|---|---|---|---|---|
| 平均气压 | 1 016.8 | 1 014.8 | 1 012.2 | 1 007.7 | 1 003.5 | 999.3 | 998.7 | 998.6 | 1 003.6 | 1 009.6 | 1 013.0 | 1 016.3 | 1 007.8 |
| 最高气压 | 1 032.3 | 1 036.7 | 1 028.4 | 1 021.6 | 1 015.6 | 1 009.5 | 1 009.0 | 1 009.7 | 1 021.3 | 1 021.9 | 1 027.6 | 1 029.3 | 1 036.7 |
| 最低气压 | 1 002.5 | 995.7 | 998.2 | 991.9 | 990.1 | 985.3 | 969.9 | 973.1 | 967.9 | 972.3 | 996.0 | 999.0 | 967.9 |

注：2002—2003年和2006—2007年数据有缺测。

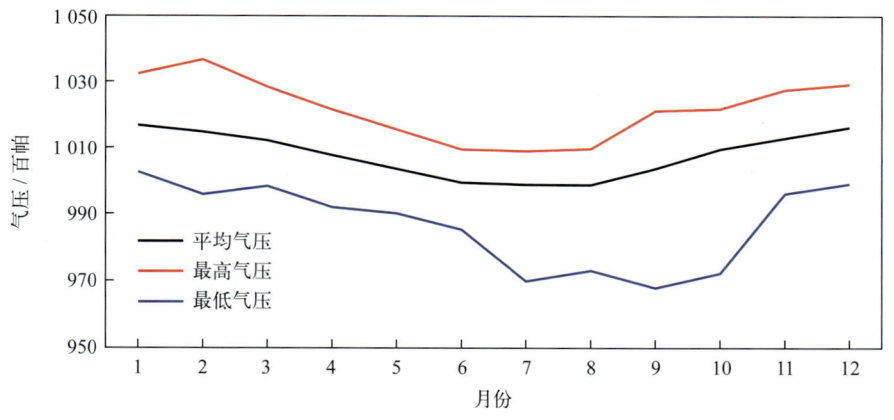

图4.2-1 气压年变化（2002—2019年）

### 2. 长期趋势变化

2004—2019年，年平均气压、年最高气压和年最低气压均呈上升趋势，上升速率分别为0.35百帕/（10年）（线性趋势未通过显著性检验）、1.24百帕/（10年）（线性趋势未通过显著性检验）和1.91百帕/（10年）（线性趋势未通过显著性检验）。

## 第三节 相对湿度

### 1. 平均相对湿度和最小相对湿度

1960—2019年，三沙站累年平均相对湿度为78.2%。月平均相对湿度6月最大，为88.0%，

12月最小，为69.2%。平均月最小相对湿度7月最大，为61.3%，1月最小，为28.2%。最小相对湿度的极小值为4%，出现在1961年5月（表4.3-1，图4.3-1）。

表4.3-1 相对湿度年变化（1960—2019年）

| | 1月 | 2月 | 3月 | 4月 | 5月 | 6月 | 7月 | 8月 | 9月 | 10月 | 11月 | 12月 | 年 |
|---|---|---|---|---|---|---|---|---|---|---|---|---|---|
| 平均相对湿度/% | 71.1 | 76.6 | 78.9 | 82.6 | 84.5 | 88.0 | 85.6 | 82.8 | 76.9 | 69.5 | 72.4 | 69.2 | 78.2 |
| 平均最小相对湿度/% | 28.2 | 35.8 | 32.8 | 34.3 | 37.3 | 55.8 | 61.3 | 53.5 | 41.5 | 34.4 | 32.6 | 28.5 | 39.7 |
| 最小相对湿度/% | 7 | 18 | 13 | 18 | 4 | 35 | 51 | 38 | 26 | 17 | 18 | 15 | 4 |

注：平均最小相对湿度为各月最小相对湿度的累年平均值及其年平均值。1960年数据有缺测，1971年6月至2009年6月停测。

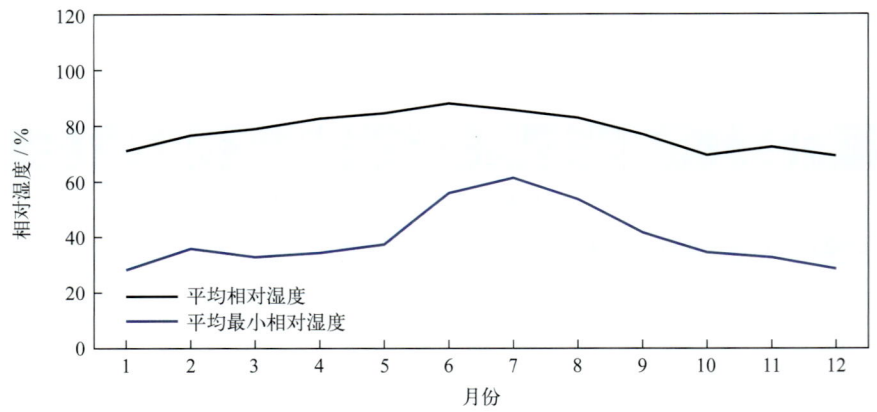

图4.3-1 相对湿度年变化（1960—2019年）

### 2. 长期趋势变化

1961—2019年，年平均相对湿度为73.2%～84.4%，其中2016年最大，2011年最小。1961—1970年，年平均相对湿度呈下降趋势，下降速率为2.25%/（10年）（线性趋势未通过显著性检验）；2010—2019年，年平均相对湿度呈上升趋势，上升速率为6.10%/（10年）（线性趋势未通过显著性检验）。

### 3. 温湿指数

根据《人居环境气候舒适度评价》（GB/T 27963—2011）的温湿指数统计方法和气候舒适度等级划分方法，统计三沙站各月温湿指数，结果显示：12月至翌年3月温湿指数为10.1～13.1，感觉为寒冷；4月温湿指数为16.4，感觉为冷；5月、6月、9—11月温湿指数为17.4～25.1，感觉为舒适；7月和8月温湿指数分别为26.8和27.1，感觉为热（表4.3-2）。

表4.3-2 温湿指数年变化（1960—2019年）

| | 1月 | 2月 | 3月 | 4月 | 5月 | 6月 | 7月 | 8月 | 9月 | 10月 | 11月 | 12月 |
|---|---|---|---|---|---|---|---|---|---|---|---|---|
| 温湿指数 | 10.6 | 10.1 | 12.3 | 16.4 | 20.6 | 23.8 | 26.8 | 27.1 | 25.1 | 21.0 | 17.4 | 13.1 |
| 感觉程度 | 寒冷 | 寒冷 | 寒冷 | 冷 | 舒适 | 舒适 | 热 | 热 | 舒适 | 舒适 | 舒适 | 寒冷 |

## 第四节 风

### 1. 平均风速和最大风速

三沙站风速的年变化见表 4.4-1 和图 4.4-1。累年平均风速为 4.2 米/秒，月平均风速 11 月最大，为 5.1 米/秒，5 月和 6 月最小，均为 3.4 米/秒。平均最大风速 8 月最大，为 17.9 米/秒，6 月最小，为 12.8 米/秒。最大风速月最大值对应风向多为 ENE 向（5 个月）。极大风速的最大值为 61.2 米/秒，出现在 2018 年 7 月 11 日，正值 1808 号台风"玛莉亚"影响期间，对应风向为 ENE。

表 4.4-1　风速年变化（1961—2019 年）　　　　　　　　　　　　　　单位：米/秒

| | | 1月 | 2月 | 3月 | 4月 | 5月 | 6月 | 7月 | 8月 | 9月 | 10月 | 11月 | 12月 | 年 |
|---|---|---|---|---|---|---|---|---|---|---|---|---|---|---|
| 平均风速 | | 4.5 | 4.5 | 3.9 | 3.5 | 3.4 | 3.4 | 3.8 | 3.7 | 4.6 | 5.0 | 5.1 | 4.8 | 4.2 |
| 最大风速 | 平均值 | 13.5 | 14.8 | 14.7 | 14.3 | 13.2 | 12.8 | 17.6 | 17.9 | 17.3 | 13.8 | 13.8 | 13.6 | 14.8 |
| | 最大值 | 21.1 | 23.8 | 20.5 | 19.6 | 23.0 | 18.4 | 44.0 | 39.5 | 34.0 | 21.4 | 19.5 | 19.5 | 44.0 |
| | 最大值对应风向 | ENE | ENE | NNE | NE | SSW | ENE | ENE | W | NE/SE/N | WSW | ENE | NE | ENE |
| 极大风速 | 最大值 | 25.5 | 27.9 | 24.6 | 27.2 | 23.4 | 23.5 | 61.2 | 55.1 | 40.7 | 33.5 | 23.3 | 22.9 | 61.2 |
| | 最大值对应风向 | N | ENE | ENE | NNE | ENE | NNW | ENE | W | ESE | WNW | ENE | ENE | ENE |

注：1971 年 6 月至 2002 年 6 月停测，2003 年、2006—2007 年数据有缺测，极大风速的统计时间为 2002 年 7 月至 2019 年 12 月。

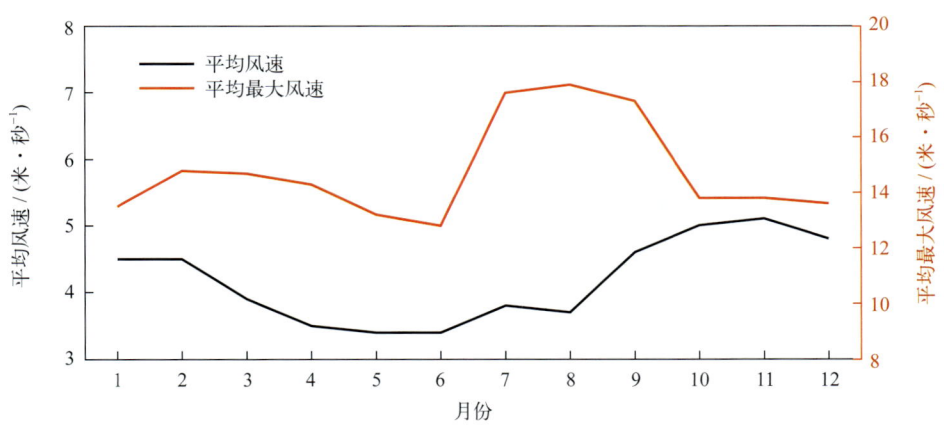

图 4.4-1　平均风速和平均最大风速年变化（1961—2019 年）

历年的平均风速为 3.1 ~ 6.4 米/秒，其中 1964 年最大，2008 年和 2010 年均为最小。历年的最大风速均大于等于 12.2 米/秒，其中大于等于 28.0 米/秒的有 8 年，大于等于 38.0 米/秒的有 3 年。最大风速的最大值为 44.0 米/秒，出现在 2018 年 7 月 11 日，风向为 ENE。年最大风速出现在 8 月的频率最高，6 月、10 月和 12 月未出现（图 4.4-2）。

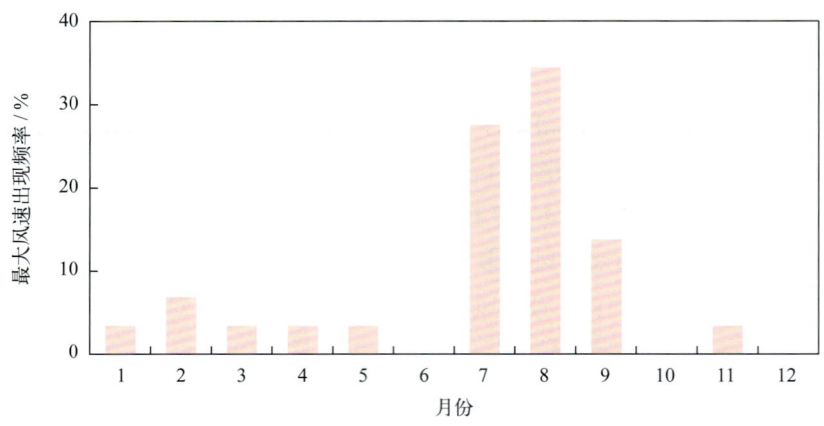

图4.4-2　年最大风速出现频率（1961—2019年）

## 2. 各向风频率

全年 ENE 向风最多，频率为 22.4%，NE 向次之，频率为 13.6%，NNW 向最少，频率为 1.4%（图 4.4-3）。

1月盛行风向为 NNE—E，频率和为 70.4%；4月盛行风向为 NE—E，频率和为 45.3%；7月盛行风向为 SSW—W，频率和为 39.6%；10月盛行风向为 N—E，频率和为 80.9%（图 4.4-4）。

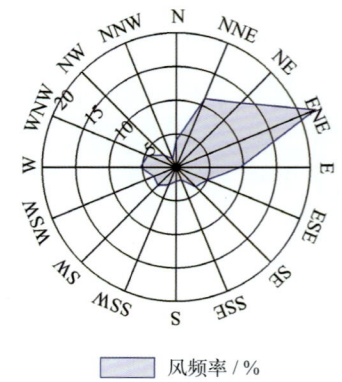

图4.4-3　全年各向风频率（1966—2019年）

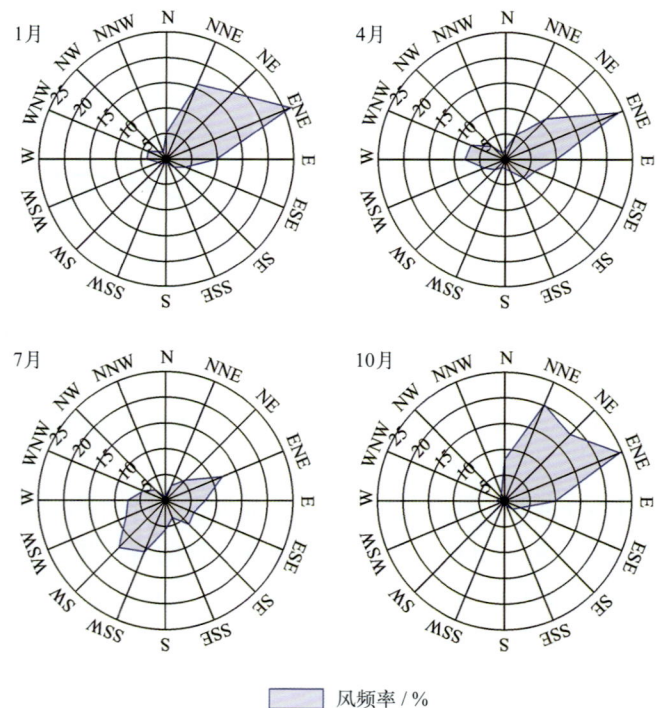

图4.4-4　四季代表月各向风频率（1966—2019年）

### 3. 各向平均风速和最大风速

全年各向平均风速 NE 向和 ENE 向最大，均为 4.3 米 / 秒，E 向次之，为 3.5 米 / 秒，SSE 向最小，为 1.4 米 / 秒（图 4.4-5）。1 月和 4 月 NE 向平均风速最大，分别为 4.5 米 / 秒和 4.2 米 / 秒；7 月和 10 月 ENE 向平均风速最大，分别为 4.4 米 / 秒和 4.6 米 / 秒（图 4.4-6）。

全年各向最大风速 ENE 向最大，为 44.0 米 / 秒，W 向次之，为 39.5 米 / 秒，NW 向最小，为 16.2 米 / 秒（图 4.4-5）。1 月、4 月和 7 月均为 ENE 向最大风速最大，分别为 21.1 米 / 秒、19.5 米 / 秒和 44.0 米 / 秒；10 月 WSW 向最大，为 21.4 米 / 秒（图 4.4-6）。

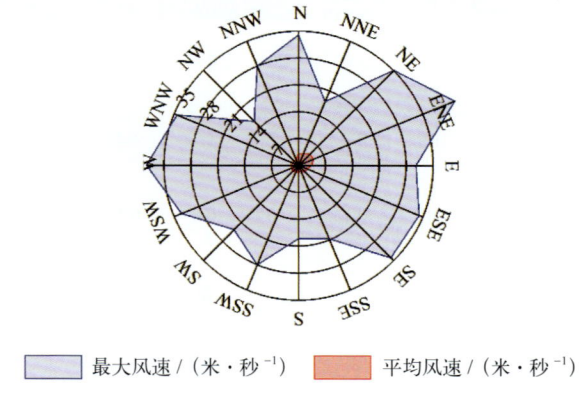

图 4.4-5　全年各向平均风速和最大风速（1966—2019 年）

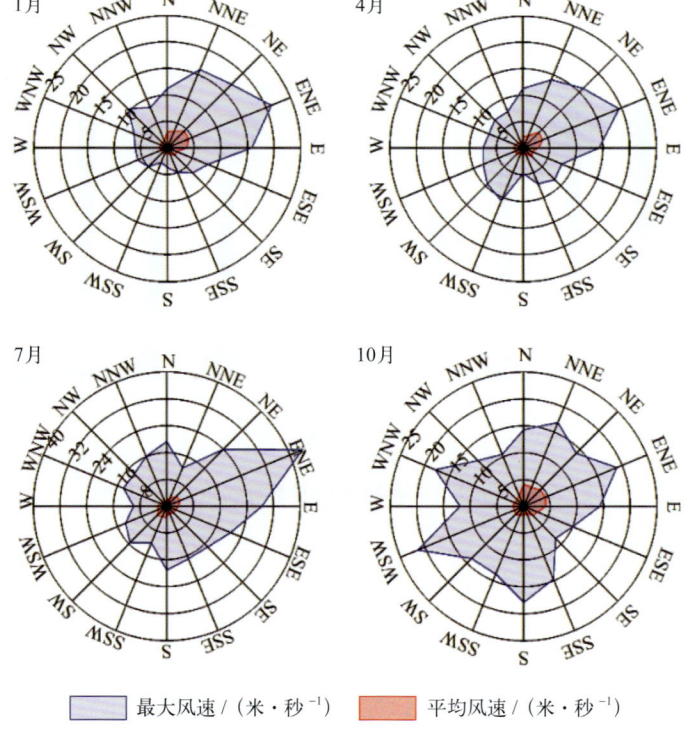

图 4.4-6　四季代表月各向平均风速和最大风速（1966—2019 年）

### 4. 大风日数

风力大于等于 6 级的大风日数 12 月最多，为 5.7 天，占全年的 11.1%，2 月次之，为 5.3 天，6 月最少，为 2.3 天（表 4.4-2，图 4.4-7）。平均年大风日数为 51.4 天（表 4.4-2）。历年大风日数

2015年最多，为120天，1969年最少，为11天。

风力大于等于8级的大风日数9月最多，为0.7天，6月出现1次，12月未出现。历年大风日数2016年最多，为12天，有9年未出现。

风力大于等于6级的月大风日数最多为19天，出现在2015年12月；最长连续大于等于6级大风日数为8天，出现了4次（表4.4-2）。

表4.4-2　各级大风日数年变化（1961—2019年）　　　　单位：天

|  | 1月 | 2月 | 3月 | 4月 | 5月 | 6月 | 7月 | 8月 | 9月 | 10月 | 11月 | 12月 | 年 |
| --- | --- | --- | --- | --- | --- | --- | --- | --- | --- | --- | --- | --- | --- |
| 大于等于6级大风平均日数 | 4.9 | 5.3 | 5.0 | 3.8 | 3.0 | 2.3 | 2.9 | 3.5 | 4.7 | 5.1 | 5.2 | 5.7 | 51.4 |
| 大于等于7级大风平均日数 | 1.1 | 1.2 | 1.5 | 1.0 | 0.7 | 0.7 | 1.2 | 1.3 | 1.5 | 1.3 | 1.0 | 1.1 | 13.6 |
| 大于等于8级大风平均日数 | 0.1 | 0.4 | 0.3 | 0.2 | 0.1 | 0.0 | 0.4 | 0.5 | 0.7 | 0.3 | 0.2 | 0.0 | 3.2 |
| 大于等于6级大风最多日数 | 17 | 16 | 10 | 10 | 10 | 11 | 11 | 9 | 14 | 18 | 14 | 19 | 120 |
| 最长连续大于等于6级大风日数 | 5 | 6 | 4 | 3 | 3 | 4 | 7 | 8 | 8 | 4 | 8 | 8 | 8 |

注：大于等于6级大风统计时间为1961—2019年，大于等于7级和大于等于8级大风统计时间为1966—2019年。

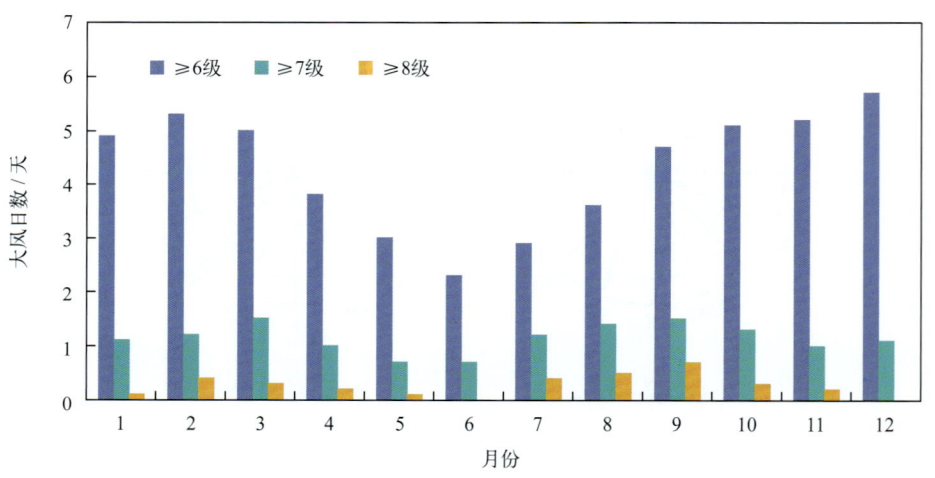

图4.4-7　各级大风日数年变化

## 第五节　降水

### 1. 降水量和降水日数

#### （1）降水量

三沙站降水量的年变化见表4.5-1和图4.5-1。平均年降水量为1 226.1毫米，降水量的季节分布不均匀，夏季（6—8月）为433.3毫米，占全年降水量的35.3%，春季（3—5月）为386.6毫米，占全年的31.5%，秋季（9—11月）为246.1毫米，占全年的20.1%，冬季（12月至翌年2月）为160.1毫米，占全年的13.1%。6月平均降水量最多，为207.0毫米，占全年的16.9%。

历年年降水量为 872.0～1 582.6 毫米，其中 2016 年最多，2018 年最少。

最大日降水量超过 100 毫米的有 6 年，无最大日降水量超过 150 毫米的情况出现。最大日降水量为 140.9 毫米，出现在 1967 年 7 月 31 日。

表 4.5-1　降水量年变化（1960—2019 年）　　　　　　　　　　单位：毫米

|  | 1月 | 2月 | 3月 | 4月 | 5月 | 6月 | 7月 | 8月 | 9月 | 10月 | 11月 | 12月 | 年 |
|---|---|---|---|---|---|---|---|---|---|---|---|---|---|
| 平均降水量 | 48.1 | 60.0 | 105.9 | 131.5 | 149.2 | 207.0 | 89.2 | 137.1 | 129.4 | 47.6 | 69.1 | 52.0 | 1 226.1 |
| 最大日降水量 | 28.8 | 25.5 | 46.8 | 58.4 | 75.8 | 83.6 | 140.9 | 120.6 | 124.5 | 58.1 | 87.8 | 40.0 | 140.9 |

注：1960年和1967年数据有缺测，1968年1月至2009年6月停测。

### （2）降水日数

平均年降水日数为 152.0 天。降水日数年变化特征为上半年多、下半年少（图 4.5-2 和图 4.5-3）。日降水量大于等于 10 毫米的平均年日数为 36.0 天，各月均有出现；日降水量大于等于 50 毫米的平均年日数为 3.6 天，出现在 4—11 月；日降水量大于等于 100 毫米的平均年日数为 0.4 天，出现在 7—9 月；无日降水量大于等于 150 毫米的情况出现（图 4.5-3）。

最多年降水日数为 181 天，出现在 2012 年；最少年降水日数为 125 天，出现在 2017 年。最长连续降水日数为 18 天，出现在 2019 年 7 月 2—19 日，《东海区海洋站海洋水文气候志》记载 1964 年 2 月 8—25 日也连续降水 18 天；最长连续无降水日数为 35 天，出现在 2012 年 9 月 25 日至 10 月 29 日。

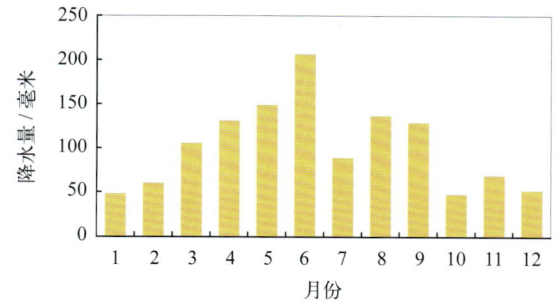

图4.5-1　降水量年变化（1960—2019年）

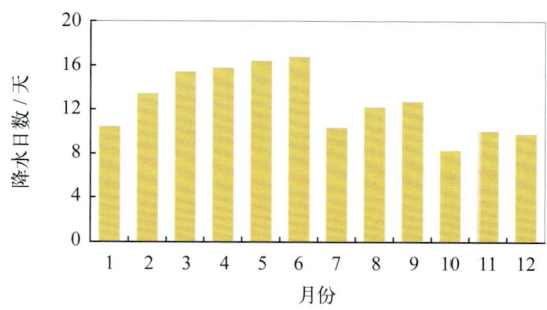

图4.5-2　降水日数年变化（1966—2019年）

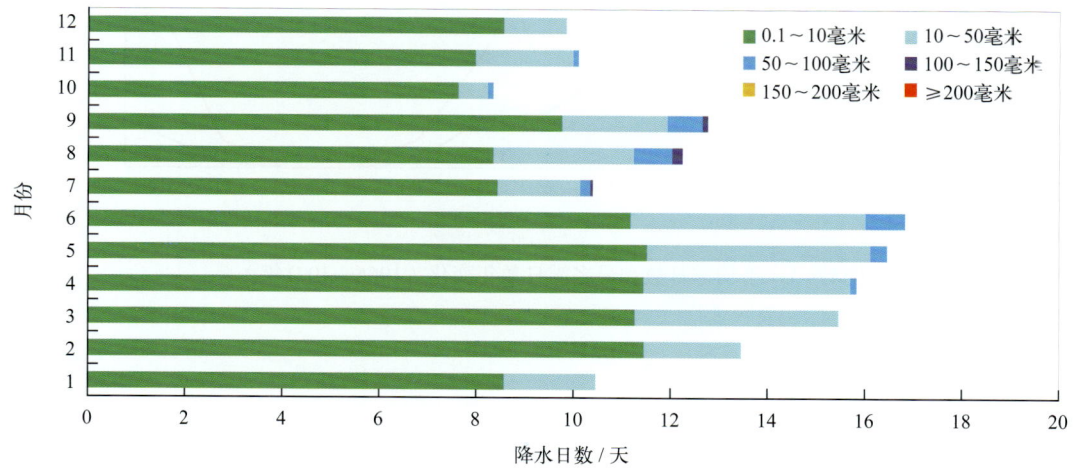

图4.5-3　各月各级平均降水日数分布（1960—2019年）

## 2. 长期趋势变化

2010—2019 年，年降水量呈下降趋势，下降速率为 200.95 毫米／（10 年）（线性趋势未通过显著性检验）；年最大日降水量呈上升趋势，上升速率为 17.33 毫米／（10 年）（线性趋势未通过显著性检验）。

2010—2019 年，年降水日数呈减少趋势，减少速率为 10.00 天／（10 年）（线性趋势未通过显著性检验）；最长连续降水日数和最长连续无降水日数均呈增加趋势，增加速率分别为 5.21 天／（10 年）（线性趋势未通过显著性检验）和 3.82 天／（10 年）（线性趋势未通过显著性检验）。

## 第六节 雾及其他天气现象

### 1. 雾

三沙站雾日数的年变化见表 4.6-1、图 4.6-1 和图 4.6-2。1966—1971 年，平均年雾日数为 23.5 天。平均月雾日数 4 月最多，为 6.3 天，9 月和 10 月未出现；月雾日数最多为 10 天，出现在 1969 年 4 月；最长连续雾日数为 5 天，出现在 1969 年 1 月 25—29 日和 4 月 12—16 日。

表 4.6-1 雾日数年变化（1966—1971 年） 单位：天

| | 1月 | 2月 | 3月 | 4月 | 5月 | 6月 | 7月 | 8月 | 9月 | 10月 | 11月 | 12月 | 年 |
| --- | --- | --- | --- | --- | --- | --- | --- | --- | --- | --- | --- | --- | --- |
| 平均雾日数 | 1.3 | 3.0 | 4.0 | 6.3 | 3.5 | 2.0 | 1.8 | 0.2 | 0.0 | 0.0 | 0.2 | 1.2 | 23.5 |
| 最多雾日数 | 6 | 7 | 9 | 10 | 6 | 8 | 4 | 1 | 0 | 0 | 1 | 6 | 52 |
| 最长连续雾日数 | 5 | 3 | 4 | 5 | 4 | 4 | 2 | 1 | 0 | 0 | 1 | 4 | 5 |

注：1971年6月停测。

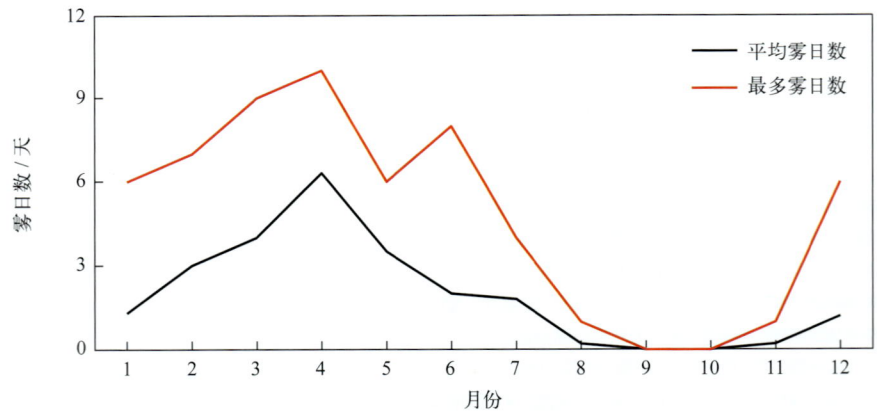

图 4.6-1 平均雾日数和最多雾日数年变化（1966—1971年）

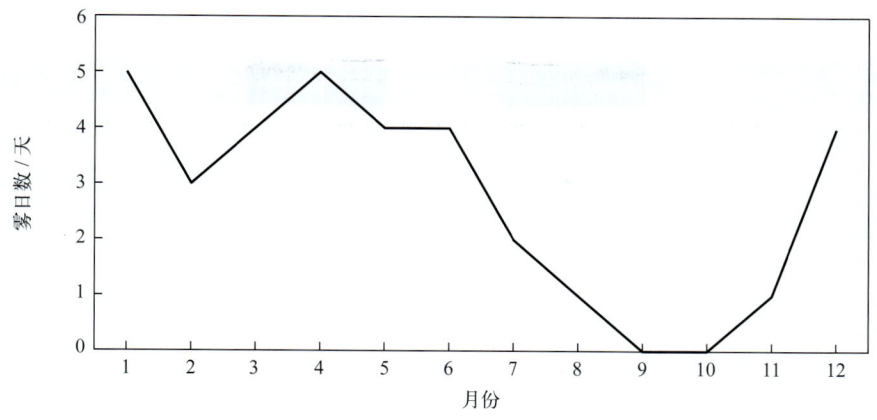

图4.6-2　最长连续雾日数年变化（1966—1971年）

## 2. 轻雾

三沙站轻雾日数的年变化见表4.6-2和图4.6-3。1966—1971年，平均年轻雾日数为31.4天。平均月轻雾日数4月最多，为7.0天，9月未出现；最多月轻雾日数为13天，出现在1970年5月。

1966—1970年，年轻雾日数为13～59天，1966年最多，1968年最少。

表4.6-2　轻雾日数年变化（1966—1971年）　　　　　　　　　　单位：天

| | 1月 | 2月 | 3月 | 4月 | 5月 | 6月 | 7月 | 8月 | 9月 | 10月 | 11月 | 12月 | 年 |
|---|---|---|---|---|---|---|---|---|---|---|---|---|---|
| 平均轻雾日数 | 1.8 | 3.5 | 4.2 | 7.0 | 6.3 | 2.4 | 2.2 | 0.6 | 0.0 | 0.2 | 0.8 | 2.4 | 31.4 |
| 最多轻雾日数 | 4 | 8 | 10 | 10 | 13 | 6 | 6 | 3 | 0 | 1 | 2 | 7 | 59 |

注：1971年6月停测。

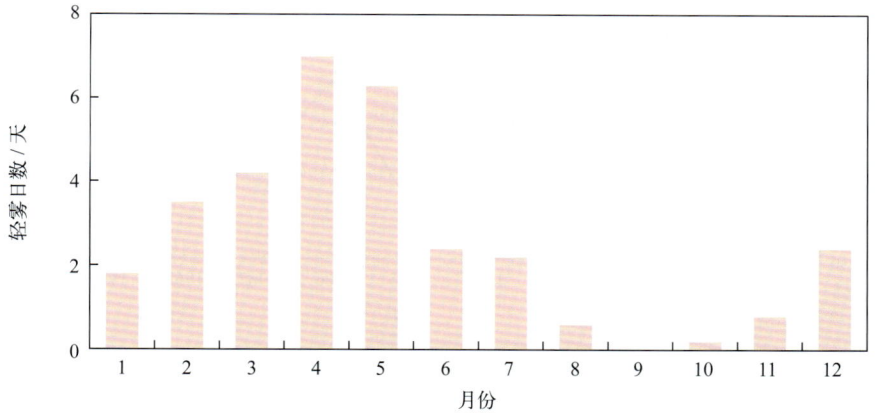

图4.6-3　轻雾日数年变化（1966—1971年）

## 3. 雷暴

三沙站雷暴日数的年变化见表4.6-3和图4.6-4。1960—1971年，平均年雷暴日数为34.8天。雷暴主要出现在3—9月，其中8月最多，平均日数为6.5天，1月最少，为0.1天。雷暴最早初日为1月21日（1969年），最晚终日为12月22日（1965年）。

表 4.6-3　雷暴日数年变化（1960—1971 年）　　　　　　　　　　　　　　　　　　　　　　　　单位：天

| | 1月 | 2月 | 3月 | 4月 | 5月 | 6月 | 7月 | 8月 | 9月 | 10月 | 11月 | 12月 | 年 |
|---|---|---|---|---|---|---|---|---|---|---|---|---|---|
| 平均雷暴日数 | 0.1 | 0.5 | 3.1 | 4.1 | 5.7 | 4.3 | 4.4 | 6.5 | 5.1 | 0.5 | 0.3 | 0.2 | 34.8 |
| 最多雷暴日数 | 1 | 1 | 6 | 6 | 13 | 8 | 9 | 13 | 10 | 3 | 3 | 1 | 52 |

注：1960年数据有缺测，1971年6月停测。

1961—1970年，年雷暴日数呈下降趋势，下降速率为18.36天/（10年）（线性趋势未通过显著性检验）。1962年雷暴日数最多，为52天，1965年最少，为20天（图4.6-5）。

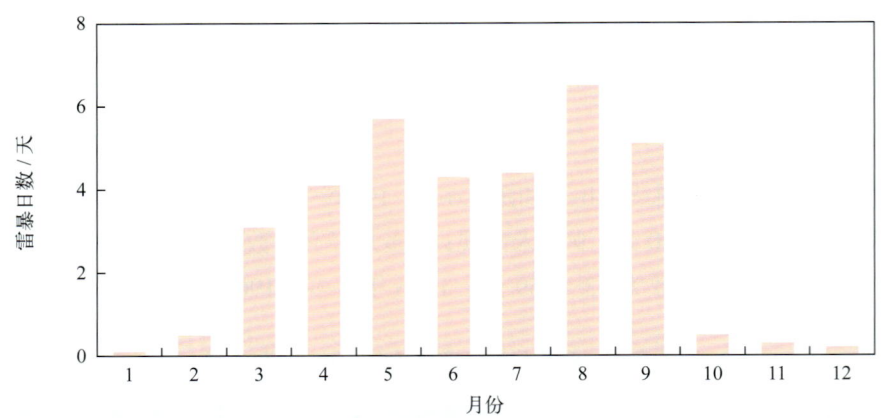

图4.6-4　雷暴日数年变化（1960—1971年）

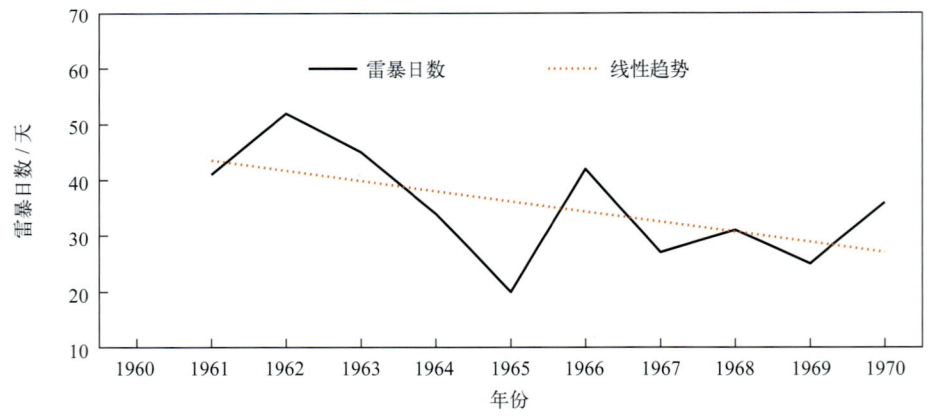

图4.6-5　1961—1970年雷暴日数变化

### 4. 霜

三沙站1960—1971年，共有3天出现霜，分别是1962年1月2日、1966年1月1日和1967年2月15日。

### 5. 降雪

三沙站降雪日数的年变化见表4.6-4和图4.6-6。1960—1971年，平均年降雪日数为3.4天。

降雪全部出现在 12 月至翌年 3 月，2 月最多，平均日数为 1.8 天。降雪最早初日为 12 月 26 日（1966 年），最晚终日为 3 月 23 日（1962 年）。

表 4.6-4　降雪日数年变化（1960—1971 年）　　　　　　　　　　　　　单位：天

|  | 1月 | 2月 | 3月 | 4月 | 5月 | 6月 | 7月 | 8月 | 9月 | 10月 | 11月 | 12月 | 年 |
|---|---|---|---|---|---|---|---|---|---|---|---|---|---|
| 平均降雪日数 | 1.1 | 1.8 | 0.3 | 0.0 | 0.0 | 0.0 | 0.0 | 0.0 | 0.0 | 0.0 | 0.0 | 0.2 | 3.4 |
| 最多降雪日数 | 5 | 9 | 1 | 0 | 0 | 0 | 0 | 0 | 0 | 0 | 0 | 1 | 9 |

注：1960年数据有缺测，1971年6月停测。

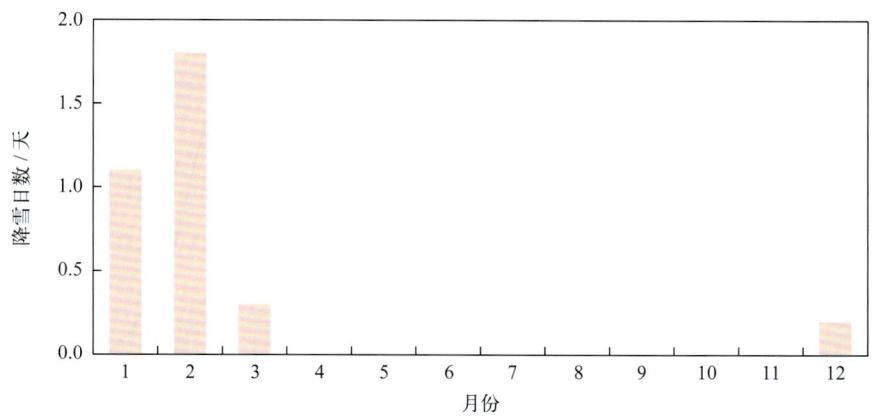

图4.6-6　降雪日数年变化（1960—1971年）

1961—1970 年，年降雪日数呈上升趋势，上升速率为 5.82 天/(10 年)。1968 年降雪日数最多，为 9 天，1961 年和 1965 年全年无降雪（图 4.6-7）。

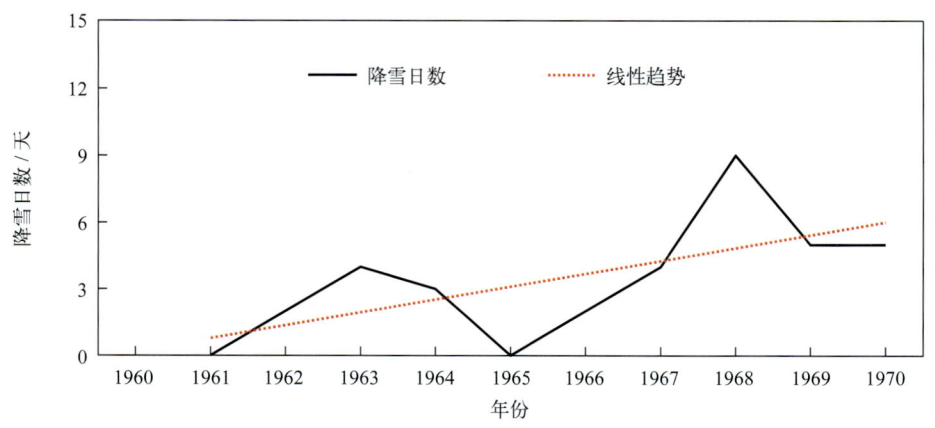

图4.6-7　1961—1970年降雪日数变化

## 第七节　能见度

1966—1971 年，三沙站累年平均能见度为 25.7 千米。9 月平均能见度最大，为 32.6 千米，3 月最小，为 19.6 千米。能见度小于 1 千米的平均年日数为 13.7 天，4 月最多，为 4.3 天，8—11

月未出现（表4.7-1，图4.7-1和图4.7-2）。

历年平均能见度为24.5～29.3千米，1966年最高，1969年最低。能见度小于1千米的日数1966年最多，为26天，1968年最少，为7天（图4.7-3）。

表4.7-1　能见度年变化（1966—1971年）

|  | 1月 | 2月 | 3月 | 4月 | 5月 | 6月 | 7月 | 8月 | 9月 | 10月 | 11月 | 12月 | 年 |
|---|---|---|---|---|---|---|---|---|---|---|---|---|---|
| 平均能见度/千米 | 21.4 | 21.5 | 19.6 | 20.5 | 21.8 | 26.1 | 29.5 | 30.8 | 32.6 | 30.3 | 27.8 | 25.9 | 25.7 |
| 能见度小于1千米平均日数/天 | 1.2 | 2.2 | 2.3 | 4.3 | 1.7 | 0.8 | 0.2 | 0.0 | 0.0 | 0.0 | 0.0 | 1.0 | 13.7 |

注：1971年6月停测。

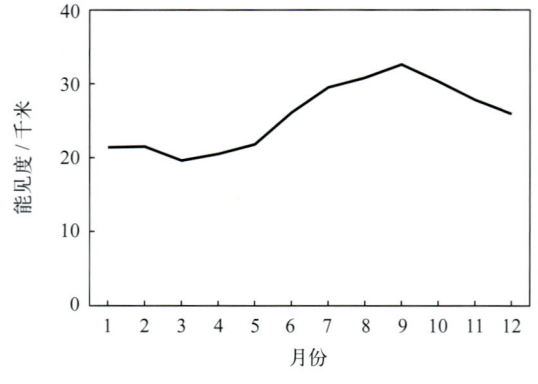

图4.7-1　能见度年变化

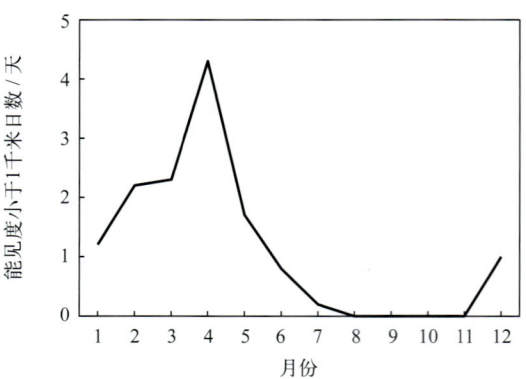

图4.7-2　能见度小于1千米日数年变化

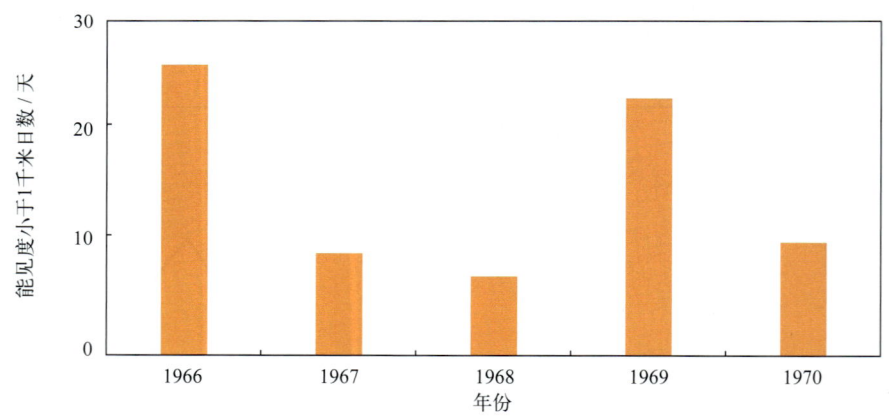

图4.7-3　能见度小于1千米年日数变化

## 第八节　云

1966—1971年，三沙站累年平均总云量为6.7成，6月平均总云量最多，为8.2成，8月、9月和10月最少，均为5.4成；累年平均低云量为5.0成，3月和4月平均低云量最多，均为6.2成，8月最少，为3.2成（表4.8-1，图4.8-1）。

表4.8-1  总云量和低云量年变化（1966—1971年）

|  | 1月 | 2月 | 3月 | 4月 | 5月 | 6月 | 7月 | 8月 | 9月 | 10月 | 11月 | 12月 | 年 |
| --- | --- | --- | --- | --- | --- | --- | --- | --- | --- | --- | --- | --- | --- |
| 平均总云量/成 | 6.8 | 7.0 | 7.5 | 7.4 | 8.0 | 8.2 | 6.3 | 5.4 | 5.4 | 5.4 | 6.5 | 6.7 | 6.7 |
| 平均低云量/成 | 5.7 | 6.0 | 6.2 | 6.2 | 6.1 | 5.7 | 3.3 | 3.2 | 3.9 | 3.6 | 5.2 | 5.4 | 5.0 |

注：1971年6月停测。

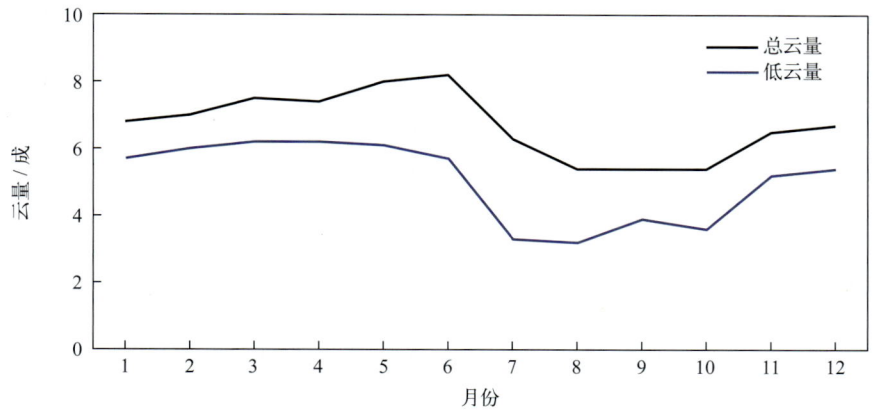

图4.8-1  总云量和低云量年变化（1966—1971年）

1966—1970年，年平均总云量1970年最多，为7.8成，1966年最少，为5.2成（图4.8-2）；年平均低云量1970年最多，为6.0成，1966年最少，为3.4成（图4.8-3）。

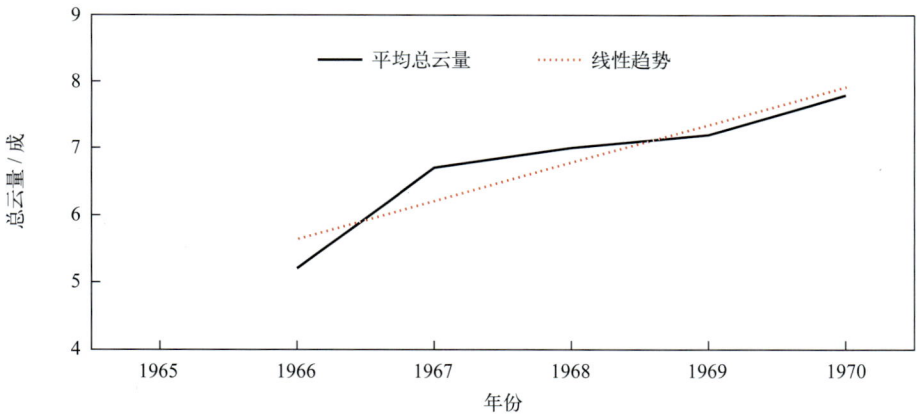

图4.8-2  1966—1970年平均总云量变化

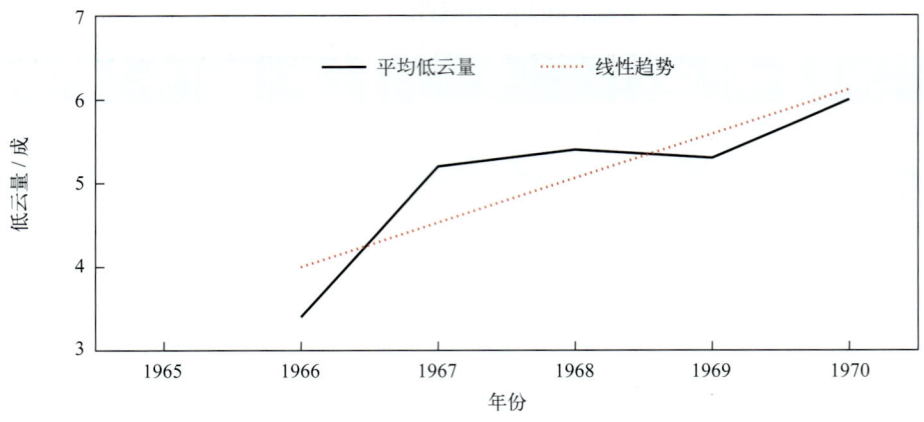

图4.8-3　1966—1970年平均低云量变化

## 第九节　蒸发量

1960—1962年，三沙站平均年蒸发量为2 047.2毫米。10月蒸发量最大，为298.9毫米，4月蒸发量最小，为107.1毫米（表4.9-1，图4.9-1）。

表4.9-1　蒸发量年变化（1960—1962年）　　　　　　　　　　单位：毫米

| | 1月 | 2月 | 3月 | 4月 | 5月 | 6月 | 7月 | 8月 | 9月 | 10月 | 11月 | 12月 | 年 |
|---|---|---|---|---|---|---|---|---|---|---|---|---|---|
| 平均蒸发量 | 168.3 | 113.0 | 111.1 | 107.1 | 121.2 | 145.9 | 238.4 | 209.9 | 193.0 | 298.9 | 175.1 | 165.3 | 2 047.2 |

注：1960年和1962年数据有缺测。

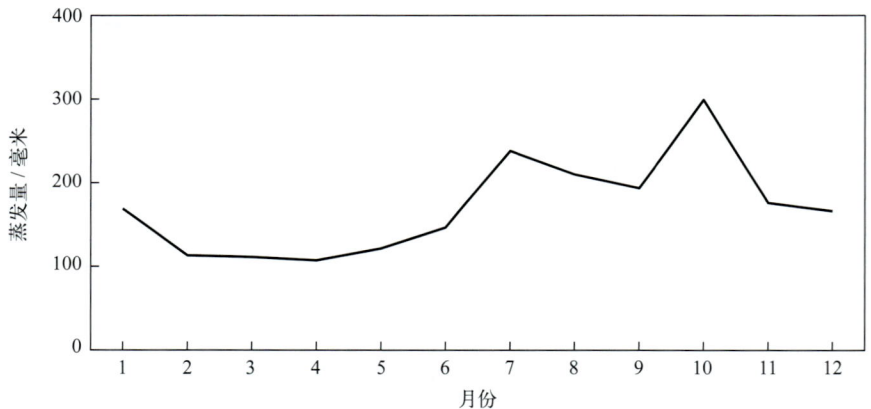

图4.9-1　蒸发量年变化（1960—1962年）

# 第五章 海平面

## 1. 年变化

三沙沿海海平面年变化特征明显，4月最低，10月最高，年变幅为29厘米（图5-1）。平均海平面在验潮基面上493厘米。

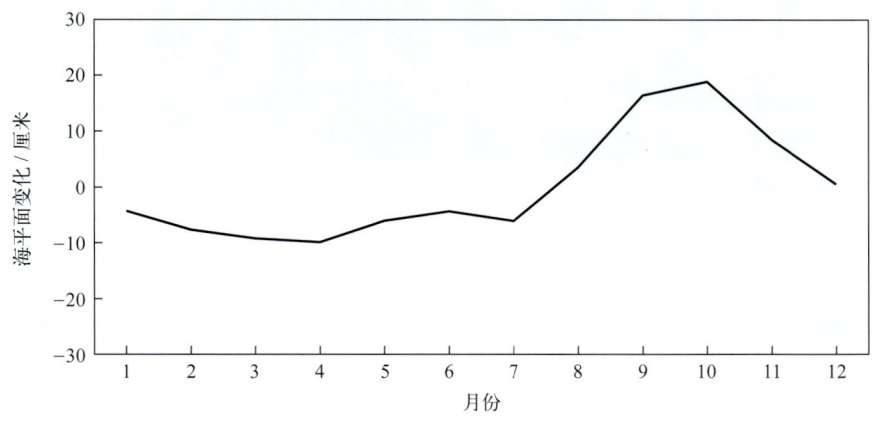

图5-1　海平面年变化（1966—2019年）

## 2. 长期趋势变化

三沙沿海海平面变化总体呈波动上升趋势。1966—2019年，三沙沿海海平面上升速率为2.0毫米/年；1993—2019年，上升速率为4.9毫米/年，高于同期中国沿海3.9毫米/年的平均水平。三沙沿海海平面在1975年、1991年和2001年前后分别经历了三次高峰，2012年上升显著，至2019年一直处于高位，其中2016年为有观测记录以来的最高位。

三沙沿海十年平均海平面总体上升。1970—1979年和1980—1989年，十年平均海平面基本持平；1990—1999年，十年平均海平面略有上升，较1980—1989年上升约20毫米；2000—2009年与1990—1999年十年平均海平面持平；2010—2019年，十年平均海平面上升显著，处于近50多年来的最高位，比2000—2009年高83毫米，比1970—1979年高104毫米（图5-2）。

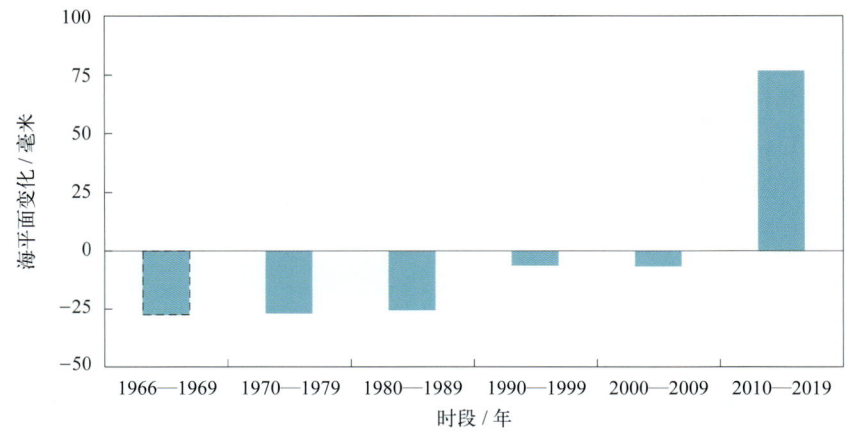

图5-2　十年平均海平面变化

### 3. 周期性变化

1966—2019年，三沙沿海海平面有准2年、7年、11年、19年和35年的显著变化周期，振荡幅度1～3厘米。1975年、1991年、2001年和2016年皆处于准2年、7年、11年和19年周期性振荡的高位，几个主要周期性振荡高位叠加，抬高了同时段海平面的高度（图5-3）。

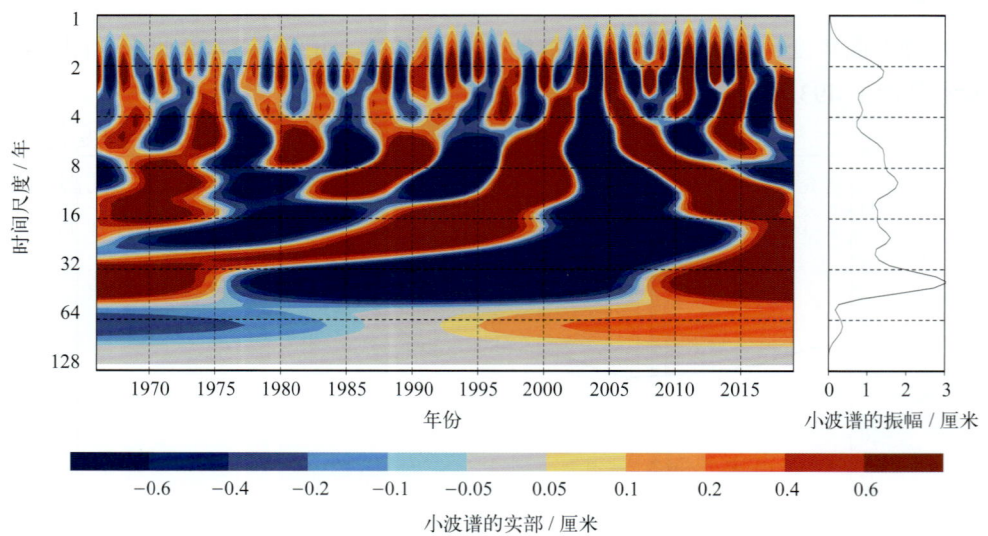

图5-3 年均海平面的小波（wavelet）变换

# 第六章　灾害

## 第一节　海洋灾害

### 1. 风暴潮

1971年9月23日，7123号台风引发的风暴潮影响浙江至福建沿海，三沙站最大增水超过1米，最高潮位超过当地警戒潮位（《中国海洋灾害四十年资料汇编》）。

1972年7月26—27日，7203号台风影响我国沿海，此次台风过程长达26天，路径很特殊，在洋面上3次打转，3次登陆，是历史上少见的，三沙站增水超过50厘米（《中国海洋灾害四十年资料汇编》）。

1974年8月18—23日，7413号台风引发的风暴潮影响上海至福建沿海，三沙站最大增水超过1米，最高潮位超过当地警戒潮位（《中国海洋灾害四十年资料汇编》）。

1992年，天文大潮和9216号台风风暴潮共同作用引发了92特大风暴潮，福建省宁德等地受灾，三沙站出现了有记录以来的第二高潮位（《1992年中国海洋灾害公报》）。

1994年8月20—21日，风暴潮袭击福建沿海，三沙站水位超过当地警戒水位（《1994年中国海洋灾害公报》）。

1996年7月31日至8月1日，受9608号台风引发的风暴潮影响，三沙站最高潮位突破历史纪录，福建沿海受灾严重（《1996年中国海洋灾害公报》）。

1997年，受9711号台风影响，宁德地区有29条海堤受损，决口25处，海水倒灌，受淹农田35万亩，迅猛的潮水和狂风巨浪造成霞浦的部分海堤漫顶滑坡、崩溃，损失严重，三沙站最高潮位突破历史纪录（《1997年中国海洋灾害公报》）。

2001年7月31日，受0108号台风"桃芝"引发的风暴潮影响，福建省福州市、宁德市损坏堤防157处，共32.1千米，堤防决口154处，共1.3千米；约2万公顷农田被淹，0.8万公顷浅海养殖受损，直接经济损失约5.0亿元，受灾人口约100万。9月29日，受0119号台风"利奇马"引发的风暴潮影响，福建省宁德市约0.8万公顷农田被淹，直接经济损失约0.8亿元；受灾人口约24万（《2001年中国海洋灾害公报》）。

2005年9月1日0513号台风"泰利"和10月2日0519号台风"龙王"先后影响福建宁德沿海，造成农田受灾，海水养殖受损，房屋倒塌，防潮堤损毁（《2005年中国海洋灾害公报》）。

2006年7月14日，0604号强热带风暴"碧利斯"在福建省霞浦县北壁镇登陆，受其引发的风暴潮与台风浪的共同影响，福建、浙江两省直接经济损失57.55亿元（《2006年中国海洋灾害公报》）。

2011年8月29日，1111号台风"南玛都"影响福建沿海，三沙站最高潮位超过当地警戒水位31厘米（《2011年中国海洋灾害公报》）。

2012年7月底至8月初，1209号台风"苏拉"影响福建沿海，三沙站最高潮位超过当地警戒潮位（《2012年中国海洋灾害公报》）。

2013年10月7日，1323号台风"菲特"影响福建沿海，三沙站最高潮位超过当地橙色警戒潮位10厘米（《2013年中国海洋灾害公报》）。

2015年8月8日，1513号台风"苏迪罗"影响福建沿海期间，三沙站最大增水117厘米（《2015

年中国海洋灾害公报》)。

2016年9月13—19日，1616号台风"马勒卡"影响福建沿海，三沙站出现了达到当地黄色警戒潮位的高潮位（《2016年中国海洋灾害公报》）。

### 2. 海浪

1994年8月21日，福建沿海风力10～12级，霞浦沿海风力超过12级，海浪越过海堤防浪墙2～3米，毁坏船只63艘，毁坏码头12座，毁坏海堤166.6千米，其中决口194处，牙城镇5条海堤决口14处，造成8000亩水田被海水淹没（《1994年中国海洋灾害公报》）。

2004年8月11—13日，0414号台风"云娜"先后在东海、台湾海峡、南海、黄海形成5～12米台风浪。受其影响，福建省宁德等地的渔业、水利设施受到严重损失（《2004年中国海洋灾害公报》）。

2009年8月9日，0908号台风"莫拉克"在福建省霞浦县登陆，受其影响，牙城镇洪山海堤毁坏，堤内1200亩滩涂养殖受损（《2009年中国海洋灾害公报》）。

### 3. 赤潮

2002年5月4—14日，福建省福鼎市和霞浦县东部海域发生500平方千米的赤潮，赤潮藻种为具齿原甲藻、夜光藻、中肋骨条藻，海洋水产养殖受灾面积8700公顷，其中15公顷养殖贻贝死亡，直接经济损失达300万元。16—19日，该海域发生800平方千米赤潮，赤潮藻种为具齿原甲藻，海洋水产养殖受灾面积1.3万公顷，直接经济损失250万元（《2002年中国海洋灾害公报》）。

2010年6月1—12日，福建省福鼎牛栏岗海水浴场至霞浦大京海水浴场发生赤潮，最大面积180平方千米，赤潮优势种为东海原甲藻（《2010年中国海洋灾害公报》）。

2012年5月18日至6月7日，福建宁德三沙湾的霞浦、福鼎海域发生赤潮，最大面积130平方千米，赤潮优势种为米氏凯伦藻，造成直接经济损失30万元（《2012年中国海洋灾害公报》）。

2015年5月26日至6月2日，福建霞浦县古镇海域发生赤潮，最大面积100平方千米，赤潮优势种为米氏凯伦藻和东海原甲藻（《2015年中国海洋灾害公报》）。

## 第二节  灾害性天气

根据《中国气象灾害大典·福建卷》（1949—2000年）和《中国气象灾害年鉴》（2000年后）记载，三沙站周边发生的主要灾害性天气有暴雨洪涝、大风（龙卷风）、雷电、冰雹、寒潮、霜冻和大雪。

### 1. 暴雨洪涝

1956年9月3—5日，受5622号台风影响，宁德、建阳、福州、莆田等4专区市及三明、晋江等地的大部地区先后出现暴雨到特大暴雨，山区洪水暴发，其中灾情较重的有福鼎、霞浦、长乐、闽侯等县。霞浦县平原地区积水0.67米，损坏船只361只，损坏桥梁216座，损坏水库1个，死亡19人。

1958年9月3—5日，受5822号台风影响，福建多地出现暴雨到特大暴雨，9月4日降水强度最大。全省有20多个县市降暴雨到特大暴雨，霞浦、柘荣、平潭、福鼎等4县的日降水量达200毫米以上，霞浦317毫米为最大，霞浦县柏洋乡34小时雨量520毫米，4县过程降水量均在

300毫米以上，其中霞浦、柘荣分别达476毫米和456毫米。暴雨引起山洪暴发，福鼎、霞浦2座县城被淹。

1959年8月29—31日，受5904号台风影响，福建大部分地区出现大风降雨过程，福安北部降水量超过200毫米。霞浦县农田受淹4万亩，倒塌房屋93间，冲坏海堤5.5千米，抗灾牺牲和因灾死亡4人。

1960年8月1—2日，受6007号台风影响，福建中、北部沿海县市及鹫峰山北部2天合计雨量均在100毫米以上，台风暴雨造成了山洪暴发，溪河水位猛涨，霞浦、福鼎2座县城被洪水围困。霞浦县的后港、东关、南门等地屋内积水0.3～0.6米。霞浦县死亡5人，冲坏桥梁37座，水利工程亦遭受严重损坏。8月8—10日，受6008号台风影响，柘荣、霞浦、罗源3县连续2天降大暴雨。霞浦城关有史以来第一次受淹，全城2/3房屋泡在水中，沿海2/3地区受淹，倒塌房屋16 626间，死亡3人，受伤94人。

1966年9月3日，6614号台风在福建省罗源县登陆；7日，6615号台风在福建省霞浦县登陆，登陆时近中心风力12级。据霞浦、宁德、罗源、连江4个重灾县不完全统计，6614号、6615号台风造成26.5万人受重灾，死亡269人，受伤2 918人，失踪52人，洪水海浪冲毁水利设施15 806处、海堤781处，大风打翻、漂失船只939条，损坏船只4 707条，损失渔网3 314张，损坏渔网2 940张。

1971年9月21—24日，受7123号台风影响，福建中、北部地区出现一次强降水过程 宁德、罗源、霞浦、福鼎、柘荣等地降水均在200毫米以上。由于台风来势凶猛，造成暴雨倾泻，山洪暴发，洪水猛涨。宁德专区中连江、福鼎2县受灾最为严重，罗源、霞浦、宁德、福安等县受灾也较重。全区死亡28人，受伤131人，江海堤防决口685处（长约23 455米），山塘水库溃损272座，水电站损坏12座，小型水利设施冲坏11 022处，船只漂失37条、损坏461条。

1975年9月21—26日，受7511号台风影响，福建沿海从北到南先后出现8级以上大风，沿海各地降暴雨。罗源、霞浦、宁德、晋江、同安、南安等25个县受灾，霞浦县洪水冲垮便桥8座，养殖海蛎用的竹片漂失24万根。

1977年8月31日至9月1日，受7705号台风影响，福建省普降大到暴雨，局部地区大暴雨。霞浦县沿海各地遭受不同程度的损失，损失折合人民币约345万元。

1982年7月29日至8月1日，受8209号台风影响，福建省各地普遍降大到暴雨，东部沿海地区出现暴雨到大暴雨，全省34个县市受灾，宁德地区灾情最为严重，霞浦县7.5万人受灾，洪水冲坏山塘27个，冲坏桥梁1座、电站10座，渔船漂失292条，渔网漂失154张。

1987年7月21日20时至29日20时，福建先后受8705号和8707号台风影响，全省大部分地区雨量在100～200毫米之间，个别县市在200～350毫米之间。霞浦县对虾塘受灾面积490亩，船只漂失9条，海蛎减产30万担。

1989年9月13日，8921号热带风暴在福建省霞浦登陆，崇武以北沿海风力达10级，阵风12级。受台风影响，宁德地区有4个县市3.64万人严重受灾，直接经济损失达1 500万元，毁坏水利工程65处。9月21—23日，受热带云团和冷空气的共同影响，以泉州市为中心的沿海20个县市降暴雨，其中霞浦、福清等7个县市降大暴雨，日雨量霞浦最大，为145毫米。霞浦县3.2万亩稻田被淹，部分房屋、鱼虾池塘等被洪水冲毁，累计直接经济损失1 600万元。

### 2. 大风和龙卷风

1958年9月3—5日，受5822号台风影响，福建沿海地区从北到南出现8级以上大风，最强风力出现在福鼎，瞬时最大风速达 40 米 / 秒，持续 7 小时，8 级以上大风持续 14 小时。霞浦县大风持续 6 个小时以上，3 人合抱的古树被风连根拔起，千斤大石被风吹得平地打滚。全县农田严重受灾 11.8 万亩，全县新旧房屋几乎无一完整，39 个铁厂、13 个油坊、28 个砖瓦厂、4 个水电站的建筑被大风损坏，407 条船只被大风吹翻。

1963 年 7 月 16—19 日，晋江以北、三都澳以南沿海各县市及个别内陆县出现 8 级以上大风，平潭实测瞬时风速超过 40 米 / 秒。受灾严重的有霞浦、福鼎、连江等 7 个县，霞浦县早稻受风灾 1.47 万亩，占种植面积的 33%。

1966 年 9 月 2—4 日，受 6614 号台风影响，福建省有 40 个县市出现风力 8 级以上的大风，福安专区、福州市、闽侯专区的北部出现一次强降水过程。霞浦县数百年树龄的老树被大风吹倒，有 10 个区 2 335 座房屋被夷为平地，有 40 个村庄基本被毁。

1986 年 9 月 19 日，受 8617 号台风影响，霞浦县沿海风力达 10～11 级，阵风 12 级以上，风大潮位高，18 口虾塘被海浪冲垮，淹没虾池面积达 1 283 亩，对虾减产 1 030 担。

1989 年 4 月 2 日 18 时 30 分到 19 时前后，霞浦县牛顶村 4 座房顶被龙卷风摧毁，家具等物资受到严重损坏。

2008 年 7 月 27—31 日，受 0808 号台风"凤凰"影响，福建中北部沿海等地出现 10 级以上大风，其中有 12 个站的极大风力超过 12 级，霞浦沙江最大，风速为 44.9 米 / 秒。

2009 年 8 月 6—10 日，受 0908 号台风"莫拉克"影响，福建沿海出现了 10～12 级、局部 13～15 级的大风。全省共有 26 个县（市）135 个站的极大风速超过 10 级，有 46 个站达到或超过 12 级，8 个站超过 14 级，其中霞浦西洋风力达到 15 级（47.7 米 / 秒）。

2012 年 8 月 2—3 日，受 1209 号台风"苏拉"影响，福建中北部沿海出现 9～11 级东北大风，其中霞浦北礵岛风速最大，为 29.2 米 / 秒（11 级）。

2013 年 7 月 12—14 日，受 1307 号台风"苏力"影响，福建中北部沿海出现大风，最大风速 8～12 级，连江目屿岛风速最大，为 33.3 米 / 秒；阵风 10～14 级，霞浦北礵岛风速最大，为 41.5 米 / 秒。

2018 年 7 月 10 日 20 时至 12 日 08 时，受 1808 号台风"玛莉亚"影响，福建中北部沿海出现 11～13 级大风，阵风 14～17 级。极大风速福建霞浦三沙最大，为 59.3 米 / 秒。

### 3. 雷电

1976 年 4 月 17 日，霞浦县遭雷击，死 1 人。

### 4. 冰雹

1958 年 3 月 25 日 19 时许，霞浦县降雹，持续 2～5 分钟。冰雹大的如鸡蛋大小，小的如蚕豆大小。

1976 年 4 月 17 日 16 时 35—36 分，霞浦县降雹，冰雹小的直径 1～2 厘米，大的直径 15～20 厘米。

1984 年 3 月 19 日，霞浦等县降雹，阵雨夹冰雹由小到大接踵而至，屋顶啪啪作响，冰雹碎瓦一起从房顶落下。冰雹一般如鸡蛋大小，有的大冰雹能砸断石板条和屋顶椽条，洪江有位群众称得一个冰雹重达 13.5 斤。据统计，3 260 座房屋的瓦片被砸坏，5 人被砸伤，50 多亩海带因绳子被砸断而被海水冲走，损失共计折合人民币 143.32 万元。

1989 年 1 月 7 日，古田、南平、闽清、尤溪、霞浦等县市降雹。

## 5. 寒潮、霜冻和大雪

1960年3月底，强冷空气侵袭福建，引起福建各地剧烈降温，降温总幅度都在10℃以上，24小时最大降温幅度达6.1～13.4℃，霞浦、福鼎、罗源、宁德的部分山区，最低气温都降到-2～-1℃，并出现霜和雪。

1963年1月，福建省出现1949年以来最严重的一次低温霜冻天气，降温范围之广，气温之低实属历史罕见。福鼎、宁德、霞浦、南安、平潭等县各种作物冻死、旱死达12万亩。

1971年1月28日，福建降大雪，福安至霞浦、寿宁、福鼎、温州、柘荣的公路交通中断4天（1月28—31日）。

1996年4月12—15日，浦城、崇安、光泽、邵武、泰宁、建宁、寿宁、福鼎、屏南、霞浦、罗源、平潭、德化等县市再次出现4～7天的日平均气温连续低于或等于12℃的倒春寒天气。

# 北礵海洋站

# 第一章　概况

## 第一节　基本情况

北礵海洋站（简称北礵站）位于福建省宁德市霞浦县北礵岛。宁德霞浦县地处台湾海峡西北岸，依山面海，海域面积2.89万平方千米，海岸线长505千米，深水岸线长61千米，岛屿411个，渔业资源丰富。北礵岛位于霞浦县东南海面，四礵列岛中最大的岛，东西长约2.5千米，南北宽约1千米，岛上地形起伏，崎岖不平，最高的山海拔137米。

北礵站建于1959年底，名为北礵海洋水文气象服务站，隶属于福建省气象局。1966年更名为北礵海洋站，隶属国家海洋局东海分局，2019年7月后隶属自然资源部东海局，由宁德中心站管辖。站址在北礵岛南沃马鞍山东麓（图1.1–1）。

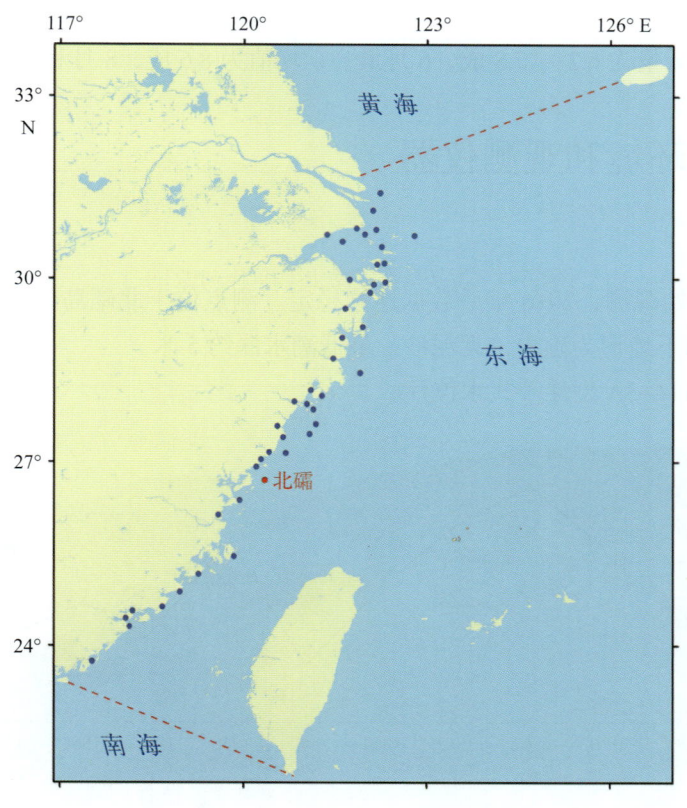

图1.1–1　北礵站地理位置示意

北礵站观测项目有潮汐、海浪、表层海水温度、表层海水盐度、气温、气压、相对湿度、风和降水等。建站初期主要为人工观测，2002年后逐步实现了自动化观测、数据采集、存储和传输。

北礵附近海域为正规半日潮特征，海平面4月最低，10月最高，年变幅为33厘米，平均海平面为498厘米，平均高潮位为705厘米，平均低潮位为289厘米；全年海况以0～4级为主，年均平均波高为1.4米，年均平均周期为5.1秒，历史最大波高最大值为15.0米，历史平均周期最大值为12.8秒，常浪向为E，强浪向为NE和SSE；年均表层海水温度为18.3～20.0℃，8月最高，均值为26.8℃，2月最低，均值为10.1℃，历史水温最高值为31.0℃，历史水温最低值为5.5℃；

年均表层海水盐度为 29.08 ~ 31.29，8 月最高，均值为 33.55，11 月最低，均值为 28.54，历史盐度最高值为 35.70，历史盐度最低值为 23.22；海发光主要为火花型，7 月出现频率最高，2 月最低，1 级海发光最多，出现的最高级别为 4 级。

北礵站主要受海洋性季风气候影响，年均气温为 17.1 ~ 19.9℃，8 月最高，均值为 27.3℃，2 月最低，均值为 9.0℃，历史最高气温为 35.4℃，历史最低气温为 –1.1℃；年均气压为 1 005.5 ~ 1 007.7 百帕，具有冬高夏低的变化特征，1 月和 12 月最高，均为 1 014.9 百帕，7 月和 8 月最低，均为 997.6 百帕；年均相对湿度为 79.5% ~ 85.8%，6 月最大，均值为 92.8%，12 月最小，均值为 72.9%；年均风速为 5.8 ~ 8.5 米/秒，11 月最大，均值为 9.1 米/秒，5 月最小，均值为 5.8 米/秒，冬季（1 月）盛行风向为 N—NE（顺时针，下同），春季（4 月）盛行风向为 N—NE，夏季（7 月）盛行风向为 SSW—SW，秋季（10 月）盛行风向为 N—NE；平均年降水量为 1 164.6 毫米，6 月平均降水量最多，占全年的 16.5%；平均年雾日数为 44.9 天，4 月最多，均值为 10.2 天，9 月最少，均值为 0.1 天；平均年雷暴日数为 24.4 天，4 月最多，均值为 4.9 天，11 月最少，出现 1 天；平均年降雪日数为 2.2 天，降雪全部出现在 12 月至翌年 3 月，2 月最多，均值为 1.0 天；年均能见度为 8.4 ~ 26.9 千米，9 月最大，均值为 25.1 千米，4 月最小，均值为 15.6 千米；年均总云量为 6.2 ~ 7.8 成，6 月最多，均值为 8.6 成，8 月和 10 月最少，均为 6.1 成。

## 第二节　观测环境和观测仪器

### 1. 潮位

2013 年 10 月开始观测，2016 年后数据连续稳定。测点位于北礵岛码头边，海面开阔，海水畅通（图 1.2-1），水下地形为礁岩，无泥沙，最低潮水深约 5 米。

观测仪器为 SCA11-3A 型浮子式水位计。

图1.2-1　北礵站验潮室（摄于2013年10月）

### 2. 海浪

1960 年开始观测，1960 年 12 月至 1963 年 11 月停测。测点位于站东北偏东方向约 2 千米的岸坡上，测波室面朝东北偏东方，海面开阔度为180°，前方无岛屿、暗礁、沙洲或其他障碍物，东南面有岛屿和礁石，海底泥质、平坦，水深约25米。测波浮筒在ENE向，距测波室约760米（图1.2-2）。

2002年6月前使用HAB-1型（$H$=20米、$H$=40米）岸用光学测波仪和SBA1-2型岸用光学测波仪，2002年6月后使用SZF1-2型浮标，2004年开始使用HAB-2型岸用光学测波仪，2011年11月安装X波段雷达，与浮标和岸用光学测波仪同时使用。2014年5月开始使用SZF2-1A型浮标。

图1.2-2　北礵站测波室（摄于2014年5月15日）

### 3. 表层海水温度、盐度和海发光

1960年开始观测。测点位于站西南方约200米的码头处，在码头尾端两侧及东侧礁石周围采水测温。测点朝西南方向，海面较为开阔，海水畅通，水深一般大于1米，遇较大低潮时，到离码头东面20米的礁石上采水。码头船只停靠频繁，挑盐、烧船体、鱼汛期洗鱼虾及下雨时有污水流入。1995年停测。2013年10月新建温盐井后恢复观测，温盐井位于码头边山脚下，离岸约12米，远离生活区，无生活污水排入。

1995年前海表水温使用SWL1-1型水温表测量，海表盐度使用氯度滴定管、SYY1-1型光学折射盐度计和WUS型感应式盐度计等测定。2013年后使用YZY4-3型温盐传感器。

海发光为每日天黑后人工目测。1972年4月至1977年12月及1995年后停测。

### 4. 气象要素

1964年2月开始观测。观测场位于站西北方约60米的马鞍山顶，2009年扩建。观测场四周开阔，东北方500米外有大拇山和马山，两山高度均不超过观测场30米（图1.2-3）。

2007年前主要使用水银气压表、EL型电接风向风速计等仪器。2007年开始使用SXZ2-1型水文气象自动观测系统，2009年后使用CZY1-1型海洋站自动观测系统，2011年后使用XZY3型水文气象自动观测系统配合各要素传感器，传感器主要有HMP45A型和HMP155型温湿度传感器、278型气压传感器、XFY3-1型风传感器、SL3-1型雨量传感器和CJY-1A型能见度仪。

图1.2-3　北礵站气象观测场（摄于2010年6月10日）

# 第二章 潮位

## 第一节 潮汐

### 1. 潮汐类型

利用北礵站2016—2019年验潮资料分析的调和常数，计算出潮汐系数$(H_{K_1}+H_{O_1})/H_{M_2}$为0.28。按我国潮汐类型分类标准，北礵附近海域为正规半日潮，每个潮汐日（大约24.8小时）有两次高潮和两次低潮，低潮日不等现象较为明显。

### 2. 潮汐特征值

由2016—2019年资料统计分析得出：北礵站平均高潮位为705厘米，平均低潮位为289厘米，平均潮差为416厘米；平均高高潮位为718厘米，平均低低潮位为261厘米，平均大的潮差为457厘米。平均涨潮历时和平均落潮历时分别为6小时27分钟和6小时36分钟，两者相差9分钟。

累年各月潮汐特征值见表2.1-1。

表2.1-1 累年各月潮汐特征值（2016—2019年） 单位：厘米

| 月份 | 平均高潮位 | 平均低潮位 | 平均潮差 | 平均高高潮位 | 平均低低潮位 | 平均大的潮差 |
|---|---|---|---|---|---|---|
| 1 | 702 | 284 | 418 | 714 | 252 | 462 |
| 2 | 694 | 279 | 415 | 702 | 254 | 448 |
| 3 | 696 | 279 | 417 | 705 | 261 | 444 |
| 4 | 692 | 281 | 411 | 704 | 263 | 441 |
| 5 | 694 | 287 | 407 | 709 | 259 | 450 |
| 6 | 699 | 293 | 406 | 714 | 259 | 455 |
| 7 | 699 | 286 | 413 | 716 | 251 | 465 |
| 8 | 711 | 291 | 420 | 726 | 259 | 467 |
| 9 | 726 | 301 | 425 | 737 | 275 | 462 |
| 10 | 729 | 303 | 426 | 742 | 277 | 465 |
| 11 | 713 | 294 | 419 | 728 | 263 | 465 |
| 12 | 702 | 289 | 413 | 719 | 254 | 465 |
| 年 | 705 | 289 | 416 | 718 | 261 | 457 |

注：潮位值均以验潮零点为基面。

平均高潮位10月最高，为729厘米，4月最低，为692厘米，年较差为37厘米；平均低潮位10月最高，为303厘米，2月和3月最低，均为279厘米，年较差为24厘米（图2.1-1）；平均高高潮位10月最高，为742厘米，2月最低，为702厘米，年较差为40厘米；平均低低潮位10月最高，为277厘米，7月最低，为251厘米，年较差为26厘米。平均潮差10月最大，6月最小，年较差为20厘米；平均大的潮差8月最大，4月最小，年较差为26厘米（图2.1-2）。

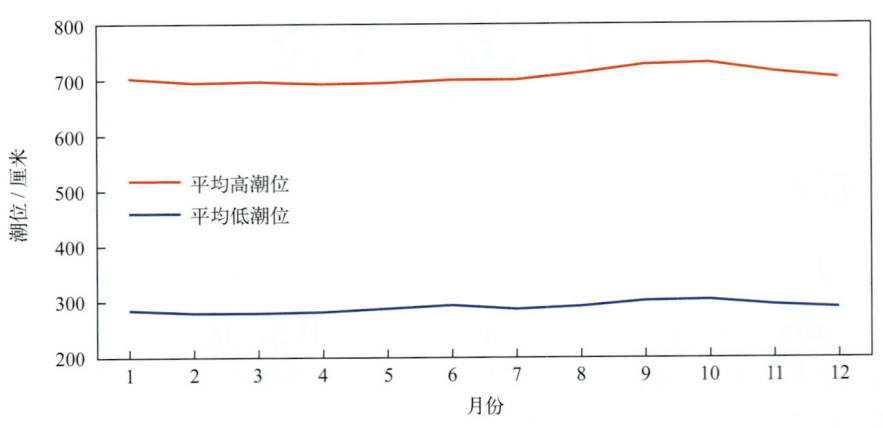

图2.1-1 平均高潮位和平均低潮位年变化

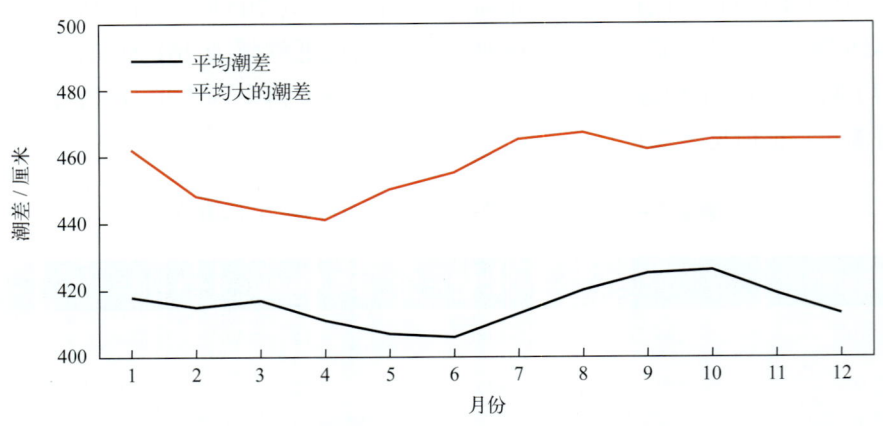

图2.1-2 平均潮差和平均大的潮差年变化

## 第二节 极值潮位

2016—2019年,北礵站最高潮位为849厘米,出现在2018年7月11日,正值1808号台风"玛莉亚"影响期间;最低潮位为129厘米,出现在2019年1月22日(表2.2-1)。

表2.2-1 最高潮位和最低潮位(2016—2019年)

|  | 1月 | 2月 | 3月 | 4月 | 5月 | 6月 | 7月 | 8月 | 9月 | 10月 | 11月 | 12月 |
| --- | --- | --- | --- | --- | --- | --- | --- | --- | --- | --- | --- | --- |
| 最高潮位值/厘米 | 800 | 794 | 825 | 792 | 792 | 811 | 849 | 813 | 844 | 832 | 821 | 818 |
| 最低潮位值/厘米 | 129 | 147 | 151 | 153 | 145 | 150 | 151 | 156 | 168 | 186 | 149 | 140 |

## 第三节 增减水

受地形和气候特征的影响,北礵站出现30厘米以上增水的频率明显高于同等强度减水的频率,超过40厘米的增水平均约3天出现一次,而超过40厘米的减水平均约133天出现一次(表2.3-1)。

北礵站70厘米以上的增水主要出现在7月和8月,40厘米以上的减水多发生在1月、2月和11月,这些大的增减水过程主要与该海域受温带气旋和热带气旋等影响有关(表2.3-2)。

表 2.3-1  不同强度增减水平均出现周期（2016—2019 年）

| 范围 / 厘米 | 出现周期 / 天 | |
|---|---|---|
| | 增水 | 减水 |
| >30 | 1.24 | 9.19 |
| >40 | 3.45 | 132.82 |
| >50 | 11.78 | — |
| >60 | 52.18 | — |
| >70 | 208.71 | — |
| >80 | 243.50 | — |
| >90 | 292.20 | — |
| >100 | 365.25 | — |
| >120 | 730.50 | — |

"—"表示无数据。

表 2.3-2  各月不同强度增减水出现频率（2016—2019 年）

| 月份 | 增水 / % | | | | 减水 / % | | | |
|---|---|---|---|---|---|---|---|---|
| | >30 厘米 | >50 厘米 | >70 厘米 | >90 厘米 | >10 厘米 | >20 厘米 | >30 厘米 | >40 厘米 |
| 1 | 5.14 | 0.40 | 0.00 | 0.00 | 12.77 | 3.39 | 0.84 | 0.17 |
| 2 | 3.91 | 0.63 | 0.00 | 0.00 | 21.09 | 5.72 | 1.00 | 0.07 |
| 3 | 4.40 | 0.27 | 0.00 | 0.00 | 18.99 | 3.06 | 0.27 | 0.00 |
| 4 | 0.94 | 0.07 | 0.00 | 0.00 | 19.13 | 1.91 | 0.17 | 0.00 |
| 5 | 0.54 | 0.00 | 0.00 | 0.00 | 10.01 | 0.81 | 0.00 | 0.00 |
| 6 | 0.21 | 0.00 | 0.00 | 0.00 | 4.83 | 0.56 | 0.00 | 0.00 |
| 7 | 0.74 | 0.27 | 0.20 | 0.17 | 18.25 | 1.81 | 0.00 | 0.00 |
| 8 | 1.38 | 0.27 | 0.03 | 0.00 | 17.81 | 2.62 | 0.20 | 0.00 |
| 9 | 8.09 | 0.52 | 0.00 | 0.00 | 15.45 | 0.97 | 0.00 | 0.00 |
| 10 | 7.02 | 0.91 | 0.00 | 0.00 | 14.68 | 3.49 | 0.84 | 0.00 |
| 11 | 3.54 | 0.69 | 0.00 | 0.00 | 33.68 | 9.03 | 1.53 | 0.14 |
| 12 | 4.54 | 0.24 | 0.00 | 0.00 | 29.84 | 7.93 | 0.64 | 0.00 |

2016—2019 年，北礵站最大增水出现在 2018 年 7 月 11 日，为 126 厘米；最大减水发生在 2016 年 1 月 26 日，为 48 厘米（表 2.3-3）。

表 2.3-3  最大增水和最大减水（2016—2019 年）

| | 1月 | 2月 | 3月 | 4月 | 5月 | 6月 | 7月 | 8月 | 9月 | 10月 | 11月 | 12月 |
|---|---|---|---|---|---|---|---|---|---|---|---|---|
| 最大增水值 / 厘米 | 63 | 61 | 67 | 53 | 35 | 34 | 126 | 72 | 66 | 68 | 69 | 54 |
| 最大减水值 / 厘米 | 48 | 46 | 33 | 33 | 27 | 25 | 30 | 34 | 28 | 39 | 43 | 39 |

# 第三章 海浪

## 第一节 海况

北礵站全年及各月各级海况的频率见图3.1-1。全年海况以0～4级为主，频率为84.30%，其中0～2级海况频率为34.26%。全年5级及以上海况频率为15.70%，最大频率出现在10月，为29.43%。全年7级及以上海况频率为0.30%，最大频率出现在10月，为1.13%。

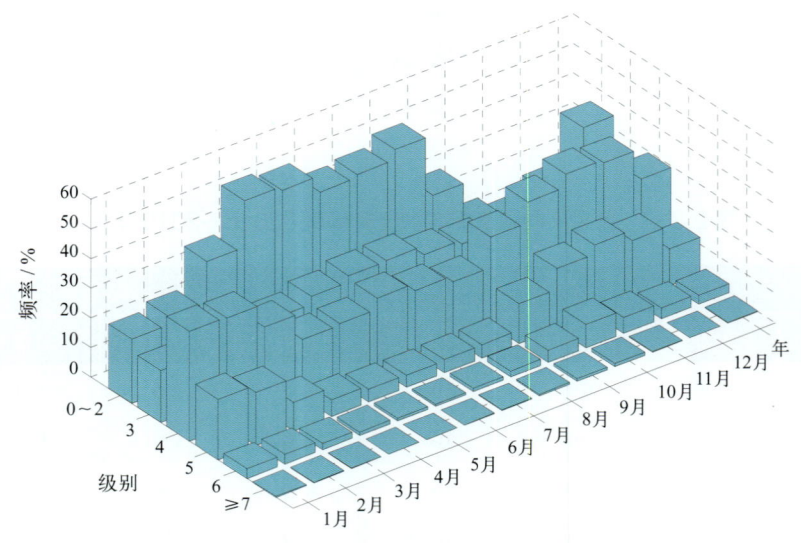

图3.1-1　全年及各月各级海况频率（1964—2019年）

## 第二节 波型

北礵站风浪频率和涌浪频率的年变化见表3.2-1。全年风浪频率和涌浪频率相差不大，风浪频率为99.85%，涌浪频率为96.58%。各月的风浪频率相差不大，涌浪频率差异稍大。涌浪在7月和8月较多，其中8月最多，频率为99.76%，在1月和10月较少，其中10月最少，频率为93.91%。

表3.2-1　各月及全年风浪涌浪频率（1964—2019年）

| | 1月 | 2月 | 3月 | 4月 | 5月 | 6月 | 7月 | 8月 | 9月 | 10月 | 11月 | 12月 | 年 |
|---|---|---|---|---|---|---|---|---|---|---|---|---|---|
| 风浪/% | 99.95 | 99.86 | 99.84 | 99.68 | 99.79 | 99.66 | 99.79 | 99.81 | 99.94 | 99.94 | 99.98 | 99.97 | 99.85 |
| 涌浪/% | 93.97 | 94.32 | 96.03 | 97.49 | 98.43 | 98.97 | 99.25 | 99.76 | 97.61 | 93.91 | 94.27 | 95.04 | 96.58 |

注：风浪包含F、FU、F/U和U/F波型；涌浪包含U、FU、F/U和U/F波型。

## 第三节 波向

### 1. 各向风浪频率

北礵站各月及全年各向风浪频率见图3.3-1。1—5月和9—12月NNE向风浪居多，NE向次之。

6月和8月NNE向风浪居多，SSW向次之。7月SSW向风浪居多，SW向次之。全年NNE向风浪居多，频率为34.82%；NE向次之，频率为12.32%；W向和WNW向最少，频率均为0.03%。

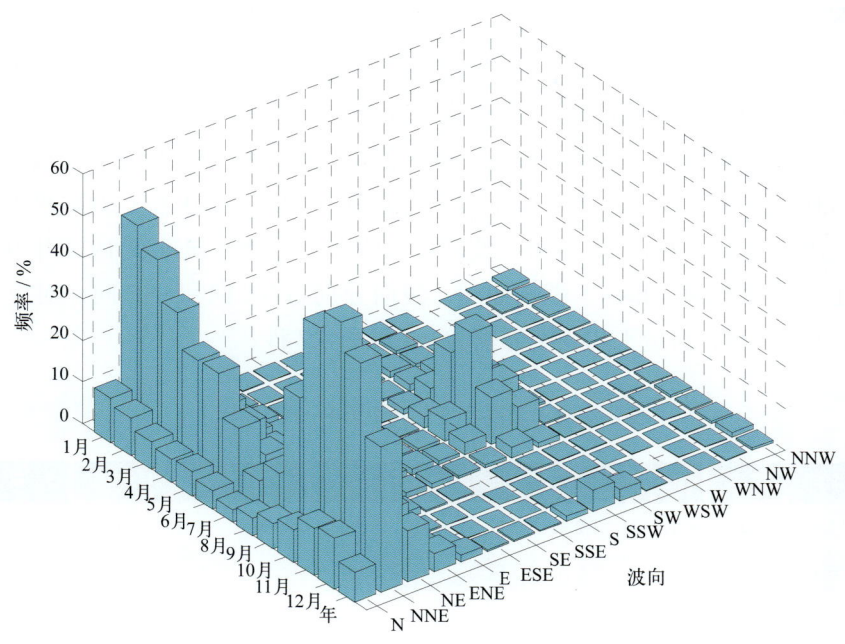

图3.3-1　各月及全年各向风浪频率（1964—2019年）

## 2. 各向涌浪频率

北礵站各月及全年各向涌浪频率见图3.3-2。1—5月和10—12月E向涌浪居多，ENE向次之。6—9月E向涌浪居多，ESE向次之。全年E向涌浪居多，频率为87.96%；未出现NNE向和SW—NNW向涌浪。

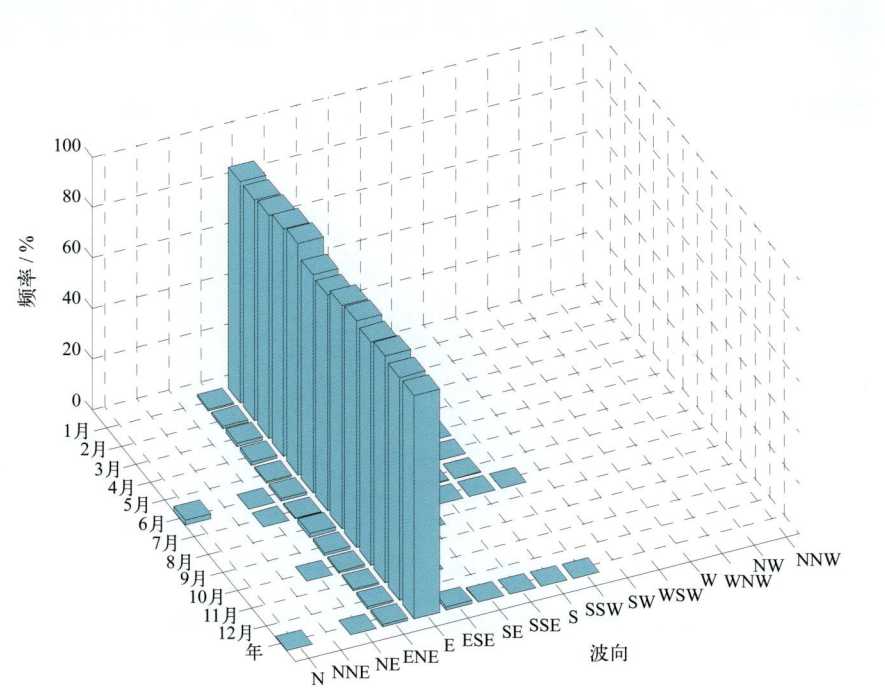

图3.3-2　各月及全年各向涌浪频率（1964—2019年）

## 第四节 波高

### 1. 平均波高和最大波高

北礵站波高的年变化见表3.4-1。月平均波高的年变化不明显，为1.0～1.8米。历年的平均波高为1.2～1.6米（2002年因数据较少未纳入统计）。

月最大波高比月平均波高的变化幅度大，极大值出现在9月，为15.0米，极小值出现在4月和5月，均为5.0米，变幅为10.0米。历年的最大波高为3.8～15.0米（2002年因数据较少未纳入统计），大于10.0米的有7年，其中最大波高极大值为15.0米，出现在1971年9月23日08时和14时，正值7123号台风（Bess）影响期间，波向分别为NE向和SSE向，对应平均风速分别为21米/秒和30米/秒，对应平均周期分别为9.3秒和9.7秒。

表3.4-1 波高年变化（1964—2019年） 单位：米

|  | 1月 | 2月 | 3月 | 4月 | 5月 | 6月 | 7月 | 8月 | 9月 | 10月 | 11月 | 12月 | 年 |
|---|---|---|---|---|---|---|---|---|---|---|---|---|---|
| 平均波高 | 1.6 | 1.6 | 1.4 | 1.2 | 1.1 | 1.0 | 1.1 | 1.3 | 1.5 | 1.8 | 1.8 | 1.7 | 1.4 |
| 最大波高 | 6.4 | 5.2 | 5.5 | 5.0 | 5.0 | 6.0 | 13.9 | 12.0 | 15.0 | 9.2 | 5.9 | 5.8 | 15.0 |

### 2. 各向平均波高和最大波高

全年及各季代表月各向波高的分布见表3.4-2、图3.4-1和图3.4-2。全年各向平均波高为1.0～2.1米，大值主要分布于WNW向和NNW—ENE向，小值主要分布于E—SSW向。全年各向最大波高NE向和SSE向最大，均为15.0米；ESE向次之，为14.0米；WNW向最小，为3.6米。

表3.4-2 全年各向平均波高和最大波高（1964—2019年） 单位：米

|  | N | NNE | NE | ENE | E | ESE | SE | SSE | S | SSW | SW | WSW | W | WNW | NW | NNW |
|---|---|---|---|---|---|---|---|---|---|---|---|---|---|---|---|---|
| 平均波高 | 1.9 | 2.0 | 2.0 | 1.8 | 1.1 | 1.1 | 1.2 | 1.2 | 1.0 | 1.1 | 1.3 | 1.5 | 1.4 | 2.1 | 1.6 | 1.9 |
| 最大波高 | 7.5 | 8.5 | 15.0 | 9.0 | 12.0 | 14.0 | 11.0 | 15.0 | 5.0 | 3.9 | 7.0 | 4.9 | 4.4 | 3.6 | 5.8 | 7.6 |

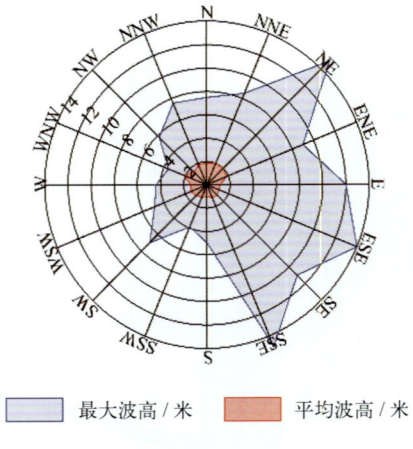

图3.4-1 全年各向平均波高和最大波高（1964—2019年）

1月平均波高N向和NNE向最大，均为2.0米；NW向最小，为1.0米。最大波高NNE向最大，为6.4米；NE向次之，为4.8米；ESE向最小，为1.8米。未出现SE—WNW向波高有效样本。

4月平均波高 N 向、NE 向和 ENE 向最大，均为 1.9 米；S 向最小，为 0.6 米。最大波高 NNE 向最大，为 5.0 米；ENE 向次之，为 4.8 米；SSE 向和 S 向最小，均为 1.0 米。未出现 WSW—WNW 向和 NNW 向波高有效样本。

7月平均波高 NNE 向最大，为 1.8 米；W 向和 NW 向最小，均为 0.8 米。最大波高 SE 向最大，为 11.0 米；SSE 向次之，为 10.4 米；WSW 向最小，为 1.6 米。

10月平均波高 NW 向最大，为 3.7 米；SE 向最小，为 0.9 米。最大波高 E 向最大，为 9.0 米；NNE 向次之，为 8.5 米；SSE 向最小，为 1.6 米。未出现 WSW—WNW 向波高有效样本。

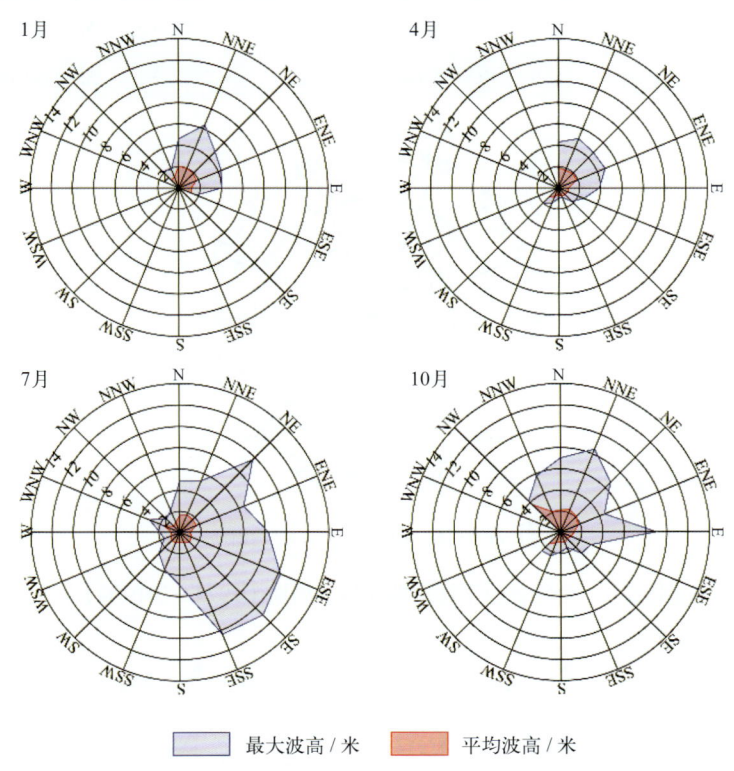

图3.4-2　四季代表月各向平均波高和最大波高（1964—2019年）

## 第五节　周期

### 1. 平均周期和最大周期

北礵站周期的年变化见表 3.5-1。月平均周期的年变化不明显，为 4.8～5.2 秒。月最大周期的年变化幅度较大，极大值出现在 9 月，为 12.8 秒，极小值出现在 11 月和 12 月，均为 8.0 秒。历年的平均周期为 4.6～5.6 秒，其中 1973 年最大，1983 年最小。历年的最大周期均不小于 6.5 秒，大于等于 12.0 秒的有 5 年，其中最大周期极大值为 12.8 秒，出现在 2018 年 9 月 29 日，无观测波向。

表 3.5-1　周期年变化（1973—2019 年）　　　　　　单位：秒

| | 1月 | 2月 | 3月 | 4月 | 5月 | 6月 | 7月 | 8月 | 9月 | 10月 | 11月 | 12月 | 年 |
| --- | --- | --- | --- | --- | --- | --- | --- | --- | --- | --- | --- | --- | --- |
| 平均周期 | 5.1 | 5.1 | 5.1 | 5.1 | 5.0 | 4.8 | 5.0 | 5.2 | 5.1 | 5.2 | 5.1 | 5.1 | 5.1 |
| 最大周期 | 9.1 | 9.0 | 8.2 | 8.4 | 10.2 | 9.0 | 12.5 | 12.0 | 12.8 | 12.7 | 8.0 | 8.0 | 12.8 |

## 2. 各向平均周期和最大周期

全年及各季代表月各向周期的分布见表 3.5-2、图 3.5-1 和图 3.5-2。全年各向平均周期为 4.5～6.0 秒，WNW—NNW 向周期值较大。全年各向最大周期 E 向最大，为 11.9 秒；ENE 向次之，为 11.1 秒；WNW 向最小，为 6.5 秒。

表 3.5-2　全年各向平均周期和最大周期（1973—2019 年）　　单位：秒

| | N | NNE | NE | ENE | E | ESE | SE | SSE | S | SSW | SW | WSW | W | WNW | NW | NNW |
|---|---|---|---|---|---|---|---|---|---|---|---|---|---|---|---|---|
| 平均周期 | 5.3 | 5.2 | 5.0 | 5.1 | 5.0 | 5.0 | 4.9 | 5.0 | 4.7 | 4.5 | 4.9 | 5.1 | 5.4 | 6.0 | 6.0 | 5.6 |
| 最大周期 | 9.0 | 9.9 | 9.9 | 11.1 | 11.9 | 10.7 | 9.8 | 10.3 | 7.5 | 8.2 | 7.1 | 8.0 | 8.0 | 6.5 | 8.6 | 10.3 |

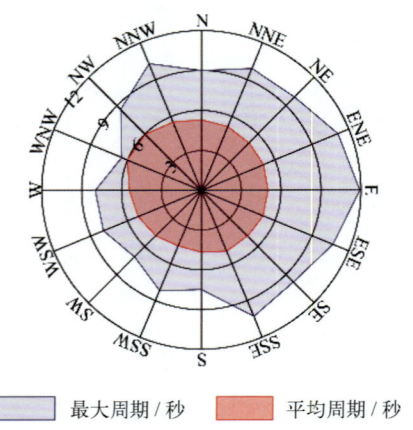

图 3.5-1　全年各向平均周期和最大周期（1973—2019 年）

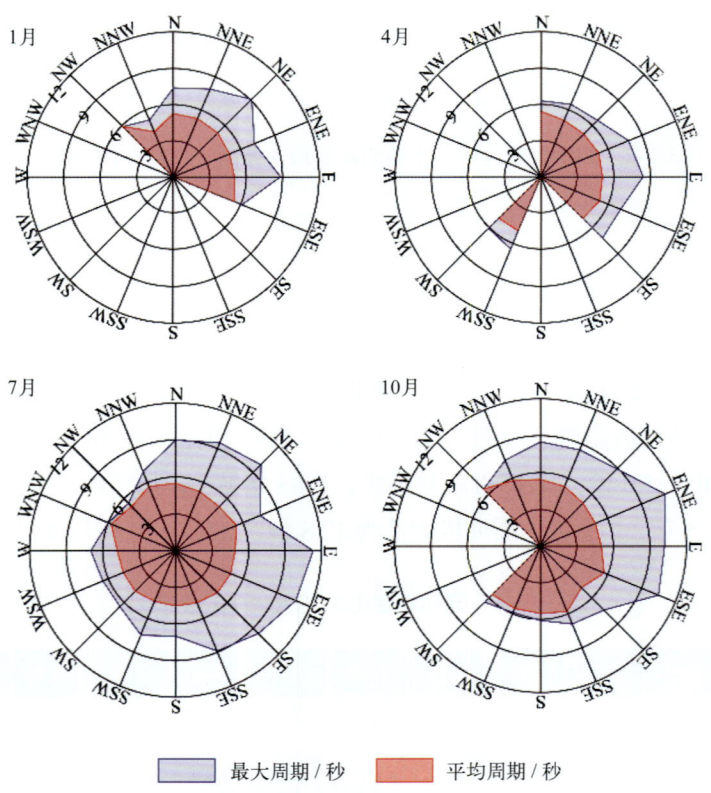

图 3.5-2　四季代表月各向平均周期和最大周期（1973—2019 年）

1月平均周期NW向最大，为5.9秒；NNW向最小，为4.1秒。最大周期NE向最大，为9.1秒；E向次之，为8.8秒；NNW向最小，为5.1秒。未出现SE—WNW向周期有效样本。

4月平均周期N向最大，为5.4秒；SE向、SSW向和SW向最小，均为4.9秒。最大周期E向最大，为8.4秒；ENE向次之，为7.8秒；SW最小，为6.1秒。未出现SSE向、S向和WSW—NNW向周期有效样本。

7月平均周期WNW向最大，为5.8秒；S向和SSW向最小，均为4.5秒。最大周期E向最大，为11.3秒；ESE向次之，为10.7秒；NW向最小，为5.5秒。

10月平均周期NW向最大，为6.6秒；SE向最小，为4.8秒。最大周期ENE向最大，为11.1秒；ESE向次之，为10.5秒；SSW向最小，为5.9秒。未出现WSW—WNW向周期有效样本。

# 第四章　表层海水温度、盐度和海发光

## 第一节　表层海水温度

### 1. 平均水温、最高水温和最低水温

北礵站月平均水温的年变化具有峰谷明显的特点，8月最高，为26.8℃，2月最低，为10.1℃，年较差为16.7℃。3—8月为升温期，9月至翌年2月为降温期。月最高水温和月最低水温的年变化特征与月平均水温相似（图4.1-1）。

历年（1960年、1961年和2015年数据有缺测，1995—2014年数据缺测）的平均水温为18.3~20.0℃，其中2018年最高，1967年、1971年和1984年均为最低。累年平均水温为18.9℃。

历年的最高水温均不低于28.5℃，其中大于29.5℃的有24年，大于30.5℃的有2年，出现时间为7—9月。水温极大值为31.0℃，出现在2016年8月27日。

历年的最低水温均不高于10.7℃，其中小于9.0℃的有24年，小于7.0℃的有4年，出现时间为1—3月，2月最多。水温极小值为5.5℃，出现在1968年2月15日。

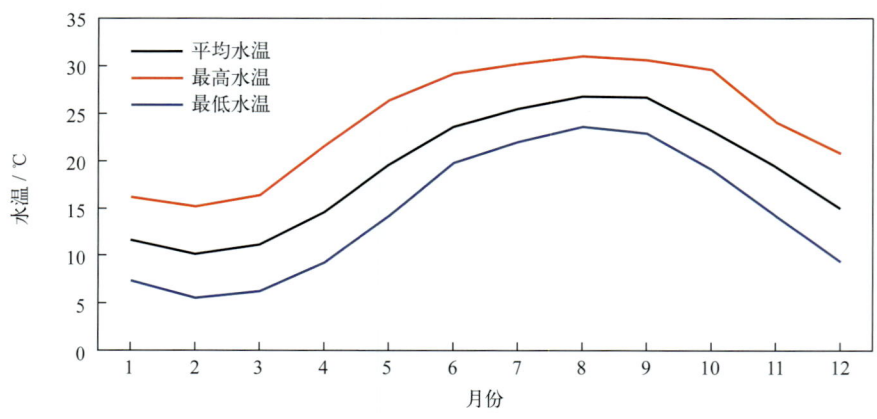

图4.1-1　水温年变化（1960—2019年）

### 2. 日平均水温稳定通过界限温度的日期

采用五日滑动平均方法求出稳定通过各个界限温度的日期，见表4.1-1。日平均水温全年均稳定通过5℃，稳定通过10℃的有347天，稳定通过15℃的有241天，稳定通过20℃的有177天，稳定通过25℃的初日为7月1日，终日为10月3日，共95天。

表4.1-1　日平均水温稳定通过界限温度的日期（1960—2019年）

|  | 10℃ | 15℃ | 20℃ | 25℃ |
| --- | --- | --- | --- | --- |
| 初日 | 3月1日 | 4月19日 | 5月19日 | 7月1日 |
| 终日 | 翌年2月10日 | 12月15日 | 11月11日 | 10月3日 |
| 天数 | 347 | 241 | 177 | 95 |

### 3. 长期趋势变化

1962—1994 年，年平均水温和年最高水温均无明显变化趋势，年最低水温呈微弱上升趋势，上升速率为 0.29℃/（10 年）（线性趋势未通过显著性检验），其中 1983 年和 1988 年最高水温均为 1962—1994 年的第一高值，1968 年、1975 年和 1979 年最高水温均为 1962—1994 年的第二高值，1968 年最低水温为 1962—1994 年的第一低值，1977 年最低水温为 1962—1994 年的第二低值。

## 第二节　表层海水盐度

### 1. 平均盐度、最高盐度和最低盐度

北礵站月平均盐度的年变化具有秋冬季较低、夏季较高的特点，最高值出现在 8 月，为 33.55，最低值出现在 11 月，为 28.54，年较差为 5.01。月最高盐度 8 月最大，1 月最小。月最低盐度 8 月最大，6 月最小（图 4.2-1）。

历年（1961 年和 2015 年数据有缺测，1995—2014 年数据缺测）的平均盐度为 29.08 ~ 31.29，其中 1972 年最高，2019 年最低。累年平均盐度为 30.45。

历年的最高盐度均大于 30.35，其中大于 34.00 的有 33 年，大于 34.50 的有 6 年。年最高盐度多出现在夏秋季，占统计年份的 98%。盐度极大值为 35.70，出现在 2016 年 8 月 12 日。

历年的最低盐度均小于 28.60，其中小于 27.00 的有 20 年，小于 25.00 的有 2 年。年最低盐度一年四季均有出现，多出现在秋季，占统计年份的 52%。盐度极小值为 23.22，出现在 1962 年 6 月 29 日。

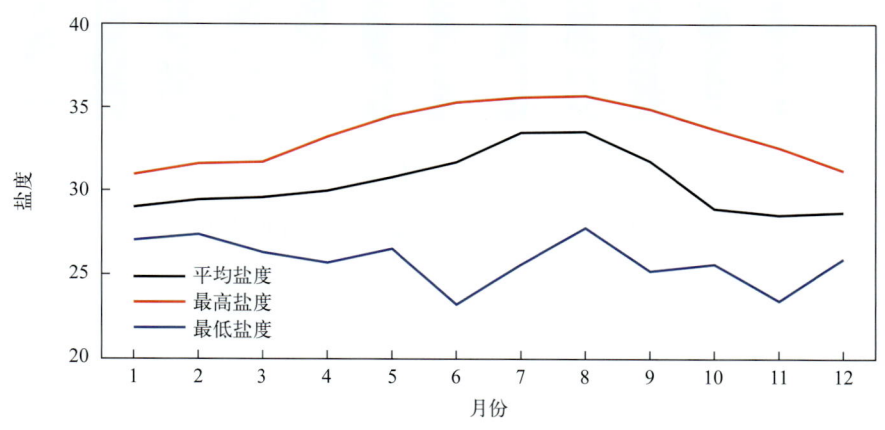

图 4.2-1　盐度年变化（1961—2019 年）

### 2. 长期趋势变化

1962—1994 年，年平均盐度呈波动下降趋势，下降速率为 0.14/（10 年）；年最高盐度呈波动上升趋势，上升速率为 0.14/（10 年）；年最低盐度呈波动下降趋势，下降速率为 0.32/（10 年）（线性趋势未通过显著性检验）。1991 年最高盐度为 1962—1994 年的第一高值，1988 年、1989 年和 1993 年最高盐度均为 1962—1994 年的第二高值；1962 年和 1987 年最低盐度分别为 1962—1994 年的第一低值和第二低值。

## 第三节 海发光

1961—1994 年，北礵站观测到的海发光主要为火花型（H），闪光型（S）观测到 16 次，弥漫型（M）观测到 1 次。海发光以 1 级海发光为主，占海发光次数的 71.3%，2 级次之，占 24.1%，4 级最少，占 0.3%。

各月及全年海发光频率见表 4.3-1 和图 4.3-1。海发光频率的年变化特征为 1—3 月偏低、4—11 月偏高，7 月最高，2 月最低。累年平均海发光频率为 79.9%。

历年（1972 年 4 月至 1977 年 12 月停测）的海发光频率为 65.1% ~ 96.2%，其中 1965 年最大，1992 年最小。

表 4.3-1 各月及全年海发光频率（1961—1994 年）

|  | 1月 | 2月 | 3月 | 4月 | 5月 | 6月 | 7月 | 8月 | 9月 | 10月 | 11月 | 12月 | 年 |
| --- | --- | --- | --- | --- | --- | --- | --- | --- | --- | --- | --- | --- | --- |
| 频率/% | 54.2 | 39.9 | 58.1 | 87.4 | 95.5 | 91.3 | 96.2 | 94.7 | 92.5 | 90.4 | 84.3 | 68.5 | 79.9 |

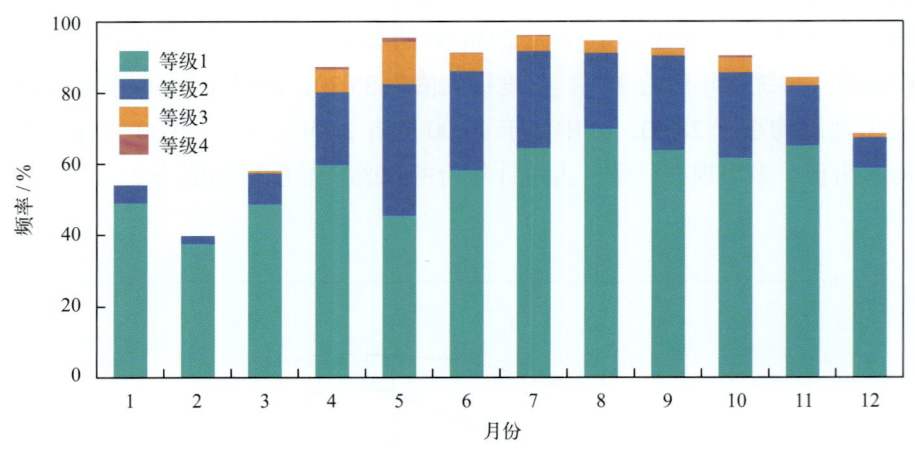

图 4.3-1 各月各级海发光频率（1961—1994 年）

# 第五章　海洋气象

## 第一节　气温

### 1. 平均气温、最高气温和最低气温

1965—2019 年，北礵站累年平均气温为 18.2℃。月平均气温具有夏高冬低的变化特征，8 月最高，为 27.3℃，2 月最低，为 9.0℃，年较差为 18.3℃。月最高气温和月最低气温的年变化特征与月平均气温相似，月最高气温极大值出现在 8 月，月最低气温极小值出现在 1 月（表 5.1-1，图 5.1-1）。

表 5.1-1　气温年变化（1965—2019 年）　　　　　　　　　　　　　　单位：℃

|  | 1月 | 2月 | 3月 | 4月 | 5月 | 6月 | 7月 | 8月 | 9月 | 10月 | 11月 | 12月 | 年 |
|---|---|---|---|---|---|---|---|---|---|---|---|---|---|
| 平均气温 | 9.4 | 9.0 | 11.1 | 15.3 | 20.0 | 23.8 | 26.6 | 27.3 | 25.6 | 21.6 | 17.0 | 12.1 | 18.2 |
| 最高气温 | 22.9 | 22.3 | 24.3 | 28.6 | 34.4 | 32.8 | 34.5 | 35.4 | 35.1 | 33.1 | 28.4 | 25.2 | 35.4 |
| 最低气温 | -1.1 | -0.5 | 1.9 | 4.8 | 9.3 | 15.0 | 19.0 | 20.6 | 15.1 | 10.2 | 5.1 | -0.2 | -1.1 |

注：2002年7月至2004年12月数据缺测，2005—2006年数据有缺测。

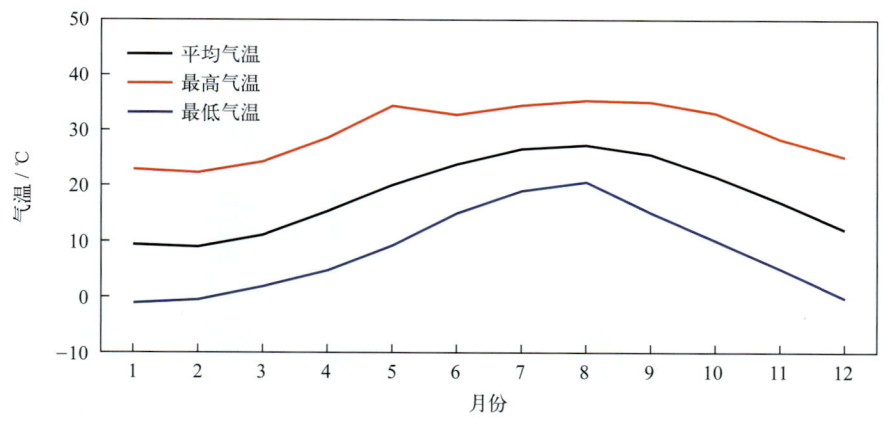

图5.1-1　气温年变化（1965—2019年）

历年的平均气温为 17.1 ~ 19.9℃，其中 2016 年和 2017 年均为最高，1969 年、1976 年和 1984 年均为最低。

历年的最高气温均高于 30.5℃，其中高于 33.0℃的有 17 年，高于 34.0℃的有 6 年。最早出现时间为 7 月 17 日（1971 年），最晚出现时间为 9 月 15 日（2017 年）。8 月最高气温出现频率最高，占统计年份的 73%（图 5.1-2）。极大值为 35.4℃，出现在 2010 年 8 月 4 日和 26 日。

历年的最低气温均低于 6.5℃，其中低于 2.0℃的有 26 年，低于 0.0℃的有 7 年。最早出现时间为 12 月 13 日（1975 年），最晚出现时间为 3 月 26 日（1987 年）。2 月最低气温出现频率最高，占统计年份的 39%，1 月次之，占 33%（图 5.1-2）。极小值为 -1.1℃，出现在

1977 年 1 月 31 日。

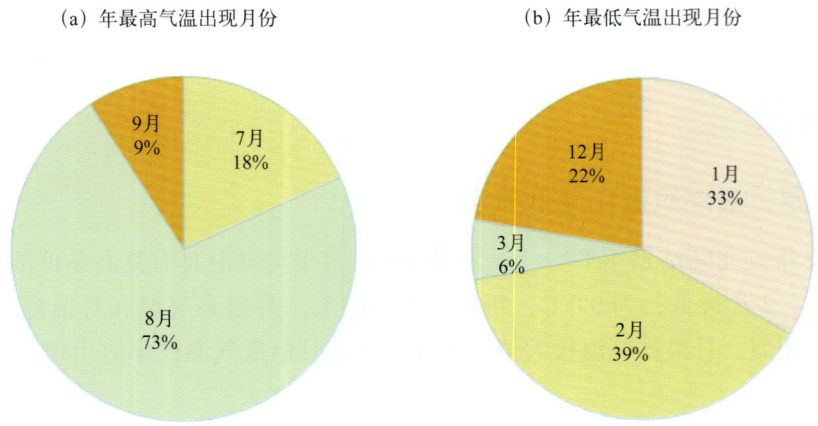

图5.1-2 年最高、最低气温出现月份及频率（1965—2019年）

## 2. 长期趋势变化

1965—2019 年，年平均气温、年最高气温和年最低气温均呈波动上升趋势，上升速率分别为 0.37℃/（10 年）、0.54℃/（10 年）和 0.59℃/（10 年）。

十年平均气温变化显示，1970—1979 年和 1980—1989 年平均气温最低，均为 17.6℃，2010—2019 年平均气温比 1980—1989 年上升 1.5℃（图 5.1-3）。

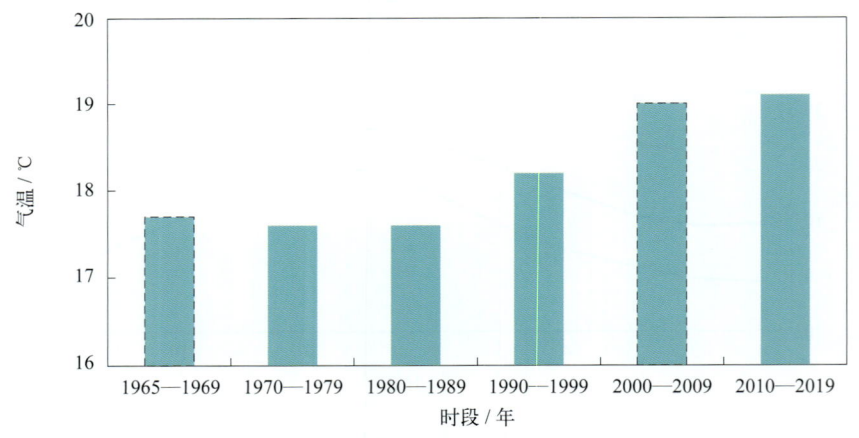

图5.1-3 十年平均气温变化

## 3. 常年自然天气季节和大陆度

利用北礵站 1965—2019 年气温累年日平均数据计算五日滑动平均气温，根据《气候季节划分》（QX/T 152—2012）方法，北礵平均春季时间从 3 月 5 日至 6 月 2 日，共 90 天；平均夏季时间从 6 月 3 日至 10 月 15 日，共 135 天；平均秋季时间从 10 月 16 日至翌年 1 月 8 日，共 85 天；平均冬季时间从 1 月 9 日至 3 月 4 日，共 55 天。夏季时间最长，冬季时间最短（图 5.1-4）。

北礵站焦金斯基大陆度指数为 38.1%，属海洋性季风气候。

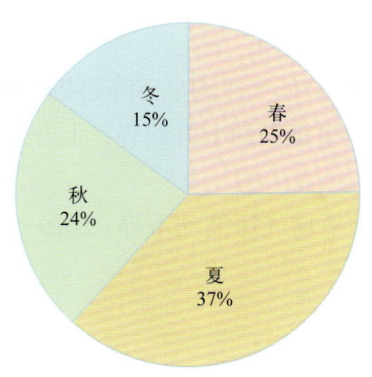

图5.1-4 四季平均日数百分率(1965—2019年)

## 第二节 气压

### 1. 平均气压、最高气压和最低气压

1965—2019年,北礵站累年平均气压为1 006.7百帕。月平均气压具有冬高夏低的变化特征,1月和12月最高,均为1 014.9百帕,7月和8月最低,均为997.6百帕,年较差为17.3百帕。月最高气压1月最大,7月最小。月最低气压12月最大,7月最小(表5.2-1,图5.2-1)。

历年的平均气压为1 005.5 ~ 1 007.7百帕,其中1965年最高,2012年最低。

历年的最高气压均高于1 022.5百帕,其中高于1 028.0百帕的有5年。极大值为1 030.3百帕,出现在2016年1月25日。

历年的最低气压均低于992.0百帕,其中低于980.0百帕的有16年,低于970.0百帕的有5年。极小值为962.0百帕,出现在2018年7月11日,正值1808号台风"玛莉亚"影响期间。

表5.2-1 气压年变化(1965—2019年)  单位:百帕

|      | 1月 | 2月 | 3月 | 4月 | 5月 | 6月 | 7月 | 8月 | 9月 | 10月 | 11月 | 12月 | 年 |
|------|-----|-----|-----|-----|-----|-----|-----|-----|-----|------|------|------|-----|
| 平均气压 | 1 014.9 | 1 013.4 | 1 010.6 | 1 006.6 | 1 002.5 | 998.6 | 997.6 | 997.6 | 1 002.4 | 1 008.5 | 1 012.3 | 1 014.9 | 1 006.7 |
| 最高气压 | 1 030.3 | 1 029.1 | 1 026.8 | 1 023.7 | 1 015.6 | 1 008.9 | 1 007.4 | 1 008.3 | 1 013.9 | 1 019.0 | 1 026.9 | 1 028.6 | 1 030.3 |
| 最低气压 | 999.0 | 994.0 | 994.3 | 990.4 | 987.7 | 980.5 | 962.0 | 967.1 | 969.4 | 974.1 | 994.6 | 999.7 | 962.0 |

注:2002年7月至2004年12月数据缺测,2005—2006年数据有缺测。

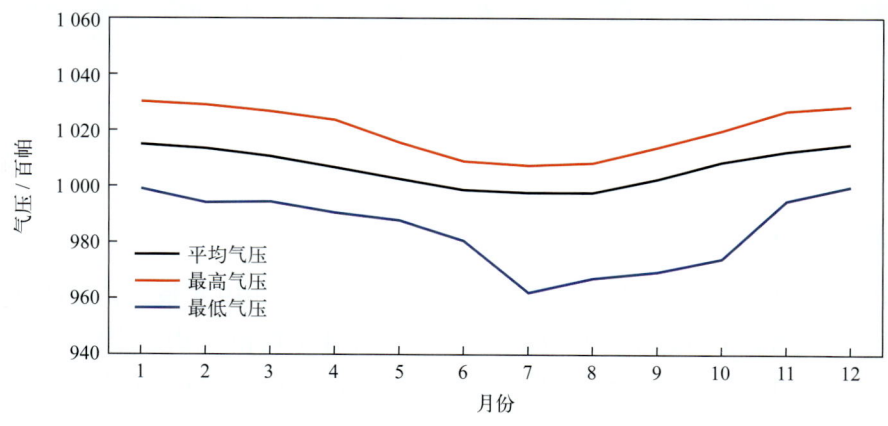

图5.2-1 气压年变化(1965—2019年)

### 2. 长期趋势变化

1965—2019 年，年平均气压和年最低气压均呈下降趋势，下降速率分别为 0.13 百帕/（10 年）和 1.54 百帕/（10 年）；年最高气压呈微弱的上升趋势，上升速率为 0.05 百帕/（10 年）（线性趋势未通过显著性检验）。

十年平均气压变化显示，十年平均气压波动下降，2010—2019 年平均气压比 1980—1989 年下降 0.5 百帕（图 5.2-2）。

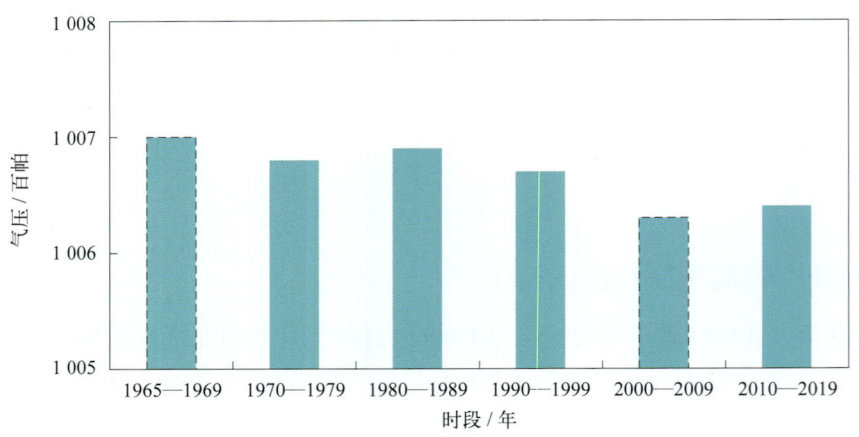

图 5.2-2 十年平均气压变化

## 第三节 相对湿度

### 1. 平均相对湿度和最小相对湿度

1965—2019 年，北礵站累年平均相对湿度为 82.8%。月平均相对湿度 6 月最大，为 92.8%，12 月最小，为 72.9%。平均月最小相对湿度 6 月和 7 月最大，均为 65.8%，12 月最小，为 32.0%。最小相对湿度的极小值为 9%，出现在 1988 年 11 月 19 日（表 5.3-1，图 5.3-1）。

表 5.3-1 相对湿度年变化（1965—2019 年）

|  | 1月 | 2月 | 3月 | 4月 | 5月 | 6月 | 7月 | 8月 | 9月 | 10月 | 11月 | 12月 | 年 |
| --- | --- | --- | --- | --- | --- | --- | --- | --- | --- | --- | --- | --- | --- |
| 平均相对湿度 /% | 76.3 | 80.8 | 84.5 | 86.7 | 90.1 | 92.8 | 90.9 | 87.4 | 80.4 | 75.7 | 75.4 | 72.9 | 82.8 |
| 平均最小相对湿度 /% | 35.7 | 41.3 | 42.7 | 43.2 | 48.2 | 65.8 | 65.8 | 60.1 | 46.7 | 39.2 | 36.0 | 32.0 | 46.4 |
| 最小相对湿度 /% | 20 | 22 | 12 | 23 | 20 | 36 | 50 | 27 | 28 | 25 | 9 | 18 | 9 |

注：平均最小相对湿度为各月最小相对湿度的累年平均值及其年平均值。2002年7月至2006年12月数据缺测，2007—2008年数据有缺测。

### 2. 长期趋势变化

1965—2019 年，年平均相对湿度为 79.5% ~ 85.8%，其中 2019 年最大，1971 年最小，年平均相对湿度呈上升趋势，上升速率为 0.39%/（10 年）。十年平均相对湿度变化显示，平均相对湿度阶梯上升，2010—2019 年平均相对湿度最大，为 83.4%，比 1970—1979 年平均相对湿度上升 1.3%（图 5.3-2）。

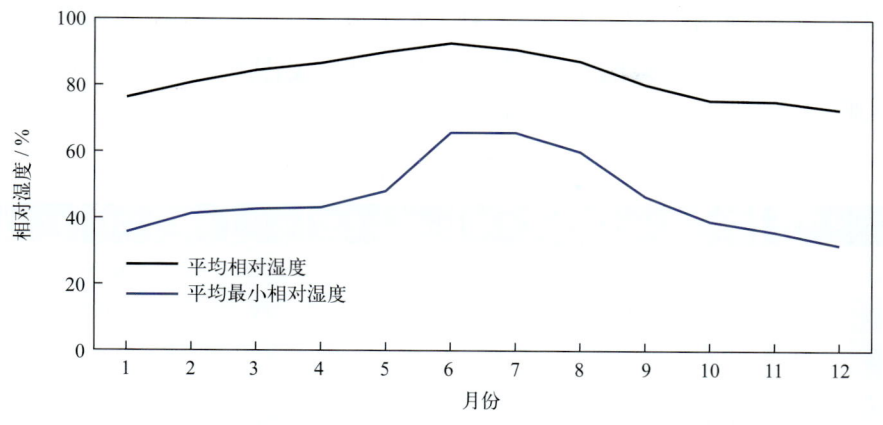

图5.3-1 相对湿度年变化（1965—2019年）

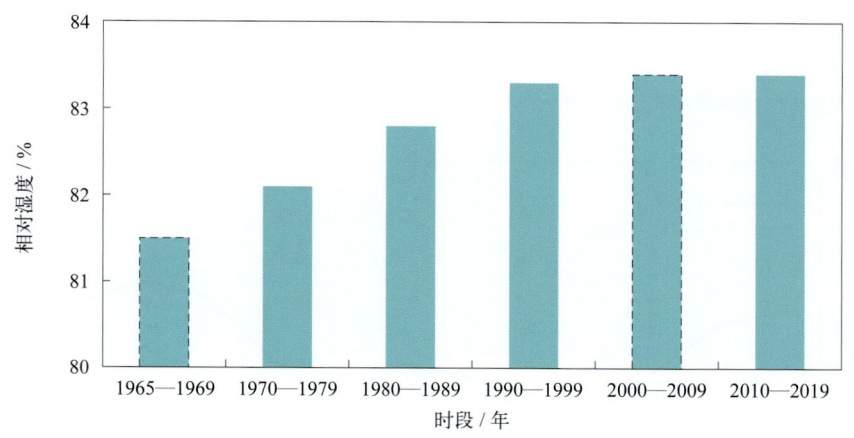

图5.3-2 十年平均相对湿度变化

### 3. 温湿指数

根据《人居环境气候舒适度评价》（GB/T 27963—2011）的温湿指数统计方法和气候舒适度等级划分方法，统计北礵站各月温湿指数，结果显示：12月至翌年3月温湿指数为9.5～12.5，感觉为寒冷；4月和11月温湿指数分别为15.3和16.7，感觉为冷；5月、6月、9月和10月温湿指数为19.7～24.4，感觉为舒适；7月和8月温湿指数分别为26.0和26.4，感觉为热（表5.3-2）。

表5.3-2 温湿指数年变化（1965—2019年）

|  | 1月 | 2月 | 3月 | 4月 | 5月 | 6月 | 7月 | 8月 | 9月 | 10月 | 11月 | 12月 |
| --- | --- | --- | --- | --- | --- | --- | --- | --- | --- | --- | --- | --- |
| 温湿指数 | 10.0 | 9.5 | 11.4 | 15.3 | 19.7 | 23.4 | 26.0 | 26.4 | 24.4 | 20.6 | 16.7 | 12.5 |
| 感觉程度 | 寒冷 | 寒冷 | 寒冷 | 冷 | 舒适 | 舒适 | 热 | 热 | 舒适 | 舒适 | 冷 | 寒冷 |

## 第四节 风

### 1. 平均风速和最大风速

北礵站风速的年变化见表5.4-1和图5.4-1。累年平均风速为7.4米/秒，月平均风速冬半年大、夏半年小，其中11月最大，为9.1米/秒，5月最小，为5.8米/秒。平均最大风速9月最大，为

23.1米/秒，1月和5月最小，均为18.8米/秒。最大风速月最大值对应风向多为NNE向（3个月）和SW向（3个月）。极大风速的最大值为52.4米/秒，出现在2018年7月11日，正值1808号台风"玛莉亚"影响期间，对应风向为SE。

表5.4-1　风速年变化（1965—2019年）　　　　　　　　　　　单位：米/秒

| | | 1月 | 2月 | 3月 | 4月 | 5月 | 6月 | 7月 | 8月 | 9月 | 10月 | 11月 | 12月 | 年 |
|---|---|---|---|---|---|---|---|---|---|---|---|---|---|---|
| 平均风速 | | 8.4 | 8.1 | 7.0 | 5.9 | 5.8 | 6.8 | 7.1 | 6.1 | 7.2 | 8.7 | 9.1 | 8.6 | 7.4 |
| 最大风速 | 平均值 | 18.8 | 19.3 | 19.0 | 19.0 | 18.8 | 20.6 | 22.3 | 22.9 | 23.1 | 21.9 | 20.3 | 19.5 | 20.5 |
| | 最大值 | 22.7 | 26.0 | 32.3 | 28.3 | 26.3 | 31.0 | 40.1 | 45.7 | 34.0 | 34.1 | 29.0 | 24.0 | 45.7 |
| | 最大值对应风向 | NNE | SSW | SSW | SW | SW | S | SE | SW | WNW/NNE | NNW | N | NNE | SW |
| 极大风速 | 最大值 | 28.1 | 29.0 | 28.7 | 28.1 | 30.4 | 29.1 | 52.4 | 51.8 | 39.0 | 45.3 | 26.9 | 28.3 | 52.4 |
| | 最大值对应风向 | NE | NE | NNW | SW | WNW | S | SE | SW | N | NNW | NE | NNE | SE |

注：2002年7月至2004年12月数据缺测，2005—2006年和2009年数据有缺测，极大风速的统计时间为2005年1月至2019年12月。

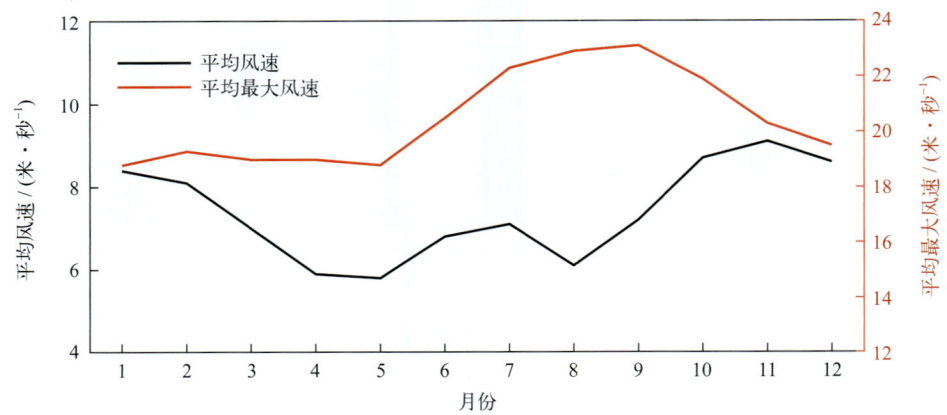

图5.4-1　平均风速和平均最大风速年变化（1965—2019年）

历年的平均风速为5.8 ~ 8.5米/秒，其中1971年最大，1966年最小。历年的最大风速均大于等于22.0米/秒，其中大于等于28.0米/秒的有30年，大于等于38.0米/秒的有3年。最大风速的最大值为45.7米/秒，出现在2006年8月10日，正值0608号台风"桑美"影响期间，风向为SW。年最大风速出现在8月的频率最高，1月未出现（图5.4-2）。

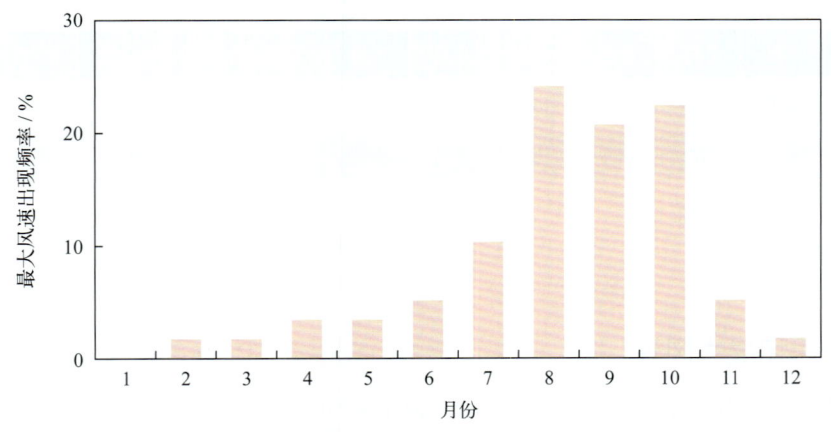

图5.4-2　年最大风速出现频率（1965—2019年）

## 2. 各向风频率

全年 NNE 向风最多，频率为 34.8%，N 向次之，频率为 18.4%，WNW 向最少，频率为 0.5%（图 5.4-3）。

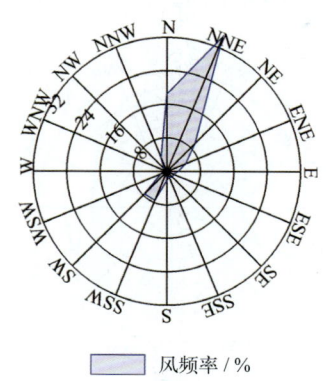

图5.4-3　全年各向风频率（1965—2019年）

1月盛行风向为 N—NE，频率和为 84.1%；4月盛行风向为 N—NE，频率和为 60.1%；7月盛行风向为 SSW—SW，频率和为 51.9%；10月盛行风向为 N—NE，频率和为 83.5%（图 5.4-4）。

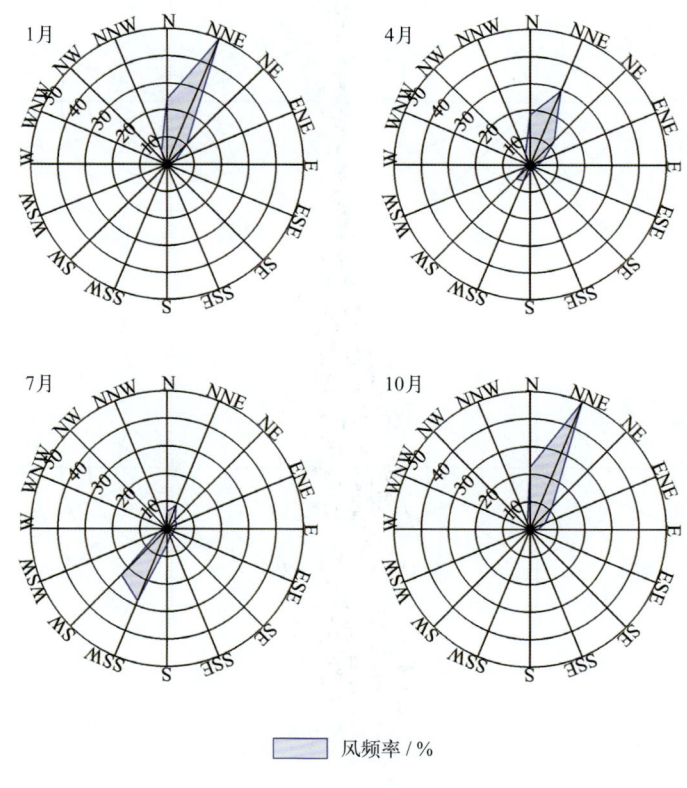

图5.4-4　四季代表月各向风频率（1965—2019年）

## 3. 各向平均风速和最大风速

全年各向平均风速 NNE 向最大，为 8.6 米/秒，N 向次之，为 6.6 米/秒，WNW 向最小，为 2.0 米/秒（图 5.4-5）。1月 NNE 向平均风速最大，为 9.7 米/秒；4月 NNE 向最大，为 7.6 米/秒；

7月SSW向最大，为8.3米/秒；10月NNE向最大，为10.0米/秒（图5.4-6）。

全年各向最大风速SW向最大，为45.7米/秒，SE向次之，为40.1米/秒，W向最小，为20.1米/秒（图5.4-5）。1月NNE向最大风速最大，为22.7米/秒；4月SW向最大，为28.3米/秒；7月SE向最大，为40.1米/秒；10月NNW向最大，为34.1米/秒（图5.4-6）。

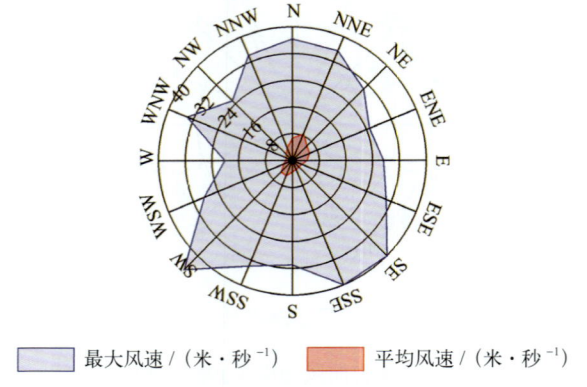

图5.4-5　全年各向平均风速和最大风速（1965—2019年）

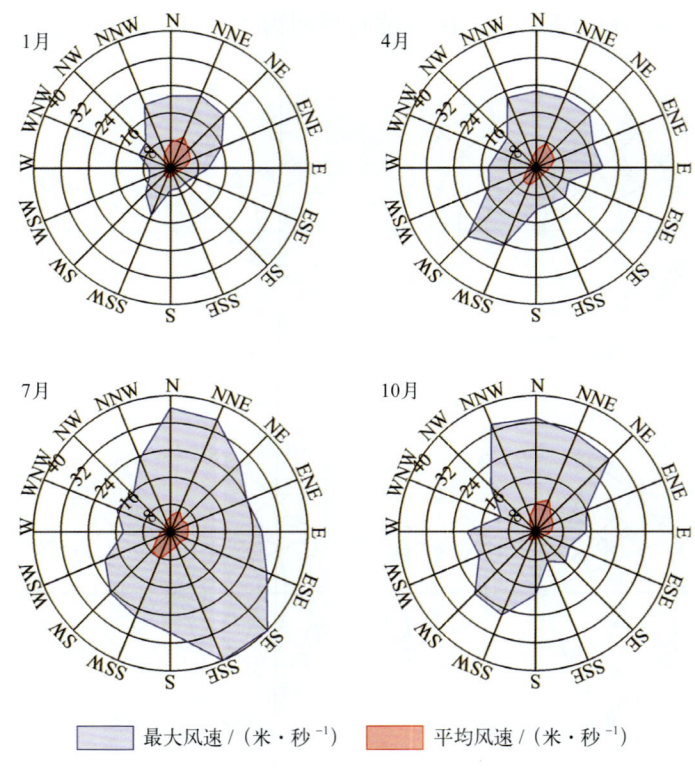

图5.4-6　四季代表月各向平均风速和最大风速（1965—2019年）

### 4. 大风日数

风力大于等于6级的大风日数11月最多，为21.3天，占全年的10.9%，12月次之，为21.1天（表5.4-2，图5.4-7）。平均年大风日数为195.6天（表5.4-2）。历年大风日数1977年最多，为250天，1966年最少，为45天。

风力大于等于8级的大风日数10月最多，为5.3天，4月最少，为1.8天。历年大风日数

1981年最多，为88天，1966年最少，为4天。

风力大于等于6级的月大风日数最多为31天，出现在2011年12月；最长连续大于等于6级大风日数为50天，出现在2011年11月24日至2012年1月12日（表5.4-2）。

表 5.4-2　各级大风日数年变化（1965—2019年）　　　　　　　　　　　　　　　　单位：天

|  | 1月 | 2月 | 3月 | 4月 | 5月 | 6月 | 7月 | 8月 | 9月 | 10月 | 11月 | 12月 | 年 |
| --- | --- | --- | --- | --- | --- | --- | --- | --- | --- | --- | --- | --- | --- |
| 大于等于6级大风平均日数 | 20.7 | 18.3 | 16.5 | 12.0 | 11.3 | 15.1 | 15.5 | 11.4 | 13.6 | 18.8 | 21.3 | 21.1 | 195.6 |
| 大于等于7级大风平均日数 | 11.9 | 9.6 | 7.9 | 5.2 | 5.5 | 9.2 | 9.4 | 6.5 | 8.3 | 11.6 | 12.8 | 11.8 | 109.7 |
| 大于等于8级大风平均日数 | 3.3 | 3.1 | 2.2 | 1.8 | 2.0 | 4.4 | 4.3 | 3.0 | 4.1 | 5.3 | 4.8 | 3.5 | 41.8 |
| 大于等于6级大风最多日数 | 30 | 28 | 26 | 21 | 19 | 23 | 25 | 20 | 20 | 28 | 29 | 31 | 250 |
| 最长连续大于等于6级大风日数 | 50 | 32 | 30 | 12 | 10 | 12 | 24 | 13 | 16 | 28 | 47 | 38 | 50 |

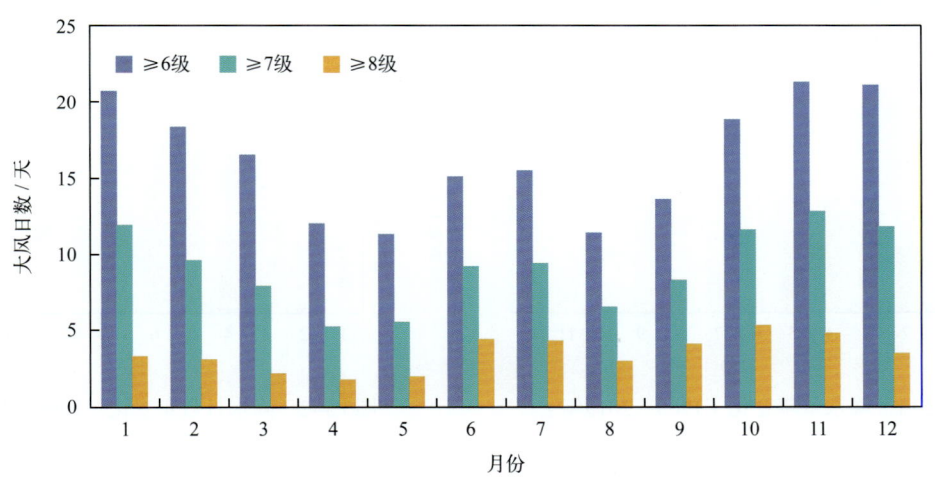

图5.4-7　各级大风日数年变化

## 第五节　降水

### 1. 降水量和降水日数

（1）降水量

北礵站降水量的年变化见表5.5-1和图5.5-1。平均年降水量为1 164.6毫米，降水量季节分布不均匀，春夏季多，秋冬季少，春季（3—5月）为412.4毫米，占全年降水量的35.4%，夏季（6—8月）为363.8毫米，占全年的31.2%，秋季（9—11月）为217.1毫米，占全年的18.6%，冬季（12月至翌年2月）为171.3毫米，占全年的14.7%。6月平均降水量最多，为192.4毫米，占全年的16.5%。

历年年降水量为586.9～1 822.2毫米，其中2012年最多，1967年最少。

最大日降水量超过100毫米的有14年，超过150毫米的有4年。最大日降水量为246.0毫米，出现在2001年9月29日。

表 5.5-1　降水量年变化（1965—2019年）　　　　　　　　　　　　　　　　　　　　　单位：毫米

|  | 1月 | 2月 | 3月 | 4月 | 5月 | 6月 | 7月 | 8月 | 9月 | 10月 | 11月 | 12月 | 年 |
|---|---|---|---|---|---|---|---|---|---|---|---|---|---|
| 平均降水量 | 54.1 | 76.0 | 128.5 | 130.8 | 153.1 | 192.4 | 61.8 | 109.6 | 123.9 | 40.3 | 52.9 | 41.2 | 1 164.6 |
| 最大日降水量 | 70.7 | 78.3 | 73.1 | 97.1 | 81.2 | 175.7 | 144.4 | 146.1 | 246.0 | 78.5 | 73.3 | 50.0 | 246.0 |

注：2002年7月至2007年12月数据缺测，2008—2009年数据有缺测。

## （2）降水日数

平均年降水日数为151.2天。降水日数的年变化特征为上半年多、下半年少（图5.5-2和图5.5-3）。日降水量大于等于10毫米的平均年日数为34.7天，各月均有出现；日降水量大于等于50毫米的平均年日数为3.1天，各月均有出现；日降水量大于等于100毫米的平均年日数为0.4天，出现在6—9月；日降水量大于等于150毫米的平均年日数为0.08天，出现在6月和9月；日降水量大于等于200毫米的平均年日数为0.02天，出现在9月（图5.5-3）。

最多年降水日数为202天，出现在2012年；最少年降水日数为107天，出现在1971年。最长连续降水日数为23天，出现在1984年3月6—28日；最长连续无降水日数为50天，出现在1983年10月28日至12月16日。

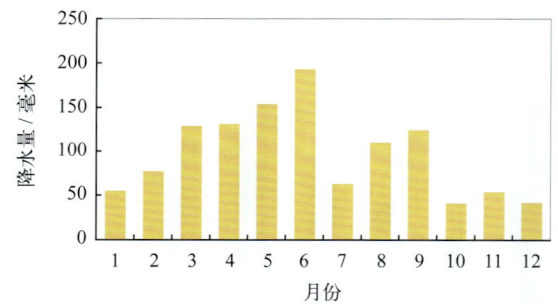

图5.5-1　降水量年变化（1965—2019年）

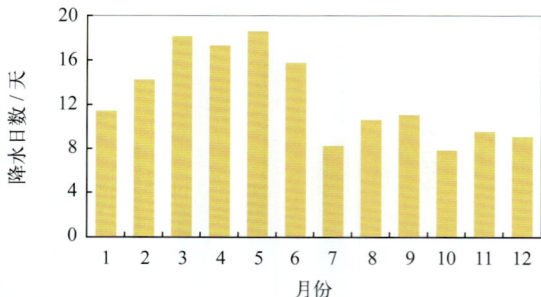

图5.5-2　降水日数年变化（1965—2019年）

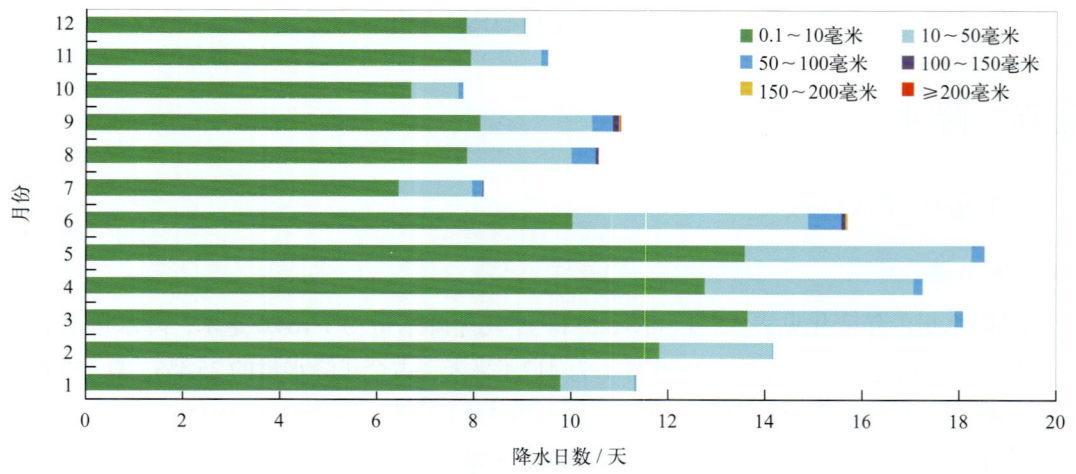

图5.5-3　各月各级平均降水日数分布（1965—2019年）

## 2. 长期趋势变化

1965—2019 年，年降水量呈上升趋势，上升速率为 21.21 毫米/（10 年）（线性趋势未通过显著性检验）。十年平均年降水量变化显示，2010—2019 年平均年降水量比 1970—1979 年增加 53.0 毫米（图 5.5-4）。1965—2019 年，年最大日降水量呈下降趋势，下降速率为 2.80 毫米/（10 年）（线性趋势未通过显著性检验）。

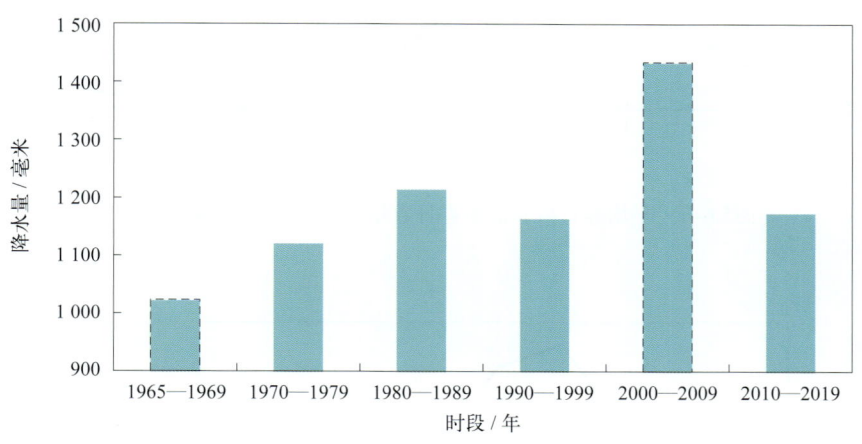

图 5.5-4  十年平均年降水量变化

1965—2019 年，年降水日数变化趋势不明显；最长连续降水日数呈减少趋势，减少速率为 0.65 天/（10 年）（线性趋势未通过显著性检验）；最长连续无降水日数呈减少趋势，减少速率为 0.77 天/（10 年）（线性趋势未通过显著性检验）。

# 第六节　雾及其他天气现象

## 1. 雾

北礵站雾日数的年变化见表 5.6-1、图 5.6-1 和图 5.6-2。1965—2002 年，平均年雾日数为 44.9 天。平均月雾日数 4 月最多，为 10.2 天，9 月最少，为 0.1 天；月雾日数最多为 19 天，出现在 1967 年 5 月；最长连续雾日数为 14 天，出现在 1991 年 4 月 5—18 日。

表 5.6-1　雾日数年变化（1965—2002 年）　　　　　　　　单位：天

|  | 1月 | 2月 | 3月 | 4月 | 5月 | 6月 | 7月 | 8月 | 9月 | 10月 | 11月 | 12月 | 年 |
|---|---|---|---|---|---|---|---|---|---|---|---|---|---|
| 平均雾日数 | 2.4 | 4.3 | 7.4 | 10.2 | 10.0 | 4.9 | 2.2 | 0.6 | 0.1 | 0.3 | 0.9 | 1.6 | 44.9 |
| 最多雾日数 | 9 | 9 | 13 | 18 | 19 | 12 | 9 | 4 | 2 | 2 | 5 | 7 | 68 |
| 最长连续雾日数 | 6 | 6 | 10 | 14 | 13 | 9 | 4 | 2 | 1 | 2 | 5 | 4 | 14 |

注：2002 年 7 月停测。

1965—2001 年，年雾日数呈下降趋势，下降速率为 0.60 天/（10 年）（线性趋势未通过显著性检验）。1987 年和 1993 年雾日数最多，均为 68 天，2000 年最少，为 24 天。

十年平均年雾日数变化显示，1980—1989 年平均年雾日数最多，为 50.4 天，比 1970—1979 年平均年雾日数增加 8.2 天（图 5.6-3）。

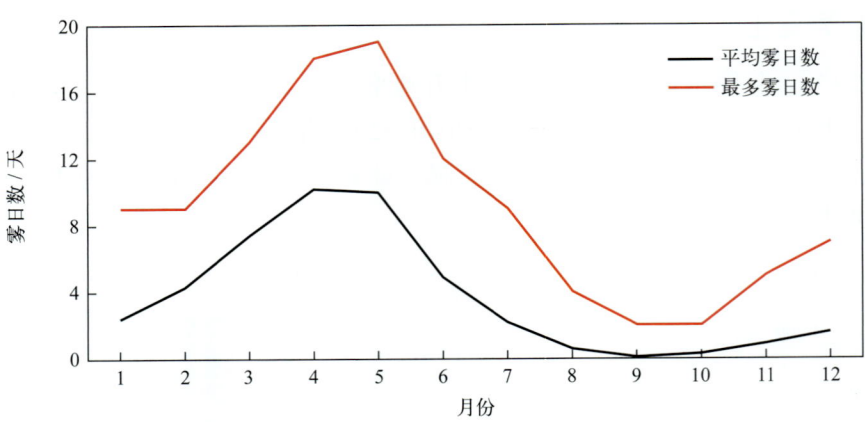

图5.6-1 平均雾日数和最多雾日数年变化（1965—2002年）

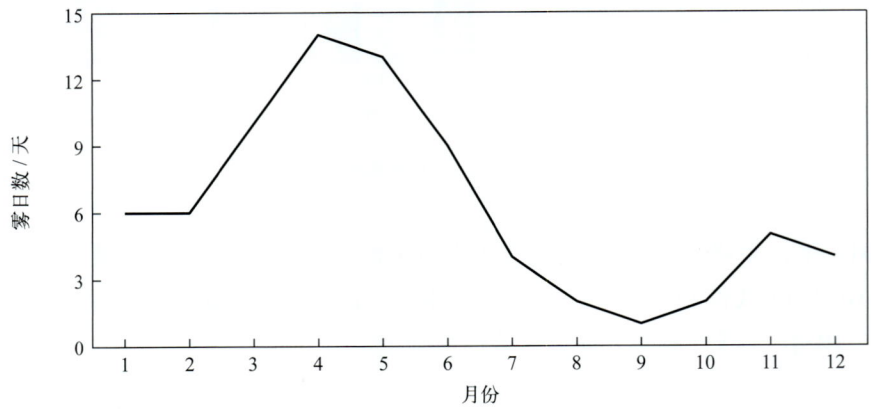

图5.6-2 最长连续雾日数年变化（1965—2002年）

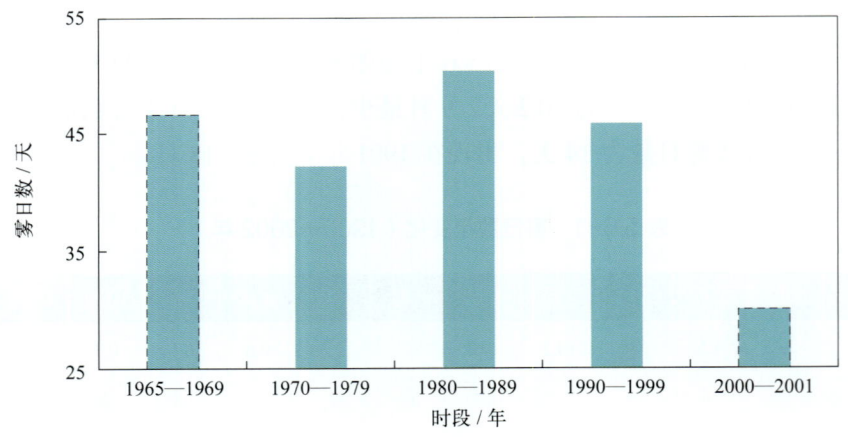

图5.6-3 十年平均年雾日数变化

## 2. 轻雾

北礵站轻雾日数的年变化见表5.6-2和图5.6-4。1965—1995年，平均年轻雾日数为83.2天。平均月轻雾日数5月最多，为13.5天，9月最少，为1.2天；最多月轻雾日数为23天，出现在1991年4月。

1965—1994 年，年轻雾日数呈明显上升趋势，上升速率为 32.32 天 /（10 年）。1993 年轻雾日数最多，为 136 天，1971 年和 1976 年最少，均为 37 天（图 5.6-5）。

表 5.6-2　轻雾日数年变化（1965—1995 年）　　　　　单位：天

|  | 1月 | 2月 | 3月 | 4月 | 5月 | 6月 | 7月 | 8月 | 9月 | 10月 | 11月 | 12月 | 年 |
|---|---|---|---|---|---|---|---|---|---|---|---|---|---|
| 平均轻雾日数 | 6.0 | 7.8 | 11.8 | 12.9 | 13.5 | 9.6 | 5.7 | 4.3 | 1.2 | 1.8 | 3.7 | 4.9 | 83.2 |
| 最多轻雾日数 | 15 | 19 | 19 | 23 | 21 | 17 | 17 | 19 | 6 | 9 | 10 | 17 | 136 |

注：1995年7月停测。

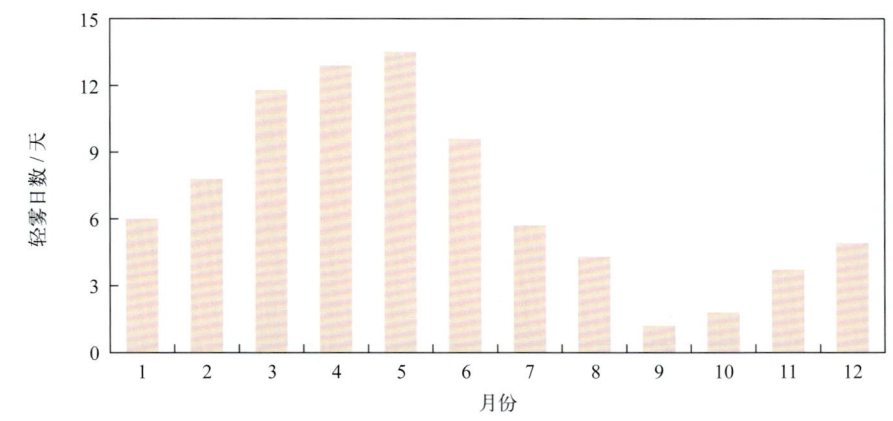

图5.6-4　轻雾日数年变化（1965—1995年）

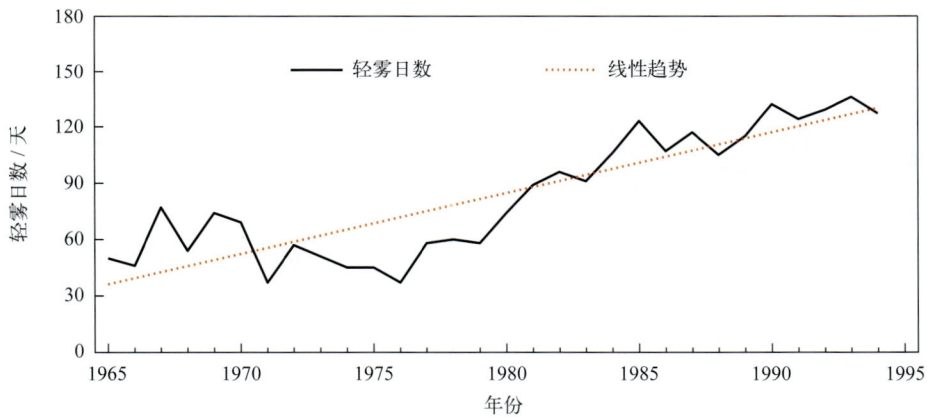

图5.6-5　1965—1994年轻雾日数变化

### 3. 雷暴

北礵站雷暴日数的年变化见表 5.6-3 和图 5.6-6。1965—1995 年，平均年雷暴日数为 24.4 天。雷暴主要出现在 3—9 月，其中 4 月最多，平均日数为 4.9 天，11 月最少，出现 1 天。雷暴最早初日为 1 月 8 日（1989 年），最晚终日为 12 月 29 日（1981 年）。月雷暴日数最多为 14 天，出现在 1987 年 3 月。

表 5.6-3　雷暴日数年变化（1965—1995年）　　　　　　　　　　　单位：天

| | 1月 | 2月 | 3月 | 4月 | 5月 | 6月 | 7月 | 8月 | 9月 | 10月 | 11月 | 12月 | 年 |
|---|---|---|---|---|---|---|---|---|---|---|---|---|---|
| 平均雷暴日数 | 0.1 | 0.9 | 4.1 | 4.9 | 2.8 | 3.3 | 2.1 | 3.1 | 2.5 | 0.4 | 0.0 | 0.2 | 24.4 |
| 最多雷暴日数 | 2 | 4 | 14 | 12 | 9 | 9 | 6 | 7 | 7 | 5 | 1 | 2 | 33 |

注：1995年7月停测。

1965—1994年，年雷暴日数呈上升趋势，上升速率为0.78天/（10年）（线性趋势未通过显著性检验）。1973年和1987年雷暴日数最多，均为33天，1985年最少，为11天（图5.6-7）。

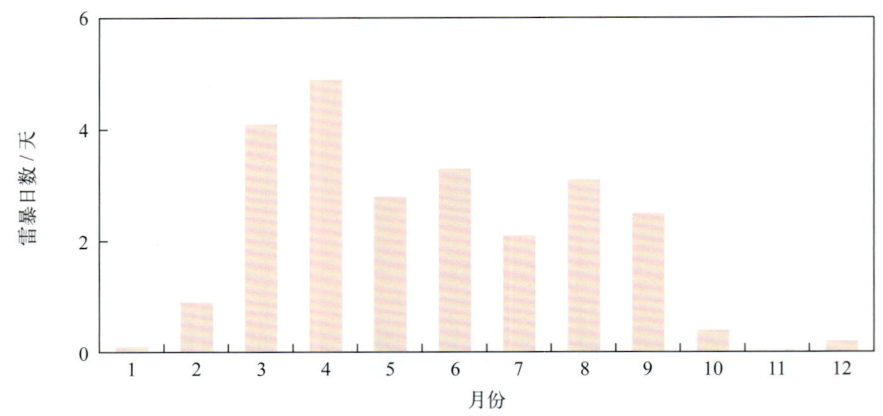

图5.6-6　雷暴日数年变化（1965—1995年）

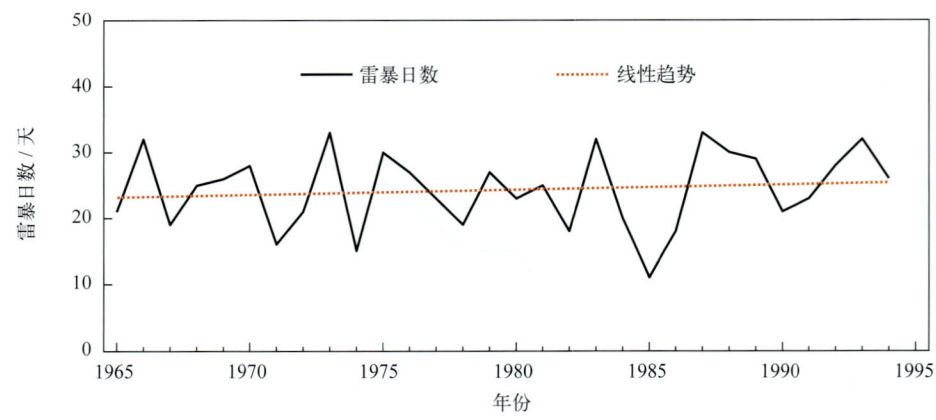

图5.6-7　1965—1994年雷暴日数变化

### 4. 霜

1965—1995年，北礵站有1天出现霜，为1967年2月15日。

### 5. 降雪

降雪日数的年变化见表5.6-4和图5.6-8。1965—1995年，平均年降雪日数为2.2天。降雪全部出现在12月至翌年3月，2月最多，平均日数为1.0天。降雪最早初日为12月12日（1975年和 1982 年），最晚终日为 3 月 31 日（1985 年）。

表 5.6-4　降雪日数年变化（1965—1995 年）　　　　　　　　　　　　　　　　单位：天

|  | 1月 | 2月 | 3月 | 4月 | 5月 | 6月 | 7月 | 8月 | 9月 | 10月 | 11月 | 12月 | 年 |
|---|---|---|---|---|---|---|---|---|---|---|---|---|---|
| 平均降雪日数 | 0.6 | 1.0 | 0.2 | 0.0 | 0.0 | 0.0 | 0.0 | 0.0 | 0.0 | 0.0 | 0.0 | 0.4 | 2.2 |
| 最多降雪日数 | 4 | 7 | 2 | 0 | 0 | 0 | 0 | 0 | 0 | 0 | 0 | 3 | 7 |

注：1995年7月停测。

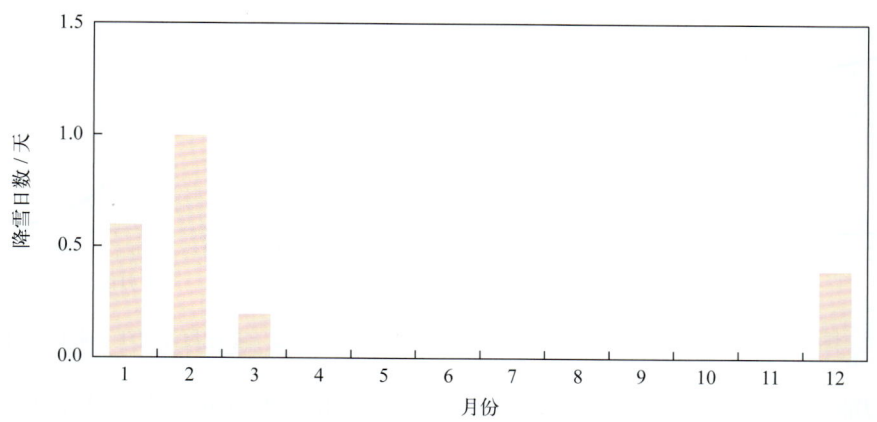

图5.6-8　降雪日数年变化（1965—1995年）

1965—1994 年，年降雪日数变化趋势不明显。1980 年降雪日数最多，为 7 天，有 7 年无降雪（图 5.6-9）。

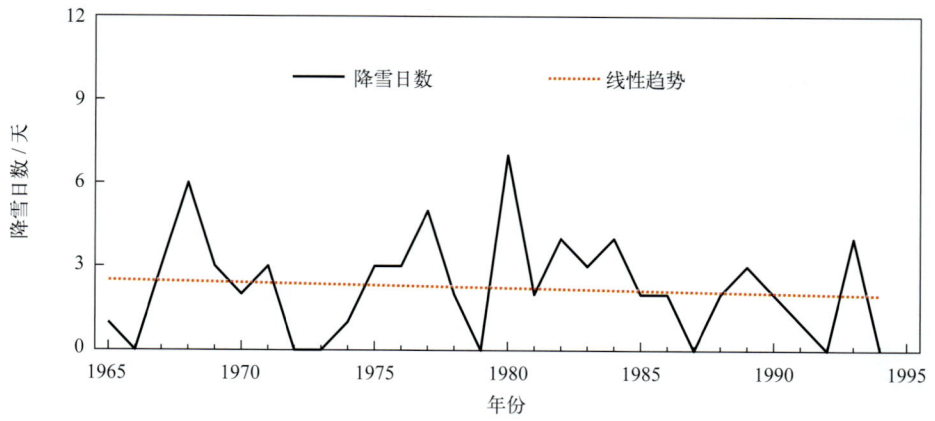

图5.6-9　1965—1994年降雪日数变化

## 第七节　能见度

1965—2019 年，北礵站累年平均能见度为 20.2 千米。9 月平均能见度最大，为 25.1 千米，4 月最小，为 15.6 千米。能见度小于 1 千米的平均年日数为 29.2 天，4 月最多，为 6.8 天，9 月最少，为 0.1 天（表 5.7-1，图 5.7-1 和图 5.7-2）。

表 5.7-1　能见度年变化（1965—2019 年）

| | 1月 | 2月 | 3月 | 4月 | 5月 | 6月 | 7月 | 8月 | 9月 | 10月 | 11月 | 12月 | 年 |
|---|---|---|---|---|---|---|---|---|---|---|---|---|---|
| 平均能见度/千米 | 18.4 | 17.7 | 16.8 | 15.6 | 16.4 | 19.5 | 23.5 | 24.5 | 25.1 | 23.5 | 21.7 | 19.9 | 20.2 |
| 能见度小于1千米平均日数/天 | 1.3 | 3.1 | 5.0 | 6.8 | 6.7 | 2.8 | 1.0 | 0.4 | 0.1 | 0.3 | 0.8 | 0.9 | 29.2 |

注：1973—1981年、2002年7月至2009年7月数据缺测。

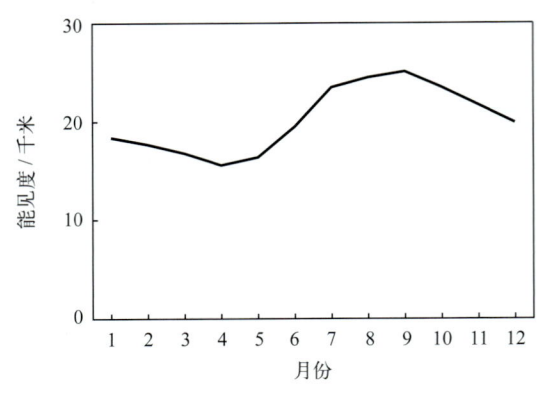

图5.7-1　能见度年变化

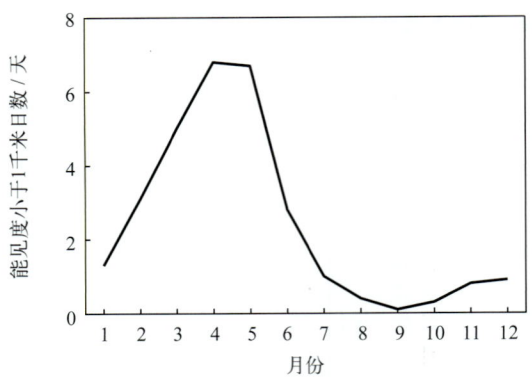

图5.7-2　能见度小于1千米日数年变化

历年平均能见度为 8.4～26.9 千米，1966 年最高，2019 年最低。能见度小于 1 千米的日数 1993 年最多，为 46 天，2018 年最少，为 10 天（图 5.7-3）。

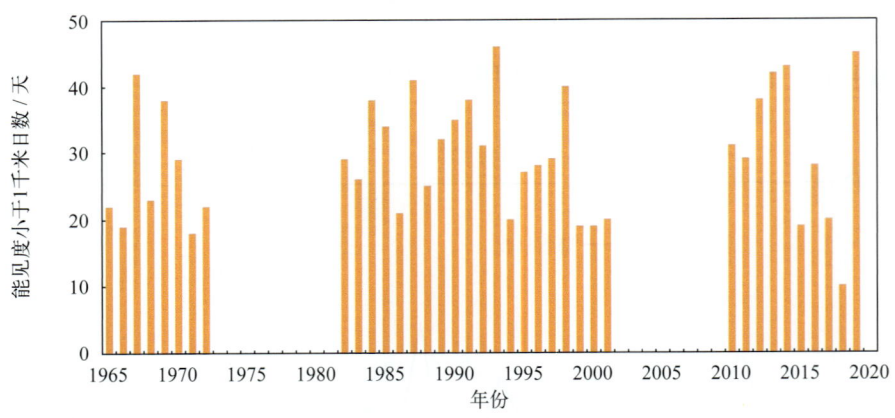

图5.7-3　能见度小于1千米年日数变化

## 第八节　云

1965—1995 年，北礵站累年平均总云量为 7.2 成，6 月平均总云量最多，为 8.6 成，8 月和 10 月最少，均为 6.1 成；累年平均低云量为 4.3 成，2 月平均低云量最多，为 5.4 成，7 月最少，为 3.2 成（表 5.8-1，图 5.8-1）。

表 5.8-1　总云量和低云量年变化（1965—1995 年）

| | 1月 | 2月 | 3月 | 4月 | 5月 | 6月 | 7月 | 8月 | 9月 | 10月 | 11月 | 12月 | 年 |
|---|---|---|---|---|---|---|---|---|---|---|---|---|---|
| 平均总云量/成 | 7.1 | 7.8 | 8.0 | 8.2 | 8.4 | 8.6 | 6.8 | 6.1 | 6.3 | 6.1 | 6.5 | 6.4 | 7.2 |
| 平均低云量/成 | 4.6 | 5.4 | 5.1 | 5.1 | 5.3 | 4.9 | 3.2 | 3.3 | 3.9 | 3.5 | 3.6 | 4.0 | 4.3 |

注：1995年7月停测。

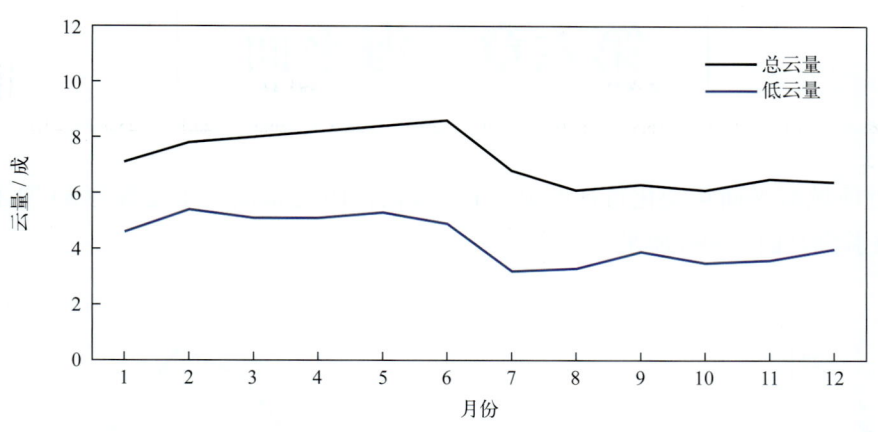

图5.8-1　总云量和低云量年变化（1965—1995年）

1965—1994年，年平均总云量呈增加趋势，增加速率为0.09成/（10年）（线性趋势未通过显著性检验），1970年最多，为7.8成，1971年最少，为6.2成（图5.8-2）；年平均低云量呈减少趋势，减少速率为0.47成/（10年），1970年最多，为5.7成，1982年最少，为3.2成（图5.8-3）。

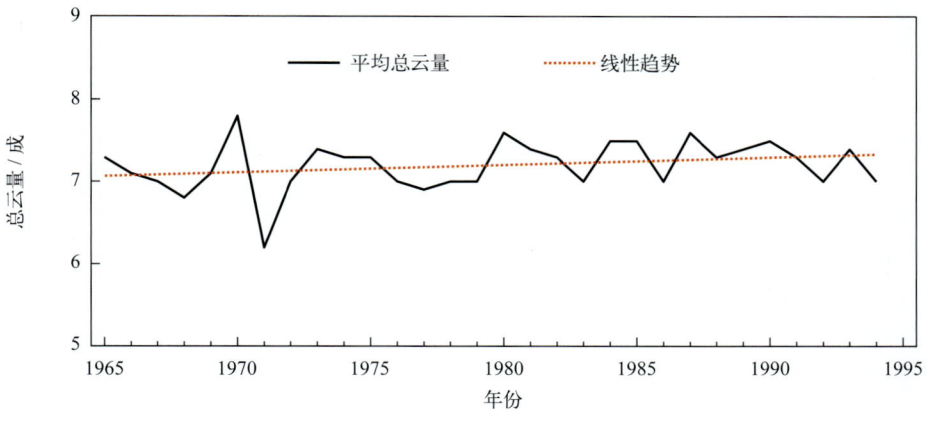

图5.8-2　1965—1994年平均总云量变化

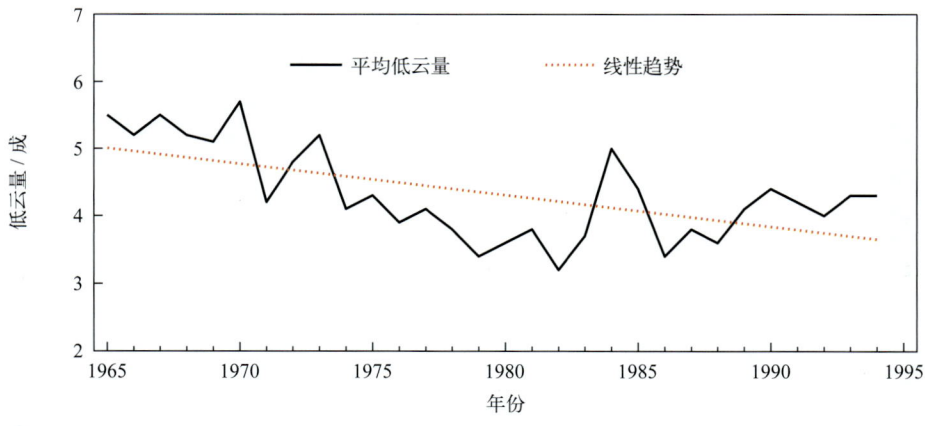

图5.8-3　1965—1994年平均低云量变化

# 第六章 海平面

北礵附近海域海平面年变化特征明显，4月最低，10月最高，年变幅为33厘米（图6-1），平均海平面在验潮基面上498厘米。

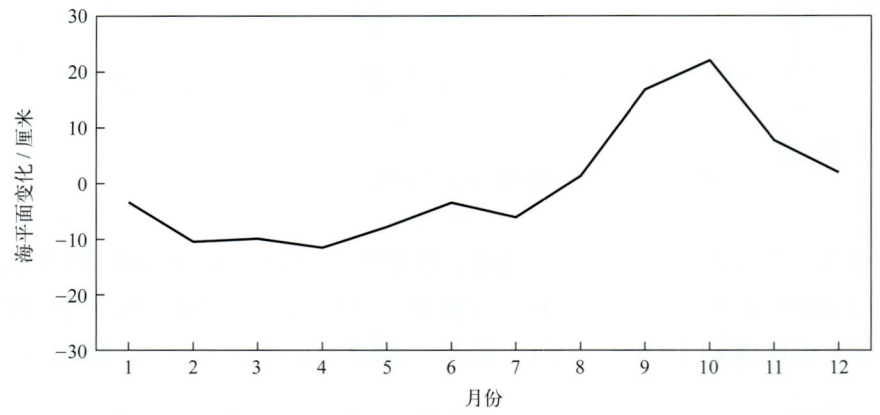

图6-1 海平面年变化（2016—2019年）

# 第七章 灾害

## 第一节 海洋灾害

### 1. 风暴潮

1992年，由天文大潮和9216号强热带风暴共同作用引发了92特大风暴潮，福建省宁德等地受灾（《1992年中国海洋灾害公报》）。

1997年9711号台风影响期间，宁德地区有29条海堤受损，决口25处，海水倒灌受淹农田35万亩，迅猛的潮水和狂风巨浪造成霞浦的海堤部分漫顶滑坡、崩溃，损失严重（《1997年中国海洋灾害公报》）。

2001年7月31日，受0108号台风"桃芝"引发的风暴潮影响，福建省福州市、宁德市损坏堤防157处、共32.1千米，堤防决口154处、共1.3千米，约2万公顷农田被淹，0.8万公顷浅海养殖受损，直接经济损失约5.0亿元，受灾人口约100万。9月29日，受0119号台风"利奇马"引发的风暴潮影响，福建省宁德市约0.8万公顷农田被淹，直接经济损失约0.8亿元，受灾人口约24万（《2001年中国海洋灾害公报》）。

2005年9月1日，0513号台风"泰利"影响福建宁德沿海，10月2日，0519号台风"龙王"影响福建宁德沿海，造成农田受灾、海水养殖受损、房屋倒塌、防潮堤损毁（《2005年中国海洋灾害公报》）。

2006年7月14日，0604号强热带风暴"碧利斯"在福建省霞浦县北壁镇登陆，受0604号台风"碧利斯"引发的风暴潮与台风浪的共同影响，福建、浙江两省直接经济损失57.55亿元（《2006年中国海洋灾害公报》）。

### 2. 海浪

1992年，由天文大潮和9216号强热带风暴共同作用引发了92特大风暴潮，福建省北礵站观测到了7.0米的最大波高（《1992年中国海洋灾害公报》）。

1994年8月21日，福建沿海风力10～12级，霞浦沿海风力超过12级，海浪越过海堤防浪墙2～3米，毁坏船只63艘，毁坏码头12座，毁坏海堤166.6千米，其中决口194处；霞浦县牙城镇5条海堤决口14处，8 000亩水田被海水淹没（《1994年中国海洋灾害公报》）。

1996年7月26—27日，7月31日至8月3日，9607号、9608号台风引起福建沿海灾害性巨浪。此次过程中，北礵站实测最大波高7.5米（《1996年中国海洋灾害公报》）。

2004年8月11—13日，0414号台风"云娜"先后在东海、台湾海峡、南海、黄海形成5～12米台风浪。受台风浪袭击，福建省宁德等地的渔业、水利设施受到严重损失（《2004年中国海洋灾害公报》）。

2005年7月17—20日，受0505号台风"海棠"影响，福建北礵海洋站实测最大波高5.2米；8月29日至9月1日，0513号台风"泰利"先后在台湾省以东洋面、东海、台湾海峡形成8～12米的台风浪，福建北礵海洋站实测最大波高3.5米；9月30日至10月3日，0519号台风"龙王"先后在台湾省以东洋面、东海、台湾海峡、南海形成6～10米的台风浪，福建北礵海洋站实测最大波高3.5米（《2005年中国海洋灾害公报》）。

2009年8月9日，0908号台风"莫拉克"在福建省霞浦县登陆，受其影响，霞浦县牙城镇洪山海堤毁坏，堤内1 200亩滩涂养殖受损（《2009年中国海洋灾害公报》）。

### 3. 赤潮

2002年5月4—14日，福建省福鼎市和霞浦县东部海域发生500平方千米的赤潮，赤潮藻种为具齿原甲藻、夜光藻、中肋骨条藻，海洋水产养殖受灾面积8 700公顷，其中15公顷养殖贻贝死亡，直接经济损失达300万元。5月16—19日，福建省福鼎市和霞浦县东部海域发生800平方千米赤潮，赤潮藻种为具齿原甲藻，海洋水产养殖受灾面积1.3万公顷，直接经济损失250万元（《2002年中国海洋灾害公报》）。

2010年6月1—12日，福建省福鼎市牛栏岗海水浴场至霞浦大京海水浴场发生赤潮，最大面积180平方千米，赤潮优势种为东海原甲藻（《2010年中国海洋灾害公报》）。

2012年5月18日至6月7日，福建宁德三沙湾的霞浦、福鼎海域发生赤潮，最大面积130平方千米，赤潮优势种为米氏凯伦藻，造成直接经济损失30万元（《2012年中国海洋灾害公报》）。

2015年5月26日至6月2日，福建省霞浦县古镇海域发生赤潮，最大面积100平方千米，赤潮优势种为米氏凯伦藻和东海原甲藻（《2015年中国海洋灾害公报》）。

## 第二节　灾害性天气

内容同三沙站。

# 北茭海洋站

# 第一章　概况

## 第一节　基本情况

北茭测点（简称北茭站）位于福建省福州市连江县。福州市是福建省省会，位于福建省中部东端，东临台湾海峡，南邻莆田市，北接宁德市。全市海域面积10 573平方千米，大陆岸线长920千米，海洋资源丰富，每年创造约占福建省1/3的海洋经济总量，全市常住人口约829万人。连江县东与台湾岛、马祖列岛一衣带水，西傍省会福州，南扼闽江口，北接闽浙通道，海岸线长约238千米，是全国县级水产第二大县、全省水产第一大县。

北茭站建于1959年8月，名为连江北茭海洋水文气象服务台，隶属于福建省气象局。1966年更名为北茭海洋站，隶属国家海洋局东海分局，2019年7月后隶属自然资源部东海局，由宁德中心站管辖。初期站址位于连江县苔菉镇北茭村，2007年迁至连江县江南乡魁岐东路27号。测点位于苔菉镇横膝村，处于黄岐半岛最末端，三面濒临东海（图1.1-1）。

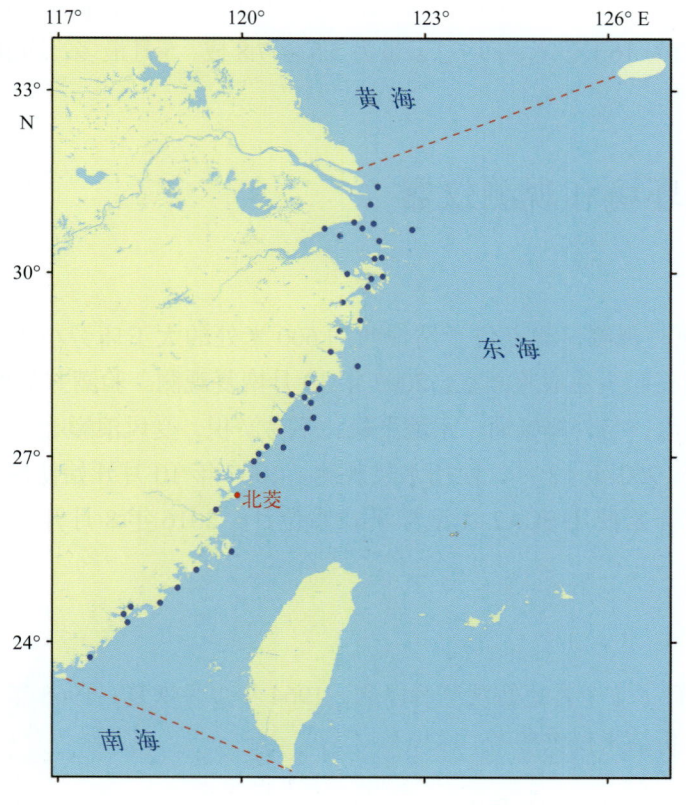

图1.1-1　北茭站地理位置示意

北茭站观测项目有潮汐、海浪、表层海水温度、表层海水盐度、气温、气压、相对湿度、风和降水等。2002年停测，2007年10月恢复观测，实现了自动化观测、数据采集、存储和传输。

北茭沿海为正规半日潮特征，海平面3—4月最低，10月最高，年变幅为32厘米，平均海平面为468厘米，平均高潮位为696厘米，平均低潮位为232厘米；全年海况以0～4级为主，年均平均波高为1.1米，年均平均周期为4.2秒，历史最大波高最大值为6.5米，历史平均周期最大值为9.8秒，常浪向为NE，强浪向为NW；年均表层海水温度为18.6～20.7℃，9月最高，均值为27.0℃，2月最低，均值为11.3℃，历史水温最高值为30.7℃，历史水温最低值为7.2℃；年均表层海水盐度为28.60～31.29，8月最高，均值为32.74，12月最低，均值为28.34，历史盐度最高值为34.87，历史盐度最低值为23.89；海发光主要为火花型，5月出现频率最高，2月最低，1级海发光最多，出现的最高级别为4级。

北茭站主要受海洋性季风气候影响，年均气温为17.8～20.7℃，8月最高，均值为27.6℃，2月最低，均值为9.7℃，历史最高气温为36.8℃，历史最低气温为–0.6℃；年均气压为1 009.4～1 012.3百帕，具有冬高夏低的变化特征，1月和12月最高，均为1 019.3百帕，8月最低，均值为1 001.6百帕；年均相对湿度为75.6%～84.1%，6月最大，均值为89.7%，12月最小，均值为71.6%；年均风速为2.9～6.8米/秒，10月和11月最大，均为6.4米/秒，4月和5月最小，均为4.3米/秒，冬季（1月）盛行风向为NW—ENE（顺时针，下同），春季（4月）盛行风向为NW—ENE，夏季（7月）盛行风向为S—SW，秋季（10月）盛行风向为NNW—ENE；平均年降水量为1 143.3毫米，6月平均降水量最多，占全年的16.8%；平均年雾日数为30.2天，4月最多，均值为7.9天，9月和10最少，均为0.1天；平均年雷暴日数为28.4天，4月最多，均值为4.5天，11月和12月最少，均为0.1天；平均年降雪日数为1.3天，降雪发生在12月至翌年3月，2月最多，均值为0.6天；年均能见度为17.7～26.1千米，9月最大，均值为25.6千米，4月最小，均值为16.1千米；年均总云量为5.5～7.8成，5月最多，均值为8.1成，8月最少，均值为5.6成。

## 第二节　观测环境和观测仪器

### 1. 潮汐

建站初期有过短时观测，测点位于站偏西约600米处的大王庙旁小码头边。2006年11月，在连江县苔菉镇横塍村码头建成验潮室，2007年10月恢复观测。验潮井为岛式钢筋混凝土结构，底质为泥沙，北面向海，与外海畅通，水流平稳，不易淤积，受风浪影响小。

1959年10月至1960年12月，使用水尺观测。2007年10月开始使用GPH500型浮子式水位计，2013年11月开始使用SCA2-2型浮子式水位计，2016年8月开始使用SCA11-3A型浮子式水位计。

### 2. 海浪

1959年11月进行了1个月短暂观测后停测，1964年1月恢复，1968年10月停测。
观测时间短，分析结果仅供参考。

### 3. 表层海水温度、盐度和海发光

1959年末开始观测。测点在站西北偏北方向约430米处的小王庙前码头礁石上，海水畅通，无淡水注入，小王庙是水产加工厂房，有时有污水流入。2007年验潮室建成后，温盐井与验潮井在同一处，距离原测点不到2千米，测点处与外海畅通，水流平稳，附近无河川。2012年4月将温盐传感器从验潮井内搬到验潮室外加装的温盐井内。

自建站起，海表水温使用耶拿16型和SWL1-1型等水温表测量，海表盐度使用比重计、氯度滴定管、SYC1-1型盐度计、WUS型感应式盐度计和SYY1-1型光学折射盐度计等测定。2007年

10月开始使用EC250型温盐传感器，2013年11月开始使用YSI600R型温盐传感器。

海发光为每日天黑后人工目测。2002年7月停测。

### 4. 气象要素

1959年末开始观测，观测场位于黄岐半岛末端北茭村的马鞍山上，三面临海。2007年10月，气象观测场设在验潮室屋顶平台上，气压传感器安装在验潮室内。2017年1月1日，气象观测场迁至茭南一岗山头新观测场（图1.2-2）。

观测初期主要使用干湿球温度表、最高最低温度表、ZJ1型温湿度计、动槽式水银气压表、DYJ1型气压计、EL型电接风向风速计和雨量筒等仪器。2007年10月开始使用41382LC型温湿度传感器、61202V型气压传感器、XZC2-2B型自动测风仪和SL3-1型雨量传感器，2013年11月开始使用HMP155型温湿度传感器、61302V型气压传感器和5103型风传感器，2016年10月开始使用XFY3-1型风传感器。

图1.2-2　北茭站气象观测场（摄于2020年4月15日）

# 第二章　潮位

## 第一节　潮汐

### 1. 潮汐类型

利用北茭站 2008—2019 年验潮资料分析的调和常数，计算出潮汐系数 $(H_{K_1}+H_{O_1})/H_{M_2}$ 为 0.26。按我国潮汐类型分类标准，北茭沿海为正规半日潮，每个潮汐日（大约 24.8 小时）有两次高潮和两次低潮，低潮日不等现象较为明显。

2008—2019 年，北茭站 $M_2$ 分潮振幅呈增大趋势，增大速率为 0.39 毫米 / 年（线性趋势未通过显著性检验）；迟角呈减小趋势，减小速率为 0.23° / 年。$K_1$ 分潮振幅呈增大趋势，增大速率为 0.32 毫米 / 年；迟角呈减小趋势，减小速率为 0.06° / 年。$O_1$ 分潮振幅和迟角均无明显变化趋势。

### 2. 潮汐特征值

由 2008—2019 年资料统计分析得出：北茭站平均高潮位为 696 厘米，平均低潮位为 232 厘米，平均潮差为 464 厘米；平均高高潮位为 709 厘米，平均低低潮位为 203 厘米，平均大的潮差为 506 厘米。平均涨潮历时 6 小时 7 分钟，平均落潮历时 6 小时 18 分钟，两者相差 11 分钟。

累年各月潮汐特征值见表 2.1-1。

表 2.1-1　累年各月潮汐特征值（2008—2019 年）　　　　单位：厘米

| 月份 | 平均高潮位 | 平均低潮位 | 平均潮差 | 平均高高潮位 | 平均低低潮位 | 平均大的潮差 |
| --- | --- | --- | --- | --- | --- | --- |
| 1 | 688 | 228 | 460 | 700 | 196 | 504 |
| 2 | 685 | 225 | 460 | 694 | 203 | 491 |
| 3 | 684 | 221 | 463 | 694 | 204 | 490 |
| 4 | 683 | 226 | 457 | 696 | 205 | 491 |
| 5 | 685 | 233 | 452 | 701 | 203 | 498 |
| 6 | 689 | 235 | 454 | 706 | 199 | 507 |
| 7 | 690 | 230 | 460 | 707 | 194 | 513 |
| 8 | 704 | 233 | 471 | 719 | 201 | 518 |
| 9 | 716 | 242 | 474 | 729 | 213 | 516 |
| 10 | 722 | 245 | 477 | 734 | 215 | 519 |
| 11 | 705 | 237 | 468 | 721 | 204 | 517 |
| 12 | 696 | 233 | 463 | 710 | 198 | 512 |
| 年 | 696 | 232 | 464 | 709 | 203 | 506 |

注：潮位值均以验潮零点为基面。

平均高潮位 10 月最高，为 722 厘米，4 月最低，为 683 厘米，年较差为 39 厘米；平均低潮位 10 月最高，为 245 厘米，3 月最低，为 221 厘米，年较差为 24 厘米（图 2.1-1）；平均高高潮位 10 月最高，为 734 厘米，2 月和 3 月最低，均为 694 厘米，年较差为 40 厘米；平均低低潮位 10 月最高，为 215 厘米，7 月最低，为 194 厘米，年较差为 21 厘米。平均潮差 10 月最大，5 月最小，年较差为 25 厘米；平均大的潮差 10 月最大，3 月最小，年较差为 29 厘米（图 2.1-2）。

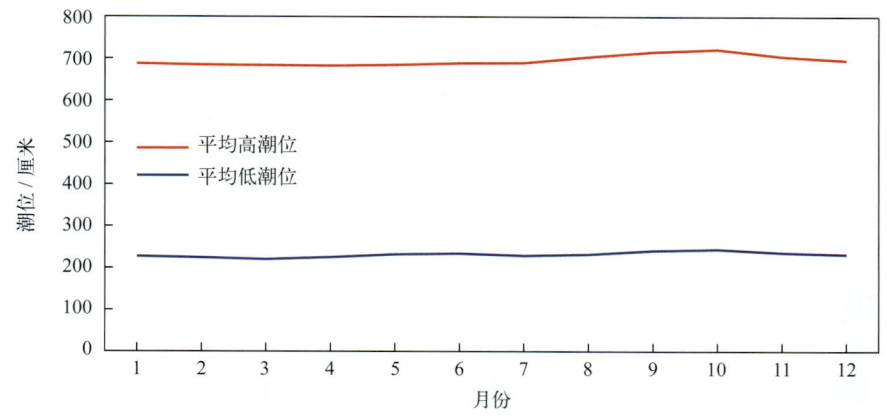

图2.1-1　平均高潮位和平均低潮位年变化

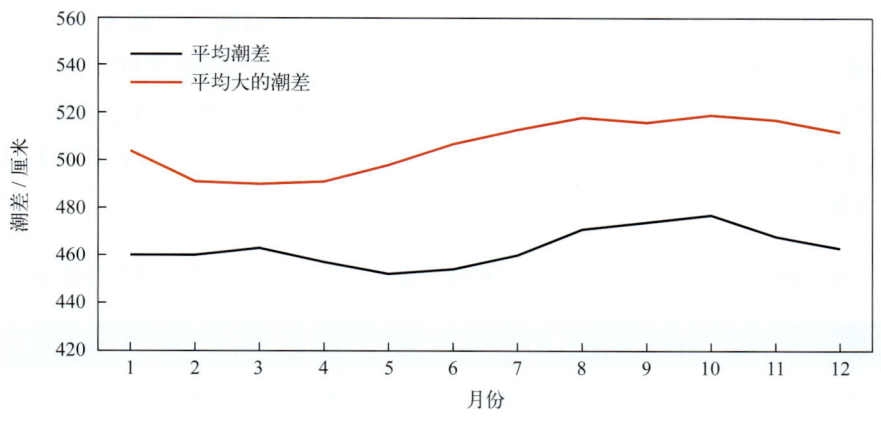

图2.1-2　平均潮差和平均大的潮差年变化

2008—2019 年，北荩站平均高潮位呈上升趋势，上升速率为 19.76 毫米 / 年。平均高潮位最高值出现在 2016 年，为 706 厘米；最低值出现在 2008 年，为 680 厘米。北荩站平均低潮位呈下降趋势，下降速率为 2.97 毫米 / 年（线性趋势未通过显著性检验）。平均低潮位最高值出现在 2009 年，为 236 厘米；最低值出现在 2015 年，为 227 厘米。

2008—2019 年，北荩站平均潮差呈增大趋势，增大速率为 22.73 毫米 / 年。平均潮差最大值出现在 2014 年，为 474 厘米；最小值出现在 2008 年，为 446 厘米（图 2.1-3）。

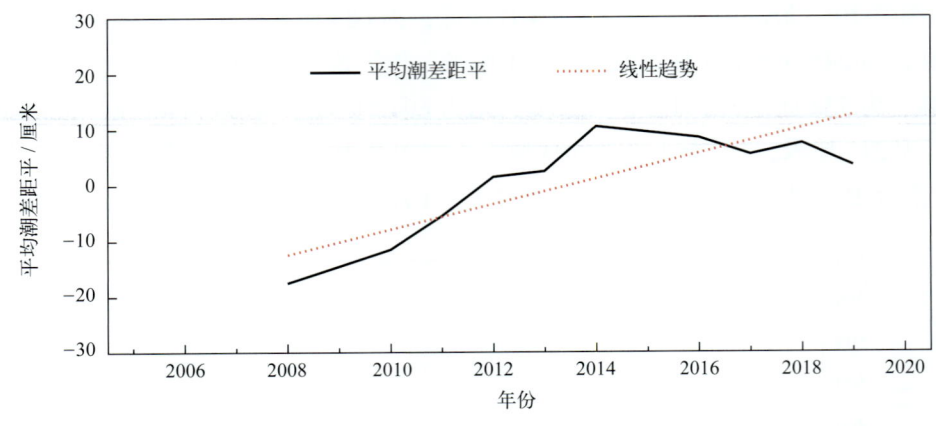

图2.1-3 2008—2019年平均潮差距平变化

## 第二节 极值潮位

北茭站年最高潮位和年最低潮位的各月发生频率见表2.2-1。年最高潮位出现时间主要集中在7—11月，其中9月发生频率最高，为50%；8月和11月次之，均为17%。年最低潮位主要出现在11月至翌年1月和6月，其中1月发生频率最高，为58%。

2008—2019年，北茭站年最高潮位呈上升趋势，上升速率为33.64毫米/年（线性趋势未通过显著性检验）。历年的最高潮位均高于793厘米，其中高于850厘米的有5年；历史最高潮位为882厘米，出现在2013年8月21日，正值1312号台风"潭美"影响期间。2013—2019年，北茭站年最低潮位呈上升趋势，上升速率为8.21毫米/年（线性趋势未通过显著性检验）。历年最低潮位均低于81厘米，其中低于70厘米的有3年；历史最低潮位出现在2014年1月2日，为63厘米，由强温带气旋引起（表2.2-1）。

表2.2-1 最高潮位（2008—2019年）和最低潮位（2013—2019年）及年极值出现频率

|  | 1月 | 2月 | 3月 | 4月 | 5月 | 6月 | 7月 | 8月 | 9月 | 10月 | 11月 | 12月 |
| --- | --- | --- | --- | --- | --- | --- | --- | --- | --- | --- | --- | --- |
| 最高潮位值/厘米 | 800 | 796 | 829 | 798 | 794 | 815 | 859 | 882 | 855 | 859 | 828 | 824 |
| 年最高潮位出现频率/% | 0 | 0 | 0 | 0 | 0 | 0 | 8 | 17 | 50 | 8 | 17 | 0 |
| 最低潮位值/厘米 | 63 | 69 | 90 | 89 | 84 | 67 | 82 | 90 | 104 | 93 | 80 | 73 |
| 年最低潮位出现频率/% | 58 | 0 | 0 | 0 | 0 | 14 | 0 | 0 | 0 | 0 | 14 | 14 |

注：2008—2012年部分低潮位数据缺测。

## 第三节 增减水

受地形和气候特征的影响，北茭站出现30厘米以上增水的频率明显高于同等强度减水的频率，超过50厘米的增水平均约7天出现一次，而超过50厘米的减水平均约195天出现一次（表2.3-1）。

北茭站100厘米以上的增水主要出现在7—8月，50厘米以上的减水多发生在3—4月和11月，这些大的增减水过程主要与该海域受热带气旋和温带气旋等影响有关（表2.3-2）。

表 2.3-1　不同强度增减水平均出现周期（2008—2019 年）

| 范围 / 厘米 | 出现周期 / 天 | |
| --- | --- | --- |
| | 增水 | 减水 |
| >30 | 1.07 | 3.49 |
| >40 | 2.73 | 21.98 |
| >50 | 6.97 | 194.85 |
| >60 | 17.36 | 2 143.35 |
| >70 | 32.38 | — |
| >80 | 64.77 | — |
| >90 | 123.98 | — |
| >100 | 361.62 | — |
| >120 | 867.89 | — |

"—"表示无数据。

表 2.3-2　各月不同强度增减水出现频率（2008—2019 年）

| 月份 | 增水 / % | | | | | 减水 / % | | | | |
| --- | --- | --- | --- | --- | --- | --- | --- | --- | --- | --- |
| | >30 厘米 | >50 厘米 | >70 厘米 | >90 厘米 | >100 厘米 | >20 厘米 | >30 厘米 | >40 厘米 | >50 厘米 | >60 厘米 |
| 1 | 4.40 | 0.46 | 0.00 | 0.00 | 0.00 | 6.77 | 1.32 | 0.14 | 0.01 | 0.00 |
| 2 | 6.27 | 0.61 | 0.00 | 0.00 | 0.00 | 5.83 | 0.76 | 0.09 | 0.00 | 0.00 |
| 3 | 4.56 | 0.39 | 0.01 | 0.00 | 0.00 | 8.42 | 2.35 | 0.65 | 0.11 | 0.02 |
| 4 | 1.72 | 0.06 | 0.00 | 0.00 | 0.00 | 5.77 | 1.09 | 0.18 | 0.06 | 0.00 |
| 5 | 1.42 | 0.06 | 0.00 | 0.00 | 0.00 | 1.14 | 0.02 | 0.00 | 0.00 | 0.00 |
| 6 | 0.94 | 0.00 | 0.00 | 0.00 | 0.00 | 1.47 | 0.09 | 0.00 | 0.00 | 0.00 |
| 7 | 1.71 | 0.64 | 0.33 | 0.09 | 0.06 | 5.68 | 0.56 | 0.03 | 0.00 | 0.00 |
| 8 | 3.39 | 1.02 | 0.55 | 0.25 | 0.08 | 5.56 | 0.89 | 0.19 | 0.02 | 0.00 |
| 9 | 5.65 | 0.81 | 0.16 | 0.01 | 0.00 | 2.44 | 0.36 | 0.00 | 0.00 | 0.00 |
| 10 | 8.65 | 2.29 | 0.49 | 0.03 | 0.00 | 4.94 | 0.88 | 0.00 | 0.00 | 0.00 |
| 11 | 2.77 | 0.37 | 0.00 | 0.00 | 0.00 | 11.55 | 3.05 | 0.66 | 0.04 | 0.00 |
| 12 | 5.01 | 0.45 | 0.00 | 0.00 | 0.00 | 12.19 | 2.94 | 0.33 | 0.01 | 0.00 |

2008—2019 年，北茭站年最大增水多出现在 7—10 月，其中 10 月出现频率最高，为 42%；8 月次之，为 33%。北茭站年最大减水出现频率较为分散，其中 3 月和 11 月出现频率最高，均为 26%（表 2.3-3）。

2008—2019 年，北茭站年最大增水变化趋势不明显。历史最大增水出现在 2018 年 7 月 11 日，为 133 厘米；2009 年和 2015 年最大增水均超过了 120 厘米。北茭站年最大减水呈减小趋势，减小速率为 11.92 毫米 / 年（线性趋势未通过显著性检验）。历史最大减水发生在 2010 年 3 月 20 日，为70厘米；2009年和2011—2013年的最大减水均超过了50厘米。

表2.3-3　最大增水和最大减水及年极值出现频率（2008—2019年）

| | 1月 | 2月 | 3月 | 4月 | 5月 | 6月 | 7月 | 8月 | 9月 | 10月 | 11月 | 12月 |
| --- | --- | --- | --- | --- | --- | --- | --- | --- | --- | --- | --- | --- |
| 最大增水值/厘米 | 69 | 68 | 74 | 54 | 56 | 51 | 133 | 123 | 100 | 94 | 70 | 63 |
| 年最大增水出现频率/% | 0 | 0 | 0 | 0 | 0 | 0 | 17 | 33 | 8 | 42 | 0 | 0 |
| 最大减水值/厘米 | 51 | 47 | 70 | 57 | 33 | 37 | 44 | 53 | 40 | 40 | 52 | 54 |
| 年最大减水出现频率/% | 8 | 8 | 26 | 8 | 0 | 0 | 8 | 8 | 0 | 0 | 26 | 8 |

# 第三章 海浪

## 第一节 海况

北芰站全年及各月各级海况的频率见图3.1-1。全年海况以0～4级为主，频率为80.64%，其中0～2级海况频率为31.92%。全年5级及以上海况频率为19.36%，最大频率出现在11月，为40.42%。全年7级及以上海况频率为0.24%，最大频率出现在2月，为0.72%，1月、3—6月和11月未出现。

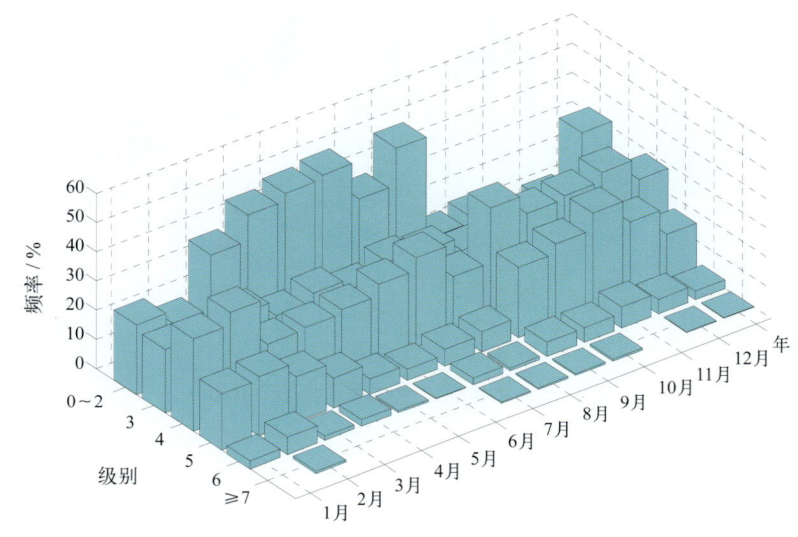

图3.1-1 全年及各月各级海况频率（1964—1968年）

## 第二节 波型

北芰站风浪频率和涌浪频率的年变化见表3.2-1。全年以风浪为主，频率为99.78%，涌浪频率为15.70%。各月的风浪频率相差不大，涌浪频率差异较大。涌浪在5月和8月较多，其中5月最多，频率为25.91%，在10—12月较少，其中11月最少，频率为1.47%。

表3.2-1 各月及全年风浪涌浪频率（1964—1968年）

| | 1月 | 2月 | 3月 | 4月 | 5月 | 6月 | 7月 | 8月 | 9月 | 10月 | 11月 | 12月 | 年 |
|---|---|---|---|---|---|---|---|---|---|---|---|---|---|
| 风浪/% | 100.00 | 100.00 | 99.33 | 99.26 | 100.00 | 99.09 | 99.82 | 99.82 | 100.00 | 100.00 | 100.00 | 100.00 | 99.78 |
| 涌浪/% | 13.95 | 13.33 | 23.06 | 23.65 | 25.91 | 23.91 | 19.54 | 24.47 | 8.16 | 3.30 | 1.47 | 5.47 | 15.70 |

注：风浪包含F、FU、F/U和U/F波型；涌浪包含U、FU、F/U和U/F波型。

## 第三节 波向

### 1. 各向风浪频率

北芰站各月及全年各向风浪频率见图3.3-1。1—5月、9月、10月和12月NE向风浪居多，

ENE 向次之。6 月和 11 月 NE 向风浪居多，NNE 向次之。7 月 SSW 向风浪居多，S 向次之。8 月 NE 向风浪居多，SSW 向次之。全年 NE 向风浪居多，频率为 35.56%；ENE 向次之，频率为 17.07%；W 向最少，频率为 0.01%。

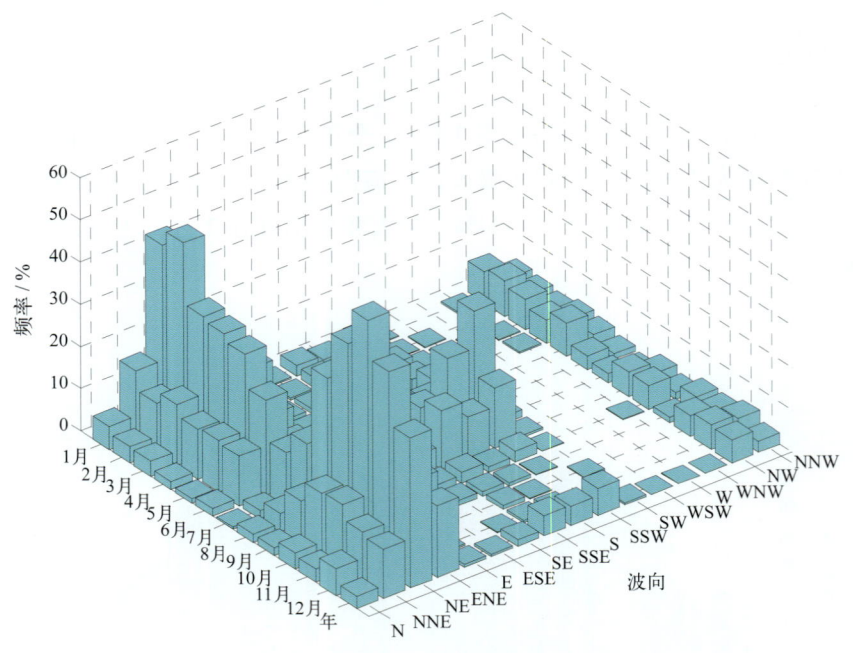

图 3.3-1　各月及全年各向风浪频率（1964—1968 年）

## 2. 各向涌浪频率

北茭站各月及全年各向涌浪频率见图 3.3-2。1 月 NE 向涌浪居多，ENE 向次之。2—9 月、11 月和 12 月 ENE 向涌浪居多，NE 向次之。10 月 ENE 向涌浪居多，NE 向和 E 向次之。全年 ENE 向涌浪居多，频率为 8.48%；NE 向次之，频率为 4.19%；S—NNW 向未出现。

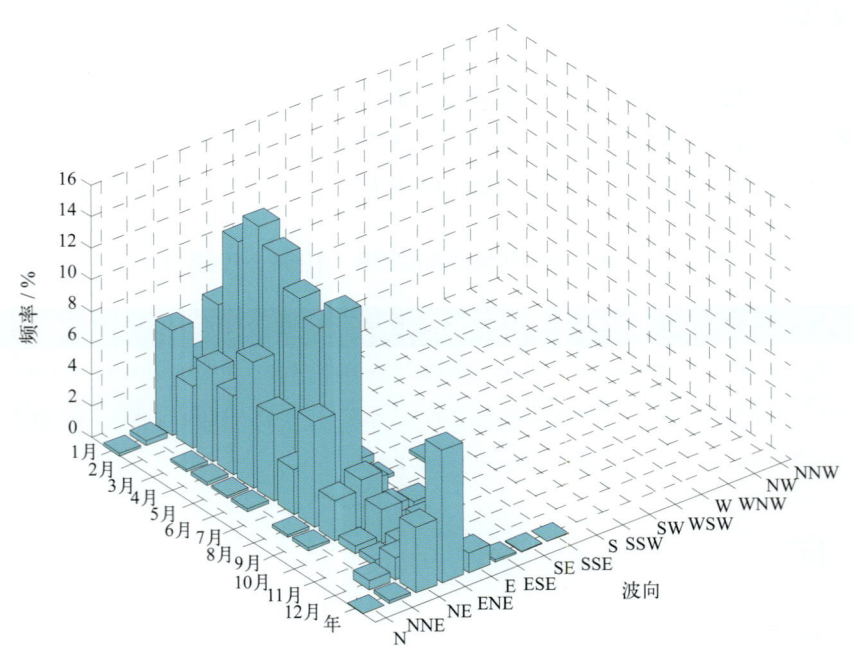

图 3.3-2　各月及全年各向涌浪频率（1964—1968 年）

## 第四节 波高

### 1. 平均波高和最大波高

北茭站波高的年变化见表3.4-1。月平均波高的年变化不明显，为0.6～1.5米。历年的平均波高为0.9～1.3米。

月最大波高比月平均波高的变化幅度大，极大值出现在9月，为6.5米，极小值出现在6月，为2.7米，变幅为3.8米。历年的最大波高为3.5～6.5米，大于5.0米的有2年，其中最大波高的极大值6.5米出现在1966年9月3日，正值6614号台风（Alice）影响期间，波向为NW，对应平均风速为34米/秒，对应平均周期为8.6秒。

表3.4-1 波高年变化（1964—1968年） 单位：米

|  | 1月 | 2月 | 3月 | 4月 | 5月 | 6月 | 7月 | 8月 | 9月 | 10月 | 11月 | 12月 | 年 |
|---|---|---|---|---|---|---|---|---|---|---|---|---|---|
| 平均波高 | 1.3 | 1.5 | 1.0 | 0.9 | 0.7 | 0.6 | 0.8 | 0.7 | 1.3 | 1.3 | 1.5 | 1.4 | 1.1 |
| 最大波高 | 4.3 | 5.2 | 3.6 | 4.8 | 2.9 | 2.7 | 5.2 | 5.6 | 6.5 | 3.7 | 3.6 | 5.5 | 6.5 |

### 2. 各向平均波高和最大波高

全年及各季代表月各向波高的分布见表3.4-2、图3.4-1和图3.4-2。全年各向平均波高为0.3～1.5米，大值主要分布于NNE—ENE向，其中NE向最大，小值主要分布于WSW向。全年各向最大波高NW向最大，为6.5米；NE向次之，为5.8米；W向未出现。

表3.4-2 全年各向平均波高和最大波高（1964—1968年） 单位：米

|  | N | NNE | NE | ENE | E | ESE | SE | SSE | S | SSW | SW | WSW | W | WNW | NW | NNW |
|---|---|---|---|---|---|---|---|---|---|---|---|---|---|---|---|---|
| 平均波高 | 0.9 | 1.1 | 1.5 | 1.2 | 0.6 | 0.6 | 0.6 | 0.6 | 0.7 | 0.8 | 0.8 | 0.3 | — | 0.8 | 0.8 | 0.7 |
| 最大波高 | 4.2 | 5.3 | 5.8 | 4.8 | 2.0 | 1.8 | 4.6 | 5.2 | 3.6 | 2.0 | 1.7 | 0.4 | — | 1.1 | 6.5 | 2.1 |

"—"表示未出现有效样本。

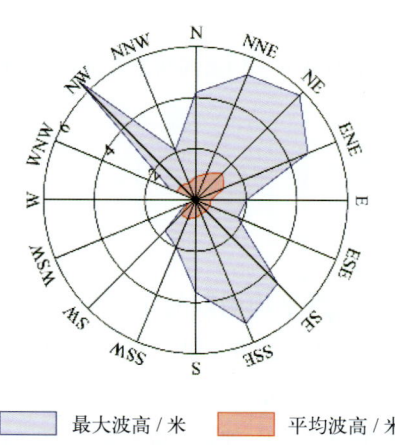

图3.4-1 全年各向平均波高和最大波高（1964—1968年）

1月平均波高NE向最大，为1.6米；S向最小，为0.2米。最大波高NE向最大，为4.3米；NNE向次之，为2.9米；S向最小，为0.4米。未出现SSW—W向波高有效样本。

4月平均波高NE向最大，为1.2米；E向和SE向最小，均为0.3米。最大波高NE向和ENE向最大，均为4.8米；NNE向次之，为2.7米；E向和SE向最小，均为0.4米。未出现WSW向和W向波高有效样本。

7月平均波高NE向最大，为1.2米；N向、ESE向、SE向和NW向最小，均为0.4米。最大波高SSE向最大，为5.2米；ENE向次之，为4.1米；N向最小，为0.4米。未出现WSW—WNW向和NNW向波高有效样本。

10月平均波高NE向最大，为1.5米；SE向、S向和SSW向最小，均为0.3米。最大波高ENE向最大，为3.7米；NE向次之，为3.6米；S向和SSW向最小，均为0.4米。未出现ESE向和SW—WNW向波高有效样本。

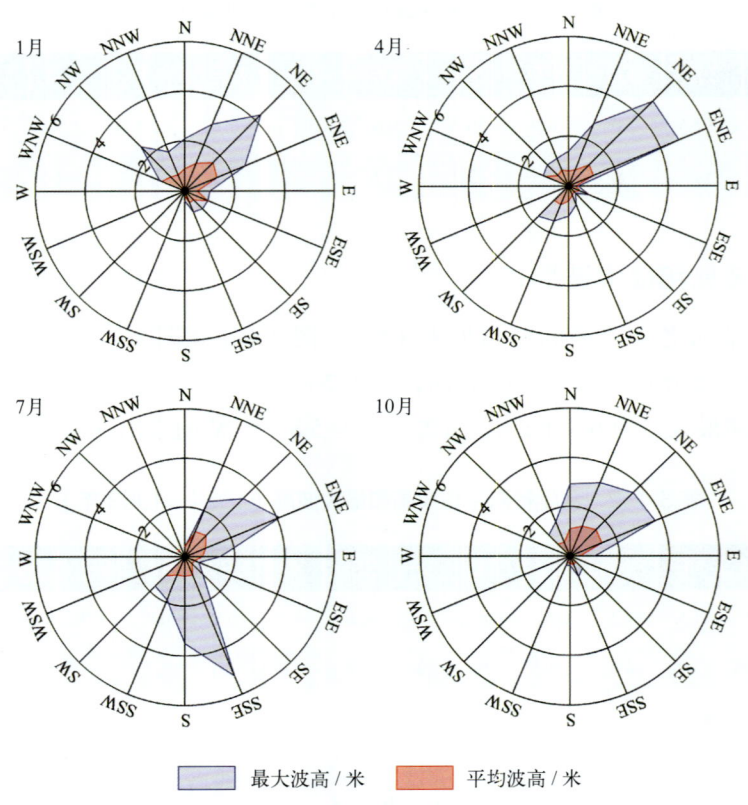

图3.4-2　四季代表月各向平均波高和最大波高（1964—1968年）

# 第五节　周期

## 1. 平均周期和最大周期

北菱站周期的年变化见表3.5-1。月平均周期的年变化不明显，为3.4～5.0秒。月最大周期的年变化幅度较大，极大值出现在9月，为9.8秒，极小值出现在6月，为7.4秒。历年的平均周期为3.3～5.0秒，其中1965年最大，1968年最小。历年的最大周期均不小于7.0秒，大于8.0秒的有3年，其中最大周期的极大值9.8秒出现在1966年9月14日，波向为NE。

表3.5-1　周期年变化（1964—1968年）　　　　　　　　　　　　　　　　　　　　　　　　单位：秒

| | 1月 | 2月 | 3月 | 4月 | 5月 | 6月 | 7月 | 8月 | 9月 | 10月 | 11月 | 12月 | 年 |
|---|---|---|---|---|---|---|---|---|---|---|---|---|---|
| 平均周期 | 4.8 | 5.0 | 4.2 | 3.9 | 3.7 | 3.4 | 3.5 | 3.5 | 4.5 | 4.5 | 4.9 | 4.8 | 4.2 |
| 最大周期 | 8.9 | 9.0 | 7.9 | 7.6 | 7.5 | 7.4 | 8.5 | 8.4 | 9.8 | 8.1 | 7.5 | 8.3 | 9.8 |

## 2. 各向平均周期和最大周期

全年及各季代表月各向周期的分布见表3.5-2、图3.5-1和图3.5-2。全年各向平均周期为2.5～5.0秒，NE—E向周期值较大。全年各向最大周期NE向最大，为9.8秒；ENE向次之，为8.9秒；W向未出现。

表3.5-2　全年各向平均周期和最大周期（1964—1968年）　　　　　　　　　　　　　　　单位：秒

| | N | NNE | NE | ENE | E | ESE | SE | SSE | S | SSW | SW | WSW | W | WNW | NW | NNW |
|---|---|---|---|---|---|---|---|---|---|---|---|---|---|---|---|---|
| 平均周期 | 4.2 | 4.4 | 5.0 | 5.0 | 4.9 | 4.0 | 3.2 | 3.1 | 3.5 | 3.8 | 3.7 | 2.5 | — | 4.2 | 3.8 | 3.6 |
| 最大周期 | 7.2 | 8.1 | 9.8 | 8.9 | 7.1 | 7.0 | 7.8 | 8.5 | 7.6 | 6.0 | 5.3 | 2.5 | — | 4.7 | 8.6 | 6.8 |

"—"表示未出现有效样本。

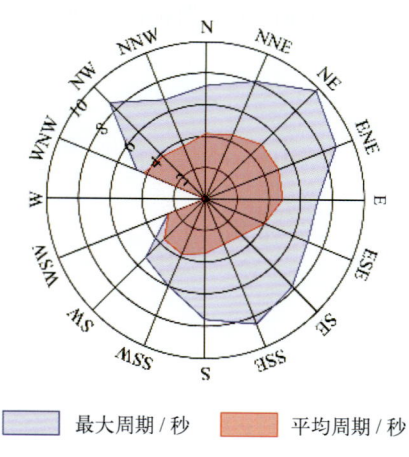

图3.5-1　全年各向平均周期和最大周期（1964—1968年）

1月平均周期NE向、ENE向和E向最大，均为5.2秒；S向最小，为2.3秒。最大周期ENE向最大，为8.9秒；NNE向次之，为7.5秒；S向最小，为3.6秒。

4月平均周期E向最大，为5.8秒；SSE向最小，为2.9秒。最大周期ENE向最大，为7.6秒；NE向次之，为7.1秒；N向最小，为3.6秒。

7月平均周期ENE向最大，为5.1秒；N向最小，为2.3秒。最大周期SSE向最大，为8.5秒；ENE向次之，为8.1秒；N向最小，为2.3秒。

10月平均周期NE向最大，为4.9秒；SE向、SSE向和S向最小，均为2.5秒。最大周期NE向最大，为8.1秒；ENE向次之，为7.5秒；SE向最小，为3.0秒。

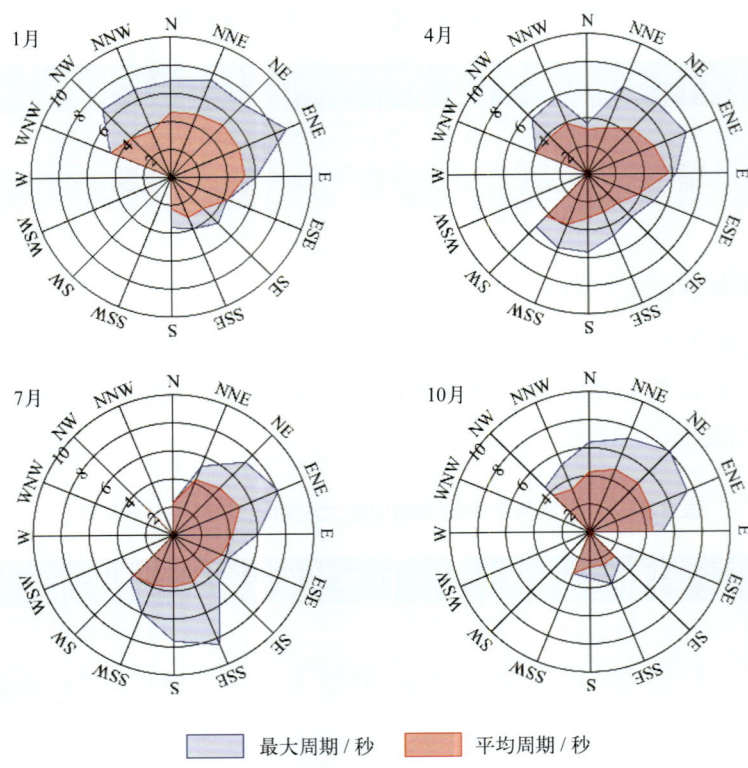

图3.5-2　四季代表月各向平均周期和最大周期（1964—1968年）

# 第四章　表层海水温度、盐度和海发光

## 第一节　表层海水温度

### 1. 平均水温、最高水温和最低水温

北芰站月平均水温的年变化具有峰谷明显的特点，9月最高，为27.0℃，2月最低，为11.3℃，年较差为15.7℃。3—9月为升温期，10月至翌年2月为降温期。月最高水温和月最低水温的年变化特征与月平均水温相似（图4.1-1）。

历年（2002—2007年停测）的平均水温为18.6～20.7℃，其中2016年最高，1984年最低。累年平均水温为19.6℃。

历年的最高水温均不低于27.8℃，其中大于29.0℃的有36年，大于30.0℃的有5年，出现时间为7—10月，9月最多，占统计年份的52%。水温极大值为30.7℃，出现在1979年8月17日。

历年的最低水温均不高于12.2℃，其中小于10.0℃的有22年，小于9.0℃的有8年，出现时间为1—3月，2月最多，占统计年份的72%。水温极小值为7.2℃，出现在1977年2月19日。

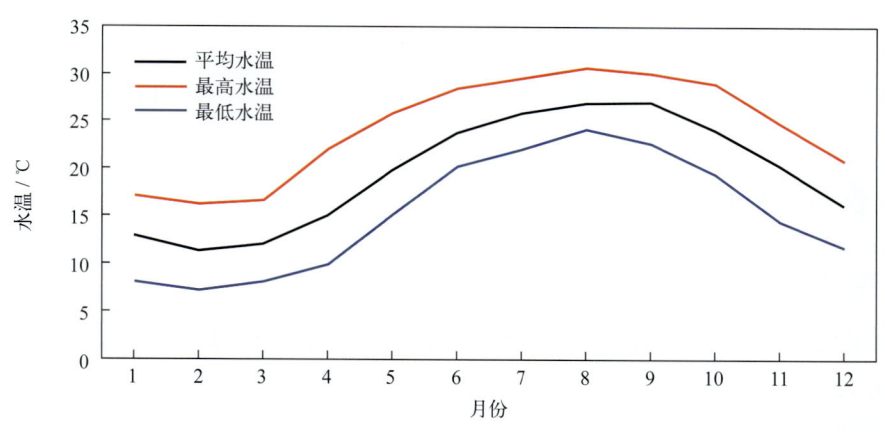

图4.1-1　水温年变化（1960—2019年）

### 2. 日平均水温稳定通过界限温度的日期

采用五日滑动平均方法求出稳定通过各个界限温度的日期，见表4.1-1。日平均水温全年均稳定通过10℃，稳定通过15℃的有254天，稳定通过20℃的有186天，稳定通过25℃的初日为6月30日，终日为10月8日，共101天。

表4.1-1　日平均水温稳定通过界限温度的日期（1960—2019年）

|  | 10℃ | 15℃ | 20℃ | 25℃ |
| --- | --- | --- | --- | --- |
| 初日 | 1月1日 | 4月16日 | 5月17日 | 6月30日 |
| 终日 | 12月31日 | 12月25日 | 11月18日 | 10月8日 |
| 天数 | 365 | 254 | 186 | 101 |

### 3. 长期趋势变化

1960—2019 年,年平均水温和年最低水温均呈波动上升趋势,上升速率分别为 0.14℃/(10 年)和 0.22℃/(10 年),年最高水温无明显变化趋势,其中 1979 年和 1971 年最高水温分别为 1960 年以来的第一高值和第二高值,1977 年和 1968 年最低水温分别为 1960 年以来的第一低值和第二低值。

十年平均水温变化显示,2010—2019 年平均水温最高,1980—1989 年平均水温最低,两者相差 0.87℃(图 4.1-2)。

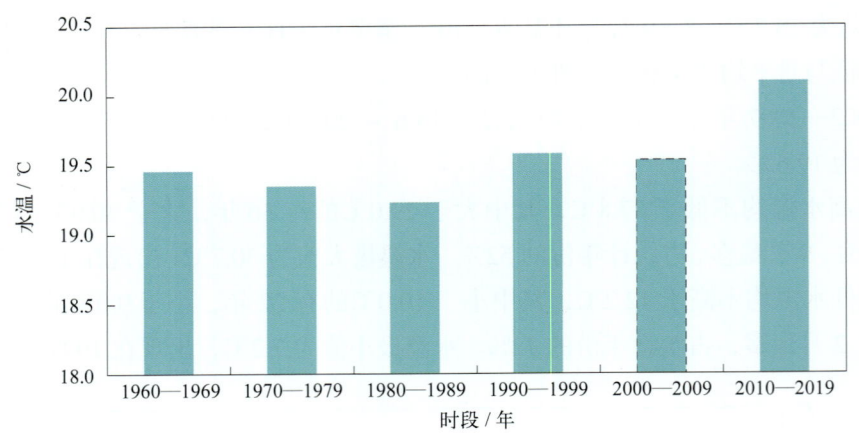

图 4.1-2　十年平均水温变化(数据不足十年加虚线框表示,下同)

## 第二节　表层海水盐度

### 1. 平均盐度、最高盐度和最低盐度

北茭站月平均盐度的年变化具有冬季较低、夏季较高的特点,最高值出现在 8 月,为 32.74,最低值出现在 12 月,为 28.34,年较差为 4.40。月最高盐度 7 月最大,1 月最小。月最低盐度 8 月最大,1 月最小(图 4.2-1)。

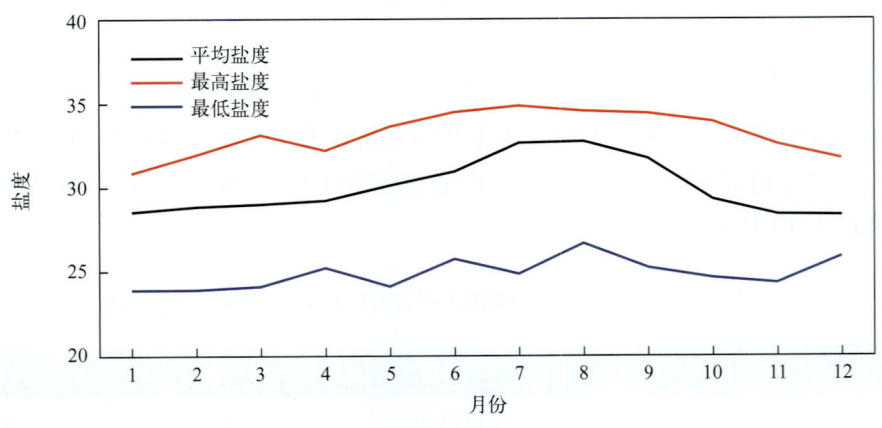

图 4.2-1　盐度年变化(1960—2019 年)

历年（1997年和2000年数据有缺测，2002—2007年停测）的平均盐度为28.60～31.29，其中1963年最高，2001年最低。累年平均盐度为29.99。

历年的最高盐度均大于31.45，其中大于34.00的有14年，大于34.50的有4年。年最高盐度主要出现在夏秋季，夏季占统计年份的83%。盐度极大值为34.87，出现在1961年7月21日。

历年的最低盐度均小于28.85，其中小于26.00的有16年，小于25.00的有6年。年最低盐度一年四季均有出现，其中冬季最多，占统计年份的41%。盐度极小值为23.89，出现在2016年1月28日。

### 2. 长期趋势变化

1960—2019年，年平均盐度、年最高盐度和年最低盐度均呈波动下降趋势，下降速率分别为0.24/（10年）、0.17/（10年）和0.43/（10年）。1961年和1960年最高盐度分别为1960年以来的第一高值和第二高值；2016年和2008年最低盐度分别为1960年以来的第一低值和第二低值。

十年平均盐度变化显示，1960—1969年平均盐度最高，连续几个十年持续下降，2010—2019年平均盐度较1960—1969年下降1.19（图4.2-2）。

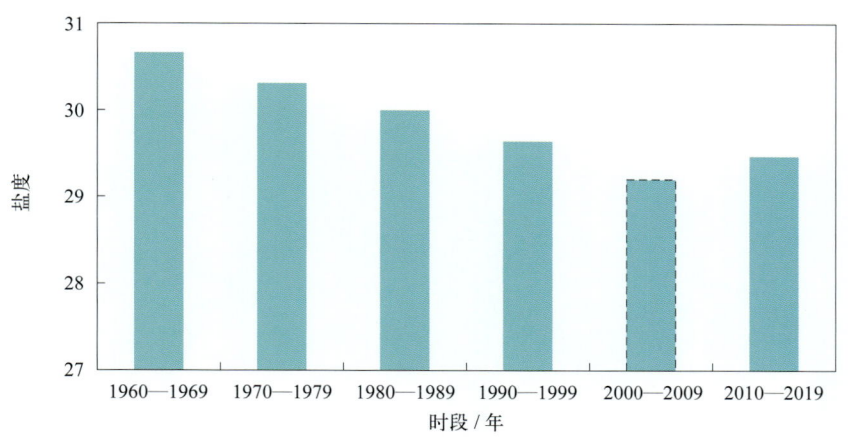

图4.2-2　十年平均盐度变化

## 第三节　海发光

1960—2002年，北菱站观测到的海发光主要为火花型（H），其次是弥漫型（M），闪光型（S）最少。1级海发光出现次数最多，占70.3%；2级次之，占22.2%；4级最少，占1.0%。

各月及全年海发光频率见表4.3-1和图4.3-1。各月海发光频率均较高，其中5月最高，2月最低。累年平均海发光频率为95.0%。

历年海发光频率均不小于70.1%，其中1960—1964年、1967—1974年、1976年、1978年和1980—1984年海发光频率均为100%，2000年海发光频率最小。

表4.3-1　各月及全年海发光频率（1960—2002年）

|  | 1月 | 2月 | 3月 | 4月 | 5月 | 6月 | 7月 | 8月 | 9月 | 10月 | 11月 | 12月 | 年 |
|---|---|---|---|---|---|---|---|---|---|---|---|---|---|
| 频率/% | 91.6 | 85.9 | 90.6 | 98.1 | 99.8 | 97.6 | 99.2 | 98.1 | 94.7 | 95.0 | 94.9 | 93.2 | 95.0 |

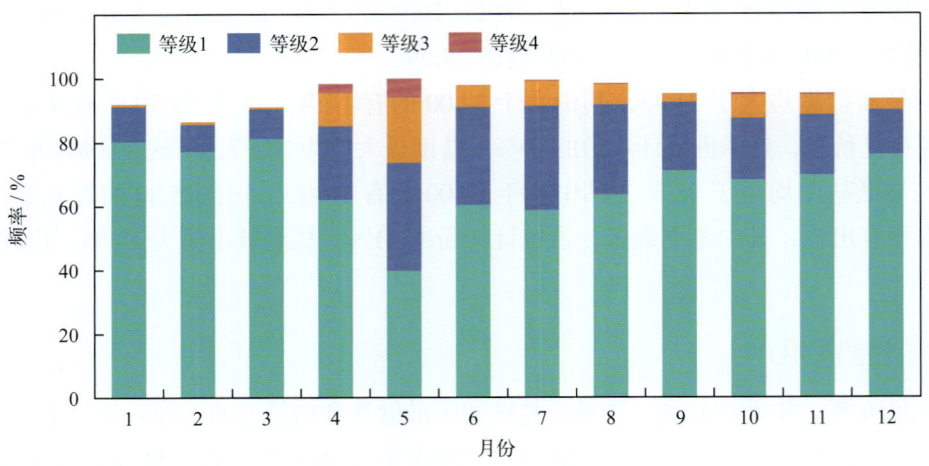

图4.3-1　各月各级海发光频率（1960—2002年）

# 第五章 海洋气象

## 第一节 气温

### 1. 平均气温、最高气温和最低气温

1960—2019 年，北茭站累年平均气温为 18.9℃。月平均气温具有夏高冬低的变化特征，8 月最高，为 27.6℃，2 月最低，为 9.7℃，年较差为 17.9℃。月最高气温和月最低气温的年变化特征与月平均气温相似，月最高气温极大值出现在 8 月，月最低气温极小值出现在 1 月（表 5.1-1，图 5.1-1）。

表 5.1-1 气温年变化（1960—2019 年） 单位：℃

|  | 1月 | 2月 | 3月 | 4月 | 5月 | 6月 | 7月 | 8月 | 9月 | 10月 | 11月 | 12月 | 年 |
| --- | --- | --- | --- | --- | --- | --- | --- | --- | --- | --- | --- | --- | --- |
| 平均气温 | 10.2 | 9.7 | 11.7 | 15.9 | 20.5 | 24.4 | 27.2 | 27.6 | 26.1 | 22.2 | 17.8 | 13.0 | 18.9 |
| 最高气温 | 24.2 | 23.9 | 25.5 | 32.1 | 30.9 | 34.6 | 36.0 | 36.8 | 36.4 | 34.0 | 30.4 | 25.5 | 36.8 |
| 最低气温 | -0.6 | 0.8 | 3.0 | 5.0 | 9.8 | 15.1 | 19.8 | 20.7 | 16.5 | 12.0 | 6.9 | 1.8 | -0.6 |

注：2002年7月至2007年12月停测。

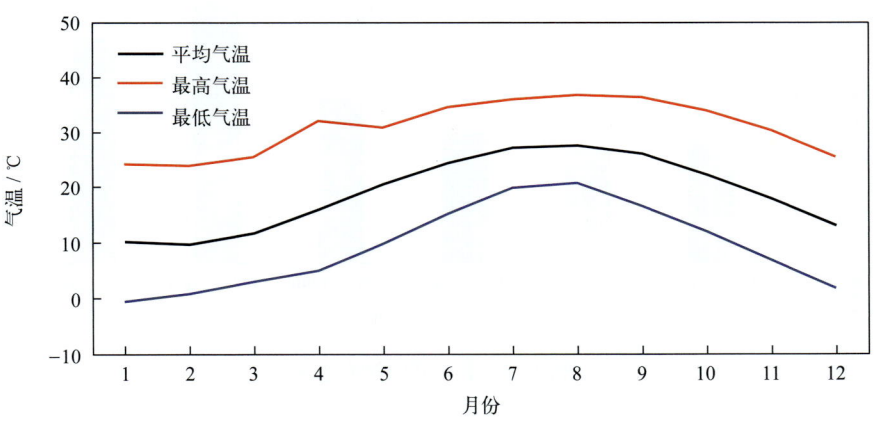

图5.1-1 气温年变化（1960—2019年）

历年的平均气温为 17.8 ~ 20.7℃，其中 2008 年最高，1969 年、1970 年、1976 年和 1984 年均为最低。

历年的最高气温均高于 31.0℃，其中高于 35.0℃的有 15 年，高于 36.0℃的有 3 年。最早出现时间为 6 月 21 日（2009 年），最晚出现时间为 10 月 1 日（2019 年）。8 月最高气温出现频率最高，占统计年份的 57%，7 月次之，占 28%（图 5.1-2）。极大值为 36.8℃，出现在 1986 年 8 月 28 日。

历年的最低气温均低于 7.5℃，其中低于 3.0℃的有 25 年，低于 1.0℃的有 2 年。最早出现时间为 12 月 13 日（1975 年），最晚出现时间为 3 月 26 日（1987 年）。2 月最低气温出现频率最高，占统计年份的 43%，1 月次之，占 34%（图 5.1-2）。极小值为 -0.6℃，出现在 1977 年 1 月 31 日。

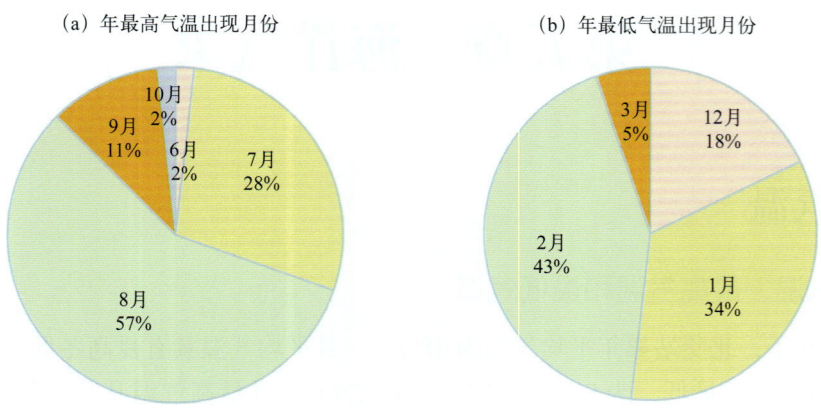

图5.1-2 年最高、最低气温出现月份及频率(1960—2019年)

### 2. 长期趋势变化

1960—2019年,年平均气温、年最高气温和年最低气温均呈波动上升趋势,上升速率分别为0.30℃/(10年)、0.32℃/(10年)和0.41℃/(10年)。

十年平均气温变化显示,1970—1979年平均气温最低,为18.3℃,2010—2019年平均气温比之上升了1.3℃(图5.1-3)。

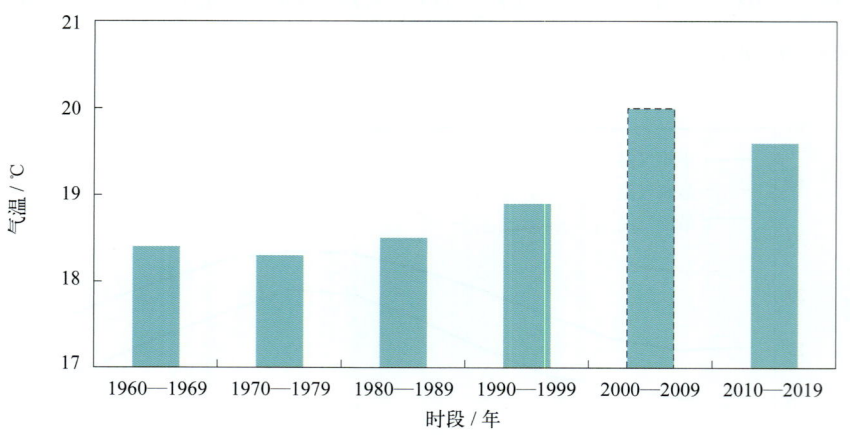

图5.1-3 十年平均气温变化

### 3. 常年自然天气季节和大陆度

利用北茭站1966—2019年气温累年日平均数据计算五日滑动平均气温,根据《气候季节划分》(QX/T 152—2012)方法,北茭平均春季时间从2月15日至5月28日,共103天;平均夏季时间从5月29日至10月19日,共144天;平均秋季时间从10月20日至翌年1月24日,共97天;平均冬季时间从1月25日至2月14日,共21天。夏季时间最长,冬季时间最短(图5.1-4)。

北茭站焦金斯基大陆度指数为37.3%,属海洋性季风气候。

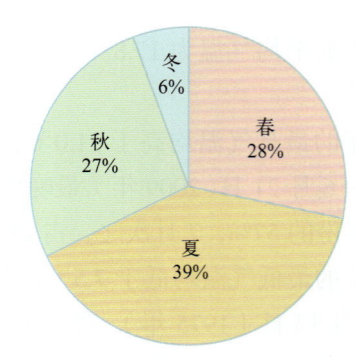

图5.1-4 四季平均日数百分率(1966—2019年)

## 第二节 气压

### 1. 平均气压、最高气压和最低气压

1966—2019 年，北茭站累年平均气压为 1 010.9 百帕。月平均气压具有冬高夏低的变化特征，1 月和 12 月最高，均为 1 019.3 百帕，8 月最低，为 1 001.6 百帕，年较差为 17.7 百帕。月最高气压 1 月最大，7 月最小。月最低气压 12 月最大，7 月最小（表 5.2-1，图 5.2-1）。

历年的平均气压为 1 009.4 ~ 1 012.3 百帕，其中 1980 年最高，2001 年最低。

历年的最高气压均高于 1 026.5 百帕，其中高于 1 031.0 百帕的有 18 年，高于 1 033.0 百帕的有 3 年。极大值为 1 035.4 百帕，出现在 2009 年 1 月 13 日。

历年的最低气压均低于 996.5 百帕，其中低于 978.0 百帕的有 10 年，低于 975.0 百帕的有 3 年。极小值为 960.2 百帕，出现在 2018 年 7 月 11 日，正值 1808 号台风"玛莉亚"影响期间。

表 5.2-1　气压年变化（1966—2019 年）　　　　　　　单位：百帕

| | 1月 | 2月 | 3月 | 4月 | 5月 | 6月 | 7月 | 8月 | 9月 | 10月 | 11月 | 12月 | 年 |
| --- | --- | --- | --- | --- | --- | --- | --- | --- | --- | --- | --- | --- | --- |
| 平均气压 | 1 019.3 | 1 017.8 | 1 015.0 | 1 011.0 | 1 006.9 | 1 002.8 | 1 001.7 | 1 001.6 | 1 006.5 | 1 012.7 | 1 016.6 | 1 019.3 | 1 010.9 |
| 最高气压 | 1 035.4 | 1 032.8 | 1 031.3 | 1 028.6 | 1 020.7 | 1 014.2 | 1 011.9 | 1 012.8 | 1 017.9 | 1 024.1 | 1 031.6 | 1 032.7 | 1 035.4 |
| 最低气压 | 1 002.9 | 999.4 | 997.5 | 996.4 | 992.8 | 986.6 | 960.2 | 974.2 | 980.0 | 986.3 | 999.7 | 1 003.9 | 960.2 |

注：2002年7月至2007年12月停测。

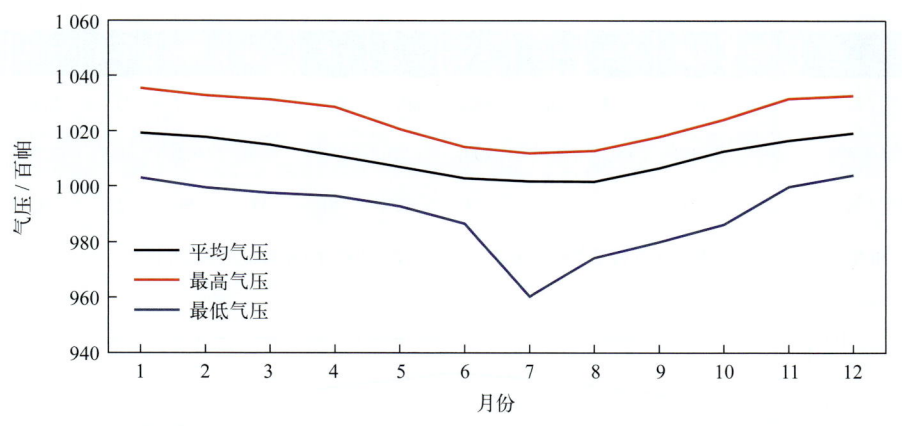

图5.2-1　气压年变化（1966—2019年）

### 2. 长期趋势变化

1966—2019 年，年平均气压和年最低气压均呈下降趋势，下降速率分别为 0.07 百帕/（10 年）（线性趋势未通过显著性检验）和 0.96 百帕/（10 年）（线性趋势未通过显著性检验）；年最高气压呈上升趋势，上升速率为 0.24 百帕/（10 年）（线性趋势未通过显著性检验）。

十年平均气压变化显示，1980—1989 年平均气压最高，为 1 011.2 百帕，比 1970—1979 年高 0.2 百帕，2010—2019 年平均气压比 1980—1989 年低 0.4 百帕（图 5.2-2）。

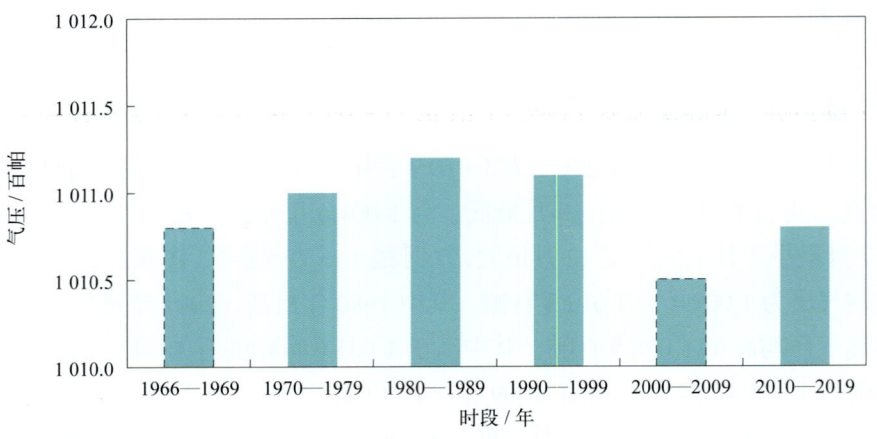

图5.2-2 十年平均气压变化

## 第三节 相对湿度

### 1. 平均相对湿度和最小相对湿度

1960—2019年，北茭站累年平均相对湿度为81.1%。月平均相对湿度6月最大，为89.7%，12月最小，为71.6%。平均月最小相对湿度6月和7月最大，均为61.5%，12月最小，为34.6%。最小相对湿度的极小值为18%，出现在2014年12月29日（表5.3-1，图5.3-1）。

表5.3-1 相对湿度年变化（1960—2019年）

| | 1月 | 2月 | 3月 | 4月 | 5月 | 6月 | 7月 | 8月 | 9月 | 10月 | 11月 | 12月 | 年 |
|---|---|---|---|---|---|---|---|---|---|---|---|---|---|
| 平均相对湿度 / % | 74.9 | 79.7 | 83.8 | 86.3 | 88.1 | 89.7 | 87.2 | 85.2 | 79.2 | 73.9 | 73.6 | 71.6 | 81.1 |
| 平均最小相对湿度 / % | 36.5 | 41.8 | 44.2 | 46.1 | 49.6 | 61.5 | 61.5 | 57.0 | 46.6 | 40.5 | 37.5 | 34.6 | 46.5 |
| 最小相对湿度 / % | 20 | 25 | 19 | 28 | 19 | 42 | 40 | 33 | 29 | 22 | 21 | 18 | 18 |

注：平均最小相对湿度为各月最小相对湿度的累年平均值及其年平均值。2002年7月至2007年12月停测。

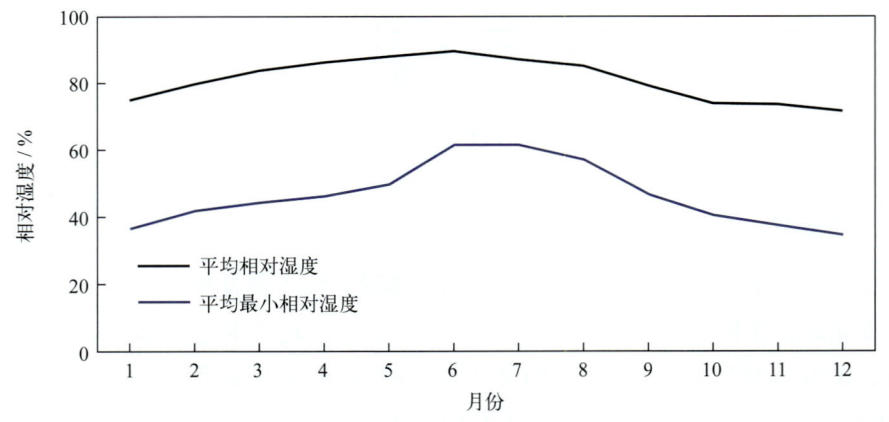

图5.3-1 相对湿度年变化（1960—2019年）

## 2. 长期趋势变化

1960—2019 年，年平均相对湿度为 75.6% ~ 84.1%，其中 2010 年最大，2013 年最小，年平均相对湿度呈下降趋势，下降速率为 0.14%/（10 年）（线性趋势未通过显著性检验）。十年平均相对湿度变化显示，1970—1999 年平均相对湿度阶梯上升，2010—2019 年平均相对湿度明显下降，比 1990—1999 年下降 1.3%（图 5.3-2）。

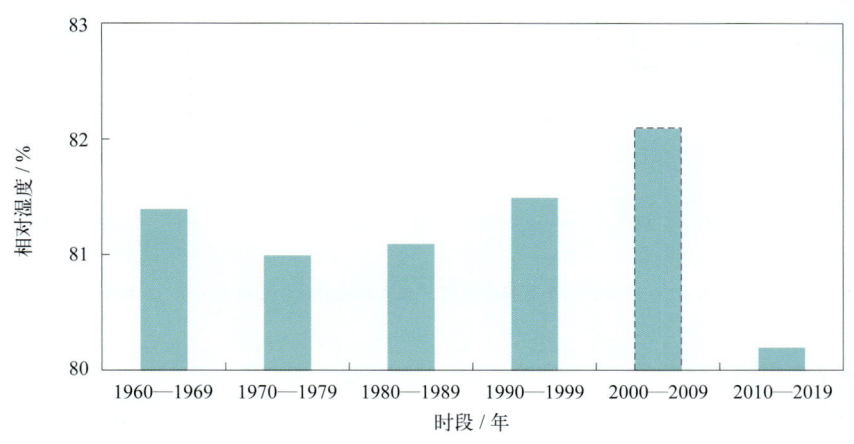

图5.3-2　十年平均相对湿度变化

## 3. 温湿指数

根据《人居环境气候舒适度评价》（GB/T 27963—2011）的温湿指数统计方法和气候舒适度等级划分方法，统计北茭站各月温湿指数，结果显示：12 月至翌年 3 月温湿指数为 10.2 ~ 13.2，感觉为寒冷；4 月温湿指数为 15.7，感觉为冷；5 月、6 月和 9—11 月温湿指数为 17.3 ~ 24.8，感觉为舒适；7 月和 8 月温湿指数分别为 26.3 和 26.6，感觉为热（表 5.3-2）。

表 5.3-2　温湿指数年变化（1960—2019 年）

|  | 1月 | 2月 | 3月 | 4月 | 5月 | 6月 | 7月 | 8月 | 9月 | 10月 | 11月 | 12月 |
| --- | --- | --- | --- | --- | --- | --- | --- | --- | --- | --- | --- | --- |
| 温湿指数 | 10.8 | 10.2 | 12.0 | 15.7 | 20.1 | 23.8 | 26.3 | 26.6 | 24.8 | 21.1 | 17.3 | 13.2 |
| 感觉程度 | 寒冷 | 寒冷 | 寒冷 | 冷 | 舒适 | 舒适 | 热 | 热 | 舒适 | 舒适 | 舒适 | 寒冷 |

# 第四节　风

## 1. 平均风速和最大风速

北茭站风速的年变化见表 5.4-1 和图 5.4-1。累年平均风速为 5.5 米/秒，月平均风速冬半年大、夏半年小，其中 10 月和 11 月最大，均为 6.4 米/秒，4 月和 5 月最小，均为 4.3 米/秒。平均最大风速 9 月最大，为 19.2 米/秒，2 月最小，为 15.2 米/秒。最大风速月最大值对应风向多为 ENE 向（5 个月）。极大风速的最大值为 40.7 米/秒，出现在 2018 年 7 月 11 日，正值 1808 号台风"玛莉亚"影响期间，对应风向为 NNE。

表 5.4-1　风速年变化（1960—2019 年）　　　　　　　　　　　　　　单位：米/秒

| | | 1月 | 2月 | 3月 | 4月 | 5月 | 6月 | 7月 | 8月 | 9月 | 10月 | 11月 | 12月 | 年 |
|---|---|---|---|---|---|---|---|---|---|---|---|---|---|---|
| 平均风速 | | 5.9 | 5.7 | 4.9 | 4.3 | 4.3 | 5.2 | 5.9 | 5.2 | 5.6 | 6.4 | 6.4 | 6.1 | 5.5 |
| 最大风速 | 平均值 | 15.3 | 15.2 | 15.5 | 15.8 | 16.1 | 16.6 | 18.8 | 18.8 | 19.2 | 17.4 | 16.6 | 15.8 | 16.8 |
| | 最大值 | 19.0 | 21.0 | 25.3 | 24.0 | 40.0 | 37.0 | 31.3 | 31.0 | 40.0 | 27.0 | 22.3 | 20.0 | 40.0 |
| | 最大值对应风向 | ENE | ENE | SSW | NE | S | S | E | NE | ENE/SSE | NE | ENE | ENE | S/ENE/SSE |
| 极大风速 | 最大值 | 21.6 | 24.1 | 21.0 | 22.0 | 21.8 | 21.5 | 40.7 | 29.3 | 29.8 | 27.3 | 26.8 | 24.2 | 40.7 |
| | 最大值对应风向 | NE | NE | NE | S | SSW | SW | NNE | N | N | NNE | NE | NE | NNE |

注：2002年7月至2007年12月停测，1995年和2009年数据有缺测，极大风速的统计时间为2008—2019年。

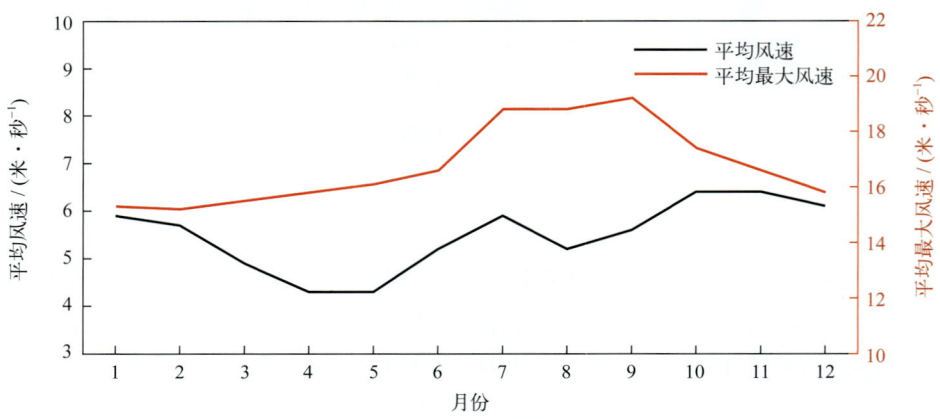

图 5.4-1　平均风速和平均最大风速年变化（1960—2019 年）

　　历年的平均风速为 2.9 ~ 6.8 米/秒，其中 1961 年、1971 年和 1973 年均为最大，2016 年最小。历年的最大风速均大于等于 13.6 米/秒，其中大于等于 28.0 米/秒的有 12 年，大于等于 32.0 米/秒的有 5 年。最大风速的最大值为 40.0 米/秒，出现在 1961 年 5 月、9 月和 1971 年 9 月，风向分别为 S 向、ENE 向和 SSE 向。年最大风速出现在 8 月的频率最高，1 月和 11 月未出现（图 5.4-2）。

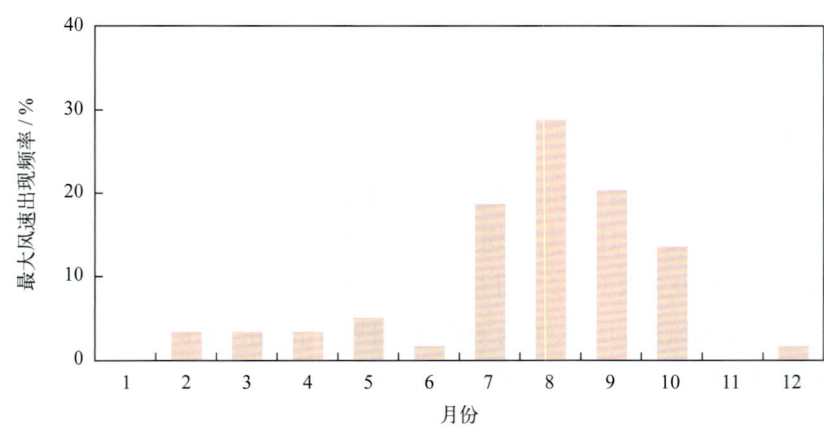

图 5.4-2　年最大风速出现频率（1960—2019 年）

### 2. 各向风频率

全年 ENE 向风最多，频率为 16.7%，NE 向次之，频率为 13.3%，WSW 向最少，频率为 0.9%（图 5.4-3）。

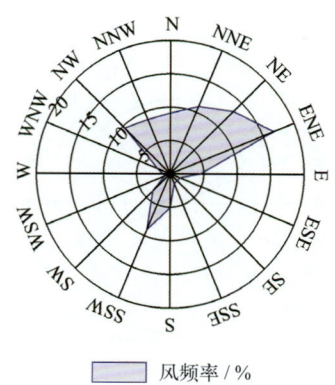

图5.4-3　全年各向风频率（1966—2019年）

1月盛行风向为 NW—ENE，频率和为 87.4%；4月盛行风向为 NW—ENE，频率和为 66.5%；7月盛行风向为 S—SW，频率和为 55.5%；10月盛行风向为 NNW—ENE，频率和为 80.5%（图 5.4-4）。

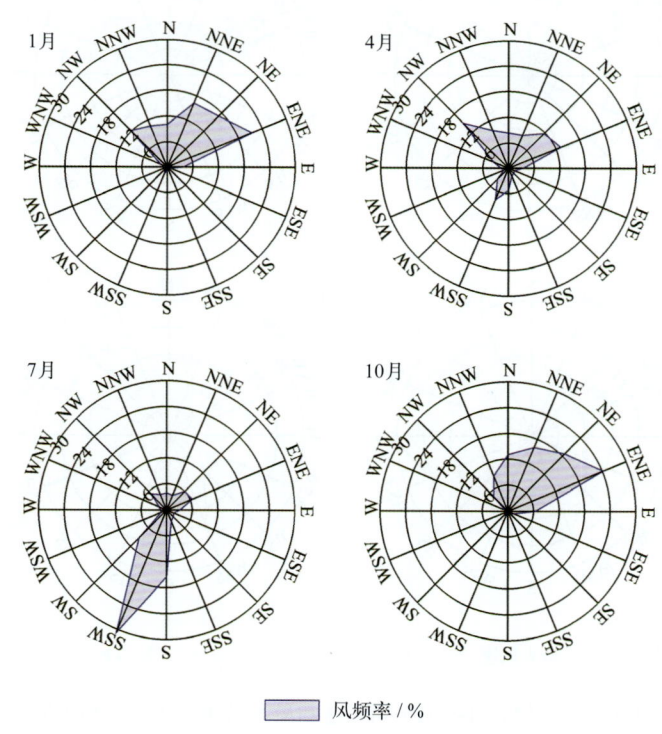

图5.4-4　四季代表月各向风频率（1966—2019年）

### 3. 各向平均风速和最大风速

全年各向平均风速 NE 向和 ENE 向最大，均为 5.6 米/秒，SSW 向次之，为 4.7 米/秒，W 向最小，为 1.5 米/秒（图 5.4-5）。1月 ENE 向平均风速最大，为 6.4 米/秒；4月 SSW 向最大，为 5.5 米/

秒；7月SSW向最大，为7.5米/秒；10月NE向最大，为6.5米/秒（图5.4-6）。

全年各向最大风速SSE向最大，为40.0米/秒，S向次之，为37.0米/秒，WSW向最小，为16.0米/秒（图5.4-5）。1月ENE向最大风速最大，为19.0米/秒；4月WNW向最大，为23.7米/秒；7月E向最大，为31.3米/秒；10月NE向最大，为27.0米/秒（图5.4-6）。

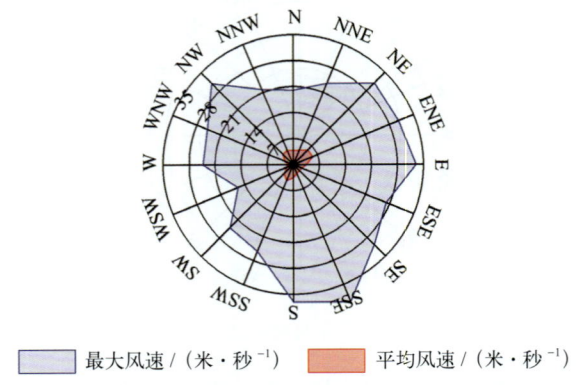

图5.4-5　全年各向平均风速和最大风速（1966—2019年）

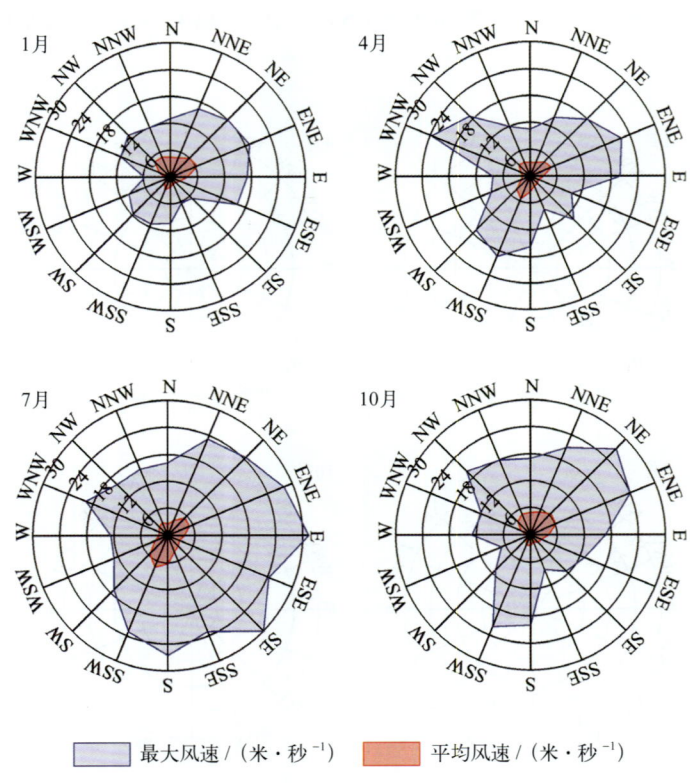

图5.4-6　四季代表月各向平均风速和最大风速（1966—2019年）

### 4. 大风日数

风力大于等于6级的大风日数10月最多，为12.5天，占全年的10.7%，7月次之，为12.4天（表5.4-2，图5.4-7）。平均年大风日数为116.5天（表5.4-2）。历年大风日数2017年最多，为176天，2015年和2016年最少，均为17天。

风力大于等于 8 级的大风日数 7 月和 8 月最多，均为 1.3 天，1 月和 2 月最少，均为 0.2 天。历年大风日数 1994 年最多，为 22 天，2011 年、2012 年、2015 年和 2016 年未出现。

风力大于等于 6 级的月大风日数最多为 27 天，出现在 1974 年 10 月；最长连续大于等于 6 级大风日数为 17 天，出现 3 次（表 5.4-2）。

表 5.4-2　各级大风日数年变化（1960—2019 年）　　　　　　　　　　　　单位：天

| | 1月 | 2月 | 3月 | 4月 | 5月 | 6月 | 7月 | 8月 | 9月 | 10月 | 11月 | 12月 | 年 |
| --- | --- | --- | --- | --- | --- | --- | --- | --- | --- | --- | --- | --- | --- |
| 大于等于 6 级大风平均日数 | 9.8 | 8.5 | 8.0 | 6.7 | 6.4 | 10.5 | 12.4 | 9.0 | 9.8 | 12.5 | 12.0 | 10.9 | 116.5 |
| 大于等于 7 级大风平均日数 | 3.4 | 3.0 | 2.7 | 2.8 | 2.6 | 4.4 | 6.2 | 4.1 | 4.4 | 5.5 | 5.3 | 3.9 | 48.3 |
| 大于等于 8 级大风平均日数 | 0.2 | 0.2 | 0.3 | 0.5 | 0.5 | 0.7 | 1.3 | 1.3 | 1.2 | 1.0 | 0.8 | 0.4 | 8.4 |
| 大于等于 6 级大风最多日数 | 21 | 19 | 17 | 15 | 15 | 21 | 22 | 23 | 20 | 27 | 24 | 23 | 176 |
| 最长连续大于等于 6 级大风日数 | 9 | 17 | 8 | 7 | 9 | 12 | 17 | 16 | 14 | 17 | 16 | 14 | 17 |

注：大于等于6级大风统计时间为1960—2019年，大于等于7级和大于等于8级大风统计时间为1966—2019年。

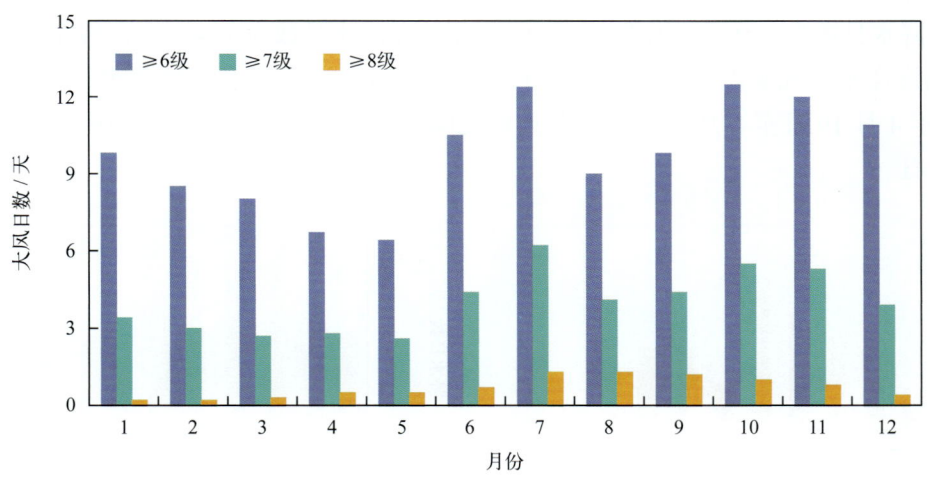

图5.4-7　各级大风日数年变化

## 第五节　降水

### 1. 降水量和降水日数

#### （1）降水量

北茭站降水量的年变化见表 5.5-1 和图 5.5-1。平均年降水量为 1 143.3 毫米，降水量季节分布特征为春夏季多、秋冬季少，春季（3—5 月）为 395.8 毫米，占全年降水量的 34.6%，夏季（6—

8月）为385.1毫米，占全年的33.7%，秋季（9—11月）为205.9毫米，占全年的18.0%，冬季（12月至翌年2月）为156.5毫米，占全年的13.7%。6月平均降水量最多，为192.0毫米，占全年的16.8%。

历年年降水量为670.0～1 709.0毫米，其中2016年最多，1967年最少。

最大日降水量超过100毫米的有18年，超过150毫米的有3年。最大日降水量为184.5毫米，出现在2016年8月28日。

表5.5-1　降水量年变化（1960—2019年）　　　　　　　　　　单位：毫米

| | 1月 | 2月 | 3月 | 4月 | 5月 | 6月 | 7月 | 8月 | 9月 | 10月 | 11月 | 12月 | 年 |
|---|---|---|---|---|---|---|---|---|---|---|---|---|---|
| 平均降水量 | 51.4 | 69.1 | 116.2 | 127.2 | 152.4 | 192.0 | 74.9 | 118.2 | 116.0 | 41.1 | 48.8 | 36.0 | 1 143.3 |
| 最大日降水量 | 49.2 | 52.2 | 56.9 | 85.7 | 89.0 | 133.1 | 140.9 | 184.5 | 169.0 | 110.6 | 85.6 | 50.9 | 184.5 |

注：2002年7月至2007年12月停测。

（2）降水日数

平均年降水日数为141.6天。降水日数的年变化特征为上半年多、下半年少（图5.5-2和图5.5-3）。日降水量大于等于10毫米的平均年日数为33.6天，各月均有出现；日降水量大于等于50毫米的平均年日数为3.0天，出现在2—12月；日降水量大于等于100毫米的平均年日数为0.5天，出现在6—10月；日降水量大于等于150毫米的平均年日数为0.06天，出现在8月和9月；各月均未出现日降水量大于等于200毫米的情况（图5.5-3）。

最多年降水日数为180天，出现在2012年；最少年降水日数为114天，出现在1971年，《东海区海洋站海洋水文气候志》记载1963年降水日数为101天。最长连续降水日数为24天，出现在1980年4月19日至5月12日；最长连续无降水日数为51天，出现在1983年10月27日至12月16日。

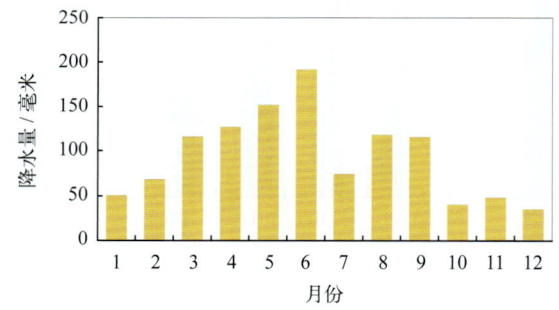

图5.5-1　降水量年变化（1960—2019年）

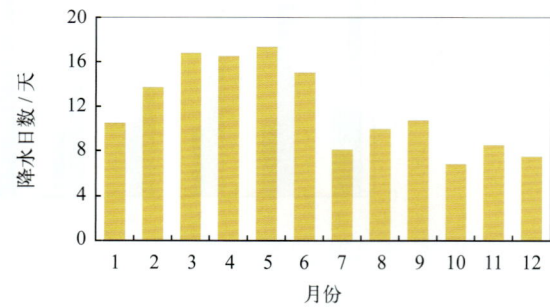

图5.5-2　降水日数年变化（1966—2019年）

## 2. 长期趋势变化

1960—2019年，年降水量呈上升趋势，上升速率为47.36毫米/（10年）。十年平均年降水量变化显示，1970—1979年平均年降水量最小，为1 025.7毫米，2010—2019年平均年降水量较1970—1979年增加235.4毫米（图5.5-4）。1960—2019年，年最大日降水量呈上升趋势，上升速率为3.81毫米/（10年）（线性趋势未通过显著性检验）。

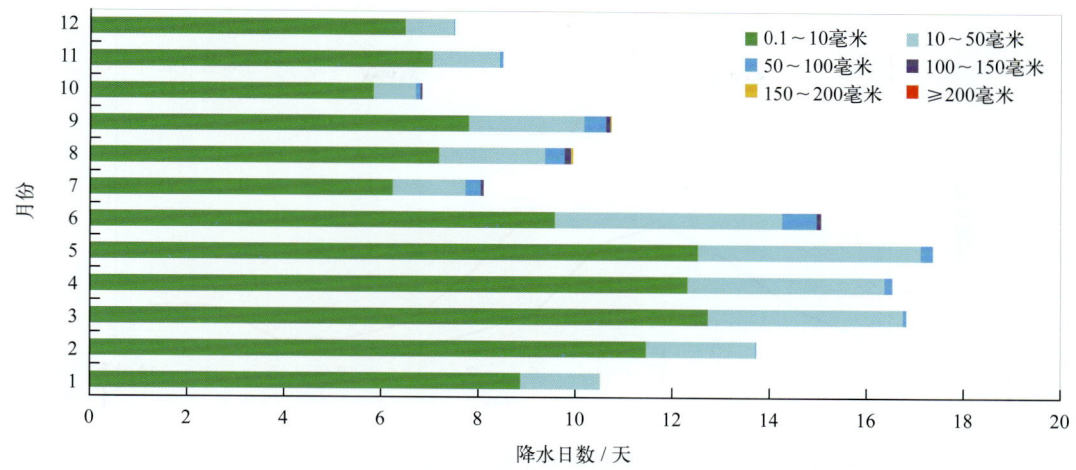

图5.5-3 各月各级平均降水日数分布（1960—2019年）

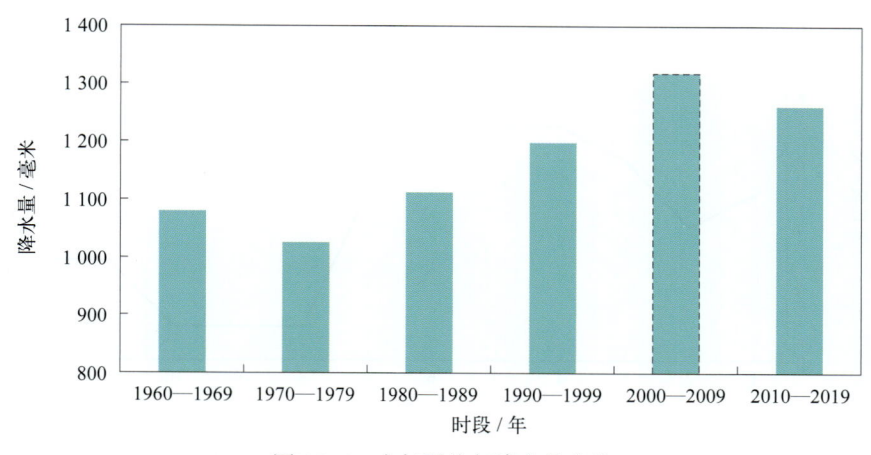

图5.5-4 十年平均年降水量变化

1966—2019年，年降水日数和最长连续降水日数均无明显变化趋势；最长连续无降水日数呈减少趋势，减少速率为1.69天/（10年）。

## 第六节 雾及其他天气现象

### 1. 雾

北茭站雾日数的年变化见表5.6-1、图5.6-1和图5.6-2。1966—2002年，平均年雾日数为30.2天。平均月雾日数4月最多，为7.9天，9月和10月最少，均为0.1天；月雾日数最多为17天，出现在1967年5月；最长连续雾日数为7天，出现3次。

表5.6-1 雾日数年变化（1966—2002年）　　　　　　　　　　　　　　　　　　单位：天

|  | 1月 | 2月 | 3月 | 4月 | 5月 | 6月 | 7月 | 8月 | 9月 | 10月 | 11月 | 12月 | 年 |
| --- | --- | --- | --- | --- | --- | --- | --- | --- | --- | --- | --- | --- | --- |
| 平均雾日数 | 1.3 | 3.0 | 5.8 | 7.9 | 6.8 | 2.6 | 1.4 | 0.2 | 0.1 | 0.1 | 0.3 | 0.7 | 30.2 |
| 最多雾日数 | 8 | 9 | 12 | 15 | 17 | 9 | 5 | 2 | 1 | 1 | 3 | 3 | 55 |
| 最长连续雾日数 | 5 | 4 | 6 | 7 | 7 | 7 | 5 | 1 | 1 | 1 | 3 | 3 | 7 |

注：2002年7月停测。

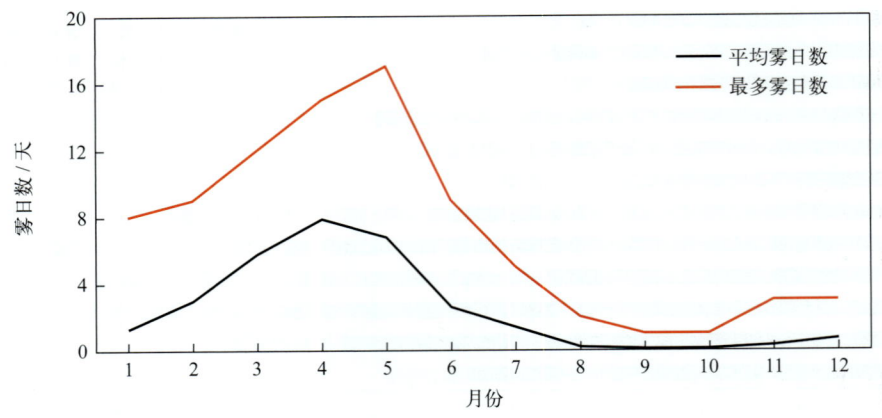

图5.6-1　平均雾日数和最多雾日数年变化（1966—2002年）

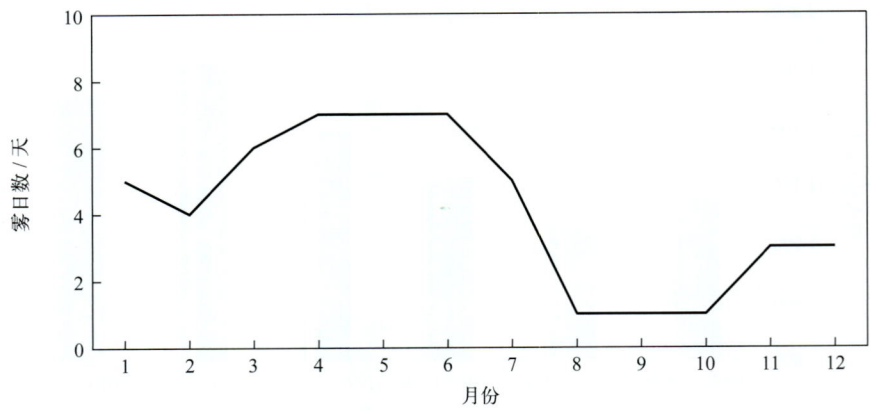

图5.6-2　最长连续雾日数年变化（1966—2002年）

1966—2001年，年雾日数呈下降趋势，下降速率为3.25天/（10年）。1984年雾日数最多，为55天，1974年和2000年最少，均为13天。

十年平均年雾日数变化显示，1980—1989年十年平均年雾日数为33.4天，比1970—1979年增加4.8天；1990—1999年平均年雾日数较上一个十年减少4.0天（图5.6-3）。

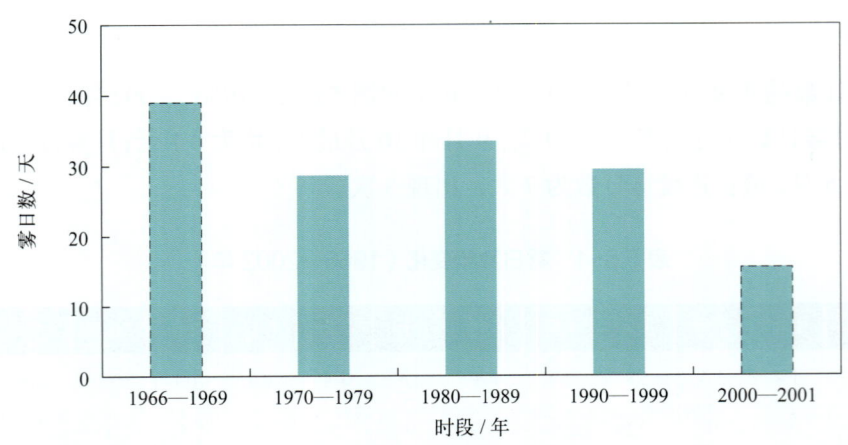

图5.6-3　十年平均年雾日数变化

## 2. 轻雾

北芙站轻雾日数的年变化见表 5.6-2 和图 5.6-4。1966—1995 年，平均年轻雾日数为 67.0 天。平均月轻雾日数 4 月和 5 月最多，均为 11.3 天，9 月最少，为 0.8 天；最多月轻雾日数为 21 天，出现在 1991 年 4 月和 1967 年 5 月。

1966—1994 年，年轻雾日数呈上升趋势，上升速率为 19.83 天/（10 年）。1992 年轻雾日数最多，为 122 天，1974 年最少，为 27 天（图 5.6-5）。

表 5.6-2　轻雾日数年变化（1966—1995 年）　　　　　　　单位：天

| | 1月 | 2月 | 3月 | 4月 | 5月 | 6月 | 7月 | 8月 | 9月 | 10月 | 11月 | 12月 | 年 |
|---|---|---|---|---|---|---|---|---|---|---|---|---|---|
| 平均轻雾日数 | 5.6 | 7.2 | 9.8 | 11.3 | 11.3 | 6.1 | 4.1 | 3.5 | 0.8 | 1.3 | 2.0 | 4.0 | 67.0 |
| 最多轻雾日数 | 18 | 15 | 19 | 21 | 21 | 14 | 13 | 13 | 5 | 6 | 8 | 15 | 122 |

注：1995年7月停测。

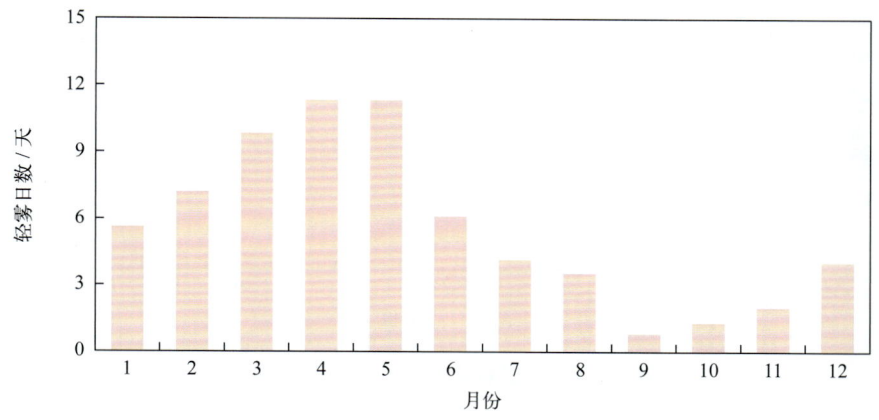

图5.6-4　轻雾日数年变化（1966—1995年）

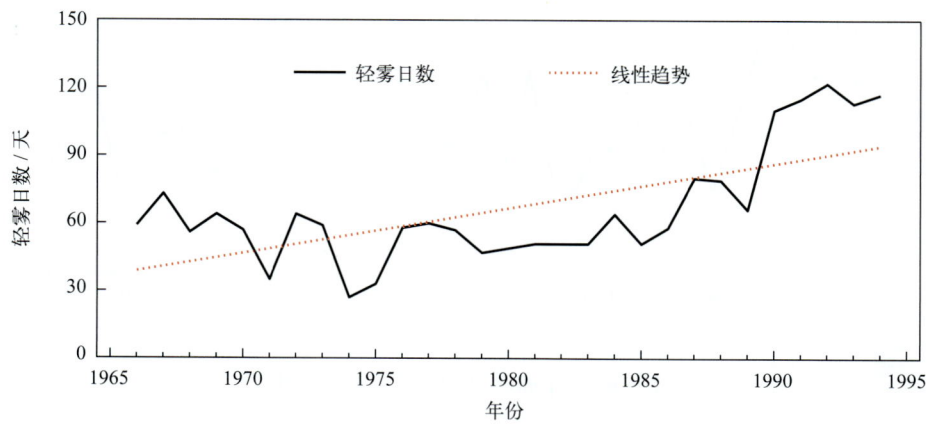

图5.6-5　1966—1994年轻雾日数变化

## 3. 雷暴

北芙站雷暴日数的年变化见表 5.6-3 和图 5.6-6。1960—1995 年，平均年雷暴日数为 28.4 天。雷暴主要出现在 3—9 月，其中 4 月最多，平均日数为 4.5 天，11 月和 12 月最少，均为 0.1 天。

雷暴最早初日为1月3日(1961年),最晚终日为12月28日(1992年)。月雷暴日数最多为13天,出现在1963年8月。

表5.6-3 雷暴日数年变化(1960—1995年)　　　　　　　　　　　　单位:天

| | 1月 | 2月 | 3月 | 4月 | 5月 | 6月 | 7月 | 8月 | 9月 | 10月 | 11月 | 12月 | 年 |
|---|---|---|---|---|---|---|---|---|---|---|---|---|---|
| 平均雷暴日数 | 0.2 | 0.7 | 3.9 | 4.5 | 3.9 | 4.0 | 3.1 | 4.0 | 3.4 | 0.5 | 0.1 | 0.1 | 28.4 |
| 最多雷暴日数 | 2 | 3 | 10 | 10 | 8 | 10 | 8 | 13 | 11 | 5 | 2 | 2 | 55 |

注：1995年7月停测。

1960—1994年,年雷暴日数呈下降趋势,下降速率为3.93天/(10年)。1962年雷暴日数最多,为55天,1985年最少,为13天(图5.6-7)。

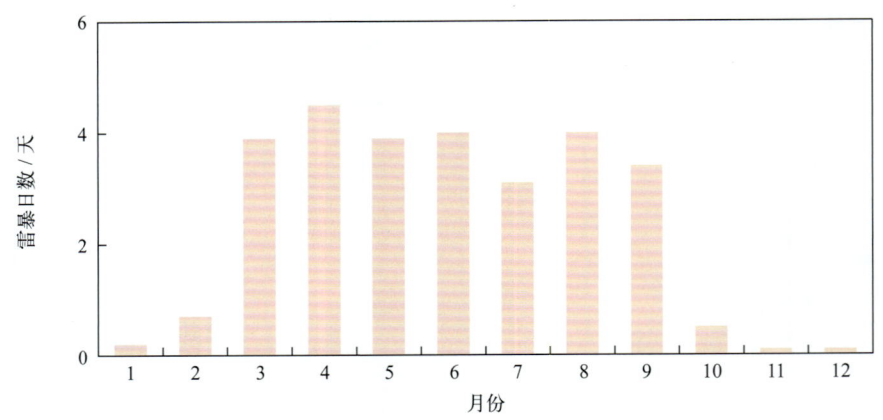

图5.6-6 雷暴日数年变化(1960—1995年)

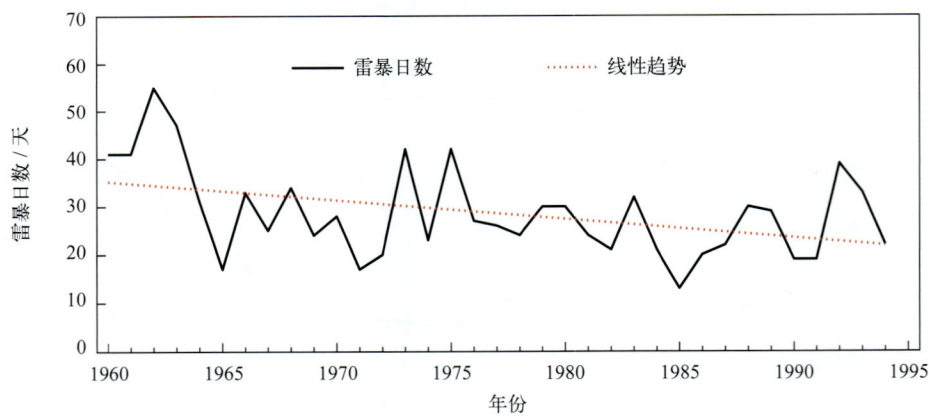

图5.6-7 1960—1994年雷暴日数变化

## 4. 降雪

北茭站降雪日数的年变化见表5.6-4和图5.6-8。1960—1995年,平均年降雪日数为1.3天。降雪全部出现在12月至翌年3月,2月最多,平均日数为0.6天。降雪最早初日为12月12日(1982

年），最晚终日为3月26日（1987年）。

表5.6-4　降雪日数年变化（1960—1995年）　　　　　　　　　　　　　　　单位：天

|  | 1月 | 2月 | 3月 | 4月 | 5月 | 6月 | 7月 | 8月 | 9月 | 10月 | 11月 | 12月 | 年 |
|---|---|---|---|---|---|---|---|---|---|---|---|---|---|
| 平均降雪日数 | 0.4 | 0.6 | 0.2 | 0.0 | 0.0 | 0.0 | 0.0 | 0.0 | 0.0 | 0.0 | 0.0 | 0.1 | 1.3 |
| 最多降雪日数 | 4 | 7 | 3 | 0 | 0 | 0 | 0 | 0 | 0 | 0 | 0 | 2 | 7 |

注：1995年7月停测。

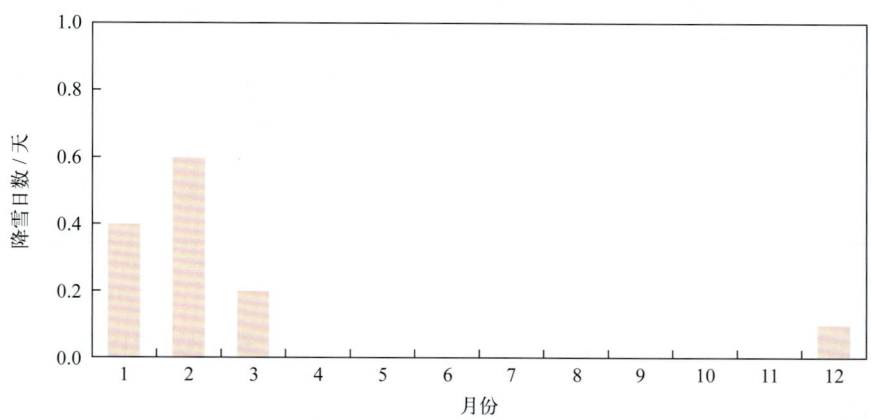

图5.6-8　降雪日数年变化（1960—1995年）

1960—1994年，年降雪日数无明显变化趋势。1968年降雪日数最多，为7天，有14年无降雪（图5.6-9）。

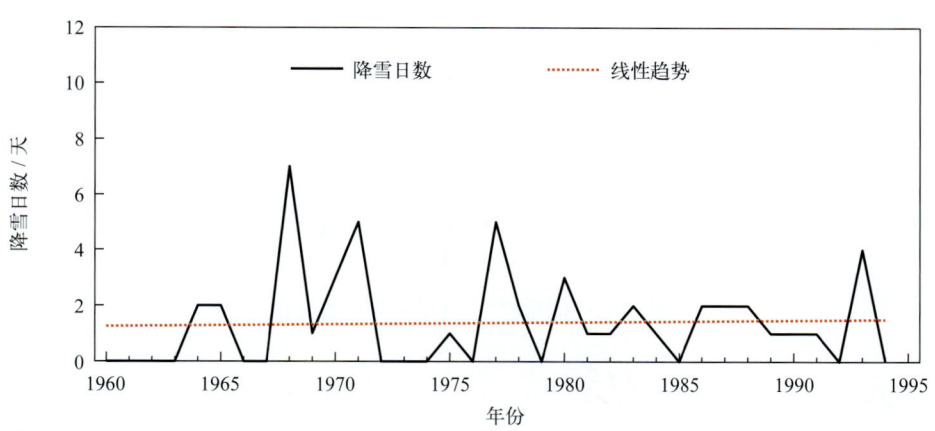

图5.6-9　1960—1994年降雪日数变化

## 第七节　能见度

1966—2002年，北茭站累年平均能见度为21.0千米。9月平均能见度最大，为25.6千米，4月最小，为16.1千米。能见度小于1千米的平均年日数为17.9天，4月最多，为5.2天，8月、9月和10月最少，均出现1天，分别出现在1969年、1995年和1993年（表5.7-1，图5.7-1和图5.7-2）。

表 5.7-1　能见度年变化（1966—2002 年）

| | 1月 | 2月 | 3月 | 4月 | 5月 | 6月 | 7月 | 8月 | 9月 | 10月 | 11月 | 12月 | 年 |
|---|---|---|---|---|---|---|---|---|---|---|---|---|---|
| 平均能见度/千米 | 18.4 | 17.9 | 17.0 | 16.1 | 17.5 | 21.5 | 25.2 | 25.2 | 25.6 | 23.9 | 23.3 | 20.6 | 21.0 |
| 能见度小于1千米平均日数/天 | 0.9 | 1.7 | 3.5 | 5.2 | 4.1 | 1.5 | 0.6 | 0.0 | 0.0 | 0.0 | 0.1 | 0.3 | 17.9 |

注：1973—1981年数据缺测，2002年7月停测。

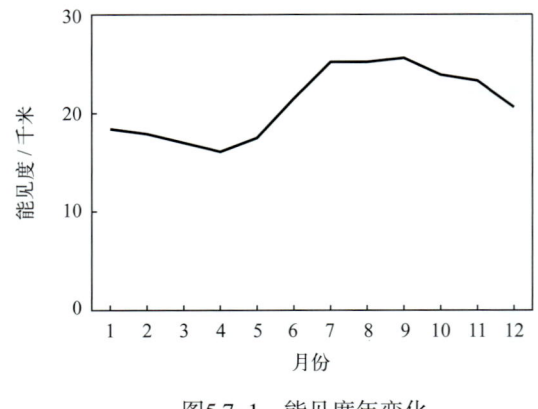

图5.7-1　能见度年变化

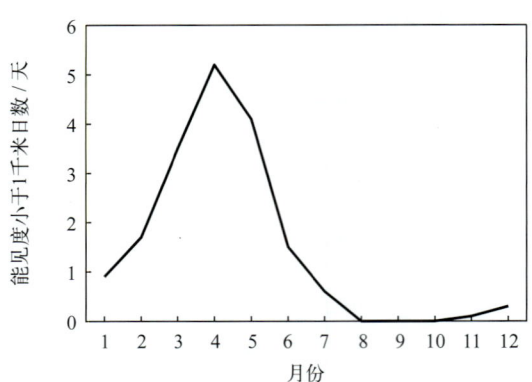

图5.7-2　能见度小于1千米日数年变化

历年平均能见度为 17.7 ~ 26.1 千米，1971 年最高，1992 年最低。能见度小于 1 千米的日数 1969 年最多，为 33 天，2000 年最少，为 7 天（图 5.7-3）。

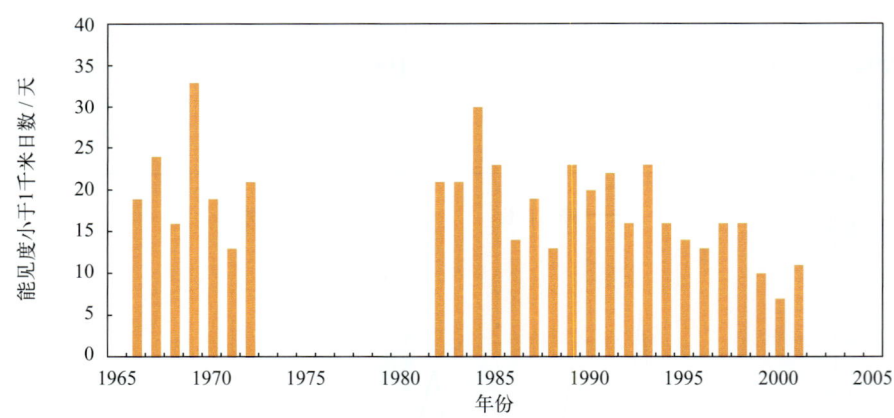

图5.7-3　能见度小于1千米年日数变化

## 第八节　云

1966—1995 年，北茭站累年平均总云量为 7.0 成，5 月平均总云量最多，为 8.1 成，8 月最少，为 5.6 成；累年平均低云量为 4.1 成，3 月平均低云量最多，为 5.0 成，7 月最少，为 2.5 成（表 5.8-1，图 5.8-1）。

表 5.8-1　总云量和低云量年变化（1966—1995 年）

| | 1月 | 2月 | 3月 | 4月 | 5月 | 6月 | 7月 | 8月 | 9月 | 10月 | 11月 | 12月 | 年 |
|---|---|---|---|---|---|---|---|---|---|---|---|---|---|
| 平均总云量/成 | 7.1 | 7.7 | 8.0 | 8.0 | 8.1 | 8.0 | 5.9 | 5.6 | 6.2 | 6.1 | 6.6 | 6.3 | 7.0 |
| 平均低云量/成 | 4.6 | 4.9 | 5.0 | 4.8 | 4.9 | 4.4 | 2.5 | 2.8 | 3.8 | 3.5 | 3.7 | 4.0 | 4.1 |

注：1995年7月停测。

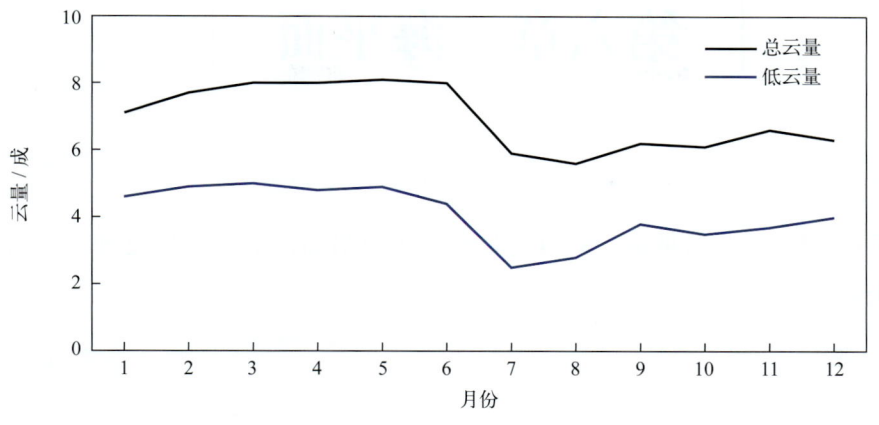

图5.8-1　总云量和低云量年变化（1966—1995年）

1966—1994年，年平均总云量变化趋势不明显，1970年最多，为7.8成，1966年最少，为5.5成（图5.8-2）；年平均低云量呈微弱增加趋势，增加速率为0.20成/（10年）（线性趋势未通过显著性检验），1973年最多，为5.8成，1966年最少，为2.2成（图5.8-3）。

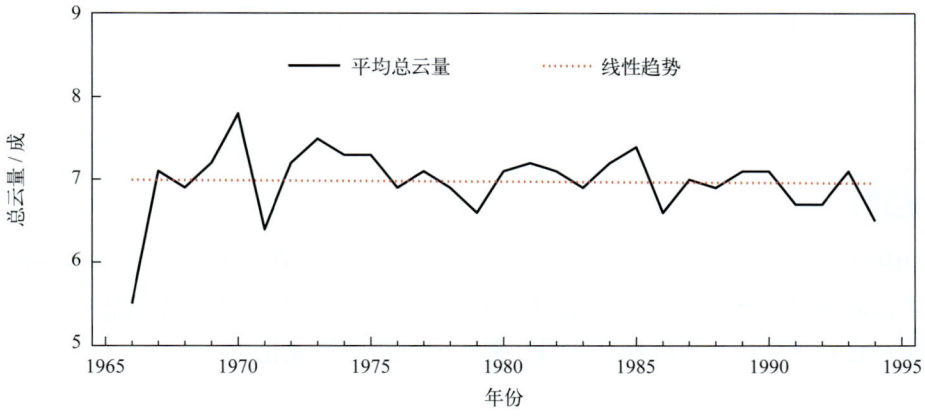

图5.8-2　1966—1994年平均总云量变化

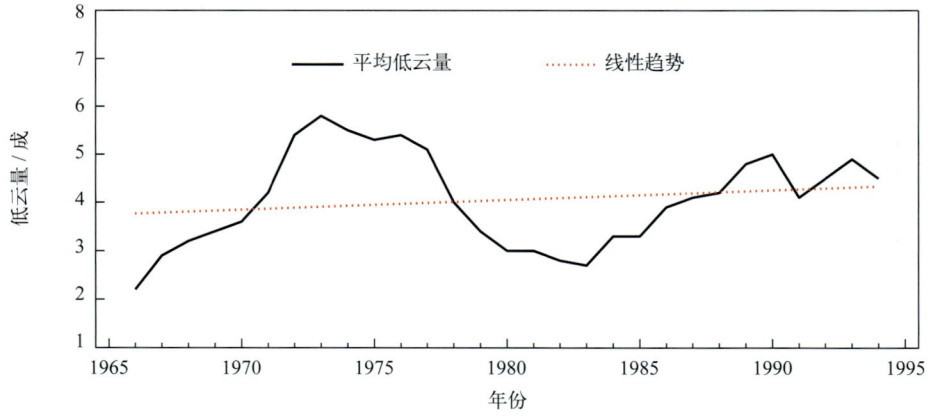

图5.8-3　1966—1994年平均低云量变化

# 第六章 海平面

## 1. 年变化

北茭沿海海平面年变化特征明显，3—4月最低，10月最高，年变幅为32厘米（图6-1），平均海平面在验潮基面上468厘米。

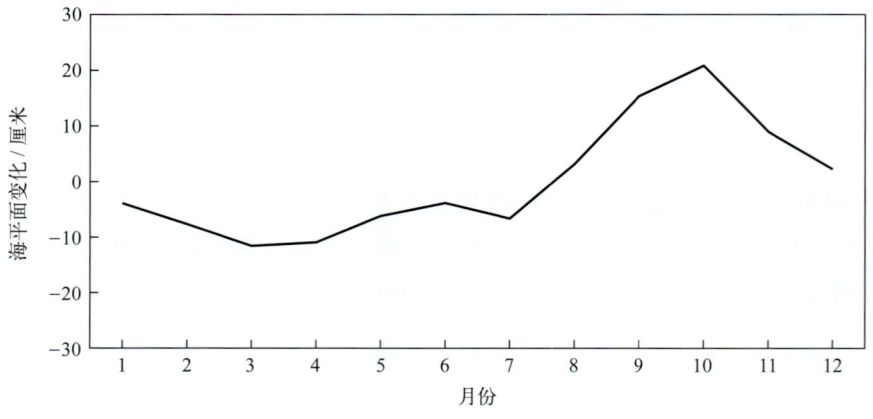

图6-1 海平面年变化（2008—2019年）

## 2. 长期趋势变化

2008—2019年，北茭沿海海平面变化总体呈波动上升趋势，上升速率约为6.6毫米/年。2008—2011年，北茭沿海海平面偏低，2011—2012年海平面上升较快，升幅达68毫米，2012—2019年海平面一直处于高位，年际振荡明显，但无明显趋势性变化。

# 第七章 灾害

## 第一节 海洋灾害

### 1. 风暴潮

1990年6月24日,受9005号台风引发的风暴潮影响,福州地区水利工程损失1000多万元,毁坏船只500艘,沉没1艘;9月7—9日,受9018号台风引发的风暴潮影响,福州市几乎所有工厂停产,30%的工厂被淹,市区内电力、交通、供水、通信等基础设施遭到严重破坏,平房、旧房在水中纷纷倒塌,学校、机关、商店、宾馆、民宅被水包围,造成停电、停水、停工、停课、交通中断,这是中华人民共和国成立以来福州市少有的灾害现象。连江县防洪大堤决口150米,受淹群众2万人(《1990年中国海洋灾害公报》)。

1996年7月27日,福建沿海受9607号台风引发的风暴潮袭击,福州市受灾严重,全市受灾人口达400多万人,市区内涝严重,毁坏房屋1.7万间,一些地方积水深度达1米多(《1996年中国海洋灾害公报》)。

1997年8月,9711号台风影响期间,福建省福州市受到风暴潮袭击,部分海堤出现滑坡、决口(《1997年中国海洋灾害公报》)。

1999年10月9日,9914号台风风暴潮正面袭击福建沿海,福州市受灾人口42.9万人,淹没农田19 000公顷,损坏房屋1.7万间,死亡(含失踪)6人,水产养殖受损770公顷(《1999年中国海洋灾害公报》)。

2001年7月31日,受0108号台风"桃芝"引发的风暴潮影响,福建省福州市多处堤防损坏,农田被淹,水产养殖受损,经济损失较大(《2001年中国海洋灾害公报》)。

2005年7月19日,0505号台风"海棠"在福建连江县黄岐镇登陆,造成人口受灾、农作物和水产养殖受损、房屋损毁等(《2005年中国海洋灾害公报》)。

2009年8月9日,0908号台风"莫拉克"在福建省霞浦县北壁乡登陆。受风暴潮和近岸浪的共同影响,福建、浙江和江苏省直接经济损失32.65亿元,沿海最大风暴增水为232厘米,发生在福建省连江县琯头站。台风影响期间,恰逢天文大潮,福建沿海形成大范围、长时间的风暴潮增水,最高水位超过警戒水位88厘米,部分岸段堤防损毁,160多万人受灾,直接经济损失近20亿元(《2009年中国海洋灾害公报》《2009年中国海平面公报》)。

2011年8月31日前后,1111号超强台风"南玛都"在福建省晋江市登陆,恰逢季节性高海平面和天文大潮期,福建省福州马尾渡口被淹。福建沿海损失较大,近60万人受灾,经济损失超5亿元(《2011年中国海洋灾害公报》《2011年中国海平面公报》)。

2016年9月16—19日,1616号台风"马勒卡"与南下冷空气配合,影响江苏、浙江和福建三地,直接经济损失合计9.19亿元。北茭站出现达到当地黄色警戒潮位的高潮位。9月28日前后,1617号台风"鲇鱼"影响福建沿海,北茭站最大增水达到124厘米(《2016年中国海洋灾害公报》)。

2018年7月11日前后,1808号强台风"玛莉亚"在福建省福州市连江县黄岐半岛登陆,登陆时中心附近最大风力14级,北茭站最大增水193厘米,最高潮位达到当地橙色警戒潮位。受"玛莉亚"台风引发的风暴潮和近岸浪的共同影响,福建省直接经济损失11.39亿元(《2018年中国海洋灾害公报》）。

### 2. 海浪

2004年8月11—13日，0414号台风"云娜"影响期间，台湾海峡形成5～12米台风浪，福建福州渔业、水利设施受到严重损失（《2004年中国海洋灾害公报》）。

### 3. 赤潮

2002年5月6—16日，福建省连江黄岐半岛海域发生30平方千米赤潮。赤潮藻种为具齿原甲藻、中肋骨条藻。15公顷鲍鱼死亡，直接经济损失40万元。6月3—11日，连江近岸海域发生200平方千米的赤潮。海洋水产养殖受灾面积3 400公顷，直接经济损失150万元（《2002年中国海洋灾害公报》）。

2003年5月20日至6月23日，福建省连江黄岐半岛附近海域赤潮持续35天，最大面积100平方千米，赤潮优势藻种包含夜光藻、裸甲藻和具齿原甲藻，直接经济损失2 500万元（《2003年中国海洋灾害公报》）。

2010年6月7—13日，福建省连江同心湾、大建湾、黄岐湾海域发生赤潮，优势种为东海原甲藻，最大面积150平方千米（《2010年中国海洋灾害公报》）。

2012年5月27日至6月8日，福建省连江黄岐海域发生赤潮，优势种为米氏凯伦藻，最大面积40.0平方千米，直接经济损失105 390.0万元（《2012年中国海洋灾害公报》）。

2019年5月23日和25日，福建省连江黄岐半岛北部附近海域发现赤潮过程，对当地真鲷、包公鱼养殖造成影响，直接经济损失为400.00万元（《2019年中国海洋灾害公报》）

## 第二节 灾害性天气

根据《中国气象灾害大典·福建卷》（1949—2000年）和《中国气象灾害年鉴》（2000年后）及《东海区海洋站海洋水文气候志》记载，北茭站周边发生的主要灾害性天气有暴雨洪涝、大风（龙卷风）、雷电、冰雹和寒潮。

### 1. 暴雨洪涝

1955年8月25日，受5519号台风影响，福清、长乐、连江日降雨量分别达308毫米、254毫米和223毫米。福安、福州、莆田等地市24—26日3天过程雨量大都在100毫米以上，其中福安专区的北部和福州的中部在200毫米以上，福清、长乐、福鼎和连江分别达312毫米、292毫米、267毫米和223毫米。闽侯专区的福清、长乐、连江、闽侯4县受淹农田20万亩，损坏桥梁65座，死亡8人。

1956年9月3—5日，受台风影响，福建省出现一次强降水过程，宁德、建阳、福州、莆田4专区、市，以及三明、晋江等地的大部地区先后出现暴雨到特大暴雨。9月4日连江县山洪暴发，加上海潮顶托，江河水位猛涨，为20多年少见，黄岐等3个区漂失船只54条，损坏船只84条，损坏堤坝20多处，死亡3人。

1959年8月29—31日，受5904号台风影响，福建全省大部分县市先后出现8级大风，整个海岸线附近风力超过10级，多地遭受暴雨袭击。连江县厂房、民房倒塌34间，损坏房屋8 753间，农田受灾面积2.3万亩，长龙下洋村未完工的水坝受山洪冲击垮坝，58户群众被洪水围困达5～6天，敖江最高洪水位超过警戒水位3.07米。

1960年8月1—2日，6007号台风在连江登陆，后北进到闽东北地区。闽侯、福安2专区沿海风力11～12级。台风所经地区出现暴雨，部分地区洪水泛滥成灾，连江的敖江水位超过警戒水位5.5米，离防洪堤面仅有0.3～0.4米。连江县水稻受淹79 628亩，海堤崩塌2 140米，江堤崩塌131米，其他水利设施也受到损坏。

1962年8月6日，受6208号台风影响，建阳、福安、福州、闽侯等专区、市的23个县市出现暴雨到特大暴雨。连江的敖江洪峰水位5.74米，超过警戒水位1.74米。福建省16个县市受灾，其中福安、福鼎、连江、罗源等9个县发生严重洪涝灾害，农作物受灾面积40多万亩，沿海各县海堤均有不同程度的漫顶、决口、垮塌等现象出现，死亡19人，受伤32人，桥梁损坏7座，闽东北沿海40多条小舢板被风浪打坏。

1965年7月26日11时，6510号台风在福建省泉州登陆，登陆时近中心风力达11级。在台风影响期间，福建省大部地区出现8级以上大风，且持续2～3天，台山、罗源、福州、惠安、泉州等地26日风力达10～11级。全省大部分地区出现暴雨到特大暴雨，暴雨范围之广，雨量之集中，强度之大都是历史上罕见的。连江县3.3万多亩早稻减产1.5～5成，经济作物、渔业等受到严重损失，全县6个公社因山洪暴发，电话通信中断。

1966年8月17日晚，6611号台风在江黄岐半岛登陆。8月16—19日，福建省大部地区出现强降水过程，过程雨量超过200毫米的有宁德、连江、长乐、闽侯、九仙山等站。台风正面袭击连江黄岐半岛，来势猛，速度快，风力大，雨量集中，造成各地山洪暴发，河水猛涨，汀江水位超过警戒水位1.7米，永泰大樟溪水位猛涨，城关洪峰达32.78米，超过警戒水位0.78米。9月2—4日，受6614号台风影响，连江县敖江洪水位超过警戒水位6.35米，比1949年以来最高水位还高出0.75米，堤防决口87米。

1971年9月23日13时，7123号台风在福建省连江县登陆，9月21—24日，福建中、北部地区出现一次强降水过程，日降水量在150毫米以上的有柘荣、福鼎、连江等地。连江、福鼎2县受灾最为严重，宁德全区死亡28人，受伤131人，江海堤防决口685处约长23 455米，山塘水库溃损272座，水电站损坏12座，小型水利设施冲坏11 022处，船只漂失37条、损坏461条，其他方面损失也很严重。

1972年7月10—15日，受7204号台风影响，福建省出现一次强降水过程，多地降水量超过200毫米。7月13日，连江日降水量为257毫米。

1978年6月6—7日，福建各地相继出现大到暴雨，江河水位猛涨。6月7日21时，敖江上的连江站出现洪峰，水位7.7米，超过警戒水位3.7米。连江县因大潮与洪水相托造成内涝，8个公社受灾，共淹没早稻38 202亩。

1980年8月28—29日，受8012号台风影响，福建全省性降水。台风影响时恰逢农历七月十八天文大潮，风、雨、潮的共同影响，造成较大损失。连江县沿海风力10级以上，最高水位达7.5米，全县海堤冲毁长度达5 125米，潮水漫堤顶长度3 000米，农田受淹1万余亩。

1982年7月29日至8月1日，受8209号台风影响，福建全省各地普遍降大到暴雨，东部沿海地区出现暴雨到大暴雨。连江县沿江两岸4个公社的42 000亩稻田一片汪洋，船只损坏64条、漂失2条，大风吹落瓦片532万块。

1985年8月23—25日，受8510号台风影响，福建全省普降大到暴雨，局部特大暴雨，连江县敖江24日水位超过警戒水位4.81米，为19年来最大的洪水，城关防洪堤20处冒水，滑坡600多米，全县直接经济损失计623万元。

2005年7月19日17时10分，0505号台风"海棠"在福建省连江县黄岐半岛登陆，登陆时中心气压975百帕，近中心最大风速33米/秒（风力12级），伴有暴雨。据不完全统计，全省有宁德、福州、莆田、泉州4市36个县（市、区）受灾，受灾人口213.4万人，死亡3人，受伤21人，4个县城受淹，水产养殖损失面积8 360公顷、产量6.4万吨，堤防损坏305处44千米，堤防决口19处1.4千米，损坏护岸、灌溉设施1 348处，冲毁塘坝110座，直接经济损失26.3亿元。

2013年7月13日16时，1307号台风"苏力"在福建省连江县黄岐半岛沿海登陆，登陆时中心附近最大风力12级(33米/秒)，中心最低气压为975百帕。台风登陆连江时间早，路径稳定，强度大，移速较快，导致风狂浪高、暴雨范围广。7月12日20时至14日20时，福建省中北部沿海最大风速8~12级，以连江目屿岛33.3米/秒为最大。福建省有51个县（市）535站过程降水量超过100毫米。据统计，福州、南平、三明等9市81个县（区、市）共有102.8万人受灾，32万人紧急转移，直接经济损失17.6亿元。

2016年9月27—29日，受1617号台风"鲇鱼"影响，福建沿海出现强降雨。38个县（市）233个乡镇过程雨量超过250毫米；寿宁、屏南日降水量和福州3日累积降水量破历史纪录。据统计，福州、厦门、莆田等9市80个县（市、区）88万人受灾，6人死亡，43.6万人紧急转移安置，直接经济损失44.3亿元。

### 2. 大风和龙卷风

1953年7月4日17时，5305号台风在霞浦县二区、七区登陆，登陆时近中心风力10级，风向西北，18时后，连江、莆田、惠安等地的风力先后增强到9~10级。闽侯、长乐、连江、福清等县早稻受害减产1成左右，长乐、连江2县地瓜减产2~3成。

1966年8月17日晚，6611号台风在连江黄岐半岛登陆，登陆时近中心风力为11级，连江站大于8级的大风维持8小时之久。

1996年7月31日至8月1日，受9608号台风影响，福州、连江、平潭、霞浦等地风力都在11级以上，连江县北茭最大瞬时风速达34米/秒。

2000年7月25日12时34分，连江县的东湖、江南、管头等村发生龙卷风，袭击长度3千米左右，宽度约600米，目击者说见到空中有一条旋转的白带（漏斗云），气象站阵风风速31米/秒，气温骤降13℃，相对湿度在5分钟之内由54%上升到95%。龙卷风由西南向东扫过，直径十几厘米的广告牌钢管被大风吹倒，民警的执勤岗亭被大风吹出7~8米远，十几根直径30~40厘米的高压线杆被大风吹倒，砖墙厂房也被吹倒，县政府内一棵直径60~70厘米的玉兰树被大风吹倒，2根用于安放变压器的电线杆同时折断。

2016年9月27—29日，受1617号台风"鲇鱼"影响，福建中北部沿海地区出现12~14级阵风，连江目屿岛风速达46.1米/秒（14级）。

2018年7月11日08时50分前后，1808号台风"玛莉亚"在福建省连江县黄岐半岛登陆，登陆时中心附近最大风力13级（38米/秒），中心最低气压965百帕。台风强度强、移速快，为1949年以来7月首登福建最强的台风。受其登陆影响，福建中北部沿海出现11~13级大风，阵风14~17级。据统计，共造成福州、厦门、莆田等9市72个县（市、区）83.8万人受灾，直接经济损失31.2亿元。

### 3. 雷电

2007年5月28日15时30分前后，福建省连江县长龙镇建庄村小土地庙遭雷击，当时有5女

3男村民在里面避雨，导致1人死亡，3人受伤。

### 4. 冰雹

1964年4月6日19时许，连江县降雹，持续半个小时，降雹密度大，雹大如碗，实测长7.5厘米、宽5.5厘米，呈扁椭圆体，重约0.75斤，琯头的兰田、下岐2个大队冰雹像炸弹一样落下。冰雹损坏瓦片46万多块，打坏早稻秧苗107亩，损失谷种153担，小麦减产7成以上。

1966年4月22日，连江县降雹时间为16时许，持续20～30分钟，冰雹一般大如鸡蛋，密度每平方米40～50粒。琯头公社26个大队受灾，全社早稻秧苗受灾954亩，损失早稻种子514担，大小麦受灾4 100多亩，绿肥受灾2 410多亩，越冬作物及黄麻、花生、蔬菜等一般减产7成以上，共损坏瓦片400万块，大风吹翻船只造成2人死亡，15人受伤。

1976年4月17日21时15—35分，连江县3个公社降雹，雹大如枇杷，地面积雹成堆，厚达0.3～0.7米，12个大队共损坏瓦11万片，秧田、小麦受灾。

1993年4月24—28日，连江、福清、长乐、上杭等县市遭冰雹大风袭击。连江县直接经济损失40万元，大风吹倒食品厂围墙，压死儿童1人，正在田间插秧的农民被冰雹砸伤10多人。

### 5. 寒潮

1953年4月14—16日，低温阴雨，连江县有4个区发生早稻烂种烂秧，五区烂秧率达20%，花园乡烂种烂秧、浮秧等损失谷种2 834斤。

1979年3月11日，受强空气影响，福建省内大部地区出现低温阴雨过程，日平均气温先后下降到12℃以下，连江县3月11—28日连续8天下雨，总雨量达246.3毫米，不利于早稻播种及秧苗生长。

1982年10月22—24日，福建各地日平均气温下降9～13℃，北部、西北部日平均气温降至7～10℃，其余各地日平均气温也都低于16℃。三都澳、连江、长乐出现了建站以来的月极端最低气温。11月6日开始第二次寒潮，沿海地区降温幅度为7～9℃，福州9日最低气温8.5℃，接近百年来的最低值（1895年为8.3℃）。

1987年4月11—16日，气温骤降，福建大部地区48小时降温幅度达11～18℃，强降温使连江县的浅水虾池的虾苗死亡率达80%～90%。

# 平潭海洋站

# 第一章 概况

## 第一节 基本情况

平潭海洋站（简称平潭站）位于福建省福州市平潭县。福州市是福建省省会，位于福建省中部东端，东临台湾海峡，南邻莆田市，北接宁德市。全市海域面积 10 573 平方千米，大陆岸线长 920 千米，海洋资源丰富，每年创造约占福建省 1/3 的海洋经济总量。平潭县由 126 个岛屿组成，以海坛岛为主。海坛岛为福建第一大岛，岛内无河流，海岸线曲折，长约 300 千米。

平潭站建于 1959 年 4 月，名为平潭县海洋水文气象站，隶属于平潭水产局。1966 年更名为平潭海洋站，隶属国家海洋局东海分局，2019 年 7 月后隶属自然资源部东海局，由厦门中心站管辖。站址位于平潭县澳前镇东澳村东澳 56 号（图 1.1-1）。

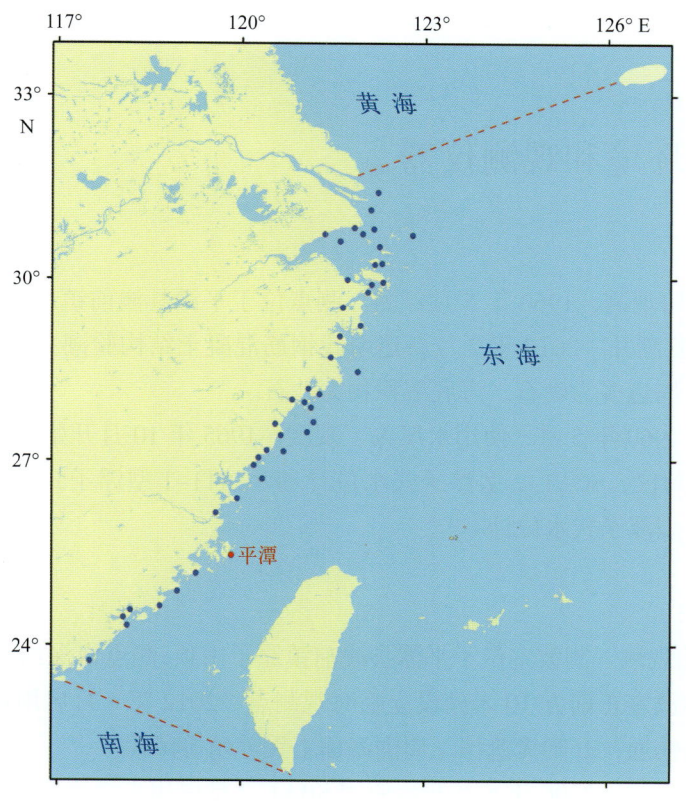

图 1.1-1 平潭站地理位置示意

平潭站观测项目有潮汐、海浪、表层海水温度、表层海水盐度、气温、气压、相对湿度、风和降水等。建站初期主要为人工观测，2002 年后逐步实现了自动化观测、数据采集、存储和传输。

平潭附近海域为正规半日潮特征，海平面 4 月最低，10 月最高，年变幅为 31 厘米，平均海平面为 376 厘米，平均高潮位为 589 厘米，平均低潮位为 158 厘米；全年海况以 0～5 级为主，年均平均波高为 1.2 米，年均平均周期为 5.5 秒，历史最大波高最大值为 16.0 米，历史平均周期最大值为 11.9 秒，常浪向为 ESE，强浪向为 ESE；年均表层海水温度为 18.9～21.2℃，9 月最高，均值为 26.4℃，2 月最低，均值为 12.0℃，历史水温最高值为 31.6℃，历史水温最低值为 6.8℃；年均表层海水盐度为 29.44～32.27，7 月最高，均值为 33.51，11 月最低，均值为 29.71，历史盐度最高值为35.60，历史盐度最低值为5.84；海发光主要为火花型，8月出现频率最高，2月最低，1级海发光最多，出现的最高级别为4级。

平潭站主要受海洋性季风气候影响，年均气温为18.4～21.2℃，8月最高，均值为27.5℃，2月最低，均值为10.9℃，历史最高气温为41.1℃，历史最低气温为1.2℃；年均气压为1 010.0～1 013.7百帕，1月最高，均值为1 019.1百帕，8月最低，均值为1 002.7百帕；年均相对湿度为76.6%～87.5%，6月最大，均值为90.6%，12月最小，均值为76.9%；年均风速为5.9～9.9米/秒，11月最大，均值为10.8米/秒，8月最小，均值为6.4米/秒，1月盛行风向为N—NE（顺时针，下同），4月盛行风向为N—NE，7月盛行风向为S—WSW，10月盛行风向为NNE—NE；平均年降水量为1 192.4毫米，6月平均降水量最多，占全年的21.0%；平均年雾日数28.5天，4月最多，均值为7.7天，9月未出现；平均年雷暴日数为20.5天，4月最多，均值为4.2天，11月和12月最少，均为0.1天；年均能见度为11.6～28.0千米，7月最大，均值为25.1千米，4月最小，均值为14.8千米；年均总云量为6.3～7.9成，5月最多，均值为8.3成，8月最少，均值为5.8成；平均年蒸发量为2 063.7毫米，7月最大，均值为254.6毫米，2月最小，均值为116.0毫米。

## 第二节　观测环境和观测仪器

### 1. 潮汐

1959年10月开始观测，1960年5月停测。测点位于平潭县澳前镇原子山和梦山之间。1965年10月启用虹吸式验潮井，2010年2月新建岸式钢筋混凝土结构验潮井。测点所处海域与外海畅通，开阔无遮挡，周边多为礁石，海底沉积物为沙石。

1959年10月至1960年5月，使用水尺人工观测。1965年10月开始使用瓦尔代自记水位计、HCJ1-2型滚筒式验潮仪、SCA1-2型浮子式水位计和SCA11-1型浮子式水位计等，2008年6月开始使用SCA11-3A型浮子式水位计。

### 2. 海浪

1959年4月开始观测。测波室位于平潭县澳前镇原子山顶，测点水深约20米。2011年11月，测波室重建，在原测波室正前方10米处设立临时观测点，2012年6月启用新测波室（图1.2-1）。测点所处海域与外海畅通，开阔无遮挡，周围海面上无养殖等障碍。

建站初期为人工目测，2006年5月开始使用SBA1-2型岸用光学测波仪。

图1.2-1　平潭站测波室（摄于2012年6月1日）

### 3. 表层海水温度、盐度和海发光

1959年7月开始观测。1978年在验潮井靠海一侧建温盐井。测点附近有东澳国家一级渔港防波堤，没有河流和工厂排污。

自建站起，表层海水温度使用表层水温表和SWL1-1型水温表测量，表层海水盐度使用比重计、氯度滴定管、电导盐度计、SYC1-1型盐度计、光学折射盐度计和便携式盐度计测定。2009年开始使用EC250型温盐传感器，2010年开始使用YZY4-3型温盐传感器。

海发光为每日天黑后人工目测。2002年6月停测。

### 4. 气象要素

1964年4月开始观测，气象观测场位于澳前镇原子山顶，东南向距牛山岛约10千米，观测场大小为16米×20米，2012年3月观测场扩建为25米×25米。观测场周边空旷，三面临海，没有障碍物（图1.2-2）。

观测初期主要使用干湿球温度表、最高最低温度表、气压计、动槽水银气压表、湿度计、EL型电接风向风速计和雨量筒等仪器。2002年开始使用CZY1-1型海洋站自动观测系统配合各要素传感器，2016年8月后使用的传感器主要有HMP155型温湿度传感器、278型气压传感器、XFY3-1型风传感器、SL3-1型雨量传感器和CJY-1G型能见度仪。

图1.2-2　平潭站气象观测场（摄于2012年6月1日）

# 第二章 潮位

## 第一节 潮汐

### 1. 潮汐类型

利用平潭站近19年（2001—2019年）验潮资料分析的调和常数，计算出潮汐系数$(H_{K_1}+H_{O_1})/H_{M_2}$为0.27。按我国潮汐类型分类标准，平潭附近海域为正规半日潮，每个潮汐日（大约24.8小时）有两次高潮和两次低潮，低潮日不等现象较为明显。

1967—2019年，平潭站$M_2$分潮振幅呈增大趋势，增大速率为1.18毫米/年；迟角呈减小趋势，减小速率为0.05°/年。$K_1$分潮振幅变化趋势不明显，迟角呈增大趋势，增大速率为0.01°/年；$O_1$分潮振幅和迟角均无明显变化趋势。

### 2. 潮汐特征值

由1967—2019年资料统计分析得出：平潭站平均高潮位为589厘米，平均低潮位为158厘米，平均潮差为431厘米；平均高高潮位为600厘米，平均低低潮位为126厘米，平均大的潮差为474厘米。平均涨潮历时6小时7分钟，平均落潮历时6小时18分钟，两者相差11分钟。

累年各月潮汐特征值见表2.1-1。

表2.1-1 累年各月潮汐特征值（1967—2019年） 单位：厘米

| 月份 | 平均高潮位 | 平均低潮位 | 平均潮差 | 平均高高潮位 | 平均低低潮位 | 平均大的潮差 |
|---|---|---|---|---|---|---|
| 1 | 585 | 157 | 428 | 593 | 122 | 471 |
| 2 | 582 | 153 | 429 | 588 | 127 | 461 |
| 3 | 581 | 148 | 433 | 588 | 129 | 459 |
| 4 | 577 | 149 | 428 | 588 | 126 | 462 |
| 5 | 578 | 155 | 423 | 591 | 123 | 468 |
| 6 | 579 | 154 | 425 | 593 | 116 | 477 |
| 7 | 581 | 149 | 432 | 595 | 110 | 485 |
| 8 | 595 | 154 | 441 | 607 | 119 | 488 |
| 9 | 607 | 167 | 440 | 618 | 135 | 483 |
| 10 | 612 | 174 | 438 | 622 | 143 | 479 |
| 11 | 601 | 168 | 433 | 612 | 133 | 479 |
| 12 | 590 | 162 | 428 | 601 | 124 | 477 |
| 年 | 589 | 158 | 431 | 600 | 126 | 474 |

注：潮位值均以验潮零点为基面。

平均高潮位 10 月最高，为 612 厘米，4 月最低，为 577 厘米，年较差为 35 厘米；平均低潮位 10 月最高，为 174 厘米，3 月最低，为 148 厘米，年较差为 26 厘米（图 2.1-1）；平均高高潮位 10 月最高，为 622 厘米，2 月、3 月和 4 月最低，均为 588 厘米，年较差为 34 厘米；平均低低潮位 10 月最高，为 143 厘米，7 月最低，为 110 厘米，年较差为 33 厘米。平均潮差 8 月最大，5 月最小，年较差为 18 厘米；平均大的潮差 8 月最大，3 月最小，年较差为 29 厘米（图 2.1-2）。

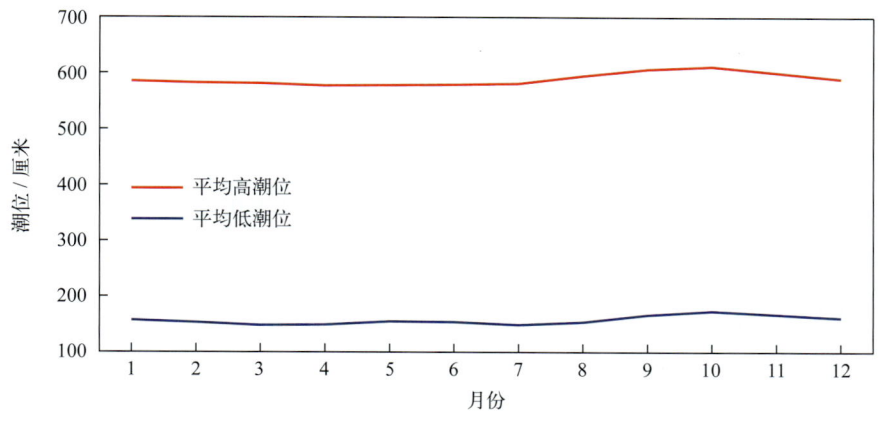

图 2.1-1　平均高潮位和平均低潮位年变化

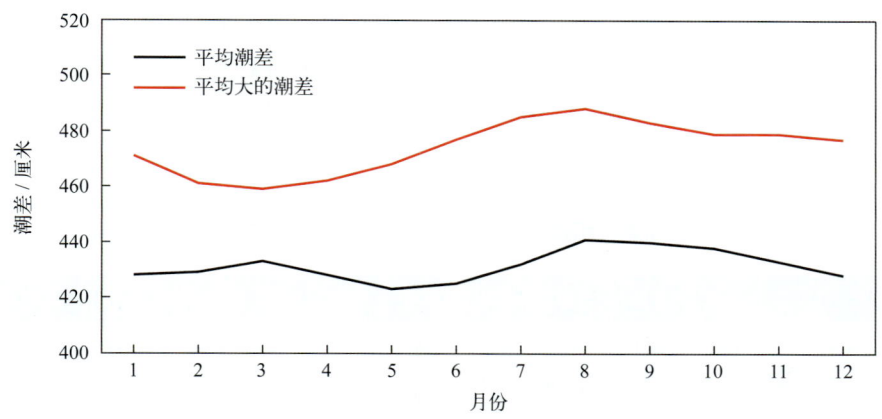

图 2.1-2　平均潮差和平均大的潮差年变化

1967—2019 年，平潭站平均高潮位呈上升趋势，上升速率为 4.95 毫米 / 年。受天文潮长周期变化影响，平均高潮位存在较为明显的准 19 年周期变化，振幅为 4.18 厘米。平均高潮位最高值出现在 2016 年，为 609 厘米；最低值出现在 1968 年，为 569 厘米。平潭站平均低潮位变化趋势不明显。平均低潮位准 19 年周期变化较为明显，振幅为 4.76 厘米。平均低潮位最高值出现在 2004 年，为 167 厘米；最低值出现在 1995 年，为 147 厘米。

1967—2019 年，平潭站平均潮差呈增大趋势，增大速率为 4.32 毫米 / 年。平均潮差准 19 年周期变化显著，振幅为 8.60 厘米。平均潮差最大值出现在 2015 年、2016 年和 2018 年，均为 448 厘米；最小值出现在 1967 年和 1970 年，均为 414 厘米（图 2.1-3）。

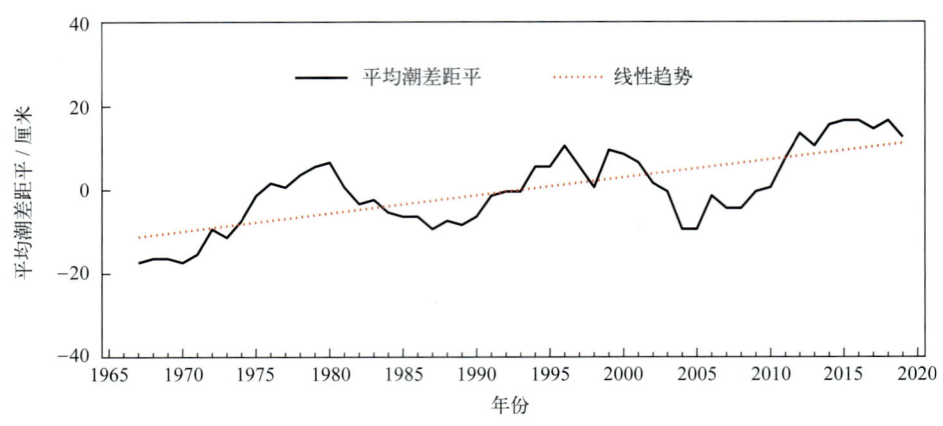

图2.1-3　1967—2019年平均潮差距平变化

## 第二节　极值潮位

平潭站年最高潮位和年最低潮位的各月发生频率见表2.2-1。年最高潮位出现时间主要集中在8—11月，其中10月发生频率最高，为43%；9月次之，为23%。年最低潮位主要出现在1月、6—7月和12月，其中1月发生频率最高，为36%；7月次之，为17%。

1967—2019年，平潭站年最高潮位呈上升趋势，上升速率为5.01毫米/年。历年的最高潮位均高于678厘米，其中高于750厘米的有5年；历史最高潮位为792厘米，出现在1996年7月31日，正值9608号台风"贺伯"影响期间。平潭站年最低潮位呈上升趋势，上升速率为3.65毫米/年。历年最低潮位均低于44厘米，其中低于-10厘米的有5年；历史最低潮位出现在1983年1月29日，为-25厘米，由强温带气旋引起（表2.2-1）。

表2.2-1　最高潮位和最低潮位及年极值出现频率（1967—2019年）

| | 1月 | 2月 | 3月 | 4月 | 5月 | 6月 | 7月 | 8月 | 9月 | 10月 | 11月 | 12月 |
| --- | --- | --- | --- | --- | --- | --- | --- | --- | --- | --- | --- | --- |
| 最高潮位值/厘米 | 690 | 684 | 718 | 691 | 680 | 702 | 792 | 762 | 777 | 753 | 712 | 713 |
| 年最高潮位出现频率/% | 0 | 0 | 0 | 0 | 0 | 0 | 4 | 17 | 23 | 43 | 11 | 2 |
| 最低潮位值/厘米 | -25 | -6 | -3 | 2 | 7 | -10 | -13 | 11 | 15 | 24 | -7 | -13 |
| 年最低潮位出现频率/% | 36 | 6 | 0 | 1 | 4 | 11 | 17 | 4 | 0 | 0 | 6 | 15 |

## 第三节　增减水

受地形和气候特征的影响，平潭站出现30厘米以上增水的频率明显高于同等强度减水的频率，超过60厘米的增水平均约23天出现一次，而超过60厘米的减水平均约259天出现一次（表2.3-1）。

平潭站100厘米以上的增水主要出现在7—10月，80厘米以上的减水多发生在8—10月，这些大的增减水过程主要与该海域受热带气旋和温带气旋等影响有关（表2.3-2）。

表 2.3-1　不同强度增减水平均出现周期（1967—2019 年）

| 范围 / 厘米 | 出现周期 / 天 | |
|---|---|---|
| | 增水 | 减水 |
| >30 | 1.39 | 3.82 |
| >40 | 3.87 | 22.77 |
| >50 | 9.59 | 97.20 |
| >60 | 23.41 | 258.77 |
| >70 | 50.66 | 547.12 |
| >80 | 113.31 | 1 367.79 |
| >90 | 222.66 | 9 574.52 |
| >100 | 547.12 | — |
| >120 | 9 574.52 | — |

"—"表示无数据。

表 2.3-2　各月不同强度增减水出现频率（1967—2019 年）

| 月份 | 增水 / % | | | | | 减水 / % | | | | |
|---|---|---|---|---|---|---|---|---|---|---|
| | >30 厘米 | >50 厘米 | >70 厘米 | >90 厘米 | >100 厘米 | >30 厘米 | >50 厘米 | >60 厘米 | >70 厘米 | >80 厘米 |
| 1 | 3.38 | 0.21 | 0.01 | 0.00 | 0.00 | 0.78 | 0.01 | 0.01 | 0.00 | 0.00 |
| 2 | 3.77 | 0.25 | 0.00 | 0.00 | 0.00 | 1.27 | 0.03 | 0.00 | 0.00 | 0.00 |
| 3 | 2.61 | 0.20 | 0.02 | 0.00 | 0.00 | 1.81 | 0.04 | 0.00 | 0.00 | 0.00 |
| 4 | 1.04 | 0.05 | 0.00 | 0.00 | 0.00 | 0.82 | 0.04 | 0.02 | 0.01 | 0.00 |
| 5 | 1.06 | 0.03 | 0.00 | 0.00 | 0.00 | 0.11 | 0.01 | 0.00 | 0.00 | 0.00 |
| 6 | 1.37 | 0.06 | 0.01 | 0.00 | 0.00 | 0.27 | 0.00 | 0.00 | 0.00 | 0.00 |
| 7 | 2.03 | 0.51 | 0.18 | 0.04 | 0.02 | 0.38 | 0.01 | 0.00 | 0.00 | 0.00 |
| 8 | 3.17 | 0.92 | 0.25 | 0.08 | 0.03 | 1.77 | 0.10 | 0.02 | 0.01 | 0.01 |
| 9 | 4.81 | 0.92 | 0.20 | 0.06 | 0.03 | 0.92 | 0.11 | 0.07 | 0.05 | 0.02 |
| 10 | 6.31 | 1.30 | 0.23 | 0.03 | 0.01 | 0.93 | 0.06 | 0.05 | 0.02 | 0.01 |
| 11 | 3.14 | 0.48 | 0.06 | 0.02 | 0.00 | 2.25 | 0.08 | 0.02 | 0.00 | 0.00 |
| 12 | 3.30 | 0.26 | 0.02 | 0.00 | 0.00 | 1.77 | 0.02 | 0.01 | 0.00 | 0.00 |

1967—2019 年，平潭站年最大增水多出现在 8—10 月，其中 10 月出现频率最高，为 28%；8 月次之，为 26%。除 5—6 月外，平潭站年最大减水在其余各月均有出现，其中 11 月和 12 月出现频率最高，均为 17%；8 月次之，为 15%（表 2.3-3）。

1967—2019 年，平潭站年最大增水无明显变化趋势。历史最大增水出现在 1971 年 9 月 19 日，为 132 厘米；1982 年、1987 年、1997 年和 2015 年最大增水均超过或达到了 115 厘米。平潭站年最大减水呈减小趋势，减小速率为 1.57 毫米 / 年（线性趋势未通过显著性检验）。历史最大减水发生在 1981 年 9 月 1 日，为 94 厘米；1972 年、1975 年和 2003 年最大减水均超过了 85 厘米。

表 2.3-3　最大增水和最大减水及年极值出现频率（1967—2019 年）

|  | 1月 | 2月 | 3月 | 4月 | 5月 | 6月 | 7月 | 8月 | 9月 | 10月 | 11月 | 12月 |
| --- | --- | --- | --- | --- | --- | --- | --- | --- | --- | --- | --- | --- |
| 最大增水值 / 厘米 | 80 | 67 | 79 | 67 | 61 | 73 | 123 | 117 | 132 | 115 | 97 | 78 |
| 年最大增水出现频率 / % | 6 | 4 | 6 | 0 | 0 | 2 | 9 | 26 | 13 | 28 | 4 | 2 |
| 最大减水值 / 厘米 | 72 | 57 | 57 | 78 | 76 | 53 | 67 | 90 | 94 | 89 | 73 | 62 |
| 年最大减水出现频率 / % | 11 | 13 | 8 | 2 | 0 | 0 | 2 | 15 | 9 | 6 | 17 | 17 |

# 第三章 海浪

## 第一节 海况

平潭站全年及各月各级海况的频率见图3.1-1。全年海况以0~5级为主，频率为92.10%，其中0~3级海况频率为39.37%。全年6级及以上海况频率为7.90%，最大频率出现在10月，为15.78%。全年7级及以上海况频率为1.12%，最大频率出现在10月，为2.66%。

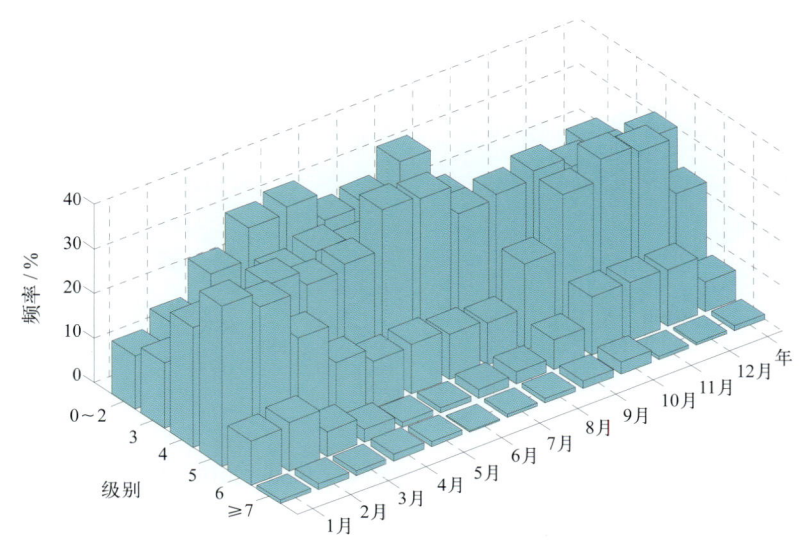

图3.1-1　全年及各月各级海况频率（1960—2019年）

## 第二节 波型

平潭站风浪频率和涌浪频率的年变化见表3.2-1。全年风浪频率较大，为99.80%，涌浪频率为85.39%。各月的风浪频率相差不大，涌浪频率差异较大。涌浪在10月至翌年3月较多，其中11月最多，频率为99.61%，在夏季（6—8月）较少，其中7月最少，频率为45.56%。

表3.2-1　各月及全年风浪涌浪频率（1960—2019年）

|  | 1月 | 2月 | 3月 | 4月 | 5月 | 6月 | 7月 | 8月 | 9月 | 10月 | 11月 | 12月 | 年 |
|---|---|---|---|---|---|---|---|---|---|---|---|---|---|
| 风浪/% | 99.90 | 99.84 | 99.71 | 99.62 | 99.73 | 99.87 | 99.83 | 99.46 | 99.84 | 99.92 | 99.99 | 99.94 | 99.80 |
| 涌浪/% | 99.42 | 98.91 | 96.52 | 91.77 | 85.48 | 56.12 | 45.56 | 64.84 | 90.09 | 98.84 | 99.61 | 99.39 | 85.39 |

注：风浪包含F、FU、F/U和U/F波型；涌浪包含U、FU、F/U和U/F波型。

## 第三节 波向

### 1. 各向风浪频率

平潭站各月及全年各向风浪频率见图3.3-1。1—4月和9—12月NNE向风浪居多，NE向次之。

5月NNE向风浪居多，SW向次之。6月NNE向风浪居多，SSW向次之。7月SSW向风浪居多，SW向次之。8月SSW向风浪居多，NNE向次之。全年NNE向风浪居多，频率为53.65%；NE向次之，频率为12.85%；WNW向最少，频率为0.04%。

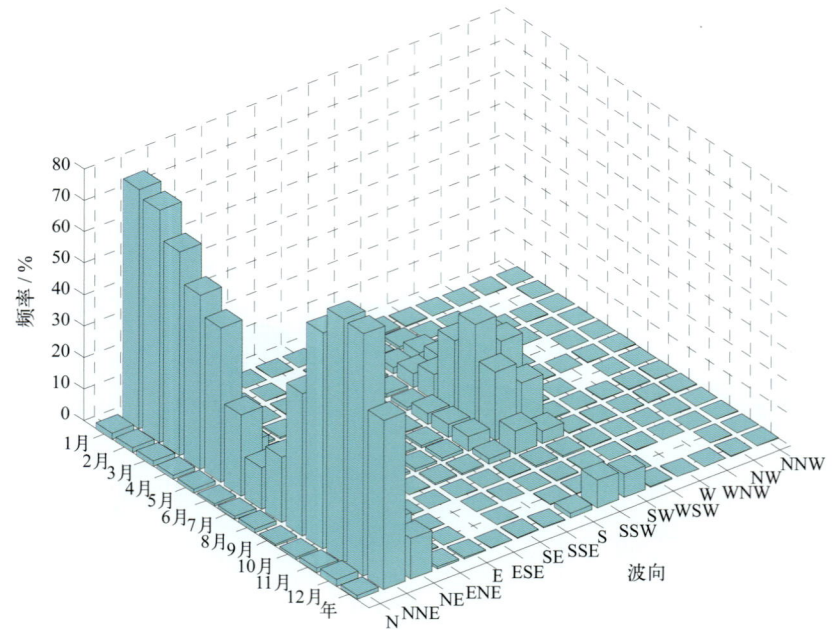

图3.3-1　各月及全年各向风浪频率（1960—2019年）

### 2. 各向涌浪频率

平潭站各月及全年各向涌浪频率见图3.3-2。1—12月均为ESE向涌浪居多，SE向次之。全年ESE向涌浪居多，频率为78.99%；SE向次之，频率为3.33%；未出现WSW—N向涌浪。

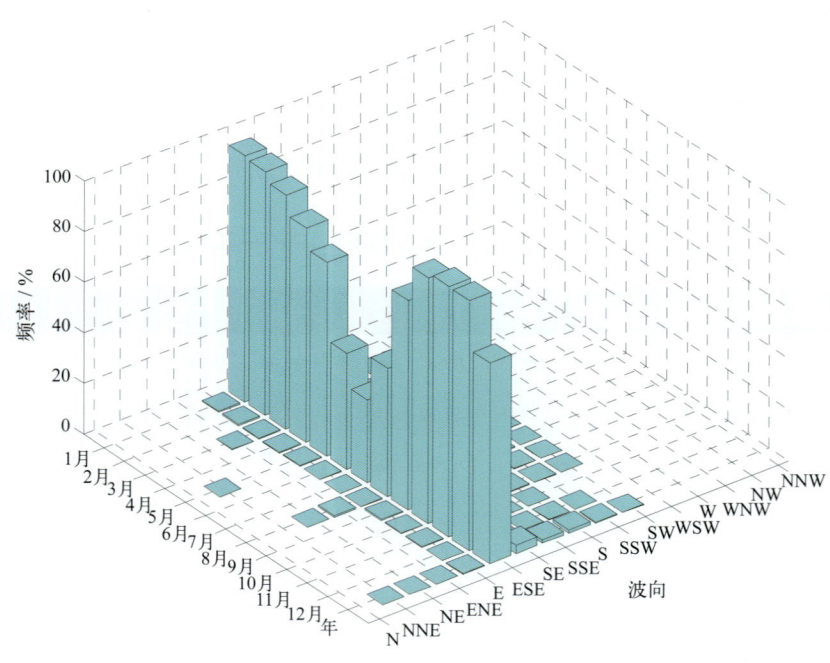

图3.3-2　各月及全年各向涌浪频率（1960—2019年）

## 第四节 波高

### 1. 平均波高和最大波高

平潭站波高的年变化见表3.4-1。月平均波高的年变化不明显，为0.9～1.6米。历年的平均波高为0.8～1.5米。

月最大波高比月平均波高的变化幅度大，极大值出现在8月，为16.0米，极小值出现在5月，为5.1米，变幅为10.9米。历年的最大波高为2.8～16.0米，大于8.0米的有4年，其中最大波高的极大值16.0米出现在1976年8月10日，正值7613号台风（Billie）影响期间，波向为ESE，对应平均风速为30米/秒，对应平均周期为8.5秒。

表 3.4-1　波高年变化（1960—2019 年）　　　　　　　　　　　　　　　　　　　　单位：米

|  | 1月 | 2月 | 3月 | 4月 | 5月 | 6月 | 7月 | 8月 | 9月 | 10月 | 11月 | 12月 | 年 |
|---|---|---|---|---|---|---|---|---|---|---|---|---|---|
| 平均波高 | 1.5 | 1.5 | 1.2 | 1.0 | 0.9 | 0.9 | 0.9 | 1.0 | 1.2 | 1.6 | 1.6 | 1.6 | 1.2 |
| 最大波高 | 5.7 | 5.4 | 5.8 | 6.1 | 5.1 | 5.5 | 7.1 | 16.0 | 9.5 | 8.4 | 6.0 | 6.3 | 16.0 |

### 2. 各向平均波高和最大波高

全年及各季代表月各向波高的分布见表3.4-2、图3.4-1和图3.4-2。全年各向平均波高为0.4～1.4米，大值主要分布于NNE向、NE向和ESE向，其中NNE向和NE向最大，小值主要分布于NNW向和WNW向，其中NNW向最小。全年各向最大波高ESE向最大，为16.0米；NE向次之，为9.1米；WNW向最小，为0.9米。

表 3.4-2　全年各向平均波高和最大波高（1960—2019 年）　　　　　　　　　　　　单位：米

|  | N | NNE | NE | ENE | E | ESE | SE | SSE | S | SSW | SW | WSW | W | WNW | NW | NNW |
|---|---|---|---|---|---|---|---|---|---|---|---|---|---|---|---|---|
| 平均波高 | 0.9 | 1.4 | 1.4 | 1.0 | 0.9 | 1.3 | 0.6 | 0.7 | 0.8 | 0.9 | 0.9 | 0.8 | 0.8 | 0.5 | 0.8 | 0.4 |
| 最大波高 | 3.1 | 8.4 | 9.1 | 5.0 | 4.6 | 16.0 | 8.5 | 6.9 | 5.4 | 7.0 | 5.1 | 5.4 | 1.9 | 0.9 | 2.5 | 1.3 |

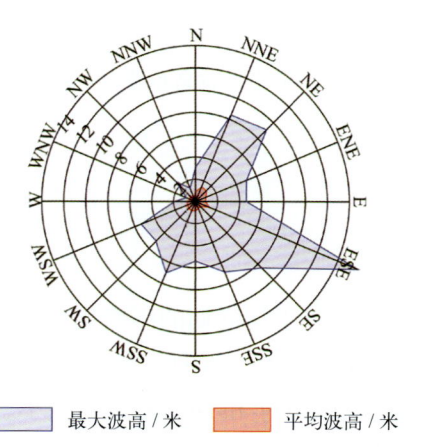

图3.4-1　全年各向平均波高和最大波高（1960—2019年）

1月平均波高 ESE 向最大，为 1.5 米；S 向、SW 向、WNW 向、NW 向和 NNW 向最小，均为 0.4 米。最大波高 ESE 向最大，为 5.7 米；NE 向次之，为 5.6 米；WNW 向最小，为 0.6 米。未出现 W 向波高有效样本。

4月平均波高 NE 向最大，为 1.4 米；SE 向、SSE 向、S 向、WSW 向、WNW 向和 NW 向最小，均为 0.5 米。最大波高 NE 向最大，为 6.1 米；NNE 向次之，为 5.6 米；NW 向最小，为 0.6 米。未出现 NNW 向波高有效样本。

7月平均波高 NE 向最大，为 1.2 米；W 向最小，为 0.5 米。最大波高 ESE 向最大，为 7.1 米；SSE 向次之，为 6.9 米；W 向最小，为 0.5 米。未出现 WNW—NNW 向波高有效样本。

10月平均波高 ENE 向最大，为 2.1 米；S 向最小，为 0.6 米。最大波高 NNE 向最大，为 8.4 米；ESE 向次之，为 7.4 米；S 向和 NW 向最小，均为 1.5 米。未出现 W 向、WNW 向和 NNW 向波高有效样本。

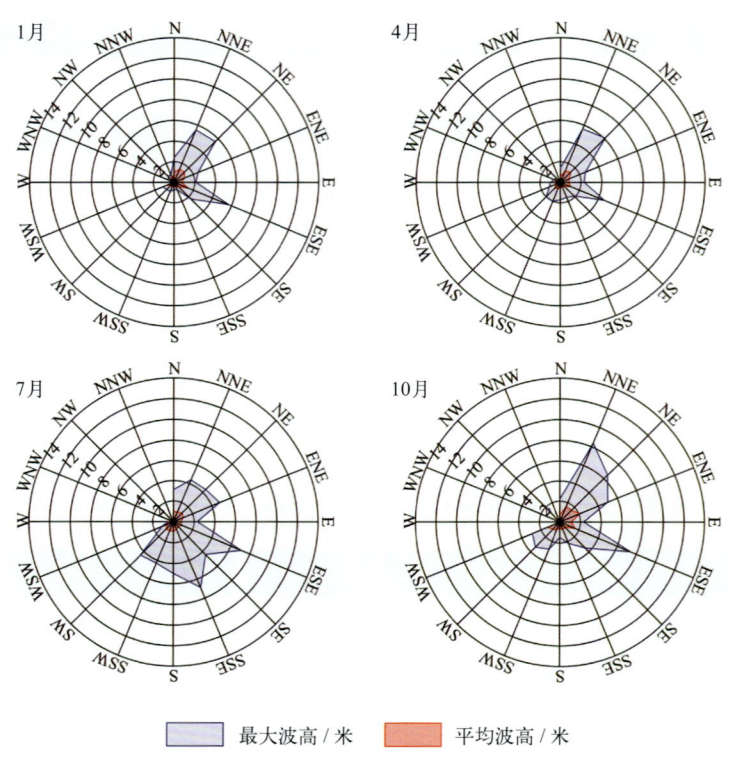

图 3.4-2　四季代表月各向平均波高和最大波高（1960—2019年）

## 第五节　周期

### 1. 平均周期和最大周期

平潭站周期的年变化见表 3.5-1。月平均周期的年变化不明显，为 4.5 ~ 6.0 秒。月最大周期的年变化幅度较大，极大值出现在 8 月，为 11.9 秒，极小值出现在 4 月，为 7.7 秒。历年的平均周期为 4.8 ~ 5.9 秒，其中 2005 年最大，1971 年和 1975 年均为最小。历年的最大周期均不小于 7.5 秒，不小于 9.0 秒的有 10 年，其中最大周期的极大值 11.9 秒出现在 1997 年 8 月 18 日，正值 9711 号台风"温妮"影响期间，波向为 ESE。

表 3.5-1 周期年变化（1965—2019 年） 单位：秒

|  | 1月 | 2月 | 3月 | 4月 | 5月 | 6月 | 7月 | 8月 | 9月 | 10月 | 11月 | 12月 | 年 |
| --- | --- | --- | --- | --- | --- | --- | --- | --- | --- | --- | --- | --- | --- |
| 平均周期 | 6.0 | 5.9 | 5.7 | 5.5 | 5.3 | 4.7 | 4.5 | 4.8 | 5.5 | 5.9 | 6.0 | 6.0 | 5.5 |
| 最大周期 | 8.7 | 8.2 | 8.2 | 7.7 | 7.9 | 8.3 | 8.5 | 11.9 | 10.3 | 9.1 | 8.7 | 8.7 | 11.9 |

## 2. 各向平均周期和最大周期

全年及各季代表月各向周期的分布见表 3.5-2、图 3.5-1 和图 3.5-2。全年各向平均周期为 3.9 ~ 5.8 秒，ESE 向和 E 向周期值较大。全年各向最大周期 ESE 向最大，为 11.9 秒；NNE 向次之，为 9.0 秒；NW 向最小，为 4.0 秒。

表 3.5-2 全年各向平均周期和最大周期（1965—2019 年） 单位：秒

|  | N | NNE | NE | ENE | E | ESE | SE | SSE | S | SSW | SW | WSW | W | WNW | NW | NNW |
| --- | --- | --- | --- | --- | --- | --- | --- | --- | --- | --- | --- | --- | --- | --- | --- | --- |
| 平均周期 | 5.0 | 5.3 | 5.3 | 4.9 | 5.5 | 5.8 | 5.1 | 4.9 | 4.4 | 4.0 | 3.9 | 4.0 | 4.6 | 4.4 | 4.0 | — |
| 最大周期 | 6.6 | 9.0 | 8.9 | 7.4 | 7.8 | 11.9 | 8.6 | 8.7 | 7.7 | 7.3 | 8.5 | 6.3 | 5.9 | 4.4 | 4.0 | — |

"—"表示未出现有效样本。

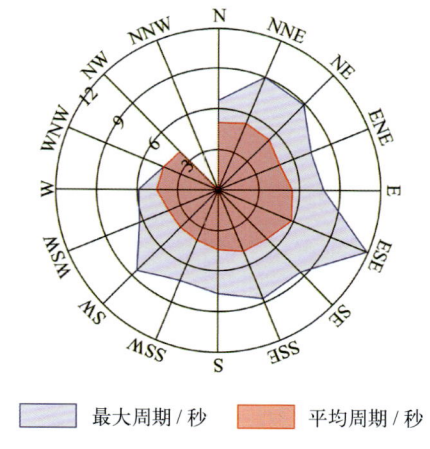

图3.5-1 全年各向平均周期和最大周期（1965—2019年）

1月平均周期 ENE 向最大，为 6.1 秒；SW 向最小，为 3.8 秒。最大周期 ESE 向最大，为 8.7 秒；NNE 向次之，为 7.9 秒；NW 向最小，为 4.0 秒。未出现 WSW—WNW 向和 NNW 向周期有效样本。

4月平均周期 E 向最大，为 5.9 秒；SW 向最小，为 4.0 秒。最大周期 ESE 向、SE 向和 S 向最大，均为 7.7 秒；NNE 向次之，为 7.2 秒；W 向和 WNW 向最小，均为 4.4 秒。未出现 NW—N 向周期有效样本。

7月平均周期 ENE 向最大，为 5.7 秒；N 向最小，为 3.1 秒。最大周期 ESE 向和 SW 向最大，均为 8.5 秒；NNE 向次之，为 8.0 秒；N 向最小，为 3.1 秒。未出现 WNW—NNW 向周期有效样本。

10月平均周期 ESE 向最大，为 6.0 秒；SW 向最小，为 4.0 秒。最大周期 ESE 向最大，为 9.1 秒；NNE 向次之，为 9.0 秒；N 向最小，为 4.4 秒。未出现 W—NNW 向周期有效样本。

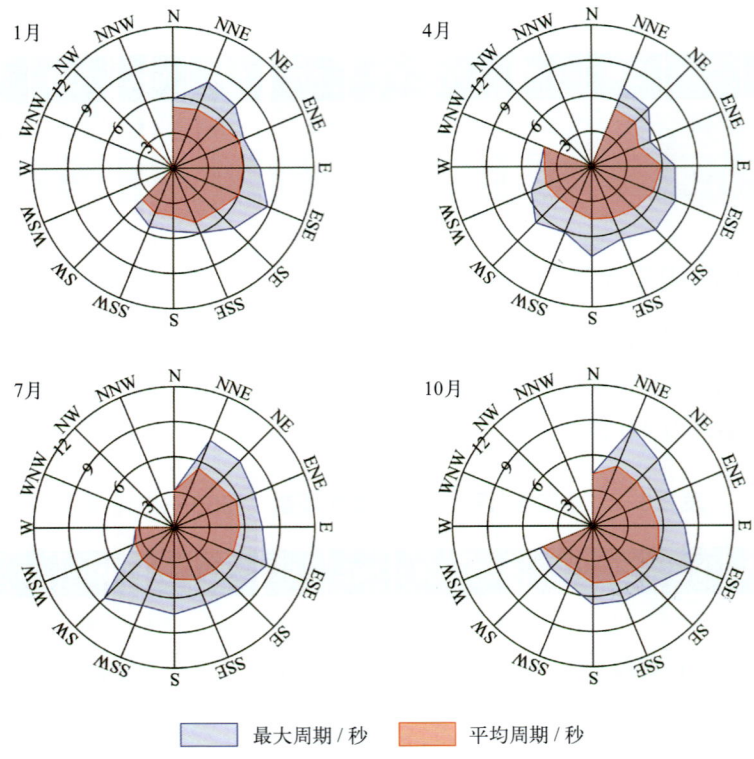

图3.5-2　四季代表月各向平均周期和最大周期（1965—2019年）

# 第四章  表层海水温度、盐度和海发光

## 第一节  表层海水温度

### 1. 平均水温、最高水温和最低水温

平潭站月平均水温的年变化具有峰谷明显的特点，9月最高，为 26.4℃，2月最低，为 12.0℃，年较差为 14.4℃。3—9 月为升温期，10 月至翌年 2 月为降温期。月最高水温和月最低水温的年变化特征与月平均水温相似（图 4.1-1）。

历年（2002—2004 年和 2007 年数据有缺测）的平均水温为 18.9 ~ 21.2℃，其中 2016 年最高，1984 年最低。累年平均水温为 19.9℃。

历年的最高水温均不低于 26.2℃，其中大于 29.0℃的有 30 年，大于 30.0℃的有 9 年，出现时间为 6—10 月，8 月和 9 月最多，占统计年份的 76%。水温极大值为 31.6℃，出现在 1960 年 7 月 3 日。

历年的最低水温均不高于 12.8℃，其中小于 10.0℃的有 26 年，小于 9.0℃的有 9 年，出现时间为 12 月至翌年 3 月，2 月最多，占统计年份的 59%。水温极小值为 6.8℃，出现在 1968 年 2 月 8 日。

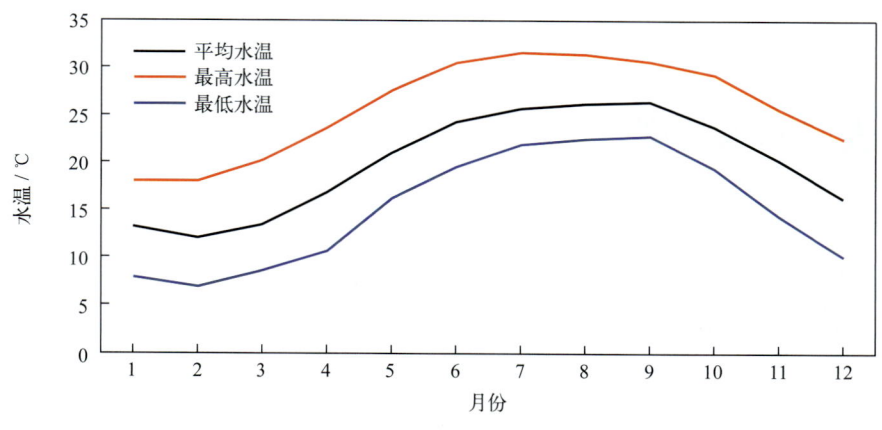

图 4.1-1  水温年变化（1960—2019 年）

### 2. 日平均水温稳定通过界限温度的日期

采用五日滑动平均方法求出稳定通过各个界限温度的日期，见表 4.1-1。日平均水温全年均稳定通过 10℃，稳定通过 15℃的有 268 天，稳定通过 20℃的有 194 天，稳定通过 25℃的初日为 6 月 25 日，终日为 10 月 5 日，共 103 天。

表 4.1-1  日平均水温稳定通过界限温度的日期（1960—2019 年）

|  | 10℃ | 15℃ | 20℃ | 25℃ |
| --- | --- | --- | --- | --- |
| 初日 | 1月1日 | 4月3日 | 5月8日 | 6月25日 |
| 终日 | 12月31日 | 12月26日 | 11月17日 | 10月5日 |
| 天数 | 365 | 268 | 194 | 103 |

### 3. 长期趋势变化

1960—2019 年，年平均水温和年最低水温均呈波动上升趋势，上升速率分别为 0.14℃/（10 年）和 0.28℃/（10 年），年最高水温呈波动下降趋势，下降速率为 0.21℃/（10 年），其中 1960 年和 1964 年最高水温分别为 1960 年以来的第一高值和第二高值，1968 年和 1977 年最低水温分别为 1960 年以来的第一低值和第二低值。

十年平均水温变化显示，1980—1989 年平均水温最低，2010—2019 年平均水温较 1980—1989 年平均水温升幅为 0.79℃（图 4.1-2）。

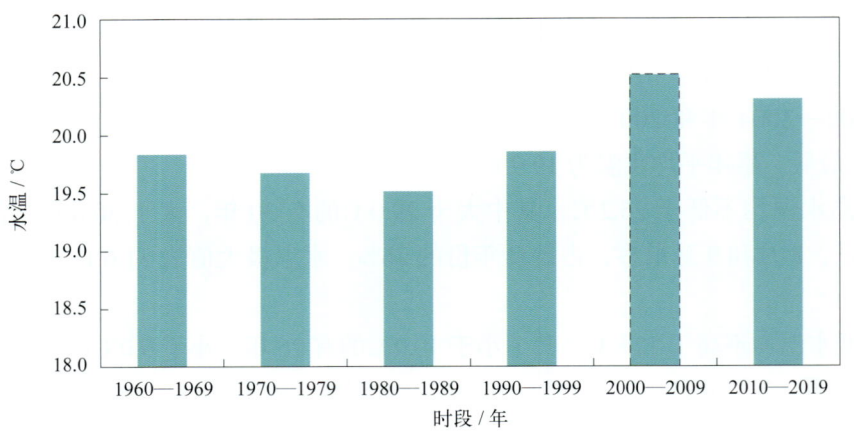

图4.1-2　十年平均水温变化（数据不足十年加虚线框表示，下同）

## 第二节　表层海水盐度

### 1. 平均盐度、最高盐度和最低盐度

平潭站月平均盐度最高值出现在 7 月，为 33.51，最低值出现在 11 月，为 29.71，年较差为 3.80。月最高盐度 7 月最大，12 月最小。月最低盐度 12 月最大，6 月最小（图 4.2-1）。

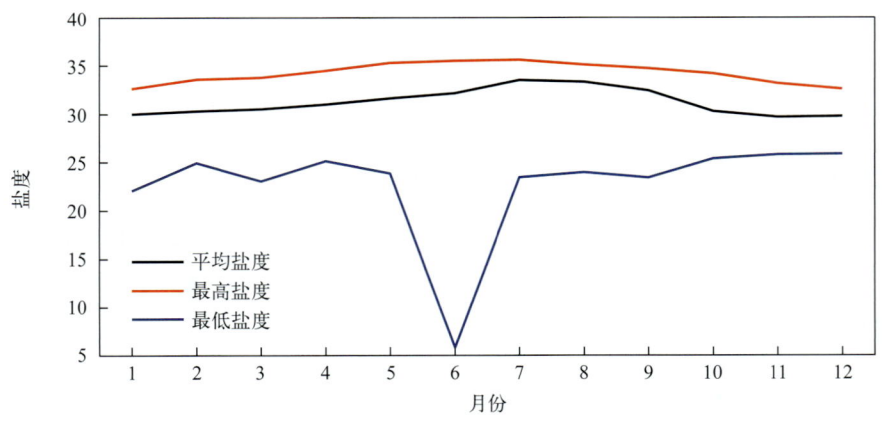

图4.2-1　盐度年变化（1960—2019年）

历年（2002—2004年数据有缺测）的平均盐度为29.44～32.27，其中1996年最高，2010年最低。累年平均盐度为31.23。

历年的最高盐度均大于33.25，其中大于34.50的有19年，大于35.00的有7年。年最高盐度主要出现在6—8月，其中7月最多，占统计年份的50%。盐度极大值为35.60，出现在2015年7月1日。

历年的最低盐度均小于29.75，其中小于25.00的有14年，小于24.00的有8年。年最低盐度除7月外其余各月均有出现，其中6月占统计年份的25%。盐度极小值为5.84，出现在1963年6月16日。

### 2. 长期趋势变化

1960—2019年，年平均盐度呈波动下降趋势，下降速率为0.25/（10年），年最高盐度和年最低盐度均无明显变化趋势。2015年和1980年最高盐度分别为1960年以来的第一高值和第二高值；1963年和1973年最低盐度分别为1960年以来的第一低值和第二低值。

十年平均盐度变化显示，1960—1969年平均盐度最高，2010—2019年平均盐度最低，两者相差1.33（图4.2-2）。

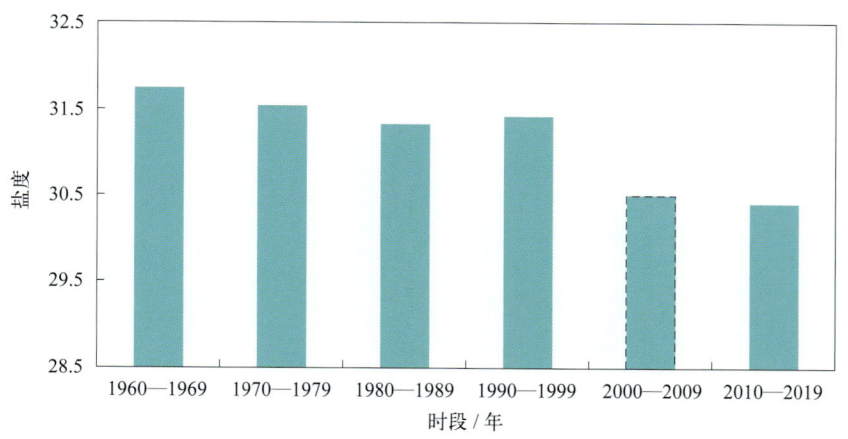

图4.2-2　十年平均盐度变化

## 第三节　海发光

1960—2002年，平潭站观测到的海发光主要为火花型（H），其次是闪光型（S），未观测到弥漫型（M）。1级海发光最多，占67.2%；2级次之，占28.2%；4级最少，占0.1%。

各月及全年海发光频率见表4.3-1和图4.3-1。各月海发光频率均较高，其中8月最高，2月最低。累年平均海发光频率为90.6%。

历年海发光频率均不小于68.7%，其中1979年海发光频率为100%，1975年最小。

表4.3-1　各月及全年海发光频率（1960—2002年）

|  | 1月 | 2月 | 3月 | 4月 | 5月 | 6月 | 7月 | 8月 | 9月 | 10月 | 11月 | 12月 | 年 |
|---|---|---|---|---|---|---|---|---|---|---|---|---|---|
| 频率/% | 76.9 | 69.9 | 82.3 | 96.6 | 97.5 | 95.5 | 97.2 | 98.1 | 97.5 | 95.8 | 92.4 | 86.1 | 90.6 |

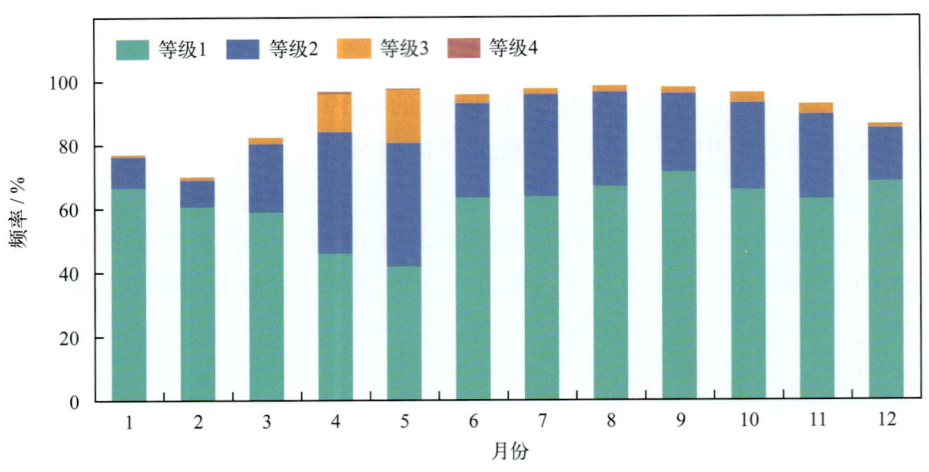

图4.3-1　各月各级海发光频率（1960—2002年）

# 第五章　海洋气象

## 第一节　气温

### 1. 平均气温、最高气温和最低气温

1960—2019年，平潭站累年平均气温为19.6℃。月平均气温8月最高，为27.5℃，2月最低，为10.9℃，年较差为16.6℃。月最高气温和月最低气温的年变化特征与月平均气温相似，月最高气温极大值出现在9月，月最低气温极小值出现在1月（表5.1-1，图5.1-1）。

表5.1-1　气温年变化（1960—2019年）　　　　　　　　　　　　　　　　　　　　单位：℃

|  | 1月 | 2月 | 3月 | 4月 | 5月 | 6月 | 7月 | 8月 | 9月 | 10月 | 11月 | 12月 | 年 |
|---|---|---|---|---|---|---|---|---|---|---|---|---|---|
| 平均气温 | 11.5 | 10.9 | 12.9 | 17.0 | 21.3 | 24.8 | 27.2 | 27.5 | 26.4 | 23.0 | 18.9 | 14.3 | 19.6 |
| 最高气温 | 23.8 | 24.8 | 25.9 | 30.9 | 33.2 | 34.5 | 40.1 | 40.9 | 41.1 | 33.6 | 28.0 | 26.2 | 41.1 |
| 最低气温 | 1.2 | 2.5 | 2.5 | 5.9 | 11.8 | 15.9 | 20.3 | 21.6 | 17.6 | 12.4 | 9.2 | 3.9 | 1.2 |

注：2010—2012年数据有缺测。

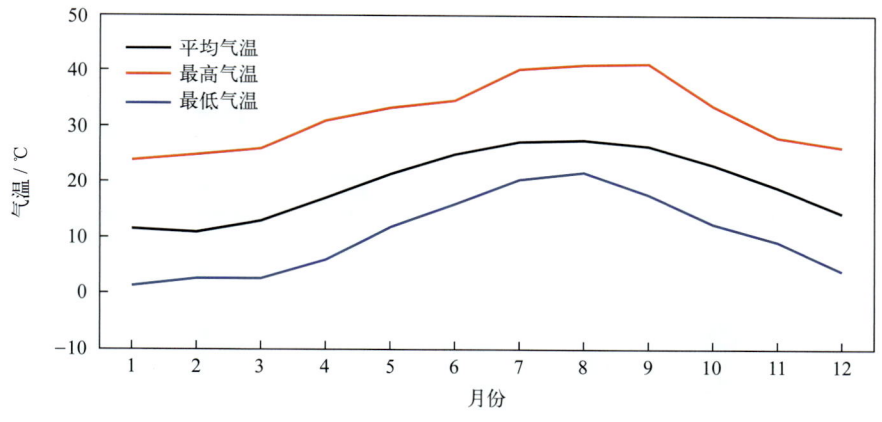

图5.1-1　气温年变化（1960—2019年）

历年的平均气温为18.4～21.2℃，其中2007年最高，1984年最低。

历年的最高气温均高于30.5℃，其中高于33.0℃的有17年，高于36.0℃的有2年。最早出现时间为6月30日（1967年），最晚出现时间为10月2日（2017年）。8月最高气温出现频率最高，占统计年份的48%，7月次之，占33%（图5.1-2）。极大值为41.1℃，出现在2003年9月2日。

历年的最低气温均低于9.0℃，其中低于4.0℃的有18年，低于3.0℃的有9年。最早出现时间为12月13日（1975年），最晚出现时间为3月26日（1987年）。2月最低气温出现频率最高，占统计年份的46%，1月次之，占26%（图5.1-2）。极小值为1.2℃，出现在1977年1月31日。

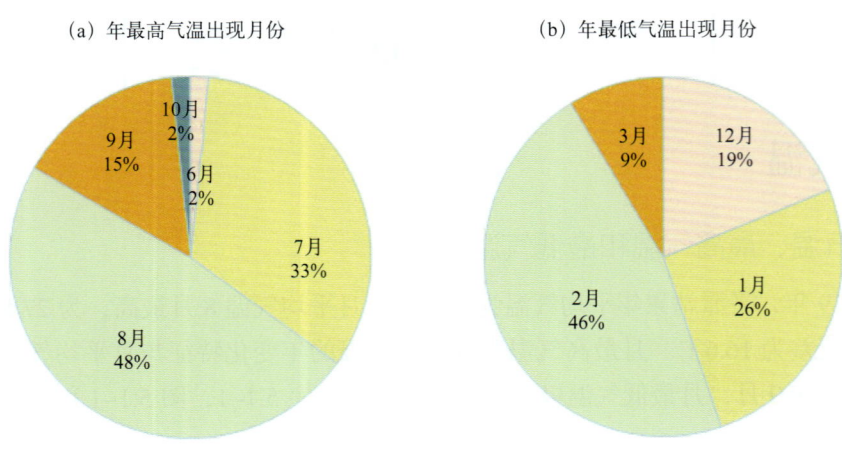

图5.1-2 年最高、最低气温出现月份及频率（1960—2019年）

### 2. 长期趋势变化

1960—2019年，年平均气温、年最高气温和年最低气温均呈波动上升趋势，上升速率分别为 0.22℃/（10年）、0.14℃/（10年）（线性趋势未通过显著性检验）和0.49℃/（10年）。

十年平均气温变化显示，2000—2009年和2010—2019年平均气温最高，均为20.3℃，1980—1989年平均气温最低，为19.0℃（图5.1-3）。

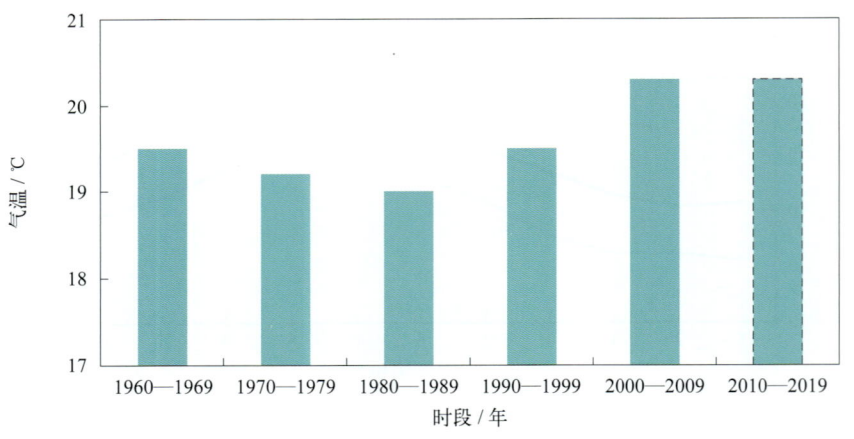

图5.1-3 十年平均气温变化

### 3. 常年自然天气季节和大陆度

利用平潭站1965—2019年气温累年日平均数据计算五日滑动平均气温，根据《气候季节划分》（QX/T 152—2012）气候季节划分指标和本志季节起止日确定方法，平潭站平均春季时间从2月7日至5月24日，共107天；平均夏季时间从5月25日至10月26日，共155天；平均秋季时间从10月27日至翌年2月6日，共103天。夏季时间最长，全年无冬季（图5.1-4）。

平潭站焦金斯基大陆度指数为34.6%，属海洋性季风气候。

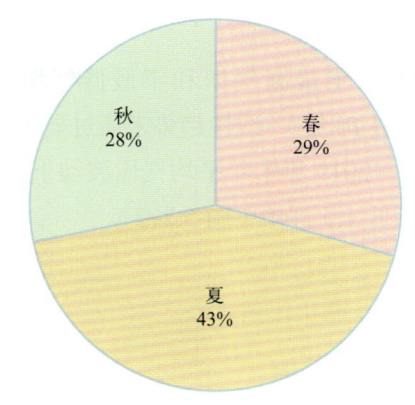

图5.1-4 四季平均日数百分率（1965—2019年）

## 第二节 气压

### 1. 平均气压、最高气压和最低气压

1965—2019 年，平潭站累年平均气压为 1 011.3 百帕。月平均气压 1 月最高，为 1 019.1 百帕，8 月最低，为 1 002.7 百帕，年较差为 16.4 百帕。月最高气压 12 月最大，8 月最小。月最低气压 1 月最大，8 月最小（表 5.2-1，图 5.2-1）。

历年的平均气压为 1 010.0 ~ 1 013.7 百帕，其中 1967 年最高，2019 年最低。

历年的最高气压均高于 1 025.0 百帕，其中高于 1 030.0 百帕的有 23 年，高于 1 032.0 百帕的有 4 年。极大值为 1 034.5 百帕，出现在 1967 年 12 月 11 日。

历年的最低气压均低于 996.5 百帕，其中低于 980.0 百帕的有 18 年，低于 970.0 百帕的有 4 年。极小值为 964.8 百帕，出现在 2013 年 8 月 22 日，正值 1312 号台风"潭美"影响期间。

表 5.2-1　气压年变化（1965—2019 年）　　　　　　　　　　　　　　单位：百帕

|  | 1月 | 2月 | 3月 | 4月 | 5月 | 6月 | 7月 | 8月 | 9月 | 10月 | 11月 | 12月 | 年 |
| --- | --- | --- | --- | --- | --- | --- | --- | --- | --- | --- | --- | --- | --- |
| 平均气压 | 1 019.1 | 1 017.8 | 1 015.3 | 1 011.6 | 1 007.6 | 1 004.2 | 1 003.2 | 1 002.7 | 1 006.9 | 1 012.5 | 1 016.2 | 1 019.0 | 1 011.3 |
| 最高气压 | 1 033.4 | 1 032.6 | 1 031.3 | 1 026.9 | 1 019.6 | 1 014.0 | 1 014.3 | 1 013.7 | 1 017.7 | 1 022.9 | 1 030.8 | 1 034.5 | 1 034.5 |
| 最低气压 | 1 002.9 | 999.9 | 1 001.0 | 996.7 | 993.9 | 985.5 | 972.5 | 964.8 | 974.7 | 983.1 | 997.7 | 1 000.9 | 964.8 |

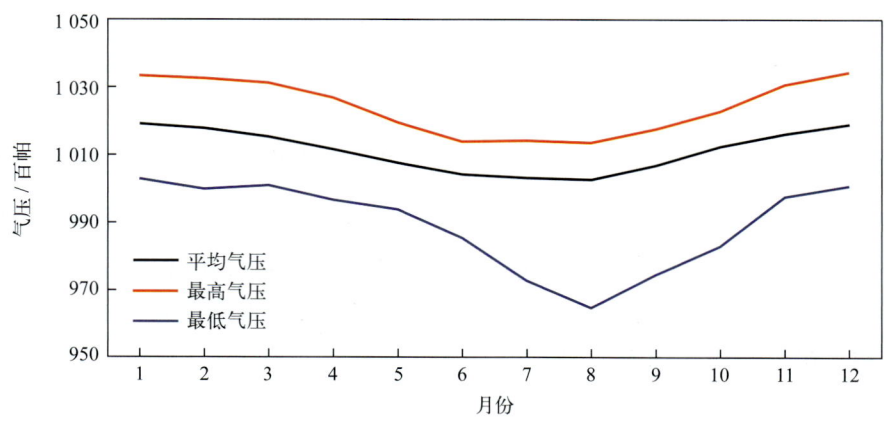

图 5.2-1　气压年变化（1965—2019年）

## 2. 长期趋势变化

1965—2019 年，年平均气压、年最高气压和年最低气压均呈下降趋势，下降速率分别为 0.33 百帕/（10 年）、0.11 百帕/（10 年）（线性趋势未通过显著性检验）和 1.94 百帕/（10 年）。

十年平均气压变化显示，1965—2019 年十年平均气压波动下降，2010—2019 年平均气压最低，为 1 010.6 百帕，比 1970—1979 年低 1.0 百帕（图 5.2-2）。

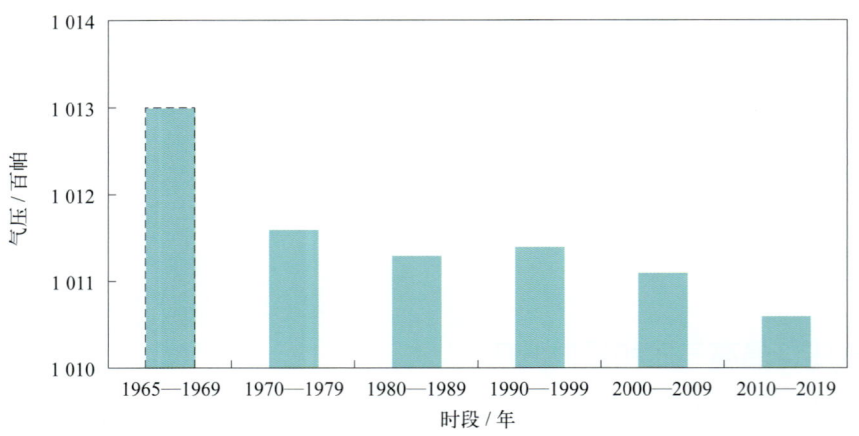

图5.2-2 十年平均气压变化

# 第三节 相对湿度

## 1. 平均相对湿度和最小相对湿度

1960—2019 年，平潭站累年平均相对湿度为 83.1%。月平均相对湿度 6 月最大，为 90.6%，12 月最小，为 76.9%。平均月最小相对湿度 6 月最大，为 62.8%，12 月最小，为 39.2%。最小相对湿度的极小值为 2%，出现在 2006 年 3 月 2 日（表 5.3-1，图 5.3-1）。

表 5.3-1 相对湿度年变化（1960—2019 年）

|  | 1月 | 2月 | 3月 | 4月 | 5月 | 6月 | 7月 | 8月 | 9月 | 10月 | 11月 | 12月 | 年 |
| --- | --- | --- | --- | --- | --- | --- | --- | --- | --- | --- | --- | --- | --- |
| 平均相对湿度/% | 77.7 | 81.2 | 83.9 | 86.3 | 88.6 | 90.6 | 88.3 | 87.0 | 81.1 | 77.4 | 78.4 | 76.9 | 83.1 |
| 平均最小相对湿度/% | 39.4 | 44.7 | 45.7 | 46.5 | 53.0 | 62.8 | 61.0 | 59.3 | 49.0 | 45.1 | 44.4 | 39.2 | 49.2 |
| 最小相对湿度/% | 7 | 12 | 2 | 17 | 17 | 12 | 12 | 15 | 30 | 28 | 17 | 13 | 2 |

注：平均最小相对湿度为各月最小相对湿度的累年平均值及其年平均值。2003—2005 年数据有缺测。

## 2. 长期趋势变化

1960—2019 年，年平均相对湿度为 76.6% ~ 87.5%，其中 2010 年最大，2006 年最小。1960—2019 年，年平均相对湿度呈上升趋势，上升速率为 0.26%/（10 年）（线性趋势未通过显著性检验）。十年平均相对湿度变化显示，2010—2019 年平均相对湿度最大，1960—1969 年平均相对湿度最小，两者相差 3.0%（图 5.3-2）。

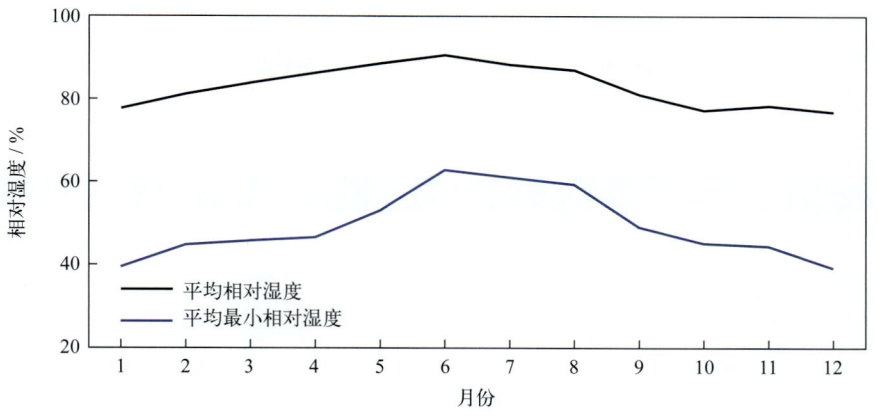

图 5.3-1　相对湿度年变化（1960—2019年）

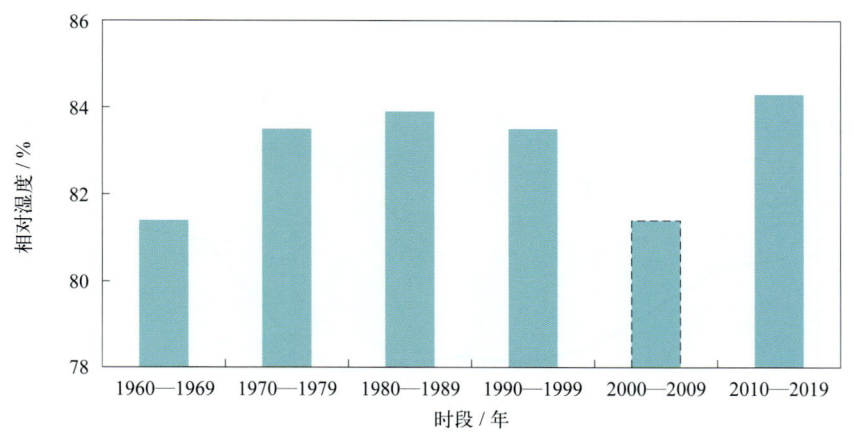

图 5.3-2　十年平均相对湿度变化

### 3. 温湿指数

根据《人居环境气候舒适度评价》（GB/T 27963—2011）的温湿指数统计方法和气候舒适度等级划分方法，统计平潭站各月温湿指数，结果显示：1—3月温湿指数为11.3～13.0，感觉为寒冷；4月和12月温湿指数分别为16.8和14.3，感觉为冷；5月、6月和9—11月温湿指数为18.3～25.2，感觉为舒适；7月和8月温湿指数分别为26.3和26.6，感觉为热（表5.3-2）。

表 5.3-2　温湿指数年变化（1960—2019年）

|  | 1月 | 2月 | 3月 | 4月 | 5月 | 6月 | 7月 | 8月 | 9月 | 10月 | 11月 | 12月 |
| --- | --- | --- | --- | --- | --- | --- | --- | --- | --- | --- | --- | --- |
| 温湿指数 | 11.8 | 11.3 | 13.0 | 16.8 | 20.9 | 24.3 | 26.3 | 26.6 | 25.2 | 21.9 | 18.3 | 14.3 |
| 感觉程度 | 寒冷 | 寒冷 | 寒冷 | 冷 | 舒适 | 舒适 | 热 | 热 | 舒适 | 舒适 | 舒适 | 冷 |

# 第四节　风

### 1. 平均风速和最大风速

平潭站风速的年变化见表5.4-1和图5.4-1。累年平均风速为8.5米/秒，月平均风速11月最大，为10.8米/秒，8月最小，为6.4米/秒。平均最大风速9月最大，为22.9米/秒，5月最小，为

17.2 米/秒。最大风速月最大值对应风向多为 NNE 向（5 个月）。极大风速的最大值为 50.7 米/秒，出现在 2015 年 8 月 8 日，正值 1513 号台风"苏迪罗"影响期间，对应风向为 NE。

表 5.4-1　风速年变化（1960—2019 年）　　　　　　　　　单位：米/秒

| | | 1月 | 2月 | 3月 | 4月 | 5月 | 6月 | 7月 | 8月 | 9月 | 10月 | 11月 | 12月 | 年 |
|---|---|---|---|---|---|---|---|---|---|---|---|---|---|---|
| 平均风速 | | 9.9 | 9.6 | 8.4 | 7.2 | 6.7 | 6.9 | 6.7 | 6.4 | 8.2 | 10.5 | 10.8 | 10.5 | 8.5 |
| 最大风速 | 平均值 | 19.7 | 19.2 | 19.4 | 18.3 | 17.2 | 17.8 | 20.0 | 22.3 | 22.9 | 21.9 | 20.9 | 19.9 | 20.0 |
| | 最大值 | 25.3 | 23.0 | 25.0 | 24.7 | 26.7 | 29.3 | 34.7 | 60.0 | 34.0 | 34.0 | 26.7 | 25.0 | 60.0 |
| | 最大值对应风向 | NE | NNE/NE | NE | NE | SSW | SSE | ENE | S | NNE/N | NNE | NNE | NNE | S |
| 极大风速 | 最大值 | 26.6 | 27.4 | 28.0 | 27.7 | 29.0 | 30.2 | 40.5 | 50.7 | 41.3 | 35.9 | 28.2 | 30.2 | 50.7 |
| | 最大值对应风向 | NNE | NE | NE | N | NE | N | NE | NE | ENE | NE | NE | NE | NE |

注：2002—2004 年数据有缺测，极大风速的统计时间为 2002 年 7 月至 2019 年 12 月。

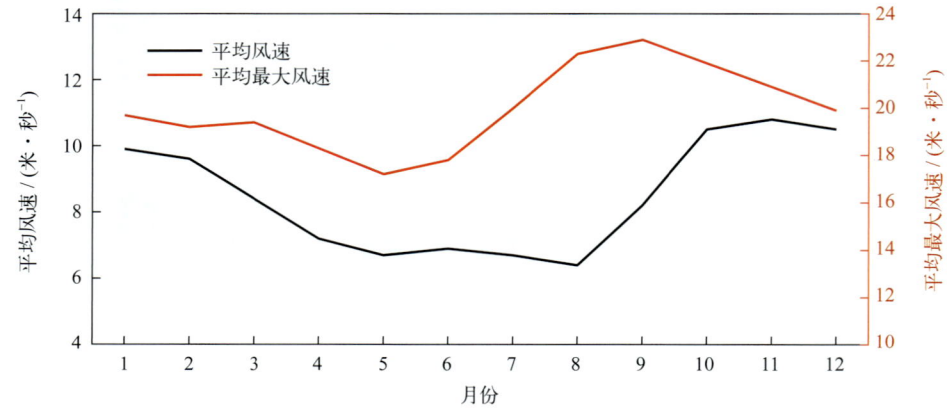

图 5.4-1　平均风速和平均最大风速年变化（1960—2019 年）

历年的平均风速为 5.9 ~ 9.9 米/秒，其中 1984 年和 1988 年均为最大，1963 年最小。历年的最大风速均大于等于 20.0 米/秒，其中大于等于 28.0 米/秒的有 27 年，大于等于 35.0 米/秒的有 3 年。最大风速的最大值为 60.0 米/秒，出现在 1985 年 8 月 24 日，正值 8510 号台风影响期间，风向为 S。年最大风速出现在 9 月的频率最高，2 月、4 月和 5 月未出现（图 5.4-2）。

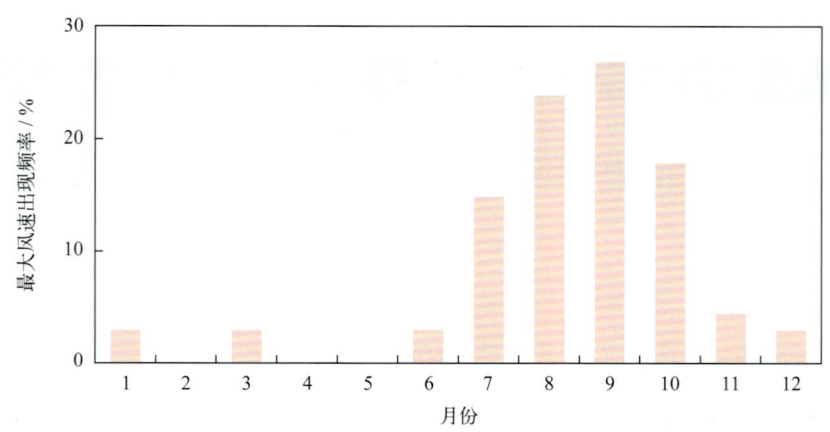

图 5.4-2　年最大风速出现频率（1960—2019 年）

## 2. 各向风频率

全年 NNE 向风最多，频率为 37.6%，NE 向次之，频率为 21.9%，WNW 向最少，频率为 0.5%（图 5.4-3）。

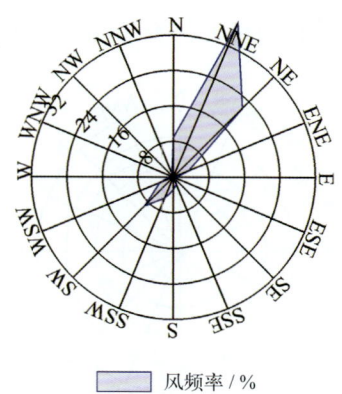

图5.4-3　全年各向风频率（1965—2019年）

1月盛行风向为 N—NE，频率和为 92.2%；4月盛行风向为 N—NE，频率和为 67.6%；7月盛行风向为 S—WSW，频率和为 64.2%；10月盛行风向为 NNE—NE，频率和为 83.3%（图 5.4-4）。

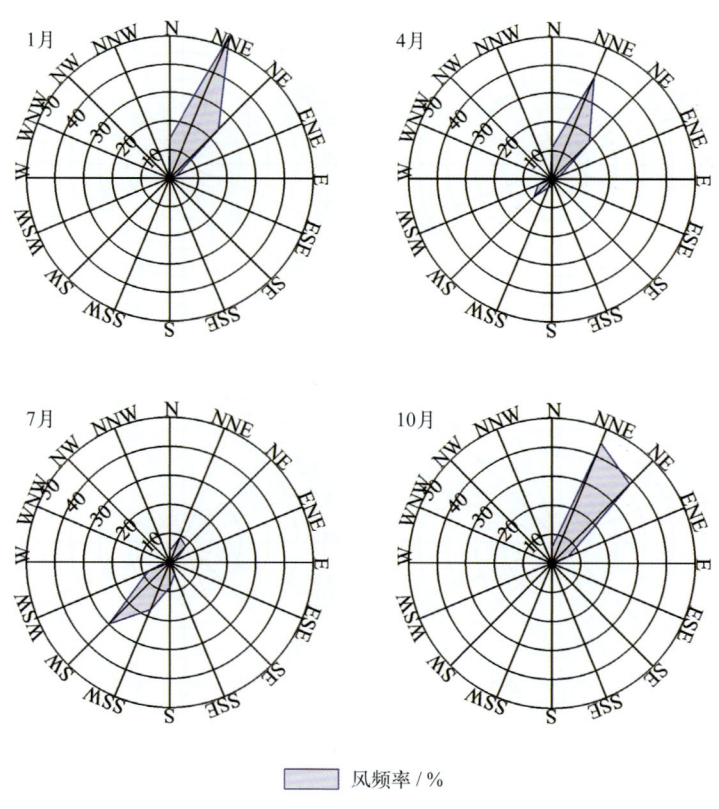

图5.4-4　四季代表月各向风频率（1965—2019年）

## 3. 各向平均风速和最大风速

全年各向平均风速 NNE 向最大，为 9.5 米/秒，NE 向次之，为 9.0 米/秒，WNW 向最小，为 1.6 米 / 秒（图 5.4-5）。1 月、4 月、7 月和 10 月均为 NNE 向平均风速最大，分别为 10.9 米 / 秒、8.7 米 / 秒、7.7 米 / 秒和 10.9 米 / 秒（图 5.4-6）。

全年各向最大风速 S 向最大，为 60.0 米 / 秒，W 向次之，为 38.1 米 / 秒，NNW 向最小，为 22.5 米 / 秒（图 5.4-5）。1 月和 4 月 NE 向最大风速最大，分别为 25.3 米 / 秒和 24.7 米 / 秒；7 月 ENE 向最大，为 34.7 米 / 秒；10 月 NNE 向最大，为 34.0 米 / 秒（图 5.4-6）。

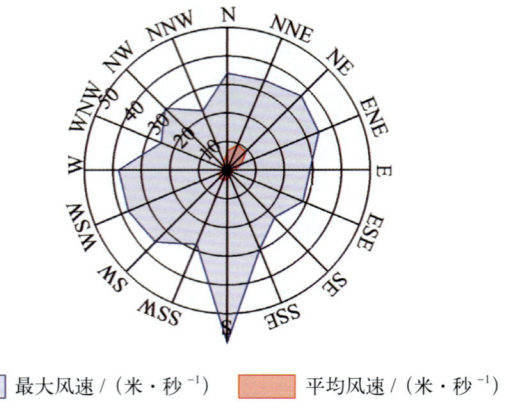

图 5.4-5　全年各向平均风速和最大风速（1965—2019 年）

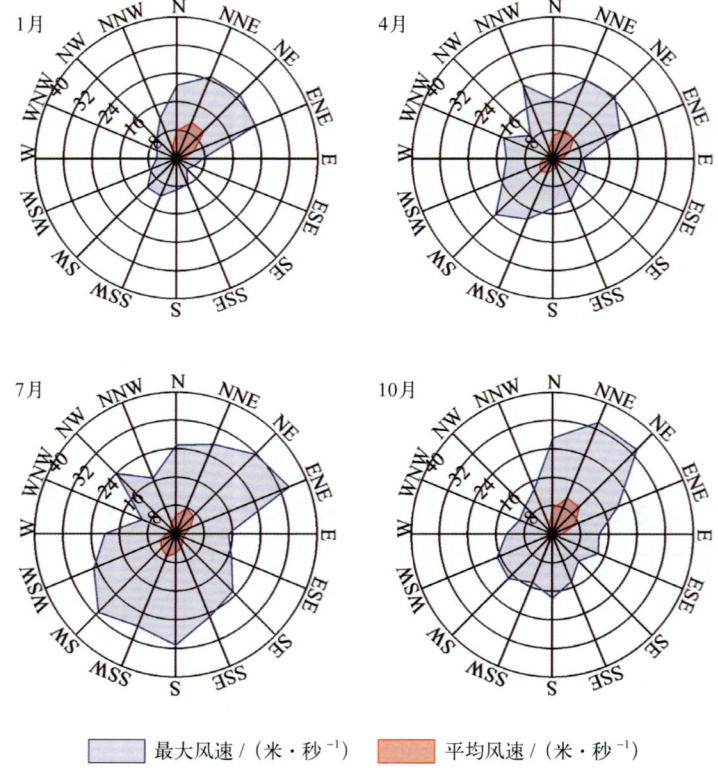

图 5.4-6　四季代表月各向平均风速和最大风速（1965—2019 年）

### 4. 大风日数

风力大于等于 6 级的大风日数 12 月最多，为 24.9 天，占全年的 11.5%，11 月次之，为

24.4 天（表 5.4-2，图 5.4-7）。平均年大风日数为 216.4 天（表 5.4-2）。历年大风日数 1984 年最多，为 296 天，1963 年最少，为 79 天。

风力大于等于 8 级的大风日数 11 月最多，为 7.7 天，5 月和 6 月最少，均为 1.2 天。历年大风日数 1981 年最多，为 110 天，1972 年和 1973 年最少，均为 7 天。

风力大于等于 6 级的月大风日数最多为 31 天，出现过 5 次；最长连续大于等于 6 级大风日数为 84 天，出现在 1978 年 9 月 16 日至 12 月 8 日（表 5.4-2）。

表 5.4-2　各级大风日数年变化（1960—2019 年）　　　　　　　　　　　单位：天

| | 1月 | 2月 | 3月 | 4月 | 5月 | 6月 | 7月 | 8月 | 9月 | 10月 | 11月 | 12月 | 年 |
| --- | --- | --- | --- | --- | --- | --- | --- | --- | --- | --- | --- | --- | --- |
| 大于等于 6 级大风平均日数 | 23.8 | 21.5 | 20.1 | 15.3 | 12.2 | 13.0 | 11.0 | 10.9 | 15.8 | 23.5 | 24.4 | 24.9 | 216.4 |
| 大于等于 7 级大风平均日数 | 16.7 | 14.1 | 12.0 | 7.1 | 4.9 | 5.7 | 4.8 | 6.1 | 9.7 | 16.4 | 17.6 | 18.3 | 133.4 |
| 大于等于 8 级大风平均日数 | 6.1 | 4.8 | 3.7 | 2.1 | 1.2 | 1.2 | 1.6 | 2.3 | 4.3 | 7.6 | 7.7 | 6.7 | 49.3 |
| 大于等于 6 级大风最多日数 | 31 | 28 | 29 | 25 | 23 | 24 | 21 | 27 | 26 | 31 | 30 | 31 | 296 |
| 最长连续大于等于 6 级大风日数 | 49 | 43 | 34 | 21 | 12 | 15 | 18 | 15 | 21 | 46 | 76 | 84 | 84 |

注：大于等于 6 级大风统计时间为 1960—2019 年，大于等于 7 级和大于等于 8 级大风统计时间为 1965—2019 年。

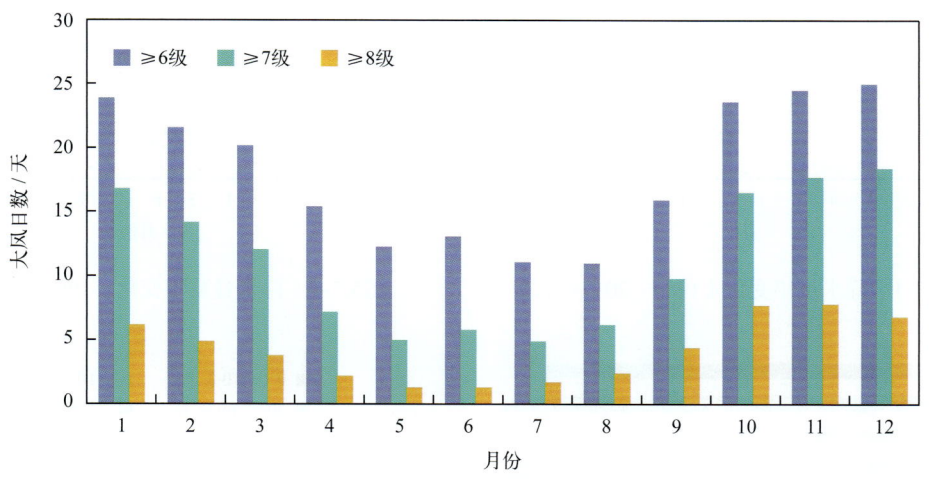

图 5.4-7　各级大风日数年变化

## 第五节　降水

### 1. 降水量和降水日数

#### （1）降水量

平潭站降水量的年变化见表 5.5-1 和图 5.5-1。平均年降水量为 1 192.4 毫米，6—8 月降水量为 480.1 毫米，占全年降水量的 40.3%，3—5 月为 385.2 毫米，占全年的 32.3%，9—11 月为

171.0毫米，占全年的14.3%，12月至翌年2月为156.1毫米，占全年的13.1%。6月平均降水量最多，为250.0毫米，占全年的21.0%。

历年年降水量为668.5～3 450.3毫米，其中2010年最多，1967年最少。

最大日降水量超过100毫米的有36年，超过150毫米的有14年，超过200毫米的有5年。最大日降水量为251.7毫米，出现在1963年7月。

表5.5-1  降水量年变化（1960—2019年）　　　　　　　　　　　　单位：毫米

| | 1月 | 2月 | 3月 | 4月 | 5月 | 6月 | 7月 | 8月 | 9月 | 10月 | 11月 | 12月 | 年 |
|---|---|---|---|---|---|---|---|---|---|---|---|---|---|
| 平均降水量 | 48.9 | 68.6 | 114.0 | 119.9 | 151.3 | 250.0 | 99.7 | 130.4 | 94.9 | 35.7 | 40.4 | 38.6 | 1 192.4 |
| 最大日降水量 | 90.1 | 82.4 | 74.3 | 88.9 | 145.3 | 226.3 | 251.7 | 180.6 | 193.8 | 121.6 | 88.7 | 76.8 | 251.7 |

注：2003—2006年数据有缺测。

### （2）降水日数

平均年降水日数为122.0天。降水日数的年变化特征为上半年多、下半年少（图5.5-2和图5.5-3）。日降水量大于等于10毫米的平均年日数为30.0天，各月均有出现；日降水量大于等于50毫米的平均年日数为4.5天，各月均有出现；日降水量大于等于100毫米的平均年日数为1.1天，出现在5—10月；日降水量大于等于150毫米的平均年日数为0.35天，出现在6—9月；日降水量大于等于200毫米的平均年日数为0.09天，出现在6月和7月（图5.5-3）。

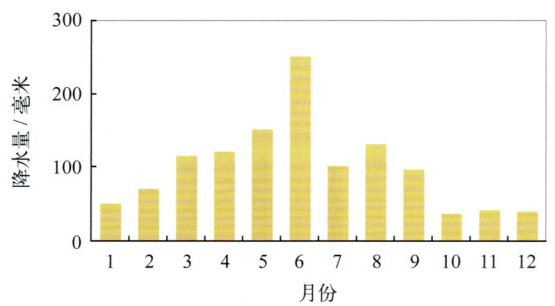

图5.5-1  降水量年变化（1960—2019年）

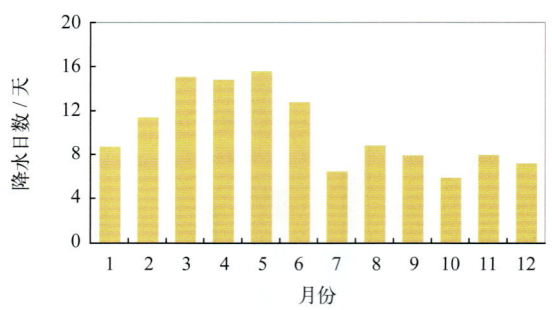

图5.5-2  降水日数年变化（1965—2019年）

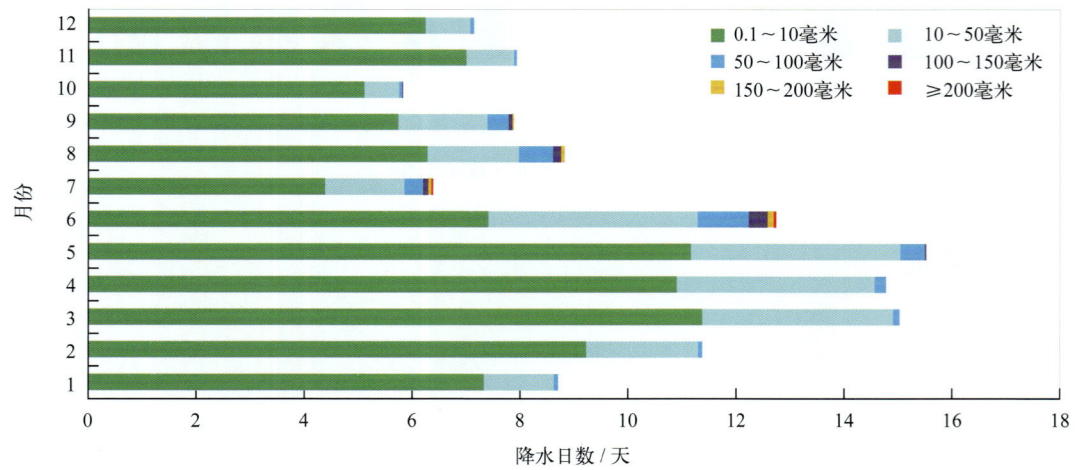

图5.5-3  各月各级平均降水日数分布（1960—2019年）

最多年降水日数为190天，出现在2010年；最少年降水日数为92天，出现在1995年。最长连续降水日数为26天，出现在2010年5月13日至6月7日；最长连续无降水日数为53天，出现在1973年12月1日至1974年1月22日和1994年10月11日至12月2日。

### 2. 长期趋势变化

1960—2019年，年降水量呈上升趋势，上升速率为15.27毫米/（10年）（线性趋势未通过显著性检验）。十年平均年降水量变化显示，2010—2019年平均年降水量最大，1970—1979年平均年降水量最小，两者相差359.5毫米（图5.5-4）。1960—2019年，年最大日降水量呈下降趋势，下降速率为0.66毫米/（10年）（线性趋势未通过显著性检验）。

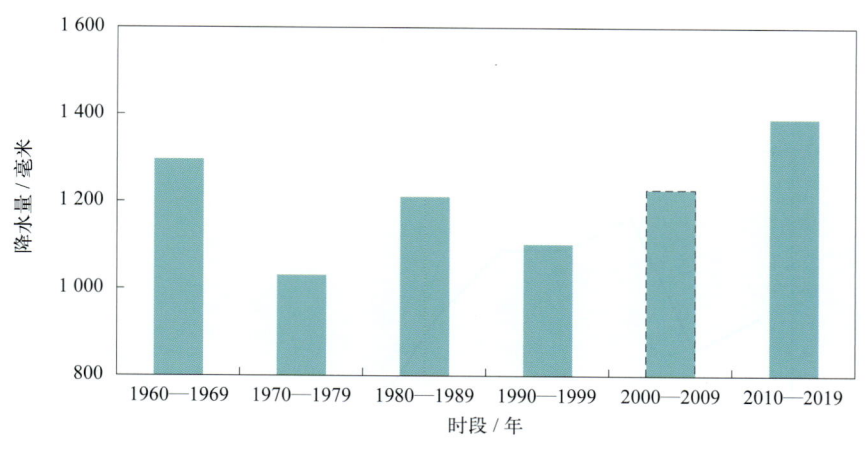

图5.5-4 十年平均年降水量变化

1965—2019年，年降水日数呈增加趋势，增加速率为0.82天/（10年）（线性趋势未通过显著性检验）；最长连续降水日数呈减少趋势，减少速率为0.25天/（10年）（线性趋势未通过显著性检验）；最长连续无降水日数呈减少趋势，减少速率为0.50天/（10年）（线性趋势未通过显著性检验）。

## 第六节 雾及其他天气现象

### 1. 雾

平潭站雾日数的年变化见表5.6-1、图5.6-1和图5.6-2。1965—2002年，平均年雾日数为28.5天。平均月雾日数4月最多，为7.7天，9月未出现；月雾日数最多为16天，出现在1985年5月；最长连续雾日数为8天，出现在1997年3月8—15日。

表5.6-1 雾日数年变化（1965—2002年） 单位：天

| | 1月 | 2月 | 3月 | 4月 | 5月 | 6月 | 7月 | 8月 | 9月 | 10月 | 11月 | 12月 | 年 |
|---|---|---|---|---|---|---|---|---|---|---|---|---|---|
| 平均雾日数 | 1.6 | 2.8 | 5.4 | 7.7 | 6.4 | 2.1 | 0.8 | 0.5 | 0.0 | 0.1 | 0.4 | 0.7 | 28.5 |
| 最多雾日数 | 8 | 8 | 11 | 14 | 16 | 7 | 3 | 2 | 0 | 2 | 3 | 4 | 48 |
| 最长连续雾日数 | 5 | 4 | 8 | 7 | 7 | 5 | 2 | 1 | 0 | 2 | 4 | 2 | 8 |

注：2002年7月停测。

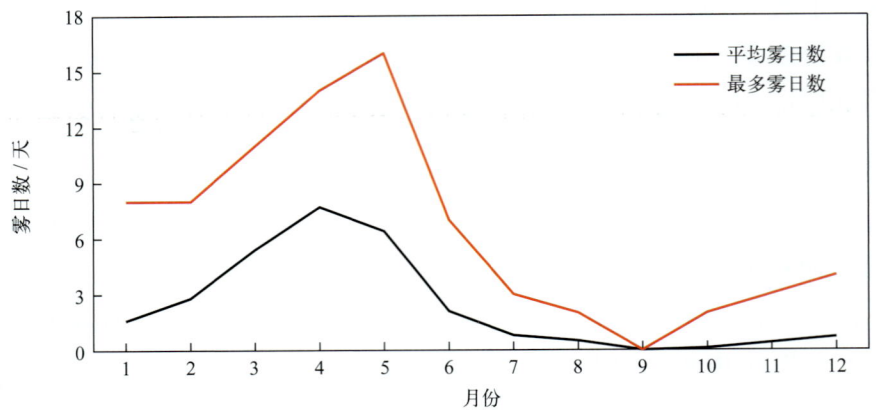

图5.6-1　平均雾日数和最多雾日数年变化（1965—2002年）

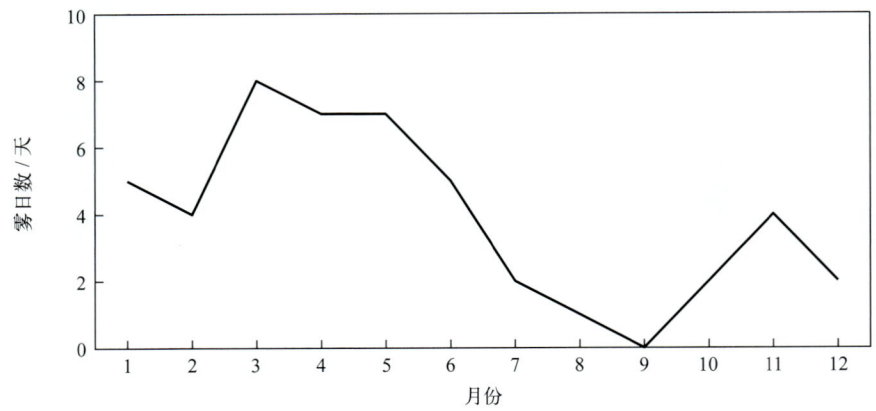

图5.6-2　最长连续雾日数年变化（1965—2002年）

1965—2001年，年雾日数呈下降趋势，下降速率为1.56天/（10年）（线性趋势未通过显著性检验）。1987年雾日数最多，为48天，2000年最少，为8天。

十年平均年雾日数变化显示，1980—1989年平均年雾日数为30.7天，较1970—1979年增加4.5天，1990—1999年平均年雾日数略有减少（图5.6-3）。

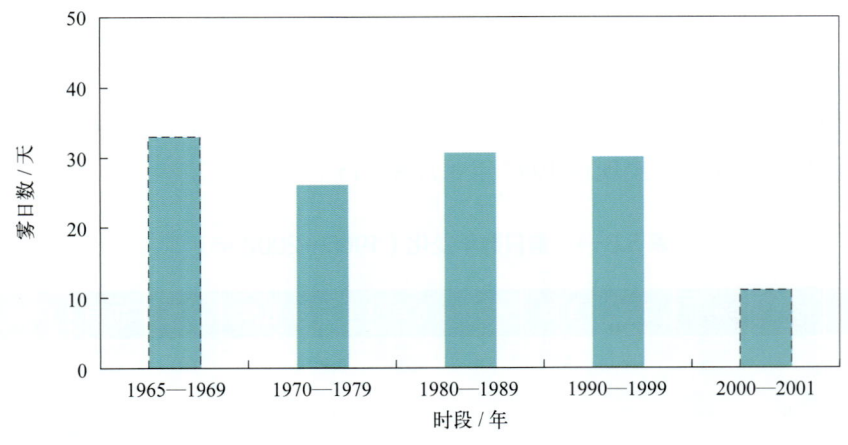

图5.6-3　十年平均年雾日数变化

## 2. 轻雾

平潭站轻雾日数的年变化见表 5.6-2 和图 5.6-4。1965—1995 年，平均年轻雾日数为 80.1 天。平均月轻雾日数 5 月最多，为 13.5 天，9 月最少，为 1.8 天；最多月轻雾日数为 26 天，出现在 1992 年 4 月。

1965—1994 年，年轻雾日数呈上升趋势，上升速率为 39.26 天 /（10 年）。1990 年轻雾日数最多，为 178 天，1971 年最少，为 21 天（图 5.6-5）。

表 5.6-2　轻雾日数年变化（1965—1995 年）　　　　　　　　　　　　　　　单位：天

|  | 1月 | 2月 | 3月 | 4月 | 5月 | 6月 | 7月 | 8月 | 9月 | 10月 | 11月 | 12月 | 年 |
|---|---|---|---|---|---|---|---|---|---|---|---|---|---|
| 平均轻雾日数 | 6.9 | 8.3 | 11.0 | 13.1 | 13.5 | 6.8 | 3.6 | 4.2 | 1.8 | 2.3 | 3.3 | 5.3 | 80.1 |
| 最多轻雾日数 | 22 | 25 | 22 | 26 | 24 | 23 | 12 | 12 | 7 | 10 | 13 | 18 | 178 |

注：1995年7月停测。

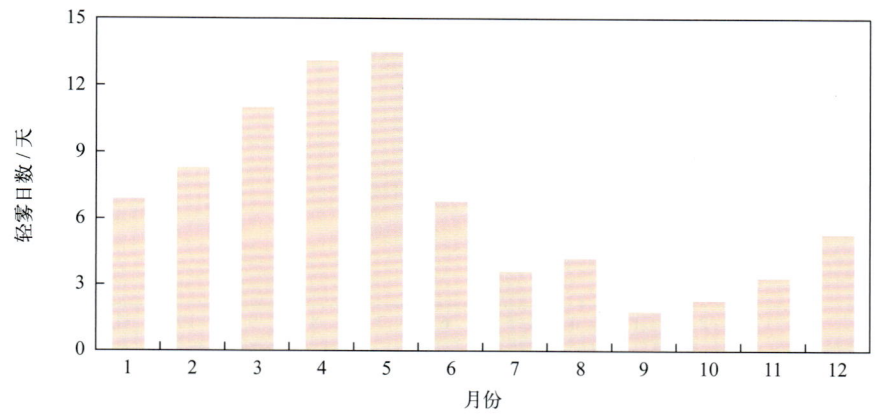

图5.6-4　轻雾日数年变化（1965—1995年）

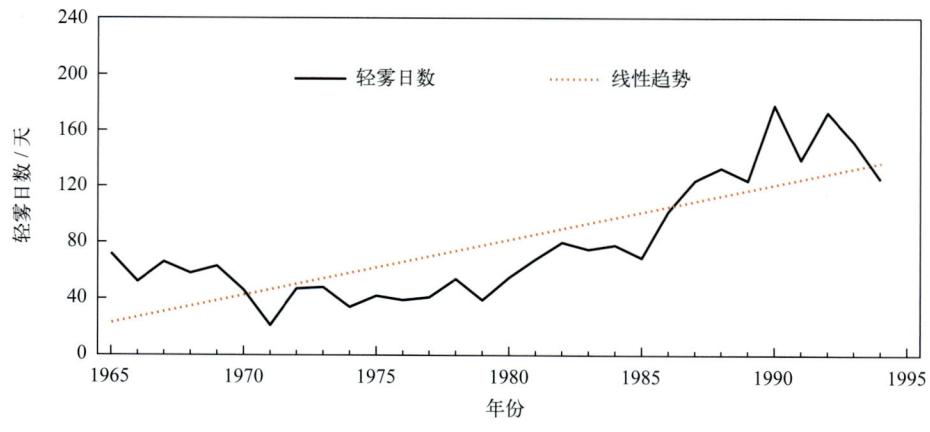

图5.6-5　1965—1994年轻雾日数变化

## 3. 雷暴

平潭站雷暴日数的年变化见表 5.6-3 和图 5.6-6。1960—1995 年，平均年雷暴日数为 20.5 天。

雷暴主要出现在3—9月，其中4月最多，平均日数为4.2天，11月和12月最少，均为0.1天。雷暴最早初日为1月2日（1987年），最晚终日为12月29日（1981年）。月雷暴日数最多为12天，出现在1983年4月。

表 5.6-3　雷暴日数年变化（1960—1995年）　　　　　　　　　　　　　单位：天

| | 1月 | 2月 | 3月 | 4月 | 5月 | 6月 | 7月 | 8月 | 9月 | 10月 | 11月 | 12月 | 年 |
|---|---|---|---|---|---|---|---|---|---|---|---|---|---|
| 平均雷暴日数 | 0.2 | 0.5 | 3.5 | 4.2 | 2.7 | 2.9 | 1.9 | 2.3 | 1.7 | 0.4 | 0.1 | 0.1 | 20.5 |
| 最多雷暴日数 | 2 | 2 | 10 | 12 | 6 | 9 | 7 | 6 | 5 | 6 | 1 | 1 | 31 |

注：1995年7月停测。

1960—1994年，年雷暴日数呈下降趋势，下降速率为1.74天/（10年）。1960年雷暴日数最多，为31天，1977年最少，为11天（图5.6-7）。

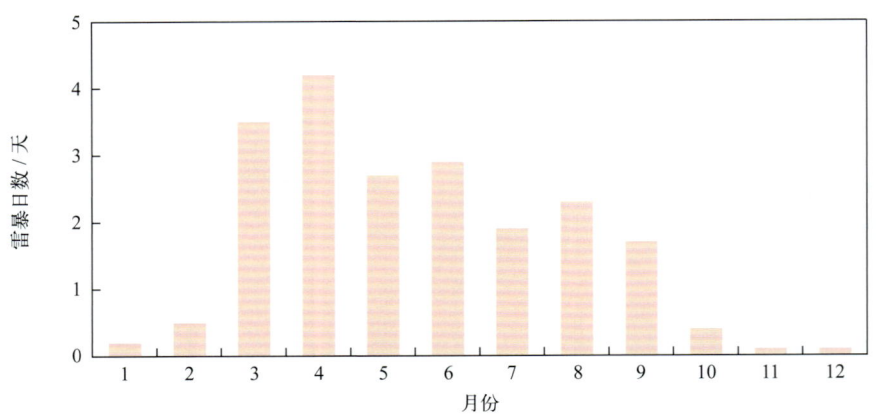

图5.6-6　雷暴日数年变化（1960—1995年）

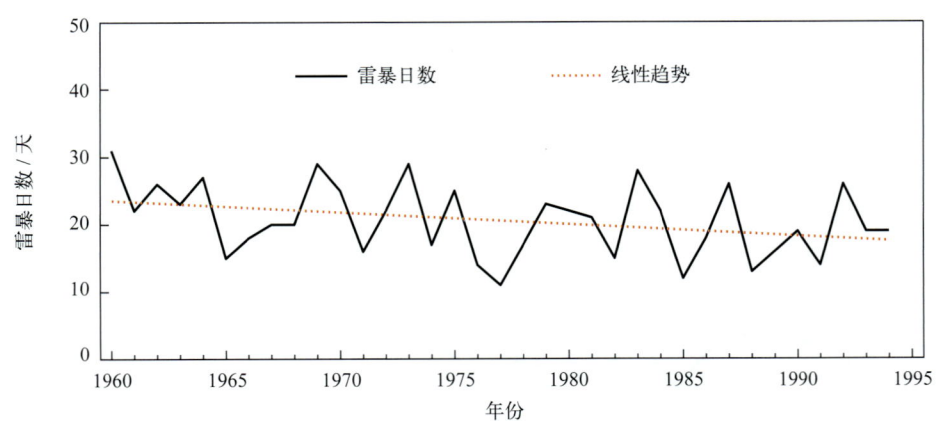

图5.6-7　1960—1994年雷暴日数变化

## 4. 降雪

1960—1995年，平潭站有4年出现降雪天气，分别为1971年、1986年、1993年和1994年，其中1986年最多，为3天。降雪最早初日为1月17日（1993年），最晚终日为3月2日（1986年）。

## 第七节 能见度

1965—2016年，平潭站累年平均能见度为19.4千米。7月平均能见度最大，为25.1千米，4月最小，为14.8千米。能见度小于1千米的平均年日数为17.2天，4月最多，为5.0天，9月出现1次（表5.7-1，图5.7-1和图5.7-2）。

表5.7-1 能见度年变化（1965—2016年）

|  | 1月 | 2月 | 3月 | 4月 | 5月 | 6月 | 7月 | 8月 | 9月 | 10月 | 11月 | 12月 | 年 |
| --- | --- | --- | --- | --- | --- | --- | --- | --- | --- | --- | --- | --- | --- |
| 平均能见度/千米 | 17.0 | 15.6 | 15.3 | 14.8 | 16.0 | 20.9 | 25.1 | 24.3 | 24.1 | 21.6 | 19.7 | 18.3 | 19.4 |
| 能见度小于1千米平均日数/天 | 0.9 | 1.6 | 3.7 | 5.0 | 3.9 | 1.1 | 0.3 | 0.1 | 0.0 | 0.1 | 0.2 | 0.3 | 17.2 |

注：1973—1981年、2002年7月至2009年12月数据缺测；2016年9月后更换仪器，数据均一性改变，未纳入统计。

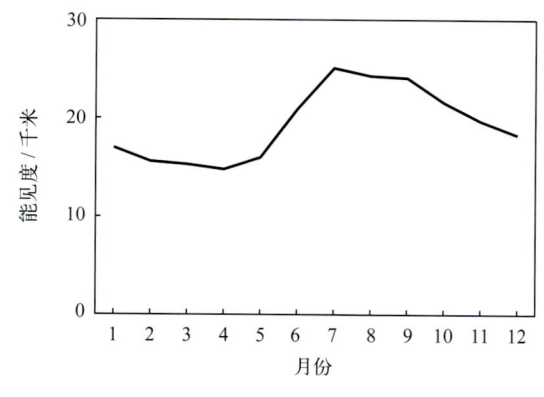

图5.7-1 能见度年变化

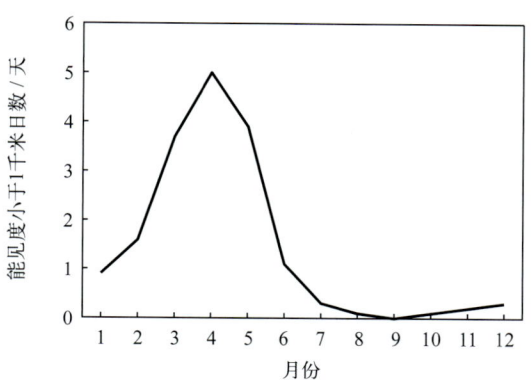

图5.7-2 能见度小于1千米日数年变化

历年平均能见度为11.6～28.0千米，1965年最高，2010年最低。能见度小于1千米的日数1987年最多，为34天，1971年和2000年最少，均为4天（图5.7-3）。

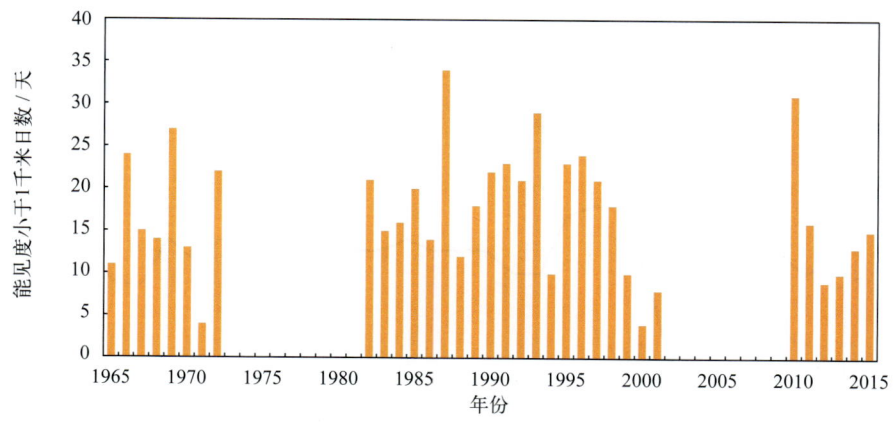

图5.7-3 能见度小于1千米年日数变化

## 第八节 云

1965—1995年，平潭站累年平均总云量为7.3成，5月平均总云量最多，为8.3成，8月最少，为5.8成；累年平均低云量为5.3成，2月平均低云量最多，为6.7成，7月和8月最少，均为3.0成（表5.8-1，图5.8-1）。

表5.8-1　总云量和低云量年变化（1965—1995年）

|  | 1月 | 2月 | 3月 | 4月 | 5月 | 6月 | 7月 | 8月 | 9月 | 10月 | 11月 | 12月 | 年 |
| --- | --- | --- | --- | --- | --- | --- | --- | --- | --- | --- | --- | --- | --- |
| 平均总云量/成 | 7.3 | 7.8 | 8.0 | 8.2 | 8.3 | 8.2 | 6.3 | 5.8 | 6.3 | 6.6 | 7.3 | 7.0 | 7.3 |
| 平均低云量/成 | 6.1 | 6.7 | 6.5 | 6.0 | 6.0 | 5.1 | 3.0 | 3.0 | 4.4 | 5.3 | 6.0 | 5.9 | 5.3 |

注：1995年7月停测。

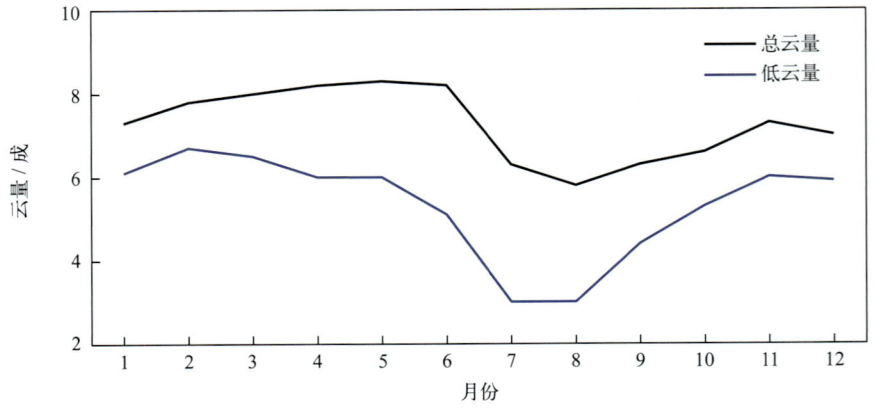

图5.8-1　总云量和低云量年变化（1965—1995年）

1965—1994年，年平均总云量变化趋势不明显，1970年最多，为7.9成，1971年最少，为6.3成（图5.8-2）；年平均低云量呈减少趋势，减少速率为0.11成/（10年）（线性趋势未通过显著性检验），1970年最多，为6.2成，1971年和1986年最少，均为4.7成（图5.8-3）。

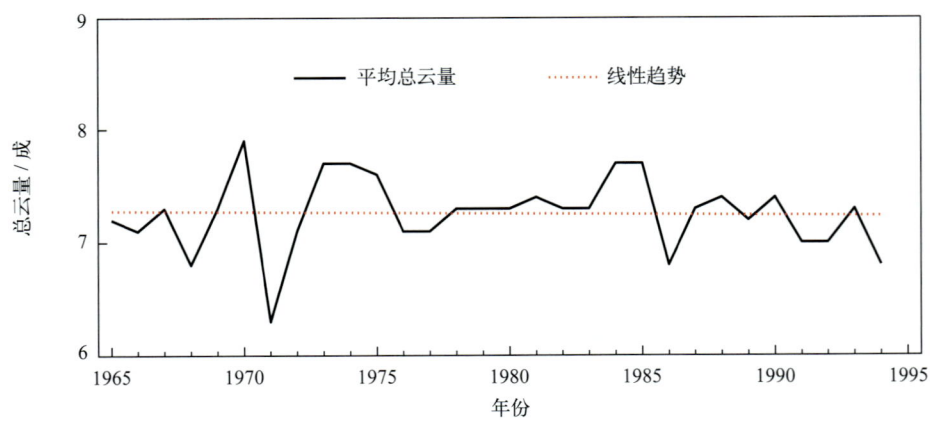

图5.8-2　1965—1994平均总云量变化

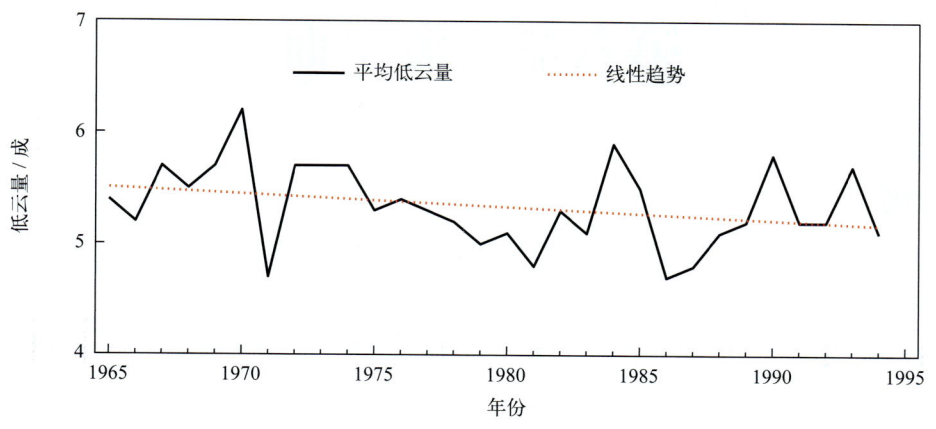

图5.8-3　1965—1994年平均低云量变化

## 第九节　蒸发量

1960—1965年,平潭站平均年蒸发量为2 063.7毫米。7月蒸发量最大,为254.6毫米,2月最小,为116.0毫米(表5.9-1,图5.9-1)。

表5.9-1　蒸发量年变化(1960—1965年)　　　　　　　　　　　　　　　　　　单位:毫米

| | 1月 | 2月 | 3月 | 4月 | 5月 | 6月 | 7月 | 8月 | 9月 | 10月 | 11月 | 12月 | 年 |
|---|---|---|---|---|---|---|---|---|---|---|---|---|---|
| 平均蒸发量 | 140.7 | 116.0 | 116.5 | 130.6 | 148.1 | 162.0 | 254.6 | 210.5 | 223.5 | 242.6 | 168.8 | 149.8 | 2 063.7 |

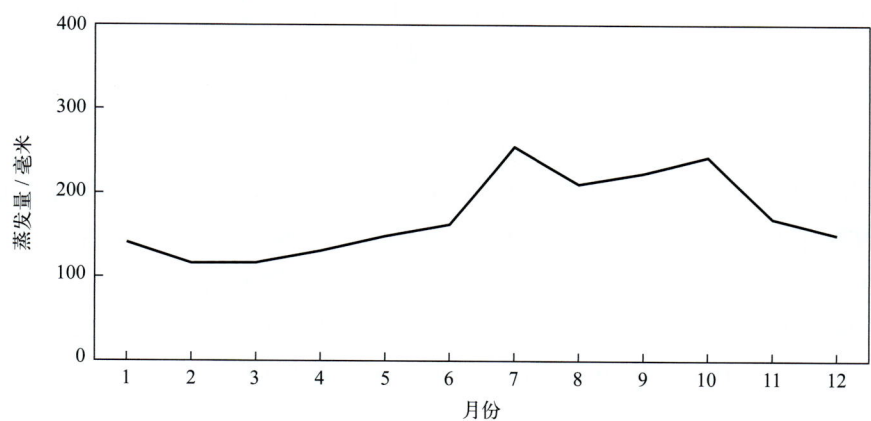

图5.9-1　蒸发量年变化(1960—1965年)

# 第六章 海平面

## 1. 年变化

平潭附近海域海平面年变化特征明显，4月最低，10月最高，年变幅为31厘米（图6-1），平均海平面在验潮基面上376厘米。

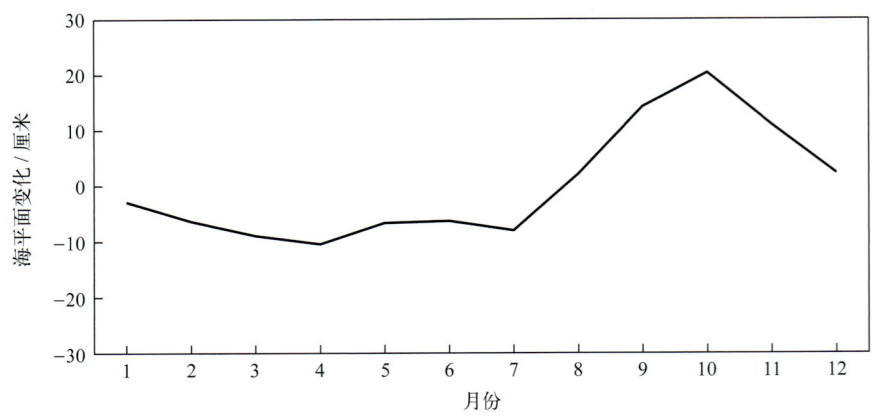

图6-1 海平面年变化（1967—2019年）

## 2. 长期趋势变化

平潭附近海域海平面变化总体呈波动上升趋势。1967—2019年，海平面上升速率为2.5毫米/年；1993—2019年，海平面上升速率为5.1毫米/年，远高于同期中国沿海3.9毫米/年的平均水平。1968年平潭附近海域海平面处于有观测记录以来的最低位，1975年、1991年经历两次小高峰，2011—2012年海平面抬升明显，升幅达101毫米，2016年海平面处于最高位，2017—2018年海平面连续两年下降，降幅达63毫米，2019年海平面略有回升。

平潭附近海域十年平均海平面总体上升。1967—1969年平均海平面处于有观测记录以来的最低位；1970—1979年平均海平面上升明显；1980—1989年和1990—1999年平均海平面变化不明显，与1970—1979年平均海平面基本持平；2000—2009年，平均海平面上升较快，较1990—1999年平均海平面高48毫米；2010—2019年平均海平面处于近53年来的最高位，比2000—2009年的平均海平面高43毫米，比1967—1969年平均海平面高160毫米（图6-2）。

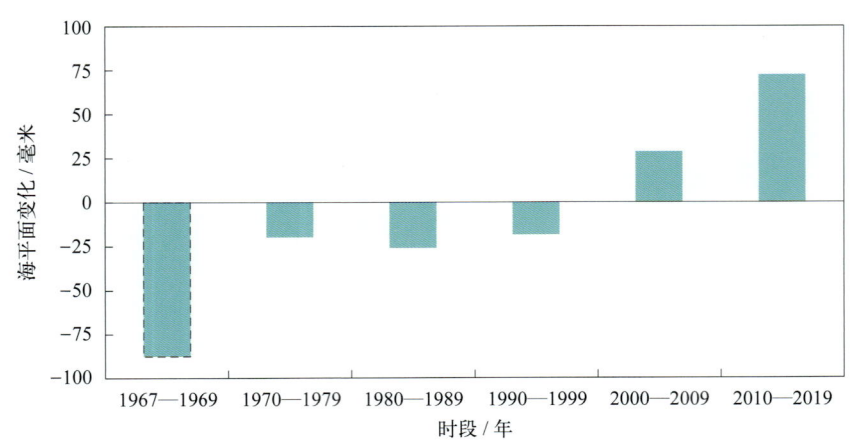

图6-2 十年平均海平面变化

### 3. 周期性变化

1967—2019 年，平潭附近海域海平面有 2 年、4 年、9 年、15 年和 28～33 年的显著变化周期，振荡幅度均约 1 厘米。1975 年、1991 年、2012 年和 2016 年皆处于 2 年、4 年、9 年和 15 年周期性振荡的高位，几个主要周期性振荡高位叠加，抬高了同时段海平面的高度（图 6-3）。

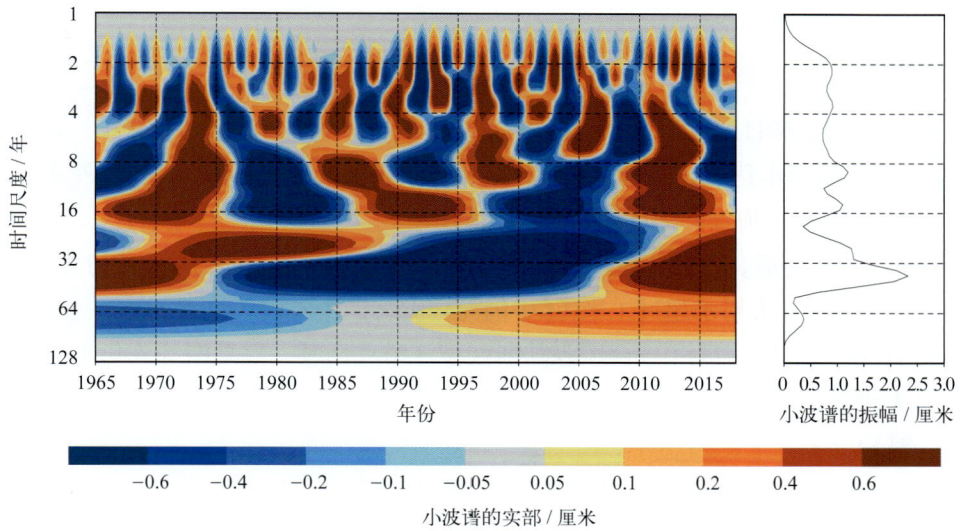

图6-3　年均海平面的小波（wavelet）变换

# 第七章 灾害

## 第一节 海洋灾害

### 1. 风暴潮

1969年9月27日，6911号台风在晋江登陆时，以天文潮计算，平潭站当日第一高潮的潮位为602厘米，由于风暴潮增水达178厘米，最高潮位达780厘米，超过警戒水位80厘米，造成几十年来罕见的灾害（《东海区海洋站海洋水文气候志》）。

1971年9月23日前后，7123号台风影响福建沿海，登陆时正遇农历八月初五天文大潮期，引发严重潮灾，平潭站最大增水超过1米（《中国海洋灾害四十年资料汇编》）。

1974年8月18—21日，7413号台风登陆浙江椒江市三门县，登陆时为农历七月初三天文大潮期，引发特大潮灾，平潭最大增水超过0.5米，最高潮位超过当地警戒潮位（《中国海洋灾害四十年资料汇编》）。

1977年7月31日前后，7705号台风影响福建福州至厦门一带沿海，期间正值农历六月十七，天文大潮期，引发较大潮灾，平潭站最大增水超过0.5米（《中国海洋灾害四十年资料汇编》）。

1989年8月4日前后，8913号台风影响福建沿海，引发严重潮灾，受其影响，平潭站最大增水超过0.5米（《中国海洋灾害四十年资料汇编》）。

1990年6月24日，受9005号台风引发的风暴潮影响，福州地区水利工程损失1000多万元，毁坏船只500艘，沉没1艘；9月7—9日，受9018号台风引发的风暴潮影响，福州市几乎所有工厂停产，30%的工厂被淹，市区内电力、交通、供水、通信等基础设施遭到严重破坏，平房、旧房在水中纷纷倒塌，学校、机关、商店、宾馆、民宅被水包围，造成停电、停水、停工、停课、交通中断，这是中华人民共和国成立以来福州市少有的灾害现象（《1990年中国海洋灾害公报》）。

1992年8月31日前后，由天文大潮和9216号强热带风暴共同作用引起了92特大风暴潮，福建省平潭站出现了破历史纪录的高潮位（《1992年中国海洋灾害公报》）。

1996年7月27日，福建沿海受9607号台风引发的风暴潮袭击，福州市受灾严重，全市受灾人口达400多万人，市区内涝严重，毁坏房屋1.7万间，一些地方积水深度达1米多；7月31日至8月1日平潭站最高潮位突破历史纪录，达到千年一遇，沿海地区不同程度受灾（《1996年中国海洋灾害公报》）。

1997年8月，9711号台风影响期间，福建省福州市受到风暴潮袭击，部分海堤出现滑坡、决口（《1997年中国海洋灾害公报》）。

1999年10月9日，9914号台风引发的风暴潮正面袭击福建沿海，福州市受灾人口42.9万人，淹没农田19000公顷，损坏房屋1.7万间，死亡（含失踪）6人，水产养殖受损770公顷（《1999年中国海洋灾害公报》）。

2001年6月23日，0102号台风"飞燕"引发的风暴潮袭击福建沿海，平潭以北多个验潮站最高潮位均超过当地警戒潮位；7月31日，受0108号台风"桃芝"引发的风暴潮影响，福建省福州市损坏堤防多处，农田被淹，水产养殖受损，造成较大经济损失（《2001年中国海洋灾害公报》）。

2009年8月9日，0908号台风"莫拉克"影响福建沿海，形成大范围、长时间的风暴潮增水，恰逢天文大潮，福建沿海最高水位超过警戒水位 88 厘米，造成部分岸段堤防损毁，160 多万人受灾，直接经济损失近 20 亿元（《2009 年中国海平面公报》）。

2011 年 8 月 31 日前后，1111 号超强台风"南玛都"在福建省晋江市登陆，恰逢季节性高海平面和天文大潮期，福州马尾渡口被淹，福建沿海遭受较大损失，近 60 万人受灾，经济损失超 5 亿元（《2011 年中国海洋灾害公报》《2011 年中国海平面公报》）。

2013 年 10 月 7 日前后，1323 号台风"菲特"在福建省福鼎市沙埕镇沿海登陆，平潭站的最高潮位超过当地橙色警戒潮位，浙江和福建两省因灾直接经济损失合计 34.92 亿元（《2013 年中国海洋灾害公报》）。

2014 年 10 月 8—12 日，东海沿海出现了一次较强的温带风暴潮过程，福建省平潭站出现了达到当地黄色警戒潮位的高潮位。福建省直接经济损失 0.52 亿元（《2014 年中国海洋灾害公报》）。

2015 年 8 月 8 日前后，1513 号台风"苏迪罗"在福建省莆田市秀屿区沿海登陆，浙江和福建两地因灾直接经济损失合计 24.69 亿元，福建省平潭站最大增水 147 厘米，平潭县敖东镇养殖受损；9 月 29 日，正值福建沿海季节性高海平面期，1521 号台风"杜鹃"在莆田登陆，其间恰逢天文大潮，造成沿岸基础设施损毁，渔港、水产养殖和农田等受损，直接经济损失超过 6 亿元（《2015 年中国海洋灾害公报》《2015 年中国海平面公报》）。

2016 年 9 月 16—19 日，1616 号台风"马勒卡"与南下冷空气配合，影响福建省沿海，平潭站出现达到当地黄色警戒潮位的高潮位。9 月 28 日前后，1618 号台风"鲇鱼"影响福建沿海，平潭站最大增水达到 112 厘米（《2016 年中国海洋灾害公报》）。

2018 年 7 月 11 日前后，1808 号强台风"玛莉亚"在福建省福州市连江县黄岐半岛沿海登陆，登陆时中心附近最大风力 14 级，平潭站最大增水 126 厘米。受"玛莉亚"台风引发的风暴潮和近岸浪的共同影响，福建省直接经济损失 11.39 亿元（《2018 年中国海洋灾害公报》）。

2019 年 10 月 1 日前后，1918 号强热带风暴"米娜"影响福建沿海，平潭站最高潮位达到当地黄色警戒潮位（《2019 年中国海洋灾害公报》）。

### 2. 海浪

1994 年 10 月 10 日，福建省平潭县流水乡东海村东尾澳发生一起海潮海浪灾害事件，由于波高达十几米，当时东尾澳共停泊渔船 71 艘，其中刚从海上作业回来停泊在防浪堤外的 18 艘 80 马力以上的机动船全被打破或沉没。据统计损失 607.4 万元，护船渔民死亡 2 人，重伤 2 人，受灾 92 户 460 人（《1994 年中国海洋灾害公报》）。

2003 年 1 月 1 日，福建平潭海域发生海浪灾害，一艘渔船沉没，造成 3 人死亡（含失踪），经济损失 5 万元（《2003 年中国海洋灾害公报》）。

2004 年 8 月 11—13 日，0414 号台风"云娜"影响期间，台湾海峡形成 5～12 米台风浪，福建福州渔业、水利设施受到严重损失（《2004 年中国海洋灾害公报》）。

2005 年 2 月 10 日，福建平潭海域发生冷空气浪灾害，造成 1 人死亡（含失踪）；7 月 17—20 日，0505 号台风"海棠"影响福建沿海，平潭海洋站实测最大波高 5.8 米；8 月 11—13 日，0510 号热带风暴"珊瑚"引发台风浪，平潭海水浴场实测最大波高 2.6 米；8 月 29 日至 9 月 1 日，0513 号台风"泰利"引发台风浪，平潭站实测最大波高 4.0 米；9 月 30 日至 10 月 3 日，0519 号台风"龙王"引发台风浪，平潭站实测最大波高 3.8 米（《2005 年中国海洋灾害公报》）。

2017 年 10 月 14—15 日，受 1720 号台风"卡努"和强冷空气共同影响，台湾海峡出现了 4.0～6.0 米的巨浪到狂浪，国家海洋局 MF06004 浮标实测东北风 7～8 级，最大有效波高 5.7 米，最大波高8.1米，造成2艘福建籍渔船分别在福建省平潭综合实验区和漳州市附近海域沉没，直接经济损失205.00万元（《2017年中国海洋灾害公报》）。

### 3. 赤潮

2003年5月19—25日，福建省平潭海坛湾海域发生赤潮，最大面积80平方千米，赤潮优势藻种为夜光藻，直接经济损失489万元（《2003年中国海洋灾害公报》）。

2007年6月11—13日，福建省平潭东澳一级渔港码头西面海域及平潭龙王头海域发生小面积赤潮，主要赤潮生物为米氏凯伦藻，海水养殖直接经济损失约为500万元（《2007年中国海洋灾害公报》）。

2009年5月23日，福建省平潭县龙王头海水浴场及流水码头海域发生赤潮，持续时间2天，面积为20平方千米，赤潮优势种为夜光藻，赤潮区水体呈暗红色条状分布，此次赤潮灾害造成海洋水产养殖损失0.05亿元（《2009年中国海洋灾害公报》）。

2010年5月1—10日，福建省长乐至平潭沿岸海域发生赤潮，优势种为东海原甲藻、夜光藻，最大面积620平方千米（《2010年中国海洋灾害公报》）。

2012年5月26日至6月7日，福建平潭海域发生赤潮，优势种为米氏凯伦藻，最大面积80.0平方千米，直接经济损失63 151.2万元（《2012年中国海洋灾害公报》）。

2019年5月23日和25日，福建省平潭县苏澳附近海域发现赤潮过程，对当地真鲷、包公鱼养殖造成影响，直接经济损失为2 700.00万元（《2019年中国海洋灾害公报》）。

## 第二节　灾害性天气

根据《中国气象灾害大典·福建卷》（1949—2000年）和《中国气象灾害年鉴》（2000年后）及《东海区海洋站海洋水文气候志》记载，平潭站周边发生的主要灾害性天气有暴雨洪涝、大风（龙卷风）、雷电、冰雹、寒潮和霜冻。

### 1. 暴雨洪涝

1954年6月14—22日，福建省各地阴雨连绵，闽侯专区的平潭县6月20—21日暴雨雨量达144毫米，淹没农田万余亩，是1949年以来最严重的。

1956年9月2—4日，受5622号台风影响，厦门以北沿海地区出现8级以上大风，平潭、福州、三都、福鼎等地的最大瞬时风速达到或超过40米/秒。9月3—5日，受台风影响，福建省出现一次强降水过程，宁德、建阳、福州、莆田4专区市及三明、晋江等地的大部地区先后出现暴雨到特大暴雨，平潭县农作物受淹0.9万亩，295间房屋倒塌，海堤决口6处，漂失船只7条，损坏船只13条。

1959年9月3—4日，受5905号台风影响，三沙、平潭最大瞬时风速在40米/秒以上，闽东北地区有2天的降水过程，福安专区的北部及平潭在150毫米以上。平潭县严重受灾的有13个大队，死亡9人，船只沉没15条，冲坏海堤54处总长1 000米，冲毁水利设施49处、桥梁5座。

1968年6月中下旬，福建省发生持续性暴雨过程，出现最严重暴雨洪涝，造成山洪暴发，江河水位猛涨。6月18日，平潭日降雨量达207.1毫米。6月19日，霞浦、永安、平潭为大暴雨，平潭日降雨量157.4毫米为最大。

1969年9月26—29日，受6911号台风影响，福建省大部分地区暴雨倾泻，狂风呼啸，海上巨浪滔天，漫无边际，溪河水位猛涨，山崩地裂，千年大树被连根拔起，大片田野和村庄被海水淹没，稻田一片汪洋，是多年未遇的台风灾害。平潭县渔业生产损失严重，机帆船打坏46条，木帆船损坏566条，舢板损坏424条，死亡1人，受伤30多人。

1972年6月中旬，受地面静止锋影响，福建省有33个县市降暴雨。6月16日，东山、诏安、平潭等县的日雨量在100毫米以上，以平潭的152.4毫米为最多。

1980年8月28—29日，受8012号台风影响，福建省出现全省性降水，除建阳地区外都达到大到暴雨。平潭县28日早上风大雨急，阵风12级，海堤冲坏1 050米，房屋倒塌314间，死亡1人，舢板船翻沉19条，机帆船撞坏350条，运盐船打坏7条，定置渔网漂失300多张。

1985年8月22—25日，受8510号台风影响，平潭、福清、莆田等县市阵风12级以上，福建省普降大到暴雨，局部特大暴雨。平潭县遭受历史上最严重的灾害，全县房屋倒塌1 500多间，渔船损坏690条，长达44千米的输电线路受损坏，导致全县停电，公路、桥梁、涵洞损毁严重，造成平潭与外界的交通中断，全县因灾直接经济损失3 270万元。

2000年6月8日20时至12日20时，福建省各县市过程雨量均大于50毫米，其中大于100毫米的有36个站，大于200毫米的有16个站，大于300毫米的有4个站，以平潭的371毫米为最大。

2008年7月17—20日，受0807号台风"海鸥"影响，福建省7个县过程雨量超过100毫米，以平潭183毫米最大。另据自动站统计，全省59个站超过100毫米，2个站超过200毫米，以平潭敖东239.8毫米为最大。据统计，福州、南平、莆田、宁德、泉州等市共275万人受灾，死亡1人，直接经济损失5亿元。

2010年8月31日，受1008号台风"南川"影响，福建省中北部沿海出现6~7级、阵风8~9级的东北大风，平潭南海极大风速达26.5米/秒（10级）。全省大部县（市）出现阵性降水，中北部沿海地区的部分县（市）出现中雨到大雨，局部乡镇出现暴雨，其中平潭中楼中学111.4毫米为最大。

2013年8月21—23日，受1312号台风"潭美"影响，福建中北部沿海出现10~14级的大风，以平潭牛山岛45.4米/秒（14级）为最大，宁德、福州、莆田部分县市出现8~11级阵风，福州市的局部风力达11~12级。8月21日08时至23日09时累积雨量，50个县（市、区）达100~300毫米，平潭、德化、罗源、福清和宁德蕉城5个县（区）超过300毫米，以平潭北厝417.2毫米为最大。8月22日平潭日雨量221.5毫米，居历史第5位。全省沿海潮位普遍超警，局部超过橙色警戒潮位。台风带来的巨浪摧毁沿海多处海堤，毁坏渔船300多艘。据统计，福州、南平、三明等9市共有90.1万人受灾，1人失踪，直接经济损失19.2亿元。

2015年9月29—30日，受1521号台风"杜鹃"影响，福建省13个县（市）的52个站降雨量在250.0毫米以上，28个县（市）的73个站出现8级以上大风。

### 2. 大风和龙卷风

1953年7月4日17时，5305号台风首先在霞浦县二区、七区登陆，登陆时近中心风力10级，风向西北，18时以后，连江、莆田、惠安等地的风力都先后增强到9~10级，长乐、平潭及连江黄岐半岛达10~12级。平潭县主要作物遭风刮或沙压，估计减产25%，个别区减产50%。

1955年8月24日13—14时，5519号台风在福建省的惠安县登陆，登陆时近中心风力为8级。8月23—25日，福建省海坛岛至三都澳沿海先后出现8级大风，三都澳实测最大瞬时风速为 24 米/秒。

1959 年 8 月 29—31 日，受 5904 号台风影响，福建全省大部分县市先后出现 8 级大风，整个海岸线附近风力超过 10 级，台风登陆地附近的崇武、台山、三都、平潭等地最大瞬时风速均超过 40 米/秒。

1960 年 6 月 8—10 日，受 6001 号台风影响，平潭县风力 11～12 级，大风掀掉屋顶 915 间，风浪打坏船只 106 条，死亡 2 人，受伤 18 人。

1961 年 8 月 26 日，6120 号台风在福建的厦门到漳浦之间登陆，登陆时近中心风力为 10 级。福安、闽侯、福州、厦门等专区、市的 32 个县出现 8 级以上大风，沿海地区出现 12 级以上大风，8 月 25 日海坛岛的实测极大风速为 40 米/秒。

1963 年 7 月 16—19 日，受 6306 号台风影响，晋江以北、三都澳以南沿海各县市及个别内陆县出现 8 级以上大风，海坛岛实测瞬时风速超过 40 米/秒。

1967 年 7 月 31 日，受 6708 号台风影响，福鼎至平潭一带沿海及福州市出现 8 级以上大风，平潭实测瞬时风速超过 40 米/秒。平潭县在台风影响时风力达到 11 级，全县大小渔船被打碎 11 条，受损 139 条，房屋倒塌 8 间，4 人死亡。

1969 年 9 月 27 日，6911 号台风在晋江登陆，平潭站风力达 12 级，目测海浪波高 9.5 米，验潮测点处几立方米的大石被推移，46 艘机帆船被打坏，损坏木帆船 566 只、舢板 426 只，粮食作物也遭受重大损失。

1971 年 7 月 31 日 10 时 30 分，平潭县东部沿海突然出现龙卷风，历时半个小时。大风损坏渔船 31 艘，其中打毁 12 艘，打破机帆船 1 艘、渔网 3 张，打坏桅杆 1 根，死亡 1 人。

1979 年 10 月 11—18 日，受 7919 号台风影响，平潭以北沿海几乎每天都刮偏北大风，持续时间之长是 1949 年以来所没有过的。大风给渔业造成较大损失。平潭县受灾人口达 25 520 人，大风打碎帆船 1 条，损坏 123 条，打碎木船 42 条，损坏 55 条，打破或流失渔网 418 张，252.6 亩人工养殖的紫菜绝收。

1986 年 9 月 19 日，受 8617 号台风影响，福建沿海和内陆局部地区出现 8 级以上大风，平潭、莆田 2 县市损失较大。平潭县损坏渔船 94 条，仅渔业损失就达 1 000 万元，台风带来的大海潮把全县渔港冲坏 27 处，建造近 30 年并经历百次台风袭击没有损坏的流水避风港也被海潮冲垮，死亡 10 人。

2015 年 9 月 29—30 日，受 1521 号台风"杜鹃"影响，福建省 28 个县（市）的 73 个站出现 8 级以上大风，以平潭牛山岛 37.5 米/秒（13 级）为最大；34 个县 9（市、区）的 154 个站出现 10 级以上阵风，其中平潭牛山岛、平潭北盾、晋安区北岭风力均达 14 级，以平潭牛山岛的 45.9 米/秒为最大。

### 3. 雷电

1974 年 6 月 17—18 日，福州市郊洪塘大队雷击死亡 2 人，重伤 5 人，轻伤 4 人。

1977 年 6 月 23 日，平潭县雷击死 3 人，击伤 4 人。

2011 年 6 月 25 日 18 时，福建省福州市平潭县岚城乡中南村遭遇雷雨天气，100 台家用电器同时遭受不同程度的雷击损坏，直接经济损失近 100 万元。

### 4. 冰雹

1976 年 4 月 17 日下午至 18 日晨，受冷空气影响，福建省有 33 个县市降冰雹，冰雹的路径大致从西北的邵武县起沿着闽江谷地东南下，贯穿全省中部直到海坛岛为止。降冰雹时间从17日12时开始到18日02时止，历时约14个小时。福州全市（未包括省级机关）建筑物损坏面积达812万平方米，损失约折合金额5 404万元，损失物资折合金额1 000万元，农作物受灾5万亩，损失约折合金额173万元，损坏瓦2亿片，触电死亡4人，受伤近百人。

1978年3月31日，平潭县7个公社降雹，降雹时间为14时34—38分，冰雹直径一般2~3厘米，最大冰雹直径10厘米。

2012年4月10—17日，福建省福州、南平、三明等5市29个县（区、市）遭受风雹灾害，29.3万人受灾，农作物受灾面积1.7万公顷，直接经济损失9.4亿元。

### 5. 寒潮和霜冻

1963年1月出现1949年以来最严重的一次低温霜冻天气，降温范围之广，气温之低实属历史罕见。小寒至大寒两节气之间，受强冷空气频繁袭击，出现了3次明显的低温霜冻过程（1月6—10日、1月13—20日、1月25—29日）。以平潭、南安、厦门、云霄、东山一线为分界线，该线以西各地的极端最低气温在-9.6℃至-5℃之间。长乐和平潭等县各种作物冻死、旱死达12万亩。

1969年1月底的一次强冷空气活动带来大幅度降温，除厦门外，福建省各地总降温幅度都在10℃以上，2月初又有一次冷空气接踵而至，过程降温幅度在3~7℃之间。宁德专区及浦城、建阳、长汀、上杭、平潭、德化、厦门等县市的最低气温为1949年以来历年同期极端最低气温的最低值。除平潭以南沿海岛屿和滨海地区外，全省各地都有1~4天的霜日。寒冷对越冬作物、闽南地区的早稻播种及牲畜的过冬等都带来了不利影响。

1996年2月18日，福建省遭到强寒潮袭击，出现严重倒春寒，低温阴雨过程次数之多、范围之广、持续时间之长、终日之迟为历史罕见，造成冬季冻害。2月15—23日，受低空切变线影响，全省出现一次强寒潮过程，出现持续8~10天的低温阴雨天气，最大48小时降温幅度6~9℃，过程降温幅度11~19℃。

# 崇武海洋站

# 第一章 概况

## 第一节 基本情况

崇武海洋站（简称崇武站）位于福建省泉州市惠安县。泉州市地处福建省东南部，是福建省三大中心城市之一，北承省会福州，南接厦门特区，东望台湾宝岛。全市海域面积 11 360 平方千米，海岸线总长 541 千米，大小港湾 14 个，岛屿 207 个，深水良港多，海洋渔场面积大，全市户籍人口约 766 万人。惠安县东北部介于泉州湾和湄洲湾之间，东临台湾海峡。惠安海岸有黄金海岸之称，全长 192 千米，沿海多港湾、多岛屿。

崇武站建于 1959 年 4 月，名为惠安县海洋水文气象站海洋组，隶属于福建省气象局。1966 年 1 月更名为崇武海洋站，隶属国家海洋局东海分局，2019 年 7 月后隶属自然资源部东海局，由厦门中心站管辖。初期站址位于惠安县崇武镇古城南门宫边南关路 2 号，2010 年 1 月迁至崇武镇前垵村高雷山西侧（图 1.1-1）。

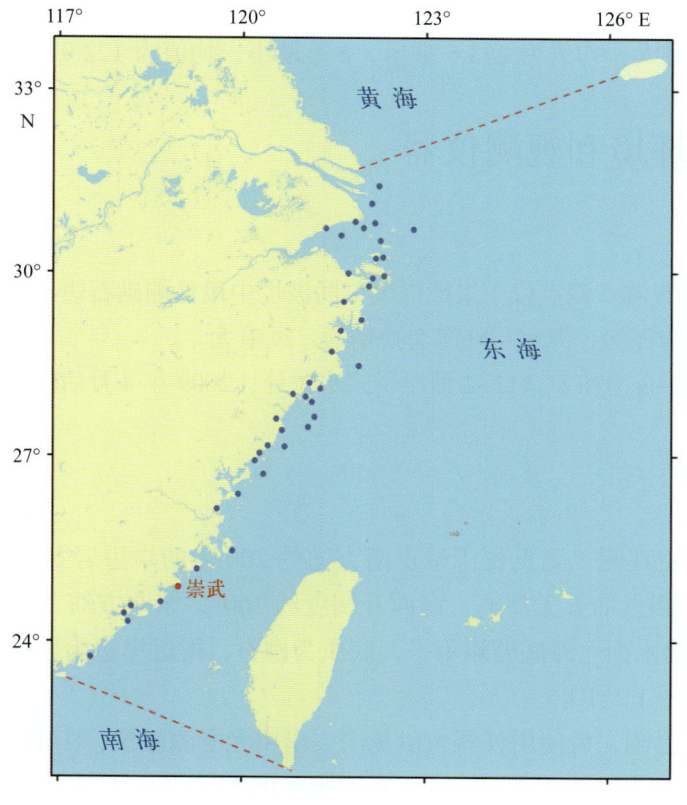

图1.1-1 崇武站地理位置示意

崇武站观测项目有潮汐、海浪、表层海水温度、表层海水盐度、气温、气压、相对湿度、风和降水等。建站初期主要为人工观测，2002 年后逐步实现了自动化观测、数据采集、存储和传输。

崇武沿海为正规半日潮特征，海平面 4 月最低，10 月最高，年变幅为 35 厘米，平均海平面为 473 厘米，平均高潮位为 696 厘米，平均低潮位为 255 厘米；全年海况以 0～4 级为主，年均平均波高为 1.0 米，年均平均周期为 4.3 秒，历史最大波高最大值为 7.6 米，历史平均周期最大值为9.6秒，常浪向为SE，强浪向为SSE；年均表层海水温度为19.3～21.3℃，8月最高，均值为26.9℃，2月最低，均值为12.3℃，历史水温最高值为31.7℃，历史水温最低值为7.2℃；年均表层海水盐度为29.69～32.79，7月最高，均值为32.92，12月最低，均值为30.02，历史盐度最高值为35.60，历史盐度最低值为16.20；海发光主要为火花型，8月出现频率最高，2月最低，1级海发光最多，出现的最高级别为4级。

崇武站主要受海洋性季风气候影响，年均气温为19.3～22.2℃，8月最高，均值为27.9℃，2月最低，均值为12.0℃，历史最高气温为37.3℃，历史最低气温为-0.3℃；年均气压为1 009.0～1 011.7百帕，1月和12月最高，均为1 017.9百帕，8月最低，均值为1 001.7百帕；年均相对湿度为73.5%～82.5%，6月最大，均值为89.1%，12月最小，均值为71.1%；年均风速为4.2～7.4米/秒，10月和11月最大，均为7.1米/秒，8月最小，均值为4.4米/秒，1月盛行风向为N—ENE（顺时针，下同），4月盛行风向为NNE—ENE，7月盛行风向为S—SW，10月盛行风向为N—ENE；平均年降水量为1 015.8毫米，6月平均降水量最多，占全年的17.3%；平均年雾日数为28.9天，4月最多，均值为7.8天，9月和10月最少，均为0.1天；平均年雷暴日数为25.7天，4月最多，均值为5.1天，1月最少，均值为0.1天；年均能见度为11.1～26.9千米，9月最大，均值为22.9千米，4月最小，均值为14.1千米；年均总云量为4.2～7.3成，5月和6月最多，均为7.0成，10月最少，均值为4.5成；平均年蒸发量为2 049.6毫米，10月最大，均值为253.6毫米，2月最小，均值为122.9毫米。

## 第二节　观测环境和观测仪器

### 1. 潮汐

2003年1月开始观测。测点位于崇武港大乍防波堤中段外侧礁石边，验潮井为岸式钢筋混凝土结构，海底底质多为泥沙，海水与外海交换畅通，风浪大。

观测仪器为SCA1-2型和SCA11-2型浮子式水位计，2009年4月后使用SCA11-3A型浮子式水位计。

### 2. 海浪

1959年10月开始观测。测点位于站正南方向约200米的岸边岩石上，即崇武中华石雕工艺博览园海门深处，测点前方无岛屿，海面开阔度约160°，东北方约300米处有双干礁（又名狗屎干），低潮时露出水面，海底崎岖不平，底质为礁石，附近岸边为岩石，风向为W—N—NE时观测受地形影响（图1.2-1）。

建站初期为人工目测，后使用仪器为伊凡诺夫岸用光学测波仪、HAB-1型岸用光学测波仪、SBF1-1型浮标和SZF1-2型浮标等，2010年开始使用SBA1-2型岸用光学测波仪。

### 3. 表层海水温度、盐度和海发光

1959年10月开始观测。初期测点位于站偏西方1 000米的海边，即崇武中华石雕工艺博览园马宫口，海水畅通。2001年7月测点迁至崇武码头西南面外侧。2003年在验潮井旁建成温盐井，处于崇武港船舶进出港航道及锚地，每当雨季，有沿岸径流和泉州湾径流注入。

自建站开始表层海水温度使用表层水温表测量，表层海水盐度使用比重计、氯度滴定管、HDB型实验室盐度计、SYY1-1型光学折射盐度计和Cond33oi型便携式电导率仪测定。2009年后

使用 YZY4-3 型温盐传感器。

海发光为每日天黑后人工目测。2007 年 6 月停测。

图1.2-1　崇武站测波室（摄于2019年12月23日）

### 4. 气象要素

1972 年 10 月开始观测，12 月停止。1973 年 3 月重新开始观测风，1986 年 1 月后逐渐增加其他气象要素。部分数据抄自福建省气象局。观测场位于站至南门城墙边之间砼石结构的平台上。2010 年 9 月，在原观测场西边约 3.2 千米处的崇武镇前埯高雷山西侧小山顶上新建观测场，三面环海，视野开阔，气流畅通（图 1.2-2）。

观测初期主要使用干湿球温度表、最高最低温度表、温湿计、气压计、动槽水银气压表、226-2 型船舶气象仪、EL 型电接风向风速计和雨量筒等仪器。2002 年开始使用 CZY1-1 型海洋站自动观测系统配合各要素传感器，传感器主要有 YZY5-1 型温湿度传感器、270 型气压传感器、XFY3-1 型风传感器和 SL3-1 型雨量传感器，2009 年后使用 HMP45A 型温湿度传感器、278 型气压传感器和 CJY-1A 型能见度仪，2013 年 4 月后使用 HMP155 型温湿度传感器，2016 年 8 月后使用 PWD20 型能见度仪。

图1.2-2　崇武站气象观测场（摄于2019年12月27日）

# 第二章 潮位

## 第一节 潮汐

### 1. 潮汐类型

利用崇武站 2003—2019 年验潮资料分析的调和常数,计算出潮汐系数 $(H_{K_1}+H_{O_1})/H_{M_2}$ 为 0.28。按我国潮汐类型分类标准,崇武沿海为正规半日潮,每个潮汐日(大约 24.8 小时)有两次高潮和两次低潮,低潮日不等现象较为明显。

2003—2019 年,崇武站 $M_2$ 分潮振幅呈增大趋势,增大速率为 0.36 毫米 / 年(线性趋势未通过显著性检验);迟角呈减小趋势,减小速率为 0.24°/ 年。$K_1$ 和 $O_1$ 分潮振幅和迟角均无明显变化趋势。

### 2. 潮汐特征值

由 2003—2019 年资料统计分析得出:崇武站平均高潮位为 696 厘米,平均低潮位为 255 厘米,平均潮差为 441 厘米;平均高高潮位为 705 厘米,平均低低潮位为 223 厘米,平均大的潮差为 482 厘米。平均涨潮历时 6 小时 9 分钟,平均落潮历时 6 小时 17 分钟,两者相差 8 分钟。

累年各月潮汐特征值见表 2.1–1。

表 2.1–1　累年各月潮汐特征值(2003—2019 年)　　　　　单位:厘米

| 月份 | 平均高潮位 | 平均低潮位 | 平均潮差 | 平均高高潮位 | 平均低低潮位 | 平均大的潮差 |
|---|---|---|---|---|---|---|
| 1 | 694 | 257 | 437 | 703 | 220 | 483 |
| 2 | 689 | 252 | 437 | 696 | 225 | 471 |
| 3 | 687 | 247 | 440 | 694 | 226 | 468 |
| 4 | 680 | 246 | 434 | 690 | 223 | 467 |
| 5 | 682 | 252 | 430 | 693 | 220 | 473 |
| 6 | 683 | 250 | 433 | 694 | 211 | 483 |
| 7 | 684 | 244 | 440 | 695 | 204 | 491 |
| 8 | 700 | 250 | 450 | 710 | 215 | 495 |
| 9 | 715 | 264 | 451 | 725 | 233 | 492 |
| 10 | 723 | 273 | 450 | 732 | 241 | 491 |
| 11 | 711 | 267 | 444 | 720 | 231 | 489 |
| 12 | 702 | 263 | 439 | 712 | 224 | 488 |
| 年 | 696 | 255 | 441 | 705 | 223 | 482 |

注:潮位值均以验潮零点为基面。

平均高潮位10月最高，为723厘米，4月最低，为680厘米，年较差为43厘米；平均低潮位10月最高，为273厘米，7月最低，为244厘米，年较差为29厘米（图2.1-1）；平均高高潮位10月最高，为732厘米，4月最低，为690厘米，年较差为42厘米；平均低低潮位10月最高，为241厘米，7月最低，为204厘米，年较差为37厘米。平均潮差9月最大，5月最小，年较差为21厘米；平均大的潮差8月最大，4月最小，年较差为28厘米（图2.1-2）。

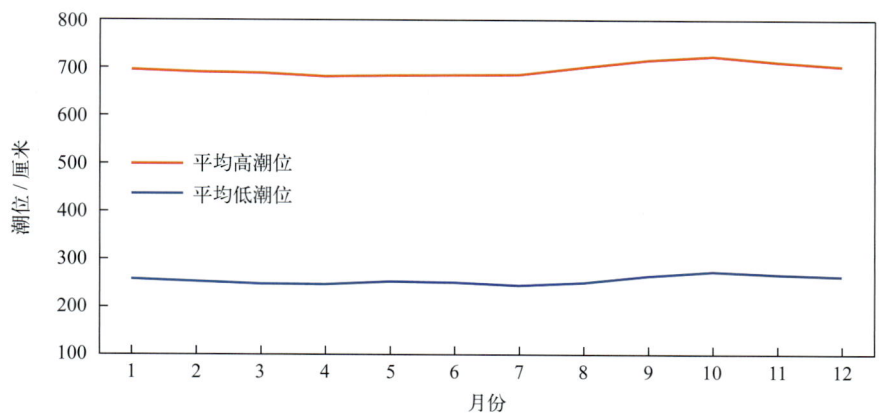

图2.1-1　平均高潮位和平均低潮位年变化

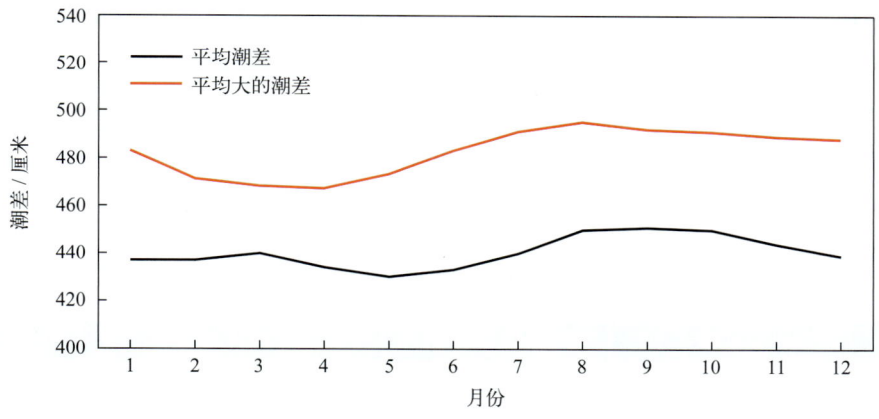

图2.1-2　平均潮差和平均大的潮差年变化

2003—2019年，崇武站平均高潮位呈上升趋势，上升速率为16.94毫米/年。平均高潮位最高值出现在2016年，为710厘米；最低值出现在2005年，为682厘米。崇武站平均低潮位呈下降趋势，下降速率为3.02毫米/年。平均低潮位最高值出现在2004年，为260厘米；最低值出现在2015年，为250厘米。

2003—2019年，崇武站平均潮差呈增大趋势，增大速率为19.95毫米/年。平均潮差最大值出现在2015年，为454厘米；最小值出现在2005年，为424厘米（图2.1-3）。

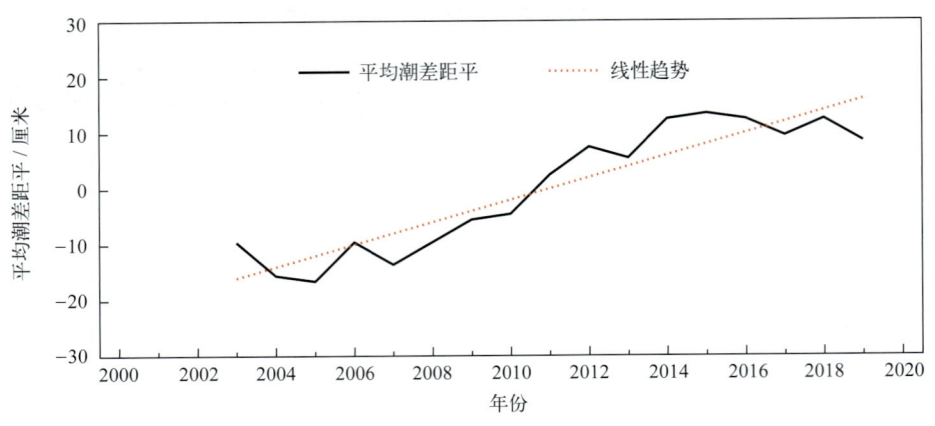

图2.1-3　2003—2019年平均潮差距平变化

## 第二节　极值潮位

崇武站年最高潮位和年最低潮位的各月发生频率见表2.2-1。年最高潮位出现时间主要集中在7—11月，其中9月和10月发生频率最高，均为41%。年最低潮位主要出现在11月至翌年1月和6—7月，其中1月发生频率最高，为35%，7月次之，为23%。

2003—2019年，崇武站年最高潮位呈上升趋势，上升速率为14.22毫米/年（线性趋势未通过显著性检验）。历年的最高潮位均高于790厘米，其中高于850厘米的有3年；历史最高潮位为871厘米，出现在2015年9月28日，正值1521号台风"杜鹃"影响期间。崇武站年最低潮位呈上升趋势，上升速率为10.05毫米/年。历年最低潮位均低于128厘米，其中低于100厘米的有4年；历史最低潮位出现在2003年12月24日，为93厘米，由强温带气旋引起（表2.2-1）。

表2.2-1　最高潮位和最低潮位及年极值出现频率（2003—2019年）

| | 1月 | 2月 | 3月 | 4月 | 5月 | 6月 | 7月 | 8月 | 9月 | 10月 | 11月 | 12月 |
|---|---|---|---|---|---|---|---|---|---|---|---|---|
| 最高潮位值/厘米 | 791 | 787 | 833 | 794 | 784 | 798 | 866 | 834 | 871 | 852 | 817 | 814 |
| 年最高潮位出现频率/% | 0 | 0 | 0 | 0 | 0 | 0 | 6 | 6 | 41 | 41 | 6 | 0 |
| 最低潮位值/厘米 | 98 | 108 | 119 | 112 | 108 | 108 | 98 | 107 | 144 | 121 | 118 | 93 |
| 年最低潮位出现频率/% | 35 | 0 | 0 | 0 | 6 | 12 | 23 | 0 | 0 | 0 | 12 | 12 |

## 第三节　增减水

受地形和气候特征的影响，崇武站出现30厘米以上增水的频率明显高于同等强度减水的频率，超过50厘米的增水平均约8天出现一次，而超过50厘米的减水平均约244天出现一次（表2.3-1）。

崇武站100厘米以上的增水主要出现在7—9月，60厘米以上的减水多发生在3—4月和11月，这些大的增减水过程主要与该海域受热带气旋和温带气旋等影响有关（表2.3-2）。

表 2.3-1　不同强度增减水平均出现周期（2003—2019 年）

| 范围 / 厘米 | 出现周期 / 天 | |
|---|---|---|
| | 增水 | 减水 |
| >30 | 1.12 | 3.03 |
| >40 | 3.04 | 19.68 |
| >50 | 7.66 | 244.06 |
| >60 | 18.60 | 1 220.28 |
| >70 | 40.68 | — |
| >80 | 84.74 | — |
| >90 | 234.67 | — |
| >100 | 508.45 | — |
| >120 | 2 033.81 | — |

"—"表示无数据。

表 2.3-2　各月不同强度增减水出现频率（2003—2019 年）

| 月份 | 增水 / % | | | | | 减水 / % | | | | |
|---|---|---|---|---|---|---|---|---|---|---|
| | >30 厘米 | >50 厘米 | >70 厘米 | >90 厘米 | >100 厘米 | >20 厘米 | >30 厘米 | >40 厘米 | >50 厘米 | >60 厘米 |
| 1 | 2.91 | 0.14 | 0.00 | 0.00 | 0.00 | 7.71 | 1.70 | 0.10 | 0.00 | 0.00 |
| 2 | 5.14 | 0.30 | 0.00 | 0.00 | 0.00 | 7.51 | 1.43 | 0.25 | 0.00 | 0.00 |
| 3 | 4.55 | 0.38 | 0.03 | 0.00 | 0.00 | 9.68 | 2.05 | 0.61 | 0.06 | 0.02 |
| 4 | 1.45 | 0.03 | 0.00 | 0.00 | 0.00 | 6.11 | 1.14 | 0.20 | 0.04 | 0.02 |
| 5 | 3.44 | 0.21 | 0.01 | 0.00 | 0.00 | 1.00 | 0.11 | 0.00 | 0.00 | 0.00 |
| 6 | 2.28 | 0.03 | 0.00 | 0.00 | 0.00 | 1.57 | 0.19 | 0.04 | 0.00 | 0.00 |
| 7 | 2.70 | 0.92 | 0.29 | 0.06 | 0.02 | 6.50 | 0.60 | 0.03 | 0.00 | 0.00 |
| 8 | 3.09 | 1.03 | 0.37 | 0.11 | 0.06 | 6.45 | 1.14 | 0.12 | 0.01 | 0.00 |
| 9 | 5.59 | 1.11 | 0.24 | 0.03 | 0.02 | 5.14 | 0.93 | 0.11 | 0.00 | 0.00 |
| 10 | 7.14 | 1.79 | 0.24 | 0.00 | 0.00 | 4.91 | 0.86 | 0.08 | 0.02 | 0.00 |
| 11 | 2.60 | 0.30 | 0.02 | 0.00 | 0.00 | 14.47 | 3.94 | 0.59 | 0.07 | 0.01 |
| 12 | 3.43 | 0.18 | 0.00 | 0.00 | 0.00 | 10.81 | 2.46 | 0.42 | 0.03 | 0.00 |

2003—2019 年，崇武站年最大增水多出现在 7—10 月，其中 8 月出现频率最高，为 35%；10 月次之，为 29%。除 5—7 月外，崇武站年最大减水在其余各月均有出现，其中 2 月和 11 月出现频率最高，均为 17%（表 2.3-3）。

2003—2019 年，崇武站年最大增水呈增大趋势，增大速率为 2.45 毫米 / 年（线性趋势未通过显著性检验）。历史最大增水出现在 2015 年 8 月 8 日，为 135 厘米；2006 年、2009 年和 2016 年最大增水均超过了 100 厘米。崇武站年最大减水呈减小趋势，减小速率为 4.51 毫米 / 年（线性趋势未通过显著性检验）。历史最大减水发生在 2010 年 3 月 20 日，为 66 厘米；2006 年和 2012 年最大减水均超过了 60 厘米。

表 2.3-3　最大增水和最大减水及年极值出现频率（2003—2019 年）

| | 1月 | 2月 | 3月 | 4月 | 5月 | 6月 | 7月 | 8月 | 9月 | 10月 | 11月 | 12月 |
| --- | --- | --- | --- | --- | --- | --- | --- | --- | --- | --- | --- | --- |
| 最大增水值 / 厘米 | 61 | 68 | 79 | 55 | 71 | 64 | 103 | 135 | 109 | 87 | 84 | 60 |
| 年最大增水出现频率 / % | 0 | 0 | 0 | 0 | 0 | 0 | 24 | 35 | 12 | 29 | 0 | 0 |
| 最大减水值 / 厘米 | 46 | 50 | 66 | 61 | 37 | 46 | 46 | 52 | 50 | 53 | 62 | 53 |
| 年最大减水出现频率 / % | 6 | 17 | 6 | 6 | 0 | 0 | 0 | 12 | 12 | 12 | 17 | 12 |

# 第三章 海浪

## 第一节 海况

崇武站全年及各月各级海况的频率见图3.1-1。全年海况以0～4级为主,频率为88.11%,其中0～3级海况频率为46.69%。全年5级及以上海况频率为11.89%,最大频率出现在11月,为19.62%。全年7级及以上海况频率为0.32%,最大频率出现在4月,为0.98%,12月未出现。

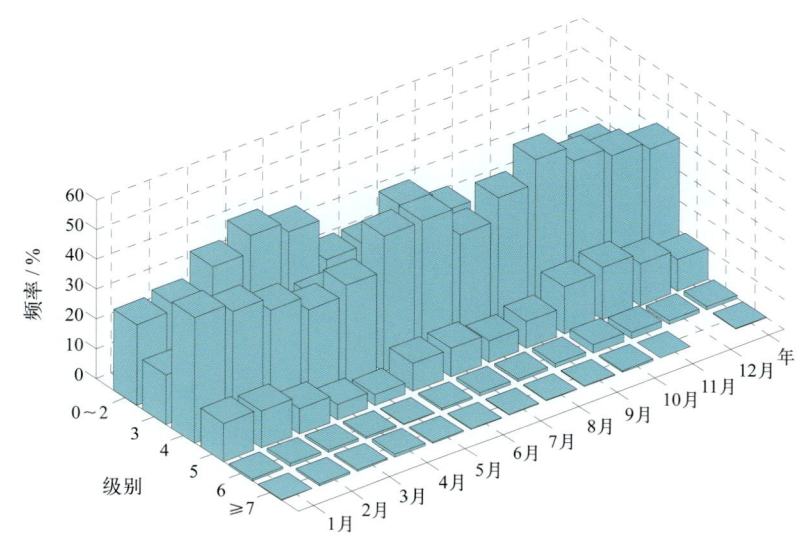

图3.1-1　全年及各月各级海况频率（1962—2019年）

## 第二节 波型

崇武站风浪频率和涌浪频率的年变化见表3.2-1。全年风浪频率较大,为99.93%,涌浪频率为95.20%。各月的风浪频率相差不大,涌浪频率差异稍大。涌浪在1月、2月和10—12月较多,其中12月最多,频率为99.92%,在6月和7月较少,其中7月最少,频率为81.54%。

表3.2-1　各月及全年风浪涌浪频率（1962—2019年）

|  | 1月 | 2月 | 3月 | 4月 | 5月 | 6月 | 7月 | 8月 | 9月 | 10月 | 11月 | 12月 | 年 |
|---|---|---|---|---|---|---|---|---|---|---|---|---|---|
| 风浪/% | 100.00 | 99.86 | 99.81 | 99.98 | 99.96 | 99.97 | 99.90 | 99.89 | 99.94 | 99.97 | 99.97 | 99.94 | 99.93 |
| 涌浪/% | 99.83 | 99.53 | 98.75 | 97.39 | 94.32 | 82.74 | 81.54 | 92.44 | 97.21 | 99.00 | 99.81 | 99.92 | 95.20 |

注：风浪包含F、FU、F/U和U/F波型；涌浪包含U、FU、F/U和U/F波型。

## 第三节 波向

### 1. 各向风浪频率

崇武站各月及全年各向风浪频率见图3.3-1。1—5月、9月和10月NE向风浪居多,NNE

向次之。6月和7月SSW向风浪居多，SW向次之。8月SSW向风浪居多，NE向次之。11月和12月NNE向风浪居多，NE向次之。全年NE向风浪居多，频率为26.50%；NNE向次之，频率为22.22%；WNW向最少，频率为0.05%。

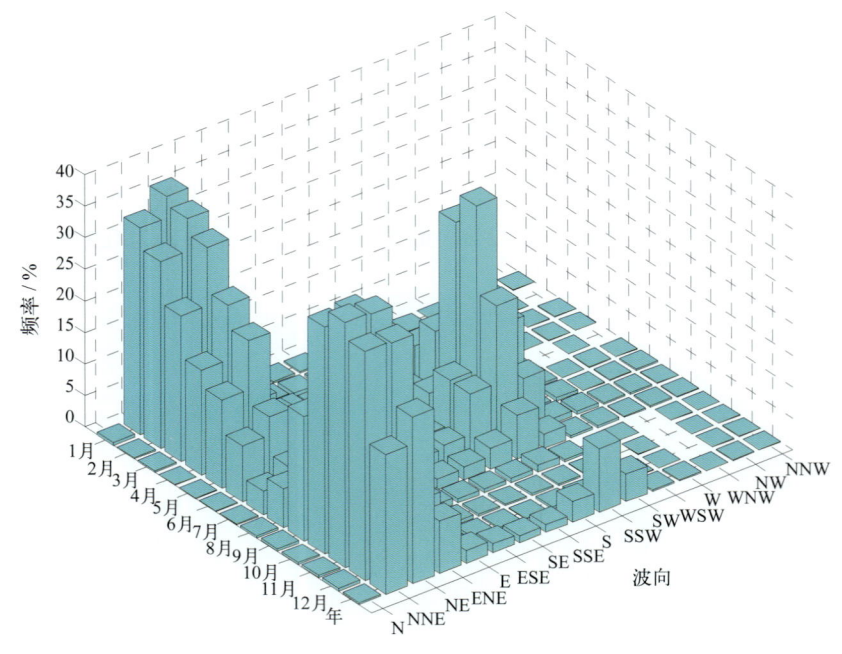

图3.3-1　各月及全年各向风浪频率（1962—2019年）

## 2. 各向涌浪频率

崇武站各月及全年各向涌浪频率见图3.3-2。1—5月和9—12月SE向涌浪居多，SSE向次之。6—8月SSE向涌浪居多，SE向次之。全年SE向涌浪居多，频率为71.75%；SSE向次之，频率为18.82%；未出现NNE向、ENE向和WSW—NNW向涌浪。

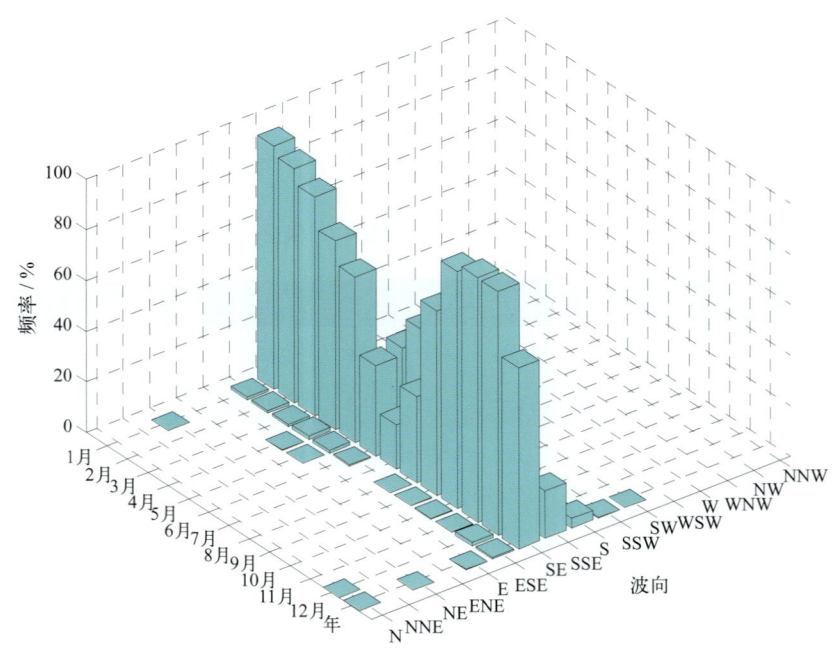

图3.3-2　各月及全年各向涌浪频率（1962—2019年）

## 第四节 波高

### 1. 平均波高和最大波高

崇武站波高的年变化见表 3.4-1。月平均波高的年变化不明显，为 0.7 ~ 1.1 米。历年的平均波高为 0.7 ~ 1.2 米。

月最大波高比月平均波高的变化幅度大，极大值出现在 10 月，为 7.6 米，极小值出现在 4 月，为 3.2 米，变幅为 4.4 米。历年的最大波高为 3.0 ~ 7.6 米（2002 年因数据较少未纳入统计），不小于 6.5 米的有 4 年，其中最大波高的极大值 7.6 米出现在 1999 年 10 月 9 日，正值 9914 号台风（DAN）影响期间，波向为 SSE，对应平均风速为 18 米/秒，对应平均周期为 8.7 秒。

表 3.4-1　波高年变化（1962—2019 年）　　　　　　　　　　　　　　　　单位：米

|  | 1月 | 2月 | 3月 | 4月 | 5月 | 6月 | 7月 | 8月 | 9月 | 10月 | 11月 | 12月 | 年 |
|---|---|---|---|---|---|---|---|---|---|---|---|---|---|
| 平均波高 | 1.0 | 0.9 | 0.9 | 0.7 | 0.7 | 1.0 | 1.0 | 1.0 | 0.9 | 1.1 | 1.1 | 1.0 | 1.0 |
| 最大波高 | 3.6 | 3.4 | 3.9 | 3.2 | 5.5 | 5.2 | 6.9 | 6.0 | 5.9 | 7.6 | 4.2 | 3.6 | 7.6 |

### 2. 各向平均波高和最大波高

全年及各季代表月各向波高的分布见表 3.4-2、图 3.4-1 和图 3.4-2。全年各向平均波高为 0.6 ~ 1.5 米，大值主要分布于 NNW 向，小值主要分布于 ESE 向和 SE 向。全年各向最大波高 SSE 向最大，为 7.6 米；SE 向次之，为 7.5 米；NW 向最小，为 2.4 米。

表 3.4-2　全年各向平均波高和最大波高（1962—2019 年）　　　　　　　　单位：米

|  | N | NNE | NE | ENE | E | ESE | SE | SSE | S | SSW | SW | WSW | W | WNW | NW | NNW |
|---|---|---|---|---|---|---|---|---|---|---|---|---|---|---|---|---|
| 平均波高 | 1.3 | 1.2 | 1.2 | 1.0 | 0.8 | 0.6 | 0.7 | 0.8 | 0.9 | 1.0 | 1.1 | 1.2 | 1.3 | 1.3 | 1.3 | 1.5 |
| 最大波高 | 4.0 | 5.4 | 6.3 | 5.5 | 4.2 | 4.2 | 7.5 | 7.6 | 5.5 | 6.0 | 6.7 | 6.2 | 3.3 | 3.0 | 2.4 | 6.2 |

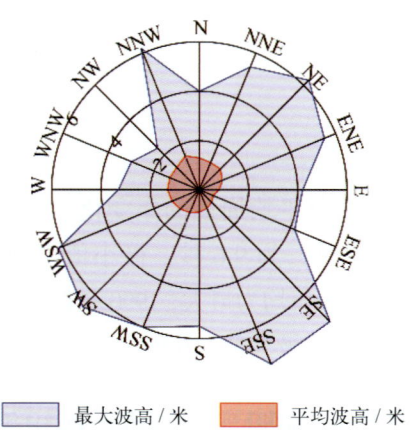

图 3.4-1　全年各向平均波高和最大波高（1962—2019 年）

1 月平均波高 N 向最大，为 1.4 米；SSE 向、S 向、SSW 向和 SW 向最小，均为 0.5 米。最大波高 NNE 向最大，为 3.6 米；NE 向次之，为 3.3 米；SW 向最小，为 0.7 米。未出现 WSW—NNW 向波高有效样本。

4 月平均波高 NNE 向和 NE 向最大，均为 1.1 米；W 向最小，为 0.4 米。最大波高 ENE 向最大，为 3.2 米；NE 向次之，为 2.9 米；W 向最小，为 0.5 米。未出现 WNW 向和 NNW 向波高有效样本。

7 月平均波高 N 向最大，为 2.1 米；ESE 向最小，为 0.8 米。最大波高 SSE 向最大，为 6.9 米；SW 向次之，为 6.7 米；NW 向最小，为 2.4 米。

10 月平均波高 W 向最大，为 2.0 米；ESE 向最小，为 0.6 米。最大波高 SSE 向最大，为 7.6 米；SE 向次之，为 7.5 米；NNW 向最小，为 1.2 米。未出现 WSW 向和 WNW 向波高有效样本。

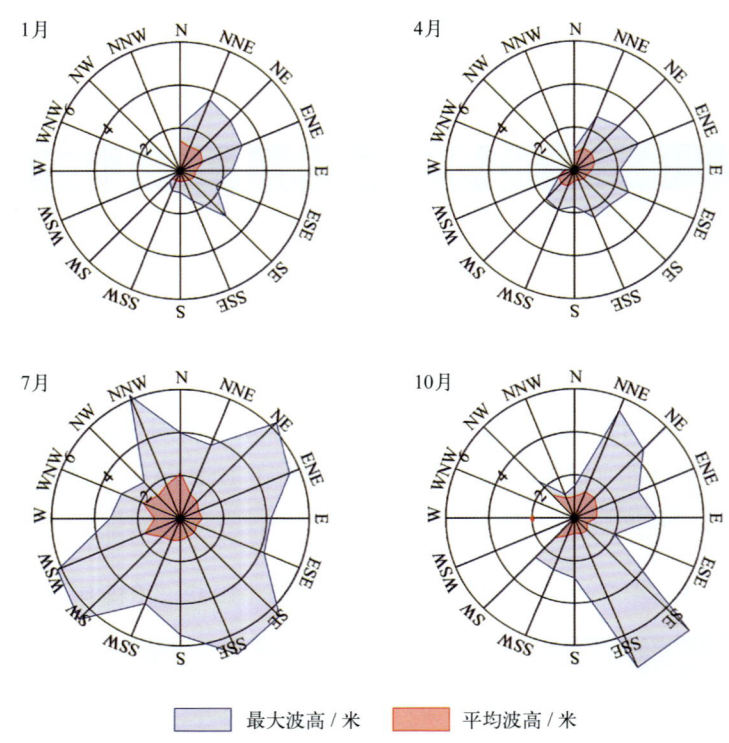

图 3.4-2　四季代表月各向平均波高和最大波高（1962—2019 年）

## 第五节　周期

### 1. 平均周期和最大周期

崇武站周期的年变化见表 3.5-1。月平均周期的年变化不明显，为 4.2 ～ 4.5 秒。月最大周期的年变化幅度较大，极大值出现在 7 月，为 9.6 秒，极小值出现在 3 月，为 7.3 秒。历年的平均周期为 3.9 ～ 4.6 秒，其中 1972 年和 2005 年均为最大，1990 年最小。历年的最大周期均不小于 5.3 秒，不小于 8.5 秒的有 8 年，其中最大周期的极大值 9.6 秒出现在 1974 年 7 月 22 日，波向为 SSE。

表 3.5-1　周期年变化（1965—2019 年）　　单位：秒

| | 1月 | 2月 | 3月 | 4月 | 5月 | 6月 | 7月 | 8月 | 9月 | 10月 | 11月 | 12月 | 年 |
| --- | --- | --- | --- | --- | --- | --- | --- | --- | --- | --- | --- | --- | --- |
| 平均周期 | 4.4 | 4.3 | 4.4 | 4.3 | 4.2 | 4.2 | 4.3 | 4.5 | 4.3 | 4.3 | 4.3 | 4.4 | 4.3 |
| 最大周期 | 8.5 | 7.7 | 7.3 | 8.8 | 8.8 | 8.1 | 9.6 | 8.5 | 8.5 | 9.2 | 7.4 | 7.5 | 9.6 |

## 2. 各向平均周期和最大周期

全年及各季代表月各向周期的分布见表 3.5-2、图 3.5-1 和图 3.5-2。全年各向平均周期为 3.7～4.8 秒，SE 向和 SSE 向周期较大。全年各向最大周期 SSE 向最大，为 9.6 秒；SE 向次之，为 9.0 秒；W 向最小，为 5.2 秒。

表 3.5-2　全年各向平均周期和最大周期（1965—2019 年）　　　　单位：秒

|  | N | NNE | NE | ENE | E | ESE | SE | SSE | S | SSW | SW | WSW | W | WNW | NW | NNW |
|---|---|---|---|---|---|---|---|---|---|---|---|---|---|---|---|---|
| 平均周期 | 4.4 | 4.1 | 4.1 | 3.9 | 4.0 | 4.1 | 4.8 | 4.8 | 4.3 | 3.7 | 4.0 | 4.1 | 4.3 | 4.2 | 4.2 | 4.4 |
| 最大周期 | 5.5 | 6.8 | 8.9 | 6.9 | 6.1 | 8.5 | 9.0 | 9.6 | 8.7 | 7.3 | 7.7 | 6.6 | 5.2 | 5.6 | 5.6 | 6.1 |

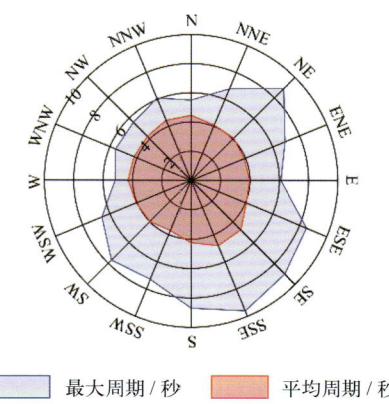

图 3.5-1　全年各向平均周期和最大周期（1965—2019 年）

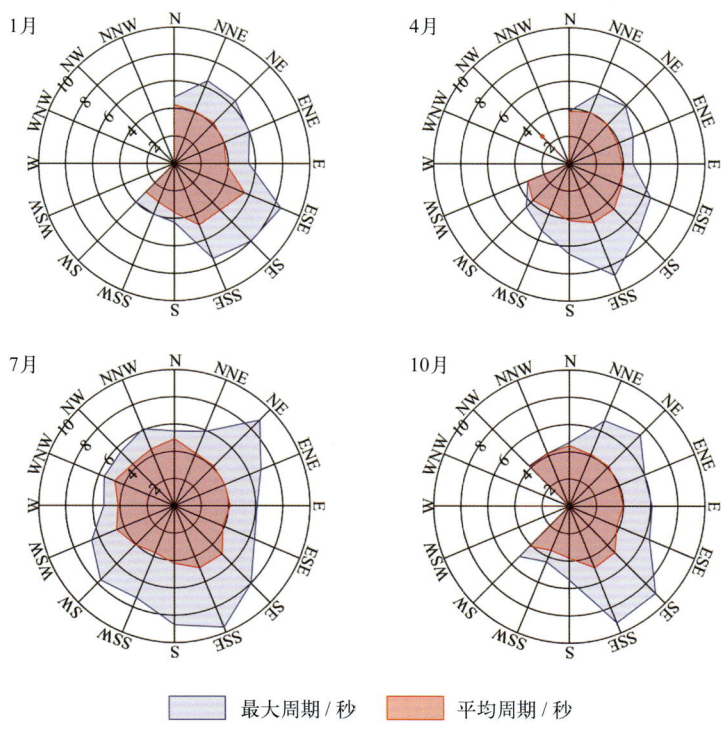

图 3.5-2　四季代表月各向平均周期和最大周期（1965—2019 年）

1月平均周期ESE向最大，为5.6秒；SW向最小，为3.0秒。最大周期ESE向最大，为8.5秒；SE向次之，为8.0秒；SSW向和SW向最小，均为4.0秒。

4月平均周期SE向和SSE向最大，均为4.7秒；NW向最小，为2.9秒。最大周期SSE向最大，为8.8秒；SE向次之，为7.2秒；NW向最小，为2.9秒。

7月平均周期SE向最大，为5.0秒；SSW向最小，为3.7秒。最大周期SSE向最大，为9.6秒；NE向次之，为8.9秒；W向最小，为5.2秒。

10月平均周期SSE向最大，为4.9秒；SSW向最小，为3.5秒。最大周期SSE向最大，为9.2秒；SE向次之，为9.0秒；W向最小，为3.9秒。

# 第四章　表层海水温度、盐度和海发光

## 第一节　表层海水温度

### 1. 平均水温、最高水温和最低水温

崇武站月平均水温的年变化具有峰谷明显的特点，8月最高，为26.9℃，2月最低，为12.3℃，年较差为14.6℃。3—8月为升温期，9月至翌年2月为降温期。月最高水温和月最低水温的年变化特征与月平均水温相似（图4.1-1）。

历年（2002—2004年数据有缺测）的平均水温为19.3～21.3℃，其中2001年最高，1970年最低。累年平均水温为20.3℃。

历年的最高水温均不低于27.8℃，其中大于30.0℃的有25年，大于30.5℃的有9年，出现时间为6—9月，9月最多，占统计年份的37%。水温极大值为31.7℃，出现在2003年9月7日。

历年的最低水温均不高于12.9℃，其中小于10.0℃的有27年，小于8.0℃的有6年，出现时间为12月至翌年3月，2月最多，占统计年份的60%。水温极小值为7.2℃，出现在1968年2月12日、20日和21日。

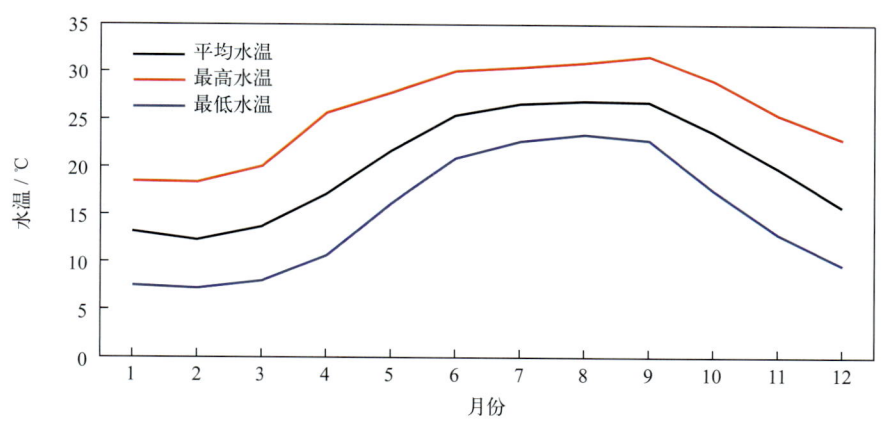

图4.1-1　水温年变化（1960—2019年）

### 2. 日平均水温稳定通过界限温度的日期

采用五日滑动平均方法求出稳定通过各个界限温度的日期，见表4.1-1。日平均水温全年均稳定通过10℃，稳定通过15℃的有266天，稳定通过20℃的有196天，稳定通过25℃的初日为6月11日，终日为10月6日，共118天。

表4.1-1　日平均水温稳定通过界限温度的日期（1960—2019年）

|  | 10℃ | 15℃ | 20℃ | 25℃ |
|---|---|---|---|---|
| 初日 | 1月1日 | 4月1日 | 5月5日 | 6月11日 |
| 终日 | 12月31日 | 12月22日 | 11月16日 | 10月6日 |
| 天数 | 365 | 266 | 196 | 118 |

### 3. 长期趋势变化

1960—2019 年，年平均水温和年最低水温均呈波动上升趋势，上升速率分别为 0.13℃ /（10 年）和 0.42℃ /（10 年），年最高水温呈波动下降趋势，下降速率为 0.11℃ /（10 年），其中 2003 年和 1960 年最高水温分别为 1960 年以来的第一高值和第二高值，1968 年和 1977 年最低水温分别为 1960 年以来的第一低值和第二低值。

十年平均水温变化显示，1970—1979 年平均水温最低，1990—1999 年平均水温较上一个十年升幅最大，升幅为 0.4℃，2010—2019 年平均水温较 1970—1979 年平均水温高 0.5℃（图 4.1-2）。

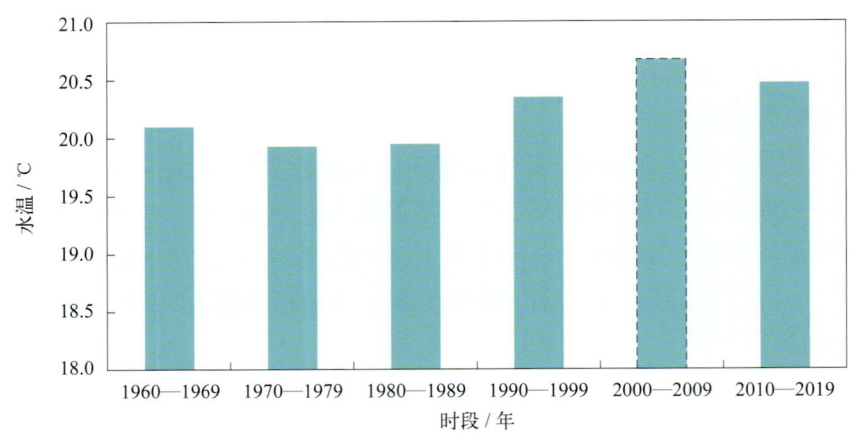

图4.1-2　十年平均水温变化（数据不足十年加虚线框表示，下同）

## 第二节　表层海水盐度

### 1. 平均盐度、最高盐度和最低盐度

崇武站月平均盐度最高值出现在 7 月，为 32.92，最低值出现在 12 月，为 30.02，年较差为 2.90。月最高盐度 7 月最大，1 月最小。月最低盐度 1 月和 2 月均为最大，8 月最小（图 4.2-1）。

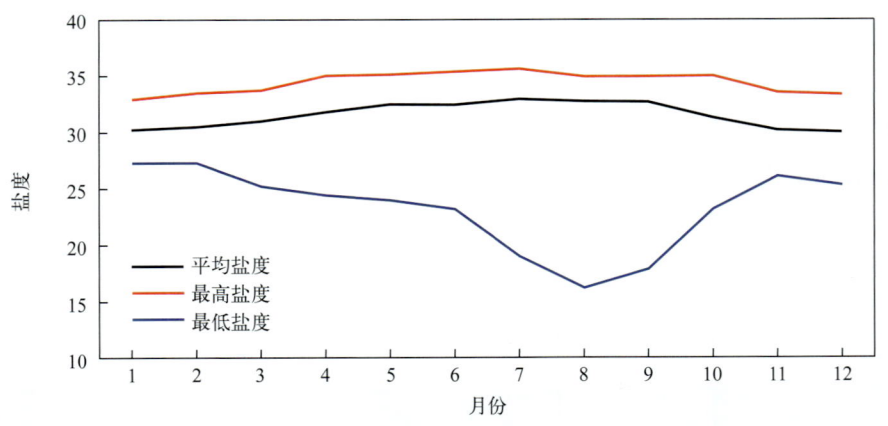

图4.2-1　盐度年变化（1960—2019年）

历年（2002—2004 年数据有缺测）的平均盐度为 29.69 ~ 32.79，其中 1963 年最高，2019 年最低。累年平均盐度为 31.52。

历年的最高盐度均大于 32.55，其中大于 34.50 的有 14 年，大于 35.00 的有 3 年。年最高盐度多出现在 6—8 月，占统计年份的 71%。盐度极大值为 35.60，出现在 1996 年 7 月 7 日。

历年的最低盐度均小于 29.75，其中小于 25.00 的有 15 年，小于 22.00 的有 5 年。年最低盐度各月均有出现，其中 6 月最多，占统计年份的 21%。盐度极小值为 16.20，出现在 2005 年 8 月 15 日，当日降水量为 2.2 毫米，前一日降水量为 24.8 毫米。

### 2. 长期趋势变化

1960—2019 年，年平均盐度和年最高盐度均呈波动下降趋势，下降速率分别为 0.24 /（10 年）和 0.18 /（10 年），年最低盐度无明显变化趋势。1996 年和 1961 年最高盐度分别为 1960 年以来的第一高值和第二高值；2005 年和 1990 年最低盐度分别为 1960 年以来的第一低值和第二低值。

十年平均盐度变化显示，1960—1969 年平均盐度最高，2010—2019 年平均盐度最低，两者相差 1.45（图 4.2-2）。

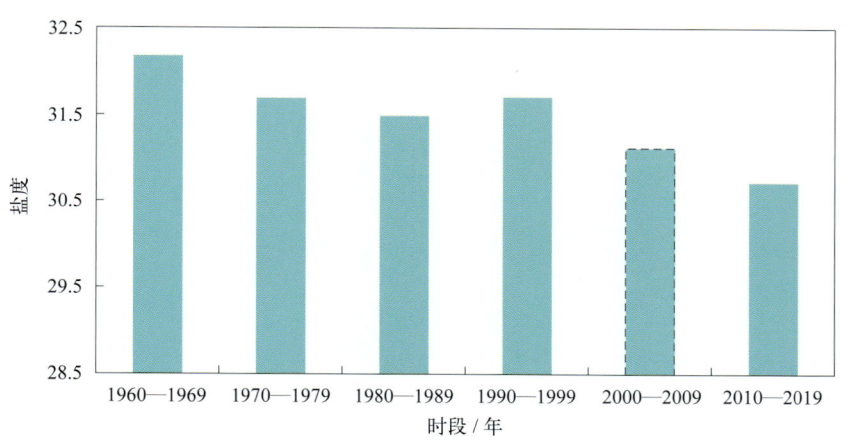

图4.2-2　十年平均盐度变化

## 第三节　海发光

1960—2007 年，崇武站观测到的海发光主要为火花型（H），其次是闪光型（S），弥漫型（M）最少，观测到 3 次。海发光以 1 级海发光为主，占海发光次数的 74.8%；2 级次之，占 21.8%；4 级海发光最少，观测到 2 次，出现在 1984 年 5 月 28 日和 29 日。

各月及全年海发光频率见表 4.3-1 和图 4.3-1。海发光频率 8 月最高，2 月最低。累年平均海发光频率为 75.1%。

历年海发光频率为 10.5% ~ 99.7%，其中 1966 年最大，2005 年最小。

表 4.3-1　各月及全年海发光频率（1960—2007 年）

| | 1月 | 2月 | 3月 | 4月 | 5月 | 6月 | 7月 | 8月 | 9月 | 10月 | 11月 | 12月 | 年 |
|---|---|---|---|---|---|---|---|---|---|---|---|---|---|
| 频率 / % | 56.9 | 54.2 | 60.3 | 78.7 | 82.9 | 82.4 | 87.1 | 87.5 | 85.5 | 84.9 | 75.3 | 63.8 | 75.1 |

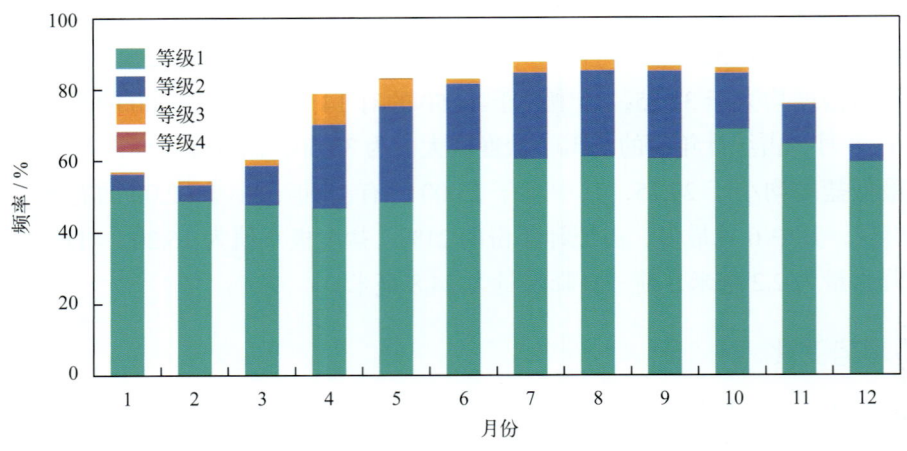

图4.3-1　各月各级海发光频率（1960—2007年）

# 第五章 海洋气象

## 第一节 气温

### 1. 平均气温、最高气温和最低气温

1960—2019年，崇武站累年平均气温为20.4℃。月平均气温8月最高，为27.9℃，2月最低，为12.0℃，年较差为15.9℃。月最高气温和月最低气温的年变化特征与月平均气温相似，月最高气温极大值出现在8月，月最低气温极小值出现在1月（表5.1-1，图5.1-1）。

表5.1-1 气温年变化（1960—2019年） 单位：℃

|  | 1月 | 2月 | 3月 | 4月 | 5月 | 6月 | 7月 | 8月 | 9月 | 10月 | 11月 | 12月 | 年 |
|---|---|---|---|---|---|---|---|---|---|---|---|---|---|
| 平均气温 | 12.3 | 12.0 | 14.1 | 18.2 | 22.3 | 25.6 | 27.6 | 27.9 | 26.9 | 23.4 | 19.4 | 14.8 | 20.4 |
| 最高气温 | 23.8 | 26.7 | 25.8 | 31.6 | 31.5 | 34.5 | 35.6 | 37.3 | 35.3 | 33.6 | 31.0 | 26.4 | 37.3 |
| 最低气温 | -0.3 | 2.5 | 2.4 | 6.4 | 11.4 | 16.0 | 20.5 | 20.3 | 17.3 | 12.9 | 7.3 | 2.8 | -0.3 |

注：1984年和2002年数据有缺测，1985年数据缺测。

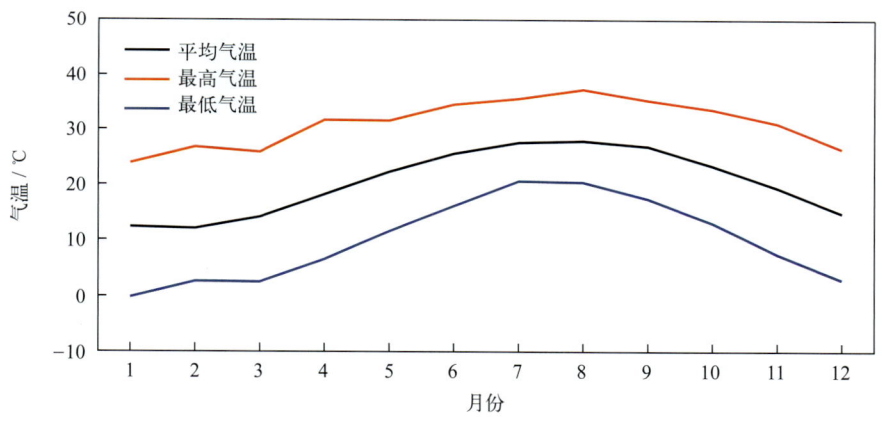

图5.1-1 气温年变化（1960—2019年）

历年的平均气温为19.3～22.2℃，其中2003年和2012年均为最高，1969年和1976年均为最低。

历年的最高气温均高于32.0℃，其中高于36.0℃的有5年。最早出现时间为6月23日（1980年），最晚出现时间为10月10日（1994年）。8月最高气温出现频率最高，占统计年份的48%，7月次之，占30%（图5.1-2）。极大值为37.3℃，出现在2001年8月28日。

历年的最低气温均低于9.0℃，其中低于4.0℃的有20年，低于0.0℃的有2年。最早出现时间为12月14日（1975年），最晚出现时间为3月4日（1988年）。2月最低气温出现频率最高，占统计年份的41%，1月次之，占37%（图5.1-2）。极小值为-0.3℃，出现在1977年1月31日。

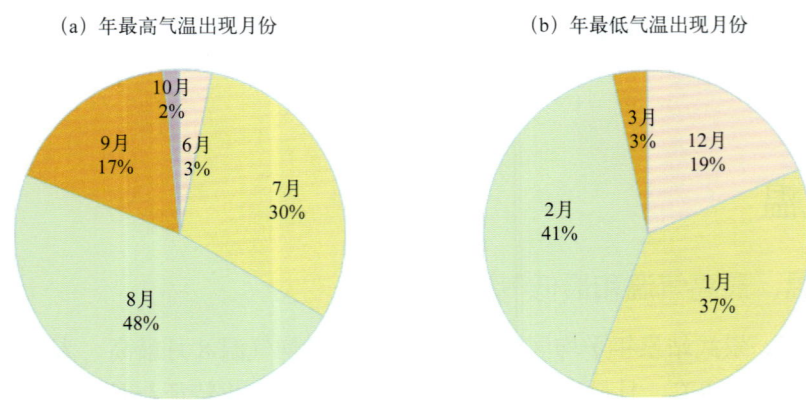

图5.1-2 年最高、最低气温出现月份及频率（1960—2019年）

### 2. 长期趋势变化

1960—2019年，年平均气温、年最高气温和年最低气温均呈波动上升趋势，上升速率分别为0.31℃/（10年）、0.13℃/（10年）（线性趋势未通过显著性检验）和0.50℃/（10年）。

十年平均气温变化显示，2010—2019年平均气温最高，为21.2℃，比1970—1979年平均气温上升了1.4℃（图5.1-3）。

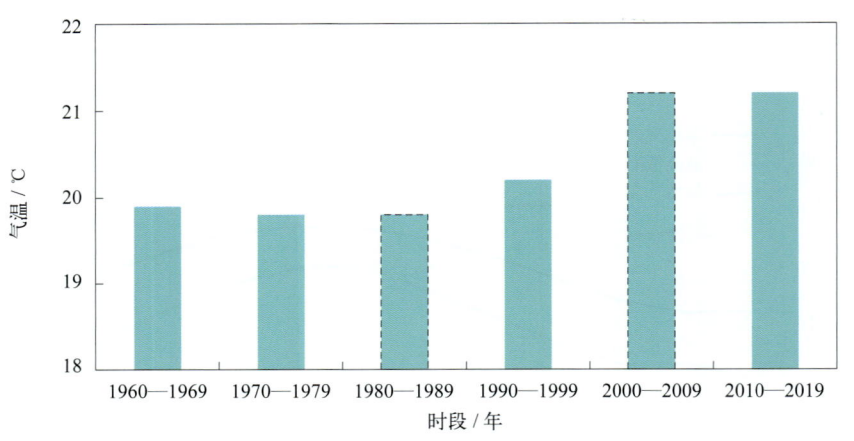

图5.1-3 十年平均气温变化

### 3. 常年自然天气季节和大陆度

利用崇武站1966—2019年气温累年日平均数据计算五日滑动平均气温，根据《气候季节划分》（QX/T 152—2012）气候季节划分指标和本志季节起止日确定方法，崇武站平均春季时间从2月7日至5月12日，共95天；平均夏季时间从5月13日至10月28日，共169天；平均秋季时间从10月29日至翌年2月6日，共101天。夏季时间最长，全年无冬季（图5.1-4）。

崇武站焦金斯基大陆度指数为33.2%，属海洋性季风气候。

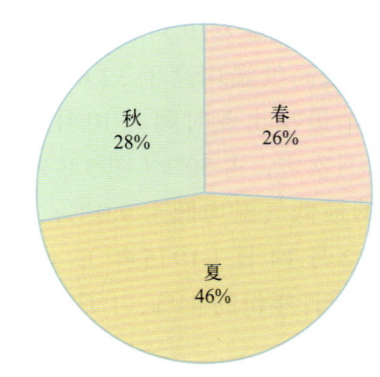

图5.1-4 四季平均日数百分率（1966—2019年）

## 第二节 气压

### 1. 平均气压、最高气压和最低气压

1966—2019 年，崇武站累年平均气压为 1 010.2 百帕。月平均气压 1 月和 12 月最高，均为 1 017.9 百帕，8 月最低，为 1 001.7 百帕，年较差为 16.2 百帕。月最高气压 1 月最大，7 月最小。月最低气压 2 月最大，8 月最小（表 5.2-1，图 5.2-1）。

历年的平均气压为 1 009.0 ~ 1 011.7 百帕，其中 1995 年最高，2000 年最低。

历年的最高气压均高于 1 024.5 百帕，其中高于 1 028.0 百帕的有 25 年，高于 1 030.0 百帕的有 2 年。极大值为 1 034.8 百帕，出现在 2016 年 1 月 24 日。

历年的最低气压均低于 996.5 百帕，其中低于 978.0 百帕的有 12 年，低于 975.0 百帕的有 3 年。极小值为 970.3 百帕，出现在 2004 年 8 月 26 日，正值 0418 号台风"艾利"影响期间。《东海区海洋站海洋水文气候志》记载 1959 年 8 月 30 日最低气压为 969.7 百帕。

表 5.2-1 气压年变化（1966—2019 年） 单位：百帕

| | 1月 | 2月 | 3月 | 4月 | 5月 | 6月 | 7月 | 8月 | 9月 | 10月 | 11月 | 12月 | 年 |
|---|---|---|---|---|---|---|---|---|---|---|---|---|---|
| 平均气压 | 1 017.9 | 1 016.7 | 1 014.0 | 1 010.5 | 1 006.5 | 1 003.2 | 1 002.2 | 1 001.7 | 1 005.7 | 1 011.4 | 1 015.1 | 1 017.9 | 1 010.2 |
| 最高气压 | 1 034.8 | 1 030.0 | 1 029.1 | 1 025.4 | 1 018.9 | 1 012.4 | 1 011.2 | 1 012.3 | 1 017.0 | 1 022.3 | 1 029.6 | 1 029.5 | 1 034.8 |
| 最低气压 | 1 001.5 | 1 001.6 | 999.5 | 995.5 | 992.8 | 983.6 | 974.6 | 970.3 | 976.3 | 985.0 | 998.4 | 1 000.2 | 970.3 |

注：1972年和1985年数据缺测，1984年和2002年数据有缺测。

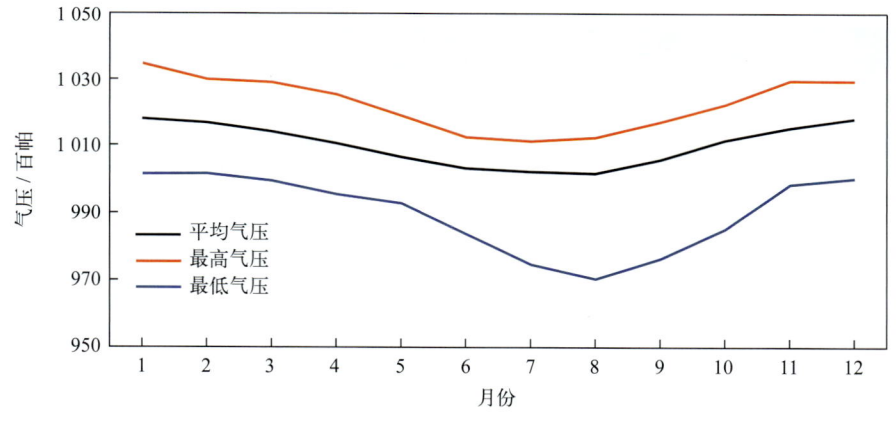

图 5.2-1 气压年变化（1966—2019年）

### 2. 长期趋势变化

1966—2019 年，年平均气压和年最高气压均呈上升趋势，上升速率分别为 0.10 百帕/（10 年）（线性趋势未通过显著性检验）和 0.36 百帕/（10 年）；年最低气压呈下降趋势，下降速率为 0.71 百帕/（10 年）（线性趋势未通过显著性检验）。

十年平均气压变化显示，2010—2019 年平均气压最高，为 1 011.1 百帕，比 1990—1999 年平均气压高 0.7 百帕（图 5.2-2）。

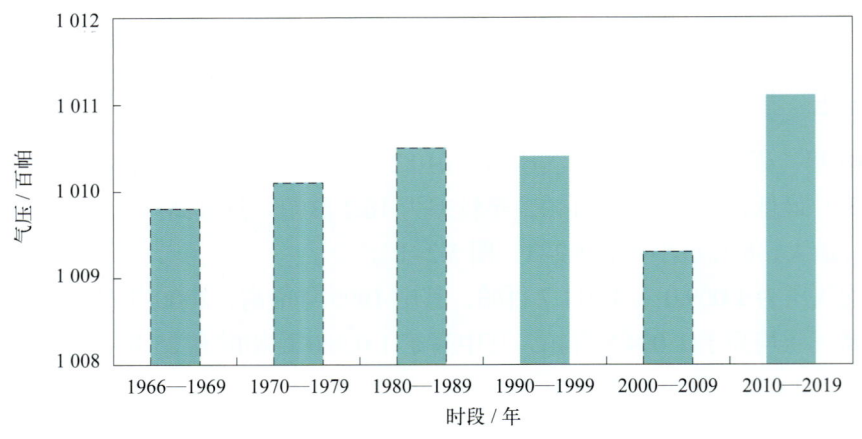

图5.2-2　十年平均气压变化

## 第三节　相对湿度

### 1. 平均相对湿度和最小相对湿度

1960—2019年，崇武站累年平均相对湿度为79.5%。月平均相对湿度6月最大，为89.1%，12月最小，为71.1%。平均月最小相对湿度7月最大，为55.9%，12月最小，为31.7%。最小相对湿度的极小值为10%，出现在1963年1月18日和25日（日期摘自《东海区海洋站海洋水文气候志》）（表5.3-1，图5.3-1）。

表5.3-1　相对湿度年变化（1960—2019年）

|  | 1月 | 2月 | 3月 | 4月 | 5月 | 6月 | 7月 | 8月 | 9月 | 10月 | 11月 | 12月 | 年 |
| --- | --- | --- | --- | --- | --- | --- | --- | --- | --- | --- | --- | --- | --- |
| 平均相对湿度/% | 73.8 | 77.7 | 80.5 | 83.2 | 85.6 | 89.1 | 87.6 | 84.9 | 77.4 | 71.6 | 71.5 | 71.1 | 79.5 |
| 平均最小相对湿度/% | 32.9 | 37.3 | 36.8 | 38.8 | 43.2 | 55.2 | 55.9 | 52.2 | 43.8 | 37.5 | 36.1 | 31.7 | 41.8 |
| 最小相对湿度/% | 10 | 16 | 16 | 15 | 23 | 32 | 38 | 36 | 23 | 14 | 21 | 11 | 10 |

注：平均最小相对湿度为各月最小相对湿度的累年平均值及其年平均值。1984年和2002年数据有缺测，1985年数据缺测。

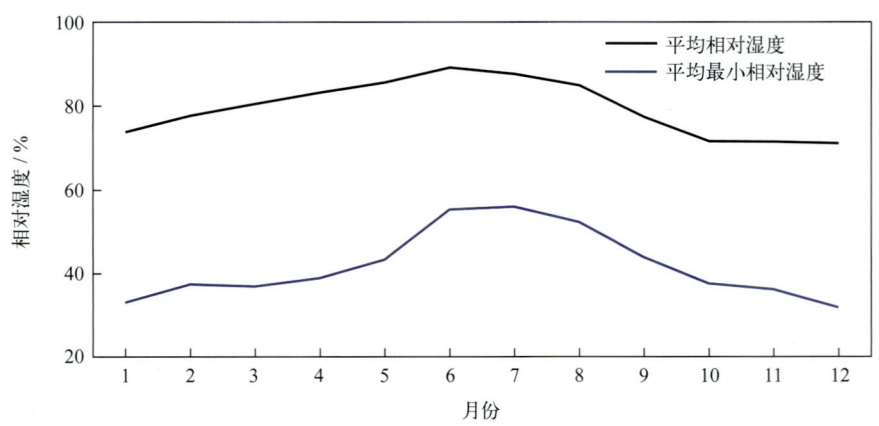

图5.3-1　相对湿度年变化（1960—2019年）

## 2. 长期趋势变化

1960—2019 年，年平均相对湿度为 73.5% ~ 82.5%，其中 2016 年最大，2004 年最小，年平均相对湿度呈下降趋势，下降速率为 0.47%/（10 年）。十年平均相对湿度变化显示，1970—1979 年平均相对湿度最大，为 80.4%，2010—2019 年平均相对湿度比 1970—1979 年平均相对湿度下降 1.8%（图 5.3-2）。

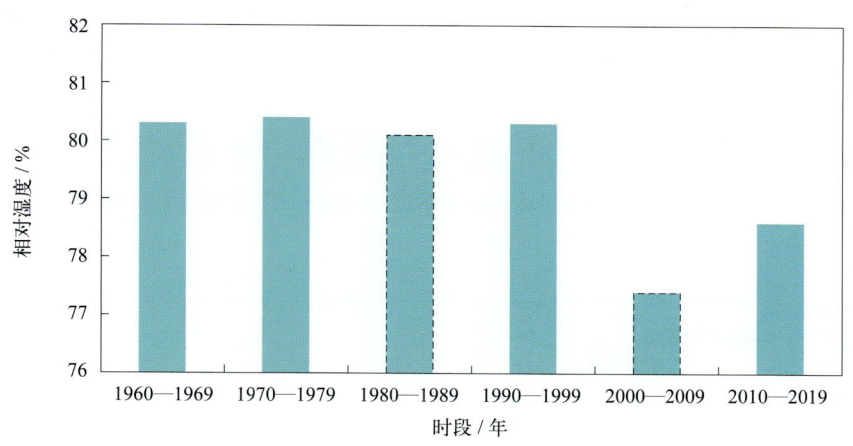

图5.3-2　十年平均相对湿度变化

## 3. 温湿指数

根据《人居环境气候舒适度评价》（GB/T 27963—2011）的温湿指数统计方法和气候舒适度等级划分方法，统计崇武站各月温湿指数，结果显示：1 月和 2 月温湿指数分别为 12.6 和 12.3，感觉为寒冷；3 月和 12 月温湿指数分别为 14.1 和 14.7，感觉为冷；4—6 月和 9—11 月温湿指数为 17.8 ~ 25.4，感觉为舒适；7 月和 8 月温湿指数分别为 26.7 和 26.8，感觉为热（表 5.3-2）。

表 5.3-2　温湿指数年变化（1960—2019 年）

|  | 1月 | 2月 | 3月 | 4月 | 5月 | 6月 | 7月 | 8月 | 9月 | 10月 | 11月 | 12月 |
| --- | --- | --- | --- | --- | --- | --- | --- | --- | --- | --- | --- | --- |
| 温湿指数 | 12.6 | 12.3 | 14.1 | 17.8 | 21.7 | 24.9 | 26.7 | 26.8 | 25.4 | 22.0 | 18.6 | 14.7 |
| 感觉程度 | 寒冷 | 寒冷 | 冷 | 舒适 | 舒适 | 舒适 | 热 | 热 | 舒适 | 舒适 | 舒适 | 冷 |

# 第四节　风

## 1. 平均风速和最大风速

崇武站风速的年变化见表 5.4-1 和图 5.4-1。累年平均风速为 5.7 米 / 秒，月平均风速 10 月和 11 月最大，均为 7.1 米 / 秒，8 月最小，为 4.4 米 / 秒。平均最大风速 9 月和 10 月最大，均为 17.0 米 / 秒，5 月最小，为 13.4 米 / 秒。最大风速月最大值对应风向多为 NNE 向（9 个月）。极大风速的最大值为 36.7 米 / 秒，出现在 2015 年 8 月 8 日，正值 1513 号台风"苏迪罗"影响期间，对应风向为 N。

表 5.4-1　风速年变化（1960—2019 年）　　　　　　　　　　　　单位：米/秒

| | | 1月 | 2月 | 3月 | 4月 | 5月 | 6月 | 7月 | 8月 | 9月 | 10月 | 11月 | 12月 | 年 |
|---|---|---|---|---|---|---|---|---|---|---|---|---|---|---|
| 平均风速 | | 6.6 | 6.4 | 5.6 | 4.8 | 4.6 | 5.0 | 4.7 | 4.4 | 5.5 | 7.1 | 7.1 | 6.9 | 5.7 |
| 最大风速 | 平均值 | 15.5 | 15.6 | 15.3 | 14.7 | 13.4 | 14.0 | 16.7 | 16.2 | 17.0 | 17.0 | 16.5 | 15.5 | 15.6 |
| | 最大值 | 28.0 | 28.0 | 28.0 | 28.0 | 24.0 | 22.7 | 40.0 | 34.0 | 35.0 | 34.0 | 34.0 | 28.0 | 40.0 |
| | 最大值对应风向 | NNE | NE/NNE | NNE/NE | NNE/NE | NNE/NE | S | NE | SW | NNE | NNE/NE | NNE | NNE/NE | NE |
| 极大风速 | 最大值 | 25.4 | 25.2 | 24.5 | 34.1 | 24.3 | 33.5 | 35.1 | 36.7 | 35.2 | 27.3 | 24.1 | 23.6 | 36.7 |
| | 最大值对应风向 | NNE | ENE | NE | N | NE | S | WSW | N | SSE | NE | NE | NE | N |

注：1961—1962年和1985年数据缺测，1984年和2002年数据有缺测，最大风速1960—1962年数据缺测，极大风速的统计时间为2002年6月至2019年12月。

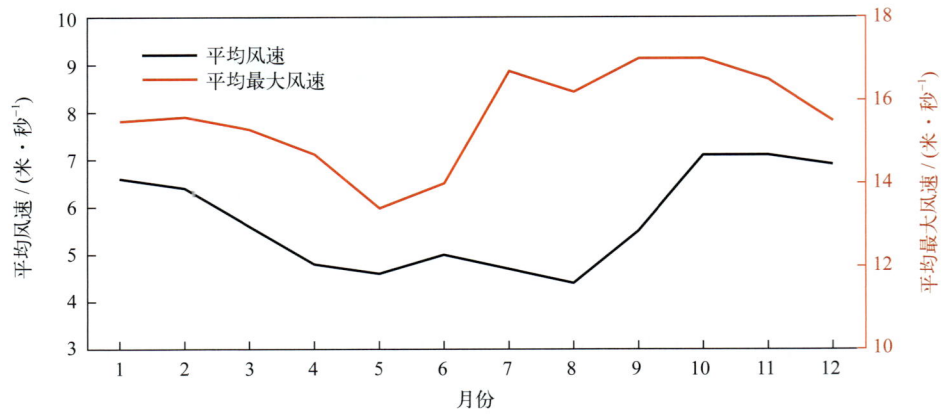

图5.4-1　平均风速和平均最大风速年变化（1960—2019年）

历年的平均风速为 4.2～7.4 米/秒，其中 1960 年最大，2008 年最小。历年的最大风速均大于等于 14.2 米/秒，其中大于等于 24.0 米/秒的有 21 年，大于等于 32.0 米/秒的有 7 年。最大风速的最大值为 40.0 米/秒，出现在 1965 年 7 月 26 日，风向为 NE。《东海区海洋站海洋水文气候志》记载，1956—1979 年，极端最大风速大于等于 40.0 米/秒，风向为 NNE 和 NE，出现过 4 次。年最大风速出现在 8 月的频率最高，5 月未出现（图5.4-2）。

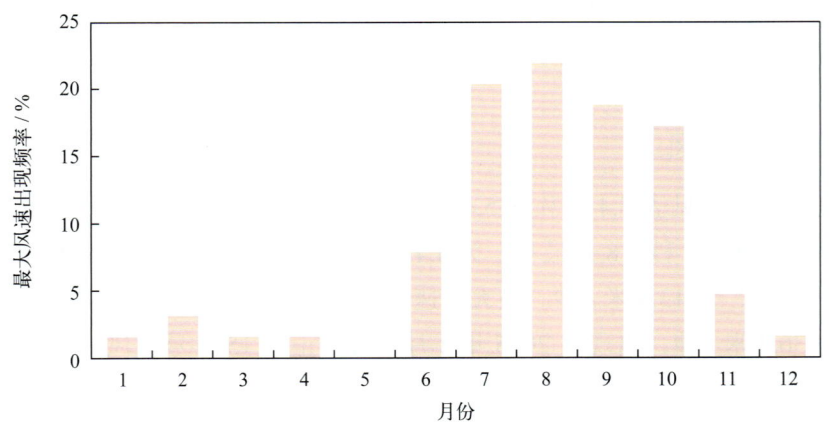

图5.4-2　年最大风速出现频率（1960—2019年）

## 2. 各向风频率

全年 NNE 向风最多，频率为 25.1%，NE 向次之，频率为 24.6%，WNW 向最少，频率为 0.7%（图 5.4-3）。

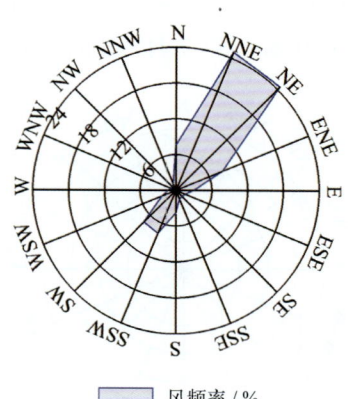

图5.4-3　全年各向风频率（1966—2019年）

1月盛行风向为 N—ENE，频率和为 89.6%；4月盛行风向为 NNE—ENE，频率和为 54.1%；7月盛行风向为 S—SW，频率和为 59.9%；10月盛行风向为 N—ENE，频率和为 90.2%（图 5.4-4）。

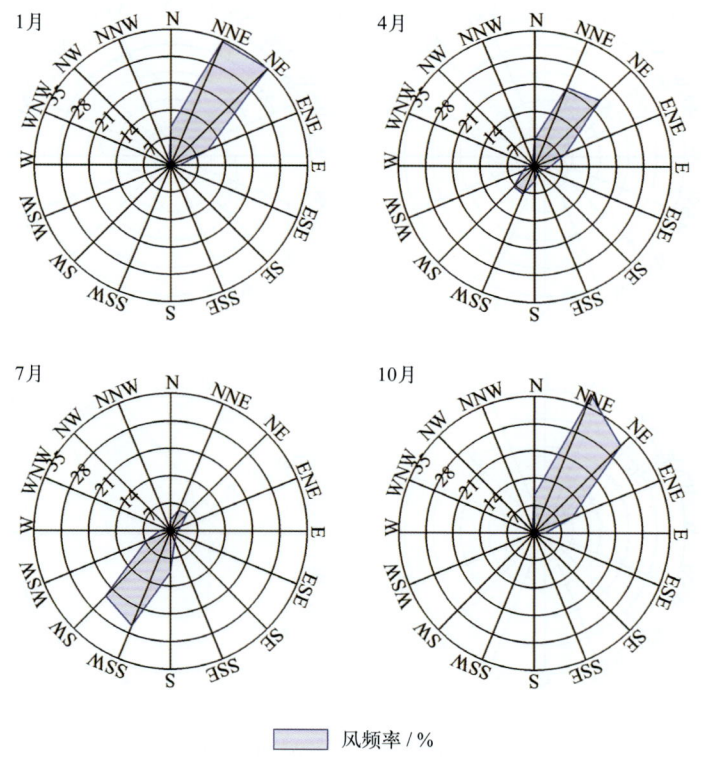

图5.4-4　四季代表月各向风频率（1966—2019年）

## 3. 各向平均风速和最大风速

全年各向平均风速 NE 向最大，为 6.5 米 / 秒，NNE 向次之，为 6.1 米 / 秒，WNW 向和 NW 向最小，均为1.5米/秒（图5.4-5）。1月、4月和10月均为NE向平均风速最大，分别为7.3米/秒、6.1米/秒和7.6米/秒；7月NNE向最大，为5.6米/秒（图5.4-6）。

全年各向最大风速NNE向最大，为35.0米/秒，NE向和SW向次之，均为34.0米/秒，WNW向最小，为18.0米/秒（图5.4-5）。1月、4月和10月最大风速均为NNE向和NE向最大，分别为24.0米/秒、24..0米/秒和34.0米/秒；7月NE向最大，为34.0米/秒（图5.4-6）。

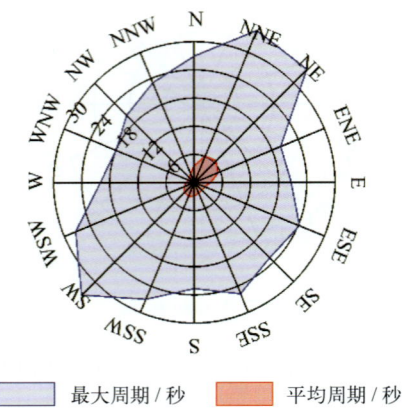

图5.4-5　全年各向平均风速和最大风速（1966—2019年）

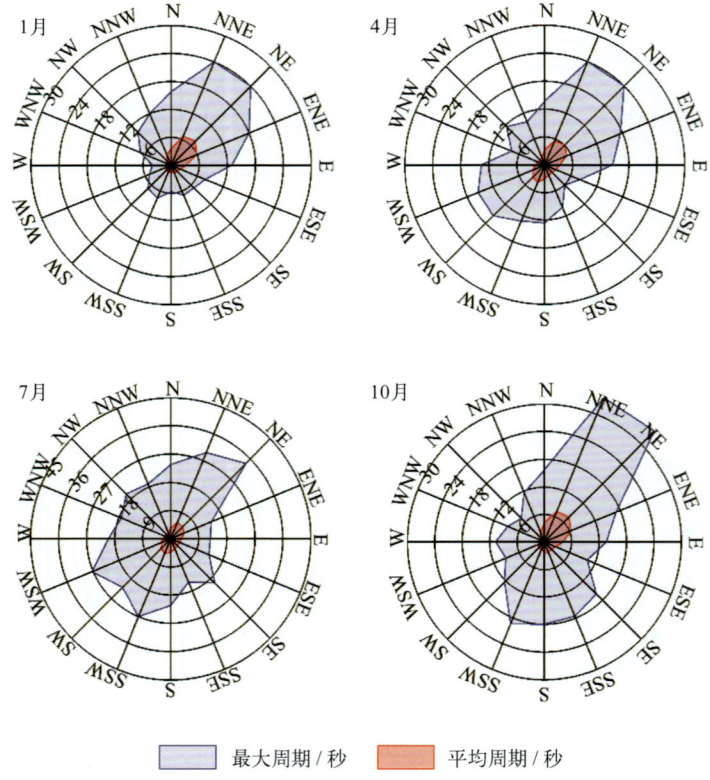

图5.4-6　四季代表月各向平均风速和最大风速（1966—2019年）

## 4. 大风日数

风力大于等于6级的大风日数12月最多，为12.0天，占全年的12.8%，11月次之，为11.8天（表5.4-2，图5.4-7）。平均年大风日数为93.8天（表5.4-2）。历年大风日数2011年最多，为170天，

2003 年最少，为 11 天。

风力大于等于 8 级的大风日数 10 月最多，为 0.8 天，6 月最少，为 0.1 天。历年大风日数 1977 年最多，为 16 天，有 12 年未出现。

风力大于等于 6 级的月大风日数最多为 28 天，出现在 2011 年 1 月；最长连续大于等于 6 级大风日数为 19 天，出现在 1980 年 1 月 30 日至 2 月 17 日（表 5.4-2）。

表 5.4-2　各级大风日数年变化（1960—2019 年）　　　单位：天

|  | 1月 | 2月 | 3月 | 4月 | 5月 | 6月 | 7月 | 8月 | 9月 | 10月 | 11月 | 12月 | 年 |
| --- | --- | --- | --- | --- | --- | --- | --- | --- | --- | --- | --- | --- | --- |
| 大于等于6级大风平均日数 | 11.5 | 10.6 | 8.6 | 5.3 | 3.8 | 4.0 | 4.6 | 4.4 | 5.8 | 11.4 | 11.8 | 12.0 | 93.8 |
| 大于等于7级大风平均日数 | 3.0 | 2.7 | 2.1 | 1.2 | 0.5 | 0.9 | 1.4 | 1.6 | 2.1 | 3.6 | 3.9 | 3.5 | 26.5 |
| 大于等于8级大风平均日数 | 0.3 | 0.2 | 0.2 | 0.2 | 0.2 | 0.1 | 0.5 | 0.5 | 0.7 | 0.8 | 0.4 | 0.2 | 4.3 |
| 大于等于6级大风最多日数 | 28 | 20 | 21 | 13 | 11 | 14 | 17 | 14 | 15 | 25 | 26 | 25 | 170 |
| 最长连续大于等于6级大风日数 | 17 | 19 | 10 | 6 | 4 | 6 | 11 | 7 | 11 | 18 | 16 | 17 | 19 |

注：大于等于6级大风统计时间为1960—2019年，大于等于7级和大于等于8级大风统计时间为1966—2019年。

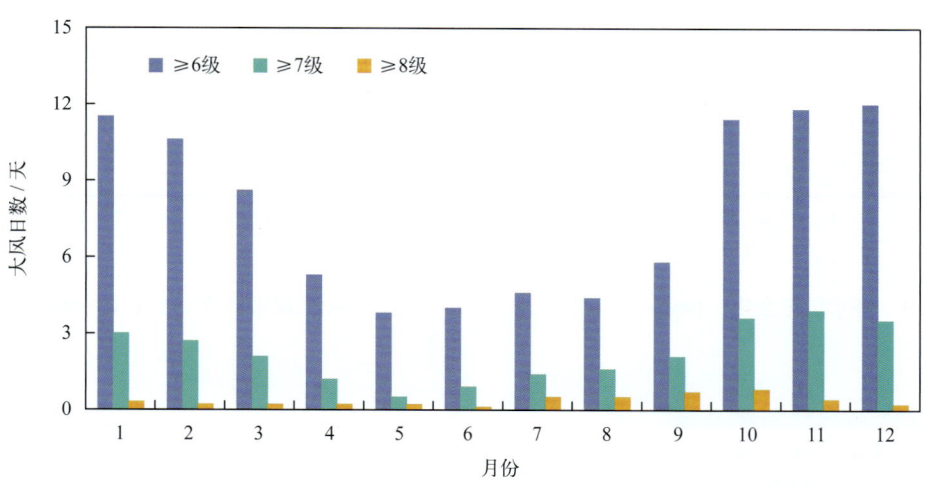

图5.4-7　各级大风日数年变化

## 第五节　降水

### 1. 降水量和降水日数

#### （1）降水量

崇武站降水量的年变化见表 5.5-1 和图 5.5-1。平均年降水量为 1 015.8 毫米，6—8 月降水量为 388.0 毫米，占全年降水量的 38.2%，3—5 月为 357.6 毫米，占全年的 35.2%，9—11 月为 148.9 毫米，占全年的 14.7%，12 月至翌年 2 月为 121.3 毫米，占全年的 11.9%。6 月平均降水量最多，为

175.8 毫米，占全年的 17.3%。

历年年降水量为 418.0 ~ 1 878.0 毫米，其中 1990 年最多，2003 年最少。

最大日降水量超过 100 毫米的有 34 年，超过 150 毫米的有 14 年，超过 200 毫米的有 7 年。最大日降水量为 244.5 毫米，出现在 1990 年 6 月 24 日。

表 5.5-1  降水量年变化（1960—2019 年）　　　　　　　　　　　　　　　　单位：毫米

|  | 1月 | 2月 | 3月 | 4月 | 5月 | 6月 | 7月 | 8月 | 9月 | 10月 | 11月 | 12月 | 年 |
|---|---|---|---|---|---|---|---|---|---|---|---|---|---|
| 平均降水量 | 36.7 | 55.8 | 96.3 | 113.2 | 148.1 | 175.8 | 93.1 | 119.1 | 82.3 | 32.0 | 34.6 | 28.8 | 1 015.8 |
| 最大日降水量 | 63.4 | 67.4 | 83.3 | 138.0 | 133.2 | 244.5 | 236.8 | 160.4 | 195.4 | 227.1 | 146.3 | 75.1 | 244.5 |

注：1984年和2002年数据有缺测，1985年数据缺测。

### （2）降水日数

平均年降水日数为 109.0 天。降水日数的年变化特征为上半年多、下半年少（图 5.5-2 和图 5.5-3）。日降水量大于等于 10 毫米的平均年日数为 27.7 天，各月均有出现；日降水量大于等于 50 毫米的平均年日数为 3.6 天，各月均有出现；日降水量大于等于 100 毫米的平均年日数为 0.8 天，出现在 4—11 月；日降水量大于等于 150 毫米的平均年日数为 0.26 天，出现在 6—10 月；日降水量大于等于 200 毫米的平均年日数为 0.12 天，出现在 6 月、7 月和 10 月（图 5.5-3）。

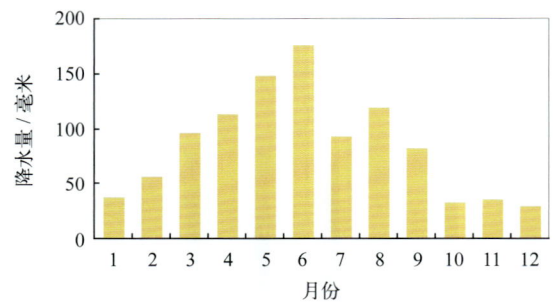

图5.5-1  降水量年变化（1960—2019年）

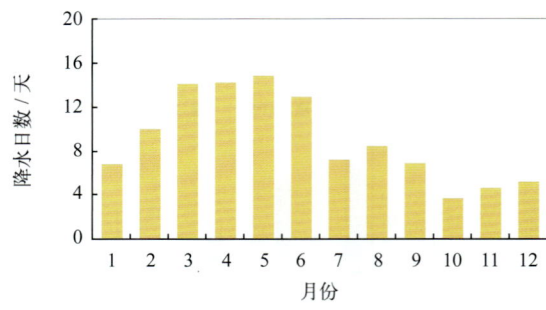

图5.5-2  降水日数年变化（1966—2019年）

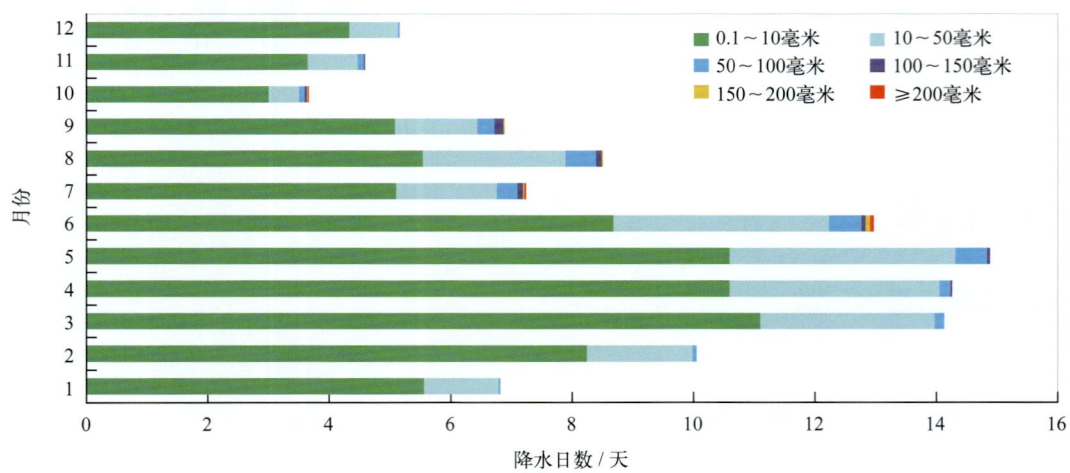

图5.5-3  各月各级平均降水日数分布（1960—2019年）

最多年降水日数为156天，出现在2010年；最少年降水日数为50天，出现在2003年。最长连续降水日数为26天，出现在2002年9月11日至10月6日和2010年5月13日至6月7日；最长连续无降水日数为86天，出现在2019年9月10日至12月4日。

### 2. 长期趋势变化

1960—2019年，年降水量呈下降趋势，下降速率为11.12毫米/（10年）（线性趋势未通过显著性检验）。十年平均年降水量变化显示，1990—1999年平均年降水量最大，为1 205.7毫米，2010—2019年平均年降水量最小，为868.0毫米（图5.5-4）。1960—2019年，年最大日降水量呈下降趋势，下降速率为3.64毫米/（10年）（线性趋势未通过显著性检验）。

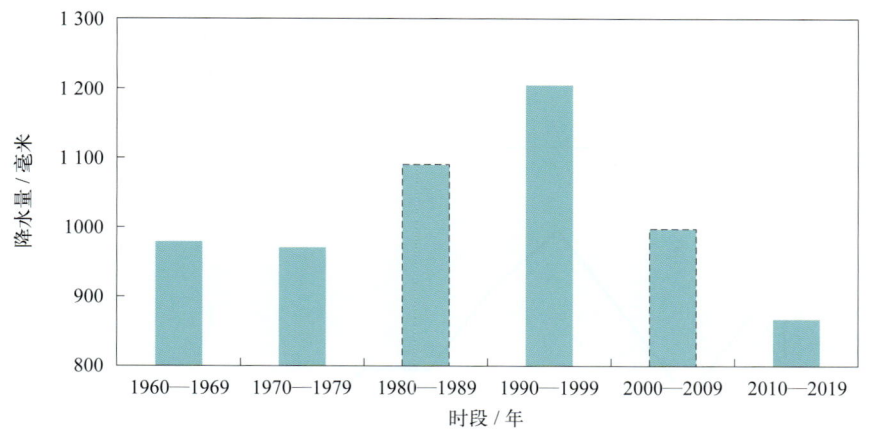

图5.5-4　十年平均年降水量变化

1966—2019年，年降水日数呈减少趋势，减少速率为1.10天/（10年）；最长连续降水日数呈增加趋势，增加速率为0.38天/（10年）（线性趋势未通过显著性检验）；最长连续无降水日数呈增加趋势，增加速率为0.76天/（10年）（线性趋势未通过显著性检验）。

## 第六节　雾及其他天气现象

### 1. 雾

崇武站雾日数的年变化见表5.6-1、图5.6-1和图5.6-2。1966—2002年，平均年雾日数为28.9天。平均月雾日数4月最多，为7.8天，9月和10月最少，均为0.1天；月雾日数最多为15天，出现在1983年4月；最长连续雾日数为9天，出现在1983年4月7—15日。

表5.6-1　雾日数年变化（1966—2002年）　　　　　　　　　　　　　单位：天

| | 1月 | 2月 | 3月 | 4月 | 5月 | 6月 | 7月 | 8月 | 9月 | 10月 | 11月 | 12月 | 年 |
| --- | --- | --- | --- | --- | --- | --- | --- | --- | --- | --- | --- | --- | --- |
| 平均雾日数 | 1.7 | 2.3 | 5.6 | 7.8 | 6.2 | 1.9 | 1.5 | 0.5 | 0.1 | 0.1 | 0.3 | 0.9 | 28.9 |
| 最多雾日数 | 9 | 7 | 12 | 15 | 14 | 7 | 8 | 3 | 2 | 2 | 4 | 5 | 47 |
| 最长连续雾日数 | 6 | 3 | 6 | 9 | 7 | 4 | 4 | 2 | 1 | 2 | 3 | 3 | 9 |

注：1984年数据有缺测，1985年数据缺测，2002年7月停测。

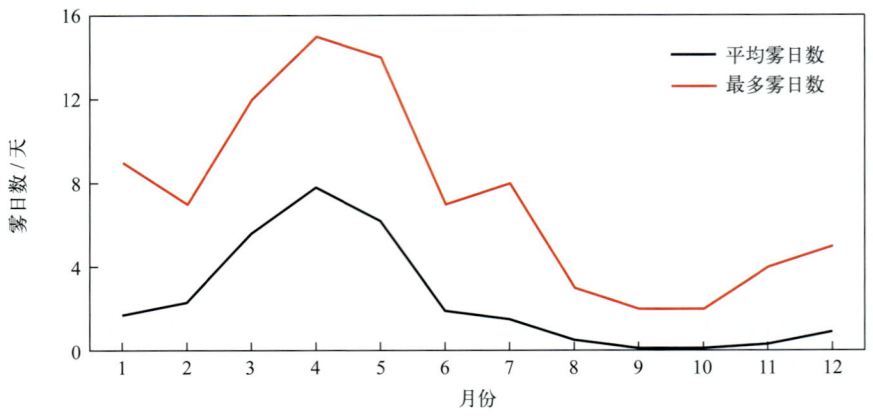

图5.6-1 平均雾日数和最多雾日数年变化（1966—2002年）

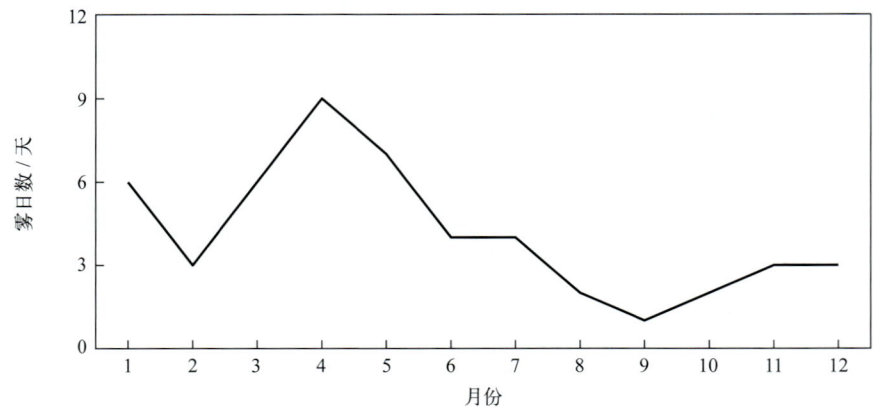

图5.6-2 最长连续雾日数年变化（1966—2002年）

1966—2001年，年雾日数呈下降趋势，下降速率为3.15天/（10年）。1993年雾日数最多，为47天，1971年最少，为12天。

### 2. 轻雾

崇武站轻雾日数的年变化见表5.6-2和图5.6-3。1966—1995年，平均年轻雾日数为83.8天。平均月轻雾日数4月最多，为12.8天，10月最少，为2.0天；最多月轻雾日数为22天，出现在1967年5月。

1966—1994年，年轻雾日数呈上升趋势，上升速率为16.31天/（10年）。1987年轻雾日数最多，为116天，1974年最少，为50天（图5.6-4）。

表5.6-2 轻雾日数年变化（1966—1995年） 单位：天

| | 1月 | 2月 | 3月 | 4月 | 5月 | 6月 | 7月 | 8月 | 9月 | 10月 | 11月 | 12月 | 年 |
| --- | --- | --- | --- | --- | --- | --- | --- | --- | --- | --- | --- | --- | --- |
| 平均轻雾日数 | 6.8 | 7.5 | 10.0 | 12.8 | 12.2 | 7.1 | 6.7 | 7.1 | 3.1 | 2.0 | 2.5 | 6.0 | 83.8 |
| 最多轻雾日数 | 16 | 15 | 17 | 20 | 22 | 16 | 18 | 16 | 8 | 7 | 7 | 17 | 116 |

注：1984年数据有缺测，1985年数据缺测，1995年7月停测。

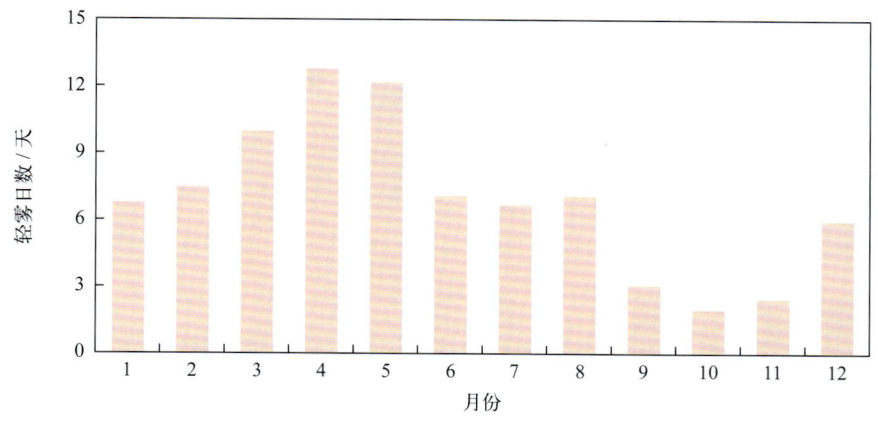

图5.6-3 轻雾日数年变化（1966—1995年）

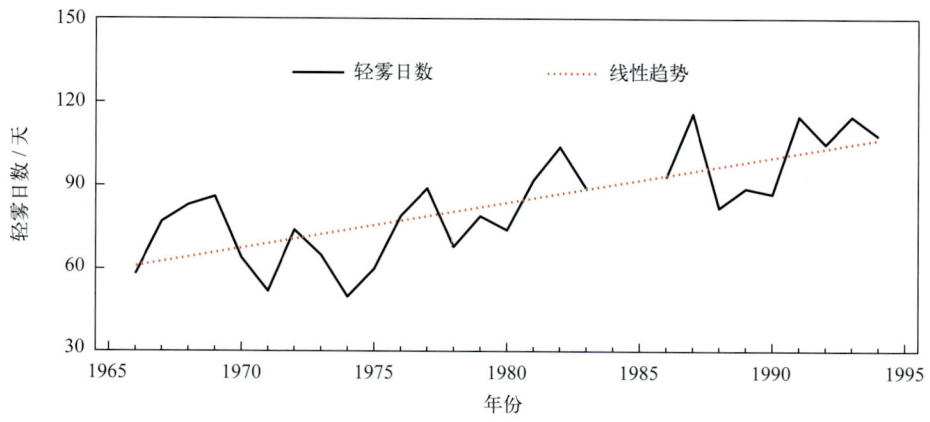

图5.6-4 1966—1994年轻雾日数变化

### 3. 雷暴

崇武站雷暴日数的年变化见表5.6-3和图5.6-5。1960—1995年，平均年雷暴日数为25.7天。雷暴主要出现在3—9月，其中4月最多，为5.1天，1月最少，为0.1天。雷暴最早初日为1月2日（1987年），最晚终日为12月29日（1981年）。最多月雷暴日数为13天，出现在1970年8月、1983年4月和1990年4月。

表5.6-3 雷暴日数年变化（1960—1995年） 单位：天

| | 1月 | 2月 | 3月 | 4月 | 5月 | 6月 | 7月 | 8月 | 9月 | 10月 | 11月 | 12月 | 年 |
| --- | --- | --- | --- | --- | --- | --- | --- | --- | --- | --- | --- | --- | --- |
| 平均雷暴日数 | 0.1 | 0.4 | 3.1 | 5.1 | 3.7 | 3.3 | 2.5 | 4.0 | 2.6 | 0.5 | 0.2 | 0.2 | 25.7 |
| 最多雷暴日数 | 1 | 3 | 11 | 13 | 11 | 12 | 8 | 13 | 8 | 4 | 3 | 2 | 41 |

注：1984年数据有缺测，1985年数据缺测，1995年7月停测。

1960—1994年，年雷暴日数呈下降趋势，下降速率为1.42天/（10年）（线性趋势未通过显著性检验）。1983年雷暴日数最多，为41天，1965年和1994年最少，均为16天（图5.6-6）。

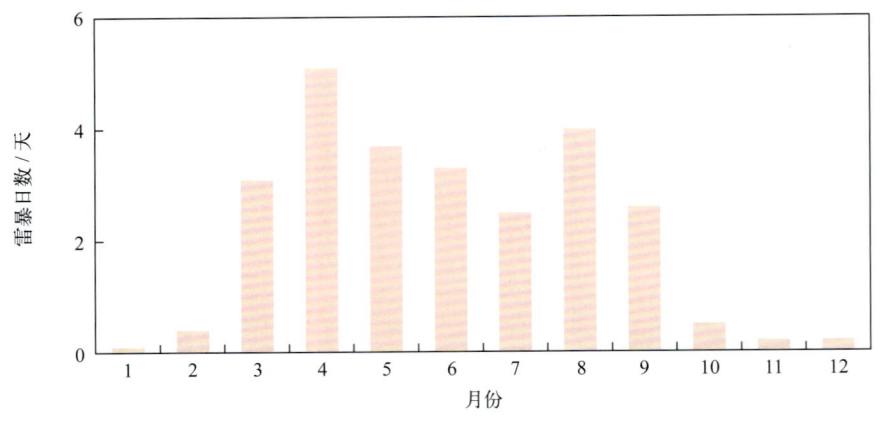

图5.6-5　雷暴日数年变化（1960—1995年）

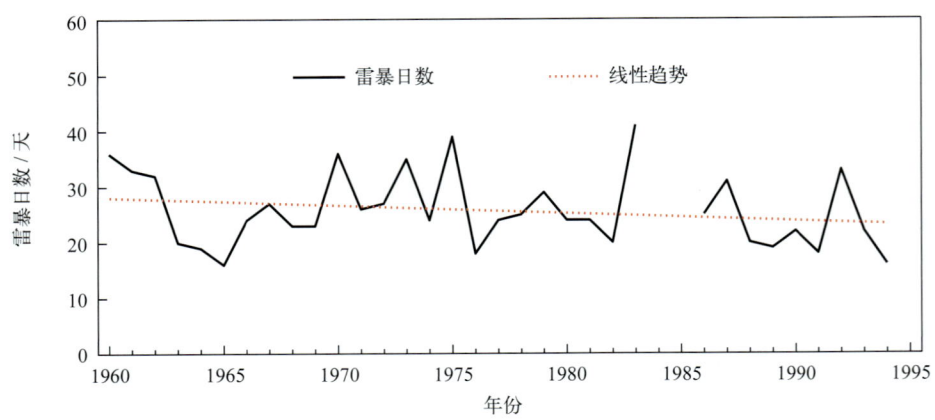

图5.6-6　1960—1994年雷暴日数变化

### 4. 降雪

1960—1995年，崇武站有2次降雪天气，分别出现在1981年2月21日和1983年1月22日。

## 第七节　能见度

1966—2019年，崇武站累年平均能见度为18.8千米。9月平均能见度最大，为22.9千米，4月最小，为14.1千米。能见度小于1千米的平均年日数为17.0天，4月最多，为5.2天，9月未出现（表5.7-1，图5.7-1和图5.7-2）。

表5.7-1　能见度年变化（1966—2019年）

|  | 1月 | 2月 | 3月 | 4月 | 5月 | 6月 | 7月 | 8月 | 9月 | 10月 | 11月 | 12月 | 年 |
|---|---|---|---|---|---|---|---|---|---|---|---|---|---|
| 平均能见度/千米 | 16.8 | 16.3 | 14.7 | 14.1 | 15.9 | 19.9 | 22.2 | 21.8 | 22.9 | 22.0 | 20.7 | 18.6 | 18.8 |
| 能见度小于1千米平均日数/天 | 0.9 | 1.5 | 3.6 | 5.2 | 3.6 | 0.9 | 0.6 | 0.2 | 0.0 | 0.1 | 0.1 | 0.3 | 17.0 |

注：1979—1981年、1985年、2002年6月至2010年9月数据缺测，1973年、1984年和2014年数据有缺测。

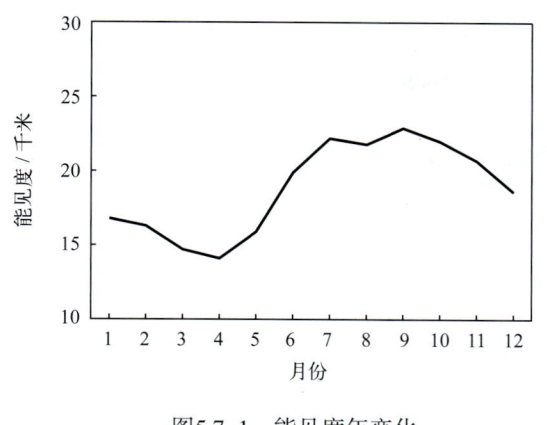
图5.7-1　能见度年变化

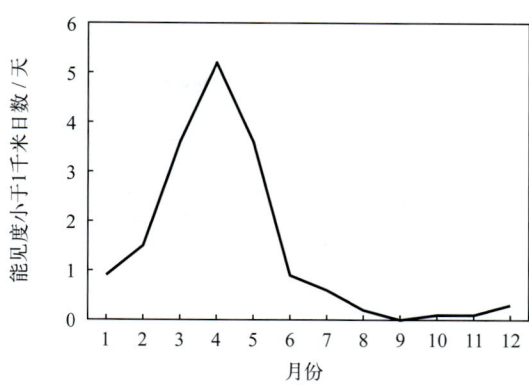
图5.7-2　能见度小于1千米日数年变化

历年平均能见度为 11.1 ~ 26.9 千米，1971 年最高，2011 年最低。能见度小于 1 千米的日数 1993 年最多，为 33 天，1971 年最少，为 4 天（图 5.7-3）。

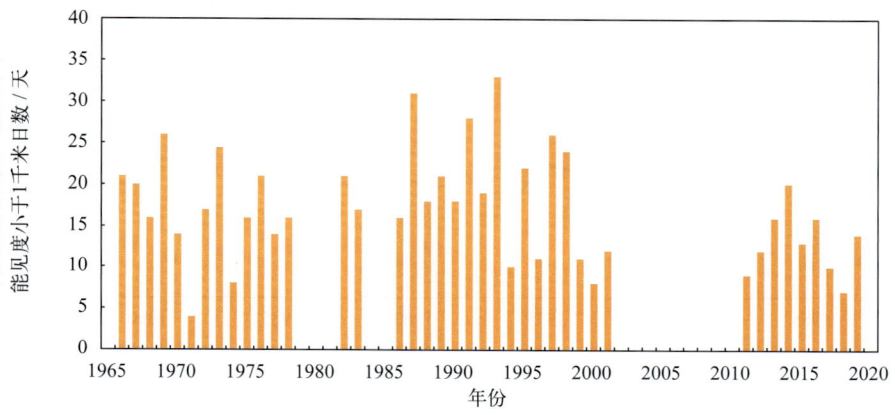
图5.7-3　能见度小于1千米年日数变化

# 第八节　云

1966—1995 年，崇武站累年平均总云量为 5.7 成，5 月和 6 月平均总云量最多，均为 7.0 成，10 月最少，为 4.5 成；累年平均低云量为 3.3 成，3 月平均低云量最多，为 4.5 成，7 月最少，为 2.1 成（表 5.8-1，图 5.8-1）。

表5.8-1　总云量和低云量年变化（1966—1995年）

|  | 1月 | 2月 | 3月 | 4月 | 5月 | 6月 | 7月 | 8月 | 9月 | 10月 | 11月 | 12月 | 年 |
| --- | --- | --- | --- | --- | --- | --- | --- | --- | --- | --- | --- | --- | --- |
| 平均总云量 / 成 | 5.5 | 6.2 | 6.6 | 6.8 | 7.0 | 7.0 | 5.4 | 5.1 | 4.9 | 4.5 | 4.9 | 4.6 | 5.7 |
| 平均低云量 / 成 | 3.6 | 4.1 | 4.5 | 4.1 | 4.2 | 3.6 | 2.1 | 2.2 | 2.4 | 2.5 | 2.9 | 2.9 | 3.3 |

注：1984年数据有缺测，1985年数据缺测，1995年7月停测。

1966—1994 年，年平均总云量呈增加趋势，增加速率为 0.85 成 /（10 年），1988 年最多，为 7.3 成，1971 年最少，为 4.2 成（图 5.8-2）；年平均低云量变化趋势不明显，1970 年最多，为 4.0 成，1971 年最少，为 2.7 成（图 5.8-3）。

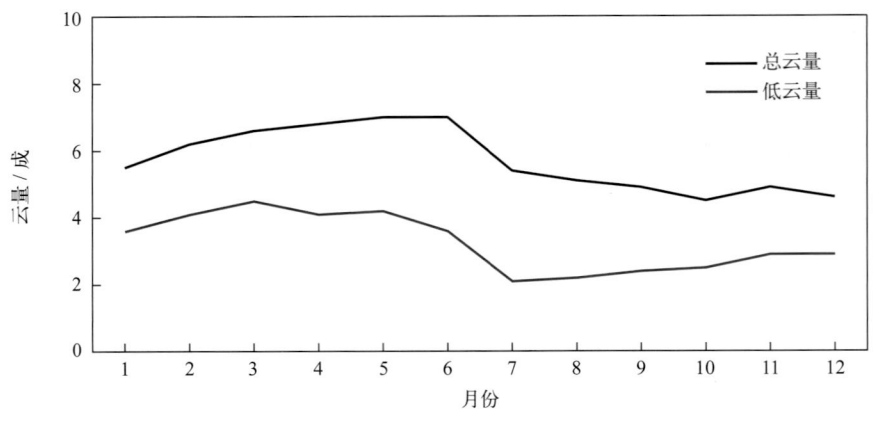

图5.8-1 总云量和低云量年变化（1966—1995年）

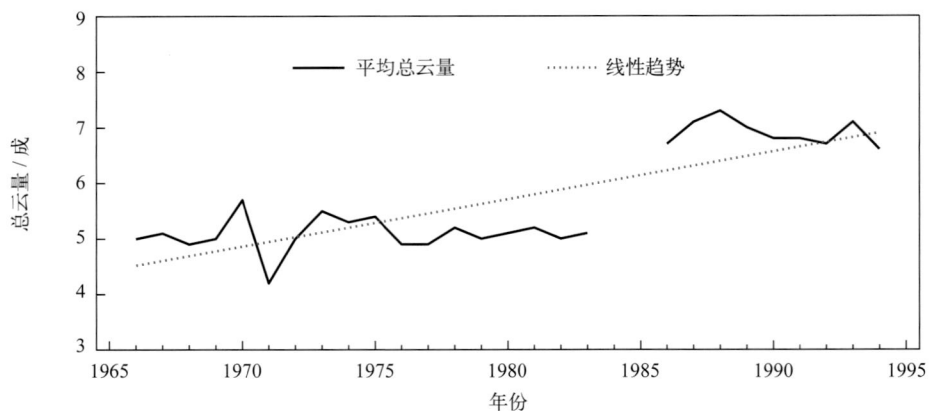

图5.8-2 1966—1994年平均总云量变化

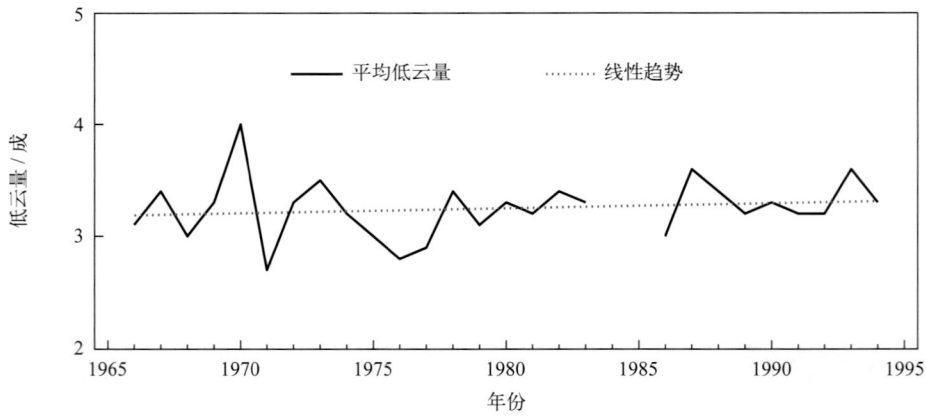

图5.8-3 1966—1994年平均低云量变化

## 第九节 蒸发量

1960—1966年，崇武站平均年蒸发量为2 049.6毫米。蒸发量年变化特征为上半年低、下半年高，其中10月蒸发量最大，为253.6毫米，2月蒸发量最小，为122.9毫米（表5.9-1，图5.9-1）。

表 5.9-1　蒸发量年变化（1960—1966 年）　　　　　　　　　　　　单位：毫米

| | 1月 | 2月 | 3月 | 4月 | 5月 | 6月 | 7月 | 8月 | 9月 | 10月 | 11月 | 12月 | 年 |
|---|---|---|---|---|---|---|---|---|---|---|---|---|---|
| 平均蒸发量 | 140.2 | 122.9 | 126.7 | 130.8 | 159.9 | 146.1 | 198.7 | 187.3 | 228.0 | 253.6 | 193.8 | 161.6 | 2 049.6 |

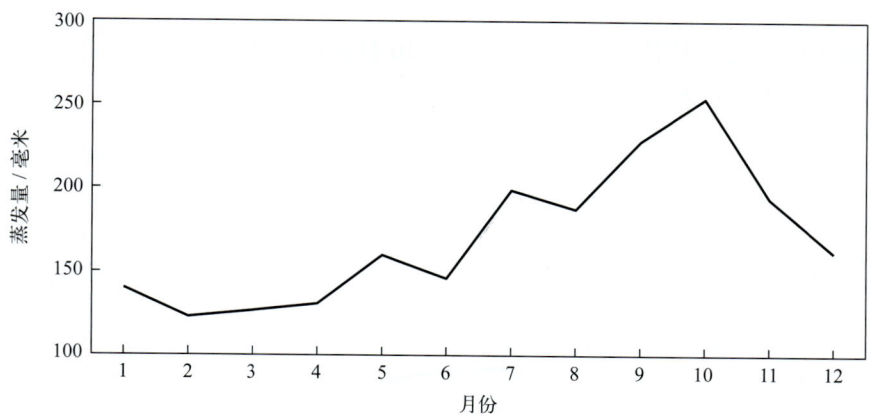

图5.9-1　蒸发量年变化（1960—1966年）

# 第六章 海平面

## 1. 年变化

崇武沿海海平面年变化特征明显,4月最低,10月最高,年变幅为35厘米(图6-1),平均海平面在验潮基面上473厘米。

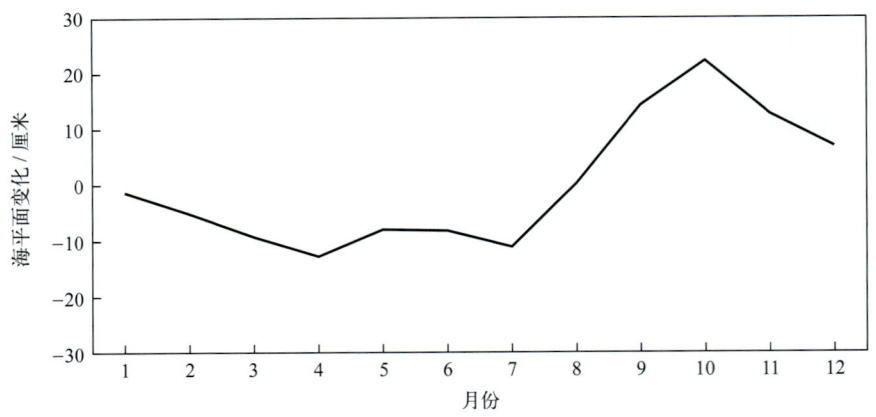

图6-1 海平面年变化(2003—2019年)

## 2. 长期趋势变化

2003—2019年,崇武沿海海平面变化总体呈波动上升趋势,上升速率为6.4毫米/年;2003—2008年,崇武沿海海平面偏低,2008—2009年和2010—2012年,海平面经历两次抬升,升幅分别为23毫米和73毫米,2012—2019年,海平面处于高位,2016年海平面为有观测记录以来最高。

# 第七章 灾害

## 第一节 海洋灾害

### 1. 风暴潮

1956年9月3日前后，5622号台风登陆福建长乐，登陆时正遇农历七月廿九天文大潮期，在福建霞浦至长乐沿海引发较大潮灾，崇武站最大增水超过0.5米（《中国海洋灾害四十年资料汇编》）。

1959年8月23日前后，5903号台风登陆福建厦门，在厦门、漳州沿海引发严重潮灾，崇武站最大增水超过50厘米（《中国海洋灾害四十年资料汇编》）。

1960年7月31日前后，6007号台风登陆福建连江，台风登陆（第二次）时正遇农历闰六月十三，天文潮位较高，引发严重潮灾。崇武站最大增水超过1米（《中国海洋灾害四十年资料汇编》）。

1961年9月12日前后，6122号台风登陆福建晋江，正遇农历八月初三天文大潮期，引发较大潮灾，崇武站最大增水超过1米，最高潮位超过当地警戒潮位。福建省受灾农田494万亩，船只损失1 900条，水利工程损失9 000处，房屋倒塌9 000间，伤亡人数1 085人（《中国海洋灾害四十年资料汇编》）。

1969年9月27日前后，6911号台风影响福建沿海，台风登陆时正值农历八月十六天文潮大潮，引发严重潮灾，崇武站创1949年以来历年最高潮位，最高潮位超过当地警戒潮位，最大增水超过1米。福建省沿海受淹农田746.4万亩，农业生产受到严重破坏。晋江沿海海堤大部被台风潮冲毁，伤亡人数7 770人（《中国海洋灾害四十年资料汇编》）。

1971年9月23日前后，7123号台风影响福建沿海，登陆时正遇农历八月初五天文大潮期，引发严重潮灾，崇武站最大增水超过1米（《中国海洋灾害四十年资料汇编》）。

1974年8月18—21日，7413号台风登陆浙江椒江市三门县，登陆时为农历七月初三天文大潮期，引发特大潮灾，崇武最大增水超过0.5米，崇武最高潮位超过当地警戒潮位（《中国海洋灾害四十年资料汇编》）。

1977年7月31日前后，7705号台风影响福建福州—厦门一带沿海，其间正值农历六月十七，天文大潮期，引发较大潮灾，福建省崇武站最大增水超过0.5米，最高潮位超过当地警戒潮位（《中国海洋灾害四十年资料汇编》）。

1992年8月29日至9月1日，泉州市出现严重的风暴潮，崇武潮位8.49米，是1949年以来第二个高潮位，全市50多万人受灾，海堤决口3 190米，原盐损失约9 000吨，对虾塘受淹1 200亩，直接经济损失9 000多万元。

1994年8月20—21日，风暴潮袭击了福建沿海，发生较大灾害，崇武站多次超过当地警戒水位；10月9—10日，台风风暴潮影响了福建省沿海，崇武站超过当地警戒水位（《1994年中国海洋灾害公报》）。

1995年7月31日，福建沿海受风暴潮过程影响，泉州受灾（《1995年中国海洋灾害公报》）。

1996年7月27日，福建沿海受9607号台风风暴潮袭击，泉州市9个县区的100多个乡镇，80多万人口受灾，直接经济损失6.6亿元（《1996年中国海洋灾害公报》）。

1999年10月9日，台风风暴潮正面袭击福建沿海，泉州市区街道多处被淹，受灾人口80.99

万人，淹没农田 34 214 公顷，损坏房屋 2.3 万间，死亡 1 人，损坏船只 63 艘，水产养殖受损 4 396 公顷，直接经济损失 7.2 亿元。惠安沿海多处海堤受损。崇武站最高潮位超过警戒水位 60 厘米，崇武码头被淹（《1999 年中国海洋灾害公报》）。

2005 年 9 月 1 日前后，受 0513 号台风"泰利"引发的风暴潮影响，泉州地区部分农作物、海水养殖受损，房屋倒塌，防潮堤损毁；10 月 2 日，0519 号台风"龙王"引发的风暴潮影响泉州沿海，造成农作物、水产养殖受损，房屋、海塘损毁（《2005 年中国海洋灾害公报》）。

2007 年 8 月 9 日，0708 号超强台风"圣帕"在福建省惠安县崇武镇登陆，给浙江至广东沿海造成一定经济损失（《2007 年中国海洋灾害公报》）。

2009 年 8 月 9 日，0908 号台风"莫拉克"影响福建沿海期间，形成大范围、长时间的风暴潮增水，恰逢天文大潮，最高水位超过警戒水位 88 厘米，造成部分岸段堤防损毁，160 多万人受灾，直接经济损失近 20 亿元（《2009 年中国海平面公报》）。

2011 年 8 月 31 日，1111 号超强台风"南玛都"在福建晋江登陆，恰逢季节性高海平面和天文大潮期，近 60 万人受灾，经济损失超 5 亿元（《2011 年中国海平面公报》）。

2013 年 10 月 7 日前后，1323 号台风"菲特"在福建省福鼎市沙埕镇沿海登陆，崇武站最高潮位超过当地黄色警戒潮位。浙江和福建两省因灾直接经济损失合计 34.92 亿元（《2013 年中国海洋灾害公报》）。

2014 年 10 月 8—12 日，东海沿海出现了一次较强的温带风暴潮过程，崇武站高潮位达到当地橙色警戒潮位。福建省直接经济损失 0.52 亿元（《2014 年中国海洋灾害公报》）。

2015 年 8 月 8 日前后，1513 号台风"苏迪罗"在福建省莆田市秀屿区沿海登陆，浙江和福建两地因灾直接经济损失合计 24.69 亿元，崇武站最大增水 159 厘米（《2015 年中国海洋灾害公报》）。

2016 年 9 月 28 日前后，1617 号台风"鲇鱼"在福建省泉州市惠安县沿海登陆。受风暴潮和近岸浪的共同影响，浙江和福建两地因灾直接经济损失合计 8.92 亿元（《2016 年中国海洋灾害公报》）。

2018 年 7 月 11 日前后，1808 号强台风"玛莉亚"在福建省福州市连江县黄岐半岛沿海登陆，登陆时中心附近最大风力 14 级，崇武站最大增水 114 厘米。受"玛莉亚"台风引发的风暴潮和近岸浪的共同影响，福建省直接经济损失 11.39 亿元（《2018 年中国海洋灾害公报》）。

2019 年 10 月 1 日前后，1918 号强热带风暴"米娜"影响福建沿海，崇武站最高潮位达到当地黄色警戒潮位（《2019 年中国海洋灾害公报》）。

### 2. 海浪

1995 年 7 月 31 日，受台风浪影响，泉州海域发生沉船和船只受损（《1995 年中国海洋灾害公报》）。

2003 年 1 月 8 日，福建泉州海域发生海浪灾害，造成 1 艘渔船沉没，经济损失 3 万元；9 月 2 日，泉州海域发生海浪灾害，1 艘渔船沉没，1 人死亡，经济损失 25 万元（《2003 年中国海洋灾害公报》）。

2004 年 8 月 21—26 日，0418 号台风"艾利"在台湾海峡形成 4～10 米台风浪，福建泉州渔业、水利设施受到影响（《2004 年中国海洋灾害公报》）。

2005 年 9 月 30 日至 10 月 3 日，0519 号台风"龙王"影响福建沿海，台湾海峡形成 6～10 米的台风浪，崇武站实测最大波高 4.5 米（《2005 年中国海洋灾害公报》）。

2007 年 8 月 17—18 日，0708 号超强台风"圣帕"在东海南部和台湾海峡形成了 5～8 米的台风浪，崇武站于 18 日 17 时观测到波高为 4.8 米的巨浪。11 月 28 日，受冷空气浪影响，泉州海域深沪湾外渔场"闽晋渔0268"号沉没，造成5人死亡（含失踪），经济损失98万元（《2007年中国海洋灾害公报》）。

2009年6月22日11时，受0903号热带风暴"莲花"影响，崇武站观测到3.5米的大浪（《2009年中国海洋灾害公报》）。

### 3. 赤潮

2010年6月13—16日，福建省泉州市深沪湾海域发生赤潮，优势种为米氏凯伦藻，最大面积7平方千米，直接经济损失4万元（《2010年中国海洋灾害公报》）。

2012年5月25—26日，福建泉州惠安杜厝海域发生赤潮，优势种为米氏凯伦藻，最大面积0.7平方千米，直接经济损失80.0万元；5月30日至6月2日，泉州惠安小岞海域发生赤潮，优势种为米氏凯伦藻，最大面积7.0平方千米，直接经济损失3 700.0万元（《2012年中国海洋灾害公报》）。

2015年9月10—19日，福建省泉州安海湾、围头湾海域发生赤潮，优势种为球型棕囊藻，最大面积150平方千米（《2015年中国海洋灾害公报》）。

### 4. 海岸侵蚀

2014年，福建崇武西沙湾海水浴场最大侵蚀距离1.55米，平均侵蚀距离0.58米；平均下蚀高度4厘米（《2014年中国海平面公报》）。

2015年，福建崇武西沙湾海水浴场最大侵蚀距离1.33米，平均侵蚀距离0.36米；岸滩平均下蚀高度16.2厘米（《2015年中国海平面公报》）。

2016年，福建崇武西沙湾海水浴场最大侵蚀距离1.76米，平均侵蚀距离0.36米（《2016年中国海平面公报》）。

2017年，福建崇武西沙湾海水浴场最大侵蚀距离1.61米，平均侵蚀距离0.31米（《2017年中国海平面公报》）。

2018年，福建泉州崇武西沙湾海水浴场岸段年最大侵蚀距离0.72米，年平均侵蚀距离0.4米，岸滩平均下蚀3.85厘米（《2018年中国海平面公报》）。

2019年，福建泉州崇武西沙湾海水浴场岸段年最大侵蚀距离1.8米，年平均侵蚀距离0.6米，侵蚀距离较2018年略有增加（《2019年中国海平面公报》）。

## 第二节 灾害性天气

根据《中国气象灾害大典·福建卷》（1949—2000年）和《中国气象灾害年鉴》（2000年后）及《东海区海洋站海洋水文气候志》记载，崇武站周边发生的主要灾害性天气有暴雨洪涝、大风、雷电、冰雹、寒潮和降雪。

### 1. 暴雨洪涝

1956年9月17—20日，受5626号台风影响，福建省大部地区连续降大雨到特大暴雨。泉州连续3天出现暴雨（降雨量分别为59毫米、73毫米、72毫米），市内水深2～3米。由于上游山洪下泄，出现了1935年以来的最大洪水，晋江江水流量达8 440立方米/秒，洪水造成防洪堤决口，全市1.5万户受淹，城郊的十几个乡村一片汪洋，全市倒塌损坏房屋5间，死亡6人，受伤14人，直接经济损失达244万元。

1958年5月7—12日，福建省大部地区经历了一次连续性降水过程，最大日降水量为崇武的

154.7 毫米，致使山洪暴发，溪河水位急剧上涨。7月16—18日，受5810号台风影响，福建省大部地区出现强降水过程，晋江下游的泉州顺济桥水位超过警戒水位2.9米，与当地1956年9月19日的最大洪水位只差8厘米；泉州市洪水水位超过警戒水位达69小时，地委门口水深1米，受淹2昼3夜。

1965年7月26日11时，6510号台风在福建省的泉州登陆，登陆时近中心风力达11级。台风影响期间，全省大部地区出现8级以上大风，且持续2～3天，台山、罗源、福州、惠安、泉州等地26日风力达10～11级，沿海部分地区风力达12级以上。受台风影响，全省大部分地区出现暴雨到特大暴雨，暴雨范围之广，雨量之集中，强度之大都是历史上罕见的。

1972年6月5—6日，福建省50个县市降暴雨到特大暴雨，永泰、崇武和南安3地降雨量分别为285.7毫米、250.4毫米和246毫米，连续性降雨引起山洪暴发，江河水位猛涨，全省主要江河水位一度超过警戒水位。8月15—19日，受7209号台风影响，福建省出现一次强降水过程，沿海地区各县市超过100毫米，泉州19日16时防洪堤外水位上涨到7.22米，超过警戒水位0.72米。

1983年6月16—20日，福建省30个县市降暴雨，其中10个县降大暴雨，4个县降特大暴雨。仙游、崇武日雨量分别为200.2毫米和241.0毫米，超过历史同期最高纪录。

1985年6月23—27日，受8504号台风影响，福建省41个县市降暴雨，漳州、泉州和龙岩等地市连续2天降暴雨，全省大部分地市过程雨量在100毫米以上，漳州和泉州2市大部分在200毫米以上，局部300～400毫米。由于降水集中，漳州和泉州2市各地江河水位猛涨，超过警戒水位。

1986年7月11—13日，受8607号台风影响，漳州、泉州和龙岩等地降暴雨，过程雨量大于100毫米。漳州、泉州和龙岩3地市260万人受灾，死亡55人，受伤210人，渔船碰坏23条，淹没淡水养殖场5 235亩，损失成鱼1.6万担，各种水利设施损坏1.29万处，洪水冲毁堤防2 281处（长120.4千米）、渠道9 476处（长200.7千米）、渡槽11座、闸坝776座、桥梁114座，冲坏小水电站209座。福建省直接经济损失2.8亿元。

1987年9月9—12日，受8712号台风影响，福建省普遍出现降水，宁德、福州、泉州3地市20个县市降暴雨。泉州市倒塌房屋380间，死亡2人，受伤2人，海堤决口40多处（长497米）、损坏114处（长2 600米），损坏桥梁63座，渔船翻沉2条、损坏170条，全市直接经济损失7 526万元。

1989年9月21—23日，受热带云团和冷空气的共同影响，以泉州市为中心的沿海地区20个县市降暴雨，泉州市灾情最重，全市200多万人受灾，直接经济损失达2.23亿元。

1990年6月22—27日，受9005号台风影响，23日08时起崇武以北沿海风力增大到9～10级，阵风11级。24日02时起先后转西南风，崇武以北沿海风力8～9级，阵风11级，大风一直持续到27日早晨。22日上午起，全省沿海各地都出现降水，23日开始雨量加大，日雨量以崇武的260毫米为最大。由于降水强度大，晋江、惠安、南安等县受灾严重。泉州直接经济损失3.3亿元。

1992年8月29日至9月1日，福建省13个县市降大暴雨。9月4—5日，受9215号台风影响，福建省13个县市降暴雨，暴雨主要集中在泉州和漳州2地，泉州市全市房屋倒塌1 100间，死亡1人，水利设施冲毁12处，直接经济损失3 000多万元。

1993年5月23—26日，厦门、龙岩、泉州、漳州4地市11个县市降暴雨，其中崇武为大暴雨。6月4—5日和8—10日分别又有14个和20个县市降暴雨，9个县市降大暴雨，暴雨集中出现在龙岩和泉州2地市。3次暴雨过程，导致龙岩、泉州等地市17个县市受灾，房屋倒塌3 200多间，死亡29人，水电站毁坏17座，直接经济损失1.08亿元。

2000年6月17—20日，受热带低压外围云系影响，福建由南向北出现一场范围大、强度强的暴雨天气过程，中南部沿海大部分县市降大暴雨到特大暴雨，厦门、漳州、泉州等地市受灾颇重；泉州市死亡39人，鱼池受淹12 331亩，洪水冲毁水闸、水塘462处，冲毁涵洞136处、桥梁123座，全市直接经济损失14.98亿元。8月22—27日，受0010号台风"碧利斯"影响，福建部分县市出现暴雨或大暴雨，过程雨量大于100毫米的有52个县市，其中大于200毫米的有23个县市，大于300毫米的有6个县市，泉州受灾人口60万人，16人死亡，3人失踪，直接经济损失12.14亿元，其中水利设施损失计2.63亿元，农林牧渔业损失计5.16亿元。

2005年7月17—19日，受0505号台风"海棠"影响，福建沿海多地出现暴雨。据不完全统计，全省宁德、福州、莆田、泉州4市受灾人口213.4万人，紧急转移86.3万人，死亡3人，受伤21人，4个县城受淹，房屋倒塌6 000间，水产养殖损失面积8 360公顷、产量6.4万吨，堤防决口19处（长1.4千米），冲毁塘坝110座，直接经济损失26.3亿元。

2007年8月13日，泉州市出现暴雨、局部特大暴雨，其中安溪县蓝田、长坑3小时降雨量分别达159.5毫米和130.5毫米，均为百年一遇，造成31.5万人受灾，死亡3人，直接经济损失1.1亿元。8月19—20日，受0709号台风"圣帕"影响，福建沿海大部分地区出现6～8级大风，其中中北部沿海的部分县（市）风力达9～11级，局部达12级以上，沿海区域惠安斗尾自动站极大风速40米/秒，沿海地区大部和内陆地区局部出现了暴雨到大暴雨，受其影响，全省222.72万人受灾，死亡23人，倒塌房屋7 200间，水产养殖损失面积1.62万公顷、12.71万吨，直接经济损失22.03亿元。

2015年5月18—22日，福建西部出现大到暴雨，清流日降水量（367.9毫米）突破历史极值，闽江上游九龙溪发生50年一遇特大洪水。三明、泉州、南平等4市29.9万人受灾，9人死亡，2人失踪，直接经济损失30.6亿元。

2016年8月9—11日，受1601号台风"尼伯特"影响，福建全省普降大到暴雨，莆田、福州和泉州局地达220～350毫米，全省84.8万人受灾，89人死亡，16人失踪，直接经济损失124.4亿元。9月14—17日，受1614号台风"莫兰蒂"影响，福建东部沿海出现暴雨，14日08时至15日06时，厦门、泉州、莆田、福州等地12级以上阵风持续时间有6～10小时，泉州惠安持续时间达14小时，厦门局地阵风达16～17级；造成的危害主要在人口最集中的闽南地区，城市受淹，房屋倒塌，基础设施损坏，水、电、路及通信中断，泉州、漳州大面积停电，直接经济损失261.9亿元。

### 2. 大风

1952年9月12日，受5216号台风影响，福建4条渔船被吹翻，6人死亡。

1957年9月14—15日，受5719号台风影响，福建沿海各地先后出现8级以上大风，东山、崇武最大瞬时风速超过40米/秒。

1958年7月14—17日，受5810号台风影响，福建沿海各县市先后出现8级以上大风，同安、晋江、南安、安溪4县及泉州市出现12级大风，最大风速出现在台风登陆前后2～3个小时内，泉州市10～12级大风持续2个小时，崇武实测瞬时风速40米/秒。

1959年8月30日11时，5904号台风在崇武附近登陆，登陆时近中心风力为12级。8月29—31日，福建全省大部分县市先后出现8级大风，整个海岸线附近风力超过10级，台风登陆地附近的崇武、台山、三都、平潭等地的最大瞬时风速均超过40米/秒。

1962年9月4—6日，受6214号台风影响，崇武、平潭、三都澳瞬时风速均达到或超过40米/秒。

1980年9月18—19日，受8015号台风影响，崇武到闽江口之间沿海平均风力10～11级，阵风12级以上，崇武以南平均风力9级，阵风11～12级，东山10分钟平均最大风速48米/秒，为历史罕见。

1990年6月29日，受9006号台风影响，漳州、厦门、泉州、莆田和福州5个地市沿海普遍出现了8～12级大风。

1996年7月25—27日，受9607号台风影响，福建省沿海从25日起出现7～9级的东北大风，27日中南部沿海大部分县市有7～9级大风，据泉州市统计，全市早稻倒伏6.5万亩，船只损坏280条，电线杆倒折29根。

2013年9月20—23日，受1319号台风"天兔"影响，福建沿海最大风力8～11级，惠安大坠岛风速最大，为30.8米/秒，阵风10～11级，惠安大坠岛阵风风速达40.3米/秒。

### 3. 雷电

2006年8月18日14时10分前后，福建省泉州市安溪县祥华乡河图村2人在山上采茶时遭雷击身亡。

### 4. 冰雹

1961年4月5日下午，泉州、厦门、龙溪、龙岩、三明等地市的部分县市出现降雹，15县的24个公社161个大队受灾，冰雹打坏房屋6.04万间，打死2人，农作物、经济作物等也受到严重损失。

1986年4月15—19日，泉州市的安溪、南安和晋江3县局部地区遭到冰雹袭击，雹粒密度大，冰雹块头大，一般直径10～25毫米，降雹时间长，并伴有12级大风，房屋和农作物受损严重，3县直接经济损失485万元，有6人受伤。

1987年3月14—15日，福建省出现本年度最严重的一次降雹，覆盖43个县市，降雹范围之广，强度之大实属罕见。泉州市房屋受损55 835间，损坏瓦片5 440万片，学校受损12所。3月23—24日，全省23个县市降冰雹，为本年度第二次大范围降雹过程，雹径一般10～20毫米，最大60毫米，龙岩、泉州、南平、三明等市局部地区出现灾情，泉州市全市总的直接经济损失540万元。

1990年4月20—22日，福建省12个县市降冰雹，其中8个县市伴有大风，局地有暴雨，这是年内范围最广、影响最大的一次降雹过程，冰雹直径最大达2～3厘米，泉州地区农田受灾17万亩，倒塌房屋130多间，直接经济损失2 500万元。

### 5. 寒潮和降雪

1986年2月26日至3月3日，受强冷空气影响，出现全省性降温，60%以上的地区出现寒潮。泉州市的降雪及德化县连续3天的结冰天气均为历史上所少见的。

1992年度冬季的强寒潮是1975年以来最强的一次寒潮天气，泉州市农作物受冻面积达21.53万亩，其中马铃薯10万亩，蔬菜5.61万亩，水果5.49万亩，交通运输和电信线路也受到影响。

1996年2月15—23日，受低空切变线影响，福建省出现一次强寒潮过程，出现持续8～10天的低温阴雨天气，最大48小时降温幅度6～9℃，过程降温幅度11～19℃，降温最大值出现在三明、龙岩2地市及宁德、泉州2地区西北部。

2015年1月12日，南平、三明、宁德、泉州等地的高海拔地区出现降雪。

# 厦门海洋站

# 第一章 概况

## 第一节 基本情况

厦门海洋站（简称厦门站）位于福建省厦门市鼓浪屿。厦门市位于台湾海峡西岸中部、闽南金三角的中心，西接漳州，北邻泉州，东与金门岛和小金门岛、南与漳州市龙海区隔海相望，由大陆地区和厦门岛、鼓浪屿等岛屿以及厦门港组成，海岸线总长约 234 千米，常住人口 429 万人。

厦门站的潮位观测历史较长，可追溯至 1905 年，隶属关系多变，1959 年 1 月隶属于福建省气象局，名为厦门海洋水文气象台海洋组。1966 年 1 月更名为厦门海洋站，隶属国家海洋局东海分局，2019 年 7 月后隶属自然资源部东海局，由厦门中心站管辖。站址位于厦门市鼓浪屿漳州路 1 号，处于厦门港内，鼓浪屿西南侧潮间带上，有栈桥连接鼓浪屿（图 1.1-1）。

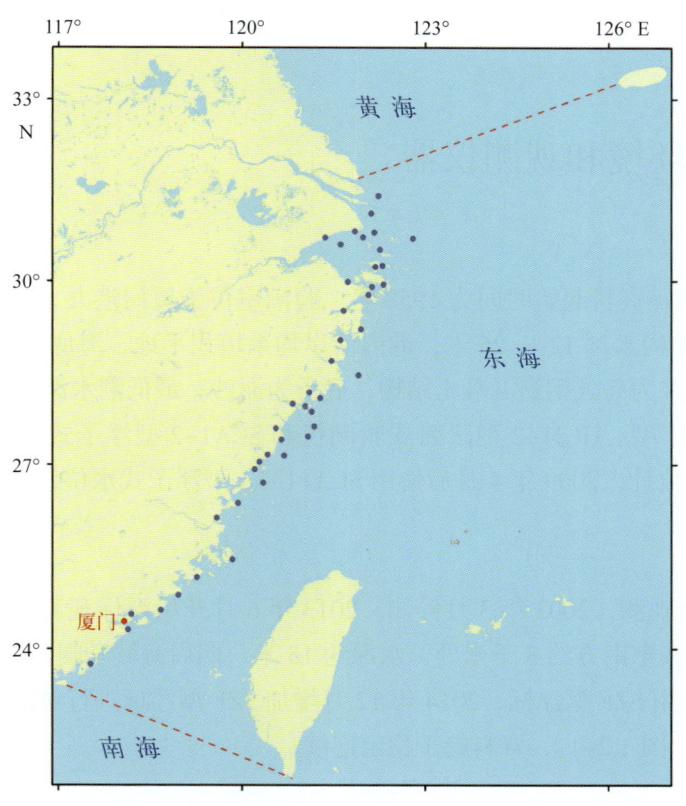

图1.1-1 厦门站地理位置示意

厦门站观测项目有潮汐、海浪、表层海水温度、表层海水盐度、气温、气压、相对湿度、风和降水等。2002 年后逐步实现自动化观测、数据采集、存储和传输。

厦门附近海域为正规半日潮特征，海平面 4 月最低，10 月最高，年变幅为 32 厘米，平均海平面为 360 厘米，平均高潮位为 573 厘米，平均低潮位为 168 厘米；年均平均波高为 0.2 米，历史最大波高最大值为 1.2 米，强浪向为 NW；年均表层海水温度为 20.7～23.0℃，8 月最高，均值为 28.4℃，2 月最低，均值为 14.0℃，历史水温最高值为 31.6℃，历史水温最低值为 10.0℃；年均表层海水盐度为 22.92～29.83，7 月最高，均值为 28.03，6 月最低，均值为 25.17，历史盐度最高值为 33.82，历史盐度最低值为 4.25；海发光主要为火花型，11 月出现频率最高，3 月最低，1 级海发光最多，出现的最高级别为 3 级。

厦门站主要受海洋性季风气候影响，年均气温为 20.1 ~ 22.5℃，7 月最高，均值为 28.6℃，1 月最低，均值为 13.0℃，历史最高气温为 38.5℃，历史最低气温为 2.2℃；年均气压为 1 012.4 ~ 1 014.7 百帕，12 月最高，均值为 1 021.1 百帕，8 月最低，均值为 1 004.9 百帕；年均相对湿度为 65.1% ~ 79.9%，6 月最大，均值为 82.9%，10 月最小，均值为 65.8%；年均风速为 2.6 ~ 3.8 米 / 秒，10 月最大，均值为 3.8 米 / 秒，5 月最小，均值为 2.7 米 / 秒，1 月盛行风向为 N—E（顺时针，下同），4 月盛行风向为 NE—E 和 SE—S，7 月盛行风向为 SE—S，10 月盛行风向为 N—E；平均年降水量为 1 177.9 毫米，6 月平均降水量最多，占全年的 16.6%；平均年雾日数为 30.0 天，3 月最多，均值为 7.3 天，8 月和 10 月最少，均为 0.2 天；平均年雷暴日数为 47.5 天，8 月最多，均值为 9.8 天，1 月最少，均值为 0.1 天；平均年霜日数为 0.6 天，霜全部出现在 1—2 月，1 月最多，均值为 0.5 天；年均能见度为 22.9 ~ 33.8 千米，7 月最大，均值为 34.5 千米，3 月最小，均值为 25.9 千米；年均总云量为 4.5 ~ 5.8 成，5 月和 6 月最多，均为 6.3 成，12 月最少，均值为 4.2 成；平均年蒸发量为 2 247.7 毫米，10 月最大，均值为 256.8 毫米，2 月最小，均值为 125.3 毫米。

## 第二节　观测环境和观测仪器

### 1. 潮汐

1905 年开始观测，资料起始时间为 1958 年。验潮室位于厦门港九龙江口鼓浪屿西南侧（鼓浪屿自来水码头），港内水深 12 ~ 25 米，港内沿岸均系填积平地，海底覆盖层不厚，为砂质土，其下为花岗岩。验潮井为岛式钢筋混凝土结构，底质为泥沙，最低潮水深约 1.44 米。

观测仪器有 HCJ1 型、HCJ1-2 型滚筒式验潮仪和 SCA1-2 型浮子式水位计，2002 年后使用 SCA11-2 型浮子式水位计，2009 年 4 月后使用 SCA11-3A 型浮子式水位计。

### 2. 海浪

2002 年 7 月开始观测，2003 年 3 月停测。2013 年 6 月开始浮标观测，浮标测点位于厦门岛东部海域五通客运码头东南方约 3 千米处，水深约 15 米，四周海域开阔。

2013 年 6 月后使用 SZF 型浮标，2014 年 12 月增加 SZF 型浮标进行对比观测，2016 年 4 月后使用 FZS6-1 型浮标（图 1.2-1），资料趋于稳定连续。

图 1.2-1　厦门站浮标（摄于 2016 年 4 月 30 日）

### 3. 表层海水温度、盐度和海发光

1953年12月开始观测，资料起始时间为1959年9月。测点位于验潮井边，岸边坡度大，逢雨季或暴雨时，九龙江径流较大，夏季太阳辐射较强，逢14时低潮时，水温偏高。

表层海水温度主要使用SWL1-1型水温表测量，2003—2004年期间使用过YZY4-1型和YZY4-2型温盐传感器。表层海水盐度使用比重计、氯度滴定管、HD-2型实验室盐度计、WUS型感应式盐度计、SYC1-1型盐度计、SYY1-1型光学折射盐度计和Cond33oi型便携式电导率仪等测定。2009年11月开始使用YZY4-3型温盐传感器。

海发光为每日天黑后人工目测。1973年停测。

### 4. 气象要素

1953年12月开始观测，1959年停测，1960—1984年资料抄自厦门气象台，1987年1月恢复地面气象观测。观测场位于厦门站屋顶，视野开阔，周围无遮挡（图1.2-2）。

观测初期主要使用干湿球温度表、最高最低温度表、动槽式水银气压表、DYJ1型气压计、EL型电接风向风速计和雨量筒等仪器。2002年开始使用CZY1-1型海洋站自动观测系统配合各要素传感器，主要有YZY5-1型温湿度传感器、270型气压传感器、XFY3-1型风传感器和SL3-1型雨量传感器，2009年4月后使用HMP45A型温湿度传感器和278型气压传感器，2016年1月后使用HMP155型温湿度传感器。

图1.2-2　厦门站气象观测场（摄于2014年10月24日）

# 第二章 潮位

## 第一节 潮汐

### 1. 潮汐类型

利用厦门站近 19 年（2001—2019 年）验潮资料分析的调和常数，计算出潮汐系数 $(H_{K_1}+H_{O_1})/H_{M_2}$ 为 0.32。按我国潮汐类型分类标准，厦门附近海域为正规半日潮，每个潮汐日（大约 24.8 小时）有两次高潮和两次低潮，低潮日不等现象较为明显。

1958—2019 年，厦门站 $M_2$ 分潮振幅呈增大趋势，增大速率为 1.62 毫米 / 年；迟角呈减小趋势，减小速率为 0.07°/ 年。$K_1$ 和 $O_1$ 分潮振幅和迟角均无明显变化趋势。

### 2. 潮汐特征值

由 1958—2019 年资料统计分析得出：厦门站平均高潮位为 573 厘米，平均低潮位为 168 厘米，平均潮差为 405 厘米；平均高高潮位为 585 厘米，平均低低潮位为 134 厘米，平均大的潮差为 451 厘米。平均涨潮历时 6 小时 11 分钟，平均落潮历时 6 小时 15 分钟，两者相差 4 分钟。

累年各月潮汐特征值见表 2.1-1。

表 2.1-1　累年各月潮汐特征值（1958—2019 年）　　　　单位：厘米

| 月份 | 平均高潮位 | 平均低潮位 | 平均潮差 | 平均高高潮位 | 平均低低潮位 | 平均大的潮差 |
|---|---|---|---|---|---|---|
| 1 | 568 | 169 | 399 | 580 | 129 | 451 |
| 2 | 566 | 166 | 400 | 574 | 135 | 439 |
| 3 | 564 | 162 | 402 | 572 | 139 | 433 |
| 4 | 561 | 160 | 401 | 573 | 135 | 438 |
| 5 | 564 | 163 | 401 | 579 | 130 | 449 |
| 6 | 565 | 163 | 402 | 581 | 124 | 457 |
| 7 | 565 | 160 | 405 | 579 | 119 | 460 |
| 8 | 578 | 164 | 414 | 589 | 128 | 461 |
| 9 | 593 | 174 | 419 | 602 | 141 | 461 |
| 10 | 596 | 183 | 413 | 608 | 150 | 458 |
| 11 | 585 | 179 | 406 | 599 | 141 | 458 |
| 12 | 574 | 174 | 400 | 588 | 132 | 456 |
| 年 | 573 | 168 | 405 | 585 | 134 | 451 |

注：潮位值均以验潮零点为基面。

平均高潮位 10 月最高，为 596 厘米，4 月最低，为 561 厘米，年较差为 35 厘米；平均低潮位 10 月最高，为 183 厘米，4 月和 7 月最低，均为 160 厘米，年较差为 23 厘米（图 2.1-1）；平均高高潮位 10 月最高，为 608 厘米，3 月最低，为 572 厘米，年较差为 36 厘米；平均低低潮位 10 月最高，为 150 厘米，7 月最低，为 119 厘米，年较差为 31 厘米。平均潮差 9 月最大，1 月最小，年较差为 20 厘米；平均大的潮差 8 月和 9 月均为最大，3 月最小，年较差为 28 厘米（图 2.1-2）。

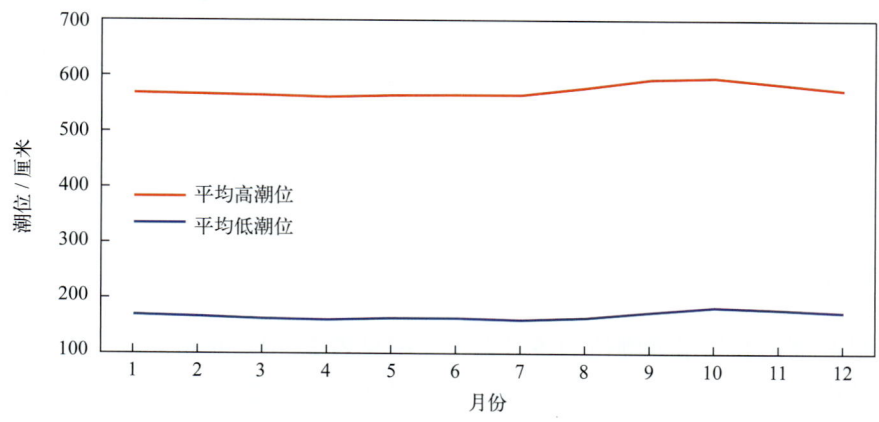

图 2.1-1　平均高潮位和平均低潮位年变化

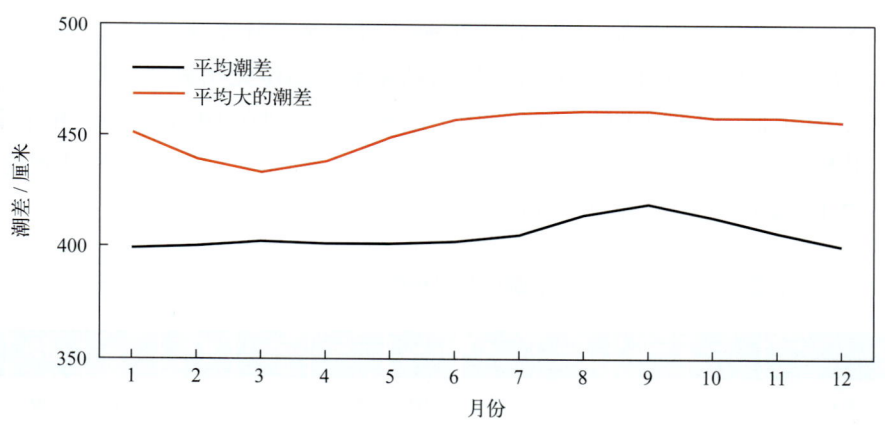

图 2.1-2　平均潮差和平均大的潮差年变化

1958—2019 年，厦门站平均高潮位呈上升趋势，上升速率为 4.15 毫米 / 年。受天文潮长周期变化影响，平均高潮位存在明显的准 19 年周期变化，振幅为 5.17 厘米。平均高潮位最高值出现在 2016 年，为 594 厘米；最低值出现在 1963 年，为 552 厘米。厦门站平均低潮位呈下降趋势，下降速率为 0.54 毫米 / 年（线性趋势未通过显著性检验）。平均低潮位准 19 年周期变化较为明显，振幅为 4.43 厘米。平均低潮位最高值出现在 1973 年，为 176 厘米；最低值出现在 2015 年，为 158 厘米。

1958—2019 年，厦门站平均潮差呈增大趋势，增大速率为 4.69 毫米 / 年。平均潮差准 19 年周期变化显著，振幅为 9.59 厘米。平均潮差最大值出现在 2014 年，为 430 厘米；最小值出现在 1966 年，为 387 厘米（图 2.1-3）。

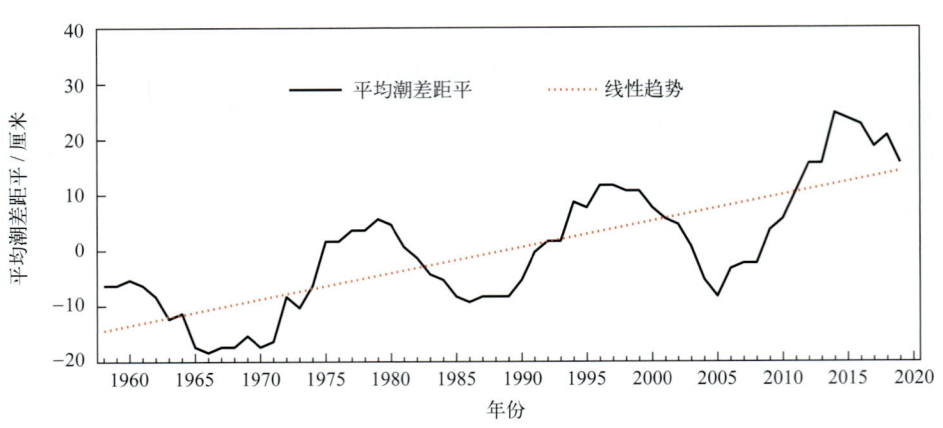

图2.1-3　1958—2019年平均潮差距平变化

## 第二节　极值潮位

厦门站年最高潮位和年最低潮位的各月发生频率见表2.2-1。年最高潮位出现时间主要集中在8—10月，其中10月发生频率最高，为46%；9月次之，为26%。年最低潮位主要出现在11月至翌年1月和6—7月，其中1月发生频率最高，为37%；12月次之，为19%。

1958—2019年，厦门站年最高潮位呈上升趋势，上升速率为5.25毫米/年。历年的最高潮位均高于655厘米，其中高于735厘米的有4年；历史最高潮位为769厘米，出现在1996年8月1日，正值9608号台风"贺伯"影响期间。《东海区海洋站海洋水文气候志》记载极端最高潮位为778厘米，出现在1933年10月20日。厦门站年最低潮位无明显变化趋势。历年最低潮位均低于45厘米，其中低于15厘米的有3年；历史最低潮位出现在1983年1月30日，为9厘米，由强温带气旋引起（表2.2-1）。《东海区海洋站海洋水文气候志》记载极端最低潮位为-6厘米，出现在1921年2月24日和1922年2月14日。

表2.2-1　最高潮位和最低潮位及年极值出现频率（1958—2019年）

|  | 1月 | 2月 | 3月 | 4月 | 5月 | 6月 | 7月 | 8月 | 9月 | 10月 | 11月 | 12月 |
| --- | --- | --- | --- | --- | --- | --- | --- | --- | --- | --- | --- | --- |
| 最高潮位值/厘米 | 686 | 680 | 712 | 695 | 692 | 697 | 717 | 769 | 762 | 739 | 713 | 704 |
| 年最高潮位出现频率/% | 0 | 0 | 0 | 0 | 0 | 2 | 2 | 14 | 26 | 46 | 8 | 2 |
| 最低潮位值/厘米 | 9 | 22 | 34 | 27 | 21 | 11 | 21 | 28 | 42 | 39 | 18 | 11 |
| 年最低潮位出现频率/% | 37 | 6 | 0 | 0 | 3 | 10 | 15 | 0 | 0 | 0 | 10 | 19 |

## 第三节　增减水

受地形和气候特征的影响，厦门站出现30厘米以上增水的频率明显高于同等强度减水的频率，超过60厘米的增水平均约12天出现一次，而超过60厘米的减水平均约247天出现一次（表2.3-1）。

厦门站100厘米以上的增水主要出现在7—10月，70厘米以上的减水多发生在8—10月，这些大的增减水过程主要与该海域受热带气旋和温带气旋等影响有关（表2.3-2）。

表 2.3-1 不同强度增减水平均出现周期（1958—2019 年）

| 范围 / 厘米 | 出现周期 / 天 | |
|---|---|---|
| | 增水 | 减水 |
| >30 | 0.86 | 2.11 |
| >40 | 2.10 | 10.52 |
| >50 | 5.00 | 51.74 |
| >60 | 11.65 | 247.31 |
| >70 | 26.17 | 725.96 |
| >80 | 55.29 | 1 607.49 |
| >90 | 113.09 | 2 813.10 |
| >100 | 225.05 | 7 501.61 |
| >120 | 1 250.27 | — |

"—" 表示无数据。

表 2.3-2 各月不同强度增减水出现频率（1958—2019 年）

| 月份 | 增水 / % | | | | | 减水 / % | | | | |
|---|---|---|---|---|---|---|---|---|---|---|
| | >30 厘米 | >50 厘米 | >70 厘米 | >90 厘米 | >100 厘米 | >30 厘米 | >50 厘米 | >60 厘米 | >70 厘米 | >80 厘米 |
| 1 | 5.99 | 0.62 | 0.02 | 0.00 | 0.00 | 2.29 | 0.08 | 0.01 | 0.00 | 0.00 |
| 2 | 7.27 | 0.70 | 0.02 | 0.00 | 0.00 | 2.17 | 0.09 | 0.02 | 0.00 | 0.00 |
| 3 | 5.48 | 0.71 | 0.09 | 0.01 | 0.00 | 2.81 | 0.10 | 0.02 | 0.00 | 0.00 |
| 4 | 3.05 | 0.45 | 0.04 | 0.00 | 0.00 | 1.88 | 0.03 | 0.01 | 0.00 | 0.00 |
| 5 | 2.58 | 0.22 | 0.03 | 0.00 | 0.00 | 0.42 | 0.00 | 0.00 | 0.00 | 0.00 |
| 6 | 2.84 | 0.30 | 0.02 | 0.00 | 0.00 | 0.38 | 0.01 | 0.00 | 0.00 | 0.00 |
| 7 | 2.91 | 0.74 | 0.24 | 0.08 | 0.04 | 0.95 | 0.00 | 0.00 | 0.00 | 0.00 |
| 8 | 3.37 | 0.84 | 0.25 | 0.07 | 0.03 | 1.96 | 0.15 | 0.05 | 0.02 | 0.00 |
| 9 | 6.41 | 1.53 | 0.43 | 0.11 | 0.06 | 1.75 | 0.10 | 0.05 | 0.03 | 0.02 |
| 10 | 8.35 | 2.39 | 0.60 | 0.14 | 0.07 | 1.74 | 0.06 | 0.01 | 0.01 | 0.00 |
| 11 | 5.21 | 0.84 | 0.13 | 0.03 | 0.01 | 3.59 | 0.19 | 0.02 | 0.00 | 0.00 |
| 12 | 4.78 | 0.63 | 0.04 | 0.00 | 0.00 | 3.72 | 0.14 | 0.02 | 0.00 | 0.00 |

1958—2019 年，厦门站年最大增水多出现在 7—10 月，其中 9 月和 10 月出现频率最高，均为 22%；8 月次之，为 21%。除 5 月和 7 月外，厦门站年最大减水在其余各月均有出现，其中 11 月出现频率最高，为 23%；1 月次之，为 13%（表 2.3-3）。

1958—2019 年，厦门站年最大增水呈减小趋势，减小速率为 1.29 毫米 / 年（线性趋势未通过显著性检验）。历史最大增水出现在 1983 年 7 月 25 日，为 179 厘米；1963 年、1982 年、1987 年和 2009 年最大增水均超过或达到了 130 厘米。厦门站年最大减水呈减小趋势，减小速率为

0.83毫米/年（线性趋势未通过显著性检验）。历史最大减水发生在1981年9月2日，为119厘米；1962年和1994年最大减水均超过了80厘米。

表2.3-3　最大增水和最大减水及年极值出现频率（1958—2019年）

| | 1月 | 2月 | 3月 | 4月 | 5月 | 6月 | 7月 | 8月 | 9月 | 10月 | 11月 | 12月 |
| --- | --- | --- | --- | --- | --- | --- | --- | --- | --- | --- | --- | --- |
| 最大增水值/厘米 | 76 | 87 | 104 | 81 | 95 | 79 | 179 | 130 | 131 | 141 | 112 | 86 |
| 年最大增水出现频率/% | 0 | 2 | 5 | 0 | 2 | 0 | 18 | 21 | 22 | 22 | 3 | 5 |
| 最大减水值/厘米 | 77 | 76 | 75 | 73 | 55 | 55 | 51 | 84 | 119 | 83 | 71 | 65 |
| 年最大减水出现频率/% | 13 | 10 | 11 | 3 | 0 | 2 | 0 | 11 | 6 | 10 | 23 | 11 |

# 第三章 海浪*

## 1. 平均波高和最大波高

厦门站波高的年变化见表3-1。各月平均波高均为0.2米。历年的平均波高均为0.2米。

月最大波高比月平均波高的变化幅度大，极大值出现在8月，为1.2米，极小值出现在2月、11月和12月，均为0.7米，变幅为0.5米。历年的最大波高为0.9～1.2米，其中最大波高的极大值1.2米出现在2019年8月25日，正值1911号台风"白鹿"影响期间，波向为NW，对应平均周期为3.7秒。

表3-1 波高年变化（2017—2019年） 单位：米

|  | 1月 | 2月 | 3月 | 4月 | 5月 | 6月 | 7月 | 8月 | 9月 | 10月 | 11月 | 12月 | 年 |
|---|---|---|---|---|---|---|---|---|---|---|---|---|---|
| 平均波高 | 0.2 | 0.2 | 0.2 | 0.2 | 0.2 | 0.2 | 0.2 | 0.2 | 0.2 | 0.2 | 0.2 | 0.2 | 0.2 |
| 最大波高 | 0.9 | 0.7 | 0.8 | 0.9 | 0.9 | 0.9 | 0.9 | 1.2 | 1.0 | 0.9 | 0.7 | 0.7 | 1.2 |

## 2. 各向平均波高和最大波高

全年及各季代表月各向波高的分布见表3-2、图3-1和图3-2。全年各向平均波高为0.2～0.3米，大值主要分布于ENE向和E向。全年各向最大波高NW向最大，为1.2米；SW向、WSW向和NNW向次之，均为1.0米；ESE向、SSE向、S向和SSW向最小，均为0.7米。

表3-2 全年各向平均波高和最大波高（2017—2019年） 单位：米

|  | N | NNE | NE | ENE | E | ESE | SE | SSE | S | SSW | SW | WSW | W | WNW | NW | NNW |
|---|---|---|---|---|---|---|---|---|---|---|---|---|---|---|---|---|
| 平均波高 | 0.2 | 0.2 | 0.2 | 0.3 | 0.3 | 0.2 | 0.2 | 0.2 | 0.2 | 0.2 | 0.2 | 0.2 | 0.2 | 0.2 | 0.2 | 0.2 |
| 最大波高 | 0.8 | 0.8 | 0.9 | 0.9 | 0.9 | 0.7 | 0.9 | 0.7 | 0.7 | 0.7 | 1.0 | 1.0 | 0.9 | 0.9 | 1.2 | 1.0 |

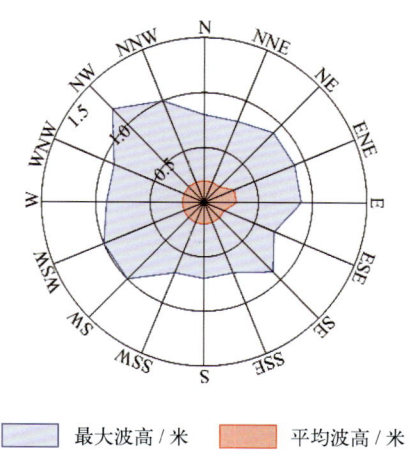

图3-1 全年各向平均波高和最大波高（2017—2019年）

---

* 厦门站无海况、波型数据，仅对波高进行统计。

1月平均波高NNE向、NE向和SSE向最大，均为0.3米，其余各向均为0.2米。最大波高E向最大，为0.9米；NE向次之，为0.8米；SE向最小，为0.3米。

4月平均波高ENE向最大，为0.4米，其余各向为0.2~0.3米。最大波高ENE向最大，为0.9米；W向次之，为0.8米；NE向和ESE向最小，均为0.3米。

7月平均波高NE向和E向最大，均为0.4米；N向、SE向、S向、SW向、WSW向和W向最小，均为0.2米。最大波高E向、WSW向和WNW向最大，均为0.9米；NNE向和NW向次之，均为0.8米；S向最小，为0.4米。未出现SSE向波高有效样本。

10月平均波高N—NE向、E向、ESE向、S向和SW—W向均为0.3米，其余各向均为0.2米。最大波高SE向最大，为0.9米；NE向和W向次之，均为0.8米；E向和NNW向最小，均为0.5米。

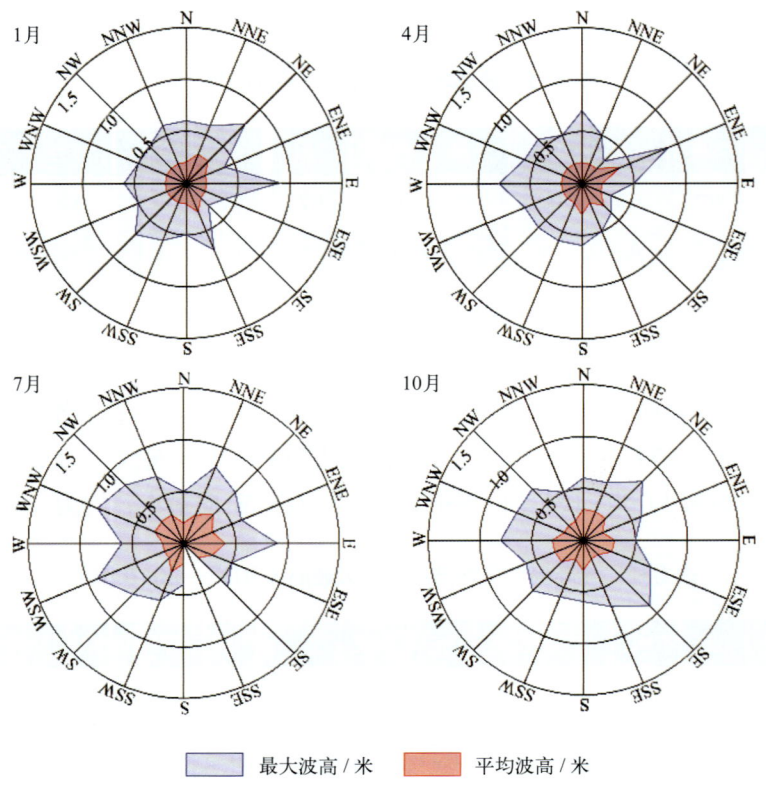

图3-2　四季代表月各向平均波高和最大波高（2017—2019年）

# 第四章　表层海水温度、盐度和海发光

## 第一节　表层海水温度

### 1. 平均水温、最高水温和最低水温

厦门站月平均水温的年变化具有峰谷明显的特点，8月最高，为28.4℃，2月最低，为14.0℃，年较差为14.4℃。3—8月为升温期，9月至翌年2月为降温期。月最高水温和月最低水温的年变化特征与月平均水温相似（图4.1-1）。

历年（2002年数据有缺测）的平均水温为20.7～23.0℃，其中2018年最高，1968年和1984年均为最低。累年平均水温为21.6℃。

历年的最高水温均不低于29.9℃，其中大于31.0℃的有17年，大于31.5℃的有3年，出现时间为6—9月，8月最多，占统计年份的38%。水温极大值为31.6℃，出现在1977年9月8日、2009年8月28日和2018年8月20日。

历年的最低水温均不高于15.6℃，其中小于12.0℃的有18年，小于11.0℃的有6年，出现时间为12月至翌年3月，2月最多，占统计年份的58%。水温极小值为10.0℃，出现在1968年2月24日和25日。

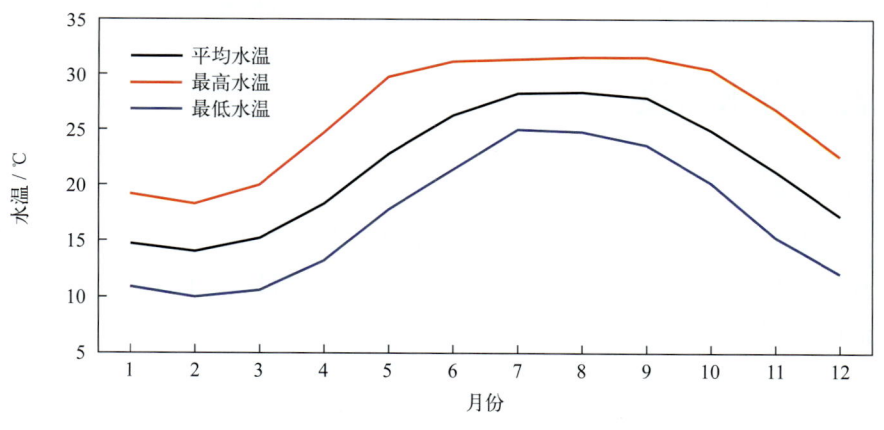

图4.1-1　水温年变化（1960—2019年）

### 2. 日平均水温稳定通过界限温度的日期

采用五日滑动平均方法求出稳定通过各个界限温度的日期，见表4.1-1。日平均水温全年均稳定通过10℃，稳定通过15℃的有300天，稳定通过20℃的有212天，稳定通过25℃的初日为6月3日，终日为10月15日，共135天。

表4.1-1　日平均水温稳定通过界限温度的日期（1960—2019年）

|  | 10℃ | 15℃ | 20℃ | 25℃ |
| --- | --- | --- | --- | --- |
| 初日 | 1月1日 | 3月15日 | 4月27日 | 6月3日 |
| 终日 | 12月31日 | 翌年1月8日 | 11月24日 | 10月15日 |
| 天数 | 365 | 300 | 212 | 135 |

### 3. 长期趋势变化

1960—2019 年，年平均水温和年最低水温均呈波动上升趋势，上升速率分别为 0.22℃ /（10 年）和 0.37℃ /（10 年），年最高水温无明显变化趋势，其中 1977 年、2009 年和 2018 年最高水温均为 1960 年以来的第一高值，1986 年和 2004 年最高水温均为 1960 年以来的第二高值，1968 年和 1977 年最低水温分别为 1960 年以来的第一低值和第二低值。

十年平均水温变化显示，2010—2019 年平均水温最高，1980—1989 年平均水温最低，1990—1999 年平均水温较上一个十年升幅最大，升幅为 0.47℃（图 4.1-2）。

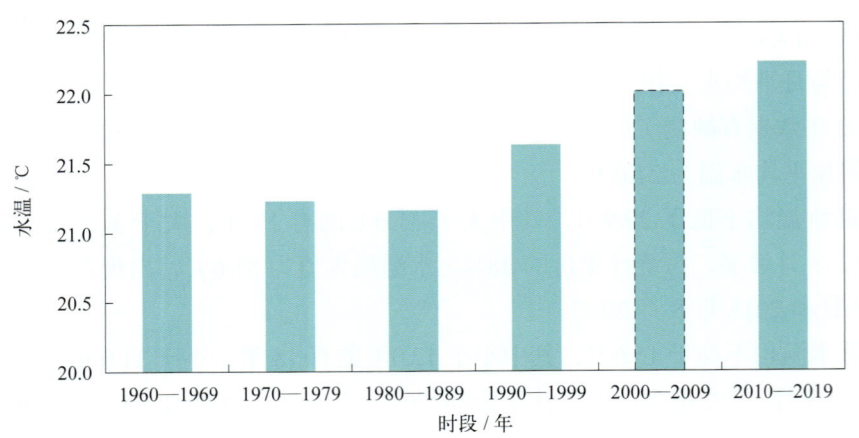

图 4.1-2　十年平均水温变化（数据不足十年加虚线框表示，下同）

## 第二节　表层海水盐度

### 1. 平均盐度、最高盐度和最低盐度

厦门站月平均盐度 7 月至翌年 3 月较高，最高值出现在 7 月，为 28.03，4—6 月盐度较低，最低值出现在 6 月，为 25.17，年较差为 2.86。月最高盐度 5 月最大，1 月最小。月最低盐度 12 月最大，7 月最小（图 4.2-1）。

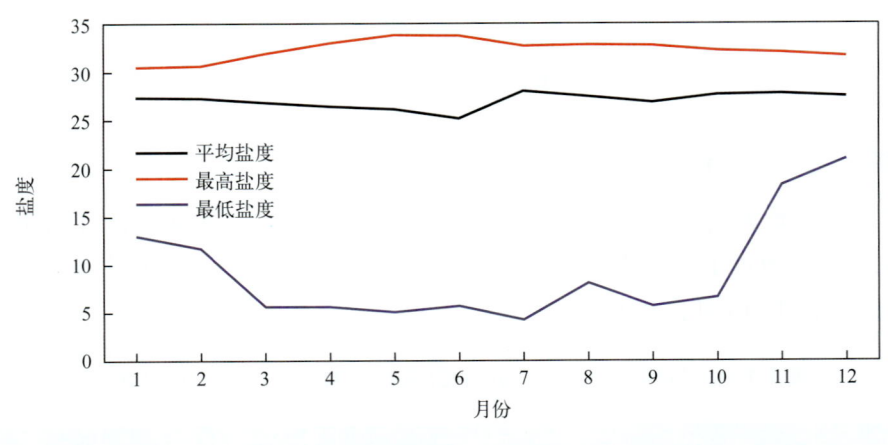

图 4.2-1　盐度年变化（1960—2019年）

历年（1995 年和 2002 年数据有缺测）的平均盐度为 22.92 ~ 29.83，其中 1963 年最高，2016

年最低。累年平均盐度为 27.04。

历年的最高盐度均大于 28.75，其中大于 32.00 的有 21 年，大于 32.50 的有 7 年。年最高盐度多出现在 7—8 月，占统计年份的 60%。盐度极大值为 33.82，出现在 1963 年 5 月 31 日。

历年的最低盐度均小于 20.35，其中小于 8.00 的有 15 年，小于 5.50 的有 3 年。年最低盐度除 12 月外其余各月均有出现，其中 6 月最多，占统计年份的 38%。盐度极小值为 4.25，出现在 1986 年 7 月 13 日。

### 2. 长期趋势变化

1960—2019 年，年平均盐度和年最高盐度均呈波动下降趋势，下降速率均为 0.30/（10 年），年最低盐度呈波动上升趋势，上升速率为 0.95/（10 年）。1963 年和 2015 年最高盐度分别为 1960 年以来的第一高值和第二高值；1986 年和 1961 年最低盐度分别为 1960 年以来的第一低值和第二低值。

十年平均盐度变化显示，1960—1969 年平均盐度最高，2010—2019 年平均盐度最低，1970—1979 年平均盐度较上一个十年降幅最大，降幅为 0.88（图 4.2-2）。

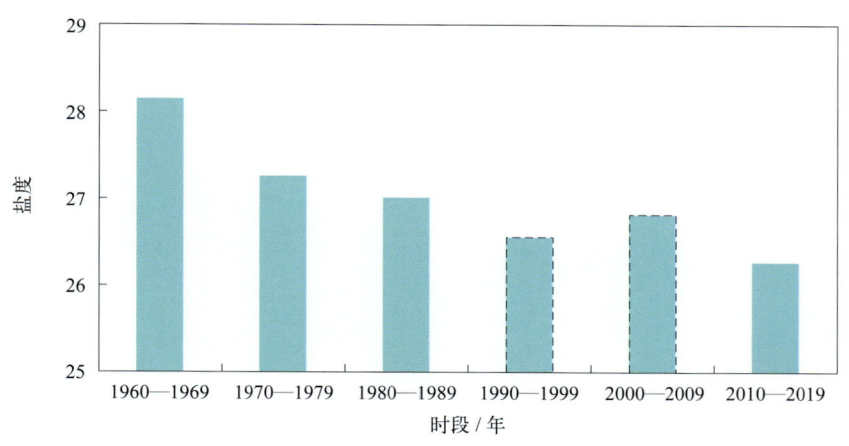

图4.2-2　十年平均盐度变化

## 第三节　海发光

1960—1972 年，厦门站观测到的海发光主要为火花型（H），其次是闪光型（S），弥漫型（M）最少，观测到 2 次。海发光以 1 级海发光为主，占海发光次数的 96.0%，2 级海发光占 3.9%，未观测到 4 级海发光。

各月及全年海发光频率见表 4.3-1 和图 4.3-1。全年各月海发光频率均较高，11 月最高，3 月最低。累年平均海发光频率为 93.1%。

历年海发光频率均不小于 84.6%，其中 1963 年和 1964 年海发光频率均为 100%，1960 年最小。

表 4.3-1　各月及全年海发光频率（1960—1972 年）

| | 1月 | 2月 | 3月 | 4月 | 5月 | 6月 | 7月 | 8月 | 9月 | 10月 | 11月 | 12月 | 年 |
|---|---|---|---|---|---|---|---|---|---|---|---|---|---|
| 频率/% | 90.4 | 85.4 | 84.0 | 93.6 | 94.6 | 88.0 | 95.6 | 96.3 | 97.3 | 97.7 | 97.9 | 95.6 | 93.1 |

注：1973年停测。

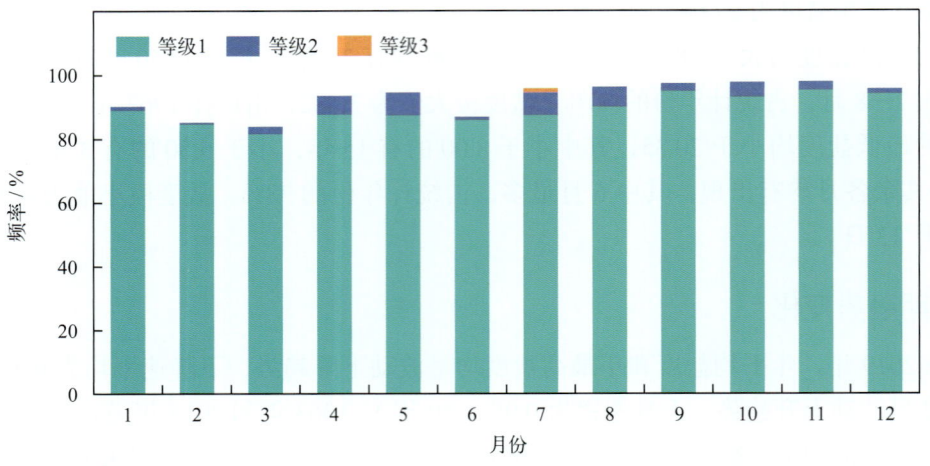

图4.3-1　各月各级海发光频率（1960—1972年）

# 第五章 海洋气象

## 第一节 气温

### 1. 平均气温、最高气温和最低气温

1960—2019 年,厦门站累年平均气温为 21.2℃。月平均气温 7 月最高,为 28.6℃,1 月最低,为 13.0℃,年较差为 15.6℃。月最高气温和月最低气温的年变化特征与月平均气温相似,月最高气温极大值出现在 8 月,月最低气温极小值出现在 1 月(表 5.1-1,图 5.1-1)。

表 5.1-1 气温年变化(1960—2019 年) 单位:℃

| | 1月 | 2月 | 3月 | 4月 | 5月 | 6月 | 7月 | 8月 | 9月 | 10月 | 11月 | 12月 | 年 |
| --- | --- | --- | --- | --- | --- | --- | --- | --- | --- | --- | --- | --- | --- |
| 平均气温 | 13.0 | 13.1 | 15.3 | 19.5 | 23.4 | 26.4 | 28.6 | 28.4 | 27.4 | 24.0 | 20.1 | 15.4 | 21.2 |
| 最高气温 | 27.6 | 27.8 | 30.9 | 33.2 | 35.0 | 36.6 | 37.6 | 38.5 | 36.2 | 35.2 | 31.3 | 27.2 | 38.5 |
| 最低气温 | 2.2 | 2.6 | 4.4 | 6.9 | 12.2 | 16.6 | 20.8 | 21.5 | 16.5 | 12.8 | 7.5 | 3.9 | 2.2 |

注:1984年11月至2002年6月数据缺测。

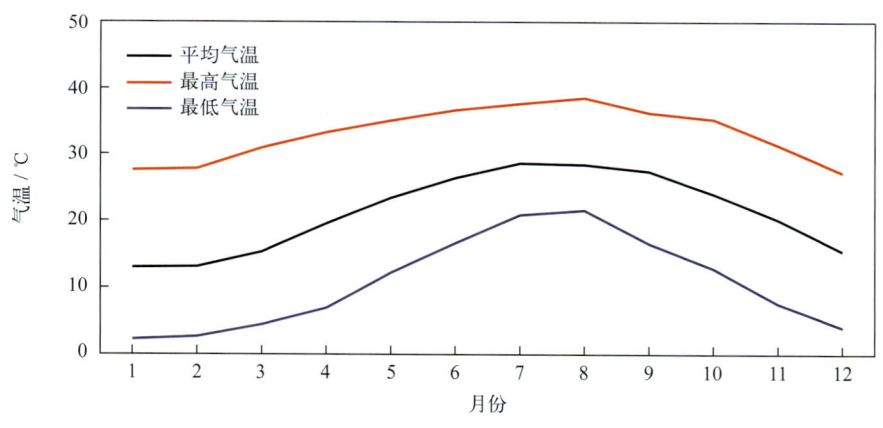

图 5.1-1 气温年变化(1960—2019年)

历年的平均气温为 20.1 ~ 22.5℃,其中 2019 年最高,1981 年最低。

历年的最高气温均高于 34.0℃,其中高于 36.0℃的有 27 年,高于 38.0℃的有 3 年。最早出现时间为 6 月 24 日(1976 年),最晚出现时间为 9 月 9 日(1973 年)。7 月最高气温出现频率最高,占统计年份的 47%,8 月次之,占 41%(图 5.1-2)。极大值为 38.5℃,出现在 1979 年 8 月 15 日。

历年的最低气温均低于 10.5℃,其中低于 5.0℃的有 22 年,低于 3.0℃的有 4 年。最早出现时间为 12 月 15 日(1975 年),最晚出现时间为 3 月 8 日(2019 年)。1 月最低气温出现频率最高,占统计年份的 44%,2 月次之,占 37%(图 5.1-2)。极小值为 2.2℃,出现在 1963 年 1 月 1 日。《东海区海洋站海洋水文气候志》记载极端最低气温为 2.0℃,出现在 1957 年 2 月 12 日。

### 2. 长期趋势变化

1960—1983 年,年平均气温呈波动下降趋势,下降速率为 0.23℃;年最高气温和年最低气温均呈波动上升趋势,上升速率分别为 0.12℃/(10 年)(线性趋势未通过显著性检验)和

0.19℃/（10年）（线性趋势未通过显著性检验）。2003—2019年，年平均气温、年最高气温和年最低气温均呈波动上升趋势，上升速率分别为0.53℃/（10年）、0.19℃/（10年）（线性趋势未通过显著性检验）和0.61℃/（10年）（线性趋势未通过显著性检验）。

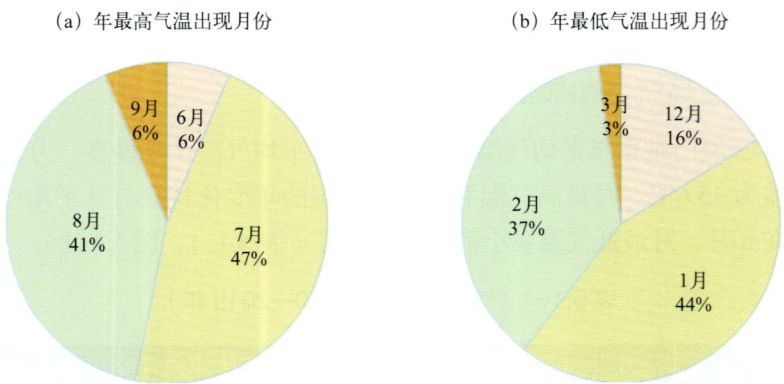

图5.1-2　年最高、最低气温出现月份及频率（1960—2019年）

### 3. 常年自然天气季节和大陆度

利用厦门站1966—2019年气温累年日平均数据计算五日滑动平均气温，根据《气候季节划分》（QX/T 152—2012）气候季节划分指标和本志季节起止日确定方法，厦门站平均春季时间从2月10日至5月1日，共81天；平均夏季时间从5月2日至11月2日，共185天；平均秋季时间从11月3日至翌年2月9日，共99天。夏季时间最长，全年无冬季（图5.1-3）。

厦门站焦金斯基大陆度指数为32.9%，属海洋性季风气候。

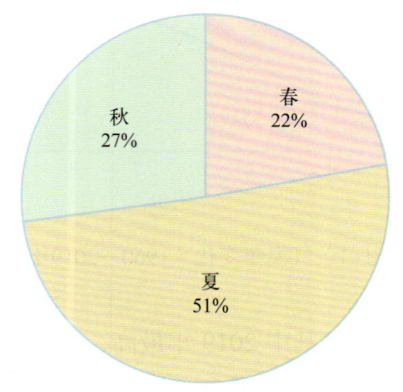

图5.1-3　四季平均日数百分率（1966—2019年）

## 第二节　气压

### 1. 平均气压、最高气压和最低气压

1966—2019年，厦门站累年平均气压为1 013.4百帕。月平均气压12月最高，为1 021.1百帕，8月最低，为1 004.9百帕，年较差为16.2百帕。月最高气压1月最大，7月最小。月最低气压2月最大，9月最小（表5.2-1，图5.2-1）。

历年的平均气压为1 012.4~1 014.7百帕，其中1995年和1997年均为最高，2007年最低。

历年的最高气压均高于1 028.0百帕，其中高于1 032.0百帕的有17年，高于1 034.0百帕的有 2 年。极大值为 1 037.0 百帕，出现在 2016 年 1 月 25 日。

历年的最低气压均低于 998.5 百帕，其中低于 985.0 百帕的有 16 年，低于 980.0 百帕的有 4 年。极小值为 971.9 百帕，出现在 2016 年 9 月 15 日，正值 1614 号台风"莫兰蒂"影响期间。

表 5.2-1  气压年变化（1966—2019 年）　　　　　　　　　　　　　　　　　　　单位：百帕

| | 1月 | 2月 | 3月 | 4月 | 5月 | 6月 | 7月 | 8月 | 9月 | 10月 | 11月 | 12月 | 年 |
|---|---|---|---|---|---|---|---|---|---|---|---|---|---|
| 平均气压 | 1 021.0 | 1 019.7 | 1 017.2 | 1 013.6 | 1 009.7 | 1 006.4 | 1 005.4 | 1 004.9 | 1 008.9 | 1 014.5 | 1 018.3 | 1 021.1 | 1 013.4 |
| 最高气压 | 1 037.0 | 1 032.9 | 1 032.2 | 1 028.9 | 1 022.5 | 1 016.2 | 1 015.2 | 1 015.4 | 1 020.6 | 1 025.5 | 1 033.8 | 1 033.2 | 1 037.0 |
| 最低气压 | 1 004.2 | 1 004.5 | 1 002.7 | 999.3 | 991.1 | 984.6 | 979.4 | 979.6 | 971.9 | 977.4 | 1 002.3 | 1 004.3 | 971.9 |

注：1967年、1972年和2002年数据有缺测，1984年11月至1987年2月数据缺测。

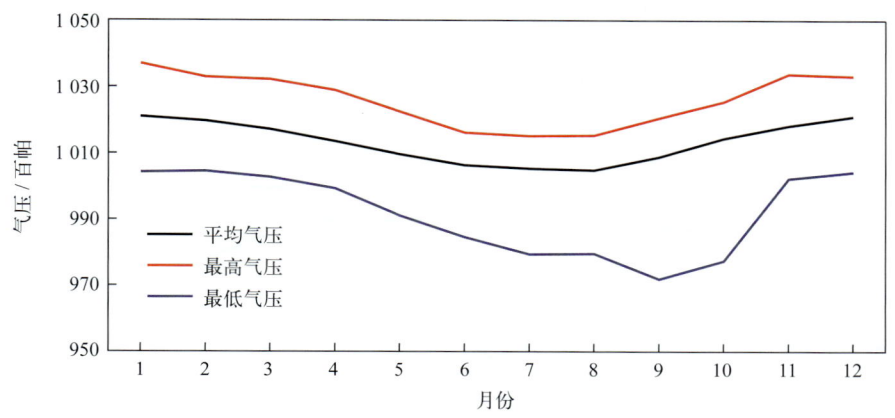

图5.2-1  气压年变化（1966—2019年）

## 2. 长期趋势变化

1966—2019 年，年平均气压和年最低气压均呈下降趋势，下降速率分别为 0.10 百帕 /（10 年）和 0.71 百帕 /（10 年）（线性趋势未通过显著性检验）；年最高气压呈上升趋势，上升速率为 0.15 百帕 /（10 年）（线性趋势未通过显著性检验）。

十年平均气压变化显示，1990—1999 年平均气压最高，为 1 013.8 百帕，2010—2019 年平均气压比 1990—1999 年平均气压下降 0.6 百帕（图 5.2-2）。

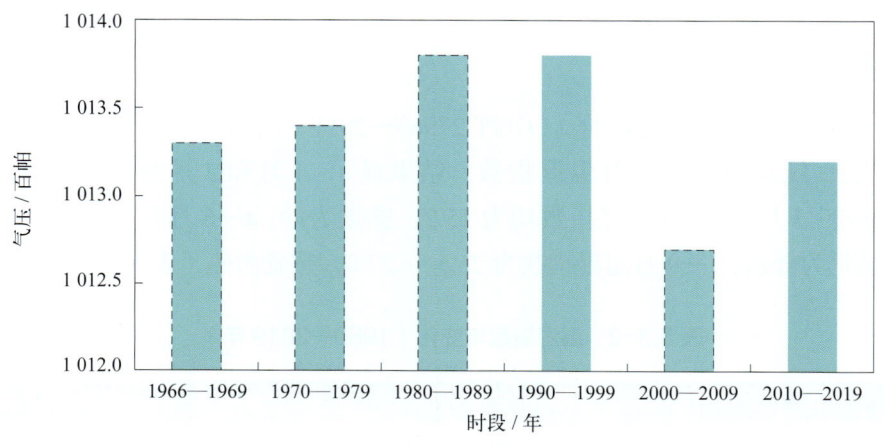

图5.2-2  十年平均气压变化

## 第三节 相对湿度

### 1. 平均相对湿度和最小相对湿度

1960—2019年，厦门站累年平均相对湿度为74.9%。月平均相对湿度6月最大，为82.9%，10月最小，为65.8%。平均月最小相对湿度6月最大，为44.3%，12月最小，为22.3%。最小相对湿度的极小值为0%，出现在2005年12月18日和22日（表5.3-1，图5.3-1）。

表 5.3-1 相对湿度年变化（1960—2019年）

|  | 1月 | 2月 | 3月 | 4月 | 5月 | 6月 | 7月 | 8月 | 9月 | 10月 | 11月 | 12月 | 年 |
| --- | --- | --- | --- | --- | --- | --- | --- | --- | --- | --- | --- | --- | --- |
| 平均相对湿度 / % | 70.5 | 75.4 | 77.1 | 79.5 | 81.3 | 82.9 | 79.0 | 79.0 | 73.5 | 65.8 | 67.8 | 67.3 | 74.9 |
| 平均最小相对湿度 / % | 23.8 | 30.2 | 27.3 | 32.5 | 33.1 | 44.3 | 44.2 | 44.0 | 39.3 | 30.5 | 25.5 | 22.3 | 33.1 |
| 最小相对湿度 / % | 3 | 11 | 9 | 14 | 10 | 18 | 33 | 30 | 19 | 18 | 13 | 0 | 0 |

注：平均最小相对湿度为各月最小相对湿度的累年平均值及其年平均值。1984年11月至2002年6月数据缺测。

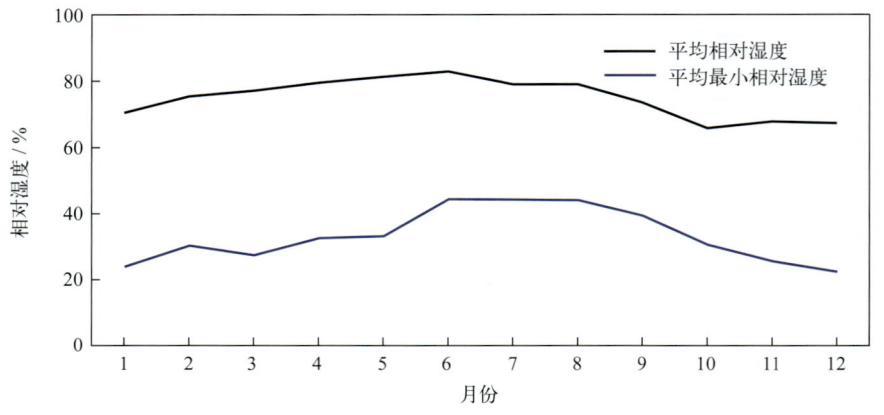

图5.3-1 相对湿度年变化（1960—2019年）

### 2. 长期趋势变化

1960—2019年，年平均相对湿度为65.1%～79.9%，其中1983年最大，2011年最小。1960—1983年，年平均相对湿度呈上升趋势，上升速率为1.32%/（10年）。2003—2019年，年平均相对湿度呈上升趋势，上升速率为2.95%/（10年）。

### 3. 温湿指数

根据《人居环境气候舒适度评价》（GB/T 27963—2011）的温湿指数统计方法和气候舒适度等级划分方法，统计厦门站各月温湿指数，结果显示：1月和2月温湿指数分别为13.2和13.3，感觉为寒冷；3月和12月温湿指数均为15.2，感觉为冷；4—6月和10—11月温湿指数为19.0～25.3，感觉为舒适；7—9月温湿指数为25.5～27.0，感觉为热（表5.3-2）。

表 5.3-2 温湿指数年变化（1960—2019年）

|  | 1月 | 2月 | 3月 | 4月 | 5月 | 6月 | 7月 | 8月 | 9月 | 10月 | 11月 | 12月 |
| --- | --- | --- | --- | --- | --- | --- | --- | --- | --- | --- | --- | --- |
| 温湿指数 | 13.2 | 13.3 | 15.2 | 19.0 | 22.5 | 25.3 | 27.0 | 26.8 | 25.5 | 22.2 | 19.1 | 15.2 |
| 感觉程度 | 寒冷 | 寒冷 | 冷 | 舒适 | 舒适 | 舒适 | 热 | 热 | 热 | 舒适 | 舒适 | 冷 |

## 第四节 风

### 1. 平均风速和最大风速

厦门站风速的年变化见表 5.4-1 和图 5.4-1。累年平均风速为 3.1 米/秒，月平均风速 10 月最大，为 3.8 米/秒，5 月最小，为 2.7 米/秒。平均最大风速 8 月最大，为 14.5 米/秒，1 月和 12 月最小，均为 9.9 米/秒。最大风速月最大值对应风向多为 ENE 向（4 个月）。极大风速的最大值为 42.1 米/秒，出现在 2016 年 9 月 15 日，正值 1614 号台风"莫兰蒂"影响期间，对应风向为 NNW。《东海区海洋站海洋水文气候志》记载，1959 年 8 月 23 日，受 5903 号台风袭击，瞬时极大风速为 60 米/秒。

表 5.4-1　风速年变化（1960—2019 年）　　　　　　　　　　　　　　单位：米/秒

| | | 1月 | 2月 | 3月 | 4月 | 5月 | 6月 | 7月 | 8月 | 9月 | 10月 | 11月 | 12月 | 年 |
|---|---|---|---|---|---|---|---|---|---|---|---|---|---|---|
| 平均风速 | | 3.0 | 3.1 | 2.9 | 2.8 | 2.7 | 2.8 | 3.0 | 3.0 | 3.3 | 3.8 | 3.5 | 3.1 | 3.1 |
| 最大风速 | 平均值 | 9.9 | 10.4 | 11.0 | 11.4 | 11.3 | 11.8 | 14.4 | 14.5 | 13.5 | 12.1 | 10.3 | 9.9 | 11.7 |
| | 最大值 | 14.0 | 16.0 | 16.0 | 19.0 | 21.0 | 28.7 | 30.0 | 28.0 | 28.9 | 34.0 | 17.0 | 14.0 | 34.0 |
| | 最大值对应风向 | NE/ENE | ESE | ENE/NW/E | WNW | ESE | SE | WSW | NE | NW | NE | ENE | ENE | NE |
| 极大风速 | 最大值 | 17.1 | 16.5 | 18.9 | 19.1 | 35.7 | 30.5 | 26.7 | 36.8 | 42.1 | 25.8 | 16.9 | 19.6 | 42.1 |
| | 最大值对应风向 | ENE | NE | NE | NW | NNW | NNW | W | SE | NNW | N | NNE | SE | NNW |

注：1967 年、2001 年和 2002 年数据有缺测，1984 年 11 月至 1986 年 12 月数据缺测，极大风速的统计时间为 2002 年 7 月至 2019 年 12 月。

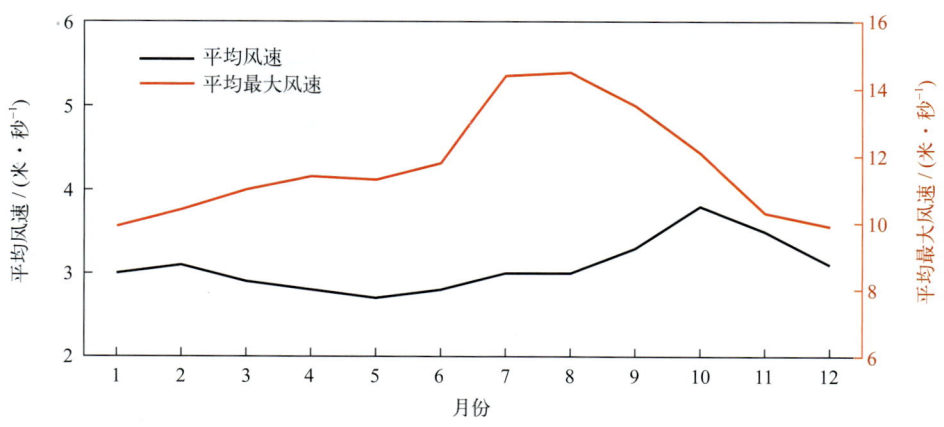

图 5.4-1　平均风速和平均最大风速年变化（1960—2019年）

历年的平均风速为 2.6 ~ 3.8 米/秒，其中 1960 年和 1981 年均为最大，2008 年最小。历年的最大风速均大于等于 12.4 米/秒，其中大于等于 18.0 米/秒的有 29 年，大于等于 28.0 米/秒的有 7 年。最大风速的最大值为 34.0 米/秒，出现在 1962 年 10 月 3 日，风向为 NE。年最大风速出现在 8 月的频率最高，1 月、2 月和 12 月未出现（图 5.4-2）。

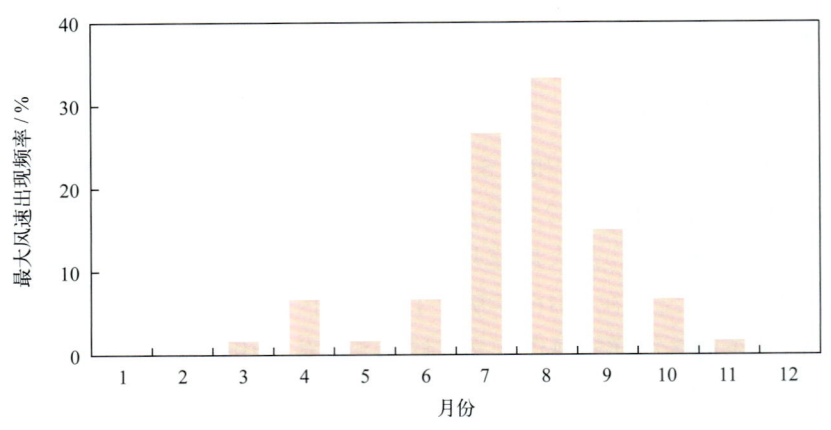

图5.4-2 年最大风速出现频率（1960—2019年）

## 2. 各向风频率

全年 NE 向和 SSE 向风最多，频率均为 10.5%，SE 向次之，频率为 10.2%，SW 向最少，频率为 1.7%（图 5.4-3）。

1 月盛行风向为 N—E，频率和为 58.6%；4 月盛行风向为 NE—E 和 SE—S，频率和分别为 26.4% 和 34.8%；7 月盛行风向为 SE—S，频率和为 50.8%；10 月盛行风向为 N—E，频率和为 69.6%（图 5.4-4）。

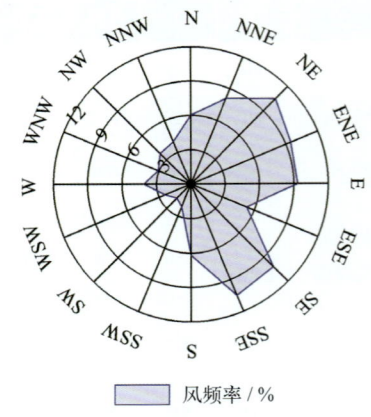

图5.4-3 全年各向风频率（1966—2019年）

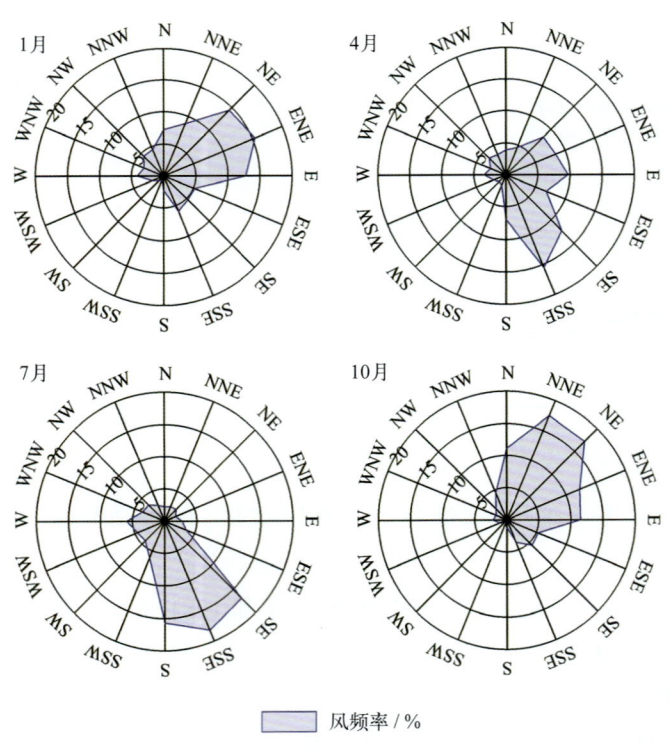

图5.4-4 四季代表月各向风频率（1966—2019年）

## 3. 各向平均风速和最大风速

全年各向平均风速 SE 向最大，为 3.6 米/秒，NE 向和 ENE 向次之，均为 3.4 米/秒，SW 向最小，为 1.4 米/秒（图 5.4-5）。1 月和 4 月均为 ENE 向平均风速最大，分别为 3.7 米/秒和 3.5 米/秒；7 月 SE 向最大，为 4.3 米/秒；10 月 NNE 向最大，为 4.1 米/秒（图 5.4-6）。

全年各向最大风速 WSW 向最大，为 30.0 米/秒，NW 向次之，为 28.9 米/秒，SW 向最小，为 13.0 米/秒（图 5.4-5）。1 月 ENE 向最大风速最大，为 13.7 米/秒；4 月 WNW 向最大，为 19.0 米/秒；7 月 WSW 向最大，为 30.0 米/秒；10 月 E 向最大，为 28.0 米/秒（图 5.4-6）。

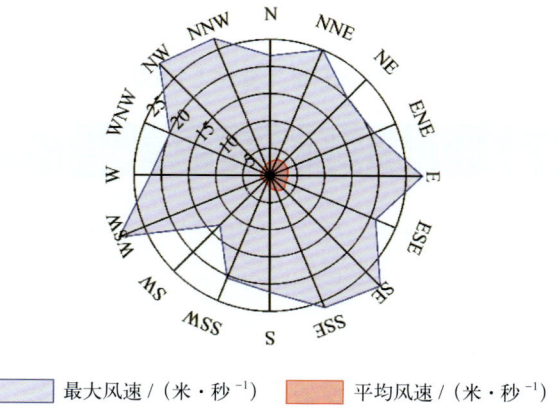

图 5.4-5　全年各向平均风速和最大风速（1966—2019 年）

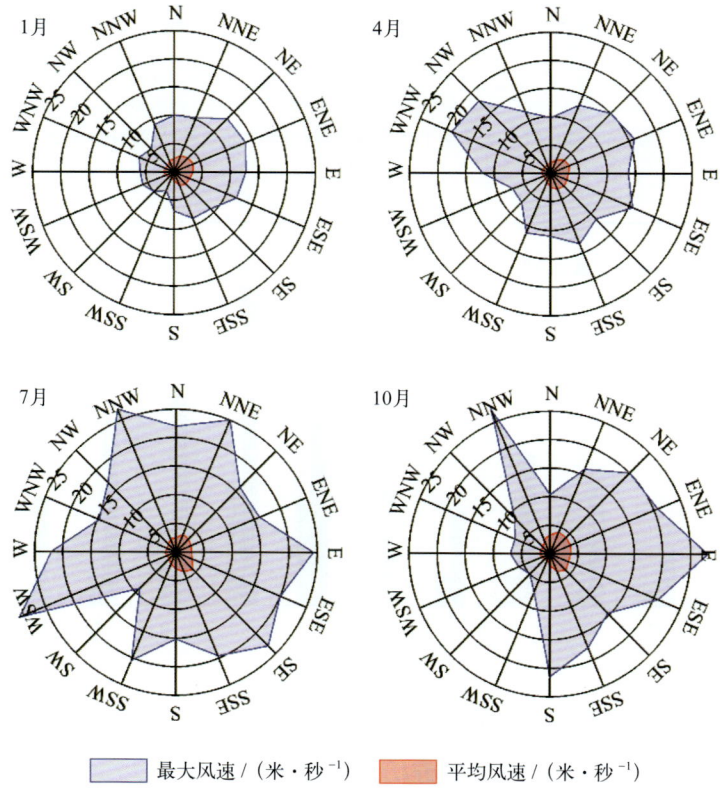

图 5.4-6　四季代表月各向平均风速和最大风速（1966—2019 年）

### 4. 大风日数

风力大于等于6级的大风日数8月最多，为2.1天，占全年的17.4%，7月次之，为1.7天（表5.4-2，图5.4-7）。平均年大风日数为12.1天（表5.4-2）。历年大风日数1981年最多，为54天，1964年最少，为1天。

风力大于等于8级的大风日数7月、8月和9月最多，均为0.2天，5月出现2次，11月至翌年3月未出现。历年大风日数1981年最多，为5天，有25年未出现。

风力大于等于6级的月大风日数最多为9天，出现在1984年8月；最长连续大于等于6级大风日数为5天，出现3次（表5.4-2）。

表 5.4-2　各级大风日数年变化（1960—2019年）　　　　　　　　　　单位：天

|  | 1月 | 2月 | 3月 | 4月 | 5月 | 6月 | 7月 | 8月 | 9月 | 10月 | 11月 | 12月 | 年 |
|---|---|---|---|---|---|---|---|---|---|---|---|---|---|
| 大于等于6级大风平均日数 | 0.5 | 0.4 | 0.9 | 1.0 | 0.6 | 0.9 | 1.7 | 2.1 | 1.4 | 1.2 | 0.7 | 0.7 | 12.1 |
| 大于等于7级大风平均日数 | 0.0 | 0.1 | 0.1 | 0.2 | 0.2 | 0.2 | 0.7 | 0.8 | 0.5 | 0.2 | 0.1 | 0.0 | 3.1 |
| 大于等于8级大风平均日数 | 0.0 | 0.0 | 0.0 | 0.1 | 0.0 | 0.1 | 0.2 | 0.2 | 0.2 | 0.1 | 0.0 | 0.0 | 0.9 |
| 大于等于6级大风最多日数 | 7 | 5 | 6 | 8 | 4 | 5 | 7 | 9 | 7 | 8 | 7 | 7 | 54 |
| 最长连续大于等于6级大风日数 | 3 | 2 | 3 | 3 | 2 | 3 | 4 | 4 | 5 | 5 | 3 | 3 | 5 |

注：大于等于6级大风统计时间为1960—2019年，大于等于7级和大于等于8级大风统计时间为1966—2019年。

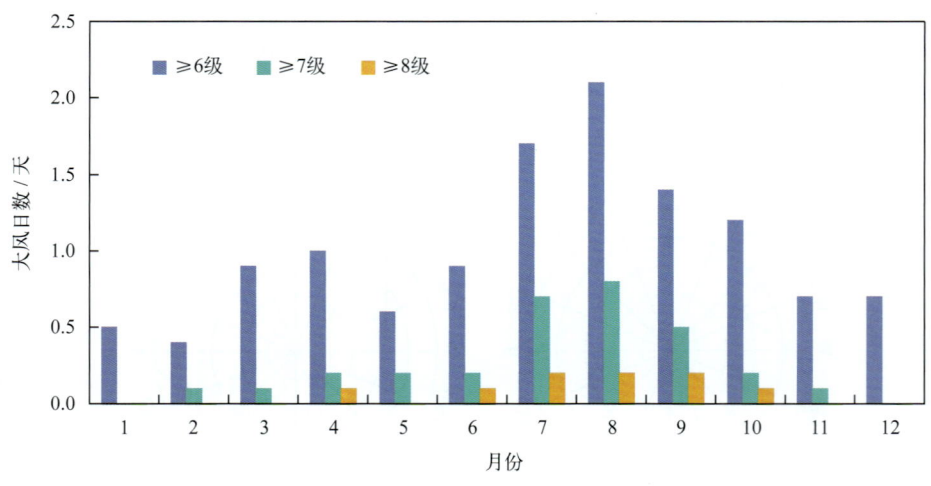

图5.4-7　各级大风日数年变化

## 第五节　降水

### 1. 降水量和降水日数

#### （1）降水量

厦门站降水量的年变化见表5.5-1和图5.5-1。平均年降水量为1 177.9毫米，降水量6—8月为486.9毫米，占全年降水量的41.3%，3—5月为386.2毫米，占全年的32.8%，9—11月为175.9毫米，占全年的14.9%，12月至翌年2月为128.9毫米，占全年的10.9%。6月平均降水量最多，为195.3毫米，占全年的16.6%。

历年年降水量为707.4～1 954.1毫米，其中2006年最多，2008年最少。

最大日降水量超过100毫米的有22年，超过150毫米的有6年，超过200毫米的有2年。最大日降水量为239.7毫米，出现在1973年4月23日。

表5.5-1　降水量年变化（1960—2019年）　　　　　　　　　　　　　　　　　　　　　单位：毫米

| | 1月 | 2月 | 3月 | 4月 | 5月 | 6月 | 7月 | 8月 | 9月 | 10月 | 11月 | 12月 | 年 |
|---|---|---|---|---|---|---|---|---|---|---|---|---|---|
| 平均降水量 | 38.5 | 55.9 | 96.4 | 129.4 | 160.4 | 195.3 | 124.1 | 167.5 | 99.8 | 38.8 | 37.3 | 35.5 | 1 177.9 |
| 最大日降水量 | 55.6 | 66.7 | 113.6 | 239.7 | 187.2 | 167.3 | 219.4 | 143.5 | 165.7 | 154.6 | 107.3 | 103.1 | 239.7 |

注：1967年数据有缺测，1984年11月至2002年6月数据缺测。

#### （2）降水日数

平均年降水日数为121.8天。降水日数的年变化特征为上半年多、下半年少（图5.5-2和图5.5-3）。日降水量大于等于10毫米的平均年日数为33.0天，各月均有出现；日降水量大于等于50毫米的平均年日数为4.0天，各月均有出现；日降水量大于等于100毫米的平均年日数为0.9天，出现在3—12月；日降水量大于等于150毫米的平均年日数为0.20天，出现在4—7月、9月和10月；日降水量大于等于200毫米的平均年日数为0.04天，出现在4月和7月（图5.5-3）。

最多年降水日数为159天，出现在1975年；最少年降水日数为82天，出现在2003年，《东海区海洋站海洋水文气候志》记载1953年降水日数为39天。最长连续降水日数为22天，出现在1983年3月7—28日；最长连续无降水日数为58天，出现在2003年11月22日至2004年1月18日，《东海区海洋站海洋水文气候志》记载最长连续无降水日数为78天，出现在1959年9月26日至12月12日。

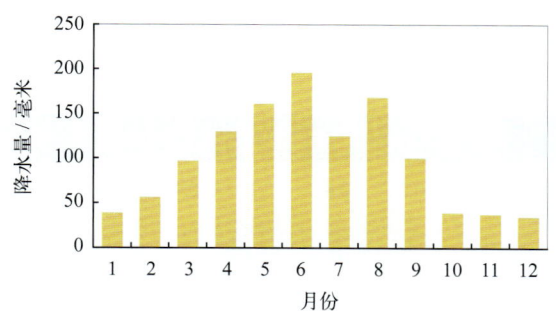

图5.5-1　降水量年变化（1960—2019年）

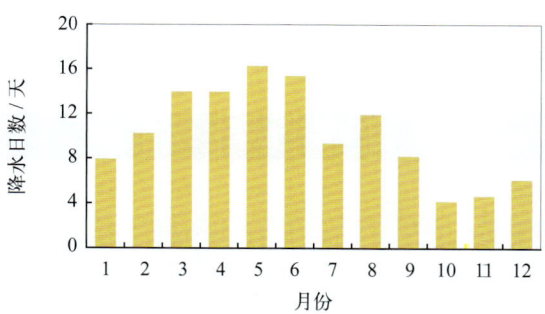

图5.5-2　降水日数年变化（1966—2019年）

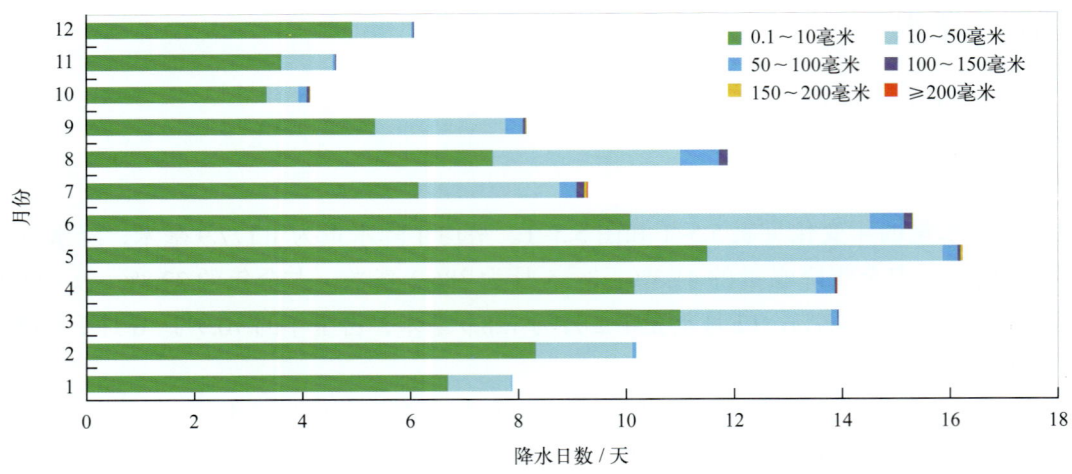

图5.5-3 各月各级平均降水日数分布（1960—2019年）

### 2. 长期趋势变化

1960—1983年，年降水量呈上升趋势，上升速率为90.84毫米/（10年）（线性趋势未通过显著性检验）；年最大日降水量变化趋势不明显。2003—2019年，年降水量呈下降趋势，下降速率为64.99毫米/（10年）（线性趋势未通过显著性检验）；年最大日降水量呈上升趋势，上升速率为14.74毫米/（10年）（线性趋势未通过显著性检验）。

1966—1983年，年降水日数和最长连续降水日数呈增加趋势，增加速率分别为2.90天/（10年）（线性趋势未通过显著性检验）和2.17天/（10年）（线性趋势未通过显著性检验）；最长连续无降水日数变化趋势不明显。2003—2019年，年降水日数呈增加趋势，增加速率为4.24天/（10年）（线性趋势未通过显著性检验）；最长连续降水日数变化趋势不明显；最长连续无降水日数呈减少趋势，减少速率为7.67天/（10年）（线性趋势未通过显著性检验）。

## 第六节 雾及其他天气现象

### 1. 雾

厦门站雾日数的年变化见表5.6-1、图5.6-1和图5.6-2。1966—1984年，平均年雾日数为30.0天。平均月雾日数3月最多，为7.3天，8月和10月最少，均为0.2天；月雾日数最多为17天，出现在1983年4月；最长连续雾日数为10天，出现在1982年3月4—13日。

表5.6-1 雾日数年变化（1966—1984年） 单位：天

| | 1月 | 2月 | 3月 | 4月 | 5月 | 6月 | 7月 | 8月 | 9月 | 10月 | 11月 | 12月 | 年 |
| --- | --- | --- | --- | --- | --- | --- | --- | --- | --- | --- | --- | --- | --- |
| 平均雾日数 | 2.8 | 4.0 | 7.3 | 6.9 | 4.7 | 1.5 | 0.3 | 0.2 | 0.4 | 0.2 | 0.4 | 1.3 | 30.0 |
| 最多雾日数 | 10 | 13 | 16 | 17 | 13 | 11 | 4 | 3 | 6 | 1 | 3 | 7 | 75 |
| 最长连续雾日数 | 4 | 3 | 10 | 9 | 6 | 6 | 4 | 2 | 4 | 1 | 1 | 4 | 10 |

注：1984年11月停测。

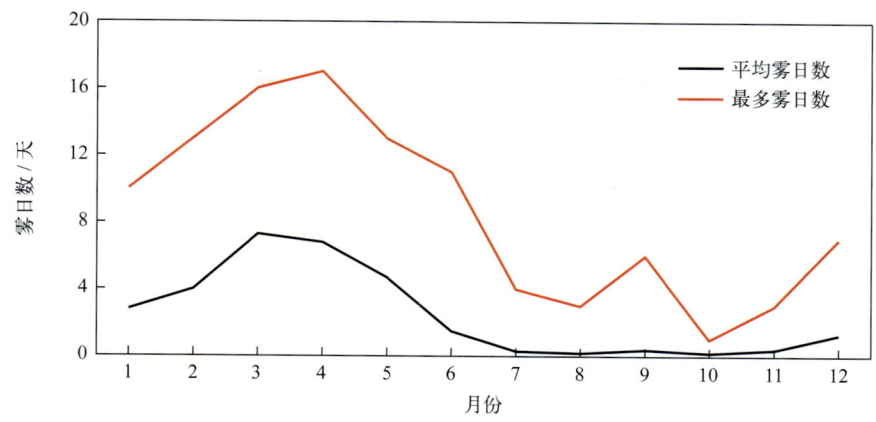

图5.6-1 平均雾日数和最多雾日数年变化（1966—1984年）

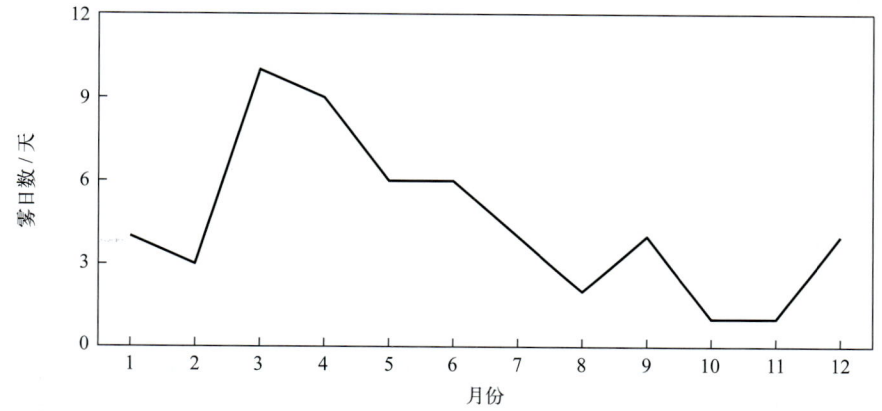

图5.6-2 最长连续雾日数年变化（1966—1984年）

1966—1983年，年雾日数呈上升趋势，上升速率为22.36天/（10年）。1983年雾日数最多，为75天，1971年最少，为8天。《东海区海洋站海洋水文气候志》记载1961年雾日数为5天。

### 2. 轻雾

厦门站轻雾日数的年变化见表5.6-2和图5.6-3。1966—1984年，平均年轻雾日数为66.2天。平均月轻雾日数3月最多，为10.9天，7月最少，为1.1天；最多月轻雾日数为21天，出现在1983年2月。

1966—1983年，年轻雾日数呈上升趋势，上升速率为47.02天/（10年）。1983年轻雾日数最多，为121天，1971年最少，为25天（图5.6-4）。

表5.6-2 轻雾日数年变化（1966—1984年） 单位：天

|  | 1月 | 2月 | 3月 | 4月 | 5月 | 6月 | 7月 | 8月 | 9月 | 10月 | 11月 | 12月 | 年 |
| --- | --- | --- | --- | --- | --- | --- | --- | --- | --- | --- | --- | --- | --- |
| 平均轻雾日数 | 7.2 | 8.6 | 10.9 | 10.3 | 8.3 | 3.9 | 1.1 | 2.5 | 3.4 | 2.4 | 2.6 | 5.0 | 66.2 |
| 最多轻雾日数 | 14 | 21 | 19 | 17 | 17 | 9 | 5 | 13 | 11 | 8 | 9 | 12 | 121 |

注：1984年11月停测。

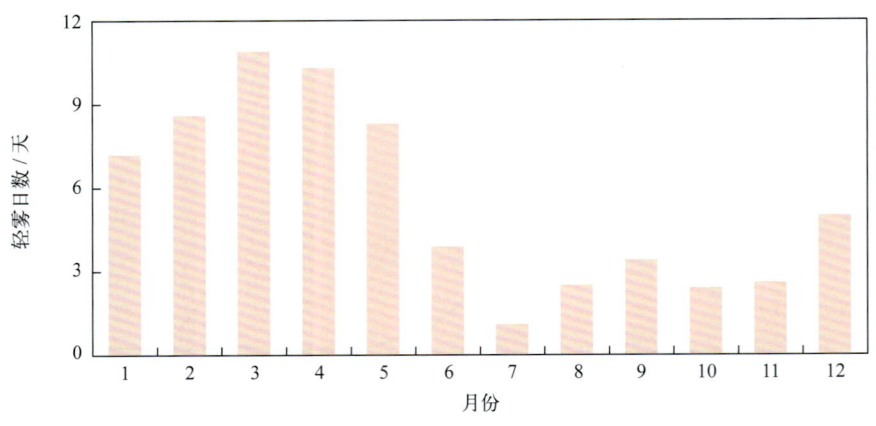

图5.6-3 轻雾日数年变化（1966—1984年）

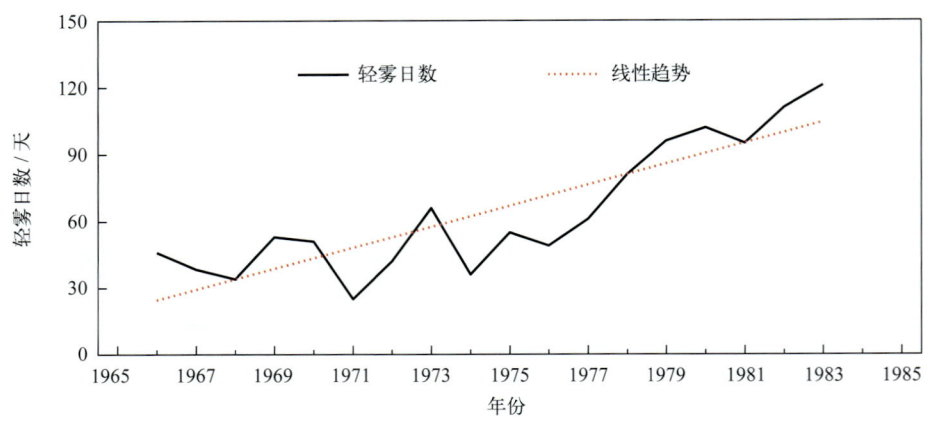

图5.6-4 1966—1983年轻雾日数变化

### 3. 雷暴

厦门站雷暴日数的年变化见表5.6-3和图5.6-5。1960—1984年，平均年雷暴日数为47.5天。雷暴主要出现在3—9月，其中8月最多，平均日数为9.8天，1月最少，为0.1天。雷暴最早初日为1月13日（1964年），最晚终日为12月29日（1981年）。月雷暴日数最多为17天，出现在1979年8月。

表5.6-3 雷暴日数年变化（1960—1984年） 单位：天

|  | 1月 | 2月 | 3月 | 4月 | 5月 | 6月 | 7月 | 8月 | 9月 | 10月 | 11月 | 12月 | 年 |
| --- | --- | --- | --- | --- | --- | --- | --- | --- | --- | --- | --- | --- | --- |
| 平均雷暴日数 | 0.1 | 0.4 | 3.4 | 5.3 | 6.5 | 8.1 | 7.3 | 9.8 | 5.2 | 0.9 | 0.3 | 0.2 | 47.5 |
| 最多雷暴日数 | 2 | 3 | 10 | 14 | 14 | 16 | 15 | 17 | 14 | 6 | 3 | 2 | 66 |

注：1984年11月停测。

1960—1983年，年雷暴日数呈下降趋势，下降速率为2.90天/（10年）（线性趋势未通过显著性检验）。1975年雷暴日数最多，为66天，1965年最少，为28天（图5.6-6）。

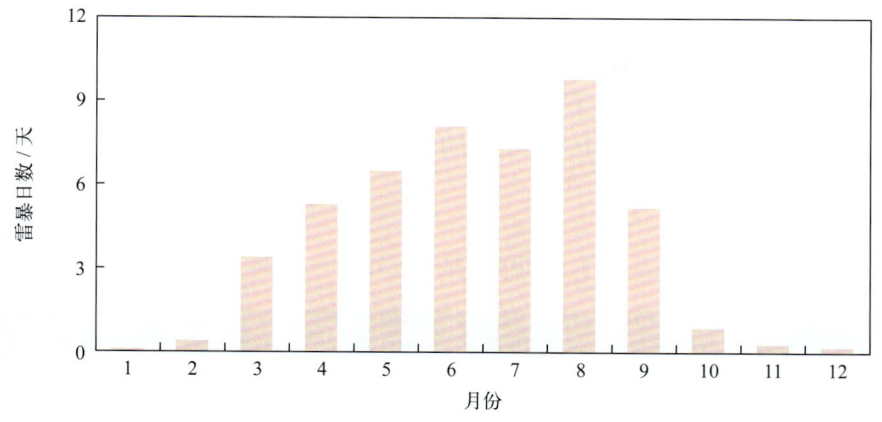

图5.6-5 雷暴日数年变化（1960—1984年）

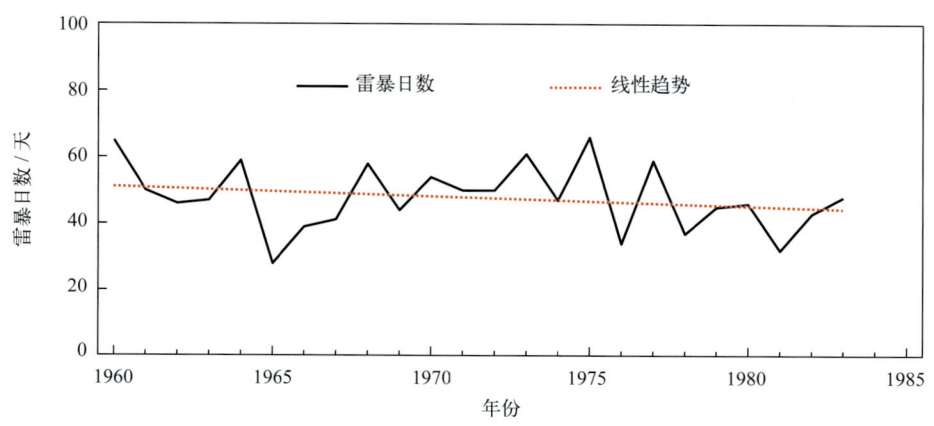

图5.6-6 1960—1983年雷暴日数变化

### 4. 霜

厦门站霜日数的年变化见表5.6-4。1960—1984年，平均年霜日数为0.6天。霜全部出现在1—2月，1月最多，平均霜日数为0.5天。霜最早初日为1月1日（1966年），最晚终日为2月14日（1966年）。

1960—1984年，共有6年出现霜，均在1968年前，其中1963年最多，为8天。

表5.6-4 霜日数年变化（1960—1984年） 单位：天

|  | 1月 | 2月 | 3月 | 4月 | 5月 | 6月 | 7月 | 8月 | 9月 | 10月 | 11月 | 12月 | 年 |
|---|---|---|---|---|---|---|---|---|---|---|---|---|---|
| 平均霜日数 | 0.5 | 0.1 | 0.0 | 0.0 | 0.0 | 0.0 | 0.0 | 0.0 | 0.0 | 0.0 | 0.0 | 0.0 | 0.6 |
| 最多霜日数 | 8 | 1 | 0 | 0 | 0 | 0 | 0 | 0 | 0 | 0 | 0 | 0 | 8 |

注：1984年11月停测。

### 5. 降雪

1960—1984年，厦门站出现2次降雪天气，分别出现在1980年1月31日和1983年1月22日。

## 第七节 能见度

1966—1984年，厦门站累年平均能见度为30.4千米。7月平均能见度最大，为34.5千米，3月最小，为25.9千米。能见度小于1千米的平均年日数为12.3天，3月最多，为3.3天，8月未出现（表5.7-1，图5.7-1和图5.7-2）。

表5.7-1　能见度年变化（1966—1984年）

| | 1月 | 2月 | 3月 | 4月 | 5月 | 6月 | 7月 | 8月 | 9月 | 10月 | 11月 | 12月 | 年 |
| --- | --- | --- | --- | --- | --- | --- | --- | --- | --- | --- | --- | --- | --- |
| 平均能见度/千米 | 28.5 | 27.5 | 25.9 | 26.4 | 28.4 | 31.9 | 34.5 | 33.4 | 32.5 | 32.9 | 32.7 | 30.0 | 30.4 |
| 能见度小于1千米平均日数/天 | 1.6 | 2.4 | 3.3 | 3.2 | 1.0 | 0.2 | 0.1 | 0.0 | 0.1 | 0.1 | 0.1 | 0.2 | 12.3 |

注：1979—1981年数据缺测，1984年11月停测。

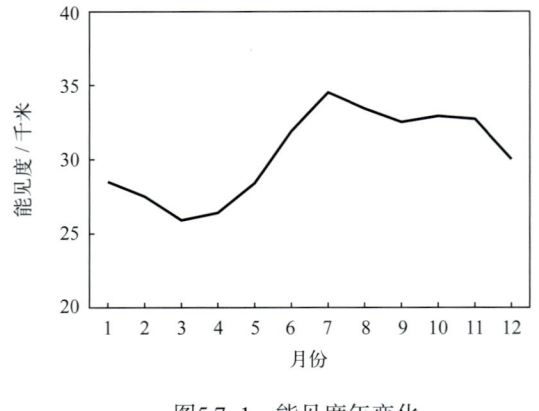

图5.7-1　能见度年变化

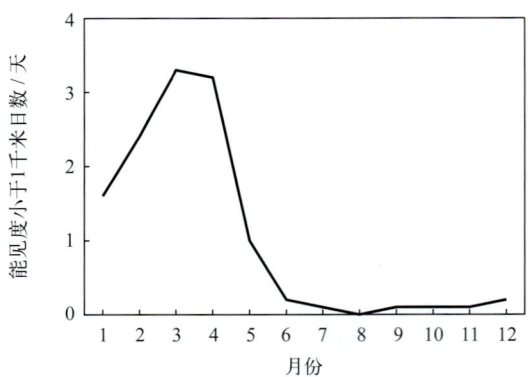

图5.7-2　能见度小于1千米日数年变化

历年平均能见度为22.9～33.8千米，1971年最高，1983年最低。能见度小于1千米的日数1983年最多，为38天，1971年最少，为3天（图5.7-3）。

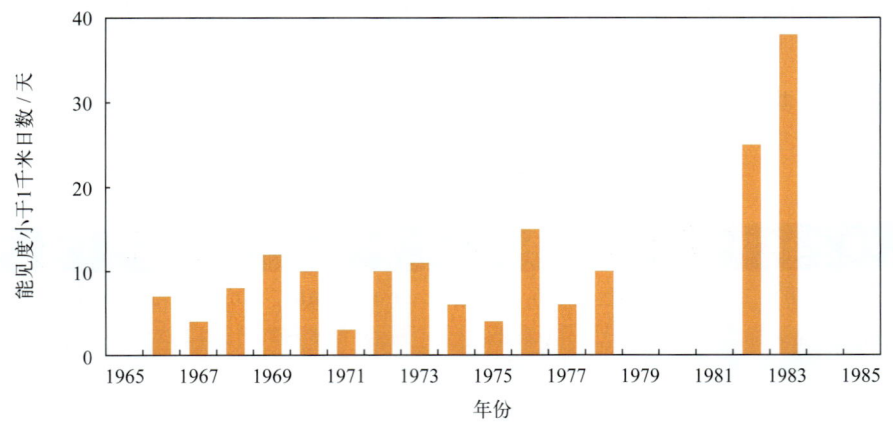

图5.7-3　能见度小于1千米年日数变化

## 第八节 云

1966—1984年，厦门站累年平均总云量为5.3成，5月和6月平均总云量最多，均为6.3成，12月最少，为4.2成；累年平均低云量为3.5成，3月平均低云量最多，为4.9成，7月最少，为2.1成（表5.8-1，图5.8-1）。

表5.8-1 总云量和低云量年变化（1966—1984年）

|  | 1月 | 2月 | 3月 | 4月 | 5月 | 6月 | 7月 | 8月 | 9月 | 10月 | 11月 | 12月 | 年 |
|---|---|---|---|---|---|---|---|---|---|---|---|---|---|
| 平均总云量/成 | 5.0 | 5.6 | 5.9 | 6.0 | 6.3 | 6.3 | 5.3 | 5.3 | 4.8 | 4.3 | 4.4 | 4.2 | 5.3 |
| 平均低云量/成 | 3.9 | 4.8 | 4.9 | 4.2 | 4.3 | 3.6 | 2.1 | 2.6 | 2.9 | 2.8 | 2.9 | 3.0 | 3.5 |

注：1984年11月停测。

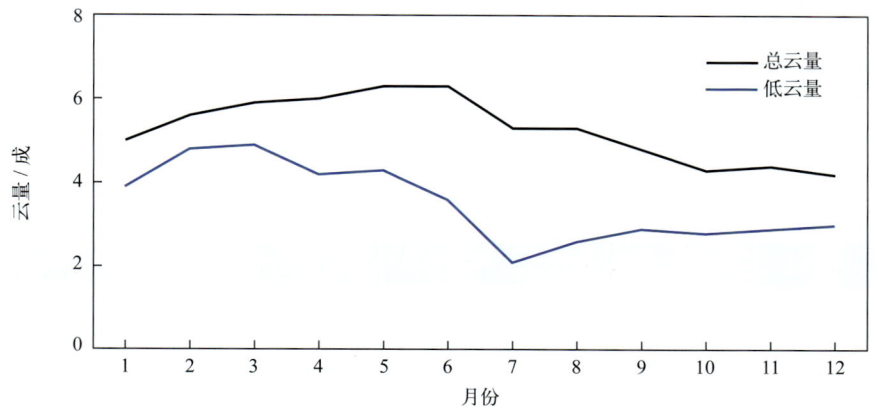

图5.8-1 总云量和低云量年变化（1966—1984年）

1966—1983年，年平均总云量变化趋势不明显，1970年最多，为5.8成，1971年最少，为4.5成（图5.8-2）；年平均低云量呈增加趋势，增加速率为0.30成/（10年），1982年最多，为3.9成，1971年最少，为2.4成（图5.8-3）。

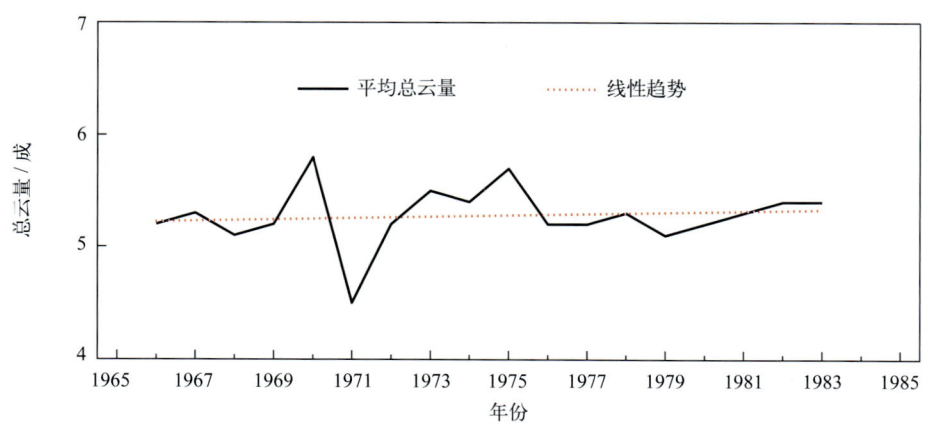

图5.8-2 1966—1983年平均总云量变化

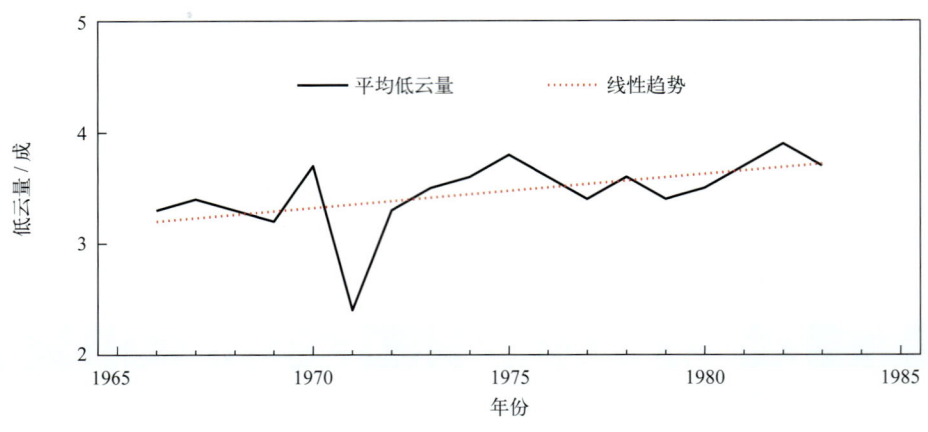

图5.8-3　1966—1983年平均低云量变化

## 第九节　蒸发量

1960—1967年，厦门站平均年蒸发量为2 247.7毫米。10月蒸发量最大，为256.8毫米，2月最小，为125.3毫米（表5.9-1，图5.9-1）。

表5.9-1　蒸发量年变化（1960—1967年）　　　　　　　　　　　　　　　　　单位：毫米

| | 1月 | 2月 | 3月 | 4月 | 5月 | 6月 | 7月 | 8月 | 9月 | 10月 | 11月 | 12月 | 年 |
|---|---|---|---|---|---|---|---|---|---|---|---|---|---|
| 平均蒸发量 | 141.2 | 125.3 | 145.8 | 155.8 | 189.4 | 178.1 | 247.2 | 229.3 | 243.3 | 256.8 | 183.5 | 152.0 | 2 247.7 |

注：1967年9月停测。

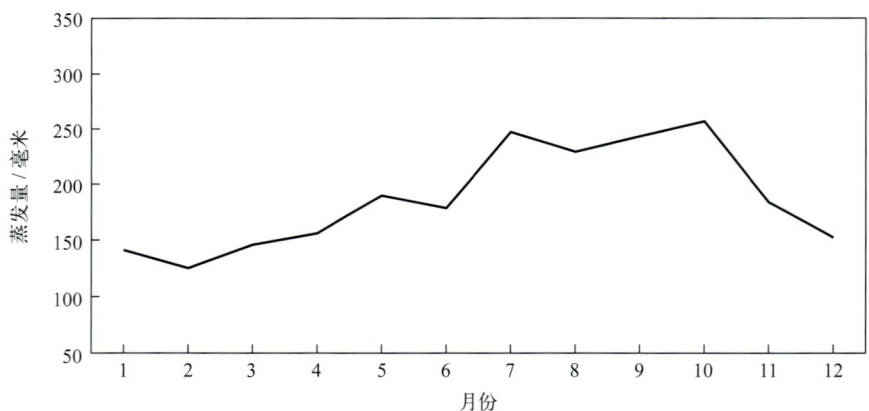

图5.9-1　蒸发量年变化（1960—1967年）

# 第六章 海平面

## 1. 年变化

厦门附近海域海平面年变化特征明显，4月最低，10月最高，年变幅为32厘米（图6-1），平均海平面在验潮基面上360厘米。

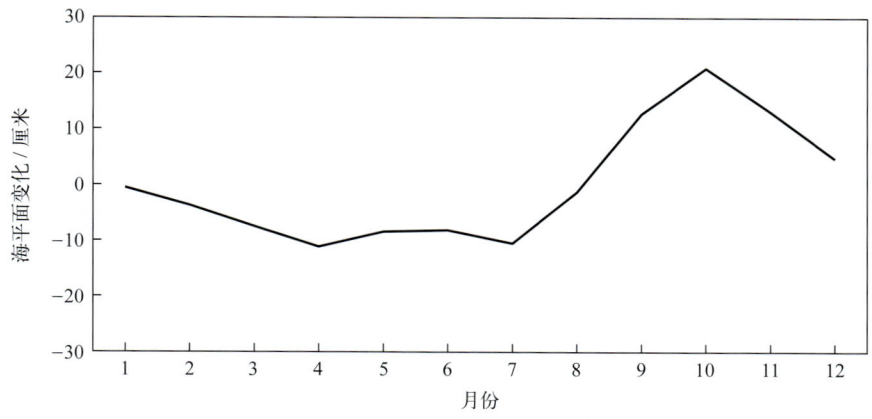

图6-1 海平面年变化（1958—2019年）

## 2. 长期趋势变化

1958—2019年，厦门附近海域海平面呈波动上升趋势，上升速率为2.1毫米/年；1993—2019年，厦门附近海域海平面上升速率为3.0毫米/年，低于同期中国沿海3.9毫米/年的平均水平。1958—1972年海平面总体较低，其中1963年海平面处于有观测记录以来的最低位，1973—1976年海平面经历了一次小高峰，之后略有下降，1999—2001年海平面又经历一次小高峰，之后波动上升，2016年海平面为有观测记录以来的最高位（图6-2）。

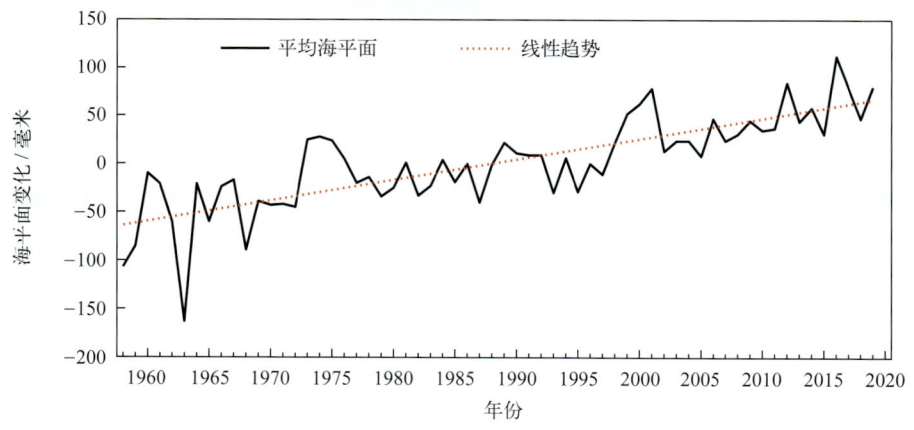

图6-2 1958—2019年厦门沿海海平面变化

厦门附近海域十年平均海平面阶梯式上升。1958—1959年，海平面处于有观测记录以来的低位，1960—1969年和1970—1979年呈梯度上升，较1958—1959年分别高46毫米和84毫米；

1970—1999 年，3 个十年的平均海平面处于较为稳定的状态，之后上升明显；2000—2009 年，十年平均海平面较上一个十年高 32 毫米，2010—2019 年处于近 60 余年来的最高位，较上一个十年高 25 毫米，比 1960—1969 年平均海平面高约 110 毫米（图 6-3）。

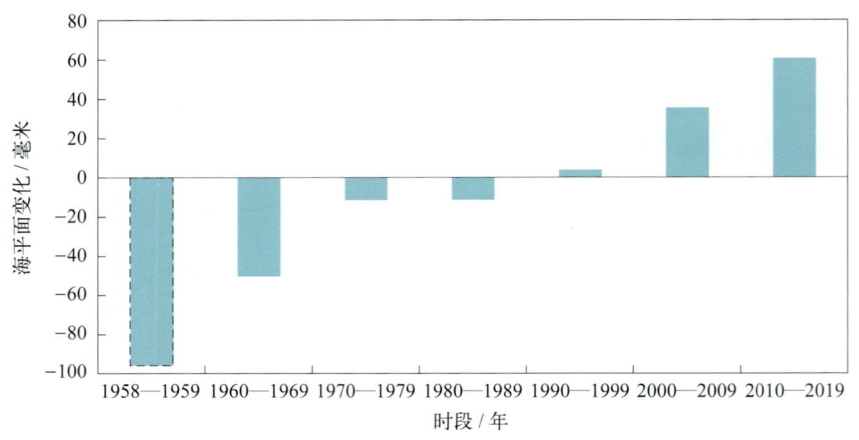

图6-3　十年平均海平面变化

### 3. 周期性变化

1958—2019 年，厦门附近海域海平面有 2 年、6~7 年和准 9 年的显著变化周期，振荡幅度 1~2 厘米。1974 年和 2000 年前后海平面处于 2 年、6~7 年和准 9 年周期性振荡的高位，几个主要周期性振荡高位叠加，抬高了同时段海平面的高度（图 6-4）。

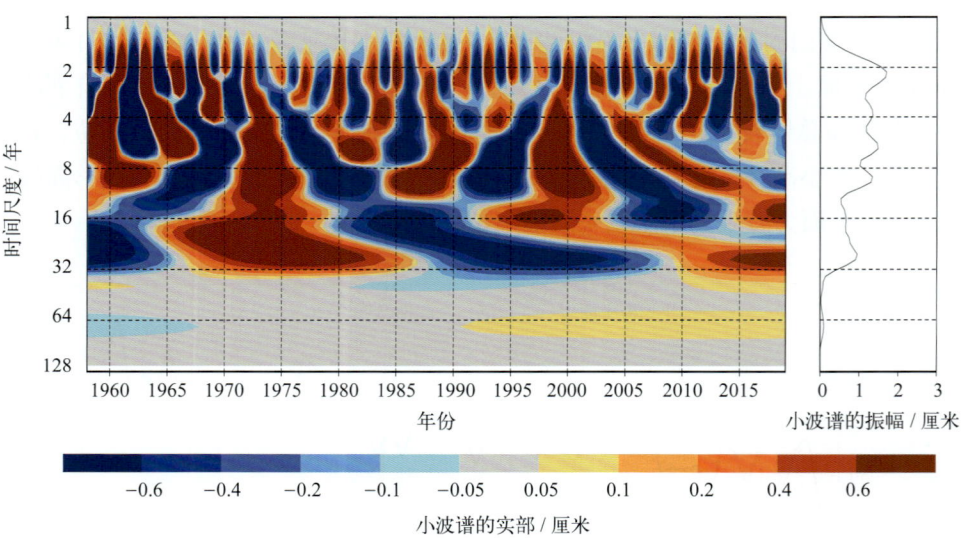

图6-4　年均海平面的小波（wavelet）变换

# 第七章 灾害

## 第一节 海洋灾害

### 1. 风暴潮

1959年8月23日前后，5903号台风登陆福建厦门，正逢天文大潮，厦门站出现1949年以来最高潮位，达739厘米，最大增水141厘米。在高潮和巨浪的综合影响下，厦门到集美用花岗岩砌成的海堤，大部分岩石被海浪摧毁，帆船连人带船被抛上堤岸。翻沉厦门供水船、客轮（轮渡）各1艘。全区受淹农田62万亩。厦门市区进水，低洼处水深1米以上。厦门及附近县沉船2610只，冲毁海堤1713处，倒塌房屋17874间，死亡583人（《中国海洋灾害四十年资料汇编》《东海区海洋站海洋水文气候志》）。

1961年9月12日前后，6122号台风登陆福建晋江，正遇农历八月初三天文大潮期，引发较大潮灾，厦门站最大增水超过1米。福建省受灾农田494万亩，船只损失1900条，水利工程损失9000处，房屋倒塌9000间，伤亡人数1085人（《中国海洋灾害四十年资料汇编》）。

1969年9月27日前后，6911号台风影响福建沿海，台风登陆时正值农历八月十六天文潮大潮，引发严重潮灾，厦门最大增水超过1米，最高潮位超过当地警戒潮位。福建省沿海受淹农田746.4万亩，农业生产受到严重破坏。晋江沿海海堤大部分被台风潮冲毁，伤亡人数7770人（《中国海洋灾害四十年资料汇编》）。

1974年8月18—21日，7413号台风登陆浙江椒江市三门县，登陆时为农历七月初三天文大潮期，引发特大潮灾，厦门最大增水超过0.5米，最高潮位超过当地警戒潮位（《中国海洋灾害四十年资料汇编》）。

1977年7月31日前后，7705号台风影响福建福州至厦门一带，其间正值农历六月十七天文大潮期，引发较大潮灾，厦门站最大增水超过0.5米，最高潮位超过当地警戒潮位（《中国海洋灾害四十年资料汇编》）。

1990年6月下旬至9月上旬，福建省闽江口到厦门市一带连续4次遭受风暴潮灾，均因天文大潮时台风登陆这一地区所致（《1990年中国海洋灾害公报》）。

1992年8月31日前后，天文大潮和9216号强热带风暴共同作用，引起了92特大风暴潮，福建省厦门站出现了破历史纪录的高潮位（《1992年中国海洋灾害公报》）。

1996年7月31日至8月1日，台风引发的风暴潮影响福建沿海，厦门站最高潮位突破历史纪录，沿海地区不同程度受灾（《1996年中国海洋灾害公报》）。

1999年10月9日，台风引发的风暴潮正面袭击福建沿海，厦门站出现最大风暴增水122厘米，多处海堤被冲毁，市区街道受淹，水产养殖损失严重，直接经济损失9.3亿元（《1999年中国海洋灾害公报》）。

2005年9月1日前后，受0513号台风"泰利"引发的风暴潮影响，厦门地区部分农作物、海水养殖受损，房屋倒塌，防潮堤损毁；10月2日，0519号台风"龙王"引发的风暴潮影响厦门，造成农作物、水产养殖受损，房屋、海塘损毁（《2005年中国海洋灾害公报》）。

2009年8月9日，0908号台风"莫拉克"影响福建沿海，形成大范围、长时间的风暴潮增水，恰逢天文大潮，福建长乐市白岩潭站最高水位超过警戒水位88厘米，造成部分岸段堤防损毁，

160多万人受灾，直接经济损失近20亿元（《2009年中国海平面公报》）。

2010年10月23日前后，1013号台风"鲇鱼"在福建省漳浦县境内登陆，厦门市环岛路遭受风暴潮袭击（《2010年中国海洋灾害公报》）。

2011年8月31日，1111号超强台风"南玛都"在福建晋江登陆，恰逢季节性高海平面和天文大潮期，给福建沿海带来较大损失，导致近60万人受灾，经济损失超5亿元（《2011年中国海平面公报》）。

2012年7月底至8月初，1209号台风"苏拉"和1210号台风"达维"在10小时内先后登陆我国沿海，受"苏拉"台风引发的风暴潮影响，福建省厦门站最大增水达到116厘米（《2012年中国海洋灾害公报》）。

2013年9月22日前后，1319号台风"天兔"影响福建沿海，厦门站最大增水超过100厘米。10月7日前后，1323号台风"菲特"在福建省福鼎市沙埕镇登陆，厦门站最高潮位超过当地黄色警戒潮位（《2013年中国海洋灾害公报》）。

2014年10月8—12日，东海沿海出现了一次较强的温带风暴潮过程，福建省厦门站出现了达到当地黄色警戒潮位的高潮位。福建省直接经济损失0.52亿元（《2014年中国海洋灾害公报》）。

2015年8月8日前后，1513号台风"苏迪罗"在福建省莆田市秀屿区沿海登陆，厦门站最大增水129厘米（《2015年中国海洋灾害公报》）。

2016年9月13—19日，1614号强台风"莫兰蒂"和1616号强台风"马勒卡"先后影响我国沿海。其中，"莫兰蒂"于15日03时05分前后在福建省厦门市翔安区沿海登陆，其间厦门站最大增水达到113厘米；"马勒卡"影响期间，厦门站出现了达到当地蓝色警戒潮位的高潮位。9月28日前后，1617号台风"鲇鱼"影响福建沿海，厦门站最大增水达到108厘米（《2016年中国海洋灾害公报》）。

2017年7月30—31日，1709号台风"纳沙"和1710号台风"海棠"均在福建省福清市沿海登陆，双台风于24小时内登陆我国同一地点，为历史罕见。受风暴潮和近岸浪的共同影响，浙江和福建两地因灾直接经济损失合计1.27亿元。厦门站最大增水达到110厘米（《2017年中国海洋灾害公报》）。

### 2. 海浪

2004年8月21—26日，0418号台风"艾利"在台湾海峡形成4～10米台风浪，福建厦门渔业、水利设施受到影响（《2004年中国海洋灾害公报》）。

2019年12月29—31日，受冷空气影响，东海、台湾海峡、南海北部先后出现有效波高3.5～5.0米的大浪到巨浪，12月31日，1艘福建籍渔船在福建省厦门海域沉没，死亡（含失踪）5人，直接经济损失60.00万元（《2019年中国海洋灾害公报》）。

### 3. 赤潮

1993年，厦门等地附近海域有赤潮发生，但规模和影响不大（《1993年中国海洋灾害公报》）。

1997年10月下旬，在厦门西港海域发生了微型蓝藻赤潮。此种赤潮在我国比较罕见，其生态特点是分布广，咸、淡水均可生长，具有毒素，可引起动物中毒死亡（《1997年中国海洋灾害公报》）。

2011年7月26日至8月7日，福建省厦门市同安湾顶琼头海域以及鳄鱼屿以南、集美大桥至五缘湾大桥一带海域发生赤潮，优势种为中肋骨条藻，最大面积105平方千米（《2011年中国海洋灾害公报》）

### 4. 海岸侵蚀

1993年，福建红土台地海岸蚀退速度较大，如厦门等地，年均后退 1~2 米（《1993年中国海洋灾害公报》）。

2016年，福建省厦门市太阳湾岸段侵蚀岸线长度 0.6 千米，平均蚀退距离 5.1 米（《2016年中国海洋灾害公报》）。

2017年，福建省厦门市太阳湾海水浴场岸段岸滩下蚀最大高度 22 厘米，岸滩下蚀平均高度 8 厘米（《2017年中国海平面公报》）。

## 第二节 灾害性天气

根据《中国气象灾害大典·福建卷》（1949—2000年）和《中国气象灾害年鉴》（2000年后）记载，厦门站周边发生的主要灾害性天气有暴雨洪涝、大风（龙卷风）、冰雹、雷电、寒潮和霜冻。

### 1. 暴雨洪涝

1956年9月18日14时，5626号台风在福建省厦门登陆，9月16—18日，福建沿海地区从北到南出现8级以上大风，厦门实测最大瞬时风速达40米/秒。受台风影响，9月17—20日，全省大部地区连续降大雨到特大暴雨。全省东半部地区的大部地区过程雨量在100毫米以上，晋江、莆田、厦门3专区市及龙溪的部分县市超过200毫米。厦门市倒塌房屋323间，死亡1人，受伤5人，损坏桥梁1座、海堤5处。

1958年7月16—18日，受5810号台风影响，福建省大部分地区出现强降水过程。厦门16日的最大降水量123毫米，为大暴雨，1小时最大降水量37.7毫米。同安17日的最大降水量217毫米，为特大暴雨，同安、厦门1小时最大降水量分别为81毫米和68.9毫米。该台风的特点是风力强、持续时间长、雨量大、洪水急，加上海潮顶托，各溪河水位急剧上涨，许多地区被洪水淹没2天以上。洪水进入厦门、漳州、同安等10多个市的市区和县城。

1965年7月26—28日，受6510号台风影响，福建省大部分地区出现暴雨到特大暴雨，暴雨范围之广、雨量之集中、强度之大都是历史上罕见的。厦门连续2天出现暴雨到特大暴雨，同安、厦门过程雨量均在200毫米以上。

1972年8月15—19日，受7209号台风影响，福建省出现一次强降水过程，沿海地区各县市降水量超过100毫米，宁德专区的北部、晋江专区的安溪、厦门市和龙溪专区沿海过程雨量均超过200毫米，17日日雨量在100毫米以上的有南安、同安、龙海、东山等14个县。受其影响，厦门冲坏小型水利设施206处。

1973年4月23日，由于印缅低槽从海上伸入闽南，高空气流辐合明显，造成闽江口以南沿海地区的特大暴雨，厦门、泉州、晋江日雨量分别达到239.7毫米、275.6毫米和125.9毫米，厦门1小时最大雨量达88.1毫米，4小时雨量达218毫米，在春雨季里出现这样大的暴雨是极罕见的；厦门市区积水成灾，损失严重。7月2—5日，受7301号台风影响，福建省出现一次强降水过程，龙溪、厦门等专区（市）出现了暴雨到特大暴雨，厦门、同安和龙海等地日雨量为100~200毫米；据莆田、晋江、龙溪和厦门4个专区市的不完全统计，冲垮渠道、堤岸、海岸397.768千米，冲坏大小水利设施5 532处，沉没、损坏船只3 096条，其中厦门市水上运输公司损坏的船只占总数的近一半，伤亡630人。

1980年5月24—25日，受8004号台风影响，漳州、晋江、厦门3地市及莆田地区南部4县降暴雨，风大雨猛浪急，给沿海各地市造成不同程度的风涝灾害，其中漳州、晋江、厦门的损失最大。厦门市房屋倒塌 225 间，船只沉没 5 条、损坏 13 条，损坏桥梁 50～60 座，死亡 5 人，直接经济损失共计 1 000 多万元。

2000 年 6 月 16—20 日，受热带低压外围云系影响，福建中南部沿海大部分县市降大暴雨到特大暴雨。过程雨量大于 100 毫米的有 47 个县市，大于 200 毫米的有 21 个县市，大于 300 毫米的有 13 个县市，大于 400 毫米的有 3 个县市。日雨量以厦门的 321 毫米为最大（18 日），为 1892 年以来日雨量的最大值。厦门、漳州、泉州、福州、莆田等地市受灾颇重，暴雨引发全省多处地段发生山体滑坡，因灾死亡 48 人，直接经济损失 18 亿元。

2009 年 6 月 20—23 日，受 0903 号台风"莲花"影响，福建省中南部沿海出现暴雨到大暴雨，其中东山、云霄、诏安和厦门的局部乡镇出现特大暴雨。"莲花"造成福建 47.5 万人受灾，直接经济损失 6.5 亿元。

2013 年 7 月 17—19 日，受 1308 号台风"西马仑"影响，福建省 15 个县（市）104 站过程降水量超过 100 毫米，14 个自动站超过 250 毫米，福建省南部地区部分城镇和村庄出现严重内涝，房屋倒塌，农田受淹严重，公路塌方、中断，交通受阻，电力供电中断，厦门至金门航线停航，厦门多条隧道被迫封闭，地下车库、地势低洼的地区被淹，漳州和厦门地区有 56 座中小型水库溢洪。

2015 年 9 月 28—30 日，受 1521 号台风"杜鹃"影响，我国东南沿海一带出现狂风暴雨，台风"杜鹃"登陆时，恰逢天文大潮，导致"风、雨、潮"三碰头，福建沿海潮位全线超警，莆田、厦门遭遇罕见高潮位，9 月 29 日 00 时 16 分，厦门潮位达到最高的 762 厘米，为 1949 年以来第二高潮位，厦门岛内部分区域海水倒灌、被淹。

2016 年 9 月 14—15 日，受 1614 号台风"莫兰蒂"影响，福建省出现大范围暴雨至大暴雨，局部特大暴雨。"莫兰蒂"台风登陆厦门，造成的危害主要在福建省人口最集中的闽南地区，导致城市受淹，房屋倒塌，基础设施损坏，水、电、路及通信中断，特别是厦门全城电力供应基本瘫痪、全面停水，泉州、漳州大面积停电，经济损失极为严重。据统计，"莫兰蒂"造成福州、厦门、莆田等 9 市 263.9 万人受灾，31 人死亡，4 人失踪，直接经济损失 261.9 亿元。

### 2. 大风和龙卷风

1959 年 8 月 23 日凌晨，5903 号台风在福建省的厦门到漳浦一带登陆，登陆时近中心风力为 12 级。8 月 22—23 日，福建沿海地区从北到南及内陆的部分县市先后出现 8 级以上大风，厦门瞬时风速达 60 米/秒，为登陆福建台风风速之最。由于风力特别大，风灾比较严重。直径 0.8～1 米的大榕树被连根拔起，钢筋混凝土的电杆被刮断或拔起，全部用花岗岩石砌成的厦门杏林到集美海堤中大部分岩石被风浪抛出，帆船连人带船被风浪抛上堤岸。厦门抗灾牺牲和因灾死亡 154 人，海上捞起外籍船员尸体 171 具，损坏、沉没船只 1 447 条，直接经济损失价值达 799 万元。

1968 年 9 月 28 日至 10 月 2 日，受 6814 号台风影响，福建沿海 4 个专区及龙岩专区南部出现 8 级以上大风，厦门、东山、平潭瞬时最大风速超过 40 米/秒。

1973 年 7 月 3 日 14 时前后，7301 号台风在福建省厦门市的同安县登陆，7 月 3—4 日，沿海地区各县市先后出现 8 级以上大风，东山、漳浦、龙海和厦门等地阵风风力达 12 级以上，厦门最大瞬时风速达 42 米/秒；厦门市对外通信联络全部中断，全市高压线路 26 条主干线中有 24 条被大风吹断或被倒折的树木压断。10 月 10 日下午，7315 号台风中心登陆厦门时最大风力达 12 级以上，最大瞬时风速为42米/秒。

1984年4月5日，厦门特区出现瞬时风速45米/秒的大风，位于气象台山下的东渡码头一座重达19.5吨的龙门吊被风吹离轨道2.7米，吊臂和拉杆折弯，重达100多公斤的铁门被大风刮出200多米远，全市有30多根电线杆被大风刮倒或刮断，15人受伤。

1990年6月29—30日，受9006号台风影响，福建中南部沿海出现大风，台风中心经过的漳州、厦门、泉州、莆田以及福州5个地市沿海普遍出现了8～12级大风，厦门阵风风速达40.7米/秒。

1997年8月2日，厦门市灌口镇遭受龙卷风袭击，住房损坏25间，猪舍、养鹿场等建筑物损坏2 000多平方米，道路损坏12处，果树被大风刮倒4 071株，578亩农田受灾，直接经济损失计343.3万元。

1999年10月9日前后，受9914号台风影响，福建南部沿海地区普遍出现12级以上大风，厦门、同安的阵风风速超过40米/秒，厦门市市区阵风风速达47.1米/秒。厦门市公园内和街道两旁树木90%以上被连根拔起或是拦腰折断，90%以上的广告牌及公交候车廊被刮倒，全市停水、停电、停气。

2016年9月15日凌晨03时05分前后，1614号台风"莫兰蒂"在福建省厦门市翔安区沿海登陆，登陆时中心附近最大风力16级（52米/秒），是中华人民共和国成立以来登陆闽南的最强台风，也是2016年登陆我国大陆的最强台风。9月14日夜间至15日白天，在厦门附近出现超过17级的阵风，最大值出现在厦门湖里区滨海街道（66.1米/秒），厦门本站最大阵风达到16级（54.9米/秒），仅次于5903号台风（厦门阵风17级，60米/秒）。沿海各地市普遍出现8级以上大风，76个站风力达到12级以上。

### 3. 冰雹

1961年4月5日下午，泉州、厦门、漳州、龙岩、三明等地市的部分县市降雹，15个县的24个公社161个大队受灾，冰雹打坏房屋6.04万间，打死2人，农作物、经济作物等受到严重损失。

1979年4月1—2日，厦门、漳州等地的27个县市降雹，不少地区伴有狂风暴雨，雹粒大小各地不一，受灾重的厦门市，雹粒一般有鸡蛋大小，大的重1斤多，而且密度大，最密的地方每平方米有600～700粒，降雹时间一般持续10～15分钟，农作物损失较大，损坏房屋4 034座、瓦700余万片、玻璃12万平方米，死亡3人，受伤58人。

1980年3月4日14—15时，龙岩、泉州、厦门等地出现冰雹大风天气，这是该年度范围最大的一次降雹过程。

### 4. 雷电

2006年9月5日16时前后，厦门市集美灌口洋坑村遭受雷击，1人死亡，7人受伤。

2011年5月12日14时，福建省厦门市集美区天安路附近一工地遭雷击，正在现场施工的4名工人被雷击伤。

### 5. 寒潮和霜冻

1963年1月，福建出现1949年以来最严重的一次低温霜冻天气。小寒至大寒两节气之间，受强冷空气频繁袭击，出现了3次明显的低温霜冻过程（1月6—10日、1月13—20日、1月25—29日）。以平潭、南安、厦门、云霄、东山一线为分界线，该线以西各地的极端最低气温为-9.6～-5℃，全省60%以上的县出现了有记录以来的最低值，降温范围之广，气温之低，实属历史罕见。全省除晋江、云霄、东山3地外，都出现了白霜。

1987年3月23日起，福建全省出现寒潮，过程降温幅度为9～13℃，48小时最大降温幅度8～12.3℃。厦门市市郊已插的2 233亩早稻中有1 569亩死苗，花生受冻2.52万亩，蔬菜受冻7 772亩，荔枝、龙眼等产量也受到影响。同安县早稻烂秧损失种子1.6万千克，已插秧的2.95万亩早稻被冻伤，8.5万亩花生被冻伤，冻伤地瓜4 426亩、大豆2 200亩。

1992年度冬季的强寒潮是1975年以来最强的一次寒潮天气，1991年12月26日至30日，强冷空气入侵福建省，过程降温幅度达12～21℃，最大48小时降温幅度7～15℃，极端最低气温–12.8～4.7℃，厦门市有1/3的果树被冻坏，减产50%以上，受影响最大的是香蕉，同安县的香蕉园受灾最为严重。

# 东山海洋站

# 第一章 概况

## 第一节 基本情况

东山海洋站（简称东山站）位于福建省漳州市东山县。漳州市位于福建省南部沿海，地处闽南金三角南端，海域面积1.86万平方千米，大陆岸线长519千米，岛屿岸线长112千米。东山县地处东海与南海交汇处，东临台湾海峡，与台湾岛隔海相望，南濒南海，靠近广东省潮汕地区，是福建省第二大海岛县。

东山站建于1956年10月，名为东山水文站，隶属于福建省水文总站。1966年1月更名为东山海洋站，隶属国家海洋局东海分局，2019年7月后隶属自然资源部东海局，由厦门中心站管辖。站址位于东山县铜陵镇大沃街，测点位于东山岛的东北面（图1.1-1）。

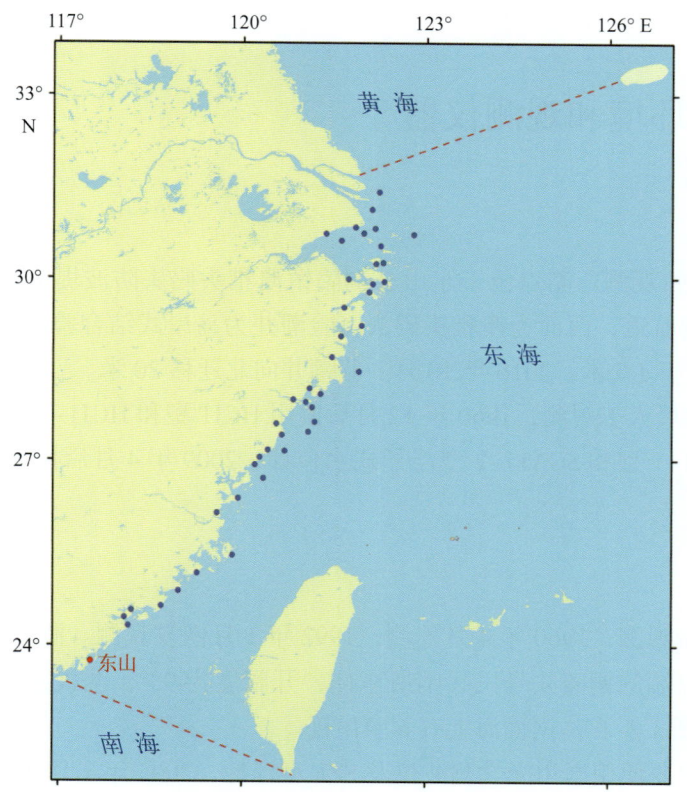

图1.1-1 东山站地理位置示意

东山站观测项目有潮汐、海浪、表层海水温度、表层海水盐度、气温、气压、相对湿度、风和降水等。建站初期主要为人工观测，2002年7月后逐步实现自动化观测、数据采集、存储和传输。

东山附近海域为不正规半日潮特征，海平面7月最低，10月最高，年变幅为34厘米，平均海平面为540厘米，平均高潮位为661厘米，平均低潮位为427厘米；全年海况以0～3级为主，年均平均波高为0.7米，年均平均周期为5.0秒，历史最大波高最大值为4.0米，历史平均周期最大值为7.9秒，常浪向为SE，强浪向为ENE；年均表层海水温度为20.2～22.4℃，9月最高，均值为26.8℃，2月最低，均值为14.1℃，历史水温最高值为31.0℃，历史水温最低值为9.6℃；年均表层海水盐度为 30.40 ~ 32.96，7 月最高，均值为 32.75，1 月最低，均值为 30.91，历史盐度最高值为 36.30，历史盐度最低值为 11.49；海发光主要为火花型，7 月出现频率最高，2 月最低，1 级海发光最多，出现的最高级别为 3 级。

东山站主要受海洋性季风气候影响，年均气温为 20.2 ~ 21.5℃，7 月和 8 月最高，均为 27.4℃，2 月最低，均值为 12.9℃，历史最高气温为 36.0℃，历史最低气温为 4.4℃；年均气压为 1 008.5 ~ 1 010.4 百帕，1 月最高，均值为 1 016.9 百帕，8 月最低，均值为 1 001.4 百帕；年均相对湿度为 76.8% ~ 82.6%，6 月最大，均值为 88.0%，11 月最小，均值为 71.4%；年均风速为 2.6 ~ 8.0 米/秒，11 月最大，均值为 6.5 米/秒，7 月和 8 月最小，均为 3.3 米/秒，1 月盛行风向为 N—ENE（顺时针，下同），4 月盛行风向为 NNE—ENE，7 月盛行风向为 S—SW，10 月盛行风向为 N—E；平均年降水量为 1 125.7 毫米，6 月平均降水量最多，占全年的 19.1%；平均年雾日数为 30.8 天，4 月最多，均值为 7.2 天，10 月和 11 月最少，均为 0.1 天；平均年雷暴日数为 37.7 天，8 月最多，均值为 7.1 天，1 月未出现；年均能见度为 24.2 ~ 32.4 千米，9 月最大，均值为 33.0 千米，4 月最小，均值为 25.8 千米；年均总云量为 4.2 ~ 5.6 成，5 月和 6 月最多，均为 6.1 成，10 月最少，均值为 4.0 成。

## 第二节　观测环境和观测仪器

### 1. 潮汐

1956 年 10 月开始观测。测点位于东山县铜陵镇澳雅头码头防波堤上，北面为硅砂矿码头，东面为大澳中心渔港航道，西面为澳雅头码头。验潮井为岛岸式结合验潮井，钢筋混凝土结构，底质为泥沙，水深大于 1.5 米。2016 年 10 月，验潮井向北迁移 20 米。

建站初期使用水尺人工观测，1960 年 12 月后使用 HCJ1 型和 HCJ1-2 型滚筒式验潮仪，2002 年 7 月后使用 SCA11-1 型和 SCA11-2 型浮子式水位计，2009 年 4 月后使用 SCA11-3A 型浮子式水位计。

### 2. 海浪

1959 年 2 月开始观测，1960 年 4 月停测，1992 年 1 月恢复观测。测波室位于东山县铜陵镇风动石景区古城西南端的铜陵 4 号民兵哨所东侧，开阔度为 93°，测波点东南距海边约 150 米，水深为 8 ~ 23 米（图 1.2-1）。南面海上有养殖吊筏。

2002 年 7 月前主要使用岸用光学测波仪及 SZF 型浮标。2002 年 7 月开始使用 HAB-2 型岸用光学测波仪，2011 年 11 月增加 X 波段雷达。

### 3. 表层海水温度、盐度和海发光

1959 年 9 月开始观测，2002 年 8 月停测，2006 年 4 月恢复观测。测点位于澳雅头码头防波堤北侧，验潮井东北偏东约 12 米处。测点西北向 30 千米处有云霄漳江水注入东山湾，澳雅头码头和西门兜围填海工程有市政排污口，强降雨时有雨水排出。

观测初期，表层海水温度使用 SWL1-1 型水温表测量，表层海水盐度使用比重计、氯度滴定管、WUS 型感应式盐度计、SYY1-1 型光学折射盐度计和 Cond33oi 型便携式电导率仪等测定。2007 年后使用 YSI600R 型温盐传感器，2009 年 4 月后使用 YZY4-3 型温盐传感器。

海发光为每日天黑后人工目测。2002年7月停测。

图1.2-1　东山站测波室（摄于2019年5月30日）

### 4. 气象要素

1984年前气象资料抄自东山县气象台。1992年1月开始观测风，2002年7月开始观测气压。风速风向传感器位于测波室偏东约5米处的古城墙上，气压传感器位于测波室内。测点较周围建筑低，西南至东面为山坡，山坡上植物茂盛。

1992年1月开始使用EL型电接风速风向计，2002年7月后使用270型气压传感器和XFY3-1型风传感器，2009年4月后使用278型气压传感器。

# 第二章 潮位

## 第一节 潮汐

### 1. 潮汐类型

利用东山站近 19 年（2001—2019 年）验潮资料分析的调和常数，计算出潮汐系数 $(H_{K_1}+H_{O_1})/H_{M_2}$ 为 0.54。按我国潮汐类型分类标准，东山附近海域为不正规半日潮，每个潮汐日（大约 24.8 小时）有两次高潮和两次低潮，低潮日不等现象较为显著。

1960—2019 年，东山站 $M_2$ 分潮振幅呈增大趋势，增大速率为 1.20 毫米 / 年；迟角呈减小趋势，减小速率为 0.08° / 年。$K_1$ 分潮振幅和迟角均呈减小趋势，减小速率分别为 0.05 毫米 / 年和 0.01° / 年。$O_1$ 分潮振幅呈减小趋势，减小速率为 0.04 毫米 / 年；迟角无明显变化趋势。

### 2. 潮汐特征值

由 1960—2019 年资料统计分析得出：东山站平均高潮位为 661 厘米，平均低潮位为 427 厘米，平均潮差为 234 厘米；平均高高潮位为 672 厘米，平均低低潮位为 395 厘米，平均大的潮差为 277 厘米。平均涨潮历时 6 小时 38 分钟，平均落潮历时 5 小时 48 分钟，两者相差 50 分钟。

累年各月潮汐特征值见表 2.1-1。

表 2.1-1 累年各月潮汐特征值（1960—2019 年）　　　单位：厘米

| 月份 | 平均高潮位 | 平均低潮位 | 平均潮差 | 平均高高潮位 | 平均低低潮位 | 平均大的潮差 |
| --- | --- | --- | --- | --- | --- | --- |
| 1 | 661 | 430 | 231 | 672 | 393 | 279 |
| 2 | 657 | 427 | 230 | 665 | 398 | 267 |
| 3 | 653 | 421 | 232 | 660 | 398 | 262 |
| 4 | 649 | 417 | 232 | 659 | 393 | 266 |
| 5 | 652 | 419 | 233 | 665 | 388 | 277 |
| 6 | 652 | 417 | 235 | 665 | 380 | 285 |
| 7 | 650 | 414 | 236 | 661 | 376 | 285 |
| 8 | 661 | 421 | 240 | 669 | 387 | 282 |
| 9 | 677 | 435 | 242 | 683 | 404 | 279 |
| 10 | 683 | 446 | 237 | 693 | 415 | 278 |
| 11 | 675 | 441 | 234 | 688 | 407 | 281 |
| 12 | 666 | 436 | 230 | 680 | 398 | 282 |
| 年 | 661 | 427 | 234 | 672 | 395 | 277 |

注：潮位值均以验潮零点为基面。

平均高潮位 10 月最高，为 683 厘米，4 月最低，为 649 厘米，年较差为 34 厘米；平均低潮位 10 月最高，为 446 厘米，7 月最低，为 414 厘米，年较差为 32 厘米（图 2.1-1）；平均高高潮位 10 月最高，为 693 厘米，4 月最低，为 659 厘米，年较差为 34 厘米；平均低低潮位 10 月最高，为 415 厘米，7 月最低，为 376 厘米，年较差为 39 厘米。平均潮差 9 月最大，2 月和 12 月均为最小，年较差为 12 厘米；平均大的潮差 6 月和 7 月均为最大，3 月最小，年较差为 23 厘米（图 2.1-2）。

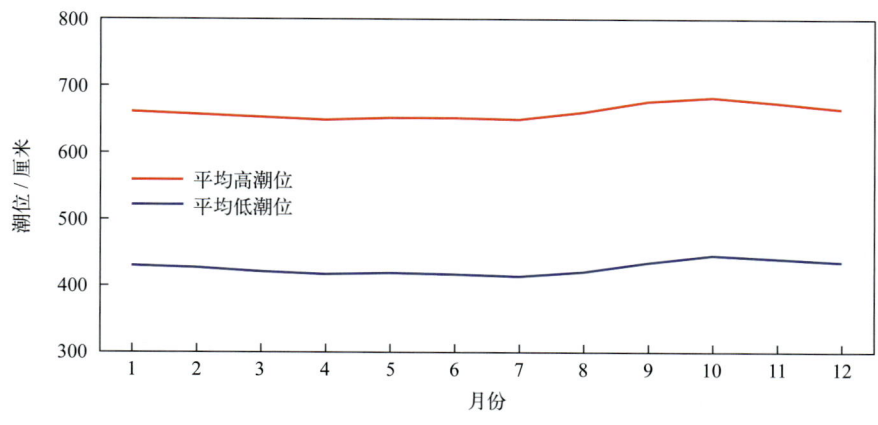

图 2.1-1　平均高潮位和平均低潮位年变化

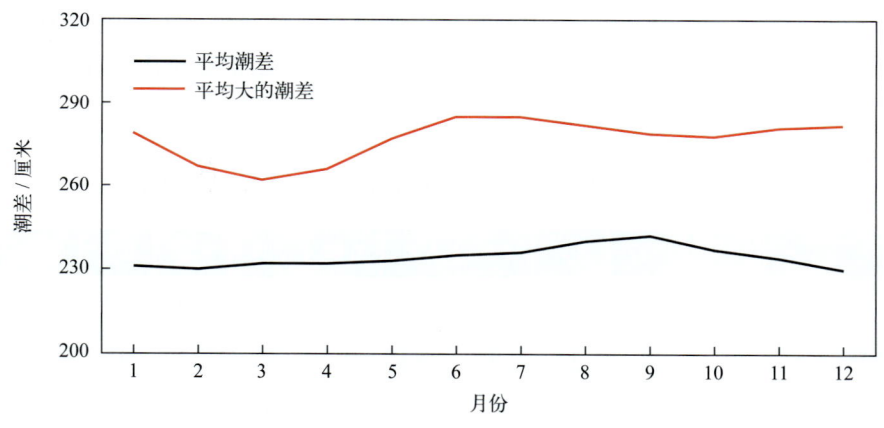

图 2.1-2　平均潮差和平均大的潮差年变化

1960—2019 年，东山站平均高潮位呈上升趋势，上升速率为 3.44 毫米 / 年。受天文潮长周期变化影响，平均高潮位存在明显的准 19 年周期变化，振幅为 3.54 厘米。平均高潮位最高值出现在 2016 年，为 678 厘米；最低值出现在 1968 年，为 646 厘米。东山站平均低潮位略呈上升趋势，上升速率为 0.41 毫米 / 年（线性趋势未通过显著性检验）。平均低潮位准 19 年周期变化较为明显，振幅为 1.85 厘米。平均低潮位最高值出现在 1964 年，为 434 厘米；最低值出现在 1979 年，为 421 厘米。

1960—2019 年，东山站平均潮差呈增大趋势，增大速率为 3.03 毫米 / 年。平均潮差准 19 年周期变化显著，振幅为 5.39 厘米。平均潮差最大值出现在 2015 年和 2016 年，均为 249 厘米；最小值出现在 1970 年，为 223 厘米（图 2.1-3）。

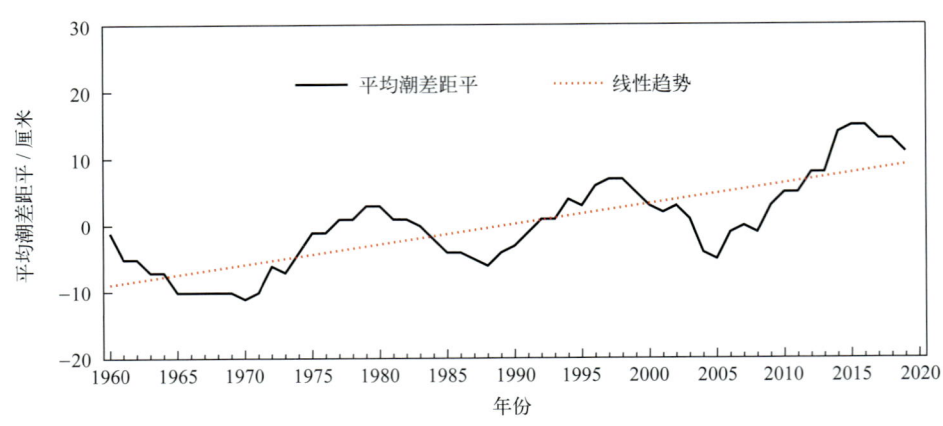

图2.1-3　1960—2019年平均潮差距平变化

## 第二节　极值潮位

东山站年最高潮位和年最低潮位的各月发生频率见表2.2-1。年最高潮位出现时间主要集中在9—12月，其中10月发生频率最高，为53%；9月次之，为17%。年最低潮位主要出现在1月、5—7月和12月，其中1月和7月发生频率最高，均为25%；6月次之，为23%。

1960—2019年，东山站年最高潮位呈上升趋势，上升速率为4.12毫米/年。历年的最高潮位均高于732厘米，其中高于785厘米的有4年；历史最高潮位为814厘米，出现在2013年9月22日，正值1319号台风"天兔"影响期间。东山站年最低潮位呈上升趋势，上升速率为3.65毫米/年。历年最低潮位均低于347厘米，其中低于305厘米的有4年；历史最低潮位出现在1968年6月12日，为292厘米（表2.2-1）。

表2.2-1　最高潮位和最低潮位及年极值出现频率（1960—2019年）

|  | 1月 | 2月 | 3月 | 4月 | 5月 | 6月 | 7月 | 8月 | 9月 | 10月 | 11月 | 12月 |
|---|---|---|---|---|---|---|---|---|---|---|---|---|
| 最高潮位值/厘米 | 743 | 738 | 755 | 738 | 753 | 748 | 771 | 789 | 814 | 787 | 771 | 754 |
| 年最高潮位出现频率/% | 0 | 0 | 0 | 0 | 0 | 0 | 2 | 6 | 17 | 53 | 12 | 10 |
| 最低潮位值/厘米 | 305 | 316 | 325 | 313 | 306 | 292 | 293 | 315 | 329 | 333 | 312 | 303 |
| 年最低潮位出现频率/% | 25 | 3 | 0 | 0 | 10 | 23 | 25 | 2 | 0 | 0 | 2 | 10 |

## 第三节　增减水

受地形和气候特征的影响，东山站出现30厘米以上增水的频率明显高于同等强度减水的频率，超过60厘米的增水平均约18天出现一次，而超过60厘米的减水平均约950天出现一次（表2.3-1）。

东山站100厘米以上的增水主要出现在5月和7—10月，60厘米以上的减水多发生在8—9月，这些大的增减水过程主要与该海域受热带气旋和温带气旋等影响有关（表2.3-2）。

表 2.3-1 不同强度增减水平均出现周期（1960—2019 年）

| 范围 / 厘米 | 出现周期 / 天 | |
|---|---|---|
| | 增水 | 减水 |
| >30 | 1.00 | 2.86 |
| >40 | 2.71 | 21.46 |
| >50 | 7.39 | 168.01 |
| >60 | 18.08 | 949.62 |
| >70 | 40.90 | 1 820.10 |
| >80 | 88.79 | 5 460.31 |
| >90 | 220.62 | 7 280.42 |
| >100 | 560.03 | — |
| >120 | 1 820.10 | — |

"—"表示无数据。

表 2.3-2 各月不同强度增减水出现频率（1960—2019 年）

| 月份 | 增水 / % | | | | | 减水 / % | | | | |
|---|---|---|---|---|---|---|---|---|---|---|
| | >30 厘米 | >50 厘米 | >70 厘米 | >90 厘米 | >100 厘米 | >30 厘米 | >40 厘米 | >50 厘米 | >60 厘米 | >70 厘米 |
| 1 | 4.54 | 0.24 | 0.00 | 0.00 | 0.00 | 1.26 | 0.11 | 0.00 | 0.00 | 0.00 |
| 2 | 5.87 | 0.33 | 0.00 | 0.00 | 0.00 | 1.23 | 0.14 | 0.01 | 0.00 | 0.00 |
| 3 | 4.46 | 0.32 | 0.03 | 0.00 | 0.00 | 1.87 | 0.23 | 0.02 | 0.00 | 0.00 |
| 4 | 2.70 | 0.25 | 0.02 | 0.00 | 0.00 | 1.30 | 0.08 | 0.00 | 0.00 | 0.00 |
| 5 | 2.36 | 0.17 | 0.03 | 0.02 | 0.01 | 0.40 | 0.06 | 0.01 | 0.00 | 0.00 |
| 6 | 2.76 | 0.24 | 0.03 | 0.00 | 0.00 | 0.46 | 0.07 | 0.01 | 0.00 | 0.00 |
| 7 | 2.84 | 0.71 | 0.21 | 0.05 | 0.03 | 0.83 | 0.08 | 0.01 | 0.00 | 0.00 |
| 8 | 3.01 | 0.59 | 0.11 | 0.03 | 0.01 | 1.42 | 0.33 | 0.10 | 0.01 | 0.00 |
| 9 | 6.19 | 1.20 | 0.29 | 0.07 | 0.01 | 0.99 | 0.16 | 0.06 | 0.04 | 0.03 |
| 10 | 7.78 | 1.91 | 0.44 | 0.06 | 0.03 | 1.37 | 0.13 | 0.02 | 0.00 | 0.00 |
| 11 | 3.98 | 0.46 | 0.05 | 0.00 | 0.00 | 3.28 | 0.51 | 0.04 | 0.00 | 0.00 |
| 12 | 3.37 | 0.32 | 0.01 | 0.00 | 0.00 | 3.00 | 0.44 | 0.02 | 0.00 | 0.00 |

1960—2019 年，东山站年最大增水多出现在 7—10 月，其中 9 月和 10 月出现频率最高，均为 25%；8 月次之，为 18%。东山站年最大减水在各月均有出现，其中 11 月出现频率最高，为 21%；8 月次之，为 15%（表 2.3-3）。

1960—2019 年，东山站年最大增水呈减小趋势，减小速率为 2.32 毫米 / 年（线性趋势未通过显著性检验）。历史最大增水出现在 1969 年 7 月 28 日，为 145 厘米；1979 年、1987 年和 1991 年最大增水均超过或达到了120厘米。东山站年最大减水呈减小趋势，减小速率为0.42毫米/年（线性趋势未通过显著性检验）。历史最大减水发生在1981年9月2日，为105厘米；1969年和1994年最大减水均超过了65厘米。

表2.3-3 最大增水和最大减水及年极值出现频率（1960—2019年）

|  | 1月 | 2月 | 3月 | 4月 | 5月 | 6月 | 7月 | 8月 | 9月 | 10月 | 11月 | 12月 |
| --- | --- | --- | --- | --- | --- | --- | --- | --- | --- | --- | --- | --- |
| 最大增水值/厘米 | 72 | 69 | 83 | 82 | 112 | 81 | 145 | 132 | 115 | 122 | 93 | 75 |
| 年最大增水出现频率/% | 0 | 0 | 2 | 3 | 2 | 3 | 14 | 18 | 25 | 25 | 3 | 5 |
| 最大减水值/厘米 | 51 | 64 | 55 | 54 | 58 | 56 | 57 | 72 | 105 | 60 | 56 | 56 |
| 年最大减水出现频率/% | 5 | 7 | 10 | 2 | 2 | 5 | 5 | 15 | 7 | 8 | 21 | 13 |

# 第三章 海浪

## 第一节 海况

东山站全年及各月各级海况的频率见图3.1-1。全年海况以0～3级为主，频率为81.11%，其中0～2级海况频率为44.68%。全年5级及以上海况频率为1.61%，最大频率出现在10月，为3.57%。全年7级及以上海况频率为0.01%，出现在7月和8月。

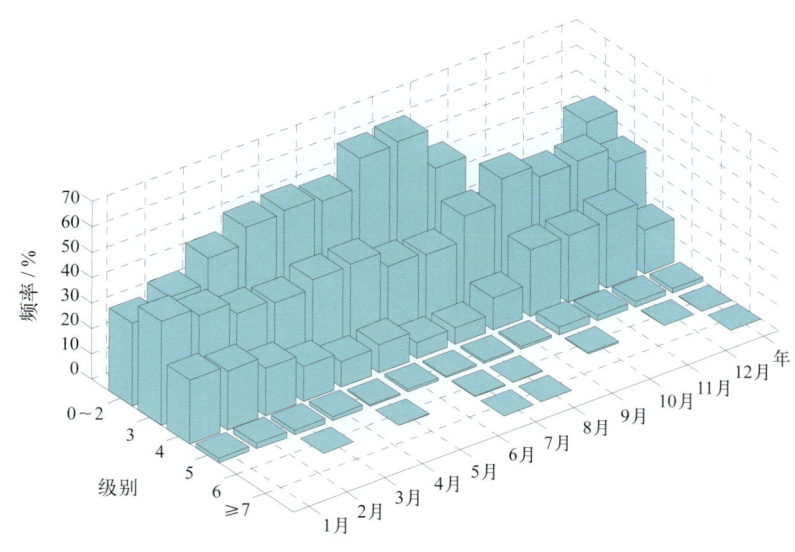

图3.1-1 全年及各月各级海况频率（1992—2019年）

## 第二节 波型

东山站风浪频率和涌浪频率的年变化见表3.2-1。全年风浪和涌浪频率相差不大，风浪频率为99.99%，涌浪频率为99.88%。各月的风浪和涌浪频率均相差不大。

表3.2-1 各月及全年风浪涌浪频率（1992—2019年）

| | 1月 | 2月 | 3月 | 4月 | 5月 | 6月 | 7月 | 8月 | 9月 | 10月 | 11月 | 12月 | 年 |
|---|---|---|---|---|---|---|---|---|---|---|---|---|---|
| 风浪/% | 99.94 | 99.97 | 100.00 | 100.00 | 100.00 | 99.97 | 100.00 | 99.97 | 100.00 | 100.00 | 100.00 | 100.00 | 99.99 |
| 涌浪/% | 99.91 | 99.93 | 99.87 | 99.64 | 99.97 | 99.68 | 99.67 | 99.88 | 100.00 | 99.97 | 100.00 | 100.00 | 99.88 |

注：风浪包含F、FU、F/U和U/F波型；涌浪包含U、FU、F/U和U/F波型。

## 第三节 波向

### 1. 各向风浪频率

东山站各月及全年各向风浪频率见图3.3-1。1月和10月ENE向风浪居多，NE向次之。2—

5月、11月和12月NE向风浪居多，ENE向次之。6月和7月SSW向风浪居多，S向次之。8月S向风浪居多，SSW向次之。9月ENE向风浪居多，NNE向次之。全年NE向风浪居多，频率为13.32%；ENE向次之，频率为12.68%；WNW向最少，频率为0.10%。

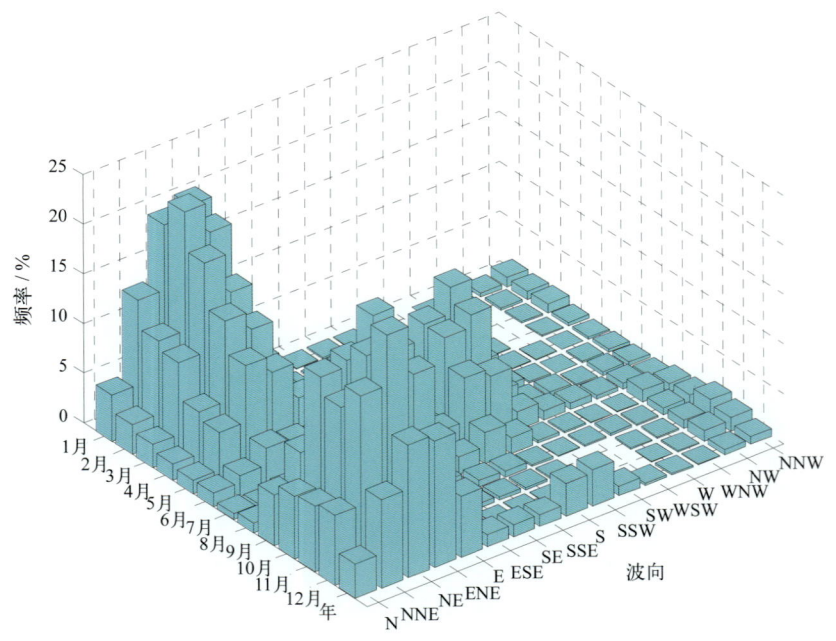

图3.3-1　各月及全年各向风浪频率（1992—2019年）

## 2. 各向涌浪频率

东山站各月及全年各向涌浪频率见图3.3-2。1月、10月和11月SE向涌浪居多，ESE向次之。2—9月和12月SE向涌浪居多，SSE向次之。全年SE向涌浪居多，频率为98.98%；SSE向次之，频率为0.77%；S—E向很少出现或未出现。

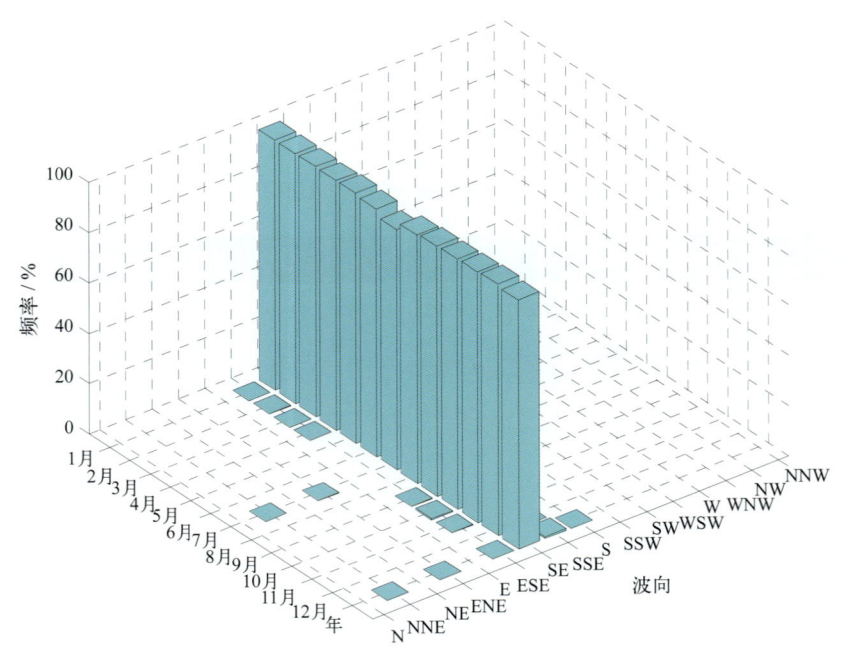

图3.3-2　各月及全年各向涌浪频率（1992—2019年）

## 第四节 波高

### 1. 平均波高和最大波高

东山站波高的年变化见表 3.4-1。月平均波高的年变化不明显，为 0.6 ~ 0.8 米。历年的平均波高为 0.6 ~ 0.8 米。

月最大波高比月平均波高的变化幅度大，极大值出现在 8 月，为 4.0 米，极小值出现在 4 月，为 1.8 米，变幅为 2.2 米。历年的最大波高为 1.8 ~ 4.0 米（2002 年和 2003 年数据较少，未纳入统计），不小于 3.5 米的有 4 年，其中最大波高的极大值 4.0 米出现在 1995 年 8 月 31 日，正值 9509 号台风"肯特"影响期间，波向为 ENE，对应平均周期为 5.7 秒，对应平均风速为 14 米/秒。

表 3.4-1　波高年变化（1992—2019 年）　　　　　　　　　　　　　　　　单位：米

|  | 1月 | 2月 | 3月 | 4月 | 5月 | 6月 | 7月 | 8月 | 9月 | 10月 | 11月 | 12月 | 年 |
| --- | --- | --- | --- | --- | --- | --- | --- | --- | --- | --- | --- | --- | --- |
| 平均波高 | 0.8 | 0.8 | 0.7 | 0.6 | 0.6 | 0.6 | 0.6 | 0.6 | 0.7 | 0.8 | 0.8 | 0.8 | 0.7 |
| 最大波高 | 2.3 | 2.5 | 2.5 | 1.8 | 3.7 | 2.6 | 3.4 | 4.0 | 3.5 | 3.8 | 2.1 | 2.3 | 4.0 |

### 2. 各向平均波高和最大波高

全年及各季代表月各向波高的分布见表 3.4-2、图 3.4-1 和图 3.4-2。全年各向平均波高为 0.6 ~ 0.9 米，小值主要分布于 SE—S 向和 WNW 向，其中 SE 向最小。全年各向最大波高 ENE 向最大，为 4.0 米；E 向和 SE 向次之，均为 3.8 米；WNW 向最小，为 1.8 米。

表 3.4-2　全年各向平均波高和最大波高（1992—2019 年）　　　　　　　　　单位：米

|  | N | NNE | NE | ENE | E | ESE | SE | SSE | S | SSW | SW | WSW | W | WNW | NW | NNW |
| --- | --- | --- | --- | --- | --- | --- | --- | --- | --- | --- | --- | --- | --- | --- | --- | --- |
| 平均波高 | 0.9 | 0.9 | 0.9 | 0.9 | 0.9 | 0.8 | 0.6 | 0.7 | 0.7 | 0.8 | 0.8 | 0.9 | 0.9 | 0.7 | 0.3 | 0.9 |
| 最大波高 | 3.3 | 2.7 | 3.7 | 4.0 | 3.8 | 3.0 | 3.8 | 3.5 | 3.1 | 3.2 | 2.3 | 1.9 | 2.6 | 1.8 | 2.6 | 3.0 |

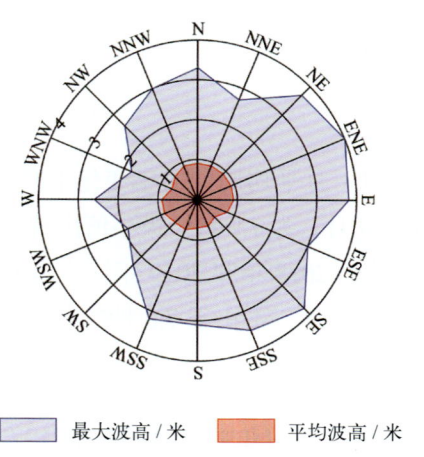

图 3.4-1　全年各向平均波高和最大波高（1992—2019年）

1 月平均波高 NE 向和 ENE 向最大，均为 1.0 米；SE 向、SSE 向和 WNW 向最小，均为 0.6 米。最大波高 NE 向最大，为 2.2 米；ENE 向次之，为 2.0 米；SSE 向和 WNW 向最小，均为 0.7 米。未出现 SW—W 向波高有效样本。

4月平均波高 NNE 向、NE 向、ENE 向和 E 向最大，均为 0.9 米；SE 向最小，为 0.5 米。最大波高 NNE 向、NE 向和 ENE 向最大，均为 1.8 米；E 向次之，为 1.7 米；W 向最小，为 0.8 米。未出现 WNW 向波高有效样本。

7月平均波高 ENE 向、SW 向、WSW 向、W 向和 NNW 向最大，均为 0.9 米；WNW 向最小，为 0.5 米。最大波高 SSE 向最大，为 3.4 米；SE 向次之，为 2.5 米；WNW 向最小，为 1.1 米。

10月平均波高 WNW 向最大，为 1.7 米；WSW 向最小，为 0.5 米。最大波高 SE 向最大，为 3.8 米；N 向次之，为 3.3 米；WSW 向最小，为 0.6 米。

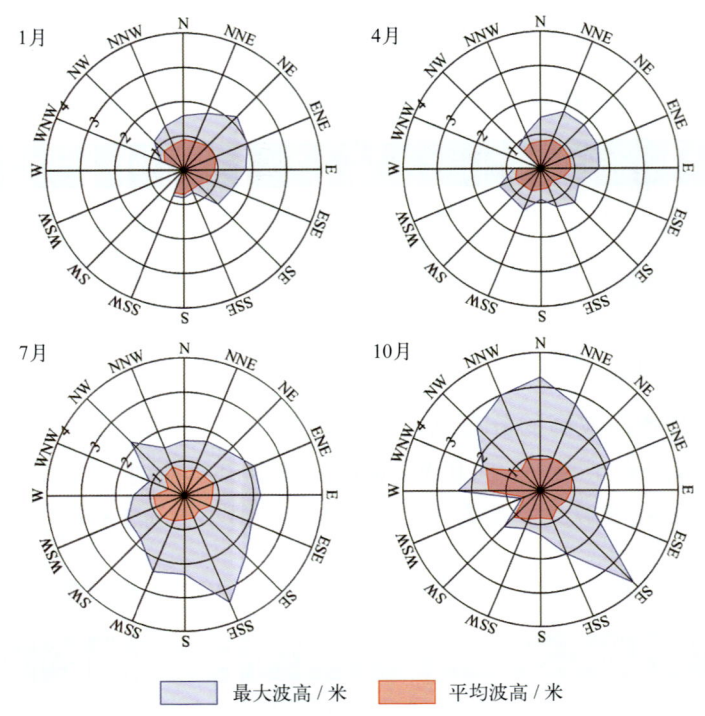

图3.4-2　四季代表月各向平均波高和最大波高（1992—2019年）

## 第五节　周期

### 1. 平均周期和最大周期

东山站周期的年变化见表3.5-1。月平均周期的年变化不明显，为 4.8～5.2 秒。月最大周期的年变化幅度较大，极大值出现在 9 月，为 7.9 秒，极小值出现在 1 月、4 月和 5 月，均为 6.3 秒。历年的平均周期为 4.8～5.3 秒，其中 2018 年和 2019 年均为最大，1992 年、2000 年和 2010 年均为最小。历年的最大周期均不小于 5.9 秒，不小于 7.0 秒的有 4 年，其中最大周期的极大值 7.9 秒出现在 1993 年 9 月 13 日，波向为 SE。

表 3.5-1　周期年变化（1992—2019年）　　　　　　单位：秒

| | 1月 | 2月 | 3月 | 4月 | 5月 | 6月 | 7月 | 8月 | 9月 | 10月 | 11月 | 12月 | 年 |
|---|---|---|---|---|---|---|---|---|---|---|---|---|---|
| 平均周期 | 4.8 | 4.9 | 5.0 | 5.1 | 5.1 | 5.1 | 5.2 | 5.2 | 5.1 | 4.8 | 4.9 | 4.8 | 5.0 |
| 最大周期 | 6.3 | 6.6 | 6.6 | 6.3 | 6.3 | 7.2 | 7.0 | 7.2 | 7.9 | 7.3 | 6.9 | 6.6 | 7.9 |

## 2. 各向平均周期和最大周期

全年及各季代表月各向周期的分布见表 3.5-2、图 3.5-1 和图 3.5-2。全年各向平均周期为 4.4 ~ 5.4 秒，SE 向、SSE 向和 WNW 向周期值较大。全年各向最大周期 SE 向最大，为 7.9 秒；S 向和 W 向次之，均为 7.0 秒；SW 向、WSW 向和 NW 向最小，均为 6.0 秒。

表 3.5-2　全年各向平均周期和最大周期（1992—2019 年）　　　单位：秒

| | N | NNE | NE | ENE | E | ESE | SE | SSE | S | SSW | SW | WSW | W | WNW | NW | NNW |
|---|---|---|---|---|---|---|---|---|---|---|---|---|---|---|---|---|
| 平均周期 | 4.6 | 4.5 | 4.5 | 4.5 | 4.4 | 4.6 | 5.4 | 4.9 | 4.5 | 4.5 | 4.5 | 4.6 | 4.8 | 4.9 | 4.6 | 4.7 |
| 最大周期 | 6.5 | 6.4 | 6.6 | 6.5 | 6.5 | 6.3 | 7.9 | 6.7 | 7.0 | 6.5 | 6.0 | 6.0 | 7.0 | 6.5 | 6.0 | 6.5 |

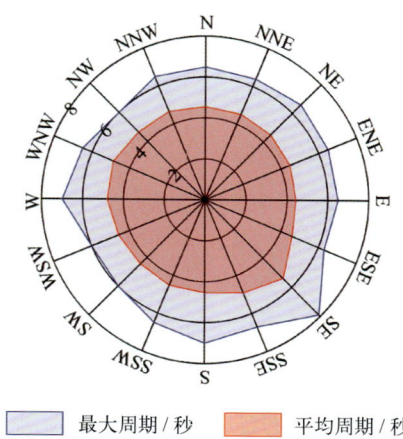

图3.5-1　全年各向平均周期和最大周期（1992—2019年）

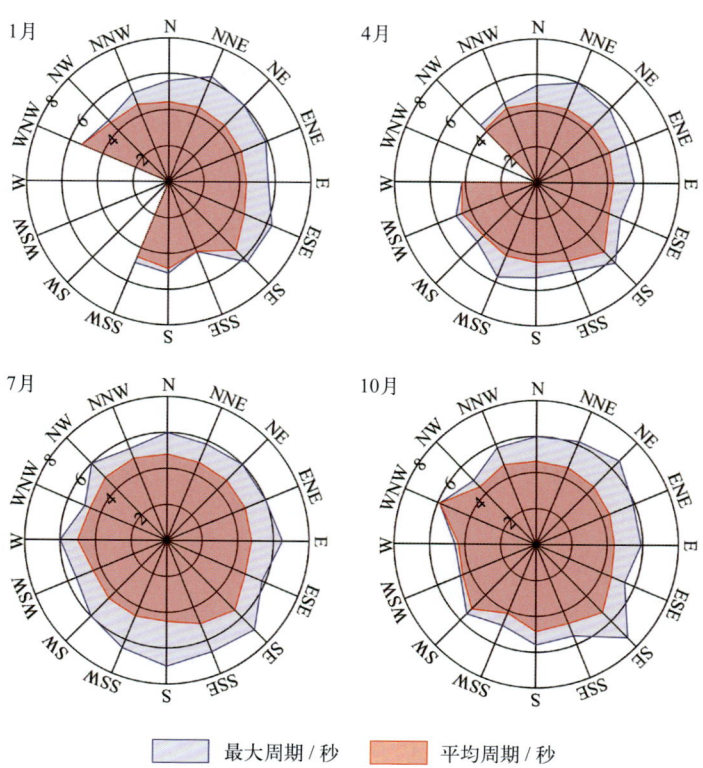

图3.5-2　四季代表月各向平均周期和最大周期（1992—2019年）

1月平均周期SE向最大，为5.4秒；SSE向最小，为4.2秒。最大周期NNE向、ESE向和SE向最大，均为6.3秒；NE向次之，为6.0秒；SSE向最小，为4.2秒。

4月平均周期SE向最大，为5.4秒；SW向、W向和NW向最小，均为4.2秒。最大周期SE向最大，为6.3秒；NNE向次之，为6.0秒；W向最小，为4.2秒。

7月平均周期SE向最大，为5.4秒；S向和WSW向最小，均为4.5秒。最大周期SE向和S向最大，均为7.0秒；SSE向次之，为6.7秒；WNW向最小，为5.0秒。

10月平均周期WNW向最大，为5.9秒；SSW向最小，为4.2秒。最大周期SE向最大，为7.3秒；NE向次之，为6.6秒；WSW向和W向最小，均为4.6秒。

# 第四章 表层海水温度、盐度和海发光

## 第一节 表层海水温度

### 1. 平均水温、最高水温和最低水温

东山站月平均水温的年变化具有峰谷明显的特点，9月最高，为26.8℃，2月最低，为14.1℃，年较差为12.7℃。3—9月为升温期，10月至翌年2月为降温期。月最高水温和月最低水温的年变化特征与月平均水温相似（图4.1-1）。

历年（2002年8月至2006年3月停测）的平均水温为20.2～22.4℃，其中2018年和2019年均为最高，2011年最低。累年平均水温为21.2℃。

历年的最高水温均不低于27.3℃，其中大于29.5℃的有29年，大于30.0℃的有9年，出现时间为5—9月，8月最多，占统计年份的38%。水温极大值为31.0℃，出现在1968年8月19日。

历年的最低水温均不高于15.4℃，其中小于12.0℃的有24年，小于11.0℃的有8年，出现时间为12月至翌年3月，2月最多，占统计年份的28%。水温极小值为9.6℃，出现在1977年2月18日。

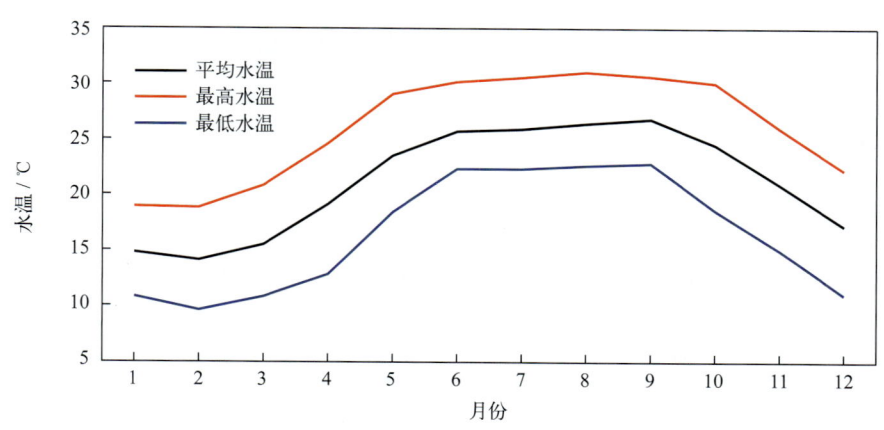

图4.1-1　水温年变化（1960—2019年）

### 2. 日平均水温稳定通过界限温度的日期

采用五日滑动平均方法求出稳定通过各个界限温度的日期，见表4.1-1。日平均水温全年均稳定通过10℃，稳定通过15℃的有308天，稳定通过20℃的有216天，稳定通过25℃的初日为6月2日，终日为10月11日，共132天。

表4.1-1　日平均水温稳定通过界限温度的日期（1960—2019年）

|  | 10℃ | 15℃ | 20℃ | 25℃ |
| --- | --- | --- | --- | --- |
| 初日 | 1月1日 | 3月10日 | 4月22日 | 6月2日 |
| 终日 | 12月31日 | 翌年1月11日 | 11月23日 | 10月11日 |
| 天数 | 365 | 308 | 216 | 132 |

### 3. 长期趋势变化

1960—2019 年，年平均水温和年最低水温均呈波动上升趋势，上升速率分别为 0.14℃ /（10 年）和 0.33℃ /（10 年），年最高水温呈波动下降趋势，下降速率为 0.17℃ /（10 年），其中 1968 年最高水温为 1960 年以来的第一高值，1970 年和 1986 年最高水温均为 1960 年以来的第二高值；1977 年和 1968 年最低水温分别为 1960 年以来的第一低值和第二低值。

十年平均水温变化显示，1970—1979 年和 1980—1989 年平均水温均为最低，2010—2019 年平均水温较 1970—1979 年和 1980—1989 年平均水温升高 0.72℃（图 4.1-2）。

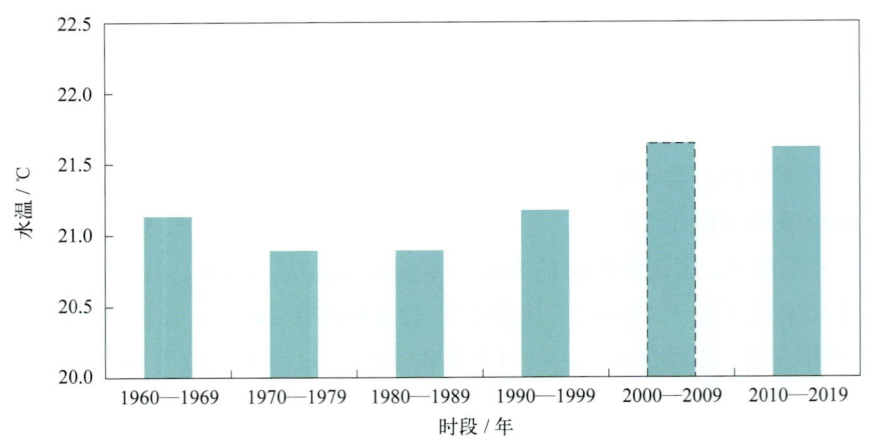

图 4.1-2　十年平均水温变化（数据不足十年加虚线框表示，下同）

## 第二节　表层海水盐度

### 1. 平均盐度、最高盐度和最低盐度

东山站月平均盐度的最高值出现在 7 月，为 32.75，最低值出现在 1 月，为 30.91，年较差为 1.84。月最高盐度 5 月最大，1 月最小。月最低盐度 1 月最大，8 月最小（图 4.2-1）。

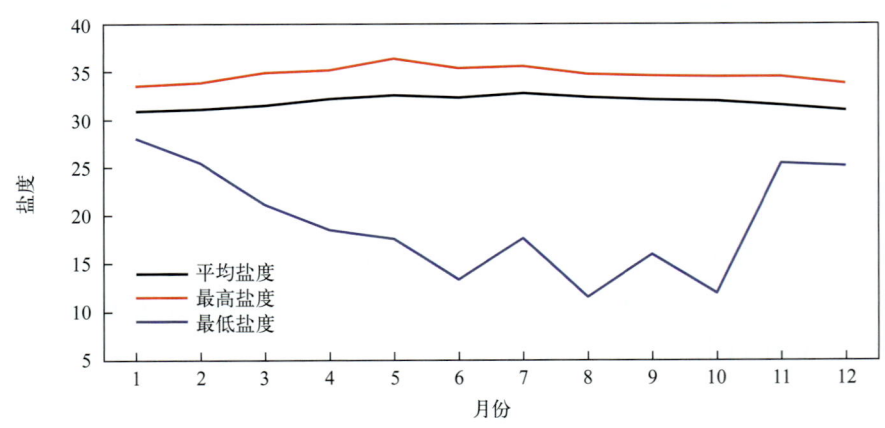

图 4.2-1　盐度年变化（1960—2019 年）

历年（2002 年 7 月至 2006 年 3 月停测）的平均盐度为 30.40 ~ 32.96，其中 1963 年最高，2016 年最低。累年平均盐度为 31.85。

历年的最高盐度均大于 32.95，其中大于 34.50 的有 12 年，大于 35.00 的有 4 年。年最高盐度多出现在7—8月，占统计年份的55%。盐度极大值为36.30，出现在2002年5月28日。《东海区海洋站海洋水文气候志》记载最高盐度为36.33，出现在1963年5月10日08时。

历年的最低盐度均小于30.90，其中小于20.00的有16年，小于18.00的有9年。年最低盐度各月均有出现，其中8月最多，占统计年份的17%。盐度极小值为11.49，出现在1972年8月21日，当月17—21日连续5天有强降水过程，降水总量为263.1毫米。《东海区海洋站海洋水文气候志》记载极端最低盐度为10.63，出现在1963年7月3日08时。

### 2. 长期趋势变化

1960—2019年，年平均盐度呈波动下降趋势，下降速率为0.10/（10年），年最高盐度变化趋势不明显，年最低盐度呈波动上升趋势，上升速率为0.92/（10年）。2002年和1998年最高盐度分别为1960年以来的第一高值和第二高值；1972年和1991年最低盐度分别为1960年以来的第一低值和第二低值。

十年平均盐度变化显示，1960—1969年平均盐度最高，2010年前十年平均盐度阶梯式下降，2010—2019年平均盐度有所回升，较1990—1999年上升0.43（图4.2-2）。

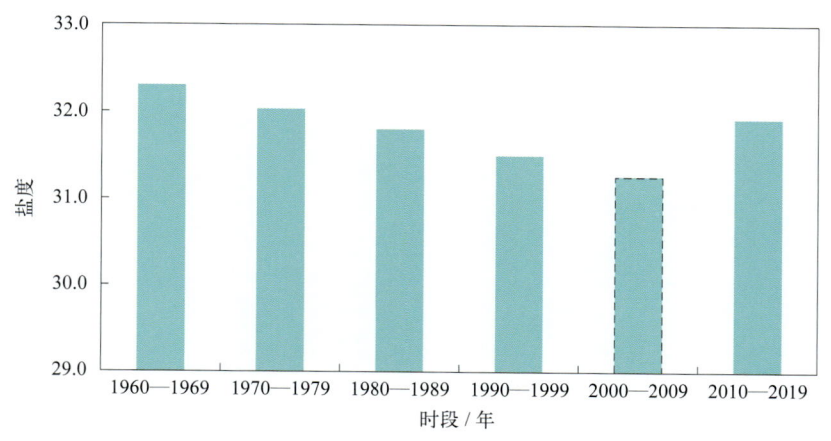

图4.2-2　十年平均盐度变化

# 第三节　海发光

1960—2002年，东山站观测到的海发光主要为火花型（H），其次是闪光型（S），弥漫型（M）最少。海发光以1级海发光为主，占海发光次数的69.3%；2级次之，占27.4%；未观测到4级海发光。

各月及全年海发光频率见表4.3-1和图4.3-1。全年海发光频率7月最高，2月最低。累年平均海发光频率为76.9%。

历年海发光频率均不小于26.9%，其中1965—1967年海发光频率均为100%，2000年海发光频率最小。

表4.3-1　各月及全年海发光频率（1960—2002年）

| | 1月 | 2月 | 3月 | 4月 | 5月 | 6月 | 7月 | 8月 | 9月 | 10月 | 11月 | 12月 | 年 |
|---|---|---|---|---|---|---|---|---|---|---|---|---|---|
| 频率/% | 65.7 | 61.4 | 69.9 | 80.4 | 86.5 | 90.4 | 91.4 | 88.1 | 78.7 | 64.5 | 68.0 | 71.0 | 76.9 |

注：2002年7月海发光停测。

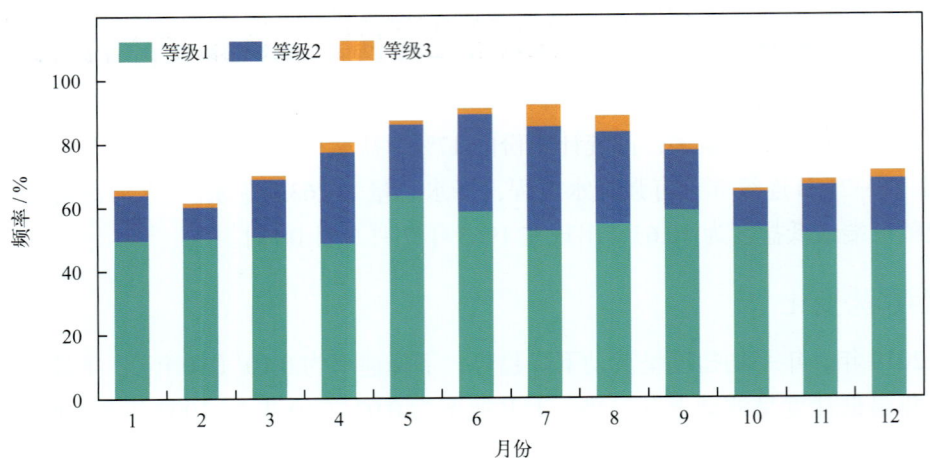

图4.3-1　各月各级海发光频率（1960—2002年）

# 第五章 海洋气象

## 第一节 气温

### 1. 平均气温、最高气温和最低气温

1960—1984年,东山站累年平均气温为20.8℃。月平均气温7月和8月最高,均为27.4℃,2月最低,为12.9℃,年较差为14.5℃。月最高气温和月最低气温的年变化特征与月平均气温相似,月最高气温极大值出现在9月,月最低气温极小值出现在1月(表5.1-1,图5.1-1)。

表5.1-1 气温年变化(1960—1984年) 单位:℃

| | 1月 | 2月 | 3月 | 4月 | 5月 | 6月 | 7月 | 8月 | 9月 | 10月 | 11月 | 12月 | 年 |
| --- | --- | --- | --- | --- | --- | --- | --- | --- | --- | --- | --- | --- | --- |
| 平均气温 | 13.1 | 12.9 | 15.1 | 19.2 | 23.2 | 25.8 | 27.4 | 27.4 | 26.8 | 23.8 | 19.8 | 15. | 20.8 |
| 最高气温 | 25.6 | 27.5 | 28.4 | 30.0 | 32.1 | 33.8 | 35.6 | 35.2 | 36.0 | 34.0 | 31.6 | 28. | 36.0 |
| 最低气温 | 4.4 | 4.6 | 6.4 | 9.2 | 13.8 | 17.7 | 20.8 | 21.1 | 18.2 | 14.1 | 9.0 | 5. | 4.4 |

注:1984年10月停测。

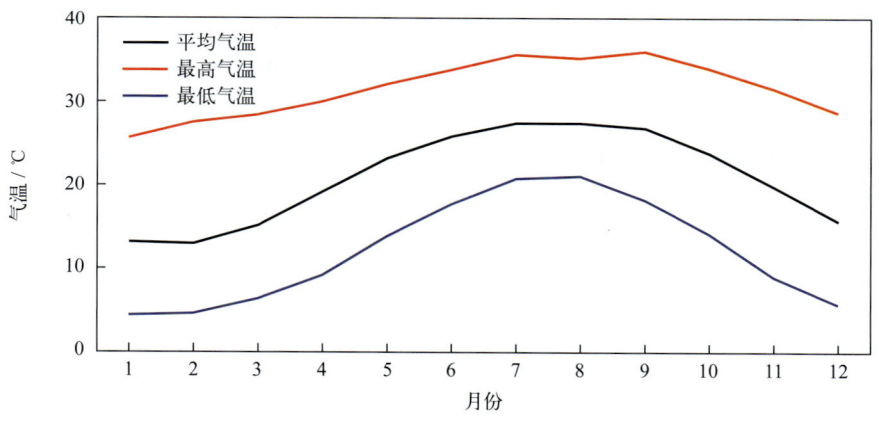

图5.1-1 气温年变化(1960—1984年)

历年的平均气温为20.2~21.5℃,其中1966年最高,1976年最低。

历年的最高气温均高于32.0℃,其中高于34.0℃的有15年,高于35.0℃的有4年。最早出现时间为7月3日(1984年),最晚出现时间为10月7日(1975年)。8月最高气温出现频率最高,占统计年份的36%,7月次之,占32%(图5.1-2)。极大值为36.0℃,出现在1963年9月。《东海区海洋站海洋水文气候志》记载极端最高气温为36.6℃,出现在1956年8月1日。

历年的最低气温均低于8.5℃,其中低于6.0℃的有16年,低于5.0℃的有5年。最早出现时间为12月16日(1975年),最晚出现时间为3月2日(1982年)。1月最低气温出现频率最高,占统计年份的46%,2月次之,占35%(图5.1-2)。极小值为4.4℃,出现在1967年1月16日。《东海区海洋站海洋水文气候志》记载极端最低气温为3.8℃,出现在1957年2月12日。

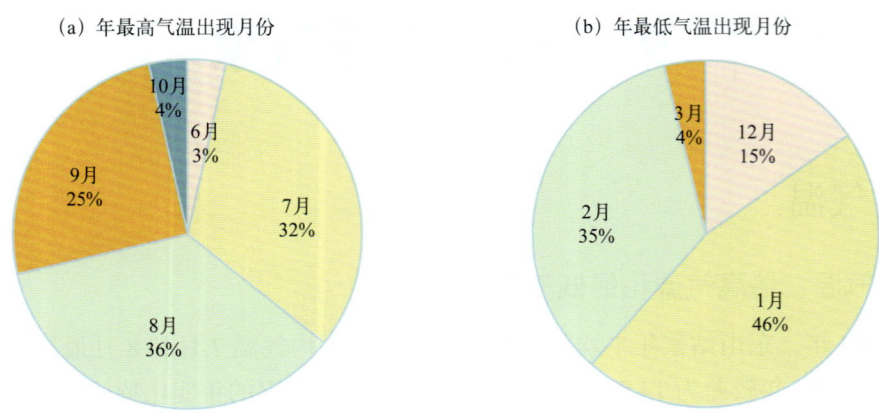

图5.1-2 年最高、最低气温出现月份及频率（1960—1984年）

### 2. 长期趋势变化

1960—1983年，年平均气温和年最高气温均呈波动下降趋势，下降速率分别为0.07℃/（10年）（线性趋势未通过显著性检验）和0.27℃/（10年）（线性趋势未通过显著性检验），年最低气温无明显变化趋势。

### 3. 常年自然天气季节和大陆度

利用东山站1965—1984年气温累年日平均数据计算五日滑动平均气温，根据《气候季节划分》（QX/T 152—2012）气候季节划分指标和本志季节起止日确定方法，东山站平均春季时间从2月10日至5月7日，共87天；平均夏季时间从5月8日至10月31日，共177天；平均秋季时间从11月1日至翌年2月9日，共101天。夏季时间最长，全年无冬季（图5.1-3）。

东山站焦金斯基大陆度指数为30.4%，属海洋性季风气候。

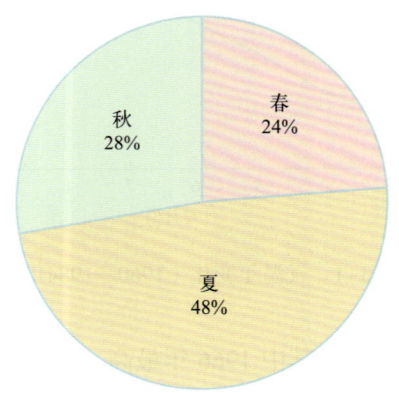

图5.1-3 四季平均日数百分率（1965—1984年）

## 第二节 气压

### 1. 平均气压、最高气压和最低气压

1965—2019年，东山站累年平均气压为1 009.6百帕。月平均气压1月最高，为1 016.9百帕，8月最低，为1 001.4百帕，年较差为15.5百帕。月最高气压1月最大，7月最小。月最低气压2月最大，9月最小（表5.2-1，图5.2-1）。

历年的平均气压为1 008.5～1 010.4百帕,其中1979年最高,2007年最低。

历年的最高气压均高于1 023.5百帕,其中高于1 026.0百帕的有20年,高于1 023.0百帕的有4年。极大值为1 032.7百帕,出现在2016年1月25日。

历年的最低气压均低于996.5百帕,其中低于985.0百帕的有13年,低于980.0百帕的有7年。极小值为963.6百帕,出现在1980年9月19日,正值8015号台风影响期间。

表5.2-1 气压年变化(1965—2019年)  单位:百帕

|  | 1月 | 2月 | 3月 | 4月 | 5月 | 6月 | 7月 | 8月 | 9月 | 10月 | 11月 | 12月 | 年 |
| --- | --- | --- | --- | --- | --- | --- | --- | --- | --- | --- | --- | --- | --- |
| 平均气压 | 1 016.9 | 1 015.5 | 1 013.3 | 1 009.9 | 1 005.9 | 1 002.9 | 1 002.1 | 1 001.4 | 1 005.4 | 1 010.6 | 1 014.1 | 1 015 | 1 009.6 |
| 最高气压 | 1 032.7 | 1 028.1 | 1 028.4 | 1 023.6 | 1 016.2 | 1 011.8 | 1 010.2 | 1 012.1 | 1 016.1 | 1 020.8 | 1 025.3 | 1 025 | 1 032.7 |
| 最低气压 | 1 000.3 | 1 001.3 | 1 000.7 | 995.7 | 979.4 | 986.0 | 977.8 | 979.5 | 963.6 | 982.2 | 998.3 | 1 000.9 | 963.6 |

注:1984年10月至2002年6月停测,1972年、2002年和2003年数据有缺测。

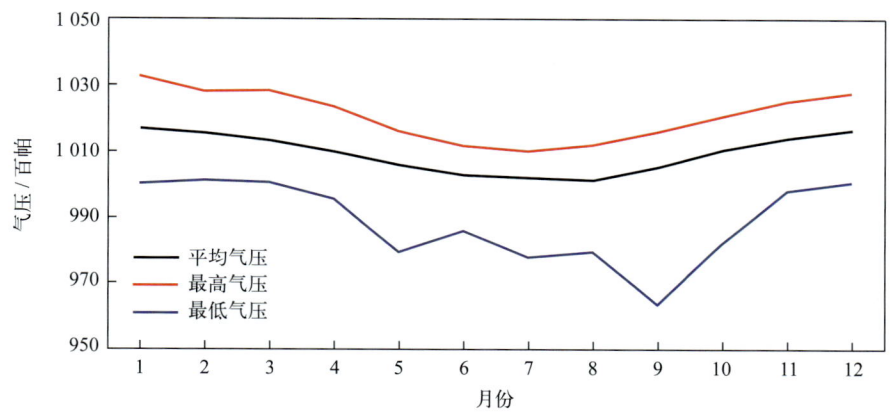

图5.2-1 气压年变化(1965—2019年)

### 2. 长期趋势变化

1965—1983年,年平均气压和年最高气压均呈上升趋势,上升速率分别为0.30百帕/(10年)和0.57百帕/(10年)(线性趋势未通过显著性检验),年最低气压呈下降趋势,下降速率为4.05百帕/(10年)(线性趋势未通过显著性检验)。2004—2019年,年平均气压、年最高气压和年最低气压均呈上升趋势,上升速率分别为0.68百帕/(10年)、0.49百帕/(10年)(线性趋势未通过显著性检验)和4.46百帕/(10年)。

## 第三节 相对湿度

### 1. 平均相对湿度和最小相对湿度

1960—1984年,东山站累年平均相对湿度为80.0%。月平均相对湿度6月最大,为88.0%,11月最小,为71.4%。平均月最小相对湿度6月最大,为53.1%,12月最小,为31.2%。最小相对湿度的极小值为18%,出现在1976年11月22日(表5.3-1,图5.3-1)。《东海区海洋站海洋水文气候志》记载极端最小相对湿度为13%,出现在1959年1月16日。

表5.3-1 相对湿度年变化（1960—1984年）

| | 1月 | 2月 | 3月 | 4月 | 5月 | 6月 | 7月 | 8月 | 9月 | 10月 | 11月 | 12月 | 年 |
|---|---|---|---|---|---|---|---|---|---|---|---|---|---|
| 平均相对湿度 /% | 75.1 | 79.2 | 82.0 | 84.2 | 85.7 | 88.0 | 85.5 | 85.0 | 79.1 | 72.4 | 71.4 | 72.5 | 80.0 |
| 平均最小相对湿度 /% | 32.9 | 38.0 | 37.7 | 39.7 | 41.9 | 53.1 | 51.6 | 52.4 | 46.8 | 39.1 | 33.9 | 31.2 | 41.5 |
| 最小相对湿度 /% | 19 | 23 | 19 | 27 | 22 | 43 | 41 | 42 | 28 | 23 | 18 | 19 | 18 |

注：平均最小相对湿度为各月最小相对湿度的累年平均值及其年平均值。1984年10月停测。

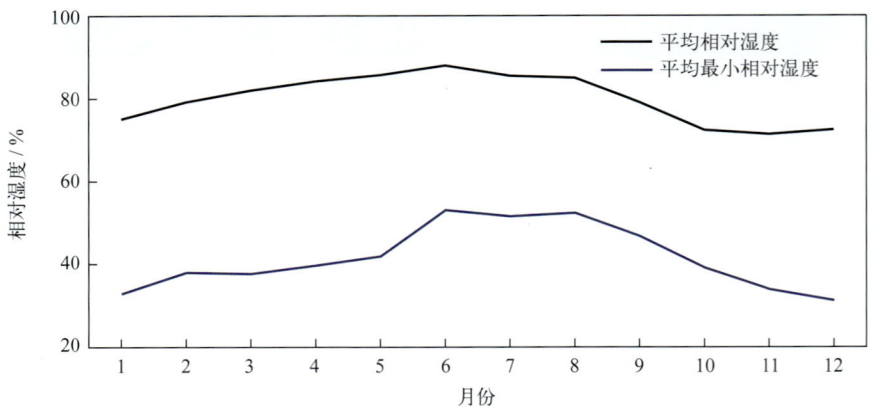

图5.3-1 相对湿度年变化（1960—1984年）

### 2. 长期趋势变化

1960—1983年，年平均相对湿度为76.8% ~ 82.6%，其中1983年最大，1971年最小；年平均相对湿度呈上升趋势，上升速率为0.67%/（10年）（线性趋势未通过显著性检验）。

### 3. 温湿指数

根据《人居环境气候舒适度评价》（GB/T 27963—2011）的温湿指数统计方法和气候舒适度等级划分方法，统计东山站各月温湿指数，结果显示：1月和2月温湿指数分别为13.3和13.1，感觉为寒冷；3月和12月温湿指数分别为15.0和15.4，感觉为冷；4—6月和9—11月温湿指数为18.7 ~ 25.3，感觉为舒适；7月和8月温湿指数分别为26.4和26.3，感觉为热（表5.3-2）。

表5.3-2 温湿指数年变化（1960—1984年）

| | 1月 | 2月 | 3月 | 4月 | 5月 | 6月 | 7月 | 8月 | 9月 | 10月 | 11月 | 12月 |
|---|---|---|---|---|---|---|---|---|---|---|---|---|
| 温湿指数 | 13.3 | 13.1 | 15.0 | 18.7 | 22.5 | 25.1 | 26.4 | 26.3 | 25.3 | 22.4 | 19.0 | 15.4 |
| 感觉程度 | 寒冷 | 寒冷 | 冷 | 舒适 | 舒适 | 舒适 | 热 | 热 | 舒适 | 舒适 | 舒适 | 冷 |

## 第四节　风

### 1. 平均风速和最大风速

东山站风速的年变化见表5.4-1和图5.4-1。累年平均风速为5.0米/秒，其中11月最大，为6.5米/秒，7月和8月最小，均为3.3米/秒。平均最大风速9月最大，为17.1米/秒，6月最小，为13.9米/秒。最大风速月最大值对应风向多为NE向（7个月）。极大风速的最大值为44.4米/秒，出现在2003年8月21日，对应风向为S。

表 5.4-1　风速年变化（1960—2019年）　　　　　　　　　　　　　　　　　　　单位：米/秒

| | | 1月 | 2月 | 3月 | 4月 | 5月 | 6月 | 7月 | 8月 | 9月 | 10月 | 11月 | 12月 | 年 |
|---|---|---|---|---|---|---|---|---|---|---|---|---|---|---|
| 平均风速 | | 6.1 | 6.0 | 5.4 | 4.5 | 4.2 | 3.9 | 3.3 | 3.3 | 4.6 | 6.4 | 6.5 | 6.3 | 5.0 |
| 最大风速 | 平均值 | 14.9 | 15.2 | 15.9 | 15.9 | 14.5 | 13.9 | 14.6 | 14.8 | 17.1 | 16.3 | 15.8 | 15.9 | 15.3 |
| | 最大值 | 24.0 | 28.0 | 28.0 | 28.0 | 28.0 | 40.9 | 34.5 | 33.6 | 48.0 | 34.0 | 29.0 | 25.0 | 48.0 |
| | 最大值对应风向 | NE/ENE | NE | NE/ENE | NE | ENE/NE/S | NNE | NNE | S | NNW | NE | ENE | NE | NNW |
| 极大风速 | 最大值 | 18.7 | 17.8 | 27.6 | 19.4 | 31.8 | 20.9 | 21.8 | 44.4 | 28.9 | 28.0 | 20.1 | 18.4 | 44.4 |
| | 最大值对应风向 | N | NE/ENE/NNE | N | ENE | S | S | SW | S | E | NNW | ENE | E | S |

注：1984年10月至1991年12月和2000年数据缺测，2002年数据有缺测，极大风速统计时间为2002年7月至2019年12月。

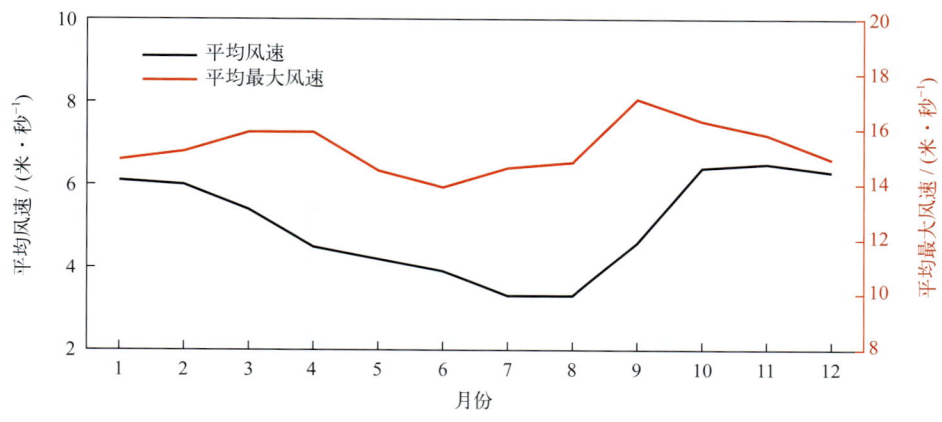

图5.4-1　平均风速和平均最大风速年变化（1960—2019年）

历年的平均风速为 2.6 ~ 8.0 米 / 秒，1964 年最大，2018 年和 2019 年均为最小。历年的最大风速均大于等于 9.7 米 / 秒，其中大于等于 28.0 米 / 秒的有 17 年，大于等于 32.0 米 / 秒的有 10 年。最大风速的最大值为 48.0 米 / 秒，出现在 1980 年 9 月 19 日，风向为 NNW 向。年最大风速出现在 9 月的频率最高，12 月未出现（图 5.4-2）。

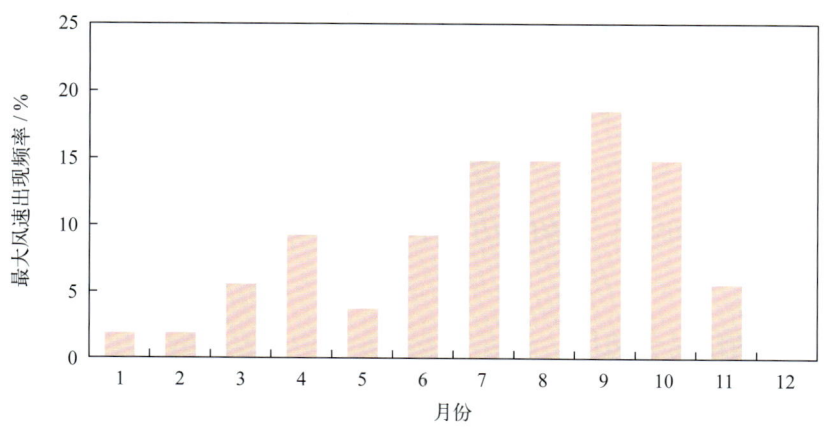

图5.4-2　年最大风速出现频率（1960—2019年）

## 2. 各向风频率

全年 NE 向风最多，频率为 22.7%，ENE 向次之，频率为 15.6%，WNW 向最少，频率为 0.9%（图 5.4-3）。

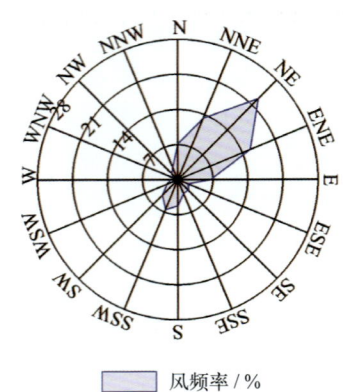

图5.4-3　全年各向风频率（1965—2019年）

1月盛行风向为 N—ENE，频率和为 83.1%；4月盛行风向为 NNE—ENE，频率和为 50.7%；7月盛行风向为 S—SW，频率和为 47.0%；10月盛行风向为 N—E，频率和为 87.5%（图 5.4-4）。

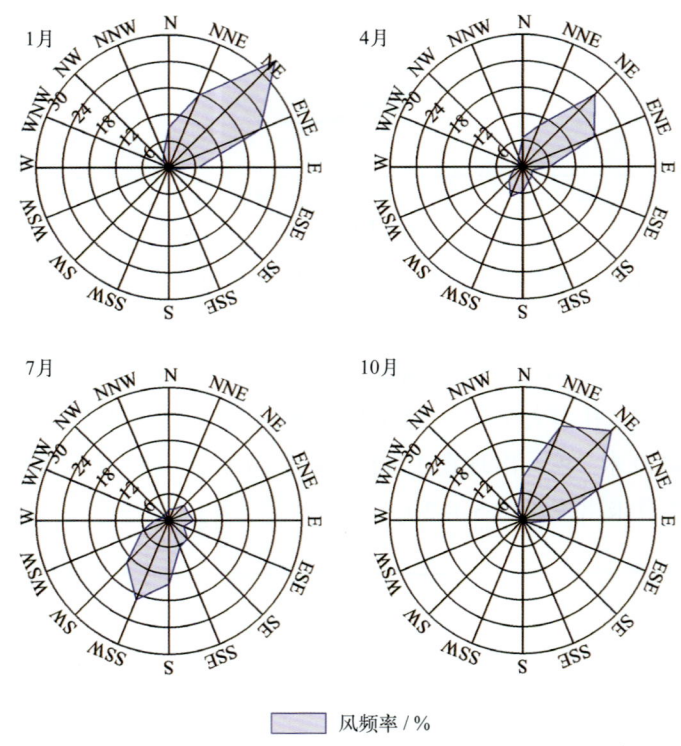

图5.4-4　四季代表月各向风频率（1965—2019年）

## 3. 各向平均风速和最大风速

全年各向平均风速 ENE 向最大，为 5.8 米/秒，NE 向次之，为 5.6 米/秒，W 向最小，为 1.3 米/秒（图 5.4-5）。1月、4月、7月和10月均为 ENE 向平均风速最大，分别为 6.5 米/秒、

5.9米/秒、4.0米/秒和6.6米/秒（图5.4-6）。

全年各向最大风速NNW向最大，为48.0米/秒，NNE向次之，为40.9米/秒，W向最小，为11.0米/秒（图5.4-5）。1月最大风速NE向和ENE向最大，均为24.0米/秒；4月和10月均为NE向最大，分别为28.0米/秒和34.0米/秒；7月NNE向最大，为34.5米/秒（图5.4-6）。

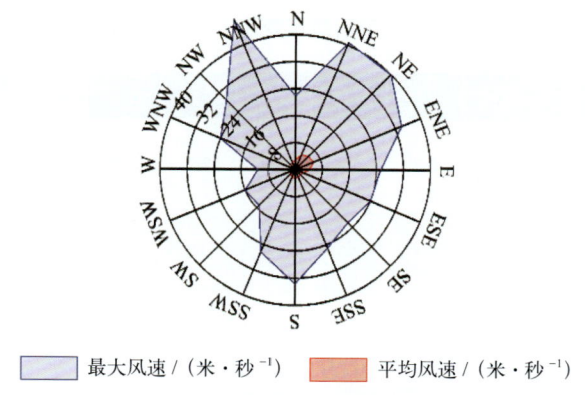

图5.4-5　全年各向平均风速和最大风速（1965—2019年）

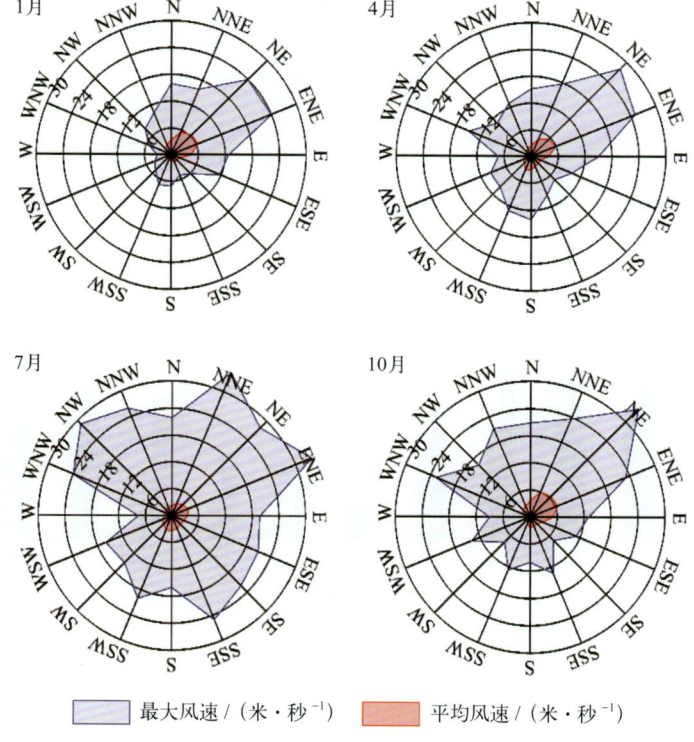

图5.4-6　四季代表月各向平均风速和最大风速（1965—2019年）

## 4. 大风日数

风力大于等于6级的大风日数11月最多，为10.7天，占全年的12.5%，2月次之，为10.3天（表5.4-2，图5.4-7）。平均年大风日数为85.5天（表5.4-2）。历年大风日数1978年最多，为206天，2017年和2019年未出现。

风力大于等于8级的大风日数3月、10月和11月最多，均为1.6天，6月最少，为0.3天。历年大风日数1974年最多，为52天，有17年未出现。

风力大于等于6级的月大风日数最多为28天，出现4次；最长连续大于等于6级大风日数为30天，出现在1978年9月19日至10月18日（表5.4-2）。

表 5.4-2　各级大风日数年变化（1960—2019年）　　　　　　　　　单位：天

| | 1月 | 2月 | 3月 | 4月 | 5月 | 6月 | 7月 | 8月 | 9月 | 10月 | 11月 | 12月 | 年 |
|---|---|---|---|---|---|---|---|---|---|---|---|---|---|
| 大于等于6级大风平均日数 | 10.0 | 10.3 | 9.2 | 6.7 | 5.2 | 3.0 | 2.2 | 2.8 | 5.5 | 9.7 | 10.7 | 10.2 | 85.5 |
| 大于等于7级大风平均日数 | 5.4 | 5.2 | 5.4 | 3.5 | 2.3 | 1.2 | 0.9 | 1.4 | 2.5 | 4.8 | 5.7 | 5.3 | 43.6 |
| 大于等于8级大风平均日数 | 1.5 | 1.4 | 1.6 | 1.2 | 0.7 | 0.3 | 0.5 | 0.4 | 0.8 | 1.6 | 1.6 | 1.5 | 13.1 |
| 大于等于6级大风最多日数 | 27 | 28 | 25 | 21 | 21 | 13 | 8 | 16 | 18 | 28 | 28 | 28 | 206 |
| 最长连续大于等于6级大风日数 | 18 | 28 | 14 | 10 | 9 | 8 | 10 | 7 | 12 | 30 | 26 | 25 | 30 |

注：大于等于6级大风统计时间为1960—2019年，大于等于7级和大于等于8级大风统计时间为1966—2019年。

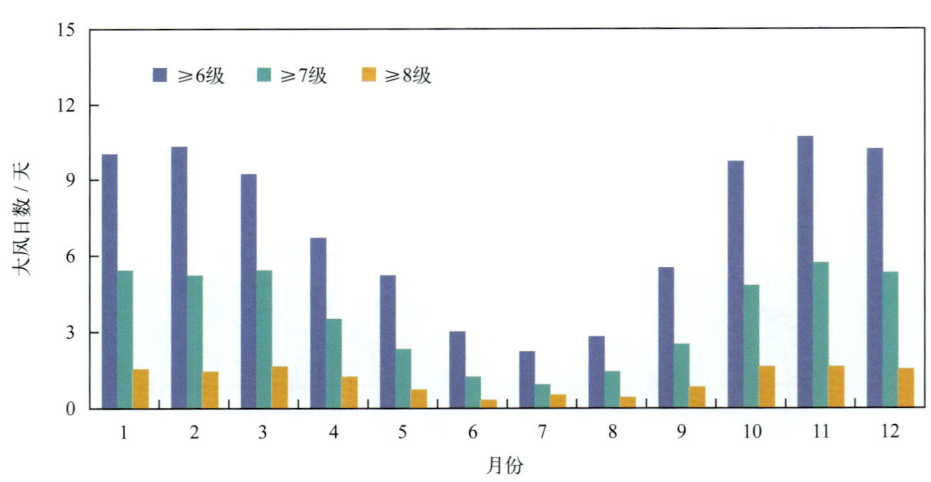

图5.4-7　各级大风日数年变化

## 第五节　降水

### 1. 降水量和降水日数

#### （1）降水量

东山站降水量的年变化见表5.5-1和图5.5-1。平均年降水量为1 125.7毫米，6—8月降水量为497.5毫米，占全年降水量的44.2%，3—5月为348.9毫米，占31.0%，9—11月为185.8毫米，占16.5%，12月至翌年2月为93.5毫米，占8.3%。6月平均降水量最多，为214.7毫米，占全年降水量的 19.1%。

历年年降水量为 674.2～1 821.2 毫米，其中 1983 年最多，1962 年最少。

最大日降水量超过 100 毫米的有 18 年，超过 150 毫米的有 4 年，超过 200 毫米的有 2 年。最大日降水量为 245.1 毫米，出现在 1983 年 6 月 19 日。

表 5.5-1　降水量年变化（1960—1984 年）　　　　　　　　　　　　　　单位：毫米

| | 1月 | 2月 | 3月 | 4月 | 5月 | 6月 | 7月 | 8月 | 9月 | 10月 | 11月 | 12月 | 年 |
|---|---|---|---|---|---|---|---|---|---|---|---|---|---|
| 平均降水量 | 27.1 | 44.6 | 73.6 | 115.9 | 159.4 | 214.7 | 125.9 | 156.9 | 94.8 | 60.4 | 30.6 | 22.8 | 1 125.7 |
| 最大日降水量 | 43.2 | 70.3 | 58.4 | 116.3 | 163.8 | 245.1 | 139.3 | 115.1 | 178.1 | 229.5 | 53.0 | 55.5 | 245.1 |

注：1984 年 10 月停测。

（2）降水日数

平均年降水日数为 116.2 天。降水日数的年变化特征为上半年多、下半年少（图 5.5-2 和图 5.5-3）。日降水量大于等于 10 毫米的平均年日数为 29.5 天，各月均有出现；日降水量大于等于 50 毫米的平均年日数为 4.8 天，出现在 2—12 月；日降水量大于等于 100 毫米的平均年日数为 1.2 天，出现在 4—10 月；日降水量大于等于 150 毫米的平均年日数为 0.16 天，出现在 5—6 月和 9—10 月；日降水量大于等于 200 毫米的平均年日数为 0.08 天，出现在 6 月和 10 月（图 5.5-3）。

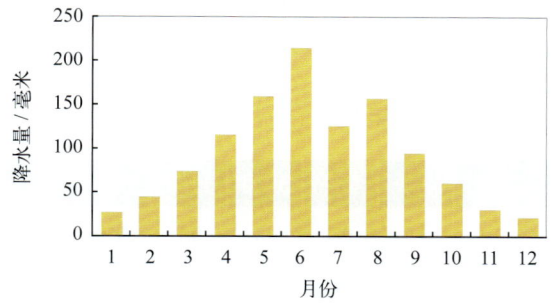

图 5.5-1　降水量年变化（1960—1984 年）

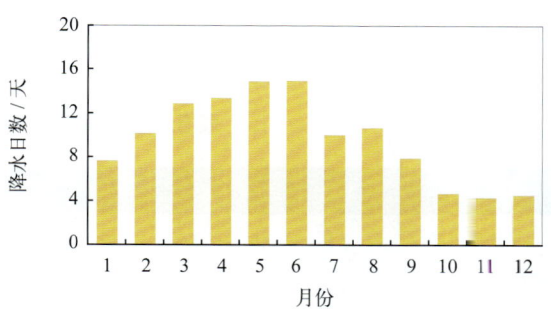

图 5.5-2　降水日数年变化（1965—1984 年）

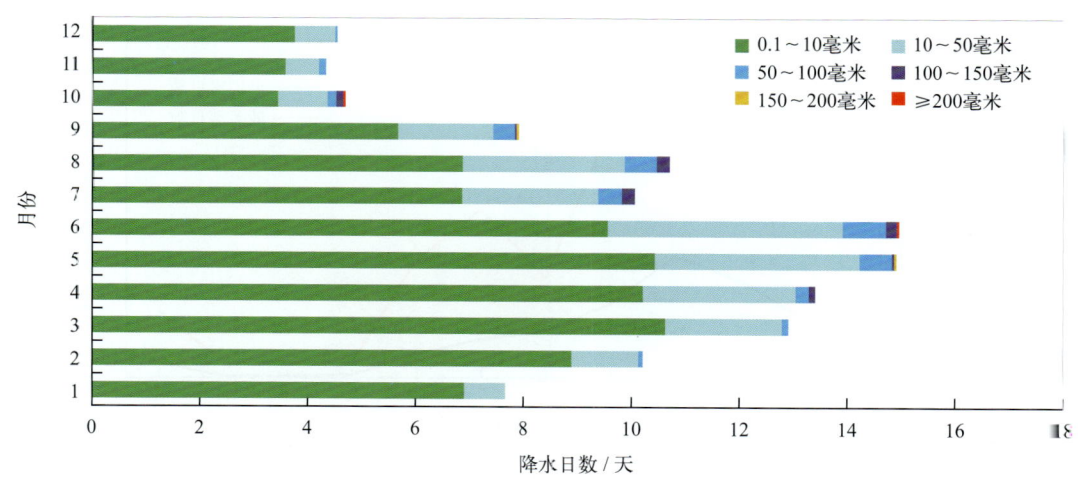

图 5.5-3　各月各级平均降水日数分布（1960—1984 年）

最多年降水日数为142天，出现在1975年；最少年降水日数为81天，出现在1971年。最长连续降水日数为19天，出现在1966年5月29日至6月16日；最长连续无降水日数为49天，出现在1981年11月10日至12月28日。《东海区海洋站海洋水文气候志》记载最长连续无降水日数为74天，出现在1964年10月14日至12月26日。

### 2. 长期趋势变化

1960—1983年，年降水量呈上升趋势，上升速率为104.58毫米/（10年）（线性趋势未通过显著性检验）；年最大日降水量呈上升趋势，上升速率为19.69毫米/（10年）（线性趋势未通过显著性检验）。

1965—1983年，年降水日数、最长连续降水日数和最长连续无降水日数均呈增加趋势，增加速率分别为5.25天/（10年）（线性趋势未通过显著性检验）、0.65天/（10年）（线性趋势未通过显著性检验）和5.86天/（10年）（线性趋势未通过显著性检验）。

## 第六节　雾及其他天气现象

### 1. 雾

东山站雾日数的年变化见表5.6-1、图5.6-1和图5.6-2。1965—1984年，平均年雾日数为30.8天。平均月雾日数4月最多，为7.2天，10月和11月最少，均为0.1天；月雾日数最多为15天，出现在1970年5月；最长连续雾日数为9天，出现在1983年4月7—15日。

表5.6-1　雾日数年变化（1965—1984年）　　　　　　　　　　　　　　单位：天

|  | 1月 | 2月 | 3月 | 4月 | 5月 | 6月 | 7月 | 8月 | 9月 | 10月 | 11月 | 12月 | 年 |
| --- | --- | --- | --- | --- | --- | --- | --- | --- | --- | --- | --- | --- | --- |
| 平均雾日数 | 2.1 | 3.5 | 5.8 | 7.2 | 4.4 | 2.8 | 2.3 | 1.4 | 0.2 | 0.1 | 0.1 | 0.9 | 30.8 |
| 最多雾日数 | 10 | 11 | 10 | 14 | 15 | 6 | 10 | 7 | 1 | 1 | 1 | 4 | 46 |
| 最长连续雾日数 | 7 | 5 | 5 | 9 | 5 | 3 | 4 | 4 | 1 | 1 | 1 | 2 | 9 |

注：1984年10月停测。

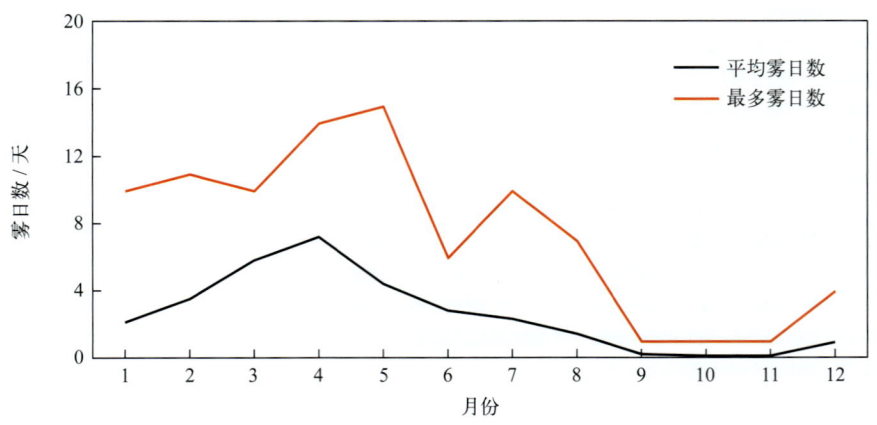

图5.6-1　平均雾日数和最多雾日数年变化（1965—1984年）

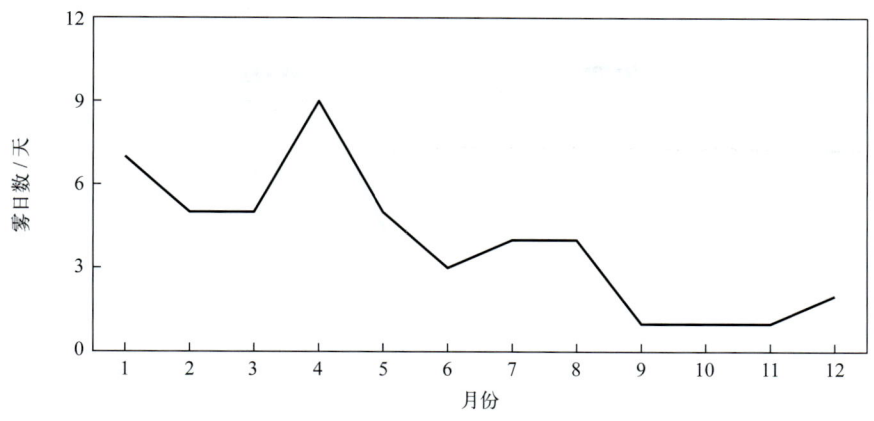

图5.6-2 最长连续雾日数年变化（1965—1984年）

1965—1983年，年雾日数呈下降趋势，下降速率为2.88天/（10年）（线性趋势未通过显著性检验）。1969年雾日数最多，为46天，1971年和1981年最少，均为19天。

## 2. 轻雾

东山站轻雾日数的年变化见表5.6-2和图5.6-3。1965—1984年，平均年轻雾日数为45.2天。平均月轻雾日数4月最多，为7.8天，10月和11月最少，均为0.6天；最多月轻雾日数为19天，出现在1980年3月。

1965—1983年，年轻雾日数呈上升趋势，上升速率为17.86天/（10年）。1980年轻雾日数最多，为79天，1971年最少，为23天（图5.6-4）。

表5.6-2 轻雾日数年变化（1965—1984年） 单位：天

|  | 1月 | 2月 | 3月 | 4月 | 5月 | 6月 | 7月 | 8月 | 9月 | 10月 | 11月 | 12月 | 年 |
| --- | --- | --- | --- | --- | --- | --- | --- | --- | --- | --- | --- | --- | --- |
| 平均轻雾日数 | 3.2 | 5.4 | 7.1 | 7.8 | 6.5 | 4.4 | 3.2 | 3.4 | 1.3 | 0.6 | 0.6 | 1.7 | 45.2 |
| 最多轻雾日数 | 10 | 11 | 19 | 15 | 10 | 12 | 10 | 8 | 6 | 5 | 3 | 8 | 79 |

注：1984年10月停测。

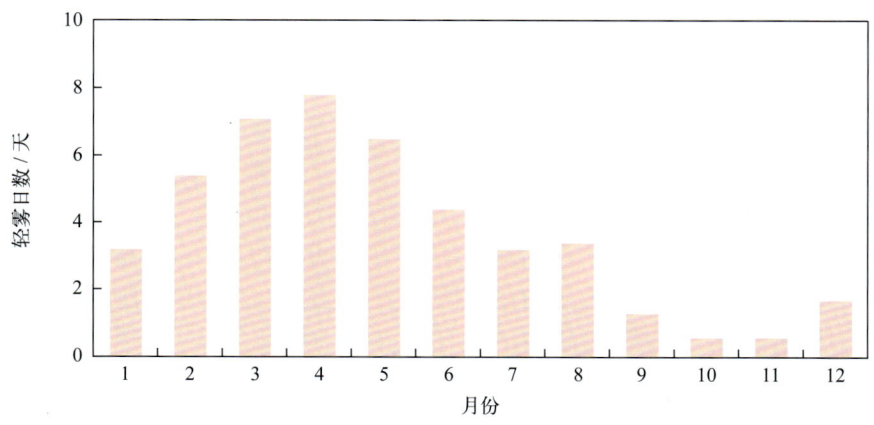

图5.6-3 轻雾日数年变化（1965—1984年）

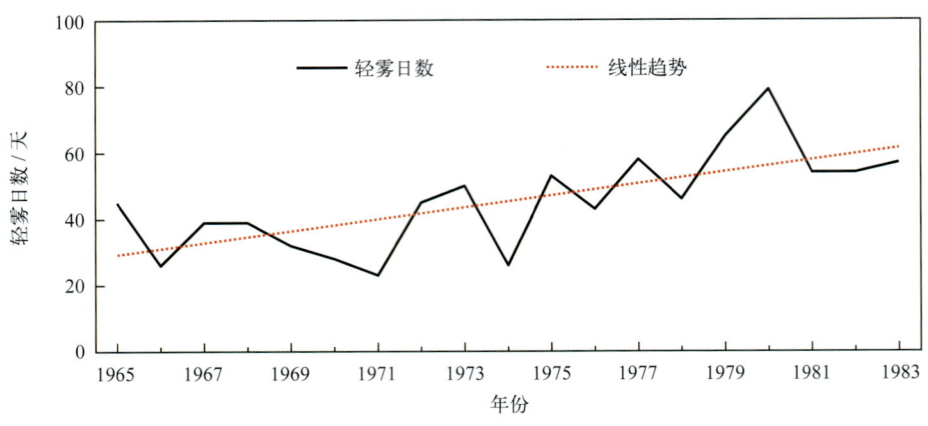

图5.6-4 1965—1983年轻雾日数变化

### 3. 雷暴

东山站雷暴日数的年变化见表5.6-3和图5.6-5。1960—1984年，平均年雷暴日数为37.7天。雷暴主要出现在3—9月，其中8月最多，平均日数为7.1天，1月未出现。雷暴最早初日为2月2日（1983年），最晚终日为12月29日（1981年）。月雷暴日数最多为15天，出现在1960年7月。

表5.6-3 雷暴日数年变化（1960—1984年） 单位：天

| | 1月 | 2月 | 3月 | 4月 | 5月 | 6月 | 7月 | 8月 | 9月 | 10月 | 11月 | 12月 | 年 |
|---|---|---|---|---|---|---|---|---|---|---|---|---|---|
| 平均雷暴日数 | 0.0 | 0.6 | 3.0 | 5.2 | 5.6 | 5.6 | 5.4 | 7.1 | 3.9 | 0.9 | 0.1 | 0.3 | 37.7 |
| 最多雷暴日数 | 0 | 9 | 14 | 14 | 11 | 12 | 15 | 11 | 9 | 6 | 1 | 2 | 60 |

注：1984年10月停测。

1960—1983年，年雷暴日数变化趋势不明显。1983年雷暴日数最多，为60天，1976年最少，为21天（图5.6-6）。

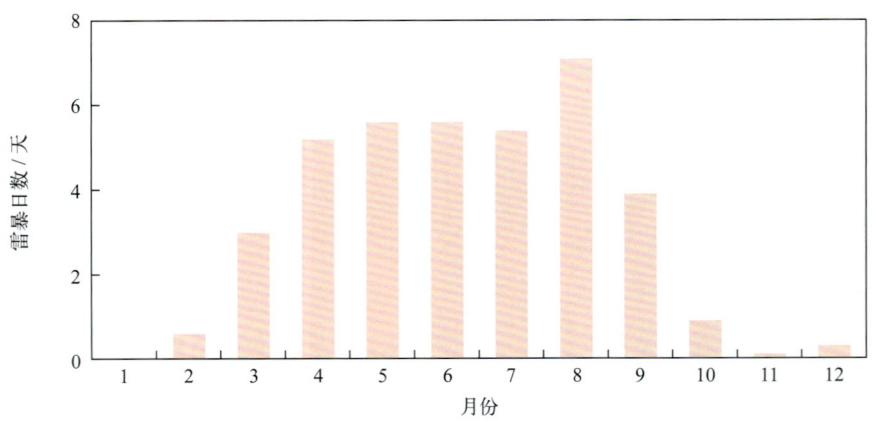

图5.6-5 雷暴日数年变化（1960—1984年）

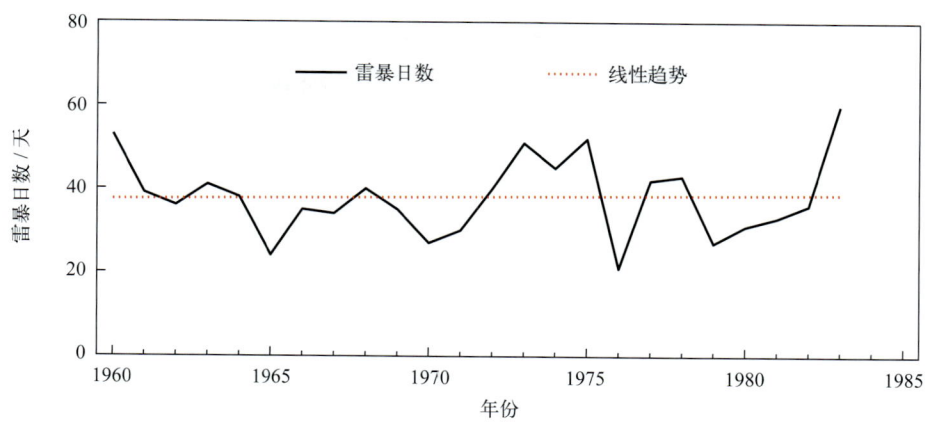

图5.6-6 1960—1983年雷暴日数变化

## 第七节 能见度

1965—1984年，东山站累年平均能见度为29.8千米。9月平均能见度最大，为33.0千米，4月最小，为25.8千米。能见度小于1千米的平均年日数为13.7天，4月最多，为3.8天，9月和11月未出现（表5.7-1，图5.7-1和图5.7-2）。

表5.7-1 能见度年变化（1965—1984年）

|  | 1月 | 2月 | 3月 | 4月 | 5月 | 6月 | 7月 | 8月 | 9月 | 10月 | 11月 | 12月 | 年 |
|---|---|---|---|---|---|---|---|---|---|---|---|---|---|
| 平均能见度/千米 | 27.9 | 27.2 | 26.0 | 25.8 | 28.1 | 30.3 | 32.7 | 31.9 | 33.0 | 32.7 | 32.5 | 30.0 | 29.8 |
| 能见度小于1千米平均日数/天 | 1.0 | 1.9 | 2.9 | 3.8 | 1.6 | 0.8 | 0.8 | 0.4 | 0.0 | 0.1 | 0.0 | 0.= | 13.7 |

注：1979—1981年数据缺测，1984年10月停测。

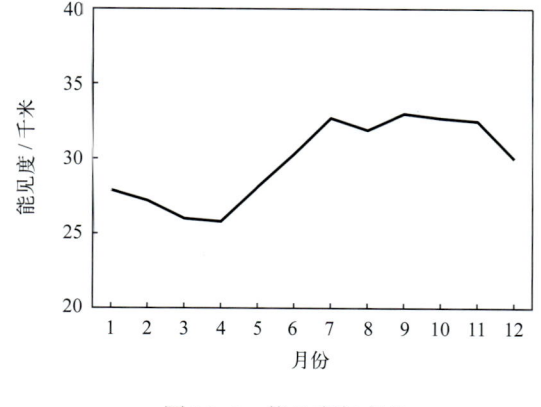

图5.7-1 能见度年变化

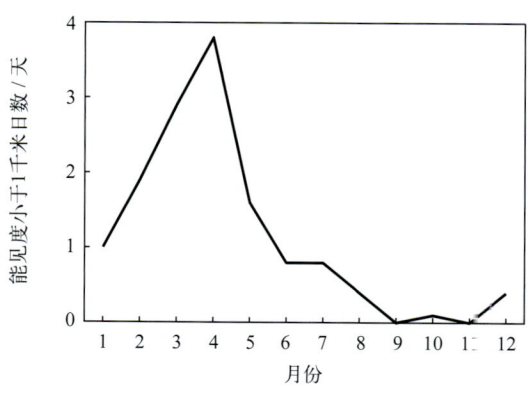

图5.7-2 能见度小于1千米日数年变化

历年平均能见度为24.2～32.4千米，1971年最高，1982年最低。能见度小于1千米的日数1983年最多，为22天，1971年最少，为5天（图5.7-3）。

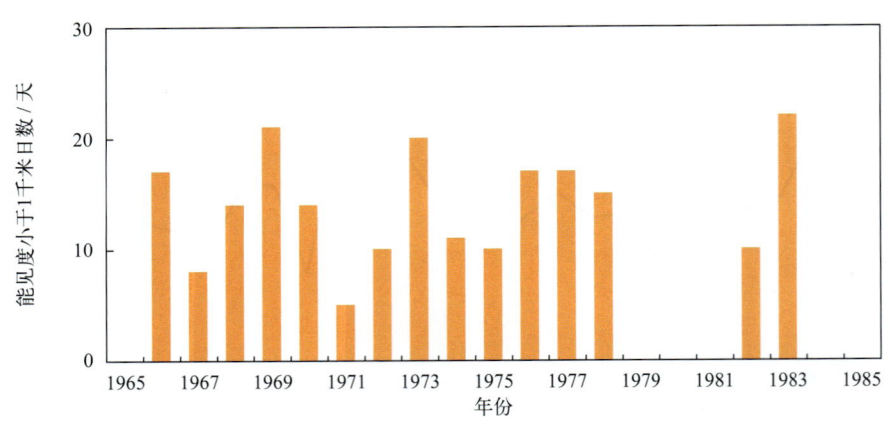

图5.7-3 能见度小于1千米年日数变化

## 第八节 云

1965—1984年，东山站累年平均总云量为5.0成，5月和6月平均总云量最多，均为6.1成，10月最少，为4.0成；累年平均低云量为3.2成，3月平均低云量最多，为4.7成，7月和8月最少，均为1.9成（表5.8-1，图5.8-1）。

表 5.8-1 总云量和低云量年变化（1965—1984 年）

|  | 1月 | 2月 | 3月 | 4月 | 5月 | 6月 | 7月 | 8月 | 9月 | 10月 | 11月 | 12月 | 年 |
| --- | --- | --- | --- | --- | --- | --- | --- | --- | --- | --- | --- | --- | --- |
| 平均总云量/成 | 4.6 | 5.6 | 5.8 | 6.0 | 6.1 | 6.1 | 4.9 | 4.9 | 4.3 | 4.0 | 4.1 | 4.1 | 5.0 |
| 平均低云量/成 | 3.4 | 4.5 | 4.7 | 4.3 | 4.1 | 3.5 | 1.9 | 1.9 | 2.1 | 2.2 | 2.4 | 2.8 | 3.2 |

注：1984年10月停测。

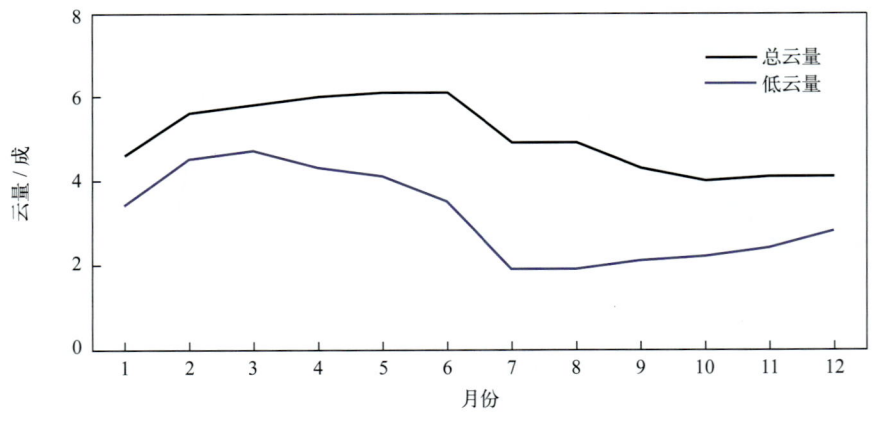

图5.8-1 总云量和低云量年变化（1965—1984年）

1965—1983年，年平均总云量变化趋势不明显，1975年最多，为5.6成，1971年最少，为4.2成（图5.8-2）；年平均低云量变化趋势不明显，1965年最多，为3.9成，1971年最少，为2.3成（图5.8-3）。

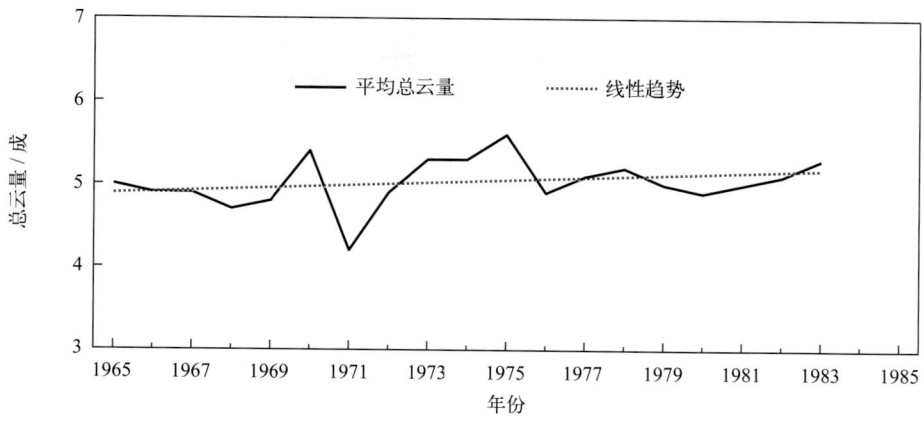

图5.8-2　1965—1983平均总云量变化

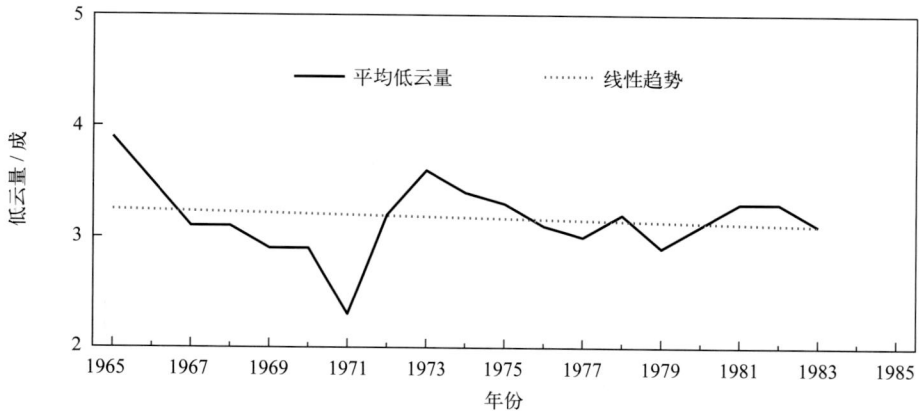

图5.8-3　1965—1983年平均低云量变化

# 第六章 海平面

## 1. 年变化

东山附近海域海平面年变化特征明显，7月最低，10月最高，年变幅为34厘米（图6-1），平均海平面在验潮基面上540厘米。

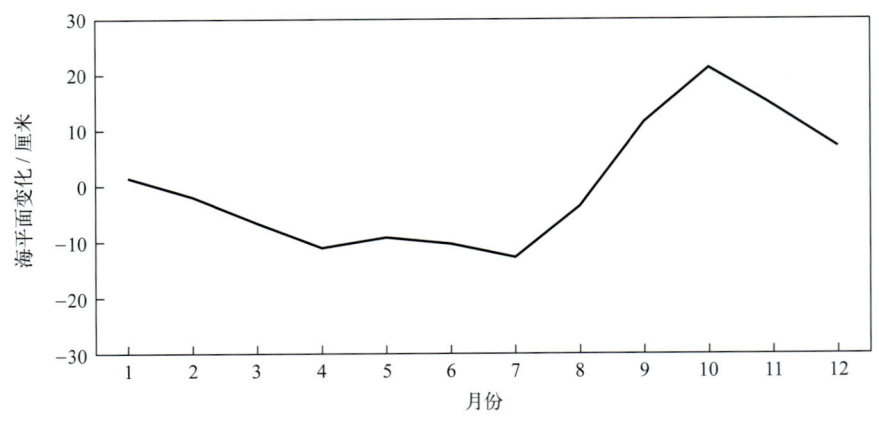

图6-1 海平面年变化（1960—2019年）

## 2. 长期趋势变化

东山附近海域海平面变化总体呈波动上升趋势。1960—2019年，东山附近海域海平面上升速率为1.8毫米/年；1993—2019年，上升速率为2.8毫米/年，低于同期中国沿海3.9毫米/年的平均水平。东山附近海域海平面在1965—1972年经历了一次低谷，其中1968年海平面为有观测记录以来的最低位，之后上升较快，在1974年达到了一次小高峰之后下降，1975—1997年海平面无明显趋势性变化，主要为年际波动，1998年起海平面快速上升，2000年前后达到高峰，为有观测记录以来的第三位，之后略有下降，但仍在高位振荡，2016年达到有观测记录以来的最高位。

东山附近海域十年平均海平面总体呈阶梯上升。1960—1969年，十年平均海平面处于近60年来的最低位；1970—1979年较1960—1969年略有上升，1980—1989年平均海平面与1970—1979年基本持平；1990—1999年平均海平面较1980—1989年高约25毫米，之后的两个十年呈梯度上升，2000—2009年较1990—1999年高36毫米；2010—2019年平均海平面处于近60年来的最高位，比2000—2009年高18毫米，比1960—1969年高88毫米（图6-2）。

## 3. 周期性变化

1960—2019年，东山附近海域海平面有准2年、7年、11年、15年和30~40年的显著变化周期，振荡幅度为1~2厘米。30~40年的周期变化反映了海平面对长期气候变化的响应。1974年和2000年前后海平面处于各显著周期振荡的高位，几个主要周期性振荡高位叠加，抬高了同时段海平面的高度（图6-3）。

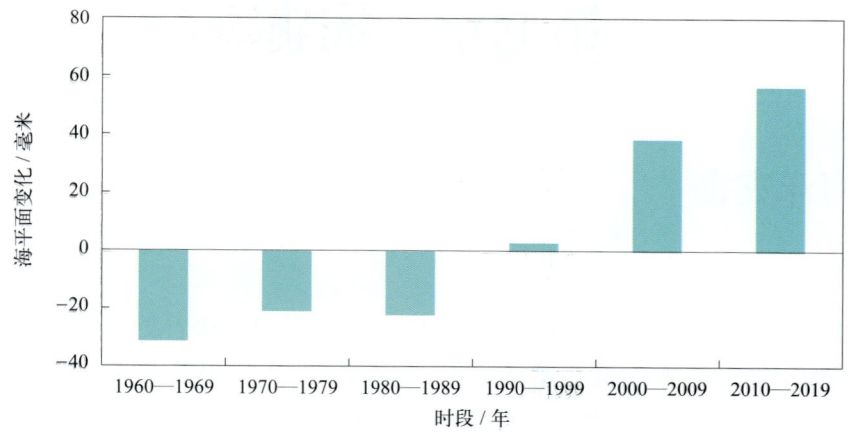

图6-2　十年平均海平面变化

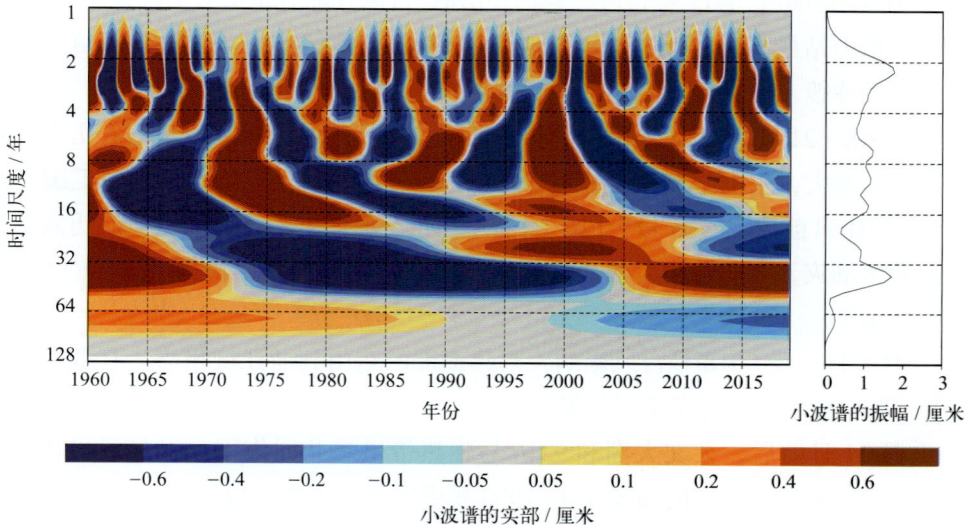

图6-3　年均海平面的小波（wavelet）变换

# 第七章 灾害

## 第一节 海洋灾害

### 1. 风暴潮

1956年9月3日前后，5622号台风登陆福建长乐，登陆时正遇农历七月廿九日天文大潮期，在霞浦至长乐沿海引发较大潮灾，东山站最大增水超过0.5米（《中国海洋灾害四十年资料汇编》）。

1961年9月12日前后，6122号台风登陆福建晋江，正遇农历八月初三天文大潮期，引发较大潮灾，东山站最高潮位超过当地警戒潮位。福建省受灾农田494万亩，船只损失1 900条，水利工程损失9 000处，房屋倒塌9 000间，伤亡1 085人（《中国海洋灾害四十年资料汇编》）。

1969年9月27日前后，6911号台风影响福建沿海，台风登陆时正值农历八月十六天文潮大潮，引发严重潮灾，东山站最高潮位超过当地警戒潮位。福建沿海受淹农田746.4万亩。晋江沿海海堤大部分被台风潮冲毁，伤亡7 770人（《中国海洋灾害四十年资料汇编》）。

1974年8月18—21日，7413号台风登陆浙江椒江市三门县，登陆时正值农历七月初三天文大潮期，引发特大潮灾，东山站最大增水超过0.5米（《中国海洋灾害四十年资料汇编》）。

1977年7月31日前后，7705号台风影响福建福州至厦门一带，其间正值农历六月十七天文大潮期，引发较大潮灾，东山站最大增水超过0.5米，最高潮位超过当地警戒潮位（《中国海洋灾害四十年资料汇编》）。

1990年9月8日，受9018号台风影响，福建南部的东山到浙江杭州湾，有多个验潮站超过当地警戒潮位（《1990年中国海洋灾害公报》）。

1992年8月31日前后，天文大潮和9216号强热带风暴共同作用，引起了92特大风暴潮，福建省东山站出现了破历史纪录的高潮位（《1992年中国海洋灾害公报》）。

1994年8月20—21日，风暴潮袭击了福建沿海，发生了较大的风暴潮灾害，东山站最高潮位多次超过当地警戒水位；10月9—10日，台风引发的风暴潮影响了福建省沿海，东山站最高潮位超过当地警戒水位（《1994年中国海洋灾害公报》）。

1996年7月31日至8月1日，台风引发的风暴潮影响福建沿海期间，东山站最高潮位突破历史纪录，沿海地区不同程度受灾（《1996年中国海洋灾害公报》）。

1999年10月9日，台风引发的风暴潮正面袭击福建沿海，漳州市受灾人口145.7万人，淹没农田85 100公顷，损坏房屋1.3万间，死亡（含失踪）14人，损坏船只646艘，直接经济损失7.7亿元。东山站潮位超过当地警戒潮位，水产养殖损失惨重（《1999年中国海洋灾害公报》）。

2002年9月7日前后，0216号台风"森拉克"引发风暴潮，影响福建沿海，从福建东山到上海高桥沿海有近20个验潮站超过当地警戒水位（《2002年中国海洋灾害公报》）。

2005年8月1日，0510号强热带风暴"珊瑚"影响期间，福建省沿海最大增水出现在东山站，达105厘米；9月1日前后，受0513号台风"泰利"引发的风暴潮影响，漳州地区部分农作物、海水养殖受损，房屋倒塌，防潮堤损毁；10月2日，0519号台风"龙王"引发风暴潮影响漳州沿海，造成农作物、水产养殖受损，房屋、海塘损毁（《2005年中国海洋灾害公报》）。

2009年8月9日，0908号台风"莫拉克"影响福建沿海期间，形成大范围、长时间的风暴潮增水，恰逢天文大潮，福建长乐市白岩潭站最高水位超过警戒水位88厘米，造成部分岸段堤防损毁，160多万人受灾，直接经济损失近20亿元（《2009年中国海平面公报》）。

2011年8月31日，超强台风"南玛都"在福建晋江登陆，恰逢季节性高海平面和天文大潮期，给福建沿海带来较大损失，导致近60万人受灾，经济损失超5亿元（《2011年中国海平面公报》）。

2013年9月22日前后，1319号台风"天兔"影响福建沿海，东山站最高潮位超过当地红色警戒潮位14厘米，东山县宫前渔港防波堤损毁。10月7日前后，1323号台风"菲特"在福建省福鼎市沙埕镇沿海登陆，福建省东山站最高潮位超过当地黄色警戒潮位（《2013年中国海洋灾害公报》）。

2014年10月8—12日，东海沿海出现了一次较强的温带风暴潮过程，福建省东山站出现了达到当地橙色警戒潮位的高潮位。福建省直接经济损失0.52亿元（《2014年中国海洋灾害公报》）。

2015年8月8日前后，1513号台风"苏迪罗"在福建省莆田市秀屿区沿海登陆，福建省东山站最大增水110厘米（《2015年中国海洋灾害公报》）。

2016年9月16—19日，1616号台风"马勒卡"与南下冷空气配合影响福建省沿海。福建省东山站出现达到当地黄色警戒潮位的高潮位（《2016年中国海洋灾害公报》）。

2019年10月1日前后，1918号强热带风暴"米娜"影响福建沿海，福建省东山站最高潮位达到当地黄色警戒潮位（《2019年中国海洋灾害公报》）。

### 2. 海浪

1990年8月17日前后，受9012号台风影响，台湾省以东洋面形成狂浪区。从19日至21日3天时间里，台风浪与风暴潮共同影响，东山西埔湾海堤内外坡2 000多米崩塌、淘空，险情加剧（《中国海洋灾害四十年资料汇编》）。

1995年7月31日，受台风浪影响，漳州海域发生沉船和船只受损（《1995年中国海洋灾害公报》）。

2003年8月16日，福建漳州海域发生海浪灾害，1艘渔船沉没，1人死亡，经济损失10万元；10月5日，漳州海域海浪灾害导致1艘渔船沉没，4人死亡（含失踪），经济损失5万元（《2003年中国海洋灾害公报》）。

2004年8月21—26日，0418号台风"艾利"在台湾海峡形成4~10米台风浪，福建漳州渔业、水利设施受到影响（《2004年中国海洋灾害公报》）。

2005年8月11—13日，0510号热带风暴"珊瑚"引发台风浪，东山海水浴场实测最大波高2.8米（《2005年中国海洋灾害公报》）。

2006年2月20日，受冷空气浪影响，福建东山岛南10海里处发生"闽东渔957"渔船沉没，造成2人死亡（含失踪），经济损失35万元（《2006年中国海洋灾害公报》）。

2007年3月5日，受冷空气浪影响，"闽东渔东山1378"船在福建东山港外海域沉没，造成6人死亡（含失踪），经济损失202万元（《2007年中国海洋灾害公报》）。

2016年1月31日，受冷空气影响，东海部分海域出现了2.5~3.8米的大浪，造成1艘福建籍渔船在漳州市附近海域沉没，4人死亡（含失踪），直接经济损失200.00万元。12月2日，受冷空气影响，东海部分海域出现了2.5~3.0米的大浪，造成1艘福建籍渔船在漳州市附近海域沉没，7人死亡（含失踪），直接经济损失135.00万元（《2016年中国海洋灾害公报》）。

2017年10月14—15日，受1720号台风"卡努"和强冷空气共同影响，台湾海峡出现了4.0~6.0米的巨浪到狂浪，国家海洋局MF06004浮标实测东北风7~8级，最大有效波高5.7米，最大波高 8.1 米，造成 2 艘福建籍渔船分别在福建省平潭综合实验区和漳州市附近海域沉没，直接经济损失 205.00 万元，无人员死亡或失踪（《2017 年中国海洋灾害公报》）。

2019 年 12 月 5 日，受冷空气影响，台湾海峡、南海北部先后出现有效波高 5.0～7.0 米的巨浪到狂浪，造成 1 艘福建籍渔船在东山海域沉没，4 人死亡（含失踪），直接经济损失 1 200.00 万元（《2019 年中国海洋灾害公报》）。

### 3. 赤潮

1989 年监测结果表明，福建省东山海域发生过赤潮（《1989 年中国海洋灾害公报》）。

1998 年 3—5 月，福建漳州沿海发生赤潮，造成经济损失 5 000 多万元（《1998 年中国海洋灾害公报》）。

### 4. 海岸侵蚀

1994 年，由于大量开采海滩沙，福建省东山岛海岸严重后退，海岸防护林也遭严重破坏，其马銮湾和金銮湾已无海湾，涨潮时海水进入林区，大风时，东山岛风沙满天（《1994 年中国海洋灾害公报》）。

## 第二节　灾害性天气

根据《中国气象灾害大典·福建卷》（1949—2000 年）和《中国气象灾害年鉴》（2000 年后）记载，厦门站周边发生的主要灾害性天气有暴雨洪涝、大风（龙卷风）、冰雹、寒潮和霜冻。

### 1. 暴雨洪涝

1962 年 8 月 30 日至 9 月 1 日，受 6213 号台风影响，连江、云霄、诏安、东山等县内涝严重。

1968 年 9 月 28 日至 10 月 2 日，受 6814 号台风影响，福建沿海 4 个专区及龙岩专区南部出现 8 级以上大风，厦门、东山、平潭瞬时最大风速超过 40 米/秒，龙海、诏安、东山降水量均超过 200 毫米，东山最大，为 273 毫米。

1971 年 7 月 25—27 日，受 7115 号台风影响，福建省出现一次强降水过程，仙游、诏安和东山降水量分别达 153.9 毫米、155.2 毫米和 158.1 毫米，日雨量 100 毫米以上的有仙游 121.1 毫米和东山 149.5 毫米。

1979 年 6 月 29—30 日，漳州、长泰、漳浦、云霄、东山、诏安、松溪、永泰、德化等 9 个县市出现暴雨，东山日雨量为 129.9 毫米，云霄、东山、诏安 3 个县接连 2 天降暴雨。东山县 29 日 19—23 时不足 4 小时降雨量达 127.7 毫米，1 小时最大降雨量为 55.9 毫米，10 分钟最大降雨量 23 毫米。全县冲淹盐场 9.5 万亩，流失原盐 10 050 担，损坏桥梁 15 座，水渠决口 22 处长 450 米。

1980 年 7 月 9—10 日，受 8006 号台风影响，福建省各地先后降雨，日雨量以长汀的 155 毫米为最大，东山 121 毫米次之，过程雨量以长汀的 213 毫米为最大。长汀、南靖、东山、云霄 4 县发生洪涝。东山县早稻倒伏 2 000 多亩，西埔影院附近因高压电线杆被大风刮断，2 人触电死亡。

1983 年 6 月 16—20 日，福建省 30 个县市降暴雨，其中 10 个县降大暴雨，4 个县降特大暴雨。东山、武平、上杭 3 县日雨量分别为 245.1 毫米、233.7 毫米和 242.0 毫米，超过历史最高纪录。

1990 年 6 月 28 日 08 时到 7 月 1 日 08 时，受 9006 号台风影响，福建省有 27 个县市过程雨量超过50毫米，其中17个县市超过100毫米，5个县市超过200毫米，以东山的454毫米为最大。30日05时至08时，东山县的降水量达292毫米。东山县风强雨骤，约8.5千米长的35千伏高压输电线路被毁坏10处，造成停电60小时。

1992年8月16—19日，受9212号台风影响，福建省21个县市降暴雨，东山县连续5天降暴雨，其中3天降大暴雨，过程雨量497.4毫米，最大风力22米/秒，大风持续3天，全县芦笋受淹2万多亩，仅此项损失就价值700多万元，盐田受淹14万亩，流失原盐2 865吨，全县直接经济损失1 100万元。

1997年7月31日08时至8月4日08时，受9710号台风影响，福建南部的漳州、龙岩、泉州、厦门4地市普降暴雨，局部大暴雨。全省有44个县市过程雨量超过50毫米，其中大于100毫米的有23个县市，大于200毫米的有10个县市，以东山县的272毫米为最大。漳州市直接经济损失4.3亿元。

2009年6月20—23日，受0903号台风"莲花"影响，福建中南部沿海地区出现暴雨到大暴雨，其中东山、云霄、诏安和厦门的局部乡镇出现特大暴雨。全省11个县（市）的总雨量均超过100毫米，以东山县394.9毫米为最大。另外，据同期区域自动站统计，全省37个县（市）的133个测站雨量均大于100毫米，4个县（市）的9个测站雨量大于250毫米，以东山红旗水库的495.1毫米为最大。台风"莲花"造成福建47.5万人受灾，直接经济损失6.5亿元。

2013年9月20—23日，受1319号台风"天兔"影响，福建沿海最大风力8~11级，阵风10~11级，全省9个县降雨量均超过100毫米，日雨量有143站次超过100毫米。台风登陆时，恰逢年度天文高潮，风暴潮与天文潮叠加，全省沿海潮位普遍超警，其中东山站、旧镇站分别超过历史最高潮位25厘米和9厘米。

### 2. 大风和龙卷风

1952年9月1—9日，受5216号台风影响，东山县毁坏船只27条，死亡16人。

1957年9月14—15日，受5719号台风影响，福建沿海各地先后出现8级以上大风，东山、崇武最大瞬时风速超过40米/秒。东山县农作物受灾严重。

1959年9月11—12日，受5906号台风影响，福建整个沿海都先后出现8级大风，诏安、云霄风力达10~11级，瞬时风速以东山的40米/秒为最大。

1962年8月30日至9月1日，受6213号台风影响，福建沿海从北到南的大部分县市及龙岩专区的部分县先后出现8级以上大风，东山、崇武、三都瞬时风速达到或超过40米/秒。

1963年6月30日至7月1日，受6304号台风影响，福州市以南沿海各县市及龙溪、龙岩的部分县市出现8级以上大风，东山岛实测瞬时风速超过40米/秒。

1967年6月30日，受6702号台风影响，福州以南沿海地区出现8级以上大风，东山瞬时最大风速超过40米/秒。

1975年9月23日18时，7511号台风在福建省东山县登陆，21—23日，福建整个沿海从北到南先后出现8级以上大风，其中东山最大达12级以上，实测最大瞬时风速达39米/秒。

1979年7月31日至8月3日，受7908号台风影响，福建省沿海地区从北到南先后有35个县市出现大风，其中沿海风力达7~10级，阵风11~12级。8月2日，东山县海域风大浪凶，西埔湾围垦工程土石方被海浪卷走8万立方米，草袋被冲失23 000个，木材公司水渠闸门被冲垮，损失价值3 000元，倒塌房屋2间，早稻受灾160亩。

1980年9月18—19日，受8015号台风影响，东山10分钟平均最大风速48米/秒，为历史罕见，东山县防护林倒折12万株，海浪冲毁海堤9处（长1 050米），损坏船只68条，房屋倒塌106间，流失原盐937吨。

1983年4月9日08—10时，龙卷风从毗邻的诏安县移入东山县，龙卷风的范围不大，宽度只有数十米，但破坏力强。东山县受龙卷风和暴雨影响，灾情严重，淹没盐田14万多亩，原盐流失6 000吨，泥沙冲填鱼池1 200平方米；房屋倒塌185间，伤4人，水渠、海堤、水库不同程度地受损，船只损坏28艘。7月25—26日，受8304号台风影响，沿海各县市平均风力达9～11级，阵风12级以上，台风给南部地区带来较强降水，由于台风风力大，给闽南地区特别是漳州地区带来的损失是近百年来罕见的。东山县台风登陆前后出现阵风风速40米/秒的大风，树木被刮断，交通阻塞，大水进城，民房受淹。全县房屋受淹326间，林木毁坏26 767株，损失价值17万元，渔船碰坏150条。

1999年10月9日，受9914号台风影响，漳州市沿海普遍出现持续12级以上的大风，东山、龙海、长泰等县市的阵风风速分别达40米/秒、35米/秒和34米/秒。

2006年5月16—18日，受0601号台风"珍珠"影响，福建中南部沿海风力达10～13级，风速以东山县38米/秒为最大。中南部沿海地区的部分县（市）出现大暴雨到特大暴雨，全省有43个县（市）过程降雨量超过100毫米，其中有7个县（市）超过250毫米。台风"珍珠"在福建造成的降水强度和100毫米以上雨量的降水范围及沿海出现的强风均为历史上5月影响台风之冠。全省受灾人口315.5万人，死亡32人，直接经济损失38.0亿元，其中农业损失23.1亿元，水利损失6.1亿元。

### 3. 冰雹

1964年4月6日，浦城、光泽、崇安、永春、东山、诏安、连江等县降雹，共有78个大队受灾。

### 4. 寒潮和霜冻

1963年1月小寒至大寒两节气之间，受强冷空气频繁袭击，福建出现了3次明显的低温霜冻过程（1月6—10日、1月13—20日、1月25—29日）。以平潭、南安、厦门、云霄、东山一线为分界线，该线以西各地的极端最低气温为–9.6～–5℃，全省60%以上的县出现了有记录以来的最低值，降温范围之广，气温之低，实属历史罕见。东山、诏安、云霄等县越冬地瓜冻死12 700多亩，占种植面积的26.6%。

1987年4月13—14日，福建大部地区的极端最低气温为5～10℃，全省大部地区又出现3～5天的倒春寒天气，最南部的东山、漳浦2地也出现连续3天的日平均气温小于等于12℃的倒春寒天气。

# 东 海

# 第一章 概况

## 第一节 基本情况

东海是中国东部较为开阔的边缘海，西北接黄海，以长江口北角的启东嘴至韩国济州岛西南角之间的连线为界；东北以韩国济州岛东南端至日本福江岛与长崎半岛野母崎角连线，与朝鲜海峡为界，并经朝鲜海峡与日本海相通；东以日本九州、琉球群岛及我国台湾省连线与太平洋相隔；西濒我国上海市、浙江省和福建省；南至我国广东省南澳岛与台湾省南端鹅銮鼻连线与南海相通。

东海海底地形西北高、东南低，由西北向东南倾斜，海区平均水深约370米，最大深度约2 940米。东海大陆架是世界上最宽的陆架之一，东北与朝鲜海峡相连，西南与南海大陆架相接，具有北宽南窄和北缓南陡的特点，平均水深约72米。东海近岸浅水区主要为细砂沉积和泥质沉积，砾石很少。泥质沉积主要分布在长江水下三角洲、杭州湾、舟山群岛至浙江近岸地区。粉砂质黏土沉积物主要分布在杭州湾以南的浙、闽海岸外，呈北宽南窄的带状分布。东海海面上岛屿星罗棋布，沿海优良港口众多，同时蕴藏着丰富的石油、天然气等矿产和渔业资源，具有重要的经济、政治和军事战略价值。

东海沿海主要包含引水船、大戢山、金山嘴、嵊山、滩浒、岱山（长涂）、镇海、石浦、大陈、坎门、南麂、台山、三沙、北礵、北茭、平潭、崇武、厦门和东山等海洋站，其中引水船站、金山嘴站已撤销，各站分布情况如图1.1-1所示。

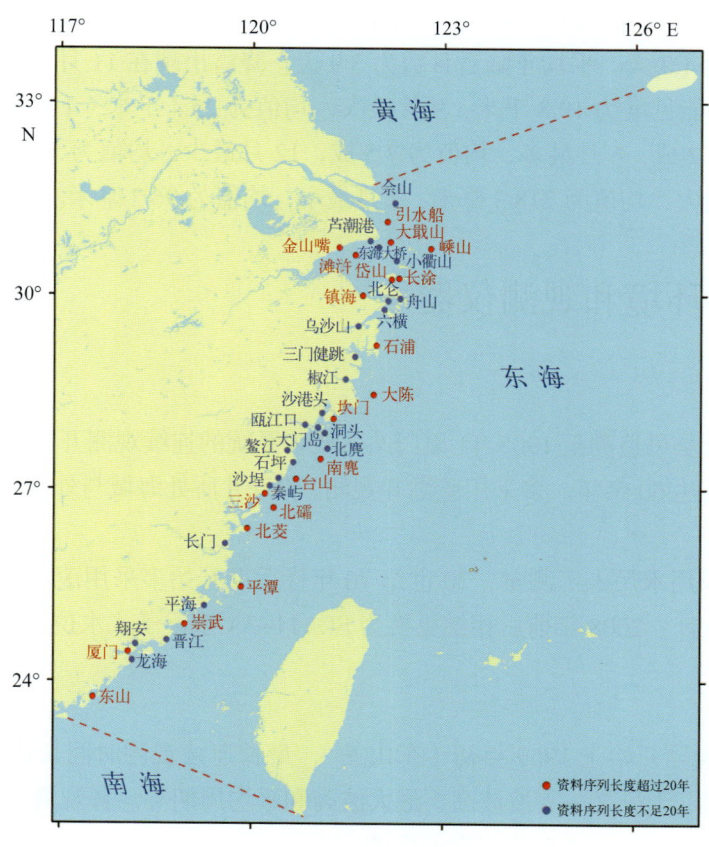

图1.1-1 东海区海洋站地理位置示意

东海沿海多为正规半日潮，杭州湾东南部、舟山群岛西南部和福建南部海域为不正规半日潮。海平面年变化区域特征明显，年变幅北大南小，高、低值出现时间由北向南推迟。平均潮差从长江口至福建北部（杭州湾除外）沿海总体呈增大趋势，福建中部至南部沿海总体呈减小趋势；杭州湾西北部沿海平均潮差最大，超过630厘米；福建北部沿海次之，超过550厘米；福建南部沿海和舟山附近部分海域平均潮差较小，不足250厘米。全年海况以0～4级为主，年均平均波高为0.7～1.3米，年均平均周期为3.8～5.2秒，历史最大波高极大值出现在嵊山站，为17.0米，历史平均周期极大值出现在平海站，为20.4秒。年均表层海水温度总体呈现南高北低的分布特征；月均表层海水温度8月最高，均值为27.4℃，2月最低，均值为9.6℃；历史水温最高值出现在镇海站，为34.2℃，历史水温最低值出现在引水船站，为1.4℃。年均表层海水盐度总体呈现河口较低，远离河口较高的分布特征；东海沿海盐度季节变化复杂；历史盐度极大值出现在嵊山站，为36.90，历史盐度极小值出现在引水船站，为0.1。海发光主要为火花型，8月海发光出现频率最高，均值为78.6%，2月最低，均值为33.4%，1级海发光最多，出现的最高级别为4级。

东海沿海平均气温为18.1℃，8月最高，均值为27.7℃，1月和2月最低，均为8.6℃；历史最高气温出现在镇海站，为41.7℃，历史最低气温出现在金山嘴站，为-10.1℃。平均海平面气压为1 015.7百帕，1月最高，均值为1 024.6百帕，7月最低，均值为1 006.0百帕。平均相对湿度为80.2%，6月最大，均值为89.3%，12月最小，均值为71.9%。平均风速为5.9米/秒，11月和12月最大，均为6.7米/秒，5月最小，均值为5.0米/秒，1月盛行风向为NNW—ENE（顺时针，下同），4月盛行风向为N—ENE，7月盛行风向为SSE—SW，10月盛行风向为N—ENE。平均年降水量为1 193.9毫米，6月最多，均值为192.9毫米，占全年的16.2%。平均年雾日数为40.9天，4月最多，均值为8.8天，9月最少，均值为0.3天。平均年雷暴日数为26.8天，8月最多，均值为4.3天，1月最少，均值为0.1天。平均年霜日数为3.0天，霜出现在10月至翌年4月，1月霜日数最多，均值为1.3天。平均年降雪日数为3.9天，降雪出现在11月至翌年4月，2月最多，均值为1.5天。平均能见度为19.8千米，9月最大，均值为25.4千米，4月最小，均值为15.2千米。平均总云量为6.2成，6月最多，均值为7.5成，12月最少，均值为5.3成。平均年蒸发量为1 812.9毫米，7月最大，均值为218.3毫米，2月最小，均值为96.2毫米。

## 第二节　观测环境和观测仪器

### 1. 潮汐

东海潮汐观测最早可追溯至1905年（厦门站），较为系统的连续观测开始于20世纪50年代末，最长连续观测时间长达60余年。多采用验潮井观测，验潮井所处海域与外海通畅，水流相对平稳，淤积情况较少。

观测初期主要采用水尺人工测量，20世纪70年代后期开始多采用滚筒式验潮仪，2001年前后更换为浮子式水位计，2008年前后相继更换为SCA11-3A型浮子式水位计。

### 2. 海浪

东海海浪观测最早开始于1959年初（东山站），最长连续观测时间长达60余年，观测要素有海况、波型、波向、十分之一大波波高、最大波高和平均周期等。各观测点区域开阔度均较好，个别站点部分方向的观测受到地形等因素的影响。

观测初期主要为目测和使用光学测波仪，2002年后，部分站点使用浮标。2019年前后，有6个站点主要使用浮标，部分站点同时使用光学测波仪进行补充观测。

### 3. 表层海水温度、盐度和海发光

东海表层海水温度和盐度观测最早开始于1953年（厦门站），最长连续观测时间长达60余年。水温、盐度和海发光观测多位于同一观测点。多数测点与外海水交换通畅，部分站点受到径流、生物附着等影响。

观测初期多采用SWL1-1型水温表测量海表水温，采用比重计、氯度滴定法、感应式盐度计和电导率仪测定海表盐度。2002年后多数站点陆续采用水文气象自动观测系统配合温盐传感器。海发光为每日天黑后人工目测。

### 4. 气象要素

东海气象观测最早开始于1950年（金山嘴站）（资料起始时间为1960年前后），主要观测气温、气压、相对湿度、风、能见度、降水、云和天气现象等。1995年7月后，取消了云和除雾外的天气现象观测。多数站点观测场视野开阔，周围无遮挡，少数站点受周边山体和建筑物等影响。

观测初期使用的仪器主要包括干湿球温度表、DWJ1型双簧片温度计、DHJ1型毛发相对湿度计、福丁式气压表、动槽式水银气压表、DYJ1型气压自记仪、维尔达测风仪、EL型电接风向风速计、XZA2-1型自动测风仪和雨量筒等。2002年后逐步更新为水文气象自动观测系统配合各要素传感器，传感器主要有HMP155型和HMP45A型温湿度传感器、270型和278型气压传感器、XFY3-1型和05103型风传感器、SL3-1型雨量传感器，以及CJY-1型和PWD20型能见度仪。

# 第二章　潮位

## 第一节　潮汐

### 1. 潮汐类型

东海沿海多为正规半日潮，杭州湾东南部、舟山群岛西南部和福建南部海域为不正规半日潮（表2.1-1）。

表2.1-1　东海沿海各站潮汐类型

| 序号 | 站名 | 潮汐系数 | 潮汐类型 | 序号 | 站名 | 潮汐系数 | 潮汐类型 | 序号 | 站名 | 潮汐系数 | 潮汐类型 |
|---|---|---|---|---|---|---|---|---|---|---|---|
| 1 | 佘山 | 0.34 | 正规半日潮 | 19 | 镇海 | 0.55 | 不正规半日潮 | 37 | 渔寮 | 0.28 | 正规半日潮 |
| 2 | 引水船 | 0.36 | 正规半日潮 | 20 | 北仑 | 0.47 | 正规半日潮 | 38 | 沙埕 | 0.27 | 正规半日潮 |
| 3 | 芦潮港 | 0.31 | 正规半日潮 | 21 | 乌沙山 | 0.35 | 正规半日潮 | 39 | 秦屿 | 0.27 | 正规半日潮 |
| 4 | 金山嘴 | 0.31 | 正规半日潮 | 22 | 松兰山 | 0.39 | 正规半日潮 | 40 | 三沙 | 0.27 | 正规半日潮 |
| 5 | 乍浦 | 0.22 | 正规半日潮 | 23 | 石浦 | 0.34 | 正规半日潮 | 41 | 白马 | 0.22 | 正规半日潮 |
| 6 | 澉浦 | 0.19 | 正规半日潮 | 24 | 三门健跳 | 0.39 | 正规半日潮 | 42 | 漳湾 | 0.22 | 正规半日潮 |
| 7 | 滩浒 | 0.32 | 正规半日潮 | 25 | 椒江 | 0.27 | 正规半日潮 | 43 | 北礵 | 0.28 | 正规半日潮 |
| 8 | 大戢山 | 0.35 | 正规半日潮 | 26 | 头门 | 0.32 | 正规半日潮 | 44 | 北茭 | 0.26 | 正规半日潮 |
| 9 | 东海大桥 | 0.33 | 正规半日潮 | 27 | 大陈 | 0.33 | 正规半日潮 | 45 | 长门 | 0.23 | 正规半日潮 |
| 10 | 嵊山 | 0.38 | 正规半日潮 | 28 | 石塘 | 0.32 | 正规半日潮 | 46 | 平潭 | 0.27 | 正规半日潮 |
| 11 | 小衢山 | 0.38 | 正规半日潮 | 29 | 沙港头 | 0.26 | 正规半日潮 | 47 | 秀屿 | 0.26 | 正规半日潮 |
| 12 | 大衢山 | 0.41 | 正规半日潮 | 30 | 坎门 | 0.28 | 正规半日潮 | 48 | 崇武 | 0.28 | 正规半日潮 |
| 13 | 岱山 | 0.49 | 正规半日潮 | 31 | 瓯江口 | 0.25 | 正规半日潮 | 49 | 晋江 | 0.30 | 正规半日潮 |
| 14 | 西码头 | 0.51 | 不正规半日潮 | 32 | 大门岛 | 0.27 | 正规半日潮 | 50 | 翔安 | 0.31 | 正规半日潮 |
| 15 | 长白 | 0.49 | 正规半日潮 | 33 | 洞头 | 0.28 | 正规半日潮 | 51 | 厦门 | 0.32 | 正规半日潮 |
| 16 | 金塘 | 0.52 | 不正规半日潮 | 34 | 北麂 | 0.30 | 正规半日潮 | 52 | 龙海 | 0.34 | 正规半日潮 |
| 17 | 舟山 | 0.45 | 正规半日潮 | 35 | 鳌江 | 0.23 | 正规半日潮 | 53 | 东山 | 0.54 | 不正规半日潮 |
| 18 | 六横 | 0.43 | 正规半日潮 | 36 | 石砰 | 0.28 | 正规半日潮 | 54 | 赤石 | 0.73 | 不正规半日潮 |

注1：潮汐系数为$K_1$、$O_1$分潮振幅之和与$M_2$分潮振幅比值，潮汐系数小于等于0.5时为正规半日潮，潮汐系数大于0.5且小于等于2.0时为不正规半日潮，潮汐系数大于2.0且小于等于4.0时为不正规日潮，潮汐系数大于4.0时为正规日潮。

注2：表中除国家海洋站外还包括省级海洋站和水利部水文站。

注3：岱山站的结果为长涂站和岱山站数据综合统计得到，1960—2001年为长涂站数据，2003—2019年为岱山站数据，下同。

东海沿海$M_2$分潮振幅和迟角长期变化趋势区域特征明显，不同时段变化速率存在差异。杭州湾沿海$M_2$分潮振幅增速最大，其中镇海站为7.42毫米/年（1988—2019年），滩浒站为6.08

毫米/年（1978—2019 年）；福建沿海 $M_2$ 分潮振幅增速多为 1.00～2.00 毫米/年；浙江中部沿海 $M_2$ 分潮振幅呈减小趋势，其中大陈站减小速率为 1.22 毫米/年（1980—2019 年），坎门站减小速率为 0.38 毫米/年（1959—2019 年）。舟山群岛沿海 $M_2$ 分潮迟角呈增大趋势，其中岱山站增大速率为 0.14°/年（1960—2019 年），嵊山站增大速率为 0.08°/年（1996—2019 年）；杭州湾北部沿海 $M_2$ 分潮迟角减小趋势明显，其中滩浒站减小速率为 0.22°/年（1978—2019 年），金山嘴站减小速率为 0.15°/年（1967—1990 年）；浙江中部与福建沿海 $M_2$ 分潮迟角减小速率多为 0.05°～0.24°/年（表 2.1-2）。各站 $M_2$ 分潮振幅和迟角变化详细情况见各站具体章节。

表 2.1-2　东海沿海各站 $M_2$ 分潮振幅和迟角变化速率

| 序号 | 站名 | 时段/年 | 振幅/（毫米·年$^{-1}$） | 迟角/[（°）·年$^{-1}$] |
|---|---|---|---|---|
| 1 | 大戢山 | 1978—2019 | 2.20 | -0.06 |
| 2 | 金山嘴 | 1967—1990 | 3.78 | -0.15 |
| 3 | 嵊　山 | 1996—2019 | -0.50 | 0.08 |
| 4 | 滩　浒 | 1978—1984、1986—2019 | 6.08 | -0.22 |
| 5 | 岱　山 | 1960—2019 | 0.47 | 0.14 |
| 6 | 镇　海 | 1988—2019 | 7.42 | -0.02 |
| 7 | 石　浦 | 1999—2019 | -5.08 | -0.14 |
| 8 | 大　陈 | 1980—2019 | -1.22 | -0.07 |
| 9 | 坎　门 | 1959—2019 | -0.38 | -0.08 |
| 10 | 三　沙 | 1966—2019 | 1.07 | -0.11 |
| 11 | 平　潭 | 1967—2019 | 1.18 | -0.05 |
| 12 | 崇　武 | 2003—2019 | — | -0.24 |
| 13 | 厦　门 | 1958—2019 | 1.62 | -0.07 |
| 14 | 东　山 | 1960—2019 | 1.20 | -0.08 |

注：引水船站、北礵站和北茭站数据时段较短，未在表中列出。
"—"表示变化趋势未通过显著性检验。

东海沿海 $K_1$ 分潮振幅在杭州湾北部和长江口东南部沿海呈明显减小趋势，其中金山嘴站减小速率为 0.86 毫米/年（1967—1990 年），滩浒站减小速率为 0.32 毫米/年（1978—2019 年），大戢山站减小速率为 0.11 毫米/年（1978—2019 年）；浙江中部至福建北部沿海 $K_1$ 分潮振幅呈增大趋势，其中三沙站增大速率为 0.09 毫米/年（1966—2019 年）。$K_1$ 分潮迟角多呈减小趋势，其中镇海站减小速率为 0.14°/年（1988—2019 年），石浦站减小速率为 0.13°/年（1999—2019 年）。各站 $K_1$ 分潮振幅和迟角变化详细情况见各站具体章节。

东海沿海 $O_1$ 分潮振幅在杭州湾北部和长江口东南部沿海呈明显减小趋势，其中滩浒站减小速率为 0.41 毫米/年（1978—2019 年），金山嘴站减小速率为 0.33 毫米/年（1967—1990 年）；福建北部沿海 $O_1$ 分潮振幅呈增大趋势，其中三沙站增大速率为 0.08 毫米/年（1966—2019 年）。$O_1$ 分潮迟角多呈减小趋势，其中镇海站减小速率为 0.08°/年（1988—2019 年），石浦站减小速率为 0.07°/年（1999—2019 年）。各站 $O_1$ 分潮振幅和迟角变化详细情况见各站具体章节。

## 2. 潮汐特征值

东海沿海各站累年各月潮汐特征值见表2.1-3、表2.1-4和表2.1-5。

东海沿海各站平均高潮位和平均低潮位的最高值多出现在9月和10月，其中长江口至浙江中部（石塘站）沿海多出现在9月，浙江南部（瓯江口站）至福建南部沿海多出现在10月。长江口至浙江中部（石塘站）沿海各站平均高潮位的最低值多出现在1月和2月，浙江南部（瓯江口站）至福建南部沿海多出现在4月；长江口、杭州湾与舟山群岛沿海平均低潮位的最低值多出现在2月和3月，浙江北部（石浦站）至福建中部（平潭站）沿海多出现在3月，福建中南部（崇武站以南）沿海多出现在7月。东海沿海各站平均高潮位年较差为31～66厘米，北部沿海平均高潮位年较差总体大于南部沿海，湾内和感潮河段总体大于外部开阔海域，如杭州湾西北部的澉浦站和长江口的引水船站分别达66厘米和62厘米。东海沿海各站平均低潮位年较差为19～38厘米，其中长江口沿海最大，引水船站达38厘米；舟山群岛和北麂列岛沿海次之，其中嵊山站、大衢山站和北麂站均为37厘米；杭州湾西北部和闽江口沿海最小，不足20厘米（表2.1-3和表2.1-4）。

表2.1-3　东海沿海各站各月平均高潮位　　　　　　　　　　　　　　　　　单位：厘米

| 序号 | 站名 | 1月 | 2月 | 3月 | 4月 | 5月 | 6月 | 7月 | 8月 | 9月 | 10月 | 11月 | 12月 | 年 | 年较差 |
|---|---|---|---|---|---|---|---|---|---|---|---|---|---|---|---|
| 1 | 佘山 | 386 | 388 | 391 | 395 | 398 | 406 | 408 | 422 | 429 | 421 | 401 | 389 | 403 | 43 |
| 2 | 引水船 | 303 | 303 | 319 | 328 | 331 | 341 | 352 | 365 | 363 | 350 | 328 | 308 | 333 | 62 |
| 3 | 芦潮港 | 357 | 356 | 363 | 368 | 377 | 388 | 390 | 400 | 405 | 399 | 377 | 362 | 379 | 49 |
| 4 | 金山嘴 | 346 | 347 | 353 | 360 | 372 | 383 | 389 | 396 | 400 | 389 | 371 | 353 | 372 | 54 |
| 5 | 乍浦 | 282 | 285 | 294 | 303 | 314 | 323 | 329 | 337 | 340 | 328 | 308 | 289 | 311 | 58 |
| 6 | 澉浦 | 350 | 351 | 358 | 367 | 374 | 391 | 399 | 413 | 416 | 402 | 380 | 359 | 380 | 66 |
| 7 | 滩浒 | 526 | 526 | 532 | 538 | 546 | 555 | 560 | 571 | 577 | 566 | 548 | 533 | 548 | 51 |
| 8 | 大戢山 | 388 | 390 | 396 | 399 | 403 | 409 | 413 | 425 | 431 | 421 | 404 | 391 | 406 | 43 |
| 9 | 东海大桥 | 233 | 230 | 236 | 241 | 246 | 256 | 262 | 269 | 277 | 269 | 248 | 235 | 250 | 47 |
| 10 | 嵊山 | 347 | 363 | 368 | 370 | 373 | 378 | 382 | 390 | 396 | 388 | 374 | 364 | 374 | 49 |
| 11 | 小衢山 | 164 | 163 | 166 | 169 | 171 | 179 | 183 | 191 | 200 | 194 | 175 | 163 | 177 | 37 |
| 12 | 大衢山 | 392 | 392 | 393 | 391 | 395 | 406 | 413 | 406 | 432 | 428 | 399 | 389 | 403 | 43 |
| 13 | 岱山 | 375 | 375 | 377 | 377 | 381 | 388 | 390 | 400 | 409 | 403 | 389 | 378 | 387 | 34 |
| 14 | 西码头 | 615 | 616 | 615 | 617 | 621 | 631 | 632 | 631 | 648 | 645 | 620 | 610 | 625 | 38 |
| 15 | 长白 | 358 | 359 | 358 | 360 | 362 | 374 | 383 | 382 | 400 | 397 | 371 | 360 | 372 | 42 |
| 16 | 金塘 | 339 | 339 | 339 | 341 | 347 | 357 | 365 | 362 | 384 | 380 | 354 | 342 | 354 | 45 |
| 17 | 舟山 | 391 | 391 | 392 | 393 | 398 | 406 | 407 | 418 | 428 | 422 | 403 | 393 | 404 | 37 |
| 18 | 六横 | 409 | 409 | 410 | 411 | 416 | 425 | 428 | 438 | 448 | 443 | 423 | 412 | 423 | 39 |
| 19 | 镇海 | 302 | 301 | 303 | 303 | 308 | 317 | 320 | 331 | 342 | 333 | 316 | 306 | 315 | 41 |
| 20 | 北仑 | 374 | 374 | 374 | 374 | 379 | 389 | 391 | 402 | 412 | 406 | 386 | 376 | 386 | 38 |
| 21 | 乌沙山 | 552 | 554 | 556 | 560 | 566 | 576 | 580 | 594 | 601 | 593 | 568 | 555 | 571 | 49 |

续表

| 序号 | 站名 | 1月 | 2月 | 3月 | 4月 | 5月 | 6月 | 7月 | 8月 | 9月 | 10月 | 11月 | 12月 | 年 | 年较差 |
|---|---|---|---|---|---|---|---|---|---|---|---|---|---|---|---|
| 22 | 松兰山 | 454 | 450 | 455 | 455 | 458 | 467 | 469 | 477 | 495 | 486 | 463 | 452 | 465 | 45 |
| 23 | 石浦 | 461 | 460 | 463 | 464 | 468 | 475 | 476 | 489 | 501 | 493 | 476 | 465 | 474 | 41 |
| 24 | 三门健跳 | 590 | 590 | 593 | 594 | 600 | 608 | 611 | 623 | 631 | 628 | 606 | 594 | 606 | 41 |
| 25 | 椒江 | 409 | 406 | 409 | 410 | 418 | 428 | 428 | 440 | 450 | 446 | 424 | 414 | 424 | 44 |
| 26 | 头门 | 431 | 427 | 426 | 429 | 435 | 440 | 446 | 454 | 467 | 461 | 442 | 434 | 441 | 41 |
| 27 | 大陈 | 467 | 466 | 469 | 468 | 471 | 476 | 475 | 490 | 501 | 498 | 484 | 471 | 478 | 35 |
| 28 | 石塘 | 576 | 570 | 572 | 570 | 577 | 582 | 586 | 594 | 611 | 607 | 586 | 582 | 584 | 41 |
| 29 | 沙港头 | 360 | 357 | 357 | 356 | 361 | 368 | 368 | 381 | 392 | 396 | 376 | 367 | 370 | 40 |
| 30 | 坎门 | 582 | 580 | 581 | 581 | 584 | 588 | 587 | 600 | 614 | 612 | 598 | 587 | 591 | 34 |
| 31 | 瓯江口 | 377 | 373 | 375 | 371 | 377 | 384 | 384 | 400 | 409 | 412 | 392 | 384 | 387 | 41 |
| 32 | 大门岛 | 333 | 329 | 329 | 326 | 332 | 337 | 337 | 351 | 363 | 366 | 347 | 340 | 341 | 40 |
| 33 | 洞头 | 564 | 560 | 560 | 558 | 562 | 568 | 567 | 579 | 595 | 598 | 578 | 571 | 572 | 40 |
| 34 | 北麂 | 405 | 400 | 401 | 399 | 397 | 404 | 406 | 408 | 428 | 435 | 414 | 412 | 409 | 38 |
| 35 | 鳌江 | 451 | 450 | 450 | 450 | 453 | 459 | 456 | 471 | 485 | 487 | 469 | 459 | 462 | 37 |
| 36 | 石砰 | 416 | 413 | 413 | 411 | 414 | 418 | 416 | 430 | 445 | 450 | 431 | 423 | 423 | 39 |
| 37 | 渔寮 | 387 | 384 | 384 | 382 | 385 | 389 | 386 | 402 | 417 | 422 | 403 | 396 | 395 | 40 |
| 38 | 沙埕 | 508 | 500 | 502 | 500 | 502 | 507 | 508 | 515 | 531 | 537 | 518 | 510 | 512 | 37 |
| 39 | 秦屿 | 600 | 594 | 594 | 593 | 593 | 597 | 600 | 610 | 626 | 630 | 613 | 604 | 605 | 37 |
| 40 | 三沙 | 699 | 697 | 698 | 696 | 697 | 700 | 700 | 713 | 726 | 727 | 715 | 705 | 706 | 31 |
| 41 | 白马 | 752 | 749 | 752 | 745 | 755 | 767 | 758 | 777 | 781 | 784 | 762 | 757 | 752 | 39 |
| 42 | 漳湾 | 770 | 767 | 769 | 768 | 771 | 778 | 776 | 780 | 798 | 804 | 779 | 775 | 778 | 37 |
| 43 | 北礵 | 702 | 694 | 696 | 692 | 694 | 699 | 699 | 711 | 726 | 729 | 713 | 702 | 705 | 37 |
| 44 | 北茭 | 688 | 685 | 684 | 683 | 685 | 689 | 690 | 704 | 716 | 722 | 705 | 696 | 696 | 39 |
| 45 | 长门 | 574 | 571 | 572 | 572 | 577 | 582 | 580 | 593 | 604 | 611 | 593 | 582 | 584 | 40 |
| 46 | 平潭 | 585 | 582 | 581 | 577 | 578 | 579 | 581 | 595 | 607 | 612 | 601 | 590 | 589 | 35 |
| 47 | 秀屿 | 673 | 670 | 668 | 661 | 661 | 664 | 663 | 679 | 693 | 703 | 690 | 681 | 676 | 42 |
| 48 | 崇武 | 694 | 689 | 687 | 680 | 682 | 683 | 684 | 700 | 715 | 723 | 711 | 702 | 696 | 43 |
| 49 | 晋江 | 745 | 740 | 736 | 730 | 731 | 733 | 734 | 747 | 763 | 777 | 761 | 754 | 746 | 47 |
| 50 | 翔安 | 573 | 570 | 570 | 565 | 572 | 574 | 571 | 587 | 602 | 605 | 590 | 582 | 580 | 40 |
| 51 | 厦门 | 568 | 566 | 564 | 561 | 564 | 565 | 565 | 578 | 593 | 596 | 585 | 574 | 573 | 35 |
| 52 | 龙海 | 563 | 559 | 556 | 552 | 554 | 556 | 556 | 569 | 585 | 594 | 578 | 571 | 566 | 42 |
| 53 | 东山 | 661 | 657 | 653 | 649 | 652 | 652 | 650 | 661 | 677 | 683 | 675 | 666 | 661 | 34 |
| 54 | 赤石 | 384 | 381 | 376 | 373 | 375 | 377 | 371 | 383 | 400 | 407 | 398 | 392 | 385 | 36 |

表 2.1-4　东海沿海各站各月平均低潮位　　　　　　　　　　　　　　　　　　　　　　　　　　　　　单位：厘米

| 序号 | 站名 | 1月 | 2月 | 3月 | 4月 | 5月 | 6月 | 7月 | 8月 | 9月 | 10月 | 11月 | 12月 | 年 | 年较差 |
|---|---|---|---|---|---|---|---|---|---|---|---|---|---|---|---|
| 1 | 佘山 | 145 | 139 | 138 | 144 | 156 | 167 | 167 | 170 | 172 | 167 | 156 | 149 | 156 | 34 |
| 2 | 引水船 | 84 | 79 | 92 | 99 | 100 | 105 | 115 | 117 | 114 | 108 | 95 | 85 | 99 | 38 |
| 3 | 芦潮港 | 13 | 12 | 11 | 13 | 19 | 28 | 32 | 34 | 37 | 34 | 21 | 14 | 22 | 26 |
| 4 | 金山嘴 | -31 | -32 | -34 | -32 | -26 | -19 | -16 | -13 | -9 | -10 | -21 | -29 | -23 | 25 |
| 5 | 乍浦 | -225 | -226 | -227 | -229 | -226 | -220 | -218 | -216 | -210 | -211 | -219 | -225 | -221 | 19 |
| 6 | 澉浦 | -251 | -255 | -254 | -262 | -264 | -255 | -247 | -245 | -244 | -247 | -247 | -252 | -252 | 20 |
| 7 | 滩浒 | 190 | 189 | 189 | 190 | 195 | 202 | 205 | 209 | 215 | 211 | 200 | 192 | 199 | 26 |
| 8 | 大戢山 | 105 | 102 | 102 | 107 | 117 | 127 | 130 | 133 | 137 | 132 | 121 | 111 | 119 | 35 |
| 9 | 东海大桥 | -82 | -85 | -86 | -82 | -78 | -67 | -63 | -62 | -58 | -61 | -71 | -80 | -73 | 28 |
| 10 | 嵊山 | 114 | 108 | 107 | 114 | 128 | 137 | 140 | 141 | 144 | 138 | 131 | 122 | 127 | 37 |
| 11 | 小衢山 | -95 | -101 | -103 | -98 | -90 | -77 | -73 | -72 | -68 | -71 | -81 | -90 | -85 | 35 |
| 12 | 大衢山 | 160 | 145 | 147 | 148 | 162 | 174 | 178 | 168 | 182 | 181 | 166 | 161 | 164 | 37 |
| 13 | 岱山 | 163 | 159 | 159 | 165 | 175 | 184 | 185 | 188 | 194 | 191 | 181 | 171 | 176 | 35 |
| 14 | 西码头 | 406 | 398 | 401 | 403 | 410 | 416 | 423 | 420 | 429 | 424 | 415 | 406 | 413 | 31 |
| 15 | 长白 | 137 | 128 | 130 | 130 | 139 | 148 | 154 | 147 | 159 | 157 | 145 | 137 | 143 | 31 |
| 16 | 金塘 | 124 | 115 | 118 | 119 | 127 | 138 | 145 | 136 | 148 | 145 | 132 | 123 | 131 | 33 |
| 17 | 舟山 | 150 | 145 | 144 | 149 | 159 | 169 | 169 | 172 | 179 | 179 | 166 | 157 | 162 | 35 |
| 18 | 六横 | 154 | 149 | 149 | 154 | 164 | 173 | 171 | 174 | 182 | 181 | 170 | 162 | 165 | 33 |
| 19 | 镇海 | 95 | 93 | 93 | 98 | 107 | 116 | 117 | 121 | 127 | 122 | 110 | 100 | 108 | 34 |
| 20 | 北仑 | 142 | 135 | 133 | 138 | 149 | 160 | 160 | 159 | 165 | 166 | 155 | 148 | 151 | 33 |
| 21 | 乌沙山 | 211 | 209 | 208 | 213 | 222 | 231 | 230 | 232 | 240 | 239 | 226 | 219 | 223 | 32 |
| 22 | 松兰山 | 172 | 163 | 165 | 168 | 178 | 189 | 189 | 192 | 197 | 196 | 184 | 176 | 181 | 34 |
| 23 | 石浦 | 137 | 133 | 131 | 135 | 145 | 153 | 152 | 156 | 164 | 161 | 151 | 144 | 147 | 33 |
| 24 | 三门健跳 | 187 | 183 | 180 | 187 | 197 | 206 | 203 | 205 | 212 | 211 | 199 | 193 | 197 | 32 |
| 25 | 椒江 | 15 | 13 | 9 | 8 | 12 | 13 | 13 | 19 | 28 | 30 | 20 | 16 | 16 | 22 |
| 26 | 头门 | 74 | 67 | 66 | 67 | 79 | 88 | 91 | 84 | 100 | 102 | 85 | 86 | 82 | 36 |
| 27 | 大陈 | 133 | 127 | 125 | 128 | 136 | 143 | 140 | 145 | 153 | 153 | 145 | 138 | 139 | 28 |
| 28 | 石塘 | 229 | 221 | 220 | 221 | 231 | 239 | 238 | 236 | 248 | 247 | 240 | 239 | 234 | 28 |
| 29 | 沙港头 | -106 | -110 | -117 | -116 | -105 | -99 | -107 | -103 | -92 | -88 | -91 | -98 | -103 | 29 |
| 30 | 坎门 | 183 | 178 | 173 | 174 | 183 | 188 | 182 | 188 | 198 | 201 | 194 | 189 | 186 | 28 |
| 31 | 瓯江口 | -84 | -85 | -93 | -94 | -90 | -86 | -93 | -83 | -69 | -67 | -77 | -79 | -83 | 27 |
| 32 | 大门岛 | -100 | -103 | -104 | -100 | -99 | -93 | -99 | -99 | -85 | -83 | -92 | -95 | -96 | 21 |
| 33 | 洞头 | 153 | 147 | 142 | 143 | 152 | 158 | 151 | 157 | 170 | 173 | 162 | 160 | 156 | 31 |

续表

| 序号 | 站名 | 1月 | 2月 | 3月 | 4月 | 5月 | 6月 | 7月 | 8月 | 9月 | 10月 | 11月 | 12月 | 年 | 年较差 |
|---|---|---|---|---|---|---|---|---|---|---|---|---|---|---|---|
| 34 | 北麂 | 30 | 26 | 19 | 22 | 38 | 39 | 33 | 35 | 50 | 56 | 44 | 38 | 36 | 37 |
| 35 | 鳌江 | 17 | 16 | 14 | 9 | 13 | 18 | 8 | 19 | 38 | 33 | 16 | 19 | 18 | 30 |
| 36 | 石砰 | −3 | −6 | −11 | −9 | 1 | 7 | −3 | 2 | 17 | 20 | 8 | 5 | 2 | 31 |
| 37 | 渔寮 | −26 | −29 | −34 | −34 | −26 | −17 | −27 | −23 | −8 | −6 | −17 | −20 | −26 | 28 |
| 38 | 沙埕 | 78 | 73 | 70 | 72 | 79 | 85 | 81 | 81 | 93 | 99 | 88 | 84 | 82 | 29 |
| 39 | 秦屿 | 162 | 154 | 154 | 156 | 164 | 168 | 163 | 166 | 180 | 181 | 173 | 169 | 166 | 27 |
| 40 | 三沙 | 274 | 269 | 266 | 268 | 276 | 279 | 273 | 278 | 288 | 290 | 283 | 278 | 277 | 24 |
| 41 | 白马 | 205 | 200 | 204 | 201 | 213 | 212 | 207 | 208 | 219 | 221 | 213 | 214 | 210 | 21 |
| 42 | 漳湾 | 210 | 207 | 212 | 215 | 222 | 225 | 216 | 210 | 225 | 230 | 220 | 223 | 213 | 23 |
| 43 | 北礵 | 284 | 279 | 279 | 281 | 287 | 293 | 286 | 291 | 301 | 303 | 294 | 289 | 289 | 24 |
| 44 | 北茭 | 228 | 225 | 221 | 226 | 233 | 235 | 230 | 233 | 242 | 245 | 237 | 233 | 232 | 24 |
| 45 | 长门 | 164 | 163 | 162 | 164 | 170 | 175 | 163 | 168 | 178 | 181 | 173 | 169 | 169 | 19 |
| 46 | 平潭 | 157 | 153 | 148 | 149 | 155 | 154 | 149 | 154 | 167 | 174 | 168 | 162 | 158 | 26 |
| 47 | 秀屿 | 183 | 179 | 174 | 172 | 178 | 181 | 174 | 177 | 191 | 197 | 192 | 188 | 182 | 25 |
| 48 | 崇武 | 257 | 252 | 247 | 246 | 252 | 250 | 244 | 250 | 264 | 273 | 267 | 263 | 255 | 29 |
| 49 | 晋江 | 323 | 319 | 314 | 312 | 317 | 316 | 311 | 316 | 331 | 343 | 333 | 332 | 322 | 32 |
| 50 | 翔安 | 149 | 146 | 139 | 140 | 142 | 141 | 136 | 145 | 154 | 165 | 153 | 151 | 147 | 29 |
| 51 | 厦门 | 169 | 166 | 162 | 160 | 163 | 163 | 160 | 164 | 174 | 183 | 179 | 174 | 168 | 23 |
| 52 | 龙海 | 179 | 176 | 170 | 169 | 171 | 170 | 167 | 171 | 184 | 197 | 187 | 187 | 177 | 30 |
| 53 | 东山 | 430 | 427 | 421 | 417 | 419 | 417 | 414 | 421 | 435 | 446 | 441 | 436 | 427 | 32 |
| 54 | 赤石 | 220 | 219 | 212 | 210 | 210 | 211 | 203 | 212 | 229 | 239 | 231 | 225 | 218 | 36 |

东海沿海，平均潮差从长江口至福建北部（杭州湾除外）沿海总体呈增大趋势，福建中部至南部沿海总体呈减小趋势。受地形等因素影响，东海沿海平均潮差以杭州湾西北部沿海最大，其中澉浦站和乍浦站分别为632厘米和532厘米；福建北部三都澳沿海次之，漳湾站和白马站分别为560厘米和552厘米；福建南部、杭州湾东南部、舟山群岛和长江口沿海部分海域平均潮差较小，不足250厘米；其他海域平均潮差多为300～500厘米。东海沿海平均潮差季节变化区域特征明显，长江口至浙江中部（坎门站）和福建南部（翔安站以南）沿海平均潮差9月最大，浙江南部（洞头站）至福建中部（长门站）沿海平均潮差10月最大；长江口至浙江中部（坎门站）沿海平均潮差1月和12月最小，浙江南部（洞头站）至福建中部（晋江站）沿海平均潮差5月和6月最小，福建南部（翔安站以南）沿海平均潮差1月和2月最小。东海沿海各站平均潮差的年较差为9～59厘米，最大值出现在杭州湾西北部沿海，澉浦站和乍浦站分别为59厘米和46厘米；最小值出现在东海沿海南端，赤石站和东山站分别为9厘米和12厘米（表2.1-5）。

表 2.1-5 东海沿海各站各月平均潮差　　　　　单位：厘米

| 序号 | 站名 | 1月 | 2月 | 3月 | 4月 | 5月 | 6月 | 7月 | 8月 | 9月 | 10月 | 11月 | 12月 | 年 | 年较差 |
|---|---|---|---|---|---|---|---|---|---|---|---|---|---|---|---|
| 1 | 佘山 | 241 | 249 | 253 | 251 | 242 | 239 | 241 | 252 | 257 | 254 | 245 | 240 | 247 | 18 |
| 2 | 引水船 | 219 | 224 | 227 | 229 | 231 | 236 | 237 | 248 | 249 | 242 | 233 | 223 | 234 | 30 |
| 3 | 芦潮港 | 344 | 344 | 352 | 355 | 358 | 360 | 358 | 366 | 368 | 365 | 356 | 348 | 357 | 24 |
| 4 | 金山嘴 | 377 | 379 | 387 | 392 | 398 | 402 | 405 | 409 | 409 | 399 | 392 | 382 | 395 | 32 |
| 5 | 乍浦 | 507 | 511 | 521 | 532 | 540 | 543 | 547 | 553 | 550 | 539 | 527 | 514 | 532 | 46 |
| 6 | 澉浦 | 601 | 606 | 612 | 629 | 638 | 646 | 646 | 658 | 660 | 649 | 627 | 611 | 632 | 59 |
| 7 | 滩浒 | 336 | 337 | 343 | 348 | 351 | 353 | 355 | 362 | 362 | 355 | 348 | 341 | 349 | 26 |
| 8 | 大戢山 | 283 | 288 | 294 | 292 | 286 | 282 | 283 | 292 | 294 | 289 | 283 | 280 | 287 | 14 |
| 9 | 东海大桥 | 315 | 315 | 322 | 323 | 324 | 323 | 325 | 331 | 335 | 330 | 319 | 315 | 323 | 20 |
| 10 | 嵊山 | 233 | 255 | 261 | 256 | 245 | 241 | 242 | 249 | 252 | 250 | 243 | 242 | 247 | 28 |
| 11 | 小衢山 | 259 | 264 | 269 | 267 | 261 | 256 | 256 | 263 | 268 | 265 | 256 | 253 | 262 | 16 |
| 12 | 大衢山 | 232 | 247 | 246 | 243 | 233 | 232 | 235 | 238 | 250 | 247 | 233 | 228 | 239 | 22 |
| 13 | 岱山 | 212 | 216 | 218 | 212 | 206 | 204 | 205 | 212 | 215 | 212 | 208 | 207 | 211 | 14 |
| 14 | 西码头 | 207 | 217 | 213 | 215 | 211 | 211 | 213 | 220 | 225 | 224 | 211 | 209 | 215 | 18 |
| 15 | 长白 | 221 | 231 | 228 | 230 | 223 | 226 | 229 | 235 | 241 | 240 | 226 | 223 | 229 | 20 |
| 16 | 金塘 | 215 | 224 | 221 | 222 | 220 | 219 | 220 | 226 | 236 | 235 | 222 | 219 | 223 | 21 |
| 17 | 舟山 | 241 | 246 | 248 | 244 | 239 | 237 | 238 | 246 | 249 | 243 | 237 | 236 | 242 | 13 |
| 18 | 六横 | 255 | 260 | 261 | 257 | 252 | 252 | 257 | 264 | 266 | 262 | 253 | 250 | 258 | 16 |
| 19 | 镇海 | 207 | 208 | 210 | 205 | 201 | 201 | 203 | 210 | 215 | 211 | 206 | 206 | 207 | 14 |
| 20 | 北仑 | 232 | 239 | 241 | 236 | 230 | 229 | 231 | 243 | 247 | 240 | 231 | 228 | 235 | 19 |
| 21 | 乌沙山 | 341 | 345 | 348 | 347 | 344 | 345 | 350 | 362 | 361 | 354 | 342 | 336 | 348 | 26 |
| 22 | 松兰山 | 282 | 287 | 290 | 287 | 280 | 278 | 280 | 285 | 298 | 290 | 279 | 276 | 284 | 22 |
| 23 | 石浦 | 324 | 327 | 332 | 329 | 323 | 322 | 324 | 333 | 337 | 332 | 325 | 321 | 327 | 16 |
| 24 | 三门健跳 | 403 | 407 | 413 | 407 | 403 | 402 | 408 | 418 | 419 | 417 | 407 | 401 | 409 | 18 |
| 25 | 椒江 | 394 | 393 | 400 | 402 | 406 | 415 | 415 | 421 | 422 | 416 | 404 | 398 | 408 | 29 |
| 26 | 头门 | 357 | 360 | 360 | 362 | 356 | 352 | 355 | 370 | 367 | 359 | 357 | 348 | 359 | 22 |
| 27 | 大陈 | 334 | 339 | 344 | 340 | 335 | 333 | 335 | 345 | 348 | 345 | 339 | 333 | 339 | 15 |
| 28 | 石塘 | 347 | 349 | 352 | 349 | 346 | 343 | 348 | 358 | 363 | 360 | 346 | 343 | 350 | 20 |
| 29 | 沙港头 | 466 | 467 | 474 | 472 | 466 | 467 | 475 | 484 | 484 | 484 | 467 | 465 | 473 | 19 |
| 30 | 坎门 | 399 | 402 | 408 | 407 | 401 | 400 | 405 | 412 | 416 | 411 | 404 | 398 | 405 | 18 |
| 31 | 瓯江口 | 461 | 458 | 468 | 465 | 467 | 470 | 477 | 483 | 478 | 479 | 469 | 463 | 470 | 25 |
| 32 | 大门岛 | 433 | 432 | 433 | 426 | 431 | 430 | 436 | 450 | 448 | 449 | 439 | 435 | 437 | 24 |
| 33 | 洞头 | 411 | 413 | 418 | 415 | 410 | 410 | 416 | 422 | 425 | 425 | 416 | 411 | 416 | 15 |

续表

| 序号 | 站名 | 1月 | 2月 | 3月 | 4月 | 5月 | 6月 | 7月 | 8月 | 9月 | 10月 | 11月 | 12月 | 年 | 年较差 |
|---|---|---|---|---|---|---|---|---|---|---|---|---|---|---|---|
| 34 | 北麂 | 375 | 374 | 382 | 377 | 359 | 365 | 373 | 373 | 378 | 379 | 370 | 374 | 373 | 23 |
| 35 | 鳌江 | 434 | 434 | 436 | 441 | 440 | 441 | 448 | 452 | 447 | 454 | 453 | 440 | 444 | 20 |
| 36 | 石砰 | 419 | 419 | 424 | 420 | 413 | 411 | 419 | 428 | 428 | 430 | 423 | 418 | 421 | 19 |
| 37 | 渔寮 | 413 | 413 | 418 | 416 | 411 | 406 | 413 | 425 | 425 | 428 | 420 | 416 | 421 | 22 |
| 38 | 沙埕 | 430 | 427 | 432 | 428 | 423 | 422 | 427 | 434 | 438 | 438 | 430 | 426 | 430 | 16 |
| 39 | 秦屿 | 438 | 440 | 440 | 437 | 429 | 429 | 437 | 444 | 446 | 449 | 440 | 435 | 439 | 20 |
| 40 | 三沙 | 425 | 428 | 432 | 428 | 421 | 421 | 427 | 435 | 438 | 437 | 432 | 427 | 429 | 17 |
| 41 | 白马 | 547 | 549 | 548 | 544 | 542 | 555 | 551 | 569 | 562 | 563 | 549 | 543 | 552 | 27 |
| 42 | 漳湾 | 560 | 560 | 557 | 553 | 549 | 553 | 560 | 570 | 573 | 574 | 559 | 552 | 560 | 25 |
| 43 | 北礵 | 418 | 415 | 417 | 411 | 407 | 406 | 413 | 420 | 425 | 426 | 419 | 413 | 416 | 20 |
| 44 | 北茭 | 460 | 460 | 463 | 457 | 452 | 454 | 460 | 471 | 474 | 477 | 468 | 463 | 464 | 25 |
| 45 | 长门 | 410 | 408 | 410 | 408 | 407 | 407 | 417 | 425 | 426 | 430 | 420 | 413 | 415 | 23 |
| 46 | 平潭 | 428 | 429 | 433 | 428 | 423 | 425 | 432 | 441 | 440 | 438 | 433 | 428 | 431 | 18 |
| 47 | 秀屿 | 490 | 491 | 494 | 489 | 483 | 483 | 489 | 502 | 502 | 506 | 498 | 493 | 494 | 23 |
| 48 | 崇武 | 437 | 437 | 440 | 434 | 430 | 433 | 440 | 450 | 451 | 450 | 444 | 439 | 441 | 21 |
| 49 | 晋江 | 422 | 421 | 422 | 418 | 414 | 417 | 423 | 431 | 432 | 434 | 428 | 422 | 424 | 20 |
| 50 | 翔安 | 424 | 424 | 431 | 425 | 430 | 433 | 435 | 442 | 448 | 440 | 437 | 431 | 433 | 24 |
| 51 | 厦门 | 399 | 400 | 402 | 401 | 401 | 402 | 405 | 414 | 419 | 413 | 406 | 400 | 405 | 20 |
| 52 | 龙海 | 384 | 383 | 386 | 383 | 383 | 386 | 389 | 398 | 401 | 397 | 391 | 384 | 389 | 18 |
| 53 | 东山 | 231 | 230 | 232 | 232 | 233 | 235 | 236 | 240 | 242 | 237 | 234 | 230 | 234 | 12 |
| 54 | 赤石 | 164 | 162 | 164 | 163 | 165 | 166 | 168 | 171 | 171 | 168 | 167 | 167 | 167 | 9 |

东海沿海平均高潮位、平均低潮位和平均潮差长期变化趋势区域特征明显，不同时段变化速率存在差异。

东海沿海各站平均高潮位均呈上升趋势，杭州湾沿海平均高潮位上升趋势明显，其中滩浒站上升速率为12.37毫米/年（1978—2019年），镇海站上升速率为12.14毫米/年（1988—2019年）；长江口东南部沿海平均高潮位上升趋势较为明显，大戢山站上升速率为6.04毫米/年（1978—2019年）；舟山群岛和福建沿海上升速率多为3.00～5.00毫米/年；浙江中部沿海平均高潮位上升趋势较弱，速率低于3.00毫米/年。

杭州湾沿海平均低潮位呈下降趋势，其中镇海站下降速率为6.10毫米/年（1988—2019年），金山嘴站下降速率为3.19毫米/年（1967—1990年）；舟山群岛和浙江中部沿海平均低潮位上升趋势较为明显，其中石浦站上升速率为5.73毫米/年（1999—2019年），嵊山站上升速率为4.12毫米/年（1996—2019年），大陈站上升速率为4.09毫米/年（1980—2019年）；福建沿海多数海域平均低潮位变化趋势不明显。

东海沿海各站平均潮差多呈增大趋势，杭州湾沿海平均潮差增大趋势明显，其中镇海站增大速率为 18.24 毫米/年（1988—2019 年），滩浒站增大速率为 13.95 毫米/年（1978—2019 年）；长江口东南部沿海平均潮差增大趋势较为明显，大戢山站增大速率为 5.19 毫米/年（1978—2019 年）；福建沿海平均潮差增大速率多为 3.00～5.00 毫米/年，其中厦门站为 4.69 毫米/年（1958—2019 年），平潭站为 4.32 毫米/年（1967—2019 年）；浙江中部沿海平均潮差无明显变化趋势。

各站平均高潮位、平均低潮位和平均潮差变化详细情况见各站具体章节。

## 第二节　极值潮位

东海沿海各站年最高潮位和年最低潮位的各月发生频率见表 2.2-1 和表 2.2-2。东海沿海各站年最高潮位多出现在 7—10 月，长江口至浙江北部沿海（杭州湾和舟山群岛）年最高潮位 8 月出现频率最高，浙江中部沿海（石浦站至坎门站）9 月最高，福建沿海（三沙站至东山站）10 月最高。长江口至浙江中部沿海（大陈站）各站年最低潮位多出现在 12 月至翌年 3 月，福建中南部沿海（平潭站以南）年最低潮位多出现在 1 月、6—7 月和 12 月。除长江口与杭州湾北部沿海外，东海其余海域年最低潮位 1 月出现频率最高。总体而言，东海沿海年最高潮位 9 月平均发生频率最高，为 27%，10 月次之，为 26%；年最低潮位 1 月平均发生频率最高，为 30%，12 月次之，为 16%。

表 2.2-1　东海沿海各站年最高潮位出现频率 / %

| 序号 | 站名 | 1月 | 2月 | 3月 | 4月 | 5月 | 6月 | 7月 | 8月 | 9月 | 10月 | 11月 | 12月 | 时段/年 |
| --- | --- | --- | --- | --- | --- | --- | --- | --- | --- | --- | --- | --- | --- | --- |
| 1 | 大戢山 | 0 | 0 | 0 | 0 | 0 | 10 | 17 | 40 | 17 | 14 | 2 | 0 | 1978—2019 |
| 2 | 金山嘴 | 0 | 0 | 0 | 0 | 0 | 8 | 38 | 33 | 13 | 8 | 0 | 0 | 1967—1990 |
| 3 | 嵊山 | 0 | 0 | 0 | 0 | 0 | 8 | 8 | 38 | 29 | 4 | 13 | 0 | 1996—2019 |
| 4 | 滩浒 | 0 | 0 | 0 | 0 | 0 | 7 | 20 | 36 | 20 | 10 | 7 | 0 | 1978—1984、1986—2019 |
| 5 | 岱山 | 2 | 0 | 0 | 0 | 0 | 5 | 12 | 28 | 23 | 18 | 5 | 7 | 1960—2019 |
| 6 | 镇海 | 0 | 0 | 0 | 0 | 0 | 3 | 22 | 28 | 19 | 19 | 9 | 0 | 1988—2019 |
| 7 | 石浦 | 0 | 0 | 0 | 0 | 0 | 5 | 0 | 24 | 43 | 19 | 9 | 0 | 1999—2019 |
| 8 | 大陈 | 0 | 0 | 0 | 0 | 0 | 5 | 0 | 15 | 40 | 33 | 7 | 0 | 1980—2019 |
| 9 | 坎门 | 0 | 0 | 0 | 0 | 0 | 6 | 9 | 26 | 28 | 23 | 7 | 2 | 1959—2019 |
| 10 | 三沙 | 0 | 0 | 2 | 0 | 0 | 0 | 7 | 15 | 31 | 37 | 6 | 0 | 1966—2019 |
| 11 | 平潭 | 0 | 0 | 0 | 0 | 0 | 4 | 2 | 23 | 43 | 11 | 2 | 0 | 1967—2019 |
| 12 | 崇武 | 0 | 0 | 0 | 0 | 0 | 0 | 6 | 6 | 41 | 41 | 6 | 0 | 2003—2019 |
| 13 | 厦门 | 0 | 0 | 0 | 0 | 0 | 2 | 2 | 14 | 26 | 46 | 8 | 2 | 1958—2019 |
| 14 | 东山 | 0 | 0 | 0 | 0 | 0 | 0 | 2 | 6 | 17 | 53 | 12 | 10 | 1960—2019 |
| | 平均 | 0 | 0 | 0 | 0 | 0 | 4 | 11 | 23 | 27 | 26 | 7 | 2 | |

表 2.2-2　东海沿海各站年最低潮位出现频率 / %

| 序号 | 站名 | 1月 | 2月 | 3月 | 4月 | 5月 | 6月 | 7月 | 8月 | 9月 | 10月 | 11月 | 12月 | 时段/年 |
| --- | --- | --- | --- | --- | --- | --- | --- | --- | --- | --- | --- | --- | --- | --- |
| 1 | 大戢山 | 14 | 17 | 29 | 12 | 2 | 0 | 0 | 0 | 0 | 0 | 9 | 17 | 1978—2019 |
| 2 | 金山嘴 | 17 | 25 | 8 | 4 | 0 | 0 | 0 | 4 | 4 | 8 | 13 | 17 | 1967—1990 |

续表

| 序号 | 站名 | 1月 | 2月 | 3月 | 4月 | 5月 | 6月 | 7月 | 8月 | 9月 | 10月 | 11月 | 12月 | 时段/年 |
|---|---|---|---|---|---|---|---|---|---|---|---|---|---|---|
| 3 | 嵊山 | 37 | 21 | 17 | 13 | 0 | 0 | 0 | 0 | 0 | 0 | 4 | 8 | 1996—2019 |
| 4 | 滩浒 | 17 | 10 | 15 | 5 | 7 | 0 | 2 | 5 | 0 | 5 | 17 | 17 | 1978—1984、1986—2019 |
| 5 | 岱山 | 32 | 22 | 10 | 8 | 0 | 0 | 0 | 0 | 0 | 0 | 10 | 18 | 1960—2019 |
| 6 | 镇海 | 44 | 13 | 9 | 6 | 3 | 0 | 0 | 0 | 0 | 0 | 9 | 16 | 1988—2019 |
| 7 | 石浦 | 33 | 10 | 10 | 9 | 0 | 0 | 5 | 0 | 0 | 0 | 14 | 19 | 1999—2019 |
| 8 | 大陈 | 28 | 15 | 10 | 7 | 7 | 0 | 7 | 0 | 0 | 0 | 8 | 18 | 1980—2019 |
| 9 | 坎门 | 25 | 8 | 8 | 10 | 11 | 0 | 20 | 3 | 0 | 0 | 0 | 13 | 1959—2019 |
| 10 | 三沙 | 39 | 11 | 2 | 7 | 4 | 0 | 4 | 0 | 0 | 0 | 9 | 20 | 1966—2019 |
| 11 | 平潭 | 36 | 6 | 0 | 1 | 4 | 11 | 17 | 4 | 0 | 0 | 6 | 15 | 1967—2019 |
| 12 | 崇武 | 35 | 0 | 0 | 0 | 6 | 12 | 23 | 0 | 0 | 0 | 12 | 12 | 2003—2019 |
| 13 | 厦门 | 37 | 6 | 0 | 0 | 3 | 10 | 15 | 0 | 0 | 0 | 10 | 19 | 1958—2019 |
| 14 | 东山 | 25 | 3 | 0 | 0 | 10 | 23 | 25 | 2 | 0 | 0 | 2 | 10 | 1960—2019 |
| | 平均 | 30 | 12 | 9 | 6 | 4 | 4 | 8 | 1 | 0 | 1 | 9 | 16 | |

东海沿海年最高潮位和年最低潮位长期变化趋势区域特征明显，不同时段变化速率存在差异。东海沿海各站年最高潮位多呈上升趋势，杭州湾沿海年最高潮位上升趋势显著，其中金山嘴站上升速率为11.68毫米/年（1967—1990年），滩浒站上升速率为9.20毫米/年（1978—2019年）；浙江中部至福建南部沿海年最高潮位上升趋势明显，上升速率多为4.00～5.50毫米/年，其中厦门站上升速率为5.25毫米/年（1958—2019年），坎门站上升速率为4.63毫米/年（1959—2019年，线性趋势未通过显著性检验）。浙江中部和舟山群岛沿海年最低潮位呈明显上升趋势，其中石浦站上升速率为9.56毫米/年（1999—2019年），大陈站上升速率为5.26毫米/年（1980—2019年），岱山站上升速率为4.64毫米/年（1960—2019年）；杭州湾东南部沿海年最低潮位呈下降趋势，镇海站下降速率为6.35毫米/年（1988—2019年）。各站年最高潮位和年最低潮位变化详细情况见各站具体章节。

东海沿海各站历史最高潮位主要出现在8—10月，多为风暴增水、天文大潮和季节性高海平面三者叠加的结果。8月为东海北部沿海高海平面期，1997年8月17—20日，9711号台风影响东海沿海，恰逢天文大潮，大戢山、滩浒、镇海与岱山等站达到了历史最高潮位。东海沿海各站历史最低潮位出现时间比较分散，四季均有发生，主要为温带气旋和冷空气所致（表2.2-3）。

表2.2-3　东海沿海各站最高潮位和最低潮位　　　　　　　　　　　　　　　　　　单位：厘米

| 序号 | 站名 | 最高潮位及出现时间 | | 最低潮位及出现时间 | | 时段/年 |
|---|---|---|---|---|---|---|
| 1 | 大戢山 | 599 | 1997年8月18日 | -32 | 1978年1月11日 | 1978—2019 |
| 2 | 金山嘴 | 593 | 1974年8月20日 | -178 | 1969年4月5日 | 1967—1990 |
| 3 | 嵊山 | 547 | 2000年8月20日 | -15 | 2001年3月10日 | 1996—2019 |
| 4 | 滩浒 | 776 | 1997年8月19日 | 81 | 1980年10月25日<br>1990年12月3日 | 1978—1984、1986—2019 |

续表

| 序号 | 站名 | 最高潮位及出现时间 | | 最低潮位及出现时间 | | 时段 / 年 |
|---|---|---|---|---|---|---|
| 5 | 岱 山 | 571 | 1997年8月18日 | 20 | 2001年3月10日 | 1960—2019 |
| 6 | 镇 海 | 516 | 1997年8月18日 | -29 | 2001年3月10日 | 1988—2019 |
| 7 | 石 浦 | 648 | 2000年9月13日 | -11 | 1999年12月24日 | 1999—2019 |
| 8 | 大 陈 | 639 | 2001年10月17日 | -20 | 3次 | 1980—2019 |
| 9 | 坎 门 | 871 | 2013年10月6日 | 13 | 1965年7月29日 | 1959—2019 |
| 10 | 三 沙 | 928 | 2012年9月17日 | 92 | 1983年1月30日 | 1966—2019 |
| 11 | 平 潭 | 792 | 1996年7月31日 | -25 | 1983年1月29日 | 1967—2019 |
| 12 | 崇 武 | 871 | 2015年9月28日 | 93 | 2003年12月24日 | 2003—2019 |
| 13 | 厦 门 | 769 | 1996年8月1日 | 9 | 1983年1月30日 | 1958—2019 |
| 14 | 东 山 | 814 | 2013年9月22日 | 292 | 1968年6月12日 | 1960—2019 |

## 第三节　增减水

长江口、杭州湾与舟山群岛各站年最大增水多出现在8月至翌年1月，福建沿海各站年最大增水主要出现在8—10月；东海沿海各站年最大减水多出现在10月至翌年3月。总体而言，东海沿海年最大增水8月平均出现频率最高，为22%，10月次之，为18%；年最大减水11月平均出现频率最高，为17%，12月次之，为14%（表2.3-1和表2.3-2）。

表2.3-1　东海沿海各站年最大增水出现频率 / %

| 序号 | 站名 | 1月 | 2月 | 3月 | 4月 | 5月 | 6月 | 7月 | 8月 | 9月 | 10月 | 11月 | 12月 | 时段 / 年 |
|---|---|---|---|---|---|---|---|---|---|---|---|---|---|---|
| 1 | 大戢山 | 14 | 2 | 19 | 0 | 0 | 0 | 5 | 10 | 12 | 12 | 14 | 12 | 1978—2019 |
| 2 | 金山嘴 | 4 | 8 | 0 | 4 | 0 | 0 | 0 | 34 | 17 | 17 | 8 | 8 | 1967—1990 |
| 3 | 嵊 山 | 12 | 0 | 17 | 0 | 0 | 0 | 4 | 17 | 8 | 4 | 21 | 17 | 1996—2019 |
| 4 | 滩 浒 | 7 | 5 | 7 | 0 | 0 | 0 | 5 | 15 | 12 | 17 | 17 | 15 | 1978—1984、1986—2019 |
| 5 | 岱 山 | 10 | 7 | 13 | 0 | 2 | 0 | 3 | 18 | 12 | 13 | 12 | 10 | 1960—2019 |
| 6 | 镇 海 | 9 | 9 | 6 | 0 | 0 | 0 | 7 | 16 | 6 | 25 | 9 | 13 | 1988—2019 |
| 7 | 石 浦 | 14 | 19 | 0 | 0 | 0 | 0 | 5 | 19 | 10 | 19 | 5 | 0 | 1999—2019 |
| 8 | 大 陈 | 5 | 2 | 10 | 0 | 2 | 0 | 5 | 23 | 23 | 8 | 20 | 2 | 1980—2019 |
| 9 | 坎 门 | 3 | 3 | 8 | 0 | 0 | 3 | 13 | 30 | 18 | 15 | 7 | 0 | 1959—2019 |
| 10 | 三 沙 | 6 | 4 | 0 | 4 | 0 | 4 | 7 | 28 | 13 | 22 | 7 | 0 | 1966—2019 |
| 11 | 平 潭 | 6 | 4 | 0 | 0 | 0 | 2 | 9 | 26 | 13 | 28 | 4 | 2 | 1967—2019 |
| 12 | 崇 武 | 0 | 0 | 0 | 0 | 0 | 0 | 24 | 35 | 12 | 29 | 0 | 0 | 2003—2019 |
| 13 | 厦 门 | 0 | 2 | 5 | 0 | 2 | 0 | 18 | 21 | 22 | 22 | 3 | 5 | 1958—2019 |
| 14 | 东 山 | 0 | 0 | 2 | 3 | 2 | 3 | 14 | 18 | 25 | 25 | 3 | 5 | 1960—2019 |
| | 平 均 | 6 | 5 | 8 | 1 | 1 | 1 | 8 | 22 | 15 | 18 | 9 | 6 | |

表 2.3-2  东海沿海各站年最大减水出现频率 / %

| 序号 | 站名 | 1月 | 2月 | 3月 | 4月 | 5月 | 6月 | 7月 | 8月 | 9月 | 10月 | 11月 | 12月 | 时段 / 年 |
|---|---|---|---|---|---|---|---|---|---|---|---|---|---|---|
| 1 | 大戢山 | 21 | 14 | 10 | 4 | 0 | 0 | 0 | 10 | 0 | 10 | 19 | 12 | 1978—2019 |
| 2 | 金山嘴 | 13 | 8 | 13 | 4 | 0 | 0 | 0 | 4 | 8 | 16 | 13 | 21 | 1967—1990 |
| 3 | 嵊山 | 17 | 17 | 4 | 8 | 0 | 0 | 0 | 8 | 0 | 8 | 13 | 25 | 1996—2019 |
| 4 | 滩浒 | 17 | 7 | 12 | 5 | 0 | 0 | 0 | 12 | 10 | 7 | 15 | 15 | 1978—1984、1986—2019 |
| 5 | 岱山 | 18 | 8 | 15 | 12 | 0 | 0 | 3 | 0 | 0 | 0 | 22 | 17 | 1960—2019 |
| 6 | 镇海 | 16 | 9 | 25 | 6 | 0 | 0 | 0 | 6 | 6 | 3 | 16 | 13 | 1988—2019 |
| 7 | 石浦 | 14 | 10 | 24 | 14 | 0 | 0 | 5 | 9 | 0 | 5 | 14 | 5 | 1999—2019 |
| 8 | 大陈 | 15 | 15 | 10 | 8 | 2 | 0 | 2 | 10 | 0 | 10 | 18 | 10 | 1980—2019 |
| 9 | 坎门 | 10 | 8 | 18 | 7 | 0 | 3 | 0 | 13 | 7 | 3 | 8 | 15 | 1959—2019 |
| 10 | 三沙 | 5 | 13 | 19 | 5 | 0 | 5 | 2 | 0 | 0 | 6 | 15 | 9 | 1966—2019 |
| 11 | 平潭 | 11 | 13 | 8 | 2 | 0 | 0 | 2 | 15 | 9 | 6 | 17 | 17 | 1967—2019 |
| 12 | 崇武 | 6 | 17 | 6 | 6 | 0 | 0 | 0 | 12 | 12 | 12 | 17 | 12 | 2003—2019 |
| 13 | 厦门 | 13 | 10 | 11 | 3 | 0 | 2 | 0 | 11 | 6 | 10 | 23 | 11 | 1958—2019 |
| 14 | 东山 | 5 | 7 | 10 | 2 | 2 | 5 | 0 | 15 | 7 | 8 | 21 | 13 | 1960—2019 |
| | 平均 | 13 | 11 | 13 | 6 | 1 | 1 | 2 | 9 | 5 | 8 | 17 | 14 | |

东海沿海年最大增水和年最大减水长期变化趋势区域特征明显，不同时段变化速率存在差异。杭州湾北部和浙江中部沿海年最大增水增大趋势较为明显，其中金山嘴站增大速率为9.65毫米/年（1967—1990年，线性趋势未通过显著性检验），大陈站增大速率为4.26毫米/年（1980—2019年，线性趋势未通过显著性检验）；杭州湾东南部和福建南部沿海年最大增水呈减小趋势，其中镇海站减小速率为5.64毫米/年（1988—2019年，线性趋势未通过显著性检验），东山站减小速率为2.32毫米/年（1960—2019年，线性趋势未通过显著性检验）。东海沿海多数海域年最大减水呈减小趋势，杭州湾东南部沿海年最大减水减小趋势显著，镇海站减小速率为9.07毫米/年（1988—2019年）；福建北部和中部沿海减小趋势亦较为明显，其中平潭站减小速率为1.57毫米/年（1967—2019年）；杭州湾北部和长江口东部沿海年最大减水呈增大趋势，其中滩浒站增大速率为2.21毫米/年（1978—2019年，线性趋势未通过显著性检验）。

受径流和地形等因素影响，东海沿海最大增、减水出现在入海河口与海湾顶部。东海沿海历史最大增水为376厘米，出现在浙江南部鳌江站，时间为2013年10月7日，正值1323号台风"菲特"影响期间；东海沿海历史最大减水为163厘米，出现在杭州湾西北部乍浦站，时间为1977年9月11日（表2.3-3）。

表 2.3-3  东海沿海各站最大增水和最大减水　　　　　　　　　　　　　　单位：厘米

| 序号 | 站名 | 最大增水及出现时间 | | 最大减水及出现时间 | | 时段 / 年 |
|---|---|---|---|---|---|---|
| 1 | 大戢山 | 142 | 1983年9月27日 | 79 | 2012年4月4日 | 1978—2019 |
| 2 | 金山嘴 | 190 | 1983年9月26日 | 128 | 1980年10月25日 | 1967—1990 |

续表

| 序号 | 站名 | 最大增水及出现时间 | | 最大减水及出现时间 | | 时段 / 年 |
|---|---|---|---|---|---|---|
| 3 | 嵊 山 | 88 | 2014 年 10 月 13 日 | 63 | 2005 年 12 月 22 日 | 1996—2019 |
| 4 | 滩 浒 | 179 | 1997 年 8 月 18 日 | 93 | 2000 年 8 月 31 日 | 1978—1984、1986—2019 |
| 5 | 岱 山 | 123 | 1983 年 9 月 27 日 | 74 | 1969 年 4 月 5 日 | 1960—2019 |
| 6 | 镇 海 | 170 | 1997 年 8 月 18 日 | 114 | 1993 年 4 月 6 日和 2000 年 3 月 20 日 | 1988—2019 |
| 7 | 石 浦 | 125 | 2012 年 8 月 8 日 | 121 | 2001 年 3 月 10 日 | 1999—2019 |
| 8 | 大 陈 | 153 | 2004 年 8 月 12 日 | 67 | 2012 年 4 月 4 日 | 1980—2019 |
| 9 | 坎 门 | 173 | 2013 年 10 月 6 日 | 88 | 2003 年 12 月 24 日 | 1959—2019 |
| 10 | 三 沙 | 226 | 1966 年 9 月 3 日 | 95 | 1981 年 6 月 5 日 | 1966—2019 |
| 11 | 平 潭 | 132 | 1971 年 9 月 19 日 | 94 | 1981 年 9 月 1 日 | 1967—2019 |
| 12 | 崇 武 | 135 | 2015 年 8 月 8 日 | 66 | 2010 年 3 月 20 日 | 2003—2019 |
| 13 | 厦 门 | 179 | 1983 年 7 月 25 日 | 119 | 1981 年 9 月 2 日 | 1958—2019 |
| 14 | 东 山 | 145 | 1969 年 7 月 28 日 | 105 | 1981 年 9 月 2 日 | 1960—2019 |
| 15 | 乍 浦 | 178 | 1974 年 8 月 19 日 | 163 | 1977 年 9 月 11 日 | 1968—1989、1999—2000、2018—2019 |
| 16 | 椒 江 | 294 | 2019 年 8 月 10 日 | 105 | 2012 年 4 月 4 日 | 2009—2019 |
| 17 | 瓯江口 | 185 | 2013 年 10 月 7 日 | 86 | 2012 年 4 月 5 日 | 2009—2019 |
| 18 | 鳌 江 | 376 | 2013 年 10 月 7 日 | 141 | 2012 年 7 月 6 日 | 2009—2019 |

# 第三章 海浪

## 第一节 海况

东海沿海全年及各月各级海况的频率见图3.1-1和表3.1-1。全年海况以0～4级为主，频率为88.82%，其中0～2级海况频率为36.85%。全年5级及以上海况频率为11.18%，最大频率出现在11月，为18.04%。全年7级及以上海况频率为0.32%，最大频率出现在10月，为0.60%。

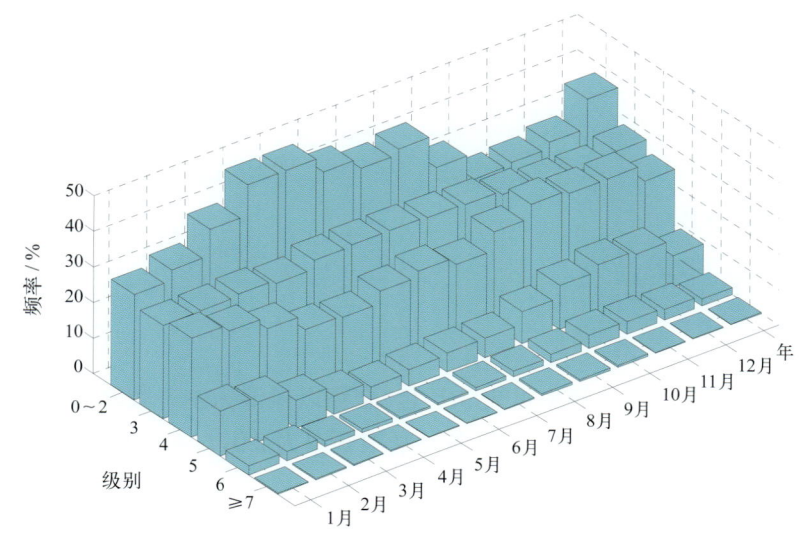

图3.1-1　东海沿海全年及各月各级海况频率（1960—2019年）

东海沿海各站0～2级海况频率为20.58%～66.43%，其中镇海站和滩浒站分别为66.43%和53.70%，其他各站均不足50%。东海沿海7级及以上海况频率平海站最大，为1.29%，平潭站次之，为1.12%，佘山站和东山站最小，均为0.01%。

表3.1-1　东海沿海各站全年主要海况频率

| 序号 | 站名 | 0～2级/% | 大于等于7级/% | 时段/年 |
| --- | --- | --- | --- | --- |
| 1 | 佘　山 | 42.99 | 0.01 | 2006—2019 |
| 2 | 引水船 | 29.62 | 0.07 | 1960—2001 |
| 3 | 大戢山 | 43.60 | 0.36 | 1978—2019 |
| 4 | 嵊　山 | 31.14 | 0.22 | 1960—2019 |
| 5 | 滩　浒 | 53.70 | 0.13 | 1977—2019 |
| 6 | 镇　海 | 66.43 | 0.14 | 1985—2016 |
| 7 | 舟　山 | 35.90 | 0.02 | 2006—2019 |
| 8 | 大　陈 | 45.86 | 0.11 | 1965—2019 |
| 9 | 温州（洞头） | — | — | 2006—2019 |

续表

| 序号 | 站名 | 0～2级/% | 大于等于7级/% | 时段/年 |
|---|---|---|---|---|
| 10 | 南麂 | 34.61 | 0.24 | 1960—2019 |
| 11 | 台山 | 31.70 | 0.31 | 1963—1992 |
| 12 | 北礵 | 34.26 | 0.30 | 1964—2019 |
| 13 | 北茭 | 31.92 | 0.24 | 1964—1968 |
| 14 | 平潭 | 20.58 | 1.12 | 1960—2019 |
| 15 | 平海 | 28.39 | 1.29 | 1960—1972 |
| 16 | 崇武 | 28.13 | 0.32 | 1962—2019 |
| 17 | 厦门 | — | — | 2017—2019 |
| 18 | 东山 | 44.68 | 0.01 | 1992—2019 |
|  | 平均 | 36.83 | 0.32 |  |

"—"表示无数据或结果可信度低。

## 第二节 波型

东海沿海各站风浪频率和涌浪频率见表3.2-1。全年以风浪为主，频率为99.76%，涌浪频率为67.14%。各站风浪频率均不低于98.60%。各站涌浪频率为2.01%～99.91%，其中大陈站最大，滩浒站最小。

表3.2-1 东海沿海各站全年风浪涌浪频率

| 序号 | 站名 | 风浪频率/% | 涌浪频率/% | 时段/年 |
|---|---|---|---|---|
| 1 | 佘山 | 100.00 | 34.43 | 2006—2019 |
| 2 | 引水船 | 99.74 | 54.30 | 1960—2001 |
| 3 | 大戢山 | 100.00 | 20.39 | 1978—2019 |
| 4 | 嵊山 | 99.73 | 66.55 | 1960—2019 |
| 5 | 滩浒 | 99.96 | 2.01 | 1977—2019 |
| 6 | 镇海 | 99.55 | 62.75 | 1985—2016 |
| 7 | 舟山 | 99.30 | 99.55 | 2006—2019 |
| 8 | 大陈 | 100.00 | 99.91 | 1965—2019 |
| 9 | 温州（洞头） | — | — | 2006—2019 |
| 10 | 南麂 | 98.60 | 98.91 | 1960—2019 |
| 11 | 台山 | 99.97 | 99.31 | 1963—1992 |
| 12 | 北礵 | 99.85 | 96.58 | 1964—2019 |
| 13 | 北茭 | 99.78 | 15.70 | 1964—1968 |
| 14 | 平潭 | 99.80 | 85.39 | 1960—2019 |
| 15 | 平海 | 100.00 | 43.44 | 1960—1972 |

续表

| 序号 | 站名 | 风浪频率 / % | 涌浪频率 / % | 时段 / 年 |
|---|---|---|---|---|
| 16 | 崇武 | 99.93 | 95.20 | 1962—2019 |
| 17 | 厦门 | — | — | 2017—2019 |
| 18 | 东山 | 99.99 | 99.88 | 1992—2019 |
|  | 平均 | 99.76 | 67.14 |  |

注：风浪包含F、F/U、FU和U/F波型；涌浪包含U、U/F、FU和F/U波型。
"—"表示无数据或结果可信度低。

## 第三节 波向

### 1. 各向风浪频率

海浪在近岸的传播受地形影响较大，东海沿海各站各向风浪频率具有一定的局地特征。东海沿海各站风浪频率最大方向和次大方向总体较为相近，其中相近的站点有14个；相差较大的站点有2个，分别是平海站和舟山站，平海站相差约158°，舟山站相差约90°（表3.3-1）。

东海沿海各站风浪主要为偏北向。佘山站、引水船站、大戢山站、嵊山站、滩浒站、镇海站、大陈站、南麂站、台山站、北礵站、平潭站和崇武站共12个站的风浪频率最大方向和次大方向均在NNW—NE范围内。舟山站风浪频率最大方向为ESE，次大方向为NNE。北茭站和东山站风浪频率最大方向均为NE，次大方向均为ENE。平海站风浪频率最大方向为NE，次大方向为SSW。

表3.3-1 东海沿海各站风浪最大和次大频率及其出现方向

| 序号 | 站名 | 最大频率 / % | 出现方向 | 次大频率 / % | 出现方向 | 时段 / 年 |
|---|---|---|---|---|---|---|
| 1 | 佘山 | 21.51 | N | 11.63 | NNW | 2006—2019 |
| 2 | 引水船 | 10.55 | N | 9.23 | NNE | 1960—2001 |
| 3 | 大戢山 | 11.17 | N | 10.91 | NNE | 1978—2019 |
| 4 | 嵊山 | 11.83 | N | 10.24 | NE | 1960—2019 |
| 5 | 滩浒 | 8.19 | N | 6.93 | NNE | 1977—2019 |
| 6 | 镇海 | 9.33 | NNE | 8.41 | NNW | 1985—2016 |
| 7 | 舟山 | 16.87 | ESE | 15.76 | NNE | 2006—2017 |
| 8 | 大陈 | 26.56 | NNE | 19.49 | N | 1965—2019 |
| 9 | 温州（洞头） | — | — | — | — | 2006—2019 |
| 10 | 南麂 | 24.48 | NNE | 17.44 | NE | 1960—2019 |
| 11 | 台山 | 29.63 | NNE | 23.26 | NE | 1963—1992 |
| 12 | 北礵 | 34.82 | NNE | 12.32 | NE | 1964—2019 |
| 13 | 北茭 | 35.56 | NE | 17.07 | ENE | 1964—1968 |
| 14 | 平潭 | 53.65 | NNE | 12.85 | NE | 1960—2019 |

续表

| 序号 | 站名 | 最大频率 / % | 出现方向 | 次大频率 / % | 出现方向 | 时段 / 年 |
|---|---|---|---|---|---|---|
| 15 | 平海 | 56.23 | NE | 10.71 | SSW | 1960—1972 |
| 16 | 崇武 | 26.50 | NE | 22.22 | NNE | 1962—2019 |
| 17 | 厦门 | — | — | — | — | 2017—2019 |
| 18 | 东山 | 13.32 | NE | 12.68 | ENE | 1992—2019 |

"—"表示无数据或结果可信度低。

## 2. 各向涌浪频率

东海沿海各站涌浪频率最大方向和次大方向总体较为接近，涌浪总体上均为向岸传播（表3.3-2）。

东海沿海各站涌浪主要为偏东向。余山站、引水船站、大戢山站、嵊山站、滩浒站、舟山站、大陈站、南麂站、台山站、北礵站、北茭站和平潭站共12个站的涌浪频率最大方向和次大方向均在NE—SE范围内。镇海站涌浪频率最大方向为N，次大方向为NNE。平海站、崇武站和东山站涌浪频率最大方向和次大方向均为SSE或SE。

表3.3-2 东海沿海各站涌浪最大和次大频率及其出现方向

| 序号 | 站名 | 最大频率 / % | 出现方向 | 次大频率 / % | 出现方向 | 时段 / 年 |
|---|---|---|---|---|---|---|
| 1 | 佘山 | 7.60 | ENE | 4.80 | NE | 2006—2019 |
| 2 | 引水船 | 18.90 | E | 12.36 | ENE | 1960—2001 |
| 3 | 大戢山 | 5.64 | ENE | 4.47 | NE | 1978—2019 |
| 4 | 嵊山 | 16.64 | NE | 10.63 | SE | 1960—2019 |
| 5 | 滩浒 | 0.43 | E | 0.25 | ENE | 1977—2019 |
| 6 | 镇海 | 39.67 | N | 11.27 | NNE | 1985—2016 |
| 7 | 舟山 | 62.77 | E | 19.13 | ESE | 2006—2017 |
| 8 | 大陈 | 36.59 | ENE | 29.76 | E | 1965—2019 |
| 9 | 温州（洞头） | — | — | — | — | 2006—2019 |
| 10 | 南麂 | 50.98 | E | 38.71 | ESE | 1960—2019 |
| 11 | 台山 | 72.05 | ENE | 14.87 | E | 1963—1992 |
| 12 | 北礵 | 87.96 | E | 1.30 | ESE | 1964—2019 |
| 13 | 北茭 | 8.48 | ENE | 4.19 | NE | 1964—1968 |
| 14 | 平潭 | 78.99 | ESE | 3.33 | SE | 1960—2019 |
| 15 | 平海 | 17.66 | SSE | 12.40 | SE | 1960—1972 |
| 16 | 崇武 | 71.75 | SE | 18.82 | SSE | 1962—2019 |
| 17 | 厦门 | — | — | — | — | 2017—2019 |
| 18 | 东山 | 98.98 | SE | 0.77 | SSE | 1992—2019 |

"—"表示无数据或结果可信度低。

## 第四节 波高

### 1. 平均波高和最大波高

东海沿海波高的年变化见表 3.4-1。月平均波高的年变化较小，为 0.7～1.1 米。历年的平均波高为 0.7～1.3 米。月最大波高极大值出现在 9 月，为 17.0 米，极小值出现在 5 月，为 6.5 米，变幅为 10.5 米。历年最大波高为 4.6～17.0 米，大于等于 14.0 米的共有 5 年，其中最大波高的极大值 17.0 米出现在嵊山站，出现时间为 1981 年 9 月 1 日，正值 8114 号台风（Agnes）影响期间，波向为 E。

表 3.4-1　波高年变化（1960—2019 年）　　　　　　　　　　　　　　　　单位：米

|  | 1月 | 2月 | 3月 | 4月 | 5月 | 6月 | 7月 | 8月 | 9月 | 10月 | 11月 | 12月 | 年 |
|---|---|---|---|---|---|---|---|---|---|---|---|---|---|
| 平均波高 | 1.0 | 1.0 | 0.9 | 0.8 | 0.7 | 0.7 | 0.8 | 0.9 | 1.0 | 1.1 | 1.0 | 1.0 | 0.9 |
| 最大波高 | 7.9 | 6.7 | 6.6 | 7.8 | 6.5 | 7.6 | 13.9 | 16.0 | 17.0 | 12.2 | 7.9 | 8.0 | 17.0 |

各站的波高及周期特征值见表 3.4-2。平均波高北礵站最大，为 1.4 米，大陈站、南麂站和台山站次之，均为 1.3 米，厦门站最小，为 0.2 米。最大波高嵊山站最大，为 17.0 米，平潭站次之，为 16.0 米，厦门站最小，为 1.2 米。各站最大波高对应的平均周期总体高于 5.0 秒，其中平海站最大波高对应的平均周期最大，为 17.8 秒。

表 3.4-2　东海沿海各站波高及周期特征值

| 序号 | 站名 | 平均波高 / 米 | 最大波高 / 米 | 最大波高对应平均周期 / 秒 | 时段 / 年 |
|---|---|---|---|---|---|
| 1 | 佘山 | 0.7 | 3.8 | 6.2 | 2006—2019 |
| 2 | 引水船 | 0.9 | 6.5 | 8.4 | 1960—2001 |
| 3 | 大戢山 | 0.7 | 8.0 | 5.9 | 1978—2019 |
| 4 | 嵊山 | 1.2 | 17.0 | 13.6 | 1960—2019 |
| 5 | 滩浒 | 0.4 | 5.4 | — | 1977—2019 |
| 6 | 镇海 | 0.4 | 6.1 | 8.7 | 1985—2016 |
| 7 | 舟山 | 0.9 | 8.6 | 9.7/10.0 | 2006—2019 |
| 8 | 大陈 | 1.3 | 14.4 | 14.5 | 1965—2019 |
| 9 | 温州（洞头） | 0.9 | 8.7 | 6.2 | 2006—2019 |
| 10 | 南麂 | 1.3 | 15.0 | 16.0 | 1960—2019 |
| 11 | 台山 | 1.3 | 12.0 | 11.0 | 1963—1992 |
| 12 | 北礵 | 1.4 | 15.0 | 9.3/9.7 | 1964—2019 |
| 13 | 北茭 | 1.1 | 6.5 | 8.6 | 1964—1968 |
| 14 | 平潭 | 1.2 | 16.0 | 8.5 | 1960—2019 |
| 15 | 平海 | 0.6 | 7.5 | 17.8 | 1960—1972 |

续表

| 序号 | 站名 | 平均波高/米 | 最大波高/米 | 最大波高对应平均周期/秒 | 时段/年 |
|---|---|---|---|---|---|
| 16 | 崇 武 | 1.0 | 7.6 | 8.7 | 1962—2019 |
| 17 | 厦 门 | 0.2 | 1.2 | 3.7 | 2017—2019 |
| 18 | 东 山 | 0.7 | 4.0 | 5.7 | 1992—2019 |
| 平均/最大 | | 0.9 | 17.0 | 17.8 | |

"—"表示无数据。

## 2. 各向平均波高和最大波高

东海沿海全年及各季代表月各向波高的分布见表3.4-3、图3.4-1和图3.4-2。全年各向平均波高为0.8～1.2米，大值主要分布于NNW—NE向，小值主要分布于E—WSW向。全年各向最大波高E向最大，为17.0米；ESE向和ENE向次之，均为16.0米；WNW向最小，为8.7米。

表3.4-3　东海沿海全年各向平均波高和最大波高（1960—2019年）　　　单位：米

| | N | NNE | NE | ENE | E | ESE | SE | SSE | S | SSW | SW | WSW | W | WNW | NW | NNW |
|---|---|---|---|---|---|---|---|---|---|---|---|---|---|---|---|---|
| 平均波高 | 1.1 | 1.2 | 1.1 | 1.0 | 0.8 | 0.8 | 0.8 | 0.8 | 0.8 | 0.8 | 0.8 | 0.8 | 1.0 | 1.0 | 1.0 | 1.1 |
| 最大波高 | 11.8 | 13.0 | 15.0 | 16.0 | 17.0 | 16.0 | 11.0 | 15.0 | 9.4 | 9.2 | 11.5 | 9.0 | 10.6 | 8.7 | 9.2 | 9.5 |

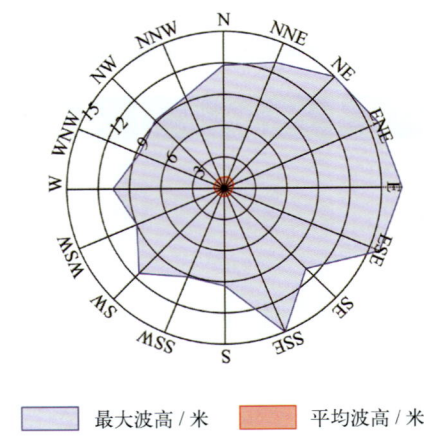

图3.4-1　东海沿海全年各向平均波高和最大波高（1960—2019年）

1月平均波高N向、NNE向和NE向最大，均为1.1米；S向和SSW向最小，均为0.6米。最大波高NE向最大，为7.9米；WNW向次之，为7.3米；SW向最小，为4.5米。

4月平均波高NNE向、NE向和NNW向最大，均为1.0米；WSW向最小，为0.6米。最大波高NE向最大，为7.8米；N向次之，为5.9米；SSE向最小，为3.6米。

7月平均波高NNE向最大，为1.3米；E—SE向和SSW—W向最小，均为0.8米。最大波高E向最大，为13.5米；NNE向次之，为13.0米；WNW向最小，为7.2米。

10月平均波高NNE向和NE向最大，均为1.3米；SE向最小，为0.7米。最大波高E向最大，为 12.2 米；NE 向和 SSE 向次之，均为 11.6 米；SW 向最小，为 6.7 米。

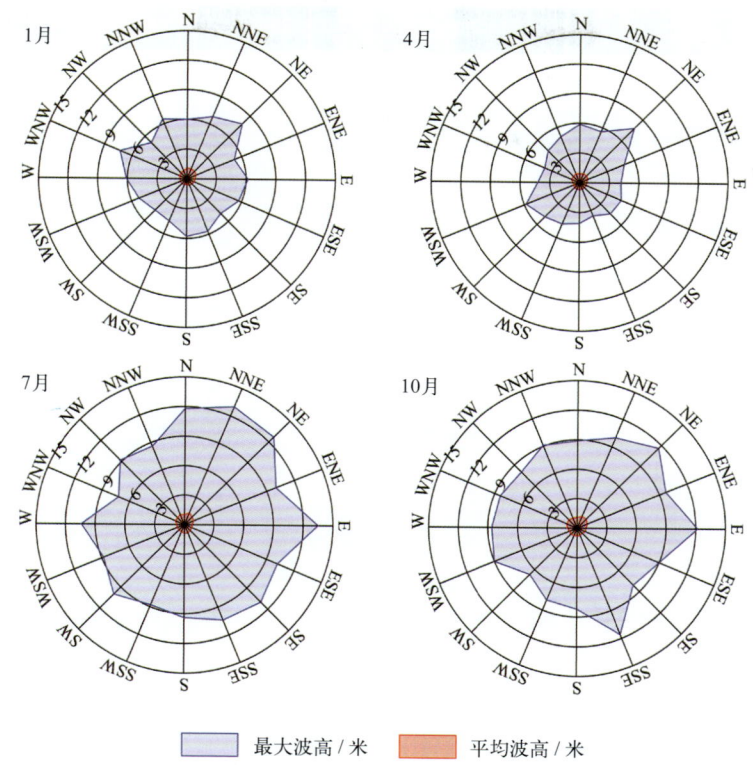

图3.4-2　东海沿海四季代表月各向平均波高和最大波高（1960—2019年）

## 第五节　周期

### 1. 平均周期和最大周期

东海沿海周期的年变化见表 3.5-1。月平均周期的年变化为 4.0～4.4 秒。月最大周期极大值出现在 9 月，为 20.4 秒，极小值出现在 4 月，为 11.5 秒。历年的平均周期为 3.8～5.2 秒，其中 1964 年最大，2019 年最小。历年最大周期均大于等于 8.5 秒，大于等于 15.0 秒的共有 10 年，其中最大周期的极大值 20.4 秒出现在平海站，出现时间为 1961 年 9 月 12 日，波向为 SE。

表3.5-1　周期年变化（1960—2019年）　　　　　　　　　单位：秒

|  | 1月 | 2月 | 3月 | 4月 | 5月 | 6月 | 7月 | 8月 | 9月 | 10月 | 11月 | 12月 | 年 |
| --- | --- | --- | --- | --- | --- | --- | --- | --- | --- | --- | --- | --- | --- |
| 平均周期 | 4.3 | 4.3 | 4.2 | 4.1 | 4.1 | 4.0 | 4.1 | 4.3 | 4.4 | 4.4 | 4.3 | 4.3 | 4.2 |
| 最大周期 | 11.9 | 11.8 | 11.8 | 11.5 | 15.6 | 13.0 | 19.8 | 18.8 | 20.4 | 14.5 | 13.4 | 11.7 | 20.4 |

各站的周期特征值见表 3.5-2。平均周期台山站最大，为 6.0 秒，大陈站次之，为 5.6 秒，滩浒站最小，为 1.8 秒。最大周期平海站最大，为 20.4 秒，嵊山站次之，为 19.8 秒，滩浒站最小，为 6.6 秒。

表 3.5-2 东海沿海各站周期特征值　　　　　　　　　　　　　　　　单位：秒

| 序号 | 站名 | 平均周期 | 最大周期 | 时段/年 |
|---|---|---|---|---|
| 1 | 佘 山 | 2.6 | 7.4 | 2006—2019 |
| 2 | 引水船 | 3.7 | 16.1 | 1960—2001 |
| 3 | 大戢山 | 2.5 | 9.6 | 1978—2019 |
| 4 | 嵊 山 | 4.8 | 19.8 | 1960—2019 |
| 5 | 滩 浒 | 1.8 | 6.6 | 1977—2019 |
| 6 | 镇 海 | 2.2 | 8.7 | 1985—2016 |
| 7 | 舟 山 | 5.4 | 10.0 | 2006—2019 |
| 8 | 大 陈 | 5.6 | 15.9 | 1965—2019 |
| 9 | 温州（洞头） | 4.9 | 15.0 | 2006—2019 |
| 10 | 南 麂 | 5.2 | 19.4 | 1960—2019 |
| 11 | 台 山 | 6.0 | 12.7 | 1963—1992 |
| 12 | 北 礵 | 5.1 | 12.8 | 1973—2019 |
| 13 | 北 茭 | 4.2 | 9.8 | 1964—1968 |
| 14 | 平 潭 | 5.5 | 11.9 | 1965—2019 |
| 15 | 平 海 | 3.1 | 20.4 | 1960—1972 |
| 16 | 崇 武 | 4.3 | 9.6 | 1965—2019 |
| 17 | 厦 门 | — | — | 2017—2019 |
| 18 | 东 山 | 5.0 | 7.9 | 1992—2019 |
| 平均/最大 | | 4.2 | 20.4 | |

"—"表示无数据或结果可信度低。

## 2. 各向平均周期和最大周期

东海沿海全年及各季代表月各向周期的分布见表 3.5-3、图 3.5-1 和图 3.5-2。全年各向平均周期为 3.9 ~ 4.6 秒，ESE 向周期值最大，SW 向和 WSW 向周期值均为最小。全年各向最大周期 SE 向最大，为 20.4 秒；E 向次之，为 19.4 秒；W 向最小，为 11.0 秒。

表 3.5-3 东海沿海全年各向平均周期和最大周期（1960—2019 年）　　　　　　单位：秒

| | N | NNE | NE | ENE | E | ESE | SE | SSE | S | SSW | SW | WSW | W | WNW | NW | NNW |
|---|---|---|---|---|---|---|---|---|---|---|---|---|---|---|---|---|
| 平均周期 | 4.3 | 4.4 | 4.5 | 4.5 | 4.5 | 4.6 | 4.4 | 4.3 | 4.1 | 4.0 | 3.9 | 3.9 | 4.2 | 4.4 | 4.3 | 4.3 |
| 最大周期 | 13.9 | 15.6 | 14.2 | 13.9 | 19.4 | 18.8 | 20.4 | 13.7 | 13.3 | 11.2 | 12.0 | 12.0 | 11.0 | 12.0 | 12.2 | 11.1 |

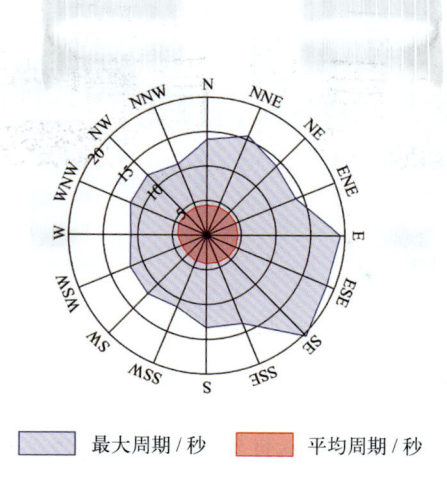

图3.5-1　东海沿海全年各向平均周期和最大周期（1960—2019年）

1月平均周期ESE向最大，为4.8秒；SW向和WSW向最小，均为3.5秒。最大周期ENE向最大，为11.9秒；ESE向次之，为11.4秒；SW向最小，为7.2秒。

4月平均周期E向最大，为4.6秒；WSW向、W向和NW向最小，均为3.8秒。最大周期ESE向最大，为11.5秒；E向次之，为11.2秒；W向最小，为7.7秒。

7月平均周期ENE向最大，为4.7秒；W向最小，为3.7秒。最大周期SE向最大，为19.8秒；ESE向次之，为14.8秒；WSW向和WNW—NNW向最小，均为10.5秒。

10月平均周期ESE向最大，为4.8秒；W向最小，为3.8秒。最大周期E向最大，为14.5秒；ESE向次之，为13.3秒；SW向和WNW向最小，均为9.7秒。

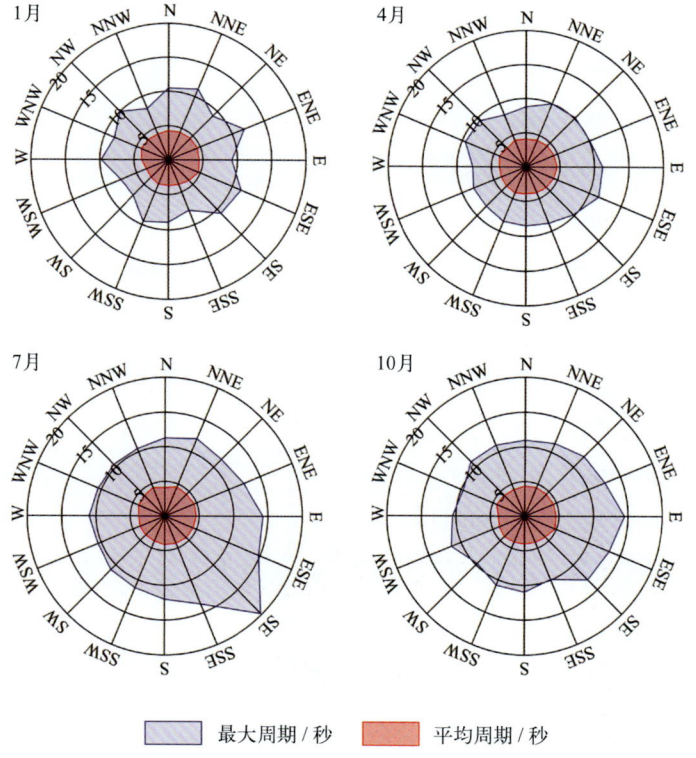

图3.5-2　东海沿海四季代表月各向平均周期和最大周期（1960—2019年）

# 第四章 表层海水温度、盐度和海发光

## 第一节 表层海水温度

### 1. 平均水温、最高水温和最低水温

东海沿海平均表层海水温度总体呈现南高北低的分布特征，厦门站水温最高，为21.6℃，引水船站水温最低，为16.8℃。东海沿海各站月平均水温年较差受地理环境影响，空间分布特征复杂，总体上北高南低。滩浒站水温年较差最大，为22.5℃，引水船站次之，为21.9℃，东山站最小，为12.7℃。最高水温极大值出现在镇海站，为34.2℃，出现时间为1994年8月2日（金山嘴站35.8℃，1961年8月3日和1964年7月15日）；最低水温极小值出现在引水船站，为1.4℃，出现时间为1977年2月17日（金山嘴站-1.0℃，1963年1月22日）（表4.1-1）。

表4.1-1 东海沿海各站水温特征

| 序号 | 站名 | 时段/年 | 年平均/℃ | 年较差/℃ | 最高/℃ | 最低/℃ |
|---|---|---|---|---|---|---|
| 1 | 引水船 | 1960—2001 | 16.8 | 21.9 | 32.4 | 1.4 |
| 2 | 大戢山 | 1977—2019 | 17.0 | 20.7 | 31.1 | 2.4 |
| 3 | 金山嘴① | 1960—1977 | 17.2 | 23.7 | 35.8 | -1.0 |
| 4 | 嵊 山 | 1960—2002、2006—2019 | 17.5 | 15.7 | 30.1 | 4.4 |
| 5 | 滩 浒 | 1977—2019 | 17.4 | 22.5 | 32.1 | 2.8 |
| 6 | 岱 山② | 1960—2002、2005—2019 | 17.3 | 19.2 | 29.6 | 2.6 |
| 7 | 镇 海 | 1988—2002、2005—2019 | 18.2 | 19.9 | 34.2 | 3.1 |
| 8 | 石 浦 | 1960—2019 | 18.1 | 20.2 | 31.5 | 4.0 |
| 9 | 大 陈 | 1960—2002、2006—2019 | 18.0 | 18.0 | 31.1 | 4.7 |
| 10 | 坎 门 | 1960—2019 | 18.5 | 20.3 | 32.5 | 2.9 |
| 11 | 南 麂 | 1960—2002、2006—2019 | 19.0 | 17.9 | 32.1 | 5.7 |
| 12 | 台 山③ | 1962—1992 | 18.9 | 16.6 | 30.6 | 6.5 |
| 13 | 三 沙 | 1960—2002、2007—2019 | 19.5 | 17.8 | 33.4 | 6.0 |
| 14 | 北 礵 | 1960—1994、2015—2019 | 18.9 | 16.7 | 31.0 | 5.5 |
| 15 | 北 茭 | 1960—2002、2008—2019 | 19.6 | 15.7 | 30.7 | 7.2 |
| 16 | 平 潭 | 1960—2019 | 19.9 | 14.4 | 31.6 | 6.8 |
| 17 | 崇 武 | 1960—2019 | 20.3 | 14.6 | 31.7 | 7.2 |
| 18 | 厦 门 | 1960—2019 | 21.6 | 14.4 | 31.6 | 10.0 |
| 19 | 东 山 | 1960—2002、2006—2019 | 21.2 | 12.7 | 31.0 | 9.6 |

①③金山嘴站和台山站观测时段与其他站观测时段相差较大，未纳入东海沿海水温统计。
②岱山站的结果为长涂站和岱山站综合统计得到，1960年1月至2002年12月为长涂站数据，2005年3月至2019年12月为岱山站数据。

## 2. 日平均水温稳定通过界限温度的日期

采用五日滑动平均方法求出稳定通过各个界限温度的日期，见表4.1-2。东海沿海各站日平均水温均稳定通过5℃，稳定通过15℃日期最早的是东山站，初日为3月10日，其次是厦门站，初日为3月15日，最晚的是岱山站，初日为5月1日；稳定通过15℃天数最长的是东山站，为308天，最短的是引水船站，为209天。日平均水温稳定通过25℃日期最早的是东山站，初日为6月2日，其次是厦门站，初日为6月3日，最晚的是嵊山站，初日为8月19日；稳定通过25℃天数最长的是厦门站，为135天，最短的嵊山站，为21天。

表4.1-2 东海沿海各站日平均水温稳定通过界限温度的日期

| 序号 | 站名 | ≥10℃ 初日 | ≥10℃ 终日 | ≥10℃ 天数 | ≥15℃ 初日 | ≥15℃ 终日 | ≥15℃ 天数 | ≥20℃ 初日 | ≥20℃ 终日 | ≥20℃ 天数 | ≥25℃ 初日 | ≥25℃ 终日 | ≥25℃ 天数 |
|---|---|---|---|---|---|---|---|---|---|---|---|---|---|
| 1 | 引水船 | 3月30日 | 12月15日 | 261 | 4月26日 | 11月20日 | 209 | 5月26日 | 10月20日 | 148 | 7月2日 | 9月17日 | 78 |
| 2 | 大戢山 | 3月28日 | 12月21日 | 269 | 4月28日 | 11月25日 | 212 | 5月29日 | 10月26日 | 151 | 7月7日 | 9月18日 | 74 |
| 3 | 金山嘴 | 3月27日 | 12月11日 | 260 | 4月21日 | 11月17日 | 211 | 5月22日 | 10月20日 | 152 | 6月26日 | 9月21日 | 88 |
| 4 | 嵊山 | 3月14日 | 翌年1月22日 | 315 | 4月30日 | 12月11日 | 226 | 6月8日 | 11月7日 | 153 | 8月19日 | 9月8日 | 21 |
| 5 | 滩浒 | 3月29日 | 12月20日 | 267 | 4月27日 | 11月24日 | 212 | 5月25日 | 10月27日 | 157 | 6月29日 | 9月23日 | 87 |
| 6 | 岱山 | 3月27日 | 翌年1月2日 | 282 | 5月1日 | 12月1日 | 215 | 6月4日 | 11月2日 | 152 | 7月16日 | 9月23日 | 70 |
| 7 | 镇海 | 3月14日 | 翌年1月9日 | 302 | 4月24日 | 12月2日 | 223 | 5月27日 | 11月3日 | 161 | 7月2日 | 9月27日 | 88 |
| 8 | 石浦 | 3月15日 | 12月31日 | 292 | 4月21日 | 11月29日 | 223 | 5月22日 | 10月31日 | 163 | 6月29日 | 9月27日 | 91 |
| 9 | 大陈 | 3月15日 | 翌年1月15日 | 307 | 4月26日 | 12月6日 | 225 | 5月27日 | 11月6日 | 164 | 7月17日 | 9月26日 | 72 |
| 10 | 坎门 | 3月9日 | 翌年1月2日 | 300 | 4月18日 | 11月29日 | 226 | 5月19日 | 10月30日 | 165 | 6月26日 | 9月28日 | 95 |
| 11 | 南麂 | 3月3日 | 翌年1月31日 | 335 | 4月21日 | 12月12日 | 236 | 5月20日 | 11月11日 | 176 | 6月25日 | 10月1日 | 99 |
| 12 | 台山 | 3月1日 | 翌年2月21日 | 358 | 4月21日 | 12月16日 | 241 | 5月21日 | 11月12日 | 176 | 7月11日 | 10月1日 | 83 |
| 13 | 三沙 | 1月1日 | 12月31日 | 365 | 4月14日 | 12月10日 | 241 | 5月13日 | 11月9日 | 181 | 6月20日 | 10月4日 | 107 |
| 14 | 北礵 | 3月1日 | 翌年2月10日 | 347 | 4月21日 | 12月15日 | 241 | 5月19日 | 11月11日 | 177 | 7月1日 | 10月3日 | 95 |
| 15 | 北茭 | 1月1日 | 12月31日 | 365 | 4月16日 | 12月25日 | 254 | 5月17日 | 11月18日 | 186 | 6月30日 | 10月8日 | 101 |
| 16 | 平潭 | 1月1日 | 12月31日 | 365 | 4月3日 | 12月26日 | 268 | 5月8日 | 11月17日 | 194 | 6月25日 | 10月5日 | 103 |
| 17 | 崇武 | 1月1日 | 12月31日 | 365 | 4月1日 | 12月22日 | 266 | 5月5日 | 11月16日 | 196 | 6月11日 | 10月6日 | 118 |
| 18 | 厦门 | 1月1日 | 12月31日 | 365 | 3月15日 | 翌年1月8日 | 300 | 4月27日 | 11月24日 | 212 | 6月3日 | 10月15日 | 135 |
| 19 | 东山 | 1月1日 | 12月31日 | 365 | 3月10日 | 翌年1月11日 | 308 | 4月22日 | 11月23日 | 216 | 6月2日 | 10月11日 | 132 |

## 3. 年变化

东海沿海的月平均水温8月最高，为27.4℃，2月最低，为9.6℃。月最高水温和月最低水温的年变化特征与月平均水温相似（图4.1-1）。

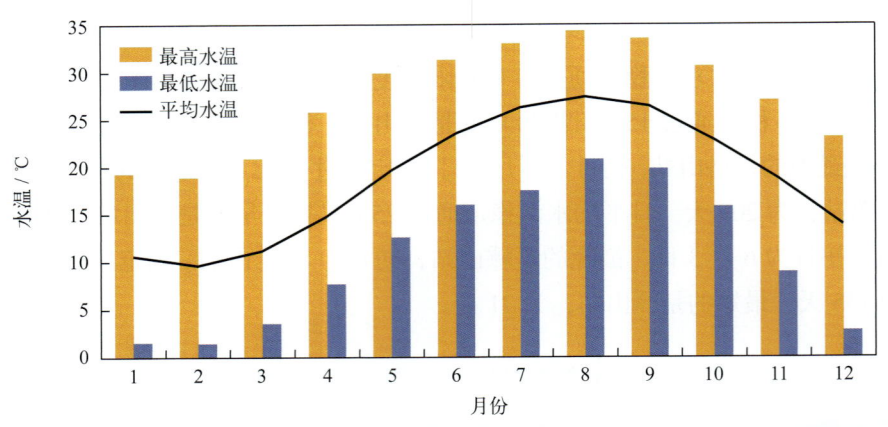

图4.1-1　东海沿海水温年变化（1960—2019年）

1月东山站水温最高，为14.8℃，引水船站最低，为6.4℃；4月东山站水温最高，为19.1℃，岱山站最低，为12.6℃；7月厦门站水温最高，为28.3℃，嵊山站最低，为23.6℃；10月厦门站水温最高，为24.9℃，引水船站最低，为20.7℃（图4.1-2）。

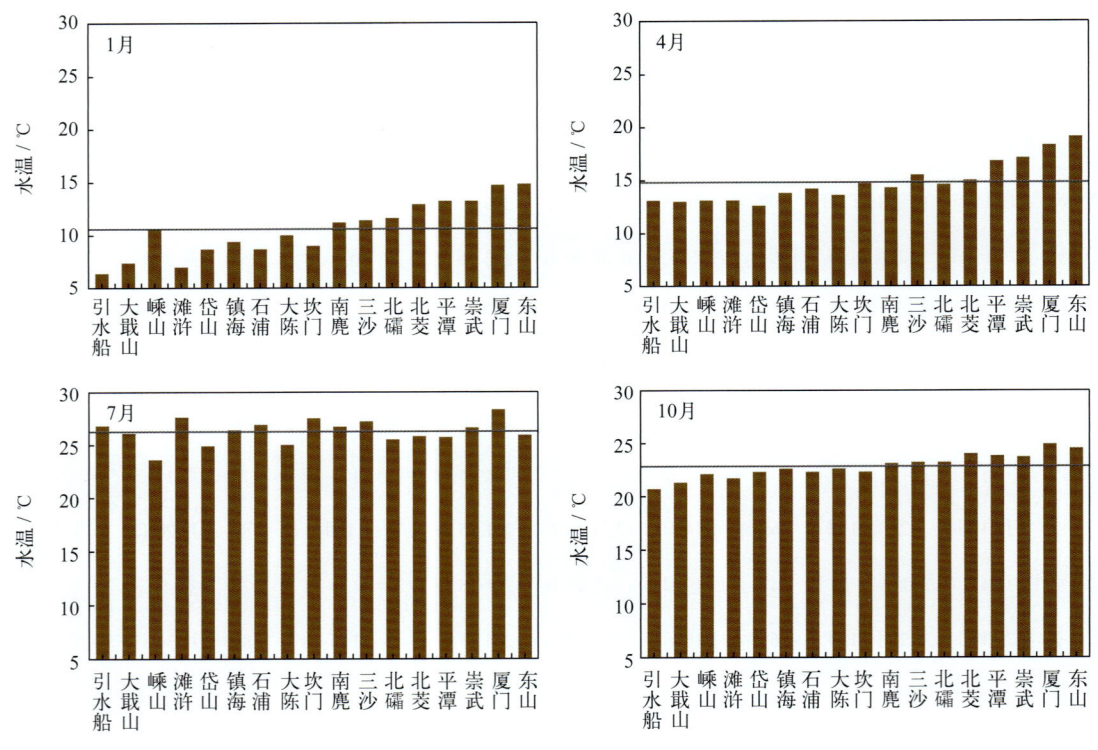

图4.1-2　东海沿海各站四季代表月平均水温（1960—2019年）

## 4. 长期趋势变化

1960—2019年，东海沿海年平均水温呈波动上升趋势，上升速率为0.12℃/（10年）（图4.1-3）。年最高水温呈显著下降趋势，下降速率为0.52℃/（10年），1961年和1964年最高水温均为1960年以来的第一高值，为35.8℃（图4.1-4）。年最低水温呈波动上升趋势，上升速率为0.87℃/（10年），1963年和1968年最低水温分别为1960年以来的第一低值和第二低值（图4.1-5）。

十年平均水温变化显示，2000—2009 年平均水温最高，1980—1989 年平均水温最低，1990—1999 年平均水温较上一个十年升幅最大，升幅为 0.46℃（图 4.1-6）。

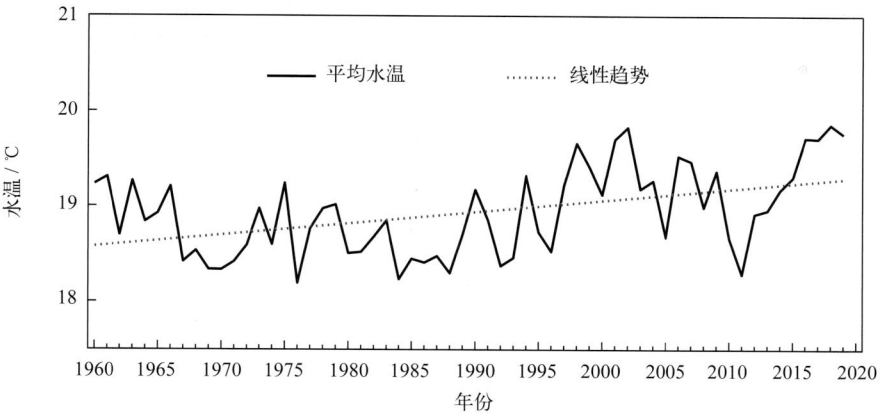

图4.1-3　1960—2019年东海沿海平均水温变化

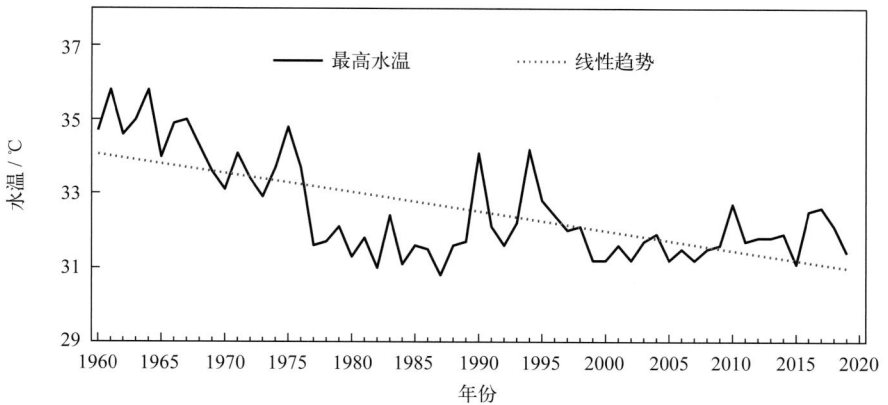

图4.1-4　1960—2019年东海沿海最高水温变化

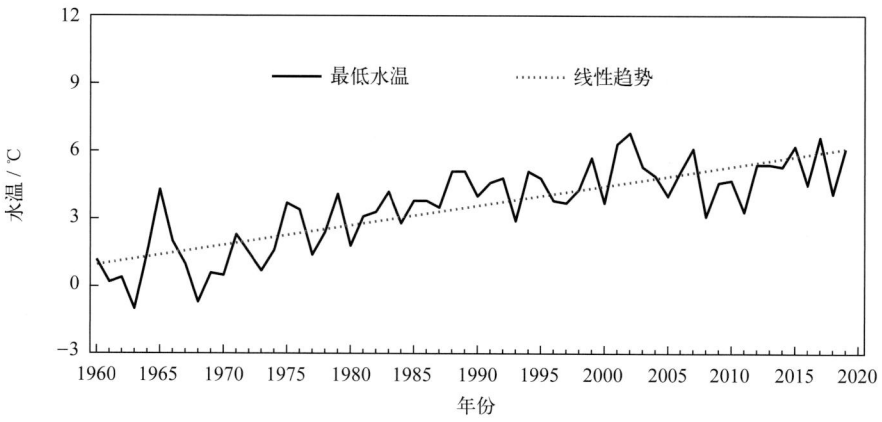

图4.1-5　1960—2019年东海沿海最低水温变化

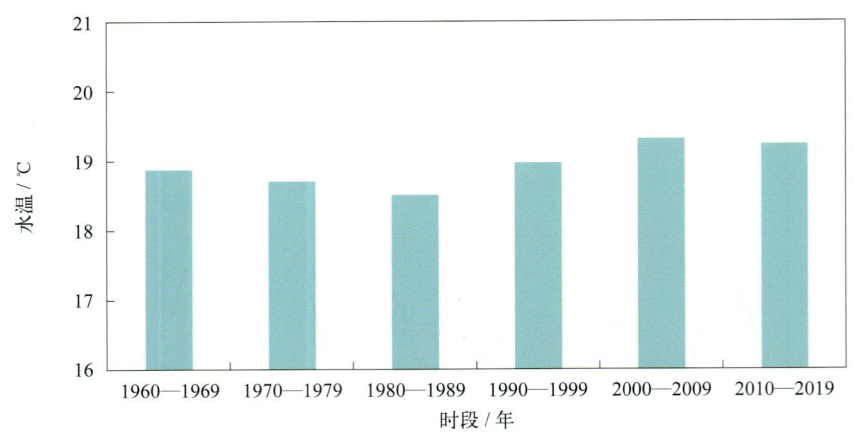

图4.1-6　东海沿海十年平均水温变化

## 第二节　表层海水盐度

### 1. 平均盐度、最高盐度和最低盐度

东海表层海水盐度分布和变化特征受黑潮、沿岸流、江河入海径流、蒸发和降水的影响。东海沿海平均表层海水盐度总体呈现河口较低、远离河口较高的分布特征，东山站最高，为 31.85，引水船站最低，为 13.14。东海沿海月平均盐度年较差引水船站最大，为 11.55，大戢山站次之，为 8.18，东山站最小，为 1.84。东海沿海各站最高盐度均不小于 25.60，极大值出现在嵊山站，为 36.90，出现时间为 1997 年 3 月 25 日，东山站次之，为 36.30，滩浒站最低；最低盐度均不大于 23.89，北茭站最高，大戢山站、镇海站和石浦站的最低盐度均小于 2.00，极小值出现在引水船站，为 0.1，出现时间为 1962 年 8 月 6 日和 1967 年 7 月 2 日（表 4.2-1）。

表 4.2-1　东海沿海各站盐度特征

| 序号 | 站名 | 时段 / 年 | 年平均 | 年较差 | 最高 | 最低 |
| --- | --- | --- | --- | --- | --- | --- |
| 1 | 引水船 | 1960—2001 | 13.14 | 11.55 | 32.40 | 0.10 |
| 2 | 大戢山 | 1977—2000、2006—2019 | 19.40 | 8.18 | 33.60 | <2.00 |
| 3 | 金山嘴[①] | 1960—1977 | 11.80 | 5.82 | 18.75 | 0.57 |
| 4 | 嵊　山 | 1960—2002、2006—2019 | 29.75 | 3.80 | 36.90 | 8.45 |
| 5 | 滩　浒 | 1977—2019 | 13.61 | 5.93 | 25.60 | 4.39 |
| 6 | 岱　山[②] | 1960—2002、2005—2019 | 23.71 | 5.55 | 33.84 | 3.10 |
| 7 | 镇　海 | 1988—2002、2005—2019 | 20.05 | 4.12 | 32.20 | <2.00 |
| 8 | 石　浦 | 1960—2019 | 27.07 | 4.98 | 34.70 | <2.00 |
| 9 | 大　陈 | 1960—2002、2006—2019 | 28.89 | 5.21 | 36.00 | 19.85 |
| 10 | 坎　门 | 1960—2019 | 27.97 | 5.55 | 34.70 | 13.50 |
| 11 | 南　麂 | 1960—2002、2006—2019 | 30.09 | 4.53 | 36.06 | 12.80 |
| 12 | 台　山[③] | 1962—1992 | 30.66 | 4.76 | 35.30 | 6.40 |

续表

| 序号 | 站名 | 时段/年 | 年平均 | 年较差 | 最高 | 最低 |
|---|---|---|---|---|---|---|
| 13 | 三沙 | 1960—2002、2007—2019 | 29.49 | 5.59 | 35.80 | 22.19 |
| 14 | 北礵 | 1960—1994、2015—2019 | 30.45 | 5.01 | 35.70 | 23.22 |
| 15 | 北茭 | 1960—2002、2008—2019 | 29.99 | 4.40 | 34.87 | 23.89 |
| 16 | 平潭 | 1960—2019 | 31.23 | 3.80 | 35.60 | 5.84 |
| 17 | 崇武 | 1960—2019 | 31.52 | 2.90 | 35.60 | 16.20 |
| 18 | 厦门 | 1960—2019 | 27.04 | 2.86 | 33.82 | 4.25 |
| 19 | 东山 | 1960—2002、2006—2019 | 31.85 | 1.84 | 36.30 | 11.49 |

①③金山嘴站和台山站观测时段与其他站观测时段相差较大，未纳入东海沿海盐度统计。
②岱山站的结果为长涂站和岱山站综合统计得到，1960年1月至2002年12月为长涂站数据，2005年3月至2019年12月为岱山站数据。

## 2. 年变化

东海沿海盐度季节变化复杂，各站月平均盐度最高值多出现在7—8月，最低值多出现在10—12月，分别占统计站数的65%和71%（图4.2-1）。

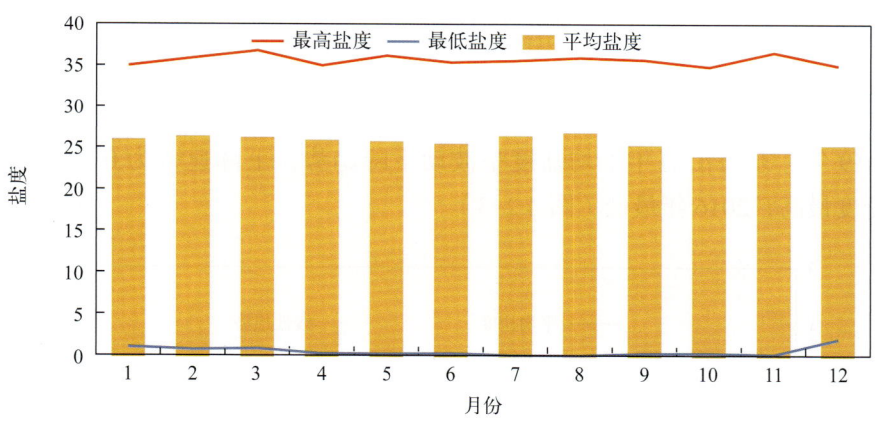

图4.2-1　东海沿海盐度年变化（1960—2019年）

最高盐度极大值出现在3月（嵊山站1997年），极小值出现在10月（崇武站1960年）；各月最低盐度均不大于2.0，均出现在引水船站（表4.2-2）。

1月嵊山站盐度最高，为31.59，滩浒站最低，为15.78；4月东山站最高，为32.19，引水船站最低，为13.95；7月平潭站最高，为33.51，引水船站最低，为8.06；10月东山站最高，为31.94，引水船站最低，为9.44（图4.2-2）。

表4.2-2　极值盐度年变化

|  | 1月 | 2月 | 3月 | 4月 | 5月 | 6月 | 7月 | 8月 | 9月 | 10月 | 11月 | 12月 |
|---|---|---|---|---|---|---|---|---|---|---|---|---|
| 最高盐度 | 35.10 | 36.01 | 36.90 | 35.10 | 36.30 | 35.50 | 35.70 | 36.06 | 35.80 | 34.97 | 36.70 | 35.10 |
| 最低盐度 | 1.1 | 0.8 | 0.9 | 0.3 | 0.28 | 0.34 | 0.1 | 0.1 | 0.33 | 0.36 | 0.2 | 2.0 |

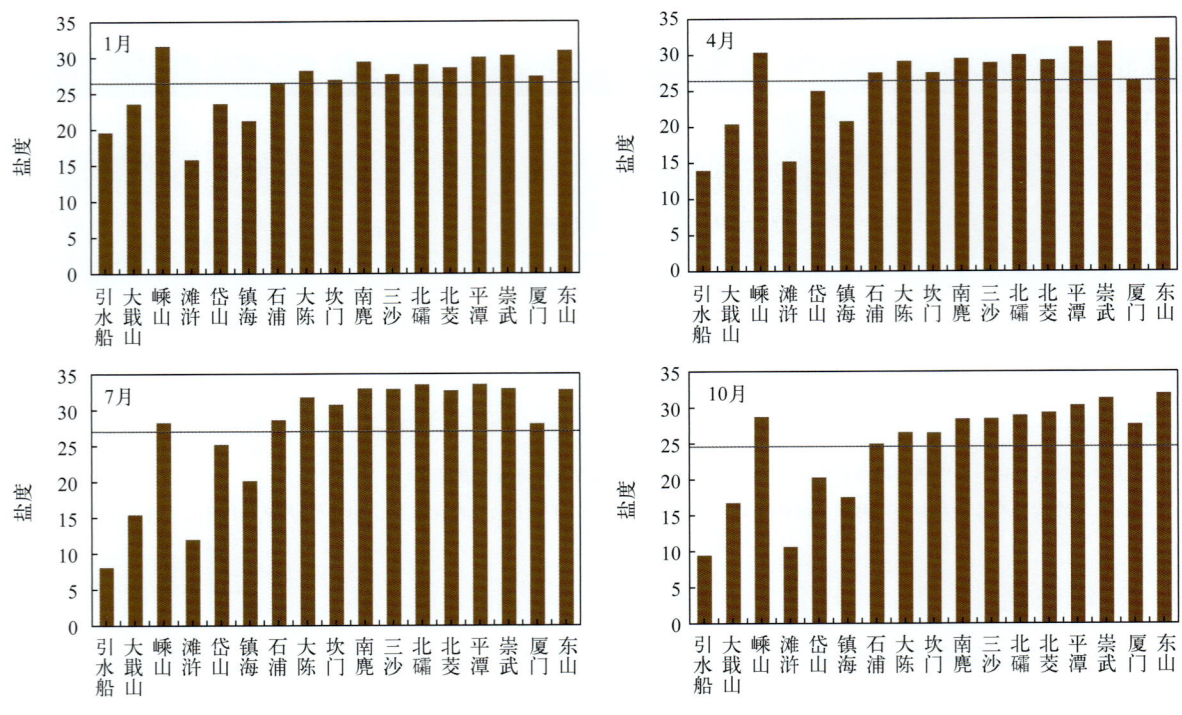

图4.2-2 东海沿海各站四季代表月平均盐度（1960—2019年）

### 3. 长期趋势变化

1960—2019年，东海沿海年平均盐度呈波动下降趋势，下降速率为0.19/（10年），其中1967年平均盐度最高，2016年最低（图4.2-3）。

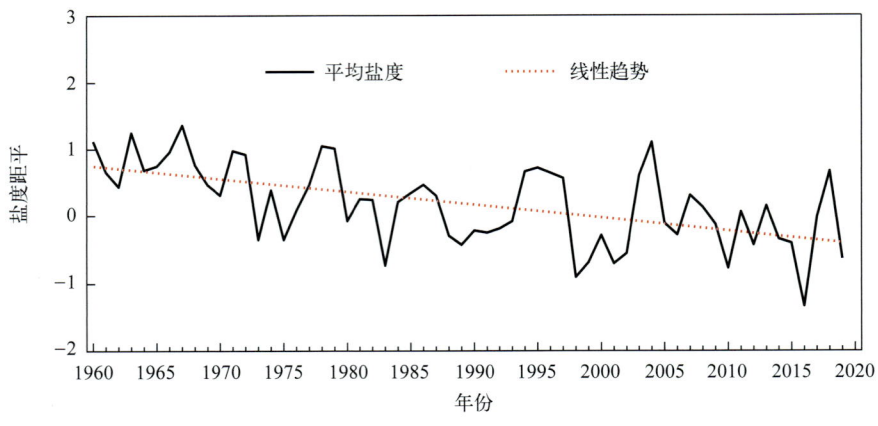

图4.2-3 1960—2019年东海沿海平均盐度距平变化

东海沿海年最高盐度无明显线性变化趋势（图4.2-4），1997年和1996年最高盐度分别为1960年以来的第一高值和第二高值。年最低盐度主要出现在近河口站，局地影响较大，难以代表东海总体最低盐度变化趋势。1962年和1967年最低盐度均为1960年以来的第一低值，1989年和1998年最低盐度均为1960年以来的第二低值，均出现在引水船站。

东海沿海十年平均盐度变化显示，1960—1969年平均盐度最高，2010—2019年平均盐度最低，1980—1989年平均盐度较上一个十年降幅最大，降幅为0.42（图4.2-5）。

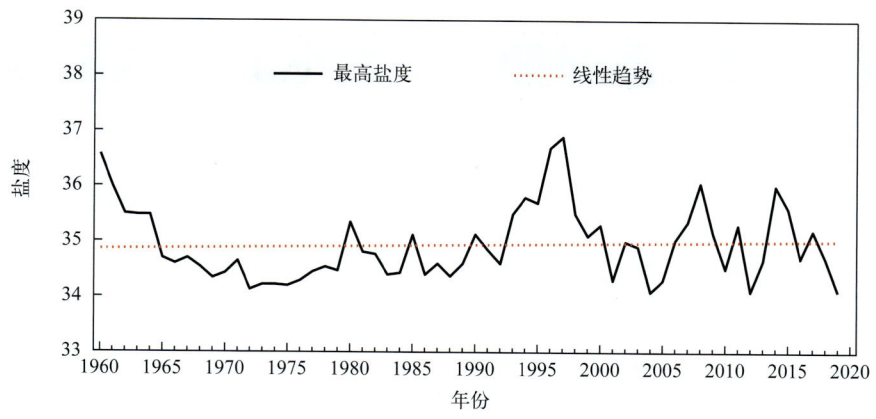

图4.2-4　1960—2019年东海沿海最高盐度变化

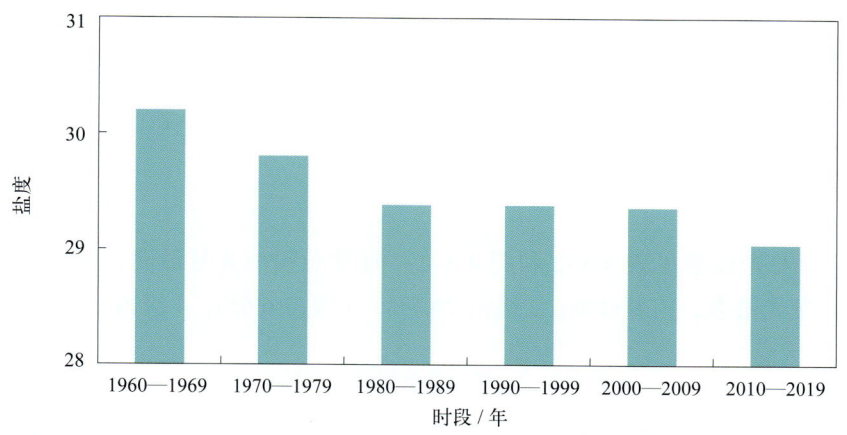

图4.2-5　东海沿海十年平均盐度变化

## 第三节　海发光

1960—2019年，东海沿海观测到的海发光主要为火花型（H），占海发光次数的97.2%，闪光型（S）占2.3%，弥漫型（M）占0.5%。东海沿海海发光出现频率北茭站最高，为95.0%，滩浒站最低，为0.1%（表4.3-1）。东海各海洋站海发光多出现在5—9月，1—3月海发光出现较少。

表4.3-1　东海沿海各站海发光特征

| 序号 | 站名 | 时段/年 | 年平均频率/% | 最高频率/%（月份） | 最低频率/%（月份） |
|---|---|---|---|---|---|
| 1 | 引水船 | 1960—2001 | 7.0 | 19.8（8月） | 0.7（2月） |
| 2 | 大戢山 | 1977—1999 | 17.1 | 53.0（8月） | 0.2（3月） |
| 3 | 金山嘴 | 1960—1977 | 3.4 | 12.7（8月） | 0.0（1月） |
| 4 | 嵊山 | 1960—2002 | 69.1 | 99.8（6月和7月） | 18.1（2月） |
| 5 | 滩浒 | 1977—2002、2005—2019 | 0.1 | 0.3（8月） | 0.0（1月） |
| 6 | 岱山 | — | — | — | — |
| 7 | 镇海 | 1988—1995 | 2.5 | 18.9（6月） | 0.0（5个月） |

续表

| 序号 | 站名 | 时段/年 | 年平均频率/% | 最高频率/%（月份） | 最低频率/%（月份） |
|---|---|---|---|---|---|
| 8 | 石浦 | 1960—2007 | 57.8 | 95.4（8月） | 10.1（2月） |
| 9 | 大陈 | 1960—2002 | 73.1 | 98.9（8月） | 19.9（2月） |
| 10 | 坎门 | 1960—2002 | 29.8 | 65.8（9月） | 1.7（3月） |
| 11 | 南麂 | 1960—2002 | 79.7 | 96.2（5月） | 36.5（2月） |
| 12 | 台山 | 1962—1992 | 93.1 | 99.3（6月） | 72.2（2月） |
| 13 | 三沙 | 1960—2002 | 68.1 | 96.1（5月） | 19.8（2月） |
| 14 | 北礵 | 1961—1994 | 79.9 | 96.2（7月） | 39.9（2月） |
| 15 | 北茭 | 1960—2002 | 95.0 | 99.8（5月） | 85.9（2月） |
| 16 | 平潭 | 1960—2002 | 90.6 | 98.1（8月） | 69.9（2月） |
| 17 | 崇武 | 1960—2007 | 75.1 | 87.5（8月） | 54.2（2月） |
| 18 | 厦门 | 1960—1972 | 93.1 | 97.9（11月） | 84.0（3月） |
| 19 | 东山 | 1960—2002 | 76.9 | 91.4（7月） | 61.4（2月） |

"—"表示无数据。

各月及全年海发光频率见表4.3-2和图4.3-1。海发光频率8月最高，为78.6%，2月最低，为33.4%。1级海发光最多，占66.0%，2级占26.7%，3级占6.6%，4级占0.7%。

表4.3-2 各月及全年海发光频率

| | 1月 | 2月 | 3月 | 4月 | 5月 | 6月 | 7月 | 8月 | 9月 | 10月 | 11月 | 12月 | 年 |
|---|---|---|---|---|---|---|---|---|---|---|---|---|---|
| 频率/% | 39.6 | 33.4 | 39.9 | 58.8 | 74.3 | 74.8 | 76.7 | 78.6 | 76.1 | 68.9 | 60.2 | 49.1 | 61.3 |

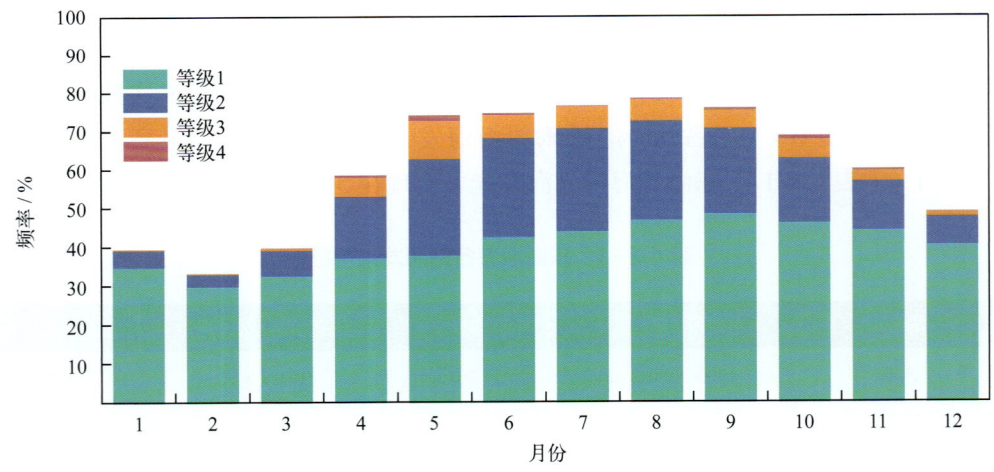

图4.3-1 东海沿海各月各级海发光频率（1960—2019年）

# 第五章 海洋气象

## 第一节 气温

### 1. 平均气温、最高气温和最低气温

东海沿海平均气温为18.1℃,受纬度和海陆分布的影响,总体上呈现北低南高的分布特征。厦门站平均气温为21.2℃,引水船站为16.0℃(表5.1-1,图5.1-1)。东海沿海平均气温年较差为19.3℃,北大南小,滩浒站为23.3℃,东山站为14.5℃。东海沿海最高气温极大值镇海站最高,为41.7℃,出现在2005年7月,平潭站次之,为41.1℃,出现在2003年9月;最低气温极小值金山嘴站最低,为-10.1℃,出现在1977年1月(表5.1-1)。

表5.1-1 东海沿海各站气温特征 单位:℃

| 序号 | 站名 | 年平均 | 年较差 | 最高 | 最低 | 时段/年 |
|---|---|---|---|---|---|---|
| 1 | 引水船 | 16.0 | 22.4 | 36.5 | -5.6 | 1960—1995 |
| 2 | 大戢山 | 16.4 | 21.6 | 37.3 | -7.0 | 1977—2019 |
| 3 | 嵊山 | 16.4 | 19.9 | 35.4 | -5.8 | 1963—2019 |
| 4 | 滩浒[①] | 16.4 | 23.3 | 39.3 | -10.1 | 1960—2019 |
| 5 | 岱山 | 17.5 | 21.5 | 40.9 | -5.1 | 2004—2019 |
| 6 | 镇海 | 17.5 | 22.3 | 41.7 | -6.6 | 1985—2019 |
| 7 | 石浦 | 16.8 | 21.7 | 38.8 | -7.5 | 1960—1985<br>2007—2019 |
| 8 | 大陈 | 17.2 | 20.1 | 36.0 | -5.7 | 1965—1991<br>2003—2019 |
| 9 | 坎门 | 17.8 | 20.4 | 36.6 | -5.3 | 1960—2019 |
| 10 | 南麂 | 17.8 | 19.2 | 37.8 | -3.6 | 1965—2019 |
| 11 | 台山 | 17.9 | 19.0 | 40.0 | -1.9 | 1964—1992<br>2009—2019 |
| 12 | 三沙 | 19.2 | 19.0 | 38.4 | -1.5 | 1960—1971<br>2009—2019 |
| 13 | 北礵 | 18.2 | 18.3 | 35.4 | -1.1 | 1965—2002<br>2005—2019 |
| 14 | 北茭 | 18.9 | 17.9 | 36.8 | -0.6 | 1960—2002<br>2008—2019 |
| 15 | 平潭 | 19.6 | 16.6 | 41.1 | 1.2 | 1960—2019 |
| 16 | 崇武 | 20.0 | 15.9 | 37.3 | -0.3 | 1960—1984<br>1986—2019 |
| 17 | 厦门 | 21.2 | 15.6 | 38.5 | 2.2 | 1960—1984<br>2002—2019 |
| 18 | 东山 | 20.8 | 14.5 | 36.0 | 4.4 | 1960—1984 |
|  | 平均/极值[②] | 18.1 | 19.3 | 41.7 | -10.1 | 1960—2019 |

①滩浒站的结果为金山嘴站和滩浒站数据综合统计得到,1960年1月至1977年5月为金山嘴站数据,1977年6月至2019年12月为滩浒站数据。下同。

②岱山站观测时段不足20年,未纳入东海沿海平均气温统计。

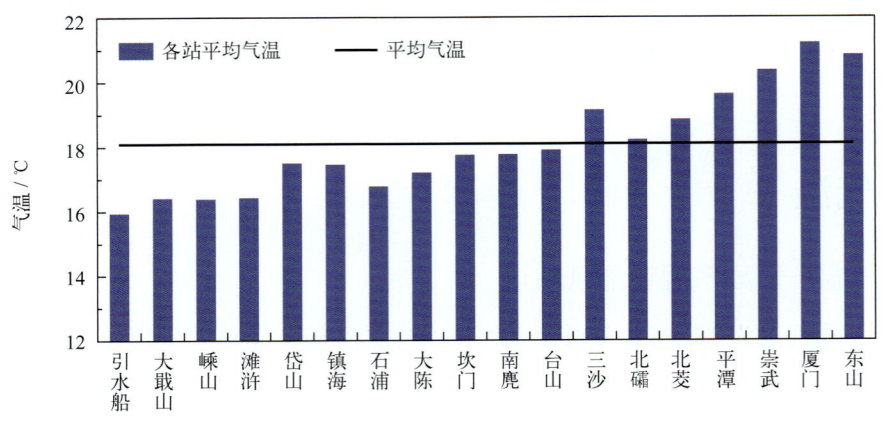

图5.1-1　东海沿海各站平均气温（1960—2019年）

## 2. 年变化

东海沿海平均气温8月最高，为27.7℃，1月和2月最低，均为8.6℃。最高气温和最低气温的年变化特征与平均气温相似，最高气温极大值出现在7月（镇海站，2005年），最低气温极小值出现在1月（金山嘴站，1977年）（表5.1-2，图5.1-2）。

表5.1-2　东海沿海气温年变化　　　　　　　　　　　　　　　　　　　　　　单位：℃

| | 1月 | 2月 | 3月 | 4月 | 5月 | 6月 | 7月 | 8月 | 9月 | 10月 | 11月 | 12月 |
|---|---|---|---|---|---|---|---|---|---|---|---|---|
| 平均气温 | 8.6 | 8.6 | 11.1 | 15.6 | 20.2 | 23.9 | 27.2 | 27.7 | 25.6 | 21.4 | 16.7 | 11.4 |
| 最高气温 | 27.6 | 29.3 | 32.8 | 34.9 | 36.1 | 39.5 | 41.7 | 40.9 | 41.1 | 35.2 | 34.4 | 30.2 |
| 最低气温 | -10.1 | -9.1 | -3.1 | -1.1 | 6.3 | 12.9 | 16.2 | 17.2 | 11.3 | 1.8 | -3.0 | -7.8 |

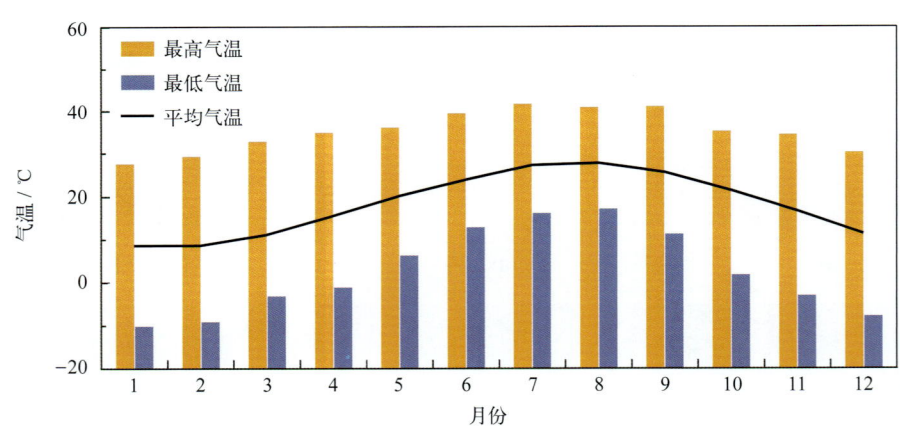

图5.1-2　东海沿海气温年变化（1960—2019年）

1月东海沿海平均气温北低南高，差异显著，东山站为13.1℃，引水船站和滩浒站均为4.9℃；4月平均气温南北差异减小，厦门站为19.5℃，引水船站为12.8℃；7月平均气温南北差异不明显，镇海站和厦门站均为28.6℃，嵊山站为25.5℃；10月平均气温南北差异增大，厦门站为24.0℃，滩浒站为19.6℃（图5.1-3）。

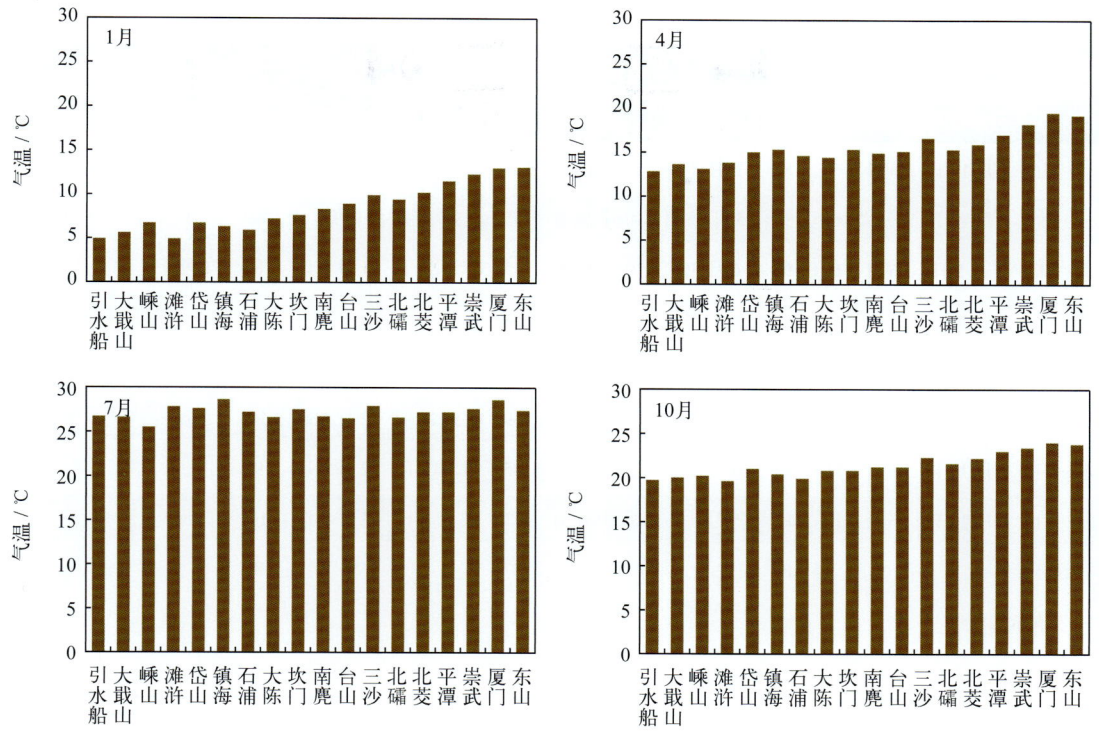

图5.1-3 东海沿海各站四季代表月平均气温（1960—2019年）

根据《气候季节划分》（QX/T 152—2012）气候季节划分指标和本志季节起止日确定方法，东海沿海的平均夏季时间最长，冬季时间最短；春季平均86天，夏季平均137天，秋季平均80天，冬季平均62天。春季平潭站最长，为107天，引水船站和滩浒站最短，均为73天；夏季厦门站最长，为185天，嵊山站最短，为108天；秋季平潭站最长，为103天，滩浒站最短，为62天；冬季引水船站最长，为116天，平潭站、崇武站、厦门站和东山站全年无冬季（表5.1-3，图5.1-4）。

表5.1-3 东海沿海各站四季分布

| 序号 | 海洋站 | 春季 | | | 夏季 | | | 秋季 | | | 冬季 | | |
|---|---|---|---|---|---|---|---|---|---|---|---|---|---|
| | | 开始时间 | 结束时间 | 天数 | 开始时间 | 结束时间 | 天数 | 开始时间 | 结束时间 | 天数 | 开始时间 | 结束时间 | 天数 |
| 1 | 引水船 | 4月4日 | 6月15日 | 73 | 6月16日 | 10月2日 | 109 | 10月3日 | 12月8日 | 67 | 12月9日 | 4月3日 | 116 |
| 2 | 大戢山 | 3月29日 | 6月14日 | 78 | 6月15日 | 10月5日 | 113 | 10月6日 | 12月11日 | 67 | 12月12日 | 3月28日 | 107 |
| 3 | 嵊 山 | 3月29日 | 6月19日 | 83 | 6月20日 | 10月5日 | 108 | 10月6日 | 12月14日 | 70 | 12月15日 | 3月28日 | 104 |
| 4 | 滩 浒 | 3月28日 | 6月8日 | 73 | 6月9日 | 10月4日 | 118 | 10月5日 | 12月5日 | 62 | 12月6日 | 3月27日 | 112 |
| 5 | 岱 山 | 3月16日 | 6月8日 | 85 | 6月9日 | 10月11日 | 125 | 10月12日 | 12月15日 | 65 | 12月16日 | 3月15日 | 90 |
| 6 | 镇 海 | 3月14日 | 6月2日 | 81 | 6月3日 | 10月6日 | 126 | 10月7日 | 12月9日 | 63 | 12月10日 | 3月13日 | 95 |
| 7 | 石 浦 | 3月18日 | 6月9日 | 84 | 6月10日 | 10月5日 | 118 | 10月6日 | 12月9日 | 65 | 12月10日 | 3月17日 | 98 |
| 8 | 大 陈 | 3月17日 | 6月9日 | 85 | 6月10日 | 10月10日 | 123 | 10月11日 | 12月15日 | 66 | 12月16日 | 3月16日 | 91 |
| 9 | 坎 门 | 3月12日 | 5月31日 | 81 | 6月1日 | 10月9日 | 131 | 10月10日 | 12月24日 | 76 | 12月25日 | 3月11日 | 77 |
| 10 | 南 麂 | 3月14日 | 6月6日 | 85 | 6月7日 | 10月12日 | 128 | 10月13日 | 12月27日 | 76 | 12月28日 | 3月13日 | 76 |

续表

| 序号 | 海洋站 | 春季 开始时间 | 春季 结束时间 | 春季 天数 | 夏季 开始时间 | 夏季 结束时间 | 夏季 天数 | 秋季 开始时间 | 秋季 结束时间 | 秋季 天数 | 冬季 开始时间 | 冬季 结束时间 | 冬季 天数 |
|---|---|---|---|---|---|---|---|---|---|---|---|---|---|
| 11 | 台山 | 3月13日 | 6月6日 | 86 | 6月7日 | 10月12日 | 128 | 10月13日 | 12月29日 | 78 | 12月30日 | 3月12日 | 73 |
| 12 | 三沙 | 2月17日 | 5月24日 | 97 | 5月25日 | 10月26日 | 155 | 10月27日 | 1月23日 | 89 | 1月24日 | 2月16日 | 24 |
| 13 | 北礵 | 3月5日 | 6月2日 | 90 | 6月3日 | 10月15日 | 135 | 10月16日 | 1月8日 | 85 | 1月9日 | 3月4日 | 55 |
| 14 | 北茭 | 2月15日 | 5月28日 | 103 | 5月29日 | 10月19日 | 144 | 10月20日 | 1月24日 | 97 | 1月25日 | 2月14日 | 21 |
| 15 | 平潭 | 2月7日 | 5月24日 | 107 | 5月25日 | 10月26日 | 155 | 10月27日 | 2月6日 | 103 | — | — | 0 |
| 16 | 崇武 | 2月7日 | 5月12日 | 95 | 5月13日 | 10月28日 | 169 | 10月29日 | 2月6日 | 101 | — | — | 0 |
| 17 | 厦门 | 2月10日 | 5月1日 | 81 | 5月2日 | 11月2日 | 185 | 11月3日 | 2月9日 | 99 | — | — | 0 |
| 18 | 东山 | 2月10日 | 5月7日 | 87 | 5月8日 | 10月31日 | 177 | 11月1日 | 2月9日 | 101 | — | — | 0 |
|  | 平均天数 |  |  | 86 |  |  | 137 |  |  | 80 |  |  | 62 |

"—"表示无数据。

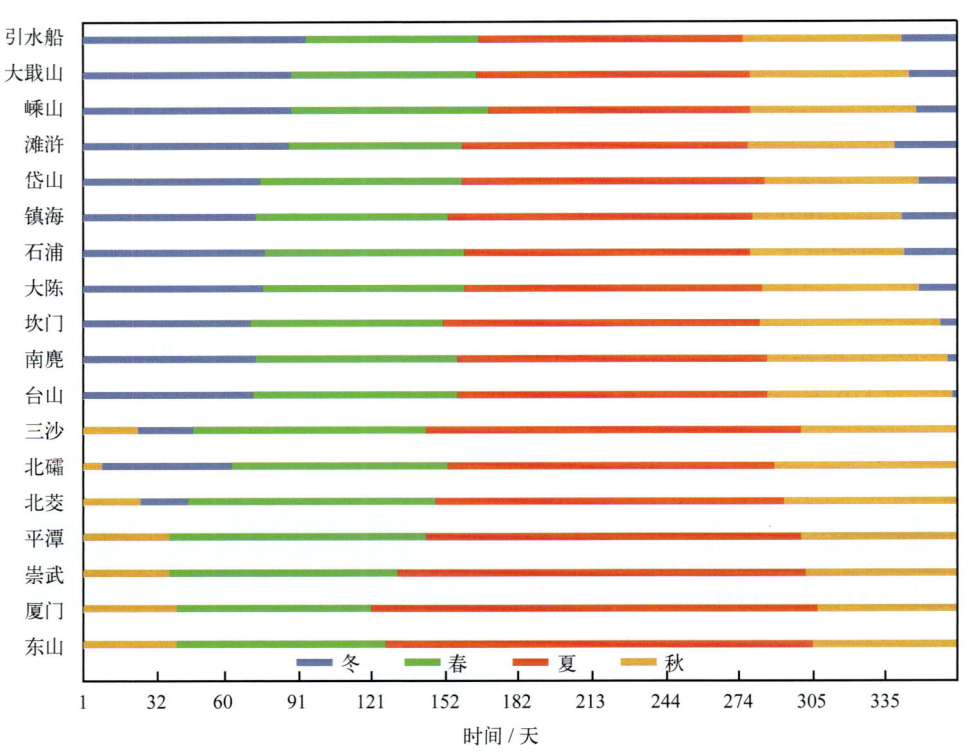

图5.1-4　东海沿海各站季节分布（1965—2019年）

### 3. 长期趋势变化

1960—2019年，东海沿海平均气温、最高气温和最低气温均呈波动上升趋势（图5.1-5至图5.1-7），上升速率分别为0.30℃/（10年）、0.51℃/（10年）和0.78℃/（10年）。2007年、2016年、2017年平均气温均为有记录以来的最高值，1976年和1984年平均气温分别为有记录以来的第一低值和第二低值。

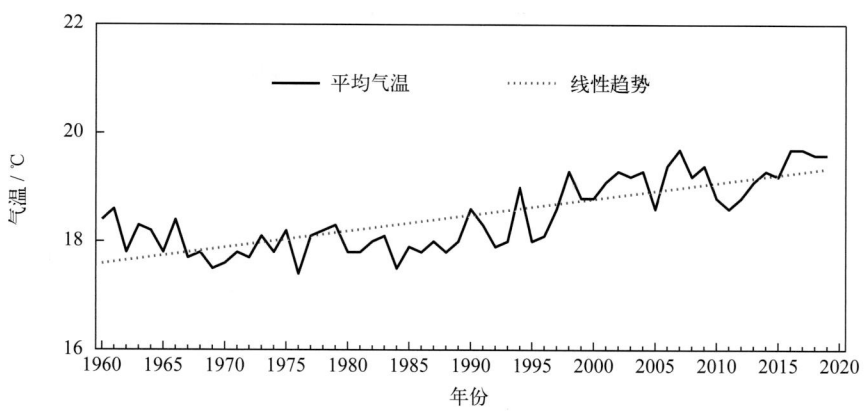

图5.1-5　1960—2019年东海沿海平均气温变化

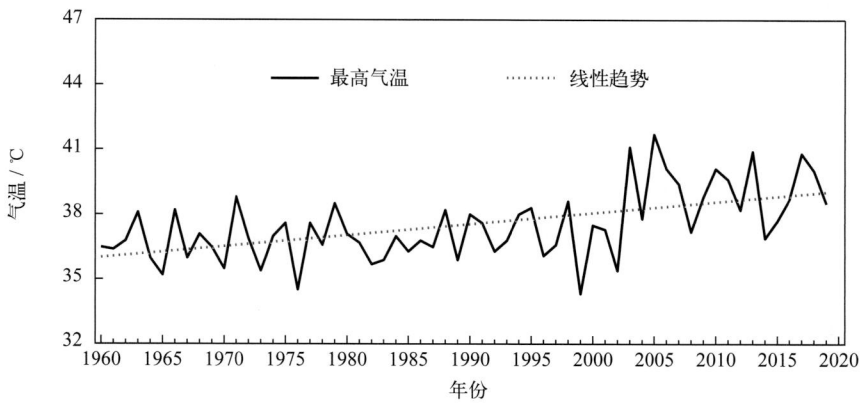

图5.1-6　1960—2019年东海沿海最高气温变化

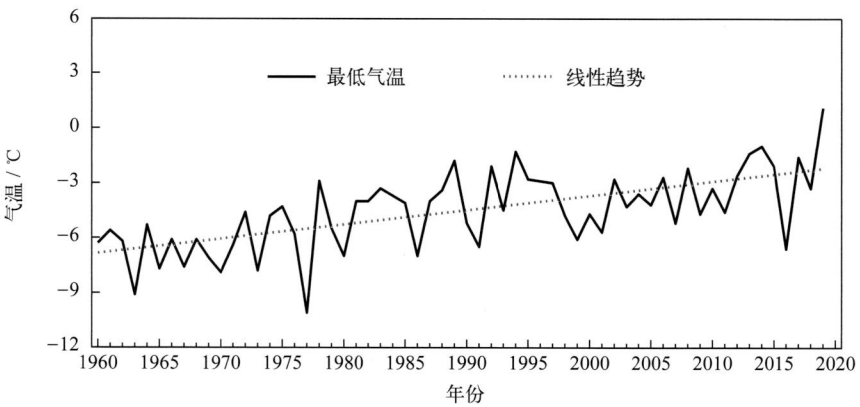

图5.1-7　1960—2019年东海沿海最低气温变化

十年平均气温变化显示，东海沿海1970—1979年和1980—1989年平均气温最低，均为17.9℃，2000—2009年和2010—2019年平均气温最高，均为19.2℃。2000—2009年平均气温较上一个十年升幅最大，升幅为0.7℃（图5.1-8）。

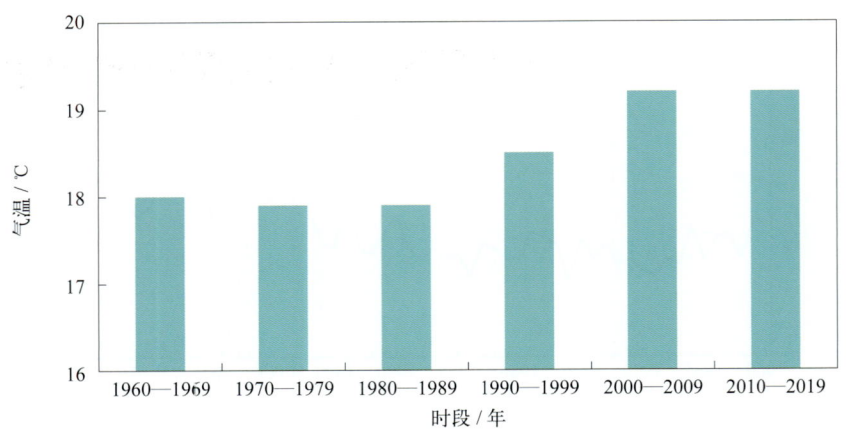

图5.1-8　东海沿海十年平均气温变化

## 第二节　气压

### 1. 平均气压、最高气压和最低气压

东海沿海平均气压（本节中气压均指海平面气压）总体上呈北高南低的分布特征，且差异明显。东海沿海平均气压为1 015.7百帕，北部沿海（坎门站以北）平均气压均高于1 016.0百帕，南部沿海（平潭站以南）均低于1 015.0百帕；平均年较差为18.8百帕，北部沿海（坎门站以北）平均年较差均高于19.0百帕，南部沿海（平潭站以南）均低于17.0百帕；最高气压极大值为1 045.1百帕，出现在1970年1月（引水船站）；最低气压极小值为951.0百帕，出现在2019年8月（坎门站）（表5.2-1，图5.2-1）。

表5.2-1　东海沿海各站气压特征　　　　　　　　　　　　　　　　　单位：百帕

| 序号 | 站名 | 年平均 | 年较差 | 最高 | 最低 | 时段/年 | 年平均 | 年较差 | 最高 | 最低 | 时段/年 |
|---|---|---|---|---|---|---|---|---|---|---|---|
| 1 | 引水船 | 1 017.3 | 21.2 | 1 045.1 | 983.0 | 1966—2000 | 1 017.2 | 21.3 | 1 044.4 | 983.0 | 1980—2000 |
| 2 | 大戢山 | 1 016.6 | 20.8 | 1 043.2 | 975.9 | 1977—2019 | 1 016.6 | 20.9 | 1 043.2 | 975.9 | 1980—2019 |
| 3 | 嵊山 | 1 016.3 | 19.8 | 1 042.1 | 964.2 | 1973—2019 | 1 016.2 | 19.9 | 1 042.1 | 964.2 | 1980—2019 |
| 4 | 滩浒 | 1 016.6 | 21.3 | 1 043.8 | 980.3 | 1977—2019 | 1 016.6 | 21.4 | 1 043.8 | 980.3 | 1980—2019 |
| 5 | 岱山 | 1 016.6 | 21.0 | 1 041.9 | 975.7 | 2004—2019 | 1 016.6 | 21.0 | 1 041.9 | 975.7 | 2004—2019 |
| 6 | 镇海 | 1 016.4 | 21.0 | 1 044.0 | 978.3 | 1985—2019 | 1 016.4 | 21.0 | 1 044.0 | 978.3 | 1985—2019 |
| 7 | 石浦 | 1 016.4 | 20.0 | 1 042.4 | 968.8 | 1966—1985<br>1999—2019 | 1 016.2 | 20.1 | 1 041.7 | 968.8 | 1980—1985<br>1999—2019 |
| 8 | 大陈 | 1 016.1 | 19.2 | 1 040.7 | 955.9 | 1965—1991<br>2003—2019 | 1 016.2 | 19.5 | 1 040.7 | 955.9 | 1980—1991<br>2003—2019 |
| 9 | 坎门 | 1 016.1 | 19.1 | 1 041.1 | 951.0 | 1966—1967<br>1973—2019 | 1 016.1 | 19.1 | 1 041.1 | 951.0 | 1980—2019 |
| 10 | 南麂 | 1 015.8 | 18.5 | 1 040.1 | 953.0 | 1973—2019 | 1 015.8 | 18.4 | 1 040.1 | 953.0 | 1980—2019 |
| 11 | 台山 | 1 015.2 | 18.3 | 1 040.9 | 964.0 | 1966—1992<br>2009—2019 | 1 015.4 | 18.8 | 1 040.9 | 968.7 | 1980—1992<br>2009—2019 |

续表

| 序号 | 站名 | 年平均 | 年较差 | 最高 | 最低 | 时段/年 | 年平均 | 年较差 | 最高 | 最低 | 时段/年 |
|---|---|---|---|---|---|---|---|---|---|---|---|
| 12 | 三沙 | 1 015.4 | 18.7 | 1 044.6 | 973.4 | 2002—2019 | 1 015.4 | 18.7 | 1 044.6 | 973.4 | 2002—2019 |
| 13 | 北礵 | 1 015.5 | 17.9 | 1 039.8 | 970.2 | 1965—2002<br>2005—2019 | 1 015.4 | 18.2 | 1 039.8 | 970.2 | 1980—2002<br>2005—2019 |
| 14 | 北茭 | 1 015.2 | 18.1 | 1 039.9 | 964.1 | 1966—2002<br>2008—2019 | 1 015.3 | 18.1 | 1 039.9 | 964.1 | 1980—2002<br>2008—2019 |
| 15 | 平潭 | 1 014.5 | 16.7 | 1 037.9 | 967.8 | 1965—2019 | 1 014.3 | 16.7 | 1 036.8 | 967.8 | 1980—2019 |
| 16 | 崇武 | 1 014.5 | 16.5 | 1 039.4 | 974.3 | 1966—1971<br>1973—1984<br>1986—2019 | 1 014.6 | 16.6 | 1 039.4 | 974.3 | 1980—1984<br>1986—2019 |
| 17 | 厦门 | 1 014.1 | 16.2 | 1 037.8 | 972.6 | 1966—1984<br>1987—2019 | 1 014.1 | 16.2 | 1 037.8 | 972.6 | 1980—1984<br>1987—2019 |
| 18 | 东山 | 1 014.0 | 15.8 | 1 037.3 | 967.7 | 1965—1984<br>2002—2019 | 1 013.9 | 16.0 | 1 037.3 | 967.7 | 1980—1984<br>2002—2019 |
| | 平均/极值 | 1 015.7 | 18.8 | 1 045.1 | 951.0 | 1966—2019 | 1 015.6 | 18.9 | 1 044.6 | 951.0 | 1980—2019 |

注：岱山站和三沙站观测时段不足20年，未纳入东海沿海气压统计。

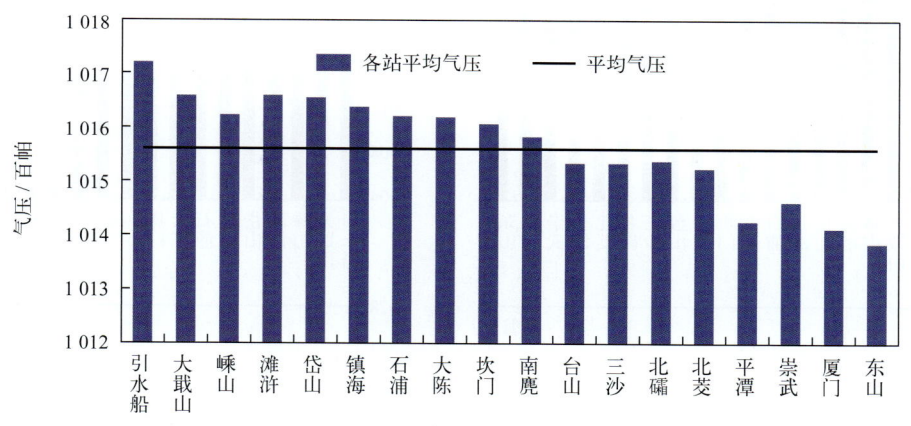

图5.2-1　东海沿海各站平均气压（1980—2019年）

## 2. 年变化

东海沿海的平均气压1月最高，为1 024.6百帕，7月最低，为1 006.0百帕。最高气压1月最大，最低气压8月最小，相差94.1百帕（表5.2-2，图5.2-2）。

表5.2-2　东海沿海气压年变化　　　　　　　　　　　　　　　　　　　　　　　　单位：百帕

| | 1月 | 2月 | 3月 | 4月 | 5月 | 6月 | 7月 | 8月 | 9月 | 10月 | 11月 | 12月 |
|---|---|---|---|---|---|---|---|---|---|---|---|---|
| 平均气压 | 1 024.6 | 1 022.8 | 1 019.8 | 1 015.4 | 1 011.2 | 1 007.1 | 1 006.0 | 1 006.1 | 1 011.4 | 1 017.6 | 1 021.5 | 1 024.5 |
| 最高气压 | 1 045.1 | 1 044.6 | 1 041.6 | 1 036.3 | 1 027.2 | 1 020.2 | 1 018.2 | 1 022.4 | 1 028.6 | 1 033.9 | 1 039.7 | 1 042.3 |
| 最低气压 | 1 004.7 | 998.7 | 995.9 | 995.8 | 983.7 | 985.3 | 964.1 | 951.0 | 955.9 | 968.7 | 997.3 | 1 004.1 |

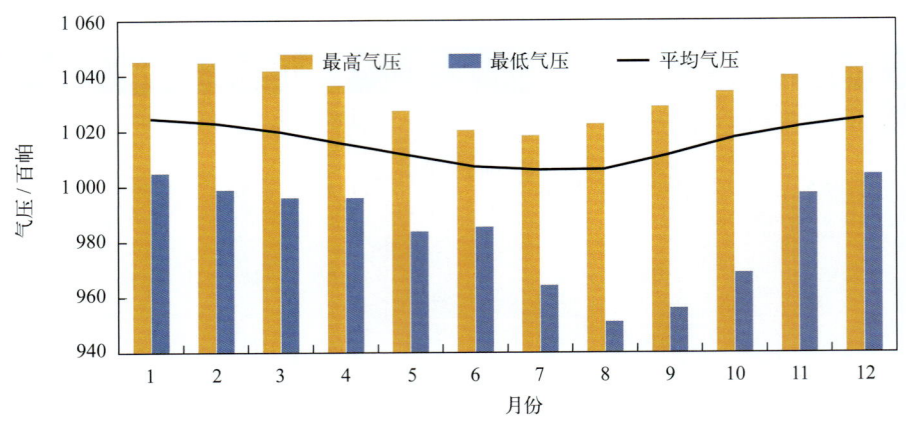

图5.2-2　东海沿海气压年变化（1966—2019年）

1月东海沿海平均气压北高南低，差异明显，引水船站为1 027.0百帕，东山站为1 021.5百帕；4月平均气压南北差异减小，引水船站为1 016.3百帕，东山站为1 014.1百帕；7月平均气压差异不明显，南部略高于北部，崇武站和东山站均为1 006.5百帕，滩浒站为1 005.3百帕；10月平均气压南北差异增大，引水船站为1 019.9百帕，东山站为1 014.9百帕（图5.2-3）。

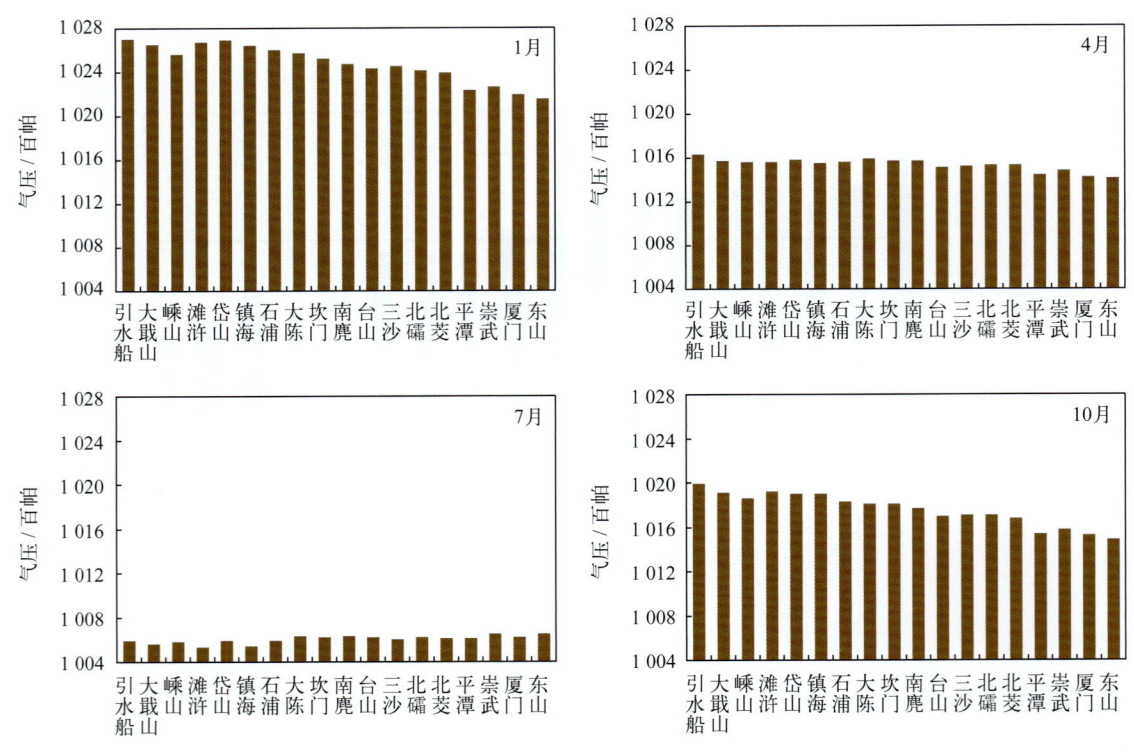

图5.2-3　东海沿海各站四季代表月平均气压（1980—2019年）

### 3. 长期趋势变化

1966—2019年，东海沿海平均气压呈波动下降趋势，下降速率为0.17百帕/（10年），最高气压变化趋势不明显，最低气压呈波动下降趋势，下降速率为2.23百帕/（10年）（图5.2-4，图5.2-5和图5.2-6）。

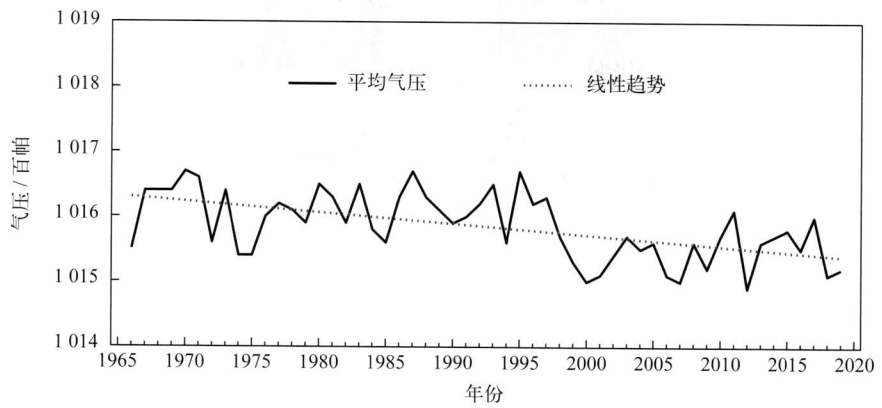

图5.2-4　1966—2019年东海沿海平均气压变化

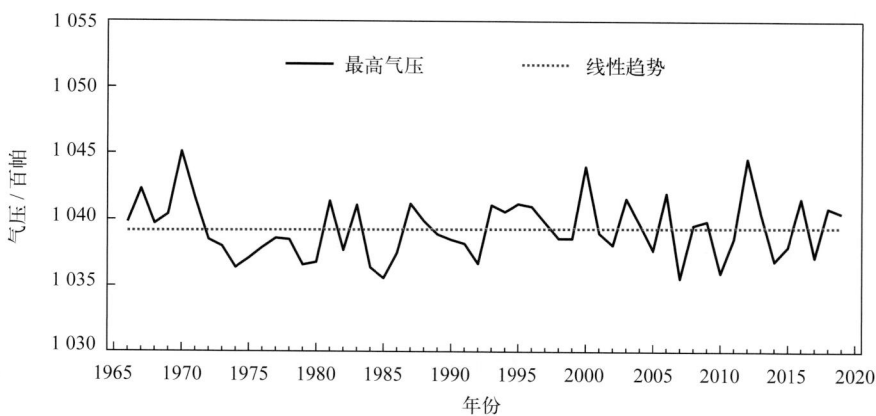

图5.2-5　1966—2019年东海沿海最高气压变化

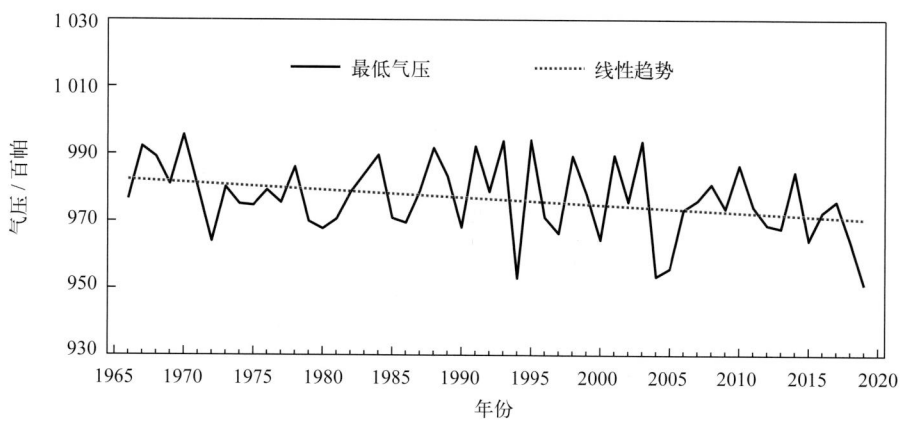

图5.2-6　1966—2019年东海沿海最低气压变化

十年平均气压变化显示，1999年前的十年平均气压高于2000年后的十年平均气压。2000—2009年最低，为1 015.3百帕，比上一个十年下降明显，降幅为0.7百帕（图5.2-7）。

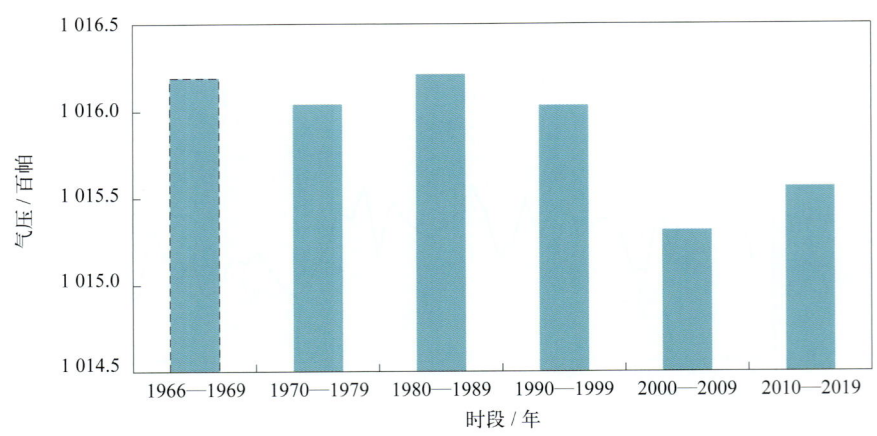

图5.2-7 东海沿海十年平均气压变化（数据不足十年加虚线框表示，下同）

## 第三节 相对湿度

### 1. 平均相对湿度和最小相对湿度

东海沿海平均相对湿度为80.2%。空间分布特征不明显，台山站相对湿度为83.5%，厦门站为74.9%（表5.3-1，图5.3-1）。东海沿海相对湿度平均年较差为17.7%，嵊山站相对湿度年较差为23.6%，镇海站为8.7%。最小相对湿度为0%，出现在厦门站的2005年12月18日和22日（表5.3-1）。

表5.3-1 东海沿海各站相对湿度特征

| 序号 | 站名 | 年平均/% | 年较差/% | 最小/% | 时段/年 |
| --- | --- | --- | --- | --- | --- |
| 1 | 引水船 | 79.5 | 15.9 | 21 | 1962—1995 |
| 2 | 大戢山 | 80.9 | 16.4 | 4 | 1977—2019 |
| 3 | 嵊山 | 78.6 | 23.6 | 2 | 1963—2019 |
| 4 | 滩浒 | 81.7 | 13.2 | 13 | 1960—2019 |
| 5 | 岱山 | 82.3 | 15.2 | 13 | 2004—2019 |
| 6 | 镇海 | 77.9 | 8.7 | 11 | 1985—2019 |
| 7 | 石浦 | 78.8 | 20.1 | 4 | 1960—1985、2007—2019 |
| 8 | 大陈 | 83.0 | 19.6 | 7 | 1965—1991、2003—2019 |
| 9 | 坎门 | 78.7 | 21.1 | 1 | 1960—2019 |
| 10 | 南麂 | 81.9 | 19.3 | 3 | 1965—2019 |
| 11 | 台山 | 83.5 | 20.1 | 10 | 1964—1992、2009—2019 |
| 12 | 三沙 | 78.2 | 18.8 | 4 | 1960—1971、2009—2019 |
| 13 | 北礵 | 82.8 | 19.9 | 9 | 1965—2002、2007—2019 |
| 14 | 北茭 | 81.1 | 18.1 | 18 | 1960—2002、2008—2019 |
| 15 | 平潭 | 83.1 | 13.7 | 2 | 1960—2019 |
| 16 | 崇武 | 79.5 | 18.0 | 10 | 1960—1984、1986—2019 |

续表

| 序号 | 站名 | 年平均 /% | 年较差 /% | 最小 /% | 时段 / 年 |
|---|---|---|---|---|---|
| 17 | 厦门 | 74.9 | 17.1 | 0 | 1960—1984、2002—2019 |
| 18 | 东山 | 80.0 | 16.6 | 18 | 1960—1984 |
| | 平均 / 最小 | 80.2 | 17.7 | 0 | 1960—2019 |

注：岱山站观测时段不足20年，未纳入东海沿海相对湿度统计。

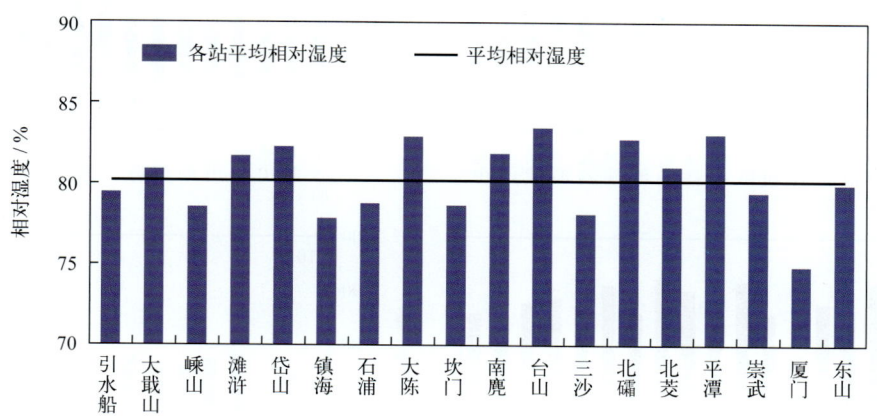

图5.3-1　东海沿海各站平均相对湿度（1960—2019年）

## 2. 年变化

东海沿海平均相对湿度6月最大，为89.3%，12月最小，为71.9%。平均最小相对湿度7月最大，为60.6%，12月最小，为31.3%（表5.3-2，图5.3-2）。

表5.3-2　东海沿海相对湿度年变化

| | 1月 | 2月 | 3月 | 4月 | 5月 | 6月 | 7月 | 8月 | 9月 | 10月 | 11月 | 12月 |
|---|---|---|---|---|---|---|---|---|---|---|---|---|
| 平均相对湿度 /% | 74.4 | 78.1 | 81.1 | 83.9 | 86.1 | 89.3 | 87.2 | 84.7 | 79.1 | 73.7 | 73.4 | 71.9 |
| 平均最小相对湿度 /% | 32.6 | 36.8 | 36.9 | 38.7 | 42.2 | 57.8 | 60.6 | 56.3 | 46.6 | 38.4 | 34.9 | 31.3 |

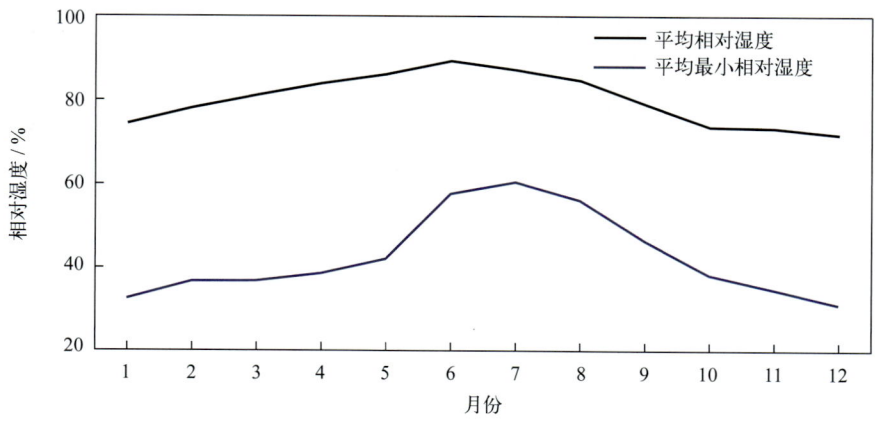

图5.3-2　东海沿海相对湿度年变化（1960—2019年）

东海沿海的相对湿度年变化空间分布无明显差异，1月岱山站相对湿度为78.4%，嵊山站为69.6%；4月台山站为87.5%，镇海站为77.9%；7月台山站为92.3%，镇海站为77.8%；10月滩浒站为77.4%，厦门站为65.8%（图5.3-3）。

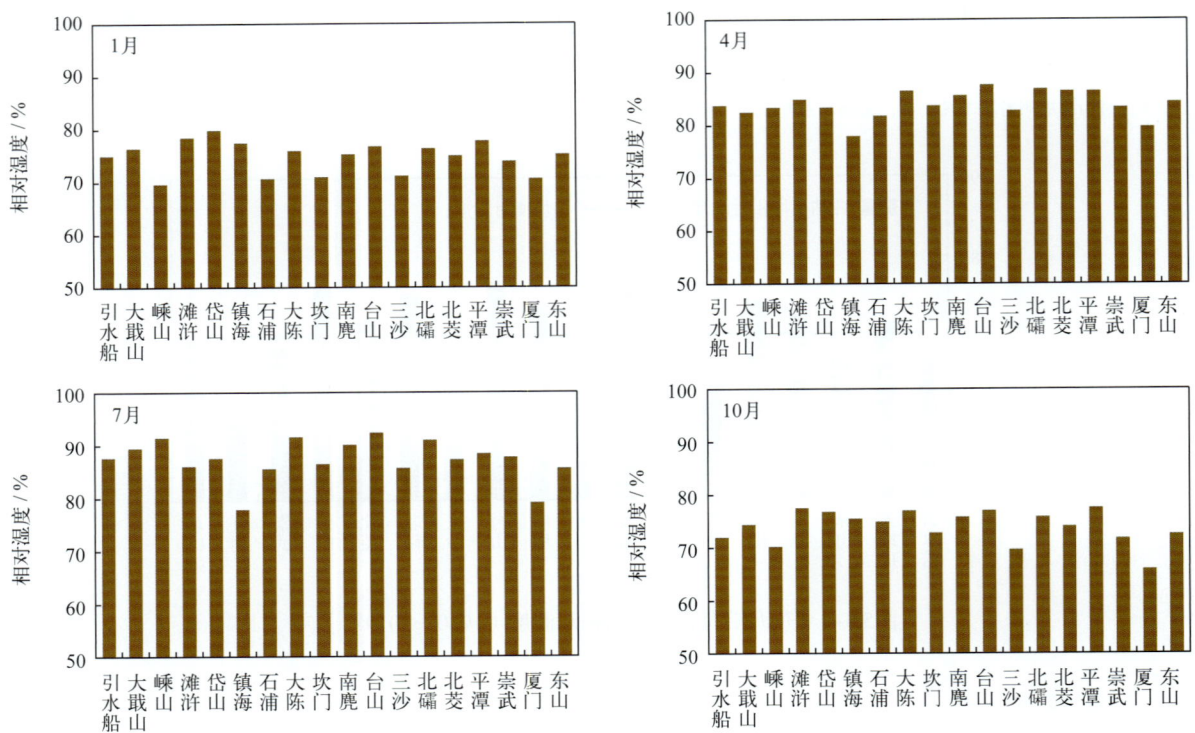

图5.3-3　东海沿海各站四季代表月平均相对湿度（1960—2019年）

## 2. 长期趋势变化

1960—2019年，东海沿海平均相对湿度呈下降趋势，下降速率为0.25%/（10年）（线性趋势未通过显著性检验）。1990年和2016年相对湿度最大，均为82.8%，2004年相对湿度最小，为75.2%（图5.3-4）。十年平均相对湿度变化显示，1990—1999年相对湿度最大，为80.8%，2000—2009年最小，为78.3%；2000—2009年较上一个十年明显下降，降幅为2.5%，2010—2019年较上一个十年明显上升，升幅为1.7%（图5.3-5）。

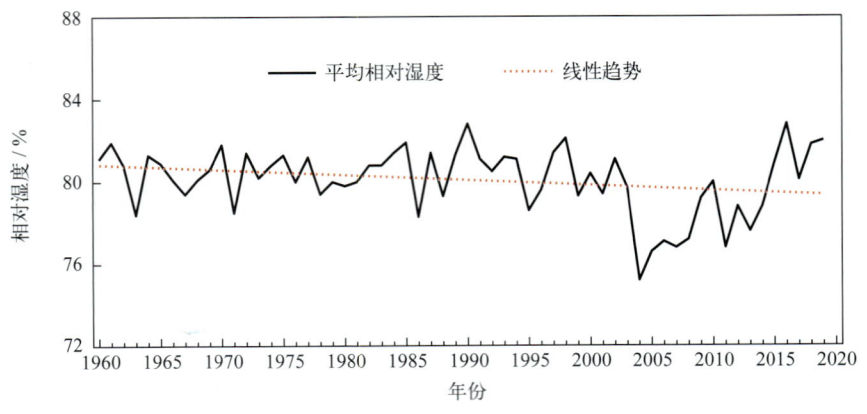

图5.3-4　1960—2019年东海沿海平均相对湿度变化

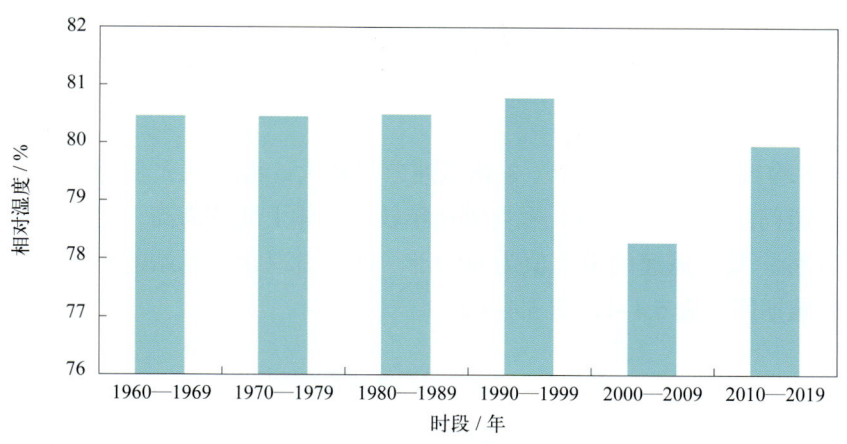

图5.3-5 东海沿海十年平均相对湿度变化

### 3. 温湿指数

根据《人居环境气候舒适度评价》(GB/T 27963—2011)温湿指数统计方法和气候舒适度等级划分方法，统计各月温湿指数，结果显示：东海沿海全年各月的温湿指数变化范围为6.0～27.1。东海沿海温湿指数整体呈现北低南高的空间分布特征，但随着季节的变化略有差异，1月各站均感觉寒冷，东山站温湿指数最高，滩浒站温湿指数最低；4月北部感觉寒冷，南部感觉舒适，厦门站温湿指数最高，引水船站温湿指数最低；7月除嵊山站感觉舒适外，其余各站均感觉热；10月各站均感觉舒适，东山站温湿指数最高，引水船站温湿指数最低（图5.3-6）。

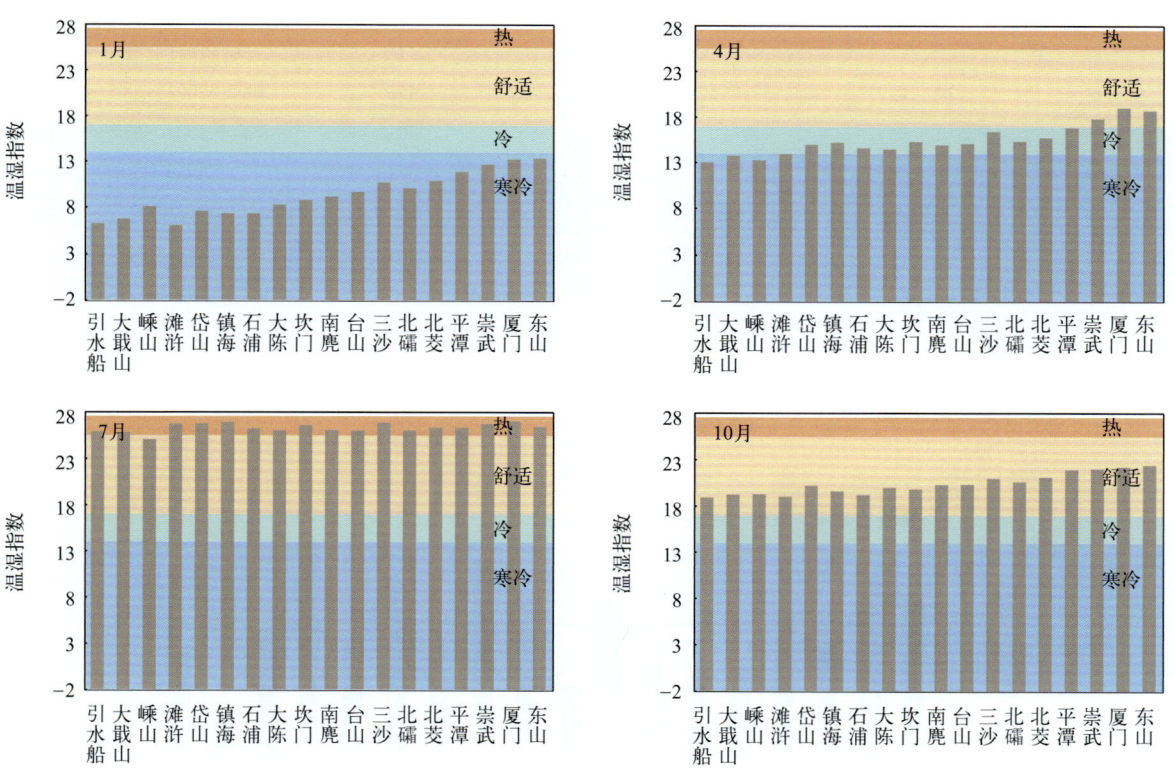

图5.3-6 东海沿海各站四季代表月平均温湿指数（1960—2019年）

## 第四节 风

### 1. 平均风速和最大风速

东海沿海的平均风速为 5.9 米/秒。各站风速差异较大，海岛站大于沿岸站，平潭站平均风速为 8.5 米/秒，厦门站为 3.1 米/秒。平均风速年较差总体上北低南高，引水船站为 0.8 米/秒，平潭站为 4.4 米/秒。最大风速的最大值为 60.0 米/秒，出现在平潭站的 1985 年 8 月 24 日，正值 8510 号台风影响期间（表 5.4-1，图 5.4-1）。

表 5.4-1 东海沿海各站风速特征　　　　　　　　　　　　　　　　　　　单位：米/秒

| 序号 | 站名 | 年平均 | 年较差 | 最大 | 时段/年 |
| --- | --- | --- | --- | --- | --- |
| 1 | 引水船 | 6.7 | 0.8 | 30.3 | 1960—1999 |
| 2 | 大戢山 | 7.4 | 1.2 | 35.0 | 1977—2019 |
| 3 | 嵊山 | 6.4 | 2.6 | 44.0 | 1965—2019 |
| 4 | 滩浒 | 6.2 | 1.0 | 35.0 | 1960—2019 |
| 5 | 岱山 | 4.7 | 1.1 | 28.5 | 2004—2019 |
| 6 | 镇海 | 4.5 | 1.6 | 32.0 | 1985—2019 |
| 7 | 石浦 | 4.7 | 1.2 | 40.0 | 1960—1985、1999—2019 |
| 8 | 大陈 | 6.8 | 2.5 | 41.4 | 1965—1991、2003—2019 |
| 9 | 坎门 | 4.0 | 1.9 | 34.3 | 1960—2019 |
| 10 | 南麂 | 6.8 | 3.1 | 52.7 | 1965—2019 |
| 11 | 台山 | 7.9 | 2.7 | 57.1 | 1964—1992、2009—2019 |
| 12 | 三沙 | 4.2 | 1.7 | 44.0 | 1961—1971、2002—2019 |
| 13 | 北礵 | 7.4 | 3.3 | 45.7 | 1965—2002、2005—2019 |
| 14 | 北茭 | 5.5 | 2.1 | 40.0 | 1960—2002、2008—2019 |
| 15 | 平潭 | 8.5 | 4.4 | 60.0 | 1960—2019 |
| 16 | 崇武 | 5.7 | 2.7 | 40.0 | 1960、1963—1984、1986—2019 |
| 17 | 厦门 | 3.1 | 1.1 | 34.0 | 1960—1984、1987—2019 |
| 18 | 东山 | 5.0 | 3.2 | 48.0 | 1960—1984、1992—1999、2001—2019 |
| 平均/最大 | | 5.9 | 2.2 | 60.0 | 1960—2019 |

注：岱山站观测时段不足20年，未纳入东海沿海风统计。

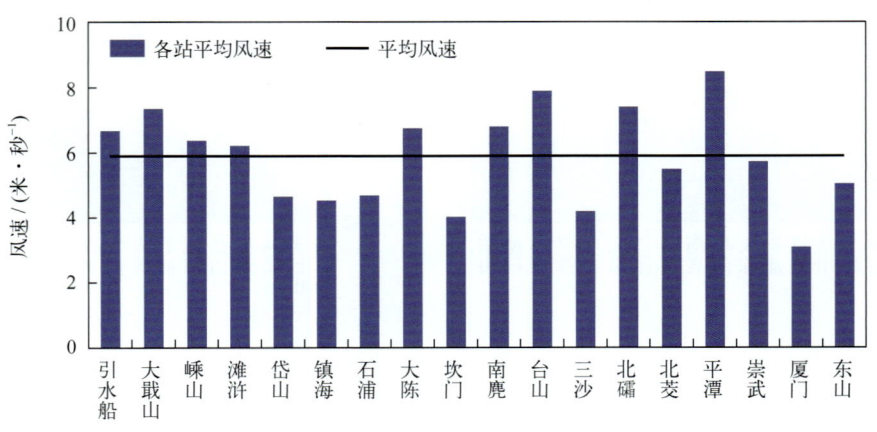

图5.4-1　东海沿海各站平均风速（1960—2019年）

## 2. 年变化

东海沿海的平均风速 11 月和 12 月最大，均为 6.7 米 / 秒，5 月最小，为 5.0 米 / 秒。最大风速的最大值为 60.0 米 / 秒，出现在 8 月。年最大风速出现在 8 月的频率最大，为 27.4%，7 月和 9 月次之，均为 16.0%，2 月和 5 月最小，均为 2.7%（表 5.4-2，图 5.4-2）。

表 5.4-2　东海沿海风速年变化

|  | 1月 | 2月 | 3月 | 4月 | 5月 | 6月 | 7月 | 8月 | 9月 | 10月 | 11月 | 12月 |
| --- | --- | --- | --- | --- | --- | --- | --- | --- | --- | --- | --- | --- |
| 平均风速 /（米·秒⁻¹） | 6.6 | 6.4 | 5.8 | 5.2 | 5.0 | 5.2 | 5.6 | 5.4 | 5.9 | 6.6 | 6.7 | 6.7 |
| 最大风速 /（米·秒⁻¹） | 28.0 | 34.0 | 32.3 | 28.3 | 40.0 | 40.9 | 57.1 | 60.0 | 48.0 | 52.7 | 34.0 | 28.0 |
| 年最大风速出现频率 /% | 3.1 | 2.7 | 3.3 | 4.3 | 2.7 | 3.9 | 16.0 | 27.4 | 16.0 | 11.2 | 5.6 | 3.7 |

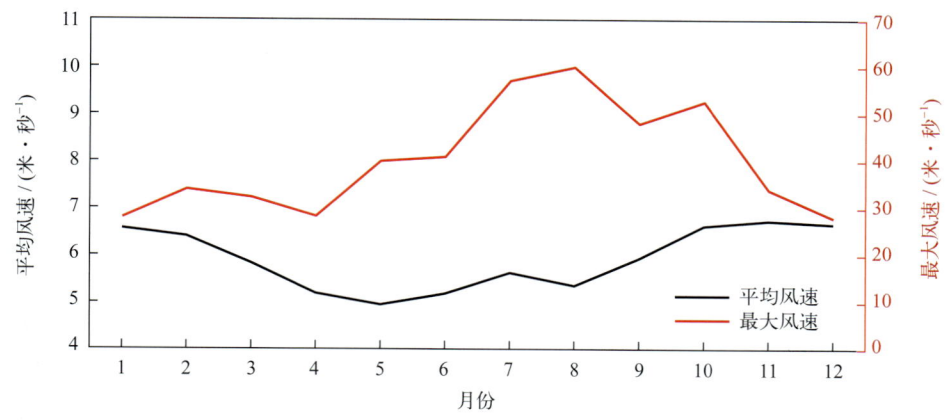

图 5.4-2　东海沿海平均风速和最大风速年变化（1960—2019年）

## 3. 各向风频率

东海沿海为典型的季风气候，全年以 N—ENE 向风最多，频率和为 50.2%，W—WNW 向频率最小，频率和为 3.7%（图 5.4-3）。1 月盛行风向为 NNW—ENE，频率和为 74.7%；4 月盛行风向为 N—ENE，频率和为 44.5%；7 月盛行风向为 SSE—SW，频率和为 55.0%；10 月盛行风向为 N—ENE，频率和为 70.5%（图 5.4-4）。

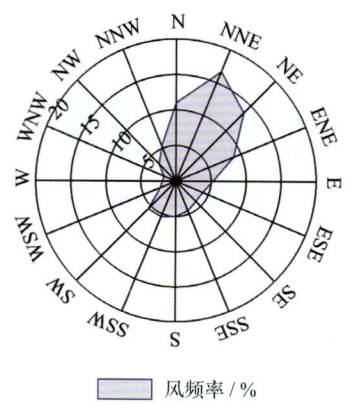

图 5.4-3　东海沿海全年各向风频率（1965—2019年）

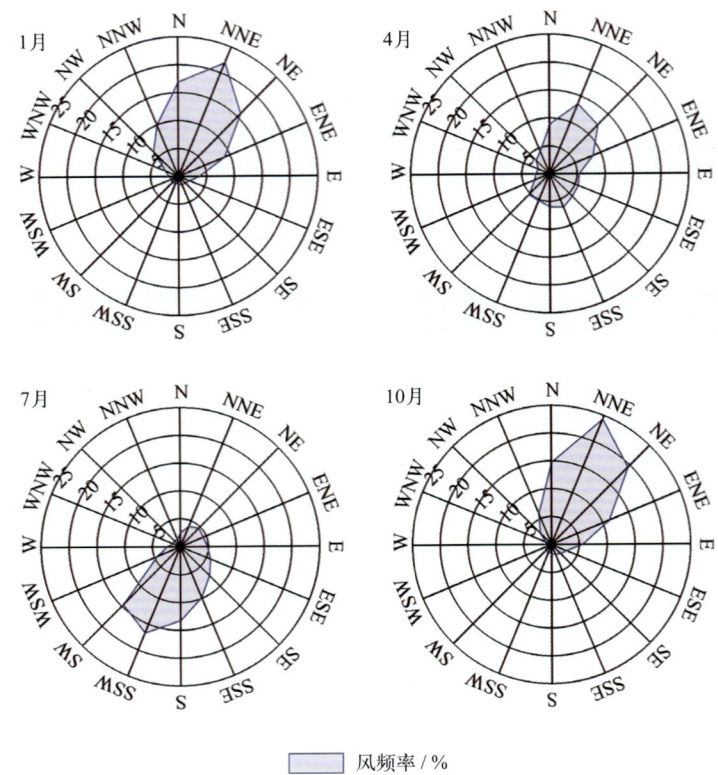

图5.4-4 东海沿海四季代表月各向风频率（1965—2019年）

## 4. 大风日数

东海沿海出现大于等于6级大风的平均年日数为122.0天，海岛站多于沿岸站，平潭站为216.4天，厦门站为12.1天。大于等于8级大风的平均年日数为18.5天，与大于等于6级大风的平均年日数空间分布相似，平潭站为49.3天，厦门站为0.9天（图5.4-5）。

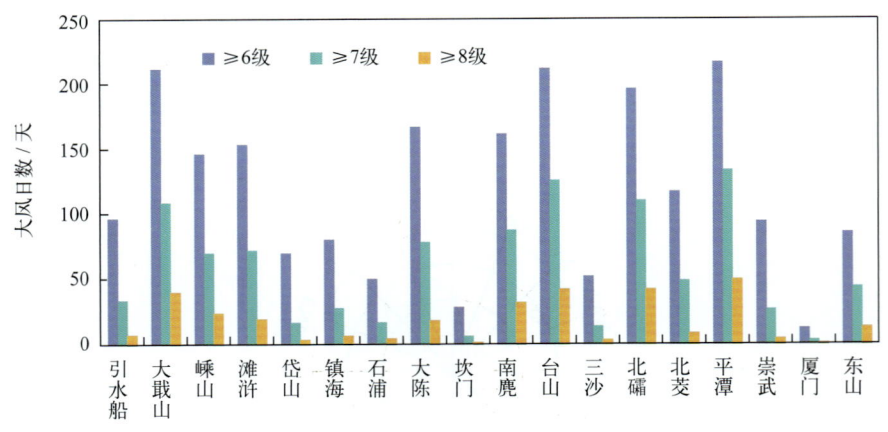

图5.4-5 东海沿海各站平均年大风日数（1960—2019年）

东海沿海出现大于等于6级大风的平均日数1月和12月最多，均为12.7天，11月次之，为12.1天，5月最少，为7.5天；大于等于8级大风的平均日数10月和11月最多，均为2.1天，5月最少，为0.8天（图5.4-6）。

东海沿海大于等于6级的大风年日数最多的站和连续大于等于6级大风日数最长的站均为平潭站，分别为296天（1984年）和84天（1978年9月16日至12月8日）。南麂站、台山站、大戢山站和北礵站最多大于等于6级的大风年日数均达到或超过250天，台山站和北礵站最长连续大于等于6级大风日数均达到或超过50天。

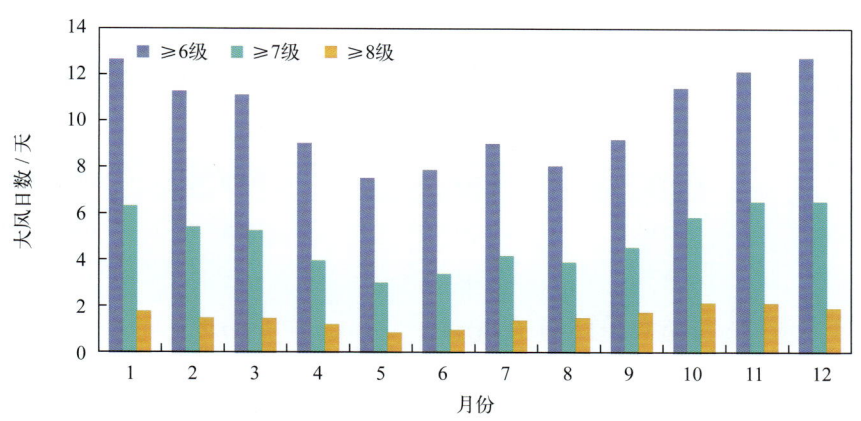

图5.4-6　东海沿海各级大风日数年变化（1960—2019年）

## 第五节　降水

### 1. 降水量和降水日数

东海沿海平均年降水量为1 193.9毫米，浙江沿海多于上海沿海和福建沿海，其中石浦站平均年降水量为1 384.2毫米，滩浒站为1 027.6毫米，崇武站为1 015.8毫米。最大日降水量为472.4毫米，出现在南麂站的2009年9月，正值0916号台风"凯萨娜"影响期间。东海沿海平均年降水日数为139.7天，浙江沿海和福建北部沿海多于上海沿海和福建南部沿海，其中石浦站平均年降水日数为165.5天，滩浒站为131.1天，崇武站为109.0天（表5.5-1，图5.5-1）。

表5.5-1　东海沿海各站降水量和降水日数　　　　　　　　　　　　　　　　　　　　单位：毫米

| 序号 | 站名 | 平均年降水量 | 最大日降水量 | 平均年降水日数/天 | 时段/年 |
|---|---|---|---|---|---|
| 1 | 引水船 | — | — | — | — |
| 2 | 大戢山 | 905.5 | 142.1 | 127.0 | 2001—2019 |
| 3 | 嵊　山 | 1 065.1 | 229.6 | 132.1 | 1963—2019 |
| 4 | 滩　浒 | 1 027.6 | 250.5 | 131.1 | 1960—2019 |
| 5 | 岱　山 | 1 329.5 | 210.2 | 146.6 | 2004—2019 |
| 6 | 镇　海 | 1 335.1 | 225.0 | 152.1 | 1985—2019 |
| 7 | 石　浦 | 1 384.2 | 329.8 | 165.5 | 1960—1985、2007—2019 |
| 8 | 大　陈 | 1 352.3 | 261.4 | 158.0 | 1965—1991、2003—2019 |
| 9 | 坎　门 | 1 364.8 | 316.0 | 154.0 | 1960—2019 |
| 10 | 南　麂 | 1 292.8 | 472.4 | 152.9 | 1965—2019 |

续表

| 序号 | 站名 | 平均年降水量 | 最大日降水量 | 平均年降水日数/天 | 时段/年 |
|---|---|---|---|---|---|
| 11 | 台山 | 1 073.5 | 344.4 | 148.1 | 1964—1992、2009—2019 |
| 12 | 三沙 | 1 226.1 | 140.9 | 152.0 | 1960—1967、2009—2019 |
| 13 | 北礵 | 1 164.6 | 246.0 | 151.2 | 1965—2002、2008—2019 |
| 14 | 北茭 | 1 143.3 | 184.5 | 141.6 | 1960—2002、2008—2019 |
| 15 | 平潭 | 1 192.4 | 251.7 | 122.0 | 1960—2019 |
| 16 | 崇武 | 1 015.8 | 244.5 | 109.0 | 1960—1984、1986—2019 |
| 17 | 厦门 | 1 177.9 | 239.7 | 121.8 | 1960—1984、2002—2019 |
| 18 | 东山 | 1 125.7 | 245.1 | 116.2 | 1960—1984 |
|  | 平均/最大 | 1 193.9 | 472.4 | 139.7 | 1960—2019 |

注：大戢山站、岱山站和三沙站观测时段与其他站相差较大且不足20年，未纳入东海沿海降水统计。

"—"表示无数据。

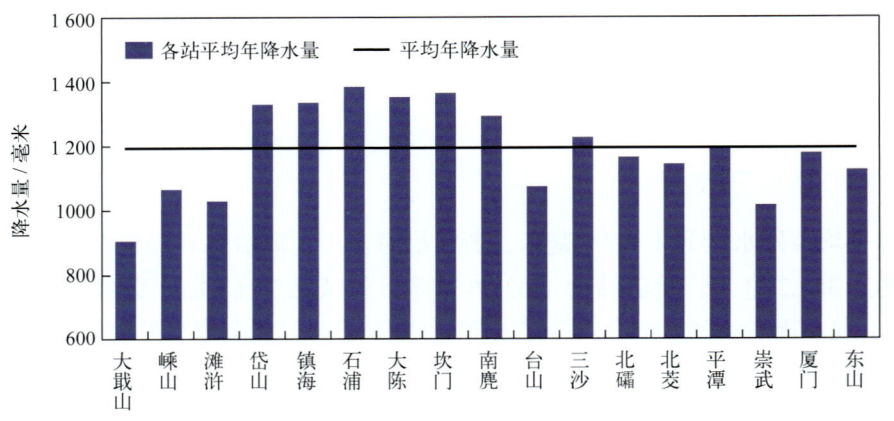

图5.5-1　东海沿海各站平均年降水量（1960—2019年）

东海沿海降水量各月分布不均匀，3—9月降水量为914.0毫米，占全年的76.6%，其中6月降水量最多，为192.9毫米，占全年的16.2%；12月最少，为43.8毫米，占全年的3.7%。最大日降水量最大值出现在9月，为472.4毫米（南麂站）。平均降水日数5月最多，为16.1天，3月次之，为16.0天（表5.5-2，图5.5-2和图5.5-3）。

表5.5-2　东海沿海降水年变化　　　　　　　　　　　　　　　　　　　　　　　单位：毫米

|  | 1月 | 2月 | 3月 | 4月 | 5月 | 6月 | 7月 | 8月 | 9月 | 10月 | 11月 | 12月 |
|---|---|---|---|---|---|---|---|---|---|---|---|---|
| 平均降水量 | 51.2 | 68.2 | 108.5 | 119.2 | 144.2 | 192.9 | 94.3 | 131.5 | 123.4 | 59.3 | 57.6 | 43.8 |
| 最大日降水量及对应出现站 | 105.0 | 92.5 | 191.9 | 239.7 | 281.6 | 245.1 | 251.7 | 221.1 | 472.4 | 329.8 | 344.4 | 107.2 |
|  | 坎门 | 坎门 | 大陈 | 厦门 | 石浦 | 东山 | 平潭 | 嵊山 | 南麂 | 石浦 | 台山 | 嵊山 |
| 平均降水日数/天 | 10.4 | 12.6 | 16.0 | 15.5 | 16.1 | 15.4 | 9.0 | 11.0 | 10.2 | 7.0 | 8.4 | 8.0 |

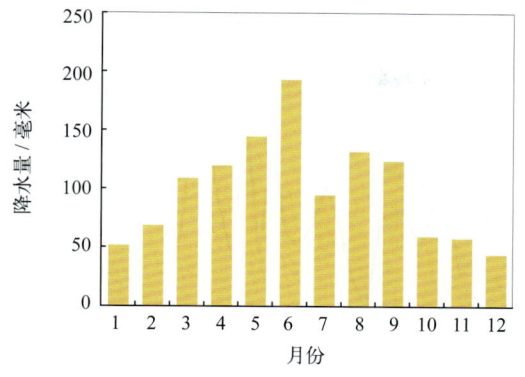

图5.5-2 东海沿海降水量年变化
（1960—2019年）

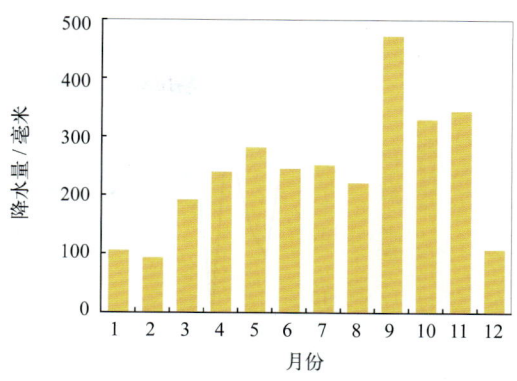

图5.5-3 东海沿海最大日降水量年变化
（1960—2019年）

## 2. 长期趋势变化

1960—2019年，东海沿海平均年降水量呈上升趋势，上升速率为28.92毫米/（10年）；1960—2019年，最大日降水量呈上升趋势，上升速率为8.93毫米/（10年）（线性趋势未通过显著性检验）；1966—2019年，东海沿海平均降水日数变化趋势不明显（图5.5-4至图5.5-6）。

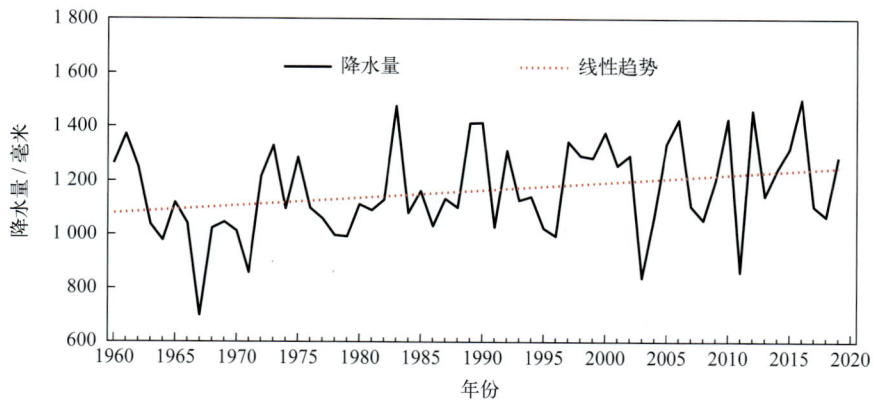

图5.5-4 1960—2019年东海沿海平均降水量变化

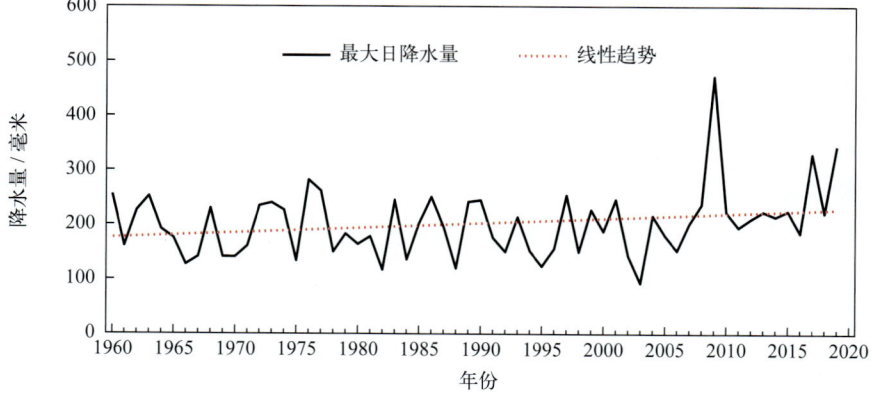

图5.5-5 1960—2019年东海沿海最大日降水量变化

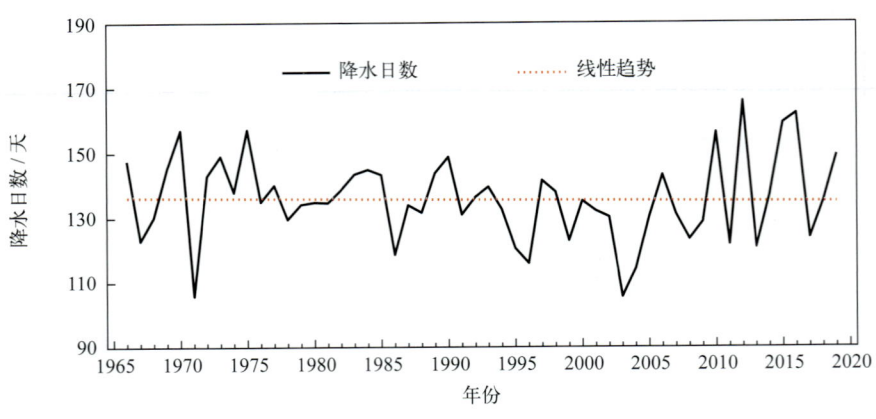

图5.5-6　1966—2019年东海沿海平均降水日数变化

十年平均年降水量变化显示，1960—2019年平均降水量总体增多，1960—1969年平均降水量最少，为1 082.7毫米，2010—2019年平均降水量最多，为1 241.5毫米。1980—1989年平均降水量比上一个十年增加明显，增幅为78.0毫米（图5.5-7）。

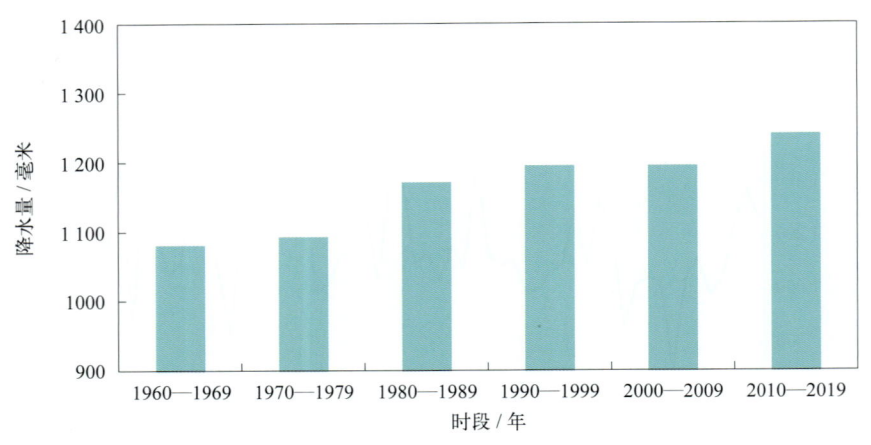

图5.5-7　东海沿海十年平均年降水量变化

## 第六节　雾及其他天气现象

### 1. 雾

东海沿海平均年雾日数为40.9天，台山站平均年雾日数最多，为81.2天，坎门站最少，为26.4天（表5.6-1，图5.6-1）。东海沿海雾日数年变化明显，4月雾日数最多，为8.8天，9月最少，为0.3天。月最多雾日数为24天，出现在台山站的1967年5月和1970年5月；最长连续雾日数为15天，出现在台山站的1991年4月4—18日（表5.6-2，图5.6-2）。

表5.6-1　东海沿海各站雾日数　　　　　　　　　　　　　　　　　　　　单位：天

| 序号 | 站名 | 平均年雾日数 | 最长连续雾日数 | 时段/年 |
|---|---|---|---|---|
| 1 | 引水船 | 31.2 | 8 | 1966—1995 |
| 2 | 大戢山 | 38.9 | 9 | 1977—1999、2002—2019 |
| 3 | 嵊山 | 39.0 | 9 | 1965—2002、2004—2006、2008—2017、2019 |
| 4 | 滩浒 | 29.0 | 6 | 1966—2002、2005—2019 |
| 5 | 岱山 | — | — | — |
| 6 | 镇海 | 27.4 | 5 | 1985—2002 |
| 7 | 石浦 | 56.3 | 8 | 1966—1985 |
| 8 | 大陈 | 61.8 | 12 | 1965—1991 |
| 9 | 坎门 | 26.4 | 10 | 1966—2002 |
| 10 | 南麂 | 45.4 | 14 | 1965—2002 |
| 11 | 台山 | 81.2 | 15 | 1966—1992 |
| 12 | 三沙 | 23.5 | 5 | 1966—1971 |
| 13 | 北礵 | 44.9 | 14 | 1965—2002 |
| 14 | 北茭 | 30.2 | 7 | 1966—2002 |
| 15 | 平潭 | 28.5 | 8 | 1965—2002 |
| 16 | 崇武 | 28.9 | 9 | 1966—1984、1986—2002 |
| 17 | 厦门 | 30.0 | 10 | 1966—1984 |
| 18 | 东山 | 30.8 | 9 | 1965—1984 |
| 平均/最大 | | 40.9 | 15 | 1965—2019 |

注：镇海站、三沙站和厦门站观测时段与其他站相差较大且不足20年，未纳入东海沿海雾日数统计。
"—"表示无数据。

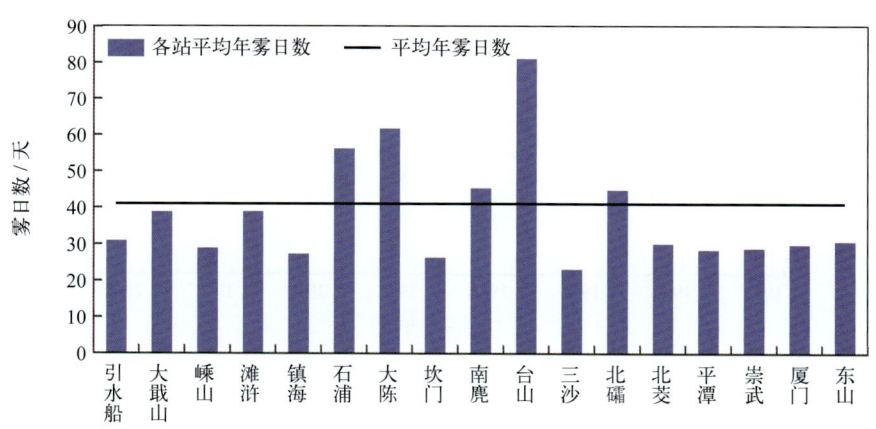

图5.6-1　东海沿海各站平均年雾日数（1965—2019年）

表 5.6-2　东海沿海雾日数年变化（1965—2019年）　　　　　　　　　　　　单位：天

| | 1月 | 2月 | 3月 | 4月 | 5月 | 6月 | 7月 | 8月 | 9月 | 10月 | 11月 | 12月 |
|---|---|---|---|---|---|---|---|---|---|---|---|---|
| 平均雾日数 | 2.4 | 3.6 | 6.5 | 8.8 | 8.1 | 5.1 | 2.4 | 0.6 | 0.3 | 0.5 | 1.0 | 1.6 |
| 最多雾日数及对应出现站 | 10<br>南麂<br>台山 | 15<br>南麂<br>台山 | 18<br>台山 | 22<br>台山 | 24<br>台山 | 21<br>大陈 | 16<br>台山 | 7<br>东山 | 6<br>厦门 | 7<br>台山 | 8<br>台山 | 9<br>滩浒 |
| 最长连续雾日数及对应出现站 | 7<br>3个站 | 10<br>大陈 | 14<br>台山 | 15<br>台山 | 13<br>北礵 | 14<br>南麂 | 11<br>台山 | 4<br>台山<br>东山 | 4<br>台山<br>厦门 | 4<br>台山 | 6<br>南麂 | 5<br>3个站 |

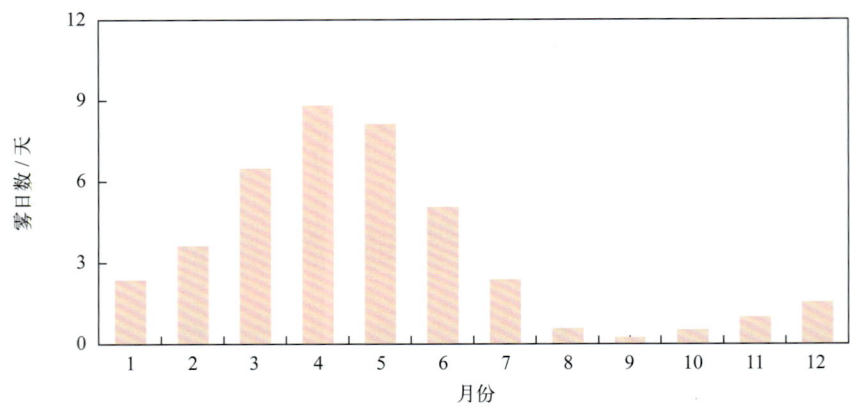

图5.6-2　东海沿海雾日数年变化（1965—2019年）

1966—2001年，东海沿海平均年雾日数总体变化趋势不明显，其中1971—1998年雾日数呈增加趋势，增加速率为5.23天/（10年）（图5.6-3）。1993年雾日数最多，为62.1天，2000年雾日数最少，为25.6天。

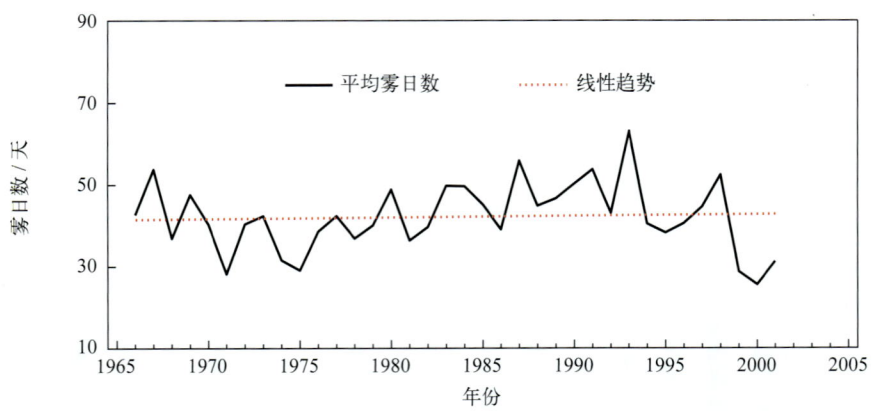

图5.6-3　1966—2001年东海沿海平均雾日数变化

十年平均年雾日数变化显示，1970—1979年雾日数较少，为37.1天，1980—1989年雾日数比上一个十年增加明显，增幅为8.5天（图5.6-4）。

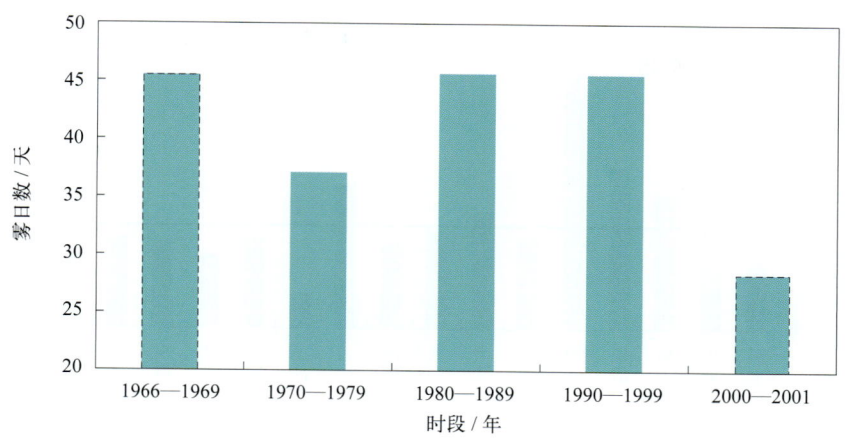

图5.6-4 东海沿海十年平均年雾日数变化

## 2. 轻雾

1965—1995年（1995年7月停测），东海沿海平均年轻雾日数为95.1天，总体上北多南少，滩浒站为149.5天，东山站为45.2天（表5.6-3，图5.6-5）。东海沿海轻雾日数年变化明显，5月轻雾日数最多，为13.7天，9月最少，为2.9天（图5.6-6）。

表5.6-3 东海沿海各站轻雾日数　　　　　　　　　　　　　　　单位：天

| 序号 | 站名 | 平均年轻雾日数 | 时段/年 |
| --- | --- | --- | --- |
| 1 | 引水船 | 110.1 | 1966—1995 |
| 2 | 大戢山 | 100.5 | 1977—1995 |
| 3 | 嵊山 | 125.5 | 1965—1995 |
| 4 | 滩浒 | 149.5 | 1966—1995 |
| 5 | 岱山 | — | — |
| 6 | 镇海 | 236.7 | 1985—1995 |
| 7 | 石浦 | 83.7 | 1966—1985 |
| 8 | 大陈 | 107.5 | 1965—1991 |
| 9 | 坎门 | 90.2 | 1966—1995 |
| 10 | 南麂 | 77.8 | 1965—1995 |
| 11 | 台山 | 132.8 | 1966—1992 |
| 12 | 三沙 | 31.4 | 1966—1971 |
| 13 | 北礵 | 83.2 | 1965—1995 |
| 14 | 北茭 | 67.0 | 1966—1995 |
| 15 | 平潭 | 80.1 | 1965—1995 |
| 16 | 崇武 | 83.8 | 1966—1984、1986—1995 |
| 17 | 厦门 | 66.2 | 1966—1984 |
| 18 | 东山 | 45.2 | 1965—1984 |
| | 平均 | 95.1 | 1965—1995 |

注：大戢山站、镇海站、三沙站和厦门站观测时段与其他站相差较大且不足20年，未纳入东海沿海轻雾日数统计。
"—"表示无数据。

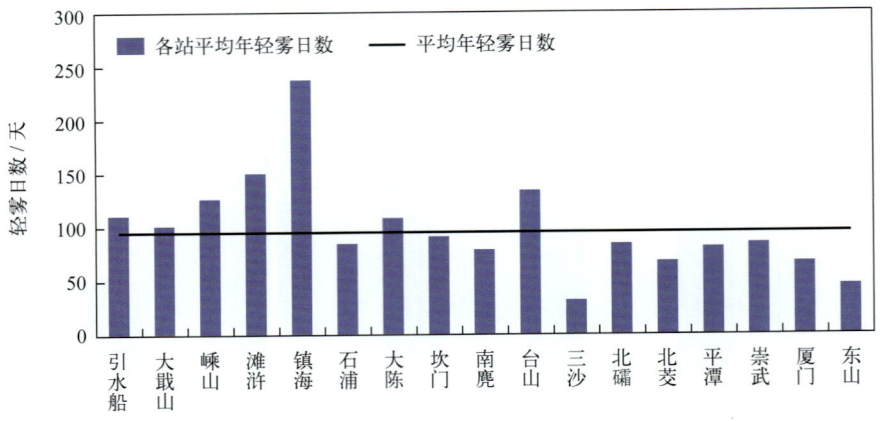

图5.6-5　东海沿海各站平均年轻雾日数（1965—1995年）

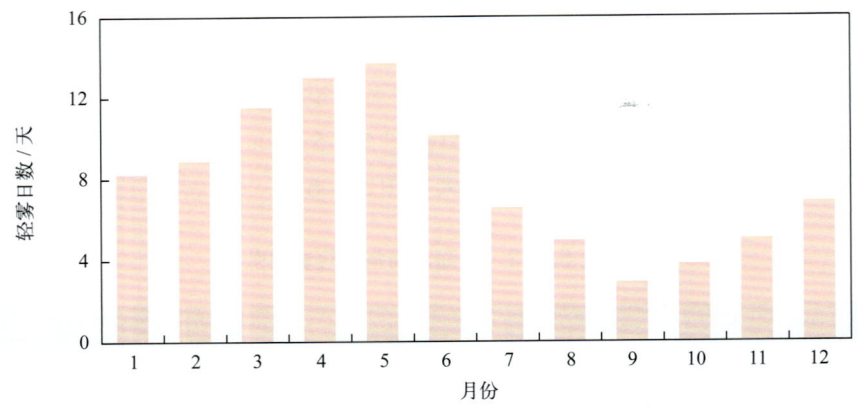

图5.6-6　东海沿海轻雾日数年变化（1965—1995年）

1966—1994年，东海沿海平均年轻雾日数呈明显增加趋势，增加速率为33.54天/（10年），各站均为增加趋势。1994年轻雾日数最多，为157天，1971年最少，为54天（图5.6-7）。

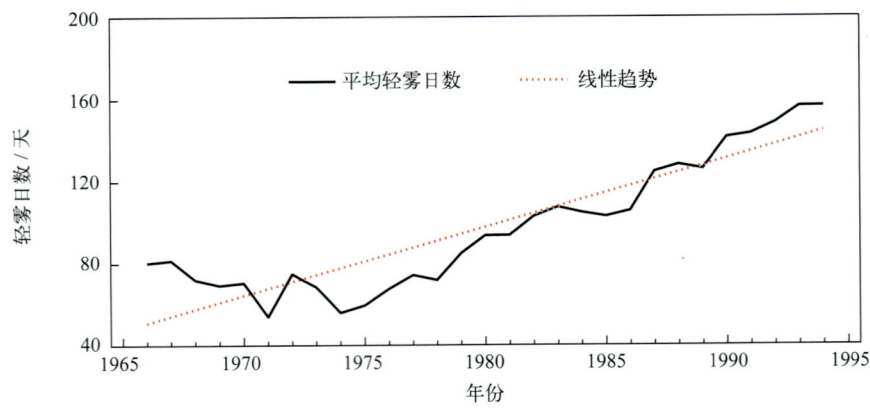

图5.6-7　1966—1994年东海沿海平均轻雾日数变化

### 3. 雷暴

1960—1995年（1995年7月停测），东海沿海平均年雷暴日数为26.8天，总体上北少南多，厦门站为47.5天，嵊山站为12.3天（表5.6-4，图5.6-8）。东海沿海各月均有雷暴发生，8月平均雷暴日数最多，为4.3天，1月最少，为0.1天（图5.6-9）。

表5.6-4 东海沿海各站雷暴日数　　　　　　　　　　　　　　　　　　　　　　单位：天

| 序号 | 站名 | 平均年雷暴日数 | 时段/年 |
| --- | --- | --- | --- |
| 1 | 引水船 | 13.0 | 1960—1995 |
| 2 | 大戬山 | 21.0 | 1977—1995 |
| 3 | 嵊山 | 12.3 | 1963—1995 |
| 4 | 滩浒 | 24.5 | 1960—1995 |
| 5 | 岱山 | — | — |
| 6 | 镇海 | 27.9 | 1985—1995 |
| 7 | 石浦 | 30.7 | 1960—1985 |
| 8 | 大陈 | 24.3 | 1965—1991 |
| 9 | 坎门 | 31.5 | 1960—1995 |
| 10 | 南麂 | 23.3 | 1965—1995 |
| 11 | 台山 | 31.4 | 1964—1992 |
| 12 | 三沙 | 34.8 | 1960—1971 |
| 13 | 北礵 | 24.4 | 1965—1995 |
| 14 | 北茭 | 28.4 | 1960—1995 |
| 15 | 平潭 | 20.5 | 1960—1995 |
| 16 | 崇武 | 25.7 | 1960—1984、1986—1995 |
| 17 | 厦门 | 47.5 | 1960—1984 |
| 18 | 东山 | 37.7 | 1960—1984 |
| | 平均 | 26.8 | 1960—1995 |

注：大戬山站、镇海站和三沙站观测时段与其他站相差较大且不足20年，未纳入东海沿海雷暴日数统计。
"—"表示无数据。

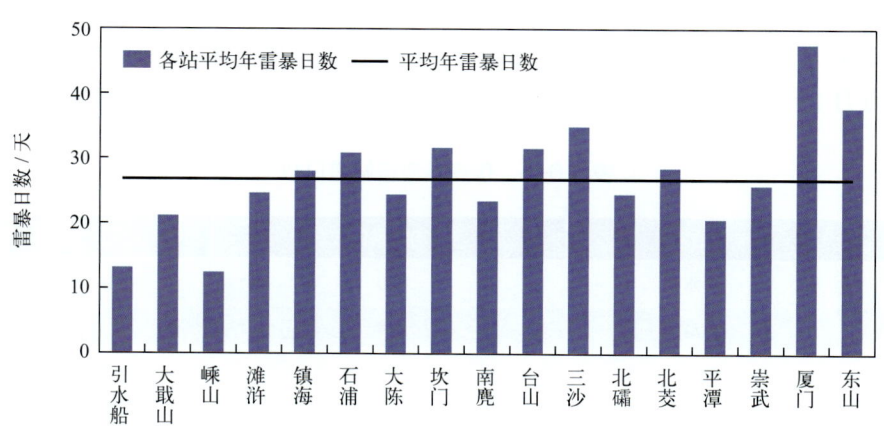

图5.6-8 东海沿海各站平均年雷暴日数（1960—1995年）

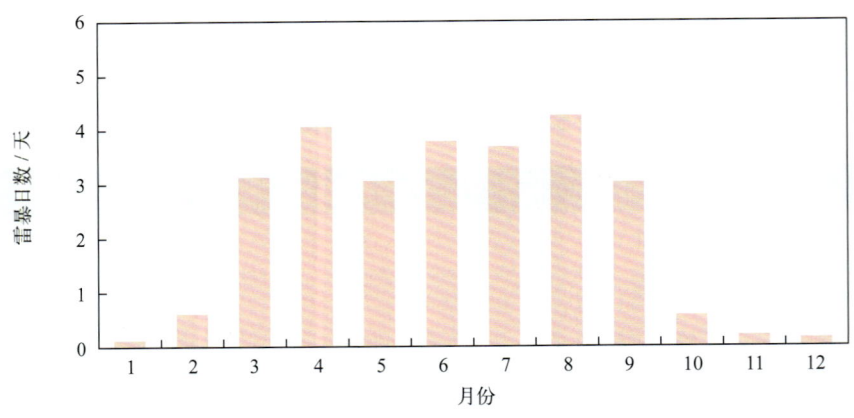

图5.6-9　东海沿海雷暴日数年变化（1960—1995年）

1960—1994年，东海沿海平均年雷暴日数呈减少趋势，减少速率为2.59天/（10年）。1975年雷暴日数最多，为41天，1985年最少，为18天（图5.6-10）。

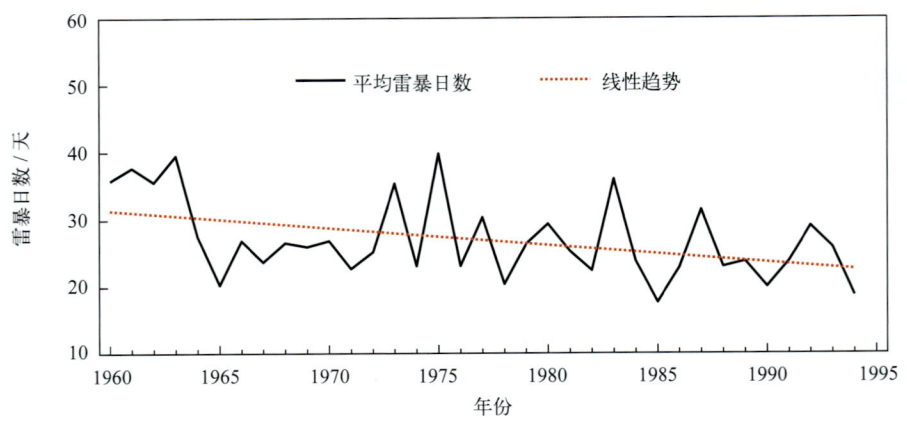

图5.6-10　1960—1994年东海沿海平均雷暴日数变化

### 4. 霜

1960—1995年（1995年7月停测），东海沿海平均年霜日数为3.0天，总体上北多南少，滩浒站最多，为17.8天，北茭站、平潭站、崇武站和东山站全年无霜（表5.6-5，图5.6-11）。东海沿海霜出现在10月至翌年4月，5—9月无霜，1月霜日数最多，平均为1.3天（图5.6-12）。最早霜初日为10月29日（金山嘴站，1966年），最晚霜终日为4月9日（金山嘴站，1972年）。

表5.6-5　东海沿海各站霜日数　　　　　　　　　　　　　　　单位：天

| 序号 | 站名 | 平均年霜日数 | 时段/年 |
| --- | --- | --- | --- |
| 1 | 引水船 | 2.0 | 1983—1995 |
| 2 | 大戢山 | 2.0 | 1980 |
| 3 | 嵊山 | 1.9 | 1963—1978、1980—1995 |
| 4 | 滩浒 | 17.8 | 1966—1978、1980—1995 |
| 5 | 岱山 | — | — |

续表

| 序号 | 站名 | 平均年霜日数 | 时段/年 |
|---|---|---|---|
| 6 | 镇海 | 12.4 | 1985—1995 |
| 7 | 石浦 | 10.3 | 1960—1985 |
| 8 | 大陈 | 2.1 | 1965—1978、1980—1991 |
| 9 | 坎门 | 6.3 | 1960—1978、1980—1995 |
| 10 | 南麂 | 0.4 | 1965—1978、1980—1995 |
| 11 | 台山 | 0.1 | 1964—1978、1980—1992 |
| 12 | 三沙 | 0.3 | 1960—1971 |
| 13 | 北礵 | 0.0（出现1天） | 1965—1995 |
| 14 | 北茭 | 0.0 | 1960—1995 |
| 15 | 平潭 | 0.0 | 1960—1995 |
| 16 | 崇武 | 0.0 | 1960—1984、1986—1995 |
| 17 | 厦门 | 0.6 | 1960—1984 |
| 18 | 东山 | 0.0 | 1960—1984 |
|  | 平均 | 3.0 | 1960—1995 |

注：引水船站、大戢山站、镇海站和三沙站观测时段与其他站相差较大且不足20年，未纳入东海沿海霜日数统计。"—"表示无数据。

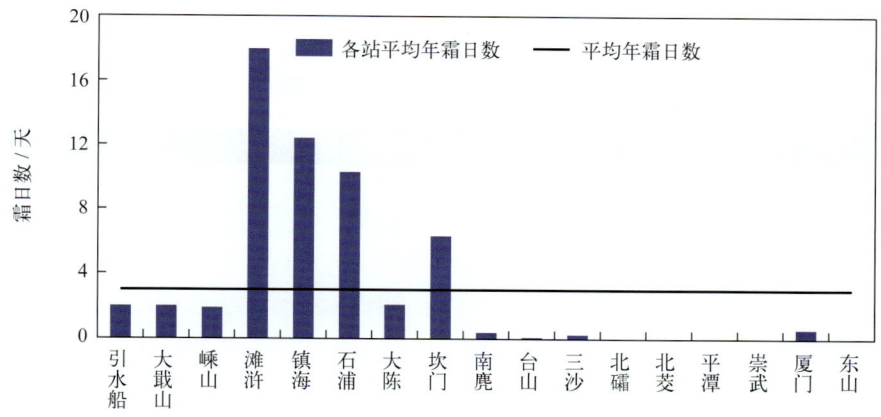

图5.6-11　东海沿海各站平均年霜日数（1960—1995年）

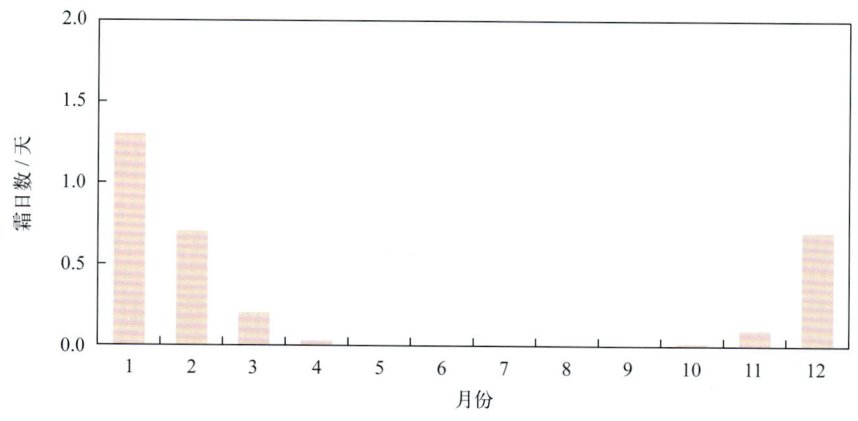

图5.6-12　东海沿海霜日数年变化（1960—1995年）

1960—1994年，东海沿海平均年霜日数呈减少趋势，减少速率为1.0天/（10年）。1967年霜日数最多，为7.6天，1988年最少，为0.4天（图5.6-13）。

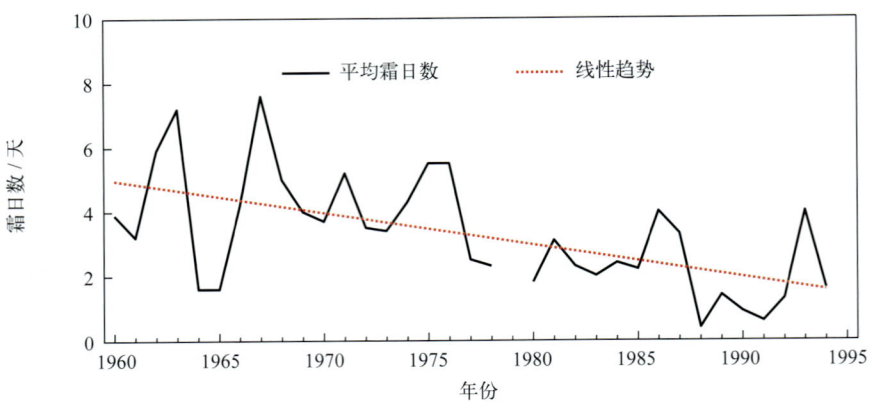

图5.6-13　1960—1994年东海沿海平均霜日数变化

## 5. 降雪

1960—1995年（1995年7月停测），东海沿海平均年降雪日数为3.9天，总体上北多南少，石浦站最多，为10.5天；崇武站和厦门站均出现2天，东山站无降雪（表5.6-6，图5.6-14）。东海沿海降雪出现在11月至翌年4月，5—10月无降雪，2月平均降雪日数最多，为1.5天（图5.6-15）。最早降雪初日为11月11日（坎门站，1973年），最晚降雪终日为4月9日（石浦站，1971年）。

表5.6-6　东海沿海各站降雪日数　　　　　　　　　　　　　　　单位：天

| 序号 | 站名 | 平均年降雪日数 | 时段/年 |
| --- | --- | --- | --- |
| 1 | 引水船 | 3.5 | 1966—1995 |
| 2 | 大戢山 | 4.3 | 1977—1995 |
| 3 | 嵊山 | 7.2 | 1965—1995 |
| 4 | 滩浒 | 7.3 | 1966—1995 |
| 5 | 岱山 | — | — |
| 6 | 镇海 | 4.2 | 1985—1995 |
| 7 | 石浦 | 10.5 | 1960—1985 |
| 8 | 大陈 | 7.1 | 1965—1991 |
| 9 | 坎门 | 5.9 | 1960—1995 |
| 10 | 南麂 | 4.6 | 1965—1995 |
| 11 | 台山 | 4.1 | 1964—1992 |
| 12 | 三沙 | 3.4 | 1960—1971 |
| 13 | 北礵 | 2.2 | 1965—1995 |
| 14 | 北茭 | 1.3 | 1960—1995 |
| 15 | 平潭 | 0.3 | 1960—1995 |
| 16 | 崇武 | 0.1 | 1960—1984、1986—1995 |
| 17 | 厦门 | 0.1 | 1960—1984 |
| 18 | 东山 | 0.0 | 1960—1984 |
| | 平均 | 3.9 | 1960—1995 |

注：大戢山站、镇海站和三沙站观测时段与其他站相差较大且不足20年，未纳入东海沿海降雪日数统计。
"—"表示无数据。

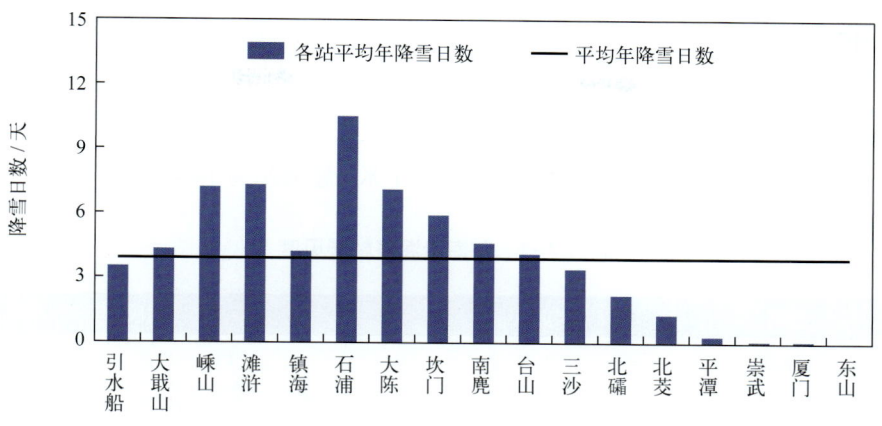

图5.6-14　东海沿海各站平均年降雪日数（1960—1995年）

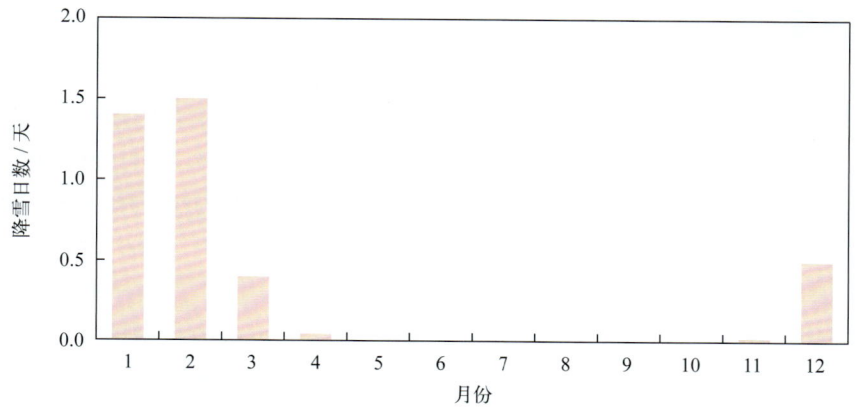

图5.6-15　东海沿海降雪日数年变化（1960—1995年）

1965—1994年，东海沿海平均年降雪日数呈减少趋势，减少速率为0.9天/（10年）。1984年降雪日数最多，为8.3天，1992年最少，为1.3天（图5.6-16）。

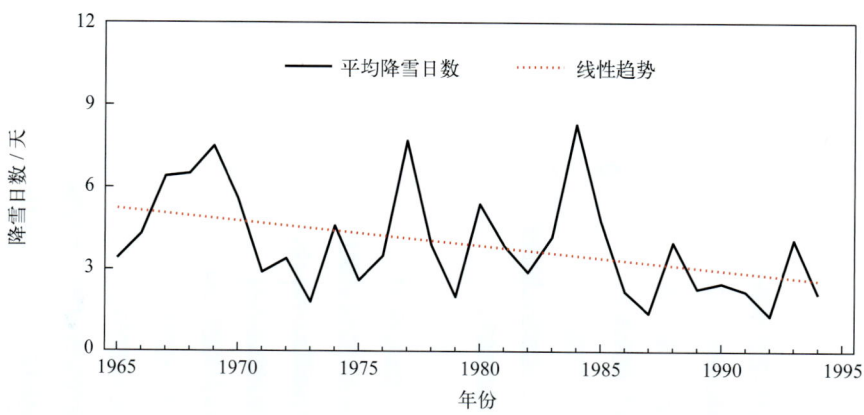

图5.6-16　1965—1994年东海沿海平均降雪日数变化

## 第七节　能见度

### 1. 平均能见度

东海沿海平均能见度为 19.8 千米，台山站为 25.4 千米，镇海站为 14.9 千米（表 5.7-1，图 5.7-1）。

表 5.7-1　东海沿海各站能见度　　　　　　　　　　　　　　　　单位：千米

| 序号 | 站名 | 平均能见度 | 时段 / 年 |
| --- | --- | --- | --- |
| 1 | 引水船 | 21.8 | 1966—1978、1986—1995 |
| 2 | 大戢山 | 21.1 | 1982—1999、2002—2019 |
| 3 | 嵊　山 | 19.9 | 1965—1973、1982—2002 |
| 4 | 滩浒 | 18.7 | 1966—1972、1982—2019 |
| 5 | 岱　山 | — | — |
| 6 | 镇海 | 14.9 | 1985—2002、2015—2019 |
| 7 | 石浦 | 26.8 | 1966—1978、1982—1985 |
| 8 | 大陈 | 17.3 | 1965—1972、1982—1991、2009—2019 |
| 9 | 坎门 | 17.7 | 1966—1972、1982—2002、2009—2019 |
| 10 | 南麂 | 21.1 | 1965—1972、1982—2002、2019 |
| 11 | 台山 | 25.4 | 1966—1992 |
| 12 | 三沙 | 25.7 | 1966—1971 |
| 13 | 北礵 | 20.2 | 1965—1972、1982—2002、2009—2019 |
| 14 | 北茭 | 21.0 | 1966—1972、1982—2002 |
| 15 | 平潭 | 19.4 | 1965—1972、1982—2002、2010—2016 |
| 16 | 崇武 | 18.8 | 1966—1978、1982—1984、1986—2002、2010—2019 |
| 17 | 厦门 | 30.4 | 1966—1978、1982—1984 |
| 18 | 东山 | 29.8 | 1965—1978、1982—1984 |
|  | 平均 | 19.8 | 1965—2019 |

注：石浦站、三沙站、厦门站和东山站观测时段与其他站相差较大且不足20年，未纳入东海沿海能见度统计。

"—"表示无数据。

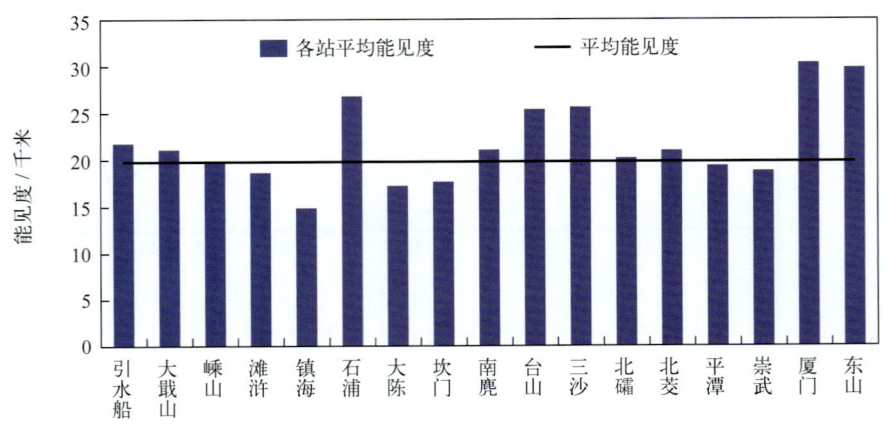

图 5.7-1　东海沿海各站平均能见度（1965—2019年）

东海沿海能见度年变化特征明显，9月能见度最大，为25.4千米，4月最小，为15.2千米（图5.7-2）。

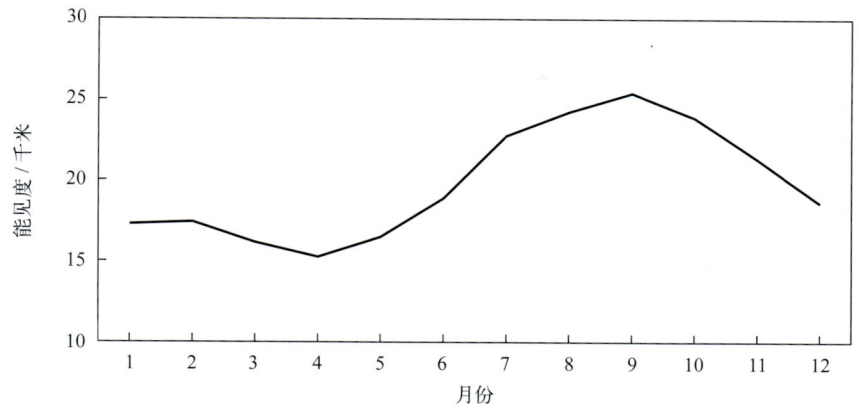

图5.7-2　东海沿海能见度年变化（1965—2019年）

福建北部沿海平均能见度较高，1月、4月、7月和10月台山站平均能见度分别为23.4千米、19.5千米、28.3千米和29.7千米；浙江北部沿海平均能见度较低，1月镇海站平均能见度为11.1千米，4月大陈站为12.9千米，7月嵊山站为17.6千米，10月镇海站为17.1千米（图5.7-3）。

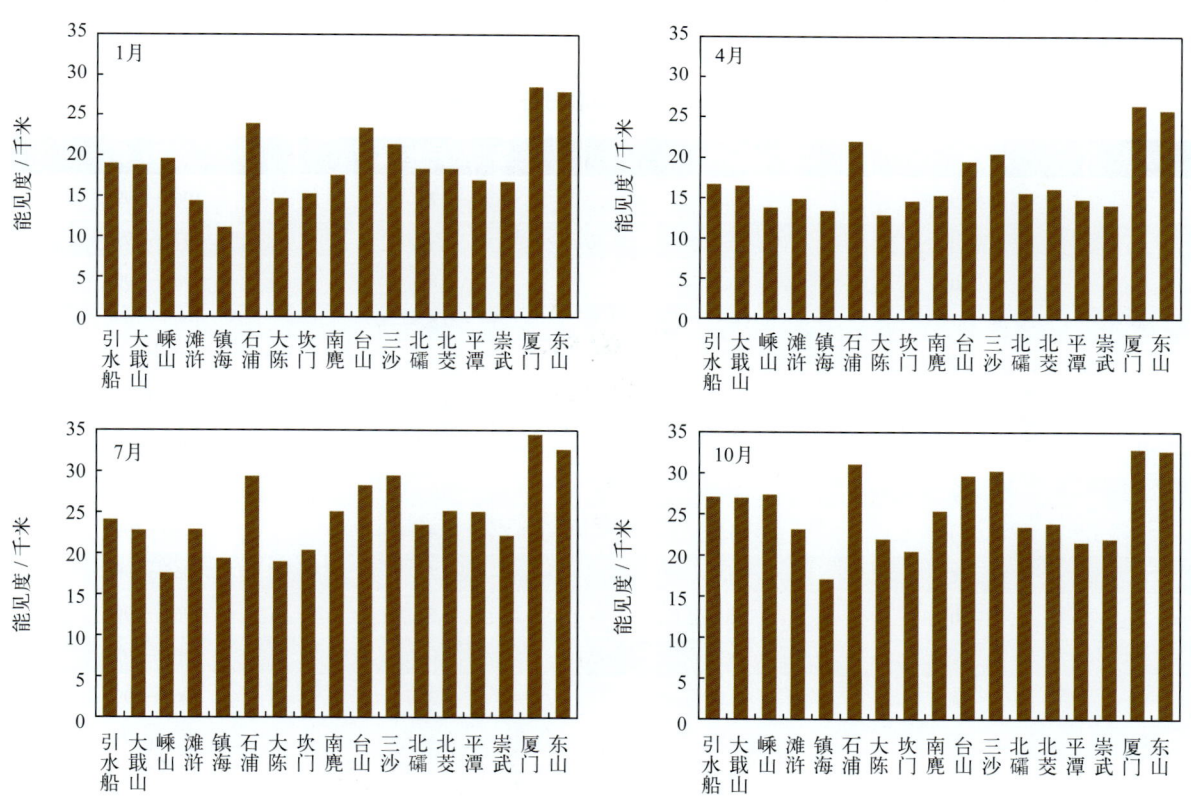

图5.7-3　东海沿海各站四季代表月平均能见度（1965—2019年）

## 2. 长期变化趋势

1982—2001年，东海沿海平均能见度呈下降趋势，下降速率为2.22千米/（10年）。平均能见度1982年最高，为21.3千米，1997年最低，为16.6千米（图5.7-4）。

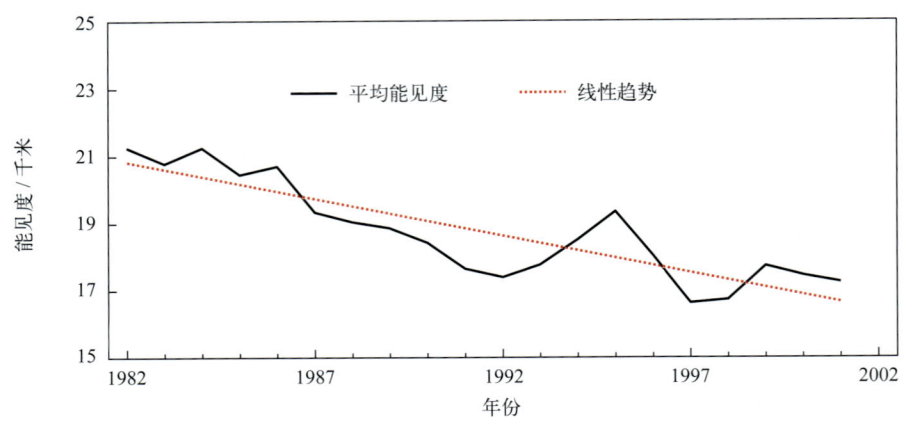

图5.7-4　1982—2001年东海沿海平均能见度变化

## 第八节　云

1965—1995年（1995年7月停测），东海沿海平均总云量为6.2成，平潭站平均总云量最多，为7.3成，石浦站和东山站最少，均为5.0成；东海沿海平均低云量为3.5成，平潭站最多，为5.3成，引水船站最少，为2.2成（表5.8-1，图5.8-1和图5.8-2）。东海沿海6月平均总云量最多，为7.5成，12月最少，为5.3；3月和5月平均低云量最多，均为4.3成，7月和8月最少，均为2.8成（图5.8-3）。

表 5.8-1　东海沿海各站云量

| 序号 | 站名 | 平均总云量 / 成 | 平均低云量 / 成 | 时段 / 年 |
| --- | --- | --- | --- | --- |
| 1 | 引水船 | 5.1 | 2.2 | 1966—1995 |
| 2 | 大戢山 | 6.4 | 2.7 | 1977—1995 |
| 3 | 嵊山 | 6.7 | 3.8 | 1965—1995 |
| 4 | 滩浒 | 6.5 | 2.5 | 1966—1995 |
| 5 | 岱山 | — | — | — |
| 6 | 镇海 | 7.1 | 4.8 | 1985—1995 |
| 7 | 石浦 | 5.0 | 2.7 | 1966—1985 |
| 8 | 大陈 | 6.4 | 3.6 | 1965—1991 |
| 9 | 坎门 | 6.7 | 4.4 | 1966—1995 |
| 10 | 南麂 | 6.9 | 3.2 | 1965—1995 |
| 11 | 台山 | 5.4 | 3.5 | 1966—1992 |
| 12 | 三沙 | 6.7 | 5.0 | 1966—1971 |
| 13 | 北礵 | 7.2 | 4.3 | 1965—1995 |
| 14 | 北茭 | 7.0 | 4.1 | 1966—1995 |
| 15 | 平潭 | 7.3 | 5.3 | 1966—1995 |
| 16 | 崇武 | 5.7 | 3.3 | 1966—1984、1986—1995 |
| 17 | 厦门 | 5.3 | 3.5 | 1966—1984 |
| 18 | 东山 | 5.0 | 3.2 | 1965—1984 |
|  | 平均 | 6.2 | 3.5 | 1965—1995 |

注：大戢山站、镇海站、三沙站和厦门站观测时段与其他站相差较大且不足20年，未纳入东海沿海云量统计。

"—"表示无数据。

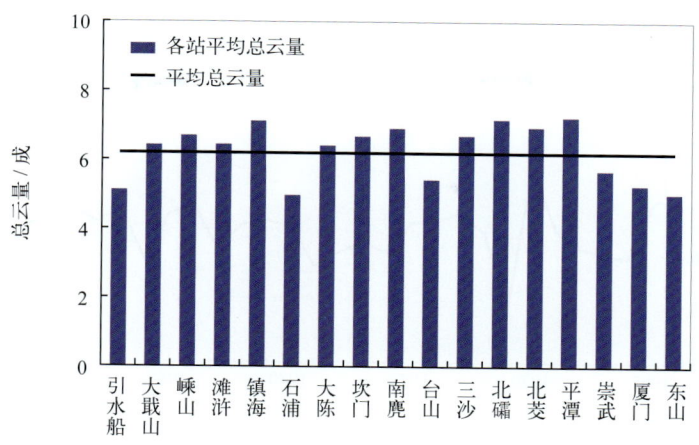

图5.8-1　东海沿海各站平均总云量（1965—1995年）

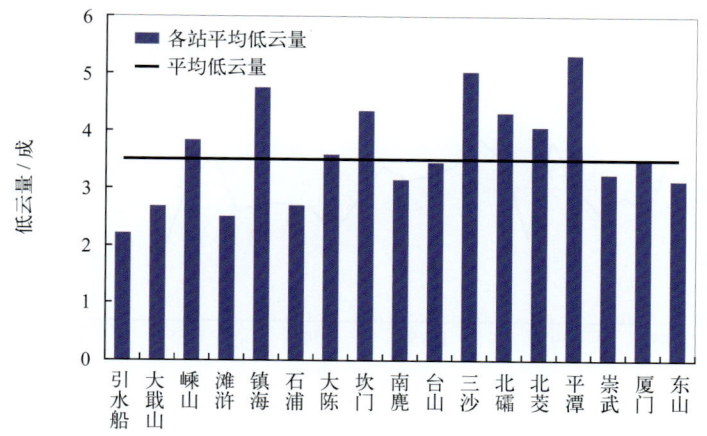

图5.8-2　东海沿海各站平均低云量（1965—1995年）

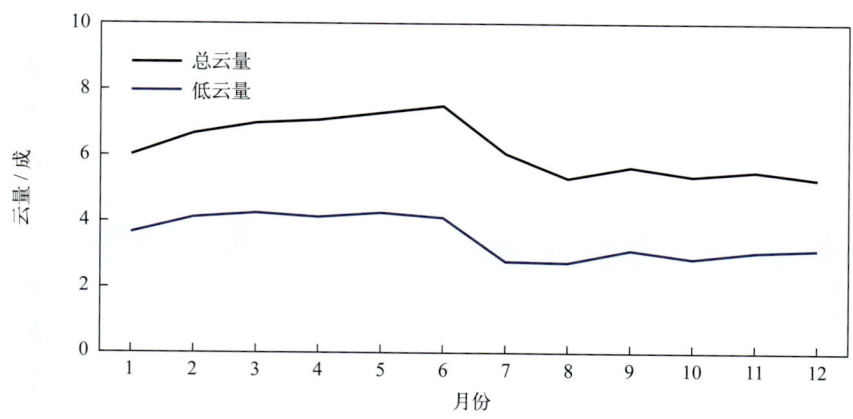

图5.8-3　东海沿海云量年变化（1965—1995年）

1965—1994年，东海沿海平均总云量变化趋势不明显（图5.8-4），1970年总云量最多，为6.8成，1971年总云量最少，为5.5成；东海沿海平均低云量总体无明显变化趋势（图5.8-5），1993年低云量最多，为4.1成，1986年低云量最少，为3.1成。

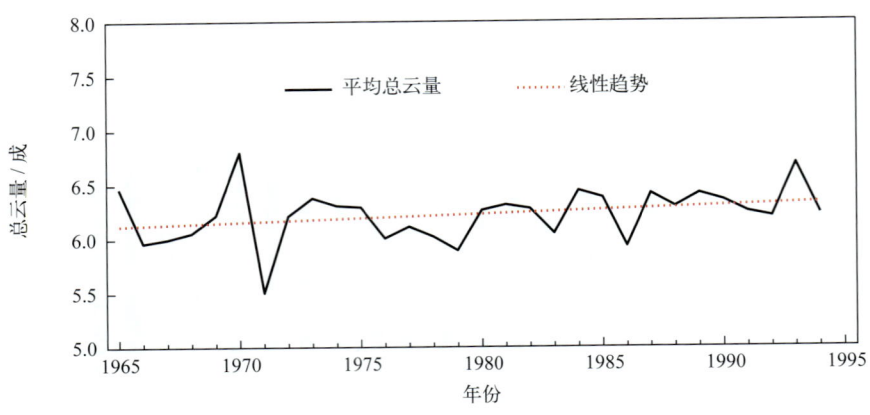

图5.8-4　1965—1994年东海沿海平均总云量变化

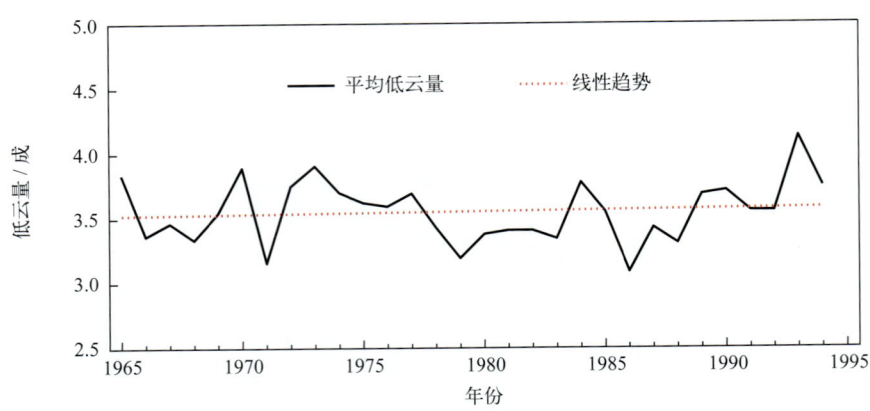

图5.8-5　1965—1994年东海沿海平均低云量变化

## 第九节　蒸发量

东海沿海平均年蒸发量为1 812.9毫米。年蒸发量呈北低南高的空间分布特征，厦门站最大，为2 247.7毫米；金山嘴站最小，为1 319.4毫米（表5.9-1，图5.9-1）。蒸发量年变化特征明显，7—10月较大，占全年的46%，7月最大，为218.3毫米，2月最小，为96.2毫米（图5.9-2）。

表5.9-1　东海沿海各站蒸发量　　　　　　　　　　　　　　　单位：毫米

| 序号 | 站名 | 平均年蒸发量 | 时段/年 |
| --- | --- | --- | --- |
| 1 | 金山嘴 | 1 319.4 | 1960—1966 |
| 2 | 石浦 | 1 502.8 | 1960—1972 |
| 3 | 坎门 | 1 459.9 | 1960—1967 |
| 4 | 三沙 | 2 047.2 | 1960—1962 |
| 5 | 平潭 | 2 063.7 | 1960—1965 |
| 6 | 崇武 | 2 049.6 | 1960—1966 |
| 7 | 厦门 | 2 247.7 | 1960—1967 |
| | 平均 | 1 812.9 | 1960—1972 |

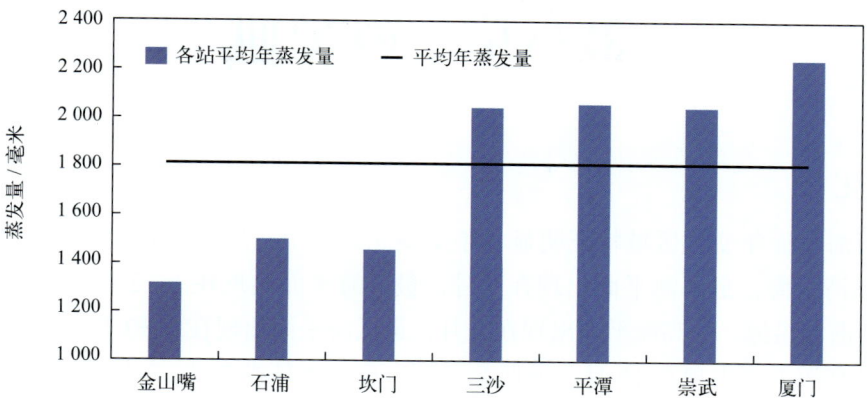

图5.9-1　东海沿海各站平均年蒸发量（1960—1972年）

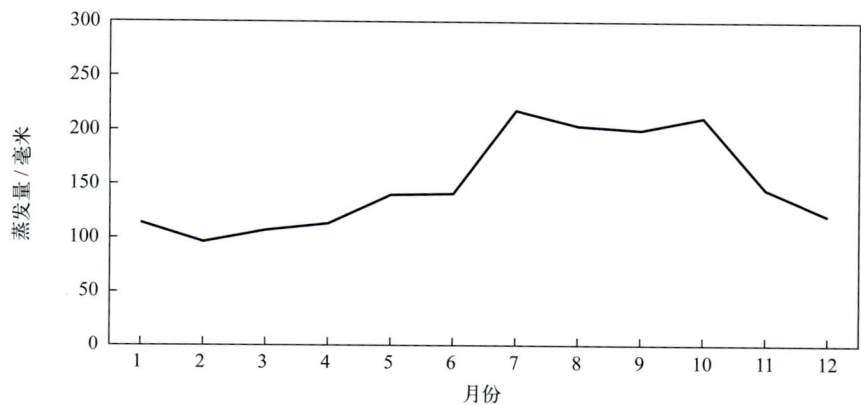

图5.9-2　东海沿海蒸发量年变化（1960—1972年）

# 第六章 海平面

## 1. 年变化

东海沿海海平面年变化区域特征明显,年变幅北大南小,高、低值出现时间由北向南推迟。长江口和杭州湾沿海,最高海平面出现在9月,最低海平面出现在1—2月,年变幅约40厘米。杭州湾以南的浙江沿海,最高海平面出现在9月,最低海平面出现在2—3月,年变幅约30厘米。福建沿海,最高海平面出现在10月,最低海平面出现在4月或7月,7月以后海平面上升明显,年变幅约32厘米(图6-1)。从大戢山站到东山站,年变化位相从151.2°到228.6°,相差约76天(表6-1)。

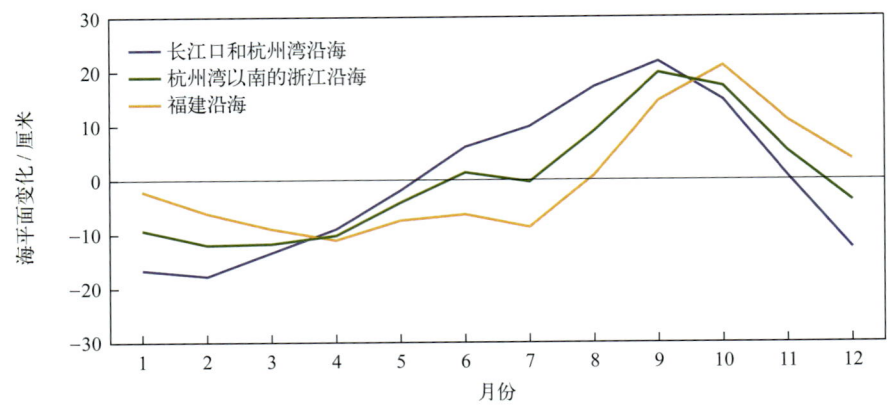

图6-1　东海沿海海平面年变化(1958—2019年)

表6-1　东海沿海各站海平面季节(年与半年)变化　　　　　　单位:厘米

| 序号 | 站名 | 平均海平面 | 年变化(Sa) | | 半年变化(Ssa) | | 季节性高、低海面发生时间 | |
|---|---|---|---|---|---|---|---|---|
| | | | 振幅/厘米 | 初位相/(°) | 振幅/厘米 | 初位相/(°) | 最高海面发生时间(月) | 最低海面发生时间(月) |
| 1 | 引水船 | 214 | 24.0 | 138.4 | 6.4 | 14.1 | 8 | 2 |
| 2 | 大戢山 | 264 | 18.2 | 151.2 | 4.2 | 102.5 | 9 | 2 |
| 3 | 金山嘴 | 191 | 19.8 | 148.0 | 5.2 | 100.2 | 9 | 1 |
| 4 | 嵊　山 | 254 | 16.2 | 154.7 | 2.0 | 165.2 | 9 | 2 |
| 5 | 滩　浒 | 208 | 18.0 | 151.3 | 2.6 | 101.8 | 9 | 1、2 |
| 6 | 岱　山 | 282 | 16.6 | 160.8 | 4.0 | 111.3 | 9 | 2 |
| 7 | 镇　海 | 216 | 15.6 | 157.5 | 5.1 | 129.2 | 9 | 2 |
| 8 | 石　浦 | 307 | 19.3 | 165.7 | 4.2 | 116.5 | 9 | 2 |
| 9 | 大　陈 | 306 | 13.3 | 176.4 | 5.1 | 69.9 | 9 | 2 |
| 10 | 坎　门 | 392 | 12.9 | 180.6 | 5.5 | 69.6 | 9 | 3 |
| 11 | 三　沙 | 493 | 12.3 | 196.5 | 5.8 | 67.8 | 10 | 4 |

续表

| 序号 | 站名 | 平均海平面 | 年变化（Sa） | | 半年变化（Ssa） | | 季节性高、低海面发生时间 | |
|---|---|---|---|---|---|---|---|---|
| | | | 振幅/厘米 | 初位相/(°) | 振幅/厘米 | 初位相/(°) | 最高海面发生时间（月） | 最低海面发生时间（月） |
| 12 | 北礵 | 498 | 13.4 | 196.9 | 4.6 | 100.8 | 10 | 4 |
| 13 | 北茭 | 468 | 15.4 | 216.5 | 7.4 | 63.0 | 10 | 3、4 |
| 14 | 平潭 | 376 | 12.5 | 207.3 | 5.8 | 25.0 | 10 | 4 |
| 15 | 崇武 | 473 | 14.8 | 229.2 | 6.4 | 43.8 | 10 | 4 |
| 16 | 厦门 | 360 | 13.4 | 219.2 | 5.9 | 68.2 | 10 | 4 |
| 17 | 东山 | 540 | 14.2 | 228.6 | 6.2 | 61.5 | 10 | 7 |

### 2. 长期趋势变化

东海沿海海平面变化呈波动上升趋势。1958—2019 年，东海沿海海平面平均上升速率为 2.4 毫米/年；1993—2019 年，东海沿海海平面平均上升速率为 4.5 毫米/年，高于同期中国沿海平均水平（3.9 毫米/年），其中岱山沿海海平面上升速率相对较大，为 6.3 毫米/年，东山沿海海平面上升速率较小，为 2.8 毫米/年（图 6-2，表 6-2）。

东海沿海海平面在 1963 年处于有观测记录以来的最低位，1975 年前后经历了一次高海平面期，之后海平面回落，1975—1980 年海平面下降幅度近 70 毫米，之后海平面波动上升，分别在 1990 年和 2000 年前后达到两次小高峰，2010 年之后海平面上升较快，2012—2019 年海平面连续 8 年处于有观测记录以来的高位，其中 2016 年最高（图 6-2）。

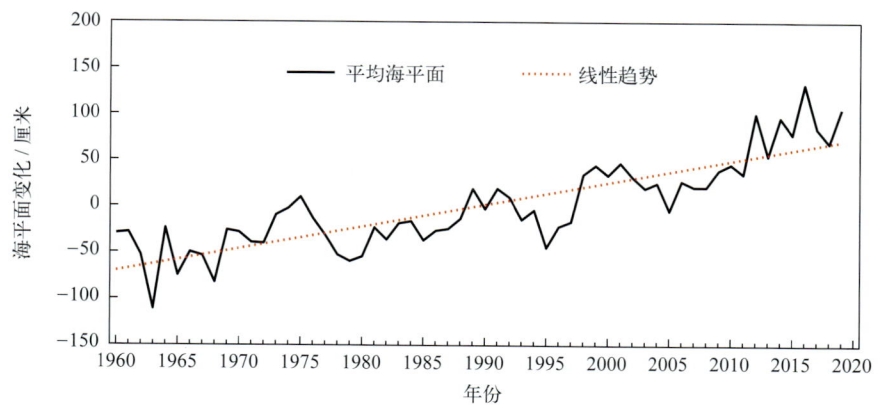

图6-2　1958—2019年东海沿海平均海平面变化

表 6-2　东海沿海各站海平面变化速率　　　　　　　　　　　　单位：毫米/年

| 序号 | 站名 | 时段/年 | 速率 | 时段/年 | 速率 |
|---|---|---|---|---|---|
| 1 | 引水船 | — | — | — | — |
| 2 | 大戢山 | 1978—2019 | 3.2 | 1993—2019 | 3.5 |
| 3 | 金山嘴 | 1967—1990 | 2.2 | — | — |
| 4 | 嵊山 | 1996—2019 | 3.0 | — | — |

续表

| 序号 | 站名 | 时段/年 | 速率 | 时段/年 | 速率 |
|---|---|---|---|---|---|
| 5 | 滩浒 | 1978—2019 | 4.6 | 1993—2019 | 5.0 |
| 6 | 岱山 | 1960—2019 | 3.3 | 1993—2019 | 6.3 |
| 7 | 镇海 | 1966—2019 | 2.5 | 1993—2019 | 5.6 |
| 8 | 石浦 | 1999—2019 | 4.0 | — | — |
| 9 | 大陈 | 1980—2019 | 3.2 | 1993—2019 | 3.7 |
| 10 | 坎门 | 1959—2019 | 2.5 | 1993—2019 | 4.8 |
| 11 | 三沙 | 1966—2019 | 2.0 | 1993—2019 | 4.9 |
| 12 | 北礵 | — | — | — | — |
| 13 | 北茭 | 2008—2019 | 6.6 | — | — |
| 14 | 平潭 | 1967—2019 | 2.5 | 1993—2019 | 5.1 |
| 15 | 崇武 | 2003—2019 | 6.4 | — | — |
| 16 | 厦门 | 1958—2019 | 2.1 | 1993—2019 | 3.0 |
| 17 | 东山 | 1960—2019 | 1.8 | 1993—2019 | 2.8 |

"—"表示无数据。

1960—2019年，东海沿海十年平均海平面总体波动上升。1960—1969年，东海沿海海平面处于近60年来最低位，1970—1979年平均海平面较1960—1969年平均海平面高26毫米，1980—1989年海平面上升缓慢，之后海平面上升较快，1990—1999年平均海平面较上一个十年平均海平面高23毫米，2000—2009年平均海平面较上一个十年平均海平面高26毫米，2010—2019年，东海沿海海平面处于近60年来的最高位，平均海平面较上一个十年高54毫米（图6-3）。

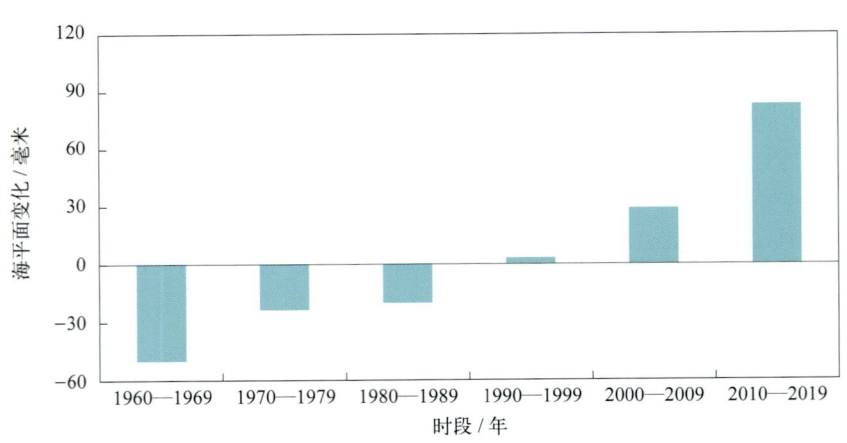

图6-3　东海沿海十年平均海平面变化

# 第七章 灾害

## 第一节 海洋灾害

本节汇编了影响东海沿海的主要海洋灾害过程,灾害信息主要来源于《中国海平面公报》《中国海洋灾害公报》和《中国海洋灾害四十年资料汇编》等,灾害类型包括风暴潮、海浪、赤潮、海岸侵蚀、海水入侵与土壤盐渍化。

### 1. 风暴潮

1956年8月1—2日,5612号台风影响浙江沿海,引发特大风暴潮,致使潮灾异常严重。最大增水发生在澉浦502厘米,乍浦、镇海站超过警戒水位,浙江75个县市大都遭受到极其惨重的损失,其中象山县最严重,海水淹没农田11万亩,冲倒房屋7万多间,死亡4 629人。全省总计伤两万余人,冲毁水利工程2 700处,农田受损600多万亩,其中因海水浸淹短期无法耕种的有23万多亩(《中国海洋灾害四十年资料汇编·海洋灾害》)。

1959年9月4—7日,5905号台风影响福建至浙江沿海,登陆时正遇农历八月初二天文大潮,引发较大潮灾。温州发生最大增水175厘米,高潮超过警戒水位。福建省受灾农田22.6万亩,船只损失15条,海堤冲坏77处,水利工程损失1 128处,房屋倒损2 102间,伤亡人数14人。浙江省336万亩农田受淹,毁海塘江堤300多处,有50多个乡全部或部分被大水包围,一度30多万农户约120多万人遭到洪水围困,死119人,伤206人(《中国海洋灾害四十年资料汇编·海洋灾害》)。

1961年10月4日,6126号台风影响浙江沿海,引发严重潮灾,最大增水出现在乍浦,为194厘米。浙江省临海县200千米的海堤上,潮水普遍漫过堤顶,多处因狂风巨浪冲击而决口损坏。全省洪涝面积达500多万亩,损堤塘2 500处,2 000多个村庄被大水包围,损失粮食数亿斤,死337人,伤1 353人,下落不明219人(《中国海洋灾害四十年资料汇编·海洋灾害》)。

1971年9月23日,7123号台风影响福建至浙江沿海,登陆时正遇农历八月初五天文大潮期,引发严重潮灾。温州出现最大增水246厘米,最高潮位达609厘米;白岩潭、琯头两站最大增水超过2米。福建省受淹农田41.8万亩,海堤冲坏715处,水利工程损坏11 022处,桥梁损坏103座,船只损失926条,仓库损失365座,水库损失272个,房屋倒塌3436间(《中国海洋灾害四十年资料汇编·海洋灾害》)。

1974年8月18—21日,7413号台风影响浙江至福建沿海,台风登陆时为农历七月初三天文大潮期,引发特大潮灾,受灾最严重的地区为长江口、杭州湾沿岸(《中国海洋灾害四十年资料汇编·海洋灾害》)。

1979年8月22—25日,7910号台风影响浙江沿海,引发严重潮灾。浙江沿海大风历时长达三天,各地增水都超过1米以上,加之正逢农历七月初二大潮,全省受灾严重,总计受淹农田150万亩,损失堤塘1 600处,长达145千米,粮食受损5 000万斤,经济损失1亿元左右(《中国海洋灾害四十年资料汇编·海洋灾害》)。

1989年7月20日前后,8909号台风影响浙江沿海,引发严重潮灾,受其影响澉浦站出现最大增水1.27米。20日22时,潮水漫上象山县石浦港马路,临街的一些简易建筑物被风浪冲垮,街上一片狼藉，石浦站出现了超过历史最高潮位的高潮位。宁波及台州地区有多处海塘被冲毁，至少5人死亡，90人受伤（《中国海洋灾害四十年资料汇编·海洋灾害》）。

1990年6月22—26日，9005号台风影响福建至浙江沿海，台风登陆时正逢农历五月初二大潮期，引发严重潮灾，沿岸最大增水出现在温州，为1.42米，龙湾、瑞安、鳌江三站达到历史最高潮位。受其影响，福州地区水利工程损失1 000多万元，毁坏船只500艘，沉船1艘。宁德地区死亡5人。福安县6 000亩围垦田被淹，损失100多万元。温州地区有13万人受灾，死亡7人，受伤20人，倒塌房屋163间，损坏船只220只。瑞安市梅头镇耗资850万元建成的万亩围垦工程，全部被淹，4 000米堤坝基本冲平，受淹农田共32.36万亩，对虾塘被毁1.26万亩，全市大约损失1.42亿元（《中国海洋灾害四十年资料汇编·海洋灾害》）。

2000年9月11日，0014号台风"桑美"在关岛以东洋面生成，影响东海期间恰逢天文大潮，长江口、杭州湾沿岸有10多个验潮站的高潮位超过当地警戒水位，是一次较大的风暴潮灾（《2000年中国海洋灾害公报》）。

2009年8月，浙江至福建沿海海平面比常年同期高81～91毫米，0908号台风"莫拉克"影响期间又恰逢天文大潮，加大了此次台风风暴潮的致灾程度，给浙江和福建沿海带来严重损失，直接经济损失近30亿元（《2009年中国海平面公报》）。

2010年10月23—27日，受强冷空气影响，东海沿海出现一次较强温带风暴潮过程，浙江沿岸海域遭受了近10年来最强温带风暴袭击，且恰逢天文大潮期，浙江乍浦、镇海等验潮站的风暴增水均超过100厘米，其中镇海站的最高潮位超过当地警戒潮位16厘米，造成了漫堤和海水倒灌，浙江宁波镇海、舟山定海和沈家门部分地区受淹，对当地居民生产生活产生较大影响。10月23日，1013号台风"鲇鱼"在福建漳浦登陆，受风暴增水、天文大潮和海平面偏高等因素的共同影响，60余万人受灾，经济损失约26亿元（《2010年中国海平面公报》《2010年中国海洋灾害公报》）。

2011年8月为浙江沿海的季节性高海平面期，5—7日，1109号超强台风"梅花"袭击浙江沿海，季节性高海平面严重影响了城市排涝，舟山、宁波两地超过35万人受灾，经济损失严重。8月31日，1111号超强台风"南玛都"在福建晋江登陆，恰逢季节性高海平面和天文大潮期，给福建沿海带来较大损失，导致近60万人受灾，经济损失超5亿元（《2011年中国海平面公报》）。

2012年8月，浙江沿海海平面明显偏高，较常年同期高202毫米，浙江沿海先后受到热带气旋"苏拉""达维""海葵"和"布拉万"的影响。8日，1211号热带风暴"海葵"在浙江象山县沿海登陆，造成沿海多地受灾，直接经济损失超过41亿元。8月福建沿海海平面明显高于常年同期，3日，1209号强台风"苏拉"在福鼎秦屿登陆，其间恰逢天文大潮，造成福建沿海多地受灾，直接经济损失近2.5亿元（《2012年中国海平面公报》）。

2013年10月7日，浙江沿海海平面异常偏高，1323号强台风"菲特"影响浙江沿海，鳌江站最高潮位达5.22米，为1958年建站以来的最高值。季节性高海平面、天文大潮和风暴增水三者叠加，造成浙江沿海多地堤防损毁，加上历史最大降雨量，沿海地区行洪困难，形成严重内涝，农林牧渔业、工业、水利和交通设施损失严重。强台风"菲特"造成浙江沿海综合经济损失约449亿元，受灾人口近666万人。9—10月，福建沿海海平面异常偏高，1319号强台风"天兔"和1323号台风"菲特"先后影响福建沿海，其间恰逢天文大潮，季节性高海平面、天文大潮和风暴增水三者叠加，给福建沿海农林渔业、堤防和交通设施等带来严重损失，直接经济损失近18亿元（《2013年中国海平面公报》）。

2014年10月8—12日，东海沿海出现了一次较强的温带风暴潮过程，坎门站最高潮位超过当地警戒潮位 70 厘米，福建省水产养殖损失 0.05 万吨，养殖设备、设施损失 1 151 个，毁坏船只 2 艘，损毁码头 0.06 千米，损毁海堤、护岸 0.02 千米，直接经济损失 0.52 亿元（《2014 年中国海洋灾害公报》）。

2015 年 7 月，浙江沿海海平面明显偏高，11 日，1509 号台风"灿鸿"登陆舟山，造成水产养殖、渔船、堤防和交通设施等严重受损，直接经济损失超过 10 亿元。8 月，福建沿海海平面明显偏高，8 日，1513 号台风"苏迪罗"登陆莆田，造成房屋倒塌、农田被淹和堤防损毁，海洋渔业损失严重，直接经济损失近 24 亿元。9 月，正值福建沿海季节性高海平面期，29 日，1521 号台风"杜鹃"在莆田登陆，其间恰逢天文大潮，造成沿岸基础设施损毁，渔港、水产养殖和农田等受损，直接经济损失超过 6 亿元（《2015 年中国海平面公报》）。

2016 年 9 月，浙江沿海海平面达历史同期最高，1614 号台风"莫兰蒂"、1616 号台风"马勒卡"和 1617 号台风"鲇鱼"先后影响浙江沿海，恰逢天文大潮期，高海平面导致行洪不畅，风暴潮、强降雨和洪涝等给浙江沿海造成严重灾害，其中风暴潮灾害直接经济损失 2.4 亿元。当月福建沿海处于季节性高海平面期，台风"莫兰蒂""马勒卡"和"鲇鱼"先后影响福建沿海，台风风暴潮给福建沿海水产养殖、渔船、道路和堤防设施等带来严重损失，直接经济损失 15.71 亿元（《2016 年中国海平面公报》）。

2017 年 8—10 月，浙江沿海处于季节性高海平面期，其中 10 月海平面较常年高 340 毫米，达 1980 年以来同期最高，1720 号台风"卡努"影响浙江沿海期间，高海平面、台风、强降雨和洪涝等给浙江沿海带来严重灾害（《2017 年中国海平面公报》）。

2018 年 7 月，福建北部沿海海平面较常年同期高 138 毫米，为 1980 年以来同期最高，11 日，1808 号台风"玛莉亚"在福建连江登陆，其间恰逢天文大潮，沿海最大风暴增水超过 220 厘米，高海平面、天文大潮和风暴增水三者叠加，加剧了灾害影响，直接经济损失超过 11 亿元。8 月，浙江沿海处于季节性高海平面期，海平面较常年高 258 毫米，为 1980 年以来同期第三高，12 日，1814 号台风"摩羯"登陆浙江温岭沿海，恰逢天文大潮期，高海平面和天文大潮加剧灾害影响，造成一定经济损失（《2018 年中国海平面公报》）。

2019 年 8 月 9—14 日，1909 号超强台风"利奇马"影响浙江沿海，高海平面加剧灾害影响，给浙江带来严重经济损失。9 月 30 日至 10 月 2 日，1918 号强热带风暴"米娜"影响福建和浙江沿海，浙江沿海海平面较常年高 450 毫米，高海平面、天文大潮和风暴增水共同作用加剧了对浙江省的影响（《2019 年中国海平面公报》）。

## 2. 海浪

1969 年 9 月 26 日，东海受 6911 号台风影响，形成中心波高 11 米的狂涛区，最大观测风速 22 米/秒，过程维持约 30 小时，于 27 日 14 时减弱为 4 米以下浪区。福建省沿海受淹农田 746.4 万亩，农业生产受到严重破坏，晋江沿岸海堤大部分被台风浪潮冲毁，伤亡人数 7 770 人（《中国海洋灾害四十年资料汇编·海洋灾害》）。

1989 年 9 月 15 日，8923 号台风从西北太平洋进入东海，15 日 08 时东海形成 6 米以上狂浪区，中心附近最大波高 7 米，受其影响，浙江省沿海地区的江堤多遭越顶，造成严重塌毁（《中国海洋灾害四十年资料汇编·海洋灾害》）。

1990 年，东海出现 4 米以上的灾害性巨浪天数为 65 天（《1990 年中国海洋灾害公报》）。

1991 年，东海出现 4 米以上的灾害性巨浪天数为 110 天（《1991 年中国海洋灾害公报》）。

1992 年，东海出现 4 米以上的灾害性巨浪天数为 80 天，8 月，9216 号强热带风暴影响期间，东海最大浪高 6 米（《1992 年中国海洋灾害公报》）。

1993 年，东海出现 4 米以上的灾害性巨浪天数为 66 天，3 月 24 日，营口海运公司"仙人号"货轮，从日本丰桥港驶往我国宁波港途中，遭巨浪袭击沉没于东海，29 名船员 17 人死亡，12 名下落不明（《1993 年中国海洋灾害公报》）。

1994 年，东海出现 4 米以上的灾害性巨浪天数为 87 天，10 月 11 日，印度一万吨巨轮受巨大海浪袭击在东海沉没（《1994 年中国海洋灾害公报》）。

1995 年，东海出现 4 米以上的灾害性巨浪天数为 60 天，11 月 7 日前后，受寒潮影响，东海出现巨浪过程，载重 3 000 吨的轮船"展望"号装载 2 500 吨钢材，由天津驶往福州途中，在上海外海遭巨浪袭击进水而沉没，船上 22 人全部遇难（《1995 年中国海洋灾害公报》）。

1996 年，东海出现 4 米以上的灾害性巨浪天数为 75 天（《1996 年中国海洋灾害公报》）。

1997 年，东海出现 4 米以上的灾害性巨浪天数为 83 天，8 月 18 日前后，受 9711 号台风浪影响，东海海面出现 10～12 米的狂涛区，大陈海洋站实测最大波高 9.8 米，局部地段拍岸浪高达 10 多米。尤其处于台风浪和风暴潮正面袭击的台州市区的一线海塘、二线海塘几乎全部崩溃，冲开堤防决口 4 385 处，冲毁护岸工程 1 640 处，损坏堤岸 243 千米（《1997 年中国海洋灾害公报》）。

1998 年，东海出现 4 米以上的灾害性巨浪天数为 87 天，9 月 18 日前后，受 9806 号台风影响，东海海面出现 7～8 米的狂浪区，浙江沿海海面风力 10～12 级，局部地段拍岸浪高达 7～8 米，镇海站实测浪高达 6 米。处于台风浪正面袭击的舟山、宁波沿海损失严重（《1998 年中国海洋灾害公报》）。

1999 年，东海出现 4 米以上的灾害性巨浪天数为 99 天（《1999 年中国海洋灾害公报》）。

2000 年，东海出现 4 米以上的灾害性巨浪天数为 113 天（《2000 年中国海洋灾害公报》）。

2001 年，东海出现 4 米以上的灾害性巨浪天数为 103 天（《2001 年中国海洋灾害公报》）。

2002 年 3 月 18 日，受强冷空气与东海气旋影响，黄海、东海出现 4～5 米巨浪，浙江省舟山外海沉损船舶 5 艘，死亡、失踪 28 人，直接经济损失 750 万元（《2002 年中国海洋灾害公报》）。

2003 年 1 月 7 日前后，受冷空气影响，东海、台湾海峡出现 4～5 米巨浪，福建省近岸海域沉没船舶 2 艘，死亡 4 人，直接经济损失 11 万元（《2003 年中国海洋灾害公报》）。

2004 年 8 月 11 日前后，0414 号台风"云娜"先后在东海、台湾海峡形成 5～12 米台风浪。受台风浪袭击，浙江省沿海台州市、温州市、宁波市、舟山市等地的渔业受到严重损失；福建省宁德、福州、莆田的 15 个县市和上海市的渔业、水利设施也受到严重损失。21 日前后，0418 号台风"艾利"先后在东海、台湾海峡形成 4～10 米台风浪，给福建省莆田、泉州、厦门、漳州等地的 48 个县市和浙江省温州、台州两市的渔业、水利设施造成了严重经济损失（《2004 年中国海洋灾害公报》）。

2005 年，受东海气旋浪影响，东海海域发生 19 次沉船灾害，经济损失 5 267 万元，死亡（含失踪）人数 52 人（《2005 年中国海洋灾害公报》）。

2006 年 8 月 8 日前后，0608 号超强台风"桑美"在台湾省以东洋面、东海和台湾海峡形成 7～12 米的台风浪，东海 18 号浮标（27.5°N，122.53°E）实测最大波高 8.6 米，福建省沙埕港避风渔船遭到毁灭性的打击，沉没船只多达 952 艘，损坏 1 139 艘（《2006 年中国海洋灾害公报》）。

2007 年 9 月 17 日前后，0712 号超强台风"韦帕"在东海形成 5～14 米的台风浪。国家海洋局 18 号浮标测到波高为 12.1 米的狂涛，浙江省炎亭镇炎亭渔港的台风浪超出防浪墙达 12 米多，两块 5 吨重的消浪块被巨浪打入海，建设标准 50 年一遇、主体刚完工的 90 多米长的新防波堤在袭击中全部损坏。10 月 2—8 日，受 0716 号台风"罗莎"影响，东海和台湾海峡形成了 7～8 米的台风浪,浙江3艘渔船沉没(《2007年中国海洋灾害公报》)。

2009年10月29日至11月5日,冷空气浪过程影响了我国大部分海域,位于东海的浮标观测到5.5米的巨浪,造成较大损失(《2009年中国海洋灾害公报》)。

2015年1月12—14日,受冷空气与气旋共同影响,东海部分海域出现了4~5米的巨浪,造成浙江和福建海域1艘货船和2艘渔船沉没,死亡(含失踪)14人,直接经济损失260万元(《2015年中国海洋灾害公报》)。

2016年1月22—25日,受冷空气影响,东海部分海域出现了4.0~6.0米的巨浪到狂浪,国家海洋局QF205浮标实测东北和偏北风7~8级,最大有效波高5.8米,最大波高8.9米,造成浙江省台州市附近海域45艘渔船受损,直接经济损失78.00万元。1月31日,受冷空气影响,东海部分海域出现了2.5~3.8米的大浪,国家海洋局QF208浮标实测东北风6~7级,最大有效波高3.7米,最大波高5.7米,造成1艘福建籍渔船在漳州市附近海域沉没,死亡(含失踪)4人,直接经济损失200.00万元。12月3日,受冷空气影响,东海部分海域出现了2.5~3.0米的大浪,国家海洋局QF307浮标实测东北风7级,最大有效波高3.0米,最大波高5.3米,造成1艘福建籍渔船在漳州市附近海域沉没,死亡(含失踪)7人,直接经济损失135万元(《2016年中国海洋灾害公报》)。

2018年1月25—28日,受冷空气影响,东海出现了7~8级的东北风和有效波高3.5~4.5米的大浪到巨浪,受其影响,1艘外籍船舶在浙江省南麂岛东侧附近海域沉没,死亡(含失踪)9人,直接经济损失200.00万元。4月6日,受冷空气影响,东海出现了6~7级的东北风和有效波高2.5~3.5米的大浪,东海北部MF06001浮标实测最大有效波高3.3米,造成1艘浙江籍渔船和1艘江苏籍船舶在浙江省舟山市嵊泗县附近海域沉没,死亡(含失踪)1人,直接经济损失1 002万元(《2018年中国海洋灾害公报》)。

2019年1月20—22日,受冷空气影响,东海南部、台湾海峡先后出现有效波高3.5~5.0米的大浪到巨浪,台湾海峡中部MF09001浮标实测最大有效波高4.7米、最大波高7.3米,1艘福建籍货轮在福建省漳州外海沉没,死亡(含失踪)2人,直接经济损失800万元。9月5—7日,受1913号超强台风"玲玲"影响,东海出现有效波高4.0~10.0米的巨浪到狂涛,东海北部MF07001浮标实测最大有效波高9.6米、最大波高14.2米,1艘上海籍货轮在浙江省舟山海域出现大幅横摇,导致部分集装箱落海,直接经济损失800万元。12月29—31日,受冷空气影响,东海、台湾海峡先后出现有效波高3.5~5.0米的大浪到巨浪,东海南部MF06006浮标实测最大有效波高4.7米、最大波高6.9米(《2019年中国海洋灾害公报》)。

### 3. 赤潮

1990年,东海近海共发生18起赤潮灾害。5月上旬,中国海监飞机在东海巡航监视中发现浙江省台州列岛至桃花岛附近海域有赤潮发生,水色鲜红,呈条状分布,约有7 000多平方千米(《1990年中国海洋灾害公报》)。

1991年,东海近海共发生24起赤潮灾害(《1991年中国海洋灾害公报》)。

1992年,东海造成较大影响的赤潮过程包括:5—6月,浙江省沿海先后发生过4次赤潮,赤潮优势种均为夜光藻;6月3日,福建省沙埕附近海域发生了由原甲藻引起的赤潮,赤潮发生时海水变色,散发着藻类腐腥味,局部海域有死鱼现象(《1992年中国海洋灾害公报》)。

1993年6月,东海连续发生3次面积较大的赤潮。其中,6月3日东海嵊山附近海域发现两处为红色和淡红色、呈条状和块状分布的赤潮,面积分别为10平方千米和5平方千米(《1993年中国海洋灾害公报》)。

1995年5月中下旬，东海发生4次赤潮，小的面积约10平方千米，大的面积有数百平方千米，均呈条状分布（《1995年中国海洋灾害公报》)。

1998年，东海近海共发生5起赤潮灾害，主要发生在长江口、杭州湾和嵊泗海域（《1998年中国海洋灾害公报》)。

2000年，东海近海共发生11起赤潮灾害（《2000年中国海洋灾害公报》)。

2001年，东海近海共发生34起赤潮灾害（《2001年中国海洋灾害公报》)。

2002年，东海近海共发生51起赤潮灾害（《2002年中国海洋灾害公报》)。

2003年，东海近海共发生86起赤潮灾害（《2003年中国海洋灾害公报》)。

2004年，东海近海共发生53起赤潮灾害（《2004年中国海洋灾害公报》)。

2005年，东海近海共发生51起赤潮灾害（《2005年中国海洋灾害公报》)。

2006年，东海近海共发生63起赤潮灾害（《2006年中国海洋灾害公报》)。

2007年，东海近海共发生60起赤潮灾害（《2007年中国海洋灾害公报》)。

2008年，东海近海共发生47次赤潮灾害，累计面积12 070平方千米（《2008年中国海洋灾害公报》)。

2009年，东海近海共发生43起赤潮灾害（《2009年中国海洋灾害公报》)。

2010年，东海近海共发生39起赤潮灾害，其中5月14—27日舟山朱家尖东部海域发生赤潮，持续时间14天，面积为1 040平方千米，赤潮优势种为东海原甲藻，赤潮区水体呈红褐色块状、条带状分布（《2010年中国海洋灾害公报》)。

2011年，东海近海共发生23起赤潮灾害（《2011年中国海洋灾害公报》)。

2013年，我国沿岸海域东海原甲藻赤潮发生次数最多，共16次，主要发生在5月4日至7月4日，其中浙江沿海发现15次，福建沿海发现1次，累计面积1 470平方千米（《2013年中国海洋灾害公报》)。

2014年，我国沿岸海域东海原甲藻赤潮发生次数最多，共25次，主要发生在5月4日至7月15日，其中浙江沿岸海域发现16次，福建沿岸海域发现9次，两地累计面积2 491平方千米（《2014年中国海洋灾害公报》)。

2015年，我国沿岸海域赤潮高发期为5月，东海海域发现赤潮次数最多，为15次，累计面积1 098平方千米（《2015年中国海洋灾害公报》)。

2016年，我国东海海域发现赤潮次数最多且累计面积最大，共37次，5 714平方千米（《2016年中国海洋灾害公报》)。

2017年，我国东海海域发现赤潮次数最多且累计面积最大，共40次，2 189平方千米（《2017年中国海洋灾害公报》)。

2018年，我国东海海域发现赤潮次数最多且累计面积最大，共23次，1 107平方千米（《2018年中国海洋灾害公报》)。

2019年，我国东海海域发现赤潮次数最多且累计面积最大，共31次，1 953平方千米（《2019年中国海洋灾害公报》)。

### 4. 海岸侵蚀

2015年，浙江舟山大青山千沙岸段最大侵蚀距离0.72米，平均侵蚀距离0.28米；岸滩平均下蚀高度12厘米。海宁尖山岸段岸滩最大下蚀高度140厘米，平均下蚀高度62厘米。福建霞浦高罗海水浴场最大侵蚀距离 1.17 米，平均侵蚀距离 0.52 米；岸滩平均下蚀高度 7.6 厘米。崇武西沙湾海水浴场最大侵蚀距离 1.33 米，平均侵蚀距离 0.36 米；岸滩平均下蚀高度 16.2 厘米（《2015 年中国海平面公报》）。

2016 年，浙江舟山大青山千沙岸段最大侵蚀距离 1.28 米，平均侵蚀距离 0.4 米。福建霞浦高罗海水浴场岸段最大侵蚀距离 0.68 米，平均侵蚀距离 0.32 米；崇武西沙湾海水浴场岸段最大侵蚀距离 1.76 米，平均侵蚀距离 0.36 米（《2016 年中国海平面公报》）。

2017 年，福建霞浦高罗海水浴场岸段最大侵蚀距离 2.46 米，平均侵蚀距离 0.86 米。崇武西沙湾海水浴场岸段最大侵蚀距离 1.61 米，平均侵蚀距离 0.31 米。厦门太阳湾海水浴场岸滩最大下蚀高度 22 厘米，岸滩平均下蚀高度 8 厘米（《2017 年中国海平面公报》）。

2018 年，福建宁德霞浦高罗海水浴场岸段年最大侵蚀距离 5.2 米，年平均侵蚀距离 1.7 米，岸滩平均下蚀 13.7 厘米，侵蚀程度较 2017 年加重。泉州崇武西沙湾海水浴场岸段年最大侵蚀距离 0.72 米，年平均侵蚀距离 0.4 米，岸滩平均下蚀 3.85 厘米（《2018 年中国海平面公报》）。

2019 年，福建宁德霞浦高罗海水浴场岸段年最大侵蚀距离 2.5 米，年平均侵蚀距离 1.2 米，侵蚀距离较 2018 年减小。泉州崇武西沙湾海水浴场岸段年最大侵蚀距离 1.8 米，年平均侵蚀距离 0.6 米，侵蚀距离较 2018 年略有增加（《2019 年中国海平面公报》）。

### 5. 海水入侵与土壤盐渍化

2008 年，东海沿岸海水入侵主要分布在浙江省温州市、台州市和福建省宁德市、长乐市、泉州市、漳浦市（《2008 年中国海洋灾害公报》）。

2012 年，东海沿岸海水入侵影响范围较小，除浙江台州滨海地区的监测区海水入侵距离稍大外，其他监测区海水入侵距离一般距岸 5 千米以内（《2012 年中国海洋灾害公报》）。2012 年，福建漳浦海水入侵最大入侵距离 3.86 千米，最大重度入侵距离 3.13 千米，最大氯度值 5 480 毫克/升（《2012 年中国海平面公报》）。

2014 年，东海沿岸海水入侵影响范围较小，除浙江台州、温州监测区海水入侵距离稍大外，其他监测区海水入侵距离一般距岸 5 千米以内（《2014 年中国海洋灾害公报》）。

2015 年，东海沿岸海水入侵影响范围较小，除浙江台州监测区海水入侵距离稍大外，其他监测区海水入侵距离一般距岸 4 千米以内（《2015 年中国海洋灾害公报》）。

2016 年，东海沿岸海水入侵影响范围较小，除浙江台州监测区海水入侵距离超过 10 千米外，其他监测区海水入侵距离均在 3.5 千米以内（《2016 年中国海洋灾害公报》）。

## 第二节　灾害性天气

本节汇编了东海沿海 1949 年以来的主要灾害性天气过程，灾害信息主要来源于《中国气象灾害大典·上海卷》《中国气象灾害大典·浙江卷》《中国气象灾害大典·福建卷》、2005—2019 年《中国气象灾害年鉴》和《东海区海洋站海洋水文气候志》等，灾害类型包括暴雨洪涝、大风（龙卷风）、冰雹、雷电、雾、寒潮、霜冻和大雪。

### 1. 暴雨洪涝

1955 年 8 月 24 日 13—14 时，5519 号台风在福建省惠安县登陆，登陆时近中心风力为 8 级，福建省平潭至三都澳沿海先后出现 8 级大风，21 个站出现暴雨到特大暴雨，8 月 25 日降水最为集中，福清、长乐、连江日雨量分别达 308 毫米、254 毫米和 223 毫米；台风带来的暴雨洪涝造成 19 个县受灾，损坏水利工程 1 453 处，堤岸决口 5 236 处，损坏桥梁 106 座，死亡 25 人。

1956 年 8 月 1 日 24 时，5612 号台风在象山登陆，石浦站最大风速 60～65 米/秒，日雨量大于 200 毫米的有 1 万多平方千米，12～18 小时雨量大于 100 毫米的有 4.1 万平方千米；台风所经之处拔树倒房、海水倒灌、山洪暴发；浙江省死亡 4 925 人，冲毁中、小型水库 87 座，沉毁渔船 902 只，直接经济损失按 1990 年价折算为 3.62 亿元。

1958 年 7 月 16—18 日，受 5810 号台风影响，福建沿海地区各县市先后出现 8 级以上大风，崇武实测瞬时风速 40 米/秒，全省大部地区出现强降水过程，该台风风力强、持续时间长、雨量大、洪水急，加上海潮顶托，各溪河水位急剧上涨，许多地区被洪水淹没 2 天以上；据统计，全省冲坏水利设施 19852 处，抗灾牺牲和因灾死亡 56 人。9 月 2—5 日，受 5822 号台风影响，南麂、坎门、大陈、石浦最大风速大于 40 米/秒，温州有 5 个站 4 天总雨量在 400 毫米以上，死亡 105 人，经济损失按 1990 年价折算为 3.37 亿元。

1959 年 8 月 28—31 日，受 5904 号台风影响，南麂、坎门、大陈、石浦、嵊泗等站最大风速均在 40 米/秒以上，温州、台州等 4 地区 4 天雨量均在 100 毫米以上，有 13 个站大于 200 毫米，5 个站大于 300 毫米；浙江省死亡 24 人，经济损失按 1990 年价折算为 3.43 亿元。9 月 4 日，5905 号台风在福建连江登陆，浙江省南麂、坎门、大陈、嵊泗最大风速在 40 米/秒以上，9 月 3—6 日，温州、台州等地雨量均在 100 毫米以上，有 15 个站在 300 毫米以上，全省死亡 135 人，经济损失按 1990 年价折算为 2.12 亿元。

1960 年 6 月 9—10 日，受 6001 号台风影响，福建省连续 2 天暴雨，暴雨区几乎遍及全省，造成山洪暴发，堤坝崩溃，水库决口，河水泛滥，洪水持续 50 小时以上，福安、龙溪、晋江等地河流的水位都超过历史最高水位，全省有 24 个县城受淹，因灾死亡 638 人，失踪 205 人。

1961 年 10 月 4 日 07 时，6126 号台风在浙江省三门县登陆，出现暴雨到大暴雨，300 毫米以上降水达 640 平方千米，浙东北部出现严重洪涝，浙江省死亡 337 人，伤 1 353 人，冲坏水利工程 6 000 多处，直接经济损失按 1990 年价折算为 4.79 亿元。

1962 年 9 月 6 日，6214 号台风在福建连江登陆，福安、闽侯、福州等专区（市）出现暴雨到特大暴雨；全省洪水冲毁水库 128 座，打碎、漂失渔船 166 条，死亡 32 人。浙江温、台东部沿海风力 12 级以上，宁波、绍兴、杭州、嘉兴、湖州地区有暴雨、大暴雨，全省洪涝面积 1 028 万亩，死亡 224 人，直接经济损失按 1990 年价折算为 8.2 亿元。

1965 年 7 月 26 日 11 时，6510 号台风在福建泉州登陆，全省大部分地区出现暴雨到特大暴雨，暴雨范围之广、雨量之集中、强度之大都是历史上罕见的，全省有 28 个县市不同程度受灾，死亡 51 人。8 月 18—22 日，受 6513 号台风影响，浙江大部分地区雨量在 200 毫米以上，造成局部洪涝，死亡 74 人，直接经济损失按 1990 年价折算为 3.76 亿元。

1969 年 9 月 26—29 日，受 6911 号台风影响，福建省大部分地区暴雨倾泻，狂风呼啸，海上巨浪滔天，漫无边际，溪河水位猛涨，山崩地裂，千年大树被连根拔起，大片田野和村庄被海水淹没，稻田一片汪洋，是多年未遇的台风灾害。

1972 年 8 月 2 日，7207 号台风在平阳登陆后西行，南部沿海风力 10～12 级，温州、台州、金华、杭州地区出现暴雨。8 月 17 日，7209 号台风在平阳登陆后西行，浙江受其影响，东部沿海风力 12 级以上，温州、台州、丽水、宁波、舟山等地区出现大暴雨，15—19 日的总雨量大于 300 毫米的有 9 个站，大于 400 毫米的有 6 个站。浙江半月内连受 2 次台风袭击，死亡 157 人，经济损失按 1990 年价折算为 7.14 亿元。

1977年8月21日夜至22日，上海市出现百年罕见的一场特大暴雨，暴雨中心在宝山县塘桥和嘉定县南翔，降雨量分别为585.6毫米和571.7毫米，财产损失近2亿元。8月31日至9月1日，受7705号台风影响，福建省普降大到暴雨，局部地区大暴雨，又适逢天文大潮，潮位比常年高1~2米，全省农田受淹31.1万亩，死亡27人。

1979年8月24日，7910号台风在普陀登陆后北上，浙江北部沿海风力11~12级，22—26日4天总雨量定海325毫米、皎口水库上游大磐山457毫米，时值朔潮大汛，造成海塘决口，海水倒灌，舟山、宁波、温州3地区受灾，损坏渔船460艘，冲塌海塘、江堤147.7千米，码头32座，死亡51人，直接经济损失按1990年价折算为4.25亿元。

1980年5月24—25日，受8004号台风影响，福建省漳州、晋江、厦门3地市及莆田地区南部4县降暴雨，风大雨猛浪急，给沿海各地市造成不同程度的洪涝灾害。全省农作物受淹130万亩，损坏和漂失船只1 474条，冲坏各种水利工程11 916处、桥梁190座，死亡55人。

1981年9月22—24日，受8116号台风外围东风波影响，浙江东部、南部地区有大暴雨，黄岩、宁海、象山等县3小时雨量110~135毫米，乐清站475毫米，过程总雨量达579毫米，因雨量过大，沉损船只712条，死亡75人，失踪5人。

1983年6月16—20日为雨季高峰期，福建省30个县市降暴雨，其中10个县降大暴雨，4个县降特大暴雨，全省大于200毫米的有12个站，大于300毫米的有7个站，以平潭的536.1毫米为最大。全省7地市39个县市受灾，死亡41人，洪水冲毁各种水利设施9 593处，漂失船只11条。

1985年7月30日前后，受8506号台风影响，浙江东南部沿海最大风速坎门达47米/秒，过程雨量大于200毫米的有7个站，括苍山达425毫米，温岭405毫米，使台州、绍兴、宁波、杭州、嘉兴、湖州及温州地区北部洪涝，死亡213人，经济损失按1990年价折算为5.33亿元。8月22—25日，受8510号台风影响，福建省普降大到暴雨，局部特大暴雨，暴雨多集中出现在福州、宁德、莆田和泉州4地市，死亡80人，全省直接经济损失达2.95亿元。

1986年7月11—13日，受8607号台风影响，福建漳州、泉州和龙岩等地降暴雨，台风过程降雨量漳州、泉州2地市15个县市大于100毫米，大于200毫米的有3个县。台风给闽南一带造成较大的洪涝灾害，其中漳州受灾最重，漳州、泉州和龙岩3地市260万人受灾，死亡55人，全省直接经济损失2.8亿元。

1991年6月3日至7月15日，梅雨持续43天，龙华站梅雨总雨量达474.4毫米，是常年梅雨量的2~3倍，其间接连受到暴雨的袭击，上海市郊大部地区受淹，全市经济损失达11.484 4亿元。8月7—8日，上海市普降雷暴雨和大暴雨，局部特大暴雨，为多年罕见，全市即成汪洋一片，直接经济损失1亿多元。

1992年8月28—31日，受9216号台风影响，浙江省普降暴雨，全省142.8万人一度被洪水围困，死亡148人，直接经济损失31.5亿元；福建有37个县市降暴雨，其中13个县市降大暴雨，全省死亡12人，25个县城受淹，直接经济损失达9.15亿元。9月22—23日，受9219号台风影响，22日夜到23日夜浙江温州、台州地区24小时雨量200~300毫米，温州和永嘉153个城镇进水，水深1~2米，全省133.8万人一度被洪水围困，死亡53人，直接经济损失22亿元。

1994年8月21日，受9417号台风影响，浙江省大部分地区出现暴雨，日雨量大于100毫米的有70个站，时值农历七月十五大潮汛，风、雨、潮三碰头，全省48个县（市）受灾严重，217万人被洪水围困，死亡1 126人，失踪319人，直接经济损失177.6亿元。

1997年8月18—19日，受9711号台风影响，浙中、浙北地区普降暴雨到特大暴雨，东部沿海和内陆部分地区风力 11 ~ 12 级，以大陈 56 米 / 秒为最大，有 10 个验潮站潮位超历史纪录，海门站最高 7.9 米（历史最高 6.9 米），为 220 年一遇，全省有 75 个县（市）受灾，207 万群众被洪水围困，死亡 238 人，直接经济损失达 198 亿元。上海市出现风、雨、潮三碰头现象，江、沿海险情频频出现，一线海塘多处溃决，直接经济损失约在 6.3 亿元以上。

1999 年 6 月 7 日至 7 月 20 日，百年未遇的强梅雨肆虐上海，梅雨期 43 天，仅次于 1954 年，梅雨期总雨量 815 毫米，是常年同期的 4 倍多，又创上海市历史之最多，梅雨期间，暴雨日数超常，造成了严重的洪涝灾害，直接经济损失 8.7 亿元。9 月 4 日，受 9909 号热带风暴倒槽东风扰动的影响，浙江温州、台州 2 市遭受百年不遇的特大暴雨袭击，发生较严重的洪涝灾害，降水总量温州达 416 毫米，市区积水达 1 米多，温州市死亡 152 人，直接经济损失 32.4 亿元。

2000 年 6 月 16—20 日，受热带低压外围云系影响，福建中南部沿海大部分县市降大暴雨到特大暴雨，日雨量以厦门 321 毫米为最大（18 日），为 1892 年以来日雨量的最大值；全省因灾死亡 48 人，直接经济损失 18 亿元。

2004 年 8 月 12 日 20 时，0414 号台风"云娜"在浙江省温岭市石塘镇登陆，近中心最大风速达 45 米 / 秒。影响期间浙江东部地区出现了暴雨到大暴雨，台州和温州部分地区出现特大暴雨。浙江全省受灾人口达 1 299 万人，死亡 179 人，直接经济损失 181.28 亿元。

2009 年 8 月 6—12 日，受 0908 号台风"莫拉克"影响，福建沿海出现了 10 ~ 12 级、局部 13 ~ 15 级的大风，其中霞浦西洋风力达到 15 级（47.7 米 / 秒），东北部过程雨量普遍在 300 ~ 500 毫米，柘荣达 708.0 毫米，部分站点过程雨量超过 50 年一遇，据统计，福建省共计受灾人口 165.0 万人，死亡 3 人，失踪 1 人，直接经济损失 19.8 亿元。浙江东南部沿海过程雨量达 300 ~ 500 毫米，部分站点超过 50 年一遇，据不完全统计，浙江省共计有 768.5 万人受灾，死亡 5 人，失踪 1 人，直接经济损失约 88.4 亿元。上海大部分地区出现了暴雨到大暴雨，1 小时降雨量以虹桥 92.1 毫米为最大，初步统计，全市直接经济损失 3.3 亿元。

2013 年 10 月 7 日 01 时 15 分，受 1323 号台风"菲特"影响，浙江出现全省性暴雨和大暴雨天气，局部特大暴雨，台风携带的狂风暴雨及高潮位给浙江带来极其严重的影响，余姚遭受了 1949 年以来当地最严重的水灾。据统计，杭州、湖州、嘉兴等 11 市 82 个县（市、区）共有 1 089 万人受灾，9 人死亡，1 人失踪，125.5 万人紧急转移，直接经济损失 599.4 亿元。

2016 年 9 月 15 日凌晨 03 时 05 分前后，1614 号台风"莫兰蒂"在福建省厦门市翔安区沿海登陆，登陆时中心附近最大风力 16 级（52 米 / 秒）。福建、浙江、上海出现强降雨。由于台风强度强、风力大、雨势猛，又恰逢天文大潮，致使福建、浙江和上海遭受不同程度影响。上海直接经济损失 2 389 万元，福建闽南地区直接经济损失 261.9 亿元。

### 2. 大风和龙卷风

1949 年 7 月 24 日，4906 号台风在浙江普陀登陆，风力 12 级以上，25 日在平湖再度登陆，泗礁山、大黄龙、大小洋山等岛的渔船、民房损失惨重，死亡 170 人，经济损失 5 000 多万元。

1955 年 2 月 19 日夜，从横沙岛赴川沙县参加会议的横沙区干部群众乘"长泰"号帆船在长江口遭大风，船上 53 人全部遇难。

1956 年 8 月 1 日午后，上海松江县遭龙卷风袭击，死亡 6 人，伤 146 人。9 月 24 日，上海市遭受 3 个龙卷风袭击，造成全市死亡 68 人，受伤 842 人，其中重伤 253 人，近千间房屋倒塌，财产损失数百万元。

1957 年 9 月 14—15 日，受 5719 号台风影响，福建沿海各地先后出现 8 级以上大风，东山、崇武最大瞬时风速超过40米/秒。9月17日，浙江沿海出现冷空气大风，风力6~7级，大陈渔场遭风暴，渔民死亡49人，失踪28人，渔船沉损243只。12月12日，低压入海产生6~8级大风，浙北嵊山沉船102条，死亡15人。

1958年9月3—5日，受5822号台风影响，福建沿海地区从北到南出现8级以上大风，最强风力出现在福鼎，瞬时最大风速达40米/秒，持续7小时，8级以上大风持续14小时。霞浦县大风持续至少6小时以上，3人合抱粗的古树被风连根拔起，千斤大石被风吹得平地打滚，407条船只被大风吹翻。

1959年8月23日凌晨，5903号台风在福建省的厦门到漳浦一带登陆，登陆时近中心风力为12级，厦门瞬时风速达60米/秒，为登陆福建台风风速之最，台风造成728人死亡，损毁渔船3800条，直接经济损失3亿多元。

1967年3月26日18时20分，在上海金山县和浙江嘉善县接壤处出现一股破坏性极强的龙卷风。途经枫围、兴塔、朱泾等公社，倒房数百间，并有人畜伤亡。7月4日夜至5日凌晨，崇明县三星、海桥公社10个大队遭龙卷风袭击，倒损房屋613间，伤23人，1艘100余吨铁驳船被吹上岸滩。7月31日，受6708号台风影响，福建福鼎至平潭一带沿海及福州市出现8级以上大风，平潭实测瞬时风速超过40米/秒，平潭县大小渔船被打碎11条，受损139条，房屋倒塌8间，4人死亡。

1970年12月2日，黄海低压产生7~8级大风，浙江嵊山枸杞港沉船37条，死亡2人，东福岛沉没黄沙船2条，死4人。

1971年7月31日10时30分，福建平潭县东部沿海突然出现龙卷风，历时半个小时；大风损坏渔船31艘，其中打毁12艘，死亡1人。

1977年3月15日夜，上海崇明县东部地区遭雷暴大风突袭，死1人，伤98人。6月9日，崇明县新建副业场遭龙卷风袭击，江面激起大浪高达11~12米，受害地带宽30~40米，历时10分钟，行程10千米，吹倒房屋24间、围墙30米。

1978年2月28日，浙江大陈岛东200海里渔场遭大风袭击，死亡渔民12人，沉船23艘，严重损坏641艘。7月17日，上海金山县朱泾公社出现龙卷风，直径6~10米，发出巨响，河水卷起4米高。

1980年6月26—27日，浙江省9个地区的26个县、市连续2天受冰雹大风袭击，镇海最大风速40米/秒，舟山渔场沉船105条，全省经济损失586万元，死亡190人，其中渔民144人。9月18—19日，受8015号台风影响，东山10分钟平均最大风速48米/秒，为历史罕见。

1981年8月31日至9月1日凌晨，长江口引水船和南汇县芦潮港极大风速37.0米/秒，川沙、南汇站风力在11级，黄浦江中沉船18艘，死亡6人，受伤42人。11月4日，东海低压与冷空气结合，产生8~10级大风，嵊山渔场沉船2条，死亡4人。

1983年6月2日，钱塘江口低压发展，产生8~10级大风，嵊山渔场沉船13条，死亡24人。7月25—26日，受8304号台风影响，福建沿海各县市平均风力达9~11级，阵风12级以上，给闽南地区特别是漳州地区带来的损失是近百年来罕见的，漳州地区死亡113人，漂失船只63条，损坏船只1 323条，水利工程毁坏1 076处。9月27日，8310号台风沿浙江近海北上，沿海风力11~12级，嵊泗最大达50.5米/秒，风大潮高，损坏堤坝50千米、船222条，冲走原盐5 785吨，死亡13人，经济损失1亿元（按1990年价）。

1986年4月9日，浙江平湖县2个乡和嵊泗小洋乡出现龙卷风，并伴冰雹阵雨，嵊泗死3人。7月11日，台风倒槽区内发生4个龙卷风，涉及浙江3县12个乡镇，造成死亡31人，重伤168人，直接经济损失达 3 000 余万元。9 月 19 日，受 8617 号台风影响，福建沿海和内陆局部地区出现 8 级以上大风，平潭、莆田 2 县市损失较大；平潭县损坏渔船 94 条，仅渔业损失就达 1 000 万元，死亡 10 人。

1992 年 2 月 23 日，黄海低压发展，发生 8 ~ 9 级大风，嵊泗、岱山等渔船沉 6 条，死 16 人。

1993 年 5 月 19 日，长江口大风，引水船极大风速 22.0 米 / 秒；未加盖的货船"营航 6 号"突遇大风巨浪袭击，不到 2 分钟就沉没，3 名船员失踪。

1994 年 6 月 17 日，上海川沙、崇明出现东北大风 8 级，沿海 9 ~ 10 级。一艘满载 354 吨煤炭的浙江"景 102"轮钢质船，在长江口南支航道 65 号灯浮附近遇狂风翻沉，船上 2 人下落不明。

1995 年 4 月 20 日上午，长江口江面风大浪高，一艘满载黄沙的江轮于 10 时 35 分在浏河锚地遇风浪沉没，12 名船员全部落水，救起 8 人，其中 1 人死亡，其余 4 人失踪。11 月 7 日，浙北沿海出现 10 级以上大风，嵊泗风速达 32 米 / 秒，11 条木质渔船沉没，死亡 5 人。11 月 23 日，引水船站风速为 23.0 米 / 秒，风向西北，黄浦江上 2 艘个体运沙船 1 沉 1 翻，5 人落水被救起。

1996 年 12 月 6 日，长江口出现大风，一超载沙石料的运输船在长江口沉没，1 人被救起，3 人失踪。

1997 年 8 月 2 日，厦门市灌口镇遭受龙卷风袭击，住房损坏 25 间，建筑物损坏 2 000 多平方米，道路损坏 12 处，直接经济损失计 343.3 万元。

1999 年 1 月 19 日晨，长江口出现大风，"沪崇 1150 号"渔船在东海翻船，7 名船员全部落水，1 人救起，其余 6 人失踪。6 月 8 日，长江口出现大风，一船途经宝山 2 号灯标时被大风倾覆，船上 4 人落水，2 人被救起。

2000 年 7 月 10 日 00 时 46 分，浙江台州市椒江区发生一起龙卷风，影响时间持续约 15 分钟，受龙卷风袭击，伤 2 人，直接经济损失 337 万元。11 月 30 日 20 时，长江口出现大风，一艘从大连开往温州的"浙舟 606"轮驶经长江口外水域时遇风浪沉没，20 名船员中 13 人失踪、1 人死亡。

2005 年 7 月 30 日下午，上海市青浦、松江、崇明、金山等区（县）部分乡镇遭受龙卷风、暴雨和雷电袭击，受灾人口 2 500 人，死亡 1 人，伤 4 人，直接经济损失 1 081 万元。

2007 年 8 月 18 日 23 时 30 分左右，受 0708 号台风"圣帕"外围影响，一股长达 8 千米、宽 800 米的强龙卷风呈带状穿过苍南县龙港镇，造成 9 人死亡、62 人受伤。

2008 年 7 月 27—31 日，受 0808 号台风"凤凰"影响，福建中北部沿海等地出现 10 级以上大风，其中有 12 个站极大风力超过 12 级，以霞浦沙江 44.9 米 / 秒为最大。8 月 22 日，上海洋山港区出现飑线大风，气象站和山顶的极大风速分别达 40.6 米 / 秒和 57.9 米 / 秒，东海大桥上有 6 辆集装箱卡车侧翻，部分活动板房被摧毁。

2012 年 8 月 8 日 03 时 20 分，1211 号台风"海葵"在浙江省象山县鹤浦镇沿海登陆，登陆时为强台风强度，中心附近最大风力有 14 级（42 米 / 秒）。浙江中北部沿海 12 级以上大风持续了 32 小时，14 级以上大风持续了 24 小时，东矶风速最大，为 56.0 米 / 秒（16 级），大陈为 53.0 米 / 秒（16 级），石浦为 50.9 米 / 秒（15 级）。

2015 年 9 月 29—30 日，受 1521 号台风"杜鹃"影响，福建省 28 个县（市）的 73 个站出现 8 级以上大风，平潭牛山岛风速达 37.5 米 / 秒（13 级），阵风达 45.9 米 / 秒。

### 3. 冰雹

1958 年 3 月 25 日下午，福建霞浦县降雹时间为 19 时许，持续 2 ~ 5 分钟，冰雹一般大的如鸡蛋，小的如蚕豆。

1961年4月5日下午，福建泉州、厦门、龙岩、三明等地市的部分县市出现降雹，15个县的24个公社161个大队受灾，6.04万间房屋损坏，2人死亡，农作物、经济作物等也受到严重损失。

1963年10月25日傍晚，上海青浦县徐泾公社至松江县泗泾、砖桥公社遭冰雹突击，徐泾冰雹多数似拇指大，少数大如拳头，墙角积雹5~6寸，泗泾、砖桥冰雹最大有半斤重。

1964年4月6日，福建连江县19时许降雹，持续半个小时，降雹密度大，雹大如碗，小如杯，实测长7.5厘米、宽5.5厘米，呈扁椭圆体，重约0.75斤，琯头的兰田、下岐2个大队冰雹像炸弹一样落下。

1967年3月26日18时23—26分，上海金山县朱泾、亭新和奉贤县庄行、光明、钱桥、胡桥等地遭冰雹袭击，冰雹小的如蚕豆，大的如鸡蛋。

1969年5月29日下午到傍晚，崇明、青浦、松江、上海、南汇等县局部地区发生特强冰雹，16—17时，冰雹最先发生于崇明县中部新民至堡镇间各公社，持续约18分钟，雹块最大如鸡蛋，整个过程延续1个多小时，积雹2个多小时未融尽。6月2日，崇明、嘉定、宝山、川沙县遭冰雹袭击，冰雹最大如鸡蛋。8月23日，嘉定、青浦、金山、川沙、南汇等地出现雷雨大风、冰雹，冰雹大如鸡蛋，小如蚕豆。

1975年5月30日傍晚以后，一次影响范围最广并伴有9~11级雷暴大风的特强冰雹袭击上海，松江县新五公社最大冰雹重45.6克，川沙县冰雹大如小核桃，间有拳头般大雹块。

1976年4月17—18日，受冷空气影响，福建省有33个县市降冰雹，降冰雹时间从17日12时开始到18日02时止，历时约14个小时。福州全市（未包括省级机关）建筑物损坏面积达812万平方米，损失约折合金额5 404万元，损失物资折合金额1 000万元，农作物受灾5万亩，损失约折合金额173万元，触电死亡4人，受伤近百人。

1979年4月1—2日，福建厦门、漳州、龙海、南靖等地降雹，不少地区降雹时伴有狂风暴雨，雹粒大小各地不一，受灾重的厦门市，雹粒一般有鸡蛋大小，大的重1斤多，而且密度大，最密的地方每平方米有600~700粒，降雹时间一般持续10~15分钟，死亡3人，受伤58人。

1980年3月4日14—15时，福建武平、龙岩、安溪、永春、德化、厦门等地出现冰雹大风天气，这是该年度范围最大的一次降雹过程。7月16—18日，浙江宁波、台州的4个县出现冰雹大风，最大雹径8厘米（镇海）。

1981年5月2日，浙江杭州、金华、台州3地区及长兴、诸暨、镇海、永嘉等18个县（市）又出现冰雹大风，雹径一般3~4厘米，风力8~10级，死亡4人。7月14—15日，浙江镇海、宁波、海宁、嘉兴、余杭、杭州、临安等地出现冰雹大风，风力10级以上，死亡3人。

1983年4月13—15日，浙江杭州、宁波等地区31个县下冰雹，雹径3.5厘米，14日富阳最大雹径18厘米，造成9人死亡。4月28—29日，浙江杭州、宁波遭遇冰雹大风，雹大如鸡蛋，风力11级，造成6人死亡。

1984年3月19日，福建霞浦等县降雹，冰雹一般如鸡蛋大小，有的大冰雹能砸断石板条和屋顶椽条，洪江有位群众称得一个冰雹重达13.5斤，据统计，损失共计折合人民币143.32万元。3月31日，浙江杭州、温州地区10个县出现冰雹大风，雹径3.5厘米，风力9级以上。

1986年4月9日下午，上海金山县金卫、山阳、钱圩乡遭雷雨大风、冰雹袭击，冰雹最大如核桃。4月10—11日，浙江省数十个县（市）受飑线影响伴有冰雹大风，风力8~10级，温州最大的雹径10厘米，共造成230万人受灾、32人死亡。

1987年3月6日，上海青浦县蒸淀、小蒸乡遭冰雹袭击，大如核桃（3~3.5厘米），一般如蚕豆，持续数十分钟，地面积聚厚5~10厘米，死亡3人，受伤60多人，上海市直接经济损失287万元。3月23—24日，福建省23个县市降冰雹，为1987年第二次大范围降雹过程，雹径一般10～20毫米，最大60毫米。

1989年5月11—12日，浙江温州、金华地区7个县下冰雹，雹如鸡蛋大，死亡7人，经济损失2 169万元。

1991年5月21—22日，浙江鄞县、天台、乐清、东阳、建德等县冰雹大风，最大冰雹如鸡蛋，造成5人死亡，沉船18艘。

2000年5月12日傍晚至夜间，浙江宁波、舟山等市部分县市遭冰雹袭击，并伴有狂风暴雨，象山县直接经济损失超过250万元。7月12日15时前后，上海崇明西部新村、跃进、新海等乡镇、农场遭受飑线及暴雨、冰雹袭击，历时1个小时，雹块最大直径约3厘米，经济损失超过500万元。

2014年3月19日，浙江省台州市椒江区、临海市等地遭受风雹灾害，冰雹最大直径达33毫米，大部分地区伴随7～9级雷雨大风，受灾地区不少汽车、房屋和农业大棚被冰雹砸坏，直接经济损失7 100余万元。

### 4. 雷电

1963年5月8日20时，上海崇明县侯家镇遭雷击，死亡1人。7月4日，恒丰路2户居民家遭雷击，死亡2人，伤2人。

1969年8月31日，上海崇明县城北，大新等9个公社因雷击停电数小时，击毁房屋5间，死亡2人，伤5人。

1974年6月17—18日，福建福州市郊洪塘大队雷击死亡2人，重伤5人，轻伤4人。

1976年4月17日，福建霞浦县遭雷击，死1人。4月27日，上海南汇县三灶公社遭雷击，死亡2人。8月31日08时25分，上海青浦县小蒸公社一学校教室遭雷击，正在上课的学生死亡2人，伤11人。

1983年9月02日傍晚，上海崇明县江口公社遭雷击，死亡2人，伤多人。

1988年7月14日，上海南汇县遭雷击，死亡2人。7月24日，上海崇明县陈家镇、松江县天马乡、川沙县城镇乡、南汇县新港乡遭雷击，死亡4人，伤2人。7月25日，上海崇明县港东乡遭雷击，死亡1人。

1989年6月13日，上海南汇县黄路乡遭雷击，死亡1人。6月15日，上海奉贤县泰日乡和川沙县张江乡遭雷击，死亡3人。

1992年8月27日07时20分，上海金山县新农乡光华村一职工在上班途中遭雷击身亡。

1994年4月7日凌晨02时，上海青浦县商榻乡一针织厂遭雷击起火，500平方米厂房被大火烧塌，厂内设备和大量半成品全部烧毁，经济损失300余万元。

1998年7月4日17时前后，上海崇明县红星农场，一对夫妇在劳动回家时遭雷击死亡。7月17日16时45分，上海崇明县有1人在田中遭雷击身亡，另有3人受伤。

1999年8月24日早晨，上海金山区一老农在田间遭雷击身亡。

2000年8月27日下午，上海崇明县一农妇在野外劳动时遭雷击身亡。

2004年6月26日，浙江台州临海市发生强雷暴，杜桥镇杜前村部分村民遭雷击，共造成17人死亡，13人受伤，直接经济损失上百万元，是台州自1760年有历史记录以来最严重的一次雷击事故。7月6日17时，浙江舟山市定海区金塘镇发生雷击，造成1人死亡，2人受伤。

2006年，上海市共发生雷击事件20宗，5人死亡，1人受伤，经济损失14万元。8月18日14时10分前后，福建省泉州市安溪县祥华乡河图村2人在山上采茶时遭雷击身亡。9月5日16

时前后，厦门市集美区灌口镇洋坑村遭受雷击，1人死亡，7人受伤。

2007年5月28日15时30分前后，福建省福州市连江县长龙镇建庄村小土地庙遭雷击，1人死亡，3人受伤。6月25日16点40分前后，浙江省温州乐清市磐石镇芝湾村小龙坪山坡一亭子遭受雷击，5人死亡，1人受伤。7月11日13时30分，浙江省台州市台峰草制品有限公司一仓库遭雷击起火，直接经济损失530万元。

2011年，上海市共发生雷击事件4起，造成4人死亡。8月3日19时，浙江省台州市仙居县村民在简易帐篷中吃饭时遭雷击，造成1人死亡、2人重伤，另造成直接经济损失100万元。8月13日17时05分，浙江省平阳县鳌江镇西湾办事处的海堤发生雷击伤亡事故，2人死亡，4人受伤。

2013年9月14日13时23分许，浙江宁波市北仑区九山景区"九峰之巅"一凉亭被雷电击穿，造成1人死亡，16人受伤。

2016年8月20日，上海松江区午后出现强雷暴天气，西部泄洪通道洙桥村段建设工地1名工人遭雷击死亡。

### 5. 雾

1958年2月3日，上海受大雾影响，班机停飞，火车误点，公共汽车发生互撞事件。

1960年3月，浙江嵊泗最长一次大雾，持续时间达91.5小时。

1963年5月，浙江大陈一次大雾持续时间达117.6小时。

1978年2月4日，受大雾影响，上海吴淞口外发生6艘轮船碰撞事故。4月10—12日，长江口及上海市持续大雾，造成两艘船碰撞和一艘外轮搁浅。

1989年4月21日，"浙舟59号"船因大雾与他船相撞沉没，死亡2人，失踪5人，损失360多万元。6月7日，福建东北海域出现大雾，航行到此海域的"浙海103"货轮与快速航行的"北运575"轮碰撞，"浙海103"轮当场沉没，10名船员死亡。

1990年1月28日，中午起雾，吴淞至长兴、崇明、横沙的航线停驶，傍晚雾更浓，最低能见度仅5米，黄浦江轮渡全线停航，市区交通中断4~5小时。11月15日，大雾导致黄浦江上能见度小于10米。

1992年1月21—30日，上海10天中出现8次大雾天气，其中23—27日连续5天大雾，严重时最小能见度不足50米。大雾导致77个春运轮船航班受影响，数以百计的大小船只航期耽误，52艘大型客货船被迫停航，2万多名旅客被滞留在客运码头。12月6日00时，大雾笼罩上海市，陆上能见度仅百米，江面上不足50米，轮渡全部停航，去崇明、长兴、横沙三岛的旅客积压2万人。

1994年1月9日凌晨到10日傍晚，由于湿度大、风小，江苏北部到杭州湾的广大地区出现持续大雾，上海地区局部能见度仅5~15米，持续长达38小时。

1998年3月17日，浙江杭州、宁波、嵊州、临海等市出现大雾，杭甬高速公路发生30多辆汽车首尾相撞的交通事故。12月1日凌晨起，上海市郊7个区县和虹桥机场有雾，能见度普遍在200米以内，金山区能见度最小，为10米。

2000年11月26日凌晨，上海大部分地区出现锋面混合大雾，金山、松江、嘉定、青浦局部地区能见度只有20~30米。

2004年11月8日，上海大雾弥漫，奉贤区A30公路施工路段发生特大车祸，造成10人死亡，15人受伤。

2009年12月2日，上海市大雾天气致使沪宁、沪杭等高速公路和各长江大桥一度封闭，沪宁杭 250 个班次长途客运延误，上海港百艘次国际航船出航推迟或取消，虹桥机场所有航班一度处于停航状态。

2010 年 1 月 28 日，受雾影响，上海港全港百余艘国际航行船舶取消出入境（港）计划。2 月 23 日，因大雾上海浦东、虹桥两大机场 200 多个航班延误，部分班次长途车停发，黄浦江 18 条轮渡线停航。

2011 年 2 月 22 日，上海因大雾引发东海大桥 27 辆车连环相撞的重大交通事故，造成 3 人死亡、15 人受伤。

2014 年 1—3 月及 11 月，上海市共出现 4 次大雾，造成至少 650 个航班延误或取消或备降其他机场，长江上海段近 160 艘船舶改变航行计划，水上轮渡一度停驶，多条高速公路一度临时封闭。

2015 年 11 月 29 日 20 时至 30 日 10 时，上海长时间被雾笼罩，闵行、宝山、嘉定、崇明、青浦、松江最小能见度不足 100 米。受大雾影响，上海共发生交通事故 734 起，抛锚 29 起，上海两大机场延误航班 18 架次。

### 6. 寒潮、霜冻和大雪

1960 年 1 月 24—25 日，浙江出现全省性大雪，积雪深 4～9 厘米。3 月 29—31 日，浙江省受寒潮影响，降温 12.0～15.1℃。3 月底，强冷空气侵袭福建，引起各地剧烈降温，全省各地降温总幅度都在 10℃以上，24 小时最大降温幅度达 6.1～13.4℃。

1964 年 2 月 17—20 日，连日降雪，上海市区积雪深达 14 厘米，发生塌屋和伤人事故。

1970 年 3 月 12—13 日，上海市普降大雪，青浦县最大积雪深度 17 厘米，电线结冰厚达 5～10 厘米。上海至各地有线通信中断，火车、电车停驶，春雪给夏熟作物和蔬菜、果树带来不利影响，压死 3 人，压伤 48 人。

1977 年 1 月 28—30 日，上海持续 3 天大雪且严寒，31 日龙华站最低气温为 -10.1℃，上海县为 -11.0℃，为 1949 年以来之最低值。

1980 年 1 月 28—30 日，浙江发生寒潮降温 12.3～14.8℃。2 月 4—8 日，浙江省大部地区暴雪，金华地区雪深 15～25 厘米，丽水、台州地区雪深 10～20 厘米。4 月 6 日，浙北发生寒潮，24 小时降温 13.0℃以上。

1982 年 10 月 22—24 日，福建各地日平均气温下降 9～13℃，北部、西北部日平均气温降至 7～10℃，其余各地日平均气温也都低于 16℃。三都澳、连江、长乐出现了建站以来的月极端最低气温。11 月 6 日开始第二次寒潮，沿海地区降温幅度为 7～9℃，福州 9 日最低气温 8.5℃，接近百年来的最低值（1895 年为 8.3℃）。

1986 年 2 月 26 日至 3 月 3 日，受强冷空气影响，福建出现全省性降温，60% 以上的地区出现寒潮，泉州市的降雪及德化县连续 3 天的结冰天气均为历史上所少见的。

1989 年 1 月 12—14 日，浙江省降大雪，34 个县（市）雪深为 10～20 厘米；1 月 31 日，台州地区下大雪，全区积雪 8～15 厘米，造成部分交通中断，数百辆过境车辆受阻，高压电力线路发生故障停电。

1991 年 12 月 26 日午夜起，上海大雪纷飞，气温骤降，至 27 日 08 时，龙华雨雪量 18.5 毫米，积雪 5 厘米，郊区金山县积雪深达 10 厘米，连续 4 天平均气温均低于 -1℃，连续 3 天最低气温均低于 -6℃，29 日最低气温达 -8.0℃，是近 24 年间同期最低值。

1999 年 12 月 16—19 日，浙江经历了 1991 年以来冬季最强的一次寒潮过程，全省日平均气温降幅达 11～13℃，寒潮影响后的 23 日，日最低气温全省除东部海岛外，为 -9.6～-4.0℃。

2005 年 3 月 8—13 日，浙江大部分地区过程降温幅度在 10℃以上，全省自北而南出现了中到大雪，部分地区达到暴雪；舟山积雪达 13 厘米。此次降雪过程是浙江 1970 年以来 3 月份出现的范围最广、强度最强的一次。

2008 年 1 月下旬至 2 月上旬，上海出现持续低温雨雪天气，平均气温和平均最高气温分别较常年同期偏低 2.6℃和 3.9℃，为近 30 年来最低值；雨雪持续时间为 1964 年以来最长，累计雨雪量 114 毫米，为 1901 年以来历史同期最多，积雪深度达 22～23 厘米，为近 136 年来次大值。因正值春运高峰期，低温雨雪天气严重影响公路、铁路、民航等交通部门的正常运营，直接经济损失 1.6 亿元。

2009 年 1 月 24 日，受强寒潮影响，上海中心城区的最低气温达 -5.9℃，为近 18 年来中心城区出现的最低值，全市有逾万处水管受冻阻塞，居民生活受影响。

2016 年 1 月 23—26 日，受北方超强冷空气影响，上海地区出现了近年来罕见的低温冰冻雨雪和大风天气，其间最低气温降至 -8.5～-6.9℃。

2018 年 1 月 24—28 日，受北方强冷空气影响，上海地区出现大范围雨雪冰冻天气。受大面积雨雪冰冻天气影响，25 日上海站停运 70 余趟列车。长途客运取消或延误 400 余班次，两大机场取消 140 多个航班。

## 第三节　典型海洋灾害过程分析

东海是中国三大边缘海之一，由中国大陆和中国台湾岛以及朝鲜半岛与日本九州岛、琉球群岛等围绕。东海属亚热带和温带气候，受东亚季风影响显著，与渤海、黄海相比，东海有较高的水温和较大的盐度，潮差 6～8 米，海水呈蓝色，是中国海洋生产力最高的区域。东海海域热带气旋活动频繁，是风暴潮、灾害性海浪以及暴雨洪涝等灾害的高发区，对沿海自然生态环境和社会经济发展带来较大的影响。

在全球变暖的大背景下，近 60 年来东海沿海海洋、气候特征均发生了较明显的变化，气温、海温和海平面等均呈上升趋势，极端事件（风暴潮、巨浪等）频发，高海平面抬升近岸基础水位，加剧了极端事件的致灾程度。浙江和福建均为风暴潮、巨浪灾害影响较为严重的省份。本节选取了近 60 年来影响较大的 5 次风暴潮过程和 4 次灾害性海浪过程进行了相关要素分析。

### 1. 风暴潮

#### （1）2009 年

2009 年 8 月，0908 号台风"莫拉克"先后影响福建至浙江沿海，东海沿海观测到的最低气压为 969.1 百帕（8 月 9 日），出现在南麂站，最大风速为 30.4 米/秒（8 月 9 日 05 时 59 分），出现在北礵站。浙江沿海多个海洋站日降雨量超过 100 毫米，达到大暴雨以上级别，其中坎门站日降雨量最大，为 200.6 毫米（8 月 9 日）。

8 月浙江至福建沿海海平面比常年同期高 81～91 毫米，台风"莫拉克"影响期间又恰逢天文大潮，沿海多个验潮站最大增水超过 100 厘米，其中鳌江站最大增水超过 250 厘米。高海平面、天文大潮、风暴增水三者叠加，沿海多个验潮站出现了达到或超过警戒潮位的高潮位，其中北茭站、鳌江站最高潮位超过当地黄色警戒潮位，长门站最高潮位超过当地橙色警戒潮位（图 7.3-1）。

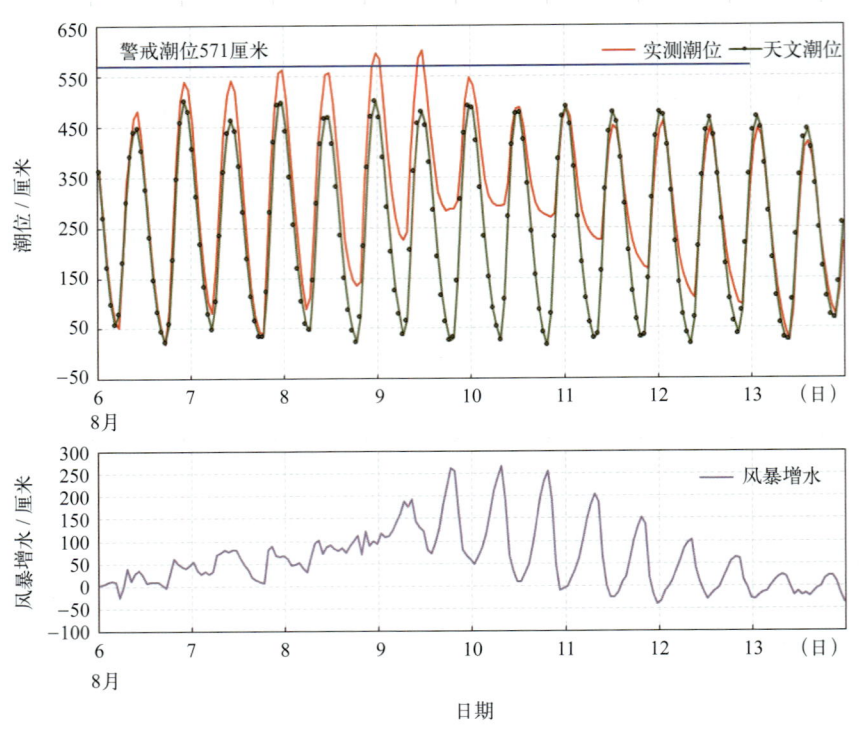

图7.3-1　台风"莫拉克"影响期间鳌江站实测潮位、天文潮位和风暴增水随时间变化

在多种因素的综合影响下，此次过程给浙江和福建沿海带来严重损失。台风引发的风暴潮和近岸浪导致江苏省、浙江省和福建省沿海受灾，直接经济损失32.65亿元，死亡（含失踪）7人。其中，福建省受灾人口165万人，直接经济损失19.83亿元；浙江省水产养殖损失66 473亿吨，直接经济损失11.85亿元（图7.3-2）。

图7.3-2　风暴潮袭击福建省宁德市霞浦县（左）和浙江省温州市洞头县（右）

### （2）2013年

2013年10月，1323号强台风"菲特"先后影响福建至浙江沿海，东海沿海观测到的最低气压为956.7百帕（10月7日），出现在福建台山站，最大风速为52.7米/秒（10月7日20时48分），出现在南麂站。浙江中部沿海多个海洋站日降雨量超过100毫米，达到大暴雨级别，其中乌沙山站日降雨量最大，为328.8毫米，达到特大暴雨级别（10月7日）。

2013年10月，浙江沿海海平面较常年高191毫米，达到1980年以来同期最高值。强台风

"菲特"影响期间,恰逢天文大潮期,鳌江站最大增水达到376厘米,瓯江口站最大增水185厘米,坎门站最大增水176厘米,均为历史最高。高海平面、天文大潮和风暴增水叠加,多地出现了超过警戒潮位的高潮位,其中坎门站最高潮位871厘米,为历史最高(图7.3-3)。

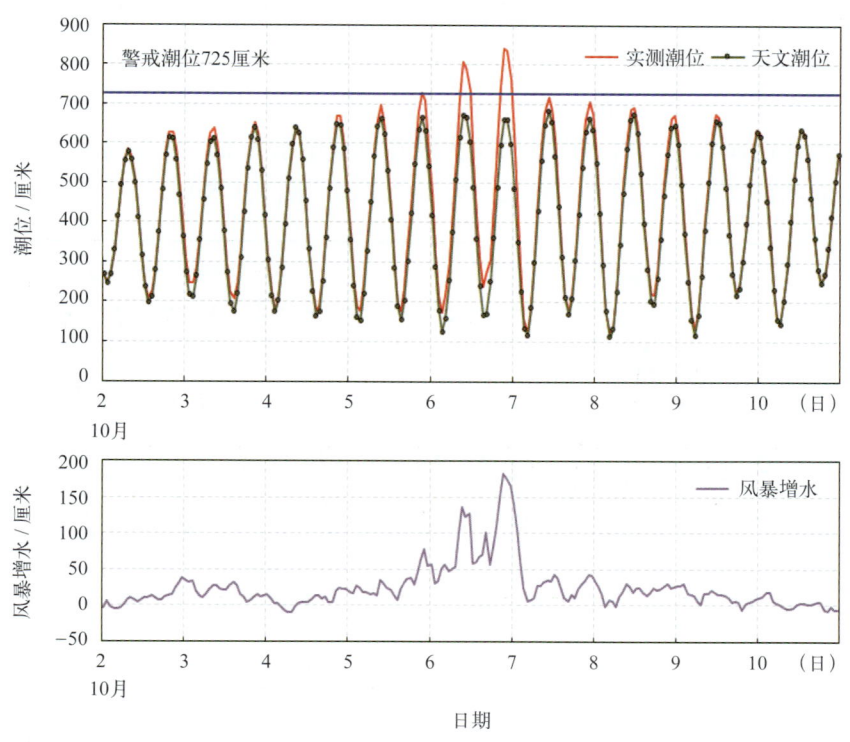

图7.3-3　强台风"菲特"影响期间坎门站实测潮位、天文潮位和风暴增水随时间变化

强台风"菲特"影响期间,浙江沿海多地堤防损毁,加上历史最大降雨量,沿海地区行洪困难,形成严重内涝,农林牧渔业、工业、水利和交通设施损失严重,浙江沿海综合经济损失约449亿元,受灾人口近666万人(图7.3-4)。

图7.3-4　强台风"菲特"影响后的浙江余姚

### (3) 2015 年

2015 年 9 月 29 日，1521 号台风"杜鹃"在福建莆田登陆并影响福建沿海，东海沿海观测到的最低气压为 982.1 百帕（9 月 29 日），出现在平潭站，最大风速为 27.1 米 / 秒（9 月 29 日 03 时 02 分），出现在平潭站。镇海站最大日降雨量为 225.0 毫米（9 月 30 日），接近特大暴雨级别。

2015 年 9 月，正值福建沿海季节性高海平面期，福建沿海海平面较常年高约 210 毫米。台风"杜鹃"影响期间，恰逢天文大潮，多个站点的最大增水超过 100 厘米，其中鳌江站最大增水为 172 厘米，长门站最大增水为 132 厘米。高海平面、天文大潮和风暴增水叠加，多地出现了超过警戒潮位的高潮位，其中崇武站最高潮位达到 871 厘米，为历史最高（图 7.3-5）。

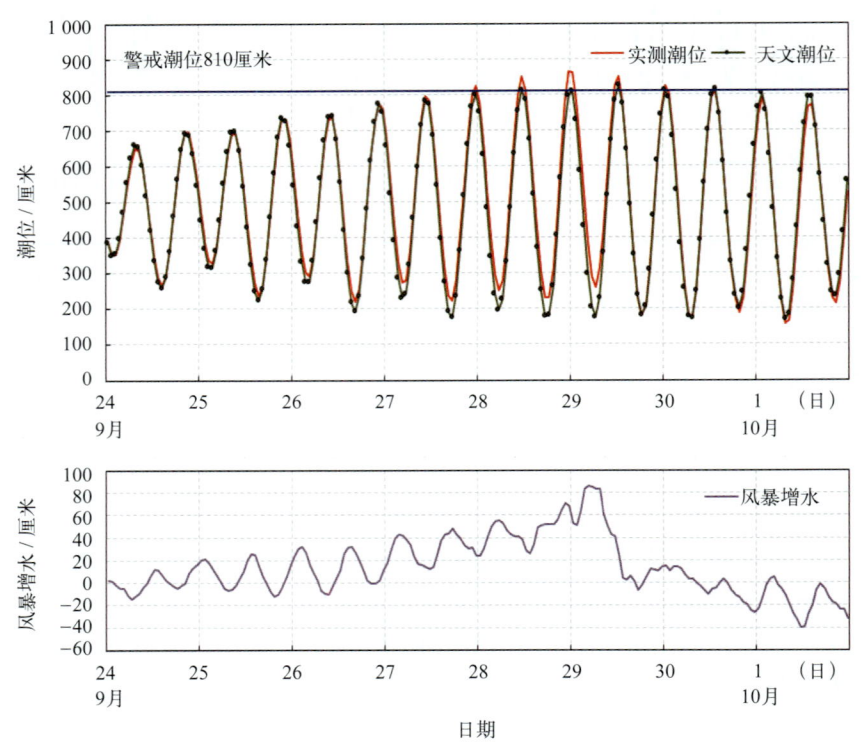

图 7.3-5　台风"杜鹃"影响期间崇武站实测潮位、天文潮位和风暴增水随时间变化

台风"杜鹃"影响期间，造成福建沿岸基础设施损毁，渔港、水产养殖和农田等受损，直接经济损失超过 6 亿元。

### (4) 2016 年

2016 年 9 月，1614 号台风"莫兰蒂"、1616 号台风"马勒卡"和 1617 号台风"鲇鱼"先后影响浙江和福建沿海。

"莫兰蒂"影响期间，东海沿海观测到的最低气压为 944.2 百帕（9 月 15 日），出现在福建翔安站，最大风速为 33.5 米 / 秒（9 月 15 日 01 时 57 分），出现在晋江站，多个海洋站日降雨量超过 100 毫米，达到大暴雨级别，其中连兴港站的日降雨量最大，为 238.7 毫米（9 月 16 日）。

"马勒卡"影响期间，东海沿海观测到的最低气压为 988.7 百帕（9 月 18 日），出现在南麂站，最大风速为 22.9 米 / 秒（9 月 18 日 19 时 48 分），出现在小衢山站；9 月 17 日浙江北部沿海出现暴雨，北仑站最大日降雨量为 64.7 毫米。

"鲇鱼"影响期间，东海沿海观测到的最低气压为 975.3 百帕（9 月 28 日），出现在平潭站，最大风速为 31.9 米 / 秒（9 月 28 日 22 时 42 分），出现在平潭站，福建北部沿海多地日降雨量超过 100 毫米，达到大暴雨级别，其中沙埕港站最大日降雨量为 132.0 毫米（9 月 28 日）。

2016 年 9 月，浙江沿海海平面较常年同期高 145 毫米，为历史同期最高；福建沿海处于季节性高海平面期，沿海海平面较常年同期高 139 毫米。台风"莫兰蒂""马勒卡"和"鲇鱼"影响沿海期间，恰逢天文大潮期，多个站点最大增水超过 100 厘米，其中 15 日晋江站最大增水 141 厘米，16 日鳌江站最大增水 140 厘米，28 日长门站最大增水 183 厘米，29 日鳌江站最大增水 238 厘米。高海平面、天文大潮和风暴增水相叠加，多地出现了达到当地警戒潮位的高潮位，其中"马勒卡"影响期间，福建厦门站和东山站最高潮位达到当地蓝色警戒潮位，"鲇鱼"影响期间，浙江温州站出现了超过当地警戒潮位 28 厘米的高潮位。

"莫兰蒂""马勒卡"和"鲇鱼"影响期间，浙江省受灾人口 116.44 万人次，紧急转移安置人口 10.41 万人，水产养殖受损面积 5.33 公顷，损失 2 494 吨，直接经济损失 2.4 亿元。福建省受灾人口 3.59 万人，紧急转移安置人口 1.56 万人，房屋倒塌 54 间，损坏 512 间，水产养殖受灾面积 1.83 万公顷，损失 116 183 吨，码头损毁 1.73 千米，防波堤损毁 3.6 千米，直接经济损失 15.71 亿元。

（5）2019 年

2019 年 8 月 10 日前后，1909 号超强台风"利奇马"在浙江省温岭市首次登陆，东海沿海观测到的最低气压为 939.2 百帕（8 月 10 日），出现在石塘站。浙江南部沿海海洋站观测到最大风速为 40.6 米/秒（8 月 10 日 01 时 44 分），出现在石塘站。浙江沿海多个海洋站日降雨量超过 100 毫米，达到大暴雨级别，其中镇海站最大日降雨量为 185.0 毫米（8 月 10 日），岱山站最大日降雨量为 178.3 毫米（8 月 10 日）。

2019 年 8 月，浙江沿海海平面异常偏高，较常年高约 300 毫米。超强台风"利奇马"影响期间，沿海多个站点的最大增水超过 100 厘米，其中椒江站最大增水超过 290 厘米，为历史最高。高海平面和风暴增水叠加，浙江多地出现了达到警戒潮位的高潮位，其中椒江站最高潮位为 610 厘米，超过当地橙色警戒潮位（图 7.3-6）。

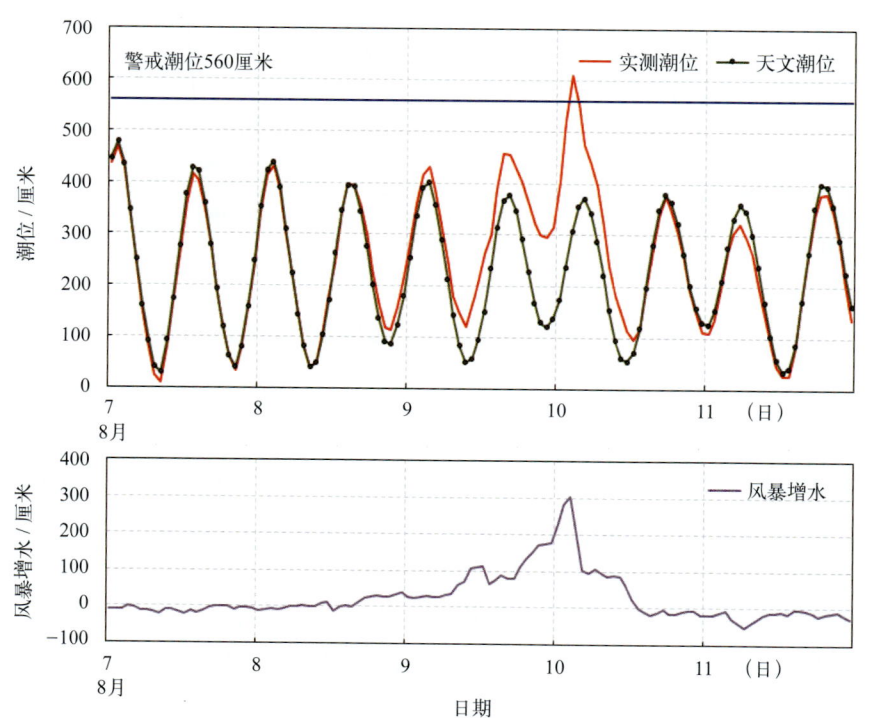

图 7.3-6　超强台风"利奇马"影响期间椒江站实测潮位、天文潮位和风暴增水随时间变化

超强台风"利奇马"给上海、浙江和福建沿海造成严重经济损失，其中台风风暴潮和近岸浪造成的直接经济损失为76.27亿元。

## 2. 海浪

### （1）1995年

1995年11月6日夜间至7日，一次大范围冷空气经西伯利亚和蒙古进入我国，从大连到浙江大陈岛的沿海海面风速都在25米/秒以上，浙江嵊泗最大风速达36米/秒。东海沿海海洋站观测到的最大风速为31.0米/秒（7日12时35分），出现在大戢山站。镇海站、滩浒站和大戢山站等降温幅度均超过10℃，其中镇海站降温幅度为13.2℃。

大陈站、大戢山站、嵊山站、镇海站和引水船站均出现大浪过程。大陈站出现的最大波高极大值为2.7米（7日17时，图7.3-7），其他各站分别为2.6米（7日15时）、2.6米（7日16时）、2.6米（7日15时）和2.5米（7日14时）。此次寒潮强风影响时正逢农历九月十五天文大潮，冷锋又在中午涨潮时过境，两者相互叠加，兼以海上大浪较多，造成了大范围的海损事故，给冬汛生产中的渔民造成了严重损失。

据不完全统计，此次寒潮巨浪共造成山东、江苏、上海、浙江和福建沿海3艘海轮、14艘驳船、270余艘渔船翻沉或被毁，死亡和失踪220余人，直接经济损失超过10亿元。7日下午15时前后，载重3 000吨的"展望"号轮船在上海外海遭巨浪袭击进水而沉没，船上22人全部遇难；下午18时前后，载重11 000吨的"华珠1号"货轮在上海外海遇险沉没，船上30人全部遇难（《1995年中国海洋灾害公报》）。

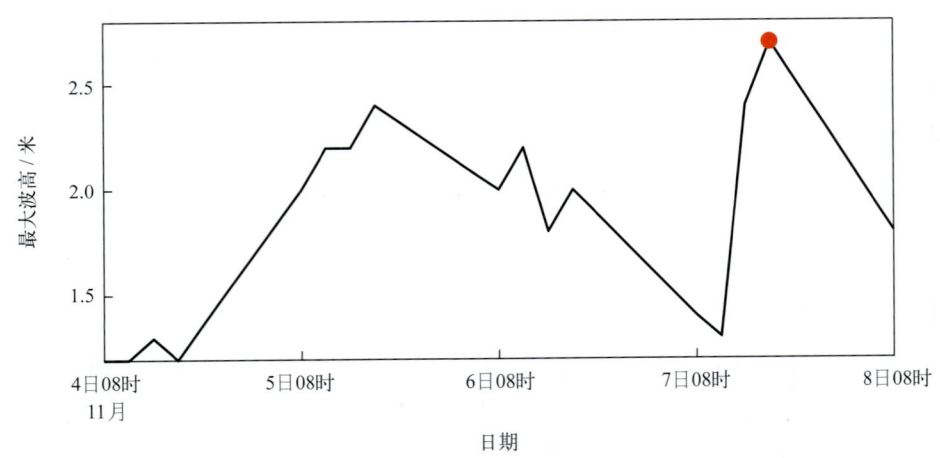

图7.3-7 冷空气影响期间大陈站最大波高变化

### （2）1997年

1997年8月18日，9711号台风"芸妮"在浙江温岭登陆，登陆时中心风力超过40米/秒。沿海观测到的最低气压为954.7百帕（8月18日），出现在南麂站；最大风速为32.0米/秒，出现在南麂站（18日09时00分）和滩浒站（18日18时20分）。

大陈站、北礵站、嵊山站和平潭站均出现一次显著大浪过程。大陈站连续33个小时最大波高值都在5.0米以上，出现的极大值为9.8米（18日15时和16时）。大陈站最大波高在17日17时为3.5米，18日08时达到7.0米，15时和16时达到极大值，在19日17时仍为5.5米，20日

08时减小为2.3米（图7.3-8）。沿岸海浪普遍高出海岸2～3米，局部地段拍岸浪高达10多米。处于台风浪和风暴潮正面袭击的台州市区的一线海塘、二线海塘几乎全部崩溃，冲开堤防决口4 385处，冲毁护岸工程1 640处，损坏堤岸243千米。北礵站、嵊山站和平潭站最大波高极大值分别为7.6米（18日14时）、7.3米（18日17时）和6.0米（18日11时）。18日晚上，由于风大浪高，4艘超过1 000吨级的货船在上海宝钢三期码头附近海域翻沉。19日09时，3艘集装箱船因失控而分别在"宝4"浮标灯岸边和陈行水库附近搁浅，船只受损严重。

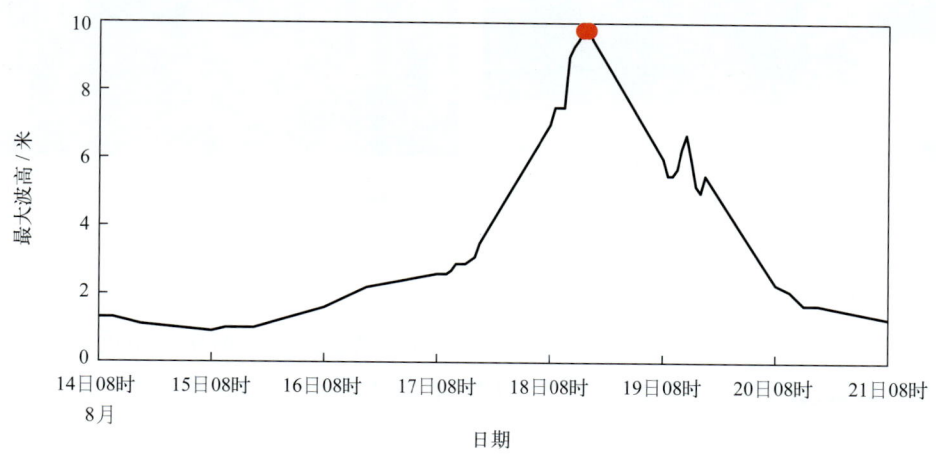

图7.3-8　台风"芸妮"影响期间大陈站最大波高变化

### （3）2006年

2006年8月10日，0608号超强台风"桑美"登陆浙江苍南马站镇，登陆时中心最低气压920百帕，中心附近最大风力17级。台风影响期间，沿海观测到的最低气压为972.4百帕（8月10日），出现在三沙站，最大风速为45.7米/秒（10日17时56分），出现在北礵站。

8—10日，超强台风"桑美"在台湾省以东洋面、东海和台湾海峡形成7～12米的台风浪。东海18号浮标实测最大波高8.6米。温州站、舟山站和平潭站均出现大浪过程，其中温州站出现的最大波高极大值为5.1米（10日08时，图7.3-9），其他两站分别为2.8米（10日17时）和2.7米（9日11时）。受台风和台风浪共同影响，福建沙埕港沉没船只多达952艘，损坏1 139艘，造成148人死亡，168人失踪（图7.3-10）。

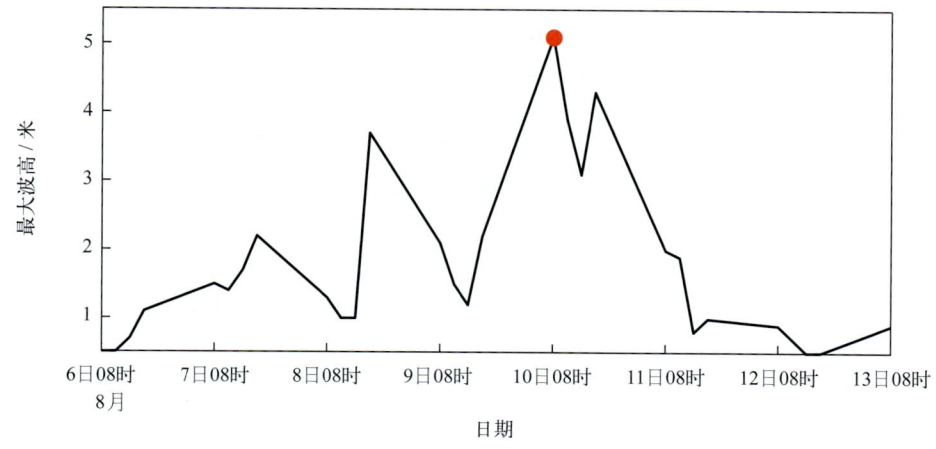

图7.3-9　台风"桑美"影响期间温州站最大波高变化

灾害发生前　　　　　　　　　　　　　灾害发生后

图7.3-10　福建沙埕港渔船损失（引自《2006年中国海洋灾害公报》）

### （4）2007年

2007年9月19日，0713号台风"韦帕"在浙江苍南登陆，登陆时中心附近最大风力达14级。沿海观测到的最低气压为969.8百帕（9月19日），最大风速为32.3米/秒（19日00时），均出现在北礵站。

17—19日，东海生成5～14米的台风浪。东海9号浮标观测到波高为9.5米（18日23时）的狂涛，18号浮标观测到波高为12.1米（19日04时）的狂涛。沿海观测到的最大波高极大值为5.1米，出现在北礵站。北礵站最大波高在17日14时为2.4米，之后逐渐变大，18日17时达到极大值，19日08时快速减小为2.5米（图7.3-11）。南麂站、大陈站和温州站也都出现一次大浪过程，最大波高极大值分别为4.9米（18日17时）、4.8米（18日17时）和3.6米（18日11时）。浙江省炎亭镇炎亭渔港的台风浪超出防浪墙达12米，两块5吨重的消浪块被巨浪打入海，建设标准50年一遇、主体刚完工的90多米长的新防波堤在袭击中全部损坏。

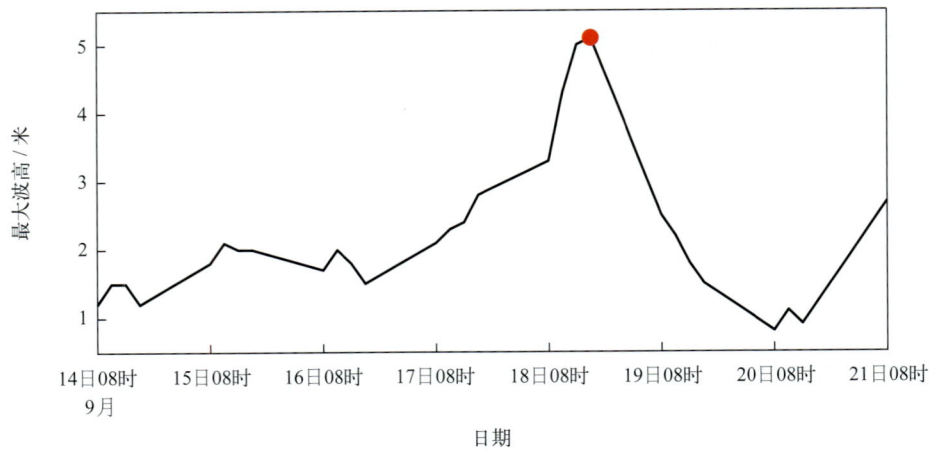

图7.3-11　台风"韦帕"影响期间北礵站最大波高变化

# 参考文献

包澄澜, 1991. 海洋灾害及预报 [M]. 北京: 海洋出版社.

陈伯镛, 翟国抒, 2007. 中国海洋百年大事记（1901—2000 年）[M]. 天津: 国家海洋信息中心.

陈上及, 马继瑞, 1991. 海洋数据处理分析方法及其应用 [M]. 北京: 海洋出版社.

方国洪, 王凯, 郭丰义, 等, 2002. 近 30 年渤海水文和气象状况的长期变化及其相关关系 [J]. 海洋与湖沼, 33(5): 515–525.

冯士筰, 李凤岐, 李少菁, 1999. 海洋科学导论 [M]. 北京: 高等教育出版社.

葛孝贞, 王体健, 2013. 大气科学中的数值方法 [M]. 南京: 南京大学出版社.

郭琨, 艾万铸, 2016. 海洋工作者手册 [M]. 北京: 海洋出版社.

国家海洋局, 1990. 1989 年中国海洋灾害公报 [R]. 北京: 国家海洋局.

国家海洋局, 1991. 1990 年中国海洋灾害公报 [R]. 北京: 国家海洋局.

国家海洋局, 1992. 1991 年中国海洋灾害公报 [R]. 北京: 国家海洋局.

国家海洋局, 1993. 1992 年中国海洋灾害公报 [R]. 北京: 国家海洋局.

国家海洋局, 1994. 1993 年中国海洋灾害公报 [R]. 北京: 国家海洋局.

国家海洋局, 1995. 1994 年中国海洋灾害公报 [R]. 北京: 国家海洋局.

国家海洋局, 1996. 1995 年中国海洋灾害公报 [R]. 北京: 国家海洋局.

国家海洋局, 1997. 1996 年中国海洋灾害公报 [R]. 北京: 国家海洋局.

国家海洋局, 1998. 1997 年中国海洋灾害公报 [R]. 北京: 国家海洋局.

国家海洋局, 1999. 1998 年中国海洋灾害公报 [R]. 北京: 国家海洋局.

国家海洋局, 2000. 1999 年中国海洋灾害公报 [R]. 北京: 国家海洋局.

国家海洋局, 2001. 2000 年中国海洋环境状况公报 [R]. 北京: 国家海洋局.

国家海洋局, 2001. 2000 年中国海洋灾害公报 [R]. 北京: 国家海洋局.

国家海洋局, 2002. 2001 年中国海洋环境状况公报 [R]. 北京: 国家海洋局.

国家海洋局, 2002. 2001 年中国海洋灾害公报 [R]. 北京: 国家海洋局.

国家海洋局, 2004. 2003 年中国海平面公报 [R]. 北京: 国家海洋局.

国家海洋局, 2004. 2003 年中国海洋灾害公报 [R]. 北京: 国家海洋局.

包家海洋局, 2005. 2004 年中国海洋灾害公报 [R]. 北京: 国家海洋局.

国家海洋局, 2006. 2005 年中国海洋灾害公报 [R]. 北京: 国家海洋局.

国家海洋局, 2007. 2006 年中国海平面公报 [R]. 北京: 国家海洋局.

国家海洋局, 2007. 2006 年中国海洋灾害公报 [R]. 北京: 国家海洋局.

国家海洋局, 2008. 2007 年中国海洋灾害公报 [R]. 北京: 国家海洋局.

国家海洋局, 2009. 2008 年中国海平面公报 [R]. 北京: 国家海洋局.

国家海洋局, 2009. 2008 年中国海洋灾害公报 [R]. 北京: 国家海洋局.

国家海洋局, 2010. 2009 年中国海平面公报 [R]. 北京: 国家海洋局.

国家海洋局, 2010. 2009 年中国海洋灾害公报 [R]. 北京: 国家海洋局.

国家海洋局, 2011. 2010 年中国海平面公报 [R]. 北京: 国家海洋局.

国家海洋局, 2011. 2010 年中国海洋灾害公报 [R]. 北京: 国家海洋局.

国家海洋局，2012. 2011 年中国海平面公报 [R]. 北京：国家海洋局．

国家海洋局，2012. 2011 年中国海洋灾害公报 [R]. 北京：国家海洋局．

国家海洋局，2013. 2012 年中国海平面公报 [R]. 北京：国家海洋局．

国家海洋局，2013. 2012 年中国海洋灾害公报 [R]. 北京：国家海洋局．

国家海洋局，2014. 2013 年中国海平面公报 [R]. 北京：国家海洋局．

国家海洋局，2014. 2013 年中国海洋环境状况公报 [R]. 北京：国家海洋局．

国家海洋局，2014. 2013 年中国海洋灾害公报 [R]. 北京：国家海洋局．

国家海洋局，2015. 2014 年中国海平面公报 [R]. 北京：国家海洋局．

国家海洋局，2015. 2014 年中国海洋环境状况公报 [R]. 北京：国家海洋局．

国家海洋局，2015. 2014 年中国海洋灾害公报 [R]. 北京：国家海洋局．

国家海洋局，2016. 2015 年中国海平面公报 [R]. 北京：国家海洋局．

国家海洋局，2016. 2015 年中国海洋环境状况公报 [R]. 北京：国家海洋局．

国家海洋局，2016. 2015 年中国海洋灾害公报 [R]. 北京：国家海洋局．

国家海洋局，2017. 2016 年中国海平面公报 [R]. 北京：国家海洋局．

国家海洋局，2017. 2016 年中国海洋环境状况公报 [R]. 北京：国家海洋局．

国家海洋局，2017. 2016 年中国海洋灾害公报 [R]. 北京：国家海洋局．

国家海洋局，2018. 2017 年中国海平面公报 [R]. 北京：国家海洋局．

国家海洋局，2018. 2017 年中国海洋环境状况公报 [R]. 北京：国家海洋局．

国家海洋局，2018. 2017 年中国海洋灾害公报 [R]. 北京：国家海洋局．

国家海洋局东海分局，1993. 东海区海洋站海洋水文气候志 [M]. 北京：海洋出版社．

国家能源局，2011. 核电厂海工构筑物设计规范：NB/T 25002—2011[S]. 北京：中国电力出版社．

姜大膀，王会军，郎咸梅，2004. 全球变暖背景下东亚气候变化的最新情景预测 [J]. 地球物理学报，47(4): 590-596.

李响，等，2013. 天津海洋防灾减灾对策研究 [M]. 北京：海洋出版社．

李琰，王国松，范文静，等，2018. 中国沿海海表温度均一性检验和订正 [J]. 海洋学报，40(1):17-28.

李琰，牟林，王国松，等，2016. 环渤海沿岸海表温度资料的均一性检验与订正 [J]. 海洋学报，38(3):27-39.

刘峰贵，李春花，陈蓉，等，2015. 避暑型旅游城市的"凉爽"气候条件对比分析——以西宁市为例 [J]. 青海师范大学学报（自然科学版），31(1): 56-61.

刘首华，范文静，王慧，等，2017. 中国沿岸海洋站自动测波仪器测波特征分析 [J]. 海洋通报，36(6):18-631.

陆人骥，1984. 中国历代灾害性海潮史料 [M]. 北京：海洋出版社．

乔方利，2012. 中国区域海洋学——物论海洋学 [M]. 北京：海洋出版社．

苏纪兰，袁业立，2005. 中国近海水文 [M]. 北京：海洋出版社．

孙湘平，2006. 中国近海区域海洋 [M]. 北京：海洋出版社．

王国松，李琰，候敏，等，2017. 南海海洋观测海洋站海表温度资料的均一性检验与订正 [J]. 热带气象学报，33(5):637-643.

王慧，刘克修，范文静，等，2013. 渤海西部海平面资料均一性订正及变化特征 [J]. 海洋通报，3(3):15-23.

王树廷，王伯民，等，1984. 气象资料的整理和统计方法 [M]. 北京：气象出版社．

魏凤英，2007. 现代气候统计诊断与预测技术（第二版）[M]. 北京：气象出版社．

温克刚，宋德众，蔡诗树，2007. 中国气象灾害大典·福建卷 [M]. 北京：气象出版社.

温克刚，徐一鸣，2006. 中国气象灾害大典·上海卷 [M]. 北京：气象出版社.

温克刚，席国耀，徐文宁，2006. 中国气象灾害大典·浙江卷 [M]. 北京：气象出版社.

吴德星，牟林，李强，等，2004. 渤海盐度长期变化特征及可能的主导因素 [J]. 自然科学进展，14(2):191-195.

杨华庭，2002. 近十年来的海洋灾害与减灾 [J]. 海洋预报，19(1):2-8.

杨华庭，田素珍，叶琳，等，1993. 中国海洋灾害四十年资料汇编（1949—1990）[M]. 北京：海洋出版社.

于保华，李宜良，姜丽，2006. 21世纪中国城市海洋灾害防御战略研究 [J]. 华南地震，26(1):67-75.

于福江，董剑希，许富祥，2017. 中国近海海洋——海洋灾害 [M]. 北京：海洋出版社.

于福江，董剑希，叶琳，等，2015. 中国风暴潮灾害史料集 1949—2009(上册) [M]. 北京：海洋出版社.

于福江，董剑希，叶琳，等，2015. 中国风暴潮灾害史料集 1949—2009(下册) [M]. 北京：海洋出版社.

于仁成，孙松，颜天，等，2018. 黄海绿潮研究：回顾与展望 [J]. 海洋与湖沼，49(5).

曾呈奎，徐鸿儒，王春林，2003. 中国海洋志 [M]. 郑州：大象出版社.

中国气象局，2007. 地面气象观测规范 第18部分：月地面气象记录处理和报表编制：QX/T 662—2007 [S]. 北京：气象出版社.

中国气象局，2006.《中国气象灾害年鉴（2005）》[M]. 北京：气象出版社.

中国气象局，2007.《中国气象灾害年鉴（2006）》[M]. 北京：气象出版社.

中国气象局，2008.《中国气象灾害年鉴（2007）》[M]. 北京：气象出版社.

中国气象局，2009.《中国气象灾害年鉴（2008）》[M]. 北京：气象出版社.

中国气象局，2010.《中国气象灾害年鉴（2009）》[M]. 北京：气象出版社.

中国气象局，2011.《中国气象灾害年鉴（2010）》[M]. 北京：气象出版社.

中国气象局，2012. 气候季节划分：QX/T 152—2012 [S]. 北京：气象出版社.

中国气象局，2012.《中国气象灾害年鉴（2011）》[M]. 北京：气象出版社.

中国气象局，2013.《中国气象灾害年鉴（2012）》[M]. 北京：气象出版社.

中国气象局，2014.《中国气象灾害年鉴（2013）》[M]. 北京：气象出版社.

中国气象局，2015.《中国气象灾害年鉴（2014）》[M]. 北京：气象出版社.

中国气象局，2016.《中国气象灾害年鉴（2015）》[M]. 北京：气象出版社.

中国气象局，2017.《中国气象灾害年鉴（2016）》[M]. 北京：气象出版社.

中国气象局，2018.《中国气象灾害年鉴（2017）》[M]. 北京：气象出版社.

中国气象局，2019.《中国气象灾害年鉴（2018）》[M]. 北京：气象出版社.

中国气象局，2020.《中国气象灾害年鉴（2019）》[M]. 北京：气象出版社.

中华人民共和国国家质量监督检验检疫局，中国国家标准化管理委员会，1994. 有关量、单位和符号的一般原则：GB 3101—93 [S]. 北京：中国标准出版社.

中华人民共和国国家质量监督检验检疫局，中国国家标准化管理委员会，2006. 海滨观测规范：GB/T 114914—2006 [S]. 北京：中国标准出版社.

中华人民共和国国家质量监督检验检疫局，中国国家标准化管理委员会，2011. 出版物上数字用法：GB/T 15835—2011[S]. 北京：中国标准出版社.

中华人民共和国国家质量监督检验检疫局，中国国家标准化管理委员会，2011. 人居环境气候舒适度评价：GB/T 27963—2011 [S]. 北京：中国标准出版社.

中华人民共和国国家质量监督检验检疫局，中国国家标准化管理委员会，2012. 标点符号用法：GB/T

15834—2011 [S]. 北京：中国标准出版社．

中华人民共和国国家质量监督检验检疫局，中国国家标准化管理委员会，2017. 地面标准气候值统计方法：GB/T 34412—2017 [S]. 北京：中国标准出版社．

自然资源部，2019. 2018 年中国海平面公报 [R]. 北京：自然资源部．

自然资源部，2019. 2018 年中国海洋灾害公报 [R]. 北京：自然资源部．

自然资源部，2020. 2019 年中国海平面公报 [R]. 北京：自然资源部．

自然资源部，2020. 2019 年中国海洋灾害公报 [R]. 北京：自然资源部．

自然资源部，2019. 海洋观测数据格式：HY/T 0301—2021[S]. 北京：中国标准出版社．

自然资源部，2019. 海洋观测延时资料质量控制审核技术规范：HY/T 0315—2021[S]. 北京：中国标准出版社．

GAO ZHIGANG, WANG HUI, LI WENSHAN, et al., 2018. Characteristics of sea level change along China coast during 1968–2017[C]. ISOPE 2018.

GONG D, WANG S, 1999. Definition of Antarctic Oscillation index [J]. Geophysical Research Letters, 26(4): 459–462.

GU WEI, LIU CHENGYU, YUAN SHUAI, et al., 2013. Spatial distribution characteristics of sea-ice-hazard risk in Bohai, China [J]. Annals of Glaciology, 54(62): 73–79.

IPCC, 2007. Climate change 2007: the physical science basis: contribution of working group I to the fourth assessment report of the Intergovernmental Panel on Climate Change [M]. Cambridge: Cambridge University Press: 996.

LIN CHUANLAN, SU JILAN, XU BINGRONG, et al., 2001. Long-term variations of temperature and salinity of the Bohai Sea and their influence on its ecosystem[J]. Progress in Oceanography, 49(1): 7–19.

THOMPSON D W J, WALLACE J M, 2001. Regional Climate Impacts of the Northern Hemisphere Annular Mode[J]. Science, 293(5527):85–89.

ZHANG JIANLI, WANG HUI, FAN WENJING, et al., 2018. Characteristics of tide variation/change along the China coast[C]. ISOPE 2018.